Abaqus 用户手册大系

Abaqus 分析用户手册

——分析卷

王鹰宇　编著

机 械 工 业 出 版 社

本书是“Abaqus 分析用户手册大系”中的一册，分为上、下两篇。上篇为分析过程、求解和控制，下篇为分析技术。上篇的内容包括：静态应力/位移分析，动态应力/位移分析，稳态传输分析，热传导和热应力分析，流体动力学分析，电磁分析，耦合的多孔流体流动和应力分析，质量扩散分析，声学、冲击和耦合的声学结构分析，Abaqus/Aqua 分析，退火分析，求解非线性问题和分析收敛性控制。下篇介绍了处理求解过程中所涉及问题的多种技术，包括：重启动，导入和传递结果，子结构，子模型，生成矩阵，对称模型，惯性释放，网格更改或替换，几何缺陷，断裂力学，基于面的流体模拟，质量缩放，可选的子循环，稳态探测，ALE 自适应网格划分，自适应网格重划分，优化技术，欧拉分析，粒子方法，顺序耦合的多物理场分析，协同仿真，用户子程序和工具，设计敏感性分析，参数化研究等诸多方面。每一章都针对各项数值技术进行了详细阐述。

通过学习本书，可以全面深刻地了解 Abaqus 在诸多问题中的分析方法、求解与控制过程，以及各项分析技术。本书适合对设计项目进行有限元分析的工程技术人员使用，可以帮助读者快速、全面地掌握 Abaqus 的基础知识和使用技巧。

本书可作为航空航天、机械制造、石油化工、精密仪器、汽车交通、国防军工、土木工程、水利水电、生物医学、电子工程、能源、造船，以及日用家电等领域的工程技术人员的参考用书，也可以作为高等院校相关专业研究生和高年级本科生的学习用书。对于使用 Abaqus 的工程技术人员，此书是必备的工具书，对于使用其他工程分析软件的人员，此书也具有积极的参考作用。

图书在版编目（CIP）数据

Abaqus 分析用户手册．分析卷/王鹰宇编著．—北京：机械工业出版社，2017.2（2023.1 重印）

（Abaqus 用户手册大系）

ISBN 978-7-111-55736-4

Ⅰ.①A… Ⅱ.①王… Ⅲ.①有限元分析-应用软件-手册 Ⅳ.①O241.82-39

中国版本图书馆 CIP 数据核字（2016）第 311057 号

机械工业出版社（北京市百万庄大街 22 号　邮政编码 100037）
策划编辑：孔　劲　　责任编辑：孔　劲　王春雨
责任校对：刘怡丹　张　薇　　封面设计：张　静
责任印制：单爱军
北京虎彩文化传播有限公司印刷
2023 年 1 月第 1 版第 4 次印刷
184mm×260mm · 70.25 印张 · 2 插页 · 1735 千字
标准书号：ISBN 978-7-111-55736-4
定价：249.00 元

凡购本书，如有缺页、倒页、脱页，由本社发行部调换

电话服务	网络服务
服务咨询热线：010-88361066	机 工 官 网：www.cmpbook.com
读者购书热线：010-68326294	机 工 官 博：weibo.com/cmp1952
010-88379203	金 书 网：www.golden-book.com
封面无防伪标均为盗版	教育服务网：www.cmpedu.com

作者简介

王鹰宇，男，江苏南通人。毕业于四川大学机械制造学院机械设计及理论方向，硕士研究生学历。毕业后进入上海飞机设计研究所（640所），从事飞机结构设计与优化计算工作，参加了ARJ21新支线喷气式客机研制。后在3M中国有限公司从事固体力学，计算流体动力学，NVH仿真和设计优化工作十年有余。目前在中国航发商发（AECC CAE）从事航空发动机短舱结构研制工作。

序　言

在 20 世纪，力学家对工程与科学的重大贡献之一是发展了有限单元法，使其成为基于仿真的工程与科学的重要技术手段之一，使得难以建立解析解答的力学理论模型和难以实施的真实物理实验在计算机上顺利完成。科学家和工程师的追求不仅在于解释世界，更在于改造世界。21 世纪是大数据、云计算和云存储的信息爆炸时代，计算机硬件和数值仿真软件的快速发展，使得我们有能力瞬抚四海，穿越古今，破解工程与科学的难题。

力学难题的挑战主要取决于其非线性程度，非线性有限元是计算力学的重要组成部分。Abaqus 是国际上最主要的大型通用有限元计算分析软件，具有材料、几何和接触非线性计算的强大功能。工欲善其事，必先利其器，它的作用正是搭建了通往工程与科学彼岸的桥梁。Abaqus 具有强大的计算功能和广泛的模拟性能，拥有大量不同种类的单元模型、材料本构和分析过程等。无论是分析简单的线弹性问题，还是包括几种不同材料、承受复杂的机械和热载荷过程，变化的接触条件的非线性组合问题；无论是分析静态和准静态问题，还是稳态和动态问题；无论是隐式求解，还是显式求解，应用 Abaqus 计算分析都会得到令人满意的结果。

本书内容分为上下两篇，上篇内容涵盖求解力学问题的动量方程和多物理场方程，如静态和动态的应力/位移计算，热、流、声和电磁场方程等；下篇内容涵盖力学问题的有限元数值方法，如基于拉格朗日、欧拉和任意拉格朗日-欧拉格式的有限元建模，隐式和显式积分的计算方法以及粒子方法和优化算法等。掌握这些内容对有限元建模、计算方法选择和正确评估计算结果大有裨益。本书内容汇集了发展力学理论模型和应用工程实践的宝贵经验，必然会使读者受益和借鉴。

王鹰宇先生是位具有丰富工程实践经验的工程师，也是一位潜心积累，热心传播知识的学者，他的艰辛付出使得本书得以问世。我相信本书的出版必将持续推动非线性有限元的发展和 Abaqus 软件在我国的应用，并促进我国基于仿真的工程与科学事业的发展。

庄　茁　教授

于清华园

前言

Abaqus 被公认为是功能强大的有限元软件。借助它可以分析复杂的结构力学系统，特别是能够解决非常庞大复杂的问题，而且可以模拟高度非线性问题。运用 Abaqus 不仅可以做单一零件的力学和多物理场的分析，还可以进行系统级的分析和研究，并且在近期的版本中，Abaqus 中还引入了优化以及计算流体动力学问题的功能。Abaqus 强大的分析能力和模拟复杂系统的高可靠性使得它在各国的工业生产和科研领域得到广泛的应用。

自 1997 年清华大学庄茁教授将 Abaqus 软件引入国内后，Abaqus 因其卓越的性能而在国内各行各业得到广泛应用。

由于工作的缘故，笔者将“Abaqus Analysis User's Guide”（《Abaqus 分析用户手册》）所包含的五部手册翻译成了中文。

本书为“Abaqus 分析用户手册大系”中的一本，分为上、下两篇，上篇的内容涵盖 Abaqus 各种不同物理过程的分析、求解和控制，并阐述了得到合理收敛结果的方法，偏重于问题物理类型本身的模拟。内容包括：静态应力/位移分析，动态应力/位移分析，稳态传输分析，热传导和热应力分析，流体动力学分析，电磁分析，耦合的多孔流体流动和应力分析，质量扩散分析，声学、冲击和耦合的声学结构分析，Abaqus/Aqua 分析和退火分析，求解非线性问题方法选用和分析收敛性控制。

下篇内容阐述在模拟计算过程中使用的各种不同的数值方法、优化过程中采用的计算方法等，偏重于计算方法和对模型计算过程的方法讨论。涉及的分析技术包括：重启动，导入和传递结果，子结构，子模型，生成矩阵，对称模型，惯性释放，网格更改或替换，几何缺陷，断裂力学，基于面的流体模拟，质量缩放，可选的子循环，稳态探测，ALE 自适应网格划分，自适应网格重划分，优化技术，欧拉分析，粒子方法，顺序耦合的多物理场分析，协同仿真，用户子程序和工具，设计敏感性分析，参数化研究等。

通过学习本书内容，可以全面深刻地了解 Abaqus 在诸多问题中是如何分析的，采用什么样的计算方法和模型运算处理技术可以快速地得到合理的结果。

在写作过程中，笔者付出了艰辛的劳动，牺牲了大量的业余时间，不可避免地影响到了家人的生活。在这里特别向我的夫人陈菊女士和孩子表达我由衷的谢意。没有他们的理解与默默的支持，这些成果是难以取得的。谨以此书献给他们。

感谢SIMULIA中国区总经理白锐先生、用户支持经理高祎临女士和SIMULIA中国南方区资深经理及技术销售高绍武博士在翻译过程中给予笔者的鼓励和支持，以及在书稿出版工作中给予的支持和帮助。

感谢我的良师益友金舟博士在我的工作与学习中给予的一贯的帮助与支持。

非常感谢庄茁教授百忙之中给本书作序。

虽然笔者尽最大努力，力求行文流畅并忠实于原版手册，但由于语言能力和技术能力所限，书中难免出现不当之处。对于书中的问题，希望读者和同仁不吝赐教，共同努力，以使此书更加完善。意见和建议可以发送至邮箱：wayiyu110@ sohu. com。

著　者

目 录

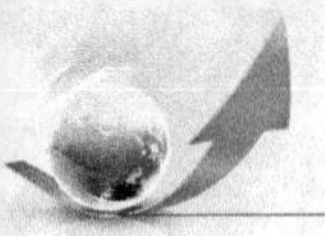

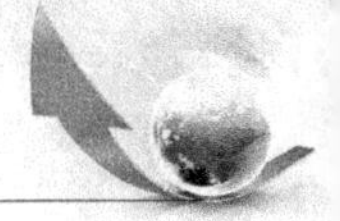

下篇 分析技术

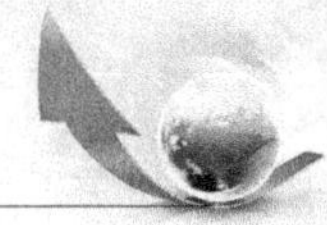

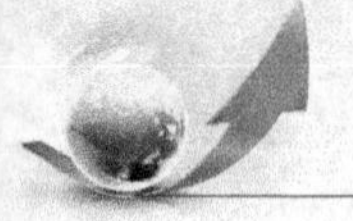

上　篇

分析过程、求解和控制

1　分析过程

1.1 介绍

- “求解分析问题：概览”1.1.1 节
- “定义一个分析”1.1.2 节
- “通用和线性摄动过程”1.1.3 节
- “多载荷工况分析”1.1.4 节
- “直接线性方程求解器”1.1.5 节
- “迭代线性方程求解器”1.1.6 节

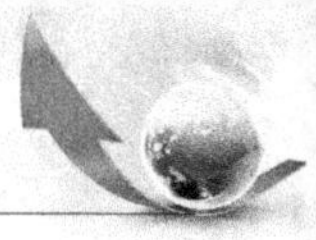

1.1.1 求解分析问题：概览

概览

使用 Abaqus/Standard 和 Abaqus/Explicit 可以解决一大类应力分析问题。这些问题可以划分为静态问题或者动态响应问题。动态问题是那些惯性影响显著的问题。

Abaqus/CFD 解决广泛的不可压缩流动问题。

在 Abaqus 中用步（1.1.2 节）来定义一个分析问题的历程。对于每一个步，选择一个分析过程，它定义在步中执行的分析所具有的类型。在下面列出了可用的分析过程，并且对所应用的部分进行了更加详细的描述。

Abaqus 具有多物理场问题求解功能，为多物理场仿真提供的求解技术包括内置完全耦合程序过程技术、顺序耦合技术、和协同-仿真技术。用户可以广泛选用 Abaqus 其他的分析技术，它们是高效完成 Abaqus 分析的强大工具。参见本书下篇，“分析技术。”

Abaqus/Standard 分析

Abaqus/Standard 可以灵活地区别静态和动态响应。同一个分析可以包含几个静态和动态阶段。这样，可以施加一个静态预加载，进而计算得到线性或者非线性动态响应（就像一个旋转机械的部件振动中的情况，或者最初移动到一个承受浮力和稳定流动载荷的平衡位置，然后受海浪载荷激励的一个柔性海上平台系统中的情况）。类似的，在一个动态事件之后可以寻求静态解（通过在一个动态分析步后，跟随一个静态加载的步）。对于这些类型的过程所具有的信息，见 1.2 节和 1.3 节。此外对于静态和动态应力分析，Abaqus/Standard 提供了以下分析类型：

- 稳态传输分析（1.4 节）
- 热传导和热应力分析（1.5 节）
- 电磁分析（1.7 节）
- 耦合的孔隙流体流动和应力分析（1.8 节）
- 质量扩散分析（1.9 节）
- 声学和冲击分析（1.10 节）
- Abaqus/Aqua 分析（1.11 节）

Abaqus/Explicit 分析

Abaqus/Explicit 使用一个显式的直接积分程序来求解动态响应问题。Abaqus 中可用的显式动态过程的更多信息，见 1.3 节。Abaqus /Explicit 也具有求解热传导、声学和退火分析问题的功能：详见 1.5 节、1.10 节和 1.12 节。

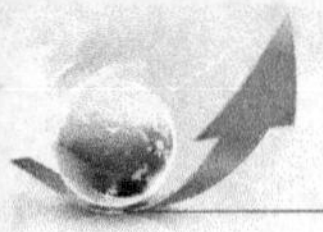

Abaqus/CFD 分析

Abaqus/CFD 使用二阶投影方法求解广泛的不可压缩流动问题。Abaqus 中可用的不可压缩流动过程的详情见 1.6 节。

多物理场分析

多物理场是多个相互作用的物理场的数值求解中的一个耦合方法。Abaqus 提供内置的完全耦合的过程、顺序耦合和协同-仿真多物理场仿真的求解技术。

内置完全的耦合过程

独创的 Abaqus 多物理场能力通过添加代表每一个物理场的自由度，并且使用一个单独的求解器来求解多个物理场。Abaqus 提供下面的内置完全耦合过程来求解多学科仿真，通过 Abaqus 计算所有的物理场：

- 完全耦合的热应力分析（1.5.3 节）
- 耦合的热-电分析（1.7.3 节）
- 完全耦合的热-电-结构分析（1.7.4 节）
- 压电分析（1.7.2 节）（电和机械耦合）
- 涡流分析（1.7.5 节）（电磁）
- 耦合的孔隙流体扩散和应力分析（1.8.1 节）
- 声学，冲击，和耦合的声学-结构分析（1.10.1 节）
- 欧拉分析（9.1.1 节）

顺序耦合

当一个模型的一个或者更多的物理场之间的耦合，仅在一个方向上是重要的，可以使用一个顺序耦合的多物理场分析。常用的例子是一个热应力分析，在其中温度场并不强烈与应力场相关。一个通常的顺序耦合的热应力分析包括两个 Abaqus /Standard 运行：一个热传导分析和一个后续的应力分析。

可以在 Abaqus/Standard 中顺序地执行耦合的多物理场分析，如下面所描述的那样：

- 顺序耦合的预定义场（11.1.1 节）
- 顺序耦合的热应力分析（11.1.2 节）
- 顺序耦合的预定义载荷（11.1.3 节）

协同仿真

协同仿真技术是 Abaqus 和其他分析程序运行时耦合的一项多物理场求解功能。一个 Abaqus 分析可以耦合其他 Abaqus 分析，或者一个第三方分析程序，来执行多学科仿真和多域（多模型）耦合。

协同仿真技术在下面的部分中进行了描述：

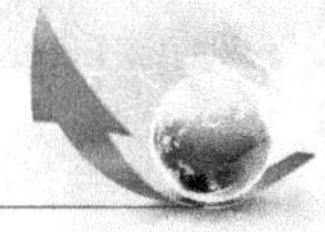

- 协同仿真：概览（12.1 节）
- 为协同仿真准备一个 Abaqus 分析（12.2 节）
- 结构-结构的协同仿真（12.3.1 节）
- 流体-结构的协同仿真和共轭热传导（12.3.2 节）

1.1.2 定义一个分析

概览

在 Abaqus 中，按下列步骤来定义分析：

- 将问题的历程分为多个步；
- 为每一步指定一个分析过程；
- 指定每一步的载荷、边界条件和输出请求。

Abaqus 区分通用分析步和线性摄动步，并且可以在分析中包括多个步。可以控制所指定的条件如何贯穿每一步来施加。此外，可以指定以下内容：

- 用于控制求解的增量方案；
- Abaqus/Standard 中的矩阵存储和求解方案；
- Abaqus/Explicit 可执行的精度等级。

定义一个分析

在 Abaqus 中，使用步、分析过程和可选的历史数据来定义一个分析。

定义步

Abaqus 中的一个基本概念是将问题的历程划分为多个步。一个步可以是所求解问题的任何阶段，比如可以是一个热瞬态、一个蠕变保持、一个动力学瞬态等。在它的最简单的形式中，一个步可以只是 Abaqus/Standard 中一个载荷大小发生变化时的一个静态分析。可以利用数据（.dat）文件对每一个步进行描述。此描述仅为阅读方便。

步定义包括要执行分析的类型和可选的历史数据，如载荷、边界条件和输出要求。

输入文件用法：使用第一个选项来开始一个步，用第二个选项来结束一个步：

*STEP

*END STEP

*STEP 选项上的可选数据行，可以用来指定步的描述。给出的第一个数据行出现在数据（.dat）文件中。

Abaqus/CAE 用法：Step module：Create Step：Description

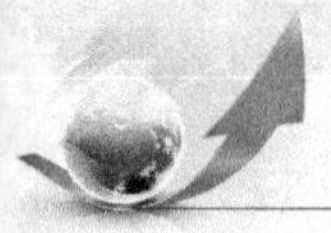

指定分析过程

对于每一个步，选择一个分析过程。此选择可定义步中执行的分析所具有的类型：静应力分析、特征值屈曲、瞬态热传导分析等。可用的分析过程在 1.1.1 节中进行了描述。每个步只允许一个过程。

输入文件用法：过程定义选项必须紧随 * STEP 选项。

Abaqus/CAE 用法：Step module：Create Step：选择过程类型

指定载荷、边界条件和输出请求

步定义包括可选的历史数据，例如载荷、边界条件和输出请求，如 1.3.1 节的“历史数据”中所定义的那样。更多的信息，可查阅《Abaqus 分析用户手册——指定条件、约束和相互作用卷》的 1.3 节中的“边界条件”，《Abaqus 分析用户手册——指定条件、约束和相互作用卷》的 1.4 节中的“载荷”，《Abaqus 分析用户手册——介绍空间建模、执行与输出卷》的 4.1 节中的“输出”。

指定这些条件的细节，在各自的过程章节中进行了讨论。

输入文件用法：在 * STEP 模块中的过程定义之后定义可选的历史数据。

Abaqus/CAE 用法：在 Interaction 模块中、Load 模块中和 Step 模块中定义历史数据（步相关的对象）。

通用分析步与线性摄动步

在 Abaqus 中有两种步：①通用分析步，可以用来分析线性或者非线性响应；②线性摄动分析步，仅可以用来分析线性问题。通用分析步可以包含在 Abaqus/Standard 或者 Abaqus/Explicit 分析中；线性摄动分析步仅在 Abaqus/Standard 中是可用的。在 Abaqus/Standard 中，线性分析总是考虑成，当引入线性分析过程时关于状态的线性摄动分析。此线性摄动方法允许线性分析技术在基于预加载的情况中，或者基于模型的非线性响应过程中的普遍应用。更多的信息见 1.1.3 节。

多载荷工况分析

在通用分析步中，Abaqus/Standard 为一个单独的应用载荷集计算。这也是线性摄动步的默认情况。然而，对于静态、直接稳态动力学和基于 SIM 的动力学线性摄动步，要找到多载荷工况的解是可能的。此功能的描述见 1.1.4 节。

多步

分析过程可以采用任何有意义的方法来进行步到步地改变，这样在执行分析中，将拥有极大的灵活性。因为模型的状态（应力、应变、温度等）是在整个所有通用分析步上更新的，所有先前历史的影响总是包含在每一个新分析步的响应里。这样，如果自然频率提取是在一个几何非线程静态分析步后执行的，则将包括预载荷刚性。线性摄动步对后续通用分析

步没有影响。

在一个分析中使用多步的最明显原因是为了改变分析过程的类型。然而，为了方便多步也可以用于以下情况，例如，要改变输出要求，Abaqus/Explicit 中的接触对，边界条件，或者加载（任何指定为历程的，或者步相关的数据）。有时候，一个分析进展到需要当前的步定义的点。Abaqus 为这种偶然性提供重启动能力，据此一个步可以早早地中止，并为问题延续定义一个新的步（见 5.1.1 节）。

指定加载的可选历程数据（见《Abaqus 分析用户手册——介绍空间建模、执行与输出卷》的 1.3.1 节）、边界条件、输出控制和辅助控制将对所有的后续通用分析步保持影响，包括那些在重启动分析中定义的，直到对它们进行更改或者重新设置。Abaqus 将会把一个步中指定的所有载荷和边界条件与前面步中有效的载荷和边界条件对比，来确保一致性和连续性。如果各自指定的步和边界条件是非常大的，则进行这样的比较成本会很高。因此，应当最小化各自所指定的载荷和边界条件的数量，通常可以通过使用单元和节点集，替代单个单元和节点来实现。对于线性摄动步，如果没有中间的通用分析步并且没有重新定义输出控制（见《Abaqus 分析用户手册——介绍空间建模、执行与输出卷》的 4.1.1 节），则只有输出控制是从一个线性摄动步到下一个是连续的。

在 Abaqus/Standard 或者 Abaqus/Explicit 中，可用过程的组合可以从步到步来使用。然而，Abaqus/Standard 和 Abaqus/Explicit 过程不能用于同一个分析中。将一种类型的分析结果导入另外一种类型的分析的信息，见 4.2.1 节。

定义时间变化的指定条件

默认情况下，Abaqus 假定外部参数（例如载荷大小和边界条件）在一个步上是不变的（阶跃函数）或者是线性变化的（斜线的），具体取决于分析过程，见表 1-1。某些 Abaqus/Standard 中的例外将在后面进行讨论。

表 1-1 时间域过程的默认大小变化

过　程	默认的幅值变化
耦合的孔隙流体扩散/应力（稳态）	线性变化
耦合的孔隙流体扩散/应力（瞬态）	阶跃
耦合的热-电（稳态）	线性变化
耦合的热-电（瞬态的）	阶跃
直接积分的动力学	阶跃（例外：如果指定了准静态应用类型，则是线性变化的）
Abaqus/Standard 中的完全耦合的热-电-结构（稳态）	线性变化
Abaqus/Standard 中的完全耦合的热-电-结构（瞬态）	阶跃
Abaqus/Standard 中完全耦合的热-应力（稳态）	线性变化
Abaqus/Standard 中完全耦合的热-应力（瞬态）	阶跃

（续）

过　程	默认的幅值变化
Abaqus/Explicit 中完全耦合的热-应力	阶跃
不可压缩流	阶跃
静磁场	线性变化
质量扩散（稳态的）	线性变化
质量扩散（动态的）	阶跃
准静态	阶跃
静态	线性变化
稳态传输	线性变化
瞬态涡流	阶跃
非耦合的热传导	线性变化
非耦合的热传导（瞬态的）	阶跃

直接周期分析步没有默认的幅值变化；对于每一个施加的载荷或者边界条件，必须明确地定义幅值。

Abaqus/Standard 中的额外默认幅值变化

对于 Abaqus/Standard 中所使用的位移类型的边界条件或者位移类型连接器运动的，指定的位移或者转动自由度，默认的幅值变化对于所有过程类型是线性函数；当使用速度类型的边界条件或者速度类型的连接器运动时，默认的幅值变化对于所有过程类型是一个阶跃函数。

对于使用一个预定义位移场的指定运动，默认的幅值变化对于所有的过程类型是一个线性函数；当使用一个预定义的速度场时，对于所有的过程，除了稳态传输，默认的幅值是一个阶跃函数。

对于流体流动载荷，在所有的过程类型中，默认的幅值变化是一个阶跃函数。

当删除了一个位移或者转动边界条件时，根据该步定义的幅值，对应的反作用力或者力矩降低到零。当删除了膜或者辐射载荷时，变化总是一个阶跃函数。

指定非默认的幅值变化

可以通过在指定条件的定义中，参照一个幅值曲线（见《 Abaqus 分析用户手册——指定的条件、约束和相互作用卷》的 1. 1. 2 节），来定义载荷的，边界条件的和预定义场所具有的复杂时间变化。Abaqus/Standard 和 Abaqus/Explicit 中也提供编码通用载荷（见 13. 1. 1 节）的用户子程序。

在 Abaqus/Standard 中，可以改变一个步的默认幅值变化（除了如上面所指出的上膜或者辐射载荷的删除）。

输入文件用法：在 Abaqus/Standard 中，使用下面的输入来改变一个步的默认幅值变化：

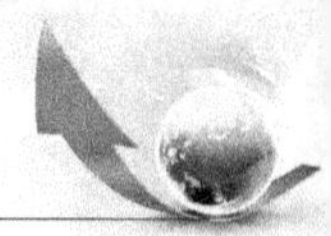

*STEP, AMPLITUDE = STEP 或 RAMP

Abaqus/CAE 用法：在 Abaqus/Standard 中，使用下面的选项来改变一个步的默认幅值变化：

Step module：step editor：Other：Default load variation with time：Instantaneous 或 Ramp linearly over step

Abaqus/Explicit 中的边界条件

在一个显式动力学响应步中施加的边界条件，应当使用合适的幅值参照来定义时间变化。如果为步指定了边界条件，但是没有幅值参照，则它们在步的开始时自动施加。因为 Abaqus/Explicit 步不接受位移的阶跃，所以所指定的没有一个幅值参照的非零位移边界条件的值将被忽略，并且将施加一个零速度边界条件。

在 Abaqus/Standard 中的瞬态过程中，指定非默认的幅值变化

对于瞬态分析过程（完全耦合的热-应力、完全耦合的热-电-结构、耦合的热-电、直接积分的动态和质量扩散），默认的幅值是一个阶跃函数。当为瞬态分析过程指定非默认的线性的幅值变化时，应当谨慎，因为可能产生非预期的结果。例如，如果一个阶跃的瞬态热传导分析使用线性的幅值变化，并且温度边界条件在后续步中删除，则在前面步中生成的热通量，将在步期间从它们的初始值线性变化到零。这样，即使删除了温度边界条件，热通量将在整个后续步中连续地流过受影响的边界节点。

增量

Abaqus 分析中的每一步是分成多个增量步的，在大部分情况中，对于控制求解，可以有两个选择：自动时间增量，或者用户指定的固定时间增量。对于大部分的情况，推荐自动的增量。选择自动的或者直接的增量方法，在相应的过程部分中进行了讨论。

Abaqus/Standard、Abaqus/Explicit 和 Abaqus/CFD 中，与时间增量相关联的问题是非常不同的。Abaqus/Explicit 中的时间增量通常远远小于 Abaqus /Standard 中的时间增量，而 Abaqus/CFD 的时间增量可以在许多情形下与 Abaqus/Standard 中的时间增量接近。

Abaqus/Standard 中的增量

在非线性问题中，Abaqus/Standard 将对分析一个步进行必要的递增和迭代，取决于非线性的严重程度。在具有物理时间尺度的瞬态情况中，可以提供参数来表明时间积分中的准确程度，并且 Abaqus/Standard 将选择时间增量来达到此精度。提供直接的用户控制，因为它可以在用户熟悉的问题并且知道一个合适的增量方案情况下，节省计算成本。当自动控制在非线性问题中使收敛困难时，直接控制偶尔也有用。

指定增量的最大数量

用户可以在一个 Abaqus/Standard 分析中定义增量数量的上限。在一个直接循环分析过程中，此上限应当设置成一个单独的载荷循环中最大的增量数量。默认是 100。如果在得到步的完全解前超出了此最大值，分析将停止。要完成一个求解，通常有必要通过定义一个新

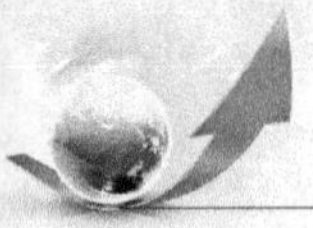

的上限来增加增量的数量。

输入文件用法：＊STEP, INC = n

Abaqus/CAE 用法：Step module：step editor：Incrementation：Maximum number of increments

解的外推

在非线性分析中，Abaqus/Standard 使用外推来加速求解。外推指用于确定增量求解的最初猜想的方法。这个猜想是根据当前时间增量的大小和是否选用线性的、基于位移的、抛物线的、基于速度的抛物线的，或者先前获得的非外推的解来进行确定。基于位移的抛物线外推与 Riks 分析不相关，基于速度的抛物线外推，仅对直接积分的动态过程是可用的。线性外推（对于所有不是使用瞬态保真应用设置的直接积分动态过程，是默认的）使用每一个增量开始处的，先前增量解的 100% 外推（对于 Riks 方法是 1%），来开始下一个增量的非线性方程求解。在步的第一个增量中，没有使用外推。

在某些情况下，外推可以造成 Abaqus/Standard 过度的迭代；某些常见的例子是载荷大小或者边界条件的突然变化以及伴随开裂结果（在混凝土模型中）而发生了卸载或者屈曲。在这些情况下，应当抑制外推。

基于位移的抛物线外推，使用两个先前的增量解来得到当前增量解的第一个猜测。此类型的外推，在解的局部变化与时间的平方成正比时，是有用的，例如结构的大转动。如果抛物线外推用于一个步中，则它在步的第二个增量之后开始，即：第一个增量不采用外推，第二个增量采用线性外推。结果，在一个多步分析中的后续步的最初两个增量中，可能出现更加缓慢的收敛。

基于速度的抛物线外推使用先前的位移增量解来得到当前增量解的第一个猜测，仅对于直接积分的动态过程是可用的，并且，如果指定瞬态保真应用设置为此过程的一部分（见 1.3.2 节），则基于速度的抛物线外推是默认的。平滑解情况中，此类型的外推是有用的，即当速度不呈现为称为“锯齿”的样式——并且在这样的情况下，基于速度的抛物线外推可以提供比其他外推更好的猜测。如果在一个步中使用了基于速度的抛物线外推，则它在步的第一个增量后开始，第一个增量使用最初的速度。

输入文件用法：使用下面的选项来选择线性外推：

＊STEP，EXTRAPOLATION = LINEAR（对于所有不是一个使用瞬态保真应用设置的直接积分的动态过程，是默认的）

使用下面的选项来选择基于位移的抛物线外推：

＊STEP，EXTRAPOLATION = PARABOLIC

使用下面的选项来选择基于速度的抛物线外推：

＊STEP，EXTRAPOLATION = VELOCITY PARABOLIC（对于一个使用瞬态保真应用设置的直接积分动态过程，是默认的）

使用下面的选项来选择没有外推：

＊STEP，EXTRAPOLATION = NO

Abaqus/CAE 用法：Step module：step editor：Other：Extrapolation of previous state at start of each increment：Linear，Parabolic，Velocity parabolic，None，或 Analysis product default

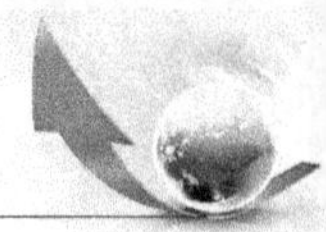

Abaqus/Explicit 中的增量

Abaqus/Explicit 分析中使用的时间增量必须小于中心差分运算的稳定限（见 1.3.3 节）。如果未能选用一个足够小的时间增量，将产生一个不稳定的解。虽然通过 Abaqus/Explicit 选择的时间增量通常满足稳定性准则，但是允许用户对时间增量的大小进行控制，以降低解变得不稳定的可能性。由于 Abaqus/Explicit 具有显式动力学分析的小增量特性，因此非常适于非线性分析。

Abaqus/Standard 中的严重不连续性

Abaqus/Standard 区分常规的平衡迭代（解平滑地变化）和刚度突然发生变化的严重不连续迭代（SDIs）。最常见的此类严重不连续性，包括接触的开闭变化和摩擦的黏-滑动变化。默认情况下，Abaqus/Standard 将连续迭代，直到严重的不连续性足够小（或者没有严重的不连续性发生），并且平衡（通量）容差得到满足。此外，可以选择一个不同的方法对 Abaqus/Standard 连续地迭代，直到不再发生严重的不连续。

对于接触打开使用默认方法的情况，当设置接触力为零时，生成了一个不连续的力，那么将按照通常的方法，依据时间平均力来检查残余力，如 2.2.3 节所描述的那样，在粘结-滑动的转换中，摩擦力设置成一个更低的值，也导致力残差。

对于接触闭合，如果穿透容差小于接触相容性容差乘以增量的位移，则认为一个严重的不连续性是足够小的。穿透容差定义为实际穿透值与遵从接触压力与压力过度闭合关系的穿透值之间的差。在位移增量基本是零的情况中，使用一个“零穿透”检查，类似于用于零位移增量的检查（见 2.2.3 节）。在 Lagrange 摩擦中的滑动-粘结转化，使用了相同的检查。

要确保对于硬体之间的接触得到足够的精确性，也要求评估得到的接触力误差小于时间平均力乘以接触力误差限。估计的接触力误差是通过将穿透值乘以一个有效的刚度来得到的。对于硬接触，此有效的刚度是等于基底单元的刚度的，而对于软化的/穿透接触，有效的刚度是通过添加接触约束和基底单元的柔性来得到的。

更加常规的、保守的方法是强迫迭代过程持续，直到没有严重的不连续性发生。然而，此方法有时候会导致收敛问题，特别是在具有许多接触点的大型问题中，或者接触条件只是进行微弱确定的情况中。在这样的情况中，可能发生过度的迭代，并且可能不能得到收敛的结果。

输入文件用法：*STEP, CONVERT SDI = NO

Abaqus/CAE 用法：Step module：step editor：Other：Convert severe discontinuity iterations：Off

Abaqus/Standard 中的矩阵存储和求解方案

Abaqus/Standard 通常使用牛顿方法来求解非线性问题，使用刚度方法来求解线性问题。在两种情况中，需要刚度矩阵。在一些问题中——例如，具有库仑摩擦——此矩阵不是对称的。基于所使用的模型和步定义，Abaqus/Standard 将自动选择应当使用一个对称的或者非

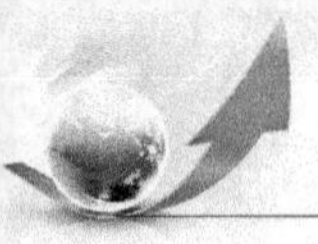

对称的矩阵保存和求解方案。在某些情况中，可以覆盖此选项。规则解释如下。

通常，没有必要指定矩阵保存和求解方案。当发现默认值不是最好的情况下，选择矩阵保存和求解方案可以提高计算效率。在确切的切向刚度矩阵不是对称的某些情况下，一个切向刚度矩阵的对称近似所要求的附加迭代，比在每一个迭代上求解非对称切向矩阵使用的计算时间更少。例如，在具有每一个摩擦因数小于或者等于 0.2 的库仑摩擦的问题中，Abaqus/Standard 自动调用对称的矩阵保存和求解方案，即使产生的切向矩阵将具有某些非对称项。然而，如果任何摩擦因数大于 0.2，Abaqus/Standard 将自动使用非对称矩阵保存和求解方案，因为它可以显著地改善收敛过程。此非对称矩阵保存和求解方案的选择将考虑摩擦模型的变化。这样，如果在分析中更改了摩擦定义，引入一个大于 0.2 的摩擦因数，Abaqus/Standard 将自动地激活非对称矩阵保存和求解方案。在自动选择了非对称的矩阵保存和求解方案的情况下，如果需要的话，必须果断地关闭它；如果摩擦可以防止任何滑动运动，则推荐这么做。

输入文件用法：* STEP，UNSYMM = YES 或 NO

Abaqus/CAE 用法：Step module：step editor：Other：Storage：Use solver default 或 Unsymmetric 或 Symmetric

使用非对称的矩阵保存和求解方案的法则

在 Abaqus/Standard 中，对矩阵保存和求解方案应用下面的法则：

1. 因为 Abaqus/Standard 只为对称矩阵提供特征值提取，具有特征频率提取或者特征值屈曲预测过程的步，总是使用对称矩阵保存和求解方案。用户不能改变此设置。在这样的步中，Abaqus/Standard 中刚度矩阵是对称矩阵。

2. 在除了具有特征频率提取或者特征值屈曲过程的所有步中，当模型包括任何下面的特征时，Abaqus/Standard 使用非对称矩阵保存和求解方案。用户不能改变这些设置。

a. 热传导对流/扩散单元（单元类型 DCCxxx）

b. 具有非对称截面刚度矩阵的通用壳截面（见《Abaqus 分析用户手册——单元卷》的 3.6.7 节）

c. 具有非对称单元矩阵的用户定义单元（见《Abaqus 分析用户手册——单元卷》的 6.15.1 节）

d. 具有非对称材料刚度矩阵的用户定义材料模型（见《 Abaqus 分析用户手册——材料卷》的 6.7.1 节，或者见《 Abaqus 分析用户手册——材料卷》的 6.7.2 节）

e. 具有非对称界面刚度矩阵的用户定义的面相互作用模型（见《 Abaqus 分析用户手册——指定的条件、约束和相互作用卷》的 4.1.6 节）

3. 下面的特征都触发了步的非对称矩阵保存和求解方案。用户不能改变此设置。

a. 完全耦合的热-应力分析，除了为步指定了一个分离的求解方案时（见 1.5.3 节）

b. 耦合的热-电分析，除了为步指定了一个分离的求解方案时（见 1.7.3 节）

c. 完全耦合的热-电-结构分析（见 1.7.4 节）

d. 具有吸收或者吸附行为的，耦合的孔隙流体扩散/应力分析（见 1.8.1 节）

e. 耦合的孔隙流体扩散/应力分析（稳态）

f. 耦合的孔隙流体扩散/应力分析（具有重力载荷的瞬态）

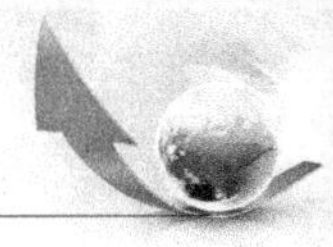

g. 质量扩散分析（1.9.1 节）

h. 辐射角系数计算控制（见《Abaqus 分析用户手册——指定条件、约束和相互作用卷》的 8.1.1 节）

4. 默认情况下，非对称矩阵保存和求解方案用于复特征值提取过程的。用户可以改变此设置。

5. 在所有的情况中，用户可以控制是否选择一个对称的或者一个完整的矩阵保存并运算求解。如果不指定矩阵保存和求解方案，则 Abaqus/Standard 利用前面通用分析步中所使用的值。

6. 如果在一个分析的第一步中不指定矩阵保存和求解方案，则当使用下面任何一个时，Abaqus/Standard 将选择非对称方案：

1）任何 Abaqus/Aqua 载荷类型。

2）混凝土损伤塑性材料模型。

3）具有摩擦因数大于 0.2 的摩擦。

第一步中的默认值是所有其他情况的对称方案，除了通过上面的规则 2 和 3 转化的情况和一个摩擦因数在第一步之后升高到 0.2 以上的情况。

7. 对于辐射热传导面相互作用（见《 Abaqus 分析用户手册——指定的条件、约束和相互作用卷》的 4.2.1 节），某些跟随力（例如集中的跟随力或者力矩），三维有限滑动分析，耦合的孔隙流体扩散/应力分析中的任何有限滑动和某些材料模型（尤其非伴生的流动塑性模型和混凝土）在模型的刚度矩阵中引入非对称的项。然而，当使用了辐射热传导面相互作用时，Abaqus/Standard 并不自动使用非对称的矩阵保存和求解方案。指定使用非对称方案，有些时候可以改进这些情况中的收敛性。

8. Abaqus/Standard 中耦合的结构-声学和非耦合的声学分析过程，使用非对称的矩阵保存和求解。基于子空间的稳态动力学或者用于耦合的结构-声学问题的复频率过程除外，其中非对称矩阵是用于这些情况的耦合过程的结果。使用声学有限元或者声学流动速度选项，触发了 Abaqus/Standard 中的非对称矩阵保存和求解方案，除了使用 Lanczos 特征求解器的固有频率提取，它使用对称矩阵运算。

Abaqus/Explicit 可执行的精度水平

可以为 Abaqus/Explicit 在具有一个默认的，32 位的单精度字节长度（见《 Abaqus 分析用户手册——介绍、空间建模、执行与输出卷》的 3.2.2 节）的机器上选择一个可执行的双精度（具有 64 位字节长度）。大部分的新计算机具有 32 位默认字节长度，即使它们可以具有 64 位内存地址。与双精度可执行相比，单精度可执行通常可以使对 CPU 的占用降低 20% 到 30%，并且在大部分情况下，单精度提供精确的结果。除了在单精度可能不够的分析中，包括需要大于近似 300，000 增量的，具有典型节点位移增量小于 10^{-6} 倍的相应节点坐标值的，包括超弹性材料的，或者包含可变形零件的多个旋转的分析；在这些情况中，推荐可执行的双精度（见《Abaqus 基准手册》的 2.3.15 节）。

也可以采用双精度来运行 Abaqus/Explicit 的一部分，而对剩下的部分采用单精度（见 3.2.2 节）。这些选项如下描述。

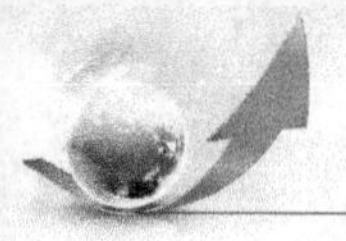

• 如果使用了 double = explicit，或者指定了没有值的 double 选项，则 Abaqus /Explicit 分析将以双精度运行，而打包程序将以单精度运行。当这样的选择能满足大部分分析中的更高精度需要时，数据以单精度写入到状态（. abq）文件中。此外，在打包程序中执行的与分析相关的计算，将仍然以单精度执行。于是，新步、重启动和导入分析将从以单精度保存的计算得到的数据开始，尽管步中的计算是以双精度执行的。通常，可以预见到在第一步开始处的、步传递处的、重启动上的和导入后的一些噪声解。

• 如果使用了 double = both，Abaqus/Explicit 打包程序和分析都将以双精度运行。这是计算代价最高的选项，但是可确保最高的整体运行精度。任何数据库浮点数据将在打包程序的末尾或者一个给定步的末尾，以双精度写入状态（. abq）文件，这样确保在大部分的情形下，步边界上的、重启动上的和一个导入后的最平滑的过渡。

• 在有些情况下默认的单精度分析是不够的，但是 double = both 选项计算成本太高。这些是具有复杂约束链接的典型模型（例如具有连接器单元的复杂机构，分布的/运动的耦合复杂组合，绑定约束和多点约束，或者这样的约束与边界条件的相互作用）。对于这样的模型，希望只以双精度求解约束，而模型的剩下部分以单精度求解。这样的组合给出解的期望精度，并且与一个完全的双精度分析相比，提高了性能。

• 如果使用了 double = constraint，约束打包程序和约束求解器以双精度求解，而 Abaqus/Explicit 打包程序和分析的剩余部分是以单精度执行的。

• 如果使用了 double = off，或者省略了 double（默认的），Abaqus/Explicit 打包程序和分析都将以单精度运行。当想要覆盖环境文件中的设定时，double = off 选项是有用的。

精度等级的重要意义是通过对比使用单精度和双精度得到的解来显现的。如果对于一个具体模型的单精度的与双精度的解之间没有找到显著的差异，则可执行的单精度可以认为是足够的。

1.1.3 通用和线性摄动过程

产品：Abaqus/Standard　Abaqus/Explicit　Abaqus/CAE

参照

- “定义一个分析” 1.1.2 节
- “线性和非线性过程”《Abaqus/CAE 用户手册》的 14.3.2 节

概览

一个分析步中的响应既可以是线性的也可以是非线性的，则称其为一个通用分析步。如果一个分析步中的响应只能是线性的，则称其为一个线性摄动分析步。通用分析步可以包含在一个 Abaqus/Standard 或者 Abaqus/Explicit 之中；线性摄动分析步只在 Abaqus/Standard 中可用。

Abaqus/Standard 中对通用分析与线性摄动分析过程之间做了一个清晰的区分。对于此两种情况，载荷条件、时间度量均是不同的，并且应当对结果进行不同的解释。这些区别在此节中进行了定义。

Abaqus/Standard 将一个线性摄动分析处理成一个关于一个预加载的，预变形状态的线性摄动。Abaqus/Foundation 是 Abaqus/Standard 的子集，完全限制在一个线性摄动分析中，但是不允许预加载或者预变形状态。

通用分析步

在一个通用分析步中，可以包括任何存在于模型中的非线性影响。每一个通用分析步的启动条件是来自上个通用步的结束条件，随着模型的状态响应加载的进行，具有在通用分析步的整个历程中进行演变的模型状态。如果分析的第一步是通用步，则步的初始条件可以直接进行指定（见《Abaqus 分析用户手册——指定的条件、约束和相互作用卷》的 1.2.1 节）。

Abaqus 总是在整个通用分析上考虑总时间的增加。每一个步也具有它自己的步时间，每一个步中从零开始。如果步的分析过程具有一个物理时间尺度，如在一个动态分析中那样，则步的时间必须对应于那个物理时间。否则，步的时间对于步来说是任何方便的时间尺度——例如，0.0 到 1.0。所有通用分析步的时间累计成总时间。这样，如果一个像蠕变（仅在 Abaqus/Standard 中可用）那样的选项，当它的取决于总时间的公式用于一个多步分析中时，则任何其中不具有一个物理时间尺度的步应当具有一个与确实存在的物理时间步相比可以忽略的小步。

非线性的源头

非线性应力分析问题最多可以包含三个非线性的源头：材料非线性、几何非线性和边界非线性。

材料非线性

Abaqus 提供一个广泛的非线性材料行为的模型（见《Abaqus 分析用户手册——材料卷》的 1.1.3 节中的“组合材料行为”）。许多的材料是历史相关的：在任何时间上的材料响应取决于在前面时间上发生在材料上的过程。这样，求解必须通过遵循实际加载顺序来得到。通用分析过程是设计成考虑这一点的。

几何非线性

有可能在 Abaqus 中定义一个小位移分析问题，意味着在单元计算中，忽略了几何非线性——运动的关系是线性的。默认的，在接触约束中，即使为分析使用了小位移单元公式，依然考虑了大位移和转动，即，使用了一个大滑动接触跟踪算法（见《Abaqus 分析用户手册——指定的条件、约束和相互作用卷》的 4.1.1 节中的和《Abaqus 分析用户手册——指定的条件、约束和相互作用卷》的 5.2.2 节）。小位移分析中的单元是在参照（原始）构型中确定的，使用原始节点坐标系。这样的近似中的容差，就单位而言，是与应变和转动的数量级相同的。近似性也消除了捕捉分叉屈曲的任何可能性，而屈曲有时候是结构响应的一个关键方面（见1.2.4节）。当解释这样一个分析的结果时，必须考虑这些问题。

在Abaqus中替代一个“小位移”分析的是包括大位移的影响。在此情况中，绝大部分的单元是在当前构型中使用当前的节点位置制定的。因而随着变形的增加，单元从它们的原始形状扭曲。具有足够大的变形时，单元可能扭曲很严重，以至于它们不再有现实意义。例如，单元在一个积分点上的体积可以变成负的。在此情况下，Abaqus将发出警告。此外，Abaqus/Standard将在进行进一步继续求解的尝试前，削减时间增量。Abaqus/Explicit也提供单元失效方式使达到高应变的单元从一个模型中删除。详情见《Abaqus分析用户手册——材料卷》的3.2.8节。

对于每一个分析步，应指定是使用小位移还是大位移公式（即，是否应当忽略几何非线性）。默认情况下，Abaqus/Standard使用小位移公式；Abaqus/Explicit使用大位移公式。一个导入分析中的公式默认值与导入时候的值是相同的。如果在任何分析步中使用了一个大位移公式，则将在分析中的所有后续步中使用它，没有办法关闭它。

几乎Abaqus中的所有单元都使用完全非线性的公式。Abaqus /Standard中的三次方梁和忽略横截面厚度变化的小应变壳单元（这些壳单元不包括S3/S3R、S4、S4R和轴对称壳）是例外，这些单元只适合于大转动和小应变。除了这些单元，应变和转动可以是任意大的。

计算得到的应力是“真”（柯西）应力。对于梁、管和壳单元，应力是在随着材料转动的局部方向上给出的。对于所有其他单元，应力分量是在整体方向上给出的，除非在一个点上使用了局部方向（见《Abaqus分析用户手册——介绍空间建模、执行与输出卷》的2.2.5节）。对于小位移方向，使用了无穷小应变度量，它是随着应变输出变量E输出的；使用输出变量LE和NE指定的应变输出，是与E一样的。

输入文件用法：使用大位移公式时，使用下面的选项：

*STEP, NLGEOM = YES（在Abaqus/Explicit中是默认的）

使用小位移公式时，使用下面的选项：

*STEP, NLGEOM = NO（在Abaqus/Standard中是默认的）

省略NLGEOM参数等同于使用默认值的。

Abaqus/CAE用法：Step module：Create Step：选择任何步类型：Basic：Nlgeom：Off（对于一个小应变公式）或者On（对于一个大应变公式）

边界非线性

接触问题是应力分析中非线性的一个常见的源头——见《Abaqus分析用户手册——指定的条件、约束和相互作用卷》的3.1.1节。其他非线性的边界源头是非线性弹性、膜、辐射、多点约束等。

加载

在一个通用分析步中，载荷必须定义成总值。在一个通用的、多步分析中施加载荷的规则在《Abaqus分析用户手册——指定的条件、约束和相互作用卷》的1.4.1节中进行了定义。

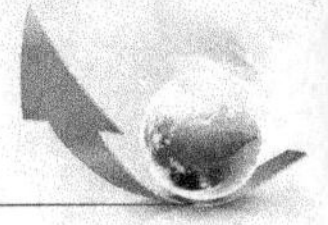

增量

Abaqus 中的通用分析过程提供控制增量的两种方法。一种方法是自动控制：定义步，并且，在某些过程中，指定特定的容差或者容错度量，Abaqus 则随着在步中建立响应而自动选择增量大小。另一种方法是由用户直接控制增量大小（直接增量），据此用户指定增量方案。直接方式有时候在重复使用 Abaqus/Standard 的分析中是有用的，在其中用户对问题的收敛性具有良好的“感觉”。选择自动的还是直接增量的方法，在各自的过程部分进行了讨论。

在 Abaqus/Standard 中的非线性问题中，难点是总是要在尽可能少的计算时间里得到一个收敛的值。在这些情况中，时间增量的自动控制通常是更有效的，因为 Abaqus/Standard 可以对不能事先预测的非线性响应做出反应。在响应或者载荷在整个步上广泛变化的情况中，自动控制是特别有价值的，在例如蠕变、热传导和固化这样的扩散类型的问题中，这是常有的情况。最终，自动的控制允许非线性问题在 Abaqus/Standard 中自信地运行，而不要求对此问题一定有丰富经验。

强非线性通常不代表 Abaqus/Explicit 中的困难，因为一个显式动力学分析产品的特征是小时间增量。

Abaqus/Standard 中非稳态问题的稳定性

因为不同的原因，某些静态的问题可以是固有不稳定的。

未约束的刚体运动

因为存在未约束的刚体，可能会不稳定。当两个物体的靠近中存在刚体运动时，并且最终接触到一起的时候，Abaqus/Standard 能够使用自动的黏性阻尼来处理此类型的问题（见《Abaqus 分析用户手册——指定的条件、约束和相互作用卷》的 3.3.6 节）。

输入文件用法：使用下面的选项：

```
*CONTACT STABILIZATION
*CONTACT CONTROLS, STABILIZE
```

Abaqus/CAE 用法：Abaqus/CAE 中不支持自动的黏性阻尼。

局部屈曲行为或者材料不稳定

不稳定也可以通过局部屈曲行为，或者通过材料不稳定来产生；当材料模拟中不存在与时间相关的行为时，这样的不稳定是特别显著的。如果要求稳定此类型的问题，Abaqus/Standard 中的静态，通用分析过程可以稳定此类型的问题（见 1.2.2 节、1.2.5 节、1.4.1 节、1.5.3 节、1.7.4 节或 1.8.1 节）。

输入文件用法：使用下面选项中的一个：

```
*STATIC, STABILIZE
*VISCO, STABILIZE
*STEADY STATE TRANSPORT, STABILIZE
*COUPLED TEMPERATURE-DISPLACEMENT, STABILIZE
```

*COUPLED TEMPERATURE-DISPLACEMENT, ELECTRICAL, STABILIZE

*SOILS, CONSOLIDATION, STABILIZE

Abaqus/CAE 用法：Step module：Create Step：General：任何有效的步类型：Basic：Use stabilization with dissipated energy fraction

线性摄动分析步

线性摄动分析步仅在 Abaqus/Standard 中可用（Abaqus/Foundation 实质上是 Abaqus / Standard 中的线性摄动功能）。一个线性分析步中的响应是关于基本状态的线性摄动响应。基本状态是模型在线性摄动步前面的，上个通用分析步结束时的状态。如果一个分析的第一个步是线性摄动步，则基本状态是由初始状态确定的（见《Abaqus 分析用户手册——指定的条件、约束和相互作用卷》的 1.2.1 节）。在 Abaqus /Foundation 中，基本状态总是从模型的初始状态确定的。

线性摄动分析在一个完全非线性分析中，通过在通用响应步之间包括线性摄动步，来从时间到时间的执行。当继续通用分析时，线性摄动响应不具有影响。线性摄动步的步时间，任意选取为一个非常小的数，从来都不累计到总时间内。此方法的一个简单例子是增加拉伸情况下的小提琴弦的固有频率确定（见《Abaqus 基准手册》的 1.4.3 节）。弦的拉伸在几个几何非线性分析步中得到增加。在每一个这些步之后，可以在一个线性摄动分析步中提取频率。

如果几何非线性包含在一个以线性摄动研究为基础的通用分析中，则在线性摄动分析中包括应力刚化或者软化效应，以及载荷刚度效应（来自压力和其他跟随力）。

载荷刚度影响也为离心和科氏载荷生成。在直接稳态动力学分析中，科氏载荷生成一个虚拟的反对称矩阵。目前仅在固体和杆单元中考虑了此影响，并且通过在步中使用非对称矩阵保存和求解方案来激活。

线性摄动过程

下面的纯粹线性摄动过程在 Abaqus/Standard 中是可用的：

- 特征值屈曲预测（1.2.3 节）
- 直接求解的稳态动力学分析（1.3.4 节）
- 固有频率提取（1.3.5 节）
- 复特征值提取（1.3.6 节）
- 瞬态模态动力学分析（1.3.7 节）
- 基于模态的稳态动力学分析（1.3.8 节）
- 基于子空间的稳态动力学分析（1.3.9 节）
- 响应谱分析（1.3.10 节）
- 随机响应分析（1.3.11 节）
- 涡流分析中的“时谐分析”（1.7.5 节）

此外，下面的分析技术在分析中被处理成线性摄动分析：

- 定义子结构（5.1.2 节）

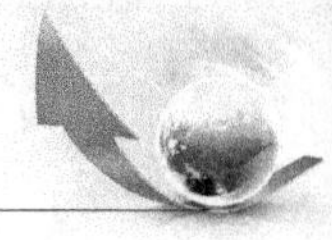

• 生成结构矩阵（5.3.1 节）

除了这些过程和静态过程（在下面解释），所有其他过程仅可以在通用分析步中使用。换言之，它们对于 Abaqus/Foundation 是不可用的。除了复特征值提取过程，所有线性摄动过程对于 Abaqus/Foundation 是可用的。

线性静态摄动分析

一个线性静态应力分析（见 1.2.2 节）可以在 Abaqus/Standard 中进行。

输入文件用法：同时使用下面的选项来进行一个线性静态摄动分析：

*STEP，PERTURBATION

*STATIC

在*STEP 选项中省略 PERTURBATION 参数，表明要求一个通用静态分析。

Abaqus/CAE 用法：Step module：Create Step：Linear perturbation：Static，Linear perturbation

加载

一个线性摄动分析受以下限制：

• 因为一个线性摄动分析没有时间段，幅值参照（见《Abaqus 分析用户手册——指定的条件、约束和相互作用卷》的 1.1.2 节）只有用来指定作为频率函数的载荷或者边界条件（在一个稳态动力学分析中）才有意义，或者来定义基本运动（在基于模态的动力学过程中）。如果将载荷或者边界条件指定为时间的函数，则将使用对应于 time = 0 的幅值。

• 不能中断一个通用隐式动力学分析（见 1.3.2 节）来执行摄动分析。在执行摄动分析前，Abaqus/Standard 要求将结构带入静态平衡。

• 在一个线性摄动分析步中，模型的响应是通过它在基本状态处的线性弹性（或者黏弹性）刚度来定义的。忽略了塑性和其他非弹性影响。对于超弹性（见《Abaqus 分析用户手册——材料卷》的 2.5.1 节）或者次弹性（见《Abaqus 分析用户手册——材料卷》的 2.4.1 节），使用基本状态中的切向弹性模量。如果发生了开裂——例如，在混凝土模型中（见《Abaqus 分析用户手册——材料卷》的 3.6.1 节）使用损伤的弹性（割线）模量。

• 在一个线性摄动分析中，接触条件不能改变。每一个接触约束的开/闭状态，保留其在基本状态中的样子。如果存在摩擦的话，所有接触中的点（具有一个“闭合的”状态）是假定为粘结的，除了通过参照框架的运动，或者传输速度，施加了速度差异的接触节点。在这些节点上，无论是否有摩擦因数，都假定是滑动条件。

• 对于取决于温度和场变量的材料，温度和场变量摄动的影响是忽略的。然而，温度摄动将传输热应变的摄动。

1.1.4 多载荷工况分析

产品：Abaqus/Standard　Abaqus/CAE

参考

- ＊LOAD CASE
- ＊END LOAD CASE
- 《Abaqus/CAE 用户手册》第 34 章，“载荷工况”

概览

一个多载荷工况分析：

- 用于研究在一个步中承受了不同载荷和边界条件集合定义的结构的线性响应（每一个集合指一个载荷工况）；
- 可以比一个等效的多摄动步分析更加有效；
- 允许力学载荷和边界条件从载荷工况到载荷工况的改变；
- 包括基本状态的影响；
- 可以通过静态摄动、直接求解的稳态动力学和基于 SIM 的稳态动力学分析加以实现。

载荷工况

一个载荷工况是指载荷、边界条件和包含一个特定载荷条件的基本运动集合。例如，在一个简化的模拟中，一个飞机的操作环境可以分成五个载荷工况：①起飞，②爬升，③巡航，④下降和⑤着陆。通常一个载荷工况是以载荷单元或者指定边界条件的方式定义的，并且一个多载荷工况分析是指在这样的载荷工况集合中，每一个载荷工况响应的同时求解。这些响应可以缩放，并且在后处理中可以线性组合，来代表实际加载环境。对载荷工况的其他后处理操控也是一样的，例如在所有载荷工况中找到最大的 Mises 应力。这些类型的载荷工况操作可以在 Abaqus/CAE 的 Visualization 模块中要求（见《Abaqus/CAE 用户指南》）。

使用多载荷工况

一个多载荷工况分析与一个多步分析在概念上是等价的，其中，载荷工况定义是映射到连续摄动步的。然而，一个多载荷工况分析通常比等效的多步分析更有效。当大量的边界条件不适用于所有的工况时，会出现例外（即，自由度是在一个载荷工况中约束的，但不是在其他工况中约束的）。要定义什么是“大”是困难的，因为它与模型相关。可以通过为多载荷工况分析和等效多步分析进行数据检查分析，来评估两个分析方法的相对性能。对每一步，数据检查分析都会将资源信息写入数据文件中，包括最大波前、浮点运算的次数和要求的最小内存。如果在多载荷工况步中这些数值显著大于在等效多步分析的所有步中的数值（此时浮点运算应当在比较之前，对所有的步进行相加），则多步分析将更加有效。

虽然多载荷工况分析通常更加有效，但它可能比等效的多步分析占用更多的内存和磁盘空间。这样，对于大型问题或者具有许多载荷工况的问题，再次建议，如上面所描述的那

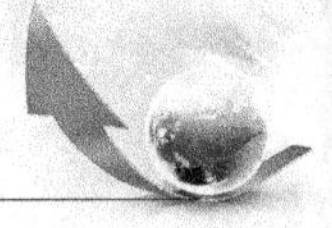

样，要在多载荷工况分析与等效的多步分析之间比较资源的使用。如果要求多载荷工况分析消耗的资源注定是大的，则考虑在一些步中分隔载荷工况。当对一个等效的纯粹多步分析保留一个有效性优点时，多步分析（一个多点载荷和多步的混合）将需要更少的资源。

定义载荷工况

在静态摄动分析、直接求解的稳态动力学分析和基于 SIM 的稳态动力学分析中定义一个载荷工况。载荷工况的定义不传播到后续步中。只有下面类型的指定条件可以在一个载荷工况的定义中指定：

- 边界条件
- 集中载荷
- 分布载荷
- 分布的面载荷
- 惯性载荷
- 基础运动

控制这些指定条件的附加规则将在后面的章节中进行描述。在一个包含载荷工况定义的步中不可以出现其他类型的指定条件。所有其他有效的分析组成部分，例如输出要求，必须在载荷工况定义之外进行指定。

为了后处理，给每一个载荷定义赋予一个名称。

输入文件用法：使用第一个选项来开始一个载荷工况，并使用第二个选项来结束一个载荷工况：

* LOAD CASE，NAME = 名称

* END LOAD CASE

在一个载荷工况定义中指定的条件，只施加给那个载荷工况。在静态摄动和直接求解的稳态动力学分析中，指定的条件可以在载荷工况定义之外进行指定（在此工况中，它们在步中施加所有的载荷工况）。

Abaqus/CAE 用法：Load module：Create Load Case：Name：名称

在 Abaqus/CAE 中，如果一个步包含载荷工况，则在一个或者更多的载荷工况中必须包含步中所有指定的条件。

过程

在摄动步中，仅可以使用下面的过程来定义载荷工况：

- 静态
- 直接求解的稳态动力学
- 基于 SIM 的稳态动力学

就其他摄动步骤而言，一个多载荷工况分析将包括先前通用步（基本状态）的非线性影响。下面的分析技术在一个载荷工况步的前后是不同时支持的：

- 从一个具体的载荷步重启动

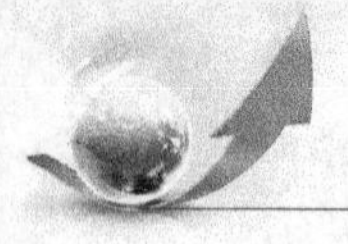

- 使用来自整体分析中第一个载荷工况之外的结果的子模型
- 导入和传递结果
- 循环对称分析
- 围线积分
- 设计灵敏度分析

边界条件

边界条件可以在同一个步中的载荷工况定义的外面和内部进行指定。在一个步中的载荷工况定义的外面指定一个边界条件，是等同于在步中的所有载荷工况中包括此边界条件（即，将对所有的载荷工况施加边界条件）。除非在摄动步中删除了任何边界条件，在基本状态中激活的边界条件将传递到摄动步中的所有载荷工况中。如果在一个步中删除了任何边界条件（载荷工况定义之外或者内部），基本状态边界条件将不会传递到步中的任何载荷工况中。更多的信息见《Abaqus 分析用户手册——指定的条件、约束和相互作用卷》的1.3.1节。

注意：在 Abaqus/CAE 中，如果一个步包含载荷工况，所有步中的边界条件必须包括在一个或者多个载荷工况中。边界条件只能用于静态摄动和直接求解的稳态动力学分析中的载荷工况。

载荷

在静态摄动的和直接求解的稳态动力学分析中的集中的、分布的和分布的面载荷，既可以在同一个步中的载荷工况定义中指定，也可以在载荷工况定义外指定。惯性释放载荷可以在同一个步中载荷工况定义外指定，或者在载荷工况定义内指定，但是不能同时都进行指定。在一个步中的载荷工况定义之外指定这些载荷类型，等同于在步中的所有载荷工况定义中包括它（即，载荷将施加于所有的载荷工况）。

在基于 SIM 的稳态动力学分析中，集中的、分布的、分布的面载荷和基础运动只可以在同一个步中的载荷工况定义内部进行指定。惯性释放载荷是不支持的。

载荷工况不能应用于包括海浪载荷的模型中（见 1.11.1 节）。

就任何摄动步而言，摄动步载荷必须完全在摄动步内部进行定义（见《Abaqus 分析用户手册——指定的条件、约束和相互作用卷》的 1.4.1 节）。

注意：在 Abaqus/CAE 中，如果一个步包含载荷工况，则步中的所有载荷必须包含在一个或者更多的载荷工况中。

预定义的场

场变量不能在一个具有载荷工况的步中指定。

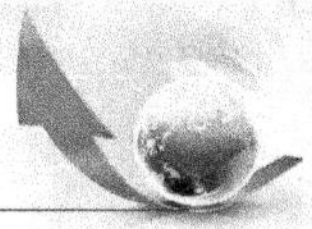

单元

载荷工况不能在包括压电单元（见1.7.2节中的“压电分析”）的模型中使用。

输出

在一个包含一个或者多个载荷工况的步中，支持输出数据库的场和历史输出要求，以及数据文件的输出要求，不支持结果文件的输出要求。只能在载荷定义的外部指定输出要求，并且在步中的所有载荷工况中施加它们。输出要求的步传递法则，与其他摄动步的步传递法则是一样的（见《Abaqus 分析用户手册——介绍、空间建模、执行与输出卷》的4.1.1节中的“输出”）。

在一个具体的过程中，通常可用的大部分的场和历史输出变量，在一个多载荷工况分析中也是可用的（见《Abaqus 分析用户手册——介绍空间建模、执行与输出卷》4.2.1节）。对一个基于 SIM 的稳态动力学分析施加额外的约束的更多信息见1.3.1节。

每一个载荷工况的场输出响应，都保存在一个输出数据库上的单独的帧中。该数据库具有帧的属性。为了区分不同载荷工况的历史输出，在历史变量名之后附有载荷工况的名称。Abaqus/CAE 的 Visualization 模块和 Abaqus 脚本界面（见《Abaqus 脚本用户手册》的第9章，“使用 Abaqus 脚本界面来访问一个输出数据库”）可以用来访问并操控载荷工况输出。Abaqus/Standard 不对载荷工况操作的物理有效性执行连续的检查。例如，允许两个载荷的线性叠加，每一个具有不同的边界条件，即使组合的结果可能不具有物理意义。

输入文件模板

*HEADING

…

* STEP, PERTURBATION

* STATIC or *STEADY STATE DYNAMICS, DIRECT

…

* OUTPUT, FIELD

…

* BOUNDARY

指定所有载荷工况所具有的边界条件的数据行。

* DLOAD

指定所有载荷工况所具有的分布载荷的数据行。

* CLOAD

指定所有载荷工况所具有的集中载荷的数据行。

* DSLOAD

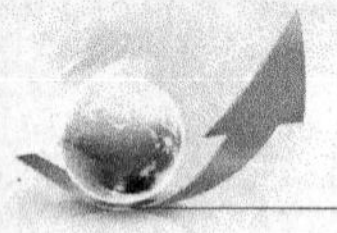

指定所有载荷工况所具有的分布面载荷的数据行。

* INERTIA RELIEF

指定惯性释放加载方向的数据行。

(如果在此处使用了此选项，则此选项不能用于载荷工况内。)

…

* LOAD CASE，NAME = 名称 1

* BOUNDARY

指定第一个载荷工况所具有的边界条件的数据行。

* DLOAD

指定第一个载工况所具有的分布载荷的数据行。

* CLOAD

指定第一个载荷工况所具有的集中载荷的数据行。

* DSLOAD

指定第一个载荷工况所具有的分布面载荷的数据行。

* INERTIA RELIEF

指定惯性释放载荷方向的数据行。

(如果在这里使用了此选项，则此选项不能在载荷工况外使用。)

* END LOAD CASE

* LOAD CASE，NAME = 名称 2

第二个载荷工况所具有的载荷和边界条件选项

* END LOAD CASE

…

后续载荷工况定义

…

* END STEP

* STEP，PERTURBATION

* FREQUENCY，SIM 或 * FREQUENCY，EIGENSOLVER = AMS

* END STEP

…

* STEP，PERTURBATION

* STEADY STATE DYNAMICS

* LOAD CASE，NAME = 名称 3

* BASE MOTION

指定第一个载荷工况所具有的基本运动的数据行。

* DLOAD

指定第一个载荷工况所具有的分布载荷的数据行。

* CLOAD

指定第一个载荷工况所具有的集中载荷的数据行。

* DSLOAD

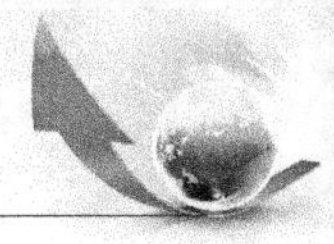

指定第一个载荷工况所具有的分布面载荷的数据行。

```
* END LOAD CASE
* LOAD CASE, NAME = 名称4
```

第二个载荷工况的载荷和基本运动选项。

```
* END LOAD CASE
…
```

后续载荷工况定义

```
…
* OUTPUT, HISTORY
…
* END STEP
```

1.1.5 直接线性方程求解器

产品：Abaqus/Standard　Abaqus/CAE

参照

● Abaqus/Standard、Abaqus/Explicit 和 Abaqus/CFD 执行（《Abaqus 分析用户手册——介绍、空间建模、执行与输出卷》的 3.2.2 节）

● 使用 Abaqus 环境设置（《Abaqus 分析用户手册——介绍、空间建模、执行与输出卷》的 3.3.1 节）

● 迭代线性方程求解器（1.1.6 节）

● Abaqus/Standard 中的并行执行（《Abaqus 分析用户手册——介绍、空间建模、执行与输出卷》的 3.5.2 节）

● 构型分析过程设置（《Abaqus/CAE 用户手册》的 14.11 节），此手册的 HTML 版本中

概览

线性方程求解用于线性和非线性分析中。在非线性分析中，Abaqus/Standard 使用 Newton 方法，或者一个它的变形，例如 Riks 方法，在其中，有必要在每一个迭代上求解一组线性方程。直接线性方程求解器寻找此线性方程组（可达机器精度）的真实解。Abaqus/Standard 中的直接线性方程求解器：

● 使用稀疏的、直接的、高斯消元法；

● 通常代表分析最耗费时间的部分（特别对于大模型）——方程的存储占据了计算中最大部分的磁盘空间。

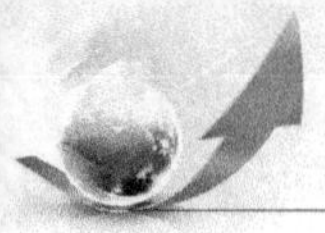

稀疏求解器

直接稀疏求解器使用一个“多前”技术，如果方程组具有一个稀疏结构，则可以极大地降低求解方程的计算时间。当物理模型是由几个零件或者连接到一起的分支构成时，则通常生成这样的一个矩阵结构。一个辐条制成的轮子是一个具有稀疏刚度矩阵结构的很好的例子。使用梁、杆和壳来模拟的空间框架和其他结构，通常具有稀疏刚度矩阵。相比而言，一个块结构，例如一个单个的、固体的、三维的块（见《Abaqus 例题手册》1.4.3 节），给稀疏求解器提供很少的机会来降低计算时间。对于大块结构，迭代线性方程求解器可能更加有效（见“迭代的线性方程求解器，”1.1.6 节）。

输入文件用法：使用下面的选项来使用默认的直接稀疏求解器：

* STEP

Abaqus/CAE 用法：Step module：step editor：Other：Method：Direct

设置直接线性求解器的控制

线性方程求解器可以优化与硬接触和混合单元相关联的约束方程消元。有两种与此选项相关联的不期望的潜在副作用：

- 求解精度可能略微退化，可能对非线性收敛行为造成不利的影响。
- 没有硬接触约束的和（或者）混合单元的模型，有可能性能轻微下降。

输入文件用法：使用下面的选项来打开约束优化：

* SOLVER CONTROLS，CONSTRAINT OPTIMIZATION

Abaqus/CAE 用法：在 Abaqus/CAE 中，不能指定约束优化。

1.1.6 迭代线性方程求解器

产品：Abaqus/Standard　Abaqus/CAE

参考

- * STEP
- * SOLVER CONTROLS
- “Abaqus/Standard 中的并行运算”《Abaqus 分析用户手册——介绍、空间建模、执行与输出卷》的 3.5.2 节
- “定制求解器控制”《Abaqus/CAE 用户手册》的 14.15.2 节，此手册的 HTML 版本中

概览

Abaqus/Standard 中的迭代线性方程求解器：

• 可以用于线性和非线性静态、准静态、热传导、地压和耦合的孔隙流体扩散和应力分析求解过程中；

• 应当只用于大的、状态良好的模型，对于此模型，直接稀疏求解器（见 1.1.5 节）需要极大量的浮点运算。

• 对于大的、状态良好的块状结构，很可能明显比直接方程求解器更快；

• 完全内核运算，比直接稀疏求解器占用更少的存储（内存和磁盘组合）；

• 只能用于三维模型；

• 必须是分析中唯一调用的求解器（即，不能在一个步中使用迭代求解器，而在另外一个步中使用直接求解器）；

• 不能与具有一个自适应阻尼因子的自动稳定性（见 2.1.1 节）一起使用；

• 如果方程组包括拉格朗日乘子自由度（即，与分布的耦合、混合单元、连接器单元、具有直接实施的接触相关联），则不能使用；

• 如果与包含每个主自由度消除大量的从自由度，或者消除一些从自由度来有利于大量的主自由度的稠密线性约束的模型一起使用，将降低性能（即，方程，动力学耦合，MPC）。

迭代求解器基础

Abaqus/Standard 中的迭代求解器，可以用来寻找线性方程组的解，并且可以在线性或者非线性静态、准静态、地压、孔隙流体扩散或者热传导分析步中得到调用。因为计算是迭代的，所以不能保证一个给定线性方程组的收敛解。在迭代求解器不能收敛到一个解的情况下，模型的修改对于改进收敛行为是必要的。在某些情况中，唯一的选择可能是使用直接求解器来得到一个解。当迭代求解器收敛时，此解的精度取决于所使用的相对容差。默认容差对于大部分情况是足够精确的。然而，具体分析的容差调整可以改进仿真的整体性能。此外，迭代求解器的性能相对于直接稀疏求解器，是对模型几何特性高度敏感的，对于具有较大程度连通性和一个相对低程度稀疏性的块状结构（即，模型看上去比板更像一个立方体）更加适用。这些类型的模型通常在采用直接稀疏求解器时需要最大的计算和存储资源。具有较小程度连通性的模型（通常称为具有更高程度的稀疏性），例如一个薄壳形结构，更加适用于直接稀疏求解器（见 1.1.5 节）。

输入文件用法：使用下面的选项来调用迭代求解器：

```
*STEP, SOLVER = ITERATIVE
```

Abaqus/CAE 用法：Step module：step editor：Other：Method：Iterative

迭代求解技术

Abaqus/Standard 中的迭代求解技术，是基于使用一个预条件的 Krylov 方法。此求解器使用下面的通用策略：

1）Krylov 方法求解器在通过有限元方法生成的方程组上迭代，同时在每一个迭代上施加一个预条件。

2）预条件只在每一个线性方程组求解的开始时计算一次，并且用来加速 Krylov 方法的收敛。

3）在并行中，迭代求解过程的所有部件（包括矩阵装配、预条件设置和使用 Krylov 方法的实际求解）是在每一个内核上，通过使用一个基于 MPI 的执行来处理所有必要的通信，从而进行本地处理。

上面概述的过程完全是在 Abaqus/Standard 的内部执行的，没有要求用户介入。

线性方程中的收敛

要生成线性代数方程组的解（记为矩阵方程 $\boldsymbol{Ku}=\boldsymbol{f}$，其中 $\boldsymbol{K}$ 是整体刚度矩阵，$\boldsymbol{f}$ 是载荷向量，并且 $\boldsymbol{u}$ 是期望的位移解），执行一个顺序 Krylov 求解迭代，据此在每一个迭代上，一个近似的解接近于真实的解。近似解中的容差是通过线性方程组的相对残差来度量的，通过 $\|Ku-f\|/\|f\|$ 来定义，其中 $\|\cdot\|$ 是 L^2 范数。使用收敛项来描述此过程，并且当相对残差低于一个指定的容差时，称为近似解已经变得收敛。默认情况下，对于同一非线性过程，此容差是 10^{-3}。线性摄动过程具有默认 10^{-6} 的容差。而默认的容差对于通用非线性过程可能看上去比较松，重要的是注意到线性求解器收敛容差是独立于用来确定分析是否递增收敛的非线性收敛过程（即，Newton-Raphson 方法）所具有的容差的。后者同样与线性方程求解器迭代或者直接求解器的选择无关。

近似求解收敛的速率是与原始方程组的条件直接相关的。一个充分条件的线性方程组将比一个病态方程组收敛得更快。如果残差在最大的迭代次数内不能收敛到容差，则迭代求解器被告知已经遇到了一个非收敛性，并且 Abaqus/Standard 发出一个警告信息。然而，分析将继续运行，并且在某些情况下，Newton-Raphson 迭代在增加过程中可以继续到收敛。

设置迭代线性求解器的控制

Abaqus/Standard 中提供的默认控制，通常是足够的。不过，还是提供了覆盖默认的相对收敛容差和求解器迭代最大次数的方法。

重设求解器控制

可以指定将求解器控制重新设置成它们的默认值。

输入文件用法：＊SOLVER CONTROLS，RESET

Abaqus/CAE 用法：Step module：Other→Solver Controls→Edit：Reset all parameters to their system-defined defaults

指定相关的收敛容差

默认情况下，对于非线性摄动的过程，此容差是 10^{-3}；线性摄动过程默认的容差为 10^{-6}。对于非线性问题，线性求解精度能够影响 Newton 法的收敛。在某些情况下，通过人工指定迭代的求解器相对容差来改进 Newton-Raphson 方法的收敛性或者提高性能是必要的。

输入文件用法：＊SOLVER CONTROLS

收敛的相对容差

Abaqus/CAE 用法：Step module：Other→Solver Controls→Edit：Specify：Relative tolerance：Specify：收敛的相对容差

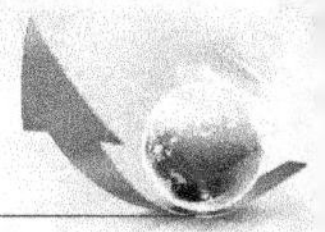

指定求解器迭代的最大次数

在极少的情况下，线性求解器可以要求多于迭代的默认次数来收敛到期望的精度水平。在此情况下，可以增加迭代求解器所允许的迭代最大次数（默认值是300）。

输入文件用法：＊SOLVER CONTROLS

，最大求解器迭代的次数

Abaqus/CAE 用法：Step module：Other→Solver Controls→Edit：Specify：Max. number of iterations：Specify：最大求解器迭代的次数

为固体和地压分析指定非完全的因式分解填充程度

用于固体和地压分析的预条件，使用一个基于因式分解的方法，也称之为 ILU（k）。在极少的情况下，线性求解器可以要求比默认的非完全因式分解填充程度更多的次数，来收敛到期望的精度水平。不完全 LU 分解是 LU 分解的一个稀疏近似。LU 分解通常通过限制分解过程中产生的非零项的个数，来改变刚度矩阵的非零结构。默认情况下，由迭代求解器使用的 ILU 分解填充水平是 0，并且没有添加非零项。用户可以增加填充水平（最大值是 3）来允许基于刚度矩阵的连接性来添加非零项，并且得到一个完全因式分解的更好的近似，但是伴随有增加的计算成本。

输入文件用法：＊SOLVER CONTROLS

，，ILU 因式分解填充水平

Abaqus/CAE 用法：Step module：Other→Solver Controls→Edit：Specify：ILU factorization fill-in level：Specify：ILU 因式分解填充水平

决定使用迭代求解器

在决定使用 Abaqus/Standard 的迭代求解器之前，必须小心地权衡许多因素，例如单元类型、接触和约束方程、材料和几何非线性以及材料属性，所有的这些都可能影响稳定性和性能。在模型是病态的情况下，迭代求解器可能收敛得非常慢甚至不能收敛，例如，许多单元长宽比较差时。

除了可靠性问题之外（主要与收敛或者停滞的速度有关），仅对于块模型来说，如果希望迭代求解器优于直接稀疏求解器（即使当模型状态良好时）就要求一个非常大量的因式分解浮点操作。通常，对于一个状态良好的固体模型，在迭代求解器的运行时间与直接求解器相当之前，整体模型中的自由度数量必须大于一百万。

单元类型和模型几何形体

影响迭代求解器性能的最基本的模型问题，是模型几何形体，当决定迭代求解器对于一个具体的模型是否适用时，必须小心地加以考虑。通常，模型是块状性质（即此平板看上去更像一个块）并且划分为固体单元时，则使用迭代求解器将运行良好。虽然支持像梁和壳那样的结构单元，但具此类结构单元的模型将不会优化执行，因此，对这样的模型应当使用直接稀疏求解器来替代。常规的模拟技术，例如在固体表面覆盖一薄层的膜单元，来恢复边界上的精确应力，或者使用弱弹簧来固定刚体，不能与迭代求解器一

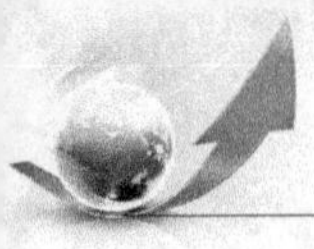

起工作。使用局部转换的坐标系对大的节点集施加载荷或者边界条件，也会造成收敛困难。所有的这些技术都有可能导致极度缓慢的收敛或者停滞。

可以影响迭代求解器收敛性的其他因素是单元的质量。块模型，例如一个发动机活塞，包含许多形状差的单元，具有很大的长宽比，也可以造成迭代求解器收敛性不好。当评估迭代求解器的性能时，查看关于差形状单元的警告信息是一个好主意。

目前，混合单元和连接器单元不支持迭代求解器。

使用具有迭代求解器的胶粘单元将有可能导致不收敛。

约束方程

虽然迭代求解器可以用在包括约束方程（例如多点约束，基于面的绑定约束，运动学耦合等）的模型中，但在下面的情形中可能存在特定的限制：

- 包含多于几千个自由度的线性或者非线性多点约束；
- 包含共享了主自由度的多于几千个线性或者非线性多点约束；
- 多于几千个自由度的单元刚体定义；
- 包含多于几千个从自由度的运动耦合约束。

如果上述情况的任何一个应用于一个模型，则线性方程组的求解代价将随着这样的约束数量而线性地增长。对于非线性分析，通常推荐在线性迭代求解器中收紧迭代求解器容差，并且增加最大迭代的次数，以达到收敛。然而，推荐尽可能地最小化这样的约束，否则，增加的计算成本可能抵消使用迭代求解器所获得的好处。

分布耦合不支持迭代求解器。

接触

因为接触是非线性分析的一种形式，所以在为迭代求解器选择收敛容差时要特别小心（见下面的“非线性分析”）。推荐在求解非线性问题前，先通过一个静态摄动分析来运行模型。这将表明迭代求解器将如何求解没有额外非线性收敛困难的具体的模型几何形。

迭代求解器将只与具有合适罚刚度的基于罚的接触公式一起工作。如果使用了具有直接执行的接触（即，拉格朗日乘子法）或者使用了具有一个极高罚刚度的罚接触，Abaqus/Standard 可能不能收敛。迭代求解器不支持孔隙流动接触，与所使用的接触公式无关。

材料属性

当确定使用迭代求解器时，应当考虑模型中材料属性的变化。材料行为中具有非常大的不连续的模型（几个数量级）将极有可能缓慢地收敛并且可能停滞。

非线性分析

迭代求解器可以用来求解每一步牛顿迭代过程中产生的线性代数方程组。然而，非线性问题的收敛将受迭代线性求解器的收敛性的影响。实际的影响取决于具体的模型和存在的非线性类型。在某些情况下，默认的 10^{-3} 迭代求解器容差，对于保持牛顿法的收敛是足够的了；在其他情况下，必须使用一个更小的线性求解器容差（例如，10^{-6}）。

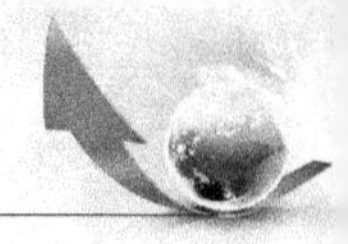

如果一个使用迭代求解器的非线性分析不能收敛，判断这是由于迭代求解器的近似线性方程解引起的不收敛，还是牛顿迭代过程其自身不能收敛，通常都很困难。如果发生了非线性收敛问题，可以使用直接求解器——假定由于求解成本的原因，该问题用直接求解器可解——以消除作为问题可能来源的近似线性解。

1.2　静态应力/位移分析

- “静态应力分析过程：概览”1.2.1 节
- “静态应力分析”1.2.2 节
- “特征值屈曲预测”1.2.3 节
- “非稳定失稳和后屈曲分析”1.2.4 节
- “准静态分析”1.2.5 节
- “直接循环分析”1.2.6 节
- “使用直接循环方法的低周疲劳分析”1.2.7 节

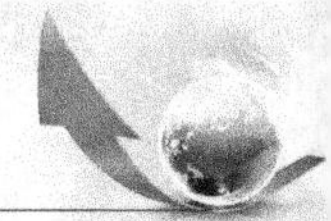

1.2.1 静态应力分析过程：概览

静态应力分析过程忽略惯性的影响。Abaqus/standard 中有如下静态应力分析过程：

● 静态分析：用于稳态问题，包括线性或者非线性响应，见 1.2.2 节。

● 特征值屈曲分析：用于评估“刚硬”结构的临界（分叉）载荷，是一个线性摄动过程，见 1.2.3 节。

● 非稳态失稳和后屈曲分析：用于评估不稳定的、结构的几何非线性的坍塌。此方法也能够有助于得到其他类型不稳定问题的解，通常适用有限载荷分析，见 1.2.4 节。

● 准静态分析：用于分析考虑与时间相关的材料行为（蠕变和溶胀，黏弹性，和黏塑性）的结构瞬态响应。准静态分析可以是线性或者非线性的，见 1.2.5 节。

● 直接循环分析：用于直接计算结构的稳定循环响应。它集合了傅里叶级数和非线性材料行为的时间积分来得到稳定的循环解，见 1.2.6 节。

● 低周疲劳分析：用于预测韧性块材料的渐进损伤和破坏，和（或者）基于直接循环方法与损伤外推技术相结合，来预测层合的复合材料中界面的分层/脱胶生长，见 1.2.7 节。

1.2.2 静态应力分析

产品：Abaqus/Standard　Abaqus/CAE

参考

● “定义一个分析” 1.1.2 节

● “静态应力分析过程：概览” 1.2.1 节

● ＊STATIC

● “构建通用分析过程” 中的 “构建一个静态的，通用的过程” 《Abaqus/CAE 用户手册》的 14.11.1 节，此手册的 HTML 版本中

概览

静态应力分析：

● 在可以忽略惯性影响时使用；

● 可以是线性的或者非线性的；

● 忽略与时间相关的材料的影响（蠕变、溶胀、黏弹性），但是考虑率相关的塑性和超弹性材料的滞回行为。

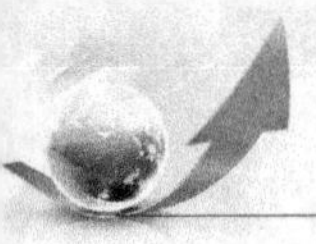

时间区段

在一个静态步中，给分析赋予一个时间区段。这对于交叉参考的幅值选项是必要的，幅值选项可以用来在步中确定载荷和其他外部规定的参数（《Abaqus 分析用户手册——指定的条件、约束和相互作用卷》的 1.1.2 节）的变化。在某些情况中，此时间尺度是真实的，例如，响应可以是通过基于前面瞬态热传导运行的、随时间变化的温度而产生的；或者材料响应可以是率相关的（率相关的塑性），这样就存在一个自然的时间尺度。其他情况不具有这样一个自然时间尺度，例如，当一个容器加压到具有率无关材料响应的限制载荷时。如果不指定一个时间区段，则 Abaqus/Standard 默认得出一个时间区段，其中“时间”在步上从 0.0 变化到 1.0。然后“时间”增量简单地成为步总时段的分数。

线性静态分析

线性静态分析包括指定载荷工况和合适的边界条件。如果所有的或者部分的问题具有线性响应，则强大的子结构功能可以显著降低大型分析计算成本（见 5.1.1 节）。

非线性静态分析

非线性源自大位移效应。材料非线性或者接触和摩擦那样的边界非线性（见 1.1.3 节），并且必须加以考虑。如果在一个步中预见到几何非线性行为，则应当使用大变形公式。在大部分的非线性分析中，对步的加载变化遵循所规定的历史，如温度瞬态或者指定的位移。

输入文件用法：使用下面的选项来指定对于一个静态步应当使用一个大位移的公式：

*STEP，NLGEOM

Abaqus/CAE 用法：Step module：Create Step：General：Static，General：Basic：Nlgeom：On（激活大位移公式）

不稳定问题

某些静态问题因各种各样的原因会有固有的不稳定性。

屈曲或者失稳

在某些几何非线性分析问题中，可能会发生屈曲或者坍塌。在这些情况下只有载荷的大小不遵循一个规定的历史时，才能得到一个准静态解，而且此解必定是部分解。当按比例加载的时候（对整个结构的加载可以使用一个单独的参数进行缩放），可以使用一个特殊的方法——“改进的 Riks 法”，如 1.2.4 节中所描述的那样。

输入文件用法：*STATIC，RIKS

Abaqus/CAE 用法：Step module：Create Step：General：Static，Riks

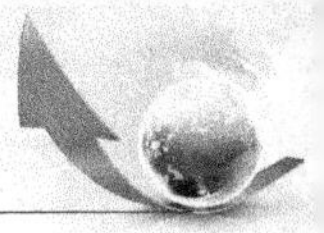

载荷不稳定

在其他不稳定的分析中，不稳定是局部的（例如，面起皱，材料不稳定，或者局部屈曲），在这样的情况中，像 Riks 方法那样的整体载荷控制方法是不合适的。为使该类问题稳定，Abaqus /Standard 提供选项，对整个模型施加阻尼，引入的黏性力大到足以防止瞬间的屈曲或者坍塌，此黏性力又足够小，不会明显影响问题。稳定时的行为可用的自动稳定方案在“求解非线性问题”中的“非稳定问题的自动稳定”2.1.1 节中进行了描述。

增量

Abaqus/Standard 使用牛顿法来求解非线性平衡方程。许多问题涉及历史相关的响应，这样，解通常是作为一系列的增量来得到的，通过迭代得到每一个增量中的平衡。有些时候增量必须保持很小（在这个意义上，转动和应变增量必须是较小的）来确保历史相关效应的正确模拟。增量大小的选择往往要考虑计算效率：如果增量太大，将要求更多的迭代。此外，牛顿法具有一个有限的收敛半径；过大的增量将无法得到任何解，因为增量过大会导致初始状态远离被寻求的平衡状态——它处在收敛半径之外。因此，这里有一个增量大小的算法限制。

自动增量

在大部分情况下，优先选用默认的增量方案，因为它将根据计算效率来选择增量大小。

输入文件用法：＊STATIC

Abaqus/CAE 用法：Step module：Create Step：General：Static，General：Incrementation：Type：Automatic（默认的）

直接增量

增量大小直接由用户控制，因为如果用户对一个具体问题具有相当的经验，就能够选择一个更加经济的方法。

输入文件用法：＊STATIC，DIRECT

Abaqus/CAE 用法：Step module：Create Step：General：Static，General：Incrementation：Type：Fixed

采用直接用户控制，可以在所允许的最大迭代次数已经完成（见 2.2.2 节）之后接受一个增量的求解，即使没有满足平衡容差。通常不推荐此方法，仅用于特殊的情况，必须完全明白如何解释此方法得到的结果。使用此选项应具备两个条件：非常小的增量；两次以上的迭代。

输入文件用法：＊STATIC，DIRECT = NO STOP

Abaqus/CAE 用法：Step module：Create Step：General：Static，General：Other：Accept solution after reaching maximum number of iterations

稳态摩擦滑动

在一个静态分析过程中，可以通过指定物体的运动作为预定义场，来模拟两个具有不同运动速度的变形体之间或者变形体与刚体之间的稳态相对摩擦滑动。在此情况中，

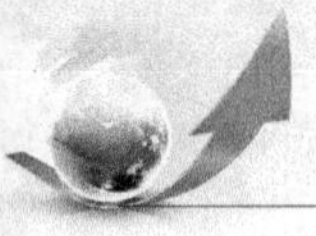

假定滑动速度遵从用户指定的速度差异，并且是独立于节点位移的，如“库仑摩擦”（见《Abaqus 理论手册》5.2.3 节）。

因为此摩擦行为不同于所使用的非稳态摩擦滑动，因此，在相对速度是从预定义运动和前面的步来确定的一个分析步期间具有的解，可能产生不连续。一个例子是盘形制动系统中盘片的初始预加载，与一个具有指定旋转的盘片处的后续制动分析之间，发生不连续。要确保求解中平滑传递，推荐分析步之前的所有分析步中的预定义运动，使用一个零摩擦因数来指定。然后，可以更改稳态分析中的摩擦属性，来使用期望的摩擦因数（见《Abaqus 分析用户手册——指定的条件、约束和相互作用卷》的 4.1.5 节）。

输入文件用法：＊MOTION

Abaqus/CAE 用法：Abaqus/CAE 中不支持预定义的运动场。

初始条件

可以指定应力、温度、场变量、求解相关的状态变量等初始值。《Abaqus 分析用户手册——指定的条件、约束和相互作用卷》的 1.2.1 节中的“Abaqus/Standard 和 Abaqus/Explicit 中的初始条件”描述了所有可用的初始条件。

边界条件

边界条件可以施加在任意位移或者转动自由度（1 ~6）上；施加到开截面梁单元的扭曲自由度 7 上；如果在模型中包括了静液压流体单元，则边界条件施加到流体压力自由度 8 上。如果边界条件是施加到旋转自由度上的，则必须明白有限转动是由 Abaqus 控制的（见《Abaqus 分析用户手册——指定的条件、约束和相互作用卷》的 1.3.1 节）。在分析中，指定的边界条件可以使用一个幅值定义来改变（见《Abaqus 分析用户手册——指定的条件、约束和相互作用卷》的 1.1.2 节中的“幅值曲线”）。

载荷

下面的载荷是在一个静态应力分析中指定的：

• 集中节点力可以施加到位移自由度（1 ~6）上（见《Abaqus 分析用户手册——指定的条件、约束和相互作用卷》的 1.4.2 节中的“集中载荷”）。

• 可以施加分布压力或者体力（见《Abaqus 分析用户手册——指定的条件、约束和相互作用卷》的 1.4.3 节中的“分布载荷”）。单元可用的具体分布载荷类型在《Abaqus 分析用户手册——单元卷》进行了描述。

预定义的场

可以在一个静态应力分析中指定下面的预定义场，如《Abaqus 分析用户手册——指定的条件、约束和相互作用卷》的 1.6.1 节中“预定义的场”所描述的那样：

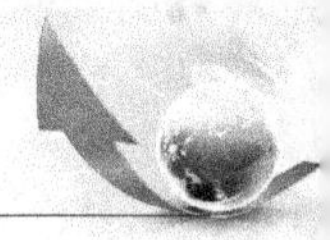

• 虽然温度在静态应力分析中不是一个自由度，但是节点温度可以作为预定义场来指定。施加的温度与初始温度之间的任何差异都将产生热应变，如果给材料指定了一个热膨胀系数（见《Abaqus 分析用户手册——材料卷》的 6.1.2 节中的“热膨胀”）。则所指定的温度也将影响与温度相关的材料属性。

• 可以指定用户定义的场变量值。如果有的话，这些值只影响与场变量相关的材料属性。

材料选项

描述力学行为的大部分材料模型均可用于静态应力分析中。下面的材料属性在一个静态应力分析中是不激活的：声学属性、热属性（除了热膨胀）、质量扩散属性、电导属性和孔隙流体流动属性。

与率相关的场（见《Abaqus 分析用户手册——材料卷》的 3.2.3 节），滞后（见《Abaqus 分析用户手册——材料卷》的 2.8.1 节）和两层黏塑性（见《Abaqus 分析用户手册——材料卷》的 3.2.11 节）是静态分析中可激活的唯一与时间相关的材料响应。与率相关的场响应通常在诸如金属加工问题的快速工艺中是重要的。滞后模型在模拟循环载荷下表现出一个显著滞后的弹性体的大应变，率相关响应中是有用的。两层黏塑性模型在观察到一个显著时间相关的行为和塑性的情形中是有用的，这种情形对于金属来说，通常发生在高温下。必须指定一个合适的时间尺度，这样 Abaqus/Standard 可以正确地处理材料响应的率相关性。

静蠕变和溶胀问题，即时域黏弹性模型是通过准静态过程（见 1.2.5 节）分析的。当在一个静态分析中使用任何这些与时间相关的材料模型时，得到一个与率无关的弹性解，并且所选定的时间尺度对材料响应没有影响。对于蠕变和溶胀行为，这表明与发生蠕变效应的自然时间尺度相比较，载荷是即时施加的。

即时载荷施加的相同概念，应用于时域黏弹性行为。也可以在一个静态过程中，直接得到完全松弛的长期黏弹性解，而不需要执行一个瞬态分析；仅当定义了时域黏弹性材料属性时，此选择才有意义。如果要求长期黏弹性解，与每一个 Prony 级数项相关联的内部应力，从它们在步开始时的值逐渐地增加到它们在步结束时的长期值。

对于两层黏塑性材料模型，可以得到单独的弹性塑性网络的长期响应。

当定义了频域黏弹性材料属性（见《Abaqus 分析用户手册——材料卷》的 2.7.2 节中的“频域黏弹性”）时，对应的弹性模量必须指定为长期的弹性模量。这表明，响应对应于长期的弹性解，无关乎为步所指定的时间区段。

输入文件用法：使用下面的选项来得到二层黏塑性的，具有时域黏弹性，或者长期弹塑性解的，完全松弛的长期弹性解：

*STATIC，LONG TERM

Abaqus/CAE 用法：Step module：Create Step：General：Static，General 或者 Static，Riks：Other：Obtain long-term solution with time-domain material properties

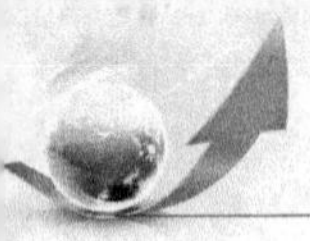

单元

Abaqus/Standard 中的任何应力/位移单元，都可以用于静态应力分析（见《Abaqus 分析用户手册——单元卷》的 1.1.3 节）。虽然在一个静态应力分析中无法获得速度，但阻尼器仍然可以使用（在稳定一个非稳定的问题中，它们是有用的）。相对速度将如《Abaqus 分析用户手册——单元卷》的 6.2.1 节中“阻尼器”所描述的那样进行计算。

在一个静态步中，声学单元是不激活的。所示，如果一个声学-固体分析包括一个静态步，则将只有固体单元变形。如果变形是大的，则声学和实体网格可能不相符，并且后续的声学结构分析步可以产生错误的结果。对变形的声学网格使用自适应网格划分的信息见 7.2.1 节中的“ALE 自适应网格划分”。

输出

对于一个静态应力分析，可用的单元输出包括应力、应变、能量、状态值、场值和用户定义的变量值以及复合失效的度量。可用的节点输出包括位移、反作用力和坐标。所有的输出变量标识符列在《Abaqus 分析用户手册——介绍空间建模、执行与输出卷》的 4.2.1 节。

输出文件模板

```
* HEADING
…
* BOUNDARY
指定零赋值的边界条件的数据行
* INITIAL CONDITIONS
指定初始条件的数据行
* AMPLITUDE
定义幅值变化的数据行
* *
* STEP（, NLGEOM）
一旦指定了 NLGEOM，它将在所有后续的步中起作用
* STATIC, DIRECT
定义直接时间增量的数据行
* BOUNDARY
指定零赋值的或者非零边界条件的数据行
* CLOAD 和/或 * DLOAD
指定载荷的数据行
* TEMPERATURE 和/或 * FIELD
指定预定义场值的数据行
```

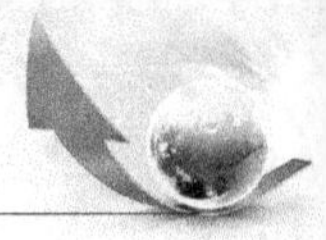

```
* END STEP
* *
* STEP
* STATIC
控制自动时间增量的数据行
* BOUNDARY, OP = MOD
更改或者添加零赋值的或者非零边界条件的数据行
* CLOAD, OP = NEW
指定新集中载荷的数据行；将删除所有前面的集中载荷
* DLOAD, OP = MOD
指定额外的或者已经更改了的分布载荷的数据行
* TEMPERATURE 和/或 * FIELD
指定额外的或者已经更改了的预定义场值的数据行
* END STEP
```

1.2.3 特征值屈曲预测

产品：Abaqus/Standard Abaqus/CAE

参考

- “定义一个分析” 1.1.2 节
- “通用和线性摄动过程” 1.1.3 节
- “静态应力分析过程：概览” 1.2.1 节
- *BUCKLE
- “配置线性摄动分析过程”中的“配置一个屈曲过程”《Abaqus/CAE 用户手册》的 14.11.2 节，此手册的 HTML 版本中
- “创建并更改指定的条件”《Abaqus/CAE 用户手册》的 16.4 节

概览

特征值屈曲分析：

- 通常是用来评估“硬”结构的临界（分叉）载荷；
- 是线性摄动载荷；
- 可以是非承载结构分析中的第一步，或者它可以在结构预加载后执行——如果结构得到预加载，则可以计算所得到的预加载结构所具有的屈曲载荷；
- 可以用于结构的缺陷敏度研究；
- 仅与对称矩阵一起工作（这样，非对称刚性贡献，例如对与后续载荷相关的载荷刚度

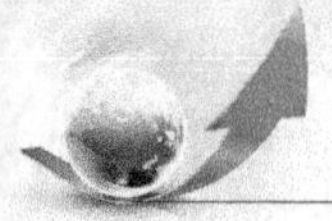

进行了对称化)；

- 包含子结构的模型之中不能使用。

一般特征值屈曲

在一个特征值屈曲问题中，我们寻找使模型刚度矩阵变得奇异的载荷，这样，方程

$$K^{MN}v^{M}=0$$

具有非通解。$\boldsymbol{K}^{MN}$是施加载荷时的切向刚度矩阵，并且v^{M}是非通解的位移解。施加的载荷可以包括压力、集中力、非零的指定位移和（或者）热载荷。

特征值屈曲通常用来评估硬结构的（经典的特征值屈曲）屈曲载荷。硬结构主要通过轴向或者膜作用来承受它们的设计载荷，而不是通过弯曲作用。它们的响应通常在屈曲之前包含非常小的变形。一个硬结构的简单例子是欧拉棒，它对于一个压缩的轴向载荷响应刚度很大，直到达到一个临界载荷，此时它突然弯曲并且表现出相对而言非常小的刚度。即使坍塌前结构的响应是非线性的，一个通用特征值屈曲分析依然可以提供坍塌模态的有用评估。

基本状态

屈曲载荷是相对于结构基本状态进行计算的。基本状态是模型在上个通用分析步的结束处具有的当前状态（见 1.1.3 节）。如果特征值屈曲过程是分析中的第一步，则初始状态也就是基本状态。这样，基本状态可以包括预载荷（“死”载荷）P^{N}。在经典的特征值屈曲问题中，预载荷通常是零。

如果在特征值屈曲分析之前的通用分析步中包含几何非线性（见 1.1.3 节），基本状态几何形体是上个通用分析步在结束时变形的几何形体。如果省略了几何非线性，基本状态几何实体就是原始的体构型。

特征值问题

一个增量的加载模式Q^{N}是在特征值屈曲预定义步中定义的。此载荷的大小是不重要的。它将通过特征值问题中找到的载荷乘子λ_i进行缩放：

$$(\boldsymbol{K}_0^{NM}+\lambda_i\boldsymbol{K}_\Delta^{NM})v_i^{M}=0,$$

式中　$\boldsymbol{K}_0^{NM}$——对应于基本状态的刚性矩阵，它包括预载荷P^{N}（如果有的话）的影响；

$\boldsymbol{K}_\Delta^{NM}$——由增量的加载模式$Q^{N}$产生的载荷刚度矩阵对初始应力的微分；

λ_i——特征值；

v_i^{M}——屈曲模态形状（特征向量）；

M和N——整个模型的M和N自由度；

i——第i个屈曲模态。

临界屈曲载荷则是$P^{N}+\lambda_iQ^{N}$。正常情况下，所感兴趣的是最低的λ_i值。预加载模式P^{N}和摄动加载模式Q^{N}可以是不同的。例如，P^{N}可以是由温度改变引起的热加载，而Q^{N}是由施

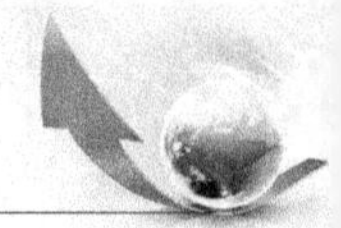

加的压力引起的。

屈曲模态v_i^M是规范化的向量，并且不代表零件在承载时的实际变形大小。对它们进行归一化，则最大位移分量是1.0。如果所有位移分量是零，则最大旋转分量是归一化成1.0的。这些屈曲模态通常是特征值分析的最有用成果，因为它们预测了结构的可能失效模式。

Abaqus/Standard 只可以提取对称矩阵的特征值和特征向量。因此 $\boldsymbol{K}_0^{NM}$ 和 $\boldsymbol{K}_\Delta^{NM}$ 得到对称化。如果矩阵具有明显的不对称部分，则特征值问题可能并非恰如用户所期望的那样求解。

选择特征值提取方法

Abaqus/Standard 提供 Lanczos 和子空间迭代特征值提取方法。当一个具有许多自由度的系统要求大量的特征模态时，Lanczos 方法通常是较快的。当只需要少量（少于20）特征模态时，子空间迭代方法可能更快。

默认情况下，使用子空间迭代特征求解器。子空间迭代和 Lanczos 求解器可以用于同一个分析中的不同步，不要求对于所有合适的步使用相同的特征求解器。

对于两个特征求解器，指定期望的特征值数量。Abaqus/Standard 将为子空间迭代过程选择合适的向量数量，或者 Lanczos 方法的一个合适的分块大小（如果需要，可以覆盖此选项）。如果明显高估特征值实际数量就会产生非常大的文件；如果低估了特征值的实际数量，Abaqus/Standard 将发出一个相应的警告信息。

通常，Lanczos 方法的块大小应当与预期的最大特征值的多重性（即，具有相同特征值的模态最大个数）一样大。不推荐大于10的块大小。如果所要求的特征值的数量是 n，则默认的块大小是（7，n）的最小值。分块 Lanczos 步的数量通常由 Abaqus/Standard 确定，但是当定义特征值屈曲预测步时，可以改变它。通常，如果一个特定类型的特征问题收敛缓慢，提供更多的分块 Lanczos 步将降低分析成本。另外一方面，如果知道一个具体类型问题会快速收敛，则提供更少的分块 Lanczos 步将降低所使用内核内存的大小。如果所要求的特征值的数量是 n，则默认为：

分块大小	$n \leqslant 10$	$n > 10$
1	40	70
2	40	60
3	30	60
≥4	30	30

如果要求了子空间迭代技术，则也可以指定感兴趣的最大特征值。Abaqus /Standard 将提取特征值，直到提取了所要求数量的特征值，或者所提取的最后特征值超出了感兴趣的最大特征值。

如果要求了 Lanczos 特征值求解器，也可以指定感兴趣的最小和（或者）最大特征值。Abaqus/Standard 将提取特征值，直到在给定的范围内已经提取了要求数量的特征值，或者已经提取了给定范围内的所有特征值。

输入文件用法：使用下面的选项来执行一个使用子空间迭代法的特征值屈曲分析：

* BUCKLE，EIGENSOLVER = SUBSPACE（默认的）

使用下面的选项来执行一个使用 Lanczos 法的特征值屈曲分析：

＊ BUCKLE，EIGENSOLVER = LANCZOS

Abaqus/CAE 用法：Step module：Create Step：Linear perturbation：Buckle：
Eigensolver：Lanczos 或者 Subspace

与 Lanczos 特征求解器应用一个屈曲分析相关联的局限性

Lanczos 特征求解器不能用于如下情况中刚度矩阵不定的屈曲分析：

- 包含混合单元或者连接器单元的模型。
- 包含分布耦合约束的模型，直接定义的（见《Abaqus 分析用户手册——指定的条件、约束和相互作用卷》的 2.3.2 ~ 2.3.4 节）或者通过分布耦合单元（DCOUP2D 和 DCOUP3D）定义的。
- 包含接触对或者接触单元的模型。
- 已经在分叉（屈曲）载荷以上加载的模型。
- 具有刚体模式的模型。

在此情况中，Abaqus/Standard 将发出一个错误信息并终止分析。

屈曲计算和刚度矩阵构造的次序

在一个特征值屈曲预测步中，Abaqus/Standard 首先进行一个静态摄动分析来确定由 Q^N 产生的应力增量 $\Delta\sigma$。如果基本状态不包括几何非线性，则用于此静态摄动分析的刚度矩阵是切向弹性刚度。如果基本状态不包括几何非线性，则包括初始应力和载荷刚度项（由于预载荷 P^N）。然后形成对应于 $\Delta\sigma$ 和 Q^N 的刚性矩阵 $\boldsymbol{K}_{\Delta}^{NM}$。

在屈曲步的特征值提取部分，形成对应于基本状态几何形体的刚度矩阵 $\boldsymbol{K}_0^{NM}$。由于预加载 P^N 总是包含产生的初始应力和载荷刚度项，无论是否包含几何非线性，并且基于基础状态的几何形体来计算。

当形成刚度矩阵 $\boldsymbol{K}_0^{NM}$ 和 $\boldsymbol{K}_{\Delta}^{NM}$ 时，所有接触条件在基本状态中固定。

具有紧密排列特征值的屈曲模式

某些结构具有许多特征值紧密排列的屈曲模态，会产生数值问题。在这些情况中，通常在执行特征值提取之前，施加足够的预加载 P^N，加载结构到刚刚低于屈曲载荷，是有帮助的。

如果 $P^N = \mu Q^N$，μ 是标量常数，并且结构是“硬的”和弹性的，并且如果问题是线性的，则结构刚度变化到 $\boldsymbol{K}_0^{NM} + \mu\boldsymbol{K}_{\Delta}^{NM}$，并且通过 $(\mu + \lambda_i)Q^N$ 来给出屈曲载荷。过程等效于一个具有 μ 的动态特征频率提取。结构不应当在屈曲载荷以上进行预加载。在那样的情况中，子空间迭代过程可能不能收敛，或者产生不正确的结果；不能使用 Lanczos 特征求解器（如早先所讨论的那样）。

在许多情况中，一系列紧密排列的特征值说明结构是缺陷敏感的。一个特征值屈曲分析不会给出缺陷敏感的结构的精确屈曲载荷预测。将使用静态 Riks 过程来进行替代（见 1.2.4 节中的“不稳定失稳和后屈曲分析”）。

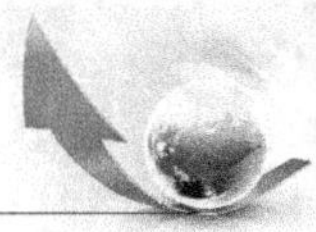

理解负特征值

有时候，在一个特征值屈曲分析中会出现负特征值。在大部分情况中，这样的负特征值表明如果在相反的方向上施加载荷，结构将屈曲。一个经典的例子是承受剪切载荷的板：板在承受相同大小的正、负剪切载荷下将发生屈曲。反向加载下的屈曲也可以在意料外的情形中发生。例如，一个承受外压的压力容器，由于加强筋的局部屈曲，可能会出现一个负的特征值（在内压下屈曲）。这样的“物理的”负屈曲模型，一旦表现出来，通常是容易理解的，并且通常可以通过在屈曲分析之前施加一个预载荷来避免。

负特征值有时候对应于根据物理行为不易理解的屈曲模式，特别是如果施加一个引起严重几何非线性的预载荷。在此情况中，应当实施一个几何非线性载荷-位移分析（见 1.2.4 节中的“不稳定失稳和后屈曲分析”）。

在一个屈曲分析中包括大的几何形体改变

因为屈曲分析通常是为“硬”结构实施的，通常没有必要在为基本状态中建立平衡时考虑几何改变的影响。然而，如果在基本状态中包括了明显的几何变化，并且认为此影响是重要的，则应当在基本状态步考虑几何非线性（见 1.1.3 节）。在这些情况中，进行几何非线性载荷-位移分析（Riks 分析）可能更现实，以确定失稳载荷，特别对于缺陷敏感的结构。

当在预载荷中可以包括大变形时，特征值屈曲理论依托由“活”屈曲载荷 $\lambda_i Q^N$ 所产生的几何变换是很小的。如果活载荷产生显著的几何变化，则必须使用一个非线性坍塌（Riks）分析。在非线性屈曲分析中，通过特征值分析，总屈曲载荷 $P^N + \lambda_i Q^N$ 可以是限制载荷的良好评估。Riks 方法在 1.2.4 节中“不稳定失稳和后屈曲分析”进行了描述。

初始条件

可以为一个特征值屈曲分析指定量的初始值，这些量诸如应力、温度、场变量等和求解相关的变量。如果屈曲不是分析中的第一步，则这些初始条件形成了结构的基础状态。《Abaqus 分析用户手册——指定的条件、约束和相互作用卷》的 1.2.1 节中“Abaqus/Standard 和 Abaqus/Explicit 中的初始条件”描述了所有可用的初始条件。

边界条件

边界条件可以施加于任何的位移或者旋转自由度（1 ~ 6），或者施加于开截面梁单元中的翘曲自由度 7（见《Abaqus 分析用户手册——指定的条件、约束和相互作用卷》的 1.3.1 节中的“Abaqus/Standard 和 Abaqus/Explicit 中的边界条件”）。一个执行特征值屈曲分析的通用分析步中的一个非零的指定边界条件，可以用来预加载结构。在一个特征值屈曲步中指定的非零的边界条件，将对应力增量 $\Delta\sigma$ 有贡献，这样，将对不同的初始应力刚度有贡献。

当指定非零的边界条件时，必须小心地解释由此产生的特征值问题。指定的非零边界条件将被处理成特征值提取过程中的约束（即，好像它们是固定的）。这样，模态可以通过这些边界条件来改变，除非通过指定屈曲模式边界条件来删除为特征值提取而指定的边界条件（见下面的讨论）。

在一个特征值屈曲分析中，幅值定义（《Abaqus 分析用户手册——指定的条件、约束和相互作用卷》的 1.1.2 节中的“幅值曲线”）不能用来改变指定边界条件所具有的大小。

可以在一个特征值屈曲预测步中定义摄动载荷和屈曲模式边界条件。

输入文件用法：使用下面两个选项中的一个来定义摄动载荷边界条件：

* BOUNDARY

* BOUNDARY，LOAD CASE =1

使用下面的选项来定义屈曲模式边界条件：

* BOUNDARY，LOAD CASE =2，OP = NEW

当在一个特征值屈曲预定义步中定义屈曲模式边界条件时，要求参数 OP = NEW；然而，步中的摄动载荷边界条件可以使用 OP = NEW 或者 OP = MOD。

Abaqus/CAE 用法：Load module：Create Boundary Condition：选择 Mechanical for the Category and Symmetry/Antisymmetry/Encastre for the Types for Selected Step：选择区域：切换打开 Stress perturbation only 来定义一个摄动载荷边界条件；切换打开 Buckling mode calculation only 来定义一个屈曲模式边界条件；切换打开 Stress perturbation and buckling mode calculation 来同时定义边界条件的类型

组合边界条件

屈曲模式取决于基本状态中的应力以及由于屈曲步中的摄动加载所产生的应力增量。这些应力受每一个步中所采用的边界条件的影响。在一般特征值屈曲分析中，下面类型的边界条件可以影响应力：

1. 基本状态中的边界条件。

2. 用于计算线性摄动应力 $\Delta\sigma$ 的边界条件。这些边界条件将是：

a. 在特征值屈曲步中指定的摄动载荷边界；

b. 如果在特征值屈曲步中没有指定摄动载荷边界条件，则取基础状态的边界条件；

c. 如果既没有摄动载荷边界条件，也不存在基本状态的边界条件，则取屈曲模式边界条件。

3. 用于特征值提取的边界条件。这些边界条件将是：

a. 屈曲模态边界条件；

b. 如果在特征值屈曲步中没有指定屈曲模态边界条件，则取摄动载荷边界条件；

c. 如果在特征值屈曲步中没有使用边界条件定义，则取基本状态的边界条件。

表 1-2 总结了特征值屈曲步中边界条件的使用。当指定了屈曲模式边界条件时，则必须指定在特征值提取中要施加的所有边界条件。

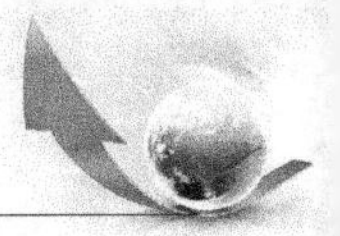

对称结构的屈曲

承受对称载荷的对称结构所具有的屈曲模式是对称的，或是反对称的。在此情况下，通常仅模拟结构的一部分，并且接着为每一个对称面执行两次屈曲分析：一次具有对称边界条件，另外一次具有反对称边界条件。

活载荷模式通常是对称的，所以，为了计算初始应力刚度矩阵公式中要使用的摄动应力，要求对称的边界条件。为了特征值提取来得到反对称模式，必须将边界条件转换成反对称的。《Abaqus 基准手册》的 1.2.3 节，说明了这样一个情况。

如果模型包括不止一个对称平面，则必须对每一个对称平面的所有对称和反对称边界条件的组合进行研究。

表 1-2　在特征值屈曲分析的不同部分有效的边界条件

用户定义的边界条件		Abaqus 使用的边界条件	
基本状态	特征值屈曲预测步	线性摄动	特征值提取
B	0	B	B
0	1	1	1
0	2	2	2
B	1	1	1
B	2	B	2
0	1，2	1	2
B	1，2	1	2

注：B = 基本状态边界条件；0 = 无指定的边界条件
1 = 摄动载荷边界条件；2 = 屈曲模式边界条件

轴对称结构的对称屈曲

承受压缩载荷的轴对称结构，经常以非轴对称模式失稳。这些模式不能使用由诸如壳单元 SAX1 和 SAX2（见《Abaqus 分析用户手册——单元卷》的 3.6.9 节）或者连续单元 CAX4 或者 CAX8（见《Abaqus 分析用户手册——单元卷》的 2.1.6 节）那样的单元所提供的纯粹的轴对称模型来找到。这样的分析必须使用三维壳或者连续单元来完成。

载荷

下面的载荷类型可以在特征值屈曲分析中进行指定：

● 集中节点力可以施加于位移自由度（1~6）见《Abaqus 分析用户手册——指定的条件、约束和相互作用卷》的 1.4.2 节。

● 可以施加分布的压力或者体积力见《Abaqus 分析用户手册——指定的条件、约束和相互作用卷》的 1.4.3 节。可以使用分布载荷类型的具体单元在《Abaqus 分析用户手册——单元卷》中进行了描述。

载荷刚度对临界屈曲载荷具有明显的影响。因此，当求解特征值屈曲问题时，Abaqus/

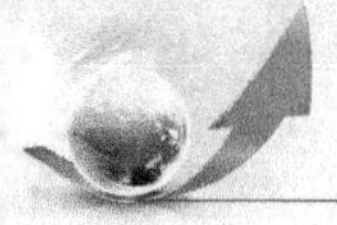

Standard 将考虑由预加载荷产生的载荷刚度。结构不要在临界屈曲载荷之上进行预加载。

在特征值屈曲分析中施加的任何载荷称为一个“活”载荷。此增量载荷 Q^N 描述了研究屈曲敏感性的载荷模式，它的大小是不重要的。此增量载荷定义代表线性摄动载荷，如《Abaqus 分析用户手册——指定的条件、约束和相互作用卷》的 1.4.1 节中所描述的那样。

跟随力（例如假定集中载荷或者压力载荷随着节点旋转而旋转）导致一个非对称的载荷刚度。因为 Abaqus/Standard 中的特征值提取只能在对称矩阵上执行，具有跟随载荷的特征值分析可能不产生正确的结果。

在一个特征值屈曲分析中，不能使用幅值定义。《Abaqus 分析用户手册——指定的条件、约束和相互作用卷》的 1.4.1 节，描述了所有可用的载荷。

指定的边界条件也可以用来在特征值屈曲分析中加载结构，如前面所讨论的那样。

预定义的场

在一个特征值屈曲预定义步中，可以指定节点温度（见《Abaqus 分析用户手册——指定的条件、约束和相互作用卷》的 1.6.1 节）。如果给出了材料的热膨胀系数，则指定的温度将产生静态摄动分析中的热应变（见《Abaqus 分析用户手册——材料卷》的 6.1.2 节），并且将生成应力增量 $\Delta\sigma$。这样，Abaqus/Standard 可以分析由于热应力产生的屈曲。在特征值屈曲预测步中，指定的温度将不影响热相关的材料属性；材料属性是基于基本状态中的温度的。不能在一个特征值屈曲分析中使用幅值定义来改变指定的温度。

材料选项

在一个特征值屈曲分析中，模型的响应是通过基本状态中的线性弹性刚度来定义的。在特征值屈曲分析中，所有非线性或者非弹性材料属性，涉及时间或者应变率的影响是被忽略的。在经典特征值屈曲中，基本状态中的响应也是线性的。

如果使用了温度相关的弹性属性，则特征值屈曲分析将不会考虑由于温度改变引起的刚度矩阵的改变。将使用基本状态的材料属性。

声学属性、热属性（除了热膨胀系数）、质量扩展属性，电属性和流体流动属性，在一个特征值屈曲分析中是不起作用的。

单元

Abaqus/Standard 中除了不能与 Lanczos 特征求解器一起使用的混合单元和接触单元（如早先讨论的，其他应力/位移单元，包括具有温度或者压力自由度的单元）均可以用于特征值屈曲分析。见《Abaqus 分析用户手册——单元卷》的 1.1.3 节。

输出

特征值 λ_i 的值将在打印出的输出文件中列表显示。如果要求应力、应变、反作用力等

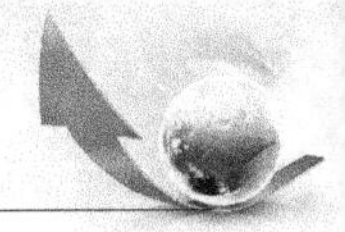

物理量的输出，则此信息将为每一个特征值进行打印。这些量是摄动值，并且代表模态，不是绝对值。所有的输出变量标识符在《Abaqus 分析用户手册——介绍空间建模、执行与输出卷》的 4.2.1 节中进行了概述。

屈曲模式可以在 Abaqus/CAE 的 Visualization 模块中显示。

输入文件模板

下面的模板描述了一个非常通用的特征值屈曲问题，其中可以指定尽可能多的特征值屈曲预测步。

对称边界条件在 Abaqus/Standard 输入的模型定义部分进行了指定，并且这样，属于基本状态（见 1.1.3 节）。在第一个屈曲步中，Abaqus /Standard 使用基本状态边界条件来解决摄动应力以及解决特征值提取。

在第二个屈曲步中，基本状态的边界条件、初始应力计算和特征值提取是完全不同的。Abaqus/Standard 使用指定的对称边界条件来解决摄动应力，但是为了特征值提取使用指定的反对称边界条件。

```
* HEADING
…
* BOUNDARY
指定对基本状态有贡献的零值的边界条件的数据行
* *
* STEP, NLGEOM
将在特征值屈曲步中包括的载荷刚度项
因为在此（可选的）预加载步中使用了 NLGEOM 参数
* STATIC
控制增量的数据行
* BOUNDARY
指定非零边界条件（死载荷）的数据行
* CLOAD 和/或 * DLOAD 和/或 * TEMPERATURE
指定死载荷的数据行，P^N
* END STEP
* *
* STEP
* BUCKLE
要求对称模式期望数量的数据行
* CLOAD 和/或 * DLOAD 和/或 * TEMPERATURE
指定摄动加载的数据行，Q^N
* END STEP
* *
* STEP
```

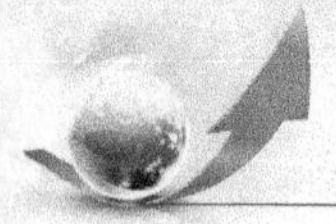

* BUCKLE

要求反对称模式期望数量的数据行

* CLOAD 和/或 *DLOAD 和/或 *TEMPERATURE

指定摄动加载的数据行

* BOUNDARY，LOAD CASE =1

为摄动载荷指定所有边界条件的数据行

* BOUNDARY，LOAD CASE =2，OP = NEW

为特征值提取指定所有反对称边界条件的数据行

* END STEP

1.2.4 非稳定失稳和后屈曲分析

产品：Abaqus/Standard　Abaqus/CAE

参考

- “定义一个分析” 1.1.2 节
- “静态应力分析过程：概览” 1.2.1 节
- “在一个模型中引入一个几何缺陷” 6.3 节
- *STATIC
- *IMPERFECTION
- “构造通用分析过程” 中的 “构造一个静态，Riks 过程”《Abaqus/CAE 用户手册》的 14.11.1 节，此手册的 HTML 版本中

概览

Riks 方法：

- 通常是用来预测不稳定的、几何非线性的结构失稳；
- 可以包括非线性材料和边界条件；
- 通常在一个特征值屈曲分析之后来提供关于结构失稳的完整信息；
- 可以用来加速病态条件的或者没有表现出不稳定突弹跳变问题的收敛。

不稳定响应

几何非线性静态问题有时候涉及屈曲或者失稳行为，其中载荷-位移响应表现出一个负刚度，并且结构必须释放出应变能来保持平衡。一些方法对于模拟这样的行为是可行的。一个是动态的处理屈曲响应，实际上，将惯性效应作为结构跳变来模拟响应。此方法可以通过重启动被终止的静态过程来轻松实现（见 4.1.1 节），并且当静态求解变得不稳定时，转化

成一个动态过程（见 1.3.2 节）。在某些简单的情况中，位移控制可以提供一个解，即使当共轭负载（反作用力）随着位移的降低而降低。另外一个方法是在一个静态分析中，使用阻尼器来稳定结构。Abaqus/Standard 提供一个此静态分析过程稳定方法的自动版本（见 1.2.2 节、1.2.5 节、6.5.3 节和 1.8.1 节）。

另外，响应的非稳定阶段中的静态平衡状态可以通过使用"改进的 Riks 方法"来找到。此方法用于载荷是比例的情况，即，载荷大小是通过一个单独的标量参数来控制的。此方法即使在复杂的情况中也能提供解，例如图 1-1 中所示的不稳定响应。

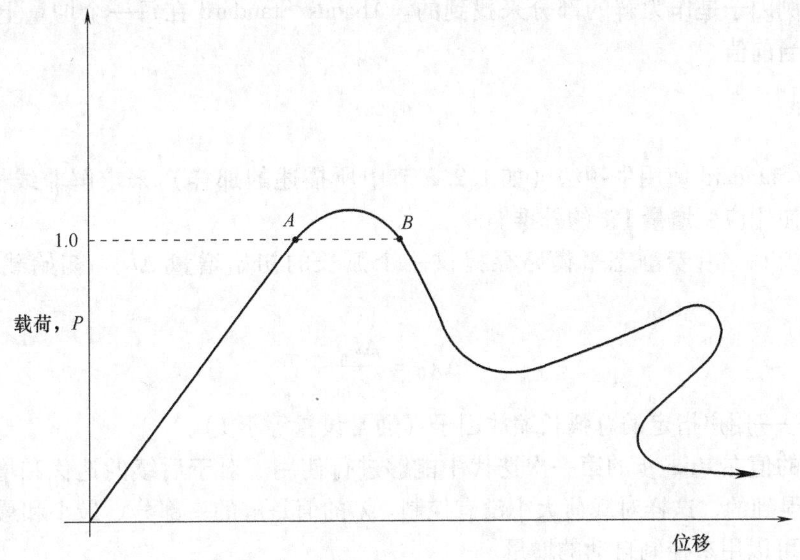

图 1-1　具有不稳定响应的比例加载

Riks 方法对于求解诸如限制载荷的病态条件的问题和表现出软化的几乎所有不稳定问题也是有用的。

Riks 方法

在简单的情况中，线性特征值分析（见 1.2.3 节）对于设计评估可能是足够的。但是如果考虑到屈曲之前的材料非线性、几何非线性或者不稳定的后屈曲响应，则必须执行载荷-挠度（Riks）分析来进一步研究问题。

Riks 方法将载荷大小作为一个附加的未知量来使用，它同时求解载荷和位移。这样，必须使用另外一个量来度量求解的进程。Abaqus/Standard 沿着载荷-位移空间中的静态平衡路径，使用"弧长"l。无论响应是稳定的还是不稳定的，此方法都提供求解。此方法的一个详细描述见《Abaqus 理论手册》的 2.3.2 节。

比例加载

如果 Riks 步是一个先前分析的延续，则任何在步的开始就存在的载荷，在没有进行重定义时，将被处理成大小不变的"死"载荷。一个在 Riks 步中定义大小的载荷，

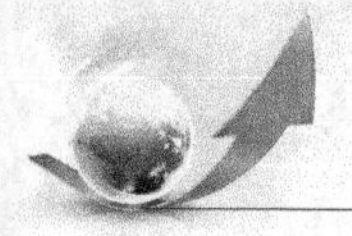

称为一个“参考”载荷。所有指定的载荷是从初始（死载荷）值线性变化到所指定的参考值的。

Riks 步中的载荷总是成比例的。当前载荷 P_{total} 为

$$P_{total}=P_0+\lambda(P_{ref}-P_0)$$

式中 P_0——死载荷；

P_{ref}——参考载荷矢量；

λ——载荷比例因子。

载荷比例因子是作为解的部分来找到的。Abaqus/Standard 在每一个增量上打印出载荷比例因子的当前值。

增量

Abaqus/Standard 使用牛顿法（如 1.2.2 节中所描述的那样）来求解非线性平衡方程。Riks 过程仅使用应变增量 1% 的外推。

当定义步时，沿着静态平衡路径提供一个弧长的初始增量 Δl_{in}。初始载荷比例因子 $\Delta\lambda_{in}$ 为

$$\Delta\lambda_{in}=\frac{\Delta l_{in}}{l_{period}}$$

式中 l_{period}——用户指定的总弧长缩放因子（通常设置等于 1）。

此 $\Delta\lambda_{in}$ 的值在 Riks 步的第一次迭代中能够进行使用。对于后续的迭代和增量，λ 的值是自动计算得到的，这样对载荷大小没有控制。λ 的值是解的一部分。最小和最大弧长增量 Δl_{min} 和 Δl_{max} 可以用来控制自动的增量。

输入文件用法：*STATIC，RIKS

Abaqus/CAE 用法：Step module：Create Step：General：Static，Riks

也提供增量大小的直接用户控制。在此情况中，弧长增量 Δl 是保持不变的。对于 Riks 分析，不推荐此方法，因为它阻止了 Abaqus/Standard 在遇到严重的非线性时减小弧长。

输入文件用法：*STATIC，RIKS，DIRECT

Abaqus/CAE 用法：Step module：Create Step：General：Static，Riks：Incrementation：Type：Fixed

结束一个 Riks 分析步

因为载荷大小是解的一部分，需要一个方法来指定步何时完成。用户可以指定一个载荷比例因子 λ_{end} 的最大值，或者在一个指定自由度处的一个最大位移值。当超过任何一个值时，步将终止。如果这些完成条件一个都没有指定，分析将按照步定义中指定的增量数量而继续（见 1.1.2 节）。

分叉

Riks 方法在突弹跳变问题中工作良好——载荷-位移空间中的平衡路径是平滑的，并且

不分叉。通常不需要在没有表现出分叉的问题中采取任何特殊的预防措施。《Abaqus 例题手册》的 1.2.1 节，是一个平滑突弹跳变问题的例子。

Riks 方法也可以用来求解后屈曲问题，稳定和非稳定后屈曲行为都可以。然而，不能直接分析在屈曲点处由于不连续响应所产生的确切的后屈曲问题。要分析一个后屈曲问题，必须将它变成一个替代分叉的具有连续响应的问题。通过在“完美”几何形体中来引入一个初始缺陷实现此影响，这样在达到临界载荷前，在屈曲模式中具有一些响应。

引入几何缺陷

通常在几何形体中通过扰动来引入缺陷。除非已知一个缺陷的精确形状，否则必须引入一个由多个叠加的屈曲模式组成的缺陷（见 1.2.3 节）。Abaqus 允许定义缺陷（见 6.3.1 节）。

在此情况中，Riks 方法可以用来执行在屈曲（分叉）前表现出线性行为的结构的后屈曲分析。均匀轴向压力下一个圆柱壳的屈曲是一个引入几何缺陷方法的例子，见《Abaqus 基准手册》的 1.2.3 节。

通过执行一个载荷-位移分析，可以包括其他重要的非线性影响，例如材料非弹性或者接触。作为对比，在一个线性特征值屈曲分析中，会忽略所有的非弹性效应，并且所有的接触条件在基本状态中是固定的。基于线性屈曲模式的缺陷，对于在达到峰值载荷前具有非弹性行为的结构分析也是有用的。

引入载荷缺陷

载荷中或者边界条件中的扰动也可以用来引入初始缺陷。在此情况中，可以使用虚拟的“触发”载荷来启动不稳定性。触发载荷应当在期望的屈曲模式中扰动结构。通常，这些载荷是作为死载荷在 Riks 步之前施加的，所以它们具有固定的大小。触发载荷必须足够小，这样它们不影响整体的后屈曲解。必须选择大小和位置合适的虚拟载荷，因为 Abaqus/Standard 不检查它们是否合适。

得到一个具体载荷或者位移值处的解

Riks 算法不能得到一个在给定载荷或者位移值处的解，因为这些载荷或者位移是处理成未知的，在满足步终止准则的第一个解上发生终止。要在确切的载荷或者位移值上得到解，求解必须在步中期望的点上进行重启动（见 4.1.1 节），并且必须定义一个新的非 Riks 步。因为后续的步是 Riks 分析的延续，必须给出那个步中合理的载荷大小，这样根据重启动点处载荷的行为，步以连续增加的或者降低的载荷开始。例如，如果在重启动点处，载荷是增加的并且是正的，则在重启动步中应当给出一个比当前更大的载荷来继续此行为；如果载荷是下降的，而且是正的，则应当指定一个比当前更小的载荷。

限制

Riks 分析会受到下面的限制：

- 在一个相同的分析中，一个 Riks 步不能由后续步跟随。后续步必须通过使用重启动

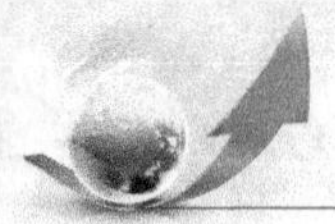

来分析。

• 如果一个 Riks 分析包括不可恢复的变形（例如塑性）和一个使用其他 Riks 步的重启动，而在结构上的载荷大小是下降的，则 Abaqus/Standard 将找到弹性卸载解。这样，重启动应当在分析中的一个点上发生，分析中如果存在塑性，载荷大小是增加的。

• 对于涉及丧失接触的后屈曲问题，Riks 方法通常将不起作用。在动态的或者静态的分析中引入惯性或者黏性阻尼力（例如通过阻尼提供的力）来稳定求解。

初始条件

可以指定应力、温度、场变量、求解独立的状态变量等初始值。《Abaqus 分析用户手册——指定的条件、约束和相互作用卷》的 1.2.1 节，描述了所有可用的初始条件。

边界条件

边界条件可以施加于任何的位移或者旋转自由度（1~6），或者施加于开截面梁单元（见《Abaqus 分析用户手册——指定的条件、约束和相互作用卷》的 1.3.1 节）中的翘曲自由度 7。幅值定义（见《Abaqus 分析用户手册——指定的条件、约束和相互作用卷》的 1.1.2 节）不能用来在 Riks 分析中改变指定边界条件的大小。

载荷

下面的载荷可以在 Riks 分析中指定：

• 集中节点力可以施加在位移自由度（1~6）上（见《Abaqus 分析用户手册——指定的条件、约束和相互作用卷》的 1.4.2 节）。

• 可以施加分布压力或者体积力（见《Abaqus 分析用户手册——指定的条件、约束和相互作用卷》的 1.4.3 节）。可使用分布载荷的具体单元在《Abaqus 分析用户手册——单元卷》中进行了描述。

因为 Abaqus/Standard 基于用户指定的大小来成比例地缩放载荷，当选择 Riks 方法时，忽略幅值参考。

如果指定了跟随载荷，则它们对刚度矩阵的贡献可以是非对称的。使用非对称矩阵存储和求解策略来改进此种情况中的计算效率（见 1.1.2 节）。

预定义的场

可以指定节点温度（见《Abaqus 分析用户手册——指定的条件、约束和相互作用卷》的 1.6.1 节）。如果给定了材料的热膨胀系数，任何施加的温度与初始温度之间的差异将导致热应变（见《Abaqus 分析用户手册——材料卷》的 6.1.2 节）。为 Riks 分析指定了由热应变产生的载荷对“参考”载荷的贡献，并且随载荷比例因子呈线性上升。这样，Riks 过

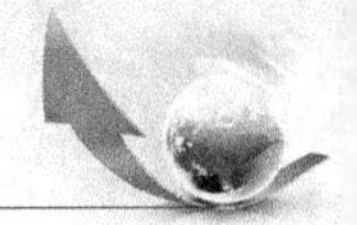

程可以分析由热应变产生的后屈曲和失稳。

可以指定其他用户定义的场变量值。如果有的话，这些值仅影响场变量相关的材料属性。因为 Riks 分析中时间的概念由弧长取代，因而不推荐由于温度和（或者）场变量的改变而产生的属性改变。

材料选项

在一个 Riks 分析中，描述力学行为的大部分的材料模型是可用的。下面的材料属性在一个 Riks 分析中不起作用：声学属性、热属性（除了热应变）、质量扩散属性、电属性和孔隙流体流动属性。可以使用具有历史相关的材料。然而，必须认识到结果将取决于加载历史，它是事先不可知的。

在 Riks 分析中，弧长取代时间的概念。这样，任何涉及时间或者应变率（例如黏性阻尼或者率相关的塑性）的影响不再正确地得到处理，并且不应当使用。

Abaqus/Standard 中可用的材料模型的详细情况见《Abaqus 分析用户手册——材料卷》。

单元

Abaqus/Standard 中的任何应力或位移单元（包括那些具有温度或者压力自由度的单元）可以在 Riks 分析中使用（见《Abaqus 分析用户手册——单元卷》的 1.1.3 节）。不应当使用阻尼器，因为速度将计算为位移增量除以弧长，是没有意义的。

输出

提供输出选项来把单个载荷分量的大小（压力、点载荷等）打印或者写到结果文件中。载荷比例因子 LPF 的当前值，将与所有结果或者输出数据库文件输出请求一起自动地给出。当使用 Riks 方法时，推荐这些输出选项，这样可以直接看到载荷大小。所有的输出变量标识符在《Abaqus 分析用户手册——介绍空间建模、执行与输出卷》的 4.2.1 节中进行了介绍。

输入文件模板

```
* HEADING
…
* INITIAL CONDITIONS
定义初始条件的数据行
* BOUNDARY
指定零值的边界条件的数据行
* *
* STEP, NLGEOM
```

```
* STATIC
* CLOAD 和/或 *DLOAD 和/或 *TEMPERATURE
指定预载荷（死载荷）P0的数据行，
* END STEP
* *
* STEP，NLGEOM
* STATIC，RIKS
定义增量和停止准则的数据行
* CLOAD 和/或 *DLOAD 和/或 *TEMPERATURE
指定参考载荷 Pref的数据行
* END STEP
```

1.2.5 准静态分析

产品：Abaqus/Standard　Abaqus/CAE

参考

- “定义一个分析”1.1.2 节
- “静态应力分析过程：概览”1.2.1 节
- * VISCO
- “构造通用分析过程”中的“构建一个具有时间相关的材料响应的瞬态，静态，应力/位移分析”，《Abaqus/CAE 用户手册》的 14.11.1 节，此手册的 HTML 版本中

概览

Abaqus/Standard 中的一个准静态应力分析：

- 用来分析具有时间相关的材料响应问题（蠕变、溶胀、黏弹性和两层黏塑性）；
- 用于惯性效应可以忽略时；
- 可以是线性的或者非线性的。

对于在 Abaqus/Explicit 中进行准静态分析的信息，见 6.6.1 节和 1.3.3 节。对于在 Abaqus/Standard 中使用一个动态过程进行准静态分析的信息，见 1.3.2 节。

增量

可以在一个准静态分析中直接控制时间增量，或者可以通过 Abaqus/Standard 来自动控制时间增量。在几乎所有的情况中，优先采用自动控制时间增量。

固定的增量

如果在一个准静态分析中直接指定时间增量，则整个分析将使用所指定的固定时间增量。

输入文件用法：* VISCO

Abaqus/CAE 用法：Step module：Create Step：General：Visco

自动的增量

如果选择自动的增量，则时间增量的大小是通过积分精度来限制的。用户指定的精度容差参数限制了在一个增量上所允许的最大非弹性应变率变化：

$$容差 \geqslant (\dot{\bar{\varepsilon}}^{cr}|_{t+\Delta t} - \dot{\bar{\varepsilon}}^{cr}|_{t})\Delta t,$$

式中 t——增量开始时候的时刻；

Δt——时间增量（这样，$t+\Delta t$ 是增量结束时候的时刻）；

$\dot{\bar{\varepsilon}}^{cr}$——等效蠕变应变率。

达到精度而选择的精度容差参数值，应当与蠕变问题的 σ_{err}/E 数量级相同，或者与黏弹性问题的弹性应变数量级相同，其中 σ_{err}是可接受的应力容差水平，并且 E 是一个通常的弹性模量。

输入文件用法：* VISCO，CETOL = 容差

Abaqus/CAE 用法：Step module：Create Step：General：Visco：Incrementation：Creep/swelling/viscoelastic strain error tolerance：容差

选择显式蠕变积分

没有表现出非线性的非线性蠕变问题（“率相关的塑性：蠕变和溶胀”见《Abaqus 分析用户手册——材料卷》的 3.2.4 节），如果非弹性应变增量小于弹性应变，则可以通过非弹性应变的向前差分积分来有效地求解。此显式方法是计算有效的，因为，不像隐式方法，不要求迭代。虽然此方法是有条件稳定的，在许多情况中，显式运算的数值稳定性限制大得足够在一个合适数量的时间增量中建立求解。

然而，对于非常低应力水平的蠕变，期望向后差分运算的绝对稳定（隐式方法）。在这种情况下，Abaqus/Standard 将自动调用隐式积分方案。

显式积分计算成本较低，并且简化用户子程序 CREEP 中的用户定义蠕变规律的执行。对于蠕变问题（具有或者没有包括几何非线性），用户可以限制 Abaqus/Standard 使用此方法。进一步的细节，见《Abaqus 分析用户手册——材料卷》的 3.2.4 节。

输入文件用法：* VISCO，CETOL = 容差，CREEP = EXPLICIT

Abaqus/CAE 用法：Step module：Create Step：General：Visco：Incrementation：Creep/swelling/viscoelastic strain error tolerance：容差和 Creep/swelling/viscoelastic integration：Explicit

黏弹性的积分方案和率相关的场

包括“时域黏弹性”，《Abaqus 分析用户手册——材料卷》的 2.7.1 节的问题，总是使用一个无条件稳定的运算来积分。这些问题中的时间步仅是由上面定义的精度容差参数来限制的。

包括“率相关的场”，见《Abaqus 分析用户手册——材料卷》的 3.2.3 节和“平行流变框架”，见《Abaqus 分析用户手册——材料卷》的 2.8.2 节的问题，总是使用一个隐式的，绝对收敛的方法来积分。精度容差参数并不限制非弹性应变率变化，并且可以设置为任何非零值，来激活自动时间增量。

非稳定问题

某些类型的分析可以产生局部不稳定，例如面起皱、材料不稳定或者局部屈曲。在这些情况下，即使有自动增量的辅助，也不可能得到一个准静态解。Abaqus/Standard 通过对整个模型施加阻尼，提供稳定此类型问题的功能，此阻尼的施加方式是引入的黏性力大到足够防止瞬时屈曲或者失稳，但又足够小，不至于显著影响当问题稳定时所具有的行为。可用的自动稳定方案在 2.1.1 节中“求解非线性问题”中的“非稳定问题的自动稳定”中进行了详细描述。

初始条件

可以指定应力、温度、场变量、求解相关的状态变量等初始值，如《Abaqus 分析用户手册——指定的条件、约束和相互作用卷》的 1.2.1 节中所描述的那样。

边界条件

边界条件可施加于任何位移或者转动自由度（1~6）上，也可施加于开截面梁中的翘曲自由度 7 上，如果在模型中包括了静液压流体单元，还可施加于压力自由度 8 上。如果边界条件施加在转动自由度上，则必须明白 Abaqus 如何控制有限旋转，见《Abaqus 分析用户手册——指定的条件、约束和相互作用卷》的 1.3.1 节。

载荷

下面类型的载荷可以在一个准静态分析中指定：

• 集中节点载荷可以施加在位移自由度（1~6）上；见《Abaqus 分析用户手册——指定的条件、约束和相互作用卷》的 1.4.2 节。

• 可以施加分布力或者体力，见《Abaqus 分析用户手册——指定的条件、约束和相互作用卷》的 1.4.3 节。单元具体可用的分布载荷在《Abaqus 分析用户手册——单元卷》中进行了描述。

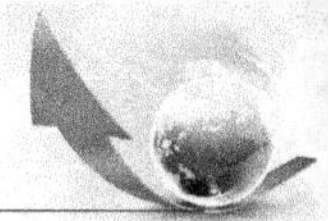

预定义的场

可以在一个准静态分析中指定下面的预定义场，如《Abaqus 分析用户手册——指定的条件、约束和相互作用卷》的 1.6.1 节中所描述的那样：

- 虽然在准静态分析中，温度不是一个自由度，但是可以指定节点温度。如果为材料指定了热膨胀系数，则施加的温度与初始温度之间的差异将产生热应变（见《Abaqus 分析用户手册——材料卷》的 6.1.2 节）。所指定的温度也影响存在的与温度相关的材料属性。
- 可指定用户定义的场变量值。这些值仅影响存在的与场变量相关的材料属性。

材料选项

Abaqus/Standard 中的准静态过程通常用于分析在一个相当长的时间区段上发生的准静态蠕变和溶胀问题，（见《Abaqus 分析用户手册——材料卷》的 3.2.4 节）。此过程也可以用来分析黏弹性材料（见《Abaqus 分析用户手册——材料卷》的 2.7.1 节和《Abaqus 分析用户手册——材料卷》的 2.8.2 节）和两层黏塑性材料（见《Abaqus 分析用户手册——材料卷》的 3.2.11 节）。此外，静态分析过程中可以使用的所有材料模型都是有效的。

单元

Abaqus/Standard 中的任何应力/位移单元（包括具有温度或者压力自由度的单元）均可以用于一个准静态应力分析（见《Abaqus 分析用户手册——单元卷》的 1.1.3 节）。

输出

除了 Abaqus/Standard 中可用的通常输出变量外（见《Abaqus 分析用户手册——介绍、空间建模、执行与输出卷》的 4.2.1 节），还为蠕变问题特别提供了下面的变量：

单元积分点变量：

CEEQ　　等效蠕变应变，$\int_0^t \dot{\varepsilon}^{cr}\,\mathrm{d}t$；

CESW　　溶胀应变的大小；

CEMAG　　蠕变应变的大小，$\sqrt{\frac{2}{3}\varepsilon^{cr}:\varepsilon^{cr}}$；

CEP　　主蠕变应变；

CE　　所有蠕变应变分量的输出和 CEEQ、CESW 和 CEMAG。

输入文件模板

```
*HEADING
```

...
* BOUNDARY
指定零赋值的边界条件的数据行
* INITIAL CONDITIONS
指定初始条件的数据行
* AMPLITUDE
定义幅值变化的数据行
* *
* STEP(, NLGEOM)
* VISCO, CETOL=容差
定义时间增量和一个“真实”时间尺度的数据行
* BOUNDARY
描述非零边界条件的数据行
* CLOAD 和/或 * DLOAD 和/或 * TEMPERATURE 和/或 * FIELD
指定载荷的数据行
* END STEP

1.2.6 直接循环分析

产品：Abaqus/Standard　Abaqus/CAE

参考

- “定义一个分析” 1.1.2 节
- * DIRECT CYCLIC
- * TIME POINTS
- * CONTROLS
- “构建通用分析过程”中的“构建一个直接循环过程”《Abaqus/CAE 用户手册》的 14.11.1 节，此手册的 HTML 版本中

概览

一个直接循环分析：

- 是一个准静态分析；
- 使用一个傅里叶级数和非线性材料行为时间积分的组合来迭代得到结构的稳定循环响应；
- 避免与瞬态分析相关联的相当大规模的数值计算；
- 适合于在执行一个瞬态分析时，必须施加多次载荷循环来得到稳定后响应的非常大的问题；

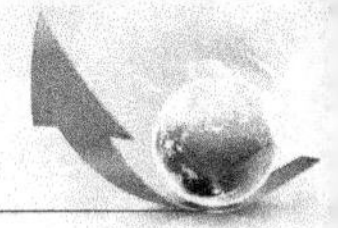

- 可以使用线性材料或者使用具有局部塑性变形的非线性材料来执行；
- 可以用来预测塑性松脱振动的可能性；
- 假定几何线性行为和固定的接触条件；
- 使用弹性刚度，这样方程组只求逆一次；
- 也可以用于预测韧性块材料的渐进损伤和失效，并且（或者）来预测低周循环疲劳分析中，层合板中界面上的分层或脱胶的生长。

介绍

众所周知，在一些重复的载荷循环之后，弹性-塑性结构的响应（例如承受大的温度波动和夹紧载荷的汽车排气歧管）可能导致每一个连续循环中的应力-应变关系与前面的循环中相同的一个稳定状态。得到这样结构的响应所使用的传统方法是对结构重复地施加循环载荷，直到得到一个稳定的状态。因为在得到稳定的响应之前，要求施加多次载荷循环，所以此方法的成本是非常高的。为避免与瞬态分析相关的大规模数值计算，可以使用一个直接循环分析来直接计算结构的循环响应。此方法的基础是构建一个位移函数 $\overline{u}(t)$，描述在以 T 为周期的一个载荷循环的所有时间 t 内结构的响应，如图 1-2 所示。

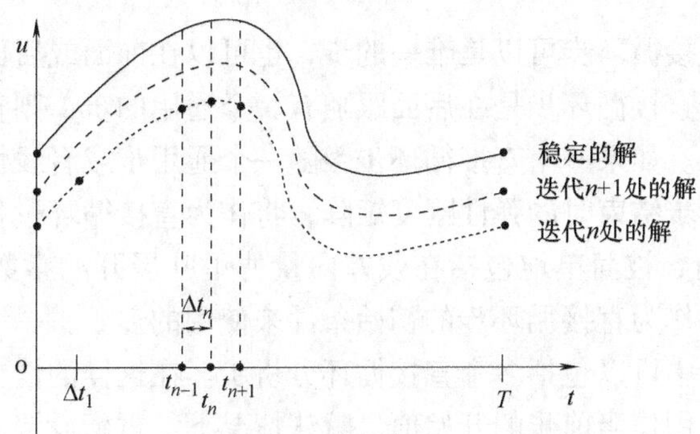

图 1-2　不同迭代情况下，以 T 为周期的一个载荷循环中，所有时间 t 上的位移函数

用截断的傅里叶级数进行描述，有

$$\overline{u}(t) = u_0 + \sum_{k=1}^{n}\left[u_k^s \sin k\omega t + u_k^c \cos k\omega t\right]$$

式中　n——傅里叶级数的项数；

ω——角频率 $\omega = 2\pi/T$；

u_0、u_k^s 和 u_k^c——已知的与问题中的每一个自由度相关联的位移系数。

Abaqus/Standard 通过使用一个改进的牛顿法来求解未知的位移系数，此改进的牛顿法在分析步的开始具有弹性刚度矩阵，作为方案中的雅可比矩阵。我们使用一个与位移解相同形式的傅里叶级数，在改进的牛顿法中扩展残差向量，有

$$\overline{R}(t) = R_0 + \sum_{k=1}^{n}\left[R_k^s \sin k\omega t + R_k^c \cos k\omega t\right]$$

其中，每一个傅里叶级数中的残差向量系数 R_0、R_k^s 和 R_k^c 分别对应于一个位移系数 u_0、u_k^s 和

u_k^c。残差向量系数是通过在整个载荷循环上追踪得到的。在循环中的每一个时刻，Abaqus/Standard 通过使用标准单元到单元的计算来得到残差向量 $\boldsymbol{R}(t)$，当在整个循环上积分时，它提供傅里叶系数

$$R_0 = \frac{2}{T}\int_0^T R(t)\mathrm{d}t$$

$$R_k^s = \frac{2}{T}\int_0^T R(t)\sin k\omega t\mathrm{d}t$$

$$R_k^c = \frac{2}{T}\int_0^T R(t)\cos k\omega t\mathrm{d}t$$

位移解是通过求解对应于每一个残差系数的位移傅里叶系数校正来得到的。此更新的位移解用于下一个迭代，来得到每一个瞬时的位移。重复此过程直到收敛。这样，认为每一次通过完整的载荷循环是一个非线性问题求解的单独迭代。通过确保所有残差系数的输入是较小的来度量收敛性。

得到一个稳定循环的算法，在《Abaqus 理论手册》的 2.2.3 节中进行了详细的描述。

直接循环分析

在一个分析中，直接循环步可以是唯一的步，也可以在前面或后面与一个通用或者线性摄动步衔接。如果一个直接循环步是在后面跟随有一个通用的步，则直接循环步结束时的解将是通用步的初始状态。如果一个直接循环步跟随一个通用步或者线性摄动步，则直接循环步前面的上个通用分析步结束时的弹性刚度矩阵，将作为直接循环过程的雅可比矩阵。任何前面的（非循环）载荷，被简单地包括在残差向量傅里叶展开的常数部分中，并且预加载步结束处的塑性应变是作为直接循环步的初始条件来使用的。

在一个单独的分析中可以包括多个直接循环分析步。在这样的情况中，在前面步中得到的傅里叶级数系数可以用作当前步的开始值。默认情况下，重新设置傅里叶系数为零，这样允许施加与前面直接循环步中的定义非常不同的循环加载条件。

可以指定一个重启动分析中的直接循环步，应当使用来自前面步的傅里叶系数，这样允许一个还没有达到稳定循环的分析的连续。在一个直接循环分析中，一个重启动文件在循环或者时间区段的结束处写出。因此，一个前面直接循环分析所具有的延续的重启动分析，将从一个 $t=0$ 时的新迭代开始（见 4.1 节）。

输入文件用法：使用下面的选项来重新设置傅里叶级数系数为零：

* DIRECT CYCLIC，CONTINUE = NO（默认的）

使用下面的选项来指定当前步是前面直接循环步的一个延续：

* DIRECT CYCLIC，CONTINUE = YES

Abaqus/CAE 用法：使用下面的选项来重新设置傅里叶级数系数为零（默认的）：

Step module：Create Step：General：Direct cyclic

使用下面的选项来指定当前步是前面直接循环步的一个延续：

Step module：Create Step：General：Direct cyclic；Basic：Use displacement Fourier coefficients from previous direct cyclic step

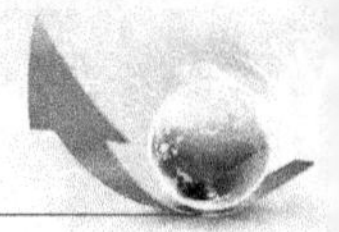

使用直接循环方法进行低周疲劳分析

直接循环过程也可以与损伤外推技术相结合来预测韧性块材料的损伤和失效，或者预测低周疲劳分析层合复合材料中界面上的分层或脱胶。在此种情况下，多循环可包含在一个单独的直接循环分析中，如 1.2.7 节中所描述的那样。

输入文件用法：＊DIRECT CYCLIC，FATIGUE

Abaqus/CAE 用法：Step module：Create Step：General：Direct cyclic；Fatigue：Include low-cycle fatigue analysis

控制求解精度

直接循环分析将傅里叶级数近似与非线性材料的时间积分进行组合，使用改进的牛顿法来迭代的得到稳定的循环解。算法的精度取决于所使用的傅里叶项的数量、得到稳定解所取的迭代数量，以及计算材料响应和残差向量的载荷周期中时间点的数量。Abaqus/Standard 允许以几种方法来控制求解，如下面所描述的那样。

控制改进的牛顿法中的迭代

在直接循环方法中，执行整体牛顿迭代来确定位移傅里叶系数的修正。在每一个整体迭代中，Abaqus/Standard 在整个时间循环上跟踪，来计算合适数量的时间点上的残差向量。这包括标准的单元到单元的有限元计算，在其中，对与历史相关的材料变量进行积分。残差向量在区段上进行积分，来得到傅里叶残余系数，反过来在求解方程组时，这通常是位移系数的修正。Abaqus/Standard 将继续迭代过程，直到得到收敛，或者直到达到所允许得到的最大次数。当定义直接循环步时，可以指定迭代的最大数量，默认是 200 个迭代。

输入文件用法：＊DIRECT CYCLIC

,,,,,,, 迭代的最大次数

Abaqus/CAE 用法：Step module：Create Step：General：Direct cyclic；Incrementation：Maximum number of iterations：迭代的最大次数

指定收敛准则

收敛性的最好判断，是确保所有的残差系数与时间平均的力相比是足够小的，并且位移傅里叶系数的修正与位移傅里叶系数相比是足够小的。时间平均的力是在 2.2.3 节中定义的。Abaqus/Standard 要求最大残余系数对时间收敛的力之比 CR_n^α 和最大位移系数的校正对最大位移系数之比 CU_n^α 是小于容差的。默认值是 $CR_n^\alpha=0.005$ 和 $CU_n^\alpha=0.005$。要改变这些值，必须定义直接循环控制。

当不存在稳定循环响应时，此方法将不收敛。在发生塑性松脱振动的情况中，傅里叶级数中的位移和所有周期项（u_k^s，u_k^c 和 R_k^s，R_k^c）的残余系数收敛。然而，傅里叶级数中的位移和常数项（u_0 和 R_0）的残余系数，继续从一个迭代到另外一个迭代地增加。用户指定的容差 CR_0^α 和 CU_0^α 是用来探测塑性松脱振动的。默认值是 $CR_0^\alpha=0.005$ 和 $CU_0^\alpha=0.005$。对于更

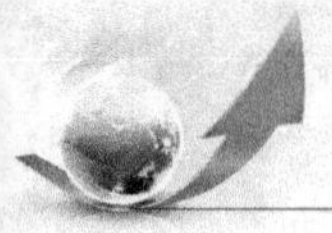

多的信息，见 2. 2. 2 节中的“直接循环分析中的控制求解精度”。

输入文件用法：* CONTROLS，TYPE = DIRECT CYCLIC

Abaqus/CAE 用法：Step module：Other→General Solution Controls→Edit；
Specify：Direct Cyclic

控制傅里叶表示

得到一个精确解所要求的傅里叶项的数量，取决于整个区段上载荷的变化以及结构响应的变化。在确定项的数量中，记住此种分析的目标是进行低周疲劳预测。这样，目标是要得到每一个点上塑性应变循环的良好近似，应力中的局部不精确是不重要的。更多的傅里叶项通常提供一个更加精确的解，但是这需要更多的数据存储和计算时间。此外，一个傅里叶残差系数的精确积分，要求残差向量在循环中足够多的时间点上进行评估。Abaqus/Standard 使用一个梯形法则，它假定残差在一个时间增量上的线性变化，来积分残差系数。为了精确地积分，时间点的数量必须大于傅里叶系数的数量（傅里叶系数的数量等于 $2n+1$，其中 n 代表傅里叶项的个数）。如果发现傅里叶系数的数量大于要完成一个迭代所取的增量次数，则 Abaqus /Standard 将自动降低用于下个迭代的傅里叶系数的数量。

Abaqus/Standard 使用一个自适应的算法来确定傅里叶项的数量。默认情况下，Abaqus/Standard 从 11 项开始，并且通过使用前面描述的迭代方法来确定结构的响应。一旦得到收敛（通过确认所有的残余向量系数和傅里叶级数中的所有位移系数的校正是否足够小来判断），Abaqus/Standard 通过确定在循环的所有时间点上平衡是否得到满足来评估是否使用了足够的傅里叶项个数。如果平衡在所有的时间点上得到满足，则解是可接受的。否则，Abaqus/Standard 增加傅里叶项的个数（默认情况下，添加 5 项），并且继续迭代，直到使用新傅里叶项数量而获得收敛。重复此过程，直到达到平衡，或者直到已经使用了傅里叶项的最大数量。此方案在图 1-3 中得到最好的说明，其中，在傅里叶项的数量等于 21 时，得到两个局部平衡和整体收敛。默认情况下，傅里叶项的最大个数为 25。可以指定初始和最大的傅里叶项数，还可以定义直接循环步时项数中的增量。

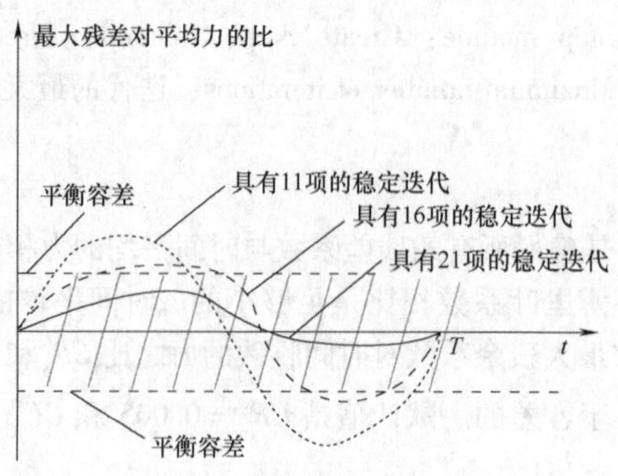

图 1-3　具有不同数量傅里叶项的稳定迭代

也可以使用 Abaqus/Standard 设置的合适默认值，定义决定收敛性的准则，还可以决定是否在整个时间区段上的所有时间点上达到平衡（见 2. 2. 2 节）的准则。

在一个没有达到稳定循环直接循环分析中，可以增加迭代的数量，或者增加重启动上的

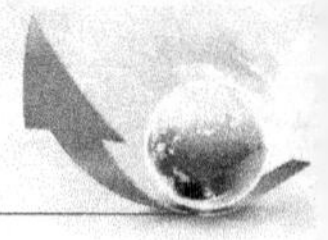

傅里叶项的数量，这样就允许分析继续进行。

Abaqus/Standard 在信息（. msg）文件中提供每一个时间点上的最大残差、最大残差系数、最大位移系数、位移系数的最大修正值和每一个迭代结束时傅里叶项数量的详细输出。此输出在下面进行了更加详细的描述。

输入文件用法：* DIRECT CYCLIC

Abaqus/CAE 用法：Step module：Create Step：General：Direct cyclic；Incrementation：Number of Fourier terms：Initial：初始项的数量，Maximum：项的最大数量，Increment：项数量的增量

在循环时间区段中控制增量

要确保一个精确的解，材料历史以及残差向量必须在循环中足够数量的时间点上进行评估。计算响应过程时间点的数量 n_T必须大于傅里叶系数的数量，即，$n_T > 2n + 1$。如果此条件没有得到满足，Abaqus/Standard 将自动调整傅里叶系数的个数。用户可以直接在循环上指定时间增量，或者可以通过 Abaqus/Standard 自动确定。

用户应当指定时间区段中所允许的最大的增量数量，作为步定义的一部分。默认值是100。

自动的增量

选择自动增量方案有几种方法。如果只指定一个增量中可允许的最大节点温度变化，则时间增量会基于此值自动进行选取。Abaqus/Standard 将限制时间增量的大小来确保在任何增量期间、在任何节点上不超出最大的温度变化。

对于率相关的本构方程，可以通过积分的精度来限制时间增量的大小。用户指定的精度容差参数限制了在一个增量上所允许的最大的非弹性应变率的变化：

$$\text{容差} \geqslant (\dot{\bar{\varepsilon}}^{cr}|_{t+\Delta t} - \dot{\bar{\varepsilon}}^{cr}|_t)\Delta t$$

式中 t——增量的开始时刻；

Δt——时间增量（这样 $t+\Delta t$ 为增量结束时的时刻）；

$\dot{\bar{\varepsilon}}^{cr}$——等效蠕变应变率。

要达到足够的精度，对于蠕变问题，为精度容差参数所选择的值必须与 σ_{err}/E 数量级相同，或者对于黏弹性问题，与弹性应变的数量级相同，其中 σ_{err}是一个应力容差的可接受水平，并且 E 是一个典型的弹性模量。

如果率相关的本构方程是与一个变化温度组合的，则可以同时使用两个控制。然后，Abaqus/Standard 将选择同时满足准则的增量。

如果通过上面的一个或者两个控制所指定的时间积分精度度量，在没有削减的连续增量 I_T之后得到满足，则下个时间增量将通过一个 D_M的因子再增加。I_T和 D_M是用户定义的参数（见 2.2.4 节中的“增加时间增量的大小”）。默认的情况是 $I_T = 3$ 和 $D_M = 1.5$。

输入文件用法：使用下面的选项来指定最大可允许的节点温度变化：

* DIRECT CYCLIC，DELTMX = $\Delta\theta_{max}$

使用下面的选项来指定精度容差参数：

* DIRECT CYCLIC，CETOL = 容差

Abaqus/CAE 用法：使用下面的选项来指定可允许的最大节点温度变化：

Step module：Create Step：General：Direct cyclic；Incrementation：Max. allowable temperature change per increment：$\Delta\theta_{max}$

使用下面的选项来指定精度容差参数：

Step module：Create Step：General：Direct cyclic；Incrementation：Creep/swelling/viscoelastic strain error tolerance：容差

固定的时间增量

如果既没有指定精度容差参数，也没有指定最大可允许的节点温度变化，则时间增量的大小将固定。用户必须指定时间增量 Δt 和时间区段 T。

输入文件用法：＊DIRECT CYCLIC

Δt，T

Abaqus/CAE 用法：Step module：Create Step：General：Direct cyclic；Basic：Cycle time-period：T；Incrementation：Type：Fixed，Increment size：Δt

定义必须评估响应的时间点

对一个直接循环步，用户定义的增量可以通过指定应当评估结构响应的加载过程中的具体时间点，来进行增强或者取代。如果在分析前知道在分析中哪一个时间点载荷达到最大或者最小值，或者何时响应将快速变化，则此特征特别有用。一个例子是引擎部件的加热/冷却热循环分析，用户通常知道何时温度达到最大值。

当使用具有固定时间增量的时间点时，忽略为直接循环步指定的时间增量，并且将时间增量替代成严格遵守的指定时间点。如果使用了具有自动增量的时间点，则时间增量是变化的，但是结构的响应将在指定的时间点上进行评估。

时间点可以单独列表，或者通过指定起始时间点、结束时间点和两个指定时间点之间的时间增量来自动生成。

输入文件用法：使用下面的选项来单独地列出时间点：

＊TIME POINTS，NAME＝时间点名称

＊DIRECT CYCLIC，TIME POINTS＝时间点名称

使用下面的选项来自动地生成时间点：

＊TIME POINTS，NAME＝时间点名称，GENERATE

＊DIRECT CYCLIC，TIME POINTS＝时间点名称

Abaqus/CAE 用法：使用下面的选项来单独地列出时间点：

Step module：Create Step：General：Direct cyclic；Incrementation：Evaluate structure response at time points：时间点名称

使用下面的选项来自动地生成时间点：

Step module：Create Step：General：Direct cyclic；Incrementation：Evaluate structure response at time points：Create；Edit TimePoints：Specify using delimiters：Start，End，Increment

控制周期条件的应用

默认情况下，Abaqus/Standard 在迭代求解过程中，通过使用前面迭代结束时得到的状态作为当前迭代的初始状态，来施加周期条件；即，$s_{t=0}^{i+1}=s_{t=T}^{i}$，其中 s 是类似于塑性应变的求解变量。

在不容易找到周期解的情况中（例如，当载荷接近于引起松脱振动时），得到周期解的时间附近的状态可能比在一个瞬态分析中得到的解要表现出相当多的“漂移”。在这样的情况下，可能希望采用人为方法来延迟周期条件的施加，以减少此漂移。图 1-4 对比了承受相同循环载荷和边界条件的两个相同结构的响应，其中每一个结构在循环载荷的施加前经历了一个不同的加载历史。图 1-4 显示之前的加载过程只影响应力和应变的平均值，并不影响应力-应变曲线的形状，或者循环期间的能量耗散大小。

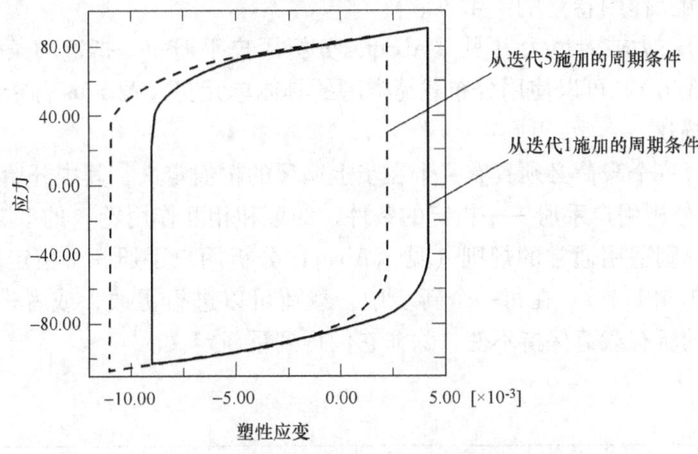

图 1-4　稳定循环中周期条件对应变平均值的影响

通过延迟施加周期条件，可以影响平均应力和应变的水平。然而，这并没有必要，因为对于低周疲劳寿命预测，通常是不需要平均应力和应变水平的。

可以通过定义直接循环控制来指定变量 I_{PI}，进而来控制何时施加周期条件。此变量定义从哪一个迭代向前，周期条件的应用将被激活。例如，设置 $I_{PI}=6$ 意味着周期条件从迭代 6 向前施加。默认的是 $I_{PI}=1$，对于大部分的分析是合适的。

输入文件用法：＊CONTROLS，TYPE = DIRECT CYCLIC

I_{PI}

Abaqus/CAE 用法：Step module：Other→General Solution Controls→Edit；

Direct Cyclic：I_{PI}

初始条件

可以指定应力、温度、场变量、解相关的状态变量等（见《Abaqus 分析用户手册——指定的条件、约束和相互作用卷》的 1.2.1 节）。

边界条件

可以在任何位移或者转动自由度上施加边界条件。在分析中，指定的边界条件必须具有

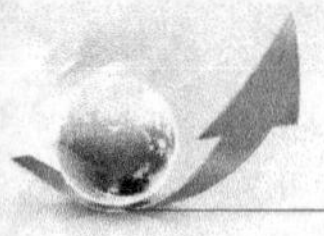

一个在步上循环的幅值定义：起始值必须等于结束值（见《Abaqus 分析用户手册——指定的条件、约束和相互作用卷》的 1.1.2 节）。如果分析由几个步组成，则适用通常的法则（见《Abaqus 分析用户手册——指定的条件、约束和相互作用卷》的 1.3.1 节）。在每一个新的步上，边界条件可以进行更改，或者进行完全的定义。所有在前面步中定义的边界条件将保持不变，除非它们被重新定义。

载荷

在一个直接循环分析中指定下面的载荷：

• 集中节点力可以施加于位移自由度（1～6）上（见《Abaqus 分析用户手册——指定的条件，约束和相互作用卷》的 1.4.2 节）。

• 可以施加分布力或者体力（见《Abaqus 分析用户手册——指定的条件、约束和相互作用卷》的 1.4.3 节）。可以使用分布载荷类型的具体单元在《Abaqus 分析用户手册——单元卷》中进行了描述。

在分析中，每一个载荷必须具有一个在步上循环的幅值定义，其中开始值必须等于结束值（见《Abaqus 分析用户手册——指定的条件、约束和相互作用卷》的 1.1.2 节）。如果分析由几个步组成，则适用通常的规则（见《Abaqus 分析用户手册——指定的条件、约束和相互作用卷》的 1.4.1 节）。在每一个新步中，载荷可以进行更改，或者进行完全的定义。在前面步中定义的所有载荷保持不变，除非它们得到重新定义。

预定义场

下面的预定义场可以在一个直接循环分析中进行指定，如《Abaqus 分析用户手册——指定的条件、约束和相互作用卷》的 1.6.1 节中所描述的那样：

• 温度在一个直接循环分析中不是一个自由度，但是可以将节点温度指定成一个预定义的场。所指定的温度值必须是在步上循环的：起始值必须等于结束值（见《Abaqus 分析用户手册——指定的条件、约束和相互作用卷》的 1.1.2 节）。如果温度是从结构文件读取的，则必须指定初始温度条件等于步结束时的温度值（见《Abaqus 分析用户手册——指定的条件、约束和相互作用卷》的 1.2.1 节）。也可以调整温度线性地返回到它们的初始条件值，如《Abaqus 分析用户手册——指定的条件、约束和相互作用卷》的 1.6.1 节中所描述的那样。如果给定了材料的热膨胀系数，所施加的温度值与初始温度之间的差异将造成热应变（见《Abaqus 分析用户手册——材料卷》的 6.1.2 节）。所指定的温度也影响温度相关的材料属性。

• 可以指定用户定义的场变量值。这些值只影响场变量相关的材料属性。所指定的场变量值必须在步上循环。

材料选项

描述力学行为的大部分材料模型，包括用户定义的材料（使用用户子程序 UMAT 定义

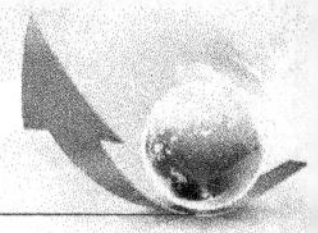

的)，可以用于直接循环分析。

下面的材料属性，在一个低周疲劳分析中是不起作用的：声学属性、热属性（除了热膨胀)、质量扩散属性，导电属性、压电属性和孔隙流体流动属性。

率相关的场、率相关的屈服和两层黏塑性分别见《Abaqus 分析用户手册——材料卷》3.2.3 节、3.2.4 节和 3.2.11 节，也可以用于直接循环分析之中。

单元

Abaqus/Standard 中的任何应力/位移单元均可以用于直接循环分析之中（见《Abaqus 分析用户手册——单元卷》的 1.1.3 节)。

输出

对于后处理和监控直接循环分析，可以使用不同类型的输出。

消息文件信息

Abaqus/Standard 在不同的时间增量处为每一个迭代把残余力、时间平均力和一个显示平衡是否得到满足的标识打印到消息（.msg）文件中。可以控制打印信息到消息文件的增量频率，还可以抑制输出。默认是每 10 个增量打印输出（更多的信息见《Abaqus 分析用户手册——介绍空间建模、执行与输出卷》的 4.1.1 节中的“Abaqus/Standard 消息文件”)。

Abaqus/Standard 也在每一个循环中的每一个迭代结束处，把所使用的傅里叶项的个数、最大的残余系数、位移系数的最大修正值和傅里叶级数中的最大位移系数打印到消息文件。一个输出的例子显示如下：

```
                       ITERATION    26 STARTS
INC      TIME          STEP         LARG. RESI.    TIME AVG.   FORCE
         INC           TIME         FORCE          FORCE       EQUV.
10       0.250         2.50         1.008E+01      50.9         N

20       0.250         5.00         1.622E+01      76.8         N
30       0.250         7.50         4.622E-02      99.8         Y

                        ITERATION     26 SUMMARY
NUMBER OF FOURIER TERMS USED 40, TOTAL NUMBER OF INCREMENTS  120
CYCLE/STEP TIME    30.0,     TOTAL TIME COMPLETED        31.0
AVERAGE FORCE      21.2      TIME AVG. FORCE       25.7

MAX. COEFFICIENT OF DISP.                       0.142  AT NODE 24 DOF 2
MAX. COEFF. OF RESI. FORCE ON CONST. TERM        31.7  AT NODE 44 DOF 1
MAX. COEFF. OF RESI. FORCE ON PERI. TERMS        0.82  AT NODE  6 DOF 3
MAX. CORR. TO COEFF. OF DISP. ON CONST. TERM 0.002 AT NODE 50 DOF 3
MAX. CORR. TO COEFF. OF DISP. ON PERI. TERMS 0.015 AT NODE 50 DOF 3
```

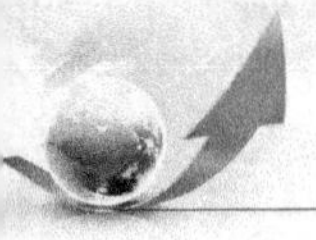

结果输出

仅当达到稳定的循环时才写出单元和节点的输出信息。如果在分析结束前还没有达到稳定的循环，则为步的最后的迭代写出结果。对于直接循环分析，有效的单元输出包括应力、应变、能量、状态和场的值，以及用户定义的变量值。因为在直接循环分析中，一个完整的稳定循环中耗散的能量对疲劳寿命的预测有影响，因此，在每一步迭代开始时，设置所有的能量等于零。有效的节点输出包括位移、反作用力和坐标。所有的输出变量标识符在《Abaqus 分析用户手册——介绍空间建模、执行与输出卷》的 4.2.1 节中进行了概述。

恢复一个迭代的附加结果

用户可能想要恢复一个迭代而非稳定循环的附加结果。可以从重启动数据（见《Abaqus 分析用户手册——介绍空间建模、执行与输出卷》的 4.1.1 节）中提取这些结果（见《Abaqus 分析用户手册——介绍空间建模、执行与输出卷》的 4.1.1 节）。

输出文件用法：＊POST OUTPUT，CYCLE = *n*

Abaqus/CAE 用法：在 Abaqus/CAE 中，不支持恢复一个稳定循环的附加结果。

在确切时间上指定输出

对于直接循环分析，不支持在确切时间上输出。如果要求在确切时间上输出，Abaqus 将发出一个警告信息，并且输出改变为近似时间上的一个输出。

限制

一个使用直接循环方法的低周疲劳分析，受以下的限制：

- 在一个直接循环分析中，不能改变接触条件。它们保持为分析开始时候的定义，或者在任何直接循环步前面的通用步结束时的定义。在直接循环分析中不允许有滑动摩擦。如果存在摩擦，则假定所有接触中的点是粘结的。
- 仅可以在一个直接循环步之前的任何通用步中包括几何非线性。然而，在循环步期间，将只考虑小位移和小应变。

输入文件模板

＊HEADING

…

＊ BOUNDARY

指定零赋值的边界条件的数据行

＊ INITIAL CONDITIONS

指定初始条件的数据行

＊ AMPLITUDE

定义幅值变化的数据行

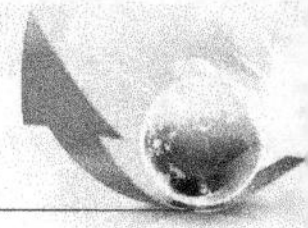

＊＊

＊ STEP（，INC = ）

设置 INC 等于一个单独载荷循环中循环的最大次数

＊ DIRECT CYCLIC

定义时间增量、循环时间、傅里叶项的初始项数、傅里叶项的最大项数、傅里叶项编号的增量和迭代的最大次数的数据行

＊ TIME POINTS

列出时间点的行

＊ BOUNDARY，AMPLITUDE =

规定零赋值的，或者非零边界条件的数据行

＊ CLOAD 和/或 ＊DLOAD，AMPLITUDE =

指定载荷的数据行

＊ TEMPERATURE 和/或 ＊FIELD，AMPLITUDE =

指定预定义场值的数据行

＊ END STEP

＊＊

＊ STEP（，INC = ）

＊ DIRECT CYCLIC，DELTMX

控制自动时间增量和傅里叶表示的数据行

＊ BOUNDARY，OP = MOD，AMPLITUDE =

更改或者添加零赋值的，或者非零边界条件的数据行

＊ CLOAD，OP = NEW，AMPLITUDE =

指定新的集中载荷的数据行；将删除所有前面的集中载荷

＊ DLOAD，OP = MOD，AMPLITUDE =

指定额外的或者已经得到更改的分布载荷的数据行

＊ TEMPERATURE 和/或 ＊FIELD，AMPLITUDE =

指定预定义场的额外的或者已经得到更改的值的数据行

＊ END STEP

1.2.7 使用直接循环方法的低周疲劳分析

产品：Abaqus/Standard　Abaqus/CAE

参考

- “定义一个分析”1.1.2 节
- “静态应力分析过程：概览”1.2.1 节
- “直接循环分析”1.2.6 节

- “裂纹扩展分析” 6.4.3 节
- “韧性材料在低周疲劳分析中的损伤和失效”《Abaqus 分析用户手册——材料卷》的 4.4 节
- “使用扩展的有限元方法将不连续模拟成一个扩展特征” 5.7 节
- *DAMAGE EVOLUTION
- *DAMAGE INITIATION
- *DEBOND
- *DIRECT CYCLIC
- *FRACTURE CRITERION
- *CONTROLS
- “构建通用分析过程”中的“构建一个直接循环过程”《Abaqus/CAE 用户手册》的 14.11.1 节，此手册的 HTML 版本中

概览

一个低周疲劳分析：

- 是以在大部分情况下，高到发生非弹性变形的应力状态为特征的
- 一个承受亚临界循环载荷结构上的准静态分析；
- 可以与热载荷以及力学载荷相关联；
- 使用直接循环方法来直接得到结构的稳定循环响应；
- 基于连续损伤力学方法来模拟块韧性材料的渐进损伤和失效，在此情况中，损伤初始和演化是通过每个稳定循环累积的非弹性滞后应变能来表征的。
- 基于具有扩展有限元法的线弹性断裂力学（LEFM）原理，模拟一个离散裂纹沿着一个任意求解相关的路径扩展，而不需要在块材料中重新划分网格，在这样的情况中，疲劳裂纹的产生和生长是通过相关的断裂能释放率来表征的；
- 模拟沿着层合复合材料中界面处的一个预定义路径进行的扩展分层生长，在此情况下，界面处疲劳分层的产生和生长是通过相关断裂能释放率来表征的。
- 使用损伤外推技术来加速低周疲劳分析；
- 假定每一个载荷循环中的几何线性行为和固定的接触条件。

低周疲劳分析的方法

确定一个结构所具有的疲劳限的传统方法是建立结构中材料的 S-N 曲线（载荷针对循环到失效的次数）。这样的方法在许多情况下依然作为一个设计工具来预测工程结构的疲劳阻抗。然而，此技术总体上是保守的，并且它没有定义循环次数与损伤程度或者裂纹长度之间的关系。

另外一个方法是当结构的响应在许多循环后达到稳定时，通过使用一个基于非弹性应变/能量的裂纹/损伤评估法则来预测疲劳寿命。因为仿真许多载荷循环上的材料的缓慢渐进性损伤的计算成本，对于除了最简单的模型外的所有模型都是极其昂贵的。所以数值疲劳寿

命通常只用于研究模拟涉及承受实际载荷历史一小部分的结构所具有的响应。然后使用 Coffin-Manson 关系（见 Coffin，1954，和 Manson，1953）那样的经验公式将此响应外推到许多载荷循环上，来预测裂纹产生和扩展的可能性。因为此方法是基于一个不变的裂纹/损伤生长率的，它可能并不真实地预测裂纹或者损伤的演化。

Abaqus/Standard 中的低周疲劳

Abaqus/Standard 中的直接循环分析能力，提供了一个计算有效的模拟技术来得到一个承受周期载荷的结构所具有的稳定响应，并且非常适合于在一个大结构上执行低周疲劳计算。使用傅里叶级数与非线性材料行为时间积分的组合，来直接得到结构的稳定响应。使用直接循环方法来得到一个稳定响应的理论和算法，在《Abaqus 理论手册》的 2.2.3 节中进行了详细的描述。

直接循环低周疲劳过程，模拟了块材料中（例如电子芯片封装的焊点，或者层合复合材料中的内层裂纹生长）的渐进损伤和失效，以及材料界面上的（例如层合的复合材料中的分层）渐进损伤和失效。前者可以基于一个连续损伤力学方法，或者根据扩展有限元法的线性弹性断裂力学原理。通过评估沿着加载历史在离散点上的结构行为（见图 1-5）来得到响应。在这些点中每一个其上的解，都用来预测将在下一个增量中发生的材料属性退化和演变，此增量跨越许多载荷循环 ΔN。然后使用退化的材料属性来计算加载历史中在下一个增量上的解。按这个规律，裂纹/损伤生长率在整个分析中进行连续更新。

当在加载历史中的一个给定点上计算得到稳定的解时，在一个材料点上的弹性材料刚度保持不变，并且接触条件保持不变。每一个沿着加载历史的解，代表承受所施加循环载荷的结构具有的稳定响应，同时在结构中的每一个点上具有从先前的解中计算得到的一定水平的材料损伤。重复此过程到加载历史中的一个点，在此点上可以得到一个疲劳寿命评估。

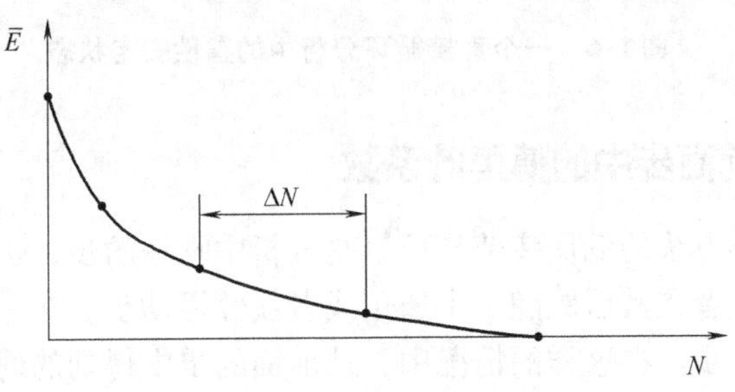

图 1-5 弹性刚度与循环次数的关系

在块材料中，有两个方法来模拟渐进损伤和失效。一个方法是基于连续损伤力学。此方法更适合于韧性材料。在此材料中，循环载荷导致应力反转和塑性应变的累积，进而产生裂纹并扩展。损伤的产生和演化是采用每个循环稳定累积的非弹性应变能滞后表征的，如图 1-6 所示。另外一个方式是基于扩展有限元方法的线弹性断裂力学原理。此方法更加适用于脆性材料或者具有小尺度屈服的材料，其中，循环载荷造成材料强度退化，使得疲劳裂纹沿着任意路径生长，并造成材料强度降低。裂纹的出现和扩展是通过基于 Paris 法则（Paris，1961）的裂纹尖端处的相对断裂能释放率来表征的。

在层合复合材料的界面上，循环加载导致产生疲劳分层生长的界面强度退化。分层的启动

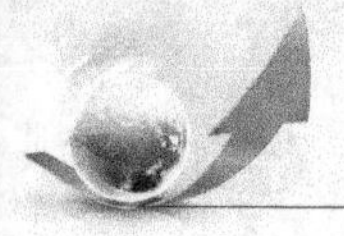

和生长也是通过基于 Paris 法则（Paris，1961）的裂纹尖端处的相对断裂能释放率来表征的。

可以认为块材料中的渐进损伤机制和界面处的渐进分层生长机制是同时的，在模型中的最脆弱环节上首先失效。

使用直接方法定义一个低周疲劳分析，类似于定义一个直接循环分析。如何指定傅里叶项的项数、迭代的次数和增量大小的细节，见 1.2.6 节。当定义低周疲劳分析步时，指定循环的最大次数 N_{max}。

输入文件用法：＊DIRECT CYCLIC，FATIGUE

第一数据行

,, N_{max}

Abaqus/CAE 用法：Step module：Create Step：General：Direct cyclic；Fatigue：Include low-cycle fatigue analysis，Maximum number of cycles：Value：N_{max}

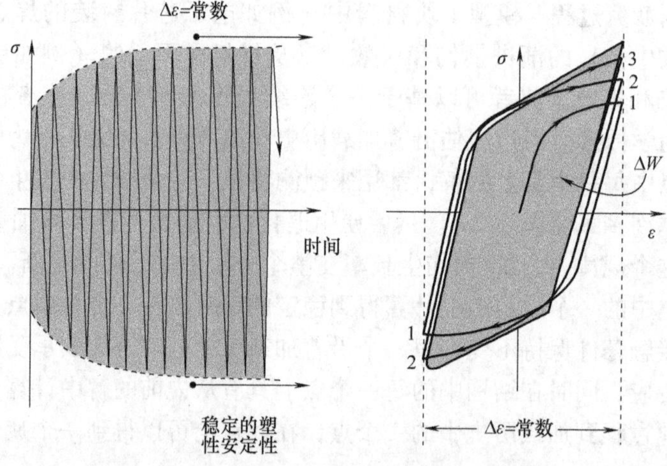

图 1-6　一个直接循环分析中的塑性安定状态

确定是否使用来自前面步中的傅里叶系数

一个使用直接循环方法的低周疲劳步可以是分析中唯一的步，也可以跟随在一个通用或者线性摄动步后面，或者在其后跟随一个通用或者线性摄动步。在一个单独的分析中，可以包括多个低周疲劳分析步。在这样的情况中，从前面的步中得到的傅里叶级数系数可以用作当前步中的起始值。默认情况下，傅里叶系数为零，这样允许所施加的载荷明显不同于前面低周疲劳步中定义的循环加载条件。

在一个直接循环分析中，可以指定一个重启动分析中的一个低周疲劳步要使用来自前面步中的傅里叶系数，这样就可以让一个分析继续来仿真更多的载荷循环。在一个低周疲劳分析中，一个重启动文件是在稳定循环的结束处写下的。结果，一个作为先前低周疲劳分析的延续的重启动分析，将从一个在 $t=0$ 处开始的新载荷循环开始（见 4.1.1 节）。

输入文件用法：使用下面的选项来指定当前步是前面使用直接循环方法的低周疲劳步的延续：

＊DIRECT CYCLIC，FATIGUE，CONTINUE = YES

使用下面的选项来重设傅里叶级数的系数为零：

*DIRECT CYCLIC，FATIGUE，CONTINUE = NO（默认的）

Abaqus/CAE 用法：使用下面的选项来指定当前步是先前使用直接循环方法的低周疲劳步的延续：

Step module：Create Step：General：Direct cyclic；Basic：Use displacement Fourier coefficients from previous direct cyclic step；Fatigue：Include low-cycle fatigue analysis

使用下面的选项来重设傅里叶级数系数为零：

Step module：Create Step：General：Direct cyclic；Fatigue：Include low-cycle fatigue analysis

块韧性材料中，基于连续损伤力学方法的渐进损伤和损伤外推

Abaqus/Standard 中的低周疲劳分析，允许任何以基于连续的本构模型（见《Abaqus 分析用户手册——材料卷》的 1.1.1 节）方式定义的单元中的韧性材料的渐进损伤和失效。这包括使用一个连续方法（见《Abaqus 分析用户手册——单元卷》的 6.5.5 节中的“一个有限厚度胶粘层的模拟”）模拟的胶粘单元。一个材料点中的非弹性定义必须与线弹性材料模型（见《Abaqus 分析用户手册——材料卷》的 2.2.1 节）、多孔弹性材料模型（见《Abaqus 分析用户手册——材料卷》的 2.3.1 节）或者次弹性材料模型（见《Abaqus 分析用户手册——材料卷》的 2.4.1 节）结合使用。

损伤初始化后，弹性材料刚度在每一个循环中（如图 1-5 中所示）因累积的稳定非弹性滞后能而逐渐退化。为一个低周疲劳分析执行一个循环-循环的仿真，因计算成本过高而无法进行。代之于，要加速低周疲劳分析，在当前载荷循环稳定后，每一个增量外推块材料中的当前损伤状态到达一个新的损伤状态。

损伤初始化和演化

损伤初始化指一个材料点的响应退化的开始。在一个低周疲劳分析中，损伤初始准则是以通过累积每个循环的非弹性滞后能 Δw 来特征化的。使用 Δw 和材料常数确定初始损伤的循环次数 N_0。在稳定加载循环 N 的结束处，Abaqus /Standard 通过检查来观察损伤初始准则 $N > N_0$ 是否在任何材料点得到满足。只要这个准则没得到满足，在一个材料点上的材料刚度将不会退化。与损伤初始相关联的计算和输出，在《Abaqus 分析用户手册——材料卷》的 4.4.2 节中进行了详细的讨论。

一旦在一个材料点满足了损伤初始准则，损伤状态就可通过稳定循环的非弹性滞后能来进行计算并且更新。Abaqus/Standard 假定弹性刚度的退化可以使用标量损伤变量 D 来模拟。一个材料点上的每个循环的损伤率 $\frac{\mathrm{d}D}{\mathrm{d}N}$ 是基于累积的非弹性滞后能与一个积分点相关联的特征长度以及材料常数来计算的。详见《Abaqus 分析用户手册——材料卷》的 4.4.3 节。

通常，当 $D = 1$ 时，一个材料已经完全丧失了承载能力。如果在单元的所有积分位置处的所有截面点都已经丧失了承载能力，则可以从网格中删除这个单元。

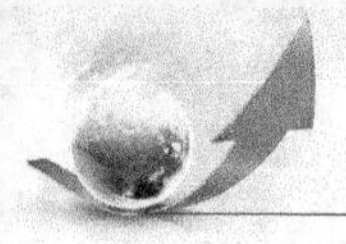

块材料中的损伤扩展技术

如果损伤初始准则在一个稳定的循环 N 结束时，在所有材料点上得到满足，则 Abaqus/Standard 从当前的循环，经过一定数量的循环 ΔN，向下一个增量外推损伤变量 D_N。新损伤状态为 $D_{N+\Delta N}$有

$$D_{N+\Delta N} = D_N + \frac{\Delta N}{L} c_3 \Delta w^{c_4}$$

式中，L——与一个积分点相关联的特征长度；

c_3和 c_4——材料常数（更多的信息见《Abaqus 分析用户手册——材料卷》的 4.4.3 节）。

指定最小的（ΔN_{min}）和最大的（ΔN_{max}）循环次数，损伤以任何给定的增量在其间进行外推。默认值分别是 100 和 1000。

输入文件用法：＊DIRECT CYCLIC，FATIGUE

第一个数据行

ΔN_{min}，ΔN_{max}

Abaqus/CAE 用法：Step module：Create Step：General：Direct cyclic；Fatigue：Include low-cycle fatigue analysis，Cycle increment size：Minimum：ΔN_{min}，Maximum：ΔN_{max}

基于使用扩展有限元方法的线弹性断裂力学原理，沿着一条任意路径的离散裂纹扩展

Abaqus/Standard 中的低周疲劳分析允许基于使用扩展有限元方法的线弹性断裂力学原理，模拟离散裂纹沿着一条任意的路径扩展。通过定义一个基于断裂的面行为，并且在扩展单元中指定断裂准则，来完成裂纹扩展能力的定义。扩展单元中的裂纹尖端处具有的断裂能释放率，是基于改进的虚拟裂纹闭合技术（VCCT）来计算得到的。VCCT 使用线弹性断裂力学的原理。这样，VCCT 对于脆性疲劳裂纹生长发生的问题是合适的，虽然非线性材料变形能发生在块材料中的其他地方。更多关于定义断裂准则和在扩展单元中定义 VCCT 的信息，见 5.7.1 节。

要加速低周疲劳分析，使用了损伤外推技术，它以每一个稳定循环后至少一个单元长度来推进裂纹。

疲劳裂纹的出现和生长

一个扩展单元上的疲劳裂纹出现和生长，是通过使用 Paris 规则来表征的，它将相对断裂能释放率 ΔG 与裂纹生长率联系起来。初始疲劳裂纹生长必须满足两个准则：一个准则是基于材料常数 ΔG 和当前的循环次数 N；另外一个准则是基于最大断裂能释放率 G_{max}，它对应于当加载结构到它的最大值时的循环能释放率。一旦在扩展单元上满足了疲劳裂纹出现和生长准则，则裂纹生长率$\frac{da}{dN}$是基于材料常数和 ΔG（Paris 法则）的分段函数。疲劳裂纹出现和生长的准则，在 5.7.1 节中进行了讨论。

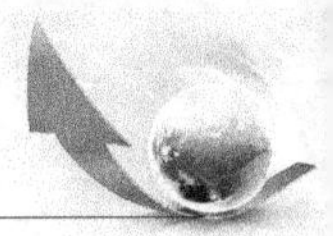

损伤外推技术

如果一个稳定循环 N 结束时，在扩展单元中的任何裂纹尖端，满足了裂纹生长初始的准则，Abaqus/Standard 从当前的循环向前越过许多循环 ΔN，扩展裂纹长度 a_N 到 $a_{N+\Delta N}$，在裂纹尖端的前面至少断裂一个扩展单元。给定材料常数 c_3 和 c_4（如 5.7.1 节中所定义的那样)，与已知的单元长度和裂纹尖端前面的扩展单元处可能的传播方向 $\Delta a_{Nj}=a_{N+\Delta N}-a_N$ 相结合，则失效裂纹尖端前面的每一个扩展单元的必要循环次数，可以计算成 ΔN_j，其中 j 代表第 j 个裂纹尖端前面的扩展单元。设置分析成载荷循环稳定后，每个增量推进裂纹至少一个扩展单元。具有最少循环的单元是标识成断裂的，并且它的 $\Delta N_{\min}=\min(\Delta N_j)$ 是表示成将裂纹扩展至等于它的单元长度［即：$\Delta a_{N\min}=\min(\Delta a_{Nj})$］所需的循环次数。最关键的单元在稳定循环的结束处完全断裂，在开裂的面处具有零约束和一个零刚度。随着扩展单元的断裂，载荷进行了重新分布，并且必须为下个循环的裂纹尖端前面的扩展单元，计算一个新的相对断裂能释放率。此能力允许在每一个稳定循环之后，断裂至少一个裂纹尖端前面的扩展单元，并且精确地说明了造成疲劳裂纹生长相应长度所需要的循环次数。

沿着界面上一条预定义路径的渐进分层扩展

Abaqus/Standard 中的低周疲劳分析，允许在层合复合材料中的界面上模拟渐进分层扩展。必须在使用断裂准则定义的模型中指明分层（或者开裂）扩展所沿的界面。界面单元中裂纹尖端处的断裂能释放率是基于虚拟裂纹闭合技术（VCCT）计算得到的。VCCT 使用线弹性断裂力学的原理。这样，VCCT 对于沿着预定义的面发生的脆性疲劳分层是适合的，虽然在块材料中能发生非线性材料变形。关于定义断裂准则和 VCCT 的更多信息，见 6.4.3 节。

要加速低周疲劳分析，使用了损伤外推技术，它在每一个稳定的循环之后，沿着界面，在裂纹尖端上至少释放一个单元长度。在一个分析中综合考虑界面上的脆性疲劳分层和块材料中的离散裂纹的生长时，在最薄弱的环节首先发生失效。

疲劳分层的出现和生长

一个已定义的开裂界面上的疲劳分层出现和生长，是使用 Paris 规则来表征的，它将相对断裂能释放率 ΔG 与裂纹生长率联系起来。初始疲劳分层生长必须满足两个准则：一个准则是基于材料常数 ΔG 和当前的循环次数 N；另外一个准则是基于最大断裂能释放率 $G_{\max}$，它对应于当加载结构到它的最大值时所对应的循环能量释放率。一旦在界面上满足了分层出现和生长准则，分层生长率 $\dfrac{\mathrm{d}a}{\mathrm{d}N}$ 就是基于材料常数和 ΔG（Paris 规则）的分段函数。疲劳分层出现和生长的准则，在 6.4.3 节中的“低周疲劳准则”进行了详细的讨论。

界面单元上的损伤外推技术

如果在一个稳定循环 N 结束时，在界面中的任何裂纹尖端处，满足了分层出现和生长的准则，则 Abaqus/Standard 从当前的循环向前越过许多循环 ΔN 扩展裂纹长度 a_N 到 $a_{N+\Delta N}$，至少释放界面上一个单元。给定材料常数 c_3 和 c_4（如6.4.3节中的“低周疲劳准则”所定义的那样），与已知的裂纹尖端处界面单元上的节点间距 $\Delta a_{Nj} = a_{N+\Delta N} - a_N$ 相结合，则失效裂纹尖端处的每一个界面单元的必要循环次数可以计算为 ΔN_j，其中 j 代表第 j 个裂纹尖端处的节点。将分析设置成载荷循环稳定后，每个增量释放至少一个界面单元。具有最少循环的单元是标识成被释放的，并且它的 $\Delta N_{\min} = \min(\Delta N_j)$ 是表示成扩展裂纹等于它的单元长度 $\Delta a_{N\min} = \min(\Delta a_{Nj})$ 的循环次数。最关键的单元在稳定循环的结束处完全得到释放，具有零约束和一个零刚度。随着界面单元的释放，载荷进行了重新分布，并且一个新的相对断裂能释放率，必须为下个循环的裂纹尖端处具有的界面单元进行计算。此能力允许在每一个稳定循环之后，释放至少一个裂纹尖端处的界面单元，并且精确地说明了造成疲劳裂纹扩展相应长度所需要的循环次数。

控制求解精度

低周疲劳分析利用直接循环方法，通过将一个傅里叶级数逼近，与使用改进的牛顿法的非线性材料行为的时间积分进行组合，来迭代得到稳定的循环解。算法的精度取决于所使用的傅里叶项的数量、得到稳定的解所使用的迭代次数和材料响应以及评估残差向量的载荷周期中时间点的数量。直接循环分析中控制求解精度的某些方法在1.2.6节中进行了描述。它们都在使用直接循环方法的低周疲劳分析中有效。此外，低周疲劳分析的精度取决于损伤外推向前所越过的循环次数，如下面所描述的那样。

当使用连续损伤力学方法时， 控制块材料中的损伤外推精度

要加速低周疲劳分析，在一个稳定的循环结束处使用了损伤外推技术。此外，要指定损伤外推所越过的最小和最大的循环次数（见上面的“块材料中的损伤外推技术”），可以指定损伤外推容差 ΔD_{tol} 来控制块材料中的损伤外推精度。默认的 $\Delta D_{\text{tol}} = 1.0$。

输入文件用法：使用下面的选项来指定损伤外推容差：

* DIRECT CYCLIC，FATIGUE

第一个数据行

,,, ΔD_{tol}

Abaqus/CAE 用法：Step module：Create Step：General：Direct cyclic；Fatigue：Include low-cycle fatigue analysis，Damage extrapolation tolerance：ΔD_{tol}

确定损伤向前外推越过的增量

Abaqus/Standard 使用一个自适应算法来确定每一个增量中，损伤向前外推所越过的循环次数。默认情况下，Abaqus/Standard 循环次数从500开始（循环次数中最大增量默认值的一半），在任何材料点上确定最大损伤增量为

$$\Delta D = \frac{\Delta N c_3 \Delta w^{c_4}}{L} < \Delta D_{\text{tol}}$$

如果最大损伤增量 ΔD 大于所指定的损伤外推容差，则损伤外推向前所越过的循环次数

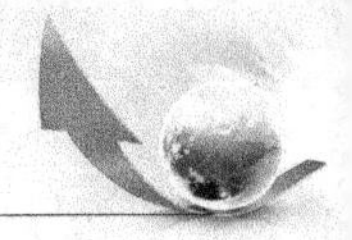

相应地降低，以确保最大损伤增量小于损伤外推容差。另一方面，如果所有材料点上的最大损伤增量小于所指定的损伤外推容差的一半，则循环的次数会相应增加以确保最大损伤增量等于损伤外推容差。

初始条件

可以指定应力、温度、场变量、求解相关的状态变量等的初始值（见《Abaqus 分析用户手册——指定的条件、约束和相互作用卷》的 1.2.1 节）。

边界条件

边界条件可以在任何位移或者转动自由度上施加。在分析中，指定的边界条件必须具有一个在步上循环的幅值定义：开始值必须等于结束值（见《Abaqus 分析用户手册——指定的条件、约束和相互作用卷》的 1.1.2 节）。如果分析包含几个步，则适用通常的规则（见《Abaqus 分析用户手册——指定的条件、约束和相互作用卷》的 1.3.1 节）。在每一个新步上，边界条件可以更改，或者进行完全地定义。所有在先前步中定义的边界条件保持不变，除非重新定义它们。

载荷

下面的载荷可以在一个低周疲劳分析中使用直接循环方法来指定：

- 集中节点力可以施加在位移自由度上（1~6）上，（见《Abaqus 分析用户手册——指定的条件、约束和相互作用卷》的 1.4.2 节）。
- 可以施加分布的压力或者体力（见《Abaqus 分析用户手册——指定的条件、约束和相互作用卷》的 1.4.3 节）。可以使用分布载荷类型的具体单元在《Abaqus 分析用户手册——单元卷》中进行了描述。

在分析中，每一个载荷必须具有在步上是循环的幅值定义，幅值的起始值必须等于结束值（见《Abaqus 分析用户手册——指定的条件，约束和相互作用卷》的 1.1.2 节）。如果分析由几个步组成，则适用通常的规则（见《Abaqus 分析用户手册——指定的条件、约束和相互作用卷》的 1.4.1 节）。在每一个新步上，载荷可以进行更改，或者进行完全的定义。在先前步中定义的所有载荷保持不变，除非它们被重新定义。

预定义的场

下面的预定义场可以在一个使用直接循环方法的低周疲劳循环中指定，如《Abaqus 分析用户手册——指定的条件、约束和相互作用卷》的 1.6.1 节中所描述的那样：

- 温度在一个使用直接循环方法的低周疲劳分析中不是一个自由度，但是节点温度可以指定成为一个预定义的场。所指定的温度值必须在步上循环：起始值必须等于结束值（见《Abaqus 分析用户手册——指定的条件、约束和相互作用卷》的 1.1.2 节）。如果温

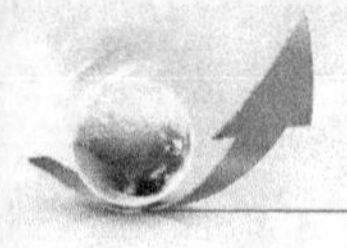

度是从结果文件中读取的，则应当指定初始温度等于步结束时的温度（见《Abaqus 分析用户手册——指定的条件、约束和相互作用卷》的 1.2.1 节）。可选的，可以线性改变温度回到它们的初始条件值，如《Abaqus 分析用户手册——指定的条件、约束和相互作用卷》的 1.6.1 节中所描述的那样。如果为材料给定了热膨胀系数，施加的温度与初始的温度之间的任何差异将产生热应变（《Abaqus 分析用户手册——材料卷》的 6.1.2 节）。所指定的温度也影响存在的与温度相关的材料属性。

- 可以指定用户定义的场变量的值。这些值仅影响场变量相关的材料属性，所指定的场变量值必须是在步上循环的。

材料选项

在低周疲劳分析中，描述力学行为的大部分力学材料模型都是可以使用的。在一个材料点中的非弹性定义，必须用来与线弹性材料模型（见 22.2.1 节）、多孔弹性材料模型（见《Abaqus 分析用户手册——材料卷》的 2.3.1 节）或者次弹性材料模型（《Abaqus 分析用户手册——材料卷》的 2.4.1 节）相结合。

下面的材料属性，在一个低周疲劳分析中是不起作用的：声学属性、热属性（除了热膨胀）、质量扩散属性、导电属性、压电属性和孔隙流体流动属性。

率相关的场（见《Abaqus 分析用户手册——材料卷》的 3.2.3 节）、率相关的屈服（见《Abaqus 分析用户手册——材料卷》的 3.2.4 节）和两层黏塑性（见《Abaqus 分析用户手册——材料卷》的 3.2.11 节）也可以用于一个低周疲劳分析之中。

单元

低周疲劳分析可以使用 Abaqus/Standard 中的任何应力/位移单元（见《Abaqus 分析用户手册——单元卷》的 1.1.3 节）。这包括具有厚度的胶粘单元（见《Abaqus 分析用户手册——单元卷》的 6.5.5 节中的“有限厚度胶粘层的模拟”）。然而，当基于使用扩展有限元方法的线弹性断裂力学原理来模拟疲劳裂纹扩展时，只有一阶连续应力/位移单元和二阶应力/位移四面体单元可以与一个扩展特征相关联（见 5.7.1 节）。

输出

对于后处理和监控一个使用直接循环方法的低周疲劳分析，可以使用不同类型的输出。

消息文件信息

直接循环分析中，在 Abaqus/Standard 中使用直接循环方法的低周疲劳分析，在每一个载荷循环中的每一个迭代的不同时间增量上打印残余力、时间平均力和一个显示平衡是否得到满足的标识到消息（.msg）文件中。可以控制打印信息到消息文件的增量频率，并且可以抑制输出；默认是每 10 个增量打印输出（更多的信息见《Abaqus 分析用户手

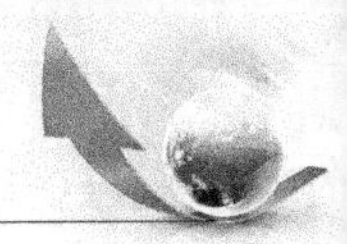

册——介绍、空间建模、执行与输出卷》的4.1.1节中的“Abaqus/Standard 消息文件”)。

Abaqus/Standard 也在每一个循环中的每一个迭代结束处打印所使用的傅里叶项的数量、最大的残余系数、位移系数的最大修正值和傅里叶级数中的最大位移系数到消息文件中。一个输出的例子显示如下:

```
                         CYCLE   5 STARTS

                       ITERATION     26 STARTS
  INC       TIME       STEP       LARG. RESI.    TIME AVG.   FORCE
            INC        TIME       FORCE          FORCE       EQUV.
  10        0.250      2.50       1.008E+01      50.9          N
  20        0.250      5.00       1.622E+01      76.8          N
  30        0.250      7.50       4.622E-02      99.8          Y

                       ITERATION    26 SUMMARY
   NUMBER OF FOURIER TERMS USED 40, TOTAL NUMBER OF INCREMENTS  120
   CYCLE/STEP TIME    30.0,     TOTAL TIME COMPLETED         31.0
   AVERAGE FORCE      21.2      TIME AVG. FORCE       25.7


   MAX. COEFFICIENT OF DISP.                        0.142  AT NODE 24 DOF 2
   MAX. COEFF. OF RESI. FORCE ON CONST. TERM        31.7   AT NODE 44 DOF 1
   MAX. COEFF. OF RESI. FORCE ON PERI. TERMS        0.82   AT NODE  6 DOF 3
   MAX. CORR. TO COEFF. OF DISP. ON CONST. TERM 0.002 AT NODE 50 DOF 3
   MAX. CORR. TO COEFF. OF DISP. ON PERI. TERMS 0.015 AT NODE 50 DOF 3
```

结果输出

仅当达到稳定的循环时才写出单元和节点输出。如果在循环的结束时没有达到稳定的循环,则写出最后的循环迭代输出。所有的 Abaqus/Standard 中的标准输出变量(见《Abaqus 分析用户手册——介绍、空间建模、执行与输出卷》的4.2.1节)是可用的。此外,下面的变量对于基于连续损伤力学方法的块韧性材料中的渐进损伤,可以使用下面的变量。

STATUS　　单元的状态(如果单元是激活的,其状态是1.0,如果单元没有激活,则其状态是0.0)。

SDEG　　标量刚度退化,D。

CYCLEINI　在材料点上初始损伤的循环次数。

对于基于扩展有限元方法的线弹性断裂力学原理,沿着一个任意路径的离散裂纹扩展,下面的变量是可用的:

STATUSXFEM　　扩展单元的状态。(如果单元是完全开裂的,则扩展单元的状态是1.0;如果单元没有开裂,则为0.0;如果单元是部分开裂的,值位于1.0与0.0之间。)

CYCLEINIXFEM　　在扩展单元上初始开裂的循环次数。

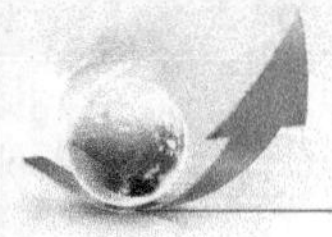

ENRRTXFEM　　应变能释放率范围的所有分量，即，最大加载时的能量释放率与最小加载时的能量释放率之间的差异。

恢复一个稳定的循环的附加结果

用户可能想要恢复一个稳定的循环的附加结果，可以从重启动数据中提取这些结果（见《Abaqus 分析用户手册——介绍空间建模、执行与输出卷》的 4.1.1 节中的“从 Abaqus/Standard 的重启动数据中恢复附加的结果输出”）。

输出文件用法：＊POST OUTPUT，CYCLE = *n*

Abaqus/CAE 用法：在 Abaqus/CAE 中，不支持恢复一个稳定循环的附加结果。

在确切的时间上指定输出

低周疲劳分析不支持在确切的时间上输出。如果要求在确切的时间上输出，则 Abaqus 将发出一个警告信息，并且将输出改变到一个近似的时间上输出。

限制

一个使用直接循环方法的低周疲劳分析，受以下的限制：

- 当迭代使用直接循环分析来得到一个稳定解时，在一个给定的循环期间，不能改变接触条件。
- 仅可以在一个直接循环步之前的任何通用步中包括几何非线性。然而，在选好的步期间，将只考虑小位移和小应变。

输入文件模板

下面是在块材料中，基于连续损伤力学方法、模拟渐进损伤和失效以及界面上的渐进分层生长的一个例子：

＊HEADING
…
＊BOUNDARY
指定零赋值的边界条件的数据行
＊INITIAL CONDITIONS
指定初始条件的数据行
＊AMPLITUDE
定义幅值变化的数据行
＊＊
＊MATERIAL
定义材料属性的选项
＊DAMAGE INITIATION，CRITERION = HYSTERESIS ENERGY
定义块韧性材料损伤初始的材料常数的数据行

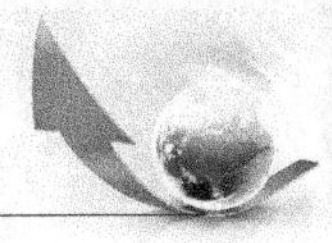

＊DAMAGE EVOLUTION，TYPE = HYSTERESIS ENERGY

定义块韧性材料损伤演化的材料常数的数据行

＊＊

＊SURFACE，NAME = 从面名称

定义分层界面上的从面的数据行

＊SURFACE，NAME = 主面名称

定义分层界面上的主面的数据行

＊CONTACT PAIR

从，主

＊＊

＊STEP（，INC = ）

在一个单独的载荷循环中，设置 INC 等于增量的最大数量

＊DIRECT CYCLIC，FATIGUE

定义时间增量、循环时间、傅里叶项的初始数量、傅里叶项的最大数量、傅里叶项编号中的增量和迭代的最大次数

定义循环次数中的最小增量、循环次数中的最大增量、循环的总次数和损伤外推容差

＊DEBOND，SLAVE = 从面名称，MASTER = 主面名称

＊FRACTURE CRITERION，TYPE = FATIGUE

定义 Paris 规则和断裂准则中使用的材料常数的数据行

＊＊

＊BOUNDARY，AMPLITUDE =

规定零赋值的或者非零边界条件的数据行

＊CLOAD 和/或 ＊DLOAD，AMPLITUDE =

指定载荷的数据行

＊TEMPERATURE 和/或 ＊FIELD，AMPLITUDE =

指定预定义场的值的数据行

＊＊

＊END STEP

下面是模拟块材料中，基于扩展有限元法的线性弹性断裂力学原理的离散裂纹扩展以及在界面上渐进分层扩展的例子：

＊HEADING

…

＊ENRICHMENT，TYPE = PROPAGATION CRACK，INTERACTION = INTERACTION，ELSET = ENRICHED

＊BOUNDARY

指定零幅值的边界条件的数据行

＊INITIAL CONDITIONS

指定初始条件的数据行

＊AMPLITUDE

定义幅值变化的数据行
**
* MATERIAL
定义材料属性的选项
* SURFACE，INTERACTION = INTERACTION
* SURFACE BEHAVIOR
* FRACTURE CRITERION，TYPE = FATIGUE
定义在扩展单元的疏松材料中，Paris 规则和断裂准则使用的材料常数的数据行
**
* SURFACE，NAME = 从面名称
定义分层界面上的从面的数据行
* SURFACE，NAME = 主面名称
定义分层界面上的主面的数据行
* CONTACT PAIR
从，主
**
* STEP（，INC = ）
在一个单独的载荷循环中，设置 *INC* 等于增量的最大数量
* DIRECT CYCLIC，FATIGUE
定义时间增量、循环时间、傅里叶项的初始数量、傅里叶项的最大数量、傅里叶项编号中的增量和迭代的最大次数
定义循环次数中的最小增量、循环次数中的最大增量、循环的总次数和损伤外推容差
* DEBOND，SLAVE = 从面名称，MASTER = 主面名称
* FRACTURE CRITERION，TYPE = FATIGUE
定义在界面上用于 Paris 规则和断裂准则中的材料常数的数据行
**
* BOUNDARY，AMPLITUDE =
规定零赋值的或者非零边界条件的数据行
* CLOAD 和/或 * DLOAD，AMPLITUDE =
指定载荷的数据行
* TEMPERATURE 和/或 * FIELD，AMPLITUDE =
指定预定义场值的数据行
**
* END STEP

参考文献

- Coffin，L.，"A Study of the Effects of Cyclic Thermal Stresses on a Ductile Metal，" Transactions of the American Society of Mechanical Engineering，vol. 76，pp. 931-

951, 1954.

- Manson, S., "Behavior of Materials under Condition of Thermal Stress," Heat Transfer Symposium, University of Michigan Engineering Research Institute, Ann Arbor, MI, pp. 9-75, 1953.
- Paris, P., M. Gomaz, and W. Anderson, "A Rational Analytic Theory of Fatigue," The Trend in Engineering, vol. 15, 1961.

1.3 动态应力/位移分析

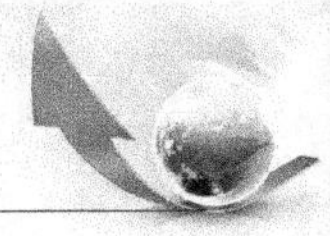

1.3.1 动态分析过程：概览

概览

Abaqus 提供对问题进行动态分析的几个方法，这些问题考虑了惯性的影响。当研究非线性动态响应时，必须使用系统的直接积分。Abaqus/Standard 中提供隐式直接积分；Abaqus/Explicit 中提供显式直接积分。通常为线性分析选取模态方法，因为在直接积分的动力学中，系统的运动整体方程必须通过时间来积分，这样使得直接积分的方法比模态方法明显昂贵。Abaqus/Standard 中提供基于子空间的方法，并且给中度非线性的系统分析提供便宜的方法。

在 Abaqus/Standard 中，线性问题的动态研究通常是通过使用系统的特征模态作为计算响应的基础来执行的。在这样的情况中，首先在一个频率提取步中计算得到必要的模态和频率。基于模态的过程通常是简单易用的，并且动态响应分析自身的计算通常是便宜的，虽然一个大模型要求许多模态，特征模态提取可为计算密集型。特征值可以在一个包括"应力刚化"影响的（如果基本状态步定义包括非线性影响，则包括了初始应力矩阵）预应力的系统中进行提取，在预加载系统的动态研究中，它是必要的。在基于模态的过程中，指定非零的位移和转动是不可能的。在《Abaqus 理论手册》的 2.5.9 节中，对基于模态的过程中指定运动的方法进行了解释。

必须为任何动态分析中使用的所有材料定义密度，并且可以指定材料或者步层级的阻尼（黏性和结构），如下面的"动态分析中的阻尼"中所描述的那样。

隐式与显式动态

Abaqus/Standard 中提供的直接积分动态过程提供一个运动方程积分的隐式运算选项，而 Abaqus/Explicit 使用中心差分运算。在隐式动态分析中，必须对积分运算矩阵求逆，并且在每一个时间增量上，必须求解一系列的非线性方程。而在显式动态分析中，位移和速度是在一个开始时增量为已知数值的基础上进行计算的。这样，不需要生成整体质量和刚度矩阵并求逆，这意味着显示动态分析中的每一个增量与隐式积分方案中的增量相比是相对便宜的。然而，显式动态分析中的时间增量大小是受限制的，因为中心差分运算只是有条件稳定的；而 Abaqus/Standard 中可用的隐式运算选项是无条件稳定的。因此，在 Abaqus/Standard 中，对于大部分的分析，可以使用的时间增量大小没有这样的限制（Abaqus/Standard 中，精确性控制时间增量）。

中心差分运算方法（并非使用生成大的、快速发展错误的方法来取得最大的时间增量）的稳定性限制，是与一个通过单元中最小单元尺寸的应力波的时间要求紧密相关的。因此，如果网格包含小单元，或者材料中的应力波速度非常高，则一个显式动力学分析中的时间增量可以是非常短的。这样，对于必须模拟的总动态响应时间，只是比此稳定

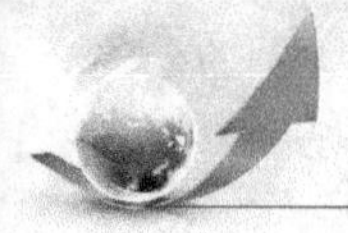

限长几个数量级的问题，此方法在计算上是有优势的。例如，波传递研究或者一些“事件和响应”应用。显式过程的许多优势也在情况较慢（准静态）的过程中应用，在其中使用质量缩放来降低波速是合适的（见6.6.1节）。

Abaqus/Explicit 提供的单元类型比 Abaqus/Standard 少。例如，只有一阶位移方法的单元（4-节点四边形，8-节点六面体等）和改进的二阶单元得到使用，并且模型中的每一个自由度必须具有与其相关联的质量或者转动惯量。然而，Abaqus/Explicit 中所提供的方法具有以下重要的优势：

1. 分析成本随问题变大只是线性的增加，而求解与隐式积分相关联的非线性方程的成本，随问题变大上升得比线性的增加快得多。这样，Abaqus/Explicit 对于非常大的模型是有吸引力的。

2. 对于求解极其不连续的短期事件或者过程，通常显式积分方法比隐式积分方法更有效。

3. 涉及应力波传递的问题，在 Abaqus/Explicit 中可以比在 Abaqus/Standard 中更加有效地计算。

在一个非线性动态问题的方法选择中，必须考虑与显式方法的稳定限相比较，搜寻响应的时间长度、问题的大小以及一阶的，纯粹位移方法的显式方法或者改进的二阶单元的显式方法的限制。在某些情况下，选择是明显的，但是在实际感兴趣的许多情况中，选择取决于特定情况的细节。此时只能凭经验。

直接求解与模态叠加过程

直接求解过程必须用于涉及一个非线性响应的动态分析中。模态叠加过程对于执行线性或中度非线性动态分析是一个低成本的选项。

直接求解的动态分析过程

下面的直接求解的动态分析过程，在 Abaqus 中是可用的：

• 隐式动态分析：隐式直接积分的动态分析（见1.3.2节）是用来研究 Abaqus/Standard 中的非线性（强）瞬态动态响应。

• 基于子空间的显式动态分析：Abaqus/Standard 中的子空间投影方法，使用由跨越许多特征向量的向量空间形式（见1.3.2节）书写的动态平衡方程的直接的、显式的积分。在一个频率提取步中提取的系统特征模态，是用作整体基础向量的。此方法对于具有并不大幅改变模态形状的轻度非线性系统，是非常有效的。它不能用于接触分析之中。

• 显式动态分析：显式直接积分的动态分析（见1.3.3节）在 Abaqus/Explicit 中是可用的。

• 直接求解的稳态谐响应分析：一个系统的稳态谐响应，可以在 Abaqus /Standard 中直接以模型的物理自由度方式计算得到（见1.3.4节）。解是作为频率函数的解变量（位移，应力，等等）的同相（实部）和异相（虚部）分量给出的。此方法的主要优点是可以模拟频率相关的影响（例如频率相关的阻尼）。直接法是最精确的，但也是最昂贵的稳态谐响应分析。如果刚度中的非对称项是重要的，或者模型的参数取决于频率，则也可

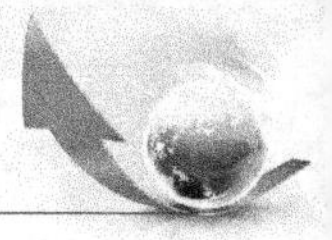

以使用直接法。

模态叠加过程

Abaqus 包括一个完整的模态叠加过程。模态叠加过程中使用一种称为 SIM 的高性能线性动态软件构架。SIM 构架比那些用于大尺度分析的传统线性动态构架更有优势，如下面的“为模态叠加动态分析使用 SIM 构架”中所讨论的那样。

在任何模态叠加过程开始之前，必须使用特征值分析过程（见 1.3.5 节）来提取系统的固有频率。可以使用 SIM 构架来执行频率提取。

下面的模态叠加过程在 Abaqus 中是可用的：

- 基于模态的稳态谐响应分析：基于系统固有模态的稳态动力学分析，可以用来计算系统对谐波激励（见 1.3.8 节）的线性响应。此基于模态的方法通常比直接法便宜。相应的解是作为频率函数的解变量（位移、应力等）的同相（实部）和异相（虚部）给出的。基于模态的稳态谐响应分析可以使用 SIM 构架来执行。
- 基于子空间的稳态谐响应分析：在此类型的 Abaqus/Standard 分析中，稳态动力学方程是按跨越许多特征向量（见 1.3.9 节）的向量空间形式书写的，在一个频率提取步中提取的系统特征模态用作整体基础向量。此方法具有一定优势，因为它允许与模拟频率相关的影响，并且比直接法（见 1.3.4 节）的计算成本低很多。如果系统刚度是非对称的，并且可以使用 SIM 构架来执行，则可以使用基于子空间的稳态谐响应分析。
- 基于模态的瞬态响应分析：模态动力学分析过程（见 1.3.7 节）中使用模态叠加法来求解线性问题的动态响应。基于模态的瞬态分析可以使用 SIM 构架来执行。
- 响应谱分析：通常使用线性的响应谱分析（见 1.3.10 节）来得到作为频率函数的用户提供的输入频谱中（例如地震数据）的一个系统峰值信号响应的近似上界。此方法具有非常低的计算成本，并且可以提供关于该系统的谱行为的有用信息。响应谱分析可以使用 SIM 构架来执行。
- 随机响应分析：一个模型对随机激励的线性响应，可以基于系统的固有模态（见 1.3.11 节）来计算得到。当结构被连续激励，并且载荷可以采用一个“功率谱密度”（PSD）函数的形式来表达时，就可以使用此方法。响应是以平均值和节点与单元变量的标准偏差等统计量形式计算得到的。随机响应分析可以使用 SIM 构架来执行。
- 复特征值提取：通过执行特征值提取来计算复特征值和对应的复数系统模态形状（见 1.3.6 节）。在一个频率提取步中提取的系统特征模态，是作为整体基础向量来使用的。复特征值提取可以使用 SIM 构架来执行。

为模态叠加动力学分析使用 SIM 构架

SIM 是 Abaqus 中可用的一个高性能的软件构架，可以用来执行模态叠加动力学分析。SIM 构架比传统的具有最小输出要求的大规模线性动力学分析（模型大小和模态数量）高效得多。

基于 SIM 的分析可以用来有效地控制因单元或者材料产生的非对角阻尼。如下面的“一个使用 SIM 构架的以模态为基础的稳态和瞬态线性动力学分析中的阻尼”中所讨论的

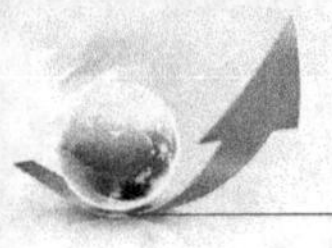

那样。因此，如果模型具有单元阻尼或者与频率无关的材料，对模型进行基于子空间的线性动力学分析时，基于 SIM 的分析是一种有效的方法。

激活 SIM 构架

在模态叠加动力学分析中使用 SIM 构架，首先应激活初始频率提取过程的 SIM。基于 SIM 的频率提取过程中，将模态的形状和其他模态系统信息写入一个特殊的线性动力学数据文件中。默认情况下，此数据文件保存到临时目录中，并且随着作业完成而被删除。然而，如果要求了重启动，则文件会保存到用户目录中。所有后续分析中的基于模态的稳态或者瞬态动力学步，自动地使用此线性数据文件（并且由此扩展 SIM 构架）。如果要重启动一个使用 SIM 构架的分析，则必须包括线性动力学数据文件。

关于频率提取过程的更多信息，见 1.3.5 节。

输入文件用法：＊FREQUENCY，SIM

Abaqus/CAE 用法：Step module：Step→Create：Frequency：Use SIM-based linear dynamics procedures

例子

在下面的输入文件模板中，SIM 构架将用于整个线性动力学分析：

```
*STEP
*FREQUENCY，EIGENSOLVER = LANCZOS，SIM
控制特征值提取的数据行
*COMPOSITE MODAL DAMPING
定义临界阻尼分数的数据行
*END STEP
**
*STEP
*MODAL DYNAMIC
控制时间增量的数据行
*SELECT EIGENMODES
定义可施加模态范围的数据行
*MODAL DAMPING，VISCOUS = COMPOSITE
定义复合模态阻尼的数据行
*END STEP
**
*STEP
*STEADY STATE DYNAMICS
指定频率范围和偏置参数的数据行
*SELECT EIGENMODES
定义可施加模态范围的数据行
*END STEP
```

```
**
*STEP
*STEADY STATE DYNAMICS, SUBSPACE PROJECTION
指定频率范围和偏置参数的数据行
*SELECT EIGENMODES
定义可执行模态范围的数据行
*END STEP
```

基于 SIM 的分析中的输出

输出在线性动力学分析的性能中是一个基本的因素。因为预测线性动力学分析的输出量是困难的，所以在基于 SIM 的模态叠加过程中（除了复特征值提取），需忽略预选择的输出要求。必须每次指定输出数据库文件（.odb）的输出要求，否则，将不执行分析。

指定应用于基于 SIM 的分析的可用输出要求时，有以下几个限制：

- 不能要求输出到结果文件（.fil）。
- 单元变量不能输出到打印的数据文件（.dat），除非在随机响应分析中。
- 不支持“基础运动”的输出，除非在随机响应分析中。

SIM 构架的限制

循环对称模拟特征不能用于基于 SIM 的分析。

动力学分析中的非物理材料属性

Abaqus 的运行基础用户提供的模型材料，并且假定材料的物理属性反映实验结果。例如，一个正的质量密度、一个正的弹性模量和一个任意正值的可用阻尼系数。然而，在特殊的情况下，可能想要“调整”一个区域中的或者模型一部分的密度值、质量值、刚度值或者阻尼值，使模型整体的质量、刚度或者阻尼达到期望的水平。Abaqus 中的某些材料选项允许引入非物理材料属性来实现这种调整。

例如，要调整模型的质量，可以定义一个具有负值质量的非结构质量，在一个节点的区域上使用一个负质量的质量单元，或者引入具有负密度的附加单元。类似的，要调整阻尼水平，可以使用负的阻尼系数，或者引入具有一个负阻尼器约束的阻尼器单元，来降低模型整体的阻尼水平。此外，还可以定义具有负刚度的弹簧来调整模型的刚度。

如果指定非物理的，但却是许用的材料属性，Abaqus 会发出一个警告信息。然而，如果指定不允许的非物理材料属性，Abaqus 会发出一个出错信息。当引入非物理的材料属性时，必须意识到整个行为应当是“物理的”。例如，在所有节点上的质量值在一个特征值提取过程中必须是正的。

使用非物理材料属性的后果是容易检查并解释的，并且还有其他超出 Abaqus 控制的后果。这样，在指定属性前，应当完全明白所声明的问题和使用非物理材料属性带来的后果。这在 Abaqus/Explicit 分析中是特别重要的，因为在该分析中，时间增量的大小取决于材料属性。例如，与分布质量相关的载荷是基于所提供的整体质量密度（正的和负的）

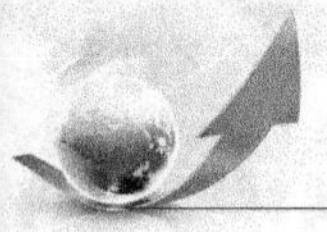

来计算的。

动态分析中的阻尼

每一个非保守系统表现出一些归因于材料的非线性、内部材料摩擦或者外部（大部分是连接的）摩擦行为的能量损耗。常规的工程材料，像钢和高强度铝合金的内部阻尼较小，不足以防止共振频率处或其附近的较大振幅。在现代纤维增强复合材料中，阻尼属性增加，其中，能量损失通过塑性或者黏弹性现象，以及基材与加强物之间界面处的摩擦来发生。可以通过添加机械阻尼来模拟引入系统阻尼力。通常，量化一个系统阻尼的来源是困难的。它同时来自几个源，即，来自加载滞后中的、黏弹性材料属性中的和外部连接摩擦中的能量损失。

用户一般可凭经验获得特定系统的能量损失的源。在 Abaqus 中，通过多种指定来精确模拟动力学系统中能量损失的阻尼方法是可用的。

阻尼的来源

Abaqus 具有四种类型的阻尼来源：材料和单元阻尼、整体阻尼、模态阻尼和与时间积分相关联的阻尼。如果有必要，可以包括多个阻尼来源，并且还可以在一个模型中对不同的阻尼来源指定组合。

材料和单元阻尼

可以将阻尼指定为赋予模型的材料定义的一部分（见《Abaqus 分析用户手册——材料卷》的 6.1.1 节）。此外，Abaqus 具有阻尼器、有复数刚度矩阵的弹簧和作为一个阻尼器使用的连接器那样的单元，它们都有黏性和结构阻尼因子。黏性阻尼可以包括在整体、梁、管和具有同样截面的壳单元中。并且在子结构单元中（见 5.1.2 节）也能使用它。在直接稳态动力学分析中，可以利用用户子程序 UINTER（见《Abaqus 用户子程序参考手册》的 1.1.39 节）来定义由接触面之间的相互作用产生的黏性和结构阻尼。对于线性摄动过程，接触阻尼是不适用的。

在声学单元中是使用体积拖拽参数（见《Abaqus 分析用户手册——材料卷》的 6.3.1 节）来施加速度比例黏性阻尼的。声学有限元和阻抗条件也添加阻尼到模型中。

整体阻尼

在材料或者单元阻尼不合适或者偏小的情况下，可以施加抽象阻尼因子到一个整体的模型中。Abaqus 允许为黏性阻尼（Rayleigh 阻尼）和结构阻尼（虚刚度矩阵）指定整体阻尼因子。

模态阻尼

模态阻尼仅应用于基于模态的线性动力学分析。此技术允许直接施加阻尼到系统的模态。通过定义，模态阻尼仅对模态方程组的对角项有贡献，并且可以采用多种不同方式进行定义。

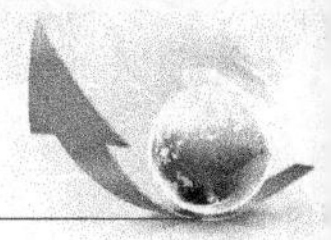

与时间积分相关联的阻尼

可用有限的时间增量来进行仿真，产生某种阻尼。此类阻尼仅施加在使用直接时间积分的分析中。此阻尼源的进一步讨论见 1.3.2 节。

线性动力学分析中的阻尼

阻尼可以采用两种形式来施加到一个线性动力学系统中：

- 速度比例的黏性阻尼。
- 位移比例的结构阻尼，它是用于频域动力学的。

基于 SIM 的瞬态模态动力学分析是例外，其中结构阻尼是转化成等效对角黏性阻尼的（见《Abaqus 理论手册》的 2.5.5 节）。

一个被称为复合阻尼的额外类型的阻尼，其平均值可用来计算模型的材料密度作为权重因子的平均临界阻尼，并且适合在基于模态的动力学中使用（不包括子空间投影稳态分析和基于 SIM 的动力学分析）。更多相关信息见《Abaqus 理论手册》的 2.5.4 节。

线性动力学分析中可用的阻尼来源，取决于分析过程类型和构架（传统的或者 SIM 构架），如表 1-3 和表 1-4 中所列。为了表达的完整性，表 1-3 中还包括了一个直接稳态动力学分析的阻尼选项。除了直接指定模态阻尼之外，可以在所有线性动力学分析中使用整体阻尼。材料和单元阻尼可以用于基于子空间的和基于 SIM 的线性动态分析中。

表 1-3 传统构架的阻尼来源

常规构架	阻尼来源		
	模态	整体	材料和单元
基于模态的稳态动力学	√	√	
基于子空间的稳态动力学		√	√
瞬态模态动力学	√	√	
随机响应分析	√	√	
复频率		√	√
响应谱	√	√	
直接稳态动力学		√	√

表 1-4 SIM 构架的阻尼来源

SIM 构架	阻尼来源		
	模态	整体	材料和单元
基于模态的稳态动力学	√	√	√
基于子空间的稳态动力学	√	√	√
瞬态模态动力学	√	√	√
随机响应分析	√	√	
复频率	√	√	√
响应谱	√	√	

在基于子空间的或者基于 SIM 的动力学分析中，必须首先将材料和单元阻尼算子投

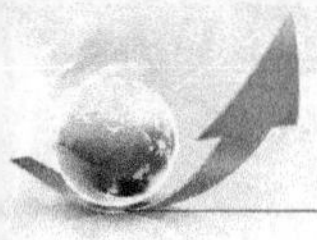

影到模态形状的基础上，生成关于黏性和结构阻尼的一个完全模态阻尼矩阵。这样，模态稳态响应分析就成为求一个线性方程组在每一个频率点上的解。此方程组的大小等于用在响应计算中的模态个数。在基于模态的瞬态分析中，投射的阻尼运算是通过在方程组的右边包括投射的阻尼来在时间中明确地进行处理的。

频率相关的阻尼仅支持基于子空间的和直接积分的稳态动力学过程。

材料和单元阻尼不支持谱响应或者随机响应分析。在这两种分析中，只允许使用模态和整体阻尼，并且忽略材料或者单元阻尼。

基于模态的稳态动力学和使用 SIM 构架的瞬态线性动力学分析中的阻尼

基于 SIM 的线性动力学分析可以包括在模态方程组中同时引入对角项的和非对角项的材料和单元阻尼具有的矩阵中。材料和单元阻尼运算在模态形状上的投影，是在固有频率提取过程中执行的，这使得当使用 AMS 特征求解器时，得以执行高性能投影运算。如果阻尼算子取决于频率，则它们将在频率提取的过程中，在为属性评估所指定的频率上进行评估。

当在模态形状上进行结构和黏性阻尼的投影运算时，完全模态阻尼矩阵是保存在线性动力学数据文件（.sim）中的。完全模态阻尼矩阵可与任何来自整体阻尼或者常规模态阻尼的对角矩阵进行组合。组合的阻尼运算矩阵包括在后续的基于模态的瞬态或者稳态动力学步中。如果没有非对角（即，投影的）阻尼矩阵和包括大量的模态，线性动力学计算的性能将受到影响，因为在每一个频率点上必须执行一个直接求解过程。

由阻抗条件产生的声学阻尼是投影在声学特征向量的子空间上的。在使用 SIM 构架的子空间动态分析中应考虑这些贡献。

基于 SIM 的频率提取步的默认行为是在模态形状上投影任何单元和材料阻尼。如果不希望进行该操作，则可以关闭此阻尼投影。但是对于子空间模态叠加步，只有对角阻尼是可用的。如果出于性能原因，不希望在具体的基于模态的线性动态步中生成投影的阻尼矩阵，则可以使用前面“动力学分析中的阻尼”中所讨论的阻尼控制技术来进行抑制。

输入文件用法：使用下面的选项，在一个基于 SIM 的分析中投影材料和单元阻尼算子：

*FREQUENCY，SIM，DAMPING PROJECTION = ON（默认的）

使用下面的选项来关闭基于 SIM 的分析中的阻尼投影：

*FREQUENCY，SIM，DAMPING PROJECTION = OFF

Abaqus/CAE 用法：要控制单元和材料阻尼在使用 Lanczos 特征求解器的基于 SIM 的频率提取步中投影：

Step module：Step → Create：Frequency：Eigensolver：Lanczos，Use SIM-based linear dynamics procedures，选中 Projectdamping operators

要控制单元和材料阻尼在使用 AMS 特征求解器的频率提取步中的投影：

Step module：Step→Create：Frequency：Eigensolver：AMS，选中 Project damping operators

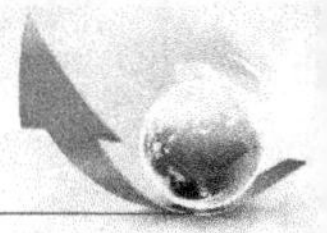

定义黏性阻尼

Abaqus 允许选择一个黏性阻尼的特定源允许添加一些源，或者去除黏性阻尼的影响。

定义材料/单元黏性阻尼

可以选择通过使用材料阻尼属性和（或者）阻尼单元（例如阻尼器或者质量单元）来模拟黏性阻尼矩阵 D^{el}_{viscous}。黏性、质量和（或者）刚度比例阻尼矩阵包括材料 Rayleigh 阻尼因子 $\alpha_{\mathrm{R}}^{\mathrm{mat}}$ 和 $\beta_{\mathrm{R}}^{\mathrm{mat}}$，以及单元定向的阻尼因子 α_{R}^{el}（即对于质量单元）。基于材料/单元的黏性阻尼矩阵可以书写为

$$D^{el}_{\text{viscous}} = \sum_{el=1}^{Numelems}\int_V \alpha_{\mathrm{R}}^{\mathrm{mat}} N^{\mathrm{T}} N\rho \mathrm{d}v + \sum_{el=1}^{Numelems} \alpha_R^{el} m^{el} + \sum_{el=1}^{Numelems}\int_V \beta_{\mathrm{R}}^{\mathrm{mat}} B^{\mathrm{T}} DB\mathrm{d}v + \sum_{el=1}^{Numelems} d^{el}_{\text{viscous}}$$

式中　d^{el}_{viscous}——类似阻尼器的单元的黏性阻尼矩阵。

在 D^{el}_{viscous} 进入模态结果的基于模态的过程投影时产生了一个非对角矩阵。

输入文件用法：使用下面的选项来指定具有力学自由度的单元的材料黏性阻尼：

* DAMPING，ALPHA = α_R^{mat}，BETA = β_R^{mat}

使用下面的选项来指定声学单元的材料黏性阻尼：

* ACOUSTIC MEDIUM，VOLUMETRIC DRAG

Abaqus/CAE 用法：Property module：material editor：Mechanical→Damping：

Alpha：$\alpha_{\mathrm{R}}^{\mathrm{mat}}$ 或者 Beta：$\beta_{\mathrm{R}}^{\mathrm{mat}}$

Property module：material editor：Other→Acoustic Medium：Volumetric Drag

定义整体黏性阻尼

可以分别提供整体质量和刚度比例黏性阻尼因子 α_{global} 和 β_{global} 来创建使用整体模型质量矩阵 M 和刚度矩阵 K 的整体黏性矩阵：

$$D^{g}_{\text{viscous}} = \alpha_{\text{global}} M + \beta_{\text{global}} K$$

这些参数可以为整体模型（默认的），或者仅为机械自由度场（位移和转动），或者仅为声场来进行指定。

输入文件用法：使用下面的选项指定整体黏性阻尼：

* GLOBAL DAMPING，ALPHA = α_{global}，BETA = β_{global}

Abaqus/CAE 用法：Abaqus/CAE 中不支持整体黏性阻尼。

定义黏性模态阻尼

Rayleigh 阻尼引入一个阻尼矩阵 $\boldsymbol{C}$，定义为

$$\boldsymbol{C} = \alpha \boldsymbol{M} + \beta \boldsymbol{K}$$

式中　$\boldsymbol{M}$——模型的质量矩阵；

$\boldsymbol{K}$——模型的刚度矩阵；

α 和 β——用户定义的因子。

在 Abaqus/Standard 中，可以为每一个模态分别定义 α 和 β，这样上面的方程变成

$$c_M = \alpha_M m_M + \beta_M k_M \quad (\text{没有对 } M \text{ 求和})$$

其中下标指模态编号，并且 c_M、m_M 和 k_M 是阻尼、质量和与第 M 个模态相关联的刚度项。

输入文件用法：使用下面的选项，通过指定模态数量来定义 Rayleigh 阻尼：

*MODAL DAMPING，VISCOUS = RAYLEIGH，DEFINITION = MODE NUMBERS

使用下面的选项，通过指定一个频率范围来定义 Rayleigh 阻尼：

*MODAL DAMPING，VISCOUS = RAYLEIGH，DEFINITION = FREQUENCY RANGE

Abaqus/CAE 用法：使用下面的选项，通过指定模态数量来定义 Rayleigh 阻尼：

Step module：Create Step：Linear perturbation：任何有效的步类型：Damping：Specify damping over ranges of：Modes，Rayleigh：Use Rayleigh damping data

使用下面的输入，通过指定频率范围来定义 Rayleigh 阻尼：

Step module：Create Step：Linear perturbation：任何有效的步类型：Damping：Specify damping over ranges of：Frequencies，Rayleigh：Use Rayleigh damping data

定义黏性模态阻尼为临界阻尼分数

也可以指定模型中的每一个特征模态的阻尼，或者指定频率阻尼为临界阻尼的一小部分。临界阻尼定义为

$$c_{cr} = 2\sqrt{mk}$$

式中 m——系统的质量；

k——系统的刚度。

临界阻尼分数 ξ_i 的典型值为（1% ~10%）c_{cr}。但是 Abaqus/Standard 接受任何的正值。临界阻尼因子可以从步到步地进行更改。

输入文件用法：使用下面的选项，通过指定模态数量来定义临界阻尼分数：

*MODAL DAMPING，VISCOUS = FRACTION OF CRITICAL DAMPING，DEFINITION = MODE NUMBERS

使用下面的选项，通过指定一个频率范围来定义临界阻尼分数：

*MODAL DAMPING，VISCOUS = FRACTION OF CRITICAL DAMPING，DEFINITION = FREQUENCY RANGE

Abaqus/CAE 用法：使用下面的选项，通过指定模态数量来定义临界阻尼分数：

Step module：Create Step：Linear perturbation：任何有效的步类型：Damping：Specify damping over ranges of：Modes，Direct modal：Use direct damping data

使用下面的选项，通过指定一个频率范围来定义临界阻尼分数：

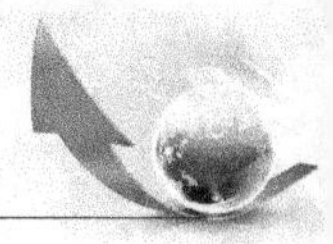

Step module：Create Step：Linear perturbation：任何有效的步类型：Damping：Specify damping over ranges of：Frequencies，Direct modal：Use direct damping data

非耦合结构声学频率提取的黏性模态阻尼

对于使用 AMS 特征求解器执行的非耦合的结构声学频率提取，可以对结构和声学模态施加不同的阻尼。仅当为一个频率范围指定阻尼时才能使用此技术。

输入文件用法：使用下面的选项，仅对结构模态施加指定的阻尼：

＊MODAL DAMPING，VISCOUS = FRACTION OF CRITICAL DAMPING，DEFINITION = FREQUENCY RANGE，FIELD = MECHANICAL

使用下面的选项，仅对声学模态施加指定的阻尼：

＊MODAL DAMPING，VISCOUS = FRACTION OF CRITICAL DAMPING，DEFINITION = FREQUENCY RANGE，FIELD = ACOUSTIC

使用下面的选项来对结构和声学模态同时施加指定的阻尼（默认的）：

＊MODAL DAMPING，VISCOUS = FRACTION OF CRITICAL DAMPING，DEFINITION = FREQUENCY RANGE，FIELD = ALL

Abaqus/CAE 用法：Abaqus/CAE 中不支持为结构和声学模态指定不同的阻尼功能。

控制黏性阻尼的源

对于材料/单元和整体黏性阻尼源，可以在步层级进行控制；对于模态阻尼，控制是不可用的。如果同时提供了材料/单元和整体黏性阻尼矩阵，两者将被组合为一个阻尼矩阵，除非要求只使用单元或者整体阻尼因子。组合的材料/单元和整体黏性阻尼为

$$\boldsymbol{D}_{\text{viscous}} = \boldsymbol{D}^{el}_{\text{viscous}} + \boldsymbol{D}^{g}_{\text{viscous}}$$

输入文件用法：使用下面的选项使得仅有材料/单元黏性阻尼矩阵起作用：

＊DAMPING CONTROLS，VISCOUS = ELEMENT

使用下面的选项使得仅有整体黏性阻尼矩阵起作用：

＊DAMPING CONTROLS，VISCOUS = FACTOR

使用下面的选项使得组合的材料/单元和整体黏性阻尼矩阵起作用：

＊DAMPING CONTROLS，VISCOUS = COMBINED

Abaqus/CAE 用法：Abaqus/CAE 中不支持阻尼控制。

排除黏性阻尼的影响

可以选择排除步层级上的所有黏性阻尼的影响。

输入文件用法：使用下面的选项来排除黏性阻尼的影响：

＊DAMPING CONTROLS，VISCOUS = NONE

Abaqus/CAE 用法：Abaqus/CAE 中不支持阻尼控制。

定义结构阻尼

Abaqus 允许选择一个结构阻尼的特定源，允许添加几个源，或者来排除结构阻尼的影响。

定义材料/单元结构阻尼

材料/单元结构阻尼矩阵（代表复数刚度且与力或者位移成比例）定义为

$$\boldsymbol{K}_s^m = \sum_{el=1}^{Numelems} \int_V s\boldsymbol{B}^{\mathrm{T}}\boldsymbol{D}\boldsymbol{B}\mathrm{d}v + \sum_{e.=1}^{Numelems} s^{el}\boldsymbol{k}^{el}$$

式中 s——材料结构阻尼；

s^{el}——具有类似于弹簧和连接器那样的具有复刚度的单元的结构阻尼系数；

$\boldsymbol{k}^{el}$——实单元刚度矩阵。

在基于模态的过程中，$\boldsymbol{K}_s^m$在模态形状上的投影产生一个完全的模态阻尼矩阵。在使用基于SIM的模态分析过程中，投影的材料和单元阻尼矩阵可以与整体和模态阻尼进行组合(见下面的“同时定义和使用整体和模态对角阻尼”)。对于声学单元，材料/单元结构阻尼矩阵是不能使用的。

输入文件用法：使用下面的选项来指定材料结构阻尼：

*DAMPING，STRUCTURAL = s

Abaqus/CAE 用法：Property module：material editor：Mechanical→Damping：Structural：s

定义整体结构阻尼

可以通过定义整体结构阻尼因子 s_{global} 来得到

$$K_s^g = s_{\text{global}} K$$

可以为整体模型指定整体结构阻尼（默认的），或者仅为机械自由度场（位移和转动）指定整体结构阻尼，或者仅为声学场指定整体的结构阻尼。

输入文件用法：使用下面的选项来指定整体结构阻尼：

*GLOBAL DAMPING，STRUCTURAL = s_{global}

Abaqus/CAE 用法：Abaqus/CAE 中不支持指定整体结构阻尼。

定义结构模态阻尼

结构阻尼假定阻尼力是与结构的应力所产生的力成比例的，并且与速度相反（更多的信息见《Abaqus 分析用户手册——材料卷》的6.1.1节中的“结构阻尼”）。仅当位移和速度是明确相差90°时才能使用此形式的阻尼，如稳态和随机响应分析中，激励是纯粹的正弦波。

结构阻尼可以定义成基于模态的稳态动力学和随机响应分析的对角模态阻尼。

输入文件用法：使用下面的选项，通过指定模态数量来定义结构阻尼：

*MODAL DAMPING，STRUCTURAL，DEFINITION = MODE NUMBERS

使用下面的选项，通过指定一个频率范围来定义结构阻尼：

*MODAL DAMPING，STRUCTURAL，
DEFINITION = FREQUENCY RANGE

Abaqus/CAE 用法：使用下面的选项，通过指定模态数量来定义结构阻尼：

Step module：Create Step：Linear perturbation：任何有效的步类型：Damping：Specify damping over ranges of：Modes，Structural：Use

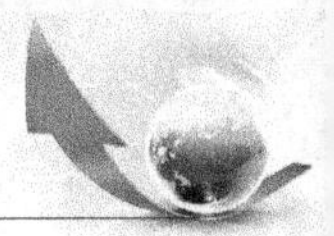

structural damping data

使用下面的选项，通过指定频率范围来定义结构阻尼：

Step module：Create Step：Linear perturbation：任何有效的步类型：Damping：Specify damping over ranges of：Frequencies，Structural：Use structural damping data

控制结构阻尼的源

材料/单元和整体结构阻尼源可以在步层级进行控制。对于模态阻尼，控制是不可使用的。如果同时提供材料/单元和整体结构阻尼矩阵，则对两者进行组合，除非要求只使用单元或者整体阻尼因子。组合的结构阻尼矩阵为

$$K_s = K_s^m + K_s^g$$

输入文件用法：使用下面的选项，仅使得材料/单元结构阻尼矩阵起作用：

* DAMPING CONTROLS，STRUCTURAL = ELEMENT

使用下面的选项，仅使得整体结构阻尼矩阵起作用：

* DAMPING CONTROLS，STRUCTURAL = FACTOR

使用下面的选项使得材料/单元和整体结构阻尼矩阵的组合起作用：

* DAMPING CONTROLS，STRUCTURAL = COMBINED

Abaqus/CAE 用法：Abaqus/CAE 中不支持阻尼控制。

排除结构阻尼影响

可以选择在步层级完全排除结构阻尼的影响。

输入文件用法：使用下面的选项来排除结构阻尼矩阵：

* DAMPING CONTROLS，STRUCTURAL = NONE

Abaqus/CAE 用法：Abaqus/CAE 中不支持阻尼控制。

同时定义黏性和结构阻尼

频域动态方程的虚数贡献，代表阻尼的影响，可同时包括黏性和结构阻尼，并可写为

$$D = \Omega D_{\text{viscous}} + K_s$$

式中　Ω——强迫频率。

定义复合模态阻尼

复合模态阻尼允许为每种材料或者每个单元，在模型中定义一个临界阻尼分数。然后，这些分数为每一个模态匹配一个阻尼因子，作为与每种材料或者每个单元相关联的质量矩阵的权重平均。当使用 SIM 构架时，也可以包括刚度矩阵的加权平均。只能通过指定模态数量来定义复合模态阻尼；而不能通过指定一个频率范围来定义。

使用常规构架定义的分析所具有的复合模态阻尼

在使用传统构架分析的材料定义中，指定复合模态阻尼。每个特征阻尼计算为

$$\xi_\alpha = \frac{1}{m_\alpha}\phi_\alpha^{\mathrm{T}}\left(\sum_m \xi_m M_m\right)\phi_\alpha$$

式中 ξ_α——用于模态 α 的临界阻尼分数；

ξ_m——为材料 m 定义的临界阻尼分数；

M_m——与材料 m 相关联的质量矩阵；

ϕ_α——模态 α 的特征向量，并且 m_α 是与模态 α 相关联的广义质量：

$$m_\alpha = \phi_\alpha^{\mathrm{T}} M \phi_\alpha$$

如果指定复合模态阻尼，则 Abaqus 在特征频率提取步中，根据用户所定义的阻尼因子 ξ_m 计算阻尼系数 ξ_α。

输入文件用法：同时使用下面的选项：

* DAMPING，COMPOSITE = ξ_m

* MODAL DAMPING，VISCOUS = COMPOSITE

Abaqus/CAE 用法：Property module：material editor：Mechanical→Damping：Composite：ξ_m Step module：Create Step：Linear perturbation：任何有效步类型：Damping：Composite modal：Use composite damping data

使用 SIM 构架定义的分析的复合模态阻尼

可以指定使用 Lanczos 特征求解器的基于 SIM 分析的复合模态阻尼。复合模态阻尼是为每一个单元指定的。也可以同时给质量和刚度矩阵的输入赋予临界阻尼分数。每个特征模态的质量加权阻尼计算式为

$$\xi_\alpha^M = \phi_\alpha^{\mathrm{T}} M_\xi \phi_\alpha = \phi_\alpha^{\mathrm{T}}\left(\sum_{elements} \xi_{element}^M m_{element} + \xi_{\substack{matrix\\input}}^M M_{\substack{matrix\\input}}\right)\phi_\alpha$$

式中 ξ_α^M——用于模态 α 的质量加权临界阻尼分数；

M_ξ——质量矩阵的阻尼化部分；

ξ^M——单元矩阵和质量矩阵输入的临界阻尼分数；

ϕ_α——模态 α 的特征向量。

每个特征模态的刚度加权阻尼计算式为：

$$\xi_\alpha^K = \frac{1}{w_\alpha^2}\phi_\alpha^{\mathrm{T}} K_\xi \phi_\alpha = \frac{1}{w_\alpha^2}\phi_\alpha^{\mathrm{T}}\left(\sum_{elements} \xi_{element}^K k_{element} + \xi_{\substack{matrix\\input}}^K K_{\substack{matrix\\input}}\right)\phi_\alpha$$

式中 ξ_α^K——用于模态 α 的刚度加权临界阻尼分数；

K_ξ——刚度矩阵的阻尼化部分；

ξ^K——单元刚度和矩阵输入刚度的临界阻尼分数；

ϕ_α——模态 α 的特征向量。

输入文件用法：同时使用下面的选项来指定复合模态阻尼：

* FREQUENCY，EIGENSOLVER = LANCZOS，SIM

* COMPOSITE MODAL DAMPING

使用下面的选项来指定矩阵输入中的所有质量矩阵的临界阻尼分数：

* COMPOSITE MODAL DAMPING，MASS MATRIX INPUT

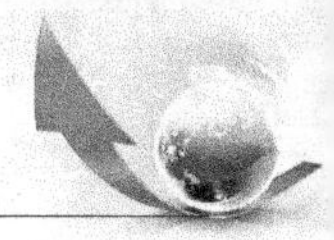

使用下面的选项来指定包括质量输入中的所有刚度矩阵的临界阻尼分数：

*COMPOSITE MODAL DAMPING，STIFFNESS MATRIX INPUT

Abaqus/CAE 用法：Abaqus/CAE 不支持使用 SIM 构架定义的分析具有复合模态阻尼。

定义声场的整体阻尼

如果模型中包含声学单元，默认情况下，Abaqus 对模型中的声学场和结构场施加任何指定的整体阻尼。如果期望的话，也可以指定只对声学场或者只对位移和转动场（在使用耦合的声学-结构的模型所具有的基于模态的稳态动力学分析中不支持）施加一个整体阻尼定义。

输入文件用法：使用下面的选项来对模型中的所有位移、转动和声学场施加整体阻尼：

*GLOBAL DAMPING，FIELD = ALL（默认的）

使用下面的选项，只对模型中的声学场施加整体阻尼：

*GLOBAL DAMPING，FIELD = ACOUSTIC

使用下面的选项，只对模型中的位移和转动场施加整体阻尼：

*GLOBAL DAMPING，FIELD = MECHANICAL

Abaqus/CAE 用法：Abaqus/CAE 中不支持整体阻尼。

同时定义和使用整体和模态对角阻尼

基于模态的过程（例如稳态动力学、瞬态模态动力学、响应谱和随机响应分析）也可以使用步相关的，依据特征模态指定的模态阻尼定义。当使用多个不同阻尼类型的模态阻尼定义时，阻尼是有效的。如果不止一次指定了相同的阻尼类型，则使用最后的指定。如果与整体阻尼一起使用模态阻尼，则两个类型的阻尼将对阻尼矩阵有贡献。

阻尼控制对模态阻尼没有影响。即通过阻尼控制来排除步中特定的整体阻尼影响是无效的，在步中仍将包括所有模态阻尼的影响。要排除模态阻尼的影响，必须从步定义中明确删除阻尼定义。

1.3.2 使用直接积分的隐式动力学分析

产品：Abaqus/Standard Abaqus/CAE

参考

- “定义一个分析”1.1.2 节
- “动态分析过程：概览”1.3.1 节
- *DYNAMIC
- “构建通用分析过程”中的“构建一个动态的隐式过程”《Abaqus/CAE 用户手册》的 14.11.1 节，此手册的 HTML 版本中

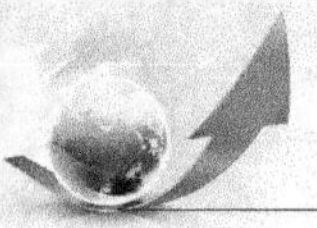

概览

Abaqus/Standard 中直接积分的动力学分析：

- 当研究非线性动态响应时，必须使用。
- 可以是完全非线性的（通用动力学分析），或者可以基于线性系统的模式（子空间投影方法）。
- 可以用来研究不同的应用，包括：
  - 要求瞬态保真并且包括最小能量耗散的动态响应；
  - 涉及非线性、接触和中度能量耗散的动态响应；
  - 准静态解，在此准静态解中，相当大的能量耗散为确定一个本质上的静态解而提供稳定性和改善的收敛性行为。

通用动力学分析

Abaqus/Standard 中的通用非线性动力学分析使用隐式时间积分来计算系统的瞬态动力学或者准静态响应。可以在一个要求不同数值求解策略的广阔范围中应用此过程，例如要得到收敛所要求的数值阻尼量，以及求解中推进的自动时间增量算法中的方法。通常的动态应用归为三个类型：

- 瞬态保真应用，例如卫星系统的分析，要求最小能量耗散。在这些应用中，使用小时间增量来精确解决结构的振动响应，并且数值能量耗散保持最小。这些严格的要求往往会降低涉及接触或者非线性仿真的收敛行为。
- 中度耗散应用包括一个更加通用的动态时间范围，在其中，一个中度大小的能量通过塑性、黏性阻尼或者其他效应来进行耗散。通常的应用包括各种插入、碰撞和成形分析。这些结构的响应可以是单调的，或者非单调的。高频振动的精确求解，通常不是这些应用所感兴趣的。一些数值能量耗散往往降低求解噪声，并且改善这些应用中的收敛行为，而没有显著降低求解精度。
- 对准静态应用主要感兴趣的是确定一个最终静态响应。这些问题通常显示出单调的行为，并且引入惯性效应来规范不稳定行为。例如，静态不稳定行为可能由于临时的未约束刚体模式或“突弹跳变”现象引起。使用大的时间增量以最小的计算成本来得到最终的解。在加载过程的特定阶段中，为得到收敛可能需要相当大的数值耗散。

瞬态保真应用的一个例子在《Abaqus 例题手册》的 2.1.7 节中可以得到。同时包括中度耗散步和准静态步的例子在《Abaqus 例题手册》的 2.1.17 节中进行了描述。

指定应用类型

基于上面所列的类别，当执行一个通用动力学分析时，应当明确正在研究的应用类型。Abaqus/Standard 基于应用类型来赋值，并且此类别可以显著影响仿真。在某些情况下，使用多于一个应用类型的设定可以得到精确的结果，但是应当考虑分析效率。在三个类别中，高耗散准静态类别往往产生最好的收敛行为，而低耗散瞬态保真类别，往往收敛困难。

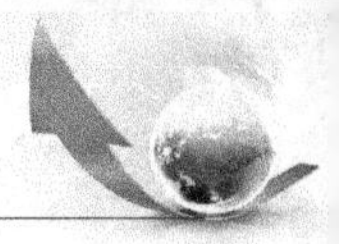

输入文件用法：为瞬态保真应用使用下面的选项：

* DYNAMIC，APPLICATION = TRANSIENT FIDELITY（对于没有接触的模型是默认的）

为中度耗散应用使用下面的选项：

* DYNAMIC，APPLICATION = MODERATE DISSIPATION（对于具有接触的模型是默认的）

对于准静态应用使用下面的选项：

* DYNAMIC，APPLICATION = QUASI-STATIC

Abaqus/CAE 用法：Step module：Create Step：General：Dynamic，Implicit

在 Edit Step 对话框中指定应用类别：Basic：Application：Transient fidelity，Moderate dissipation，Quasi-static，或者 Analysis product default

诊断与质量属性相关的模拟错误

惯性属性的精确表示对于精确的动力学分析是必要的。在某些情况中，当检测到可能与惯性属性定义相关联的模拟错误时，Abaqus /Standard 提供诊断信息。指定惯性属性的最通常的方法是使用材料密度。如果在动力学分析中省略材料密度，Abaqus/Standard 会发出一个警告信息到数据文件（. dat）中（如果仅对于温度或者场变量的密度是零，则不会发出此警告）。指定惯性属性的其他方法包括：

- 点质量和转动惯量的定义。
- 将其自身没有惯性的节点定义成具有惯性属性的节点。

在某些环境中，Abaqus/Standard 试图求解涉及整体质量矩阵的等效求逆阵的方程组，来直接在一个通用动力学分析中调整速度和加速度，如下面的“初始条件”和“内部接触/撞击”中所描述的那样。这些附加的速度和加速度调整，默认情况下，仅对上面定义的瞬态保真应用类型才发生。如果发现整体质量矩阵是奇异的，则默认情况下，Abaqus/Standard 会发出一个出错信息，因为奇异质量表明由于一个建模错误，质量属性是不真实的。

虽然准静态和中度发散的应用通常会发出关于缺少材料密度的警告，但一般不会提供关于奇异的整体质量矩阵的详尽检测反馈。奇异质量对于准静态分析通常无害。在准静态分析中，具有临时静态不稳定性（例如最初未约束的刚体模型，一旦发生接触就变成受约束的了）的构件，或者区域中只定义了惯性属性（例如密度）是合乎情理的。

用户可以在检测到一个奇异的整体质量矩阵基础上，控制 Abaqus/Standard 采取的行动历程。

输入文件用法：当计算速度和加速度调整时，检测到一个奇异的整体质量矩阵，使用下面的默认选项来发出一个出错信息，并且终止执行：

* DYNAMIC，SINGULAR MASS = ERROR

如果检测到一个奇异的整体质量矩阵，则使用下面的选项来发出一个警告信息，并且避免速度和加速度调整（即，使用当前速度和加速度继续时间积分）：

* DYNAMIC，SINGULAR MASS = WARNING

即使检测到一个奇异的质量矩阵时，使用下面的选项来调整速度和加速

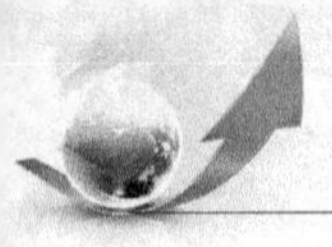

度。此设置会导致一个大的，非物理的速度或者加速度调整，同时也会产生不好的时间积分解和人为的收敛困难。通常不推荐此方法。它仅用于分析者对如何解释以此方法得到的结果具有一个完整理解的特殊情况中：

*DYNAMIC，SINGULAR MASS = MAKE ADJUSTMENTS

Abaqus/CAE 用法：在 Abaqus/CAE 中不能更改此默认的奇异质量矩阵。

数值细节

通用动力学分析数值方面应用类型的影响在下面进行了描述。在大部分情况下，由应用类型决定的设置，对于成功执行一个分析是足够的。然而，提供详细的用户控制，在个别的基础上覆盖设置。

时间积分方法

Abaqus/Standard 默认使用 Hilber-Hughes-Taylor 时间积分，除非指定应用类型是准静态的。Hilber-Hughes-Taylor 算子是 Newmark β 方法的扩展。与 Hilber-Hughes-Taylor 运算相关联的数值参数，为中度耗散和瞬态保真应用（在此节的后面进行了讨论）进行了不同的调整。如果应用类型是准静态的，则默认使用向后的欧拉算子。

这些时间积分运算是隐式的，意味着对算子矩阵必须求逆，并且对每一次时间增量，必须求解一系列的联立非线性动态方程组。此求解过程使用牛顿法来迭代进行。这些运算的主要优点是它们对于线性系统是无条件稳定的，而且线性系统中用于积分的时间增量大小是没有数学限制的。当研究结构系统时，一个无条件稳定的积分算子具有巨大价值，因为有条件稳定的积分算子（例如隐式方法中所使用的）可以导致不切实际的小时间增量，这会使得成本非常高昂。

在分析中使用一个有限的时间增量进行推进时，通常会产生一定程度的数值阻尼。此阻尼不同于《Abaqus 分析用户手册——材料卷》的 6.1.1 节中所讨论的材料阻尼（并且在许多情况中，此两个形式的阻尼将良好地一起工作）。与时间积分相关的阻尼大小会随着算子类型而变化（例如，向后欧拉算子往往比 Hilber-Hughes-Taylor 算子更加耗散），并且在许多情况下（例如使用 Hilber-Hughes-Taylor 算子）取决于与算子相关联的数值参数的设置。有效地处理接触条件的算子能力，相对于它们的用途，通常是相当重要的。例如，接触条件中的一些改变可以产生许多时间积分的“负阻尼”（非物理的能量源），这是极不期望的。

覆盖通过应用类型类别表明的时间积分是可能的。例如，可以执行算子使用向后欧拉积分的中度耗散动力学分析。通常不推荐改变默认的积分类型，但是特殊情况例外。

输入文件用法：使用下面的选项，来使用具有对应于瞬态保真应用的默认积分参数设置的 Hilber-Hughes-Taylor 积分：

*DYNAMIC，TIME INTEGRATOR = HHT-TF

使用下面的选项，来使用具有对应于中度耗散应用的，默认积分参数设置的 Hilber-Hughes-Taylor 积分：

*DYNAMIC，TIME INTEGRATOR = HHT-MD

使用下面的选项来使用向后欧拉积分：

*DYNAMIC，TIME INTEGRATOR = BWE

Abaqus/CAE 用法：在 Abaqus/CAE 中不能更改默认的时间积分。

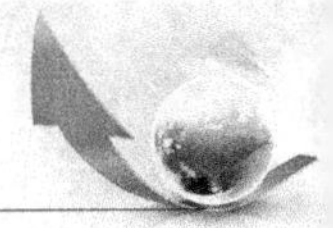

对积分参数的额外控制

额外的用户控制实现了对 Hilber-Hughes-Taylor 算子（对于数值参数的描述，见 Hilber，Hughes 和 Taylor，1977）相关联的数值参数的设置修改。默认参数设置取决于所指定的应用类型，如表 1-5 中所示（对于这些设置的基础，见 Czekanski，El-Abbasi 和 Meguid，2001）。

表 1-5 Hilber-Hughes-Taylor 积分的默认参数

参数	应用	
	瞬态保真	中度耗散
α	-0.05	-0.41421
β	0.275625	0.5
γ	0.55	0.91421

如果使用了 Hilber-Hughes-Taylor 算子，则可以分别调整或更改这些参数。如果这些对应于瞬态保真设置的参数的默认设置显示在表1-5 中，并且只明显地更改了 α 参数，则其他参数将自动调整到 $\beta=1/4\cdot(1-\alpha)^2$ 和 $\gamma=1/2-\alpha$。当保留积分的期望特性时，这些关系提供与时间积分相关联的数值阻尼的控制。数值阻尼随着模式的振动周期时间增长率而增长。α 为负值时产生阻尼；而当 $\alpha=0$ 时没有阻尼产生（能量保存），并且恰是梯形法则（有时候称为 Newmark β 方法，$\beta=1/4$，$\gamma=1/2$）。设置 $\alpha=-1/3$ 时可产生最大数值阻尼。当时间增量是所研究模式振动周期的40% 时，阻尼率约为6% 的。可允许的 α、β 和 γ 值是：$-\frac{1}{2}\leqslant\alpha\leqslant0$，$\beta>0$，$\gamma\geqslant\frac{1}{2}$。

输入文件用法：*DYNAMIC，ALPHA = α，BETA = β，GAMMA = γ

Abaqus/CAE 用法：只有 α 参数可以在 Abaqus/CAE 中进行更改：

Step module：Create Step：General：Dynamic，Implicit：

Other：Alpha：Specify：α

默认的增量方案

对于非线性动态过程，默认使用自动的时间增量。对于隐式动态过程，用来控制时间增量大小的主要因子是牛顿迭代的收敛行为和时间积分精度。分析中，时间增量可以有相当大的变化。时间增量控制算法的细节取决于用户所研究的动态应用类型。

默认情况下，如果用户指定一个准静态类型的应用，则时间增量控制算法中考虑下面的因素（相同的因素控制纯粹静态分析的时间增量大小）：

- 如果时间增量表现出发散，或者收敛速度较低，则减小时间增量。
- 如果在前面的增量中发生快速收敛，则积极地增大时间增量。

中度耗散类型应用的分析也应考虑这些相同的因素，以及等于步持续时间十分之一的时间增量的上界。

如果用户指定一个瞬态保真类型的应用，则在时间增量控制算法中，默认地考虑下面的因素：

- 如果时间增量表现出发散，或者收敛速度较慢，则减小时间增量。
- 如果在执行一个增量的第一次尝试过程中探测到了接触状态的改变，则减小时间增

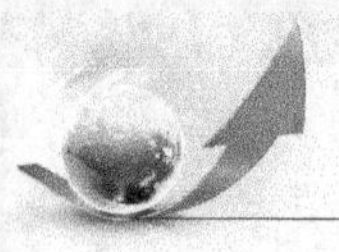

量。增量的大小设置成使得增量结束时，对应于使用之前的增量大小检测到接触状态改变的平均时间。（在这样的情况中，使用一个额外的非常小的时间增量来强制贯穿起作用的接触界面的速度和加速度的兼容性。）

- 如果半增量残差（不平衡力）在一个时间增量一半的时候，超过了半增量残余容差对于一个接触分析来说，半增量残差是一个接触分析的时间平均力的 10000 倍，或者对于一个没有接触的分析，是时间平均力的 1000 倍，则减小时间增量。
- 如果在前面的增量中发生了快速收敛，则逐渐增加时间增量。
- 时间增量大小的上界等于步持续时间的 1/100。

间歇接触/冲击

上面所描述的第二个和第三个因素，通常导致执行瞬态保真应用（并且由于第四个因素，时间增量大小趋向于保持较小）的接触仿真的时间增量非常小。通过指定一个不同的应用类型，或者通过使用更加详细的用户控制可避免此问题，如下面所讨论的那样。

时间增量控制的通用设置

凭借一个高水平的用户控制，通过时间增量控制算法来考虑因素，可以使用这些因素来覆盖通过指定分析的施加类型来表明的默认值。无论是否已经指定应用类型，可以加强与准静态应用或者瞬态保真应用相关联的时间增量控制。

输入文件用法：使用下面的选项来得到与准静态应用相关联的激进的时间增量控制设置：

*DYNAMIC，INCREMENTATION = AGGRESSIVE

使用下面的选项来得到更加保守的，与瞬态保真应用相关联的时间增量控制设置：

*DYNAMIC，INCREMENTATION = CONSERVATIVE

Abaqus/CAE 用法：Abaqus/CAE 中不能更改默认的时间增量控制设置。

控制半增量残差

对于调整时间增量，提供与半增量残差容差相关的控制。这些控制是为高级用户提供的，并且通常不需要进行更改。

输入文件用法：使用下面的选项来指定不应当执行半增量残差的检查：

*DYNAMIC，NOHAF

使用下面的选项来指定半增量残差容差作为时间平均力（力矩）的缩放因子：

*DYNAMIC，HALFINC SCALE FACTOR = 缩放因子

使用下面的选项来直接指定半增量残余力容差（半增量残余力矩容差是自动计算得到的半增量残余力容差乘以特征单元长度）：

*DYNAMIC，HAFTOL = 容差

Abaqus/CAE 用法：使用下面的选项来指定不应当执行半增量残差的检查：

Step module：Create Step：General：Dynamic，Implicit：Incrementation：切换打开 Suppress half-increment residual calculation

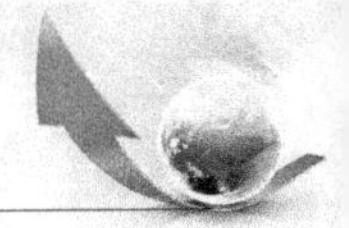

使用下面的选项来指定半增量残差容差作为时间平均力（力矩）的缩放因子：

Step module：Create Step：General：Dynamic，Implicit：Incrementation：Half-increment Residual：Specify scale factor：缩放因子

使用下面的选项来直接指定半增量残差力容差：

Step module：Create Step：General：Dynamic，Implicit：Incrementation：Half-increment Residual：Specify value：容差

控制涉及接触的增量

默认情况下，指定一个瞬态保真应用，通常在接触状态改变时产生下降的时间增量大小。后续执行一个具有非常小时间的增量，来加强贯穿有效接触界面的速度和加速度兼容性。可以对于这些增量使用直接的用户控制。

输入文件用法：使用下面的选项来避免自动削减增量大小，并且在接触状态改变的接触区域上，加强速度和加速度兼容性：

*DYNAMIC，IMPACT = NO

使用下面的选项来自动削减增量大小，并且在接触区域中的状态改变时，在接触区域中加强速度和加速度兼容性：

*DYNAMIC，IMPACT = AVERAGE TIME

使用下面的选项来加强接触区域中速度和加速度的兼容性，不需要自动削减接触状态改变时候的增量大小：

*DYNAMIC，IMPACT = CURRENT TIME

Abaqus/CAE 用法：Abaqus/CAE 中，不能更改默认的接触增量方案。

直接时间增量

可以直接指定要使用的时间增量大小。通常不推荐此方法，但是在特殊情况下可能是有用的。如果在所允许的最大迭代数量中不满足收敛容差，则终止分析。

忽略收敛容差是可能的：在指定的所允许的最大迭代数量之后，即使没有满足收敛容差，依然可以接受对于一个增量的解。忽略收敛容差可以导致高度非物理的结果，通常不推荐，除非分析者对如何解释此方法得到的结果具有完整的理解。

输入文件用法：使用下面的选项来直接指定时间增量：

*DYNAMIC，DIRECT

使用下面的选项，在达到最大迭代数量后，忽视收敛容差：

*DYNAMIC，DIRECT = NO STOP

Abaqus/CAE 用法：使用下面的选项来直接指定时间增量：

Step module：Create Step：General：Dynamic，Implicit：Incrementation：Fixed

使用下面的选项，在达到最大迭代数量后，忽略收敛容差：

Step module：Create Step：General：Dynamic，Implicit：Other：Accept solution after reaching maximum number of iterations

载荷的默认幅值

如果用户已经选择了准静态应用类型，则所施加的力或者压力等载荷，在默认情况下是线性连续变化的。这样的线性连续变化往往增加了可靠性，因为载荷增量大小与时间增量大小成比例。例如，如果对于一个特定的时间增量，使用牛顿迭代不能收敛，则自动的时间增量算法将降低时间增量的大小，并且使用一个更小的载荷增量来重启动牛顿迭代。

对于其他应用分类，默认情况下，动态过程使用一个步函数来施加载荷，这样，在步的第一个增量中施加完全的载荷（不考虑时间增量的大小），并且载荷大小在每一个步上保持不变。这样，如果第一步使用原始的时间增量大小不能收敛，则默认情况下，降低时间增量将不会降低载荷增量。在某些情况中，收敛行为仍然随着降低时间增量而改进，因为积分算子中的惯性规范正则效应是反比于时间增量大小的。不同过程的默认幅值类型和如何覆盖默认的更多信息，见 1.1.2 节。

“子空间投影”法

对于非线性动态问题，Abaqus/Standard 中提供的另外方法是“子空间投影”法。对于此方法背后的理论，见《Abaqus 理论手册》的 2.4.3 节。在此方法中，线性系统的模态是在动力学分析前面的特征频率提取步中提取的（见 1.3.5 节），并且是用作整体基础向量的一小组来建立解的。如果在特征频率提取步中得到激活，这些模态将包括特征模态和残余模态。当系统表现出轻度的非线性行为时，例如小区域的塑性屈服，或者中等的转动，此方法工作良好。

此方法可以是非常有效的。如同其他直接积分方法，计算时间上它比纯粹线性动力学分析的模态方法消耗更多机时，但是通常比模型的所有运动方程的直接积分要少用很多时间。然而，因为子空间投影方法是基于系统模态的，如果具有不能通过组成解基础的模态来良好模拟的极端非线性响应，则该方法将不精确。

输入文件用法：＊DYNAMIC，SUBSPACE

Abaqus/CAE 用法：Step module：Create Step：General：Dynamic，Subspace

选择在其上投影的模态

用户可以选择系统的模态，子空间将在其上投影。可以单独地列出模态编号，或者自动地生成它们。如果用户不选取模态，而是激活在前面频率提取步中提取的模态，包括残余模态，则这时模态会被用于子空间投影中。

输入文件用法：使用下面选项中的一个：

＊SELECT EIGENMODES

＊SELECT EIGENMODES，GENERATE

Abaqus/CAE 用法：Step module：Create Step：General：Dynamic，Subspace：Basic：Number of modes to use：All 或 Specify

数值实现

在 Abaqus/Standard 中，使用显式（中心差分）算子，对以线性系统的模态方式书写积

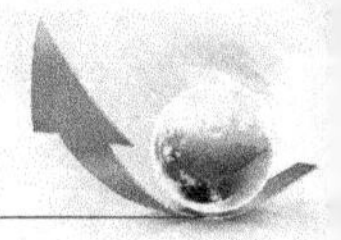

分的运动方程积分，来实现子空间投影方法。在这里，此积分方法是特别有效的，因为相对于质量矩阵，模态是正交的，这样投影后的系统总是具有一个对角的质量矩阵。

使用一个固定时间增量：此增量小于用户所指定的时间增量，或者为稳定时间增量的80%，对于线性系统是 $2/\omega_{max}$，其中 ω_{max} 是用作求解基础模态的最高循环频率。80%是一个安全因子，这样由非线性效应引起的此最高频率的任何升高，通常也不会使积分变得不稳定。80%这个因子是任意的，并不是绝对安全的。用户必须监控响应（例如能量平衡）来确保时间增量不会造成不稳定。如果非线性可以极大地硬化系统，则不稳定是一个关键问题，虽然在许多实际情况中，这样的刚化效应增加系统低频的影响，比对可能保留来精确代表动态行为的最高频率的影响更加突出。

子空间投影方法的精确性

子空间投影方法的精确性取决于问题的一组整体插值函数的线性系统模态值，它是用户的判断问题。当确定一个具体有限元网格是否足够时，要求相同类型的判断。此方法对于轻微的非线性系统，以及对于用户可以确信容易提取充分描述系统的足够模态的情况是有价值的。

如果在子空间动态步中考虑了非线性几何效应，则有可能执行动态仿真一段时间后，再重新在当前受应力的几何形体上通过另外的频率提取步来重新提取模态，并且使用新模态作为子空间基础系统来继续分析。此过程可以改善某些情况中的方法所具有的精度。

材料阻尼

可以引入 Rayleigh 阻尼，如《Abaqus 分析用户手册——材料卷》的 6.1.1 节中所解释的那样。此阻尼将额外作用在与时间积分（前面所讨论的）相关联的数值阻尼上。

输入文件用法：＊DAMPING，ALPHA = α_R，BETA = β_R

Abaqus/CAE 用法：Property module：material editor：Mechanical→Damping：Alpha 和 Beta

初始条件

《Abaqus 分析用户手册——指定的条件、约束和相互作用卷》的 1.2.1 节，描述了所有可以得到的初始条件。初始速度必须在整体方向上定义，不考虑节点变换（见 2.1.5 节）。

如果在节点上既指定了初始速度，又为这些节点指定了位移边界条件，则将忽略这些节点上的初始速度。然而，如果位移边界条件参照一个使用一个解析定义的时间变量的幅值（即不包括分片的线性表和等距的定义），Abaqus/Standard 将会把包含在边界条件中的节点的初始速度计算成解析变量的时间微分（在时间零处进行评估）。

当为动态分析指定了初始速度时，这些初始速度应当与模型上的所有约束一致，特别是时间相关的边界条件。Abaqus/Standard 将确保初始速度与边界条件和多点约束以及方程约束一致，但不检查与内部约束的一致性，例如材料的不可压缩性。在有冲突时，边界条件和多点约束优先于初始条件。

在一个分析中，如果动态步刚好是第一个动态步，则在动态步中使用指定的初始速度。如果动态步不是第一个动态步，并且在动态步之前紧接一个动态步，则把前一步结尾的速度用

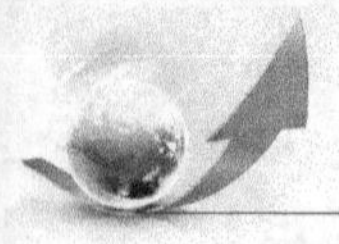

作当前步的初始速度；如果动态步所紧跟的步不是一个动态步，则把当前步的初始速度假定为零。

在一个动态步的开始时控制加速度的计算

默认情况下，Abaqus/Standard 将在动态步的开始时为瞬态保真应用计算加速度。用户可以不计算这些加速度，此时，如果在前面紧接的步也是一个动态步，Abaqus/Standard 会使用来自之前一步结束时的加速度来继续新步；如果前面不是动态步，则这些加速度将被假设为零。如果在动态步的开始时载荷没有突然的变化，则不进行加速度计算是合适的；如果第一个增量开始时的载荷明显不同于之前步结束时的载荷，则必须进行加速度计算。在突然施加大载荷的情况下，由于不进行加速计算而产生的高频噪声会极大地增加半增量残差。

输入文件用法：* DYNAMIC，INITIAL = NO

Abaqus/CAE 用法：Step module：Create Step：General：Dynamic，Implicit：Other：Initial acceleration calculations at beginning of step：Bypass

边界条件

边界条件可以施加于任何的位移或者转动自由度（1 ~6），施加于开截面梁单元的翘曲自由度7，施加于静液压流体单元的流体压力自由度8，或者施加于声学单元的声学压力自由度8（见《Abaqus 分析用户手册——指定的条件、约束和相互作用卷》的 1.3.1 节）。

在一个直接积分的动态步中可以使用幅值参考来指定时间变化的边界条件。默认的幅值变化在 1.1.2 节中进行了描述。

在直接时间积分动力学分析中，当一个具有指定运动的节点用于一个方程约束中时，或者用于一个多点约束来控制其他节点的运动时，方程或者多点约束将为相关的节点位移和速度精确地施加。然而，加速度将不会严格地传递到相关节点，这样将会造成高频噪声。

在子空间投影法中，当前还不可能直接指定非零边界条件。通过使用合适的大节点质量和集中载荷，可以取得加速度边界条件的近似值。在期望这样的边界条件的节点上，附着一个大的点质量，相当于原始模型质量的 10^5 ~ 10^6 倍。此外，集中载荷的幅度必须等于大的点质量与在近似边界条件的方向上所指定的期望加速度的叉积。因为质量点远远大于模型的质量，大质量集中载荷组合将在指定的方向上，精确地逼近期望的加速度。对于加速度以外的边界条件，在对其近似之前，必须转化成加速度历史。

载荷

在动力学分析中，可以指定下面的载荷：

- 可以在位移自由度（1 ~6）上施加集中节点力，见《Abaqus 分析用户手册——指定的条件、约束和相互作用卷》的 1.4.2 节。
- 可以施加分布的压力或者体积力，见《Abaqus 分析用户手册——指定的条件、约束和相互作用卷》的 1.4.3 节。可以使用分布载荷类型的具体单元在《Abaqus 分析用户手

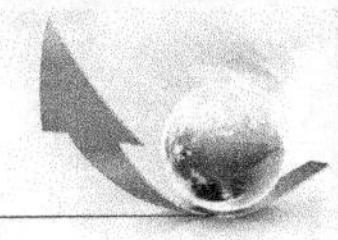

册——单元卷》中进行了描述。

- 可以施加分布的压力或者体积加速度（声学单元上）；这些在1.10节中进行了描述。

预定义的场

可以在动力学分析中指定下面的预定义场，如《Abaqus分析用户手册——指定的条件、约束和相互作用卷》的1.6.1节中所描述的那样：

- 虽然在应力/位移单元中，温度不是一个自由度，但是节点温度可以作为一个预定义的场加以指定。所施加的温度与初始温度之间的任何差异，将会因材料遇热膨胀而产生热应变，材料的热膨胀系数见《Abaqus分析用户手册——材料卷》的6.1.2节。所指定的温度也影响与温度相关的材料属性。
- 可以指定用户定义的场变量值。这些值仅影响场变量相关的材料属性。

材料选项

大部分描述机械行为的材料模型可以在动力学分析中使用。但是下面的材料属性在动力学分析中并不起作用：热属性（除了热膨胀）、质量扩散属性、导电属性和孔隙流体流动属性。

可以在动力学分析中包括率相关的材料属性(《Abaqus分析用户手册——材料卷》的2.7.1节；《Abaqus分析用户手册——材料卷》的2.8.1节；《Abaqus分析用户手册——材料卷》的3.2.3节和《Abaqus分析用户手册——材料卷》的3.2.11节)。

单元

除了具有翘曲的通用轴对称单元之外，Abaqus/Standard中的任何应力/位移单元（包括那些具有温度、压力和电动势自由度的单元）都可以用于动力学分析中。在静水流体单元中，忽略惯性效应，并且不考虑孔隙压力单元中的流体惯性。

输出

除了Abaqus/Standard中通常可用的输出变量外（见《Abaqus分析用户手册——介绍、空间建模、执行与输出卷》的4.2.1节），特别为隐式动力学分析提供了以下变量。

下面是为一个指定的单元集或者为整个模型的变量：

XC——质量中心的当前坐标；

XC*n*——质量中心的坐标 n（$n=1, 2, 3$）；

UC——质量中心的位移；

UC*n*——质量中心的位移分量 n（$n=1, 2, 3$）；

URC*n*——质量中心的转动分量 n；

VC——等价刚体速度；

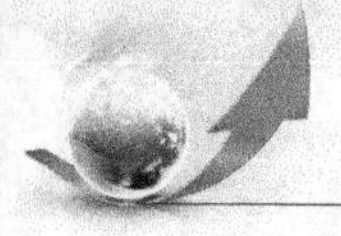

VCn——等价刚体速度的分量 n（$n=1, 2, 3$）；
VRCn——等价刚体角速度的分量 n（$n=1, 2, 3$）；
HC——关于质心的角动量；
HCn——关于质心的角动量分量 n（$n=1, 2, 3$）；
HO——关于原点的角动量；
HOn——关于原点的角动量分量 n（$n=1, 2, 3$）；
RI——关于原点的转动惯量；
RIij——关于原点的转动惯量的 ij 分量（$i \leqslant j \leqslant 3$）；
MASS——质量；
VOL——当前体积。

输入文件模板

```
*HEADING
…
*BOUNDARY
指定零赋值的边界条件的数据行
*INITIAL CONDITIONS
指定初始条件的数据行
*AMPLITUDE，NAME=名称
定义幅值变化的数据行
**
*STEP（，NLGEOM）
一旦指定了 NLGEOM，它将在所有的后续步中起作用。
*DYNAMIC
控制自动时间增量的数据行
*BOUNDARY
描述零赋值的或者非零边界条件的数据行
*CLOAD 和/或 *DLOAD 和/或 *INCIDENT WAVE
指定载荷的数据行
*TEMPERATURE 和/或 *FIELD
指定预定义场的数据行
*CECHARGE 和/或 *DECHARGE（如果电动势自由度起作用）
指定电荷的数据行
*END STEP
```

参考文献

- Czekanski，A.，N. El-Abbasi，and S. A. Meguid，"Optimal Time Integration Parameters

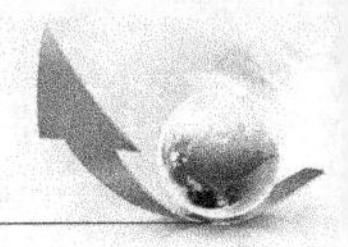

for Elastodynamic Contact Problems," Communications in Numerical Methods in Engineering, vol. 17, pp. 379-384, 2001.

- Hilber, H. M., T. J. R. Hughes, and R. L. Taylor, "Improved Numerical Dissipation for Time Integration Algorithms in Structural Dynamics," Earthquake Engineering and Structural Dynamics, vol. 5, pp. 283-292, 1977

1.3.3 显式动力学分析

产品：Abaqus/Explicit　Abaqus/CAE

参考

- "定义一个分析" 1.1.2 节
- *DYNAMIC
- "构造通用分析过程" 中的 "构造一个动态的显式过程"《Abaqus/CAE 用户手册》的 14.11.1 节，此手册的 HTML 版本中

概览

显式动力学分析：

- 对于动态响应时间较短的大模型分析和对极端不连续事件或者过程的分析，计算是高效的。
- 允许采用非常通用的接触条件定义(《Abaqus 分析用户手册——指定的条件、约束和相互作用卷》的 3.1.1 节)。
- 使用连贯的、大变形的理论——模型可以承受大转动和大变形。
- 可以使用几何线性变形理论——应变和旋转假定是较小的（见 1.1.2 节）。
- 如果预期非弹性耗散在材料中生成热，则可以用来执行绝热的应力分析（见 1.5.4 节）。
- 可以用来执行具有复杂接触条件的准静态分析。
- 允许使用自动的或者固定的时间增量——Abaqus/Explicit 默认采用整体时间估算器来使用自动的时间增量。

显式动力学分析

显式动力学分析过程在执行大量的小时间增量是高效的。通常采用显式中心差分时间积分法则。每一个增量的成本与 Abaqus/Standard 中的直接积分的动力学分析相比是便宜的，原因在于不用对一组联立方程组求解。显式中心差分运算在增量的开始时刻 t 满足动态平衡方程。在时刻 t 计算得到的加速度可用来求解时刻 $t+\Delta t/2$ 的速度，并且求解从 t 到 $t+\Delta t$ 的位移。

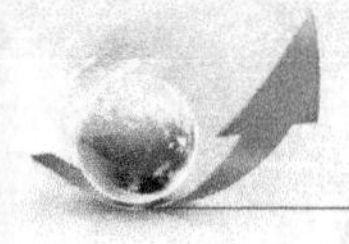

输入文件用法：＊DYNAMIC，EXPLICIT

Abaqus/CAE 用法：Step module：Create Step：General：Dynamic，Explicit

数值实现

显式动力学分析过程是基于显式积分法则与对角（“集总的”）单元质量矩阵一起执行的。物体的运动方程是使用显式中心差分积分法则积分得到的。

$$\dot{u}^N_{(i+\frac{1}{2})} = \dot{u}^N_{(i-\frac{1}{2})} + \frac{\Delta t_{(i+1)} + \Delta t_{(i)}}{2}\ddot{u}^N_{(i)}$$

$$\dot{u}^N_{(i+1)} = \dot{u}^N_{(i+)} + \Delta t_{(i+1)}\dot{u}^N_{(i+\frac{1}{2})}$$

式中　u^N——一个自由度变量（位移或者旋转分量），并且下标 i 指的是一个显式动力学步中的增量编号。

中心差分积分运算是动态使用来自前面增量的已知 $\dot{u}^N_{(i-\frac{1}{2})}$ 和 $\ddot{u}^N_{(i)}$ 来进行推进的，是显式的。

显式积分法则是非常简单的，但是其自身并不具有与显式动力学过程相关联的计算效率。显式过程计算效率的关键是对角单元质量矩阵的使用，因为增量开始时候的加速度是通过下式计算的

$$\ddot{u}^N_{(i)} = (\boldsymbol{M}^{NJ})^{-1}(\boldsymbol{P}^J_{(i)} - \boldsymbol{I}^J_{(i)})$$

式中　$\boldsymbol{M}^{NJ}$——质量矩阵；

$\boldsymbol{P}^J$——所施加的载荷向量；

$\boldsymbol{I}^J$——内部的力向量。

采用集中质量矩阵是因为其逆矩阵计算简单，并且因为质量逆矩阵与惯性力相乘时仅需要 n 次运算（其中 n 是模型的自由度）。显式过程不要求迭代，并且没有切向刚度矩阵。内力矢量 $\boldsymbol{I}^J$ 是由单个单元的效果共同作用的，这样就不必建立一个整体的刚度矩阵。

节点质量和惯性

Abaqus/Explicit 中的显式积分，要求节点质量或者惯性在所有起作用的自由度（见《Abaqus 分析用户手册——介绍空间建模、执行与输出卷》的 1.2.2 节）上存在，除非使用边界条件来施加约束。更准确地说，必须存在一个非零节点质量，除非所有起作用的平动自由度得到约束；必须存在一个非零的转动惯量，除非所有起作用的转动自由度得到约束。作为刚体一部分的节点不要求有质量，但是整个刚体必须有质量和惯性，除非使用了约束。属于欧拉单元的节点也不要求质量，因为其周围的欧拉单元在仿真中的某些时间是无效的。

当一个节点上的自由度通过具有一个密度非零的单元（例如，固体、壳、梁），或者质量和惯性单元进行激活时，质量或者惯性单元的非零节点从集中质量贡献的装配自然地发生。

当一个节点上的自由度通过没有质量的单元（例如，弹簧、阻尼器或者连接单元）进行激活时，对节点进行约束或者添加质量和惯量作为属性，必须非常小心。

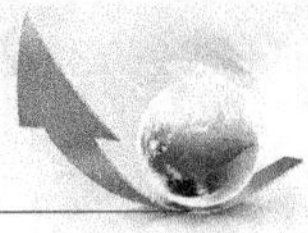

稳定性

显式动力学分析过程在整个时间上使用许多小的时间步积分。中心差分运算是有条件稳定的，并且运算（无阻尼）的稳定限制用系统的最高频率给定，即

$$\Delta t \leqslant \frac{2}{\omega_{\max}}$$

有阻尼时，稳定时间增量通过下式给出

$$\Delta t \leqslant \frac{2}{\omega_{\max}}\left(\sqrt{1+\xi_{\max}^2}-\xi_{\max}\right)$$

式中 $\xi_{\max}$——模型中具有最高频率的临界阻尼分数。

与我们通常的工程直觉相反，对求解方法引入阻尼降低了稳定时间增量。在 Abaqus/Explicit 中，以体黏性的形式导入一个小阻尼来控制高频振荡。也可以引入阻尼的物理形式，例如阻尼器或者材料阻尼。体黏性和材料阻尼在下面进行了讨论。

估计稳定时间增量大小

近似的稳定限制，通常可写成一个纵波通过网格中任何单元的最小瞬态时间，即

$$\Delta t \approx \frac{L_{\min}}{c_d}$$

式中 $L_{\min}$——网格中的最小单元尺寸；

c_d——λ_0和μ_0形式的纵波速，在下面进行了定义。

通常，对于梁、传统的壳和膜，在确定最小单元尺寸中是不考虑单元厚度或者横截面尺寸的。稳定时间限制仅基于中面或者膜尺寸。当为壳单元定义横向剪切刚度时（见《Abaqus 分析用户手册——单元卷》的 3.6.4 节），稳定时间增量也将基于横向剪切行为。

对 Δt 的估计是近似的，并且在大多数情况下，此估计并不安全。通常，Abaqus/Explicit 中选取的实际稳定时间增量，在二维模型中，将小于此估计值与某因子（$1/\sqrt{2}\sim1$）的乘积；在三维模型中，将小于此估值与某因子（$1/\sqrt{3}\sim1$）的乘积。Abaqus/Explicit 中选取时间增量时应也考虑模型中与罚接触相关联的任何刚度行为。进一步的讨论见下面的“计算成本”。

稳定时间增量报告

在 Abaqus/Explicit 分析的数据检查阶段，系统会写一个包含一个最小稳定时间增量和一个具有最小稳定时间增量的单元列表，以及最小稳定时间增量值的报告到状态文件（.sta）中。所列出的初始稳定时间增量不包括阻尼（体黏性）、质量缩放或者罚接触影响。

提供此列表是因为一些单元经常比网格中剩下的单元具有小得多的稳定性。稳定时间增量可以通过更改网格来增加控制单元的大小，或者通过使用合适的质量缩放来增加控制单元的大小。

纵波速度

当前的纵波速度 c_d在 Abaqus/Explicit 中，是通过来自材料本构响应的有效次弹性材料弹

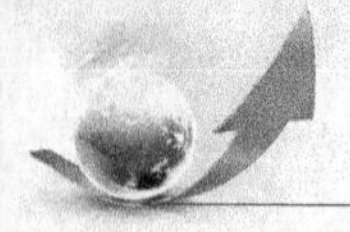

性模量来计算的。有效的拉梅常数 $\hat{\lambda}$ 和 $\hat{G}=2\hat{\mu}$ 可以下面的方式定义。定义 Δp 为平均应力的增量，ΔS 为偏应力的增量，$\Delta\varepsilon_{\text{vol}}$为体积应变的增量，并且 Δe 为偏应变增量。假定次弹性应力-应变形式的法则为

$$\Delta p = (3\hat{\lambda} + 2\hat{\mu})\Delta\varepsilon_{\text{vol}}$$

$$\Delta S = 2\hat{\mu}\,\Delta e$$

有效的弹性模量则可以写成

$$3\hat{K} = 3\hat{\lambda} + 2\hat{\mu} = \frac{\Delta p}{\Delta\varepsilon_{\text{vol}}}$$

$$2\hat{\mu} = \frac{\Delta S:\Delta e}{\Delta e:\Delta e}$$

$$\hat{\lambda} + 2\hat{\mu} = \frac{1}{3}(3\hat{K} + 4\hat{\mu})$$

对于通过一个要求数值积分的壳横截面定义的壳单元（见《Abaqus 分析用户手册——单元卷》的 3.6.5 节），横截面的有效模量是通过在整个厚度上的横截面点上积分有效模量来计算得到的。这些有效模量代表单元刚度，并确定单元中的当前纵波速度为

$$c_{\text{d}} = \sqrt{\frac{\hat{\lambda} + 2\hat{\mu}}{\rho}}$$

式中 ρ——材料的密度。

在各向同性的弹性材料中，有效的拉梅常数可以采用弹性模量 E 和泊松比 ν 通过下面的形式来定义

$$\hat{\lambda} = \lambda_0 = \frac{E\nu}{(1+\nu)(1-2\nu)}$$

和

$$\hat{\mu} = \mu_0 = \frac{E}{2(1+\nu)}$$

时间增量

在分析中使用的时间增量必须小于中心差分操作的稳定时间限。如果使用的时间增量不够小，将导致不稳定的求解。当求解变得不稳定时，像位移等的解变量的时间响应通常会发生幅度增加的振荡，整个能量平衡也将显著地改变。

如果模型仅包含一个材料类型，则初始时间增量与网格中最小单元的尺寸成正比。如果网格包含的单元大小均匀，但是包含的材料描述有多个，则具有最高波速度的单元决定初始时间增量。

在非线性问题中——具有大变形和（或者）非线性材料响应——模型的最高频率将连续地改变，从而稳定时间限改变。Abaqus/Explicit 中有两个时间增量控制策略：完全自动的时间增量（其中程序考虑稳定时间限中的改变）和固定的时间增量。

缩放时间增量

要降低求解变得不稳定的风险，可以通过一个固定的比例因子来调整由 Abaqus /Explicit

中计算得到的稳定时间增量。此因子可以用来缩放默认的整体时间评估，单元到单元的评估，或者基于初始单元到单元评估的固定时间增量；但不能用来缩放由用户直接指定的固定时间增量。

输入文件用法：使用下面的选项来缩放基于整体时间评估的稳定时间增量：

*DYNAMIC，EXPLICIT，SCALE FACTOR = *f*

使用下面的选项来缩放基于单元到单元评估的稳定时间增量：

*DYNAMIC，EXPLICIT，ELEMENT BY ELEMENT，SCALE FACTOR = *f*

使用下面的选项来缩放基于初始单元到单元评估的固定时间增量：

*DYNAMIC，EXPLICIT，FIXED TIME INCREMENTATION，SCALE FACTOR = *f*

Abaqus/CAE 用法：Step module：Create Step：General：Dynamic，Explicit：Incrementation：Time scaling factor：*f*

自动的时间增量

Abaqus/Explicit 中的默认时间增量方案是完全自动的，并且要求没有用户干预。它使用两种类型的评估来确定稳定性限制：单元到单元和整体。分析开始总是使用单元到单元的评估方法，并且可以在某些情况下转换成整体评估方法，如下面所解释的那样。

单元到单元的评估

在分析中，Abaqus/Explicit 最初使用基于整个模型中最高单元频率的稳定性限制。此单元到单元评估是使用每一个单元中的当前纵波速度来确定的。

单元到单元的评估是保守的，它给出的稳定时间增量比基于整个模型最大频率的实际稳定限小。通常，类似于边界条件和动态接触的约束具有压缩特征值谱的作用，单元到单元的评估中并没有考虑到这一点。

当单元到单元的稳定性评估控制时间增量时，传播一个穿过最小单元尺寸的纵波所需要的时间作为稳定时间增量的概念，对于说明显式过程中如何选择时间增量是有用的。随着步的执行，整体稳定性估计，如果使用的话，将使得时间增量对于单元尺寸不那么敏感。

输入文件用法：*DYNAMIC，EXPLICIT，ELEMENT BY ELEMENT

Abaqus/CAE 用法：Step module：Create Step：General：Dynamic，Explicit：Incrementation：Stable increment estimator：Element-by-element

整体评估

随着步的推进，将通过整体评估器来确定稳定性限制，除非指定单元到单元的评估方法，或者用户指定固定时间增量，或者存在下面解释的不宜使用整体评估的条件。一旦算法确定整体评估方法的精度是可接受的，就转换到整体评估方法。

利用自适应的整体评估算法可确定使用当前纵波速度的整体模型的最大频率。此算法持续更新最大频率的估计。整体评估器通常允许时间增量超过单元到单元的值。

Abaqus/Explicit 中可监控整体评估算法的有效性。如果计算整体时间评估的成本多于其优点，则程序关闭整体评估算法，并且简单地使用单元到单元的评估来节约计算时间。

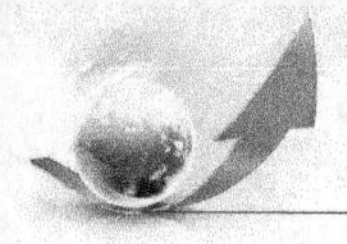

不宜使用整体时间评估器的情况

模型中包含了下面的任何一个功能时，将不会使用整体评估算法：

- 流体单元；
- 无限单元；
- 阻尼器；
- 厚壳（厚度与特征长度的比值大于0.92）；
- 深梁（厚度与长度的比值大于1.0）；
- 状态的JWL方程；
- 材料阻尼；
- 具有稳定和场变量相关性的非各向同性弹性材料；
- 扭曲控制；
- 自适应网格划分；
- 子循环。

三维连续单元和具有平面应力方程单元的“改进的”稳定时间增量

对于三维连续单元和具有平面应力方程的单元（壳、膜和二维平面应力单元），默认使用“改进的”单元特征长度的评估方法。此方法通常比传统方法产生的单元稳定时间增量更大。在使用可变质量缩放的分析中，为达到给定的稳定时间增量所添加的总质量，将比使用“改进的”评估方法所产生的质量增量少。

输入文件用法：使用下面的选项来实现“改进的”单元时间评估方法：

*DYNAMIC，EXPLICIT，IMPROVED DT METHOD = YES

使用下面的选项来抑制“改进的”单元时间评估方法：

*DYNAMIC，EXPLICIT，IMPROVED DT METHOD = NO

Abaqus/CAE 用法：Abaqus/CAE 中不支持抑制“改进的”单元时间评估方法的抑制功能。

固定的时间增量

固定的时间增量方案在 Abaqus/Explicit 中也是可以使用的。固定时间增量的大小是通过步的初始单元到单元的稳定评估，或者通过一个用户指定的时间增量来确定的。

当要求问题的一个更高模态响应的精确表示时，固定的时间增量将是有用的。在此情况中，可以使用小于单元到单元的评估时间增量。单元到单元的评估可以通过运行一个数据检查分析（见《Abaqus 分析用户手册——介绍、空间建模、执行与输出卷》的 3.2.2 节）来简单地得到。

当使用了固定的时间增量时，Abaqus/Explicit 将不会检查步过程中计算得到的响应是否稳定。应当通过仔细地检查能量历史和其他变量的响应，来确保已经得到一个有效的响应。

根据初始单元到单元的稳定限确定固定的时间增量大小

可以在整个步上使用时间增量来初始化单元到单元的稳定限。步开始时的每一个单元中的纵波速度用来计算固定的时间增量大小。

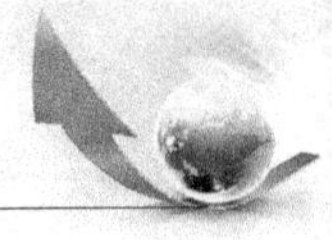

输入文件用法：＊DYNAMIC，EXPLICIT，FIXED TIME INCREMENTATION

Abaqus/CAE 用法：Step module：Create Step：General：Dynamic，Explicit：Incrementation：Type：Fixed：Use element-by-element time increment estimator

直接指定固定的时间增量大小

可以直接指定一个时间增量大小。

输入文件用法：＊DYNAMIC，EXPLICIT，DIRECT USER CONTROL

Abaqus/CAE 用法：Step module：Create Step：General：Dynamic，Explicit：Incrementation：Type：Fixed：User-defined time increment

显式方法的优势

小增量的使用（由稳定限所规定）是有利的，因为它允许没有迭代的求解执行，并且不要求组成切线刚度矩阵，对接触进行简化处理。

显式动力学分析对于高速动态事件分析是理想的，它的许多优点也适用于较慢（准静态）过程的分析。一个较好的例子是钣金成形分析，其中求解受接触支配，并且由于钣金的褶皱存在局部的不稳定。

在 Abaqus/Standard 中（Abaqus/Standard 使用半增量残差）是不自动检查显式动力学分析结果精确性的。但在大部分情况下，并不需要担心这一点，因为稳定性条件下施加的时间增量小，这样对应于任何一个时间增量，所求得的解仅稍微变化，从而简化了增量计算。当分析中可以采用一个极大的增量数量时，每一个增量的计算消耗是相对小的，通常会产生一个经济的解。对于 Abaqus/Explicit 分析，采用 10^5 个以上增量也很正常。因此，此方法对于必须模拟的整个动态响应时间仅比稳定限大几个数量级的问题，在计算上是颇具吸引力的；例如，波传递研究或者一些“事件及响应”应用。

计算成本

在使用显式时间积分运行给定网格的仿真中涉及的计算时间，与事件的时间区段成比例。基于单元到单元的稳定性所评估的时间增量可以重新写成（忽略阻尼）下面的形式：

$$\Delta t \leqslant \min\left(L_e \sqrt{\frac{\rho}{\hat{\lambda} + 2\hat{\mu}}}\right)$$

其中最小值是遍取网格中的所有单元得到的，L_e 是与一个单元相关联的特征长度（见《Abaqus 理论手册》的 2.4.5 节），ρ 是单元中材料的密度，$\hat{\lambda}$ 及 $\hat{\mu}$ 是单元中材料的有效拉梅常数（上面所定义的）。

来自整体稳定性评估的时间增量可能略大，但是对于这里的讨论，假定上面的不等式总是成立的（当不等式不成立时，求解时间将可能更快）。

对于线性非各向同性的弹性材料，此不稳定限可乘以材料有效刚度与材料最大刚度的比

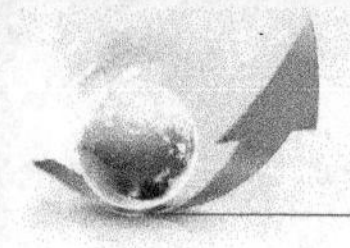

值的平方根，在一个特定的方向上进一步缩小。因为实际意味着时间增量可以不大于一个应力波通过一个单元所需要的时间，运行准静态分析所涉及的计算时间可以是非常大的，仿真的成本与所需要的时间增量数量成正比。

如果 Δt 保持不变，则所需要的增量数量 $n = T/\Delta t$，其中 T 是所仿真事件的时间区段。通常，即使 Δt 按单元到单元进行近似，也不保持恒定，因为单元扭曲会改变 L_e，并且非线性材料响应将改变实际的拉梅常数。但是我们假设近似是足够精确的。因此有

$$n \approx T\max\ \left(\frac{1}{L_e}\sqrt{\frac{\hat{\lambda}+2\hat{\mu}}{\rho}}\right)$$

在二维分析中，通过两个方向上的网格均加密 1 倍，网格单元变为 4 倍，原始时间增量缩短一半，则显式过程中的运行时间将变为 8 倍。类似地，在三维分析中，网格单元变为 8 倍，显式过程中的运行时间将变为 16 倍。

在准静态分析中，加速仿真或者缩放质量是降低计算成本的权宜之计。在任何情况中，可通过监控动能来确保动能与内能的比例不会太大——通常小于 10%。

通过加速仿真来降低计算成本

要降低所要求的增量数量 n，相比于实际过程的时间，可以加速仿真——即人为地减小事件的时间区段 T。这将产生两种可能的错误。其中之一是如果仿真速度增加得太多，增加的惯性力将改变预测的响应（一种极端情况是，此问题将表现出波传播响应）。避免此错误的唯一途径是选择一个不太大的加速。

另外的错误是与惯性力问题无关的某些方面。例如材料行为，也可能是率相关的。在此情况下，不能改变所模拟事件的实际时间区段。

通过使用质量缩放来降低计算成本

通过因子 f^2 人为地增加材料密度 ρ，会将 n 降低到 n/f，就像将 T 降低到 T/f 那样。当事件时间固定时，此概念称为“质量缩放”，降低了事件时间与穿过一个单元的波传递时间的比。质量缩放具有与加速仿真时间完全一样的惯性力影响。

质量缩放是吸引人的，因为它可以用于率相关问题，但是使用时必须小心确认惯性力不会主宰并改变解。可以调用固定的或者变化的质量缩放（见 6.6.1 节）。

质量缩放也可以通过改变密度来实现。固定的和变化的质量缩放功能，可为整个模型或者模型中特定单元组质量的缩放提供更加灵活的方法。

通过使用选择性的子循环来降低计算成本

显式动力学分析中的一个缺点是，一些非常小的单元将迫使在整个模型中使用小的时间增量来积分。可以使用混合时间积分或者“子循环”方法来缓解此问题。在这些方法中，体的运动方程仍然使用前述显式中心差分积分法则来进行积分，但是对于有限元模型中不同的节点组，应使用不同的时间增量。如果绝大部分节点使用大的稳定的直接增量积分，并且只有少数节点使用小的时间增量积分，则计算成本可以显著地降低。

选择性的子循环，可以通过定义子循环区域来调用。详情见 6.7.1 节。

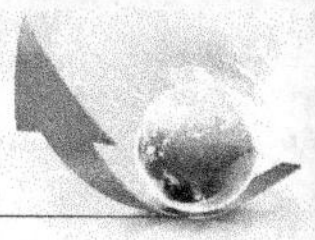

体黏性

体黏性引入与体积应变相关联的阻尼。它的目的是改善高速动态事件（见上面的“稳定性”中阻尼对稳定时间增量影响的讨论）的模拟。Abaqus/Explicit 中包含两种形式的体黏性：线性的和二次的。Abaqus/Explicit 分析中默认是包含线性体黏性的。

可以对下面定义的体黏性参数 b_1 和 b_2 进行重新定义，并且可以从步到步地进行改变。如果在一个步中改变了默认值，则将在后续步中使用新的值，直到重新定义了它们。此方法定义的体黏性施加到整个模型。对于一个单独的单元组，线性和二次体黏性可以通过定义截面控制（见《Abaqus 分析用户手册——单元卷》的 1.1.4 节），来由一个因子进行缩放。

输入文件用法：使用下面的选项来为整体模型定义体黏性：

* BULK VISCOSITY

使用下面的选项来为一个单独的单元组定义体黏性：

* BULK VISCOSITY

* SECTION CONTROLS

Abaqus/CAE 用法：使用下面的选项来为整体模型定义体黏性：

Step module：Create Step：General：Dynamic，Explicit：Other：Linearbulk viscosity parameter 和 Quadratic bulk viscosity parameter

Abaqus/CAE 中不支持为一个单独的单元组定义体黏性。

线性的体黏性

在所有单元中都能找到线性的体黏性，并且将其导入到最高单元频率中来阻尼“振荡”。此阻尼有时候称为截断频率阻尼。它生成一个在体积应变率中是线性的体积阻尼压力 p_{bvl}

$$p_{bvl} = b_1 \rho c_d L_e \dot{\varepsilon}_{vol}$$

式中 b_1——阻尼系数（默认 $b_1 = 0.06$）；

ρ——当前材料的密度；

c_d——当前的纵波速度；

L_e——单元特征长度；

$\dot{\varepsilon}_{vol}$——体积应变率。

对于声学单元，体黏性压力可以通过使用流体质点速度和压力变化率（见《Abaqus 理论手册》的 2.9.1 节）来从上面的公式得到，即

$$p_{bvl} = -\frac{b_1 L_e}{c}\dot{p}$$

式中 $\dot{p}$、c——压力变化率和流体中的声速。

二次的体黏性

体黏性压力的第二种形式仅在固体连续单元（除了平面应力单元 CPS4R）中找到。此形式在体积应变率中是二次的，可表示为

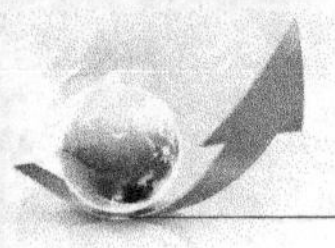

$$p_{bv2}=\rho\ (b_2L_e\dot{\varepsilon}_{vol})^2$$

式中 b_2——阻尼系数（默认 $b_2=1.2$），并且所有其他量是为线性体黏度定义的。如果体积应变率是压缩性的，则只施加二次体黏度。

二次的体黏性压力将在一些单元中弥散一个冲击前缘，并且将其引入来防止单元在极高的速度梯度下坍塌。考虑一个简单的单个单元的问题，在其中，对单元一边的节点进行固定，并且另外一边的节点具有固定节点方向上的初始速度。如果初始速度等于材料的压缩波速，没有二次的体黏性，则单元将在一个时间增量上坍塌成零体积（因为稳定时间增量大小恰好是一个纵波的传播时间）。使用二次的体黏性压力来引入一个阻抗压力，将防止单元坍塌。

由体黏性引起的临界阻尼分数

材料点应力中不包括体黏性压力，因为体黏性压力的目的仅是一个数值影响——它不考虑材料本构响应的部分。体黏性压力是基于每一个单元的扩张模式的。每一个单元扩张模式中的临界阻尼分数为

$$\xi=b_1-b_2\frac{L_e}{c_d}\min\ (0,\ \dot{\varepsilon}_{vol})$$

壳单元的旋转体黏性

对于位移自由度，使用体黏性会引入与体积应变相关联的阻尼。线性体黏性或者截断频率阻尼可用来阻尼在求解中导致的不需要的高频振荡噪声或者响应振幅中的寄生超调量。出于相同的原因，在壳中，转动自由度中的高频振荡是通过作用在平均曲率应变率上的线性体黏性来进行阻尼的。此阻尼生成一个体黏性“压力力矩” m，它在评价曲率应变率中是线性的，可表示为

$$m=b_1\frac{h_0^2}{12}\rho c_d L\dot{\kappa}$$

式中 b_1——阻尼系数（默认 $b_1=0.06$）；

h_0——原始厚度；

ρ——密度；

c_d——当前纵波速度；

L——用于转动惯量和横向剪切刚度缩放的特征长度（见《Abaqus 理论手册》的 3.6.5 节），并且 $\dot{\kappa}=\dot{\kappa}_{11}+\dot{\kappa}_{22}$是曲率应变率的两倍。

最终的压力转矩 mh，其中 h 是当前的厚度，是添加到力矩结果的直接分量上的。

材料阻尼

定义非弹性材料行为、阻尼器等，将在一个模型中引入能量耗散。附加于这些机制，可以引入通用(“瑞利”) 材料阻尼（见《Abaqus 分析用户手册——材料卷》的 6.1.1 节）。对一个模型添加阻尼，特别是刚度比例阻尼 β_R，可以极大地降低稳定时间增量。

输入文件用法：* DAMPING，ALPHA = α_R，BETA = β_R

Abaqus/CAE 用法：Property module：material editor：Mechanical→Damping：Alpha 和 Beta

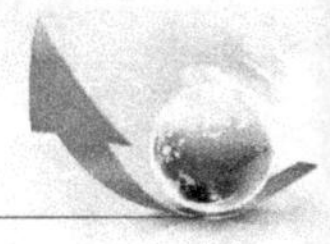

得到关于临界单元的诊断信息

为了在 Abaqus/CAE 中显示，Abaqus/Explicit 中在每一个总结增量时写关键单元（具有最小稳定时间增量的单元）和它们的稳定时间增量值到输出数据库中。默认情况下，关键单元输出到输出数据库的次数是 10。

输入文件用法：* DIAGNOSTICS，CRITICAL ELEMENTS = 值

Abaqus/CAE 用法：Abaqus/CAE 中不具有控制关键单元写到输出数据库次数的功能。

得到关于变形速度的诊断信息

一个单元中的变形速度是所有单元变形速率分量的最大绝对值乘以单元特征长度 L_e。可以要求有关于一个步中变形速度的诊断信息，如下面所描述的那样。在一个多步分析中，要求诊断会保持作用，直到明确地重新定义它们。

变形速度警告

默认情况下，Abaqus/Explicit 将在所有的单元中检查是否存在相对较大的变形速度，因为值太高将产生单元不真实的变形或者坍塌。如果一个单元中的变形速度相对于纵波速度的比率达到“警告比率”所指定的值，则发出一个警告信息。默认情况下，警告比率是 0.3。可以重新定义此限制。

最初发出的警告信息被写入状态文件（.sta）中；后续发出的被写入信息文件（.msg）中。这些输出文件的描述见《Abaqus 分析用户手册——介绍、空间建模、执行与输出卷》的 4.1.1 节。

通常，当变形速度对纵波速的比率大于 0.3 时，表明纯粹的力学材料本构关系不再有效，并且要求一个材料状态的热力学方程。

输入文件用法：* DIAGNOSTICS，WARNING RATIO = 比率

Abaqus/CAE 用法：Abaqus/CAE 中不支持重新定义警告比率限制的能力。

变形速度错误

当任何单元的最大变形速度相对于当前纵波速度的比率大于“截止比率”时，发出一个出错信息并且终止分析。默认情况下，截止比率是 1.0。可以重新定义此限制。

对于所有用材料状态方程表示的模型(《Abaqus 分析用户手册——材料卷》的 5.2.1 节)，或者用户定义的材料模型（见《Abaqus 分析用户手册——材料卷》的 6.7.1 节），都不进行截止比率的检查。

输入文件用法：* DIAGNOSTICS，CUTOFF RATIO = 比率

Abaqus/CAE 用法：Abaqus/CAE 中不具有重新定义截止比率限制的功能。

得到变形速度信息的总结

可以要求只得到关于变形速度与纵波速度的最大比值的警告和出错信息的总结诊断信息。

输入文件用法：＊DIAGNOSTICS，DEFORMATION SPEED CHECK = SUMMARY

Abaqus/CAE 用法：Abaqus/CAE 中，默认的输出变形速度诊断信息的总结。

得到详细的变形速度信息

可以要求获得详细的诊断信息，即单元的大变形速度与纵波速度比率的所有警告和错误信息。

输入文件用法：＊DIAGNOSTICS，DEFORMATION SPEED CHECK = DETAIL

Abaqus/CAE 用法：在 Abaqus/CAE 中，不能输出有关变形速度的详细诊断信息。

抑制变形速度检查

可以选择完全绕过大变形速度的检查。

输入文件用法：＊DIAGNOSTICS，DEFORMATION SPEED CHECK = OFF

Abaqus/CAE 用法：Abaqus/CAE 中，不能抑制变形速度的检查。

监控输出变量的极端值

对于一些分析，在每一个增量上监控变量值是有用的。例如，在类似于液压成形的力驱动分析中，模拟物理过程完成的时间可能取决于模型中一个节点或者一组节点的位移大小。另外一个例子是跌落测试仿真，其中后失效响应是不感兴趣的。监控临界变量的值，并且当这些变量超过给定的准则时就中止分析，可以降低计算成本和周转时间。

对于这样的问题，Abaqus/Explicit 允许在分析过程中，通过监控输出变量来确认它们的值是否已经超过指定的单元或者节点集中的用户指定值。所指定的单元积分点变量、单元截面变量，或者用户指定的值的节点变量的对比，在每一个增量上执行。在变量第一次超过用户指定的边界时，将变量名、相关的单元或者节点编号和增量编号写入到状态文件（.sta）中。此外，可以要求停止分析，或者要求在紧随变量已经超过用户指定边界的增量中写出输出状态，将每一个监控变量的步结束时及分析过程中每一个变量达到的最大值、最小值或者最大绝对值，以及出现极值的单元或者节点的编号，写入到状态文件中。

定义要监控的单元和节点变量

可以监控的单元输出变量，包括对输出数据库的历史类型的输出可用的所有单元积分点变量和单元截面点变量。类似的，可以监控的节点输出变量，包括对于输出数据库的历史输出可用的所有节点变量。识别输出变量的关键字定义见《Abaqus 分析用户手册——介绍、空间建模、执行与输出卷》的 4.2.2 节。

输入文件用法：在输入文件的历史部分中，第一个选项与后面的一个或者两个选项一起使用：

＊EXTREME VALUE

＊EXTREME ELEMENT VALUE，ELSET = 单元集名称

＊EXTREME NODE VALUE，NSET = 节点集名称

＊EXTREME VALUE 选项可以在相同的步中重复，并且＊EXTREME

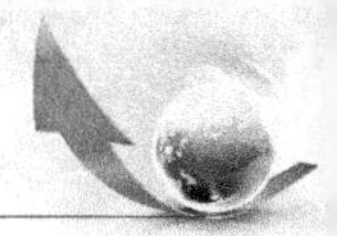

ELEMENT VALUE 和 ＊EXTREME NODE VALUE 选项可以按照需要重复使用。

Abaqus/CAE 用法：Abaqus/CAE 中不支持极端值输出监控。

当满足极值准则时，中止分析

当满足了极值准则时，可以选择中止分析。分析将在某增量的结束处停止，此增量紧随任一个指定的单元或者节点变量超出了指定边界的增量。

输入文件用法：使用下面的选项：

＊EXTREME VALUE，HALT = YES

＊EXTREME ELEMENT VALUE 和/或者 ＊EXTREME NODE VALUE

Abaqus/CAE 用法：Abaqus/CAE 中不支持极端值输出监控。

当满足极值时得到输出

当任何所选择的变量在分析过程中，第一次落在所指定边界的外部时，场类型会输出到输出数据库，并且得到一个额外的重启动状态。如果增量发生这样的情况，在紧随其后的增量中写入上述的输出。因为当分析中止时自动地写输出，所以这些要求如上面所描述的那样，仅当极值准则得到满足，而没有选择中止分析时才有效。

输入文件用法：使用一个或者同时使用两个下面的选项来与＊EXTREME VALUE 选项结合：

＊EXTREME ELEMENT VALUE，ELSET = 单元集名称，OUTPUT = YES

＊EXTREME NODE VALUE，NSET = 节点集名称，OUTPUT = YES

Abaqus/CAE 用法：Abaqus/CAE 不支持极值输出监控。

在多步分析中监控变量

在多步分析中，要求指定的监控保持作用，直到重新定义它们。必须通过重新定义所有的要求，来添加或者改变任何变量、单元或者节点集，或者极大值，或者极小值。

在一个新步中停止变量的监控

可以在一个新步中停止监控变量。

输入文件用法：使用没有＊EXTREME ELEMENT VALUE 和 ＊EXTREME NODE VALUE 选项的＊EXTREME VALUE 选项。

Abaqus/CAE 用法：Abaqus/CAE 中不支持极值输出监控。

初始选项

《Abaqus 分析用户手册——指定的条件、约束和相互作用卷》的 1.2.1 节，描述了显式动力学分析中可以使用的所有初始条件。

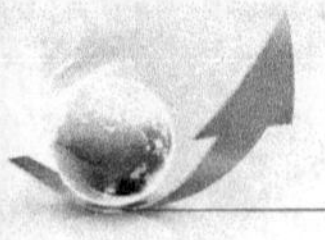

边界条件

可以如《Abaqus 分析用户手册——指定的条件、约束和相互作用卷》的 1.3.1 节中所描述的那样来定义边界条件。在显式动力学响应步中施加的边界条件，应当使用合适的幅值参考（见《Abaqus 分析用户手册——指定的条件、约束和相互作用卷》的 1.1.2 节）。如果为无幅值参考的步指定了边界条件，则在步的开始时应马上施加。因为 Abaqus/Explicit 不接受位移的阶跃，所以忽略没有幅值参考的非零的位移边界条件值，并且将强制施加一个零速度边界条件。

载荷

显式动力学分析中可以使用的载荷类型，在《Abaqus 分析用户手册——指定的条件、约束和相互作用卷》的 1.4.1 节进行了解释。对于位移或者转动自由度（1~6），集中节点力或者力矩可以施加，也可以施加分布的压力或者体积力，具体可以施加分布载荷类型的单元见《Abaqus 分析用户手册——单元卷》中的描述。

如同边界条件，在动态响应步中施加的载荷应当使用合适的幅值参考（见《Abaqus 分析用户手册——指定的条件、约束和相互作用卷》的 1.1.2 节）。如果为无幅值参考的步指定了载荷，则在步开始时立刻施加载荷。

预定义的场

可以指定下面的预定义场，如《Abaqus 分析用户手册——指定的条件、约束和相互作用卷》的 1.6.1 节中所描述的那样：

- 虽然在显式动力学分析中，温度不是一个自由度，但是依然可以指定节点温度。如果给定了材料的热膨胀系数（见《Abaqus 分析用户手册——材料卷》的 6.1.2 节），任何施加的温度与初始的温度之间的差异将造成温度应变。所指定的温度也影响温度相关的材料属性。
- 可以指定用户定义的场变量值。这些值仅影响场变量相关的材料属性。

材料选项

可以在一般显式动力学分析中使用 Abaqus/Explicit 中的任何材料选项（见《Abaqus 分析用户手册——材料卷》的 1.1.3 节）。

单元

可以在显式动力学分析中使用 Abaqus/Explicit 中可用的所有单元。在《Abaqus 分析用户手册——单元卷》中列出了这些单元。

如果在显式动力学分析中使用了耦合的温度-位移单元，将忽略温度自由度。

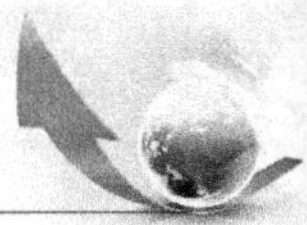

输出

动力学分析的单元输出变量包括应力、应变、能量和状态值、场以及用户定义的变量。可用的节点输出包括位移、速度、加速度、反作用力和坐标。所有的输出变量标识符在《Abaqus 分析用户手册——介绍、空间建模、执行与输出卷》的 4.2.2 节中进行了概括。可用的输出类型在《Abaqus 分析用户手册——介绍、空间建模、执行与输出卷》的 4.1.1 节中进行了描述。

当 Abaqus/Explicit 分析发生致命错误时，将对于当前过程可应用的预先选择的变量作为最后增量的场数据，自动添加到输出数据库中。

在动力学分析中，能量输出在检查求解的精度中是特别重要的。通常，总能量（ETOTAL）应当是不变的，或者接近不变的。"人工"能量，例如人工的应变能（ALLAE）、阻尼耗散（ALLVD）和质量缩放功（ALLMW），与应变能（ALLSE）和动能（ALLKE）那样的"真实的"能量相比可以忽略。

在准静态分析中，动能（ALLKE）的值，应当不超过应变能值（ALLIE）的一小部分。

在涉及约束（例如绑定和紧固件）和接触的分析中，输出约束罚功（ALLCW）和接触罚功（ALLPW）是一个好的行为。这些能量的值应当接近于零。

输入文件模板

```
*HEADING
…
*MATERIAL, NAME=名称
*ELASTIC
…
*DENSITY
定义密度的数据行
*DAMPING, ALPHA =α, BETA=β
定义瑞利阻尼的数据行
…
*BOUNDARY
指定零赋值的边界条件的数据行
*INITIAL CONDITIONS, TYPE=类型
指定初始条件的数据行
*AMPLITUDE, NAME=名称
定义幅值变量的数据行
** ** ** ** ** ** ** ** ** ** ** ** *
*STEP
*DYNAMIC, EXPLICIT
```

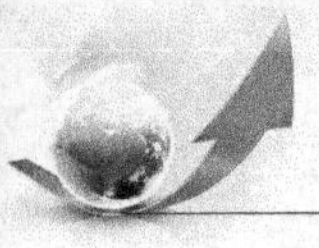

指定步的时间区段的数据行

*DIAGNOSTICS, DEFORMATION SPEED CHECK = SUMMARY

*BOUNDARY, AMPLITUDE = 名称

描述零幅值的或者非零的边界条件的数据行

*CLOAD 和/或 *DLOAD

指定载荷的数据行

*TEMPERATURE 和/或 *FIELD

指定预定义场的数据行

*FILE OUTPUT, NUMBER INTERVAL = n

*EL FILE

指定单元输出变量的数据行

*NODE FILE

指定节点输出变量的数据行

*ENERGY FILE

*OUTPUT, FIELD, NUMBER INTERVAL = n

*ELEMENT OUTPUT

指定单元输出变量的数据行

*NODE OUTPUT

指定节点输出变量的数据行

*OUTPUT, HISTORY, TIME INTERVAL = t

*ELEMENT OUTPUT, ELSET = 单元集名称

指定单元输出变量的数据行

*NODE OUTPUT, NSET = 节点集名称

指定节点输出变量的数据行

*ENERGY OUTPUT

指定能量输出变量的数据行

*END STEP

*STEP

*DYNAMIC, EXPLICIT, ELEMENT BY ELEMENT

…

*BULK VISCOSITY

在此步中定义线性和/或者二次体黏性的数据行

…

*END STEP

1.3.4 直接求解的稳态动力学分析

产品：Abaqus/Standard Abaqus/CAE

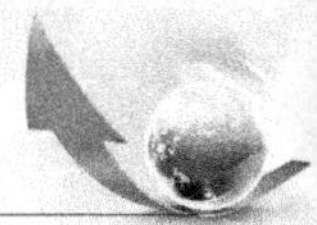

参考

- “动态分析过程：概览”1.3.1 节
- “基于模态的稳态动力学分析”1.3.8 节
- “基于子空间的稳态动力学分析”1.3.9 节
- “定义一个分析”1.1.2 节
- “通用和线性摄动过程”1.1.3 节
- *STEADY STATE DYNAMICS
- “构建线性摄动分析过程”中的“构建一个直接求解的稳态动力学过程”《Abaqus/CAE 用户手册》的 14.11.2 节，此手册的 HTML 版本中
- “创建并更改指定的条件”《Abaqus/CAE 用户手册》的 16.4 节

概览

直接求解的稳态动力学分析：

- 用来计算系统对简谐激励的稳态动力学线性化响应。
- 是一个线性摄动过程。
- 以物理自由度的方式直接计算模型的响应。
- 是对基于模态的稳态动力学分析的一种替代，在其中，系统的响应是基于特征模态计算得到的。
- 比基于模态的或者基于子空间的稳态动力学分析成本更加昂贵。
- 比基于模态的或者基于子空间的稳态动力学更加精确，尤其在结构中存在显著的频率相关的材料阻尼或者黏弹性材料行为时。
- 能够将频率朝着生成一个响应峰值的近似值进行偏移。

介绍

稳态动力学分析为系统提供一个由于给定频率的谐响应激励而产生的稳态幅值和相响应。通常这样的分析是通过在一系列的不同频率上施加载荷来进行频率扫描，并且记录响应来实现的。在 Abaqus/Standard 中，直接求解的稳态动力学过程中进行这样的频率扫描。在一个直接求解的稳态分析中，稳态谐响应是以使用系统的质量、阻尼和刚度矩阵模型的物理自由度方式，直接计算得到的。

当定义一个直接求解的稳态动力学步时，用户指定感兴趣的频率范围和在每一个范围中要求结果的频率个数（包括范围的边界频率）。此外，用户可以指定要使用的频率空间的类型（线性或者对数的），如下面所描述的那样（“选择频率空间”）。默认为对数频率空间。频率以循环/时间给出。

这些要求结果的频率点可以沿着频率轴（以线性的或者对数的尺度）相等间距分布，或者可以通过引入一个偏置参数（下面进行描述），来朝着用户定义的频率范围结束处偏置。

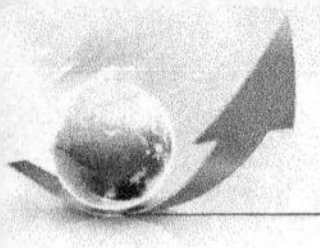

直接求解的稳态分析过程可以用于下面不能提取特征值的情况（并且由此，基于模态的稳态动态过程是不可应用的）：

- 对于非对称的刚度；
- 当必须包括除了模态阻尼以外的任何形式的阻尼时；
- 当必须考虑黏弹性材料属性时。

当此过程中的响应是线性的时候，则前面的响应可以是非线性的。如果在直接求解的稳态动力学过程前面的任何通用分析步中，包括了非线性的几何影响（"通用和线性摄动过程，" 1.1.3 节），则稳态动力学响应中将包括初始应力影响（应力刚化）以及载荷刚度影响。

输入文件用法：＊STEADY STATE DYNAMICS，DIRECT

Abaqus/CAE 用法：Step module：Create Step：Linear perturbation：Steady- statedynamics，Direct

忽略阻尼

如果阻尼项可以忽略，可以指定一个实数，而不是一个复数，系统矩阵可以被因式分解，这样可以极大地降低计算时间。阻尼在下面进行讨论。

输入文件用法：＊STEADY STATE DYNAMICS，DIRECT，REAL ONLY

Abaqus/CAE 用法：Step module：Create Step：Linear perturbation：Steady- state dynamics，Direct：Compute real response only

选择要求输出频率的间隔类型

直接求解的稳态动力学步中的输出允许三种类型的频率间隔。如果一个特征值提取步执行直接求解的稳态动力学步，则可以选择范围或者频率间隔的特征频率类型；否则，只有范围类型可以使用。

使用用户定义的点数量和可选的偏置函数来划分所指定的频率范围

对于频率间隔（默认的）范围类型，所指定的感兴趣频率是使用用户定义的点数量和可选的偏置函数来划分的。

输入文件用法：＊STEADY STATE DYNAMICS，DIRECT，INTERVAL = RANGE

Abaqus/CAE 用法：Step module：Create Step：Linear pertur bation：Steady- state dynamics，Direct：切换关闭 Use eigenfrequencies to subdivide each frequency range

通过使用系统的特征频率来指定频率范围

如果直接求解的稳态动力学问题是通过一个特征频率提取步来执行的，则可以选择频率间隔的特征频率类型来进行频率间隔。然后在每一个频率范围里存在下面的间隔：

- 最初的间隔：从给出的频率范围的下限延伸到范围中的第一个特征频率。
- 中间的间隔：从特征频率延伸到特征频率。
- 最后的间隔：从范围中的最高特征频率延伸到频率范围的上限。

对于这些间隔的每一个，计算得到结果的频率，是使用用户定义的点数量（它包括间隔的边界频率）和可选的偏置函数来确定的。图 1-7 说明了 5 个计算点和一个偏置参数等

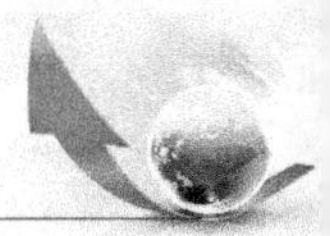

于1的频率范围划分。

输入文件用法：*STEADY STATE DYNAMICS，DIRECT，

INTERVAL = EIGENFREQUENCY

Abaqus/CAE 用法：Step module：Create Step：Linear perturbation：Steady-state dynamics，Direct：Use eigenfrequencies to subdivide each frequency range

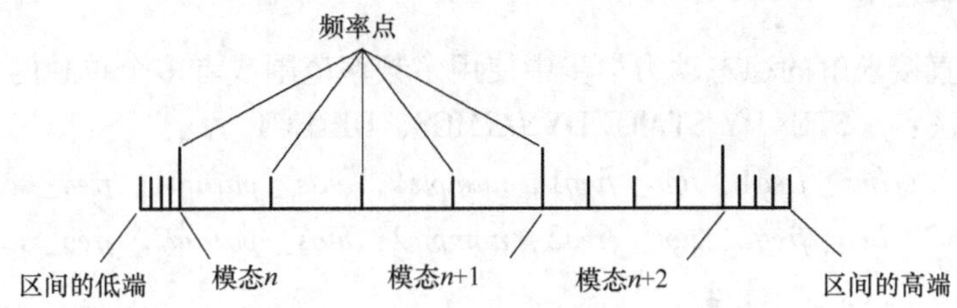

图1-7 具有5个计算点的特征频率类型的范围划分

通过分散频率来指定频率范围

如果直接求解的稳态动力学分析的前面是一个特征频率提取步，则可以选择频率间隔的分散类型。在此情况中，间隔围绕频率范围内的每一个特征频率存在。对于每一个区间，计算了结果的等分间隔频率是使用用户定义的点数量（它包括区间的边界频率）来确定的。最小的频率点是3。如果用户定义的值小于3（或者忽略了），则默认为3。图1-8说明了5个计算点的频率范围划分。

使用频率间隔的扩展类型时不支持偏置参数。

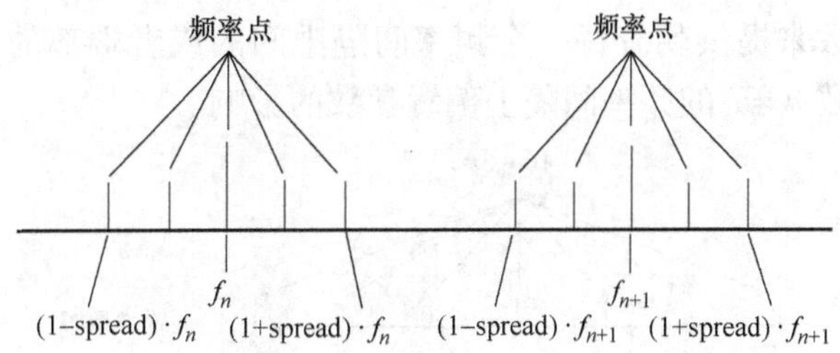

图1-8 分散频率类型间隔和5个计算点的频率范围划分

f_n 和 f_{n+1} 是系统的特征频率

输入文件用法：*STEADY STATE DYNAMICS，DIRECT，INTERVAL = SPREAD

lwr_freq，*upr_freq*，*numpts*，*bias_param*，*freq_scale_factor*，*spread*

Abaqus/CAE 用法：Abaqus/CAE 中不能通过频率扩展来指定频率范围。

选择频率间隔

直接求解的稳态动力学步允许使用两种类型的频率间隔。对于对数频率间隔（默认的），所指定的感兴趣频率范围是使用一个对数比例来进行划分的。另外，如果期望使用线性的比例，则可以使用线性的频率间隔。

输入文件用法：使用下面选项的一个：

*STEADY STATE DYNAMICS，DIRECT

FREQUENCY SCALE = LOGARITHMIC

*STEADY STATE DYNAMICS, DIRECT, FREQUENCY SCALE = LINEAR

Abaqus/CAE 用法：Step module：Create Step：Linear perturbation：Steady-state dynamics, Direct：Scale：Logarithmic 或 Linear

要求多频率范围

可以要求在直接求解的稳态动力学步中使用多频率范围或者多个单独的频率点。

输入文件用法：*STEADY STATE DYNAMICS, DIRECT

*lwr_freq*1, *upr_freq*1, *numpts*1, *bias_param*1, *freq_scale_factor*1

*lwr_freq*2, *upr_freq*2, *numpts*2, *bias_param*2, *freq_scale_factor*2

...

*single_freq*1

*single_freq*2

...

按照需要重复数据行

Abaqus/CAE 用法：Step module：Create Step：Linear perturbation：Steady-state dynamics, Direct：Data：在表中输入数据，并且按照需求添加行

偏置参数

可以使用偏置参数来提供朝着每一个频率间隔中间的或者端部的更加紧密的间距结果点。图 1-9 所示为点数 $n=7$ 的频率间隔上偏置参数的影响。

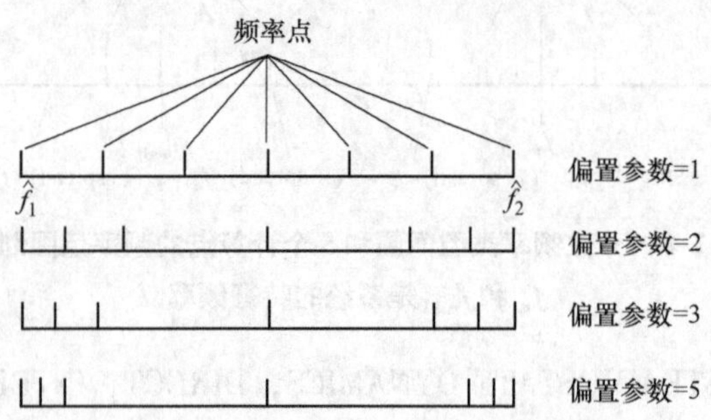

图 1-9　点数 $n=7$ 的频率间隔上偏置参数的影响

直接求解的稳态动力学中使用的偏置方程为

$$\hat{f}_k=\frac{1}{2}(\hat{f}_1+\hat{f}_2)+\frac{1}{2}(\hat{f}_2-\hat{f}_1)|y|^{1/p}\text{sign}(y)$$

式中　y——$y=-1+2(k-1)/(n-1)$；

n——给出结果的频率点的个数；

k——频率点的序号（$k=1, 2, \cdots, n$）；

$\hat{f}_1$——频率范围的下限；

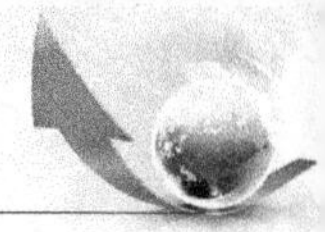

$\hat{f}_2$——频率范围的上限；

$\hat{f}_k$——给出第 k 个结果的频率；

p——偏置值；

$\hat{f}$——频率或者频率的对数，取决于为频率比例所选择的值。

偏置参数 $p>1.0$，将提供朝着频率间隔的端部更加紧密的结果点间隔；$p<1.0$，将提供朝着频率间隔的中部更加紧密的间隔。对于一个范围频率间隔，默认的偏置参数是 1.0，而对于一个特征频率间隔，默认是 3.0。

频率比例因子

频率比例因子可以用来缩放频率点。所有的频率点，除了频率范围的下限和上限，是乘以此因子的。仅当通过使用系统的特征频率来指定间隔时（见上面的“通过使用系统的特征频率来指定频率范围”），才能使用此比例因子。

阻尼

如果没有阻尼，一旦激振频率等于结构的特征频率，则结构的响应是无限的。要得到定量准确的结果，特别是接近固有频率附近，阻尼的精确指定是必不可少的。可得的可变阻尼选项在《Abaqus 分析用户手册——材料卷》的 6.1.1 节中进行了讨论。

在直接求解的稳态动力学中，可以按以下内容创建阻尼：

- 阻尼器（见《Abaqus 分析用户手册——单元卷》的 6.2.1 节），
- 与材料和单元相关联的“瑞利”阻尼（见《Abaqus 分析用户手册——材料卷》的 6.1.1 节），
- 与声学单元相关联的阻尼（见《Abaqus 分析用户手册——材料卷》的 6.3.1 节；《Abaqus 分析用户手册——单元卷》的 2.3.1 节；《Abaqus 分析用户手册——指定的条件、约束和相互作用卷》的 1.4.6 节），
- 结构阻尼（见 1.3.1 节中的“动态分析中的阻尼”），
- 在材料定义中的黏弹性（见《Abaqus 分析用户手册——材料卷》的 2.7.2）。

当分解全实数系统矩阵时，忽略了所有形式的阻尼，包括无限单元的静止边界和声学单元的无反射边界。

具有滑动摩擦的接触条件

Abaqus/Standard 中自动探测由于参考构架的运动，或者前面步中的传递速度所施加的速度差异而产生滑动的接触节点。在这些节点上，没有约束切向自由度，并且摩擦的影响对刚度矩阵产生非对称贡献。在其他接触节点上，切向自由度是受到约束的。

施加速度差异的接触节点上的摩擦，可以产生两种类型的阻尼效应。第一种效应是由摩擦力稳定垂直于滑动方向的振动产生的。此效应仅存在于三维分析中。第二种效应是通过一

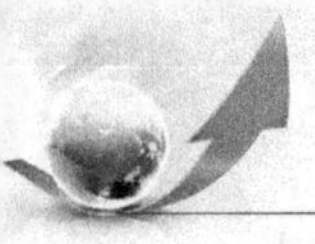

个速度相关的摩擦因数来产生的。如果摩擦因数随着速度降低而降低（实际情况通常如此），则效应是不稳定的，称之为“负阻尼”。更多的信息见《Abaqus 理论手册》的 5.2.3 节。直接求解的稳态动力学分析中允许包含这些摩擦带来的对阻尼矩阵的影响。

输入文件用法：*STEADY STATE DYNAMICS，DIRECT，FRICTION DAMPING = YES

Abaqus/CAE 用法：Step module：Create Step：Linear perturbation：Steady-state dynamics，Direct：Include friction-induced damping effects

初始条件

基本状态是模型在稳态动力学步前面的最后一个通用分析步结束时的当前状态。如果一个分析的第一步是摄动步，则基本状态是根据初始条件（见《Abaqus 分析用户手册——指定的条件、约束和相互作用卷》的 1.2.1 节）来确定的。直接定义速度那样的解变量的初始条件定义，不能在稳态动力学分析中使用。

边界条件

在稳态动力学分析中，任何自由度的实部和虚部或者同时受约束，或者同时不受约束；要约束一个而不约束另外一个，物理上是不可能的。Abaqus/Standard 自动地同时约束自由度的实部和虚部，即使只专门指定了一个部分，未指定的部分将假定扰动为零。

在直接求解的稳态分析中，边界条件可以施加于任意的位移或者旋转自由度（1~6）（见《Abaqus 分析用户手册——指定的条件、约束和相互作用卷》的 1.3.1 节）。这些边界条件将随时间按正弦规律变化。分别指定一个边界条件的实部（同相）和一个边界条件的虚部（异相）。

输入文件用法：使用下面选项之一来定义边界条件的实部（同相）：

*BOUNDARY

*BOUNDARY，实部

使用下面的选项来定义边界条件的虚部（异相）：

*BOUNDARY，虚部

Abaqus/CAE 用法：Load module：boundary condition editor：实部（同相） + 虚部（异相）i

频率相关的边界条件

可以使用一个幅值定义按照频率指定边界条件的幅值（见《Abaqus 分析用户手册——指定的条件、约束和相互作用卷》的 1.1.2 节）。

输入文件用法：同时使用下面的选项：

*AMPLITUDE，NAME = 名称

*BOUNDARY，REAL 或 IMAGINARY，AMPLITUDE = 名称

Abaqus/CAE 用法：Load or Interaction module：Create Amplitude：Name：名称

Load module：boundary condition editor：实部（同相） + 虚部（异相）i：Amplitude：名称

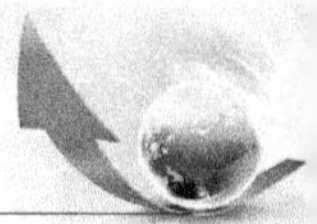

载荷

可以在稳态动力学分析中指定下面的选项：

- 集中节点力可以施加在位移自由度上（1~6），见《Abaqus分析用户手册——指定的条件、约束和相互作用卷》的1.4.2节。
- 可以施加分布的压力或者体积力，见《Abaqus分析用户手册——指定的条件、约束和相互作用卷》的1.4.3节。具有此分布载荷类型的具体单元，在《Abaqus分析用户手册——单元卷》中进行了描述。
- 可以施加入射波载荷，见《Abaqus分析用户手册——指定的条件、约束和相互作用卷》的1.4.6节。

这些载荷假定是在一个用户指定的频率范围上随时间按正弦规律变化的。载荷以实部和虚部分量的形式给定。

科氏分布的载荷，对方程的整个系统添加一个虚部反对称作用。当前仅在固体和杆单元中考虑此作用，并且是通过使用非对称的矩阵存储和步的求解方案（见1.1.2节）来起作用。

入射波载荷可以用来模拟来自明显的平面或者球形声源或者漫域的声波。

在稳态动力学分析中不能使用流体流动载荷。

输入文件用法：使用下面的选项来定义载荷的实部（同相）：

*CLOAD 或 *DLOAD

*CLOAD 或 *DLOAD，实部

使用下面选项之一来定义载荷的虚部（异相）：

*CLOAD 或 *DLOAD，虚部

Abaqus/CAE 用法：Load module：load editor：实部（同相）+虚部（异相）i

频率相关的载荷

一个幅值定义可以根据频率来指定一个载荷的幅值（见《Abaqus分析用户手册——指定的条件、约束和相互作用卷》的1.1.2节）。

输出文件用法：同时使用下面的选项：

*AMPLITUDE，NAME=名称

*CLOAD 或 *DLOAD，实部或虚部，AMPLITUDE=名称

Abaqus/CAE 用法：Load or Interaction module：Create Amplitude：Name：名称

Load module：load editor：实部（同相）+虚部（异相）i：Amplitude：名称

预定义的场

预定义的温度场可以在直接求解的稳态动力学分析（见《Abaqus分析用户手册——指定的条件、约束和相互作用卷》的1.6.1节）中指定，并且如果在材料定义（见《Abaqus

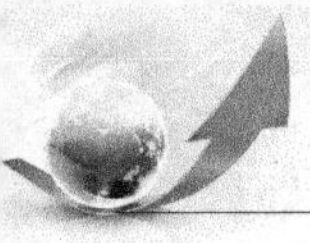

分析用户手册——材料卷》的 6.1.2 节）中包括热膨胀，则将产生谐波变化的热应变，并且忽略其他的预定义场。

材料选项

如同任何动力学分析过程中那样，模型的任何单独零件的某些要求动态响应的区域必须赋予质量或者密度（见《Abaqus 分析用户手册——材料卷》的 1.2.1 节）。如果在分析时不考虑惯性，则密度应当设置成一个非常小的数。下面的材料属性在稳态动力学分析中是不起作用的：塑性和其他非弹性效应、热属性（除了热膨胀）、质量扩散属性、电属性（除了在压电分析中的电动势）和孔隙流体流动属性，见 1.1.3 节。

黏弹性效应可以包括在直接求解的稳态谐响应分析中。线性化的黏弹性响应可以认为是关于非线性预加载状态的摄动，在黏弹性分量中是基于纯粹弹性行为（长期响应）来计算的。因此，振动幅值必须足够小，这样在问题的动态阶段中材料响应可以处理成一个关于预定义状态的线性扰动。黏弹性频域响应在《Abaqus 分析用户手册——材料卷》的 2.7.2 节中得到描述。

单元

Abaqus/Standard 中可用的任何下列单元都可以用于稳态动力学过程：

- 应力/位移单元（除了具有扭曲的广义轴对称单元）；
- 声学单元；
- 压电单元；
- 静液压流体单元。

见《Abaqus 分析用户手册——单元卷》的 1.1.3 节。

输出

在直接求解的稳态动力学分析中，类似于应变（E）或者应力（S）的输出变量值是具有实部和虚部的一个复数。在数据文件输出的情况中，第一个打印行列出实部，第二行列出虚部。也可以提供结果和数据文件输出变量，从而得到许多变量（见《Abaqus 分析用户手册——介绍、空间建模、执行与输出卷》的 4.2.1 节）的大小和相位。在数据文件输出的情况中，第一行打印出大小，第二行列出相角。

下面的变量是为稳态动力学分析专门提供的：

单元积分点变量：

PHS——所有应力分量的大小和相角。

PHE——所有应变分量的大小和相角。

PHEPG——电压梯度矢量的大小和相角。

PHEFL——电流矢量的大小和相角。

PHMFL——流体链接单元中质量流率的大小和相角。

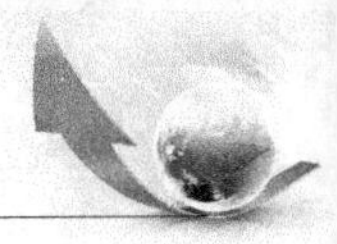

PHMFT——流体链接单元中总质量流动的大小和相角。

对于连接器单元，下面的单元输出变量是可用的：

PHCTF——连接器总力的大小和相角。

PHCEF——连接器弹性力的大小和相角。

PHCVF——连接器黏性力的大小和相角。

PHCRF——连接器反作用力的大小和相角。

PHCSF——连接器摩擦力的大小和相角。

PHCU——连接器相对位移的大小和相角。

PHCCU——连接器本构位移的大小和相角。

PHCV——连接器相对速度的大小和相角。

PHCA——连接器相对加速度的大小和相角。

节点变量：

PU——一个节点上的所有位移/转动分量的大小和相角。

PPOR——一个节点上的流体、孔隙或者声学压力的大小和相角。

PHPOT——一个节点上的电动势的大小和相角。

PRF——一个节点上的所有反作用力/力矩的大小和相角。

PHCHG——一个节点上的反应电荷的大小和相角。

单元的总动能（ELKE）对于直接求解的稳态动力学分析中的输出是不能使用的。

弹性应变能密度（SENER）对于基于 SIM 的稳态动力学分析中的输出是不能使用的。

对于直接求解的稳态动力学分析，通过要求能量输出到数据、结果或者输出数据库文件的方法，ALLIE（总应变能）那样的整体模型变量是可用的（见《Abaqus 分析用户手册——介绍、空间建模、执行与输出卷》的 4.1.2 节和 4.1.3 节）。

输入文件模板

```
*HEADING
…
*AMPLITUDE, NAME = loadamp
定义一个幅值曲线作为一个频率函数（循环/时间）的数据行
**
*STEP, NLGEOM
包括 NLGEOM 参数，这样应力刚度效应将包括在稳态动力学步中
*STATIC
**任何通用分析过程可以用来预加载结构
…
*CLOAD 和/或 *DLOAD
规定预载荷的数据行
*TEMPERATURE 和/或 *FIELD
为预加载结构定义预定义场的值的数据行
```

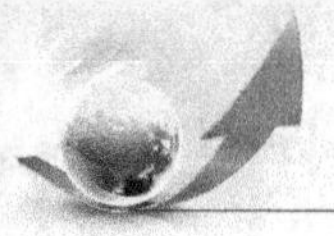

* BOUNDARY
指定边界条件来预加载结构的数据行
…
* END STEP
**
* STEP
* STEADY STATE DYNAMICS, DIRECT
指定频率范围和偏置参数的数据行
* BOUNDARY, REAL
指定实部（同相）边界条件的数据行
* BOUNDARY, IMAGINARY
指定虚部（异相）边界条件的数据行
* CLOAD, AMPLITUDE = loadamp
指定按正弦规律变化的，频率相关的集中载荷的数据行
* CLOAD 和/或 * DLOAD
指定按正弦规律变化载荷的数据行
…
* END STEP

1.3.5 固有频率提取

产品：Abaqus/Standard　　Abaqus/CAE　　Abaqus/AMS

参考

- “定义一个分析”1.1.2 节
- “通用和线性摄动过程”1.1.3 节
- “动态分析过程：概览”1.3.1 节
- * FREQUENCY
- “构建线性摄动分析过程”中的“构建一个分析过程”Abaqus/CAE 用户手册的 14.11.2 节，此手册的 HTML 版本中

概览

频率提取过程：

- 通过执行特征值提取来计算系统的固有频率和对应的模态。
- 如果在基本状态中考虑了几何非线性，则将包括由预载荷和初始条件产生的初始应力和载荷刚度的影响，这样可以模拟预加载结构的小振动。

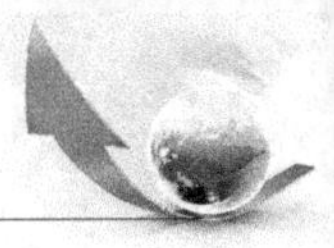

- 如果要求，将计算剩余模态。
- 是一个线性摄动过程。
- 可以使用传统的 Abaqus 软件构架，或者在适当的情况下使用高性能 SIM 构架（见 1.3.1 节中的“为模态叠加动力学分析使用 SIM 构架”）来执行。
- 仅为对称质量和刚度矩阵求解特征频率问题；如果需要载荷刚度那样的非对称贡献，则必须使用复杂特征频率求解器。

特征值提取

无阻尼有限元模型固有频率的特征值问题可以表达为

$$(-\omega^2 \boldsymbol{M}^{MN} + \boldsymbol{K}^{MN})\ \boldsymbol{\phi}^N = 0$$

式中 $\boldsymbol{M}^{MN}$——质量矩阵（是对称并正定的）；

$\boldsymbol{K}^{MN}$——刚度矩阵（如果基本状态中考虑了几何非线性的影响，则包括初始刚度效应）；

$\boldsymbol{\phi}^N$——特征向量（振动的模式）；

M 和 N——自由度。

当 $\boldsymbol{K}^{MN}$ 是正定矩阵时，所有特征值都是正值。刚体模式和不稳定使 $\boldsymbol{K}^{MN}$ 变得不定。刚体模式产生零特征值；不稳定产生负特征值，并且当考虑初始应力的影响时发生。Abaqus/Standard 仅为对称矩阵求解特征频率问题。

选择特征值提取方法

Abaqus/Standard 提供三种特征值提取方法：

- Lanczos。
- 自动多级子结构（AMS）是 Abaqus/Standard 的一个附加分析功能。
- 子空间迭代。

此外，必须考虑后续模态叠加过程中所使用的软件构架。虽然构架的选择对频率的提取过程影响最小，但是 SIM 构架比后续基于模态的稳态过程或者瞬态动力学过程（见 1.3.1 节中的“为模态叠加动力学分析使用 SIM 构架”）的传统构型有显著的性能改进。频率提取过程中所使用的构架适用于所有子空间基于模态的线性动态分析过程；用户不能在一个分析中改变构架。表 1-6 中总结了不同的特征求解器所采用的软件构架。

表 1-6 不同特征求解器所采用的软件构架

软件构架	特征求解器		
	Lanczos	AMS	子空间迭代
传统的	√		√
SIM	√	√	

具有传统构架的 Lanczos 求解器是默认的特征值提取方法，因为它具有最通用的功能。然而，Lanczos 法通常比 AMS 方法要慢。当对一个多自由度系统求解大量的特征模态时，

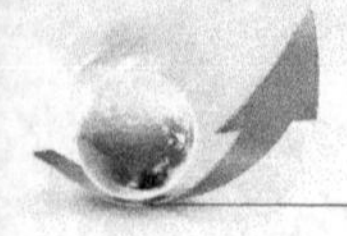

AMS 特征求解器的速度优势特别明显。然而，AMS 方法的使用有如下限制：

- 作用于基于 SIM 的线性动态过程的所有限制，也应用于基于 AMS 特征求解器计算得到模态形状的基于模态的线性动态分析。详情见 1.3.1 中的“为模态叠加动力学分析使用 SIM 构架”节。
- AMS 特征求解器不计算复合模态阻尼因子、参与因子或者模态有效质量。然而，如果主基本运动需要参与因子，则对其进行计算，但不写入打印数据文件（.dat）。
- 在包含压电单元的分析中不能使用 AMS 特征求解器。
- 在一个 AMS 频率提取步中，不能要求输出到结果文件（.fil）中。

如果模型有许多自由度，并且可以接受这些限制，则应当使用 AMS 特征求解器，否则，应当使用 Lanczos 特征求解器。在《Abaqus 理论手册》的 2.5.1 节中描述了 Lanczos 特征求解器和子空间迭代方法。

Lanczos 特征值求解器

使用 Lanczos 方法时，需要提供感兴趣的最大频率，或者要求的特征值个数。此时，Abaqus /Standard 将确定一个合适的分块尺寸（如果需要，可以选择覆盖此选项）。如果同时指定感兴趣的最大频率和要求的特征值个数，并且低估了实际特征值的个数，Abaqus/Standard 将发出一个相应的警告；余下的特征模态可以通过重启动频率提取来找到。

也可以指定感兴趣的最小频率，Abaqus/Standard 将提取特征值，直到在给定的范围内提取到要求数量的特征值，或者对给定范围中的所有频率都进行了提取。

使用具有 Lanczos 特征求解器的 SIM 构架信息见 1.3.1 节中的“为模态叠加动力学分析使用 SIM 构架”。

输入文件用法：*FREQUENCY，EIGENSOLVER = LANCZOS

Abaqus/CAE 用法：Step module：Step→Create：Frequency：Basic：Eigensolver：Lanczos

为 Lanczos 方法选取分块大小

通常，Lanczos 方法的分块应当同特征值的预期多样性一样大（即具有相同频率的最大的模态数量）。不推荐大于 10 的块大小。如果所要求特征值的数量是 n，则默认的分块大小是（7，n）的最小值。对于具有刚体模态的问题，块大小选择 7 是较理想的。每一个 Lanczos 运行中的分块 Lanczos 步的数量，通常是通过 Abaqus/Standard 来确定的，但是用户可以进行更改。通常，如果一个具体类型的特征问题收敛缓慢，则提供更多的分块 Lanczos 步将会降低分析的成本。另一方面，如果已知一个具体类型的问题收敛迅速，则提供更少的分块 Lanczos 步将降低所使用内核内存的数量。默认最大值见表 1-7。

表 1-7　分块 Lanczos 步的最大数量

块 数 量	分块 Lanczos 步的最大数量
1	80
2	50
3	45
≥4	35

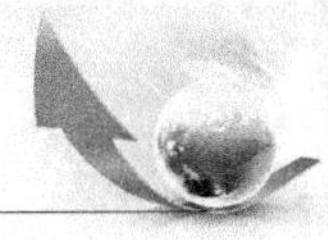

自动的多层子结构（AMS）特征求解器

使用 AMS 方法时，仅指定感兴趣的最大频率（整体频率）即可，并且 Abaqus/Standard 将提取所有的模态，最高到此频率。也可以指定感兴趣的最小频率和/或者要求的模态数量。指定这些值不会影响由特征求解器提取的模态数量；只会影响为了输出而存储的模态数量，或者后续模态分析的模态数量。

可以通过指定三个参数来控制 AMS 特征求解器的运行：AMS_{cutoff_1}、AMS_{cutoff_2}、AMS_{cutoff_3}。这三个参数，乘以感兴趣的最大频率，可定义三个截止频率。通过 AMS_{cutoff_1}（默认值 5）可以控制子结构特征问题在缩减阶段的截止频率，而通过 AMS_{cutoff_2} 和 AMS_{cutoff_3}（默认值分别为 1.7 和 1.1）可以控制在缩减特征求解阶段用来定义一个启动子空间的截止频率。通常，增加 AMS_{cutoff_2} 和 AMS_{cutoff_3} 的值，能够改善结果的精确性，但是可能会影响分析的性能。

在所有节点上要求特征向量

默认情况下，AMS 特征求解器在模型的每一个节点上计算特征向量。

输入文件用法：＊FREQUENCY，EIGENSOLVER = AMS

Abaqus/CAE 用法：Step module：Step→Create：Frequency：Basic：Eigensolver：AMS

仅在指定的节点上要求特征向量

另外，可以指定一个节点集，并且仅在属于该节点集的节点上计算和存储特征向量。指定的节点集必须包括所有施加载荷的节点，或者在任何的后续模型分析中，所有要求输出的节点（这包括任何重启动的分析）。如果要求单元输出，或者施加了基于单元的载荷，则附加于相关联单元的节点也必须包含在此节点集中。仅在选取的节点上计算特征向量，可改善性能并降低存储数据的量。因此，推荐求解大模型问题时使用此选项。Abaqus/Standard 可以自动地选取需要包含在节点集中的所有节点。这些节点是：

- 在随后的基于模态的过程中施加集中载荷的节点。
- 在特征值提取分析中，或者在随后的基于模态的过程中要求输出的节点。
- 要求残余向量的节点。
- 施加分布载荷的单元所包括的节点。
- 具有频率相关的材料属性的单元所包括的节点。
- 在特征值提取分析中，或者在随后的基于模态的过程中，要求输出的单元所包括的节点。

输入文件用法：使用下面的选项来指定一个节点集：

＊FREQUENCY，EIGENSOLVER = AMS，NSET = 名称

使用下面的选项来允许 Abaqus/Standard 自动地选择节点：

＊FREQUENCY，EIGENSOLVER = AMS，NSET

Abaqus/CAE 用法：可以通过在 Abaqus/CAE 中指定一个节点集，并且只在指定的节点上求解特征值向量。

Step module：Step→Create：Frequency：Basic：Eigensolver：AMS：Limit region of saved eigenvectors，选择节点集

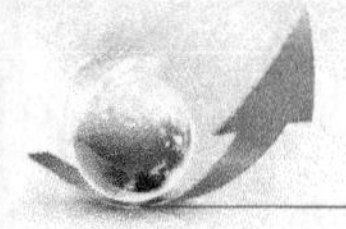

控制 AMS 特征求解器

AMS 方法由下面的三个阶段组成：

• 缩减阶段：在此阶段中，Abaqus/Standard 使用多层子结构技术，通过缩减方程组的非常有效的特征求解方式来缩减整个系统。此方法是在每一个超级节点上将一个基于多层的超级节点消去树稀疏分解和一个局部特征解组合起来。

从最低水平的超级节点开始，我们使用一种 Craig-Bampton 子结构缩减技术，就像在消去树中向前推进的那样，连续地缩减方程组的大小。在每一个超级节点上，局部特征解由固定连接到下个高层超级节点（这些是局部保留的或者“固定界面”的自由度）的自由度得到。在缩减阶段的结束时对整个方程组进行了缩减，此时刚度矩阵是对角矩阵，质量矩阵具有单位对角值，但是它包含代表超级节点间耦合的非零值的非对角块。

缩减阶段的成本取决于方程组的大小和所提取的特征值数量（提取的特征值数量是通过指定期望的最高特征频率来直接控制的）。在成本与精度之间，可以通过 AMS_{cutoff_1} 参数来实现均衡。此参数乘以为整个模型指定的最高频率，产生在局部超级节点特征求解中提取的最高特征频率。增加 AMS_{cutoff_1} 的值，因为保留了更多的局部特征模态，增加了缩减的精度。然而，增加保留模态的数量也会增加缩减特征求解阶段的成本，在下面进行了讨论。

• 缩减特征求解阶段：在此阶段中，Abaqus/Standard 计算来自前面阶段的缩减方程组的特征解。虽然缩减后的方程组通常比原来的方程组小两个数量级，但是它仍然太大而不能直接求解。因此，要通过截断所保留的特征模态来进一步对方程组进行缩减，并且使用单独的子空间迭代步来进行求解。可利用两个 AMS 参数 AMS_{cutoff_2} 和 AMS_{cutoff_3}，定义子空间迭代步的起始子空间。小心选取这些参数的默认值在绝大部分情况下可提供精确的结果。当需要更加精确的解时，建议同时从各自的默认值成比例地增加两个参数。

• 恢复阶段：在此阶段中，使用缩减问题的特征向量和局部子结构模态来恢复原始系统的特征向量。如果要求在指定的节点上恢复，则仅在这些节点上计算特征向量。

子空间迭代方法

对于子空间迭代过程，仅需要指定要求的特征值数量；Abaqus/Standard 为迭代选择合适数量的向量。如果要求使用子空间迭代技术，也可以指定感兴趣的最大频率；Abaqus/Standard 提取特征值，直到提取到要求数量的特征值，或者提取的最后频率超出了感兴趣的频率最大值。

输入文件用法：＊FREQUENCY，EIGENSOLVER = SUBSPACE

Abaqus/CAE 用法：Step module：Step→Create：Frequency：Basic：Eigensolver：Subspace

结构-声学的耦合

结构-声学的耦合影响系统的固有频率响应。在 Abaqus 中，只有 Lanczos 特征求解器完全地包括此影响。在 Abaqus/AMS 及子空间特征求解器中，对于计算模态和频率而言，耦合的影响可忽略不计；计算模态和频率是使用结构-声学耦合面处的自然边界条件计算得到的。结构-声学耦合运算子的中级程度的考虑，在 Abaqus/AMS 特征求解器中是默认的：投射耦合到模态子空间，并为后面的使用进行存储。

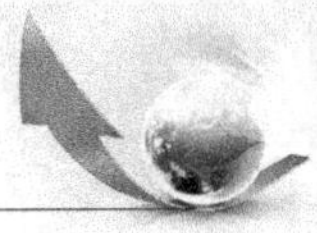

使用 Lanczos 特征求解器的结构-声学耦合

如果结构-声学的耦合存在于模型中并且使用 Lanczos 方法，则 Abaqus/Standard 默认提取耦合模态。因为这些模态充分地考虑耦合，它们代表了后续模态过程的数学优化基础。在钢弹和水那样的强烈耦合系统中，此影响是最为显著的。然而，耦合的结构-声学模态不能用于后续的模态响应或者响应谱分析。可以使用结构-声学相互作用的单元（见《Abaqus 分析用户手册——单元卷》的 6.13.1 节）或者基于面的绑定约束（见 1.10.1 节）来定义耦合。当提取声学和结构的模态时，忽略耦合是可能的；在此情况中，耦合边界是处理成在结构侧无拉伸的，并且在声学侧是刚性的。

对于使用基于 SIM 构架的 Lanczos 特征求解器的频率提取，投射结构-声学的耦合算子到特征向量子空间也是可能的。模态是使用耦合边界结构侧无拉伸边界条件，并且声学侧刚性的边界条件来计算得到的。结构-声学的耦合算子（见 1.10.1 节）默认是投射到特征向量子空间的。对这些整体算子的贡献，来自于结构与声学面之间的基于面的绑定，被组装投射到模态形状的整体矩阵中，并且用于后续的基于 SIM 的模态动力学过程。

输入文件用法：使用下面的选项，在频率提取过程中考虑结构-声学的耦合：

* FREQUENCY，EIGENSOLVER = LANCZOS，
ACOUSTIC COUPLING = ON（默认的）

使用下面的选项，在频率提取过程中，在非耦合的特征模态上投射结构-声学的耦合：

* FREQUENCY，EIGENSOLVER = LANCZOS，SIM，
ACOUSTIC COUPLING = PROJECTION（除非 Lanczos 特征求解器是基于 SIM 构架的）

使用下面的选项，在频率提取过程中忽略结构-声学的耦合：

* FREQUENCY，EIGENSOLVER = LANCZOS，
ACOUSTIC COUPLING = OFF

Abaqus/CAE 用法：使用下面的选项，在频率提取过程中考虑结构-声学的耦合：

Step module：Step → Create：Frequency：Basic：Eigensolver：Lanczos，切换打开 Include acoustic-structural coupling where applicable

使用下面的选项，在频率提取过程中投射结构-声学的耦合到非耦合的特征模态上：

Step module：Step → Create：Frequency：Basic：Eigensolver：Lanczos，切换打开 Use SIM-based linear dynamics procedures，切换打开 Project acoustic-structural coupling where applicable

使用下面的选项，在频率提取的过程中忽略结构-声学的耦合：

Step module：Step → Create：Frequency：Basic：Eigensolver：Lanczos，切换关闭 Include acoustic-structural coupling where applicable

使用 AMS 特征求解器的结构-声学的耦合

对于使用 AMS 特征求解器的频率提取，模型是使用耦合边界结构侧上的无拉伸边界条件

和声学侧上的刚性边界条件来计算的。结构-声学的耦合算子（见1.10.1节）默认是投射在特征向量的子空间上的。对这些整体算子的贡献，来自于结构和声学面之间的基于面的绑定，被组装投射到模态形状的整体矩阵之中，并且用于后续的基于SIM的模态动力学过程。

用户定义的声学-结构相互作用单元（见《Abaqus分析用户手册——单元卷》的6.13.1节）不能在AMS特征值提取分析中使用。

输入文件用法：使用下面的选项将结构-声学耦合算子投射到特征向量的子空间上：

*FREQUENCY，EIGENSOLVER = AMS，
ACOUSTIC COUPLING = PROJECTION（默认的）

使用下面的选项来抑制结构-声学耦合算子的投影：

*FREQUENCY，EIGENSOLVER = AMS，
ACOUSTIC COUPLING = OFF

Abaqus/CAE用法：使用下面的选项将结构-声学的耦合算子投射到特征向量的子空间：

Step module：Step→Create：Frequency：Basic：Eigensolver：AMS，切换打开 Project acoustic-structural coupling where applicable

使用下面的选项来抑制结构-声学耦合算子的投射：

Step module：Step→Create：Frequency：Basic：Eigensolver：AMS，切换关闭 Project acoustic-structural coupling where applicable

为声学模态指定一个频率范围

因为在AMS和基于SIM的Lanczos特征分析中可以忽略结构-声学的耦合，在原理上，计算得到的共振频率将高于完全耦合系统的共振频率。这可以理解成忽略结构相中流体质量的结果，反之亦然。对于通常的金属和空气情况，结构共振可以是相对不受影响的；然而，某些耦合响应中明显的声学模态，可能由于特征分析过程中空气的向上频移，而被忽略。因此，Abaqus允许指定一个因子，这样取分析中的最大声学频率高于结构最大频率。

输入文件用法：使用下面选项：

*FREQUENCY，EIGENSOLVER = AMS
,,,,,,，声学范围因子

或者

*FREQUENCY，EIGENSOLVER = LANCZOS，SIM，
ACOUSTIC COUPLING = PROJECTION
,,,,,,，声学范围因子

Abaqus/CAE用法：Step module：Step→Create：Frequency：Basic：Eigensolver：AMS，Acoustic range factor：声学范围因子

Abaqus/CAE中不支持在Lanczos特征分析中为声学模态指定一个频率范围。

流体运动对声学系统固有频率分析的影响

从一个使用声学流速指定流体运动的只有声学的或者耦合结构-声学的系统中提取固有频率，可以使用Lanczos方法或者复数特征值提取过程。按照前者，Abaqus提取实数特征

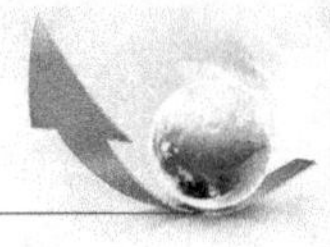

值，并且仅在声学刚度矩阵中考虑流体运动的影响，这样，作为后续线性摄动过程的基础而主要对这些结果感兴趣；当使用了复数特征值提取过程时，在它们的整体中包含流体运动影响，即，在分析中包含声学刚度和阻尼矩阵。

频移

对于 Lanczos 和子空间迭代特征求解器，可以指定一个正的或者负的频率漂移平方 S。当关心一个具体的频率时，或者当需要一个无约束结构的固有频率或者一个使用二次基运动（大质量方法）的结构时，此特征是有用的。按照后者，一个从零开始的漂移（刚体模态的频率）将避免奇异问题或者大质量方法的舍入误差。通常使用负频率漂移时，默认没有漂移。

如果使用 Lanczos 特征求解器，并且用户指定的漂移超出了所要求的频率范围，则自动将漂移调整到一个接近所要求范围的值。

归一化

对于 Lanczos 和子空间迭代特征求解器，位移和质量特征向量归一化都是可以使用的。默认为位移归一化。对于基于 SIM 的固有频率提取，质量归一化是唯一可用的选项。

特征向量归一化类型的选择对后续模态动力学步（见《Abaqus 基准手册》的 1.4.9 节）的结果没有影响。归一化类型仅确定表达特征向量的方式。

除了提取固有频率和模态之外，Lanczos 和子空间迭代特征求解器自动计算广义质量、参与因子、有效质量和每一个模态的复合模态阻尼。这样，这些变量在后续的线性动态分析中是可以使用的。AMS 特征求解器仅计算广义质量。

位移归一化

如果选择位移归一化，特征向量得到归一化，这样，每一个向量中的最大位移项是一个单位。如果位移可以忽略不计，则在扭曲模态中，特征向量得到归一化，这样每一个向量中的最大转动项是一个单位。在耦合的声学-结构提取中，如果一个具体特征向量中的位移和转动与声学压力相比较小，特征向量得到归一化，这样特征向量中最大的声学压力是一个单位。在使用多点约束或者等式约束事先消除的相关自由度恢复之前完成归一化。这样，这种自由度可能具有大于一个单位的值。

输入文件用法：*FREQUENCY, NORMALIZATION = DISPLACEMENT

Abaqus/CAE 用法：Step module：Step→Create：Frequency：Other：Normalize eigenvectors by：Displacement

质量归一化

另外，可以归一化特征向量，这样每一个向量的广义质量是一个单位。

与模态 α 相关联的“广义质量”为

$$m_\alpha = \boldsymbol{\phi}_\alpha^N \boldsymbol{M}^{NM} \boldsymbol{\phi}_\alpha^M \quad (\text{不对 } \alpha \text{ 求和})$$

式中　$\boldsymbol{M}^{NM}$——结构的质量矩阵；

$\boldsymbol{\phi}_{\alpha}^{N}$——模态 α 的特征向量；

N、M——有限元的自由度。

如果特征向量是关于质量归一化的，则缩放所有的特征向量，使得 $m_{\alpha}=1$。

对于耦合的声学-结构分析，也计算一个对广义质量的声学贡献分数。

输入文件用法：＊FREQUENCY，NORMALIZATION = MASS

Abaqus/CAE 用法：Step module：Step→Create：Frequency：Other：Normalize eigenvectors by：Mass

模态参与因子

模态 α 在方向 i 的参与因子 $\Gamma_{\alpha i}$，可以以模态的特征向量来表明在整体 x-、y-或者 z-方向上运动有多强烈，或者刚体关于这些轴的一个旋转，有如何强烈。六个可能的刚体运动通过 $i=1$，2，…，6 来表示。参与因子定义为

$$\Gamma_{\alpha i}=\frac{1}{m_{\alpha}}\boldsymbol{\phi}_{\alpha}^{N}\boldsymbol{M}^{NM}T_{i}^{M}\text{（不对 }\alpha\text{ 求和）}$$

式中　T_{i}^{N}——施加了 i 类型刚体运动（位移或者无穷小转动）的模型中自由度 N 的刚体响应大小。例如，在一个具有三位移和三转动分量的节点上，T_{i}^{N} 为

$$\begin{pmatrix}1 & 0 & 0 & 0 & (z-z_0) & -(y-y_0)\\ 0 & 1 & 0 & -(z-z_0) & 0 & (x-x_0)\\ 0 & 0 & 1 & (y-y_0) & -(x-x_0) & 0\\ 0 & 0 & 0 & 1 & 0 & 0\\ 0 & 0 & 0 & 0 & 1 & 0\\ 0 & 0 & 0 & 0 & 0 & 1\end{pmatrix}\begin{Bmatrix}\hat{e}_1\\ \hat{e}_2\\ \hat{e}_3\\ \hat{e}_4\\ \hat{e}_5\\ \hat{e}_6\end{Bmatrix}$$

式中　$\hat{e}_i$——单位，并且所有其他的 $\hat{e}_p$ 是零；

x、y 和 z——节点的坐标；

x_0、y_0 和 z_0——旋转中心的坐标。

这样，为平动自由度和绕转动中心转动定义了参与因子。对于耦合的声学-结构特征频率分析，可计算得到一个额外的声学参与因子，如《Abaqus 理论手册》的 2.9.1 节中所概述的那样。

模态有效质量

与动态方向 i（$i=1$，2，…，6）相关联的模态 α 的有效质量定义为

$$m_{\alpha i}^{\text{eff}}=(\Gamma_{\alpha i})^{2}m_{\alpha}\text{（不对 }\alpha\text{ 求和）}$$

如果将所有模态的有效质量在任何整体平移方向上相加，则它们的和应当给出模型的总质量（除了动态约束自由度上的质量）。这样，如果分析中使用的模态有效质量相加之和远远小于模型的总质量，则表明在某个激励方向上显著参与的模态并未被提取。

对于耦合的声学-结构的特征频率分析，可计算得到一个额外的声学有效质量，如

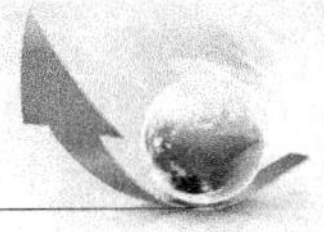

《Abaqus 理论手册》的 2.9.1 节中所概述的那样。

复合模型阻尼

复合模型阻尼允许为模型中的每一个材料或者单元定义一个阻尼因子，作为临界阻尼的分数。然后，为每一个模型将这些因子复合在一个阻尼因子中，作为与每一个材料或者单元相关联的质量矩阵的加权平均。当使用 SIM 构架时，也可以包括刚度矩阵的加权平均。更多的信息见 1.3.1 节中的“定义复合模态阻尼”。

为了在基于模态的过程中使用而得到残余模态

Abaqus/Standard 中的一些分析类型，是基于系统的特征模态和特征值的。例如，在基于模态的稳态动力学分析中，将物理方程组的质量和刚度矩阵以及载荷向量，投射到一组特征模态上，产生模态振幅（或者广义自由度）形式的对角方程组。物理方程组的解是通过由它们对应的模态幅值缩放每一个特征模态，并且对结果进行叠加而得到的（更多的信息见《Abaqus 理论手册》的 2.5.3 节）。

考虑成本，通常只提取到系统整个可能特征模态的一个小子集，该子集由对应于靠近激励频率的特征频率的特征模态组成。因为激励频率通常落入较低的模态范围内，所以排除了较高频率的模态。取决于载荷的本质，如果使用太少的较高频率，则模态解的精度可能会降低。这样，要在精度与成本之间进行权衡。为了有足够的精度并且最小化所要求的模态数量，在投影和模态的叠加中使用的特征模态集，可以使用额外的已知残余模态来增强。残余模态帮助校正由模态截断产生的误差。在 Abaqus/Standard 中，残余模态 R 代表承受一个名义（或者单位）载荷 P 的静态响应，此载荷对应于基于模态的分析中将要使用的实际载荷，此基于模态的分析正交于已经提取的特征模态，跟随有一个残余模态彼此之间的正交化。

$$R^N = \left(\delta^{NJ} - \phi_\alpha^N \frac{1}{m_\alpha} \phi_\alpha^I M^{IJ}\right) (K^{-1})^{JK} P^K$$

要求此正交化对模态（正交和特征）保留关于质量和刚度方面的正交性属性。作为质量和刚度矩阵可以得到的结果，在频率提取过程中，正交化可以有效地实现。这样，如果希望包括后续基于模态过程中的残余模态，则必须在频率提取步中使得残余模态计算可以使用。如果静态响应彼此间或者在提取的特征模态之间是线性相关的，则 Abaqus /Standard 为计算残余模态会自动消除残余响应。

对于 Lanczos 特征值求解器，必须确保在后续基于模态的分析（$K^{-1}P$）中所施加载荷的静态摄动响应时，在频率提取步前面的静态摄动步中指定载荷。如果在此静态摄动分析中指定了多载荷工况，则为每一个载荷工况计算一个残余模态；否则，系统会认为所有的载荷是一个单独载荷工况的部分，并且只计算一个残余模态。当要求计算残余模态时，施加在频率提取步中的边界条件必须与前面的静态摄动步中施加的载荷相匹配。此外，在前面的静态摄动步中，Abaqus/Standard 要求：①如果使用多载荷工况，则在每一个载荷工况中施加的边界条件必须是一样的；②边界条件幅值是零。当生成动力学子结构时（见 5.1.2 节中的

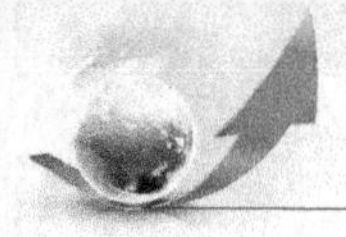

“为一个子结构生成一个残余的结构阻尼矩阵”)，如果前面静态摄动步中的每一个载荷工况中所定义的加载方式，与子结构生成步中相应的子结构载荷工况下定义的加载方式相匹配，则残余模态通常将提供最好的效果。

如果使用 AMS 特征求解器，不需要在前面的摄动步中指定载荷。残余模态是在所有的自由度上计算的，在这些自由度上，在后面的基于模态的过程中施加一个集中载荷。可以通过指定自由度来求得额外的残余模态。系统可为每一个指定的自由度计算残余模态。

正交化过程的一个结果是计算得到一个对应于每一个残余模态的伪特征值 α，即

$$\alpha = \frac{(R)_\alpha^{\mathrm{T}}\ (K)\ (R)_\alpha}{(R)_\alpha^{\mathrm{T}}\ (M)\ (R)_\alpha}\ (\text{不对 } \alpha \text{ 求和})$$

今后，并且在其他 Abaqus/Standard 文档中，此项特征值通常称为实际特征值和伪特征值。与模态（特征模态和残余模态）相关联的所有数据（即参与因子等）是按照特征值升序来排序的。这样，特征模态和残余模态都被赋予了模态编号。在打印的输出文件中，Abaqus/Standard 清楚地标识哪个模态是特征模态以及哪个模态是残余模态，这样就可以容易地区分它们。默认情况下，如果激活残余模态，所有计算得到的特征模态和残余模态将用于后续的基于模态的过程，除非：

- 选择在一个新的频率提取步中得到一组新的特征模态和残余模态。
- 选择在基于模态的过程中选取可用的特征模态和残余模态的一个子集。

如果使用了循环对称模拟功能，则不能计算残余模态。此外，如果希望激活残余模态计算，则必须使用 Lanczos 或者 AMS 特征求解器。

输入文件用法：＊FREQUENCY，RESIDUAL MODES

Abaqus/CAE 用法：Step module：Step→Create：Frequency：Basic：Include residual modes

评估频率相关的材料属性

当指定了频率相关的材料属性时，Abaqus/Standard 提供在频率提取过程中评估这些属性的频率选项。此评估是必要的，因为在特征值提取过程中，不能更改刚度。如果不选择频率，则 Abaqus/Standard 在零频率上评估与频率相关的弹簧和与阻尼器相关的刚度，并且不考虑来自频域黏弹性的刚度贡献。如果指定一个频率，则只考虑来自频域黏弹性刚度贡献的实数部分。

在一分析中指定的频率上评估属性是特别有用的，在此分析中，特征频率提取步跟随有子空间投影稳态动力学步（见 1.3.9 节）。在这些分析中，频率提取步中的特征模态提取是作为整体基础方程，来计算一个在许多输出频率上承受谐激励的系统的稳态动力学响应。如果选择在稳态动力学步中指定的频率贯穿范围的中心频率附近评估材料属性，则子空间投影稳态动力学步中的结果精度得到改善。

输入文件用法：＊FREQUENCY，PROPERTY EVALUATION = 频率

Abaqus/CAE 用法：Step module：Step→Create：Frequency：Other：Evaluate dependent properties at frequency

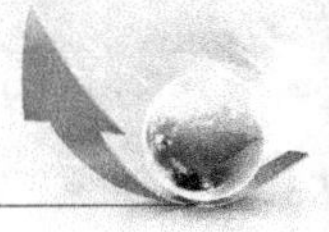

初始条件

如果频率提取步是分析中的第一个步，则初始条件形成过程的基本状态（除了初始应力，如果它是第一步，则不能包括在频率提取步中）。否则，基本状态是最后的通用分析步（见1.1.3节）结束时的模型当前状态。仅当在频率提取过程前面的通用分析过程中考虑了几何非线性，才在特征值提取中包括初始应力的刚度影响（通过定义初始应力，或者通过在一个通用分析步中加载来指定）。

如果必须在频率提取中包括初始应力，并且在频率提取步前面没有通用非线性步，则必须在频率提取步前面包含一个“虚拟”静态步——它包括几何非线性，并且保留了具有合适边界条件和载荷的初始应力。

《Abaqus分析用户手册——指定的条件、约束和相互作用卷》的1.2.1节，描述了所有可用的初始条件。

边界条件

在频率提取步中将忽略非零的边界条件；所指定的自由度被固定（见《Abaqus分析用户手册——指定的条件、约束和相互作用卷》的1.3.1节）。

在频率提取步中定义的边界条件，将不在后续的通用分析步（除非指定了它们）中使用。

在涉及压电单元的频率提取步中，必须至少在一个节点上约束电动势自由度，来删除由于单元运算的介电部分所产生的数值奇异性。

定义模态叠加过程的主要和次要基础

如果在后续的动态模态叠加过程中规定位移或者转动，则边界条件必须施加在频率提取步中，这些自由度被分组到“基础”中。然后在模态叠加过程中，为规定的运动使用基础（见1.3.7节）。

在频率提取步中定义的边界条件会取代在前面的步中定义的边界条件。如果频率提取步中的这些自由度是参考一个具体的基础并进行了重新定义的，则在频率提取步之前固定的自由度将与此具体的基础相关联。

主要基础

默认情况下，为边界条件列出的所有自由度被赋予一个无名称的“主要”基础。如果在所有的固定点上指定相同的运动，则仅定义边界条件一次，并且所有的规定自由度属于主要基础。

除非在频率提取步中删除边界条件，否则来自上个通用分析步的边界条件会变成频率步的固定边界条件，并且属于主要基础。

如果所有刚体运动没有通过组成主要基础的边界条件来抑制，则必须施加一个合适的频率变换来避免数值问题。

输入文件用法：＊BOUNDARY

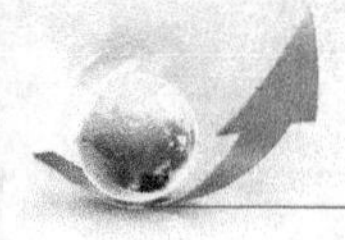

没有 BASE NAME 参数的 * BOUNDARY 选项，在一个频率提取步中仅能出现一次

Abaqus/CAE 用法：Load module：Create Boundary Condition

次要基础

如果模型叠加过程中有多于一个的独立基础运动，则驱动节点必须组成主要基础之外的“次要”基础中，必须命名次要基础（见《Abaqus 理论手册》的 2.5.9 节）。次要基础仅用于模态动力学和稳态动力学（非直接）过程中。

没有抑制与次要基础相关联的自由度，取而代之的是，对每一个这种自由度添加一个“大”质量。要得到六位的数值精度，Abaqus/Standard 设置每一个“大”质量等于 10^6 倍的结构总质量，每一个“大”转动惯量等于 10^6 倍的结构总转动惯量。这样，在次要基础中为每一个自由度引入一个任意低的频率模态。要保持所要求的频率范围不变，Abaqus/Standard 自动地增加特征值提取的数量。结果，特征值提取步的成本随着次要基础中包含了更多的自由度而增加。要降低分析成本，应保持与次要基础相关联的自由度数量最小。某些时候，可以通过使用 BEAM 类型 MPCs（见《Abaqus 分析用户手册——指定的条件、约束和相互作用卷》的 2.2.2 节）来降低一些具有都相同的指定运动的次要基础到一个单独节点的方式来实现。

使用 Lanczos 求解器和子空间迭代方法时，一个负的偏移必须与刚体模式或者次要基础一起使用。

“大”质量并没有包含在模态统计中，并且结构的总质量和整个模型与质量和惯量有关的打印信息未受到影响。然而，质量的存在，在特征值提取步的打印输出表中是明显的，以及在广义质量和有效质量的信息中也是明显的。基础运动特征的使用例子见《Abaqus 基准手册》的 1.4.12 节。

通过重复边界条件定义和赋予不同的基础名称，可以定义不止一个的次要基础。

输入文件用法：* BOUNDARY，BASE NAME = *name*

Abaqus/CAE 用法：Load module；Create Boundary Condition；Step：frequency_step；Category：Mechanical；Types for Selected Step：Secondarybase；Constrained degrees-of-freedom：Region：选择区域，U1，U2，U3，UR1，UR2 和（或者）UR3

载荷

在频率提取分析中，忽略所施加的载荷（见《Abaqus 分析用户手册——指定的条件、约束和相互作用卷》的 1.4.1 节）。如果在前面通用分析步中施加了载荷，并且在其上考虑了几何非线性，则前面的通用分析步结束时所确定的载荷刚度是包含在特征值提取中的（见 1.1.3 节）。

预定义的场

在固有频率提取过程中，不能指定预定义的场。

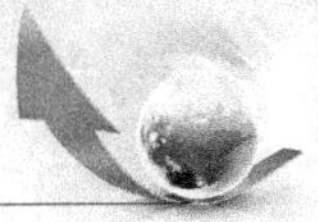

材料选项

必须定义材料的密度（《Abaqus 分析用户手册——材料卷》的 1.2.1 节）。在频率提取中没有使这些材料属性［塑性和其他非弹性效应、率相关的材料属性、热属性、质量扩散属性、电属性（虽然压电材料是有效的）和模型流体流动属性］起作用，见 1.1.3 节。

单元

除了具有扭曲的广义轴对称单元以外，Abaqus/Standard 中的任意应力/位移或者声学单元（包括那些具有温度、压力或者电自由度的单元）可以在频率提取过程中使用。

输出

特征值（EIGVAL）、循环/时间形式的特征频率（EIGFREQ）、广义质量（GM）、复合模态阻尼因子（CD）、位移自由度 1 ~6 的参与因子（PF1 ~ PF6）和声学压力（PF7）以及位移自由度的模态有效质量 1 ~6（EM1 ~ EM6）和声学压力（EM7），是作为历史数据自动地写入到输出数据库中的。类似于应力、应变和位移（代表模态形状）的输出变量，对于每一个特征值也是可以得到的。这些量是摄动值，并且代表模态形状，不是绝对值。

随同广义质量、复合模态阻尼因子、参与因子和模态有效质量，特征值和对应的频率（以弧度/时间和循环/时间）也将自动地列于打印输出文件中。

特征值提取过程中唯一可用的能量密度是弹性应变能密度 SENER。所有的输出变量标识符在《Abaqus 分析用户手册——介绍、空间建模、执行与输出卷》的 4.2.1 节中进行了概述。

AMS 特征求解器不计算复合模态阻尼因子、参与因子或者模态有效质量。此外，不能要求输出结果文件（.fil）。

可以通过选择期望输出的模态来限制到结果、数据和输出数据库文件的输出（见《Abaqus 分析用户手册——介绍、空间建模、执行与输出卷》的 4.1.2 节和 4.1.3 节）。

输出文件用法：使用下面选项中的一个：

*EL FILE，MODE，LAST MODE

*EL PRINT，MODE，LAST MODE

*OUTPUT，MODE LIST

Abaqus/CAE 用法：Step module：Output→Field Output Requests→Create：

Frequency：Specify modes

输入文件模板

```
*HEADING
…
```

```
*BOUNDARY
指定零幅值的边界条件的数据行
*INITIAL CONDITIONS
指定初始条件的数据行
**
*STEP（，NLGEOM）
如果使用了NLGEOM，则在频率提取步中将包括初始应力和预加载刚度影响
*STATIC
…
*CLOAD 和/或 *DLOAD
指定载荷的数据行
*TEMPERATURE 和/或 *FIELD
指定预定义场值的数据行
*BOUNDARY
指定零幅值的或者非零边界条件的数据行
*END STEP
**
*STEP，PERTURBATION
*STATIC
…
*LOAD CASE，NAME=load case name
为此载荷工况定义载荷的关键字和数据行
*END LOAD CASE
…
*END STEP
**
*STEP
*FREQUENCY，EIGENSOLVER=LANCZOS，RESIDUAL MODES
控制特征值提取的数据行
*BOUNDARY
*BOUNDARY，BASE NAME=名称
将自由度赋给一个次要基础的数据行
*END STEP
```

1.3.6 复特征值提取

产品：Abaqus/Standard　Abaqus/CAE

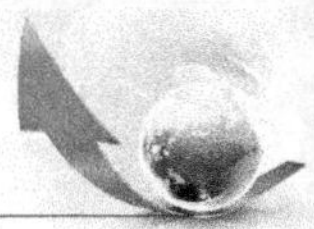

参考

- “定义一个分析”1.1.2节
- “通用和线性摄动过程”1.1.3节
- *COMPLEX FREQUENCY
- “构建线性摄动分析过程”中的“构建一个复数频率过程”Abaqus/CAE用户手册的14.11.2节，此手册的HTML版本中

概览

复特征值提取过程：

- 通过执行特征值提取来计算系统的复特征值和系统的相应复模态。
- 是一个线性摄动过程。
- 要求特征频率提取过程（见1.3.5节）在复特征值提取前得到执行。
- 可以使用高性能的SIM软件构架（见1.3.1节）。
- 如果在基本状态步定义中包括了非线性几何影响，则将包括由预载荷和初始条件产生的初始应力和局部刚度效应（见1.1.3节）。
- 可以包括摩擦、阻尼和非对称载荷刚度贡献。
- 可以在声学有限元中包括由基底平均流动产生的非对称阻尼和刚度贡献（见1.10.1节）。
- 不能用在定义成循环对称的结构模型中（见5.4.3节）。

复特征值提取

复特征值提取过程中使用投影方法来提取当前系统的复特征值。有限元模型的特征值问题是按下面的方式规定的：

$$(\mu^2 \boldsymbol{M}^{MN} + \mu \boldsymbol{C}^{MN} + \boldsymbol{K}^{MN})\ \boldsymbol{\phi}_{\mathrm{R}}^{N} = 0$$

式中 $\boldsymbol{M}^{MN}$——质量矩阵（它是对称的，通常，也是半正定定义）；

$\boldsymbol{C}^{MN}$——阻尼矩阵；

$\boldsymbol{K}^{MN}$——刚性矩阵（它可以包括初始应力矩阵和摩擦效应，通常是非对称的）；

μ——复特征值；

$\boldsymbol{\phi}_{\mathrm{R}}^{N}$——右复特征值向量；

$\boldsymbol{\phi}_{\mathrm{L}}^{N}$——左复特征向量，并且定义如下：

$$(\boldsymbol{\phi}_{\mathrm{L}}^{N})\ (\mu^2 \boldsymbol{M}^{MN} + \mu \boldsymbol{C}^{MN} + \boldsymbol{K}^{MN}) = 0$$

M、N——自由度。

Abaqus/Standard中的复特征值提取使用的是子空间投影方法。这样，对于具有对称刚度矩阵的无阻尼系统的特征模态，必须使用复特征值提取步之前的特征频率提取过程来提取。默认情况下，整个子空间是作为基本向量使用的。对此子空间可以如下

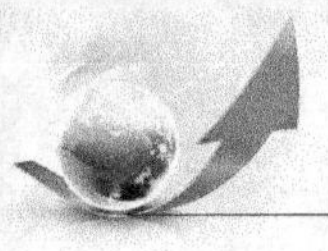

面所描述的那样进行缩减。Abaqus/Standard 总是在投影子空间中计算所有可以得到的复特征模态（考虑任何对子空间的用户指定更改）。所要求的特征模态的用户指定数量和复特征值提取过程的频率范围，不影响计算得到的复特征频率数量。它只确定所汇报模态的数量，此数量不能高于投影子空间的维数。要更改所计算的特征模态个数，则如下面所描述的那样降低投影子空间，或者在之前的固有频率提取步中相应地更改所提取的特征模态的数量。如果不指定所要提取的复模态数量或者频率范围，将汇报所有计算得到的模态。

考虑非对称的影响，复特征值提取步中自动使用非对称矩阵求解和存储方案。如果指定使用对称求解和存储方案，将忽视非对称影响（见 1.1.2 节）。

输入文件用法：＊COMPLEX FREQUENCY

Abaqus/CAE 用法：Step module：Create Step：Linear perturbation：Complex frequency：Number of eigenvalues requested：All 或者 Value，Minimum frequency of interest（cycles/time）：值，Maximum frequency of interest（cycles/time）：值

漂移点

可以为复特征值提取过程，按时间循环的方式指定一个漂移点 S，且 $S \geqslant 0$。Abaqus/Standard 以 $|\mathrm{Im}(\mu_n) - S|$ 升序的次序汇报复特征模态 μ_n，这样，最先汇报的复数部分的模态最靠近给定的漂移点。当关心一个具体的频率范围时，此特征是有用的。

输入文件用法：＊COMPLEX FREQUENCY
,,, S

Abaqus/CAE 用法：Step module：Create Step：Linear perturbation：Complex frequency：Frequency shift（cycles/time）：S

归一化

特征值提取分析中，位移和模态复特征向量二者的归一化是可用的。在基于 SIM 的分析中，默认进行模态归一化；如果没有使用基于 SIM 的构架，则位移归一化是唯一可用的选项。

如果选择位移归一化，复特征向量得到归一化，这样每一个向量中的最大值是一个单位，并且虚部是零；如果选择模态归一化，只有投影方程式（GU）的复特征向量使用位移方法得到归一化，并且有限元子空间中没有执行复特征向量的归一化。对于大特征问题，位移归一化会非常耗时，因此，推荐模态归一化。

输入文件用法：通过下面的选项来选择位移归一化（如果没有使用基于 SIM 的构架，则是唯一的选项）：

＊COMPLEX FREQUENCY，NORMALIZATION = DISPLACEMENT

通过下面的选项来选择模态归一化（如果使用基于 SIM 的构架，则是唯一可用的）：

＊COMPLEX FREQUENCY，NORMALIZATION = MODAL

Abaqus/CAE 用法：在 Abaqus/CAE 中，不能选择复特征向量的归一化方法，而是使用

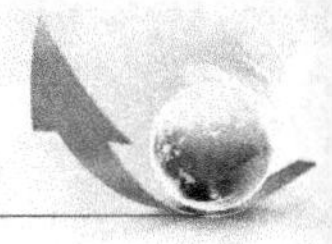

默认的方法。

选择在其上投影的特征模态

可以选择具有对称化刚度矩阵的无阻尼系统的特征模态，在其上执行子空间投影。可以通过分别指定模态编号，或者通过要求 Abaqus/Standard 自动生成模态编号，或者通过指定频率范围来选择特征模态。如果不选择特征模态，则在之前的特征频率提取步中所提取的模态用于模态叠加。

输入文件用法：使用下面的一个选项，通过指定模态编号来选择特征模态：

*SELECT EIGENMODES，DEFINITION = MODE NUMBERS

*SELECT EIGENMODES，GENERATE，DEFINITION = MODE NUMBERS

使用下面的选项，通过指定一个频率范围来定义特征模态：

*SELECT EIGENMODES，DEFINITION = FREQUENCY RANGE

Abaqus/CAE 用法：不能在 Abaqus/CAE 中选择特征模态；提取的所有模态均用于子空间投影。

评估频率相关的材料属性

当指定了频率相关的材料属性时，为了在复特征值提取过程中使用并在此频率上对指定的属性进行评估，Abaqus/Standard 提供选择频率的选项。此评估是必要的，因为在特征值提取过程中不能更改算子。如果不选择频率，Abaqus/Standard 在零频率上评估与频率相关的弹簧和与阻尼器相关联的刚度和阻尼，并且不考虑来自频域黏弹性的刚性和阻尼贡献。如果确实指定了一个频率，则会考虑来自频域黏弹性的刚性和阻尼贡献。

输入文件用法：*COMPLEX FREQUENCY，PROPERTY EVALUATION = 频率

Abaqus/CAE 用法：Step module：Create Step：Complex Frequency：Other：Evaluatedependent properties at frequency：值

右和左复特征向量

进行复特征值提取分析时，可以要求提取右或者左复特征向量。默认情况下，提取右特征向量。左特征向量仅在基于 SIM 构架的分析中是可用的。也可以在同一个分析中同时提取右和左复特征向量，但是必须在分开的步中提取。如果要同时提取右和左特征向量，应当选择复特征向量的模态归一化。

输入文件用法：使用下面的选项来提取右复特征向量：

*COMPLEX FREQUENCY，RIGHT EIGENVECTORS（如果没有使用 SIM 构架，默认为唯一的选项）

使用下面的选项来提取左复特征向量：

*COMPLEX FREQUENCY，LEFT EIGENVECTORS（仅当使用 SIM 构架时）

Abaqus/CAE 用法：在 Abaqus/CAE 中仅提取右复特征向量。

具有滑动摩擦的接触条件

Abaqus/Standard 自动地探测由于参考系，或者之前步中的传输速度所施加的速度差异而引起滑动的节点。在这些节点上没有约束切向自由度，并且摩擦的影响将对刚度矩阵产生非对称的贡献。在其他接触的节点上，切向自由度是受到约束的。

在接触节点上施加有速度差的摩擦，可以产生两种阻尼效应。第一种效应是由稳定垂直滑动方向上的振动的摩擦力产生的。此效应仅存在于三维分析中。第二种效应是一个速度相关的摩擦因数产生的。如果摩擦因数随着速度的降低而降低（通常如此），则效应是不稳定的，称之为“负阻尼。”更多的详情见《Abaqus 理论手册》的 5.2.3 节。复特征求解器允许包括这些摩擦对阻尼矩阵的影响。

输入文件用法：* COMPLEX FREQUENCY，FRICTION DAMPING = YES

Abaqus/CAE 用法：Step module：Create Step：Linear perturbation：Complex frequency：Include friction- induced damping effects

阻尼

在复特征值提取分析中，阻尼可以通过阻尼器（见《Abaqus 分析用户手册——单元卷》的 6.2.1 节），通过与材料和单元相关联的“瑞利”阻尼（见《Abaqus 分析用户手册——材料卷》的 6.1.1 节）和通过无限单元上的静止边界或者声学单元来定义。此外，如上面“具有滑动摩擦的接触条件”中所描述的，可以包括摩擦引起的阻尼。

在使用高性能的 SIM 构架的复特征值提取中，支持由频域黏弹性引起的结构阻尼、阻尼影响和所有类型的模态阻尼（除了复合模态阻尼）。

规定的运动、传输速度和声学流动速度

运动、传输速度和声学流动速度影响复频率分析。必须在一个之前的稳态传输通用步中指定运动和传输速度，并且在复频率步中包括它们的影响。声学流动速度在稳态传输步中没有影响，并且在一个稳态传输步中，所指定的声学流动速度是不会传递到摄动步的。在每个期望的线性摄动步中，必须在期望的地方指定声学流动速度。

初始条件

不能为复特征值指定提取初始条件。

边界条件

在复特征值提取中不能定义边界条件。边界条件与之前的固有频率提取分析中的一样。

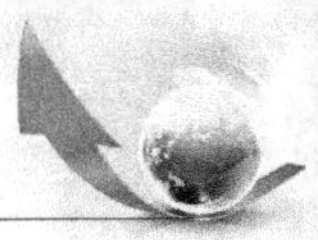

载荷

施加载荷（见《Abaqus 分析用户手册——指定的条件、约束和相互作用卷》的 1.4.1 节）在一个复特征值提取过程中是被忽略的。如果在前面包括有非线性几何效应的通用分析步中施加了载荷，则在该分析步结束时所确定的载荷刚度是包括在复特征值提取中的（见 1.1.3 节）。

科氏分布载荷对阻尼算子添加了非对称的贡献，当前仅在固体和杆单元中考虑。

预定义的场

在复特征值提取过程中，不能指定预定义场。

材料选项

必须定义材料的密度（见《Abaqus 分析用户手册——材料卷》的 1.2.1 节）。下面的材料属性在复特征值提取过程中是无效的：

● 塑性和其他非弹性效应。

● 率相关的材料属性，不包括摩擦，如果在接触界面上存在速度差异，则可以是率相关的。

● 热属性。

● 质量扩散属性。

● 电属性（虽然压电材料是有效的）。

● 孔隙流体流动属性。

单元

除了具有扭曲的广义轴对称单元外，Abaqus/Standard 中的任何应力/位移单元（包括那些具有温度或者压力自由度的单元）可以用于复特征值提取。

输出

特征值的实部（EIGREAL）α 和虚部（EIGIMAG）ω、循环/时间形式的频率（EIGFREQ）和有效的阻尼率（DAMPRATIO = $-2 * \alpha/\omega$）作为历史数据，被自动地写入数据文件（.dat）和输出数据文件（.odb）中。此外，用户可以要求将广义的位移（GU）和投影后的系统模态写入输出数据库文件（见《Abaqus 分析用户手册——介绍空间建模、执行与输出卷》的 4.1.3 节）。类似于应力、应变和位移（代表模态）的输出变量，对于每一个特征值也是可以得到的；这些量是摄动值，并且代表模态形状，不是绝对值。

在特征值提取过程中，唯一可以得到的能量密度是弹性应变能密度 SENER。所有的输

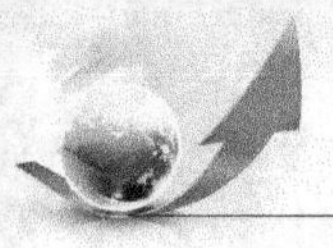

出变量标识符在《Abaqus 分析用户手册——介绍、空间建模、执行与输出卷》的 4.2.1 节中进行了介绍。

可以通过选择期望输出的模态，来限制对数据文件和输出数据库文件的输出（见《Abaqus 分析用户手册——介绍、空间建模、执行与输出卷》的 4.1.2 节、4.1.3 节）。对于复特征值提取过程，不能使用结果文件（.fil）进行输出。

为复特征模态设置截止值

也可以为复特征模态设置截止值，这样，只有特征值实部高于截止值的复模态才可以写入到输出数据库文件中。如果没有设置截止值，默认的截止值是 0.0，此时输出所有的复特征模态。

输入文件用法：使用下面的一个选项为输出选择复特征模态：

* COMPLEX FREQUENCY，UNSTABLE MODES ONLY

* COMPLEX FREQUENCY，UNSTABLE MODES ONLY = 值

SIM 构架

复特征值提取分析可以基于 SIM 构架来执行。基于 SIM 构架执行复特征值提取过程的优势如下：

- 结构阻尼，包括使用黏弹性材料定义的阻尼得到考虑。
- 可以指定模态阻尼。
- 可以定义表示刚度、质量和阻尼的矩阵（同时支持对称和非对称矩阵）。
- 可以使用 AMS 特征求解器，为复特征值提取生成投影子空间。

当使用 AMS 特征求解器来计算投影子空间时，应当通过增加 AMS 参数的值，同时提高感兴趣的最高频率，来提高 AMS 特征求解的精度。在基于 SIM 构架的复特征值提取分析中，不能使用耦合的结构-声学模型。

输入文件模板

```
* HEADING
…
* SURFACE INTERACTION
* FRICTION
指定零摩擦因数
* BOUNDARY
指定零赋值边界条件的数据行
* INITIAL CONDITIONS
指定初始条件的数据行
**
* STEP（，NLGEOM）
如果使用了 NLGEOM，将在特征值提取步中包括初始应力和预加载刚度影响
```

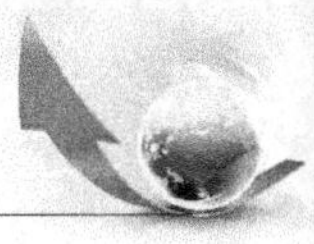

```
*STATIC
…
*CLOAD 和/或 *DLOAD
指定载荷的数据行
*TEMPERATURE 和/或 *FIELD
指定预定义场值的数据行
*BOUNDARY
指定零赋值的或者非零边界条件的数据行
*END STEP
**
*STEP (, NLGEOM)
*STATIC
定义增量的数据行
*CHANGE FRICTION
*FRICTION
重新定义摩擦因数的数据行
*MOTION, ROTATION 或 TRANSLATION
定义速度差异的数据行
*END STEP
**
*STEP
*FREQUENCY
控制特征值提取的数据行
*END STEP
**
*STEP
*COMPLEX FREQUENCY
控制复特征值提取的数据行
*SELECT EIGENMODES
定义可应用模态范围的数据行
*END STEP
```

1.3.7 瞬态模态动力学分析

产品：Abaqus/Standard　Abaqus/CAE

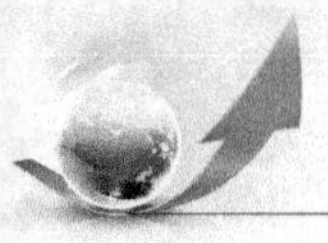

参考

- “定义一个分析”1.1.2 节
- “通用和线性摄动过程”1.1.3 节
- “动态分析过程：概览”1.3.1 节
- *MODAL DYNAMIC
- “构建线性摄动分析过程”中的“构建一个模态动力学过程”《Abaqus/CAE 用户手册》的 14.11.2 节，此手册的 HTML 版本中

概览

模态动力学分析：

- 使用模态叠加法，用来分析瞬态线性动力学问题。
- 只能在频率提取过程之后执行，因为它基于结构对系统模态的响应。
- 可以使用高性能的 SIM 软件构架（见 1.3.1 节中的“为模态叠加动力学分析使用 SIM 构架”）。
- 仅当使用 SIM 构架时，才可以包括非对角阻尼影响（即来自材料和单元的阻尼）。
- 是一个线性摄动过程。

模态模态动力学分析

瞬态模态动力学分析给出基于一个给定的时间相关的载荷，作为时间函数的模态响应。结构的响应是基于系统的模态子集的，它必须首先通过一个特征频率提取过程首先进行提取（见 1.3.5 节）。如果残余模态在特征频率提取步中得到激活，模态包括特征模态和残余模态。模态提取的数量必须足够充分地模拟系统动力学响应，这取决于用户的判断。

模态幅度是在整个时间上积分的，并且响应是从这些模态响应综合得到的。对于线性系统，模态动力学过程中的积分计算成本比动态过程中执行的整个方程组的直接积分要便宜得多（见 1.3.2 节）。

只要系统是线性的，并且通过所使用的模态正确地表示（它通常只是整个有限元模型模态的一个小子集），此方法也是非常精确的，因为所使用的积分算子在强迫函数随时间进行线性分段变化的任何时候都是确定的。为此，应当确保强迫函数定义和时间增量的选择相一致。例如，如果强迫函数是一个地震记录，在其中加速度值是以每毫秒给出的，并且假定这些值之间的加速度线性地变化，则模态动力学过程中所使用的时间增量应当是 1ms。

在一个模态动力学步中可忽略用户所指定的增量的最大值。增量的数目建立在步中所选取的时间增量和总时间基础之上。

当此过程中的响应是对于线性振动的，如果在特征频率提取过程中的基本状态步定义中包括了几何非线性效应，则之前的响应可以是非线性的，并且将在响应中包括应力刚化（初始应力）效应，如 1.3.5 节中所解释的那样。

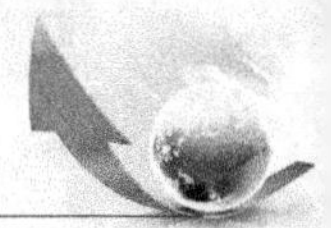

选择模态并且指定阻尼

可以选择在模态叠加中所使用的模态，并且为所有选择的模态指定阻尼值。

选择模态

可以通过分别指定模态编号，也可以通过 Abaqus/Standard 自动地生成模态编号，或者通过指定频率范围，来选择模态。如果不选择模态，则所有在前面特征频率提取步中提取的模态（包括激活的残余模态）用于模态叠加。

输入文件用法：使用下面选项中的一个，通过指定模态编号的方式来选择模态：

* SELECT EIGENMODES，DEFINITION = MODE NUMBERS

* SELECT EIGENMODES，GENERATE，DEFINITION = MODE NUMBERS

使用下面的选项，通过指定一个频率范围来选择模态：

* SELECT EIGENMODES，DEFINITION = FREQUENCY RANGE

Abaqus/CAE 用法：在 Abaqus/CAE 中不能选择模态；所有提取的模态均用于模态叠加。

指定模态阻尼

几乎每个基于模态的过程都会被指定阻尼（见《Abaqus 分析用户手册——材料卷》的 6.1.1 节）。可以为在响应计算中使用的部分或全部模态定义阻尼系数，可以为一个指定的模态编号或者为一个指定的频率范围给定阻尼系数。当通过指定一个频率范围来定义阻尼时，模态的阻尼系数是在所指定的频率之间线性插值的。频率范围可以是不连续的。在不连续处，将为一个特征频率应用一个平均阻尼值。在所指定频率的范围之外，假定阻尼系数是常量。

输入文件用法：使用下面的选项，通过指定模态编号来定义阻尼：

* MODAL DAMPING，DEFINITION = MODE NUMBERS

使用下面的选项，通过指定一个频率范围来定义阻尼：

* MODAL DAMPING，DEFINITION = FREQUENCY RANGE

Abaqus/CAE 用法：使用下面的输入，通过指定模态编号来定义阻尼：

Step module：Create Step：Linear perturbation：Modal dynamics：Damping

Abaqus/CAE 中不支持通过指定频率范围来定义阻尼。

指定阻尼的例子

图 1-10 说明如何为下面的输入在不同的特征频率上确定阻尼系数：

* MODAL DAMPING，DEFINITION = FREQUENCY RANGE

f_1，d_1

f_2，d_2

f_2，d_3

f_3，d_3

f_4，d_4

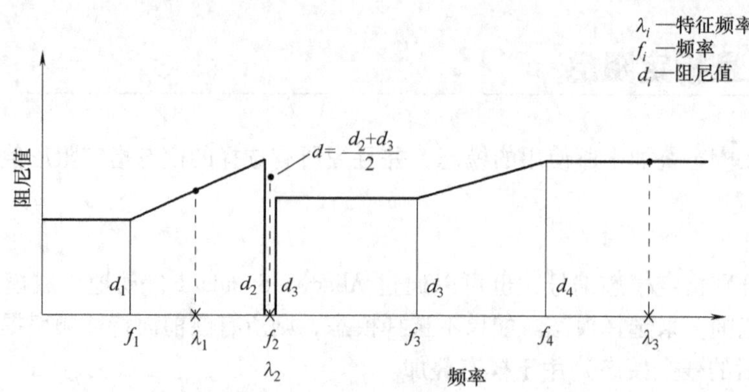

图 1-10　通过频率范围指定的阻尼系数

选择模态和指定阻尼系数的法则

为选择模态和指定模态阻尼系数应用下面的法则：

- 默认不包括模态阻尼。
- 必须以相同的方式指定模态选择和模态阻尼，即使用模态编号或者指定一个频率范围。
- 如果不选择任何模态，则在之前的频率分析中提取的模态（包括已激活的残余模态）将用于叠加。
- 如果不为已经选择的模态指定阻尼系数，则这些模态将使用零阻尼值。
- 阻尼只用于已选择的模态。
- 超出指定频率范围的所选模态阻尼系数是常数，并且等于所指定的第一个或者最后的阻尼系数（取决于哪一个更靠近）。这与 Abaqus 插值赋值定义的方式是一致的。

指定整体阻尼

为了方便，可以为质量和刚度比例的黏性因子指定所有所选特征模态的不变整体阻尼因子以及刚度比例结构阻尼。结构阻尼是一个经常使用的将阻尼表示为复刚度的阻尼模型。此方法对于稳态动力学的频域分析不会造成困难，稳态动力学的解已经是复数的。但是在时域，解必须为实数。要允许用户在时域中应用结构阻尼模型，建立一个方法将结构阻尼转换为等效的黏性阻尼。如果投影后的阻尼矩阵是对角的，此技术的设计则使得在频域中施加的黏性阻尼等同于结构阻尼。更多的细节见《Abaqus 理论手册》的 2.5.5 节。

输入文件用法：＊GLOBAL DAMPING，ALPHA = *factor*，BETA = 因子，
　　STRUCTURAL = 因子

Abaqus/CAE 用法：Abaqus/CAE 中不支持通过整体因子来定义阻尼。

材料阻尼

在基于 SIM 的瞬态模态分析中，考虑了结构和黏性材料阻尼（见《Abaqus 分析用户手册——材料卷》的 6.1.1 节）。因为在模态形状上的阻尼投影，在频率提取步过程中仅执行一次，通过使用基于 SIM 的瞬态模态过程，表现出显著的性能优势（见 1.3.1 节中的“为

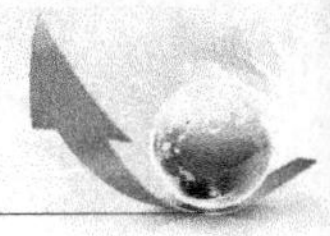

模态叠加动力学分析使用 SIM 构架”）。

如果阻尼算子取决于频率，则在频率提取过程中的属性评估频率上对其进行评估。

如果需要，可以在瞬态模态过程中抑制结构或者黏性阻尼。

输入文件用法：使用下面的选项，在一个指定的瞬态模态动力学步中抑制结构和黏性阻尼：

* DAMPING CONTROLS，STRUCTURAL = NONE，VISCOUS = NONE

Abaqus/CAE 用法：Abaqus/CAE 中不支持阻尼控制。

初始条件

默认情况下，模态动力学步的初始位移定义为零。如果定义了初始速度（《Abaqus 分析用户手册——指定的条件、约束和相互作用卷》的 1.2.1 节）则使用；否则，初始速度为零。

另外，可以强制模态动力学步中继续使用之前步的初始条件，之前的步必须是另外一个模态动力学步，或者是一个静态摄动步：

- 在大部分的情况中，如果刚好前面的步是一个模态动力学步，则位移和速度同时从那个步的结束点延续，并且使用当前步的初始条件。对于基于 SIM 的分析，应当使用次要基础运动来代替主要基础运动来延续初始条件（见下面的“在模态叠加过程中的指定运动”）。如果使用了主要基础运动，则 Abaqus 发出一个警告信息。
- 如果刚好前面的步是一个静态摄动步，则从那个步延续位移。如果已经定义了初始速度（见《Abaqus 分析用户手册——指定的条件、约束和相互作用卷》的 1.2.1 节），则使用；否则，初始速度为零。

输入文件用法：使用下面的选项来启动具有零初始位移的模态动力学步：

* MODAL DYNAMIC，CONTINUE = NO

使用下面的选项来强制模态动力学步中继续使用之前步的初始条件：

* MODAL DYNAMIC，CONTINUE = YES

Abaqus/CAE 用法：使用下面的选项来启动具有零初始位移的模态动力学步：

Step module：Create Step：Linear perturbation：Modal dynamics：Basic：Zero initial conditions

使用下面的选项来强制模态动力学步中继续使用之前步的初始条件：

Step module：Create Step：Linear perturbation：Modal dynamics：Basic：Use initial conditions

边界条件

在基于模态的动力学响应过程中，直接指定非零的位移和转动作为边界条件（见《Abaqus 分析用户手册——指定的条件、约束和相互作用卷》的 1.3.1 节）是可能的。在这些过程中，节点的运动仅可以指定成基础运动，如下面所描述的那样。作为边界条件给出的

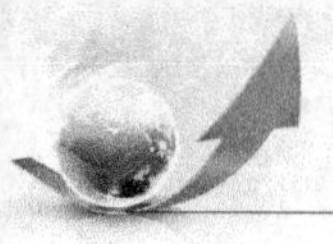

非零位移或者加速度历史定义，在模态叠加过程中被忽略，并且来自特征频率提取步的支持条件的任何变化，都被标记成一个错误。

在模态叠加过程中指定运动

边界条件必须在特征值提取步过程中，被施加到模态动力学过程中指定的自由度上。这些自由度成组地变成一个或者多个“基础”（见 1.3.5 节）。未命名的基础称为“主要”基础。在频率提取步中，必须通过指定边界条件来定义具有命名的“次要”基础。可以为每一个基础指定不同的运动。

指定运动的自由度和时间历史

与基础相关联的位移和转动，在模态动力学响应过程中得到指定。基础运动是通过最多三个整体平动和三个整体转动来完全定义的。这样，为每一个平动和转动分量，最多可以定义一个基础运动。基础运动总是在全局方向上指定，与节点变换的使用无关。指定定义基础运动的整体方向（1~6）。如果指定转动相关的原点不是整体坐标的原点，则必须指定旋转的中心。

一个运动的时间历史必须通过幅值曲线来定义（见《Abaqus 分析用户手册——指定的条件、约束和相互作用卷》的 1.1.2 节）。

输入文件用法：＊BASE MOTION，DOF = *n*，AMPLITUDE = 名称

Abaqus/CAE 用法：Load module；Create Boundary Condition；Step：模态动力学步；Category：Mechanical；Types for Selected Step：Displacement base motion 或者 Velocity base motion 或者 Acceleration base motion；Basic 表页：Degree-of-freedom：U1，U2，U3，UR1，UR2，或者 UR3；Amplitude：名称

缩放基础运动的幅值

可以缩放用来定义运动时间历史的幅值曲线。默认情况下，缩放因子是 1.0。

输入文件用法：＊BASE MOTION，DOF = *n*，AMPLITUDE = 名称，SCALE = *n*

Abaqus/CAE 用法：Load module；Create Boundary Condition；Step：模态动力学步；Category：Mechanical；Types for Selected Step：Displacement base motion 或者 Velocity base motion 或者 Acceleration base motion；Basic 表页：

Degree-of-freedom：U1，U2，U3，UR1，UR2，或者 UR3；Amplitude：名称；Amplitude scale factor：*n*

指定基础运动的类型

可以通过位移、速度或者加速度历史来定义基础运动。如果以位移或者速度历史的形式指定激励记录，则 Abaqus/Standard 将其对时间微分，得到加速度历史。进一步地，如果位移或者速度历史具有非零初始值，则 Abaqus/Standard 将对初始加速度进行校正，如《Abaqus 理论手册》的 2.5.5 节中所描述的那样。默认的是给出一个加速度历史。

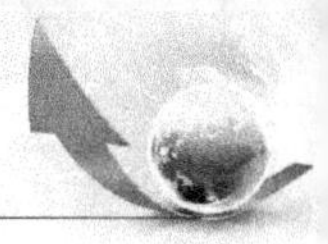

输入文件用法：使用下面选项中的一个：

*BASE MOTION，DOF = n，AMPLITUDE = 名称，TYPE = ACCELERATION

*BASE MOTION，DOF = n，AMPLITUDE = 名称，TYPE = VELOCITY

*BASE MOTION，DOF = n，AMPLITUDE = 名称，TYPE = DISPLACEMENT

Abaqus/CAE 用法：Load module；Create Boundary Condition；Step：模态动力学步；Category：Mechanical；Types for Selected Step：Displacement base motion 或者 Velocity base motion 或者 Acceleration base motion

指定次要基础运动

主要基础运动是通过定义一个并不参考基础的基础运动来指定的。如果基础运动是施加于一个次要基础上的，则它必须参考在特征频率提取步中定义的基础名称。

输入文件用法：*BASE MOTION，DOF = n，AMPLITUDE = 名称，BASE NAME = *secondary base*

Abaqus/CAE 用法：Load module；Create Boundary Condition；Step：模态动力学步；Category：Mechanical；Types for Selected Step：Displacement base motion 或者 Velocity base motion 或者 Acceleration base motion；切换打开 Secondary base：边界条件名称

例子

要说明主要基础和次要基础的概念，考虑一个在节点 1 和 4 具有支持的单跨框架。如果特征频率提取步之前的输入包括下面的边界条件：

- 约束了节点 1 处的 1 ~ 6 自由度。
- 约束了节点 4 处的 1 自由度。
- 约束了节点 4 处的 3 ~ 6 自由度。

并且对节点 1 和 4 处的自由度 2 赋予不同的基础运动，可以使用下面的步定义：

- 一个包括与约束节点 4 处自由度 2 的 BASE2 相关联的边界条件特征频率提取步；
- 一个包括两个基础运动定义的模态动力学步：赋予自由度 2 的不参考基础的主要基础运动和赋予自由度 2 的参考 BASE2 的次要基础运动。

如果边界条件在特征频率拾取步的前面没有给出，则不得不在特征频率提取步中定义它们。同样，次要基础将通过一个具有基础名称的边界条件来定义。

计算结构的响应

与主要基础相关联的自由度，在特征值拾取步中设置成零，并且通过乘以模态参与因子的基础加速度，来引入主要基础运动。这样，Abaqus/Standard 对结构相对于基础的响应进行计算。如果转动自由度在主要基础运动定义中是参考，则默认在坐标系统的原点定义了转动，除非用户指定了转动中心。

与次要基础相关联的自由度，在特征频率拾取步中并没有设置成零，代之于，对每一个

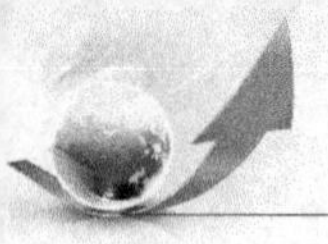

自由度添加了一个大质量。一个次要基础中的，通过前面通用步中的常规边界条件约束的任何自由度，将被释放，并且对那个自由度添加一个大质量。次要基础运动是通过节点力引入的，通过乘以具有大质量基础的加速度来得到。虽然次要基础运动是以绝对值的方式来计算定义的，但在次要基础上计算的响应，是平动自由度相对于主要基础的运动。转动次要基础是关于基础名定义中所指定的节点集中的节点来定义的。这样，用户不能改变次要基础的旋转中心。

更加详细的基础运动过程的描述见《Abaqus 理论手册》的 2.5.9 节。

载荷

下面的载荷可以在模态动力学分析中进行指定，如《Abaqus 分析用户手册——指定的条件、约束和相互作用卷》的 1.4.2 节中所描述的那样：

- 集中节点力可以施加到位移自由度（1~6）上。
- 可以施加分布的压力或者体积力；在《Abaqus 分析用户手册——单元卷》中描述了具有分布载荷类型的具体单元 。

预定义的场

在瞬态模态动力学分析中，不允许预定义的温度场，并且忽略其他预定义的场。

材料属性

必须定义材料的密度（见《Abaqus 分析用户手册——材料卷》的 1.2.1 节）。下面的材料属性在模态动力学分析中是不起作用的：塑性和其他非弹性效应、率相关的材料属性、热属性、质量扩散属性、电属性（除了压电分析中的电动势 ϕ）和孔隙流体流动属性。详见 1.1.3 节。

单元

除了具有翘曲的广义轴对称单元外，在模态动力学分析中，可以使用 Abaqus /Standard 中的任何应力/位移单元（包括具有温度和压力自由度的单元）。

输出

Abaqus/Standard 中的所有输出变量，列在《Abaqus 分析用户手册——介绍、空间建模、执行与输出卷》的 4.2.1 节中。时域中模态动力学的节点解变量 U、V 和 A 的值，是相对于主要基础的运动的。这样，相对运动和主要基础的基础运动的和产生总运动。此总运动通过要求输出变量 TU、TV 和 TA 来得到。没有主要基础运动，相对运动和总运动是一样的。

下面的模态变量可以输出到数据和结果文件中（见《Abaqus 分析用户手册——介绍、空间建模、执行与输出卷》的 4.1.2 节）：

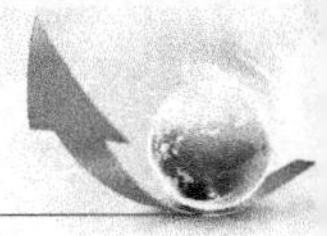

GU——所有模态的广义位移。

GV——所有模态的广义速度。

GA——所有模态的广义加速度。

SNE——整个模型每一个模态的弹性应变能。

KE——整个模型每一个模态的动能。

T——整个模型每一个模态的外部功。

BM——基本运动。

对于模态动力学分析中的输出，单元能量密度（例如弹性应变能密度 SENER）和整个单元能量（例如一个单元的总动能 ELKE）都是不能得到的。然而，ALLIE（总应变能）那样的整个模型变量，在基于模态的过程中，作为数据或者结果文件（见《Abaqus 分析用户手册——介绍、空间建模、执行与输出卷》的 4.1.2 节）的输出是可以得到的。

模态动力学分析的计算成本，可以通过降低输出要求的量来显著降低。

输出文件模板

```
*HEADING
…
*AMPLITUDE, NAME=幅值
定义幅值变化的数据行
**
*STEP
*FREQUENCY
指定要提取模态的数量的数据行
*BOUNDARY
给主要基础赋予自由度的数据行
*BOUNDARY, BASE NAME=基础
给一个次要基础赋予自由度的数据行
*END STEP
**
*STEP
*MODAL DYNAMIC
控制时间增量的数据行
*SELECT EIGENMODES
定义可应用的模态范围的数据行
*MODAL DAMPING
定义模态阻尼的数据行
*BASE MOTION, DOF=自由度, AMPLITUDE=幅值
*BASE MOTION, DOF=自由度, AMPLITUDE=幅值, BASE NAME=基础
*END STEP
```

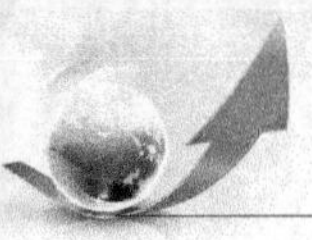

1.3.8 基于模态的稳态动力学分析

产品： Abaqus/Standard Abaqus/CAE

参考

- “定义一个分析” 1.1.2 节
- “通用和线性摄动过程” 1.1.3 节
- “动态分析过程：概览” 1.3.1 节
- “直接求解的稳态动力学分析” 1.3.4 节
- “固有频率提取” 1.3.5 节
- “基于子空间的稳态动力学分析” 1.3.9 节
- *STEADY STATE DYNAMICS
- “构建线性摄动分析过程” 中的 “构建一个基于模态的稳态动力学分析”《Abaqus/CAE 手册》的 14.11.2 节，此手册的 HTML 版本中

概览

一个模态基础的稳态动力学分析：

- 用来计算一个系统对谐激励的稳态动力学线性响应。
- 是一个线性摄动过程。
- 计算基于系统的特征频率和模态的响应。
- 要求在稳态动力学分析之前，执行一个特征频率提取过程。
- 可以使用高性能的 SIM 软件构架（见 1.3.1 节中的 “为模态叠加动力学分析使用 SIM 构架”）。
- 仅当使用 SIM 构架时，可以包括非对角阻尼效应（即，来自材料或者单元的阻尼）。
- 是直接求解的稳态动力学分析的一个替代，在其中，系统的响应是以模型的物理自由度方式计算得到的。
- 比直接求解的或者基于子空间的稳态动力学计算便宜。
- 比直接求解的或者基于子空间的稳态分析精度低，尤其当存在显著的材料阻尼时。
- 能够将激励频率朝着产生一个响应峰值进行偏置。

介绍

稳态动力学分析提供由一个给定频率的谐激励产生的一个系统响应的稳态幅值和相。通常，这样的分析是通过以一系列不同的频率施加载荷来作为一个频率扫描，并且记录响应来实现的；在 Abaqus/Standard 中，稳态动力学分析过程是用来进行频率扫描的。

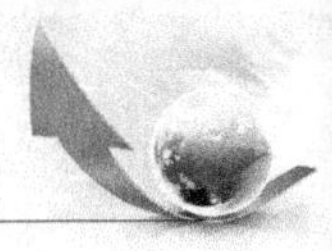

在一个基于模态的稳态动力学分析中，响应是基于模态叠加技术的。系统的模态必须首先使用特征频率提取过程来进行提取。模态将包括特征模态，如果在频率提取步中得到激活的话，还应包括残余模态。所提取的模态数量必须足够模拟系统的动态响应，这是由用户来决定的。

当定义一个基于模态的稳态动力学步时，指定感兴趣的频率范围和在每一个频率范围中要求结果的频率数量（包括范围的边界频率）。此外，可以指定所使用频率间隔（线性的或者对数的）的类型，如下面所描述的那样（“选择频率间隔”）。对数频率间隔是默认的。频率是以循环/时间为单位给出的。

这些要求结果的频率点，可以沿着频率轴（以一个线性的或者一个对数的比例）等分，或者它们可以朝着用户定义的频率范围的末端，通过引入一个偏置参数来进行偏置。

当此过程中的响应是对于线性振动的，则之前的响应可以是非线性的。如果在稳态动力学过程前面的特征频率提取步之前的任何通用分析步中，包括了非线性几何效应（见 1.1.3 节），则将在稳态动力学响应中包括初始应力影响（应力刚化）。

输入文件用法：* STEADY STATE DYNAMICS

必须从 * STEADY STATE DYNAMICS 选项中忽略 DIRECT 和 SUBSPACE PROJECTION 参数，来执行一个基于模态的稳态动力学分析。

Abaqus/CAE 用法：Step module：Create Step：Linear perturbation：Steady-state dynamics，Modal

选择要求频率输出的频率间隔类型

一个基于模态的稳态动力学步输出允许三种类型的频率间隔。

通过使用系统的特征频率来指定频率范围

默认情况下，使用频率间隔的特征频率类型，在此情况中，在每一个频率范围中存在下面的间隔：

- 最初的间隔：从给出的频率范围的下限延伸到范围中的第一个特征频率。
- 中间间隔：从特征频率延伸到特征频率。
- 最后的间隔：从范围中的最高特征频率延伸到频率范围的上限。

对于这些间隔的每一种，已经计算有结果的每一个频率是使用用户定义的点数量（包括间隔的边界频率）和可选的偏置函数（在下面进行了讨论，并且允许频率上的采样点，缩放到一起更加靠近频率范围中的特征频率上）来确定的。这样，响应的详细定义允许靠近共振频率。图 1-11 显示了 5 个计算点的以及一个偏置参数等于 1 的频率范围划分。

输入文件用法：* STEADY STATE DYNAMICS，INTERVAL = EIGENFREQUENCY

Abaqus/CAE 用法：Step module：Create Step：Linear perturbation：Steady-state dynamics，Modal：Use eigenfrequencies to subdivide each frequency range

通过频率分散来指定频率范围

如果选择了频率间隔的分散类型，则围绕频率范围中的每一个特征频率存在间隔。对于

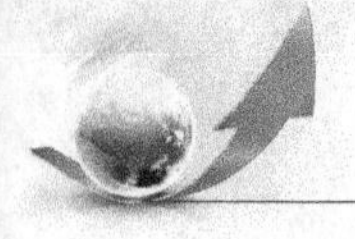

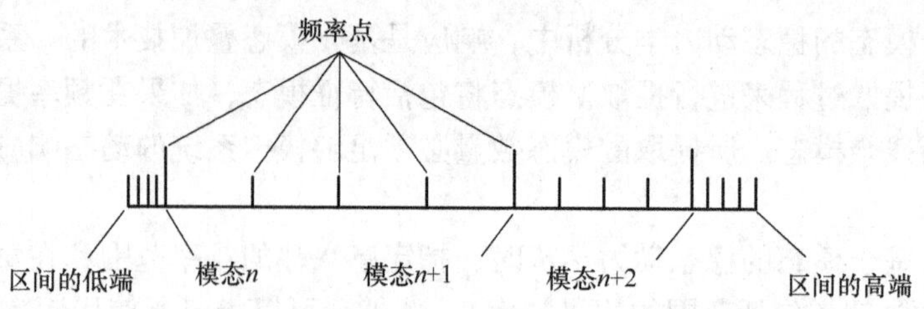

图 1-11　特征频率类型的间隔和 5 个计算点的范围划分

每一个间隔，通过使用用户定义的点数（包括间隔的边界频率）来确定计算结果的等距频率。最小的频率点数量是3，如果用户定义的值小于3（或者省略了），则默认为3。图 1-12 说明了 5 计算点的频率范围划分。

使用频率间隔的扩散类型，不支持偏置参数。

输入文件用法：＊STEADY STATE DYNAMICS，INTERVAL = SPREAD

lwr_ freq，*upr_ freq*，*numpts*，*bias_ param*，*freq_ scale_ factor*，*spread*

Abaqus/CAE 用法：在 Abaqus/CAE 中不能通过频率扩散来指定频率范围。

直接指定频率范围

如果选取了频率插值的其他范围类型，则在所指定的范围的下限跨越到上限的频率范围中，只有一个间隔。此间隔是使用用户定义的点个数和可选的偏置函数来划分的，使用此偏置函数来将间隔抽样频率更加靠近范围的上下限。对于频率间隔的范围类型，系统的特征频率周围的峰值响应可能会丢失，因为将汇报输出的采样频率不会朝着特征频率偏置。

输入文件用法：＊STEADY STATE DYNAMICS，INTERVAL = RANGE

Abaqus/CAE 用法：Step module：Create Step：Linear perturbation：Steady- state dynamics，Modal：切换关闭 Use eigenfrequencies to subdivide each frequency range

选择频率间隔

对于一个基于模态的稳态动力学步，允许两种类型的频率间隔。对于对数频率间隔（默认）所感兴趣的指定频率范围，是使用一个对数比例来划分的。此外，如果期望一个线性的比例，则可以使用一个线性的频率比例。

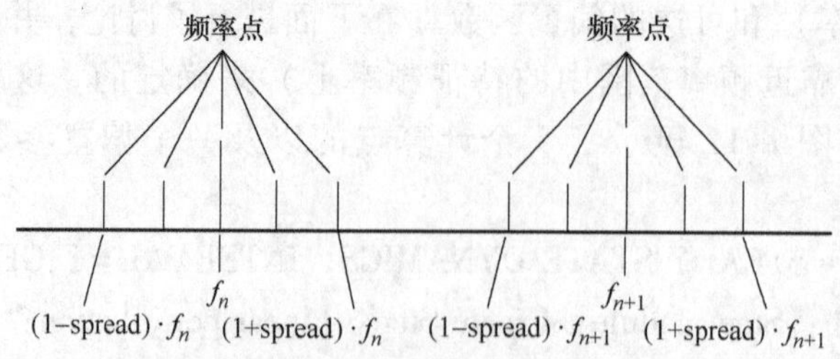

图 1-12　分散类型的，并具有 5 个计算点的范围划分

f_n和f_{n+1}是系统的特征频率

输入文件用法：使用下面选项的任何一个：

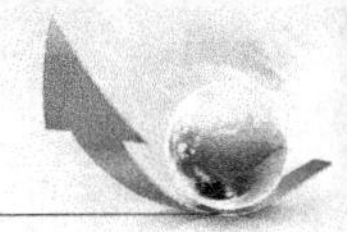

* STEADY STATE DYNAMICS, FREQUENCY SCALE = LOGARITHMIC

* STEADY STATE DYNAMICS, FREQUENCY SCALE = LINEAR

Abaqus/CAE 用法：Step module：Create Step：Linear perturbation：Steady-state dynamics，Modal：Scale：Logarithmic 或 Linear

要求多点频率范围

可以为一个基于模态的稳态动力学步要求多个频率范围，或者多个单独频率点。

输入文件用法：* STEADY STATE DYNAMICS

lwr_freq1, upr_freq1, numpts1, bias_param1, freq_scale_factor1

lwr_freq2, upr_freq2, numpts2, bias_param2, freq_scale_factor2

...

single_freq1

single_freq2

...

按需求重复此数据行。

Abaqus/CAE 用法：Step module：Create Step：Linear perturbation：Steady-state dynamics，Modal：Data：在表中输入数据，并且根据需要添加行。

偏置参数

偏置参数可以朝着每一个频率间隔的中点或者朝着每一个频率间隔的端部提供更加靠近的结果点间隔。图 1-13 显示了频率间隔上的偏置参数影响的一些例子。

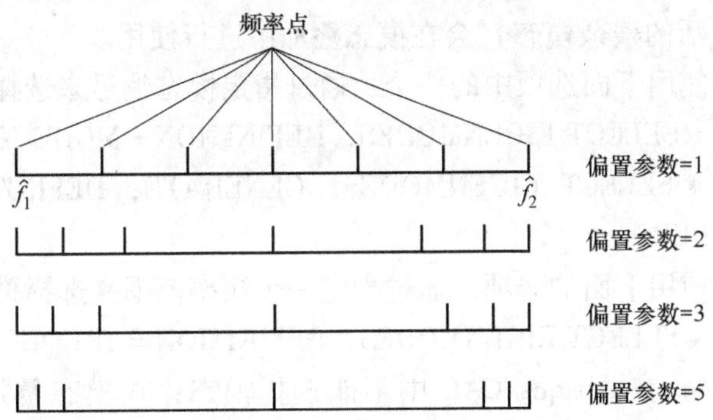

图 1-13　对于点数 $n=7$ 的频率间隔上的偏置参数效应

用来提取计算结果的频率偏置函数如下：

$$\hat{f}_k=\frac{1}{2}\left(\hat{f}_1+\hat{f}_2\right)+\frac{1}{2}\left(\hat{f}_2-\hat{f}_1\right)\left|y\right|^{1/p}\text{sign}\left(y\right),$$

式中　y——$y=-1+2\ (k-1)/n-1$；

n——在一个频率间隔中给出结果的频率点个数（上面所讨论的）；

k——这些频率点中的一个（$k=1,\ 2,\ldots,\ n$）；

$\hat{f}_1$——频率间隔的下限；

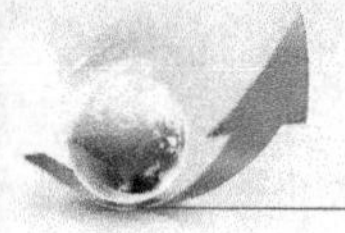

$\hat{f}_2$——频率间隔的上限；

$\hat{f}_k$——给出第 k 个结果的频率；

p——偏置参数；

$\hat{f}$——频率或者频率的对数，取决于频率比例参数的使用值。

一个大于 1.0 的偏置参数 p，提供朝着频率间隔末端的结果点更加靠近的间隔，而小于 1.0 的 p 值，提供朝着频率间隔的中点更加靠近的间隔。对于一个特征频率间隔，偏置参数的默认值是 3.0，并且对于一个范围频率间隔，默认的偏置参数是 1.0。

频率比例因子

可以使用频率比例因子来缩放频率点。除了频率范围的下限和上限，所有的频率点都是与此因子相乘的。仅当频率间隔是通过使用系统的特征频率来指定时，才能使用此缩放因子（见上面的“通过使用系统的特征频率来指定频率范围”）。

选择模态并指定阻尼

可以选择在模态叠加中使用的模态，并且为所有选择的模态指定阻尼。

选择模态

可以分别通过指定模态编号、要求 Abaqus/Standard 自动生成模态编号或者通过要求属于指定频率范围的模态来选择模态。如果不选择模态，则所有在之前的特征频率提取步中提取的模态（包括被激活的残余模态）会在模态叠加中进行使用。

输入文件用法：使用下面选项中的一个，通过指定模态编号来选择模态：

*SELECT EIGENMODES，DEFINITION = MODE NUMBERS

*SELECT EIGENMODES，GENERATE，DEFINITION = MODE NUMBERS

使用下面的选项，通过指定一个频率范围来选择模态：

*SELECT EIGENMODES，DEFINITION = FREQUENCY RANGE

Abaqus/CAE 用法：在 Abaqus/CAE 中不能选择模态；在模态叠加中使用所有提取的模态。

指定模态阻尼

几乎总是为一个稳态分析指定阻尼（见《Abaqus 分析用户手册——材料卷》的 6.1.1 节）。一旦缺失了阻尼，如果扰动频率等于一个结构的特征频率，则该结构的响应将是无限的。要得到定量准确的结果，特别是靠近固有频率时，阻尼属性的精确指定是必不可少的。在《Abaqus 分析用户手册——材料卷》的 6.1.1 节中讨论了可用的不同阻尼选项。可以为响应计算中所使用的所有或者一部分模态定义一个阻尼系数。可以为一个指定的模态编号或者为一个指定的频率范围给出阻尼系数。当通过指定一个频率范围来定义阻尼时，一个模态

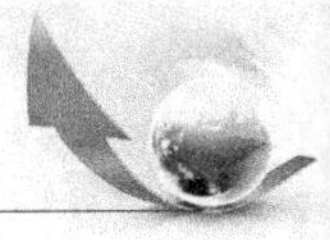

的阻尼系数是在所指定的频率间线性插值的；将为一个不连续处的特征频率施加平均阻尼值。假定超出所指定频率范围的阻尼系数是不变的。

输入文件用法：使用下面的选项，通过指定模态编号来定义阻尼：

*MODAL DAMPING，DEFINITION = MODE NUMBERS

使用下面的选项，通过指定一个频率范围来定义阻尼：

*MODAL DAMPING，DEFINITION = FREQUENCY RANGE

使用下面的选项，通过整体因子来定义阻尼：

（英文原版中缺失此处的输入文件用法语句！）

Abaqus/CAE 用法：使用下面的选项，通过指定模态数量来定义阻尼：

Step module：Create Step：Linear perturbation：

Steady- state dynamics，Modal：Damping

Abaqus/CAE 中不支持通过指定频率范围来定义阻尼。

指定阻尼的例子

图 1-14 说明了在不同特征频率处的阻尼系数是如何以下面的输入来确定的：

*MODAL DAMPING，DEFINITION = FREQUENCY RANGE

f_1，d_1

f_2，d_2

f_2，d_3

f_3，d_3

f_4，d_4

选择模态和指定阻尼系数的法则

下面的法则应用于选择模态和指定模态阻尼系数：

- 默认情况是不计算模态阻尼。
- 模态选择和模态阻尼必须以相同的方式进行指定，使用模态编号或者一个频率范围。
- 如果不选择任何模态，则将提取步之前的频率分析中的所有模态（包括被激活的残余模态）用于叠加中。
- 如果不为已经选择的模态指定阻尼系数，则这些模态的阻尼值默认为零。
- 仅对被所选择的模态施加阻尼。
- 超出指定频率范围的所选模态阻尼系数是不变的，并且等于为第一个或者最后一个频率所指定的阻尼系数（取决于哪一个更靠近）。这与 Abaqus 说明幅值定义的方法是一致的。

指定整体阻尼

为了方便，可以为所有质量的所选特征模态指定不变的整体阻尼因子和刚度比例黏性因子，以及刚度比例结构阻尼。进一步的细节，见 1.3.1 节中的“动态分析中的阻尼”。

输入文件用法：*GLOBAL DAMPING，ALPHA = 因子，BETA = 因子，STRUCTURAL = 因子

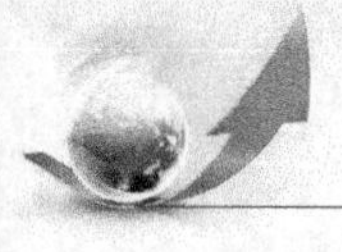

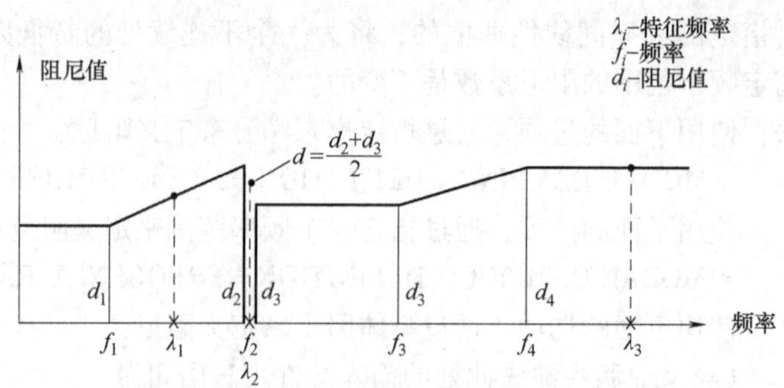

图 1-14　通过频率范围来指定的阻尼值

Abaqus/CAE 用法：Abaqus/CAE 中不支持通过整体因子来定义阻尼。

材料阻尼

在一个基于 SIM 的稳态动力学分析中，考虑了结构和黏性材料阻尼（见《Abaqus 分析用户手册——材料卷》的 6.1.1 节）。因为在模态形状上的阻尼投影，在频率提取步过程中仅执行一次，通过使用基于 SIM 的稳态动力学过程，可以达到显著的性能优势（见 1.3.1 节中的“为模态叠加动力学分析使用 SIM 构架”）。

如果阻尼运算子取决于频率，则它们将在频率提取过程中的属性评估所指定的频率上进行评估。

如果希望的话，可以在一个基于模态的稳态动力学中抑制结构或者黏性阻尼。

输入文件用法：使用下面的选项来抑制一个具体的稳态动力学步中的结构和黏性阻尼：

* DAMPING CONTROLS，STRUCTURAL = NONE，VISCOUS = NONE

Abaqus/CAE 用法：Abaqus/CAE 中不支持阻尼控制。

初始条件

基本状态是模型在稳态动力学步之前的，上个通用分析步结束时的当前状态。如果一个分析的第一步是一个摄动步，则基本状态是从初始条件确定的（见《Abaqus 分析用户手册——指定的条件、约束和相互作用卷》的 1.2.1 节）。直接定义速度那样的解变量的初始条件定义，不能在一个稳态动力学分析中使用。

边界条件

在一个基于模态的稳态动力学分析中，任何自由度的实部和虚部是同时受约束，或者同时不受约束。物理上不可能约束一部分，而不约束另外一部分。Abaqus/Standard 将自动同时约束一个自由度的实部和虚部，即使只有一部分得到约束。

基础运动

在基于模态的动态响应过程中，直接指定非零的位移和转动作为边界条件是不可能的

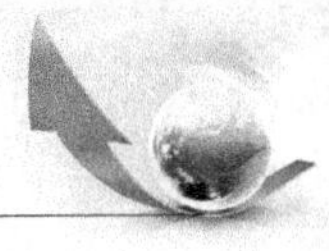

(见《Abaqus 分析用户手册——指定的条件、约束和相互作用卷》的 1.3.1 节)。这样，在一个基于模态的稳态动力学分析中，节点的运动。可以仅指定成基础运动。忽略了作为边界条件给定的非零位移或者加速度历史定义，并且来自特征频率提取步中支持条件的任何变化被标识成错误。模态叠加过程中指定基础运动的方法，在 1.3.7 节中进行了描述。

当使用了次要基础时，将为每一个在模型中施加的“大”质量提取低频特征模态。当在此种情况下选择频率下限范围时要注意。“大”质量模态在模态叠加中是重要的，不应当要求在零或者任意低频水平上的响应，因为它强制 Abaqus /Standard 计算这些“大”质量特征频率之间频率上的响应，这不是所期望的。

频率相关的基础运动

可以使用一个幅值定义来指定一个基础运动的幅值为频率的一个函数（见《Abaqus 分析用户手册——指定的条件、约束和相互作用卷》的 1.1.2 节)。

输入文件用法：同时使用下面的选项：

*AMPLITUDE，NAME = 名称

*BASE MOTION，REAL 或 IMAGINARY，AMPLITUDE = 名称

Abaqus/CAE 用法：Load module；Create Boundary Condition；Step：步名称；Category：Mechanical；Types for Selected Step：Displacement base motion 或 Velocity base motion 或 Acceleration base motion；Basic 表页：Degree-of-freedom：U1，U2，U3，UR1，UR2，或 UR3；Amplitude：名称

载荷

下面的载荷可以在一个基于模态的稳态动力学分析中进行指定，如《Abaqus 分析用户手册——指定的条件、约束和相互作用卷》的 1.4.2 节中所描述的那样：

- 集中载荷里可以施加于位移自由度（1 ~6）。
- 可以施加分布的压力和体积力。具有分布载荷类型的具体单元，在《Abaqus 分析用户手册——单元卷》中进行了描述。

假定载荷在一个用户指定的频率范围上随时间按正弦规律变化。载荷是以它们的实部和虚部的形式给出的。

一个稳态动力学分析不能使用流体流动载荷。

输入文件用法：使用下面输入行的任意一个来定义载荷的实（同相）部：

*CLOAD 或 *DLOAD

*CLOAD 或 *DLOAD，REAL

使用下面的选项来定义载荷的虚（异相）部：

*CLOAD 或 *DLOAD，IMAGINARY

Abaqus/CAE 用法：Load module：load editor：实（同相）部 + 虚（异相）部 i

频率相关的载荷

一个幅值定义可以用来把一个载荷的幅值定义为关于频率的函数（见《Abaqus 分析用

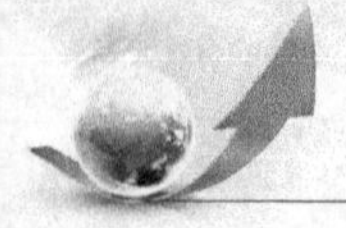

户手册——指定的条件、约束和相互作用卷》的 1.1.2 节)。

输入文件用法：同时使用下面的选项：

*AMPLITUDE，NAME = *name*

*CLOAD 或 *DLOAD，REAL 或 IMAGINARY，AMPLITUDE = *name*

Abaqus/CAE 用法：Load or Interaction module：Create Amplitude：Name：*name*

Load module：load editor：实（同相）部 + 虚（异相）部 i：Amplitude：*name*

预定义的场

在基于模态的稳态动力学分析中，不允许预定义的温度场。忽略其他预定义的场。

材料选项

正如在任何动态分析过程中那样，必须对任何要求了动态响应的模型的单独零件所具有的某些区域赋予质量或者密度（见《Abaqus 分析用户手册——材料卷》的 1.2.1 节)。在基于模态的稳态动力学分析过程中，下面的材料属性是不起作用的：塑性和其他非弹性效应、黏弹性效应、热属性、质量扩散属性、电属性（除了压电分析中的电动势 ϕ）和孔隙流体流动属性（见 1.1.3 节)。

单元

Abaqus/Standard 中可以使用的任何下面的单元，可以用在稳态动力学过程中：

- 应力/位移单元（除了具有翘曲的广义的轴对称单元之外)；
- 声学单元；
- 压电单元；
- 静水压单元。

见《Abaqus 分析用户手册——单元卷》的 1.1.3 节。

输出

在基于模态的稳态动力学分析中，应变（E）或者应力（S）那样的输出变量值是具有实部和虚部的复数。在数据文件输出的情况中，第一个打印行给出实部，而第二行列出了虚部。还提供了结果和数据文件的输出变量，来得到许多变量的大小和相（见《Abaqus 分析用户手册——介绍、空间建模、执行与输出卷》的 4.2.1 节)。在此情况中，数据文件中的第一个打印行给出了大小，而第二行给出了相角。

为稳态动力学分析特别提供了下面的变量：

单元积分点变量：

PHS——所有应力分量的大小和相角；

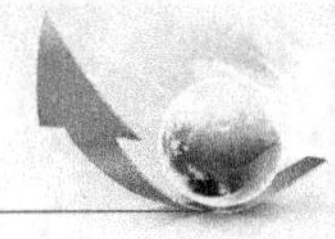

PHE——所有应变分量的大小和相角；

PHEPG——电动势梯度矢量的大小和相角；

PHEFL——电流矢量的大小和相角；

PHMFL——流体链接单元中质量流动率的大小和相角；

PHMFT——流体链接单元中质量流的大小和相角。

对于连接器单元，下面的单元输出变量是可用的：

PHCTF——连接器总力的大小和相角；

PHCEF——连接器弹性力的大小和相角；

PHCVF——连接器黏性力的大小和相角；

PHCRF——连接器反作用力的大小和相角；

PHCSF——连接器摩擦力的大小和相角；

PHCU——连接器相对位移的大小和相角；

PHCCU——连接器本构位移的大小和相角。

节点变量：

PU——一个节点处的所有位移/转动分量的大小和相角；

PPOR——一个节点上的流体或者声学压力的大小和相角；

PHPOT——一个节点上电动势的大小和相角；

PRF——一个节点上的所有反作用力/力矩的大小和相角；

PHCHG——一个节点上的电抗大小和相角。

单元能量密度（例如弹性应变能密度，SENER）和整个的单元能量（例如一个单元的总动能，ELKE），对于一个基于模态的稳态动力学分析中的输出是不能使用的。

标准输出变量 U、V、A 和上面列出的变量 PU，对应基于模态的分析中，相对于主要基础运动的运动。包括主要基础的运动总值也是可以得到的：

TU——一个节点上的总位移/转动的大小和所有分量；

TV——一个节点上的总速度的大小和所有分量；

TA——一个节点上的总加速度的大小和所有分量；

PTU——一个节点上的所有总位移/转动分量的大小和相角。

对于基于模态的稳态动力学分析，下面的模态变量也是可用的，并且可以输出到文件、结果和（或者）输出数据库文件（见《Abaqus 分析用户手册——介绍空间建模、执行与输出卷》的 4.1.2 节和 4.1.3 节）：

GU——所有模态的广义位移；

GV——所有模态的广义速度；

GA——所有模态的广义加速度；

GPU——所有模态的广义位移相角；

GPV——所有模态的广义速度相角；

GPA——所有模态的广义加速度相角；

SNE——整个模态每个模态的弹性应变能；

KE——整个模态每个模态的动能；

T——整个模态每个模态的外部功；

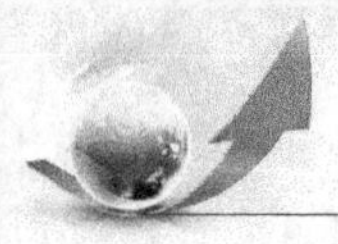

BM——基本运动。

对于基于模态的稳态动力学，作为数据、结果或者输出数据库文件的输出，ALLIE（总应变能）那样的整体模型变量是可以得到的（见《Abaqus 分析用户手册——介绍空间建模、执行与输出卷》的 4.1.2 节）。

输入文件模板

```
*HEADING
…
*AMPLITUDE, NAME=载荷幅值
定义一个作为频率函数的幅值曲线的数据行（循环/时间）
*AMPLITUDE, NAME=基础
定义一个用于指定基础运动的幅值曲线的数据行
**
*STEP, NLGEOM
包括 NLGEOM 参数，这样在稳态动力学步中将包括应力刚化效应
*STATIC
**可以使用任何的通用分析过程来预加载结构
…
*CLOAD 和/或 *DLOAD
指定预加载的数据行
*TEMPERATURE 和/或 *FIELD
为预加载结构定义预定义场的值的数据行
*BOUNDARY
指定边界条件来预加载结构的数据行
*END STEP
**
*STEP
*FREQUENCY
控制特征值提取的数据行
*BOUNDARY
给主要基础赋予自由度的数据行
*BOUNDARY, BASE NAME=基础 2
给一个次要基础赋予自由度的数据行
*END STEP
**
*STEP
*STEADY STATE DYNAMICS
指定频率范围和偏置参数的数据行
```

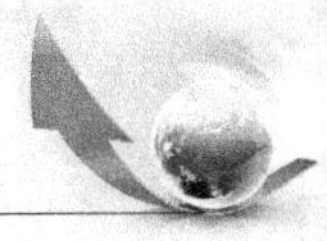

* SELECT EIGENMODES

定义可施加模态范围的数据行

* MODAL DAMPING

定义模态阻尼因子的数据行

* BASE MOTION, DOF = 自由度, AMPLITUDE = 基础

* BASE MOTION, DOF = 自由度, AMPLITUDE = 基础, BASE NAME = 基础 2

* CLOAD 和/或 * DLOAD, AMPLITUDE = 载荷幅值

指定正弦编号的, 频率相关载荷的数据行

…

* END STEP

1.3.9 基于子空间的稳态动力学分析

产品: Abaqus/Standard Abaqus/CAE

参考

- “定义一个分析”1.1.2 节
- “通用和线性摄动过程”1.1.3 节
- “动态分析过程: 概览”1.3.1 节
- “直接求解的稳态动力学分析”1.3.4 节
- “固有频率提取”1.3.5 节
- “基于子空间的稳态动力学分析”1.3.8 节
- * STEADY STATE DYNAMICS
- “构建线性摄动分析过程”中的“构建一个基于模态的稳态动力学分析”《Abaqus/CAE 手册》的 14.11.2 节, 此手册的 HTML 版本中

概览

一个基于子空间的稳态动力学分析:

- 用来计算一个系统对谐激励的稳态动力学线性响应;
- 基于稳态动力学方程在无阻尼系统所选取的模态子空间上的投影;
- 一个线性摄动过程;
- 提供包括模型中的频率相关影响的(例如, 频率相关的阻尼和黏弹性效应), 一个成本效益好的方法;
- 允许非对称的刚度;
- 要求在稳态动力学分析之前, 执行一个特征频率提取过程;
- 可以使用高性能的 SIM 软件构架(见 1.3.1 节中的“为模态叠加动力学分析使用 SIM

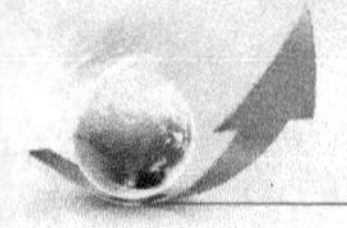

构架”)；

- 是直接求解的稳态动力学分析的一个替代，在其中，系统的响应是以模型的物理自由度方式来计算得到的；
- 比直接求解的稳态动力学计算便宜，但是比基于子空间的稳态动力学昂贵；
- 比直接求解的或者基于子空间的稳态分析精度低，尤其如果表现出显著的材料阻尼和一个高损失模量的黏弹性时；
- 能够将激励频率朝着产生一个响应峰的值进行偏置。

介绍

稳态动力学分析提供由于一个给定频率的谐激励，所产生的一个系统响应的稳态幅值和相。通常，这样的分析是作为一个频率扫描来实现的，通过以一系列不同的频率施加载荷，并且记录响应。在 Abaqus/Standard 中，稳态动力学分析过程是用于进行频率扫描的。

在一个基于子空间的稳态动力学分析中，响应是基于投影到模态子空间上的稳态动力学方程的直接解的。系统对称的，无阻尼的模型，必须首先使用特征频率提取过程来提取。模态将包括特征模态以及在特征频率提取过程中得到激活的残余模态。过程是基于的假设是强制稳态振动可以通过一些处于感兴趣的激励频率范围内的，无阻尼系统的模态来进行精确表示。根据实际情况，所提取的模态数量必须可以充分地模拟系统的响应。动态平衡方程在所选模态的子空间上投影，产生为求解模态幅度的小的复数方程组，进而用来计算节点的位移、应力等。

当定义一个基于子空间的稳态动力学步时，指定感兴趣的频率范围和每一个范围中要求结果的频率数量（包括范围的边界频率）。此外，可以指定所使用频率间隔（线性的或者对数的）的类型，如下面的“选择频率间隔”。如果频率范围是直接指定的或者通过特征频率指定的，则默认的是对数频率间隔；如果通过频率分散指定频率范围，则只能使用线性间隔。频率应当以循环/时间的单位给出。

这些要求结果的频率点，可以沿着频率轴（以一个线性的或者一个对数的比例）进行等分，或者它们可以通过引入一个偏置参数来进行偏置（见下面的“偏置参数”），朝着用户定义的频率范围的末端进行偏置。

基于子空间的稳态动力学分析过程可以用于：

- 非对称刚度；
- 当包括了任何形式的阻尼（除了模态阻尼）时；
- 当必须考虑黏弹性材料属性时。

而此过程中的响应对于线性振动之前的响应可以是非线性的。如果在基于子空间的稳态动力学过程前面的特征频率提取步之前的任何通用分析步中，包括了非线性几何效应（见1.1.3节），则初始应力效应（应力刚化）将包括在稳态动力学响应中。

输入文件用法：＊STEADY STATE DYNAMICS，SUBSPACE PROJECTION

Abaqus/CAE 用法：Step module：Create Step：Linear perturbation：Steady-state dynamics，Subspace

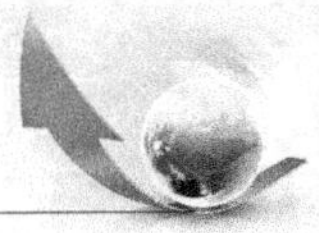

忽略阻尼

如果忽略了阻尼项，可以指定生成并投影一个实数方程组矩阵，而不是一个复数方程组矩阵，实数方程组矩阵可以显著地降低计算时间，以忽略阻尼效应为代价。

输入文件用法：*STEADY STATE DYNAMICS，SUBSPACE PROJECTION，REAL ONLY

Abaqus/CAE 用法：Step module：Create Step：Linear perturbation：Steady-state dynamics，Subspace：Compute real response only

选择要求频率输出的频率间隔类型

从一个基于子空间的稳态动力学步输出允许三种类型的频率间隔。

通过使用系统特征频率来指定频率范围

默认情况下，使用频率间隔的特征频率类型。此时，在每一个频率范围中存在下面的间隔：

- 最初的间隔：从给出的频率范围的下限延伸到范围中的第一个特征频率。
- 中间间隔：从特征频率延伸到特征频率。
- 最后的间隔：从范围中的最高特征频率延伸到频率范围的上限。

对于这些间隔的每一种，已经计算有结果的每一个频率，是使用用户定义的点数量（包括间隔的边界频率）和可选的偏置函数（在下面进行了讨论，并且允许频率上的采样点更加靠近频率范围中的特征频率）来确定的。这样，响应的详细定义允许靠近共振频率。图 1-15显示了 5 个计算点且一个偏置参数等于 1 的频率范围划分。

输入文件用法：*STEADY STATE DYNAMICS，SUBSPACE PROJECTION，INTERVAL = EIGENFREQUENCY

Abaqus/CAE 用法：Step module：Create Step：Linear perturbation：Steady-state dynamics，Subspace：Use eigenfrequencies to subdivide each frequency range

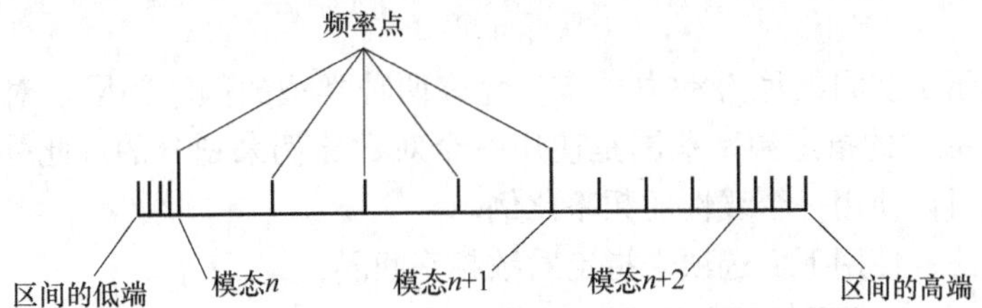

图 1-15 特征频率类型的间隔和 5 个计算点的范围划分

通过频率分散来指定频率范围

如果选择了频率间隔的分散类型，则围绕频率范围中的每一个特征频率存在间隔。对于每一个间隔，通过使用用户定义的点数（包括间隔的边界频率）来确定得到计算的等距频率。最小的频率点数量是3。如果用户定义的值小于3（或者省略了），则默认为3点。图 1-16说明了 5 个计算点的频率范围划分。

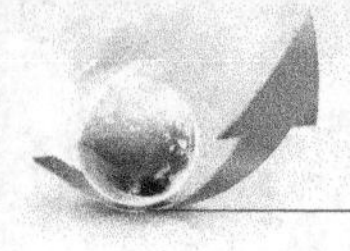

使用频率间隔的分散类型，不支持偏置参数。

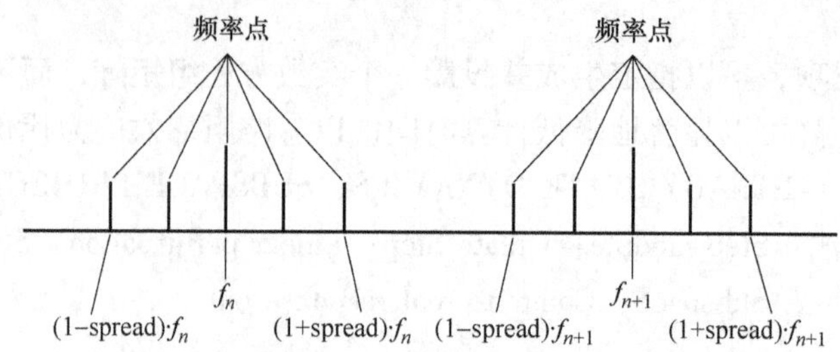

图1-16　分散类型的，并具有5个计算点的范围划分

f_n和f_{n+1}是系统的特征频率

输入文件用法：＊STEADY STATE DYNAMICS，SUBSPACE PROJECTION，
INTERVAL＝SPREAD
lwr_freq，*upr_freq*，*numpts*，*bias_param*，*freq_scale_factor*，*spread*

Abaqus/CAE用法：在Abaqus/CAE中不能通过频率扩散来指定频率范围。

直接指定频率范围

如果选取了频率插值类型的其他范围类型，则在所指定的范围下限跨越到上限的频率范围中，只有一个间隔。此间隔是使用用户定义的点个数和可选的偏置函数来划分的，此偏置函数可以用来将采样频率间隔得更加靠近范围上下限。对于频率间隔的范围类型，系统的特征频率周围的峰值响应可能会丢失，因为汇报输出的采样频率将不会朝着特征频率偏置。

输入文件用法：＊STEADY STATE DYNAMICS，SUBSPACE PROJECTION，
INTERVAL＝RANGE

Abaqus/CAE用法：Step module：Create Step：Linear perturbation：Steady-state dynamics，Modal：切换关闭Use eigenfrequencies to subdivide each frequency range

选择频率间隔

对于一个基于子空间的稳态动力学步，允许两种类型的频率间隔。对于对数频率间隔（默认的），所感兴趣的指定频率范围是使用一个对数比例来划分的。此外，如果期望一个线性的比例，则可以使用一个线性的频率比例。

输入文件用法：使用下面选项来指定对数频率间隔：
＊STEADY STATE DYNAMICS，SUBSPACE PROJECTION，
FREQUENCY SCALE＝LOGARITHMIC（默认的）
使用下面的选项来指定线性频率间隔：
＊STEADY STATE DYNAMICS，SUBSPACE PROJECTION，
FREQUENCY SCALE＝LINEAR

Abaqus/CAE用法：Step module：Create Step：Linear perturbation：Steady-state dynamics，Modal：Scale：Logarithmic或者Linear

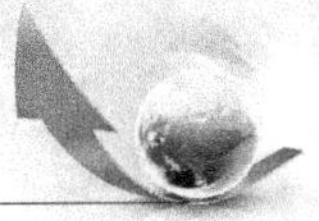

要求多点频率范围

可以要求一个基于子空间的稳态动力学步的多个频率范围。当同时要求了频率范围和额外的单个频率点时，必须首先指定频率范围。

输入文件用法：按照需求重复数据行来要求多个频率范围，或者多个单独的频率点：

*STEADY STATE DYNAMICS，SUBSPACE PROJECTION

*lwr_freq*1，*upr_freq*1，*numpts*1，*bias_param*1，*freq_scale_factor*1

*lwr_freq*2，*upr_freq*2，*numpts*2，*bias_param*2，*freq_scale_factor*2

…

*single_freq*1

*single_freq*2

…

Abaqus/CAE 用法：Step module：Create Step：Linear perturbation：Steady-state dynamics，Subspace：Data：在表中输入数据，并且根据需要添加行。

偏置参数

偏置参数可以朝着每一个频率间隔的中点或者朝着每一个频率间隔的端部提供更加靠近的结果点间隔。图 1-17 显示了频率间隔上的偏置参数影响的一些例子。

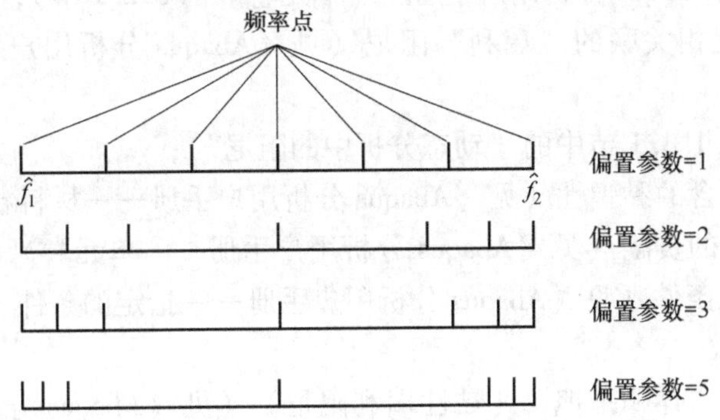

图 1-17　对于点数 $n=7$ 的频率间隔上偏置参数的影响

用来计算提取结果的频率的偏置函数如下：

$$\hat{f}_k=\frac{1}{2}(\hat{f}_1+\hat{f}_2)+\frac{1}{2}(\hat{f}_2-\hat{f}_1)\ |y|^{1/p}\mathrm{sign}(y),$$

式中　y——$y=-1+2(k-1)/(n-1)$；

n——在一个频率间隔中给出结果的频率点的个数（如上面所讨论的）；

k——这些频率点中的一个（$k=1, 2, \cdots, n$）；

$\hat{f}_1$——频率间隔的下限；

$\hat{f}_2$——频率间隔的上限；

$\hat{f}_k$——给出第 k 个结果的频率；

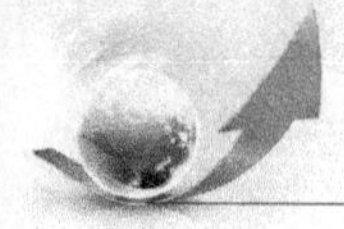

p——偏置参数值；

$\hat{f}$——频率或者频率的对数，取决于频率比例参数的使用值。

一个大于1.0的偏置参数 p，提供朝着频率间隔末端间隔更加靠近的结果点，而小于1.0的 p 值，提供朝着频率间隔的中点更加靠近的间隔。对于一个特征频率间隔。默认的偏置参数是3.0，并且对于一个范围频率间隔，默认的偏置参数是1.0。

频率比例因子

可以使用频率比例因子来缩放频率点。所有的频率点，除了频率范围的下限和上限，与此因子相乘。仅当频率间隔是通过使用系统的特征频率来指定时，才能使用此比例因子（见上面的“通过使用系统的特征频率来指定频率范围”）。

阻尼

如果不存在阻尼，一旦扰动频率等于结构的特征频率，则结构的响应将是无限大的。要得到定量精确的结果，特别是靠近固有频率，阻尼的精确指定是必不可少的。可用的不同阻尼选项在“材料阻尼”中进行了讨论，见《Abaqus 分析用户手册——材料卷》的6.1.1节。

在基于子空间的稳态动力学分析中，可以通过下面来创建阻尼：

- 阻尼器（见《Abaqus 分析用户手册——单元卷》的6.2.1节）；
- 与材料和单元相关联的“瑞利”阻尼（见《Abaqus 分析用户手册——材料卷》的6.1.1节）；
- 结构阻尼（见1.3.1节中的“动态分析中的阻尼”）；
- 材料定义中包含的黏弹性（见《Abaqus 分析用户手册——材料卷》的2.7.2节）；
- 来自无限单元的贡献（见《Abaqus 分析用户手册——单元卷》的2.3.1节）或者所定义的声学上的阻抗条件（见《Abaqus 分析用户手册——指定的条件、约束和相互作用卷》的1.4.6节）；
- 声学单元中的“体积拖拽”（黏性瑞利阻尼）（见《Abaqus 分析用户手册——材料卷》的1.3.1节）。

如果指定生成并且投影了一个只有实数的系统矩阵（见上面的“忽略阻尼”），则忽略了所有形式的阻尼，包括无限单元上的静止边界和声学单元上的非反射边界。

具有滑动摩擦的接触条件

Abaqus/Standard 自动探测由于通过参考构架或者之前步中的传输速度差异产生的滑动的接触节点。在这些节点上，没有约束切向自由度，并且摩擦的影响对刚度矩阵产生了一个非对称的贡献。在其他的接触节点上，切向自由度是被约束的。

强加有速度差异的接触节点上的摩擦，可以产生阻尼项。有两种摩擦引起的阻尼效应。第一个效应是通过稳定垂直于滑动方向的振动来产生的。此效应仅存在于三维分析中。第二个效

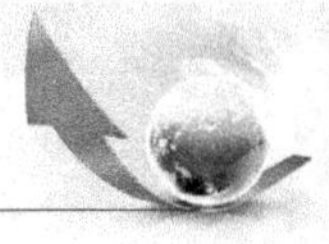

应是通过一个速度相关的摩擦因数来产生的。如果摩擦随着速度降低（通常是这样的情况），效应是不稳定的，并且也被称为“负阻尼。”对于更多的细节，见《Abaqus 理论手册》的5.2.3 节。基于子空间的稳态动力学分析允许在阻尼矩阵中包括这些摩擦引起的贡献。

输入文件用法：*STEADY STATE DYNAMICS，SUBSPACE PROJECTION，
FRICTION DAMPING = YES

Abaqus/CAE 用法：Step module：Create Step：Linear perturbation：Steady-state dynamics，Subspace：Include friction-induced damping effects

选择要投影的模态

可以通过分别的指定模态数量，通过要求 Abaqus/Standard 自动生成模态编号，或者通过要求属于指定频率范围的模态，来选择模态。如果不选择模态，则所有在之前的特征频率提取步中提取的模态（包括激活的残余模态）在模态叠加中进行使用。

输入文件用法：使用下面的选项，通过分别的指定模态编号来选择模态：

*SELECT EIGENMODES，DEFINITION = MODE NUMBERS

使用下面的选项来要求 Abaqus/Standard 自动地产生模态编号：

*SELECT EIGENMODES，GENERATE，DEFINITION = MODE NUMBERS

使用下面的选项，通过指定一个频率范围来选择模态：

*SELECT EIGENMODES，DEFINITION = FREQUENCY RANGE

Abaqus/CAE 用法：在 Abaqus/CAE 中，不能选择模态；在模态叠加中使用所有提取的模态。

选择子空间投影频率

可以控制子空间投影的频率。动态方程默认在每一个所要求的频率上进行投影。如果仅在所选定的频率点上执行在子空间上的投影，则可以大大节省计算成本。

在每一个要求的频率上投影子空间

在所要求的每一个频率上，默认在子空间上投影动态方程。这是计算最昂贵的方法。如果在前面的特征频率提取步中提取了耦合的声学-结构模态，则这是唯一允许的方法。

输入文件用法：使用下面选项的任何一个：

*STEADY STATE DYNAMICS，SUBSPACE PROJECTION

*STEADY STATE DYNAMICS，
SUBSPACE PROJECTION = ALL FREQUENCIES

Abaqus/CAE 用法：Step module：Create Step：Linear perturbation：Steady-state dynamics，Subspace：Projection：Evaluate at each frequency

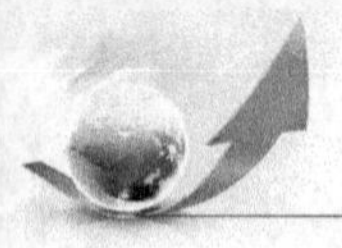

使用所有范围中心处的模型属性投影子空间

可以使用在所有范围的中心频率上和所指定的单个频率点上评估得到的模型属性，来仅仅执行一次投影。中心频率是在一个对数时间或者线性尺度上确定的，取决于所要求的间隔。

此模型是最便宜的。然而，仅当材料属性受频率影响不显著的时候才选用它。

输入文件用法：＊STEADY STATE DYNAMICS，SUBSPACE PROJECTION = CONSTANT

Abaqus/CAE 用法：Step module：Create Step：Linear perturbation：Steady-state dynamics，Subspace：Projection：Constant

在每一个提取的特征频率上投影子空间

可以在所要求的频率范围内的每一个提取的特征频率上，和刚好在范围外的特征频率上执行投影。然后在每一个所要求的频率点上进行投影后的质量、刚度和阻尼矩阵插值。插值取决于所要求的间隔，以线性或者对数比例执行插值。

输入文件用法：＊STEADY STATE DYNAMICS，
SUBSPACE PROJECTION = EIGENFREQUENCY

Abaqus/CAE 用法：Step module：Create Step：Linear perturbation：Steady-state dynamics，Subspace：Projection：Interpolate at eigenfrequencies

基于作为频率的函数而变化的材料属性，来投影子空间

基于作为频率函数的材料属性变化，可以选择如何经常地执行子空间投影。指定在执行一个新投影前，材料刚度中和阻尼属性中所允许的相对改变。在基于子空间的稳态动力学步的开始处，Abaqus/Standard 计算一个材料刚度和阻尼属性的相对改变表，并且基于两个准则中最严格的那个准则执行投影。然后投影在每一个所要求的频率点上，如上面所描述的那样进行插值。所允许的刚度或者阻尼变化的默认值是 0.1。

输入文件用法：＊STEADY STATE DYNAMICS，
SUBSPACE PROJECTION = PROPERTY CHANGE，
DAMPING CHANGE = 百分比，STIFFNESS CHANGE = 百分比

Abaqus/CAE 用法：Step module：Create Step：Linear perturbation：Steady-state dynamics，Subspace：Projection：As a function of property changes，Max. damping change：百分比，Max. stiffness change：百分比

在每一个频率范围的界限上投影子空间

可以选择基于每一个频率的界限执行子空间投影的频率。动态方程的模态子空间上的投影是在每一个频率范围的下限处和最后频率范围的上限处执行的。所投影的质量、刚度和阻尼矩阵的插值是在一个线性尺度上执行的。此方法仅能用于 SIM 构架。

当材料属性的频率相关性在一个频率范围内接近线性时，应当选用此方法。

输入文件用法：＊STEADY STATE DYNAMICS，SUBSPACE PROJECTION = RANGE

Abaqus/CAE 用法：Step module：Create Step：Linear perturbation：Steady-state dynamics，

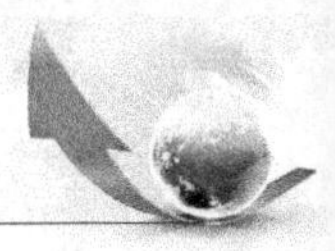

Subspace：Projection：Interpolate at lower and upper frequency limits

初始条件

基本状态是模型在稳态动力学步之前的上个通用分析步结束时的当前状态。如果一个分析的第一步是一个摄动步，则基本状态是从初始条件确定的（见《Abaqus 分析用户手册——指定的条件、约束和相互作用卷》的 1.2.1 节）。直接定义速度那样的解变量的初始条件定义，不能用在一个稳态动力学分析中。

边界条件

在一个基于子空间的稳态动力学分析中，任何自由度的实部和虚部是同时受约束的或者同时未约束的。物理上不可能约束一部分，而不约束另外一部分。Abaqus /Standard 将自动地同时约束一个自由度的实部和虚部，即使实际只有一部分得到约束。

基本运动

在基于子空间的动态响应过程中，直接地指定非零的位移和转动作为边界条件是不可能的（见《Abaqus 分析用户手册——指定的条件、约束和相互作用卷》的 1.3.1 节）。这样，在一个基于子空间的稳态动力学分析中，可以仅将节点的运动指定成基础运动。忽略了作为边界条件给定的非零位移或者加速度历史定义，并且将来自特征频率提取步中支持条件的任何变化标识成错误。在模态叠加过程中指定基本运动的方法，在 1.3.7 节中进行了描述。

频率相关的基础运动

可以使用一个幅值定义来指定基础运动的幅值为一个频率的函数（见《Abaqus 分析用户手册——指定的条件、约束和相互作用卷》的 1.1.2 节）。

输入文件用法：同时使用下面的选项：

*AMPLITUDE，NAME = 名称

*BASE MOTION，REAL 或 IMAGINARY，AMPLITUDE = 名称

Abaqus/CAE 用法：Load module；Create Boundary Condition；Step：步名称；Category：Mechanical；Types for Selected Step：Displacement base motion 或 Velocity base motion 或 Acceleration base motion；Basic 表页：Degree-of-freedom：U1，U2，U3，UR1，UR2，或 UR3；Amplitude：名称

载荷

下面的载荷可以在一个基于子空间的稳态动力学分析中进行指定，如《Abaqus 分析用户手册——指定的条件、约束和相互作用卷》的 1.4.2 节中所描述的那样：

- 集中载荷力可以施加于位移自由度（1～6）；

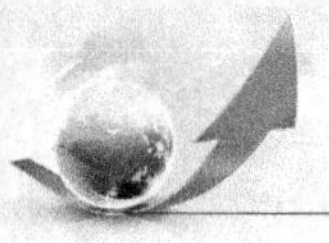

• 可以施加分布的压力和体积力，可以使用分布载荷类型的具体单元，《Abaqus 分析用户手册——单元卷》进行了描述。

• 可以施加入射波载荷（见《Abaqus 分析用户手册——指定的条件、约束和相互作用卷》的 1.4.6 节），入射波载荷可以用来模拟来自不同平面的或者球形源的或者来自漫射场的声波。

假定载荷在一个用户指定的频率范围上随时间按正弦规律变化。载荷是以它们的实部和虚部的形式给出的。

一个稳态动力学分析不能使用流体流动载荷。

输入文件 用法： 使用下面输入行的任意一个来定义载荷的实（同相）部：

*CLOAD 或 *DLOAD

*CLOAD 或 *DLOAD，REAL

使用下面的选项来定义载荷的虚（异相）部：

*CLOAD 或 *DLOAD，IMAGINARY

Abaqus/CAE 用法：在 Abaqus/CAE 中，仅可以定义载荷的实（同相）部。

Load module：load editor：实（同相）部

频率相关的加载

一个幅值定义可以用来把一个载荷的幅值定义为频率的函数（见《Abaqus 分析用户手册——指定的条件、约束和相互作用卷》的 1.1.2 节）。

输入文件用法：同时使用下面的选项：

*AMPLITUDE，NAME = 名称

*CLOAD 或 *DLOAD，REAL 或 IMAGINARY，AMPLITUDE = 名称

Abaqus/CAE 用法：Load or Interaction module：Create Amplitude：Name：名称

Load module：load editor：Amplitude：名称

载荷限制

科氏分布载荷对整个方程组添加一个虚非对称贡献。当前仅为固体和杆单元考虑了此贡献，并且通过要求非对称矩阵存储和步的求解方案起作用。

基于子空间的稳态动力学分析不能使用流体流量负载。

预定义的场

在基于子空间的动力学分析（见《Abaqus 分析用户手册——指定的条件、约束和相互作用卷》的 1.6.1 节）中可以指定预定义的温度场，并且如果在材料定义中包括了热膨胀（见《Abaqus 分析用户手册——材料卷》的 6.1.2 节），则将产生谐变化的热应变。忽略其他预定义的场。

材料选项

正如在任何动态分析过程中那样，任何要求了动态响应的模型所具有的分离零件的某些

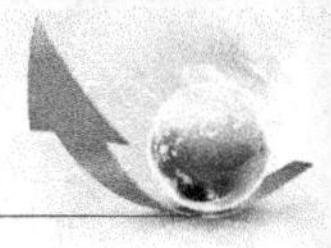

区域必须赋予质量或者密度（见《Abaqus 分析用户手册——材料卷》的 1.2.1 节）。如果在一个忽略了惯性效应的区域中期望一个分析，则密度应当设置成一个非常小的数字。固有频率，以及单个阻尼器，可以包括在此过程中。

可以在基于子空间的稳态动力学分析中包括黏弹性效应。线性化的黏弹性响应是考虑成关于一个非线性预加载状态的一个摄动，它是基于黏弹性分量中的纯粹的弹性行为（长期响应）的。这样，振幅必须足够小，问题的动力学阶段中的材料响应可以处理成一个关于预变形状态的线性摄动。黏弹性频域响应在《Abaqus 分析用户手册——材料卷》的 2.7.2 节中进行了描述。

在基于子空间的稳态动力学分析过程中，下面的材料属性是不起作用的：塑性和其他非弹性效应、热属性（除了热膨胀）、质量扩散属性、电属性（除了压电分析中的电动势 ϕ）和孔隙流体流动属性（见 1.1.3 节）。

数值研究显示，通常基于子空间的稳态动力学步中的结果精度是得到改善的，如果在前面的特征频率提取步中，材料属性是在一个由稳态动力学步（见 1.3.5 节）指定的频率，跨越范围的中心附近的频率上进行评估的。在此情况中，在之前的无阻尼特征频率提取步中所提取的模态，将最精确地反映阻尼系统位于此评估材料属性的频率附近的频率上的模态。这样，如果稳态动力学响应是为一个大跨度的频率搜寻的，并且在此跨度上，所指定的材料属性显著变化，如果范围被划分得更小，并且在这些更小的范围上，使用在合适的频率上评估的材料属性运行了几个独立的分析，则结果将更加精确。

单元

稳态动力学过程可以使用 Abaqus/Standard 中下面的单元：

- 应力/位移单元（除了具有翘曲的广义轴对称单元之外）；
- 声学单元；
- 压电单元；
- 静水压单元。

见《Abaqus 分析用户手册——单元卷》的 1.1.3 节。

输出

在基于子空间的稳态动力学分析中，应变（E）或者应力（S）那样的输出变量值是具有实部和虚部的复数。在数据文件输出的情况中，第一个打印行给出实部，而第二行列出了虚部。也提供了结果和数据文件输出变量，来得到许多变量的大小和相（见《Abaqus 分析用户手册——介绍空间建模、执行与输出卷》的 4.2.1 节）。在此情况中，数据文件中的第一个打印行给出了大小，而第二行给出的是相角。

特别为基于子结构的稳态动力学分析提供了下面的变量：

单元积分点变量：

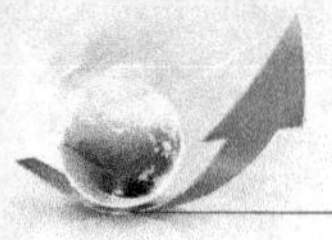

PHS——所有应力分量的大小和相角；

PHE——所有应变分量的大小和相角；

PHEPG——电动势梯度向量的大小和相角；

PHEFL——电流向量的大小和相角；

PHMFL——流体链接单元中质量流动率的大小和相角；

PHMFT——流体链接单元中质量流的大小和相角。

对于连接器单元，下面的单元输出变量是可用的：

PHCTF——连接器总力的大小和相角；

PHCEF——连接器弹性力的大小和相角；

PHCVF——连接器黏性力的大小和相角；

PHCRF——连接器反作用力的大小和相角；

PHCSF——连接器摩擦力的大小和相角；

PHCU——连接器相对位移的大小和相角；

PHCCU——连接器本构位移的大小和相角；

PHCV——连接器相对速度的大小和相角；

PHCA——连接器相对加速度的大小和相角。

节点变量：

PU——一个节点处的所有位移/转动分量的大小和相角；

PPOR——一个节点上的流体或者声学压力的大小和相角；

PHPOT——一个节点上电动势的大小和相角；

PRF——一个节点上的所有反作用力/力矩的大小和相角；

PHCHG——一个节点上的电抗大小和相角。

单元能量密度（例如弹性应变能密度 SENER）和整个的单元能量（例如一个单元的总动能 ELKE），对于一个基于子空间的稳态动力学分析中的输出是不可用的。

标准输出变量 U、V、A 和上面列出的变量 PU，对应基于子空间的分析中相对于主要基础运动的运动。总和值（包括主要基础的运动）也是可用的：

TU——一个节点上的总位移/转动的大小和所有分量；

TV——一个节点上的总速度的大小和所有分量；

TA——一个节点上的总加速度的大小和所有分量；

PTU——一个节点上的所有总位移/转动分量的大小和相角。

指定的基础运动，对于基于子空间的稳态动力学分析，也是可用的，并且可以输出到文件、结果和（或者）输出数据库文件（见《Abaqus 分析用户手册——介绍、空间建模、执行与输出卷》的 4.1.2 节和 4.1.3 节）：

BM——基础运动。

ALLIE（总应变能）那样的整体模型变量，对于基于子空间的稳态动力学，作为数据、结果或者输出数据库文件的输出，是可以使用的（见《Abaqus 分析用户手册——介绍、空间建模、执行与输出卷》的 4.1.2 节）。

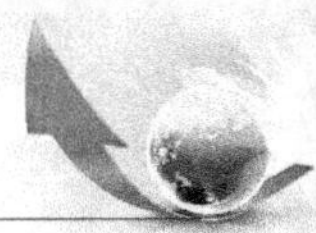

输入文件模板

```
*HEADING
…
*AMPLITUDE, NAME=载荷幅值
定义作为频率（循环/时间）函数的幅值曲线的数据行
*AMPLITUDE, NAME=基础
定义用于指定基础运动的幅值曲线的数据行
**
*STEP, NLGEOM
包括 NLGEOM 参数，这样应力刚化效应将包括在稳态动力学步中
*STATIC
**任何的通用分析过程可以用来预加载结构
…
…
*CLOAD 和/或 *DLOAD
指定预加载的数据行
*TEMPERATURE 和/或 *FIELD
为预加载的结构定义预定义的场值的数据行
*BOUNDARY
指定边界条件来预加载结构的数据行
*END STEP
**
*STEP
*FREQUENCY
控制特征值提取的数据行
*BOUNDARY
赋予自由度到主要基础的数据行
*BOUNDARY, BASE NAME=基础2
赋予自由度到一个次要基础的数据行
*END STEP
**
*STEP
*STEADY STATE DYNAMICS, SUBSPACE PROJECTION
指定频率范围和偏置参数的数据行
*SELECT EIGENMODES
定义可应用的模态范围的数据行
*BASE MOTION, DOF=自由度, AMPLITUDE=基础
```

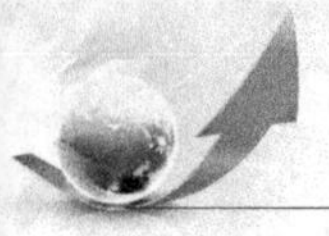

＊BASE MOTION，DOF = 自由度，AMPLITUDE = 基础，BASE NAME = 基础 2
＊CLOAD 和/或 ＊DLOAD，AMPLITUDE = 载荷幅值
指定正弦变化，频率相关载荷的数据行
…
＊

1.3.10 响应谱分析

产品：Abaqus/Standard Abaqus/CAE

参考

- “动态分析过程：概览” 1.3.1 节
- “定义一个分析” 1.1.2 节
- “通用和线性摄动过程” 1.1.3 节
- ＊RESPONSE SPECTRUM
- ＊SPECTRUM
- “构建线性摄动分析过程” 中的 “构建一个响应谱过程”《Abaqus/CAE 用户手册》的 14.11.2 节，此手册的 HTML 版本中
- “定义一个谱”《Abaqus/CAE 用户手册》的 57.11 节，此手册的 HTML 版本中

概览

一个响应谱分析：
- 提供一个对固定点(“基础运动”) 或者动态力的动态运动结构峰值的线性响应评估；
- 通常是用来分析对一个地震事件的响应；
- 假定系统的响应是线性的，这样它可以在频域中使用它的固有模态来分析，固有模态必须在一个之前的特征频率提取步（1.3.5 节）中进行提取；
- 可以使用高性能的 SIM 软件构架（见 1.3.1 节中的 “为模态叠加动力学分析使用 SIM 构架”）；
- 是一个线性摄动过程，并且因此，如果激励非常严重，以至于系统中的非线性影响是重要的，则是不合适的。

响应谱分析

响应谱分析可以用来评估一个结构对一个具体基础运动或者力的峰值响应（位移、应力等）。方法仅是近似的，不过通常对于初步设计研究是一个有用的，便宜的方法。

响应谱过程是以一个系统模态子集的使用为基础的，模态子集必须首先通过使用特征频

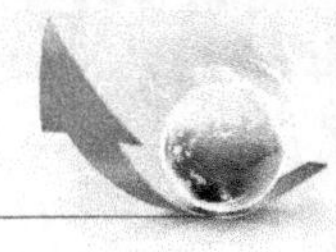

率提取过程来提取。如果在特征频率提取步中激活了残余模态，则模态将包括特征模态和残余模态。根据实际情况，所提取的模态数量必须足够模拟系统的动态响应。

在具有重复的特征值和特征向量的情况中，必须对模态求和结果小心地解释。应当对结构添加微小的质量，或者扰动对称的几何形体，这样特征值变成唯一的了。

当响应谱过程中的响应是对于线性振动的时候，之前的响应可以是非线性的。如果在特征频率提取步之前的一个通用分析步中包括了非线性几何效应，则初始应力效应（应力刚化）将包括在响应谱分析中（见1.1.3节）。

所解决的问题可以声明如下：在通过方向余弦 t_k^j（$k=1，2，3$）定义的正交方向上给出所指定的一系列基础运动，$\ddot{u}_j^B$（t）（$j=1，2，3$），在有限元模型中任何变量的所有响应时间上评估峰值，此有限元模型同时承受这些多基础运动。峰值响应首先是作为频率和阻尼的函数，为了系统的每一个固有频率的激励方向进行独立的计算。然后将这些独立的响应组合起来，创建一个为输出而选取的作为频率和阻尼函数的任何变量所具有的实际峰值响应的评估。

加速度历程（基础运动）不是在响应谱分析中直接给出的；它必须首先转化成一个谱。

指定一个谱

响应谱方法是基于首先找到一个具有固有频率等于感兴趣频率的自由度系统的每一个基础运动激励的峰响应。单个自由度系统是通过它的无阻尼固有频率 ω_α 和存在于系统中的每一个模态 α 上的临界阻尼分数 ξ_α 来表征的。系统运动的方程是通过时间积分来找到线性的，单自由度系统的相对位移、相对速度和相对或者绝对加速度的峰值。此过程为所有感兴趣范围中的频率和阻尼值来重复。这些响应的图像称为位移、速度和加速度谱：S^D（ω_α，ξ_α）、S^V（ω_α，ξ_α）和 S^A（ω_α，ξ_α）。响应谱可以直接从测得的数据得到，如下面的“使用作为频率和阻尼函数的 S 值来定义一个谱”所描述的那样。也可以使用一个 FORTRAN 程序来定义一个谱。在《Abaqus 基准手册》的1.4.13节中，提供了以此方法从一个加速度记录中定义一个谱的例子。

另外，可以通过指定建立谱所需要的一个幅值（时间历史记录）、频率范围和阻尼来创建所要求的谱，如下面的“从一个给定的时间历史记录创建一个谱”所描述的那样。此谱可以用于后续的响应谱分析中，或者它可以为了将来的使用而写成一个文件。

对于每一个阻尼值，响应谱的大小必须对于所需频率的整个范围，以频率值的升序给出。Abaqus/Standard 以一个对数-对数的尺度，在所给定的值之间线性地插值。在所给出的频率范围的端部以外，假定大小是不变的，对应于所给定的端点值。（对于数据插值的解释，见《Abaqus 分析用户手册——材料卷》的1.1.2节。）

可以定义任何数量的谱，并且必须命名每一个谱。响应谱过程在通过它们的方向余弦所定义的正交物理方向上，允许对模型同时施加至多三个谱。

使用作为频率和阻尼函数的S值来定义一个谱

可以通过指定谱大小的值；频率，以循环/时间为单位，在此频率处使用谱的大小；以及相关联的阻尼，作为临界阻尼比来给出，来定义一个谱。

输入文件用法：在数据行上定义谱：

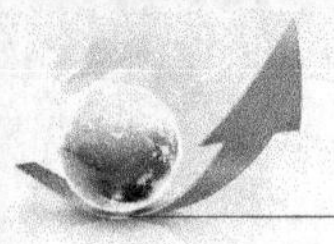

∗SPECTRUM, NAME=谱名称

重复此选项来为一个分析定义多个谱。

Abaqus/CAE 用法：要定义一个谱，执行如下：

Step, Interaction, 或者 Load module: Tools → Amplitude → Create; Name: 谱名称, Type: Spectrum

要对模型施加一个谱，执行如下：

Step module: Create Step: Linear perturbation: Response spectrum: Use response spectrum: 为每一个应当施加谱的物理方向选择谱名称

指定谱的类型

可以表明是否给出了一个位移、速度或者加速度谱。默认的是一个加速度谱。

另外，一个加速度谱可以以 g 为单位给出。在这种情况中，也必须指定重力加速度的值。

输入文件用法：使用下面的选项来定义一个位移、速度或者加速度谱：

∗SPECTRUM, NAME=名称, TYPE=DISPLACEMENT

∗SPECTRUM, NAME=名称, TYPE=VELOCITY

∗SPECTRUM, NAMgE=名称, TYPE=ACCELERATION

使用下面的选项定义一个以 g 为单位给出的加速度谱：

∗SPECTRUM, NAME=名称, TYPE=G, G=g

Abaqus/CAE 用法：使用下面选项中的一个来定义位移、速度或者加速度谱：

Step, Interaction, 或者 Load module: Tools → Amplitude → Create; Type: Spectrum; Specification units: Displacement, Velocity, 或者 Acceleration

使用下面的选项来定义一个以 g 为单位给出的加速度谱：

Step, Interaction, 或者 Load module: Tools → Amplitude → Create; Type: Spectrum; Specification units: Gravity, Gravity: g

从一个可选输入文件读取定义谱的数据

可以在一个另外的输入文件中指定谱的数据，并且读入到 Abaqus/Standard 输入文件中。

输入文件用法：∗SPECTRUM, NAME=名称, INPUT=文件名

Abaqus/CAE 用法：Step, Interaction, 或者 Load module: Tools → Amplitude → Create; Type: Spectrum; 当在数据表上保持光标时，点击鼠标键 3，并且选择 Read from File

从一个给定的时间历史记录创建一个谱

如果有一个动态事件的时间历史（即，加速度、速度、位移），可以通过指定记录类型和此记录表示的幅值名称来建立自己的谱。如果幅值记录是使用一个任意变化的时间增量来给出的，则对于一个承受此记录的单自由度系统，它的运动动力学方程隐式积分方案将需要线性插值。可以指定积分方案的频率范围和频率增量。可以为阻尼值列表中所显示的每一个

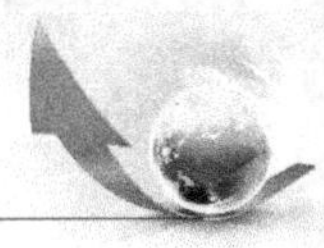

临界阻尼的分数建立一个谱。

输入文件用法：*SPECTRUM，CREATE，AMPLITUDE=幅值名称
NAME=谱名称，TIME INCREMENT=时间增量

Abaqus/CAE 用法：Abaqus/CAE 中不支持从一个给定的时间历史记录中创建一个谱。

指定要创建的谱类型

可以表明所指定的是否是一个位移、速度或者加速度谱。默认的是一个加速度谱。

另外，一个加速度谱可以使用 g 为单位来创建。在此情况中，也必须指定重力加速度的值。

输入文件用法：使用下面的选项来创建一个位移、速度或者加速度谱：
*SPECTRUM，CREATE，TYPE=DISPLACEMENT
*SPECTRUM，CREATE，TYPE=VELOCITY
*SPECTRUM，CREATE，TYPE=ACCELERATION
使用下面的选项，以 g 为单位来创建一个加速度：
*SPECTRUM，CREATE，TYPE=G，G=g

Abaqus/CAE 用法：Abaqus/CAE 中不支持从一个给定的时间历史记录创建一个谱。

指定时间历史所表示的记录类型

可以表示所指定的是否是一个位移、速度或者加速度幅值。默认的是加速度幅值。

另外，一个加速度幅值可以使用 g 为单位来给出。在此情况中，也必须指定重力加速度的值。

输入文件用法：使用下面的一个选项来表明幅值是采用位移、速度或者加速度单位来定义的：
*SPECTRUM，CREATE，EVENT TYPE=DISPLACEMENT
*SPECTRUM，CREATE，EVENT TYPE=VELOCITY
*SPECTRUM，CREATE，EVENT TYPE=ACCELERATION
使用下面的选项来表明加速度幅值是以 g 为单位来给出的。
*SPECTRUM，CREATE，EVENT TYPE=G，G=g

Abaqus/CAE 用法：Abaqus/CAE 中不支持从一个给定时间历史创建一个谱。

创建一个绝对的或者相对的加速度谱

当从一个给定的时间历史记录创建一个加速度谱时，可以创建一个绝对的或者相对的响应谱。默认的是一个绝对的谱。

输入文件用法：*SPECTRUM，CREATE，TYPE=ACCELERATION，ABSOLUTE
*SPECTRUM，CREATE，TYPE=ACCELERATION，RELATIVE

Abaqus/CAE 用法：Abaqus/CAE 中不支持从一个给定的时间历史记录创建一个谱。

为临界阻尼的分数生成阻尼值的列表

必须为临界阻尼的分数提供一个阻尼值的列表，来创建一个谱。然而，如果阻尼是在下限和上限之间均匀间隔的，则可以通过提供起始值、结束值和零件阻尼分数的增量来自动生

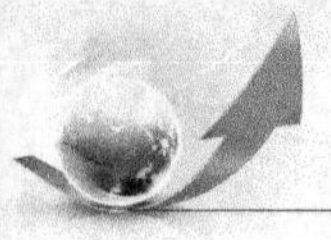

成阻尼值的列表。

输入文件用法：*SPECTRUM，CREATE，DAMPING GENERATE

Abaqus/CAE 用法：Abaqus/CAE 中不支持从一个给定的时间历史记录创建一个谱。

将生成的谱写入到一个独立文件中

可以将谱写入到一个独立文件中。否则，生成的谱仅能用于当前递交作业中的后续响应谱过程中。如果要求打印模型定义数据到数据文件中（见《Abaqus 分析用户手册——介绍、空间建模、执行与输出卷》的4.1.1节中的“模型和历史定义总结”），则可以检查所生产的谱。

输入文件用法：*SPECTRUM，CREATE，FILE=文件名

Abaqus/CAE 用法：Abaqus/CAE 中不支持从一个给定的时间历史记录中创建一个谱。

估计模态响应的峰值

因为响应谱过程使用模态方法来定义一个模态的响应，任何物理变量的值 q_α 是从模态响应的幅值（“广义坐标”）定义的。响应谱过程中的第一个阶段是评估这些模态响应的峰值。对于模态 α 和谱 k，即

$$(q_\alpha^{\max})_k = c_k S_k^D(\omega_\alpha,\ \xi_\alpha)\ \sum_j t_j^k \Gamma_{\alpha j}$$

式中 q_α——模态 α 的模态幅值；

c_k——对于谱 $S_k^D(\omega_\alpha,\ \xi_\alpha)$，作为响应谱过程定义部分而引入的一个幅值参数；

$S_k^D(\omega_\alpha,\ \xi_\alpha)$——用户定义的谱在所插值的 k 方向上的值（见“指定一个谱”），如果必要的话，在模态 α 的固有频率 ω_α 和临界阻尼 ξ_α 的分数上；

t_j^k——第 k 个谱的第 j 个方向余弦；

$\Gamma_{\alpha j}$——模态 α 上在方向 j 上的参与因子（见1.3.5节）。

$(\dot{q}_\alpha^{\max})_k$ 和 $(\ddot{q}_\alpha^{\max})_k$ 的类似表达式，可以通过在上面的方程中替换速度或者加速度来得到。

组合单个的峰值响应

不同方向上激励的单个峰值响应，将在不同的时间发生，并且因此，必须组合到一个总的峰值响应中。必须执行两个组合，并且两个都在结果中引入了近似性：

1. 多方向激励必须组合成一个总响应。此组合是通过方向性的求和法来控制的，如下面的“方向性的求和方法”中所描绘的那样。

2. 必须组合峰值模态响应来评估物理的峰值响应。此组合是通过模态求和方法来控制的，如下面的“模态求和方法”中所描述的那样。

取决于基础激励的类型，模态响应或者方向性的响应是最先进行组合的。

方向性的求和方法

根据激励的性质选择组合多方向性激励方法。

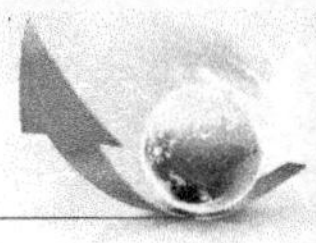

算法

如果不同方向上的输入谱是基础激励的分量，并且基础激励在空间中近似在一个单独方向上，则对于每一个模态，在不同空间方向上的峰值响应，是通过下式代数相加的

$$q_\alpha^{\max} = \sum_k \left(q_\alpha^{\max} \right)_k$$

相加后，模态响应得到求和。在下面的“模态求和方法”中，描述了模态求和所使用方法的选择。因为最先对方向性分量求和，下标 k 是不相关的，并且可以在后面的模态求和方程中忽略。

输入文件用法：*RESPONSE SPECTRUM，COMP = ALGEBRAIC，SUM = *sum*

Abaqus/CAE 用法：Step module：Create Step：Linear perturbation：Response spectrum：Excitations：Single direction 或者 Multiple direction absolute sum

方向性求和方法的平方和的平方根

如果谱在不同的方向上表现出独立的激励，则模态求和是最先执行的，如在下面的“模态求和方法”中所解释的那样。然后，不同激励方向的响应是通过下面来组合的

$$(R^i)^{\max} = \sqrt{\sum_k \left((R^i)_k^{\max} \right)^2}$$

输入文件用法：*RESPONSE SPECTRUM，COMP = SRSS，SUM = *sum*

Abaqus/CAE 用法：Step module：Create Step：Linear perturbation：Response spectrum：Excitations：Multiple direction square root of the sum of squares

百分之四十方法

如果不同方向上的谱代表独立的激励，则模态求和方法首先得到执行，如同下面的“模态求和方法”中所解释的那样。然后，不同激励方向上的响应是通过40%法则来组合的，此法则由 Seismic Analysis of Safety-Related Nuclear Structures and Commentary（与安全相关的核结构与评价安全性的抗震分析）中 3.2.7.1.2 节的 ASCE-98 标准所推荐。此方法组合了三个分量所有可能组合的响应，包括符号中的变化（加/减），假定当从一个分量发生最大的响应时，来自其他两个分量的响应是它们的最大值的40%，使用下面中的一个：

$$(R^i)^{\max} = \pm\left[(R^i)_1^{\max} \pm 0.4\ (R^i)_2^{\max} \pm 0.4\ (R^i)_3^{\max} \right],$$
$$(R^i)^{\max} = \pm\left[(R^i)_2^{\max} \pm 0.4\ (R^i)_1^{\max} \pm 0.4\ (R^i)_3^{\max} \right],$$
$$(R^i)^{\max} = \pm\left[(R^i)_3^{\max} \pm 0.4\ (R^i)_2^{\max} \pm 0.4\ (R^i)_1^{\max} \right]。$$

输入文件用法：*RESPONSE SPECTRUM，COMP = R40，SUM = *sum*

Abaqus/CAE 用法：Step module：Create Step：Linear perturbation：Response spectrum：Excitations：Multiple direction forty percent rule

百分之三十方法

如果在不同方向上的谱代表独立的激励，则首先执行模态求和，如同下面的“模态求和方法”中所解释的那样。然后，不同激励方向上的响应是通过30%法则来组合的，此法则由 Seismic Analysis of Safety-Related Nuclear Structures and Commentary（与安全相关的核结

构与评价安全性的抗震分析）中 3.2.7.1.2 节的 ASCE-98 标准所推荐。此方法组合了三个分量所有可能组合的响应，包括符号中的变化（加/减），假定当一个分量发生最大的响应时，来自其他两个分量的响应是它们所具有最大值的30%，使用下面中的一个：

$$(R^i)^{max} = \pm[(R^i)_1^{max} \pm 0.3(R^i)_2^{max} \pm 0.3(R^i)_3^{max}]$$

$$(R^i)^{max} = \pm[(R^i)_2^{max} \pm 0.3(R^i)_1^{max} \pm 0.3(R^i)_3^{max}]$$

$$(R^i)^{max} = \pm[(R^i)_3^{max} \pm 0.3(R^i)_2^{max} \pm 0.3(R^i)_1^{max}]$$

输入文件用法：＊RESPONSE SPECTRUM，COMP = R30，SUM = *sum*

Abaqus/CAE 用法：Step module：Create Step：Linear perturbation：Response spectrum：Excitations：Multiple direction thirty percent rule

模态求和方法

由所给的响应谱，在方向 k 的具有阻尼 ξ_α 的频率 ω_α 上，所激发的第 α 个固有模态中的运动所产生的某些物理变量 R^i（位移、应力、截面力、反作用力等的第 i 个分量）的峰值响应，是通过下面给出的

$$(R_\alpha^i)_k^{max} = \Phi_\alpha^i(q_\alpha^{max})_k$$

其中 Φ_α^i 是模态 α 的第 i 个分量，并且这里没有 α 的和。在代数求和的情况中，下标 k 是不相关的，并且在此方程以及那些后面的方程中可以忽略。

在单独的模态中，有几个将模态中峰值物理响应 $(R_\alpha^i)_k^{max}$ 组合成总峰值响应 $(R^i)_k^{max}$ 的评估方法。在 Abaqus/Standard 中实施的大部分方法遵循 Seismic Analysis of Safety-Related Nuclear Structures and Commentary（与安全相关的核结构与评价安全性的抗震分析）中的 ASCE-98 标准。更新的文档，"Reevaluation of Regulatory Guidance on Modal Response Combination Methods for Seismic Response Spectrum Analysis"（"地震响应谱分析模态响应组合方法常规指导的再评估"）发行于 1999 年（NUREG/CR-6645，BNL-NUREG-52276）和"Draft Regulatory Guide"（"草案规章指南"）（DG-1127）发行于2005 年，包含新的推荐。建议在下面所描述的那些方法中选择一个模态求和方法之前，阅读新的推荐。

绝对值方法

对于组合的模态响应，绝对值方法是最方便的方法。它是通过求和每一个模态产生的绝对值来得到的：

$$(R^i)_k^{max} = \sum_\alpha |(R_\alpha^i)_k^{max}|$$

此方法表明所有的响应峰值同时发生的。它将过度预测大部分系统的峰值响应，它可能太保守，而不利于设计。

输入文件用法：＊RESPONSE SPECTRUM，COMP = *comp*，SUM = ABS

Abaqus/CAE 用法：Step module：Create Step：Linear perturbation：Response spectrum：Summations：Absolute values

模态平方和的平方根求和方法

平方和的平方根方法没有绝对值方法那样保守。如果系统的固有频率是分离良好的，则

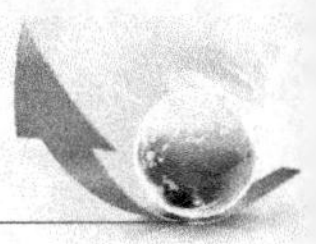

它通常是更加精确的。它使用平方和的平方根来组合模态响应：

$$(R^i)_k^{\max}=\sqrt{\sum_{\alpha}((R_{\alpha}^i)_k^{\max})^2}$$

输入文件用法：*RESPONSE SPECTRUM，COMP=*comp*，SUM=SRSS

Abaqus/CAE 用法：Step module：Create Step：Linear perturbation：Response spectrum：Summations：Square root of the sum of squares

Naval 研究实验室方法

绝对值与平方和的平方根方法可以进行组合，来产生 Naval 研究实验室方法。它能识别所含物理变量具有最大响应的模态β，并且在其他所有的模态中，将峰值响应的平方和的平方根添加到那个模态峰值响应的绝对值中：

$$(R^i)_k^{\max}=|(R_{\beta}^i)_k^{\max}|+\sqrt{\sum_{\alpha\neq\beta}((R_{\alpha}^i)_k^{\max})^2}$$

输入文件用法：*RESPONSE SPECTRUM，COMP=*comp*，SUM=NRL

Abaqus/CAE 用法：Step module：Create Step：Linear perturbation：Response spectrum：Summations：Naval Research Laboratory

百分之十方法

由 Regulatory Guide（规范手册）1.92（1976）推荐的百分之十方法，根据发行于 1999 年的文档“Reevaluation of Regulatory Guidance on Modal Response Combination Methods for Seismic Response Spectrum Analysis”（“地震响应谱分析模态响应组合方法常规指导的再评估”）不再进行推荐。在这里保留是因为它之前的广泛使用。百分之十方法，通过添加来自所有的α和β模态对的贡献，来更改平方和的平方根方法，α和β模态的频率是在彼此的 10%之内，给出的评估为：

$$(R^i)_k^{\max}=\sqrt{\sum_{\alpha}((R_{\alpha}^i)_k^{\max})^2+2\sum_{\alpha<\beta}|(R_{\alpha}^i)_k^{\max}(R_{\beta}^i)_k^{\max}|}$$

认为任何时候，模态α和β的频率是在彼此的 10%之内，即

$$\frac{\omega_{\beta}-\omega_{\alpha}}{\omega_{\beta}}\leqslant 0.1,\quad \alpha<\beta$$

如果良好的分离模态，没有彼此之间的耦合，则百分之十方法简化成平方和的平方根方法。

输入文件用法：*RESPONSE SPECTRUM，COMP=*comp*，SUM=TENP

Abaqus/CAE 用法：Step module：Create Step：Linear perturbation：Response spectrum：Summations：Ten percent

完全的二次组合方法

像百分之十方法，完全的二次组合方法改善了具有紧密间隔特征值结构的评估。完全的二次组合方法使用下面的公式来组合模态响应

$$(R^i)_k^{\max}=\sqrt{\sum_{\alpha}\sum_{\beta}(R_{\alpha}^i)_k^{\max}\rho_{\alpha\beta}(R_{\beta}^i)_k^{\max}}$$

其中$\rho_{\alpha\beta}$是模态α和β之间的交叉相关系数，它取决于频率的比例和两个模态之间的模

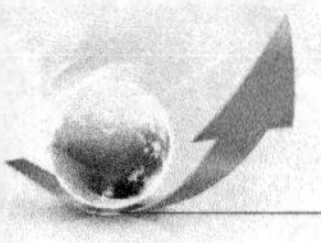

态阻尼。

$$\rho_{\alpha\beta}=\frac{8\sqrt{\xi_\alpha\xi_\beta}\ (\xi_\alpha+r_{\beta\alpha}\xi_\beta)\ r_{\beta\alpha}^{3/2}}{(1-r_{\beta\alpha}^2)^2+4\xi_\alpha\xi_\beta r_{\beta\alpha}\ (1+r_{\beta\alpha}^2)\ +4\ (\xi_\alpha^2+\xi_\beta^2)\ r_{\beta\alpha}^2}$$

其中 $r_{\beta x}==\omega_\beta/\omega_\alpha$。

如果模态间隔良好，则它们的交叉相关系数将是较小的（$\rho_{\alpha\beta}\ll 1$），并且此方法将给出如同平方和的平方根方法一样的结果。

此方法通常是推荐给对称建立的系统，因为在这样的情况中，其他方法可能低估了运动方向上的响应，并且过度估计了横向方向的响应。

输入文件用法：＊RESPONSE SPECTRUM，COMP = comp，SUM = CQC

Abaqus/CAE 用法：Step module：Create Step：Linear perturbation：Response spectrum：Summations：Complete quadratic combination

成组方法

此方法，也称为 NRC 成组方法，改进了具有紧密间隔特征值结构的响应估计。进行模态响应成组，使得一个组中的最低和最高频率模态在相差 10% 之内，并且没有模态在多于一个的组中。模态响应在执行一个组的 SRSS 组合之前，是完全在组中求和的。在组中，响应如下进行求和。

$$(R_{gr}^i)_k^{\max}=\left|(R_1^i)_k^{\max}\right|+\left|(R_2^i)_k^{\max}\right|+\cdots+\left|(R_n^i)_k^{\max}\right|$$

并且对于任何"gr"组中"n"频率进而执行下面的计算。

$$(R^i)_k^{\max}=\sqrt{\sum_{gr=1}^{gr=n}\left(\ (R_{gr}^i)_k^{\max}\right)^2}$$

上面的表达式包括所有的组；此外，如果没有其他在 10% 限制中的成员而只有一个频率，则组可以仅由此频率响应组成。

百分之十方法将总是比成组方法在数值上产生更高的结果。

输入文件用法：＊RESPONSE SPECTRUM，COMP = *comp*，SUM = GRP

Abaqus/CAE 用法：Step module：Create Step：Linear perturbation：Response spectrum：Summations：Grouping method

双总和组合

此方法也称为 Rosenblueth 的双总和组合（Rosenblueth 和 Elorduy，1969），是首次试图基于随机振动理论来平衡模态相关性。它利用强烈地震运动的时间持续 t_D。模态校正系数 $c_{\alpha\beta}$ 也取决于频率和阻尼系数 ξ，来产生下面的模态组合：

$$(R^i)_k^{\max}=\sqrt{\sum_\alpha\sum_\beta\ (R_\alpha^i)_k^{\max}c_{\alpha\beta}\ (R_\beta^i)_k^{\max}}$$

其中

$$c_{\alpha\beta}=\frac{1}{1+\left(\dfrac{\omega_{\alpha'}-\omega_{\beta'}}{\xi_{\alpha'}\omega_\alpha+\xi_{\beta'}\omega_\beta}\right)^2}$$

其中

$$\omega_{\alpha'}=\omega_\alpha\sqrt{1-\xi_\alpha^2}$$

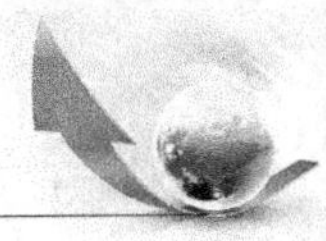

$$\xi_{\alpha'} = \xi_\alpha + \frac{2}{t_D \omega_\alpha}$$

输入文件用法：*RESPONSE SPECTRUM，COMP = *comp*，SUM = DSC

Abaqus/CAE 用法：Step module：Create Step：Linear perturbation：Response spectrum：Summations：Double sum combination

选择模态和指定阻尼

可以选择用于模态叠加的模态，并且指定所有被选模态的阻尼值。

选择模态

可以通过分别指定模态编号，通过要求 Abaqus/Standard 自动生成模态编号，或者通过要求属于指定频率范围的模态来选择模态。如果没有选择模态，则所有在之前的特征频率提取步中提取的模态（包括激活的残余模态）用于模态叠加中。

输入文件用法：使用下面的选项中的一个来通过指定模态编号来选择模态：

*SELECT EIGENMODES，DEFINITION = MODE NUMBERS

*SELECT EIGENMODES，GENERATE，DEFINITION = MODE NUMBERS

使用下面的选项，通过指定一个频率范围来选择模态：

*SELECT EIGENMODES，DEFINITION = FREQUENCY RANGE

Abaqus/CAE 用法：在 Abaqus/CAE 中不能选择模态；所有提取的模态用于模态叠加中。

指定阻尼

总是为一个基于模态的过程指定阻尼（见《Abaqus 分析用户手册——材料卷》的 6.1.1 节）。可以为响应计算中使用的所有模态或者一些模态定义一个阻尼系数。可以为一个指定的模态编号或者为一个指定的频率范围给定阻尼系数。当通过指定一个频率范围来定义阻尼时，一个模态的阻尼系数是在所指定的频率之间线性插值得到的。频率范围可以是不连续的，将在一个不连续处的特征频率施加平均的阻尼值。假定所指定频率范围以外的阻尼系数是不变的。

输入文件用法：使用下面的选项，通过指定模态编号来定义阻尼：

*MODAL DAMPING，DEFINITION = MODE NUMBERS

使用下面的选项，通过指定一个频率范围来定义阻尼：

*MODAL DAMPING，DEFINITION = FREQUENCY RANGE

Abaqus/CAE 用法：使用下面的输入，通过指定模态编号来定义阻尼：

Step module：Create Step：Linear perturbation：Response spectrum：Damping：Specify damping over ranges of：Modes

使用下面的输入，通过指定一个频率范围来定义阻尼：

Step module：Create Step：Linear perturbation：Response spectrum：Damping：Specify damping over ranges of：Frequencies

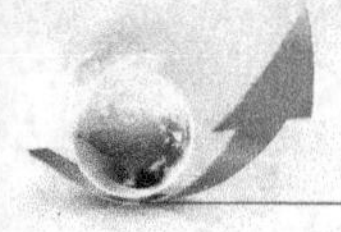

指定阻尼的例子

图 1-18 显示了不同特征频率上的阻尼系数是如何为下面的输入所确定的：

* MODAL DAMPING，DEFINITION = FREQUENCY RANGE

f_1，d_1

f_2，d_2

f_2，d_3

f_3，d_3

f_4，d_4

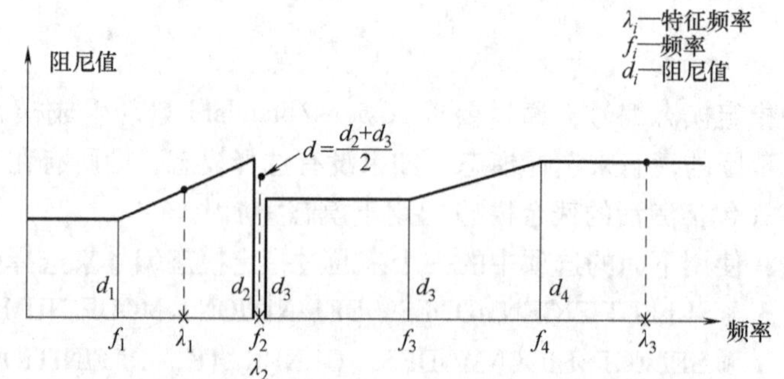

图 1-18　通过频率范围指定的阻尼值

选择模态和指定阻尼系数的法则

下面的法则应用于选择模态和指定模态阻尼系数：

- 默认是不包括模态阻尼。
- 模态选择和模态阻尼必须以相同的方式来指定，使用模态编号或者一个频率范围。
- 如果不选择任何模态，将在叠加中使用所有在之前的频率分析中提取的模态（包括激活的残余模态）。
- 如果不为已经选择的模态指定阻尼系数，这些模态将使用零阻尼值。
- 仅对所选的模态施加阻尼。
- 超出指定频率范围的所选模态的阻尼系数是不变的，并且等于为第一个或者最后的频率所指定的阻尼系数（取决于哪一个更加接近）。这与 Abaqus 阐述的幅值定义是一致的。

初始条件

在一个响应谱分析中指定初始条件是不合适的。

边界条件

由边界条件约束的所有点和连接器单元的接地节点，是假定成在任何一个方向上的相位中移动的。此基础运动可以在三个正交方向的每一个上使用一个不同的输入谱（在一个二维模型中的

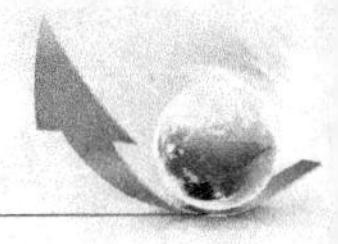

两个方向上)。对于不同的临界阻尼ξ的值，定义输入谱$S(\omega, \xi)$为频率ω的函数，如早先在“指定一个谱”中所描述的那样。次要基础不能用于一个响应谱分析中。

载荷

唯一可以在一个响应谱分析中定义的“载荷”是通过输入谱来定义的，如前面所描述的那样。在一个响应谱分析中，没有其他可以指定的载荷。

预定义的场

预定义的场，包括温度，不能用于响应谱分析中。

材料选项

必须定义材料的密度（见《Abaqus 分析用户手册——材料卷》的 1.2.1 节）。下面的材料属性在一个响应谱分析中是无效的：塑性和其他非弹性影响，率相关的材料属性、热属性、质量扩散属性、电属性和孔隙流体流动属性（见 1.1.3 节）。

单元

除了具有扭曲的广义轴对称单元之外，Abaqus/Standard 中的任何应力/位移单元，可以用于一个响应谱分析中（见《Abaqus 分析用户手册——单元卷》的 1.1.3 节）。

输出

Abaqus/Standard 中的所有输出变量在《Abaqus 分析用户手册——介绍、空间建模、执行与输出卷》的 4.2.1 节中进行了列表。一个输出变量的值，例如应变 E、应力 S 或者位移 U，是它的峰值大小。

除了通常可用的输出变量外，下面的模态变量对于响应谱分析是可以使用的，并且可以输出到数据和（或者）结果文件中（见《Abaqus 分析用户手册——介绍、空间建模、执行与输出卷》的 4.1.2 节）：

GU——所有模态的广义位移；

GV——所有模态的广义速度；

GA——所有模态的广义加速度；

SNE——整体模型的每一个模态的弹性应变能；

KE——整体模型的每一个模态的动能；

T——整体模型的每一个模态的外部功。

在响应谱分析中，没有可用于输出的单元能密度（例如弹性应变能密度 SENER），也没有可用于输出的整体单元能量（例如一个单元的总动能 ELKE）。然而，ALLIE（总应变能）

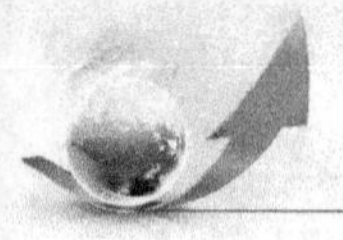

那样的整体模型变量，对于基于模态的过程，作为输出到数据和/或者结果文件是可以得到的（见《Abaqus 分析用户手册——介绍、空间建模、执行与输出卷》的 4.1.2 节）。

对于使用提取的特征模态的响应谱分析，反作用力输出是不支持的，其中提取特征模态使用一个采用 AMS 或者 Lanczos 特征求解器的基于 SIM 的频率提取过程。使用默认的 Lanczos 特征求解器提取特征模态的响应谱分析中的反作用力输出，提供所谓的方向性组合，对应广义位移的最大绝对值加权的模态反作用力。用于反作用力计算的方向性组合的法则和模态组合的法则，是与其他节点输出变量一样的。模态反作用力是在频率提取过程中计算得到的。它们代表为正常模态形状所计算的静反作用力。通常，在动态分析中，它们不足以代表反作用力。对于具有对角质量和对角阻尼矩阵的模态，模态反作用力的叠加，可以在基于模态的分析中提供比响应谱分析合理的一个近似节点反作用力。在响应谱分析中，通过要求包含支持节点的结构单元中的截面应力和截面力，可以更好地表示模态响应。

输入文件模板

```
*HEADING
…
*BOUNDARY
定义由输入谱控制的基础运动来激励的点的数据行
*SPECTRUM, NAME=名称1, TYPE=类型
定义谱“名称1”为一个频率ω和临界阻尼分数ξ的函数的数据行
*SPECTRUM, NAME=名称2, TYPE=类型
定义谱“名称2”为一个频率ω和临界阻尼分数ξ的函数的数据行
**
*STEP
*FREQUENCY
指定要提取的模态数量的数据行
*END STEP
**
*STEP
*RESPONSE SPECTRUM, COMP=comp, SUM=sum
参考响应谱和定义方向余弦的数据行
*SELECT EIGENMODES
定义可应用的模态范围的数据行
*MODAL DAMPING
定义模态阻尼的数据行
*END STEP
```

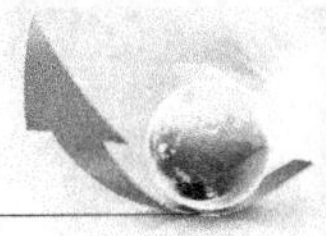

参考文献

- Rosenblueth, E., and J. Elorduy, "Response of Linear Systems to Certain Transient Disturbances," Proceedings of the Fourth World Conference on Earthquake Engineering, Santiago, Chile, 1969.

1.3.11 随机响应分析

产品：Abaqus/Standard　Abaqus/CAE

参考

- "定义一个分析"1.1.2 节
- "通用和线性摄动过程"1.1.3 节
- "动态分析过程：概览"1.3.1 节
- *RANDOM RESPONSE
- *PSD-DEFINITION
- *CORRELATION
- "构建线性摄动分析过程"中的"构建一个随机响应过程"《Abaqus/CAE 用户手册》的 14.11.2 节，此手册的 HTML 版本中

概览

一个随机响应分析：

- 是一个给出模型对用户定义的随机激励所产生的线性化动态响应的线性摄动过程；
- 使用在一个之前的特征频率提取步中提取的一组模态来计算响应变量（应力、应变、位移等）的功率谱密度和这些相同变量的相应均方根（RMS）。

随机响应分析

随机响应分析预测一个系统承受通过一个交叉谱（cross-spectral）密度矩阵，以统计意义表达的不确定的连续激励所具有的响应。因为载荷是不确定的，所以它只能以统计的意义来表征；Abaqus/Standard 假定激励是平稳并遍历的。这些统计的度量在《Abaqus 理论手册》的 2.5.8 节中进行了详细的解释。例如，随机响应分析过程可以用来确定一个飞机对于发动机的响应，一个汽车对于路面缺陷的响应，一个结构对于喷气噪声的响应，或者一个建筑物对于一个地震的响应。

在绝大多数的通用情况中，激励是定义成频率相关的交叉谱密度（CSD）矩阵的。除

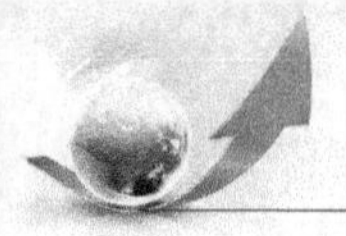

了包括运动噪声或者用户子程序 UCORR 的情况，假定对于一个给定的载荷工况，CSD 矩阵可以分离成一个频率相关的，复数赋值的标量函数和一个频率独立的，复数赋值的空间相关矩阵的乘积。此假设有助于简化计算时间和要求用户输入的量，但是说明 CSD 矩阵的每一个单元在一个给定的载荷工况中，具有相同的频率相关性。可以为每一个载荷工况定义一个不同的频率相关性，但是在一个载荷工况中的载荷将不会与其他工况中的载荷相关。结果，对称的 CSD 矩阵是通过简单地对各自载荷工况的 CSD 矩阵求和（叠加）来组装的。

频率相关的标量函数可以由用户定义的，复数赋值的，并且是频率函数的加权和来组成。给每一个频率函数赋予权重，以及空间关联矩阵的属性，此空间关联矩阵定义一个具体载荷工况的不同位置和不同方向上的激励之间的联系。频率函数和相关性在下面进行了讨论(见“定义频率函数”和“定义相关性”)。

载荷可以定义成集中点载荷、分布的载荷、连接器单元载荷或者基础运动激励，如下面的“边界条件”和“载荷”中所描述的那样。可以为集中点载荷、连接器载荷和基础运动定义多个无关联的载荷工况。载荷工况 1 给在一个具体步中定义的所有分布载荷保留。在这些步中，载荷工况 1 不能用于任何的集中点载荷，连接器载荷，或者基础运动。这样，在分布的载荷与任何其他载荷之间不能有任何的相关性。此外，基础运动激励假定与任何其他载荷类型统计无关的（无相关性），即使使用了相同的载荷工况编号。如果使用了相同的载荷工况编号，则假定集中点和连接器单元载荷是相关的。

随机响应过程以系统的一个模态子集的使用为基础，此模态子集必须通过使用特征频率提取过程来首先进行提取。如果在特征频率提取步中激活了残余模态，模态将包括特征模态和残余模态。根据实际情况，所提取模态的数量必须能够充分模拟系统的动态响应。模型可以在特征频率提取之前进行预加载。如果在用来施加预载荷(见1.1.3 节)的通用分析过程中包括了几何非线性，则特征频率提取中所使用的刚度包含初始应力效应。

模型的随机响应是表达成节点和单元变量的功率谱密度值，以及它们均方根值。

定义频率范围

为随机响应过程指定感兴趣的频率范围。响应是在感兴趣的最低频率与范围中的第一个特征频率之间，在范围中的每一个特征频率之间和范围中最后的特征频率与范围的最高频率之间的多个点上计算得到的，如图 1-19 中说明的那样。每一个间隔之间计算点的默认数量是 20。当定义步时，可以改变此数量。如果使用了足够多的点，Abaqus/Standard 在频率范围上精确地积分，才能得到精确的 RMS 值。偏置函数允许频率上的点，在固有频率处更加紧密地按比例间隔到一起，这样允许响应的详细定义接近共振频率以及更加精确的积分。

输入文件用法：* RANDOM RESPONSE
lower_ freq_ limit, *upper_ freq_ limit*, *num_ calc_ pts*, *bias_ parameter*, *freq_ scale*

Abaqus/CAE 用法：Step module：Create Step：Linear perturbation：Random response

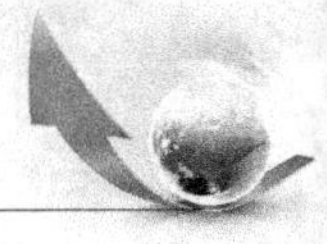

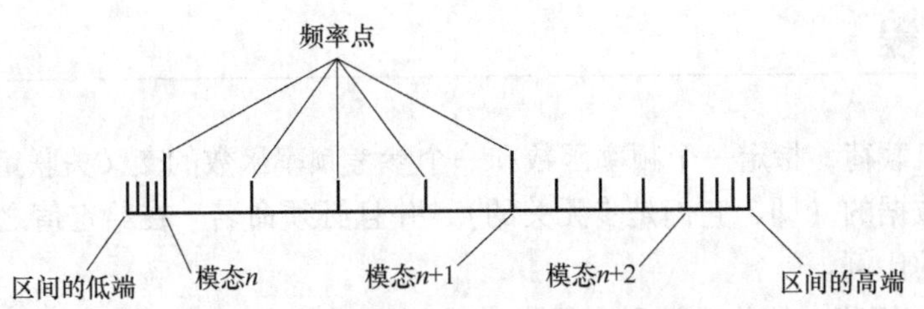

图 1-19 使用模态和 5 个计算点的范围划分

偏置参数

偏置参数可以用来提供结果点的更加靠近的间隔，向着中间或者向着每一个频率间隔的端部。图 1-20 显示了频率范围上的偏置参数效应的一些例子。

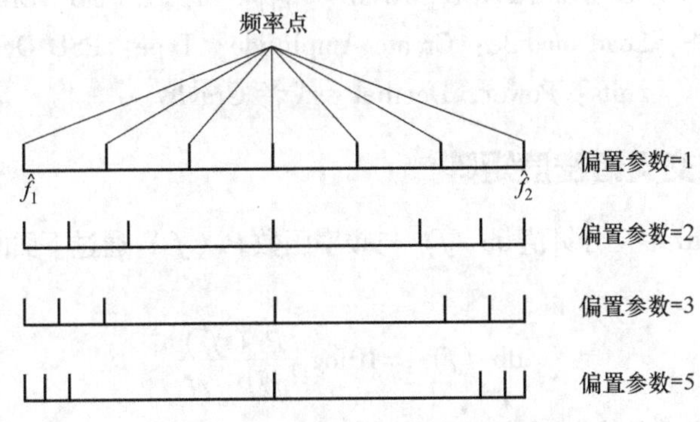

图 1-20 对于点数 $n=7$ 的频率间隔上的偏置参数影响

用来计算含有结果的频率的偏置函数如下：

$$\hat{f}_k = \frac{1}{2}(\hat{f}_1 + \hat{f}_2) + \frac{1}{2}(\hat{f}_2 - \hat{f}_1)\ |y|^{1/p}\,\mathrm{sign}(y),$$

其中 y——$y = -1 + 2(k-1)/(n-1)$；

n——给出结果频率点的数量；

k——这些频率点中的一个（$k=1, 2, \cdots, n$）；

$\hat{f}_1$——频率间隔的下限；

$\hat{f}_2$——频率间隔的上限；

$\hat{f}_k$——给出第 k 个结果的频率；

p——偏置参数值；

$\hat{f}$——频率或者频率的对数，取决于频率比例。

偏置参数 p 大于 1.0 时，为朝着频率间隔末端的结果点提供更加靠近的间隔（如上面的例子中所显示的那样）；p 小于 1.0 时，为朝着频率间隔的中点提供更加靠近的间隔。对于随机响应分析，默认的偏置参数是 3.0。

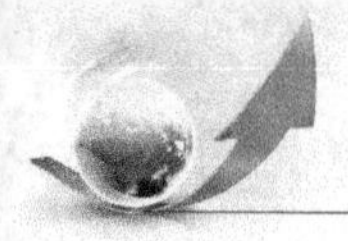

定义频率方程

要定义随机载荷，指定一个频率函数和一个参考频率函数的交叉关联定义。此频率函数是定义成模型数据的（即，它们是步无关的），并且必须命名。在给定值之间的插值使用一个对数到对数的比例。

激励的CSD矩阵中的单位类型，是指定成频率函数定义的一部分。默认的类型是功率单位。如果激励的CSD矩阵是由基础运动产生的，则必须以 g 为单位，并且应当定义重力的加速度。另外，可以指定分贝单位，此类型的单位解释如下。

输入文件用法：使用下面选项的一个来定义频率函数：

*PSD-DEFINITION，NAME=名称，TYPE=FORCE（默认为功率单位）

*PSD-DEFINITION，NAME=名称，TYPE=BASE，G=g

*PSD-DEFINITION，NAME=名称，TYPE=DB，DB REFERENCE=P_{ref}

Abaqus/CAE 用法：Load module：Create Amplitude；Type：PSD Definition；Specification-units：Power，Decibel，或者 Gravity

定义分贝单位中的交叉谱密度矩阵

在Abaqus/Standard中，分贝值db（f）与频率函数 P（f）通过下面的全频带换算公式相关联：

$$db(f)=10\log_{10}\frac{P(f)}{\sqrt{2}P_{ref}/f_c}$$

其中 P_{ref} 是用户指定的参考功率，以及 f_c 是中频频率（见表1-7）。这样，频率函数遵从以分贝单位定义的函数为

$$P(f)=\frac{\sqrt{2}}{f_c}P_{ref}10^{db(f)/10}$$

如果有一个其他频率尺度方式的数据（例如，三分之一倍频带），则可以如《Abaqus理论手册》的2.5.8节中所描述的那样，得到一个等价的完全倍频带功率参考值。

倍频的 P（f）必须指定成频率带的一个函数，相关联的中频频率在表1-7中给出。

定义频率函数的另外方法

可以在一个外部的文件中或者一个用户子程序中定义一个频率函数。

在一个外部文件中定义频率函数

可以在一个外部文件中包含定义一个频率函数的数据。

输入文件用法：*PSD-DEFINITION，NAME=名称，TYPE=类型，INPUT=文件名称

Abaqus/CAE 用法：Load module：Create Amplitude；Type：PSD Definition；Specification units：Power，Decibel，或者 Gravity；Real，Imaginary，Frequency

表 1-7 标准的倍频带

带编号	带中心（频率/Hz）
1	1.0
2	2.0
3	4.0
4	8.0
5	16.0
6	31.5
7	63.0
8	125.0
9	250.0
10	500.0
11	1000.0
12	2000.0
13	4000.0
14	8000.0
15	16000.0

在一个用户子程序中定义频率函数

复杂的频率函数可以通过用户子程序 UPSD，比通过直接输入数据更容易的定义。

输入文件用法：＊PSD-DEFINITION，NAME = 名称，TYPE = 类型，USER

如果指定了 USER 参数，则忽略任何给出的数据行。

Abaqus/CAE 用法：Load module：Create Amplitude；Type：PSD Definition；Specification units：Power 或者 Gravity；切换打开 Specify data in an external user subroutine

定义关联性

在所施加的节点载荷或者基础运动之间定义交叉关联性。也可以通过交叉关联性定义给频率函数赋予比例（权重）因子。分布载荷转化成等效的节点载荷，将它们处理成关于交叉关联性的单个点载荷。交叉关联性是在随机响应步中定义的，并且参考一个具体的载荷工况编号和频率函数。

可以定义三种类型的关联性：关联的、不关联的和活动噪声。可以根据定义随机载荷的需要来指定关联性的多少，除非选择了活动噪声，在此情况中，只有一个关联性可以出现在步定义中。

- 对于相关的类型，考虑了交叉谱密度矩阵中的所有项，说明载荷工况中所有自由度上的载荷是完全关联的（统计上取决于彼此）。
- 对于无关联的类型，只考虑了在交叉谱密度矩阵中的对角项，这说明一个自由度上的

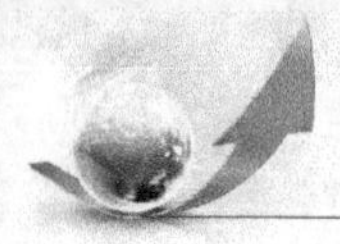

载荷与其他自由度上的载荷不存在关联性。当选择分布载荷的无关联类型时，应当小心，因为等效节点力将彼此之间没有关联性（统计上取决于彼此）。

• 对于活动噪声类型，关联性矩阵中的项取决于施加载荷的点的相关位置。此类型仅能用来与集中点载荷以及分布的载荷相结合。此外，活动噪声方程假设由交叉关联性参考的频率函数来定义一个噪声源的参考功率谱密度函数。它是一个参考功率谱密度，因为在后面，它可以通过所指定的载荷大小，缩放成一个分布的、集中点的或者连接器单元的载荷。因为功率谱密度对于实数幅值的变量是实数幅值的，所以当与交叉关联的活动噪声类型一起使用时，频率函数必须不包含复数项。

输入文件用法：使用下面选项的一个来定义相关性：

*CORRELATION，TYPE = CORRELATED，PSD = 名称

*CORRELATION，TYPE = UNCORRELATED，PSD = 名称

*CORRELATION，TYPE = MOVING NOISE

对于活动噪声类型，对功率谱密度函数的参考，必须在每一个数据行中给出。

Abaqus/CAE 用法：Load module；Create Boundary Condition；Step：随机响应步；Category：Mechanical；Types for Selected Step：Displacement base motion or Velocity base motion 或者 Acceleration base motion；Correlation 表页：切换打开 Specify correlation；Approach：Correlated 或者 Uncorrelated；PSD：psd 幅值名称

指定关联性矩阵是否是复数的

对于关联的或者不关联的交叉关联性，可以指定在空间关联矩阵中是否将同时包括实数项和虚数项。此指定不影响为功率谱密度频率函数给出的虚数项。

输入文件用法：使用下面选项的一个：

*CORRELATION，TYPE = CORRELATED，COMPLEX = YES 或者 NO，PSD = 名称

*CORRELATION，TYPE = UNCORRELATED，COMPLEX = YES 或者 NO，PSD = 名称

Abaqus/CAE 用法：Load module；Create Boundary Condition；Step：随机响应步；Category：Mechanical；Types for Selected Step：Displacement base motion 或者 Velocity base motion 或者 Acceleration base motion；Correlation 表页：切换打开 Specify correlation；Approach：Correlated 或者 Uncorrelated；PSD：psd 幅值名称；Real；Imaginary

定义一个关联性的其他方法

可以在一个外面的输入文件中，或者在一个用户子程序中定义一个关联性。

在一个外面的输入文件中定义关联性

定义一个关联性的数据，可以包含在一个外部的输入文件中。

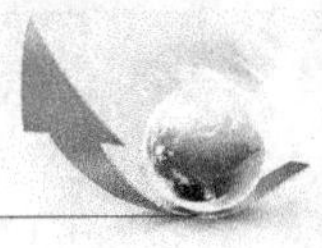

输入文件用法：＊CORRELATION，TYPE＝类型，PSD＝名称，INPUT＝文件名称

Abaqus/CAE 用法：在 Abaqus/CAE 中，不能在一个外部的文件中定义一个关联性。

在一个用户子程序中定义关联性

简单的激励，例如无关联性的白噪声，是简单定义的。包含更多复杂关联性的激励，包括 CSD 矩阵的单元具有不同频率关联性的情况，可以通过使用子程序 UCORR 来定义。如果指定了用户子程序，只有载荷工况编号必须作为关联性定义的一部分来输入。一个用户子程序不能用来定义多个活动噪声关联性。

对于无关联性的交叉关联性，将会只使用 UCORR 中指定的关联性矩阵的对角项。交叉相关性与不同类型的施加载荷之间的组合，在下面进行了更加详细的讨论。

输入文件用法：使用下面选项的一个：

＊CORRELATION，TYPE＝CORRELATED，USER，COMPLEX＝YES 或者 NO，PSD＝名称

＊CORRELATION，TYPE＝UNCORRELATED，USER，PSD＝名称

Abaqus/CAE 用法：Load module；Create Boundary Condition；Step：随机响应分析；Category：Mechanical；Types for Selected Step：Displacement base motion 或者 Velocity base motion 或者 Acceleration base motion；Correlation 标签页：切换打开 Specify correlation；Approach：User

指定模态和指定阻尼

可以选择用于模态叠加的模态，并为所有选择的模态指定阻尼值。

选择模态

可以通过分别指定模态编号，通过要求 Abaqus/Standard 自动生成模态编号，或者通过要求属于指定频率范围的模态来选择模态。如果不选择模态，则模态叠加中使用之前的特征频率提取步中所有提取的模态，包含激活的残余模态。

输入文件用法：使用下面选项的一个，通过指定模态编号来选择模态：

＊SELECT EIGENMODES，DEFINITION＝MODE NUMBERS

＊SELECT EIGENMODES，GENERATE，DEFINITION＝MODE NUMBERS

使用下面的选项，通过指定一个频率范围来选择模态：

＊SELECT EIGENMODES，DEFINITION＝FREQUENCY RANGE

Abaqus/CAE 用法：在 Abaqus/CAE 中不能选择模态。所有提取的模态用于模态叠加中。

指定阻尼

对于一个随机响应分析，几乎总是指定阻尼（见《Abaqus 分析用户手册——材料卷》的 6.1.1 节）。如果缺失了阻尼，一旦激扰频率等于一个结构的特征频率，则结构的响应将是无限的。要得到定量精确的结果，尤其是靠近固有频率，阻尼属性的精确指定是必不可少的。在《Abaqus 分析用户手册——材料卷》的 6.1.1 节中讨论了可用的不同阻尼选

项。可以为用于响应计算中的所有或者一些模态定义一个阻尼系数。可以为一个指定的模态编号或者一个指定的频率范围给出阻尼系数。当阻尼是通过指定一个阻尼范围来定义时，一个模态阻尼系数是在所指定的频率之间进行线性插值的。频率范围可以是不连续的。在不连续处，将为一个特征频率施加平均阻尼值。假定阻尼系数在所指定的频率之外是不变的。

输入文件用法：使用下面的选项，通过指定模态编号来定义阻尼：

*MODAL DAMPING，DEFINITION = MODE NUMBERS

使用下面的选项，通过指定一个频率范围来定义阻尼：

*MODAL DAMPING，DEFINITION = FREQUENCY RANGE

Abaqus/CAE 用法：使用下面的输入，通过指定模态数量来定义阻尼：

Step module：Create Step：Linear perturbation：Random response：Damping

Abaqus/CAE 中不支持通过指定频率范围来定义阻尼。

指定阻尼的例子

图 1-21 显示了不同特征频率上的阻尼系数，是如何为下面的输入来确定的：

*MODAL DAMPING，DEFINITION = FREQUENCY RANGE

f_1，d_1

f_2，d_2

f_2，d_3

f_3，d_3

f_4，d_4

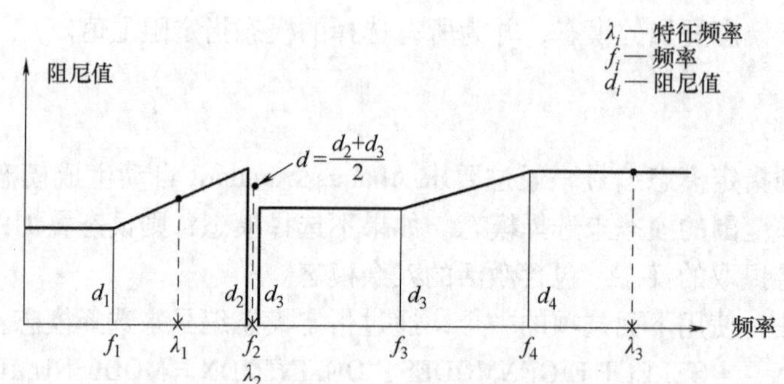

图 1-21　通过频率范围来指定阻尼值

选择模态和指定阻尼系数的法则

下面的法则施加于选择模态和指定模态阻尼系数：

- 默认不包括模态阻尼。
- 模态选择和模态阻尼必须以相同的方式来指定，使用模态编号或者一个频率范围。
- 如果不选择任何模态，将在叠加中使用所有在之前的频率分析中提取的模态，包括激活的残余模态。
- 如果不指定已经选择的模态的阻尼系数，则这些模态将使用零阻尼值。

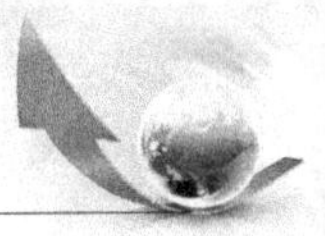

- 仅对所选的模态施加阻尼。
- 超出指定频率范围的所选模态的阻尼系数是不变的，并且等于为第一个或者最后的频率所指定的阻尼系数（取决于哪一个更加接近）。这与 Abaqus 阐述的幅值定义是一致的。

初始条件

在一个随机响应分析中指定初始条件是不合适的。

边界条件

在基于模态的动力学响应过程中，直接指定非零的位移和转动作为边界条件（见《Abaqus 分析用户手册——指定的条件、约束和相互作用卷》的 1.3.1 节）是不可能的。这样，在一个随机响应分析中，节点的运动仅可以指定成基础运动。忽略作为边界条件给出的非零位移、速度或者加速度历史定义，并且任何来自特征频率提取步的支持条件的改变会作为错误来标识。此外，忽略一个随机响应分析中的任何幅值定义。

模态叠加过程中指定运动的方法，在 1.3.7 节中进行了描述。在随机响应分析中，只能定义一个单独的（主要的）基础。

定义多载荷工况

通过基础运动定义的激励是赋予了编号的载荷工况。这些载荷工况进而在交叉关联的定义中得到参考。通过交叉关联定义中的参考，载荷工况与频率函数相关联。可以定义任何已经编了号的载荷工况，但是如果在同一个步中定义了分布载荷，则不能使用载荷工况编号 1。

输入文件用法：＊BASE MOTION，LOAD CASE = n

Abaqus/CAE 用法：Abaqus/CAE 中不支持使用载荷工况的基础运动。

将基础运动激励转化成一个交叉谱密度矩阵

当通过一个基础运动提供激励时，通过模态参与因子（见 1.3.5 节），它直接转化成在特征形状上投影的一个交叉谱密度矩阵，给出

$$S_{\alpha\beta}(f)=\begin{cases}\sum_J g_J^2 P^J(f)\sum_i\sum_j \Gamma_\alpha^i \Gamma_\beta^j \Psi_{ij}^{IJ}(2\pi f)^{2\lambda_I} & \text{当 } \alpha<\beta \text{ 时,}\\ [S_{\beta\alpha}(f)]^* & \text{当 } \alpha>\beta \text{ 时,}\\ \mathrm{Re}\left(\sum_J g_J^2 P^J(f)\sum_i\sum_j \Gamma_\alpha^i \Gamma_\beta^j \Psi_{ij}^{IJ}(2\pi f)^{2\lambda_I}\right) & \text{当 } \alpha=\beta \text{ 时}\end{cases}$$

其中上标 * 标识复数共轭，并且其中

Γ_α^i——模态 α 在激励方向 i（$i=1\sim6$）上的参与因子；

$P^J(f)$——由第 J 个交叉相关性参考的频率函数，并且定义成以 g 为单位的频率 f 的函数；

Ψ_{ij}^{IJ}——权重因子的矩阵，表示与载荷工况 I 在方向 i 上的基础运动与方向 j 上的基础运动之间的关联性相关的 P^J 分数，如下面所描述的那样；

λ_I——$\lambda_I=0$，1，2，取决于对应于载荷工况 I 的基础运动，是否以一个加速度谱、一个速度谱或者一个位移谱（见 1.3.7 节）的形式定义的；

g_J——定义 P^J 的相同功率谱密度频率函数的重力所具有的用户指定加速度。

如果交叉关联性是在用户子程序 UCORR 中定义的，则 Ψ_{ij}^{IJ} 是在用户子程序中定义的。否则

$$\Psi_{ij}^{IJ}=\begin{cases}a^{IJ}\text{对于所有的}(i,j)\text{，如果激励是相关联的，}\\ a^{IJ}\delta_{ij}\text{，如果激励是不关联的。}\end{cases}$$

其中 a^{IJ} 是权重因子的值（复数），通过它来缩放用于载荷工况 I 的频率函数 P^J。

载荷

随机响应分析的载荷是在通用项中，通过交叉谱密度矩阵 $S_{(N,i)(M,j)}(f)$ 来定义的，其中 f 是以循环/时间为单位的频率，并且下标（N，i）和（M，j）分别指节点 N 上的自由度 i 和节点 M 上的自由度 j。分布的载荷转化成等效节点载荷，分布的载荷（对于相关矩阵的方程）是以相同的方式处理成集中点载荷的。$S_{(N,i)(M,j)}(f)$ 的单位是（力）^{2} 或者（力矩）^{2} 每频率。此外，任何集中点上的、连接器单元的或者分布载荷定义的幅值参考，在随机响应分析中忽略。

定义多载荷工况

分布载荷将自动地赋予载荷工况编号 1。赋予一个集中点载荷或者连接器单元载荷到一个编号的载荷工况中。可以指定任何数量的集中点和连接器单元载荷工况，但是如果在同一个步中存在一个分布的载荷，则载荷工况 1 不能用于一个集中点或者连接器单元载荷。集中点、连接器单元和分布的载荷工况是与频率函数、通过交叉关联的定义来相关联的。

输入文件用法：使用一个或者多个下面的选项：

*CLOAD，LOAD CASE = *n*

*CONNECTOR LOAD，LOAD CASE = *m*

*DLOAD

关联的和不关联的载荷

对于关联的或者不关联的交叉相关性，交叉谱密度矩阵是定义成

$$S_{(N,i)(M,j)}(f)=\begin{cases}\sum_J P^J(f)\sum_I C^{IJ}_{(N,i)(M,j)}F^I_{(N,i)}F^I_{(M,j)} & \text{当}(N,i)<(M,j)\text{时，}\\ [S_{(M,i)(N,j)}(f)]^* & \text{当}(N,i)>(M,j)\text{时，}\\ \mathrm{Re}(\sum_J P^J(f)\sum_I C^{IJ}_{(N,i)(M,j)}F^I_{(N,i)}F^I_{(M,j)}) & \text{当}(N,i)=(M,j)\text{时}\end{cases}$$

其中上标 * 标识复数共轭，并且其中

$F^I_{(N,i)}$——施加在载荷工况 I 的节点 N 上的自由度 i 所具有的载荷幅值；

$P^J(f)$——由第 J 个交叉关联性参考的频率函数，并且定义成以功率（力）或者分贝为单位的频率 f 的函数；

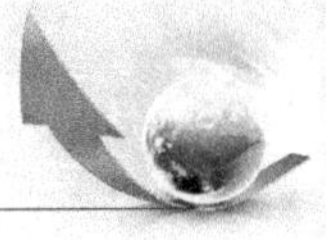

$C^{IJ}_{(N,i)(M,j)}$——权重因子的矩阵，表示与载荷工况 I 的（N，i）（M，j）交叉关联项相关联的 P^J 的分数，如下面所描述的那样。

如果交叉关联性是以用户子程序 UCORR 定义的，则 $C^{IJ}_{(N,i)(M,j)}$ 是在用户子程序中定义的。否则

$$C^{IJ}_{(N,i)(M,j)}=\begin{cases}a^{IJ}\text{对于所有的}(N,M,i,j)\text{，如果激励是相关联的，}\\ a^{IJ}\delta_{NM}\delta_{ij}\text{，如果激励是不关联的。}\end{cases}$$

其中 a^{IJ} 是权重因子的（复数）值，通过它来缩放用于载荷工况 I 的频率函数 P^J。

活动噪声载荷

对于活动噪声的交叉关联性，交叉谱密度矩阵是定义成

$$S_{(N,i)(M,j)}(f)=\sum_I P^I(f)\exp\left(i2\pi f(\mathrm{x}_N-\mathrm{x}_M)\cdot \mathrm{v}^I\frac{1}{\mathrm{v}^I\cdot \mathrm{v}^I}\right)F^I_{(N,i)}F^I_{(M,j)},$$

式中 $F^I_{(N,i)}$——施加于载荷工况 I 的节点 N 上的自由度 i 的载荷大小；

$P^J(f)$——与载荷工况 I 相关联的参考功率谱密度，并且定义成以功率（力）或者分贝为单位的频率 f 的函数；

v^I——为载荷工况 I 给出的噪声传递的速度矢量；

x_N——节点 N 的坐标。

此活动噪声的定义说明不同的噪声源，没有交叉关联性。这样，它通常大部分仅与一个噪声源（$I=1$）一起使用。此外，因为 $P^J(f)$ 是活动噪声源的实际的功率谱密度，所以它必须定义成一个实数赋值的函数。

预定义的场

预定义的场，包括温度，不能用于随机响应分析。

材料选项

正如在任何动力学分析过程中那样，必须为任何要求了动态响应的模型单独零件的一些区域，赋予质量或者密度（见《Abaqus 分析用户手册——材料卷》的 1.2.1 节）。下面的材料属性在一个随机响应分析中是不起作用的：塑性和其他非弹性效应、率相关的材料属性、热属性、质量扩散属性、电属性和孔隙流体流动属性（见 1.1.3 节）。

单元

除了具有扭曲的广义轴对称单元，任何的 Abaqus/Standard 中的应力/位移单元，可以用于一个随机响应分析中（见《Abaqus 分析用户手册——单元卷》的 1.1.3 节）。

输出

在随机响应分析中，一个变量的值是它的功率谱密度。Abaqus/Standard 中的所有输出

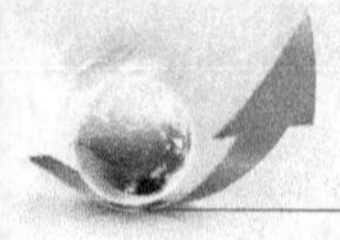

变量在《Abaqus 分析用户手册——介绍空间建模、执行与输出卷》的 4.2.1 节中进行了列表。功率谱密度值对于集中的和分布的载荷以及对于 SINV 是不可得到的。

在随机响应分析中，也提供选项来得到特定变量的均方根，如下面所列。总值包括基础运动，而相对值是相对于基础运动来度量的。

单元积分点变量：

RS——所有应力分量的均方根；

RE——所有应变分量的均方根。

单元节点变量：

MISES——密塞斯等效应力；

RMISES——密塞斯等效应力的均方根。

对于连接器单元，下面的单元输出变量是可用的：

RCTF——连接器总力的均方根；

RCEF——连接器弹性力的均方根；

RCVF——连接器黏性力的均方根；

RCRF——连接器反作用力的均方根；

RCSF——连接器摩擦力的均方根；

RCU——连接器相对位移的均方根；

RCCU——连接器本构位移的均方根。

节点变量：

RU——一个节点上的所有相对位移/转动的所有分量的均方根值；

RTU——一个节点上的总位移/转动的所有分量的均方根值；

RV——一个节点上的相对速度的所有分量的均方根值；

RTV——一个节点上的总速度的所有分量的均方根值；

RA——一个节点上的相对加速度的所有分量的均方根值；

RTA——一个节点上的总加速度的所有分量的均方根值；

RRF——一个节点上的反作用力和反作用力矩的所有分量的均方根值。

对于一个随机响应分析，没有可用的能量值。

要降低随机响应分析的计算成本，应当要求仅为所选的单元和节点集输出。Abaqus/Standard 将仅为所要求的单元和节点变量计算响应。

当要求了 MISES 或者 RMISES 输出时，Abaqus/Standard 在输出数据库（.odb）文件中存储所需的数据，并且 Abaqus/Viewer 执行相应的实际的响应计算。这些计算要求单元应力在随机响应步之前的频率步中输出。注意在最近响应步的输出要求中指定的单元集名称，对这两个输出变量没有影响。如果期望一个所选单元集的 MISES 或者 RMISES 输出，则需要在前面的频率步中为单元应力输出要求指定单元集的名称。不像在其他过程中，随机响应分析的 MISES 和 RMISES 输出是在单元节点上计算的，而不是在单元积分点上计算的。

输入文件模板

```
*HEADING
```

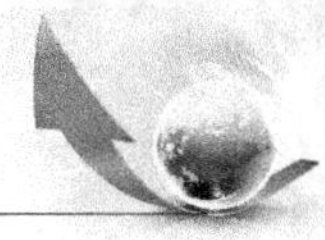

…

*PSD-DEFINITION，NAME = 名称，TYPE = 类型

定义一个频率函数（或者活动噪声的 PSD 函数）的数据行

**

*STEP

*FREQUENCY

控制特征值提取的数据行

*BOUNDARY

给主要基础赋予自由度的数据行

*END STEP

*STEP

*RANDOM RESPONSE

指定感兴趣频率范围的数据行

*SELECT EIGENMODES

定义可应用模态范围的数据行

*MODAL DAMPING

定义模态阻尼的数据行

*CORRELATION，PSD = 名称，TYPE = 类型

指定不同激励载荷工况（n，p）关联性的数据行

*DLOAD

定义分布载荷的数据行

*CLOAD，LOAD CASE = n

在载荷工况 n 中定义集中载荷的数据行

*CONNECTOR LOAD，LOAD CASE = m

在载荷工况 m 中定义连接器载荷的数据行

*BASE MOTION，DOF = 自由度，LOAD CASE = p

定义基础运动 p 的数据行

*END STEP

1.4 稳态传输分析

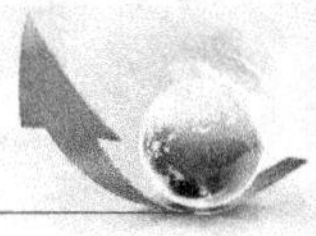

产品：Abaqus/Standard

参考

- “定义一个分析” 1.1.2 节
- “对称模型生成” 5.4.1 节
- *STEADY STATE TRANSPORT
- *SYMMETRIC MODEL GENERATION
- *MOTION
- *TRANSPORT VELOCITY
- *ACOUSTIC FLOW VELOCITY

概览

一个稳态传输分析：

- 允许包括摩擦效应和惯性效应的稳态滚动和滑动解；
- 允许直接得到稳态解，或者通过使用一个准稳态（按通过-传递）技术；
- 用来模拟一个可变形滚动物体与一个或者多个平坦的、凸的或者凹的面之间的相互作用；
- 基于一个专门的分析能力，在其中刚体运动是以空间的或者欧拉的方式描述的，以及变形是以材料的或者拉格朗日的方式来描述的；
- 可以通过一个静态应力分析来执行，或者跟随有一个固有频率提取或者一个复特征值提取步；
- 使用常规的应力/位移单元和特定的稳态滚动和滑动接触对；
- 目前仅对具有一个轴对称几何形体或者一个周期几何形体的三维分析可用；
- 允许率无关的，率相关的，或者历史相关的材料行为。

稳态传输分析

使用传统的拉格朗日方案模拟滚动和滑动接触是繁琐的，例如一个轮胎沿着一个刚性表面滚动，或者一个碟盘相对于一个制动组件转动，因为描述运动的参考框架是与材料相连的。此参考框架中的一个观察者甚至视每一个稳态滚动为一个时间相关的过程，因为每一个点经历一个重复的变形历史。这样的一个分析是计算昂贵的，因为必须执行一个瞬态分析，并且要求沿着圆柱整个表面细致划分网格。

Abaqus/Standard 中的稳态传输分析能力，使用一个连接到旋转圆柱轴的参考框架。一个在此框架中的观察者视圆柱体为一个不运动的点，虽然制作圆柱体的材料是运动通过这些点的。这样就去除了来自此问题的明显的时间相关性——以观察者看来到处都是固定的点，这些点是具有材料运动通过的固定点。这样，描述此参考框架中圆柱体的有限元网格并不经

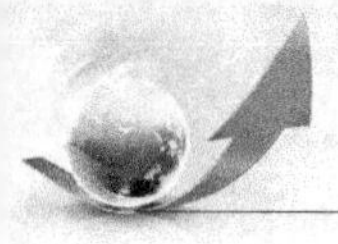

历大的刚体旋转运动。这意味着只在接触区域附近要求一个细致的网格。

此描述可以呈现为一个混合的拉格朗日/欧拉方法，其中刚体运动是以一个空间的或者欧拉的方式描述的，并且变形，现在是相对于旋转刚体度量的，则是以一个材料或者拉格朗日方式描述的。就是此运动描述，将稳态运动接触问题转化成一个纯粹的空间相关的仿真。

稳态滚动和滑动分析能力，为大部分的率无关、率相关和历史相关材料模型，提供包括摩擦效应、惯性效应和材料传送的解。

此理论在《Abaqus 理论手册》的 2.7.1 节进行了详细的描述。

输入文件用法：* STEADY STATE TRANSPORT

按通过-传递分析技术

默认情况下，Abaqus/Standard 中的稳态传输分析过程直接以一系列的增量求解了一个稳态滚动和滑动解，使用迭代来得到每一个增量中的平衡。每一个增量中的解是一个对应于那个时刻作用在结构上的载荷的稳态解。稳态传输分析过程也提供一个另外的技术来得到一个作为一系列增量的准稳态滚动和滑动解，使用迭代来在每一个增量中得到平衡。然而，每一个增量中的解通常不是一个对应于那个时刻作用于结构的载荷的稳态解。通常是在几个增量中得到一个稳态解，其中每一个增量对应通过结构传递的加载。每一个通过结构的加载可以具有不同的大小。

当与塑性/蠕变模型一起使用时，按通过-传递分析技术才是相关的。它在一个黏弹性材料模型中没有作用。

输入文件用法：* STEADY STATE TRANSPORT，PASS BY PASS

不稳定问题

局部不稳定（即，面褶皱、材料不稳定或者局部屈曲），可以在一个稳态传输分析中发生。Abaqus/Standard 提供选项，通过对整个模型施加阻尼来稳定此类问题，以此方法引入的黏性力，大到足够防止即时屈曲或者坍塌，但是，又不会因过大而在稳定时显著地影响行为。可用的自动稳定方案在 2.1.1 节中的“不稳定问题的自动稳定”有详细的讨论。

定义模型

一个稳态传输问题要求流线的定义。流线是在通过网格的传输过程中，材料所遵循的轨迹。要满足此要求，网格必须使用对称模型生成能力来生成的，在 5.4.1 节中进行了详细的描述。创建三维模型可以通过关于它的旋转轴转动一个轴对称模型来创建，或者通过关于它的对称轴旋转一个单独的三维可重复部分来创建。

旋转一个轴对称的横截面来创建一个三维模型

可以通过绕一个对称轴旋转一个二维横截面来生成一个三维网格，这样流线与网格线同向。在此情况中，对称的模型生成需要一个物体的二维横截面作为起始点。横截面，必须使用轴对称有限元来进行离散，是在一个单独的输入文件中定义的。必须执行一个数据检查分析将模型信息写到一个重启动文件中。在一个后续运行中读取重启动文件，并且由 Abaqus/

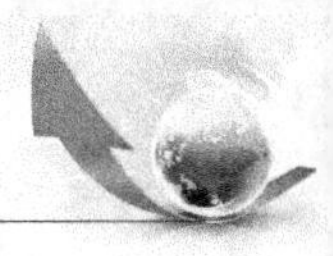

Standard，从一个参考面开始，绕对称轴旋转横截面，生成一个三维模型。对称轴和新三维模型的参考面都可以在整体坐标系的任何方向上定向。对称轴也定义旋转体的轴。可以指定圆周方向上的非均匀离散化来允许一个比模型中其他地方更加细化的接触区域中的网格。

输入文件用法：＊SYMMETRIC MODEL GENERATION，REVOLVE

旋转一个单独的三维截面来创建一个周期的模型

另外，可以通过关于三维扇形的对称轴，旋转一个单独的三维扇形生成一个周期的三维网格。当执行流线积分时，要精确地考虑材料传输，重复的三维扇形的分段角必须足够小。

在此情况中，对称模型生成能力要求一个单独的三维扇形作为起始点。原始的三维扇形是在一个单独的输入文件中定义的。必须执行一个数据检查分析来将模型信息写到一个重启动文件。在一个后续的运行中读取重启动文件，并且由 Abaqus/Standard，绕对称轴旋转原始的三维扇形来生成一个三维模型。对称轴和原始的三维可重复扇形都可以定向在整体坐标系统中的任何方向上。对称轴也定义了旋转体的轴。对可重复扇形的二维对称面上的任何方式的网格划分匹配没有限制。如果原始扇形的任何一侧的面网格划分不完全匹配，则当旋转原始的扇形来创建一个周期模型时，将自动生成约束来耦合相对毗邻的面。

输入文件用法：＊SYMMETRIC MODEL GENERATION，PERIODIC

识别以欧拉方式处理的单元

缺省情况下，整个模型中的刚体运动将以一个空间的，或者以欧拉的方式来进行描述。在某些情况下，可能只想要使用欧拉方法将部分的模型进行处理，而剩余的将使用传统的拉格朗日方法来进行处理。一个典型的例子是一个盘型制动，其中盘片自身可以使用欧拉方法来进行处理，而制动装配（制动垫和卡钳）是使用拉格朗日方法来处理的。在此情况中，可以指定一个单元集的名称，对于它的刚体运动，将以一个欧拉方式进行描述。没有包含在单元集中的单元，将使用传统的拉格朗日方法来进行处理。在整个模型中，只可以指定一个欧拉单元集。在一个新稳态传输步或者重启动上（见 4.1.1 节），可以重新指定使用欧拉方法来处理一个单元集，即使在先前使用拉格朗日方法处理过它，反之亦然。使用欧拉方法处理的单元和使用拉格朗日方法处理的单元，不能沿着一个流线混合。

输入文件用法：＊STEADY STATE TRANSPORT，ELSET = 名称

定义参考框架运动

在一个稳态转动和滑动的分析中，变形体和刚体可以各自在它们自身的运动参考框架中进行定义。这些参考框架的运动可以进行非常广义的定义，并且提供一个旋转变形体，沿着一个直线传输的模拟，或者如图 1-22 中所显示的那样，关于一个轴“拐角”或者“行进”。定义刚体的参考框架运动也是可能的，包括传输和旋转。刚体可以是平的、凸的或者凹的，这允许一个变形体与一个旋转鼓接触的模拟，例如一个轮胎在一个轮辋上的转动，或者模拟一个轮胎固定在一个刚性轮缘上。

当为相互作用的几个体定义不同的参考框架运动时，必须确保相互作用确实是稳定的。例如，对于一个平面刚体的表面，相对的参考框架运动必须与刚性面相切，并且对于一个旋

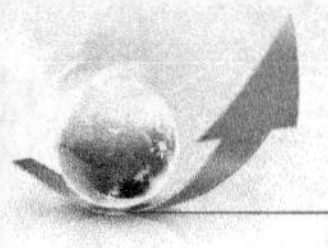

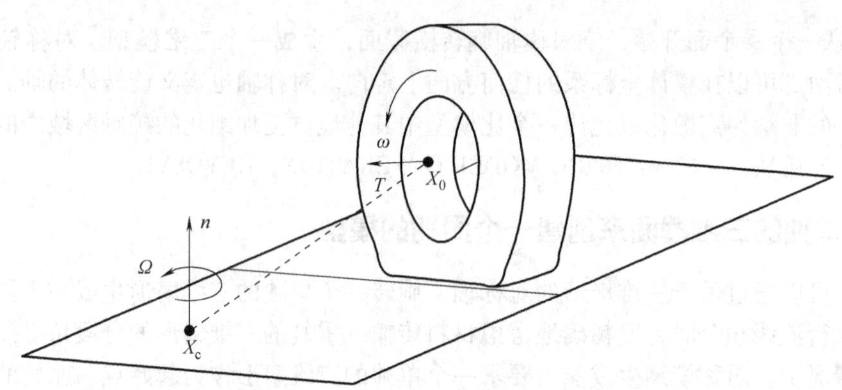

图 1-22　显示定义参考框架运动约定的恒定转角例子

转体，相对的参考框架运动必须围绕它的轴旋转。如果相互作用不稳定，则将持续收敛困难。

转动运动

围绕它自身轴的变形体的转动，是通过一个用户指定的角速度 ω（见图 1-22）来描述的。此角速度定义了材料通过网格的传输，定义旋转角速度 ω 的大小。转动轴是用来生成网格的对称轴，如“定义模型”中所描述的那样。必须为转动体上的所有节点定义传输速度。角速度的大小也可以使用用户子程序 UMOTION 来定义。

传输速度也能基于一个转动的三维面，来施加于一个刚体。在那样的情况中，速度是施加于刚体的参考节点的，来描述（刚性）材料相对于参考节点的传输。Abaqus /Standard 假定刚体围绕刚体的转动轴旋转。例如，施加此选项到表示轮胎所安装轮缘的刚体上。

Abaqus/Standard 将自动地在一个大位移分析中更新当前构型转动轴的位置和方向，例如在一个转动鼓的参考节点施加一个指定的载荷，来保持轮胎与鼓直接的压力情况，或者给变形体的轴施加一个拱形角的情况。

输入文件用法：使用下面选项的任何一个：

*TRANSPORT VELOCITY

*TRANSPORT VELOCITY，USER

为平动或者转动运动定义一个参考框架

转动可变形体也是与一个参考框架相关联的。此参考框架可以是相对于固定的参考框架平动或者转动的。类似的，每一个刚体必须在一个固定的、平动的或者转动的参考框架中定义。例如，要以地面速度 c 将直线与一个旋转变形体相关联，可以在一个以速度 c 传动的参考框架中定义可变形的体，并且可以在一个固定的参考框架中定义刚性面。另外，可以在一个没有平动的参考框架中定义可变性的体，并且可以在一个以速度 $-c$ 平动的框中定义刚体。另外的例子是一个沿着一个旋转路径运动的可变形体，如图 1-22 中所示。在此情况中，一个转动框架与定义运动轴和角速度的可变形体相关联，而刚体是在一个固定的参考框架中定义的。参考框架运动的所有分量是零，除非指定了其他的运动；不能将参考框架运动的分量处理成由仿真来确定的未知量。

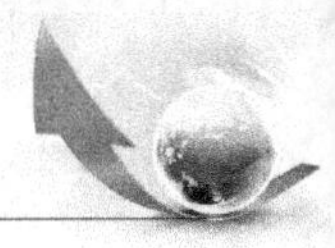

可以对可变形体的所有节点或者一个刚体的参考节点施加一个指定的参考框架运动。一个平动参考框架是通过指定速度向量 c 的分量来定义的。一个转动参考框架是通过指定一个角转动速度 Ω 和在当前构型中转动轴的位置和方向来定义的。轴的位置和方向是在步的开始时施加的，并且在步过程中保持固定。

输入文件用法：使用下面的选项来定义一个平动参考框架的运动：

*MOTION，TRANSLATION

使用下面的选项来定义转动参考框架的运动：

*MOTION，ROTATION

接触条件

Abaqus/Standard 提供一个刚体面与具有不同移动速度的可变形体之间的接触，例如一个转动轮胎与地面之间的接触，以及具有相同移动速度的面之间的接触，例如一个轮胎分析中的胎圈与轮辋之间的接触。Abaqus/Standard 也提供两个具有相同移动速度的可变形体之间的接触，例如一个胎表面上的花纹块之间的接触，以及两个具有不同移动速度的可变形体之间的接触，例如一个盘片与制动组件之间的接触。

具有不同移动速度的一个刚体面与一个变形体之间的接触

刚性面可以是一个分析面或者从刚体单元制成的面。当主面与从面以不同的速度移动时，正常的情况是将选择使用一个库仑摩擦法则，假定如果摩擦应力

$$\tau_{eq}=\sqrt{\tau_1^2+\tau_2^2}$$

等于临界应力 $\tau_{crit}=\mu p$ 的时候发生滑动，其中 τ_1 和 τ_2 是接触平面上的切应力，μ 是摩擦因数，p 是接触压力。当 $\tau_{eq}<\tau_{crit}$ 时不发生滑动。对于稳态传输，没有滑动的条件在 Abaqus/Standard 中通过稠“黏性”行为来近似

$$\tau_\alpha=K_s\dot{\gamma}_\alpha$$

其中 $\dot{\gamma}_\alpha$ 是取决于沿着流线的变形的切向滑动速度，并且

$$K_s=\frac{\mu p}{2F_f\omega R}$$

K_s 是“粘接黏性”，R 是圆柱的半径，以及 F_f 是一个用户定义的滑动容差，默认值是 0.005。使用一个更大的滑动容差使得以解的精度为代价，解的收敛更加迅速。使用一个更小的滑动容差，使得“无相对运动”约束更加精确，但是可能缓慢地收敛。默认的值提供一个转动接触问题的效率与精度之间的保守平衡。

因为用于稳态转动的此滑动模型不同于 Abaqus/Standard 中其他分析过程所使用的摩擦模型，所以在一个稳态传输分析与任何其他的分析过程之间的解中会产生不连续。要确保一个解中的平顺传递，推荐所有稳态转动分析之前的分析步使用一个零摩擦因数。接下来可以更改稳态传输分析步中的摩擦属性来使用期望的摩擦因数（见《Abaqus 分析用户手册——指定的条件、约束和相互作用卷》的 4.1.5 节）。

此摩擦模型，在一个轮胎分析中更加相关，因为转动轮胎的速度强烈地取决于沿着接触面上的一个流线的变形梯度。一个材料点上的解状态取决于附近点的解，并且必须考虑传输

影响。然而，因为在一个盘型制动分析中，沿着接触面上的一个流线的变形梯度是较小的，所以可以使用忽略接触面上传输影响的一个简化的摩擦模型。在下面的章节中对这样的一个摩擦模型进行了讨论。

两个以不同速度移动的可变形体之间的接触

当从属面和主面使用不同速度的转动时，例如一个制动盘与制动装配之间的接触，在两个可变形面之间将建立滑动。可以在一个稳态传输分析过程中定义传输速度（“转动运动”）和一个参考框架的运动（“为传输或者转动运动定义一个参考框架”），来模拟两个具有不同移动速度的可变形体之间的稳态摩擦滑动。在此情况中，假定滑动速度简单地遵循通过传输速度与参考框架运动所指定速度的差异，并且独立于沿着流线的变形梯度或者接触面上的节点位移。不考虑接触面之间的传送效应，并且摩擦应力不取决于任何历史效应。这样，摩擦力通过下面给出

$$\tau_\alpha = \mu p \frac{\dot{\gamma}_\alpha}{|\dot{\gamma}_\alpha|} = \mu p t_\alpha$$

式中 μ——摩擦因数；

p——接触压力；

t_α——局部切向方向；

$\dot{\gamma}_\alpha$——通过传输速度和参考框架的运动来定义的滑动速度。

如果在具有摩擦的接触节点上没有定义速度或者定义了相同的速度，则自动地施加黏性条件。摩擦模型在《Abaqus 理论手册》的 5.2.3 节中进行了详细的描述。

这样的一个简化摩擦模型仅仅是在一个碟型制动分析中是相关的。在一个接触面上的变形梯度非常显著的转动轮胎分析中使用此简化摩擦模型时应当小心。

因为此摩擦行为不同于与其他 Abaqus/Standard 分析过程中使用的摩擦模型，在一个稳态传输分析与任何其他分析过程之间的解中，可能会不连续。一个例子是盘型制动系统中的盘垫初始预加载，与具有一个指定转动盘旋转的后续刹车分析之间发生的不连续。要确保解中的一个平顺传输，推荐一个稳态分析之前的所有分析步使用一个零摩擦因数（见《Abaqus 分析用户手册——指定的条件、约束和相互作用卷》的 4.1.5 节）。可以接着在稳态传输分析中增加摩擦因数到所期望的值（见《Abaqus 分析用户手册——指定的条件、约束和相互作用卷》的 4.1.5 节）。

具有相同转动角速度的面之间的接触

当从面和主面使用相同角速度转动时，例如一个轮胎分析中胎圈与轮辋之间的面，在面之间没有产生相对的速度。在这样的情况中，摩擦应力作为体之间的反作用而产生。Abaqus/Standard 将自动确定从面和主面使用相同的速度旋转，并且应用标准的库仑摩擦模型，此模型在《Abaqus 分析用户手册——指定的条件、约束和相互作用卷》的 4.1.5 节中进行了详细的描述。

当在一个说明材料流动通过网格的参考框架中使用了标准库仑模型时，必须考虑传输效应。然而，Abaqus/Standard 假定稳态传输分析中的面之间，不存在传输响应。换言之，Abaqus/Standard 假定一个点上的摩擦应力取决于拉格朗日参考框架中的变形历史，并且忽

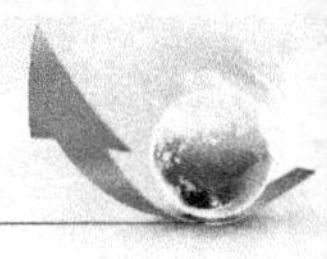

略任何在转动运动过程中，点经历的可能作为变形结果发生的历史影响。假定摩擦应力在滚动中不取决于历史效应，对于模拟轮胎胎圈与轮辋之间的接触是有效的，在其中的相对滑动仅发生在稳态传输分析之前的一个静态分析中的轮辋固定中。当在稳态传输分析中发生滑动时，所得到的解不再是正确的稳态解，因为忽略了传输影响。要确保在稳态滚动过程中，面之间不发生滑动，推荐在稳态传输分析步中更改滑动属性来激活粗糙的摩擦（见《Abaqus 分析用户手册——指定的条件、约束和相互作用卷》的 4.1.5 节中的“在 Abaques/Standard 分析中改变摩擦属性”）。

增量

Abaqus/Standard 使用牛顿方法来求解非线性平衡方程。稳态传输分析中的非线性源自大位移效应，材料非线性和接触以及摩擦那样的边界非线性。如果预计到与稳态运动相关联的大刚体转动的几何非线性行为，则步定义应当包括非线性激活效应。

稳态滚动和滑动解通常必须作为一系列的增量来得到，使用迭代在每一个增量中得到平衡。如果使用了直接稳态求解技术，则每一个增量中的解是对应于即时作用在结构上的载荷的稳态解。如果使用了按通过传递的稳态求解技术，则每一个增量中的解，通常不是对应于那个时刻作用在结构上的载荷的一个稳态解。在此情况中，一个稳态解通常是在几个增量中得到的，其中每一个增量对应于通过整个结构传递的载荷。

因为牛顿法具有一个收敛的有限半径，所施加载荷的过大增量可以妨碍得到任何解，因为当前的稳态解离开所寻求的新稳态平衡解太远了，已经超出了收敛半径。这样，有一个算法来限制增量大小。

自动的增量

在大部分的情况中，默认的自动增量方案是优先的，因为它将基于计算效率来选择增量的大小。

输入文件用法：＊STEADY STATE TRANSPORT

直接的增量

也提供增量大小的直接用户控制，因为如果对一个具体问题具有相当的经验，则可以选择一个更加经济的方法。

输入文件用法：＊STEADY STATE TRANSPORT，DIRECT

使用迭代的最大数量来确定增量大小

即使没有满足平衡容差，也可以在达到所允许的最大迭代次数（如 2.2.2 节中所定义的）之后接受对一个增量的解，不推荐此方法。当对如何解释以此方法得到的结果具有一个透彻的了解时，仅在特别的情况中使用它。通常在此情况中需要非常小的增量和最少两个迭代。

输入文件用法：＊STEADY STATE TRANSPORT，DIRECT = NO STOP

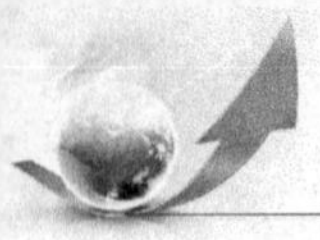

一个稳态传输分析中的收敛

稳态传输过程在下面所描述的特定情况下，可能经历收敛困难。

摩擦的收敛问题

作为稳态滚动结果的接触面上所产生的摩擦力，是转动角速度 ω 和传输执行速度 c 或者转角速度 Ω 的函数。当这些摩擦力大的时候，牛顿方法的收敛变得困难。Abaqus/Standard 中的收敛问题通常是通过采用一个较小的载荷增量来解决的。然而，当降低了速度时，由稳态转动产生的接触力，通常是不降低的。例如，如果终止了一个转动对象的移动（$c=0.0$），将对所有转动角速度值 $\omega>0.0$ 的接触区域建立完全滑动的条件。结果，对于所有$\omega>0.0$，摩擦力保持恒定（前提是法向力保持不变），这样，速度（ω，Ω，c）中更小的增量并不降低摩擦力的大小，并因此不会避免收敛困难。

在这样的情况中，要通过使用更小的增量来提供收敛性，可以在分析步上，从零增加摩擦因数到期望的值。这是通过设置模型的初始摩擦因数为零（见《Abaqus 分析用户手册——指定的条件、约束和相互作用卷》的 4.1.5 节中的“在一个接触属性定义中包括摩擦属性”），然后在稳态传输分析步中增加摩擦因数到它的最终值来实现的（见《Abaqus 分析用户手册——指定的条件、约束和相互作用卷》的 4.1.5 节中的“在一个 Abaqus/Standard 分析中改变摩擦属性”）。

Mullins 效应的材料模型具有的收敛问题

如果在材料定义中包括了 Mullins 效应材料模型（见《Abaqus 分析用户手册——材料卷》的 2.6.1 节），在一个从静态（非转动）状态到一个稳态转动状态转变的结构响应中，将有一个强烈的不连续。此不连续是由于瞬态响应（例如作为结构在稳态加载后，承受它的首次旋转时发生的损伤）中发生的损伤产生的。因为在一个稳态传输分析中，不模拟瞬态响应，响应中产生的不连续性可能导致收敛问题。与 Mullins 效应相关联的损伤是独立于旋转的角速度的：作为一个结果，时间增量减小不解决收敛问题。在这些情形中，Mullins 效应可以在步的时间区段上线性地逐渐增加，来得到一个收敛的解。在这样的情况中，由于损伤所产生的响应中的变化，在步上逐渐施加。步结束时的解，对应于完全损伤的材料；步中的解对应于部分损伤的材料，并且没有物理意义。这样，推荐在从一个静态到一个稳态转动求解的推进中，在 Mullins 效应的逐渐增加中，首先执行一个低转动角速度的无为步，这有利于逐渐解决不连续性。无为步后面可以跟随有在步的开始时，即时地施加 Mullins 效应的正常的稳态传输步。此方法在《Abaqus 例题手册》的 3.1.7 节中进行了说明。

输入文件用法：*STEADY STATE TRANSPORT，MULLINS = RAMP 或者 STEP（默认的）

塑性/蠕变模型中流线积分的收敛问题

虽然在原理上，当执行材料传输计算时，沿着一个流线的任何材料点可以用作流线积分的起始点，但是 Abaqus/Standard 总是使用原始扇形中的材料点，或者原始横截面中的材料点，来作为分别具有周期几何或者轴对称几何模型中流线积分的起始点。

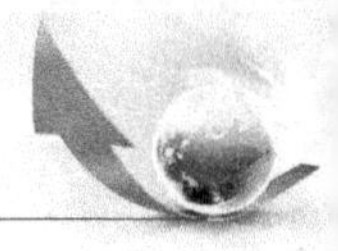

如果使用了按通过-传递的求解技术，在对于所有的流线执行了一个增量后，Abaqus/Standard将自动地使用在流线结束处的状态，作为后续增量中流线积分的起始状态。此迭代过程是为每一个增量重复的，直到到达一个稳态解。

如果使用了直接稳态求解技术，通常对于每一个流线要求一些局部迭代，局部迭代对应于一个封闭环流线上的积分。在为一个流线执行了一个局部迭代之后，Abaqus/Standard将检测为流线是否满足了稳态条件。通过确保流线起始点处迭代之前得到的应力/应变，与迭代之后得到的应力/应变之间的差异足够小，来对最好进行度量。如果此流线并不满足稳态条件，则Abaqus/Standard将自动地使用之前的局部迭代结束时所得到的状态，作为后续局部迭代中的流线积分的起始状态。重复此迭代过程，直到对所有的流线到达了一个稳态解。

要改善收敛的速度，推荐在远离流线起点的单元或者节点上施加载荷。

非约束网格运动的收敛问题

网格运动的无约束刚体模态将造成一个稳态传输分析的收敛问题，类似于一个静态分析中的无约束刚体模型的收敛问题。在一个稳态传输分析中，不能依靠摩擦来限制刚体模式，因为对于稳态传输，摩擦应力取决于相对的材料速度，而不是相对的节点位移。限制（稳态）材料速度，不限制稳态传输分析的节点位移。材料速度包括材料流过网格的影响，并且是通过转动运动（见“转动运动”），参考框架运动（见“为传输或者转动运动定义一个参考框架”）和相对于转动轴的节点位置来控制的。

考虑到图1-23中的例子。最终的图像显示在图1-23中，这样轴方向（转动轴）在此图中是水平的。对于所有这三种情况，参考框架运动的轴向分量是零（通过显式指定，或者默认的隐式）。因为稳态的轴向方向上的材料速度对于两个物体（根据参考框架运动）都是零，轴向方向上的摩擦力对于所有的这三种情况，将保持为零，这可能不是直观的。图1-23a中所显示的第一个情况涉及一个平面的界面和一个轴向上的边界条件。在转动体达到稳态时，轴向运动已经停止，轴向摩擦力是零，并且与边界条件相关联的反作用力是零（它也可能不是直观的）。

图1-23b中的第二种情况，具有一个平面的界面和在轴向方向上施加的力。稳态解的轴向摩擦力保持为零，如已经讨论的那样，所以没有产生轴向力来对抗所施加的力。这样，在此情况中，Abaqus/Standard将不能提供一个收敛的解，这是一个无约束刚体网格运动的例子。图1-23c中显示的第三种情况与第二种情况相像，只是对刚体表面添加了一个“抑制”。在此情况中，法向方向上的接触力发生在“抑制”的位置上，反向于所施加的力，这样分析能够收敛。

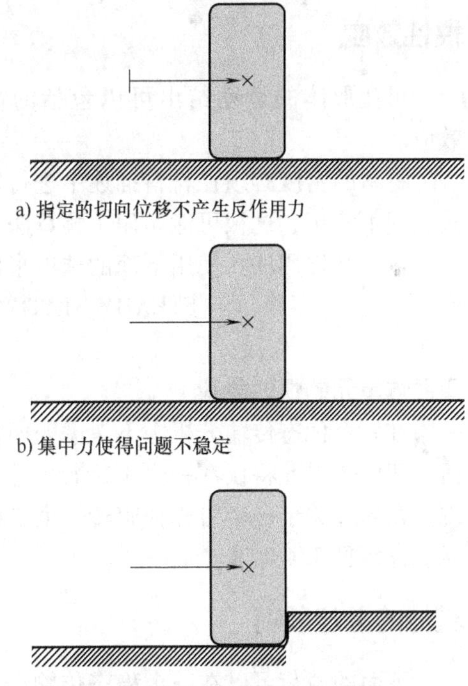

a) 指定的切向位移不产生反作用力

b) 集中力使得问题不稳定

c) 由于弯曲的接触界面，轮子可以抵抗集中力

图1-23 位移边界条件与集中力

作为真实世界的例子，考虑一个沿着平直路开动的汽车和一个与汽车平行运动的卡车，施加一个

推动汽车横向的不变集中力。在汽车的前轮上具有零前角（即，轮子恰好与车的长轴相齐），稳态运动是不可能的，并且车将最终滑出路面。要抗衡稳态运动中的推动，车轮需要与合适的前角对齐。

初始条件

可以指定应力、温度、场变量、解相关的状态变量等的初始值。《Abaqus 分析用户手册——指定的条件、约束和相互作用卷》的 1.2.1 节，描述了所有可以使用的初始条件。

边界条件

边界条件可以施加于任何的位移或者转动自由度（1～6）（当将发生大转动时，对于施加边界条件到转动自由度的详细情况，见《Abaqus 分析用户手册——指定的条件、约束和相互作用卷》的 1.3.1 节）。在分析中，使用一个幅值定义可以改变指定的边界条件（见《Abaqus 分析用户手册——指定的条件、约束和相互作用卷》的 1.1.2 节）。边界条件限制网格的运动，但是不限制通过网格材料的传输（由于“转动运动”中讨论的转动运动）。

载荷

稳态传输分析中的载荷包括结构的运动，由运动产生的惯性力（d'Alembert），集中力载荷、分布压力和体积力。

惯性效应

可变形体的运动给出可以包括的惯性力（d'Alembert）。这些力包括离心效应和科氏效应。

材料的密度必须在材料描述中进行定义。在更高的转动速度上，惯性力可使用驻波的形式引起不稳定，这很可能妨碍牛顿算法的收敛性。

输入文件用法：使用下面的选项来包括惯性力：

```
*STEADY STATE TRANSPORT, INERTIA=YES
```

四面体单元的惯性载荷

在一个稳态传输分析中不考虑四面体单元 C3D4、C3D10、C3D10I 和 C3D10M 的初始载荷。四面体单元将仅在一个由旋转一个包含四面体单元的三维扇形所产生的循环模型中出现。在通过关于一个对称轴旋转一个二维横截面来创建的一个对称模型中将不出现四面体单元。详情见 5.4.1 节。

其他的指定载荷

下面的载荷可以在一个稳态传输分析中指定，如《Abaqus 分析用户手册——指定的条件、约束和相互作用卷》的 1.4.2 节中所描述的那样。

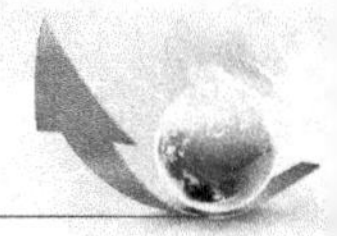

• 可以对位移自由度（1～6）施加集中节点力。

• 可以施加分布的压力或者体积力；具备分布载荷类型的具体单元，在《Abaqus 分析用户手册——单元卷》中进行了描述。

在大部分的情况中，这样的载荷应当围绕整个体的圆周施加；一个单独点或者单元上的载荷对应于一个空间的固定载荷，在大部分情况中是不真实的。

预定义的场

可以在一个稳态传输分析中指定下面的预定义场，如《Abaqus 分析用户手册——指定的条件、约束和相互作用卷》的 1.6.1 节中所描述的那样：

• 虽然在一个稳态传输分析中，温度不是一个自由度，但是可以指定节点温度为一个预定义的场。如果给出了材料的热膨胀系数，所施加的温度与初始温度之间的任何差异，将造成热应变（见《Abaqus 分析用户手册——材料卷》的 6.1.2 节）。所指定的温度也影响温度相关的材料属性。

• 可以指定用户定义的场变量值。这些值只影响场变量相关的材料属性。

材料选项

因为稳态传输能力使用一个动态描述，这意味着材料通过网格的流动，为材料的响应必须考虑传输效应。一个稳态传输分析中可以使用描述力学行为的大部分材料模型（包括用户指定的材料）。特别是历史相关的黏弹性（见《Abaqus 分析用户手册——材料卷》的 2.7.1 节），历史相关的 Mullins 效应（见《Abaqus 分析用户手册——材料卷》的 2.6.1 节），经典的金属塑性（见《Abaqus 分析用户手册——材料卷》的 3.2.1 节），率相关的屈服（见《Abaqus 分析用户手册——材料卷》的 3.2.3 节），率相关的蠕变（见《Abaqus 分析用户手册——材料卷》的 3.2.4 节）和双层黏塑性（见《Abaqus 分析用户手册——材料卷》的 3.2.11 节）都可以在一个稳态传输分析中使用。

下面的材料选项在一个稳态传输分析中是不起作用的：热属性（除了热膨胀）、质量扩散属性、电属性和某些流体流动属性。

如果材料描述包括黏弹性或者黏塑性材料属性，在一个稳态传输分析过程中，Abaqus/Standard 也提供得到完全松弛的长期弹性或者弹性-塑性的能力。如果材料描述包括黏弹性材料属性，长期解将忽略材料传输计算。如果使用了两层黏塑性材料，长期解将只包括基于弹性-塑性网络的长期响应的材料传输计算。

输入文件用法：＊STEADY STATE TRANSPORT，LONG TERM

选择一个合适的材料选项

因为一个转动和滑动体中的材料点承受重复的加载/卸载循环，所以必须选择一个合适的材料模型来表征此加载条件下的正确响应。通常不推荐使用具有各向同性类型硬化的塑性材料模型，因为它们将在循环加载中持续硬化，会导致大量的迭代工作，直到到达稳态解。应当使用运动硬化塑性模型来模拟承受重复加载的材料的非弹性行为。

对于率相关的蠕变，模拟具有明显的时间相关的行为，以及所评估温度上的塑性材料的响应，推荐双层黏塑性模型（见《Abaqus 分析用户手册——材料卷》的 3. 2. 11 节）。

对于历史相关的黏弹性，使用循环（频域）测试数据来校准稳态传输分析的时域黏弹性材料模型是更加合适的。循环试验应当在转动仿真所期望的频域中执行。Abaqus/Standard 将频域储能和耗能模量数据在内部转化成一个时域（Prony 级数）表达。此数据转化能力，在《Abaqus 分析用户手册——材料卷》的 2. 7. 1 节中进行了详细的描述。

稳态传输分析之前的分析步

如果使用了黏弹性或者黏塑性材料属性（见 1. 2. 2 节），则推荐一个稳态传输分析之前的任何分析步中的解（例如一个静态足迹或者预加载解）是基于长期弹性模量或者长期弹性-塑性响应的。长期解，在一个静态分析与一个缓慢的转动或者滑动稳态传输分析之间，提供一个平顺的传递。

非线性分析中的材料传输

当在稳态传输解中包括材料传输时，Abaqus/Standard 在非线性平衡方程的牛顿解中，使用一个近似的 Jacobian 矩阵。此情况中的收敛速率不再是二次的，但是与非线性的严重程度具有很大的相关性。当考虑了材料传输时，通常有必要调整默认的求解控制（见 2. 2. 2 节）来得到一个稳态的传输解。

单元

Abaqus/Standard 中的大部分三维应力/位移单元，可以在一个稳态的传输分析中使用（见《Abaqus 分析用户手册——单元卷》的 1. 1. 3 节）。当三维模型是从一个轴对称横截面生成时，二维模型中使用的单元类型决定了三维模型中所使用的单元类型。二维与三维单元类型之间的对应性，在 5. 4. 1 节中进行了描述。如果三维循环的模型是从一个单独的三维扇形生成的，则可以使用 Abaqus /Standard 中的任何应力/位移单元。

输出

对于一个稳态传输分析可以使用的单元输出，包括应力、应变、能量、状态值、场和用户定义的变量。可以使用的节点输出包括位移、速度、反作用力和坐标。接触输出变量 CSLIP包含稳态传输过程的稳态滑动速率，不像此变量的通常定义。在《Abaqus 分析用户手册——介绍、空间建模、执行与输出卷》的 4. 2. 1 节中总结了所有的输出变量标识符。

限制

稳态传输分析能力具有一些限制。

• 可变形的结构必须是一个完整 360°的旋转圆柱体。对于一个圆柱段，传输边界条件是不能使用的。

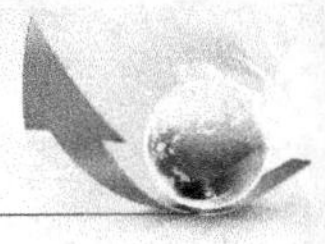

- 在二维中，此能力是不能使用的。
- 只允许一个可变形的转动体。对称模型生成能力必须用来生成变形体（见5.4.1节）。

输入文件模板

```
*HEADING
…
*SYMMETRIC MODEL GENERATION, REVOLVE
定义生成模型的数据行
*SURFACE INTERACTION
*FRICTION
指定零摩擦因数
**
*STEP
*STATIC
定义传输分析之前的分析步的数据行
*END STEP
…
*STEP
*STEADY STATE TRANSPORT
定义增量的数据行
*CHANGE FRICTION
*FRICTION
重新定义摩擦因数的数据行
*BOUNDARY
定义边界条件的数据行
*TRANSPORT VELOCITY
定义转动角速度的数据行
*MOTION, TRANSLATION or ROTATION
定义移动速度或者拐角转动速度的数据行
*EL PRINT 和/或 *NODE PRINT
要求输出变量的数据行
*END STEP
```

1.5 热传导和热-应力分析

- “热传导分析过程：概览”1.5.1 节
- “非耦合的热传导分析”1.5.2 节
- “完全耦合的热-应力分析”1.5.3 节
- “绝热分析”1.5.4 节

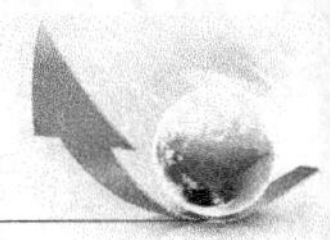

1.5.1 热传导分析过程：概览

Abaqus 可以求解下面类型的热传导问题：

• 无耦合的热传导分析：热传导问题涉及 Abaqus/Standard 或者 Abaqus/CFD 中可以分析的传导、强制对流和边界辐射（见 1.5.2 节）。在这些分析中，不需要所研究物体内的应力/变形状态或者电场的知识，就能计算出温度场。纯粹的传导问题可以是瞬态的或者稳态的，线性的或者非线性的。

• 顺序耦合的热-应力分析：如果应力/位移解是基于一个温度场的，但是没有反向相关性，在 Abaqus/Standard 中可以进行一个顺序耦合的热-应力分析。通过首先求解纯粹的热传导问题，然后读取温度解到一个应力分析中作为一个预定义的场，来执行一个顺序耦合的热应力分析（见 11.1.2 节）。在应力分析中，温度可以随时间和位置变化，但是不能由应力分析解来改变。Abaqus 允许热传导分析模型与热-应力分析模型之间网格的不同。温度值将基于在热-应力模型的节点上计算的单元内插器来内插。

• 完全耦合的热-应力分析：一个耦合的温度-位移过程是用来同时求解应力/位移和温度场的。当热和力学解相互强烈地影响时，使用一个耦合的分析。例如，在快速金属做功问题中，材料的非弹性变形会产生热，并且在接触问题中，通过缝隙的热传导可能显著地取决于缝隙大小或者压力。

Abaqus/Standard 和 Abaqus/Explicit 提供耦合的温度-位移分析过程，但是每一个程序所使用的算法是相当不同的。在 Abaqus/Standard 中，热传导方程是使用一个向后差分方案来积分的，并且使用牛顿方法来求解耦合方程组。这些问题可以是瞬态的或者稳态的，线性的或者非线性的。在 Abaqus/Explicit 中，热传导方程是使用一个显式向前差分的时间积分法则来得到的。Abaqus/Explicit 中完全耦合的热-应力分析总是瞬态的。腔辐射效应不能包括在一个完全耦合的热-应力分析中。更多的细节，见 1.5.3 节。

• 完全耦合的热-电-结构分析：一个耦合的热-电-结构过程是用来同时求解应力/位移、电动势和温度场的过程。当温度、电和力学解强烈地相互影响时，使用一个耦合的分析。这样过程的一个例子是电阻点焊，两个或者多个金属零件通过金属界面上离散点的融合连接在一起。融合是由于接触点上的电流生成的热产生的，取决于施加在这些点上的压力。

这些问题可以是瞬态的或者稳态的，线性的或者非线性的。一个完全耦合的热-电-结构分析不能包括腔辐射效应。此过程仅在 Abaqus/Standard 中是可得的。更多的细节，见 1.7.4 节。

• 绝热分析：一个绝热过程可以用于机械变形产生热的情况中，但是事件过程非常快，以至于此热没有时间通过材料耗散。绝热分析可以在 Abaqus/Standard 或者 Abaqus/Explicit 中进行（见 1.5.4 节）。一个绝热分析可以是静态的或者动态的，线性的或者非线性的。

• 耦合的热-电分析：在 Abaqus/Standard 中，对于由于电流通过一个导体而产生热的问题，提供了一个完全耦合的热-电分析功能（见 1.7.3 节）。

• 腔辐射：在 Abaqus/Standard 中，在非耦合的热传导问题中，可以包括腔辐射效应（附加于规定的边界辐射）。见《Abaqus 分析用户手册——指定的条件、约束和相互作用

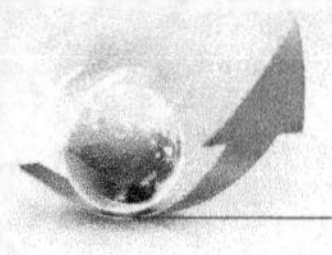

卷》的 8.1.1 节。腔可以打开或者关闭。可以模拟腔中的对称性和阻隔。自动地计算显示因子，并且可以在分析中进行指定包围一个腔的物体运动。腔辐射问题是非线性的，可以是瞬态的或者稳态的。

1.5.2 非耦合的热传导分析

产品：Abaqus/Standard　Abaqus/CFD　Abaqus/CAE

参考

- “定义一个分析”1.1.2 节
- “热传导分析过程：概览”1.5.1 节
- *HEAT TRANSFER
- “在热传导分析中包括体积热生成”《Abaqus/CAE 用户手册》的 12.10.2 节，此手册的 HTML 版本中
- “构建通用分析过程”中的“构建一个热传导过程”《Abaqus/CAE 用户手册》的 14.11.1 节，此手册的 HTML 版本中

概览

非耦合的热传导问题：

- 那些温度场的计算不考虑所研究的体中的应力/变形或者电场；
- 可以包括传导，边界对流和边界辐射；
- 可以是瞬态的或者稳态的；
- 可以是线性的或者非线性的。

在 Abaqus/Standard 中，非耦合的热传导问题：

- 包含固体内的热传导；
- 可以包括腔辐射效应——见《Abaqus 分析用户手册——指定的条件、约束和相互作用卷》的 8.1.1 节；
- 可以包括通过网格的强制对流，如果使用了强制对流/扩散热传导单元；
- 可以包括热相互作用，例如接触面之间的缝隙辐射、传导和热生成——见《Abaqus 分析用户手册——指定的条件、约束和相互作用卷》的 1.2.1 节；
- 可以包括在用户子程序 UMATHT 中定义的热材料行为——见《Abaqus 分析用户手册——材料卷》的 6.7.2 节；
- 要求使用热传导单元。

在 Abaqus/CFD 中，非耦合的热传导问题：

- 包括固体内部的热传导；
- 必须不涉及流体流动；

● 要求使用具有一个固体截面的流体单元类型——见《Abaqus 分析用户手册——单元卷》的 2.2.2 节。

Abaqus/Standard 中的热传导分析

非耦合的热传导分析，是用来模拟具有通用的温度相关的传导，内能（包括潜热效应）和非常通用的对流和辐射边界条件，包括腔辐射的固体热传导。一个通过网格的流体强制对流，可以通过使用强制对流/扩散单元来模拟。

一个热传导分析中的非线性来源

热传导问题可以是非线性的，因为材料属性是温度相关的，或者因为边界条件是非线性的。通常，与温度相关的材料属性的非线性是轻微的，因为属性并非随温度快速改变的。然而，当包括潜热效应时，分析可以是极度非线性的（见《Abaqus 分析用户手册——材料卷》的 6.2.4 节）。

边界条件通常具有明显的非线性，例如，膜系数可以是表面温度的函数。同样，非线性通常是轻微的，并且很少造成困难。一个例外是“沸腾”膜条件，在其中膜系数可以非常快地变化，因为靠近面的流体沸腾了。一个快速变化的膜条件（在一个步中，或者从一步到另外一步）可以使用温度相关的和场变量相关的膜系数来方便地进行模拟。辐射效应总是使得热传导问题非线性。辐射中的非线性随着温度的升高而增长。

Abaqus/Standard 使用一个迭代的方案来求解非线性热传导问题。此方案使用具有一些改进的牛顿法，来提高存在高度非线性潜热效应的迭代过程的稳定性。

包括严重非线性的稳态情况，有时候作为瞬态情况求解效率更高，因为稳定了热容项的影响。所要求的稳态解可以作为非常长的瞬态时间响应来得到；瞬态将轻易地稳定那样长时间响应的解。

矩阵存储和求解方案

在涉及腔辐射的或者强制对流/扩散单元的热传递分析中，方程组是非对称的。在这些情况中，自动调用非对称的矩阵存储和求解方案（见 1.1.2 节）。

稳态分析

稳态过程分析意味着省略了热传导控制方程中的热内能项（比热项）。则问题没有内在物理意义的时间尺度。尽管如此，可以赋予一个初始时间增量，一个总的时间区段和分析步所允许的最大及最小的时间增量，这对于输出识别和对于指定具有不同大小的温度和流量，通常是方便的。

应当在步中给定一个稳态热传导步过程中施加的任何流体或者边界条件改变，使用合适的大小参考来指定它们的“时间”变化（见《Abaqus 分析用户手册——指定的条件、约束和相互作用卷》的 1.1.2 节）。如果为步指定没有幅值参考的流动和边界条件，则假定它们在步中随“时间”线性改变，从它们在前面步结束处的大小（如果这是分析的开始则为零）到热传导步的结束时新指定的大小。

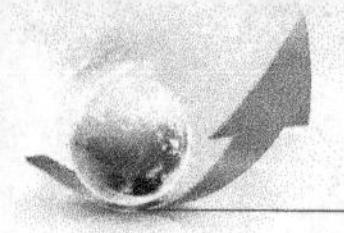

输入文件用法：＊HEAT TRANSFER，STEADY STATE

Abaqus/CAE 用法：Step module：Create Step：General：Heat transfer：Response：Steady state

自动的增量

当选择了稳态分析时，建议采用一个初始“时间”增量并定义一个步的“时间”区段，Abaqus/Standard 进而在整个步中相应地递增。默认情况下，Abaqus/Standard 自动地为步的每一个增量确定一个合适的增量大小。

固定的增量

也可以使用一个固定的增量方案，在其中，Abaqus/Standard 为步的持续使用的增量大小相同。增量的大小由所建议的初始“时间”增量 Δt_0 来定义。

输入文件用法：设置初始增量、最小增量大小和最大增量大小为同一个值：

＊HEAT TRANSFER，STEADY STATE

Δt_0，Δt_0，Δt_0

Abaqus/CAE 用法：Step module：Create Step：General：Heat transfer：Response：Steady-state：Incrementation：Type：Fixed：Increment size：Δt_0

瞬态分析

瞬态问题中的时间积分是在纯粹的传导单元中，使用向后欧拉方法（有时候也称为改进的 Crank-Nicholson 运算子）实现的。此方法对于线性问题是无条件稳定的。

强制对流/扩散单元使用时间积分的梯形法则。它们包括数值发散控制（“迎风”Petrov-Galerkin 方法）以及，可选的，数值分散控制。在流体的瞬态响应是重要的情况下，具有分散控制的单元提供改进的求解精度。人工发散控制引入一个时间增量大小的稳定限制，这样，局部 Courant 数必须小于 1，即

$$C = |v|\frac{\Delta t}{\Delta \ell} < 1$$

式中 Δt——时间增量；

$|v|$——速度向量的模；

$\Delta \ell$——流动方向上的特征单元长度，即，在一个单独的时间增量中，热不能穿过多于一个单元长度 $\Delta \ell$ 来对流。

在一个均匀的速度场中，最小的单元将决定温度的时间增量。Courant 数 C 的近似计算，在网格设计阶段是有帮助的，这样可以避免极端小的稳定时间增量。没有分散控制的单元没有这样的稳定限制。这样，在流体自身中的瞬态效应不是一个解的关键部分的瞬态情况中（例如，当包括在模型中的固体温度场是重要的解时，并且当流体中的特征瞬态时间比固体中的特征瞬态时间小很多时），使用没有此特征的单元可能是更加经济的。

一个瞬态热传导分析中的时间增量，可以通过用户或者通过 Abaqus/Standard 自动进行控制。通常是优先自动的时间增量。

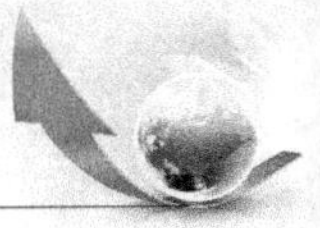

自动的增量

时间增量可以根据用户指定的一个增量 $\Delta\theta_{max}$ 中最大可允许的节点温度变化来自动选定。Abaqus/Standard 将限制时间增量，确保在任何分析的增量过程中，在任何节点（除了具有边界条件的节点）上不会超出此变化值（见 2.2.4 节）。

输入文件用法：*HEAT TRANSFER，DELTMX = $\Delta\theta_{max}$

Abaqus/CAE 用法：Step module：Create Step：General：Heat transfer：Response：Transient：Incrementation：Type：Automatic：Max. allowable temperature change per increment：$\Delta\theta_{max}$

固定的增量

如果选择直接增量，并且不指定 $\Delta\theta_{max}$，则固定的时间增量等于用户指定的初始时间增量 Δt_0，这个值将用于整个分析。

输入文件用法：*HEAT TRANSFER
Δt_0

Abaqus/CAE 用法：Step module：Create Step：General：Heat transfer：Response：Transient：Incrementation：Type：Fixed：Increment size：Δt_0

由小时间增量产生的杂波振荡

在使用二阶单元的瞬态热传导分析中，在最小可用时间增量与单元大小之间有一个关系。一个简单的准则是

$$\Delta t > \frac{\rho c}{6k}\Delta \ell^2$$

式中 Δt——时间增量；
ρ——密度；
c——比热容；
k——热传导率；
$\Delta \ell$——典型的单元尺寸（例如一个单元的一个侧面的长度）。

如果在一个二阶单元的网格中使用小于此值的时间增量，则在求解中可以出现杂波振荡，尤其是在具有快速温度改变的边界附近。这些振荡是无物理意义的，并且如果存在温度相关的材料属性，可能会带来问题。Abaqus /Standard 对用户定义的初始时间增量不提供检查，必须确保所给的值不违反上面的准则。

在使用一阶单元的瞬态分析中，热传导项是集总参数的，它去除了这样的振荡，但是可以导致局部不精确的解，尤其对于小时间增量的热流。如果要求了较小的时间增量，应当在发生温度变化的区域中使用更加细化的网格。

除非指定了一个可允许的最大的时间增量作为热传导步定义的一部分，否则时间增量大小没有上限（积分过程是无条件稳定的，至少对于线性问题如此）。然而，如果在模型中包含具有数值发散控制的强制对流/扩散单元（单元类型 DCCxxD），则在可允许的时间增量上没有数值稳定限制。要求是 $\Delta t \leqslant \Delta \ell / |v|$，其中 $|v|$ 是流体速度的模，并且 $\Delta \ell$ 是流动方向上的一个特征单元长度。Abaqus/Standard 将自动调整时间增量来满足

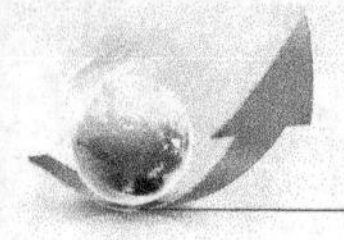

此稳定限制。

结束一个瞬态分析

一个瞬态分析可以通过完成一个指定的时间区段来终止，或者继续，直至达到稳态条件。默认条件下，当完成了所给定的时间区段时，分析将结束。另外，可以指定分析将在到达稳态时，或者在给定的时间区段之后结束，无论哪一个最先达到。稳态是通过温度变化率来定义的：当温度自由度上的温度改变速率小于用户指定的速率（作为步定义的一部分给出）时，分析中止。

输入文件用法：当到达时间区段时，使用下面的选项来结束分析：

* HEAT TRANSFER，END = PERIOD（默认）

使用下面的选项，根据温度的变化率来结束分析：

* HEAT TRANSFER，END = SS

Abaqus/CAE 用法：Step module：Create Step：General：Heat transfer：Response：Transient：Incrementation：End step when temperature change is less than

内部热生成

一个材料内的体积热生成，可以在用户子程序 HETVAL 中或者在用户子程序 UMATHT 中进行定义。这些用户子程序是相互排斥的。

在用户子程序 HETVAL 中定义内部热生成

如果使用用户子程序 HETVAL 来定义内部热生成，则在材料定义中必须包括与其他热属性一起定义的热生成。

热生成可以与（相对低的）求解过程中发生的能量相变进行关联。这样的热生成通常取决于状态变量（例如转化分数），它们自身参与求解，并且作为求解相关的状态变量来存储（见 13.1.1 节）。热生成是在用户子程序 HETVAL 中计算的，其中也可以更新任何相关联的状态变量。将在所有材料定义包括热生成的材料计算点上进行调用。

输入文件用法：* HEAT GENERATION

Abaqus/CAE 用法：Property module：material editor：Thermal：Heat Generation

在用户子程序 UMATHT 中定义内部热生成

如果使用用户子程序 UMATHT 来定义内部热生成，所有其他热属性也必须在子程序内定义。

输入文件用法：* USER MATERIAL

Abaqus/CAE 用法：Property module：material editor：General：User Material：User material type：Thermal

通过网格的强制对流

如果使用了强制对流/扩散传热单元，则可以指定一个流体运动通过网格的速度。流体与临近的强制对流/扩散传热单元之间的热传递将受到流体质量流速的影响。例如，如果一

个管子使用一种具有温度脉冲的初始温度曲线的流体来进行充填，则初始温度脉冲将不仅仅扩散（因为流体和管子的传导），它也将被传输（或者对流）给管子。因为指定了流体速度，称它为强制对流。

当由热梯度产生的流体密度中的差异，造成了流体在运动（浮力驱动的流动）时发生自然对流。没有设计强制对流/扩散单元来处理此现象，必须指定流动。

可以在节点处按照单位面积指定（或者通过一维单元的整个截面）质量流率。Abaqus/Standard 内插质量流率到材料点。包括对流的瞬态热传导方程的数值解，当对流主导扩散时会变得越来越难。Peclet 数 γ 是一个表示对流主导扩散程度的量纲一参数：

$$\gamma = |v|\Delta\ell\frac{\rho c}{k}$$

式中 $|v|$——速度矢量的模；

ρ——密度；

c——比热容；

k——热传导率；

$\Delta\ell$——一个流动方向上的特征单元长度。

γ 大时表明在通过单元长度 $\Delta\ell$ 定义的空间尺度上，对流占扩散的主导。通常，不应当使用大于 1000 的 Peclet 数。

在 Abaqus/Standard 中使用 Petrov-Galerkin 有限元来精确地模拟具有高 Peclet 数的系统。这些单元使用非对称的、逆风加权的函数来控制数值扩散和发散，并且使结果稳定。逆风项部分是单元 Peclet 数的函数，如《Abaqus 理论手册》的 2.11.3 节中所描述的那样。

如果流体沿着一个具有温度快速变化指定的边界流动，则即使对于稳态分析，实际上承受一个热瞬态。此瞬态可以产生在瞬态热传导分析中观察到的同一种杂波温度振荡，如本节前面所讨论的那样。因为 Abaqus/Standard 使用对流热传导的一阶单元，所以通过集总比热项可以去除此振荡。然而，逆风加权函数防止在流动的方向上集总。这样，杂波振荡可能仍然发生，尤其是如果流动不是精确的与发生温度改变的边界相切的时候。

输入文件用法：在传输步定义中使用下面的选项来指定流速：

* MASS FLOW RATE

Abaqus/CAE 用法：Abaqus/CAE 中不支持质量流率。

更改或者删除质量流率

默认情况下，给定的质量流率是现有流率的更改，或者额外添加在任何先前定义的质量流率上。可以删除有先前所定义的质量流率，并且可选的，指定新质量流率。

输入文件用法：使用下面的选项来更改一个现有的流率，或者指定一个额外的流率：

* MASS FLOW RATE，OP = MOD（默认的）

使用下面的选项来释放所有先前施加的流率，并且指定新的流率：

* MASS FLOW RATE，OP = NEW

Abaqus/CAE 用法：Abaqus/CAE 中不支持质量流率。

指定时间相关的质量流率

质量流率可以与一个幅值定义相结合来给定，如果要求，控制流率的大小可以是时间的

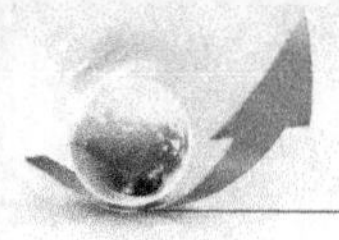

函数（见《Abaqus 分析用户手册——指定的条件、约束和相互作用卷》的 1.1.2 节）。

输入文件用法：同时使用下面的选项来定义时间相关的质量流率：

*AMPLITUDE，NAME = 名称

*MASS FLOW RATE，AMPLITUDE = 名称

Abaqus/CAE 用法：Abaqus/CAE 中不支持质量流率。

在一个用户子程序中定义质量流率

质量流率可以通过用户子程序 UMASFL 来定义。将为每一个指定的节点调用 UMASFL。将忽略任何直接指定的质量流率值。

输入文件用法：*MASS FLOW RATE，USER

Abaqus/CAE 用法：Abaqus/CAE 中不支持质量流率。

从一个其他文件读取质量流率数据

在一个其他文件中可以包含质量流率的数据。对于文件名的语法，见《Abaqus 分析用户手册——介绍空间建模、执行与输出卷》的 1.2.1 节。

输入文件用法：*MASS FLOW RATE，INPUT = 文件名

Abaqus/CAE 用法：Abaqus/CAE 中不支持质量流率。

腔辐射

在一个热传输步中可以激活腔辐射，此特征涉及所有腔表面小面之间的热传输相互作用，取决于小面温度，小面发射率和每一个面对之间的几何可视角。当热发射率是温度或者场变量的一个函数时，可以在指定温度变化之外，再指定一个增量过程中可允许的最大发生率变化，来控制时间增量。更多的信息，见《Abaqus 分析用户手册——指定的条件、约束和相互作用卷》的 8.1.1 节。

输入文件用法：在步定义中使用下面的选项来激活腔辐射：

*RADIATION VIEWFACTOR

使用下面的选项来指定可允许的最大发射率变化：

*HEAT TRANSFER，MXDEM = 最大发射率变化

Abaqus/CAE 用法：可以为一个热传导步指定可允许的最大发射率变化。

Step module：Create Step：General：Heat transfer：Incrementation：Max. allowable emissivity change per increment

Abaqus/CFD 中的热传导分析

Abaqus/CFD 中可以使用未耦合的热传导分析，来模拟固体中的热传导，前提是模型中没有流体。此能力在热传导上不同于流体分析，见 1.6 节。固体应当使用具有固体截面类型的流体单元类型来模拟（见《Abaqus 分析用户手册——单元卷》的 2.2.2 节）。支持通常的温度相关的传导，对流和辐射边界条件。通过温度相关的材料属性和辐射边界条件，可以引入非线性。使用一个有限体积公式来实现固体热传导分析。

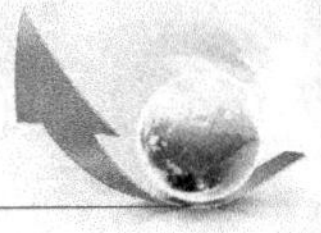

稳态分析

稳态分析意味着在热传输控制方程中，省略了内部能量项（比热项）。然后，稳态没有了内在物理意义上的时间尺度。在此情况中，忽略了时间增量输出数据，并且 Abaqus/CFD 自动地插值，直到到达了稳态条件。对于输出的目的，时间增量大小是设置成单位的，并且仿真“时间”可以解释成迭代数。任何在一个稳态热传导步中使用的流量或者边界条件，应当使用在时间上不变的值。

输入文件用法：＊HEAT TRANSFER，CENTERING = ELEMENT，
TYPE = THERMAL FLOW，STEADY STATE

瞬态分析

使用梯形法则和指定的一个固定的时间增量大小来进行瞬态分析。材料响应在每一个时间增量上是线性的。当存在辐射边界条件时，自动在每一个增量中实施迭代。

输入文件用法：＊HEAT TRANSFER，CENTERING = ELEMENT，TYPE = THERMAL FLOW
Δt_0

线性方程求解器

Abaqus/CFD 中热传导方程的求解方法，依靠可扩展的并行预处理 Krylov 求解器。为所有的线性方程求解器指定了一组预选的默认收敛准则和迭代限制。默认的求解器设置，应当在整个热传导问题的谱上提供有计算效率和稳定性的解。这样，Abaqus/CFD 提供对诊断信息、收敛准则和可选的求解器的完全访问。

输入文件用法：＊ENERGY EQUATION SOLVER

初始条件

默认情况下，所有节点的初始温度是零。可以指定非零的初始温度（见《Abaqus 分析用户手册——指定的条件、约束和相互作用卷》的 1.2.1 节）。

通过网格的强制对流

在一个涉及通过网格强制对流的 Abaqus/Standard 热传导分析中，可以在模型中的强制对流/扩散热传导单元的节点上，定义非零的初始质量流率，如《Abaqus 分析用户手册——指定的条件、约束和相互作用卷》的 1.2.1 节中所描述的那样。

对于单元类型 DCC1D2 和 DCC1D2D，从单元的第一个节点到第二个节点，质量流率是正的。对于二维和三维单元，质量流率的方向是通过给定 x-方向、y-方向和 z-方向上的分量来定义的。

输入文件用法：＊INITIAL CONDITIONS，TYPE = MASS FLOW RATE

Abaqus/CAE 用法：Abaqus/CAE 中不支持质量流率。

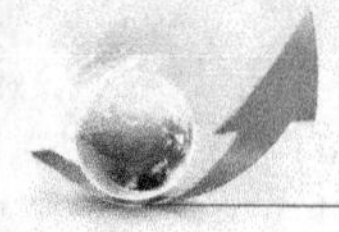

边界条件

在 Abaqus/Standard 中，边界条件可以用来在一个热传导分析（见《Abaqus 分析用户手册——指定的条件、约束和相互作用卷》的 1.2.1 节）中的节点上指定温度（自由度 11）。壳单元在截面上具有额外的温度自由度 12、13 等（见《Abaqus 分析用户手册——介绍、空间建模、执行与输出卷》的 1.2.2 节）。可以通过指定幅值曲线（见《Abaqus 分析用户手册——指定的条件、约束和相互作用卷》的 1.1.2 节）来指定边界条件为时间的函数。

Abaqus/CFD 中的有限体积公式中，温度是一个基于单元的自由度。可以使用边界条件来指定面温度，并且 Abaqus/CFD 计算满足热传导方程的单元值（见《Abaqus 分析用户手册——指定的条件、约束和相互作用卷》的 1.3.2 节）。

对于纯粹的扩散热传导单元，一个没有任何指定边界条件（自然边界条件）的边界，对应一个绝热的面。对于强制的对流/扩散单元，只有与传导相关联的流量是零，能量自由地通过一个无约束的面对流的。此自然边界条件正确地模拟流体穿过面的地方（比如，在网格的上游和下游处）并且防止能量杂波反射回网格中。

载荷

可以在一个热传导分析中指定下面的载荷类型，如《Abaqus 分析用户手册——指定的条件、约束和相互作用卷》的 1.4.4 节中所描述的那样：

- 集中热流量（仅 Abaqus/Standard）；
- 体流量和分布的面流量；
- 平均温度的辐射条件；
- 对流的膜条件和辐射条件（可以让膜属性是温度的函数）。

Abaqus/Standard 中也能包括腔辐射效应，如《Abaqus 分析用户手册——指定的条件、约束和相互作用卷》的 8.1.1 节中所描述的那样。

预定义的场

在热传导分析中，不允许预定义温度场。应当使用边界条件来指定温度，如前面所描述的那样。

在一个热传导分析中，可以指定其他预定义的场变量。这些变量将影响场变量相关的材料属性，如果有的话。见《Abaqus 分析用户手册——指定的条件、约束和相互作用卷》的 1.6.1 节。

材料选项

在一个热传导分析中，必须定义材料的热导率。对于瞬态热传导问题，也必须定义材料的比热容和密度。如果由于相变所产生的内能变化是重要的，则在 Abaqus /Standard 中，可

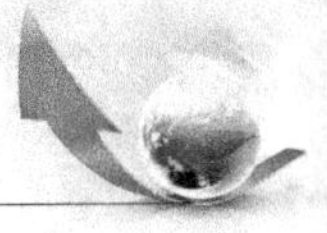

以为扩散热传导单元定义潜热，不能直接为强制对流/扩散单元定义潜热。对于在 Abaqus 中定义热属性的详细情况，见《Abaqus 分析用户手册——材料卷》的 6.2.1 节。

另外，在 Abaqus/Standard 中，可以使用用户子程序 UMATHT 来定义材料的热本构行为，包括内热生成。例如，如果一个模拟的材料可以经过复杂的相变，则在用户子程序 UMATHT 中，可以足够详细地定义比热容来捕捉相变。

在一个非耦合的热传导分析问题中，因为不考虑结构的变形，热膨胀系数是没有意义的。

单元

Abaqus/Standard 中的热传导单元库，包括扩散的热传导单元，它允许热存储（比热容和潜热效应）和热传导。

强制对流/扩散热传导单元在 Abaqus/Standard 中也是可用的：除了具有热存储和热传导性质，这些单元允许强制流体流过网格所产生的对流。这些单元不能与潜热一起使用（见《Abaqus 分析用户手册——单元卷》的 2.1.1 节）。具有发散控制的强制对流/扩散单元，对于必须精确地计算流体中温度的瞬态问题是可用的（见《Abaqus 分析用户手册——单元卷》的 1.1.3 节）。

在 Abaqus/Standard 中，通过热传导壳单元厚度的多个温度是可得的。见《Abaqus 分析用户手册——单元卷》的 3.6.2 节。

Abaqus/Standard 中的一阶热传导单元（例如 2 节点链接，4 节点四边形和 8 节点方块）使用一个对于热容项和对于分布的面流量的计算，积分位置位于单元角落的数值积分法则。在涉及潜热效应的情况中，优先一阶扩散单元，因为它们使用一个特殊的积分技术来提供具有大潜热的精确解。强制对流/扩散单元不能使用此特殊的积分技术，并且，不适用于具有潜热效应的问题。二阶热传导单元使用传统的高斯积分。这样，二阶单元对于解将是平顺（没有潜热）的问题是优先的，并且对于网格中相同数量的节点，通常给出更加精确的结果。

在 Abaqus/Standard 中也提供了相邻面之间与热间隙之间的热相互作用，来模拟通过一个固体与一个流体之间的热传导，或者两个紧密靠近的固体之间的边界层（见《Abaqus 分析用户手册——指定的条件、约束和相互作用卷》的 4.2.1 节）。

在 Abaqus/CFD 中，流体单元应当与固体界面一起使用，来建立非耦合的固体热传导模型（见《Abaqus 分析用户手册——单元卷》的 2.2.2 节）。在这些模型中是不允许流体材料的。此能力不同于流体分析的地方在于热传导，其中流体单元是与流体截面一起使用的（见 1.6 节）。

输出

可以得到不同类型的热传导输出，取决于是否执行一个 Abaqus/Standard 或者一个 Abaqus/CFD 分析。

Abaqus/Standard 中的输出

下面的热传导输出变量是可得的：

单元积分点变量：

HFL——热流量向量的大小和分量；

HFLn——热流量向量的分量 n(n=1，2，3)；

HFLM——热流量向量的大小；

TEMP——积分点温度；

MFR——用户指定的质量流率；

MFRn——质量流率的分量 n(n=1，2，3)。

整个单元变量：

FLUXS——均匀分布的热流量的当前值；

NFLUX——热传导产生的节点上的流量（内流量）；

FILM——膜条件的当前值；

RAD——辐射条件的当前值。

节点变量：

NT——节点温度；

NTn——节点上自由度 n 的温度（n=11，12…）；

RFL——由指定的温度产生的反作用流量值；

RFLn——节点上的反作用流量值 n(n=11，12…)；

CFL——集中流量值；

CFLn——一个节点上的集中流量值 n(n=11，12…)；

RFLE——一个节点上的总流量，包括强制对流/扩散单元中对流通过节点的流量，但是不包括由用户定义的集中流量、分布流量、膜条件、辐射条件和腔辐射。因为 RFLE 是一个标量节点输出值，当在两个具有共享节点的面上对它们求和时要小心。如果两个面上的节点集包括共享的节点，则公共节点上的 RFLE 输出将在两个面上对此输出量的和做出贡献。

RFLEn——一个节点上的总流量值 n(n=11，12…)。

Abaqus/Standard 中可以得到的所有输出变量，列于《Abaqus 分析用户手册——介绍、空间建模、执行与输出卷》的 4.2.1 节中。

Abaqus/CFD 中的输出

下面的热传导输出变量是可得的：

单元变量：

TEMP——当前温度值。

节点变量：

TEMP——当前温度值。

面变量：

AVGTEMP——面平均的面温度；

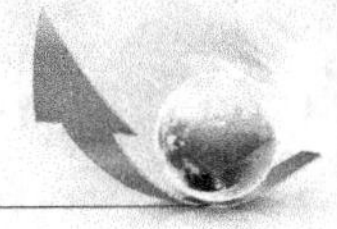

HEATFLOW——面上积分后的法向热流量（当热是加入到系统时，热流量是正的）；

HFL——一个面上的热流量向量；

HFLN——一个面上的法向热流量。

Abaqus/CFD 中的所有输出变量，列于《Abaqus 分析用户手册——介绍、空间建模、执行与输出卷》的 4.2.3 节中。

输入文件模板

```
*HEADING
…
*PHYSICAL CONSTANTS, ABSOLUTE ZERO = θ^N
*INITIAL CONDITIONS, TYPE = TEMPERATURE
指定节点上初始温度的数据行
*AMPLITUDE, NAME = trefamp
定义为辐射参考温度 θ^N 所使用的幅值曲线的数据行
*FILM PROPERTY, NAME = film
定义对流膜系数 h，成为一个温度的函数的数据行
**
*STEP
包括通过网格的强制对流的瞬态分析
*HEAT TRANSFER, END = SS, DELTMX = Δθ_max
定义增量和稳态的数据行
**
*CFLUX 和/或 *DFLUX
定义集中和/或者分布流量的数据行
*FILM
参考模型属性表 film 的数据行
*RADIATE, AMPLITUDE = trefamp
定义边界辐射的数据行
**
*EL PRINT
TEMP, HFL
NFLUX, FILM, RAD
*NODE PRINT
NT11, RFL
*END STEP
```

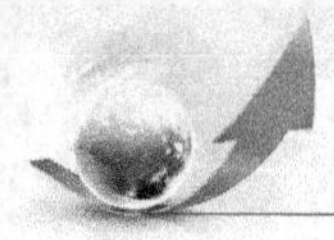

1.5.3 完全耦合的热-应力分析

产品：Abaqus/Standard Abaqus/Explicit Abaqus/CAE

参考

- “定义一个分析”1.1.2 节
- “热传导分析过程：概览”1.5.1 节
- *COUPLED TEMPERATURE-DISPLACEMENT
- *DYNAMIC TEMPERATURE-DISPLACEMENT
- “指定一个非弹性的热分数”《Abaqus/CAE 用户手册》的 12.10.3 节，此手册的 HTML 版本中
- “构建通用分析过程”中的“构建一个完全耦合的，同时的热传导和应力过程”《Abaqus/CAE 用户手册》的 14.11.1 节，此手册的 HTML 版本中
- “构建通用分析过程”中的“构建一个使用显式积分的动态的完全耦合的热-应力过程”《Abaqus/CAE 用户手册》的 14.11.1 节，此手册的 HTML 版本中

概览

一个完全耦合的热-应力分析：

- 当力学的解和热的解强烈地相互影响时执行，并且因此必须同时得到；
- 要求模型中存在同时具有温度和位移自由度的单元；
- 可以用来分析时间相关的材料属性；
- 不能包括腔辐射效应，但是可以包括平均温度的辐射条件（见《Abaqus 分析用户手册——指定的条件、约束和相互作用卷》的 1.4.4 节）；
- 仅对赋予具有温度自由度的单元考虑材料属性的温度相关性。

在 Abaqus/Standard 中，一个完全耦合的热应力分析：

- 忽略惯性效应；
- 可以是瞬态的或者稳态的。

Abaqus/Explicit 中，一个完全耦合的热应力分析；

- 包括惯性效应；
- 模型瞬态热响应。

完全耦合的热应力分析

当应力分析是取决于温度分布，并且温度分布取决于应力解时，需要完全耦合的热-应力分析。例如，金属加工问题可能包括由金属非弹性变形产生的大量热，它会改变材料的属

性。此外，一些在面间传导热的问题中所存在的接触条件，可能强烈地取决于面的分离或者通过面传递的压力（见《Abaqus 分析用户手册——指定的条件、约束和相互作用卷》的 4.2.1 节）。对于这样的情况，热和力学解必须同时得到。在 Abaqus/Standard 与 Abaqus/Explicit 中，都为了此目的而提供耦合的热-位移单元。然而，每一个程序使用不同的算法来求解耦合的热-应力问题。

Abaqus/Standard 中的完全耦合的热-应力分析

在 Abaqus/Standard 中，温度是使用一个向后-差分方案来积分的，并且使用牛顿法来求解非线性耦合的方程组。Abaqus/Standard 为完全耦合的温度-位移分析提供一个精确的和近似的牛顿法实现。

精确的实现

牛顿方法的精确实现涉及一个非对称的雅可比矩阵，如下面的耦合方程的矩阵所显示的那样：

$$\begin{pmatrix} K_{uu} & K_{u\theta} \\ K_{\theta u} & K_{\theta\theta} \end{pmatrix}\begin{pmatrix} \Delta u \\ \Delta\theta \end{pmatrix}=\begin{pmatrix} R_u \\ R_\theta \end{pmatrix}$$

其中 Δu 和 $\Delta\theta$ 分别是对增量位移和温度的更正，K_{ij}是完全耦合的雅可比矩阵的子矩阵，并且 R_u 和 R_θ分别是力学和热残余向量。

求解此系统的方程组要求使用非对称矩阵存储和求解方案。进一步，力学和热方程必须同时求解。当求解评估是位于算法的收敛半径之内时，此方法提供二次的收敛性。默认是使用精确的实现。

近似实现

某些问题要求一个完全耦合的分析，在这个意义上，力学解和热解同时演化，但是两个解之间具有一个微弱的耦合。换言之，非对角矩阵 $K_{u\theta}$、$K_{\theta u}$ 中的要素与对角子矩阵 K_{uu}、$K_{\theta\theta}$ 相比是较小的。盘形制动问题是一个这样的例子（见《Abaqus 例题手册》的 5.1.1 节）。对于这些问题，可以通过设置非对角子矩阵为零来降低求解成本，这样我们得到一个近似的方程组：

$$\begin{pmatrix} K_{uu} & 0 \\ 0 & K_{\theta\theta} \end{pmatrix}\begin{pmatrix} \Delta u \\ \Delta\theta \end{pmatrix}=\begin{pmatrix} R_u \\ R_\theta \end{pmatrix}$$

作为此近似的一个结果，可以分开求解热方程和力学方程，在每一个子问题中，具有更少的方程。由此近似所产生的节约，以每个迭代求解器的时间来度量，将是两个数量级的，在已经分解的刚度矩阵的求解器存储中，成本节约显著。进一步，在许多情形中，子问题可以是完全对称的，或者是近似对称的，这样可以使用成本较低的对称存储和求解方案。一个对称解的求解器时间节约是两个数量级。方案的选择将取决于问题的其他细节，除非明确地选择非对称的矩阵存储和求解方案（见 1.1.2 节）。

此牛顿方法的改进形式不影响解精度，因为完全耦合的效应是通过每一个时间增量上的残余向量 R_j来考虑的。然而，收敛的速度不再是二次的，并且强烈取决于耦合效应的大小，

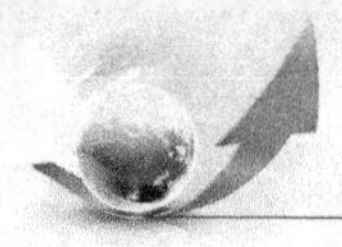

这样通常比使用纯粹牛顿方法的实现，需要更多的迭代来达到平衡。当耦合显著时，收敛速度变得非常慢，并且可能妨碍得到一个解。在这样的情况中，要求纯粹牛顿法的实现。在可能使用此近似性的情况中，一个增量中的收敛，将强烈取决于增量解的首次猜想质量，可以通过为此步选择所使用的外推方法来控制此首次猜想（见1.1.2节）。

输入文件用法：使用下面的选项来指定一个分离的求解方案：

*SOLUTION TECHNIQUE，TYPE = SEPARATED

Abaqus/CAE 用法：Step module：Create Step：General：Coupled temp-displacement：Other：Solution technique：Separated

稳态分析

可以在 Abaqus/Standard 中执行一个稳态耦合的温度-位移分析。在稳态情况中，应当对步赋予一个任意的“时间”尺度：指定一个“时间”区段和“时间”增量参数。此时间尺度对于通过步改变载荷和边界条件和对于得到高度非线性（但是稳态的）情况的解是方便的。然而，对于后者，瞬态分析通常提供一个应对非线性的固有途径。

对于稳态情况，忽略其中的摩擦热生成。然而，如果使用运动来指定盘形制动类型问题中的节点平动或者转动速度，或者用户子程序 FRIC 通过变量 SFD 提供增量的摩擦耗散，则仍然可以考虑摩擦热生成。如果存在摩擦热生成，流入两个接触面的热，取决于面的滑动速率。此情况中的“时间”尺度不能描述为任意的，并且应当执行一个瞬态分析。

输入文件用法：*COUPLED TEMPERATURE-DISPLACEMENT，STEADY STATE

Abaqus/CAE 用法：Step module：Create Step：General：Coupled temp-displacement：Basic：Response：Steady state

瞬态分析

另外，可以执行一个瞬态耦合的温度-位移分析。可以直接控制瞬态分析中的时间增量，或者 Abaqus/Standard 可以自动控制它。自动控制时间增量通常是优先的。

通过一个最大可允许的温度变化来自动地控制增量

可以基于一个用户指定的增量 $\Delta\theta_{max}$ 中可允许的最大节点温度变化，来自动地选择时间增量。Abaqus/Standard 将限制时间增量，确保在分析的任何增量过程中，在任何节点上（除了具有边界条件的节点）的温度变化不超过此值（见2.2.4节）。

输入文件用法：*COUPLED TEMPERATURE-DISPLACEMENT，DELTMX = $\Delta\theta_{max}$

Abaqus/CAE 用法：Step module：Create Step：General：Coupled temp-displacement：Basic：Response：Transient；Incrementation：Type：Automatic，Max. allowable temperature change per increment：$\Delta\theta_{max}$

固定的增量

如果不指定 $\Delta\theta_{max}$，则将在整个分析中使用固定的时间增量，等于用户指定的最初时间

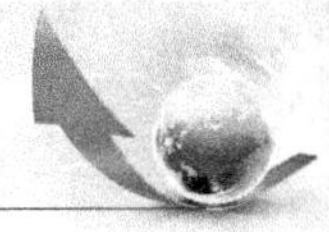

增量 Δt_0。

输入文件用法：＊COUPLED TEMPERATURE-DISPLACEMENT

Δt_0

Abaqus/CAE 用法：Step module：Create Step：General：Coupled temp-displacement：Basic：Response：Transient；Incrementation：Type：Fixed：Increment size：

Δt_0

由小时间增量产生的虚假振荡

在使用二阶单元的瞬态分析中，在最小可用时间增量与单元大小之间有一个关系。一个简单的准则是

$$\Delta t > \frac{\rho c}{6k}\Delta \ell^2$$

式中 Δt——时间增量；

ρ——密度；

c——比热容；

k——热导率；

$\Delta \ell$——一个典型的单元尺寸（例如一个单元的侧边长度）。

如果一个二阶单元的网格中使用小于此值的时间增量，则在求解中将出现虚假的振荡，尤其在具有快速温度变化的边界附近。这些振动是无物理意义的，并且如果存在温度相关的材料属性，将造成问题。在使用一阶单元的瞬态分析中，集总了热容项，这去除了这种振荡，但是对于小时间增量，可以导致局部的不精确解。如果要求了较小的时间增量，则在温度变化迅速的区域中，应当使用一个更加细化的网格。

时间增量大小没有上限（积分过程是无条件稳定的），除非非线性造成收敛问题。

通过蠕变响应控制的自动增量

时间相关（蠕变）的材料行为的积分精度，是通过用户指定的精度容差参数容差来控制的，容差≥$(\dot{\varepsilon}^{cr}_{t+\Delta t} - \dot{\varepsilon}^{cr}_{t})\Delta t$。此参数用来指定一个增量过程中，任何点上的可允许的最大应变率变化，如《Abaqus 分析用户手册——材料卷》的 3.2.4 节中所描述的那样。精度容差参数可以与一个增量中最大可允许的节点温度变化 $\Delta\theta_{max}$（上面所描述的）一起指定。然而，即使没有指定 $\Delta\theta_{max}$，指定精度容差参数也激活了自动增量。

输入文件用法：＊COUPLED TEMPERATURE-DISPLACEMENT，DELTMX = $\Delta\theta_{max}$，CETOL = 容差

Abaqus/CAE 用法：Step module：Create Step：General：Coupled temp-displacement：Basic：Response：Transient，Include creep/swelling/viscoelastic behavior；Incrementation：Type：Automatic，Max. allowable temperature change per increment：$\Delta\theta_{max}$，Creep/swelling/viscoelastic strain error tolerance：容差

选择显式蠕变积分

如果非弹性应变增量小于弹性应变，则没有表现出其他非线性蠕变问题（见《Abaqus分析用户手册——材料卷》的3.2.4节），可以通过非弹性应变的向前差分积分来有效地求解。此显式方法计算高效，因为，不像隐式方法，只要没有存在其他的非线性，则不要求迭代。虽然此方法仅是有条件稳定的，但在许多情况中，显式算子的数值稳定性限制大到足够在合理数量的时间增量中建立求解。

然而，对于绝大部分的耦合热-应力分析，期望向后差分算子（隐式方法）的无条件稳定性。在这样的情况中，可以通过Abaqus/Standard自动调用隐式积分方案。

显式积分可以是计算便宜的，并且简化了用户子程序CREEP中的用户定义的蠕变法则的实现。可以限制Abaqus/Standard使用此蠕变问题的方法（具有或者没有包括几何非线性）。对于进一步的细节，见《Abaqus分析用户手册——材料卷》的3.2.4节。

输入文件用法：*COUPLED TEMPERATURE-DISPLACEMENT，CETOL=容差，
CREEP=EXPLICIT

Abaqus/CAE用法：Step module：Create Step：General：Coupled temp-displacement：Basic：Response：Transient，Include creep/swelling/viscoelastic behavior；Incrementation：Type：Automatic，Creep/swelling/viscoelastic strain error tolerance：容差，Creep/swelling/viscoelastic integration：Explicit

排除蠕变和黏弹性响应

可以指定在一个步中将不发生蠕变或者黏弹性响应，即使已经定义了蠕变或者黏弹性。

输入文件用法：*COUPLED TEMPERATURE-DISPLACEMENT，DELTMX=$\Delta\theta_{max}$，CREEP=NONE

Abaqus/CAE用法：Step module：Create Step：General：Coupled temp-displacement：Basic：Response：Transient，切换关闭Include creep/swelling/viscoelastic behavior

不稳定问题

某些类型的分析可以建立局部的非稳定性，例如面褶皱、材料不稳定性或者局部屈曲。在这样的情况中，即使具有自动增量的协助，要得到一个准静态的解也是不可能的。Abaqus/Standard通过对整个模型施加阻尼，所引入的黏性力大到足够防止瞬时屈曲或者坍塌，但是又不会因过大而显著影响当温度稳定时的行为，以此方式提供稳定此类问题的一个方法。可用的自动稳态方案在2.1.1节中的“非稳定问题的自动稳定”进行了详细的描述。

单位

在激活两个不同场的耦合问题中，当选择问题的单位时要小心。如果选择的单元使每一个场的方程生成的项相差几个数量级，则某些计算的精度可能不足以解决耦合方程的数值病态。因此，选择可以避免病态矩阵的单位。例如，考虑使用兆帕单位替代应力平衡方程的帕，来缩小应力幅值平衡方程与热流连续方程之间的差距。

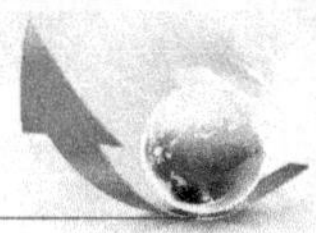

Abaqus/Explicit 中完全耦合的热-应力分析

在 Abaqus/Explicit 中，热传导方程是使用显式向前差分的时间积分法则来积分的。

$$\theta^N_{(i+1)} = \theta^N_{(i)} + \Delta t_{(i+1)} \dot{\theta}^N_{(i)}$$

其中 θ^N 是节点 N 上的温度，并且下标 i 指一个显式动态步中的增量编号。向前差分积分是显式了，因为当使用了一个集总容量矩阵时，不需要求解方程。当前温度是使用来自前面增量的已知 $\dot{\theta}^N_{(i)}$ 值得到的。$\dot{\theta}^N_{(i)}$ 的值是通过下式在增量的开始时计算得到的。

$$\dot{\theta}^N_{(i)} = (C^{NJ})^{-1}(P^J_{(i)} - F^J_{(i)})$$

式中 C^{NJ}——集总容量矩阵；

P^J——施加的节点源向量；

F^J——内部流动向量。

力学解响应是使用具有一个集总质量矩阵的显式中心差分的积分法则来得到的，如 1.3.3 节中所描述的那样。因为向前差分和中心差分积分都是显式的，热传导和力学解是通过一个显式耦合同时得到的。这样，不要求迭代或者不需要切向刚度矩阵。

显式积分可以是便宜的，并且简化了接触的处理。对于一个显式的与隐式的直接积分过程的对比，见 1.3.1 节。

稳定性

显式过程通过使用许多小的时间增量来在整个时间上积分。中心差分和向前差分算子是条件稳定的。两个算子的稳定限制（在力学解响应中没有阻尼）是通过选择下面的最小值来得到的。

$$\Delta t \leqslant \min\left(\frac{2}{\omega_{max}}, \frac{2}{\lambda_{max}}\right)$$

式中 ω_{max}——力学解响应方程组中的最高频率；

λ_{max}——热解响应方程组中的最大特征值。

估计时间增量大小

热求解响应中的向前差分运算子稳定限制的近似性是通过下面给出的

$$\Delta t \approx \frac{L^2_{min}}{2\alpha}$$

其中 L_{min} 是网格中最小的单元尺寸，并且 $\alpha = \dfrac{k}{\rho c}$ 是材料的热扩散性。参数 k、ρ 和 c 分别代表材料的热导率、密度和比热容。

在显示分析的大部分应用中，力学响应将控制稳定限。当材料参数值是非物理的，或者使用了一个非常大量的质量缩放时，热响应可以控制稳定限。力学解响应的时间增量大小的计算，在 1.3.3 节中进行了讨论。

稳定时间增量报告

Abaqus/Explicit 在分析的数据检查阶段写一个报告到状态文件（.sta）中，此分析包含一个最小稳定时间增量评估，以及一个具有最小稳定时间增量的单元列表和它们的值。初始的最小稳定时间增量同时考虑热解和力学解响应的稳定性要求。所列出的初始温度时间增量不包括力学解响应中的阻尼（体黏性）、质量缩放或者罚接触影响。

提供此列表是因为通常一些单元具有比网格中其他单元小很多的稳定时间限制。稳定时间增量可以通过更改网格来提高控制单元的尺寸，或使用合适的质量缩放来增加。

时间增量

在一个分析中所使用的时间增量，必须小于中心差分和向前差分的运算子稳定限制。不使用这样的时间限制，将导致一个不稳定的解。当求解变得不稳定时，位移那样的解变量的时间历史响应，通常将增加振荡幅度。总能量平衡也将显著变化。

Abaqus/Explicit 具有两个时间增量控制的策略：完全自动的时间增量（其中程序在稳定限制内算出变化）和固定时间增量。

缩放时间增量

要降低求解变得不稳定的机会，由 Abaqus/Explicit 计算得到的稳定时间增量，可以通过一个不变的缩放因子来进行调整。此因子可以用来缩放默认的整体时间评估，单元到单元的评估，或者基于初始单元到单元的评估的固定时间增量。直接指定的固定时间增量不能使用它来缩放。

输入文件用法：使用下面选项的任何一个：

*DYNAMIC TEMPERATURE-DISPLACEMENT，EXPLICIT，SCALE FACTOR = *f*

*DYNAMIC TEMPERATURE-DISPLACEMENT，EXPLICIT，ELEMENT BY ELEMENT，SCALE FACTOR = *f*

*DYNAMIC TEMPERATURE-DISPLACEMENT，EXPLICIT，FIXED TIME INCREMENTATION，SCALE FACTOR = *f*

Abaqus/CAE 用法：Step module：Create Step：General：Dynamic，Temp-disp，Explicit：Incrementation：Time scaling factor：

自动的时间增量

Abaqus/Explicit 中的默认时间增量方案是完全自动的，并不要求用户的干预。使用两种类型的评估来确定稳定限制：同时对热和力学解响应的单元到单元类型和对于力学解响应的整体类型。一个分析总是使用单元到单元的评估方法来开始，并且可以在某些情况下转换成整体评估方法，如1.3.3节中所解释的那样。

在一个分析中，Abaqus/Explicit 使用一个基于整个模型中的热和力学解响应的稳定限。此单元到单元的评估是使用每一个单元中热和力学解响应引起的最小时间增量大小来确定的。

单元到单元的评估是保守的。它将给出一个小于真实稳定限的稳定时间增量，此真实的稳定限是基于整个模型的最大频率的。通常，运动接触和边界条件那样的约束具有压缩特征值谱的效果，并且单元到单元的评估并不考虑它（见1.3.3节）。

随着步推进，由力学解响应引起的稳定时间增量大小，将通过整体评估器来确定，除非选择了单元到单元的评估器，指定了时间增量，或者1.3.3中所解释的一种条件，来防止使用整体评估。由热求解响应引起的稳定时间增量的大小，将总是通过使用一个单元到单元的评估方法来确定。一旦算法确定的整体评估方法的精度是可接受的，则在力学解响应中发生到整体评估方法的转换。详细情况见1.3.3节。

对于三维连续单元和具有平面应力公式的单元（壳、膜和二维平面应力单元），默认使用单元特征长度的一个“改进的”评估。此“改进的”方法常常导致一个比常规方法更大的单元稳定时间增量。对于使用可变质量缩放的分析，添加总质量来到达一个给定的稳态时间增量，将很少使用改进的评估。

输入文件用法：使用下面的选项来指定单元到单元的评估方法：

*DYNAMIC TEMPERATURE-DISPLACEMENT，EXPLICIT，ELEMENT BY ELEMENT

使用下面的选项来激活“改进的”单元时间评估方法：

*DYNAMIC TEMPERATURE-DISPLACEMENT，EXPLICIT，IMPROVED DT METHOD = YES

使用下面的选项来抑制“改进的”单元时间评估方法：

*DYNAMIC TEMPERATURE-DISPLACEMENT，EXPLICIT，IMPROVED DT METHOD = NO

Abaqus/CAE 用法：Step module：Create Step：General：Dynamic，Temp-disp，Explicit：Incrementation：Type：Automatic，Stable increment estimator：Element-by-element

Abaqus/CAE 中不支持抑制“改进的”单元时间增量方法的能力。

固定的时间增量

一个固定的时间增量方案，在 Abaqus/Explicit 中也是可用的。固定时间增量大小是通过计算步的初始单元到单元的稳定性评估，或者通过一个用户指定的时间增量来确定的。

当要求更高的模态响应问题有更加精确的表示时，固定时间增量可以是有用的。在此情况中，可以使用一个比单元-单元的评估更小的时间增量。单元到单元的评估可以简单地通过运行一个数据检查分析来得到（见《Abaqus 分析用户手册——介绍空间建模、执行与输出卷》的3.2.2节）。

当使用固定的时间增量时，Abaqus/Explicit 将不检查计算步过程中计算得到的响应是否是稳定的。应当确保通过仔细的检查能量历史和其他的响应变量来得到一个有效的响应。

如果选择在整个步上使用初始单元到单元的稳定性限制大小的时间增量，则使用步开始时的每一个单元中的纵波速和热扩散性，来计算固定时间增量大小。要降低一个求解变得不稳定的机会，可以通过一个恒定的比例因子来对 Abaqus/Explicit 计算的初始稳定时间增量进行调整，如上面的“缩放时间增量”中所描述的那样。另外，可以直接指定一个时间增量。

输入文件用法：使用下面的选项来要求时间增量为单元到单元的稳定性限制：

*DYNAMIC TEMPERATURE-DISPLACEMENT, EXPLICIT, FIXED TIME INCREMENTATION

使用下面的选项来直接指定时间增量大小：

*DYNAMIC TEMPERATURE-DISPLACEMENT, EXPLICIT, DIRECT USER CONTROL:

Δt

Abaqus/CAE 用法：Step module：Create Step：General：Dynamic，Temp-disp，Explicit：Incrementation：Type：Fixed，Use element-by-element time increment estimator 或者 User-defined time increment：Δt

通过使用选择性的子循环来降低计算成本

选择性的子循环方法可以完全按照纯粹的力学分析中那样，用于一个耦合的热-应力分析，如 1.3.3 节和 6.7.1 节中所描述的那样。

为极端值监控输出变量

在一个耦合的热-应力分析中，定义成为单元和节点变量的极端值，可以完全按照 1.3.3 节中对于一个纯粹的力学分析所描述的那样，进行监控。

初始条件

默认情况下，所有节点的初始温度是零。可以指定非零的初始温度。也可以定义初始应力、场变量等。《Abaqus 分析用户手册——指定的条件、约束和相互作用卷》的 1.2.1 节，描述了对于一个完全耦合的热-应力分析可以使用的所有初始条件。

边界条件

在完全耦合的热-应力分析中，可以使用边界条件来指定节点上的温度（自由度 11）和位移/转动（自由度 1~6）（见《Abaqus 分析用户手册——指定的条件、约束和相互作用卷》的 1.3.1 节）。Abaqus/Standard 中的壳单元具有通过厚度的附加的温度自由度 12、13 等（见《Abaqus 分析用户手册——介绍、空间建模、执行与输出卷》的 1.2.2 节）。

可以通过参考一个幅值曲线来指定边界条件为时间的函数（见《Abaqus 分析用户手册——指定的条件、约束和相互作用卷》的 1.1.2 节）。

在一个动态耦合的热-位移响应步中所施加的边界条件，应当使用合适的幅值参考（见《Abaqus 分析用户手册——指定的条件、约束和相互作用卷》的 1.1.2 节）。如果边界条件是为没有幅值参考的计算步指定的，则它们在计算步开始时即时施加。因为 Abaqus/Explicit 不接受位移中的阶跃，将忽略一个没有指定幅值参考的非零位移边界条件值，并且将强加一个零速度的边界条件。

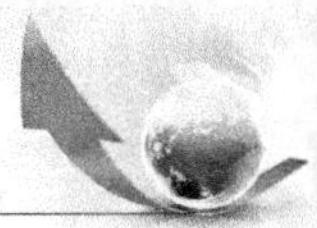

载荷

可以在一个完全耦合的热-应力分析中指定下面的热载荷类型，如《Abaqus 分析用户手册——指定的条件、约束和相互作用卷》的 1.4.4 节中所描述的那样：

- 集中热流量；
- 体流量和分布的面流量；
- 基于节点的膜和辐射条件；
- 平均温度的辐射条件；
- 基于单元和面的模型和辐射条件。

可以指定下面的力学载荷类型：

- 可以对位移自由度（1~6）施加集中节点力（见《Abaqus 分析用户手册——指定的条件、约束和相互作用卷》的 1.4.2 节）。
- 可以施加分布的压力或者体积力（见《Abaqus 分析用户手册——指定的条件、约束和相互作用卷》的 1.4.3 节）。具有分布的载荷类型的具体单元，在《Abaqus 分析用户手册——单元卷》中进行了描述。

预定义的场

预定义的温度场在一个完全耦合的热-应力分析中是不允许的。应当使用边界条件来替代指定的温度自由度 11（和 Abaqus/Standard 壳单元中的 12、13 等），如前面所描述的那样。

可以在一个完全耦合的热-应力分析中指定其他的预定义的场变量。这些值将仅影响场变量相关的材料属性。见《Abaqus 分析用户手册——指定的条件、约束和相互作用卷》的 1.6.1 节。

材料选项

一个完全耦合的热-应力分析中的材料，必须同时定义热属性（例如热导率）和机械属性（例如弹性）。对于 Abaqus 中可用的材料模型的详细情况，见《Abaqus 分析用户手册——材料卷》。

Abaqus/Standard 中，可以指定内部热生成（见 1.5.2 节）。

如果在材料属性定义中包括了热膨胀，则将产生热应变（见《Abaqus 分析用户手册——材料卷》的 6.1.2 节）。

在 Abaqqus/Standard 中，一个完全耦合的温度-位移分析可以用来分析静态蠕变和溶胀问题，它是发生在相当长的时间区段上的（见《Abaqus 分析用户手册——材料卷》的 3.2.4 节）；黏弹性材料（见《Abaqus 分析用户手册——材料卷》的 2.7.1 节）；或者黏塑性材料（见《Abaqus 分析用户手册——材料卷》的 3.2.3 节）。

作为一个热源的非弹性能量耗散

可以在一个完全耦合的热-应力分析中指定一个非弹性的热分数，来提供作为热源的非弹性能量耗散。塑性应变引起的每单位体积的热流量为

$$r^{pl} = \eta\sigma : \dot{\varepsilon}^{pl}$$

式中 r^{pl}——添加到热能平衡的热流量；

η——一个用户定义的因子（假定为常数）；

σ——应力；

$\dot{\varepsilon}^{pl}$——塑性应变率。

非弹性热分数通常是用于涉及大量非弹性应变的高速制造工艺中，其中由于金属变形所产生的热，显著地影响温度相关的材料属性。在热平衡方程中，将所生成的热处理成一个体积热流量来源项。

可以为具有 Mises 或者 Hill 屈服面塑性行为的材料（见《Abaqus 分析用户手册——材料卷》的 3.1.1 节）指定一个非弹性热分数。它不能与组合的各向同性/运动硬化模型一起使用。在 Abaqus/Explicit 中，可以为用户定义的材料行为指定非弹性的热分数，并且将乘以用户子程序中编码的非弹性能量耗散来得到热流量。在 Abaqus/Standard 中，非弹性热分数不能与用户定义的材料行为一起使用。在此情况中，在用户子程序中直接计算必须添加到热能量平衡中的热流量。

在 Abaqus/Standard 中，也可以为包括时域的黏弹性超弹性材料定义指定一个非弹性热分数（见《Abaqus 分析用户手册——材料卷》的 2.7.1 节）。

非弹性热分数的默认值是 0.9。如果在材料定义中不包括非弹性热分数，则由非弹性变形生成的热是不包括在分析中的。

输入文件用法：* INELASTIC HEAT FRACTION

η

Abaqus/CAE 用法：Property module：material editor：Thermal：Inelastic Heat Fraction：Fraction：

η

单元

同时具有作为节点变量的位移和温度的耦合温度-位移单元，在 Abaqus/Standard 和 Abaqus/Explicit 中都是可以得到的（见《Abaqus 分析用户手册——单元卷》的 1.1.3 节）。在 Abaqus/Standard 中，同步的温度/位移解要求使用这样的单元；完全耦合的热-应力过程中的部分可以使用纯粹的位移单元，但是不能使用纯粹的热传导单元。在 Abaqus/Explicit 中，完全耦合的热-应力过程可以使用任何可以得到的单元；然而，将仅在已经激活了温度自由度的节点上得到热解（即，连接到耦合的温度-位移单元的节点上）。

Abaqus 中的一阶耦合的温度-位移单元，在单元上使用一个不变的温度来计算热膨胀。Abaqus/Standard 中的二阶耦合的温度-位移单元，使用比位移的插值低阶的温度插值（位移的抛物线变化和温度的线性变化）来得到一个热和机械应变的相容变化。

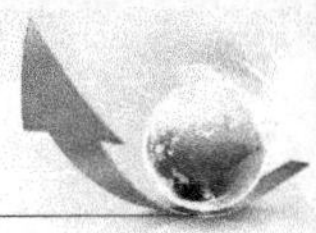

输出

对于一个输出变量的完整列表，见《Abaqus 分析用户手册——介绍空间建模、执行与输出卷》的 4.2.1 节和《Abaqus 分析用户手册——介绍空间建模、执行与输出卷》的 4.2.2 节。可以使用的输出类型在《Abaqus 分析用户手册——介绍空间建模、执行与输出卷》的 4.1.1 节中进行了描述。

输入文件模板

```
*HEADING
…
** 指定耦合的温度-位移单元类型
*ELEMENT, TYPE=CPS4T
…
**
*STEP
*COUPLED TEMPERATURE-DISPLACEMENT 或
*DYNAMIC TEMPERATURE-DISPLACEMENT, EXPLICIT
定义增量的数据行
*BOUNDARY
在位移或者温度自由度上定义非零边界条件或者位移的数据行
*CFLUX 和/或 *CFILM 和/或
*CRADIATE 和/或 *DFLUX 和/或
*DSFLUX 和/或 *FILM 和/或
*SFILM 和/或 *RADIATE 和/或
*SRADIATE
定义热载荷的数据行
*CLOAD 和/或 *DLOAD 和/或 *DSLOAD
定义力学载荷的数据行
*FIELD
定义场变量值的数据行
*END STEP
```

1.5.4 绝热分析

产品：Abaqus/Standard　Abaqus/Explicit　Abaqus/CAE

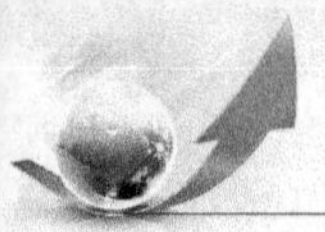

参考

- “定义一个分析” 1.1.2 节
- “热传导分析过程：概览” 1.5.1 节
- *DYNAMIC
- *STATIC
- *DENSITY
- *INELASTIC HEAT FRACTION
- *SPECIFIC HEAT
- “构建通用分析过程”《Abaqus/CAE 用户手册》的 14.11.1 节，此手册的 HTML 版本中
- “定义热材料模型”《Abaqus/CAE 用户手册》的 12.10 节，此手册的 HTML 版本中

概览

一个绝热的应力分析：

- 用于机械变形产生热，但是事件发生是如此迅速，以至于产生的热没有时间通过材料扩散的情况——例如，一个非常高速的成形过程；
- 可以作为一个动力学分析的一部分来进行（见 1.3.2 节或者 1.3.3 节）或者作为一个静态分析的一部分来进行（见 1.2.2 节）；
- 在 Abaqus/Standard 中，仅对于具有一个 Mises 屈服面（见《Abaqus 分析用户手册——材料卷》的 3.2.1 节）的各向同性硬化金属塑性模型是可用的；
- 在 Abaqus/Explicit 中仅是相关于金属塑性模型的（同时包括 Mises 和 Hill 屈服面）；
- 如果模型只是弹性的，也可以执行——在弹性范围内，不发生温度变化；
- 要求指定材料的密度、比热容和非弹性热分数（表现为热流的非弹性耗散率的分数）。

绝热分析

绝热热-应力分析通常是用来仿真涉及大量非弹性应变的高速制造过程，因为温度相关的材料属性会受到金属变形产生的热的影响。温度是直接在材料积分点上，根据由非弹性变形产生的绝热能量增加来直接计算得到的；此问题中温度不是一个自由度。在一个绝热分析中，不允许传热。对于塑性变形产生热和传热都是重要的问题，必须实施一个完全耦合的温度-位移分析（见 1.5.3 节）。

在一个绝热分析中，每单位体积塑性应变产生的热量为

$$r^{pl} = \eta\sigma : \dot{\varepsilon}^{pl}$$

式中 r^{pl}——添加到热能平衡的热流量；

η——用户定义的因子（假定为常数）；

σ——应力；

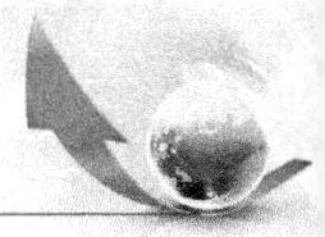

$\dot{\varepsilon}^{pl}$——塑性应变率。

在每一个积分点上求解的热方程是

$$\rho c(\theta)\dot{\theta} = r^{pl}$$

式中 ρ——材料密度（见《Abaqus 分析用户手册——材料卷》的 1.2.1 节）；

$c(\theta)$——比热容（见《Abaqus 分析用户手册——材料卷》的 6.2.3 节）。

输入文件用法：使用下面过程的任何一个来执行一个绝热分析：

*DYNAMIC，ADIABATIC

*DYNAMIC，EXPLICIT，ADIABATIC

*STATIC，ADIABATIC

Abaqus/CAE 用法：使用下面过程的任何一个来执行一个绝热分析：

Step module：

Create Step：Dynamic，Implicit：Basic：Include adiabatic heating effects

Create Step：Dynamic，Explicit：Basic：Include adiabatic heating effects

Create Step：Static，General：Basic：Include adiabatic heating effects

Abaqus/Standard 中的后续热扩散分析

在 Abaqus/Standard 中，可以在绝热计算之后执行热扩散分析（例如，要研究一个部件在突然变形后的冷却）。在此情况中，绝热分析结束时的温度必须作为在节点上平均的单元变量写入到 Abaqus/Standard 结果文件中。因为可以仅通过使用输出变量标识符 TEMP，将一个绝热分析中的温度值作为单元量写入结果文件，所以它们不能作为初始条件直接读入一个后续的热扩散分析中。然而，如果对结果进行后处理来产生一个另外的结果文件，在其中温度数据是作为节点量来提供的，则可以使用这些温度作为初始条件来执行一个后续的热传导分析。详情见《Abaqus 分析用户手册——指定的条件、约束和相互作用卷》的 1.6.1 节和《Abaqus 分析用户手册——介绍空间建模、执行与输出卷》的 5.1.3 节。另外，可以后处理结果文件来产生一个包含由节点和温度组成的数据对的数据列表。

然后，从热传导分析得到的温度 NT 则可以用来驱动之前的应力分析的延续。此应力分析应当从绝热分析的结束处进行重启动，并且将提供热传导分析过程中得到的温度场变化的响应。在此情况中，Abaqus/Standard 将自动从热传导分析得到的结果文件中读取温度，并且将它们应用于重启动分析。

例子

下面的输入选项可以用来执行一个热传导分析，此热传导分析使用来自一个绝热分析的温度，然后继续应力分析：

```
** 稳态绝热分析
…
*STEP
*STATIC，ADIABATIC
…
```

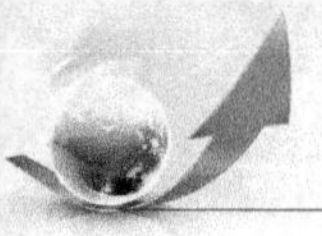


```
** 将温度作为节点上平均的单元变量写入到结果文件中
*EL FILE, POSITION = AVERAGED AT NODES
TEMP
*END STEP
** 使用来自静态分析的温度作为初始条件的热传导分析
...
*INITIAL CONDITIONS, TYPE = TEMPERATURE, FILE = 新结果文件,
STEP = 步, INC = 增量
*STEP
*HEAT TRANSFER
...
*NODE FILE
NT
*END STEP
** 从使用来自热传导分析得到的温度的绝热分析重启动
*RESTART, WRITE, READ, STEP = k, INC = i, END STEP
...
*STEP
*STATIC
...
*TEMPERATURE, FILE = 热瞬态结果文件
...
*END STEP
```

完全耦合的温度-位移分析

如果进入到热扩散的分析延续要求一个完全耦合的温度-位移分析（见1.5.3节），最简单的（但是更加的昂贵）方法是在整个的绝热分析中使用耦合的温度-位移单元。在静态或者动态绝热计算的结束处，温度必须作为节点上平均的单元变量，写入到结果文件中。此外，必须约束所有的温度自由度，因为没有在绝热分析中使用它们。然后，可以重启动绝热分析，在模型中每一个节点的温度自由度上施加来自绝热分析的正确温度分布。要创建边界条件的输入，必须后处理从绝热分析得到的结果文件，并且在模型中的每一个节点上提取TEMP的值（见《Abaqus 分析用户手册——介绍、空间建模、执行与输出卷》的5.1.3节）。可以在后续耦合的温度-位移分析步中，按需释放温度边界条件。

例子

下面的输入选项可以用来执行一个耦合的温度-位移分析，此分析使用的温度来自一个绝热分析的温度的耦合温度-位移分析：

```
** 静态绝热分析，耦合的温度-位移平面应变单元
...
```

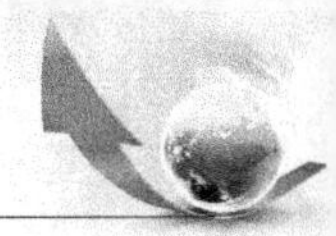


```
*ELEMENT, TYPE=CPS4T, ELSET=EALL
...
*BOUNDARY
节点, 11, 11, 0.0
*STEP
*STATIC, ADIABATIC
...
**将温度作为在节点上平均的单元变量写入到结果文件
*EL FILE, POSITION=AVERAGED AT NODES
TEMP
*END STEP
**从绝热分析重启动
*RESTART, WRITE, READ, STEP=k, INC=i, END STEP
...
*STEP
*STATIC
**在每一个节点上，将温度变量 TEMP 与温度自由度相关联的虚拟步
1.0, 1.0
...
*BOUNDARY, OP=NEW
节点, 11, 11, 温度
...
*END STEP
**结构冷却的耦合温度位移运行：重启动分析的继续
...
*STEP
*COUPLED TEMPERATURE-DISPLACEMENT
0.1, 1.0
...
*BOUNDARY, OP=NEW
**没有指定温度边界条件
*END STEP
```

初始条件

初始温度可以在节点上作为初始条件加以指定。也可以指定应力的初始值、场变量、求解相关的状态变量等（见《Abaqus 分析用户手册——指定的条件、约束和相互作用卷》的 1.2.1 节）。

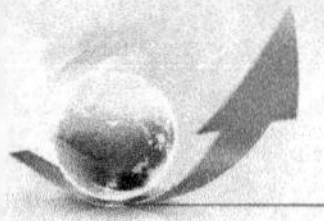

边界条件

在一个绝热分析中，可以使用在非绝热的动态、显式动力学或者静态分析步（见《Abaqus 分析用户手册——指定的条件、约束和相互作用卷》的 1.3.1 节）中施加边界条件的相同方法，对位移自由度施加边界条件。在一个绝热分析中，温度不是一个自由度。

载荷

对于一个绝热分析可以使用的加载选项，与非绝热的动态的、显式动力学的或者静态分析步可以使用的载荷选项是一样的（见《Abaqus 分析用户手册——指定的条件、约束和相互作用卷》的 1.4.1 节）。

可以指定下面类型的力学载荷：

• 对位移自由度（1~6）可以施加集中节点力（见《Abaqus 分析用户手册——指定的条件、约束和相互作用卷》的 1.4.2 节）。

• 可以施加分布的压力或者体积力（见《Abaqus 分析用户手册——指定的条件、约束和相互作用卷》的 1.4.3 节）。具有分布载荷类型的单元在《Abaqus 分析用户手册——单元卷》中进行了描述。

预定义的场

在一个绝热分析步中不能使用预定义的温度场。

可以指定用户定义的场变量值；这些值只影响场变量相关的材料属性（见《Abaqus 分析用户手册——指定的条件、约束和相互作用卷》的 1.6.1 节）。

材料选项

在 Abaqus/Standard 中，绝热应力分析中只允许具有各向同性弹性的和各向同性硬化的 Mises 塑性（见《Abaqus 分析用户手册——材料卷》的 3.1.1 节）。不能使用运动的或者组合的硬化，但是可以包括率影响。然而，模型的一部分可以只包括弹性材料；在弹性区域中，温度不发生变化，因为那里没有热源。在 Abaqus/Explicit 中，绝热应力分析中，Mises 和 Hill 塑性都是允许的。

必须指定材料密度、非弹性热分数和比热容，此材料将通过塑性耗散生成热。如果需要的话，也可以指定潜热（见《Abaqus 分析用户手册——材料卷》的 6.2.4 节）。

非弹性热分数是用来计算温度升高的非弹性耗散的大小。非弹性热分数的默认值是 0.9。如果在材料定义中不包括非弹性热分数，则分析中没有包括非弹性变形生成的热。

在 Abaqus/Standard 绝热分析中，也可以使用用户子程序 UMAT 来执行。在此情况中，温度必须定义成一个求解相关的状态变量，并且所有的耦合项必须包括在用户子程序中，如果为材料定义了热导率（见《Abaqus 分析用户手册——材料卷》的 6.2.2 节），则在绝热分

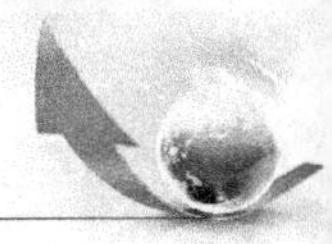

析计算步中将忽略它。

输入文件用法：在材料的定义中，必须包括下面所有的选项：

* DENSITY

* INELASTIC HEAT FRACTION

* SPECIFIC HEAT

如果潜热效应是重要的，则可以包括下面的选项：

* LATENT HEAT

Abaqus/CAE 用法：在材料的定义中，必须包括下面所有的选项：

Property module：

Material editor：General→Density

Material editor：Thermal→Inelastic Heat Fraction

Material editor：Thermal→Specific Heat

如果潜热是重要的，则可以包括下面的选项：

Property module：material editor：Thermal→Latent Heat

温度相关的材料属性

材料属性可以是温度相关的。因为绝热分析中温度变化的唯一来源是非弹性的变形，温度只能升高。如果由于温度升高降低了流动应力，则此温度升高可以造成温度扩散（通常一个小的影响）和变形的局部化。因为绝热的假设仅用于快速的事件，并且变形是充分的，则非弹性变形通常造成显著的温度升高，绝热分析中应变率通常是较大的。如果材料是率敏感的，由温度升高造成的材料软化，可能因此通过强化与率的相关性，在某种程度上得到抵消。

单元

可以在绝热分析中使用 Abaqus 中的任何应力/位移或者耦合的温度-位移单元（见《Abaqus 分析用户手册——单元卷》的 1.1.3 节）。质量或者弹性单元将不会对材料的加热有贡献，因为它们不产生塑性应变。

如果一个绝热分析中使用了耦合的温度-位移单元，则将忽略温度自由度。

输出

因为在材料计算点上更新温度，使用输出变量 TEMP 输出温度是可得的，不是使用输出变量 NT。

一个绝热分析可用的单元输出包括应力、应变、能量、状态值、场和用户定义的变量以及复合失效度量。可用的节点输出包括位移、反作用力和坐标。所有的输出变量标识符在《Abaqus 分析用户手册——介绍、空间建模、执行与输出卷》的 4.2.1 节和 4.2.2 节中进行了概述。

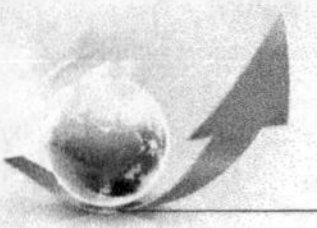

输入文件模板

```
*HEADING
…
*MATERIAL, NAME=名称
*ELASTIC, TYPE=ISOTROPIC
定义各向同性线弹性的数据行
*PLASTIC
定义金属塑性的数据行
*DENSITY
定义密度的数据行
*INELASTIC HEAT FRACTION
定义非弹性热分数的数据行
*SPECIFIC HEAT
定义比热容的数据行
…
*BOUNDARY
指定零赋值边界条件的数据行
*INITIAL CONDITIONS, TYPE=类型
指定初始条件的数据行
*AMPLITUDE, NAME=名称
定义幅值变化的数据行
**
*STEP, NLGEOM
在 Abaqus/Standard 中使用了 NLGEOM，来包括几何非线性
*DYNAMIC, ADIABATIC 或者 *DYNAMIC, EXPLICIT, ADIABATIC 或者
*STATIC, ADIABATIC
控制时间增量或者指定计算步时间区段的数据行
*BOUNDARY, AMPLITUDE=名称
描述非零或者零赋值边界条件的数据行
*CLOAD 和/或 *DLOAD 和/或 *DSLOAD
指定载荷的数据行
*FIELD
指定场变量值的数据行
*END STEP
```

1.6 流体动力学分析

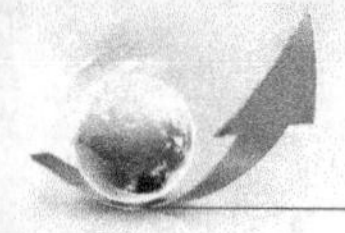

1.6.1 流体动力学分析过程：概览

概览

Abaqus/CFD 提供高级的计算流体动力学功能，具有 Abaqus/CAE 中提供的前处理和后处理的扩展支持。这些可扩展的并行 CFD 仿真功能，满足广泛的非线性耦合的流体-热和流体-结构问题。

Abaqus/CFD 可以求解下面类型的不可压缩流动问题：

- 层流和湍流：内部或者外部稳态的或者瞬态的流动，跨越广泛的雷诺数范围，以及涉及复杂的几何形体都可以使用 Abaqus/CFD 来仿真。这包括由空间变化分布的体积力所引起的流动问题。
- 热对流：涉及热传导并且要求一个可能包含浮力驱动的流动（即，自然对流）的能量方程问题，也可以使用 Abaqus/CFD 来求解。此类型的问题包括广泛的普朗特数的湍流热传导。
- 变形-网格 ALE：Abaqus/CFD 包括使用一个运动方程的、热传导的和湍流传输的任意拉格朗日-欧拉（ALE）描述来执行变形-网格分析的功能。变形-网格问题可以包括诱导流体流动的指定边界条件或者边界运动是相对独立于流体流动的 FSI 问题。

更多的详细情况，见 1.6.2 节。

Abaqus/CFD 中的场激活

在 Abaqus/CFD 中，有效的场（自由度）是通过分析过程和指定的选项来确定的，例如湍流模型和辅助传输方程。例如，使用能量方程与不可压缩流动过程相结合，激活速度、压力和温度自由度。对于可用自由度的一个完全列表，见《Abaqus 分析用户手册——指定的条件、约束和相互作用卷》的 1.3.2 节。

1.6.2 不可压缩流体的动力学分析

产品：Abaqus/CFD　Abaqus/CAE

参考

- “定义一个分析” 1.1.2 节
- “流体动力学分析过程：概览” 1.6.1 节

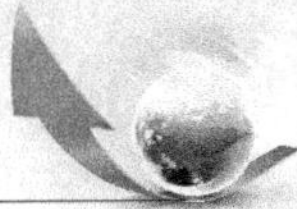

概览

一个不可压缩的流体动力学分析：

- 是一个速度场无散度，并且压力不包含热力学分量的分析；
- 是一个在声波中包含的能量相对于通过平流传递的能量较小的分析（即，当马赫数是在 $0 \leqslant M \leqslant 0.1-0.3$）；
- 可以是层流的或者湍流的，稳态的或者时间相关的；
- 可以用来研究内部的或者外部的流动；
- 可以包括能量传输和浮力；
- 可以与 ALE 计算的变形网格一起使用；
- 可以与热传导或者流固界面相结合来执行。

不可压缩流体的动力学分析

不可压缩流体是最经常遇到的流体状态，涵盖多种多样的问题，包括：大气扩散、食品加工、汽车的气动设计、生物医药流动、电气冷却和化学蒸发沉积、模具填充、铸造等制造工艺。

可以执行一个瞬态的或者稳态的不可压缩分析。

输入文件用法：为一个瞬态的不可压缩流动分析使用下面的选项：

*CFD，INCOMPRESSIBLE NAVIER STOKES

为一个稳态的不可压缩流动分析使用下面的选项：

*CFD，INCOMPRESSIBLE NAVIER STOKES，STEADY STATE

Abaqus/CAE 用法：在 Abaqus/CAE 中，只能定义一个瞬态的不可压缩的流动分析。

Step module：Create Step：General：Flow；Flow type：Incompressible

控制方程

一个任意控制体的积分形式的非定常动量方程可以写为

$$\frac{\mathrm{d}}{\mathrm{d}t}\int_V \rho v \mathrm{d}V + \int_S \rho v \otimes (v - v_{\mathrm{m}}) \cdot n\mathrm{d}S = -\int_V \nabla p\mathrm{d}V + \int_S \tau \cdot n\mathrm{d}S + \int_V f\mathrm{d}V$$

对于稳态，动量守恒方程的积分形式变成

$$\int_V \rho v \otimes v \cdot n\mathrm{d}S = -\int_V \nabla p\mathrm{d}V + \int_S \tau \cdot n\mathrm{d}S + \int_V f\mathrm{d}V;$$

式中　V——具有表面积 S 的任意控制体；

n——S 的外法向；

ρ——流体密度；

p——压力；

v——速度矢量；

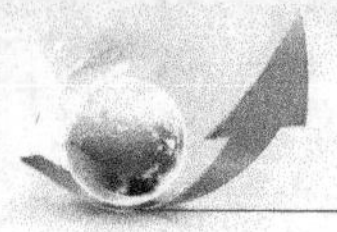

v_m——移动网格的速度；

f——体积力；

τ——黏性切应力。

黏性切应力 τ，也称为 S 的偏应力，其中 $S=\eta\dot{\gamma}$。更多的信息，见《Abaqus 分析用户手册——材料卷》的 6.1.4 节。

不可压缩性要求一个表现如下的螺线速度场

$$\nabla \cdot v = 0$$

数值实现

不可压缩的纳维-斯托克斯方程的解，由于所要求的散度速度条件和伴随空间，以及时间分辨率，要在工程应用的复杂几何上得到解，会呈现出一些算法问题。Abaqus/CFD 不可压缩求解器使用守恒方程的积分形式。对于时间相关的问题，对于一个任意变形区域，使用一个选进的二阶投影形式。对于稳态，求解方法是基于固定网格上的一个 SIMPLE 算法。对于投影和 SIMPLE 算法，采用压力的一个节点为中心的有限元离散和所有其他传输变量（例如速度、温度、湍流等）的体积中心的有限体积离散。当保持与传统有限体积法相关联的局部保守属性时，此混合方法保证精确地求解，并且消除了伪压力模式（没有任何人工发散的需要）的可能性。所有允许一个单独执行的传输方程，使用一个基于边界的实施，此单独执行跨越简单的四面体和六面体单元，到任意的多面体的广阔单元类型。Abaqus/CFD 中，支持四面体、楔形和六面体单元。

投影方法（对于瞬态分析）

投影方法的基本概念是不可压缩的纳维-斯托克斯方程有效解的压力和速度场合理的分离。在过去的四十年里，投影法以及为涉及层流和湍流流体动力学的，大密度变化的，化学反应的、自由面的、模具填充和非牛顿行为的问题，找到了广泛的应用。

在实际中，投影用来删除速度场无散度的部分（“无源”）。投影是通过使用一个 Helmholtz 分解，将速度场分割成为无散度的和无旋分量的分量。将投影运算构建成满足指定的边界条件，并且是减模的，为不可压缩流动产生一个可靠的求解算法。

SIMPLE 方法（对于稳态分析）

SIMPLE（Semi-Implicit Method for Pressure Linked Equations，压力链接方程的半隐式方法）方法是开发来有效地仿真稳态流动的基于压力的方法。

SIMPLE 方法背后的主要思想是通过在每一个体积上施加质量连续，来创建一个历史压力校正方程。然后，通过将离散压力校正场（并且由此离散的压力）与动力方程的离散形式关联，来得到无散度的速度场。

最小二乘梯度估计

Abaqus/CFD 中的求解方法使用一个线性的，完全二阶精确的最小二乘梯度估计。这允许平流和扩散过程双边通量的精确评估。Abaqus/CFD 中的所有传输方程，利用二阶最小二

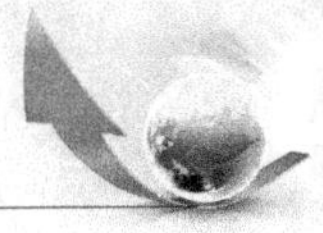

乘运算。

平流方法

Abaqus/CFD 中的平流方法是基于边缘的、单调保持的，并且在空间上平滑变化到二阶的方法。平流算法依靠一个具有非结构化的网格斜率限制器的最小二乘梯度评估，非结构化的网格斜率限制器是拓扑无关的。近似在 2～3 个单元中捕捉尖锐的梯度，即 O（$3h$），并且倾斜限制与一个局部扩散限制器的结合使用，预先包括了平流场中的过喷射/不足喷射。对于瞬态求解器，动力中的平流项与传递方程，可以处理成显式的或者隐式的（见下面"时间增量"中的讨论）。

能量方程

在 Abaqus/CFD 中，对于非各向同性热流动，能量传输方程是可选激活的。对于小的密度变化，Boussinesq 近似提供动量与能量方程之间的耦合。在湍流中，能量传输包括一个基于湍流涡黏性的湍流热流和湍流普朗特数。Abaqus/CFD 提供一个基于温度的能量方程。

能量方程的瞬态形式，在温度形式中，可以从热力学第一定律得到，并且通过下面给出

$$\frac{\mathrm{d}}{\mathrm{d}t}\int_V \rho c_p \theta \mathrm{d}V + \int_S \rho c_p \theta (v - v_m) \cdot n\mathrm{d}S = \int_V r\mathrm{d}V - \int_S q \cdot n\mathrm{d}S$$

对于稳态是如下给出

$$\int_V \rho c_p \theta v \cdot n\mathrm{d}S = \int_V r\mathrm{d}V - \int_S q \cdot n\mathrm{d}S$$

式中 c_p——比定压热容；

θ——温度；

q——由傅里叶定律定义的条件产生的热通量；

r——进入每单元体积体的外部提供的热。

Abaqus/CFD 中，能量方程是以温度的方式求解的。

输入文件用法：使用下面的选项来指定一个各向同性的热流问题（默认的）：

*CFD，ENERGY EQUATION = NO ENERGY

使用下面的选项来指定一个温度作为主要传递标量的导热（热）传递问题：

*CFD，ENERGY EQUATION = TEMPERATURE

Abaqus/CAE 用法：使用下面的选项来指定一个各向同性热流问题：

Step module：Create Step：General：Flow；Basic 表页：Energy equation：None

使用下面的选项来指定一个使用温度作为主要传递标量的热（热量）传递问题：

Step module：Create Step：General：Flow；Basic 表页：Energy equation：Temperature

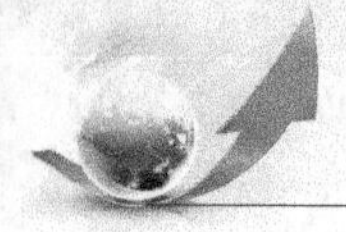

湍流模型

湍流模型是计算流体动力学的一个追踪技术。没有一个单独通用的湍流模型可以足够处理所有可能的流动条件和几何构型。由于当前可用的过多湍流模型和模拟方法（即，Reynolds Averaged Navier-Stokes（RANS）、Unsteady Reynolds AveragedNavier-Stokes（URANS）、Large-Eddy Simulation（LES）、Implicit Large-Eddy Simulation（ILES）和 hybrid RANS/LES（HRLES））造成了湍流模型的复杂化。最终，必须确保在一个给定的湍流模型中所作的近似与所模拟的物理问题是相一致的。

下面的湍流模型是可以得到的：ILES、Spalart-Allmaras（SA）、RNG $k-\varepsilon$ 和 SST $k-\varepsilon$。这些模型跨越一个相对广泛的流动问题，包括稳态和时间相关的流动，流固界面（FSI），和共轭热传导（CHT）。

隐式大涡流仿真（ILES）（仅对瞬态分析）

大涡流仿真依靠湍流中一个长度和时间尺度的分离和允许一个网格解析的流动结构的直接仿真，以及非解析的子网格特征的模拟。隐式 ILES 是一个模拟高雷诺数流动的，将计算有效性及实现容易性与预测技术及灵活应用组合的方法。在 Abaqus/CFD 中，ILES 依靠平流算子的离散单调保存形式来隐式地定义子网格尺度的模型。此模型是固有的时间相关的，此时间相关要求不可压缩的纳维-斯托克斯方程的时间精确求解，时间尺度近似为解析尺度流动特征的一个涡流周转时间。此外，此模型必须在完全三维中运行，通常相对于更加常用的稳态 RANS 仿真施加更大的网格密度和严格的网格分辨率标准。然而，此方法是极端灵活的，可以施加于一个广泛的流动和 FSI 问题，ILES 不要求用户设置。

输入文件用法：使用没有 * TURBULENCE MODEL 选项的 * CFD 选项。

Abaqus/CAE 用法：Step module：Create Step：General：Flow；Turbulence 表页：None

Spalart-Allmaras（SA）湍流模型

Spalart-Allmaras（SA）模型是一个单方程的湍流模型，使用一个具有非线性传输方程的涡流黏性变量。模型是基于经验、尺度分析和 Galilean 不变量的要求来建立的。模型已经建立起广泛的应用，并且已经为二维混合层、尾迹和平板边界层进行了校正。模型在具有不利的压力梯度中产生湍流的合理精确预测，并且可以用于发生分层的流动。此模型是空间局部的，并且仅要求边界层中的中等分辨率。虽然最初是为外部和无剪切流动设计的，Spalart-Allmaras 模型也可以用于内流。

单方程的 Spalart-Allmaras 模型的基本形式由一个湍流涡流黏度 $\tilde{\nu}$ 的传输方程组成。模型要求在控制壁附近区域中的湍流黏性所需要的阻尼函数中，使用到壁的法向距离。Abaqus/CFD 自动的计算法向距离函数，允许模型边界条件的简单指定。

Spalart-Allmaras 模型的湍流黏性传输方程的瞬态形式，通过下面给出：

$$\frac{\mathrm{d}}{\mathrm{d}t}\int_V \rho\tilde{\nu}\,\mathrm{d}V + \int_S \rho\tilde{\nu}(v - v_{\mathrm{m}}) \cdot n\mathrm{d}S = \int_V \rho c_{b1}\ \tilde{S}\,\tilde{\nu}\,\mathrm{d}V - \int_V \rho c_{w1} f_w\left(\frac{\tilde{\nu}}{d}\right)^2 \mathrm{d}V +$$

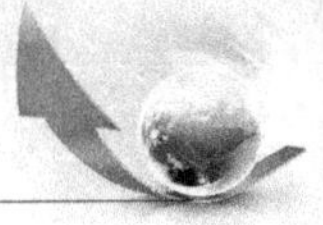

$$\int_V \frac{\rho(1+c_{b2})}{\sigma}\nabla\cdot\{(\nu+\tilde{\nu})\nabla\tilde{\nu}\}\mathrm{d}V-\int_V \frac{\rho c_{b2}}{\sigma}(\nu+\tilde{\nu})\nabla\cdot\nabla\tilde{\nu}\mathrm{d}V$$

方程的稳态形式是通过下面给出的：

$$\int_V \rho\tilde{\nu}v\cdot n\mathrm{d}V=\int_V \rho c_{b1}\tilde{S}\tilde{\nu}\mathrm{d}V-\int_V \rho c_{w1}f_w\left(\frac{\tilde{\nu}}{d}\right)^2\mathrm{d}V+$$

$$\int_V \frac{\rho(1+c_{b2})}{\sigma}\nabla\cdot\{(\nu+\tilde{\nu})\nabla\tilde{\nu}\}\mathrm{d}V-\int_V \frac{\rho c_{b2}}{\sigma}(\nu+\tilde{\nu})\nabla\cdot\nabla\tilde{\nu}\mathrm{d}V$$

在上面两个方程中所使用的阻尼函数和模态系数定义为：

$$f_w=g\left(\frac{1+c_{w3}^6}{g^6+c_{w3}^6}\right)^{\frac{1}{6}}$$

$$f_{v1}=\frac{\chi^3}{\chi^3+c_{v1}^3}$$

$$f_{v2}=1-\frac{\chi}{1+\chi f_{v1}}$$

$$\chi=\frac{\tilde{\nu}}{\nu}$$

$$g=r+c_{w2}(r^6-r)$$

$$r=\frac{\tilde{\nu}}{\tilde{S}\kappa^2d^2}$$

$$\tilde{S}=S+\frac{\tilde{\nu}}{\kappa^2d^2}f_{v2}$$

$$S=\sqrt{2R_{ij}R_{ij}}$$

$$R_{ij}=\frac{1}{2}\left(\frac{\partial u_i}{\partial x_j}-\frac{\partial u_j}{\partial x_i}\right)$$

其中 d 是距离壁的法向距离，并且有效湍流黏性系数是定义为：

$$\nu_t=\tilde{\nu}f_{v1}$$

Spalart-Allmaras 模型系数显示在表 1-8 中。此外，可以指定湍流普朗特数（Pr）。

表 1-8 Spalart-Allmaras 模型系数

c_{b1}	c_{b2}	c_{v1}	σ	c_{w1}	c_{w2}	c_{w3}	κ	c_{v2}
0.1355	0.622	7.1	0.6667	$\frac{c_{b1}}{\kappa^2}+\frac{1+c_{b2}}{\sigma}$	0.3	2	0.41	5

如果对近壁区域进行解析（近壁分辨率使得量纲一壁距离近似是 3），Spalart-Allmaras 模型可以提供非常精确的边界层结果。然而，Abaqus/CFD 中的 Spalart-Allmaras 模型的边界条件的实现，也允许使用粗糙的网格。

输入文件用法：同时使用下面的选项：

*CFD

*TURBULENCE MODEL，TYPE = SPALART ALLMARAS

Abaqus/CAE 用法：Step module：Create Step：General：Flow；Turbulence
表页：Spalart-Allmaras

壁函数

Spalart-Allmaras 湍流模型可以在整个湍流边界层的内层上，基于它的内置低雷诺数阻尼方程来进行积分。然而，此模型通常要求 $y^+<2$ 的阶次的极端细致近壁解，来精确地预测整个边界层的涡流黏性。通常情况下，$y^+<2$ 的近壁求解要求是复杂的高雷诺数流动问题中所施加的一个非常严格的约束。结果造成一个实现壁函数的方法来放松 Spalart-Allmaras 模型所要求的近壁求解。

传统的壁函数方法是基于壁法则的，当流动速度 V 和壁法向距离 y 是与动态黏度 ν 和摩擦速度 v_r（被称为黏度单位或者壁单位）规范化时，是一个平衡壁粘接流动中得到的半经验的通用速度轮廓：

$$V^+_{(y^+)}=\begin{cases} y^+ & \text{当 } y^+\leqslant y_c^+ \text{ 时，} \\ \dfrac{1}{\kappa}\ln(Ey^+) & \text{当 } y^+>y_c^+ \text{ 时。} \end{cases}$$

$$V^+=\frac{V}{v_r}$$

$$y^+=\frac{yv_r}{v}$$

$$v_r=\sqrt{\frac{\tau_{wall}}{\rho}}$$

式中 ρ——密度；

τ_{wall}——壁上的切应力；

y_c^+——线性和对数速度轮廓的交点。

并且 $\kappa=0.41$，$E=8.4$ 是不变的。

常规的壁函数方法在 Abaqus/CFD 中，以粗糙网格的标准壁函数的逼近形式得到继承，但也会给出与一个细化网格的无壁函数方法一样的结果。它被称为一个混合壁函数。Spalart-Allmaras 模型中的混合壁函数方法实现中的关键方面是得到作为 $\tilde{\nu}$ 和局部速度场函数的摩擦速度。这是以下面的形式得到的：

$$v_r(\chi)=g\frac{y^*\nu}{y}+(1-g)\frac{\kappa V}{\ln(Ey^*)}$$

其中，y^* 是从 Spalart-Allmaras 模型关系得到的，如下：

$$y^*=\frac{\chi}{\kappa}$$

具有 $\chi=\tilde{\nu}/\nu$ 和定义成混合函数的

$$g=\mathrm{e}^{-\Gamma}$$

$$\Gamma=5\times10^{-5}\frac{(y^*)^7}{1+5y^*}$$

一旦得到了摩擦速度，壁剪切就可以得到：

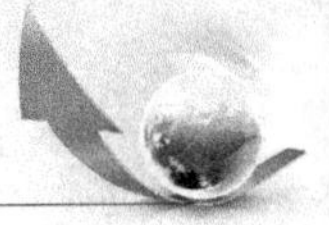

$$\tau_{wall} = \rho v_\tau \frac{V}{V^+(y^+)}$$

$$y^+ = \frac{y v_\tau(\chi)}{\nu}$$

混合壁函数方法是独立于近壁解的，这样，实现的壁法则 $V^+(y^+)$ 需要精确地预测黏性子层、对数层和缓冲层（连接黏性和对数区的区域），因为靠近壁的体积中心可以位于内层中的任何地方。这样实现了一个由 Reichardt（1951）提出的再现整个壁法则的单独平顺校正。

$$V^+(y^+) = \frac{1}{\kappa}\ln(1+\kappa y^+) + C\left[1 - \mathrm{e}^{-\frac{y^+}{y_c^+}} - \frac{y^+}{y_c^+}\mathrm{e}^{-by^+}\right]$$

其中

$$C = \frac{1}{\kappa}\ln\left(\frac{E}{\kappa}\right)$$

$$b = \frac{1}{2}\left(\frac{y_c^+ \kappa}{C} + \frac{1}{D}\right)$$

动量方程中的实施

对于网格分辨率不足以捕捉到近壁梯度的情况，要求一个近壁模型在粗糙网格中提供正确的壁切应力。壁剪切是利用壁函数方法，通过一个有效的边黏性得到：

$$\mu_{eff} = \frac{\tau_{wall} y}{V} = \left(\frac{\rho v_\tau V}{V^+}\right)\frac{y}{V}$$

能量壁函数

壁函数方法可以通过使用温度壁法则来延伸到能量方程，当温度 T 和壁法向距离 y 是使用壁单位规范化时，它是在壁边界流平衡中得到的一个半经验的温度曲线。标准温度壁函数定义为

$$T^+(y^+) = \frac{(T_w - T)\rho c_p u_\tau}{\dot{q}} = \begin{cases} Pr y^+ & \text{当 } y^+ \leqslant y_{Tc}^+ \text{ 时,} \\ Pr_T\left(\frac{1}{\kappa}\ln(Ey^+) + P(Pr, Pr_T)\right) & \text{当 } y^+ > y_{Tc}^+ \text{ 时。} \end{cases}$$

式中 y_{Tc}^+——黏性子层和对数层在温度壁函数中的交点；

T_w——壁温度；

Pr——普朗特数；

Pr_T——湍流普朗特数；

$\dot{q}$——壁热流量；

c_p——比定压热容；

P——使用 Jayatilleke（1969）表达式计算得到的系数如下

$$P(Pr,\ Pr_T) = 9.24\left[\left(\frac{Pr}{Pr_T}\right)^{3/4} - 1\right](1 + 0.28\mathrm{e}^{-0.07Pr/Pr_T})$$

对于混合的壁函数方法，Kader（1981）提出的一个连续的温度壁函数表现为：

$$T^+(y^+) = \mathrm{e}^{-\Gamma} Pr y^+ + \mathrm{e}^{-1/\Gamma} Pr_T\left(\frac{1}{\kappa}\ln(Ey^+) + P(Pr, Pr_T)\right)$$

具有定义如下的混合函数

$$\Gamma = \frac{0.01(P_r y^+)^4}{1 + 5P_r^3 y^+}$$

最后，热流量从预先计算得到的 v_r 流动属性温度场得到，并且连续温度壁函数是：

$$\dot{q} = \frac{(T_w - T)\rho c_p v_r}{T^+}$$

能量方程中的实现

对于网格分辨率不足以捕捉到近壁梯度的情况，要求一个近壁模型在粗糙网格中提供正确的壁热流量。壁热流量是利用壁函数方法，通过一个有效边界热传导性来得到的。

$$\kappa_{eff} = \dot{q}\frac{y}{(T_w - T)}$$

RNG K-epsilon（$k-\varepsilon$）湍流模型

RNG $k-\varepsilon$ 模型是一个两方程湍流模型，包括一个湍流动能 k 的方程和能量耗散率 ε 的方程。模型方程是从基本物理原理和量纲分析建立起来的。通常，模型的系数通常是使用标准的流动和试验数据校正的。然而，RNG 版本的模型使用 Renormalization Group 理论（Yakhot et al.，1992）计算系数。模型方程是：

$$\frac{\mathrm{d}}{\mathrm{d}t}\int_V \rho k \mathrm{d}V + \int_S \rho k(v - v_\mathrm{m}) \cdot n\mathrm{d}S = \int_S \left(\mu + \frac{\mu_T}{\sigma_k}\right)\nabla k \cdot n\mathrm{d}S + \int_V \tau_{ij} S_{ij}\mathrm{d}V - \int_V \rho\varepsilon \mathrm{d}V$$

$$\frac{\mathrm{d}}{\mathrm{d}t}\int_V \rho\varepsilon \mathrm{d}V + \int_S \rho\varepsilon(v - v_\mathrm{m}) \cdot n\mathrm{d}S = \int_S \left(\mu + \frac{\mu_T}{\sigma_\varepsilon}\right)\nabla \varepsilon \cdot n\mathrm{d}S + \int_V C_{\varepsilon_1}\frac{\varepsilon}{k}\tau_{ij} S_{ij}\mathrm{d}V - \int_V \rho C_{\varepsilon_2}\frac{\varepsilon^2}{k}\mathrm{d}V$$

其中

$$\tau_{ij} = 2\mu_T S_{ij}$$

$$S_{ij} = \frac{\partial u_i}{\partial x_j} + \frac{\partial u_j}{\partial x_i}$$

湍流黏性 μ_T 是

$$\mu_T = \frac{\rho C_\mu k^2}{\varepsilon}$$

$$C_{\varepsilon_2} = \tilde{C}_{\varepsilon_2} + \frac{C_\mu \eta^3(1 - \eta/\eta_0)}{1 + \beta\eta^3}$$

和

$$\eta = \frac{k}{\varepsilon}\sqrt{2S_{ij}S_{ij}}$$

上面 $k-\varepsilon$ 传输方程右边的第二项和第三项分别代表 k 和 ε 的产出和耗散。

RNG $k-\varepsilon$ 模型系数显示在表 1-9 中。此外，可以指定湍流普朗特数 Pr_T。

表 1-9 RNG $k-\varepsilon$ 模型系数

C_μ	C_{ε_1}	$\tilde{C}_{\varepsilon_2}$	σ_k	σ_ε	β	η_0
0.085	1.42	1.68	0.72	0.72	0.012	4.38

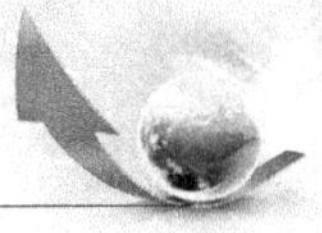

输入文件用法：使用下面的选项：

* CFD

* TURBULENCE MODEL, TYPE = RNG KEPSILON

Abaqus/CAE 用法：Step module：Create Step：General：Flow；Turbulence 表页：k-epsilon renormalization group（RNG）

壁函数

众所周知，$k-\varepsilon$ 模型具有局限性，特别是在通常是再生出近壁区域中的高涡流黏性值的壁边界流上。对于在许多工业应用中经常遇到的高雷诺数流动，在一个使用细化网格的壁附近发生的薄黏性子层的一个完全解，可能是不经济的。结果，对于不能解析黏性子层的网格，使用壁函数来表示黏性子层在传输过程中的影响。在 Abaqus/CFD 中，使用壁函数来避免较高分辨率边界层网格的需要。此方法依靠壁法则来得到壁切应力。

壁的法则是壁边界流在没有压力梯度的情况下建立起来的一个通用的速度剖面。壁法则是

$$V^{+}=\begin{cases}y^{+} & \text{当 } y^{+}\leqslant y_c^{+} \text{ 时，}\\ \dfrac{1}{\kappa}\ln(Ey^{+}) & \text{当 } y^{+}>y_c^{+} \text{ 时。}\end{cases}$$

其中

$$V^{+}=\frac{V}{v_\tau}$$

$$y^{+}=\frac{yv_\tau}{\nu}$$

$$v_\tau=\sqrt{\frac{\tau_{wall}}{\rho}}$$

式中 V——壁剪切速度；

ν——动力黏度；

ρ——密度；

τ_{wall}——壁处的切应力；

y_c^{+}——线性和对数速度曲线的交点。

并且 $\kappa=0.41$，$E=8.4$ 是不变的。

壁剖面的标准法则在其使用上是受限制的。例如，在循环流中，湍流动能 k 在分离出和再附着点上变成零，在那些地方，由定义可知，v_τ 是零。此奇异行为造成所预测的结果是错误的。要克服此错误，基于一个遵循由 Launder 和 Spalding（1974）所提出方法的摩擦速度的新缩放，对壁的标准法则进行了改进。改进的摩擦速度通过下面给出。

$$v^{*}=C_\mu^{1/4}k^{1/2}$$

这样在流动再附着上、分离上和流动冲击点上不会具有奇异行为。结果，壁距离重新缩放如下：

$$y^{*}=\frac{yv^{*}}{\nu}=\frac{yC_\mu^{1/4}k^{1/2}}{\nu}$$

在均匀壁切应力的条件下和当湍流动能的生成和耗散是平衡的时候（即，当湍流结构在平衡的时候），改进的壁法则简化为壁的标准法则。在此条件下 $v^* \approx v^+$，由此，$y^* \approx y^+$。

改进的壁规则的壁切应力可以评估成（Albets-Chico 等，2008）

$$\tau_{wall} = \begin{cases} \dfrac{\mu V_p}{y_p} & 当\ y^* \leqslant y_c^+ 时, \\ \dfrac{\kappa \rho V_p v^*}{\ln[Ey^*]} & 当\ y^* > y_c^+ 时。\end{cases}$$

其中下标 p 标注壁单元中心，在其上评估了感兴趣的量。壁函数的使用要求为壁单元层对 k 和 ε 更改传输方程。特别是对湍流动能 k 的控制传输方程中的产生项和耗散项进行了更改，来考虑壁的存在。

遵循 Craft 等（2002）中概括的过程，在传输方程中使用下面给出的产生 k 的平均值。这样的平均值是基于一个壁单元的二层模型（即，将壁单元分离成一个部分黏性子层区域和一个部分的湍流记录层或者内部层区域）来得到的。

$$平均产品(k) = \begin{cases} 0 & 当\ y^* \leqslant y_c^+ 时, \\ \dfrac{\tau_{wall}^2}{\rho \kappa C_\mu^{1/4} k^{3/2} y_n} \ln\left(\dfrac{y_n}{y_v}\right) & 当\ y^* > y_c^+ 时。\end{cases}$$

其中 y_n 是所有给定壁单元顶点的壁法向距离中最大的，并且 y_v 是黏性子层边缘的壁法向距离，其中

$$y_v^* = \frac{C_\mu^{1/4} k^{1/2}}{\nu} y_v = y_c^+$$

类似的，一个 k 的耗散率平均值也是基于一个二重积分为壁单元指定的，并且给定为

$$平均耗散率(k) = \begin{cases} \dfrac{2\mu k}{y_v^2} & 当\ y^* \leqslant y_c^+ 时, \\ \dfrac{2\mu k}{y_n y_v} + \dfrac{\rho C_\mu^{3/4} k^{3/2}}{\rho \kappa C_\mu^{1/4} k^{3/2} y_n} \ln\left(\dfrac{y_n}{y_v}\right) & 当\ y^* > y_c^+ 时。\end{cases}$$

ε 的传输方程不是为壁层单元求解的。ε 的值是在点 p 上直接指定为如下：

$$\varepsilon = \begin{cases} \dfrac{2\nu k}{y_v^2} & 当\ y^* \leqslant y_c^+ 时, \\ \dfrac{C_\mu^{3/4} k^{3/2}}{\kappa y_p} & 当\ y^* > y_c^+ 时。\end{cases}$$

这样，k 和 ε 传输方程的积分是使用一个零流量（即，均匀 Neumann 边界条件）在壁处实施的。

壁函数的准则

壁函数的主要优势是放松壁处网格分辨率的要求。然而，使用壁函数的主要劣势是近壁网格分辨率的相关性。基于壁方法法则的壁函数，通常对于中心完全位于为此函数而设计的湍流层（惯性或者记录层）内的单元是工作最好的。这有效地在缩放后的壁坐标 y^* 上施加

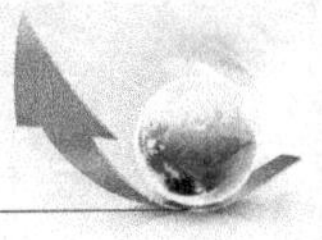

了一个更低的限制。对于复杂的几何形体，确保所有的近壁体积在黏性子层之外是困难的。对数区域的精确位置是求解相关的，并且随时间变化。要满足一个更加灵活的网格，已经执行了一个分辨率不敏感的壁函数（Durbin，2009）。扼要地说，此壁函数是基于限制 y^* 的最小值，这样在第一个壁附着单元处的速度梯度值是与假定它位于黏性子层边缘上的值是一样的。壁边界流动的最好行为是在 $y^* \leqslant 300$ 边界层区域中至少有 8 ~ 10 个点（见 Casey 和 Wintergerste，2000）。

动量方程的改进

使用壁函数，壁切应力或者基于分子黏性 μ 的动量黏性通量的计算，以及速度梯度的数值评估可以产生巨大的错误。这样，需要引入动量方程的正确改进，来考虑解决不好的过量的壁摩擦。通过对壁单元黏性的矫正来实现必要的改进，对错误的速度梯度评估进行矫正（Bredberg，2000）。为壁单元实施成：

$$\mu_{eff} = \begin{cases} \mu & \text{当 } y^* \leqslant y_c^+ \text{ 时；} \\ \dfrac{\rho\kappa C_\mu^{1/4} k_p^{1/2} y_p}{\ln(E y_p^*)} & \text{当 } y^* > y_c^+ \text{ 时。} \end{cases}$$

能量壁函数

通过使用温度壁法则，可以将壁函数方法扩展到能量方程，当温度 T 和壁法向距离 y 使用法向单位规范化后，温度壁法则是一个在平衡壁边界的流动中得到的半经验的温度曲线。标准的温度壁函数定义成：

$$T^+(y^+) = \frac{(T_w - T)\rho c_p u_\tau}{\dot{q}} = \begin{cases} Pry^+ & \text{当 } y^+ \leqslant y_{Tc}^+ \text{ 时，} \\ Pr_T\left(\dfrac{1}{\kappa}\ln(Ey^+) + P(Pr, Pr_T)\right) & \text{当 } y^+ > y_{Tc}^+ \text{ 时。} \end{cases}$$

式中 y_{Tc}^+——黏性子层和对数层在温度壁函数中的交点；

T_w——壁温度；

Pr_T——湍流普朗特数；

$\dot{q}$——壁热流量；

c_p——比定压热容。

P 是使用 Jayatilleke（1969）表达式计算得到的：

$$P(Pr, Pr_T) = 9.24\left[\left(\frac{Pr}{Pr_T}\right)^{3/4} - 1\right](1 + 0.28\mathrm{e}^{-0.007Pr/Pr_T})$$

最后，热流量是从预先计算得到的 v_τ 流动属性温度场和连续温度壁函数得到的：

$$\dot{q} = \frac{(T_w - T)\ \rho c_p v_\tau}{T^+}$$

能量方程中的实现

对于网格分辨率不足以捕捉进壁梯度的情况，在粗糙的网格中提供正确的壁热流量则要求一个近壁模型。壁热流量是从壁函数方法中，通过一个有效的边缘热传导得到的：

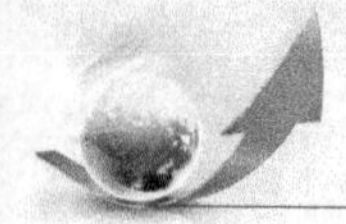

$$\kappa_{\text{eff}} = \dot{q}\frac{y}{(T_w - T)}$$

SST k-omega（$k-\omega$）湍流模型

SST $k-\omega$ 湍流模型是一个使用的耗散参数不同于 $k-\varepsilon$ 湍流模型的两方程湍流模型。即，比能耗散率 $\omega \approx \varepsilon/k$，由 Menter 在 1994 年引入。虽然 ω 变化甚至比 ε 更快，并且在壁附近取非常大的值，但是此模型对壁值是相对不敏感的。$k-\omega$ 模型的最吸引人的一个优点是可以在整个的黏性子层中使用它们，而不需要进一步更改（而 $k-\omega$ 模型将要求）。然而，标准$k-\omega$模型的一个弱点是它对自由流中的湍流参数比 $k-\varepsilon$ 对自由流中的湍流参数更加敏感，由此，对流入湍流值更加敏感。

Menter（1994）引入一个混合的模型，在靠近壁处混合了标准的 $k-\omega$ 模型，而同时在远离壁的地方，使用一个变换版本的标准 $k-\varepsilon$ 模型（到 $k-\omega$ 形式中）。在远离壁的区域，此混合模型在一个特定耗散率的传输方程中添加一个额外的交叉扩散项。就是此项降低了模型对自由流动湍流值的敏感性。要完成 SST $k-\omega$ 模型，Menter 进一步添加了一个湍流切应力的限制，来防止边界层中过度的切应力水平。SST $k-\omega$ 模型主要包括两组系数：一个是 $k-\omega$的，另外一个是（转化的）$k-\varepsilon$ 部分的。通过两个不同的湍流雷诺数函数来达到混合，其反过来要求距离壁的法向距离。Abaqus/CFD 自动计算此距离函数。模型的传输方程是

$$\frac{\mathrm{d}}{\mathrm{d}t}\int_V \rho k \mathrm{d}V + \int_S \rho k(v - v_{\mathrm{m}}) \cdot n \mathrm{d}S = \int_S (\mu + \sigma_k \mu_T) \nabla k \cdot n \mathrm{d}S + \int_V \tau_{ij} S_{ij} \mathrm{d}V - \int_V \beta^* \rho \omega k \mathrm{d}V$$

$$\frac{\mathrm{d}}{\mathrm{d}t}\int_V \rho \omega \mathrm{d}V + \int_S \rho \omega (v - v_{\mathrm{m}}) \cdot n\, \mathrm{d}S = \int_S (\mu + \sigma_\omega \mu_T) \nabla \omega \cdot n \mathrm{d}S +$$

$$\int_V \frac{\rho \gamma}{\mu_T} \tau_{ij} S_{ij} \mathrm{d}V - \int_V \beta \rho \omega^2 \mathrm{d}V + \int_V 2(1 - F_1) \rho \sigma_{\omega^2} \frac{1}{\omega} \nabla k \cdot \nabla \omega \mathrm{d}V$$

SST $k-\omega$ 模型系数是通过混合 Wilcox（1988）提出的原始 $k-\omega$ 模型和标准的 $k-\varepsilon$ 模型系数计算得到的：

$$\phi = F_1 \phi_1 + (1 - F_1)\phi_2$$

混合方程定义为：

$$F_1 = \tanh(\arg_1^4)$$

$$\arg_1 = \min\left(\max\left(\frac{\sqrt{k}}{0.09\omega y}, \frac{500\nu}{y^2 \omega}\right), \frac{4\rho\sigma_{\omega 2} k}{CD_{k\omega} y^2}\right)$$

$$CD_{k\omega} = \max\left(2\rho\sigma_{\omega 2}\frac{1}{\omega}\frac{\partial k}{\partial x_j}\frac{\partial \omega}{\partial x_j}, 10^{-10}\right)$$

在不可压缩的公式中，Reynolds 应力简化为：

$$\tau_{ij} = 2\mu_T S_{ij}$$

$$S_{ij} = \frac{\partial u_i}{\partial x_j} + \frac{\partial u_j}{\partial x_i}$$

使用切应力传输方法计算得到的湍流涡流黏性为

$$\mu_T = \frac{\rho a_1 k}{\max(a_1 \omega, SF_2)}$$

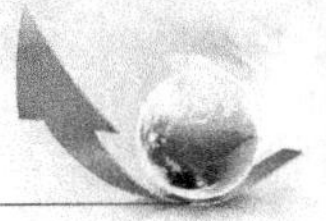

$$S = \sqrt{2S_{ij}S_{ij}}$$

$$F_2 = \tanh(\arg_2^2)$$

$$\arg_2 = \max\left(\frac{2\sqrt{k}}{0.09\omega y}, \frac{500\nu}{y^2\omega}\right)$$

SST $k-\omega$ 模型系数显示在表 1-10 中和表 1-11 中。此外，一个湍流普朗特数 Pr_T 可以进行指定。

表 1-10　SST $k-\omega$ 模型系数（Wilcox $k-\omega$ 模型）

σ_{k1}	$\sigma_{\omega1}$	β_1	γ_1	κ
0.5	0.5	0.075	$\beta_1/\beta^* - \sigma_{\omega1}\kappa^2/\sqrt{\beta^*}$	0.41

表 1-11　SST $k-\omega$ 模型系数（标准的 $k-\omega$）

σ_{k2}	$\sigma_{\omega2}$	β_2	γ_2	β^*
1.0	0.856	0.0828	$\beta_2/\beta^* - \sigma_{\omega2}\kappa^2/\sqrt{\beta^*}$	0.09

输入文件用法：同时使用下面的选项：

*CFD

*TURBULENCE MODEL，TYPE = KOMEGA SST

Abaqus/CAE 用法：Abaqus/CAE 中不支持 SST $k-\omega$ 湍流模型。

壁函数

SST $k-\omega$ 模型可以在整个湍流边界层的内层上进行积分。然而，这要求良好的近壁解。相同的模型也可以使用一个壁函数方法，在其中，近壁单元形心位于边界层的对数（完全的湍流）部分。这极大地降低了网格细化要求，由此降低了计算费用，尽管有精度的潜在损失。

常规的壁函数方法是基于壁法则的，当流动速度 V 和壁法向距离 y 是使用动力黏性 ν 和摩擦速度 v_τ（称为黏性单元或者壁单元）规范化时，它是在平衡壁边界流动中得到的半经验的速度曲线：

$$V^+_{(y^+)} = \begin{cases} y^+ & \text{当 } y^+ \leqslant y_c^+ \text{ 时，} \\ \dfrac{1}{\kappa}\ln(Ey^+) & \text{当 } y^+ > y_c^+ \text{ 时。} \end{cases}$$

$$V^+ = \frac{V}{v_\tau}$$

$$y^+ = \frac{yv_\tau}{\nu}$$

$$\nu_\tau = \sqrt{\frac{\tau_{wall}}{\rho}}$$

式中　ν——动力黏度；

ρ——密度；

τ_{wall}——壁处的切应力；

y_c^+——线性和对数速度曲线的交点。

并且 $\kappa=0.41$，$E=8.4$ 是不变的。

在平衡条件中，壁切应力是近似等于 Reynolds 应力的：

$$\tau_{wall}=\rho v_\tau^2 \approx \mu_T \frac{\partial v}{\partial y}=\rho\beta^* \frac{k^2}{\varepsilon}\frac{\partial v}{\partial y}$$

$$=\rho^2\beta^* \frac{k^2}{\tau_{wall}\frac{\partial v}{\partial y}}=\frac{\rho^2\beta^* k^2}{\tau_{wall}}$$

$$\tau_{wall}^2=(\rho v_\tau^2)^2=\rho^2\beta^* k^2$$

这样，平衡条件中的摩擦速度显示为：

$$v_\tau=\beta^{*1/4}k^{1/2}$$

壁切应力可以使用壁函数线性化为：

$$\tau_{wall}=\rho v_\tau \frac{V}{V^+}$$

这样，湍流动能的产出为：

$$P_k=\tau_{ij}S_{ij}=2\mu_T S_{ij}S_{ij}$$

可以使用壁函数关系来简化：

$$P_k=\tau_{wall}\frac{\partial v}{\partial y}=\frac{\tau_{wall}^2}{\mu}\frac{\mathrm{d}v^+}{\mathrm{d}y^+}$$

其中，壁法则的梯度是在对数区域中评估的。这样，最后的等式为：

$$P_k=\frac{1}{\mu\kappa y^+}\left(\rho v_\tau \frac{V}{V^+}\right)^2$$

比能耗散率是定义为

$$\omega=\frac{\varepsilon}{\beta^*\kappa}$$

使用壁函数关系和平衡假设，可得：

$$\rho\varepsilon=P_k=\tau_{wall}\frac{\partial v}{\partial y}=\rho^2 v_\tau^4\frac{1}{\mu}\frac{\mathrm{d}v^+}{\mathrm{d}y^+}$$

这样，ω 的值是通过评估对数区域中壁法则的梯度得到的：

$$\omega=\frac{v_\tau}{\beta^{*1/2}\kappa y}$$

前面的壁函数关系仅在对数层中是有效的，其中近壁解是 $y^+>30$。然而，因为 $k-\omega$ 模型可以在整个内层上实现，正确处理细化 $y^+<30$ 的求解区域是重要的。在 Abaqus/CFD 中，使用一个混合的壁函数方法，在此方法中近壁条件调整到它们非常细化网格的合适的渐进极限（$y^+\approx 1$）或者壁函数类型的网格（$y^+\geqslant 30$）的合适的渐进极限。使用合适的混合函数，这样对于中间体网格（近壁单元形心是位于缓冲区域的），精度并没有显著受损。为了完整，我们首先声明黏性子层的合适关系：

$$v^{+}=y^{+}$$

$$\frac{V}{v^{*}}=\frac{yv^{*}}{\nu}$$

$$v^{*}=\sqrt{\frac{\nu V}{y}}$$

$$P_k=\tau_{ij}S_{ij}=2\mu_T S_{ij}S_{ij}$$

$$\omega=\frac{6\nu}{\beta_1 y^2}$$

已经定义了黏性子层和完全的湍流关系，混合是以下面的形式来实现的：

$$v_\tau=\sqrt{g\frac{\mu V}{\rho y}+(1-g)\beta^{*1/4}k^{1/2}}$$

$$P_k=g2\mu_T S_{ij}S_{ij}+(1-g)\frac{1}{\mu\kappa y^{+}}\left(\rho v_\tau\frac{V}{V^{+}}\right)^2$$

其中混合函数定义成

$$g=\mathrm{e}^{-Re_y/y_c^{+}}$$

$$Re_y=\frac{\sqrt{k}y}{\nu}$$

式中 Re_y——局部雷诺数；

y_c^{+}——壁法则的线性速度曲线和对数速度曲线的交点。

所得到的 ω 混合值为：

$$\omega=\phi\omega_{b1}+(1-\phi)\ \omega_{b2}$$

$$\phi=\tanh\left[\left(\frac{Re_y}{10}\right)^4\right]$$

$$\omega_{b1}=\frac{6\nu}{\beta_1 y^2}+\frac{v_\tau}{\sqrt{\beta^*}\kappa y}$$

$$\omega_{b2}=\left(\left(\frac{6\nu}{\beta_1 y^2}\right)^{1.2}+\left(\frac{v_\tau}{\sqrt{\beta^*}\kappa y}\right)\right)^{1/1.2}$$

混合壁函数方法是独立于近壁解的，所实施的壁法则 $V^{+}(y^{+})$ 需要精确地预测黏性子 $1\frac{2}{3}$、对数层和缓冲区（连接黏性和对称区的区域），因为靠近壁的单元中心可以位于内部层的任何地方。这样，由 Reichardt（1951）提出的重新产生整个壁法则的一个单独的平顺校正得以实现：

$$V^{+}(y^{+})=\frac{1}{\kappa}\ln(1+\kappa y^{+})+C\left[1-\mathrm{e}^{-\frac{y^{+}}{y_c^{+}}}-\frac{y^{+}}{y_c^{+}}\mathrm{e}^{-by^{+}}\right]$$

其中

$$C=\frac{1}{\kappa}\ln\left(\frac{E}{\kappa}\right)$$

$$b=\frac{1}{2}\left(\frac{y_c^{+}\kappa}{C}+\frac{1}{D}\right)$$

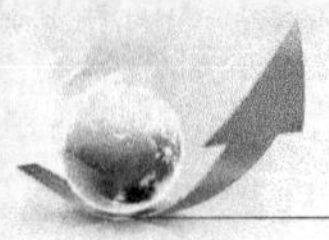

动量方程中的实现

对于网格分辨率不足以捕捉近壁梯度的情况，要求一个近壁模型在粗糙网格中提供正确的壁切应力。壁剪切是从壁函数方法中，通过一个有效的边缘黏性得到的：

$$\mu_{eff}=\frac{\tau_{wall}y}{V}\left(\frac{\rho v_T V}{V^+}\right)\frac{y}{V}$$

能量壁函数

壁函数方法可以通过使用温度壁法则来扩展到能量方程，当温度 T 和壁法线距离 y 是使用壁单位规范化时，此温度壁法则是一个在平衡壁边界流中得到的半经验通用温度曲线。标准温度壁函数定义为：

$$T^+(y^+)=\frac{(T_\omega-T)\rho c_p u_\tau}{\dot{q}}\begin{cases}Pry^+ & \text{当 } y^+\leqslant y^+_{Tc}\text{ 时，}\\ Pr_T\left(\dfrac{1}{\kappa}\ln(Ey^+)+P(Pr,Pr_T)\right) & \text{当 } y^+>y^+_{Tc}\text{ 时。}\end{cases}$$

式中 y^+_{Tc}——黏性子层和对数层在温度壁函数中的交点；

T_ω——壁温度；

Pr——普朗特数；

Pr_T——湍流普朗特数；

$\dot{q}$——壁热流量；

c_p——比等压热容。

P 是使用 Jayatilleke（1969）表达式计算得到的系数：

$$P(Pr,Pr_T)=9.24\left[\left(\frac{Pr}{Pr_T}\right)^{3/4}-1\right](1+0.28\mathrm{e}^{-0.007Pr/Pr_T})$$

对于混合壁函数方法，Kader（1981）提出的一个连续的温度壁函数实现为

$$T^+(y^+)=\mathrm{e}^{-\Gamma}Pry^++\mathrm{e}^{-1/\Gamma}Pr_T\left(\frac{1}{\kappa}\ln(Ey^+)+P(Pr,Pr_T)\right)$$

使用的混合函数定义为

$$\Gamma=\frac{0.01(Pry^+)^4}{1+5Pr^3y^+}$$

最后，热通量是从事先计算得到的 v_τ 流动属性温度场得到的，并且连续温度壁函数为

$$\dot{q}=\frac{(T_\omega-T)\ \rho c_p v_\tau}{T^+}$$

能量方程中的实现

对于网格分辨率不足以捕捉近壁梯度的情况，要求一个近壁模型在粗糙的网格中提供正确的壁热流量。壁热流量是通过一个有效的边缘导热性从壁函数方法得到的：

$$K_{eff}=\dot{q}\frac{y}{(T_\omega-T)}$$

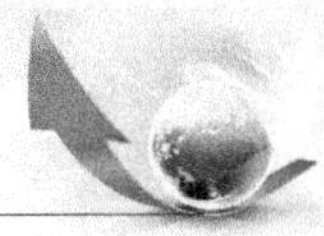

变形网格 ALE（仅为瞬态分析）

许多工业的 CFD/FSI/CHT 问题涉及运动的边界或者几何变形。这类问题包括诱导流体的指定边界运动，或者边界运动是相对独立于流体流动的指定边界运动。Abaqus/CFD 使用一个任意的拉格朗日-欧拉（ALE）公式，并且保留边界层中单元大小的自动网格变形方法。对于涉及一个通过用户指定的运动边界，或者在一个 FSI 协同仿真中确定为一个运动边界，ALE 和变形网格算法自动地得到激活。Abaqus/CFD 提供网格变形的两个方法：隐式和显式。在两种方法中，通过线性弹性方程来控制网格运动。对于隐式方法，算法是类似于 Abaqus/Standard 中的静态应力分析过程。要避免求解线弹性方程的过度内存分配，使用矩阵-自由迭代方案。对于显式方法，算法类似于 Abaqus/Explicit 中的显式动力学分析。Abaqus/CFD 也提供显式方法中的扭曲控制，来防止单元在流体网格运动中过度地反转或者扭曲（见 2.2.2 节中的“在一个使用 Abaqus/CFD 的变形网格分析中控制求解精度和网格质量”）。

要在一个仿真中正确地控制网格运动，在计算网格的边界上指定合适的位移条件是用户的职责。

多孔介质流动（仅对于瞬态分析）

流过流体饱和的多孔介质在工业和环境应用中普遍存在。这样的流动可以是本质各向等热的（没有热传导）或者本质非各向等热的。例子包括填充床换热器、热管、绝热材料、油气储藏、核废料仓库、地热工程、电子装置的热管理、金属合金铸造和流动通过生物反应器中的多孔支架。

等温流动

对于多孔介质中的各向同性热流动，许多研究通常是使用 Darcy 流动模型执行的，它是一个蠕动流过一个无限扩展的均匀介质的经验定律。然而，流体动能影响那样的非 Darcian 效应，对于某些应用是非常重要的。Abaqus/CFD 中实施的模型是基于体积平均的 Darcy-Brinkman-Forchheimer 方程的，考虑了 Darcian 和惯性非 Darcian 影响。在推导控制方程中制定了下面的假设：

- 介质的孔隙率不随时间变化，或者认为孔隙率变化的时间尺度比流体运动的区域时间尺度大得多；
- 多孔介质的渗透性是各向同性的，并且仅取决于介质的孔隙率。

基于上面的假设，体积平均的质量保有和在一个流体饱和的多孔介质中控制一个不可压缩流体流动的 Darcy-Brinkman-Forchheimer 动量方程，可以书写如下（Nield 和 Bejan，2010）：

$$\nabla \cdot v = 0$$

$$\frac{\rho}{\varepsilon}\left[\frac{\partial v}{\partial t} + v \cdot \nabla\left(\frac{v}{\varepsilon}\right)\right] = -\nabla p + \frac{\mu}{\varepsilon}\nabla \cdot \nabla v - \frac{\mu}{K}v - \frac{\rho c_F}{K^{\frac{1}{2}}}|v|v$$

式中 v——外在的平均或者浅表速度矢量，其中平均是在一个同时包含固体（基材）和流体相的代表性体积上取得的；

p——压力的内在平均（仅对流体相所取的平均）；

ρ——流体的密度；

μ——流体的黏度；

ε——多孔介质的孔隙率（流体相的体积分数）；

K——多孔介质的渗透率。

动量方程右边的第二项是考虑存在固体边界的 Brinkman 项，第三项代表 Darcy 阻力项（速度中是线性的），最后一项代表惯性（速度中是二次的）或者 Forchheimer 阻力。参数 c_F 是惯性阻力系数（也称为形态阻力系数）。基于 Ergun 的公式（Nield 和 Bejan，2010），$c_F = \dfrac{C}{\sqrt{\varepsilon^3}}$，其中 C 的默认值为$\dfrac{1.75}{\sqrt{150}}=0.142887$的常量。多孔阻力（即，Darcy 和 Forchheimer 阻力），为了一个指定的单元组，通过将它们指定为分布载荷（见《Abaqus 分析用户手册——指定的条件、约束和相互作用卷》的 1.4.3 节中的“在 Abaqus/CFD 中指定多孔阻碍体力载荷”）来进行激活。

这样，多孔介质流体问题要求孔隙率 ε 的指定和多孔介质渗透率 K 的指定。C 的默认值也可以在材料属性定义（见《Abaqus 分析用户手册——材料卷》的 6.6.2 节）中改变。对于多孔介质中湍流流动的情况，流体黏度 μ 包括分子和湍流涡流黏性的贡献。

对于涉及由纯粹的流体区域和流体饱和的多孔介质所组成区域的结合流动，默认情况下，纯粹流体孔隙率设置为 1。

渗透率-孔隙率关系

多孔介质的渗透率，通常是一个多孔性和曲折那样的内部连接的多孔系统物理属性的函数。合适的渗透率-孔隙率关系的确定，要求一个多孔介质中孔通道的大小分布和空间排列的详尽知识。渗透率-孔隙率关系可以在 Abaqus/CFD 中，使用材料属性定义来直接指定。

Abaqus/CFD 中支持的另外一个渗透率-孔隙率关系是广为接受的 Carman-Kozeny 模型。此关系见下式：

$$K=\frac{r_f^2}{4k_{kc}}\frac{\varepsilon^3}{(1-\varepsilon)^2}$$

式中 k_{kc}——Carman-Kozeny 常数；

r_f——多孔粒子/纤维的平均半径。

限制

- 当为一个多孔介质流动问题激活湍流时，在 Abaqus/CFD 中没有执行一个严格的体积平均过程来考虑多孔介质内部的湍流传输。控制湍流变量传输的方程是通过忽略存在多孔介质的影响来进行求解的。换言之，多孔介质保持湍流变量传输的透明性（完全打开）。
- 当为一个多孔流动问题激活了任意的拉格朗日-欧拉（ALE）和变形网格算法时，没有考虑与大网格/区域变形相关联的介质孔隙率的变化。模型仅对于非变形的多孔介质严格有效。

非等温流动（热传导）

在 Abaqus/CFD 中的多孔介质的体积平均能量方程的实施中，执行了下面的假定：

- 介质是各向同性的。
- 忽略压力中的改变所产生的辐射影响，黏弹性耗散和所做的功。
- 局部热平衡是有效的（即，固体和流体相温度是相同的）。
- 多孔介质中不同相之间不发生净热传导。

基于上面的假设，多孔介质的有效能量方程可以给定如下（Nield 和 Bejan，2010）：

$$(\rho c_p)_{\text{eff}}\frac{\partial T}{\partial t}+(\rho c_p)_f v\cdot\nabla T=\nabla\cdot(k_{\text{eff}}\nabla T)+q'''_{\text{eff}}$$

其中

$$(\rho c_p)_{\text{eff}}=(1-\varepsilon)(\rho_s c_{p_s})+\varepsilon(\rho_f c_{pf})$$

和

$$k_{\text{eff}}=(1-\varepsilon)k_s+\varepsilon k_f$$

这里，v 是外在速度矢量的平均或者浅表的速度矢量，T 是温度。下标 f、s 和 eff 分别表示流体相、固体（基材）相和有效的介质。c_p是比定压热容，k 是热导率，q'''_{eff}是每单位体积的有效生成热或热源（$q'''_{\text{eff}}=(1-\varepsilon)q'''_s+\varepsilon q'''_f$）。对于一个多孔介质中的湍流热传导情况，流体热导率 k_f同时包括分子和湍流涡流导热性的贡献。

从上面的方程可以看出，多孔介质热传导问题要求下面输入的指定：

- 固体（基材）相的热属性：密度（ρ_s）、热导率（k_s）和比热容（c_{p_s}）；
- 流体（基材）相的热属性：分子热导率（k_f）和比热容（c_{pf}），此外，还有其他流体属性的指定，例如密度（ρ_f）、黏度（μ）和渗透率（K）。

线性方程求解器

Abaqus/CFD 中的动量和辅助传输方程的求解方法依靠可扩展的并行预处理 Krylov 求解器。使用用户可选的 Krylov 求解器和一个稳健的代数多重网格预处理器来对压力、压力增加和距离函数方程进行求解。为所有的线性方程求解器指定了一系列的事先选取的默认收敛准则和迭代限制。默认的求解器设置应当给跨越 CFD 问题的谱提供有效的计算和可靠的解。无论何种情况，提供对于诊断信息、收敛准则和可选的求解器的完全访问。在实际中，压力增量方程可能是最敏感的线性系统，并且可以要求用户基于特定流动问题的知识的用户介入。

输入文件用法：使用下面的选项来指定求解动量传输方程的参数：

*MOMENTUM EQUATION SOLVER

使用下面的选项来指定求解压力方程的参数：

*PRESSURE EQUATION SOLVER

使用下面的选项来指定求解能量传递方程的参数：

*ENERGY EQUATION SOLVER

使用下面的选项来指定湍流传输方程那样的其他传输方程的参数：

* TRANSPORT EQUATION SOLVER

收敛准则和诊断

迭代求解器计算一个给定方程组的近似解。这样，要求一个决定解是否可接受的收敛准则。默认的设置对于大部分的问题应当是已经足够的时候，可以更改收敛准则。除了设置收敛准则的选项之外，收敛历史输出是可以用的，它对于一些高级用户为提高性能或者可靠性来调整求解器是有用的。对于代数多重网格预处理器、网格数量、网格稀疏性和最大特征值和条件数量估计那样的诊断信息，基于要求是可以访问的。代数多网格预处理器的诊断信息是每计算预先条件一次就打印一次。

指定收敛准则

线性收敛限制（通常也称为收敛容差）、收敛检查的频率和可以设置迭代的最大数量。当方程组的相对残差范数和解范数的相对校正落到收敛限制之下时，迭代求解器将停止。

输入文件用法：使用下面的选项来指定动量和辅助传输方程的收敛准则：

* MOMENTUM EQUATION SOLVER
最大的迭代，检查的频率，收敛限制
* TRANSPORT EQUATION SOLVER
最大的迭代，检查的频率，收敛限制
* PRESSURE EQUATION SOLVER
最大的迭代，检查的频率，收敛限制

Abaqus/CAE 用法：Step module：Create Step：General：Flow；Solvers 表页：Momentum Equation，Pressure Equation，或 Transport Equation 表页；给 Iteration limit 赋值，Convergence checking frequency，和 Linear convergence limit

访问收敛输出

可以通过访问收敛输出来监控迭代求解器的收敛。当激活收敛输出时，当前的相对残差范数和相对求解校正范数是每次检查收敛时输出的。

输入文件用法：使用下面的选项来为线性方程求解器书写收敛输出到日志文件：

* MOMENTUM EQUATION SOLVER，CONVERGENCE = ON
* TRANSPORT EQUATION SOLVER，CONVERGENCE = ON
* PRESSURE EQUATION SOLVER，CONVERGENCE = ON

Abaqus/CAE 用法：Step module：Create Step：General：Flow；Solvers 表页：Momentum Equation，Pressure Equation，或 Transport Equation 表页；切换打开 Include convergence output

访问诊断信息

诊断信息仅对于代数多网格预处理器是有用的。对于其他预处理器，为诊断输出仅打印一个求解器初始信息。对于代数多网格预处理器、网格数量、网格稀疏性和最大的特征值及条件数量估计，预处理器每计算一次就输出一次的。

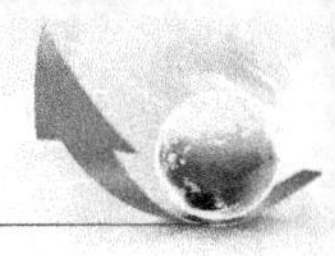

输入文件用法：使用下面的选项来为使用代数多网格预处理器的压力方程求解器书写诊断输出到日志文件：

*PRESSURE EQUATION SOLVER，TYPE=AMG，DIAGNOSTICS=ON

Abaqus/CAE 用法：Step module：Create Step：General：Flow；Solvers 表页：PressureEquation 表页；切换打开 Include diagnostic output

为压力方程指定一个求解器

三个求解器类型对于求解压力方程是可用的。默认的 AMG 求解器使用一个代数多网格预处理器，并提供三个 Krylov 求解器的选择：共轭梯度、双共轭梯度稳定化和灵活的广义最小残差。SSORCG 求解器使用一个对称逐次超松弛处理器和共轭梯度 Krylov 求解器。DSCG 求解器使用一个对角缩放预处理器和共轭梯度 Krylov 求解器。AMG 求解器提供许多用于高级使用和遇到收敛困难情况中的额外选项。

输入文件用法：使用下面的选项来指定求解器类型：

*PRESSURE EQUATION SOLVER，TYPE=AMG（默认的）

*PRESSURE EQUATION SOLVER，TYPE=SSORCG

*PRESSURE EQUATION SOLVER，TYPE=DSCG

Abaqus/CAE 用法：使用下面的选项来指定 AMG 求解器：

Step module：Create Step：General：Flow；Solvers 表页：PressureEquation 表页：Solver options：Use analysis defaults

使用下面的选项来指定 SSORCG 求解器：

Step module：Create Step：General：Flow；Solvers 表页：PressureEquation 表页：Solver options：Specify，PreconditionerType：Symmetric successive over-relaxation

Abaqus/CAE 中不支持 DSCG 求解器。

指定复杂性水平

对于 AMG 求解器，可以从三个预先设置的水平选择，或者可以直接指定 Krylov 求解器和平滑器的设置。为了方便提供预先的设置。预先设置的水平 1 主要是用来与具有良好长宽比例的单元一起使用，以及一个相对于默认水平 2 提供性能优势的某些情况中。预设值水平 3 适用于收敛困难的问题，通常具有长宽高比例的或者高扭曲的单元。

输入文件用法：预设值水平 1 对应于下面的：

*PRESSURE EQUATION SOLVER，TYPE=AMG

250，2，10^{-5}

CHEBYCHEV，2，2，CG

V

预设置水平 2（默认的）对应于下面的：

*PRESSURE EQUATION SOLVER，TYPE=AMG

250，2，10^{-5}

ICC，1，1，CG

V

预设置水平 3 对应于下面的：

＊PRESSURE EQUATION SOLVER，TYPE = AMG

250，2，10^{-5}

ICC，2，2，BCGS

V

Abaqus/CAE 用法：Step module：Create Step：General：Flow；Solvers 表页：Pressure Equation 表页：Solver options：Specify，Preconditioner Type：Algebraic multi-grid

使用下面的选项来选择一个预设的复杂水平：

Complexity Level：Preset：1，2 或 3

使用下面的选项来直接指定 Krylov 求解器和更加平顺的设置：

Complexity Level：User defined

指定求解器类型

Krylov 求解器选项是为 AMG 求解器提供的。默认的共轭梯度求解器是最快的；然而，在某些情况下，观察到收敛困难，推荐双共轭梯度稳定化或者灵活的广义最小化残差求解器。这两个求解器是更加稳健的，但是比共轭梯度求解器计算更加昂贵。

输入文件用法：使用下面的选项来指定 Krylov 求解器类型：

＊PRESSURE EQUATION SOLVER，TYPE = AMG

第一个数据行

,,,求解类型

其中求解类型是共轭梯度求解器的 CG（默认的），双共轭梯度平方求解器的 BCGS 和灵活的广义最小化残差求解器的 FGMRES。

Abaqus/CAE 用法：Step module：Create Step：General：Flow；Solvers 表页：Pressure Equation 表页：Solver options：Specify，Preconditioner Type：Algebraic multi-grid

使用下面的选项来指定 Krylov 求解器：

Solver Type：Conjugate gradient，Bi-conjugate gradient，stabilized，或者 Flexible generalized minimal residual

指定残差平滑器的设置

可以在不完全因式分解与用于 AMG 预处理器中的多个多项式残差平滑器之间进行选择。当非完全的因式分解比多项式平滑计算更加昂贵时，在许多情况中，此成本由快速收敛和稳健性分摊。对于具有良好网格质量（即，没有扭曲或者大长宽比单元）的问题推荐多项式平滑。也可以指定预平滑和后平滑扫掠的数量。推荐应用相同数量的预扫描和后扫描。对于多项式平滑器，推荐最少两个预扫掠和后扫掠。

输入文件用法：使用下面的选项来指定残差平滑器设置：

＊PRESSURE EQUATION SOLVER，TYPE = AMG

第一数据行

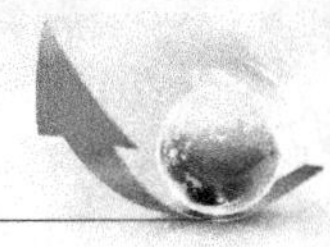

平滑器，预平滑扫掠，后平滑扫掠

Abaqus/CAE 用法：Step module：Create Step：General：Flow；Solvers 表页：Pressure Equation 表页：Solver options：Specify，Preconditioner Type：Algebraic multi-grid，Residual Smoother：Incomplete factorization 或者 Polynomial，Pre-sweeps：选择编号，Post-sweeps：选择编号

时间增量

Abaqus/CFD 默认使用二阶时间精度的积分，所有的耗散项、平流项和体力是使用梯形法积分的（Crank-Nicolson 方法）。默认的方法是“二阶精度”，此方法中一个时间增量中的截断精度与时间增量的平方成比例，这样，如果时间增量减半，它们则变为原来的1/4。可以为每一项单独选择其他时间积分因子。一个完全的平流处理也是可得的，对于快速向前推进的稳态求解是特别有用的。

时间增量大小控制

默认情况下，Abaqus/CFD 使用一个连续调整时间增量大小的自动时间增量算法，来满足平流的 Courant-Friedrichs-Lewy（CFL）稳定性条件。默认值 CFL = 0.45，保证求解的稳定性。可以通过指定一个最大值来进一步限制自动计算得到的时间增量大小。也可以指定一个初始时间增量大小。基于流动的初始条件，此值是按照需要自动降低的，来满足一个 0.45 的最大初始 CFL 值。

另外，可以选取固定的时间增量并且指定时间增量大小。在此情况中，时间增量大小在整个步上保持不变，但是不能保证稳定性。

输入文件用法：使用下面的选项来指定自动时间增量（默认的）：

*CFD，INCREMENTATION = FIXED CFL

时间增量，时间区段，比例因子，建议的 CFL，检查增量，最大允许的时间增量

发散容差，θ,，θ，θ

使用下面的选项来指定固定的时间步增量：

*CFD，INCREMENTATION = FIXED STEP SIZE

时间增量，时间区段，

发散容差，θ,，θ，θ

对于上面的两个选项，θ 对于 Crank-Nicolson 方法可以设置成 0.5，对于 Galerkin 方法可以设置成 0.6667，或者对于一阶向后欧拉方法可以设置成 1。

Abaqus/CAE 用法：使用下面的选项来指定自动的时间增量：

Step module：Create Step：General：Flow；Basic 表页：为 Time period 输入一个值；Incrementation 表页：Type：Automatic（Fixed CFL）；为 Initial time increment 输入一个值，Maximum CFL number，Increment adjustment frequency，Timestep growth scale factor，Divergence tolerance

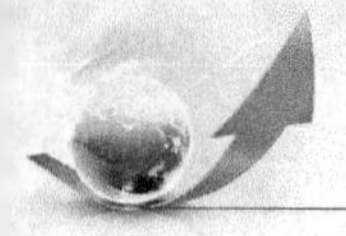

使用下面的选项来指定固定的时间步增量：
Step module：Create Step：General：Flow；Basic 表页：为 Time period 输入一个值；Incrementation 表页：Type：Fixed，为 Time increment 和 Divergence tolerance 输入一个值
使用下面的选项来为黏性/扩散项指定时间增量方法，边界条件，和平流项：
Viscous，Load/Boundary condition，或 Advective：Trapezoid（1/2），Galerkin（2/3），或 Backward-Euler（1）

时间精度分析

时间增量参数全部默认设置成 $\theta=0.5$，产生一个二阶精度的半隐式方法，适合于时间精度的瞬态分析。当使用了自动的时间增量的，应当指定 CFL≤2 来保持稳定性和时间精度。

使用瞬态求解器的稳态求解

在目标是要到达一个稳态解的分析中，完全的隐式（向后-欧拉）方法可以通过设置所有的时间积分参数为 $\theta=1.0$ 来激活。此方法是无条件稳定的，允许指定大的 CFL 值来显著增加时间增量的大小。没有选取最大可允许的 CFL 值的严谨准则，并且对于不同的流动和网格，此最大值可能变化。对于一些只对最后结果感兴趣的分析，值为 10 或者更多的 CFL 已经得到了成功的使用。

使用稳态求解器的稳态分析

在 Abaqus/CFD 中，稳态求解器是使用一个二阶精度的基于 SIMPLE 的算法来实现的。依次为非线性传输方程进行指定数量的迭代求解。取决于用户来手动终止稳态迭代。

非线性收敛准则

对于 Abaqus/CFD 中使用的 SIMPLE 算法，耦合的非线性传输方程和压力校正方程的收敛行为，依赖于在后续迭代中解的欠松弛更新。通常，这要求指定动量的、压力校正的和温度、湍流等那样的其他标量传输方程的欠松弛因子。

迭代次数和欠松弛因子的指定

Abaqus/CFD 顺序的求解非线性传输方程指定的迭代次数，默认值为 10000。

输入文件用法：使用下面的选项来指定非线性迭代的次数：
*CFD，INCOMPRESSIBLE NAVIER STOKES，STEADY STATE
非线性迭代的次数

相应线性方程求解器的第一个数据行的最后一个数据是欠松弛因子。使用下面的选项来指定欠松弛因子：

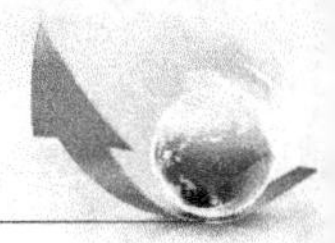

*MOMENTUM EQUATION SOLVER
所有线性收敛准则的数据，欠松弛因子
*TRANSPORT EQUATION SOLVER
所有线性收敛准则的数据，欠松弛因子
*PRESSURE EQUATION SOLVER
所有线性收敛准则的数据，欠松弛因子
*ENERGY EQUATION SOLVER
所有线性收敛准则的数据，欠松弛因子

监控输出变量

Abaqus/CFD 提供用于监控一个计算健康的一些输出变量，以及显示流体已经达到一个良好稳态条件情形的指标。这些变量是写入到状态（.sta）文件中的，并且可以在分析执行时进行检查。RMS 发散输出变量对于确定一个计算是否是正常执行是有效的。RMS 发散输出变量的值是 0（1）可以表明问题是设定不正确的，或者计算已经变得不稳定了。当流动达到一个稳定状态时，整体动能（KE）提供一个良好的指标，即，当动能渐进地逼近一个常量时，流动通常是达到稳态的，其中的速度和压力不随时间变化。另外，整体动能可以表明一个稳定时段或者还有乱流状态。

初始条件

密度、速度、温度、湍流涡流黏性、湍流动能和耗散率的初始条件可以进行指定（见《Abaqus 分析用户手册——指定的条件、约束和相互作用卷》的 1.2.2 节）。如果忽略了密度，则所指定的材料密度是用于不可压缩的流动仿真。

对于一个条件适定的不可压缩问题，初始速度必须满足边界条件，并且施加有无发散的条件，即可解性条件。Abaqus/CFD 自动地使用用户定义的边界条件，并且测试所指定的速度初始条件肯定可以满足可解性条件。如果这些条件不是这样，则投影初始速度到一个散度空间上，产生定义一个适定的不可压缩的纳维-斯托克斯问题的初始条件。这样，在某些环境下，满足可求解性的速度条件可以覆盖用户指定的速度初始条件。

边界条件

可以定义速度、温度、压力和涡流黏性的边界条件（见《Abaqus 分析用户手册——指定的条件、约束和相互作用卷》的 1.3.2 节）。在分析中，所指定的边界条件可以按照一个幅值定义（见《Abaqus 分析用户手册——指定的条件、约束和相互作用卷》的 1.1.2 节）变化。可以使用除平滑步和求解相关的幅值以外的所有幅值定义。默认情况下，所有的边界条件是即时施加的。速度和压力边界条件可以通过用户子程序来进行指定（见《Abaqus 用户子程序参考手册》的 1.3.1 节和 1.3.2 节）。

FSI 界面上的位移和速度边界条件，是通过一个协同仿真区域的定义来自动指定的，因

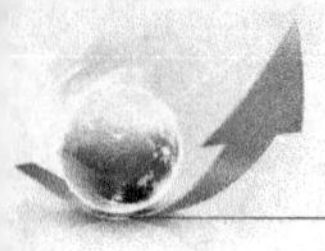

此，不应当在 FSI 界面上指定这些条件。类似的，不应当在 CHT 界面上定义温度，因为温度是通过一个协同仿真区域的定义自动指定的。更多的信息见 12.2.1 节。

壁处无滑动/无穿透边界条件的指定，要求湍流涡流黏性和法向距离函数的指定，它们是通过 Abaqus/CAE 自动处理的。

静水压力条件

在不可压缩流中，在一个任意的附加常数值或者静水压力中，压力是唯一已知的。在许多实际情况中，在一个流出边界上可能指定了压力，这实际上设置了静水压力水平。在没有指定压力的情况中，有必要在网格中一个节点上设置最小的静水压力。

可以使用流体的参考压力来指定静水压力水平。当没有指定压力边界条件时，流体参考压力建立了静水压力水平，并且使得压力增量方程无奇异。如果在参考压力水平外额外指定了压力边界条件，则参考压力根据所指定的压力水平，简单调整输出压力。更多的信息，见《Abaqus 分析用户手册——指定的条件、约束和相互作用卷》的 1.4.2 节中的“指定一个流体参考压力”。

载荷

Abaqus/CFD 的载荷类型包括施加的热通量、体积热源、广义的体力和重力载荷。在浮力驱动流动中，重力载荷定义与一个 Boussinesq 类型的体积力一起使用的重力向量（见《Abaqus 分析用户手册——指定的条件、约束和相互作用卷》的 1.4.3 节中的“指定重力载荷”）。重力载荷可以仅用来与能量方程相结合，并且如果没有使用能量方程，就被忽略。在分析中，所指定的载荷可以使用一个幅值定义（见《Abaqus 分析用户手册——指定的条件、约束和相互作用卷》的 1.1.2 节）来变化。可以使用除平滑步和求解相关的幅值以外的所有幅值定义。

材料选项

Abaqus/CFD 中的材料定义遵循 Abaqus 约定，但是也表现出一些特定的流体动力学材料属性。在 Abaqus/CFD 中，通常的材料属性包括黏度、比定压热容、密度和热膨胀系数。热膨胀是在浮力驱动流动中与 Boussinesq 类型的体力一起使用的。

与使用比定容热容的 Abaqus/Standard 和 Abaqus/Explicit 相对比，当能量方程用于热流动问题时，Abaqus/CFD 要求比定压热容。对于涉及理想气体的问题，用户可以选择性地指定比定容热容和理想气体常数。

单元

Abaqus/CFD 支持四种单元类型：8 节点六面体单元，FC3D8；6 节点三角棱柱单元，FC3D6；5 节点金字塔单元，FC3D5；4 节点四面体单元，FC3D4（见《Abaqus 分析用户手册——单元卷》的 2.2.1 节）。

输出

对于一个不可压缩的流体动力学分析，来自 Abaqus/CFD 的可用输出同时包括节点和面的场数据以及单元和面的时间历史数据。对于节点和单元输出，预先选取的场和历史数据，包括速度（V）、温度（TEMP）、压力（PRESSURE）和湍流涡流黏度（TURBNU）。此外，事先所选择的场数据包括位移（U）。预先选取的数据对于面输出是不能得到的。

除了预先选取的输出之外，还可以要求几个推导得到的变量和辅助的变量。所有的输出变量标识符在《Abaqus 分析用户手册——介绍、空间建模、执行与输出卷》的 4.2.3 节中进行了概述。

输入文件模板

```
*HEADING
…
*NODE
…
*ELEMENT，TYPE = FC3D4
…
*MATERIAL，NAME = 材料名称
*CONDUCTIVITY
定义热传导的数据行
*DENSITY
定义流体密度的数据行
*SPECIFIC HEAT，TYPE = CONSTANT PRESSURE
定义比热容的数据行
*VISCOSITY
定义流体黏度的数据行
*INITIAL CONDITIONS，TYPE = TEMPERATURE，ELEMENT AVERAGE
在单元上指定初始温度的数据行
*INITIAL CONDITIONS，TYPE = VELX，ELEMENT AVERAGE
在单元上指定初始 x-速度的数据行
*INITIAL CONDITIONS，TYPE = VELY，ELEMENT AVERAGE
在单元上指定初始 y-速度的数据行
*INITIAL CONDITIONS，TYPE = VELZ，ELEMENT AVERAGE
在单元上指定初始 z-速度的数据行
…
*AMPLITUDE，NAME = velxamp，DEFINITION = TABULAR
定义用于入口 x-速度的幅值曲线的数据行
```

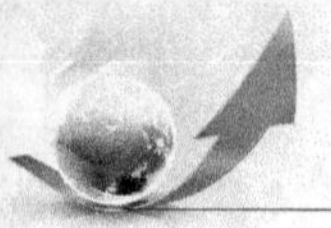


```
**
*STEP
** 不可压缩流动例子
*CFD, INCOMPRESSIBLE NAVIER STOKES, INCREMENTATION = FIXED CFL
定义增量的数据行
**
** 边界条件
**
*FLUID BOUNDARY, TYPE = SURFACE
进口面, VELX, x-速度的值
进口面, VELY, y-速度的值
进口面, VELZ, z-速度的值
**
*FLUID BOUNDARY, TYPE = SURFACE
温度面, TEMP, 温度值
**
*FLUID BOUNDARY, TYPE = SURFACE
出口面, P, 压力值
**
** 场输出
**
*OUTPUT, FIELD, TIME INTERVAL = 场输出的间隔
*ELEMENT OUTPUT
PRESSURE, TEMP, TURBNU, V
*NODE OUTPUT
PRESSURE, TEMP, TURBNU, V
**
** 历史输出
**
*OUTPUT, HISTORY, FREQUENCY = 历史输出间隔
*ELEMENT OUTPUT, ELSET = 历史输出的单元集, FREQUENCY = SURFACE
…
*END STEP
```

参考文献

- Albets-Chico, X., C. D. Perez-Segarra, A. Olivia, and J. Bredberg, "Analysis of Wall-Function Approaches using Two-Equation Turbulence Models," International Journal of Heat and Mass Transfer, vol. 51, p. 4940-4957, 2008.

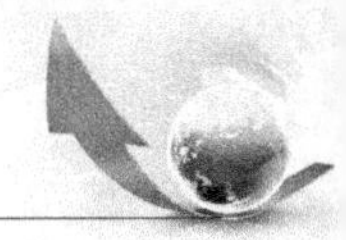

- Casey, M., and T. Wintergerste, ERCOFTAC Special Interest Group on "Quality and Trustin Industrial CFD", European Research Community on Flow, Turbulence and Combustion (ERCOFTAC), 2000.
- Craft, T. J., A. V. Gerasimov, H. Iacovides, and B. E. Launder, "Progress in the Generalizationof Wall-Function Treatments," International Journal of Heat and Fluid Flow, vol. 23, p. 148-160, 2002.
- Durbin, P. A., "Limiters and wall treatments in applied turbulence modeling," Fluid Dynamicsresearch, vol. 41, p. 1-17, 2009.
- Jayatilleke, C. L., "The Influence of 普朗特 Number and Surface Roughness on the Resistance ofthe Laminar Sub-Layer to Momentum and Heat Transfer," Progress in Heat and Mass Transfer, vol. 1, p. 193-330, 1969.
- Kader, B., "Temperature and Concentration Profiles in Fully Turbulent Boundary Layers," International Journal of Heat and Mass Transfer, vol. 24, no. 9, p. 1541-1544, 1981.
- Launder, B. E., and D. B. Spalding, "The Numerical Computation of Turbulent Flows," Computer Methods in Applied Mechanics and Engineering, vol. 3, p. 269-289, 1974.
- Menter, F. R., "Influence of Freestream Values on k-Turbulence Model Predictions," AIAAJournal, vol. 30, no. 6, p. 1657-1659, 1992.
- Menter, F. R., "Two-Equation Eddy-Viscosity Turbulence Models for Engineering Application," AIAA Journal, vol. 32, no. 8, p. 1598-1605, 1994.
- Nield, D. A., and A. Bejan, Convection in Porous Media, Springer, New York, Third edition, 2010.
- Reichardt, H., "Vollstandige Darstellung der turbulenten Geschwindigkeitsverteilung in glatten Leitungen," Zeitschrift fur Angewandte Mathematik undMechanik (ZAMM), vol. 31, p. 208-219, 1951.
- Wilcox, D. C., "Reassessment of the Scale-Determining Equation for Advanced Turbulence Models," AIAA Journal, vol. 26, no. 11, p. 1299-1310, 1988.
- Yakhot, V., S. A. Orszag, S. Thangam, T. B. Gatski, and C. G. Speziale, "Development of Turbulence Models for Shear Flows by a Double Expansion Technique," Physics of Fluids A, vol. 4, no. 7, p. 1510-1520, 1992.

1.7 电磁分析

- “电磁分析过程” 1.7.1 节
- “压电分析” 1.7.2 节
- “耦合的热-电分析” 1.7.3 节
- “完全耦合的热-电-结构分析” 1.7.4 节
- “涡流分析” 1.7.5 节
- “静磁分析” 1.7.6 节

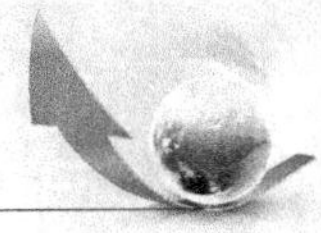

1.7.1 电磁分析过程

概览

Abaqus/Standard 提供一些分析过程来模拟压电、电导和电磁现象。首先描述了通过这些过程模拟的不同电现象，其后为每一过程的概览。

压电、电导、静磁和电磁分析

压电效应是一些材料表现出来的机电相互作用。此耦合的静电-结构效应是使用 Abaqus/Standard 中的压电分析来模拟的。在此过程中，电位是自由度，与之对应是电荷。

耦合热-电传导是使用电过程模拟的。在这些过程中，电位是自由度，与之对应的是电流。当在电导中忽略了瞬态效应时，这样使得它变成稳态，热场可以模拟成瞬态的或者稳态的。

静磁分析用来计算直流电产生的电磁场。它求解麦克斯韦方程的静磁近似。在一个静磁分析中，磁矢势是一个自由度，与之对应的是面电流。

电磁分析是用来通过求解麦克斯韦方程模拟时变电场与此磁场之间的完全耦合。在这样的一个分析中，磁矢量是一个自由度，与之相对应的是面电流。

电磁过程

Abaqus/Standard 中下面的电磁分析过程是可得的：

- 压电分析：在一个压电材料中，一个电位梯度产生应变，而应力在材料中产生一个电位（见 1.7.2 节）。此耦合通过定义材料的压电常数和介电常数来提供，并且可以用于固有频率提取，瞬态动力学分析，线性和非线性静态应力分析，以及稳态动力学分析过程。在所有的过程中，包括非线性静态和动态，总是假定压电行为是线性的。

稳定电导过程

Abaqus/Standard 中，下面的电导分析过程是可得的：

- 耦合的热-电分析：电位和温度场可以通过执行一个耦合的热-电分析（见 1.7.3 节）同时求解。在这些问题中，由电流通过一个导体产生的能量耗散转变成热能，因此，电流可以是温度相关的。可以施加热载荷，但是结构的变形是不考虑的。耦合的热-电问题可以是线性的或者非线性的。
- 完全耦合的热-电-结构分析：一个耦合的热-电-结构分析是用来同时求解应力/位移、电位和温度场的。当温度、电和机械解相互之间强烈影响时，使用一个耦合的分析。这类过程的例子是电阻焊，两个或者多个金属零件通过在金属界面上的离散点的熔融来进行连接。熔融是由于接触点上的电流生成的热造成的，所生成的热取决于在这些点上施加的压力。

这些问题可以是瞬态或者稳态的，线性或者非线性的。在一个完全耦合的热-电-结构分析中，不包括腔辐射效应。对于更多的信息，见 1.7.4 节。

静磁过程

在 Abaqus/Standard 中，下面的静磁分析过程是可用的：

- 静磁分析：一个静磁分析用来求解磁矢势，在静磁分析中，场是在整个区域中计算得到的。例如，可以模拟由直流电的流动产生的磁场。过程支持线性以及非线性磁材料属性。对于更多的详情，见 1.7.6 节。

电磁过程

使用电磁分析来求解磁矢势，在其中，电场和磁场在整个区域中计算。下面的电磁分析过程在 Abaqus/Standard 中是可得的：

- 时谐涡流分析：此过程假定时谐激励和响应。它支持线性电导和线性磁材料行为。例如，可以模拟在一个激励源附近中的工件里所引入的涡流（例如一个承载交流电的线圈）。对于更多的详情，见 1.7.5 节中的“时谐分析”。
- 瞬态涡流分析：此过程假定激励和相应的广义时间变量。它支持线性电导以及线性和非线性磁材料行为，例如，在一个激励源（如一个承载时-变电流的线圈）附近的工件中所引入的涡流。对于更多的详情，见 1.7.5 节中的“瞬态分析”。

1.7.2 压电分析

产品：Abaqus/Standard　Abaqus/CAE

参考

- “压电行为”《Abaqus 分析用户手册——材料卷》的 6.5.2 节
- “定义一个分析” 1.1.2 节
- “电磁分析过程” 1.7.1 节
- “定义一个集中电荷”《Abaqus/CAE 用户手册》的 16.9.30 节，此手册的 HTML 版本中
- “定义一个表面电荷”《Abaqus/CAE 用户手册》的 16.9.31 节，此手册的 HTML 版本中
- “定义一个体电荷”《Abaqus/CAE 用户手册》的 16.9.32 节，此手册的 HTML 版本中

概览

耦合的压电问题：

- 电位梯度造成应变，而应力造成材料中的一个电位梯度；

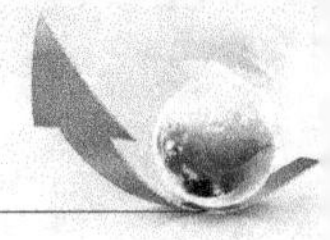

- 使用一个特征频率提取、模态动力学、静态、动态或者稳态动力学过程求解；
- 要求压电单元和压电材料属性的使用；
- 可以为一维、二维和三维的连续问题执行；
- 可以用于线性和非线性分析（然而，在非线性分析中，假定本构行为的压电部分为线性）。

压电响应

假设压电材料的电响应是由压电效应和介电效应组成的：

$$q_i = e^{\varphi}_{ijk}\varepsilon_{jk} + D^{\varphi(\varepsilon)}_{ij}E_i$$

式中 φ——电位；

q_i——第 i 个材料方向上的电流向量分量（也称为电位移）；

e^{φ}_{ijk}——压电应力耦合；

ε_{jk}——一个小应变分量；

$D^{\varphi(\varepsilon)}_{ij}$——一个完全受约束的材料的介电矩阵；

E_i——沿着第 i 个材料方向的电位梯度，$E_i = -\partial\varphi/\partial x_i$。

在《Abaqus 分析用户手册——材料卷》的 6.5.2 节中，讨论了定义压电和介电属性。Abaqus 中压电分析能力的理论基础，在《Abaqus 理论手册》的 2.10.1 节中进行了定义。

可以使用的压电分析过程

压电分析可以使用下面的过程来执行：

- “静态应力分析”1.2.2 节
- “使用直接积分的隐式动力学分析”1.3.2 节
- “直接求解的稳态动力学分析”1.3.4 节
- “固有频率抽取”1.3.5 节
- “瞬态模态动力学分析”1.3.7 节
- “基于模态的稳态动力学分析”1.3.8 节
- “基于子空间的稳态动力学分析”1.3.9 节

初始条件

不能指定压电量的初始条件。对于一个可以应用于静态或者动态过程的初始条件的描述，见《Abaqus 分析用户手册——指定的条件、约束和相互作用卷》的 1.2.1 节。

边界条件

一个节点上的电位（自由度 9）可以使用一个边界条件（见《Abaqus 分析用户手

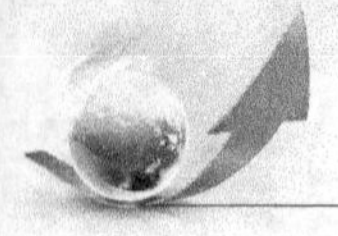

册——指定的条件、约束和相互作用卷》的 1.3.1 节）来进行指定。位移和旋转自由度也可以通过使用相关静态和动态分析过程章节中描述的边界条件来进行指定。见《Abaqus 分析用户手册——指定的条件、约束和相互作用卷》的 1.3.1 节。

通过参考一个幅值曲线（见《Abaqus 分析用户手册——指定的条件、约束和相互作用卷》的 1.1.2 节），可以指定边界条件为时间的函数。

在一个涉及压电单元的特征频率提取步中（见 1.3.5 节），必须至少在一个节点上约束电位自由度，以去除来自单元算子介电部分的奇异性。

载荷

可以在一个压电分析中同时施加机械载荷和电载荷。

施加机械载荷

可以在一个压电分析中指定下面类型的机械载荷：

- 可以对移动自由度（1 ~6）施加集中节点力（见《Abaqus 分析用户手册——指定的条件、约束和相互作用卷》的 1.4.2 节）。
- 可以施加分布压力或者体积力（见《Abaqus 分析用户手册——指定的条件、约束和相互作用卷》的 1.4.3 节）。

施加电载荷

可以指定下面的电载荷类型，如《Abaqus 分析用户手册——指定的条件、约束和相互作用卷》的 1.4.5 节中所描述的那样：

- 集中电荷。
- 分布的表面电荷和体电荷。

在基于模态的和基于子空间的过程中加载

在特征值提取步中，由于“无质量”模态效应，电荷载荷仅用来与残余模态相结合。因为电位自由度并没有任何相关联的质量，在特征值提取过程中，基本上消除了这些自由度（类似于 Guyan 削减或者质量缩聚）。残余模态代表对应于电荷载荷的静态响应，此响应将足够反映特征空间中的势自由度。

预定义的场

可以在一个压电分析中指定下面的预定义场，如《Abaqus 分析用户手册——指定的条件、约束和相互作用卷》的 1.6.1 节中所描述的那样：

- 虽然温度不是压电单元中的自由度，但是可以指定节点温度。所指定的温度仅影响温度相关的材料属性。
- 可以指定用户定义的场变量值。这些值仅影响场变量相关的材料属性。

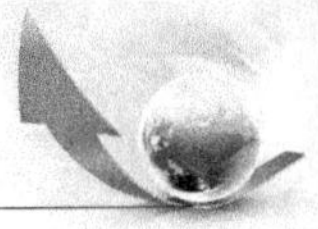

材料属性

压电耦合矩阵和介电矩阵是作为压电材料的材料定义部分指定的，如《Abaqus 分析用户手册——材料卷》的6.5.2节中所描述的那样。仅当材料定义与耦合的压电单元一起使用时，它们才相关。

材料的力学行为仅可以包括线性弹性（见《Abaqus 分析用户手册——材料卷》的2.2.1节）。

单元

压电单元必须用于一个压电分析中（见《Abaqus 分析用户手册——单元卷》的1.1.3节）。电位 φ 是这些单元的每一个节点上的自由度9。此外，正规的应力/位移单元可以用于不需要考虑压电效应的模型各个部分。

输出

在一个压电分析中，下面的输出变量对于压电分析中电的解是可得的：

单元积分点变量：

EENER——静电能密度；

EPG——电位梯度矢量 $-\partial\varphi/\partial x$ 的大小和分量；

EPGM——电位梯度矢量的大小；

EPGn——电位梯度矢量的分量 $n(n=1, 2, 3)$；

EFLX——电通量（位移）矢量q的大小和分量；

EFLXM——电通量（位移）矢量的大小；

EFLXn——电通量（位移）矢量的分量 $n(n=1, 2, 3)$。

整个单元变量：

CHRGS——分布电荷的值；

ELCTE——单元中的总电能，$\int_v \mathrm{EENER}dv$。

节点变量：

EPOT——一个节点上的电位自由度；

RCHG——无功电节点电荷（共轭到指定的电位）；

CECHG——集中的电节点电荷。

限制

Abaqus 在总能量平衡方程中不考虑压电效应，这可导致在某些情况下，模型的总能量明显失衡。例如，如果一个压电杆是在一个端点固定的，并且承受两个端点之间的电位差，

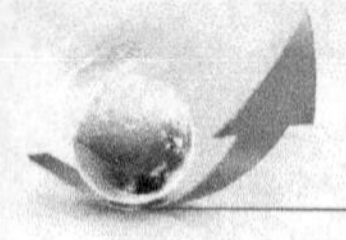

它由于压电效应而变形。后续的，如果杆在此变形构造上保持固定，并且删除电位差，将由于约束而产生应变能。此结果相对增加了模型的总能量。

输入文件模板

```
*HEADING
…
*MATERIAL, NAME = 材料 1
*ELASTIC
定义线弹性的数据行
*PIEZOELECTRIC
定义压电行为的数据行
*DIELECTRIC
定义介电行为的数据行
…
*AMPLITUDE, NAME = 名称
为集中电荷定义幅值曲线的数据行
**
*STEP, (optionally NLGEOM)
*STATIC
** 或者 *DYNAMIC, *FREQUENCY, *MODAL DYNAMIC,
**  *STEADY STATE DYNAMICS (, DIRECT 或者, SUBSPACE PROJECTION)
*BOUNDARY
在电位和位移（转动）自由度上定义边界条件的数据行
*CECHARGE, AMPLITUDE = 名称
定义时间相关的集中电荷的数据行
*DECHARGE 和/或 *DSECHARGE
定义分布电荷的数据行
*CLOAD 和/或 *DLOAD 和/或 *DSLOAD
定义机械载荷的数据行
*END STEP
```

1.7.3 耦合的热-电分析

产品：Abaqus/Standard　Abaqus/CAE

参考

- “定义一个分析”1.1.2节

- “电磁分析过程”1.7.1 节
- “电导”《Abaqus 分析用户手册——材料卷》的 6.5.1 节
- *COUPLED THERMAL-ELECTRICAL
- *JOULE HEAT FRACTION
- “指定一个焦耳热分数”《Abaqus/CAE 用户手册》的 12.10.4 节，此手册的 HTML 版本中
- “构建通用分析过程”中的“构建一个完全耦合的，同时发生的热传导和电过程”《Abaqus/CAE 用户手册》的 14.11.1 节，此手册的 HTML 版本中

概览

耦合的热-电问题：

- 是电位与温度场之间的耦合，使得有必要同时求解两个场；
- 要求使用耦合的热-电单元，虽然纯粹的热传导单元也可以在模型中使用；
- 可以包括释放热的电能分数的一个指定；
- 可以包括缝隙辐射、缝隙传导和面之间的热生成那样的热相互作用（见《Abaqus 分析用户手册——指定的条件、约束和相互作用卷》的 4.2.1 节）；
- 可以包括腔辐射效应（见《Abaqus 分析用户手册——指定的条件、约束和相互作用卷》的 8.1.1 节）；
- 可以包括电流流过面那样的电相互作用（见《Abaqus 分析用户手册——指定的条件、约束和相互作用卷》的 4.3.1 节）；
- 允许瞬态或者稳态的热求解和稳态的电求解；
- 可以是线性的或者非线性的。

耦合的热-电分析

电流流过导体时可产生焦耳热。Abaqus /Standard 为分析此类问题提供一个完全耦合的热-电过程。耦合的热-电方程用来对节点上的温度和电位同时进行计算。

此能力包括电问题的分析、热问题的分析和两个问题之间的耦合分析。耦合来自两个源头：温度相关的电导性和内部热生成，热生成是电流密度的函数。问题的热部分可以包括热传导和热存储（见《Abaqus 分析用户手册——材料卷》的 6.2.1 节）以及腔辐射效应（见《Abaqus 分析用户手册——指定的条件、约束和相互作用卷》的 8.1.1 节）。不考虑由流动通过网格的流体所产生的对流。

热-电方程是非对称的，如果要求耦合的热-电分析，则自动调用非对称求解器。对于热解和电解之间的耦合是微弱的问题，或者对于整个模型要求一个纯粹的电导分析的问题，产自场间耦合的非对称项可以是小的或者为零。在这些问题中，可以通过分别求解热和电方程，来调用花费较少的对称存储和求解方案。分开来的技术默认使用对称求解器。热-电求解方案在下面进行了讨论。

耦合的热-电分析理论基础，在《Abaqus 理论手册》的 2.12.1 节中进行了详细的描述。

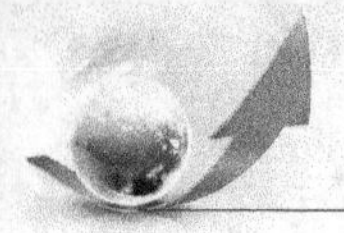

控制电场方程

一个导体材料中的电场是通过麦克斯韦方程的电荷守恒来控制的。假定一个稳态的直流电，方程简化为：

$$\int_S \boldsymbol{J} \cdot \boldsymbol{n} \mathrm{d}S = \int_V r_c \mathrm{d}V$$

式中 V——表面为 S 的任何控制体积；

$\boldsymbol{n}$——S 的外法向；

$\boldsymbol{J}$——电流密度（每单位面积的电流）；

r_c——每单位体积的内部体积电流源。

电流的流动是通过欧姆定律描述的：

$$\boldsymbol{J} = \boldsymbol{\sigma}^E \cdot \boldsymbol{E} = -\boldsymbol{\sigma}^E \cdot \frac{\partial \varphi}{\partial \boldsymbol{x}}$$

式中 $\boldsymbol{E}(\boldsymbol{x})$——电场密度，定义为电位的负梯度 $\boldsymbol{E} = -\partial\varphi/\partial\boldsymbol{x}$；

φ——电位；

$\boldsymbol{\sigma}^E(\theta, f^\alpha)$——电导矩阵；

θ——温度；

f^α——预定义的场变量；$\alpha = 1, 2\cdots$

在守恒方程中使用欧姆定律，写成不同的形式，提供有限元模型的控制方程：

$$\int_V \frac{\partial \delta\varphi}{\partial \boldsymbol{x}} \cdot \boldsymbol{\sigma}^E \cdot \frac{\partial \varphi}{\partial \boldsymbol{x}} \mathrm{d}V = \int_S \delta\varphi J \mathrm{d}S + \int_V \delta\varphi r_c \mathrm{d}V$$

式中 $J \overset{\text{def}}{=\!=} -\boldsymbol{J} \cdot \boldsymbol{n}$ 是穿过 S 进入控制体积的电流密度。

定义电导性

电导性 σ^E 可以是各向同性的、正交异性的或者完全各向异性的（见《Abaqus 分析用户手册——材料卷》的 6.5.1 节）。欧姆定律假定电导性是独立于电场 $\boldsymbol{E}$ 的。当电导性相关于温度时，耦合的热-电问题是非线性的。

指定由电流产生的热能大小

焦耳定律描述电能通过电流流过一个导体来耗散的速率 P_{ec} 为：

$$P_{ec} = \boldsymbol{J} \cdot \boldsymbol{E} = \frac{\partial \varphi}{\partial \boldsymbol{x}} \cdot \boldsymbol{\sigma}^E \cdot \frac{\partial \varphi}{\partial \boldsymbol{x}}$$

作为内能发出的能量大小是 $\eta_v P_{ec}$，其中 η_v 是能量转化因子。应该在材料定义中设置 η_v，如果在材料描述中未进行设置，则假定所有的电能转化成热（$\eta_v = 1.0$）。给出的分数可以包括一个单位转化因子。

输入文件用法：＊JOULE HEAT FRACTION

Abaqus/CAE 用法：Property module：material editor：Thermal→Joule Heat Fraction

稳态分析

稳态分析直接提供稳态解。稳态热分析意味着在控制热传输方程中，忽略了内能项(比热容项)。在电问题中只考虑了直流电，并且假定系统具有可忽略的比热容。电瞬变效应是如此的迅速，以至于可以忽略它们。

输入文件用法：*COUPLED THERMAL-ELECTRICAL，STEADY STATE

Abaqus/CAE 用法：Step module：Create Step：General：Coupled thermal-electric：Basic：Response：Steady state

给分析赋予一个 “时间” 尺度

一个稳态的分析没有内在物理意义的时间尺度。然而，可以对分析步赋予一个“时间”尺度，对于输出识别以及对于指定的温度、电位和大小变化的通量（热通量和电流密度），通常是方便的。这样，当选择了稳态分析时，为计算步指定一个“时间”区段和“时间”增量参数，Abaqus/Standard 则相应地通过步增加。

任何在一个稳态步过程中施加的通量或者边界条件改变，应当使用合适的幅值参考来给定，来指定它们的“时间”变化（见《Abaqus 分析用户手册——指定的条件、约束和相互作用卷》的 1.1.2 节）。如果为没有幅值参考的计算步指定了通量和边界条件，则假定它们随“时间”在计算步中线性变化——从之前计算步结束时的值（或者零，如果这是分析的开始）到此步结束时重新指定大小（见 1.1.2 节）。

瞬态分析

另外，耦合热-电问题的热部分可以考虑成瞬时的。至于在稳态分析中，忽略了电瞬变效应。对于 Abaqus/Standard 中的热传导能力的更加详细的描述见 1.5.2 节。

输入文件用法：*COUPLED THERMAL-ELECTRICAL

Abaqus/CAE 用法：Step module：Create Step：General：Coupled thermal-electric：Basic：Response：Transient

时间增量

瞬态热传导问题的时间增量是使用与非耦合的热传导分析中所使用的相同的向后欧拉方法来实现的。此方法对于线性问题是无条件稳定的。可以直接指定时间增量，或者 Abaqus 可以根据一个用户指定的一个增量中最大的节点温度变化来自动选择它们。自动选择时间增量通常是优先的。

自动选择增量

可以根据一个用户指定的一个增量中节点温度可允许的最大改变，来自动选择增量的大小 $\Delta\theta_{max}$。Abaqus/Standard 将限制时间增量，来确保在分析的任何增量过程中，节点温度的变化在任何节点上（除了具有边界条件的节点）不会超越这些值（见 2.2.4 节）。

输入文件用法：＊COUPLED THERMAL-ELECTRICAL，DELTMX＝$\Delta\theta_{max}$

Abaqus/CAE 用法：Step module：Create Step：General：Coupled thermal-electric：Basic：Response：Transient；Incrementation：Type：Automatic：Max. allowable temperature change per increment：$\Delta\theta_{max}$

固定的增量

如果选择了固定的时间增量，并且不指定 $\Delta\theta_{max}$，则固定的时间增量等于用户指定的初始时间增量 Δt_0，将会在整个分析上使用。

输入文件用法：＊COUPLED THERMAL-ELECTRICAL Δt_0

Abaqus/CAE 用法：Step module：Create Step：General：Coupled thermal-electric：Basic：Response：Transient；Incrementation：Type：Fixed：Increment size：Δt_0

由小时间增量产生的寄生振荡

在具有二阶单元的瞬态热传导分析中，最小可用的时间增量与单元大小之间具有一个关系：

$$\Delta t > \frac{\rho c}{6k}\Delta\ell^2$$

式中 Δt——时间增量；

ρ——密度；

c——比热容；

k——热导率；

$\Delta\ell$——一个典型单元尺寸（例如一个单元边的长度）。

如果在一个二阶单元的网格中使用小于此值的时间增量，则在求解中会出现寄生振荡，尤其在具有快速温度变化的边界附近。这些振荡是无物理意义的，并且如果存在温度相关的材料属性，则可以造成问题。在使用一阶单元的瞬态分析中，热容项是集总的，消除了这样的振荡，但是可以导致小时间增量的局部不精确求解。如果要求更小的时间增量，应当在温度变化迅速的区域中使用一个更细致的网格。

时间增量的大小没有上限（积分过程是无条件稳定的），除非非线性造成收敛问题。

结束一个瞬态分析

默认情况下，当所指定的时间区段已经结束时，一个瞬态分析将结束。另外，可以指定分析继续，直到达到稳态条件。稳态条件是通过温度变化率来定义的，当温度以小于用户指定的速率（作为计算步定义的部分给出）变化时，分析终止。

输入文件用法：当达到时间区段时，使用下面的选项来结束分析：

＊COUPLED THERMAL-ELECTRICAL，END＝PERIOD（默认的）

使用下面的选项，基于温度变化率来结束分析：

＊COUPLED THERMAL-ELECTRICAL，END＝SS

Abaqus/CAE 用法：Step module：Create Step：General：Coupled thermal-electric：Basic：Response：Transient；Incrementation：End step when temperature change is less than

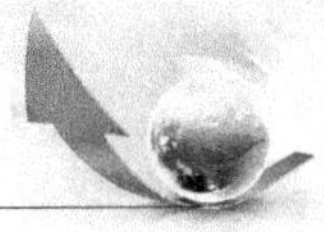

完全耦合的求解方案

除了近似的牛顿实现方法，Abaqus/Standard 还可以为耦合的热-电分析提供精确的牛顿实现方法。

精确的实现

牛顿法的精确实现包含一个非对称的雅可比矩阵，如下面的耦合方程矩阵表示中所说明的那样：

$$\begin{pmatrix} \boldsymbol{K}_{\varphi\varphi} & \boldsymbol{K}_{\varphi\theta} \\ \boldsymbol{K}_{\theta\varphi} & \boldsymbol{K}_{\theta\theta} \end{pmatrix} \begin{pmatrix} \Delta\varphi \\ \Delta\theta \end{pmatrix} = \begin{pmatrix} \boldsymbol{R}_{\varphi} \\ \boldsymbol{R}_{\theta} \end{pmatrix}$$

式中 $\Delta\varphi$，$\Delta\theta$——增量的电位和温度的各自修正；

$\boldsymbol{K}_{ij}$——完全耦合的雅可比矩阵的子矩阵；

$\boldsymbol{R}_{\varphi}$，$\boldsymbol{R}_{\theta}$——电和热残余向量。

求解此方程组要求使用非对称矩阵存储和求解方案。此外，电和热方程必须同时求解。当求解评估是位于算法的收敛半径之中时，此方法提供二次收敛。默认使用精确的实现。

近似的实现

一些问题要求电和热同时求解演变的分析意义上的一个完全耦合，但是两个解之间具有一个微弱的耦合。换言之，非对角子矩阵 $\boldsymbol{K}_{\varphi\theta}$、$\boldsymbol{K}_{\theta\varphi}$ 中的元素，与对角子矩阵 $\boldsymbol{K}_{\varphi\varphi}$、$\boldsymbol{K}_{\theta\theta}$ 中的元素相比是较小的。对于这些问题，可以通过设置非对角子矩阵为零来得到一个计算代价不高的解，这样得到一个方程的近似方程组：

$$\begin{pmatrix} \boldsymbol{K}_{\varphi\varphi} & 0 \\ 0 & \boldsymbol{K}_{\theta\theta} \end{pmatrix} \begin{pmatrix} \Delta\varphi \\ \Delta\theta \end{pmatrix} = \begin{pmatrix} \boldsymbol{R}_{\varphi} \\ \boldsymbol{R}_{\theta} \end{pmatrix}$$

作为此近似的一个结果，电和热方程可以分开求解，在每一个子问题中使用更少的方程来考虑。由此近似所产生的节约，以每次迭代的求解时间来度量，将是两个数量级因子，在因式分解后的刚度矩阵的求解器存储方面具有类似的显著节约。进一步，在没有由腔辐射产生的强烈的热载荷情形中，子问题可以是完全对称的或者近似为对称的，这样可以使用计算代价不高的对称存储和求解方案。求一个对称解的求解器时间节约是额外的两个数量级因子。除非明确地为计算步选择非对称求解器（见 1.1.2 节），否则对称的求解器将会与此分离技术一起使用。

此牛顿方法的更改形式不影响求解精度，因为通过时间中的每一个增量上的残余向量 $\boldsymbol{R}_j$，考虑了完全耦合的影响。然而，收敛的速率不再是二次的，并且强烈地取决于耦合影响的大小，这样，通常是比牛顿法的精确实现需要更多次的迭代来达到平衡。当耦合显著的时候，收敛速度变得非常慢，并且可能阻止一个求解的实现。在这样的情况中，要求牛顿法的精确实现。在有可能使用此近似的情况中，一个增量中的收敛将强烈取决于最初猜想的增量解的质量，可以通过选择用于此步的外推方法来控制此猜想（见 1.1.2 节）。

输入文件用法：使用下面的选项来指定一个分离的求解方案：

* SOLUTION TECHNIQUE，TYPE = SEPARATED

Abaqus/CAE 用法：Step module：Create Step：General：Coupled thermal-electric：Other：Solution technique：Separated

非耦合的电导和热传输分析

耦合的热-电过程也可以用来为整个模型或者模型的一部分（使用耦合的热-电单元）执行非耦合的电导分析。非耦合的电分析是通过忽略来自材料描述中的热属性来提供的，在此情况下，在单元中只激活了电位自由度，并且忽略了所有的热传导效应。如果在整个模型中忽略了热传导效应，应当调用上面描述的分离求解技术。然后，此技术的使用将调用对称存储和求解方案，此方案是一个纯粹电问题的精确表示。

类似的，一个非耦合的热传导分析可以使用耦合的热-电单元（见 1.5.2 节），在此情况中，忽略所有的电导效应。如果一个热-电分析后面跟随有一个纯粹的热传导分析，则此特征是有用的。一个典型的例子是一个焊接过程，电流是瞬时施加的，然后就是一个冷却过程，在此冷却过程中不需要考虑电效应。在一个非耦合的热传导分析中，默认激活对称的求解器。

腔辐射

腔辐射可以在一个热传导计算步中激活。此特征包含所有腔表面的面片之间的热传导相互作用，取决于面片的温度、面片发射率和每一个面片对之间的几何角系数。当热发射率是温度或者场变量的函数时，可以在最大温度变化之外，再指定一个增量过程中的最大可允许的发射率变化，来控制时间增量。更多的信息，见《Abaqus 分析用户手册——指定的条件、约束和相互作用卷》的 8.1.1 节。

输入文件用法：在步定义中使用下面的选项，来激活腔辐射：

* RADIATION VIEWFACTOR

使用下面的选项来指定最大可允许的发射率变化：

* HEAT TRANSFER，MXDEM = 最大的发射率变化

Abaqus/CAE 用法：可以为一个热传导步指定最大可允许的发射率变化。

Step module：Create Step：General：Heat transfer：Incrementation：Max. allowable emissivity change per increment

初始条件

默认情况下，所有节点的初始温度是零。可以指定非零的初始条件或者场变量（见《Abaqus 分析用户手册——指定的条件、约束和相互作用卷》的 1.2.1 节）。因为只考虑了稳态电流，电位的初始值是不相关的。

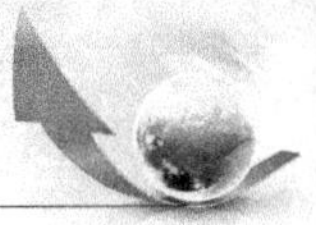

边界条件

可以使用边界条件来指定节点上的电位 $\varphi=\varphi(x, t)$（自由度9），温度 $\theta=\theta(x, t)$（自由度11）。见《Abaqus 分析用户手册——指定的条件、约束和相互作用卷》的1.3.1节。

可以通过参考一个幅值曲线（见《Abaqus 分析用户手册——指定的条件、约束和相互作用卷》的1.1.2节），将边界条件指定为时间的函数。

一个没有任何指定边界条件的边界，对应于一个隔绝面。

载荷

在一个耦合的热-电分析中，可以同时施加热和电载荷。

施加热载荷

在一个耦合的热-电分析中可以指定下面类型的热载荷，如《Abaqus 分析用户手册——指定的条件、约束和相互作用卷》的1.4.4中所描述的那样：

- 集中热通量；
- 体通量和分布的表面通量；
- 平均温度的辐射条件；
- 对流膜条件和辐射条件。

施加电载荷

可以指定下面类型的电载荷，如《Abaqus 分析用户手册——指定的条件、约束和相互作用卷》的1.4.5节中所描述的那样：

- 集中电流；
- 分布的表面电流密度和体电流密度。

预定义的场

在耦合的热-电分析中，不允许预定义温度场。应当使用边界条件来替代指定温度，如上面所描述的那样。

可以在一个耦合的热-电分析中指定其他预定义的场变量。这些值仅影响场变量相关的材料属性。见《Abaqus 分析用户手册——指定的条件、约束和相互作用卷》的1.6.1节。

材料选项

在耦合的热-电分析中，热和电属性是同时起作用的。如果忽略了热属性，则将执行一个非耦合的电分析。

在一个耦合的热-电分析中，忽略所有材料模型的机械行为（例如弹性和塑性）。

热材料属性

对于分析的热传导部分，必须定义热导率（见《Abaqus 分析用户手册——材料卷》的 6.2.2 节）。对于瞬态热传导问题，也必须定义比热容（见《Abaqus 分析用户手册——材料卷》的 6.2.3 节）。如果由于相变所产生的内能变化是重要的，则可以定义潜热（见《Abaqus 分析用户手册——材料卷》的 6.2.4 节）。热膨胀系数（见《Abaqus 分析用户手册——材料卷》的 6.1.2 节）在耦合的热-电分析中是没有意义的，因为不考虑结构的变形。可以指定内热生成（见 1.5.2 节）。

电材料属性

对于分析的电部分，必须定义电导率（见《Abaqus 分析用户手册——材料卷》的 6.5.1 节）。电导可以是温度和用户定义的场变量的函数，也可以定义电能量耗散成热的分数，如上面所解释的那样。

单元

耦合热-电分析中联立求解要求使用的单元可以将温度（自由度 11）和电位（自由度 9）都作为节点变量。有限元模型也能包括纯粹的热传导单元（这样，为模型的部分提供纯粹的热传导分析）和没有给定热属性的耦合的热-电单元（这样，为模型的部分提供纯粹的电导解）。

在 Abaqus/Standard 中，提供一维的、二维的（平面和轴对称的）和三维的耦合热-电单元。见《Abaqus 分析用户手册——单元卷》的 1.1.3 节。

输出

可以使用下面的输出变量来要求与电导解相关的输出：

单元积分点变量：

EPG——电位梯度向量的大小和分量，$-\partial\varphi/\partial x$；

EPGM——电位梯度向量的大小；

EPG*n*——电位梯度向量的分量 $n(n=1, 2, 3)$；

ECD——电流密度向量的大小和分量，J；

JENER——由电流产生的电能耗散，$P_{ec}t_{step}$。

整个单元变量：

ECURS——施加的分布电流；

NCURS——由电导产生的节点上的电流；

ELJD——由电流的流动所产生的总电能耗散，$\int_v P_{ec}t_{step}\mathrm{d}v$。

节点变量：

EPOT——电位，φ；

RECUR——无功电流；

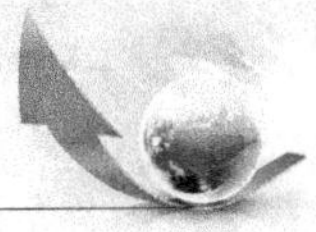

CECUR——集中施加的电流。

整个模型变量：

ALLJD——整个模型上的电能求和。

表面相互作用变量（见《Abaqus 分析用户手册——指定的条件、约束和相互作用卷》的 1.3.1 节）：

ECD——电流密度；

ECDA——ECD 乘以面积；

ECDT——ECD 对时间的积分；

ECDTA——ECDA 对时间的积分；

SJD——通过电流生成的每单位面积上的热通量；

SJDA——SJD 乘以面积；

SJDT——SJD 对时间的积分；

SJDTA——SJDA 对时间的积分；

WEIGHT——界面之间的热分布，f。

稳态耦合的热-电分析的考虑

在一个稳态耦合的热-电分析中，由一个积分点上的电流流动（输出变量 JENER）所产生的电能耗散，是使用下面的关系来计算的：

$$E_{ec}=P_{ec}t_{step}$$

式中 E_{ec}——由于电流的流动所产生的电能耗散；

t_{step}——当前计算步时间。

在上面的关系中，假定计算步中电能耗散 P_{ec} 的速率，与当前计算得到的值相同。

输出变量 JENER 和导出的输出变量 ELJD 和 ALLJD，仅包含在当前计算步中耗散的电能值中。类似的，电流流动对输出变量 ALLWK 的贡献，仅包括在当前计算步中执行的外部功中。

输入文件模板

```
*HEADING
…
*MATERIAL, NAME=材料 1
*CONDUCTIVITY
定义热导率的数据行
*ELECTRICAL CONDUCTIVITY
定义电导率的数据行
*JOULE HEAT FRACTION
定义电能释放为热的分数的数据行
**
*STEP
*COUPLED THERMAL-ELECTRICAL
```

定义增量和稳态的数据行

*BOUNDARY

定义电位和温度自由度上的边界条件的数据行

*CECURRENT

定义集中电流的数据行

*DECURRENT 和/或者 *DSECURRENT

定义分布的电流密度的数据行

*CFLUX 和/或者 *DFLUX 和/或者 *DSFLUX

定义热载荷的数据行

*FILM 和/或者 *SFILM 和/或者 *RADIATE 和/或者 *SRADIATE

定义对流膜条件和辐射条件的数据行

…

*CONTACT PRINT 或者 *CONTACT FILE

要求面相互作用变量输出的数据行

*END STEP

1.7.4 完全耦合的热-电-结构分析

产品：Abaqus/Standard Abaqus/CAE

参考

- "定义一个分析" 1.1.2 节
- "完全耦合的热-应力分析" 1.5.3 节
- "耦合的热-电分析" 1.7.3 节
- *COUPLED TEMPERATURE-DISPLACEMENT
- "构建通用分析过程"中的"构建一个完全的，同时的热传导、电和结构过程"《Abaqus/CAE 用户手册》的 14.11.1 节，此手册的 HTML 版本中。

概览

一个完全的热-电-结构分析：

- 在位移场、温度场与电位场之间耦合的，有必要同时得到所有三个场的解时需要进行这一分析；
- 要求在模型中存在具有位移、温度和电位自由度的单元；
- 允许瞬态或者稳态热解、静态位移解和稳态电解；
- 可以包括热相互作用，例如面之间的缝隙辐射，缝隙传导，缝隙热生成（见《Abaqus 分析用户手册——指定的条件、约束和相互作用卷》的 4.3.1 节）；

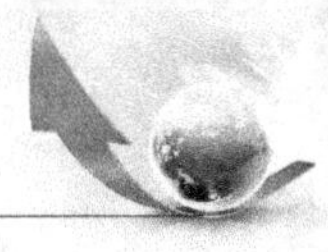

- 可以包括电相互作用，例如间隙电导率（见《Abaqus 分析用户手册——指定的条件、约束和相互作用卷》的 4.3.1 节）。
- 不能包括腔辐射效应，但是可以包括辐射边界条件（见《Abaqus 分析用户手册——指定的条件、约束和相互作用卷》的 1.4.4 节）；
- 仅对具有温度自由度的单元属性考虑材料的温度相关性；
- 忽略惯性效应；
- 可以是瞬态的或者稳态的。

完全耦合的热-电-结构分析

一个完全耦合的热-电-结构分析是一个耦合的热-位移分析（见 1.5.3 节）与一个耦合的热-电分析（见 1.7.3 节）的联合。

温度与电自由度之间的耦合，源自于温度相关的电导与内部的热生成（焦耳热），此热生成是电流密度的函数。问题的热部分可以包括热传导和热存储（见《Abaqus 分析用户手册——材料卷》的 6.2.1 节）。不考虑由流体流动通过网格产生的强制对流。

温度与位移自由度之间的耦合源自温度相关的材料属性、热膨胀和内部热生成，热生成是材料非弹性变形的一个函数。此外，一些问题中存在的面之间传导热的接触条件，可强烈地取决于面的分离和（或者）穿过面传递的压力，以及摩擦（见《Abaqus 分析用户手册——指定的条件、约束和相互作用卷》的 4.1.1 节和 4.2.1 节）。

电与位移自由度之间的耦合源自于电流在接触表面之间流动的问题。电导可强烈地取决于表面是否接触及接触压力的大小（见《Abaqus 分析用户手册——指定的条件、约束和相互作用卷》的 4.3.1 节）。

一个要求完全耦合的热-电-结构分析的仿真例子是电阻焊。在一个典型的电焊工艺中，两个或者多个薄金属板夹在两个电极之间。在电极之间通过一个大电流，此电流产生大量的热，熔化了电极之间的金属并且形成一个焊点。焊点的完整性取决于许多参数，包括板材之间的电导（此电导可以是接触压力和温度的函数）。

稳态分析

稳态分析直接提供稳态解。稳态热分析意味着省略了热传导控制方程中的内能项（比热容项）。假定一个稳态位移解，在电问题中仅考虑直流，并且假定系统的电容可忽略。因为电瞬态效应是如此迅速，以至于可以忽略它们。

输入文件用法：*COUPLED TEMPERATURE-DISPLACEMENT，ELECTRICAL，STEADY STATE

Abaqus/CAE 用法：Step module：Create Step：General：Coupled thermal-electrical-structural：Basic：Response：Steady state

给分析赋予一个“时间”尺度

在稳态情况中，应当给计算步赋予一个任意的“时间”尺度：指定一个“时间”区段和“时间”增量参数。此时间尺度对于改变整个计算步上的载荷和边界条件，并且对于得到高度非线性工况（但为稳态）的解是方便的；然而，对于后面的目的，瞬态分析通常提供一个应对非线性的固有办法。

考虑摩擦滑动热生成

在稳态工况中，通常忽略摩擦滑动生成的热。然而，如果使用运动来指定盘形制动等问题中节点的平动或者转动速度时，或者如果用户子程序 FRIC 通过变量 SFD 提供增量的摩擦耗散时，则仍然可以考虑摩擦滑动热生成。如果存在摩擦热生成，流入两个接触面的热取决于表面的滑动速率。此工况中的"时间"尺度不能描述成任意的，并且应当执行一个瞬态分析。

瞬态分析

另外，可以进行一个瞬态耦合的热-电-结构分析。在稳态分析中，忽略电瞬态效应，并且假定一个静态位移解。可以在一个瞬态分析中直接控制时间增量，或者由 Abaqus/Standard 自动控制时间增量。通常优先采用自动控制时间增量。

由一个可允许的最大温度变化来控制的自动增量

基于一个用户指定的，一个增量中可允许的最大节点温度变化 $\Delta\theta_{max}$ 可以自动选取时间增量。Abaqus/Standard 将限制时间增量，以确保在分析的任何节点上温度的变化（除了具有边界条件的节点）不超出此最大节点温度变化（见 2.2.4 节）。

输入文件用法：* COUPLED TEMPERATURE-DISPLACEMENT，ELECTRICAL，DELTMX $=\Delta\theta_{max}$

Abaqus/CAE 用法：Step module：Create Step：General：Coupled thermal-electrical-structural：Basic：Response：Transient；Incrementation：Type：Automatic：Max. allowable temperature change per increment：$\Delta\theta_{max}$

固定的增量

如果不指定 $\Delta\theta_{max}$，则在整个分析中使用的固定时间增量就等于用户指定的初始时间增量 Δt_0。

输入文件用法：* COUPLED TEMPERATURE-DISPLACEMENT，ELECTRICALΔt_0

Abaqus/CAE 用法：Step module：Create Step：General：Coupled thermal-electrical-structural：Basic：Response：Transient；Incrementation：Type：Fixed：Increment size：Δt_0

由小时间增量产生的寄生振荡

在具有二阶单元的瞬态分析中，在最小可用时间增量与单元尺寸之间有如下关系：

$$\Delta t > \frac{\rho c}{6k}\Delta l^2$$

式中 Δt——时间增量；

ρ——密度；

c——比热容；

k——热导率；

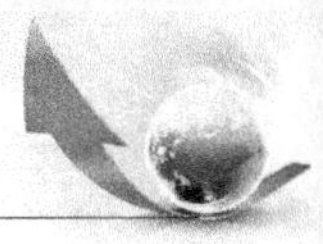

Δl ——一个典型的单元尺寸（例如一个单元边的长度）。

如果在一个二阶单元的网格中使用了小于此值的时间增量，则在求解中会出现寄生振荡，尤其在具有快速温度变化的边界附近。这些振荡是没有物理意义的，并且如果存在温度相关的材料，会造成问题。在使用一阶单元的瞬态分析中，热容项是进行集总的，这去除了这样的振荡，但是对于小时间增量可以导致局部的不精确解。如果要求更小的时间增量，则在温度变化迅速的区域中应当使用一个更加细化的网格。

时间增量大小没有上限（积分过程是无条件稳定的），除非非线性造成收敛问题。

由蠕变响应控制的自动增量

时间相关的（蠕变）材料行为的积分精度是通过用户指定的精度容差参数来控制的，容差≥$(\dot{\varepsilon}^{cr}_{t+\Delta t}-\dot{\varepsilon}^{cr}_{t})\Delta t$。此参数是用来指定一个增量过程中任何点上可允许的最大应变率变化，如《Abaqus 分析用户手册——材料卷》的 3.2.4 节中所描述的那样。此精度容差参数可以与一个增量中最大可允许的节点温度变化 $\Delta\theta_{max}$（上面所描述的）一起指定。然而，指定精度容差参数会激活自动增量，即使没有指定 $\Delta\theta_{max}$。

输入文件用法：* COUPLED TEMPERATURE-DISPLACEMENT，ELECTRICAL，DELTMX = $\Delta\theta_{max}$，CETOL = 容差

Abaqus/CAE 用法：Step module：Create Step：General：Coupled thermal-electrical-structural：Basic：Response：Transient，切换打开 Includecreep/swelling/viscoelastic behavior；Incrementation：Type：Automatic：Max. allowable temperature change per increment：$\Delta\theta_{max}$，Creep/swelling/viscoelastic strain error tolerance：容差

选择显式蠕变积分

没有表现出其他非线性的非线性蠕变问题（见《Abaqus 分析用户手册——材料卷》的 3.2.4 节），如果非弹性应变增量是小于弹性应变的，则可以通过非弹性应变的向前差分积分来高效地求解。此显式方法是计算高效的，因为不像隐式方法，只要不存在其他非线性，就不要求迭代。虽然此方法只是有条件稳定的，在许多情况中，显式运算子的数值稳定限大到足够以一个合适的时间增量来建立解。

然而，对于绝大部分耦合的温度-电-结构分析，向后差分算子（隐式方法）的无条件稳定是可取的。在这样的情况中，通过 Abaqus/Standard，可以自动调用隐式积分方案。

显式积分可以是计算代价小的，并且简化了用户子程序 CREEP 中的用户定义的蠕变法则的实现。对于蠕变问题（具有或者没有包括几何非线性），可以限制 Abaqus /Standard 使用此方法。对于进一步的详细情况，见《Abaqus 分析用户手册——材料卷》的 3.2.4 节。

输入文件用法：* COUPLED TEMPERATURE-DISPLACEMENT，ELECTRICAL，CETOL = *tolerance*，CREEP = EXPLICIT

Abaqus/CAE 用法：Step module：Create Step：General：Coupled thermal-electrical-structural：Basic：Response：Transient，切换打开 Includecreep/swelling/viscoelastic behavior；Incrementation：Creep/swelling/viscoelastic strain error tolerance：*tolerance*，Creep/swelling/viscoelastic integration：Explicit

排除蠕变和黏弹性响应

如果已经定义了蠕变或者黏弹性材料属性，可以在一个计算步过程中指定不会发生蠕变或者黏弹性响应。

输入文件用法：* COUPLED TEMPERATURE-DISPLACEMENT，ELECTRICAL，DELTMX = $\Delta\theta_{max}$，CREEP = NONE

Abaqus/CAE 用法：Step module：Create Step：General：Coupled thermal-electrical-structural：Basic：Response：Transient，切换关闭 Includecreep/swelling/viscoelastic behavior

不稳定问题

分析的某些类型可能形成局部不稳定，例如面起皱，材料不稳定或者局部屈曲。在这样的情况中，即使具有自动增量的协助，也不大可能得到一个准静态的解。Abaqus/Standard 通过对整个模型施加阻尼，来提供一个稳定此类问题的方法，以此方式进行阻尼添加，所引入的黏性力大到足够防止瞬时屈曲或者坍塌，但又不会因过大而显著影响当问题稳定时的行为。在 2.1.1 节中的“不稳定问题的自动稳定”，详细描述了可以使用的自动稳定方案。

单位

激活了两个或者三个不同场的耦合问题中，选择问题的单位时要小心。如果单位的选择使得对于每一个场，由方程生成的项的大小相差许多数量级，则某些计算机上的精度可能不足以解决耦合方程的数值病态，应选择避免病态矩阵的单位。例如，对于应力平衡方程，考虑使用兆帕替代帕斯卡来降低应力平衡方程的、热通量连续方程的和电荷守恒方程的大小之间的差距。

初始条件

默认情况下，所有节点的初始温度是零。可以指定非零的初始温度，也可以指定初始应力、场变量等。《Abaqus 分析用户手册——指定的条件、约束和相互作用卷》的 1.2.1 节，描述了对于一个完全耦合的热-电-结构分析可以使用的所有初始条件。

边界条件

可以使用边界条件来指定一个完全耦合的热-电-结构分析中节点上的温度（自由度 11），位移/转动（自由度 1~6），或者电位（自由度 9）（见《Abaqus 分析用户手册——指定的条件、约束和相互作用卷》的 1.3.1 节）。

通过参考幅值曲线可以指定边界条件为时间的函数（见《Abaqus 分析用户手册——指定的条件、约束和相互作用卷》的 1.1.2 节）。

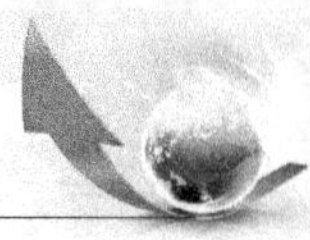

载荷

在一个完全耦合的热-电-结构分析中，可以指定下面类型的热载荷，如《Abaqus 分析用户手册——指定的条件、约束和相互作用卷》的 1.4.4 节中所描述的：

- 集中热通量；
- 体通量和分布的表面通量；
- 基于节点的膜和辐射条件；
- 平均温度的辐射条件；
- 单元和基于表面的膜和辐射条件。

可以指定下面类型的集中载荷：

- 可以对位移自由度（1~6）施加集中节点力（见《Abaqus 分析用户手册——指定的条件、约束和相互作用卷》的 1.4.2 节）；
- 可以施加分布的压力或者体积力（见《Abaqus 分析用户手册——指定的条件、约束和相互作用卷》的 1.4.3 节）。

可以指定下面类型的电载荷类型，如《Abaqus 分析用户手册——指定的条件、约束和相互作用卷》的 1.4.5 节中所描述的那样：

- 集中电流；
- 分布的表面电流密度和体电流密度。

预定义的场

在一个完全耦合的热-电-结构分析中，不允许预定义的温度场。应当使用边界条件来指定温度自由度 11，如前面所描述的那样。

在一个完全耦合的热-电-结构分析中，可以指定其他预定义的场变量。这些值将仅影响场变量相关的材料属性，如果有的话。见《Abaqus 分析用户手册——指定的条件、约束和相互作用卷》的 1.6.1 节。

材料选项

一个完全耦合的热-电-结构分析中的材料，必须定义热属性（例如传导）、力学属性（例如弹性）和电属性（例如电导）。对于 Abaqus 中可用的材料模型的详细情况，见《Abaqus 分析用户手册——材料卷》。

可以指定内部的热生成，见 1.5.2 节。

如果在材料属性定义中包括了热膨胀（见《Abaqus 分析用户手册——材料卷》的 6.1.2 节），将产生热应变。

可以使用一个完全耦合的热-电-结构分析来分析静态蠕变和溶胀问题，这些问题通常会持续相当长的时间（见《Abaqus 分析用户手册——材料卷》的 3.2.4 节）；黏弹性材料（见《Abaqus 分析用户手册——材料卷》的 2.7.1 节）；或者黏塑性材料（见《Abaqus 分析

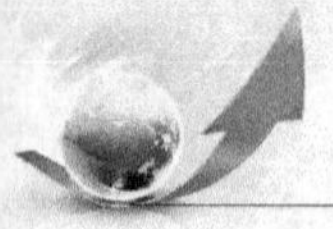

用户手册——材料卷》的3.2.3节)。

作为一个热源的非弹性能量耗散

可以在一个完全耦合的热-电-结构分析中指定一个非弹性的热分数，来将非弹性能量耗散作为一个热源来提供。塑性应变引起每单位体积的热通量为：

$$r^{pl} = \eta \sigma : \dot{\varepsilon}^{pl}$$

式中 r^{pl}——添加到热能平衡的热流；

η——一个用户定义的因子（假定为常数）；

σ——应力；

$\dot{\varepsilon}^{pl}$——塑性应变率。

非弹性热分数通常用于涉及大量非弹性应变的高速制造过程的仿真中，其中由材料的变形造成的材料发热，显著影响温度相关的材料属性。在热平衡方程中，将所生成的热处理成一个体积热通量的来源项。

对于使用Mises或者Hill屈服面（见《Abaqus分析用户手册——材料卷》的3.1.1节）的具有塑性行为的材料，可以指定一个非弹性的热分数。它可以与组合的各向同性/运动硬化模型一起使用。在Abaqus/Explicit中，可以为用户定义的材料行为指定非弹性热分数，并且将在用户子程序中乘以非弹性能量耗散，来得到热通量。在Abaqus/Standard中，非弹性热分数不能与用户定义的材料行为一起使用。在此情况中，必须添加到热能平衡中的热流是在用户子程序中直接计算得到的。

在Abaqus/Standard中，也可以为包括时域黏弹性的超弹性材料定义指定一个非弹性热分数（见《Abaqus分析用户手册——材料卷》的2.7.1节）。

非弹性热分数的默认值是0.9。如果在材料定义中不包括非弹性热分数行为，则在分析中不包括通过非弹性变形生成的热。

输入文件用法：＊INELASTIC HEAT FRACTION

η

Abaqus/CAE用法：Property module：material editor：Thermal：Inelastic Heat Fraction：Fraction：η

指定由电流产生的热能大小

焦耳定律描述了电流流过导体的电能 P_{ec} 消耗率为：

$$P_{ec} = \boldsymbol{J} \cdot \boldsymbol{E} = \frac{\partial \varphi}{\partial x} \cdot \sigma^{E} \cdot \frac{\partial \varphi}{\partial x}$$

在体中释放为内能的能量大小是 $\eta_v P_{ec}$，其中 η_v 是能量转换因子，可以在材料定义中指定 η_v。如果材料定义中不包括热分数，则假定所有的电能转化成热（$\eta_v = 1.0$）。如果要求，给定的分数可以包括一个单位转化因子。

输入文件用法：＊JOULE HEAT FRACTION

Abaqus/CAE用法：Property module：material editor：Thermal→Joule Heat Fraction

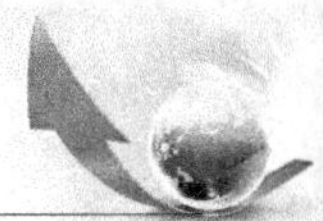

单元

具有位移、温度和电位为节点变量的耦合的热-电-结构单元是可以使用的。同时发生的温度/电位/位移解要求使用这样的单元。在一个完全耦合的热-电-结构分析中，可以在部分的模型中使用纯粹的位移和温度-位移单元，但是不能使用纯粹的热传导单元。

Abaqus 中的一阶耦合热-电-结构单元，在单元上使用一个不变的温度来计算热膨胀。Abaqus 中二阶耦合的热-电-结构单元使用一个比位移（位移的抛物线变量和温度的线性变量）低阶的温度内插，来得到一个温度和机械应变的兼容变量。

输出

对于一个输出变量的完整列表，见《Abaqus 分析用户手册——介绍、空间建模、执行与输出卷》的 4.2.1 节。在《Abaqus 分析用户手册——介绍、空间建模、执行与输出卷》的 4.1.1 节中，描述了可用的输出类型。

稳态耦合的热-电-结构分析的考虑

在稳态耦合的热-电-结构分析中，由于在一个积分点上的电流流动所产生的电能耗散（输出变量 JENER）为：

$$E_{ec} = P_{ec} t_{step}$$

式中 E_{ec}——由于电流流动所产生的电能耗散；

t_{step}——当前的计算步时间。

在上面的关系中，假定电能耗散率 P_{ec} 在计算步中具有等于当前计算得到的不变值。

输出变量 JENER 和导出的输出变量 ELJD 及 ALLJD，仅包含当前计算步中的电能耗散值。类似的，来自电流流动到输出变量 ALLWK 的贡献，仅包括当前步中执行的外部功。

输入文件模板

```
*HEADING
…
**指定耦合的热-电-结构单元类型
*ELEMENT, TYPE = Q3D8
…
**
*STEP
*COUPLED TEMPERATURE-DISPLACEMENT, ELECTRICAL
定义增量的数据行
*BOUNDARY
在位移、温度或者电位自由度上定义非零边界条件的数据行
```

＊CFLUX 和/或 ＊CFILM 和/或
＊CRADIATE 和/或 ＊DFLUX 和/或
＊DSFLUX 和/或 ＊FILM 和/或
＊SFILM 和/或 ＊RADIATE 和/或
＊SRADIATE
定义热载荷的数据行
＊CLOAD 和/或 ＊DLOAD 和/或 ＊DSLOAD
定义机械载荷的数据行
＊CECURRENT
定义集中电流的数据行
＊DECURRENT 和/或 ＊DSECURRENT
定义分布电流密度的数据行
＊FIELD
定义场变量值的数据行
＊END STEP

1.7.5 涡流分析

产品：Abaqus/Standard　Abaqus/CAE

参考

- “映射热和磁载荷”《Abaqus 分析用户手册——介绍、空间建模、执行与输出卷》的 3.2.23 节
- “电磁分析过程” 1.7.1 节
- “电导”《Abaqus 分析用户手册——材料卷》的 6.5.1 节
- “磁渗透率”《Abaqus 分析用户手册——材料卷》的 6.5.3 节
- “电磁载荷”《Abaqus 分析用户手册——指定的条件、约束和相互作用卷》的 1.4.5 节
- “顺序耦合的预定义载荷” 11.1.3 节
- ＊ELECTROMAGNETIC
- ＊D EM POTENTIAL
- ＊DECURRENT
- ＊DSECURRENT
- ＊MOTION
- “UDECURRENT”《Abaqus 用户子程序参考手册》的 1.1.24 节
- “UDEMPOTENTIAL”《Abaqus 用户子程序参考手册》的 1.1.25 节
- “UDSECURRENT”《Abaqus 用户子程序参考手册》的 1.1.27 节
- “构建线性摄动分析过程”中的“构建一个时谐电磁分析”《Abaqus/CAE 用户手册》

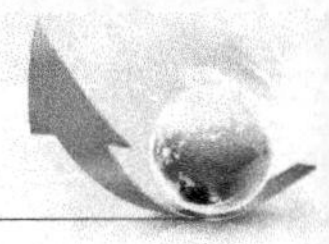

的 14.11.2 节，此手册的 HTML 版本中

- “定义一个磁矢势边界条件”《Abaqus/CAE 用户手册》的 16.10.17 节，此手册的 HT-ML 版本中

概览

涡流问题：

- 包含电与磁场之间的耦合，它们是同时求解的；
- 假设在忽略位移电流影响的低频情况下，求解描述电磁现象的麦克斯韦方程组；
- 要求在整个区域中使用电磁单元；
- 要求在整个区域中设置磁渗透率，并且在导通区域中指定电导；
- 允许时谐和瞬态电磁求解；
- 允许预定义的导体平动和转动；
- 计算成与涡流相关联的输出变量，焦耳发热率以及磁力的强度，并且可以从一个时谐电磁求解传递这些输出变量来驱动一个后续的热传导，耦合的温度-位移，或者应力/位移分析，这样允许电磁场与热和/或者力场，以一个顺序耦合方式的耦合；
- 可以使用连续单元，在二维和三维空间进行求解。

涡流分析

涡流是当一个金属工件置于一个随时间变化的磁场之中，在工件中产生的。当涡流电流流过工件所耗散的能量转化成热能时，产生焦耳热。此发热机理通常称为感应加热，电磁炉是一个利用此机理的例子。时变磁场通常是通过一个靠近工件放置的线圈产生的。线圈承载一个已知大小的总电流或者一个已知电位（伏特）差情况下的一个未知大小的电流。对于一个时谐涡流分析，假定线圈中的电流是以一个已知的频率变化的，但是对于一个瞬态涡流分析，可具有一个时间上的任意变化。

时谐涡流分析过程所基于的假设是一个具有特定频率的时谐激励，在区域中的每一个地方产生具有相同频率的时谐电磁响应。换言之，电荷和磁场以线圈中变化电流的相同频率来振动。瞬态涡流分析不做任何与线圈中电流的时变相关的假设。实际上，可以指定任意的时间变化，并且电和磁场遵从时域中麦克斯韦方程的解。

涡流分析提供的输出，仅可以从一个时谐涡流分析传输，用来驱动一个后续的热传导分析，耦合的温度-位移分析，或者应力/位移分析，例如焦耳热耗散或者磁力强度。这允许提供一个顺序耦合的方式，模拟电磁场与热和（或）机械场之间的相互作用。详细情况见《Abaqus 分析用户手册——介绍、空间建模、执行与输出卷》的 3.2.23 节和本书的 11.1.3 节。

必须在一个包括线圈、工件和它们之间及包围它们的空间的涡流分析中，使用电磁单元来模拟所有区域的响应。要得到精确的解，所模拟空间的外部边界（围绕线圈和工件），至少在所有的侧面上离开装置几倍特征长度。

电磁单元使用一个场的基于边的插值单元来替代标准的基于节点的插值。用户定义的节点只定义单元的几何形状；并且单元的自由度不与这些节点相关联，这些节点对于施加边界

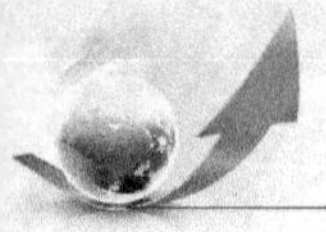

条件有影响（见下面的“边界条件”）。

控制场方程

电和磁场是通过描述电磁现象的麦克斯韦方程来控制的。公式是基于低频假设的，忽略了安培定律中的位移电流的修正项。当对应于激励频率的电磁波波长与所计算的响应的典型长度尺度相比是较大的时候，此假设是合适的。在下面的讨论中，为一个线性介质写出了控制方程。

时谐分析

引入一个磁矢势 $\boldsymbol{A}$ 是方便的，则磁感应强度向量 $\boldsymbol{B}=\nabla\times\boldsymbol{A}$。求解过程寻求一个时谐电磁响应 $\boldsymbol{A}_0\exp(\mathrm{i}\omega t)$，当系统承载一个相同频率的激励时，具有角频率 ω（rad/s），例如，通过一个外加的振荡体积电流密度 $\boldsymbol{J}_0\exp(\mathrm{i}\omega t)$。在执行表达式中，当指数因子（$\mathrm{i}=\sqrt{-1}$）代表对应的项时向量 $\boldsymbol{A}_0$ 和 $\boldsymbol{J}_0$ 分别代表磁矢势和所施加的体积电流密度向量的大小。在此假设下，根据 $\boldsymbol{A}_0$ 和 $\boldsymbol{J}_0$，磁导率张量 $\boldsymbol{\mu}$ 和电导率张量 $\boldsymbol{\sigma}^E$，没有导体运动的麦克斯韦方程简化为

$$\nabla\times(\boldsymbol{\mu}^{-1}\cdot\nabla\times\boldsymbol{A}_0)+\mathrm{i}\omega\boldsymbol{\sigma}^E\cdot\boldsymbol{A}_0=\boldsymbol{J}_0$$

磁导率通过本构方程 $\boldsymbol{B}=\boldsymbol{\mu}\cdot\boldsymbol{H}$ 将磁感应强度 $\boldsymbol{B}$ 与磁场强度 $\boldsymbol{H}$ 联系起来。而通过欧姆定律 $\boldsymbol{J}=\boldsymbol{\sigma}^E\cdot\boldsymbol{E}$ 将电导率与体积电流密度 $\boldsymbol{J}$ 与电场强度 $\boldsymbol{E}$ 联系了起来。

上面公式的变化形式是

$$\int_V\nabla\times\delta\boldsymbol{A}_0\cdot(\boldsymbol{\mu}^{-1}\cdot\nabla\times\boldsymbol{A}_0)\mathrm{d}V+\mathrm{i}\omega\int_V\delta\boldsymbol{A}_0\cdot\boldsymbol{\sigma}^E\cdot\boldsymbol{A}_0\mathrm{d}V$$

$$=\int_V\delta\boldsymbol{A}_0\cdot\boldsymbol{J}_0\mathrm{d}V+\int_S\delta\boldsymbol{A}_0\cdot\boldsymbol{K}_0\mathrm{d}S$$

式中 $\delta\boldsymbol{A}_0$——磁矢势的变化；

$\boldsymbol{K}_0$——在外表面施加的切向面电流密度。

Abaqus/Standard 求解磁矢势的同相（实部）和异相（虚部）分量的麦克斯韦方程的变化形式。其他的场量是从磁矢势推导出来的。

瞬态分析

引入一个假定为空间位置和时间的函数的磁矢势 $\boldsymbol{A}$ 是方便的，这样磁感应强度向量 $\boldsymbol{B}=\nabla\times\boldsymbol{A}$。当系统承受一个与时间相关的激励时，求解过程寻求一个与时间相关的电磁响应，$\boldsymbol{A}(\boldsymbol{x},t)$，例如,通过一个外加的体积电能量密度的分布 $\boldsymbol{J}(x,t)$。在这样的假设下，没有导体运动的麦克斯韦方程组简化为场量 $\boldsymbol{A}$ 和 $\boldsymbol{J}$，磁导率张量 μ 和电导率张量 $\boldsymbol{\sigma}^E$ 的形式。磁导率通过本构方程 $\boldsymbol{B}=\boldsymbol{\mu}\cdot\boldsymbol{H}$ 将磁场强度 $\boldsymbol{B}$ 与磁场强度 $\boldsymbol{H}$ 联系起来，而通过欧姆定律 $\boldsymbol{J}=\boldsymbol{\sigma}^E\cdot\boldsymbol{E}$ 将电导率与体积电流密度 $\boldsymbol{J}$ 与电场强度 $\boldsymbol{E}$ 联系起来。

$$\nabla\times(\boldsymbol{\mu}^{-1}\cdot\nabla\times\boldsymbol{A})+\boldsymbol{\sigma}^E\cdot\partial\boldsymbol{A}/\partial t=\boldsymbol{J}$$

上面方程的变换形式是

$$\int_V\nabla\times\delta\boldsymbol{A}\cdot(\boldsymbol{\mu}^{-1}\cdot\nabla\times\boldsymbol{A})\mathrm{d}V+\mathrm{i}\omega\int_V\delta\boldsymbol{A}\cdot\boldsymbol{\sigma}^E\cdot\partial\boldsymbol{A}/\partial t\mathrm{d}V$$

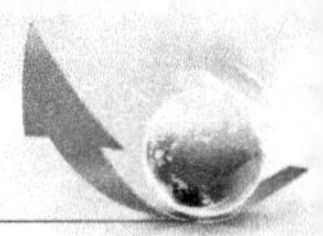

$$= \int_V \delta \boldsymbol{A} \cdot \boldsymbol{J} \mathrm{d}V + \int_S \delta \boldsymbol{A} \cdot \boldsymbol{K} \mathrm{d}S$$

式中 $\delta \boldsymbol{A}$——磁矢势的变化；

$\boldsymbol{K}$——在外表面施加的切向面电流密度。

Abaqus/Standard 为磁矢势分量求解麦克斯韦方程的变化形式。其他的场量是从磁矢势推导出来的。

预定义的导体运动

在一个导体中产生的电场具有两部分：由变化的磁通量产生的第一部分（法拉第感应定律），这在上面的公式中已经进行了讨论；由磁场中导体的运动产生的第二部分。此第二部分如下面那样以指定的运动速度 $\boldsymbol{v}$ 的方式更改了控制方程（仅显示了瞬态过程，虽然此能力对于时谐过程也是可用的）：

$$\nabla \times (\boldsymbol{\mu}^{-1} \cdot \nabla \times \boldsymbol{A}) + \boldsymbol{\sigma}^E \cdot \partial \boldsymbol{A}/\partial t - \boldsymbol{\sigma}^E \cdot \boldsymbol{v} \times (\nabla \times \boldsymbol{A}) = \boldsymbol{J}$$

可以同时指定运动的平动和转动速度。此方程假定在运动方向上导体是均匀的，换言之，在运动方向上没有任何的几何特征。

导体运动对单元算子产生非对称的贡献。默认情况下，非对称存储和求解方案与导体运动一起使用。

定义磁行为

电磁介质的磁行为可以是线性的或者非线性的。然而，对于时谐涡流分析，只有线性的行为是可用的。线性磁行为是通过假定为独立于磁场的磁渗透性张量来表征的，它通过直接指定绝对的磁渗透张量 $\boldsymbol{\mu}$ 来定义。此磁渗透行为可以是各向同性的、正交异性的或者完全各向异性的（见《Abaqus 分析用户手册——材料卷》的 6.5.3 节）。磁渗透性也可能与温度或者预定义的场变量相关。对于一个时谐的涡流分析，磁渗透性也可以与频率相关。

非线性的磁行为，仅对于瞬态涡流分析是可用的，是通过与磁场强度相关的磁渗透性来表征的。Abaqus 中的非线性磁材料模型，适合于由一个在 $\boldsymbol{B}$-$\boldsymbol{H}$ 空间中单调递增来响应的理想软磁材料，其中 $\boldsymbol{B}$ 和 $\boldsymbol{H}$ 分别指磁感应强度向量和磁场强度向量。非线性磁行为是在一个或者多个方向上的，通过一个或者多个 $\boldsymbol{B}$-$\boldsymbol{H}$ 曲线的直接指定来定义的，这些 $\boldsymbol{B}$-$\boldsymbol{H}$ 曲线提供在一个或者多个方向上作为 $\boldsymbol{H}$ 函数的 $\boldsymbol{B}$，可选的，也可以作为温度或者预定义的场变量的函数。非线性磁行为可以是各向同性的、正交异性的或者横向各向同性的（它是更加广义的正交行为的一个特殊情况）。

定义电导率

电导率 $\boldsymbol{\sigma}^E$ 可以是各向同性的、正交异性的或者完全各向异性的（见《Abaqus 分析用户手册——材料卷》的 6.5.1 节）。电导率也可以与温度或者预定义的场相关。对于一个时谐的涡流分析，电导率也可以与频率相关。欧姆定律假定电导独立于电场 $\boldsymbol{E}$。

时谐分析

涡流分析过程直接在一个给定的激励频率上提供时谐解。可以指定一个或多个激励频

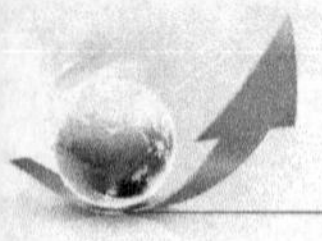

率、一个或多个频率范围或者一个激励频率和范围的组合。

输入文件用法：＊ELECTROMAGNETIC，LOW FREQUENCY，TIME HARMONIC

lower_freq1，*upper_freq1*，*num_pts1*

lower_freq2，*upper_freq2*，*num_pts2*

...

single_freq1

single_freq2

...

例如，下面的输入说明了在一个单独的频率上指定激励的最简单的案例：

＊ELECTROMAGNETIC，LOW FREQUENCY，TIME HARMONIC

单个频率

Abaqus/CAE 用法：Step module：Create Step：Linear perturbation：Electromagnetic，Time harmonic；在表中输入数据，并且按照需求增加行

瞬态分析

涡流分析过程对一个给定的任意与时间相关的激励提供瞬态解。

输入文件用法：＊ELECTROMAGNETIC，LOW FREQUENCY，TRANSIENT

Abaqus/CAE 用法：Abaqus/CAE 中不支持瞬态涡流分析。

时间增量

瞬态涡流中的时间积分是使用向后欧拉方法完成的。此方法对于线性问题是无条件稳定的，但是如果时间增量太大，则会导致结果不精确。所得到的方程组通常是非线性的，并且 Abaqus/Standard 使用牛顿方法来求解方程组。解通常是作为一系列的增量来得到的，使用迭代来得到每一个增量中的平衡。增量有时候必须保持较小，以确保时间积分过程的精度。增量大小的选择与计算效率有关：如果增量太大，则要求更多的迭代。牛顿法具有一个有限的收敛半径，太大的增量可能无法得到任何解，因为初始状态太远离要寻求的平衡状态了——它在收敛半径之外。这样，在增量大小上有一个算法的限制。

自动增量

在大部分的情况中，默认的自动增量方案是优先的，因为它将基于计算效率来选择增量。然而，必须确保时间增量产生一个精确解的时间积分。Abaqus /Standard 不具有任何的内置检查来确保积分精度。

输入文件用法：＊ELECTROMAGNETIC，LOW FREQUENCY，TRANSIENT

Abaqus/CAE 用法：Abaqus/CAE 中不支持瞬态涡流分析。

直接增量

也提供增量大小的直接用户控制。如果用户对一个具体问题非常有经验，可以选择一个

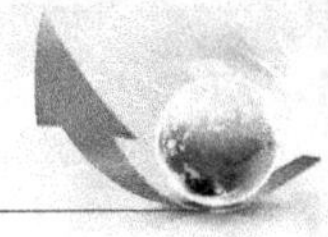

更加经济的方法。

输入文件用法：*ELECTROMAGNETIC，LOW FREQUENCY，TRANSIENT，DIRECT

Abaqus/CAE 用法：Abaqus/CAE 中不支持瞬态涡流分析。

具有非导电区域的涡流分析中的病态

在一个涡流分析中，模型的大部分是由不导电的区域组成的，是非常常见的，例如空气和（或者）真空。在这样的情况下，众所周知，相关的刚度矩阵可以是非常病态的，即，它具有许多的奇异性（Biro，1999）。Abaqus 使用特殊的迭代求解技术来防止病态矩阵负面的影响所计算的电和磁场。默认的执行对于许多问题工作良好。然而，存在默认的数值方案不能收敛，或者产生噪声解的情况。在这样的情况中，向不导电区域添加一个“小”量的任意电导，可以帮助规范问题，并且允许 Abaqus 收敛到正确的解。选择人工的电导应当使通过这些区域传递的电磁波经历较小的变化，并且特别是当电磁波碰到真正的导体时，不经历剧烈的指数衰减，推荐用户设置人工的导电性比模型中的任何导体小 5 ~ 8 个数量级。

替代在一个不导电区域中指定电导性，Abaqus 也提供一个稳定性方案来帮助减轻病态的影响。可以通过指定稳定因子来提供此稳定算法的输入，如果使用了稳定方案，则稳定因子默认为 1.0。稳定因子值越高则越稳定，反之稳定因子值越低则越不稳定。

输入文件用法：在一个时谐过程中通过使用下面的输入行来使用稳定性：

*ELECTROMAGNETIC，LOW FREQUENCY，TIME HARMONIC，STABILIZATION = 稳定性因子

使用下面，在一个瞬态过程中使用稳定性：

*ELECTROMAGNETIC，LOW FREQUENCY，TRANSIENT，STABILIZATION = 稳定性因子

Abaqus/CAE 用法：Abaqus/CAE 中不能更改默认的稳定性因子。

指定的导体运动

可以通过在一个代表导体的单元集上指定平动或者转动速度向量的方向和大小，来指定导体运动。在一个步中只允许一个单独的导体运动。

输入文件用法：指定一个平动速度：

*MOTION，ELEMENT，TRANSLATION

指定一个转动速度：

*MOTION，ELEMENT，ROTATION

Abaqus/CAE 用法：Abaqus/CAE 中不支持指定导体运动。

初始条件

可以指定温度或者预定义场变量的初始值。这些值仅影响温度或者场变量相关的材料属

性。不能在一个涡流分析中指定电和（或者）磁场上的初始条件。

边界条件

电磁单元使用一个基于边的场插值单元。单元的自由度不与用户定义的节点相关联，用户定义的节点只定义单元的几何形状。指定边界条件标准的基于节点的方法不能与电磁单元一起使用。下面描述了用来指定电磁单元边界条件的方法。

Abaqus 中的边界条件通常指文献中称为 Dirichlet 型的边界条件，主要变量的值在整个边界上或者边界的一部分上是已知的。另外，Neumann 型边界条件指的是主要变量的共轭值在部分边界上是已知的。在 Abaqus 中，Neumann 型边界条件是作为有限单元公式中的面载荷出现的。

对于电磁边界值问题，在一个封闭表面上的 Dirichlet 边界条件必须指定为 $\boldsymbol{A} \times \boldsymbol{n}$，其中 $\boldsymbol{n}$ 是表面的外法向，如本节中所讨论的那样。Neumann 型边界条件必须指定为面电流密度向量 $\boldsymbol{K} = \boldsymbol{H} \times \boldsymbol{n}$，如下面的“载荷”中所讨论的那样。

在 Abaqus 中，Dirichlet 边界条件是指定成代表模型中对称平面上的和（或者）外部边界条件面（基于单元的）上的磁矢势 $\boldsymbol{A}$，Abaqus 为代表面计算 $\boldsymbol{A} \times \boldsymbol{n}$。在电磁场为一个靠近工件的载流线圈来驱动的应用中，模型可以横跨的区域可以大到 10 倍于线圈或者工件装配相关联的特征长度尺度。在这样的情况中，假定电磁场在远场中具有足够的衰减，并且磁矢势的值可以在远场边界中设置为零。在另一方面，在一个导体是埋入一个均匀的（但是在一个时谐涡流分析中时谐变化的，或者在一个瞬态涡流分析中，具有一个更加一般的时间变量）远场磁场中的应用中，在外部边界的某些部分指定非零的磁矢势值是有必要的。在这些情况中，来模拟相同的物理现象的另外一个方法是在远场边界上指定对应的面电流密度的值 $\boldsymbol{K}$（见下面的“载荷”）。$\boldsymbol{K}$ 可以基于远场磁场的已知值来计算。

一个没有任何指定边界条件的面，对应于一个具有零面电流的或者没有载荷的表面。

可以使用用户子程序 UDEMPOTENTIAL 来定义非均匀边界条件。

在时谐涡流分析中指定边界条件

在时谐涡流分析中，假定边界条件是时谐的，并且是对磁矢势的实部和虚部同时施加的。在实部上指定 Dirichlet 边界条件，并在虚部上指定 Neumann 边界条件是不可能的，反之亦然。Abaqus 自动地同时约束实部和虚部，即使只明确指定了一个部分。假定未指定的部分具有一个零的大小。

当在一个基于单元的面上，为时谐涡流分析指定边界条件时（见《Abaqus 分析用户手册——介绍、空间建模、执行与输出卷》的 2.3.2 节），必须指定面名称、区域类型标签(S)、边界条件类型标签和可选的方向名称、边界条件的实部大小、边界条件实部的方向矢量、边界条件虚部的大小和边界条件虚部的方向矢量。可选的方向名称定义局部坐标系，在此局部坐标系中定义了磁矢势分量。默认情况下，分量是关于整体方向来定义的。所指定的方向矢量分量是通过 Abaqus 归一化的，因而对边界条件的大小没有贡献。

在时谐涡流分析过程中，频率相关的边界条件可以如下面的“时谐的涡流分析中的频率相关的边界条件”中所描述的那样进行指定。

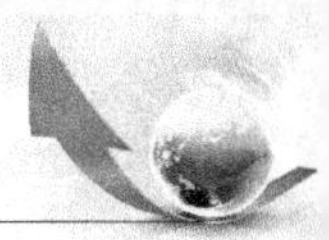

输入文件用法：使用下面的选项，在时谐涡流分析中同时定义基于单元的表面上的边界条件所具有的实部（同相）和虚部（异相）：

*D EM POTENTIAL

表面名称，*S*，*bc* 条件类型标签，方向，实部的大小，实部的方向向量，虚部的大小，虚部的方向向量

其中边界条件类型标签（*bc* 类型标签）对于一个均一的边界条件可以是 MVP，或者对于一个非均一的边界条件可以是 MVPNU。

Abaqus/CAE 用法：Load module：Create Boundary Condition：为 Category 选择 Electrical/Magnetic，以及为 Typesfor Selected Step 选择 Magnetic vector potential；Distribution：Uniform 或者 User-defined；实部 + 虚部

在瞬态涡流分析中指定边界条件

瞬态涡流分析的边界条件指定方法，除了实部和虚部的概念不再相关之外，本质上类似于时谐涡流分析的边界指定方法。在此情况下，指定磁矢势的大小，在其后跟随它的方向矢量。所指定的方向矢量分量是由 Abaqus 归一化的，因而对边界条件的大小没有贡献。

在瞬态涡流分析中，所指定的边界条件可以使用一个幅值定义来进行变化（见《Abaqus 分析用户手册——指定的条件、约束和相互作用卷》的 1.1.2 节）。

输入文件用法：在瞬态涡流分析中使用下面的选项来定义基于单元的面上的边界条件：

*D EM POTENTIAL

面名称，*S*，*bc* 类型标签，方向，大小，方向矢量

其中边界条件类型标签（*bc* 类型标签）对于一个均一的边界条件，可以是 MVP，对于一个非均一的边界条件，可以是 MVPNU。

Abaqus/CAE 用法：Abaqus/CAE 不支持瞬态涡流分析。

时谐涡流分析中的频率相关的边界条件

可以使用一个幅值定义来指定一个边界条件的幅值为频率的函数（见《Abaqus 分析用户手册——指定的条件、约束和相互作用卷》的 1.1.2 节）。

输入文件用法：同时使用下面的选项：

*AMPLITUDE，NAME = 名称

*D EM POTENTIAL，AMPLITUDE = 名称

Abaqus/CAE 用法：Load or Interaction module：Create Amplitude：Name：幅值名称

Load module：Create Boundary Condition：为 Category 选择 Electrical/Magnetic，以及为 Types for Selected Step 选择 Magnetic vector potential；Amplitude：幅值名称

载荷

可以在涡流分析中施加下面类型的电磁载荷（详情见《Abaqus 分析用户手册——指定的条件、约束和相互作用卷》的 1.4.5 节中的“为涡流和（或者）电磁分析指定电磁

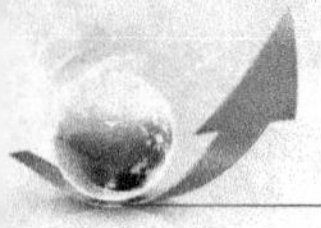

载荷”):

- 基于单元的分布体电流密度向量:一个时谐涡流分析中的 $\boldsymbol{J}_0$ ($\boldsymbol{x}$) 和一个瞬态涡流分析中的 $\boldsymbol{J}$ ($\boldsymbol{x}$, t)
- 基于面的分布面电流密度矢量:一个时谐涡流分析中的 $\boldsymbol{K}_0$ ($\boldsymbol{x}$) 和一个瞬态涡流分析中的 $\boldsymbol{K}$ ($\boldsymbol{x}$, t)

时谐涡流分析中的所有载荷,是假定成具有激励频率的时谐的载荷的。在瞬态涡流分析过程中,所有的载荷可以使用一个幅值定义来变化(见《Abaqus 分析用户手册——指定的条件、约束和相互作用卷》的 1.1.2 节)。

非均一载荷可以使用用户子程序 UDECURRENT 和 UDSECURRENT 来指定。

时谐涡流分析中的频率相关的加载

在时谐的涡流分析中,一个幅值定义可以用来指定一个载荷的幅值为频率的函数(见《Abaqus 分析用户手册——指定的条件、约束和相互作用卷》的 1.1.2 节)。

预定义的场

预定义的温度和场变量可以在一个涡流分析中进行指定。这些值仅影响温度或者场变量相关的材料属性。见《Abaqus 分析用户手册——指定的条件、约束和相互作用卷》的 1.6.1 节。

材料属性

磁性材料行为(见《Abaqus 分析用户手册——材料卷》的 6.5.3 节)必须在模型中处处指定。在时谐涡流分析中,只支持线性磁性行为,但是在瞬态涡流分析中也支持非线性磁性行为。线性磁性行为可以通过直接指定磁性渗透率来指定,而非线性磁性行为是以一个或者多个 ***B-H*** 曲线的方式来定义的。必须在导体区域指定电导(见《Abaqus 分析用户手册——材料卷》的 6.5.1 节)。在涡流分析中,忽略所有其他的材料属性。

在时域涡流分析中,磁性渗透率和电导率可以是频率的函数、预定义温度的函数和场变量的函数。在瞬态涡流分析中,所有材料行为可以是预定义温度和(或者)场变量的函数。

可以在瞬态涡流分析中包括永磁体(见《Abaqus 分析用户手册——材料卷》的 6.5.3 节)。

单元

必须使用电磁单元来模拟涡流分析中的所有区域。不像使用基于节点的传统有限元,这些单元使用磁矢势切向分量,沿着作为主自由度的单元边来进行基于边的插值。

电磁单元在 Abaqus/Standard 中是以二维(仅平面)和三维的形式来得到的(见《Abaqus 分析用户手册——单元卷》的 1.1.3 节)。平面单元是以平面内磁矢势的方式配置的,从而磁感应强度和磁场矢量只有一个平面外的分量。电场和电流密度矢量对于平面单元

是平面内的。

输出

涡流分析仅对输出数据库（.odb）文件提供输出（见《Abaqus 分析用户手册——介绍、空间建模、执行与输出卷》的 4.1.3 节）。不能实现输出到数据（.dat）文件和到结果（.fil）文件。对于下面列出的最初的四个矢量（是从磁矢势和本构方程中推导得到的）和施加的体积电流密度矢量，实部和虚部的大小和分量是在一个时谐涡流过程中输出的。

单元中心变量：

EMB——磁感应强度矢量 ***B*** 的大小和分量；

EMH——磁场矢量 ***H*** 的大小和分量；

EME——电磁矢量 ***E*** 的大小和分量；

EMCD——导体区域中涡流矢量 $\boldsymbol{\sigma E}$ 的大小和分量；

EMCDA——所施加的体积电流密度矢量的大小和分量；

EMBF——由电流的流动产生的磁体力强度矢量（每单位体积每单位时间的力）；

EMBFC——由电流的流动产生的复磁体力强度矢量（每单位体积力的实部和虚部），仅在时谐涡流分析中可用；

EMJH——由电流的流动所产生的焦耳发热率（每单位体积每单位时间的热量）；

TEMP——单元中心的温度。对于时谐的涡流分析，此值代表用来评估温度相关的材料属性的温度。

整体的单元变量：

ELJD——由于一个单元中的电流流动产生的总焦耳发热率（每单位时间的热量）；

EVOL——单元体积。

整体的模型变量：

ALLJD——在模型或者一个单元集上求和的焦耳发热率（每单位时间的热量）。

输入文件模板

下面的输入文件模板是在时谐涡流分析中使用线性磁性材料行为：

```
*HEADING
…
*MATERIAL, NAME=材料1
*MAGNETIC PERMEABILITY
定义磁性渗透率的数据行
*ELECTRICAL CONDUCTIVITY
在导体区域中定义电导的数据行
**
*STEP
```

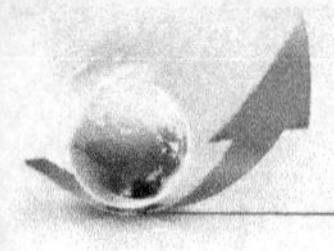

*ELECTROMAGNETIC，LOW FREQUENCY，TIME HARMONIC
指定激励频率的数据行
*D EM POTENTIAL
在磁矢势上定义边界条件的数据行
*DECURRENT
此数据行定义基于单元的分布的体积电流密度矢量
*DSECURRENT
此数据行定义基于面的分布的面电流密度矢量
*OUTPUT，FIELD 或 HISTORY
要求基于单元的输出的数据行
*ENERGY OUTPUT
要求整个模型焦耳热耗散输出的数据行
*END STEP

下面的输入文件模板是在一个瞬态涡流分析中使用非线性磁性材料行为：
*HEADING
…
*MATERIAL，NAME=材料1
*MAGNETIC PERMEABILITY，NONLINEAR
*NONLINEAR BH，DIR=方向
定义非线性 B-H 曲线的数据行
*ELECTRICAL CONDUCTIVITY
定义导体区域中电导率的数据行
**
*STEP
*ELECTROMAGNETIC，LOW FREQUENCY，TRANSIENT
*D EM POTENTIAL
在磁矢势上定义边界条件的数据行
*DECURRENT
此数据行定义基于单元的分布的体积电流密度矢量
*DSECURRENT
此数据行定义基于面的分布的面电流密度矢量
*OUTPUT，FIELD 或 HISTORY
要求基于单元的输出的数据行
*ENERGY OUTPUT
要求整个焦耳热耗散输出的数据行
*END STEP

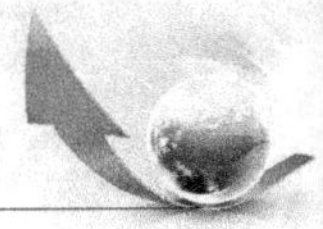

参考文献

- Biro，O.，“Edge Element Formulation of Eddy Current Problems,” Computer and Engineering，vol. 169，pp. 391-405，1999

1.7.6 静磁分析

产品：Abaqus/Standard

参考

- “电磁分析过程”1.7.1节
- “磁渗透率”《Abaqus分析用户手册——材料卷》的6.5.3节
- “电磁载荷”《Abaqus分析用户手册——指定的条件、约束和相互作用卷》的1.4.5节
- ＊MAGNETOSTATIC
- ＊D EM POTENTIAL
- ＊DECURRENT
- ＊DSECURRENT
- “UDECURRENT”《Abaqus用户子程序参考手册》的1.1.24节
- “UDEMPOTENTIAL”《Abaqus用户子程序参考手册》的1.1.25节
- “UDSECURRENT”《Abaqus用户子程序参考手册》的1.1.27节

概览

静磁问题：

- 求解描述电磁现象的麦克斯韦方程组的静磁近似，并且计算由直流电引起的磁场；
- 仅包含磁场，假定其在时间里是缓慢变化的，这样可以忽略电磁耦合；
- 要求在整个区域中使用电磁单元；
- 要求在整个区域中指定磁渗透率；
- 可以使用非线性磁行为进行求解；
- 可以在二维和三维空间中使用连续单元来进行求解。

静磁分析

直流电在电流承载区域周围的空间中创建一个静磁场。对于直流电的大小可以假定成是一个常数或者随时间缓慢变化的应用，可以忽略磁场和电场之间的耦合。麦克斯韦方程组的静磁近似仅包含磁场。静磁分析为上述假设是有效的应用提供解。

必须使用电磁单元来模拟静磁分析中所有区域的响应，包括载流线圈和周围空间的区域。要得到精确的解，所模拟的空间外边界必须在所有的侧面上远离感兴趣区域至少几个特征长度。

电磁单元使用一个场的基于单元边的插值，来替代标准的基于节点的插值。用户定义的节点仅定义单元的几何形状。单元的自由度不与这些节点相关联，这些节点具有施加边界条件的用处（见下面的“边界条件”）。

控制场方程

磁场是通过描述电磁现象的麦克斯韦方程组的静磁近似来控制的。

引入一个磁矢势 $\boldsymbol{A}$ 是方便的，这样磁感应强度矢量 $\boldsymbol{B}=\nabla\times\boldsymbol{A}$。例如，求解过程寻求一个由于在模型的某些区域中外加直流体积电流密度分布 $\boldsymbol{J}$ 所引起的静磁响应。对于麦克斯韦方程组的静磁近似是以场量 $\boldsymbol{A}$、$\boldsymbol{J}$ 和磁填充率张量 $\boldsymbol{\mu}$ 的形式通过下面给出的。

$$\nabla\times\left(\boldsymbol{\mu}^{-1}\cdot\nabla\times\boldsymbol{A}\right)=\boldsymbol{J}$$

此填充率将磁感应强度 $\boldsymbol{B}$ 与磁场强度 $\boldsymbol{H}$ 通过一个本构方程的形式：$\boldsymbol{B}=\boldsymbol{\mu}\cdot\boldsymbol{H}$，来进行关联。

上述方程的变化形式是

$$\int_V \nabla\times\delta\boldsymbol{A}\cdot\left(\boldsymbol{\mu}^{-1}\cdot\nabla\times\boldsymbol{A}\right)\mathrm{d}V=\int_V \delta\boldsymbol{A}\cdot\boldsymbol{J}\mathrm{d}V+\int_S \delta\boldsymbol{A}\cdot\boldsymbol{K}\mathrm{d}S$$

式中 $\delta\boldsymbol{A}$——磁矢势的变化；

$\boldsymbol{K}$——在外表面施加的切向面电流密度。

Abaqus/Standard 为磁矢势分量求解麦克斯韦方程的变化形式。其他的场量是从磁矢势推导出来的。在下面的讨论中，为一个线性介质列出控制方程。

定义磁行为

此电磁介质的行为可以是线性的或者非线性的。线性的磁行为是通过一个假定为独立于磁场的磁渗透率张量来表征的。它是通过直接指定各向同性的、正交异性的或者完全各向异性的绝对磁渗透率 $\boldsymbol{\mu}$（见《Abaqus 分析用户手册——材料卷》的 6.5.3 节）来定义的。磁渗透率也可以取决于温度和（或者）预定义的场变量。

非线性磁行为是通过基于磁场强度的磁渗透率来表征的。Abaqus 中的非线性磁性材料模型是适合于通过一个 $\boldsymbol{B}$-$\boldsymbol{H}$ 空间中的单调递增响应来表征的理想软磁材料，其中 $\boldsymbol{B}$ 和 $\boldsymbol{H}$ 分别指磁感应强度矢量的强度和磁场矢量。非线性磁行为是通过一个或者多个 $\boldsymbol{B}$-$\boldsymbol{H}$ 曲线的来直接定义的，$\boldsymbol{B}$-$\boldsymbol{H}$ 曲线提供 $\boldsymbol{B}$ 作为 $\boldsymbol{H}$ 的函数，也可作为温度和（或者）预定义场变量的在一个或者多个方向上的函数。非线性磁行为可以是各向同性的、正交异性的或者横向各向同性的（它是更加广义的正交异性行为的一个特殊情况）。

静磁分析

静磁分析提供一个给定值的外加直流电流上的磁感应强度和磁场。

输入文件用法：＊MAGNETOSTATIC

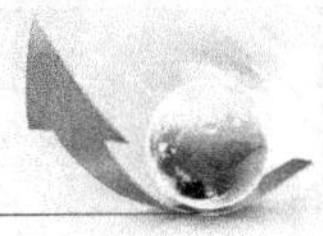

静磁分析中的病态

在静磁分析中，刚度矩阵可以是非常病态的，即，它可以具有非常多的奇异性。Abaqus 使用一个空间迭代技术来防止病态矩阵对所计算磁场的负面影响。默认条件对于绝大部分问题工作良好，然而，存在默认的数值方案不能收敛的情况。Abaqus 提供一个稳定化方案来帮助减轻病态的影响。可以通过指定稳定化因子来提供磁稳定化算法的输入，如果使用了稳定化方案，则此稳定化因子默认为 1.0。稳定化因子的值越高则越稳定，而稳定化因子的值越低则稳定性越差。

输入文件用法：＊MAGNETOSTATIC，STABILIZATION = 稳定化因子

初始条件

可以指定温度或者预定义场变量的初始值。这些值仅影响稳定或者场变量相关的材料属性。不能在静磁分析中指定磁场上的初始条件。

边界条件

电磁单元使用一个场的基于单元边的插值。单元的自由度不与用户定义的节点相关联，这些节点仅定义单元的几何形状。结果，指定边界条件的标准的基于节点的方法，不能与电磁单元一起使用。

Abaqus 中的边界条件通常指文献中称为 Dirichlet 型的边界条件，主要变量的值在整个边界上或者边界的一部分上是已知的。另外，Neumann 型边界条件，指主要变量的共轭值在部分边界上是已知的。在 Abaqus 中，Neumann 型边界条件是作为优先单元公式中的面载荷出现的。

对于电磁边界值问题，包括静磁问题，在一个封闭表面上的 Dirichlet 边界条件必须指定成 $\boldsymbol{A} \times \boldsymbol{n}$，其中 $\boldsymbol{n}$ 是表面的外法向，如此节中所讨论的那样。Neumann 边界条件必须指定为面电流密度向量，$\boldsymbol{K} = \boldsymbol{H} \times \boldsymbol{n}$，如下面的“载荷”中所讨论的那样。

在 Abaqus 中，Dirichlet 边界条件是指定为模型中，代表对称平面和（或者）外部边界条件的面（基于单元的）上的磁矢势 $\boldsymbol{A}$；Abaqus 为代表面计算 $\boldsymbol{A} \times \boldsymbol{n}$。在电磁场是通过一个靠近工件的载流线圈来驱动的应用中，模型可以跨越一个上至 10 倍于问题的一些特征长度尺度的区域。在这样的情况中，电磁场是假定为在远场中具有足够衰减的，并且磁矢势的值可以在远场边界中设置成零。在另一方面，在一个均匀的远场磁场中埋入一个磁材料的应用中，在外部边界的某些部分指定非零的磁矢势值是必要的。在这些情况中，模拟相同的物理现象的一个另外的方法是在远场边界上指定对应特定面电流密度的值 $\boldsymbol{K}$（见下面的“载荷”）。$\boldsymbol{K}$ 可以基于远场磁场的已知值来计算。

在一个静磁分析中，边界条件是假定成不变的或者随时间缓慢变化的。可以使用一个幅值定义来指定时间变化（见《Abaqus 分析用户手册——指定的条件、约束和相互作用卷》的 1.1.2 节）。

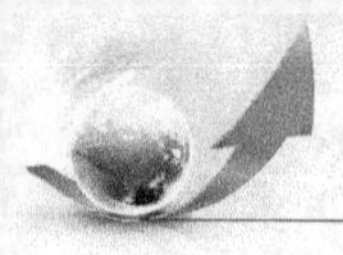

一个没有任何指定边界条件的面，对应一个具有零面电流，或者没有载荷的一个表面。

当在一个基于单元的面上为一个时谐涡流分析指定边界条件时（见《Abaqus 分析用户手册——介绍、空间建模、执行与输出卷》的 2.3.2 节），必须指定面名称，区域类型标签（S），边界条件类型标签和可选的方向名称，磁矢势的大小，磁矢势的方向矢量。可选的方向名称定义局部坐标系，在此局部坐标系中定义磁矢势的分量。默认情况下，相对于全局方向定义分量。

所指定的方向矢量分量是通过 Abaqus 归一化的，对边界条件的大小没有贡献。

非均匀边界条件可以使用用户子程序 UDEMPOTENTIAL 来定义。

输入文件用法：使用下面的选项在基于单元的面上同时定义边界条件的实部（同相）和虚部（异相）：

面名称，*S*，*bc* 类型标签，方向，大小，方向矢量

其中边界条件类型标签（*bc* 类型标签）对于一个均一的边界条件可以是 MVP，或者对于一个非均一的边界条件可以是 MVPNU。

载荷

可以在一个涡流分析中施加下面类型的电磁载荷（详情见《Abaqus 分析用户手册——介绍、空间建模、执行与输出卷》的 1.4.5 节中的“为涡流和（或者）电磁分析指定电磁载荷”）：

- 基于单元的分布的体电流密度向量 $\boldsymbol{J}$（x）；
- 基于面的分布的面电流密度矢量 $\boldsymbol{K}$（x）。

在一个分析过程中，指定的载荷可以使用一个幅值定义来变化（见《Abaqus 分析用户手册——介绍、空间建模、执行与输出卷》的 1.1.2 节）。

预定义的场

可以在一个涡流分析中指定预定义的温度变量和场变量。这些值仅影响温度和（或者）场变量相关的材料属性。见《Abaqus 分析用户手册——介绍、空间建模、执行与输出卷》的 1.6.1 节。

材料属性

磁性行为（见《Abaqus 分析用户手册——材料卷》的 6.5.3 节）必须在模型中处处指定，通过指定线性磁性行为的绝对磁性渗透张量来指定，或者通过指定非线性磁性行为的 $\boldsymbol{B}$-$\boldsymbol{H}$ 基于曲线的响应来指定。在一个涡流分析中，忽略所有包括电导的其他材料属性。磁行为可以是预定义的温度或者场变量的函数。

可以在一个静磁分析中包括永磁体（见《Abaqus 分析用户手册——材料卷》的 6.5.3 节）。

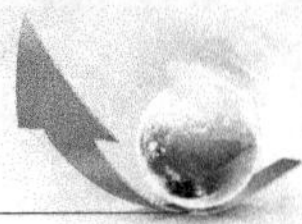

单元

必须使用电磁单元来模拟一个涡流分析中的所有区域。不像使用基于节点的插值的传统有限元，这些单元使用磁矢势切向分量沿着作为主要自由度的单元边进行基于边的插值。

电磁单元在 Abaqus/Standard 中是以二维（仅平面）和三维的形式来使用的（见《Abaqus 分析用户手册——单元卷》的 1.1.3 节）。平面单元是以一个平面内磁矢势的方式制定的，从而磁通量密度和磁场矢量只有一个平面外的分量。

输出

静磁分析仅对输出数据库（.odb）文件提供输出（见《Abaqus 分析用户手册——介绍、空间建模、执行与输出卷》的 4.1.3 节）。输出到数据（.dat）文件和到结果（.fil）文件是不能得到的。

单元中心变量：

EMB——磁感应强度矢量 **B** 的大小和分量；

EMCDA——所施加的体积电流密度矢量的大小和分量；

EMH——磁场矢量 **H** 的大小和分量；

TEMP——单元中心的温度。

整个单元变量：

EVOL——单元体积。

输入文件模板

```
*HEADING
…
*MATERIAL, NAME = 材料 1
*MAGNETIC PERMEABILITY, NONLINEAR
此数据行定义线性磁行为的磁渗透率；这里不要求非线性磁性行为的数据
*NONLINEAR BH, DIR = 方向
定义非线性 B-H 曲线的数据行
**
*STEP
*MAGNETOSTATIC
定义时间增量的数据行
*D EM POTENTIAL
在磁矢势上定义边界条件的数据行
*DECURRENT
此数据行定义基于单元的分布体积电流密度矢量
```

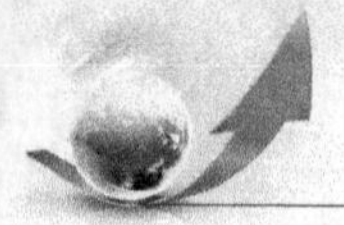

*DSECURRENT

此数据行定义基于面的分布面电流密度矢量

*OUTPUT，FIELD 或 HISTORY

要求基于单元的输出的数据行

*END STEP

1.8 耦合的孔隙流体流动和应力分析

- “耦合的孔隙流体扩散和应力分析” 1.8.1 节
- “自重应力状态” 1.8.2 节

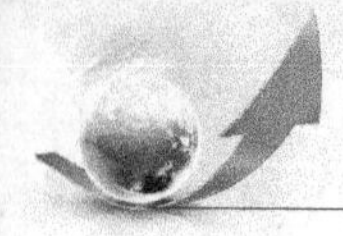

1.8.1 耦合的孔隙流体扩散和应力分析

产品：Abaqus/Standard Abaqus/CAE

参考

- “定义一个分析”1.1.2节
- “孔隙流体流动属性”《Abaqus分析用户手册——材料卷》的6.6.1节
- *SOILS
- “定义一个流体填充的多孔材料”中的“定义孔隙流体扩张”《Abaqus/CAE用户手册》的12.12.3节，此手册的HTML版本中
- “构建通用分析过程”中的“为流体填充的多孔介质构建有效的应力分析”《Abaqus/CAE用户手册》的14.11.1节，此手册的HTML版本中

概览

耦合的孔隙流体扩散/应力分析：

- 是用来模拟单相的、部分的或者完全饱和的流体流过多孔介质；
- 可以通过包括或排斥孔隙流体重量，以总孔隙压力或者超孔隙压力的方式来执行；
- 要求使用孔隙压力单元，此孔隙压力单元与所定义的孔隙流体流动属性相关联；
- 另外，也可以通过耦合的温度-多孔压力位移单元，来模拟由于土壤骨架和多孔流体中的导热性所引起的热传导，以及由孔隙流体的流动引起的对流；
- 可以是瞬态的或者稳态的；
- 可以是线性的或者非线性的；
- 可以包括体之间的孔隙压力接触（见《Abaqus分析用户手册——指定的条件、约束和相互作用卷》的4.4.1节）。

典型应用

一些可以使用Abaqus/Standard来分析的更加常用的耦合的孔隙流体扩散/应力（以及热）分析问题是：

- 饱和流动：土壤力学问题通常涉及完全饱和的流动，因为土壤是完全使用地下水饱和的。饱和流体的典型例子包括地基下的泥土固化和饱和土中的隧道开挖。
- 部分饱和的流动：当通过孔隙作用，从介质中吸收或者析出液体时，发生部分饱和的流动。灌溉和水文问题通常包括部分饱和的流动。
- 组合的流动：通过土坝渗水这样的问题中发生完全饱和的和部分饱和的流动组合，其中感兴趣的是潜水面的位置（完全饱和与部分饱和的土壤之间的边界）。

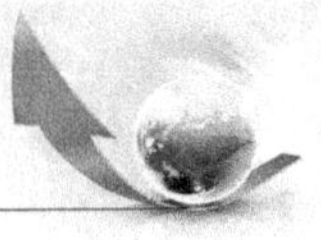

● 水分迁移：虽然通常不与土力学相关，水分迁移问题也可以使用耦合的孔隙流体扩散/应力过程来求解。这些问题可以在毛巾纸和海绵状材料那样的高分子材料中包含部分饱和的流体。在生物医药工业中，它们也可以涉及含水软组织中的饱和流体。

● 热传导和孔隙流体流动的组合：在一些应用中（例如埋在土中的热源）模拟力学变形、孔隙流体流动与热传导之间的耦合是重要的。在这样的问题中，土壤与孔隙流体之间的热膨胀系数差异在确定孔隙流体的扩散与来自热源的热中扮演重要的角色。

流过多孔介质

在 Abaqus/Standard 中，一个多孔介质是通过将介质考虑成一个多相材料的传统方法来模拟的，并且采用一个有效应力原理来描述它的行为。所提供的多孔介质模拟考虑介质中存在两种流体。一个是“湿流体”假定它是相对（并非完全的）不可压缩的。通常另外一个是气体，它是相对可压缩的。这样的一个系统的例子是含地下水的土壤。当介质是部分饱和的时候，在一个点上同时存在两种流体；当它是完全饱和的时候，空隙是完全注满湿流体的。单元体积 dV 是由固体材料的颗粒体积 dV_g 和一个空隙体积 dV_v 以及通过介质自由流动的湿流体体积 dV_w（如果受到驱动，则 $dV_w \leqslant dV_v$）组成的。在某些系统中（例如，一个包含吸收湿流体并过程中膨胀的颗粒组成的系统），也具有捕获到的湿流体的显著体积 dV_t。

多孔介质是通过将有限元网格赋予固体相来模拟的，流体可以流过此网格。模型的应力部分是以《Abaqus 理论手册》的 2.8.1 节中所定义的有效应力原理为基础的。

模型也使用介质的单位体积中的湿流体质量的一个连续方程。此方程在《Abaqus 理论手册》的 2.8.4 节中进行了描述。它是使用孔隙压力（多孔介质中一个点上的湿流体中的平均压力）作为基本变量的（节点上的自由度 8）。共轭流量变量是节点上的体积流率 v_w。当孔隙流体压力 u_w 是负的时，多孔介质是部分饱和的。

通过多孔介质的耦合流动和热传导

另外，由土壤骨架和孔隙流体的传导，以及孔隙流体中的对流所引起的热传导也是可以模拟的。此能力代表前面段落中讨论的一个基本孔隙流体流动能力的提高，并且要求使用耦合的温度-孔隙压力单元，此类型的单元具有附加于孔隙压力和位移自由度上的作为一个额外自由度的温度（节点上的自由度 11）。当使用耦合的温度-孔隙压力单元时，Abaqus 除了求解热传导方程以外，还以一个完全耦合的方式使用连续性方程以及力学平衡方程。只有线性六面体、一阶轴对称和二阶改进的四面体，对于模拟具有孔隙流体流动和机械变形的耦合热传导是可用的。Abaqus/CAE 中不支持耦合的温度-孔隙压力单元。

总孔隙流体压力和超孔隙流体压力

耦合的孔隙流体扩散/应力分析能力可以提供总方式的，或者“超”孔隙流体压力形式

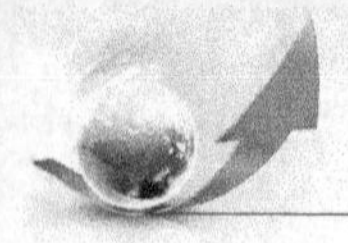

的解。一个点上的超孔隙流体压力，是支持超过材料点高程之上的孔隙流体重量所要求的静水压力的孔隙流体压力。仅对于自重载荷是重要的情况中，总压力与超孔隙压力的差异才是相关的，例如，当由孔隙流体中的静水压所提供的载荷是大的时候，或者研究像“毛细”（流体瞬态孔隙吸收进入一个干燥的柱体）那样的影响时。当重力分布载荷用来定义模型上的重力载荷时，提供总孔隙压力。在所有其他的情况中提供超孔隙压力解，例如，当使用体积力分布载荷来定义重力载荷时。

稳态分析

稳态耦合的孔隙压力/效应应力分析，假定在湿流体连续方程中没有瞬态效应，即，稳态求解对应于不变的湿流体速度和连续体中不变的每单位体积中的湿流体体积。这样，例如，流体相的热膨胀对问题求解没有影响：它是一个瞬态影响。这样，在稳态分析过程中所选择的时间尺度，仅是与孔隙介质使用的本构模型中的率效应相关（不包括蠕变和黏弹性，它们在稳态分析中是无效的）。

机械载荷和边界条件，通过参考一个幅值曲线，可以在整个步上逐渐改变，来实现响应中可能的几何非线性。

稳态耦合的方程是强烈非对称的。这样，对于稳态分析，计算步自动使用非对称的矩阵求解和存储方案（见 1.1.2 节）。

如果热传导是使用耦合的温度-孔隙压力单元来模拟的，则稳态求解忽略热传导方程中的所有瞬态效应，并且仅提供稳态温度分布。

输入文件用法：* SOILS

Abaqus/CAE 用法：Step module：Create Step：General：Soils：Basic：Pore fluid response：Steady state

增量

可以在耦合的孔隙流体扩散/应力分析中，指定固定的时间增量大小，或者 Abaqus/Standard 可以自动选择时间增量。推荐自动增量，因为一个典型的扩散分析中，仿真过程中的时间增量可能增加几个数量级。如果不选择自动增量，将使用固定的时间增量。

输入文件用法：使用下面的选项，在稳态分析中激活自动增量：

* SOILS，UTOL = 任何人为的非零值

解不取决于为 UTOL 所指定的值；此值简单的是一个自动增量的标识。

Abaqus/CAE 用法：Step module：Create Step：General：Soils：Basic：Pore fluid response：Steady state；Incrementation：Type：Automatic

瞬态分析

在瞬态耦合的孔隙压力/有效应力分析中，向后差分运算子是用来积分连续公式和热传导方程的（如果模拟了热传导）。此运算子提供无条件的稳定性，这样，关于时间积分的唯

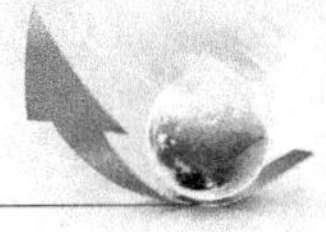

一不能保证就是精度。可以提供时间增量，或者可以自动选择它们。

耦合的部分饱和流动方程是强烈非对称的，这样，如果要求部分饱和的分析（通过在材料定义中包括吸收/外吸渗行为），则自动使用非对称求解器。当在一个固结分析中使用了重力分布载荷时，非对称求解器也是自动激活的。

对于完全饱和的流动分析，在其中使用接触对模拟有限滑动耦合的孔隙压力-位移接触，对模型的刚度矩阵的某些贡献是非对称的。在这样的情况中，使用非对称的求解器有时候可以改善收敛，因为 Abaqus 并不自动这样做。

对于也模拟了热传导的完全饱和流动的分析，由孔隙流体流动产生的对流热传导对模型刚度矩阵的贡献是非对称的。使用非对称求解器有时候可以改善此情况中的收敛性，因为 Abaqus 并不自动这样做。

由小时间增量产生的寄生振荡

在 Abaqus/Standard 中为固结分析而使用的积分过程，在最小可用时间增量与单元大小之间引入一个关系，如下面为完全饱和的和部分饱和的流动所显示的那样。如果使用了小于这些值的时间增量，则在求解中可能出现寄生振荡（除了使用线性单元或者改进的三角单元的部分饱和情况；在这些情况中，Abaqus/Standard 对于湿流体存储项，使用一个特殊的积分方案来避免此问题）。如果使用了对压力敏感的塑性来模拟多孔介质，这些无物理意义的振荡可能造成问题，并且可能在部分饱和的分析中导致收敛困难。如果问题要求使用比下面允许的关系更小的时间增量来分析，则要求更加细致的网格。通常，除了精度外，在时间步上没有上限，因为积分过程是无条件稳定的，除非非线性造成了收敛问题。

完全饱和的流动

在完全饱和的流动中，对于最小时间增量可以使用的一个简单准则是

$$\Delta t > \frac{\gamma_w\ (1+\beta v_w)}{6Ek}\left(1-\frac{E}{K_g}\right)^2\ (\Delta l\ )^2$$

式中 Δt——时间增量；

γ_w——湿流体的比重；

E——土壤的弹性模量；

k——土壤的渗透率（见《Abaqus 分析用户手册——材料卷》的 6.6.2 节）；

v_w——孔隙流体速度的大小；

β——Forchheimer 流动定律中的速度吸收（Darcy 流动情况中 $\beta=0$）；

K_g——固体颗粒的体积模量（见《Abaqus 分析用户手册——材料卷》的 6.6.3 节）；

Δl——典型的单元尺寸。

部分饱和的流动

在部分饱和的流动情况中，最小时间增量的对应准则是

$$\Delta t > \frac{\gamma_w n^0\ (1+\beta v_w)}{6k_s k}\frac{\mathrm{d}s}{\mathrm{d}u_w}\ (\Delta l\ )^2$$

式中 s——饱和度；

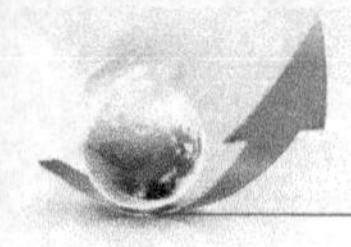

k_s——渗透性-饱和度关系；

ds/du_w——相关于孔隙压力的饱和度改变率（见《Abaqus 分析用户手册——材料卷》的 6.6.4 节）；

n^0——材料的初始多孔性。

其他参数如为完全饱和的流动情况所定义的那样。

固定的增量

如果选择固定的时间增量，固定的时间增量等于将要使用的用户指定的初始时间增量的大小 Δt_0。通常不推荐固定的增量，因为一个典型的扩散分析中时间增量可以在仿真过程中增加几个数量级，自动增量通常是一个较好的选择。

输入文件用法：＊SOILS，CONSOLIDATION

Δt_0

Abaqus/CAE 用法：Step module：Create Step：General：Soils：Basic：Pore fluidresponse：Transient consolidation；

Incrementation：Type：Fixed，Increment size：Δt_0

自动的增量

如果选择自动的时间增量，必须指定两个（如果也模拟了热传导，则为三个）容差参数。

流动连续方程的时间增量精度是通过一个增量中所允许的最大湿流体孔隙压力变化 Δu_w^{max} 来控制的。Abaqus/Standard 限制时间增量来确保在分析中的任何增量过程中，此值在任何节点（除了具有边界条件的节点）上不超出。

如果模拟了热传导，时间积分的精度也是通过一个增量中所允许的最大温度变化 $\Delta\theta_{max}$ 来控制的。Abaqus/Standard 限制时间增量来确保在任何分析的增量中，此值在任何节点（除了具有边界条件的节点）上不超出。

时间相关的（蠕变）材料行为的积分精度是通过一个增量过程中，任何点上所允许的最大应变率改变来控制的变化控制≥（$\dot{\varepsilon}^{cr}_{t+\Delta t}-\dot{\varepsilon}^{cr}_{t}$）$\Delta t$，如《Abaqus 分析用户手册——材料卷》的 3.2.4 节中所描述的那样。

输入文件用法：如果没有模拟热传导：

＊SOILS，CONSOLIDATION，UTOL＝Δu_w^{max}，CETOL＝变化控制

如果模拟了热传导：

＊SOILS，CONSOLIDATION，UTOL＝Δu_w^{max}，DELTMX＝$\Delta\theta_{max}$，CETOL＝变化控制

Abaqus/CAE 用法：Step module：Create Step：General：Soils：Basic：Pore fluidresponse：Transient consolidation；Incrementation：Type：Automatic，Max. pore pressure change per increment：Δu_w^{max}，Creep/swelling/viscoelastic strain error tolerance：变化控制

Abaqus/CAE 中不支持对每个增量指定最大温度变化。

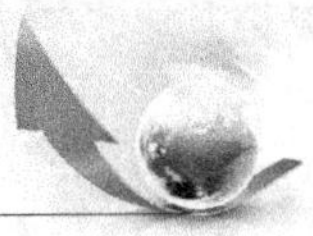

结束瞬态分析

瞬态土壤分析可以通过完成一个指定的时间区段来终止，或者可以继续，直到满足稳态条件。默认情况下，当所给定时间区段已经完成时，分析将结束。另外，可以指定当达到稳态时，或者时间区间结束时，以先到者为准，分析将结束。当没有模拟热传导时，稳态是通过随时间变化的一个最大许用的孔隙压力的变化速率来定义的。当所有的孔隙压力以小于用户指定的变化速率改变时，分析终止。然而，当包含热传导时，仅当孔隙压力和温度同时以小于用户指定的速率变化时，分析才终止。

输入文件用法：使用下面的选项，当达到时间区段时，结束分析：

*SOILS，CONSOLIDATION，END = PERIOD（默认的）

使用下面的选项，基于孔隙压力以及温度变化率，如果模拟了热传导，分析结束：

*SOILS，CONSOLIDATION，END = SS

Abaqus/CAE 用法：Step module：Create Step：General：Soils：Basic：Pore fluidresponse：Transient consolidation；

Incrementation：End stepwhen pore pressure change rate is less than

在 Abaqus/CAE 中，如果模拟了热传导，则不支持直接指定温度变化率来定义稳态。

在瞬态分析中忽略蠕变

可以指定在一个固结分析中，应当忽略蠕变或者黏弹性响应，即使已经定义了蠕变或者黏弹性材料属性。

输入文件用法：*SOILS，CONSOLIDATION，CREEP = NONE

Abaqus/CAE 用法：Step module：Create Step：General：Soils：Basic：Pore fluid response：Transient consolidation，切换关闭 Includecreep/swelling/viscoelastic behavior

非稳定问题

某些类型的分析可能产生局部不稳定，例如面褶皱，材料不稳定，或者局部屈曲。在这样的情况下，不可能得到一个准静态解，即使具有自动增量的辅助。通过对整个模型施加阻尼，Abaqus/Standard 提供选项以稳定此类问题，以这样的方式施加阻尼，所引入的黏性力大到足够防止瞬态屈曲或坍塌，但是足够小，当问题是稳定时，不显著影响行为。可用的自动稳定方案在 2.1.1 节中的“非稳定问题的自动稳定性”进行了描述。

耦合了热传导的可选模拟

当使用了耦合的温度-孔隙压力单元时，默认在这些单元中模拟热传导。然而，可以选择在分析的某些计算步过程中，关闭这些单元中的热传导。当热传导不是问题的整个物理过程的一个重要部分时，这些特征对于在分析中的某些阶段过程降低计算时间是有帮助的。

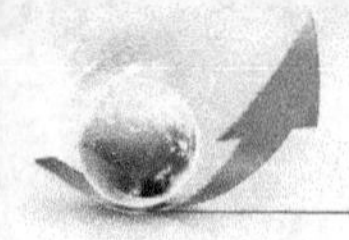

输入文件用法：使用下面的选项，在一个瞬态或者一个稳态过程中，抑制热传导模拟：

*SOILS，CONSOLIDATION，HEAT=NO

Abaqus/CAE 用法：Abaqus/CAE 中不支持关闭物理过程的热传导部分。

单位

求解了两个或者三个不同场的耦合问题中，当选择问题的单位时要小心。如果单位的选择使得对于每一个场，由方程生成的项的大小相差许多数量级，则某些计算机上的精度可能不足以解决耦合方程的数值病态。因而，应当选择避免病态矩阵的单位。例如，对于应力平衡方程，考虑使用兆帕替代帕来降低应力平衡方程与孔隙流动连续方程之间量大小的悬殊。

初始条件

初始条件可以如《Abaqus 分析用户手册——指定的条件、约束和相互作用卷》的 1.2.1 节中所描述的那样进行施加。

定义初始孔隙流体压力

可以在节点上定义孔隙流体压力的初始值 u_w。

输入文件用法：*INITIAL CONDITIONS，TYPE=PORE PRESSURE

Abaqus/CAE 用法：Load module：Create Predefined Field：Step：Initial：为 Category 选择 Other 和为 Types for Selected Step 选择 Pore pressure

定义初始孔隙率

可以在节点上给出孔隙率 e 的初始值。孔隙率定义成孔隙的体积对固体材料体积的比（见《Abaqus 理论手册》的 2.8.1 节）。孔隙率的演化是通过材料中所描述的不同阶段的变形来控制的，如《Abaqus 理论手册》的 2.8.3 节。

输入文件用法：*INITIAL CONDITIONS，TYPE=RATIO

Abaqus/CAE 用法：Load module：Create Predefined Field：Step：Initial：为 Category 选择 Other 和为 Types for Selected Step 选择 Void ratio

定义初始饱和度

可以在节点上给出饱和度 s 的初始值。饱和度是定义成湿流体体积对空隙体积的比（见《Abaqus 理论手册》的 2.8.1 节）。

输入文件用法：*INITIAL CONDITIONS，TYPE=SATURATION

Abaqus/CAE 用法：Load module：Create Predefined Field：Step：Initial：为 Category 选择 Other 和为 Types for Selected Step 选择 Saturation

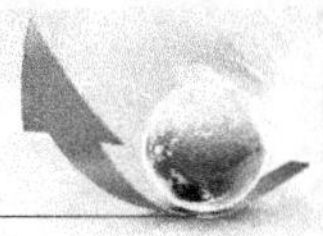

定义初始应力

可以指定一个初始（有效的）应力场（见《Abaqus 分析用户手册——指定的条件、约束和相互作用卷》的 1.2.1 节）。

大部分的岩土问题从一个地压状态开始，此地压状态是非分布的土壤或者岩体在地压载荷下一个稳态平衡构型，并且通常包括水平和竖直分量。正确的建立这些初始条件是重要的，这样问题从一个平衡状态开始。地压过程可以用来验证用户定义的初始应力确实是与所给定的地压载荷和边界条件相平衡的（见 1.8.2 节）。

输入文件用法：使用下面选项的一个：

* INITIAL CONDITIONS，TYPE = STRESS

* INITIAL CONDITIONS，TYPE = STRESS，GEOSTATIC

Abaqus/CAE 用法：Load module：Create Predefined Field：Step：Initial：为 Category 选择 Mechanical 和为 Types for Selected Step 选择 Stress 或 Geostatic stress

定义初始温度

可以在节点上定义初始温度值。

初始文件用法：* INITIAL CONDITIONS，TYPE = TEMPERATURE

Abaqus/CAE 用法：Load module：Create Predefined Field：Step：Initial：为 Category 选择 Other 和为 Types for Selected Step 选择 Temperature

边界条件

边界条件可以施加于位移自由度 1 ~ 6 和孔隙压力自由度 8 上（见《Abaqus 分析用户手册——指定的条件、约束和相互作用卷》的 1.3.1 节）。此外，如果使用耦合的热-孔隙压力单元模拟热传导，则边界条件也能施加于温度自由度 11。在分析过程中，指定的边界条件可以通过参考一个幅值曲线（见《Abaqus 分析用户手册——指定的条件、约束和相互作用卷》的 1.1.2 节）来进行变化。如果没有给出幅值参考，则一个耦合的孔隙流体扩散/应力分析计算步中的边界条件的变化，如 1.1.2 节中所定义的那样。

如果孔隙压力是与一个边界条件一起指定的，则假定流体按照需要通过节点进入和离开来保持指定的压力；同样，如果温度是与一个边界条件一起指定的，则假定热按照需求通过节点进入和离开来保持指定的温度。

载荷

可以在一个耦合的孔隙流体扩散/应力分析中指定下面的载荷类型：

- 集中节点力可以施加在位移自由度上（1 ~ 6）（见《Abaqus 分析用户手册——指定的条件、约束和相互作用卷》的 1.4.2 节）；
- 可以施加分布压力或者体积力（见《Abaqus 分析用户手册——指定的条件、约束和

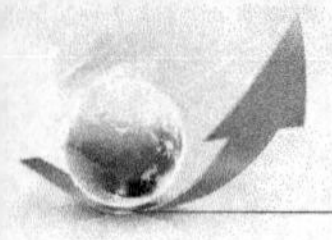

相互作用卷》的 1.4.3 节，备有分布载荷类型的具体单元在《Abaqus 分析用户手册——单元卷》的中进行了描述）自重载荷的大小和方向通常是通过使用重力分布载荷类型来定义的；

- 孔隙流体流动是如《Abaqus 分析用户手册——指定的条件、约束和相互作用卷》的 1.4.7 节中所描述的那样进行控制的。

如果模拟了热传导，则也可以指定下面类型的热载荷（见《Abaqus 分析用户手册——指定的条件、约束和相互作用卷》的 1.4.4 节）。在一个耦合的热孔隙压力/应力分析过程中，Abaqus/CAE 不支持这些载荷；

- 集中热流量；
- 体流量和分布的面流量；
- 对流膜条件和辐射条件，可以将膜属性指定成温度的函数。

预定义的场

可以指定下面的预定义场，如《Abaqus 分析用户手册——指定的条件、约束和相互作用卷》的 1.6.1 节中所描述的那样：

- 对于一个不需要模拟热传导，并使用常规孔隙压力单元的耦合热流体扩散/应力分析，温度不是一个自由度，但是可以指定节点温度，如果为材料给出了一个热膨胀系数，则所施加的温度和初始温度之间的任何差异将造成热应变，见《Abaqus 分析用户手册——材料卷》的 6.1.2 节，指定的温度也影响温度相关的材料属性；
- 在也模拟热传导的耦合流体扩散/应力分析中，不允许预定义的温度场，应当使用边界条件来替代指定温度，如前面所描述的那样；
- 可以指定用户定义的场变量值，这些值仅影响场变量相关的材料属性。

材料属性

可以使用 Abaqus/Standard 中任何可以得到的力学本构模型来模拟多孔材料。

在以总孔隙压力形式的公式表达的问题中，必须在材料定义中包括干材料的密度（见《Abaqus 分析用户手册——材料卷》的 1.2.1 节）。

可以使用一个渗透性材料属性来定义湿流体的重度 γ_w；渗透率 k，它取决于空隙比 e 和饱和度 k_s；流动速度 β（见《Abaqus 分析用户手册——材料卷》的 6.6.2 节）。

可以在完全的饱和流动和部分饱和的流动问题中定义固体颗粒的和渗透流体的压缩性（见《Abaqus 分析用户手册——材料卷》的 2.3.1 节）。如果不知道多孔体积模量，则假定材料为完全不可压缩的。

对于部分饱和的流体，必须定义多孔介质的吸收性/外渗性行为（见《Abaqus 分析用户手册——材料卷》的 6.6.4 节）。

可以在部分饱和的情况中包括凝胶溶胀（见《Abaqus 分析用户手册——材料卷》的 6.6.5 节）和固体骨架的体积潮湿溶胀（见《Abaqus 分析用户手册——材料卷》的 6.6.6 节）。这些影响通常是与聚合物中的潮湿迁移相关联的，而不是与岩土系统相关联。

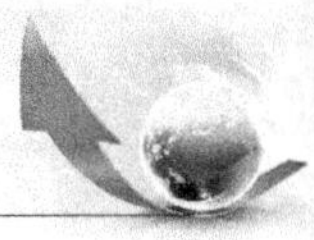

如果模拟了热传导的热属性

模拟热传导的问题中，固体材料或者渗透流体，或者对于更加常见的两相，必须定义热传导。只可以为孔隙流体指定各向同性的传导。对于瞬态热传导问题，也必须定义相的比热容和密度。如果由于相变产生的内能变化是重要的，则可以定义相的潜热。对于在 Abaqus 中定义热属性的详细情况，见《Abaqus 分析用户手册——材料卷》的 6.2.1 节。模拟随着孔隙流体扩散和机械变形的完全耦合的热传导例子，可以在《Abaqus 基准手册》的 1.15.7 节和《Abaqus 例题手册》的 10.1.6 节中找到。

对于固体材料和渗透性流体，可以分别定义热属性。

输入文件用法：要定义渗透流体的热导率、比热容、密度和潜热，使用下面的选项：

*CONDUCTIVITY，TYPE = ISO，PORE FLUID

*SPECIFIC HEAT，PORE FLUID

*LATENT HEAT，PORE FLUID

*DENSITY，PORE FLUID

要定义固体材料的热导率、比热容、密度和潜热，使用下面的选项：

*EXPANSION，TYPE = ISO 或 ORTHO 或 ANISO

*SPECIFIC HEAT

*DENSITY

*LATENT HEAT

Abaqus/CAE 用法：Abaqus/CAE 中不支持定义渗透性流体的热属性和密度。

要定义固体材料的热导率、比热容、密度和潜热，使用下面的选项：

Property module：material editor：

Thermal→Conductivity：Type：Isotropic

Thermal→Specific Heat

General→Density

Thermal→Latent Heat

热膨胀

对于固体材料和渗透性流体，可以分别定义热膨胀。在这样的情况中，应当重复膨胀材料属性，使用必要的参数来定义不同的热膨胀效应（见《Abaqus 分析用户手册——材料卷》的 6.1.2 节）。热膨胀将仅在一个固结（瞬态）分析中有效。

输入文件用法：要定义渗透流体的热膨胀：

*EXPANSION，TYPE = ISO，PORE FLUID

要定义固体材料的热膨胀：

*EXPANSION，TYPE = ISO 或 ORTHO 或 ANISO

Abaqus/CAE 用法：要定义渗透流体的热膨胀：

Property module：material editor：Other→Pore Fluid→PoreFluid Expansion

要定义固体材料的热膨胀：
Property module：material editor：Mechanical→Expansion

单元

Abaqus/Standard 中的流动通过多孔介质的分析，对于平面应变、轴对称和三维问题是可以使用的。耦合热传导效应的模拟，仅对于轴对称的和三维的问题是可以使用的。对于在一个耦合的孔隙流体扩散/应力分析中模拟流体流动通过一个正在变形的多孔介质，提供连续多孔压力单元。这些单元除了具有位移自由度1~3，还有的多孔压力自由度8。通过多孔介质的热传导也能使用连续耦合的温度-多孔压力单元来模拟。这些单元除了具有孔隙压力自由度8 和位移自由度1~3 外，还有温度自由度11。应力/位移单元可以用于没有孔隙流体流动的模型部分。对于更多的信息，见《Abaqus 分析用户手册——单元卷》的1.1.3 节。

输出

对于耦合的孔隙流体扩散/应力分析可用的单元输出，包括通常的力学量，例如（有效的）应力、应变、能量，状态值、场、用户定义的变量。此外，与孔隙流体流动相关的以下量是可以使用的：

VOIDR——孔隙比 e；
POR——孔隙压力 u_w；
SAT——饱和度 s；
GELVR——凝胶体积比 n_t；
FLUVR——总流体体积比 n_f；
FLVEL——孔隙流体有效速度矢量 $\boldsymbol{f}$ 的大小和分量；
FLVELM——孔隙流体有效速度矢量的大小 $\boldsymbol{f}$；
FLVELn——流体有效速度向量的分量 n（n=1，2，3）。

如果模拟了热传导，下面与热传导相关的单元输出变量也是可用的：

HFL——热流量向量的大小和分量；
HFLn——热流量向量的分量 n；
HFLM——热流量向量的大小；
TEMP——积分点温度。

可用的节点输出包括通常的力学量，例如位移、反作用力和坐标。此外，与孔隙流体流动相关联的以下量也是可以使用的：

CFF——一个节点上的集中流体流动；
POR——一个节点上的孔隙压力；
RVF——由指定的压力所产生的反作用流体体积流量。此流量是要保持指定的边界条件，通过节点进入或者离开模型的流动体积速率。RVF 为正值时表示流动是进入模型的；
RVT——反应总流体体积（仅在瞬态分析中计算），其值为 RVF 的时间积分。

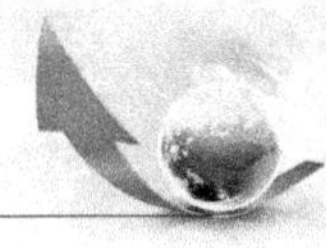

如果模拟了热传导，与热传递相关联的以下的节点输出也是可用的：

NT——节点温度；

RFL——由指定的温度产生的反作用流量值；

RFLn——节点上的反作用流量值 n（n=11，12，...）；

CFL——集中流量值；

CFLn——一个节点上的集中流量值 n（n=11，12，...）。

所有的输出变量标识符列出在《Abaqus 分析用户手册——介绍、空间建模、执行与输出卷》的 4.2.1 节中进行了说明。

输出文件模板

```
*HEADING
…
****************************************
**
** 材料定义
**
****************************************
*MATERIAL, NAME = soil
定义固体材料机械属性的数据行
…
*EXPANSION
定义固体颗粒的热膨胀系数的数据行
*EXPANSION, TYPE = ISO, PORE FLUID
定义渗透流体热膨胀系数的数据行
*PERMEABILITY, SPECIFIC = γ_w
定义渗透率 k 为空隙比 e 的函数的数据行
*PERMEABILITY, TYPE = SATURATION
定义渗透饱和度 k_s (s) 的相关性的数据行
*PERMEABILITY, TYPE = VELOCITY
定义速度系数 β (e) 的数据行。
*POROUS BULK MODULI
定义固体颗粒和渗透流体体积模量的数据行
*SORPTION, TYPE = ABSORPTION
定义吸收行为的数据行
*SORPTION, TYPE = EXSORPTION
定义反渗析行为的数据行
*SORPTION, TYPE = SCANNING
定义扫描行为（吸收与反渗析之间的）的数据行
```

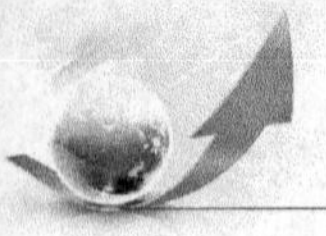

＊GEL

定义部分饱和流动中凝胶行为的数据行

＊MOISTURE SWELLING

在部分饱和的流动中定义潮湿溶胀应变值为饱和度的函数的数据行

＊CONDUCTIVITY

如果模拟了热传导，定义固体颗粒热传导的数据行

＊CONDUCTIVITY，TYPE＝ISO，PORE FLUID

如果模拟了热传导，定义渗透流体的热传导的数据行

＊SPECIFIC HEAT

如果模拟了瞬态热传导，定义固体颗粒比热容的数据行

＊SPECIFIC HEAT，PORE FLUID

如果模拟了瞬态热传导，定义渗透流体的比热容的数据行

＊DENSITY

如果模拟了瞬态热传导，定义固体颗粒密度的数据行

＊DENSITY，PORE FLUID

如果模拟了瞬态热传导，定义了渗透流体密度的数据行

＊LATENT HEAT

如果模拟了由于温度变化而产生的相变，定义固体颗粒潜热的数据行

＊LATENT HEAT，PORE FLUID

如果模拟了由于温度变化所产生的相变，定义渗透流体潜热的数据行

…

＊＊＊＊＊＊＊＊＊＊＊＊＊＊＊＊＊＊＊＊＊＊＊＊＊＊＊＊＊＊＊＊＊＊＊＊

＊＊

＊＊ 边界条件和初始条件

＊＊

＊＊＊＊＊＊＊＊＊＊＊＊＊＊＊＊＊＊＊＊＊＊＊＊＊＊＊＊＊＊＊＊＊＊＊＊

＊BOUNDARY

指定零赋值的边界条件的数据行

＊INITIAL CONDITIONS，TYPE＝STRESS，GEOSTATIC

指定初始应力的数据行

＊INITIAL CONDITIONS，TYPE＝PORE PRESSURE

定义孔隙流体压力初始值的数据行

＊INITIAL CONDITIONS，TYPE＝RATIO

定义孔隙比的初始值的数据行

＊INITIAL CONDITIONS，TYPE＝SATURATION

定义初始饱和度的数据行

＊INITIAL CONDITIONS，TYPE＝TEMPERATURE

定义初始温度的数据行

＊AMPLITUDE，NAME＝名称

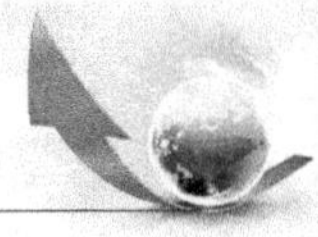

```
定义幅值变化的数据行
*************************************
**
** Step 1：确认一个等效地压应力场的可选计算步
**
*************************************
*STEP
*GEOSTATIC
*CLOAD 和/或 *DLOAD 和/或 *TEMPERATURE 和/或 *FIELD
指定机械载荷的数据行
*FLOW 和/或 *SFLOW 和/或 *DFLOW 和/或 *DSFLOW
指定孔隙流体流动的数据行
*CFLUX 和/或 *DFLUX
如果模拟了热传导，定义集中的和/或者分布的热通量的数据行
*BOUNDARY
指定位移或者孔隙压力的数据行
*END STEP
*************************************
**
** Step 2：耦合的孔隙扩散/应力分析计算步
**
*************************************
*STEP (, NLGEOM)
** 使用 NLGEOM 来包括几何非线性
*SOILS
定义增量的数据行
*CLOAD 和/或 *DLOAD 和/或 *DSLOAD
指定机械载荷的数据行
*FLOW 和/或 *SFLOW 和/或 *DFLOW 和/或 *DSFLOW
指定孔隙流体流动的数据行
*CFLUX 和/或 *DFLUX
如果模拟了热传导，定义集中的和/或者分布的热流量的数据行
*FILM
如果模拟了热传导，参考膜属性表的数据行
*BOUNDARY
指定位移、孔隙压力或者温度的数据行
*END STE
```

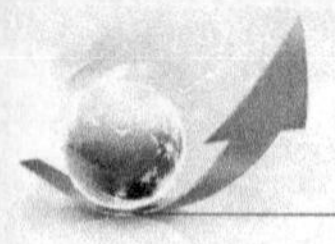

1.8.2 自重应力状态

产品：Abaqus/Standard　　Abaqus/CAE

参考

- “定义一个分析” 1.1.2 节
- “耦合的孔隙流体扩散和应力分析” 1.8.1 节
- *GEOSTATIC
- “构建通用分析过程” 中的 “构建一个地压应力场过程”《Abaqus/CAE 用户手册》的 14.11.1 节，此手册的 HTML 版本中

概览

一个地压应力场过程：

- 是用来确保初始的地压应力场与所施加的载荷和边界条件相平衡，并且如果必要的话，通过迭代来得到平衡；
- 当使用了孔隙压力单元时，考虑孔隙压力自由度，并且当使用了耦合的温度-孔隙压力单元时，考虑温度自由度；
- 通常是一个岩土工程分析的第一步，其后跟随一个耦合的孔隙流体扩散/应力（具有或者没有热传导）或者静态分析过程；
- 可以是线性的或者非线性的。

建立地压平衡

地压过程通常用作一个岩土工程分析的第一步。在这样的情况下，在此计算步过程中施加了重力载荷。理想情况下，载荷和初始应力应当恰好平衡，并且产生零变形。然而，在复杂的问题中，指定恰好平衡的初始应力和载荷是困难的。

Abaqus/Standard 为建立初始平衡提供两个过程。第一个过程可应用于初始应力至少大体是已知的问题；增强的第二个过程，也可应用于初始应力是未知的情况，它仅支持有限数量的单元和材料。

当初始应力状态是大体已知时的平衡建立

地压过程要求初始应力是接近于平衡状态的，否则，对应于平衡状态的位移可能是大的。Abaqus/Standard 在地压过程的进程和迭代中检查平衡，并且如果需要，得到一个平衡指定边界条件和载荷的应力状态。此应力状态，是通过初始条件（见《Abaqus 分析用户手册——指定的条件、约束和相互作用卷》的 1.2.1 节）定义的应力场的更改，然后在后续

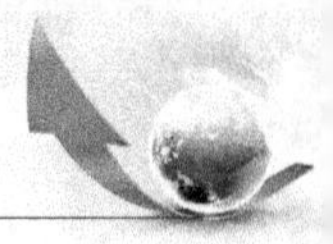

的静态或者耦合的孔隙流体扩散/应力（具有或者没有热传导）分析中当作初始应力场来使用。

如果作为初始条件给出的应力，在地压载荷情况下是远离平衡的，并且在问题定义中存在一些非线性，则此迭代过程可能失败。这样，应当确保初始应力是合理的接近平衡的。

如果地压计算步过程中产生的变形与后续载荷产生的变形相比是显著的，则应当重新检查初始状态的定义。

如果通过使用耦合的温度-孔隙压力单元，在地压步过程中模拟了热传导，如果指定了初始温度场和热载荷，则它们必须使得系统相对是接近热平衡状态的。在一个地压计算步过程中，假定为稳态热传导。

输入文件用法：* GEOSTATIC

Abaqus/CAE 用法：Step module：Create Step：General：Geostatic

当初始应力状态是未知时的平衡建立

要在初始应力状态未知时或者仅大体已知时的情况下得到平衡，可以调用一个增强的过程。Abaqus 自动地计算对应于初始载荷和只允许用户指定容差内的小位移的初始构型所具有的平衡（默认的容差是 10^{-5}）。此过程仅对有限数量的单元和材料才可以使用，并且适合用于材料响应主要是弹性的分析中，即，非弹性变形是小的。

过程同时支持几何线性和几何非线性分析。通常，几何线性情况中的性能将更好。这样，在一个几何线性步中得到初始平衡是有利的，即使在后续的计算步中执行了一个几何非线性分析。

输入文件用法：使用下面的选项来调用增强的过程：

* GEOSTATIC，UTOL = 位移容差

Abaqus/CAE 用法：Step module：Create Step：General：Geostatic：Incrementation 表页：Automatic：Max. displacement change

限制

下面的限制应用于增强过程：

- 仅支持有限数量的单元（见下面的“单元”）和材料（见下面的“材料选项”）。当过程与不支持的单元或者材料模型一起使用时，Abaqus 发出一个警告信息。在这样的情况中，确认位移容差大于分析中的位移是用户的责任，否则，可发生收敛问题。
- 仅当在前面的分析中使用了它，才能在一个重启动分析中使用它。

耦合热传导的可选的模拟

当使用了耦合的温度-孔隙压力单元时，默认在这些单元中模拟了热传导。然而，可以选择性地在一个地压计算步中关闭这些单元中的热传导。如果温度和相关的热流响应是不重要的时候，此特征可能有助于降低计算时间。

输入文件用法：使用下面的选项来抑制热传导模型：

* GEOSTATIC，HEAT = NO

Abaqus/CAE 用法：Abaqus/CAE 中不支持关闭物理过程的热传导部分。

多孔介质中的垂直平衡

绝大部分的岩土工程问题从一个地压状态开始，此地压状态是未扰动土壤或者岩体在地压载荷下的一个稳态平衡构型。平衡状态通常同时包括水平和竖直应力分量。正确地建立这些初始条件，因此，问题从一个平衡状态开始是重要的。因为这样的问题经常包含完全的或者部分的饱和流动，所以多孔介质的初始空隙率 e^0、初始孔隙压力 u_w 以及初始有效应力都必须进行定义。

如果自重载荷的大小和方向是通过使用重力分布载荷类型来定义的，则使用一个总孔隙压力解，而不是所使用的超孔隙压力解（见1.8.1节）。此讨论是基于总孔压方程的。

在此讨论中，z 轴点竖直，并且忽略大气压。我们假定孔流体在地压过程的进程中是静水压平衡的，这样

$$\frac{du_w}{dz} = -\gamma_w$$

式中 γ_w——用户定义的孔流体重度（见《Abaqus 分析用户手册——材料卷》的6.6.2节）。

如果孔隙流体通过多孔介质存在明显的稳态流动，则孔隙流体不是静水压平衡的：在那样的情况中，必须执行一个稳态耦合的孔隙流体扩散/应力分析来建立任何后续瞬态计算的初始条件（见1.8.1节）。如果我们也设置 γ_w 独立于 z（这通常是事实，因为流体近乎不可压缩），则可以积分此方程来定义

$$u_w = \gamma_w\ (z_w^0 - z)$$

其中 z_w^0 是潜水面的高度，在此高度 $u_w = 0$，在此高度上面 $u_w < 0$，并且孔隙流体仅是部分饱和的。

我们通常假定不存在明显的切应力 τ_{xz}、τ_{yz}，因此，竖直方向上的平衡是

$$\frac{d\sigma_{zz}}{dz} = \rho g + sn^0\gamma_w$$

式中 ρ——多孔固体材料的干密度（每单位体积的干质量）；

g——重力加速度；

n^0——材料的初始孔隙率；

s——饱和度，$0 \leqslant s \leqslant 1.0$（见《Abaqus 分析用户手册——材料卷》的6.6.2节）。

因为孔隙率是孔体积对整个体积的比，空隙率是孔体积对固体体积的比，则从初始空隙率定义 n^0 得

$$n^0 = \frac{e^0}{1 + e^0}$$

Abaqus/Standard 要求有效应力的初始值 $\bar{\boldsymbol{\sigma}}$ 作为初始条件给出（见《Abaqus 分析用户手册——指定的条件、约束和相互作用卷》的1.2.1节）。有效应力是从总应力 $\boldsymbol{\sigma}$ 定义得到的，为

$$\bar{\boldsymbol{\sigma}} = \boldsymbol{\sigma} + su_w\boldsymbol{I}$$

其中，$\boldsymbol{I}$ 是单位矩阵。将此定义与 z 方向上的平衡声明与孔流体中的静水压平衡相组合，给出

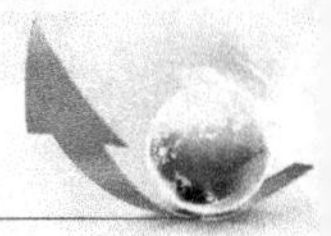

$$\begin{cases} \dfrac{\mathrm{d}\bar{\sigma}_{zz}}{\mathrm{d}z}=\rho g-\gamma_w\left(s\ (1-n^0)\ -\dfrac{\mathrm{d}s}{\mathrm{d}z}\ (z_w^0-z)\right) & 当\ z<z_1^0\ 时, \\ \dfrac{\mathrm{d}\bar{\sigma}_{zz}}{\mathrm{d}z}=\rho g & 当\ z_1^0\leqslant z\ 时。 \end{cases}$$

再次使用 γ_w 是独立于 z 的假设。z_1^0 为干土壤与部分饱和土壤的分隔面。对于 $z_1^0<z$，假定土壤为干的（$s=0$）；对于 $z_w^0<z<z_1^0$，假定土壤为部分饱和的；以及对于 $z\leqslant z_w^0$，假定土壤为完全饱和的。

在许多情况中，s 是常数。例如，在完全饱和的流动中，在潜水面以下的任何地方，$s=1$。如果进一步假设初始孔隙率 n^0 和多孔介质的干密度 ρ 也是常数，则上面的方程可以容易积分成

$$\begin{cases} \bar{\sigma}_{zz}=\rho g\ (z-z^0)\ -\gamma_w\ (1-n^0)\ (z_w^0-z) & 当\ z<z_1^0\ 时, \\ \bar{\sigma}_{zz}=\rho g\ (z-z^0) & 当\ z_1^0\leqslant z\ 时。 \end{cases}$$

其中 z^0 是多孔介质，$z_w^0<z^0$ 的位置为多孔介质。

在更多的复杂的工况中，s、n^0 和 ρ 随着高度变化，方程必须在竖直方向上积分来定义初始的 $\bar{\sigma}_{zz}$（z）。

多孔介质中的水平平衡

在许多岩土工程应用中，也存在水平应力，典型的由构造作用引起。如果孔流体是在流体静力平衡以下的，并且 $\tau_{xz}=\tau_{yz}=0$，则水平方向的平衡要求有效应力的水平分量不随着水平位置而变化：只有 $\bar{\sigma}_h$（z），其中 $\bar{\sigma}_h$ 是有效应力的任何水平分量。

初始条件

初始有效的压应力场 $\bar{\sigma}$ 是通过定义初始应力条件来给出的。除非使用增强的过程，应力的初始状态必须接近施加载荷和边界条件的平衡状态。见《Abaqus 分析用户手册——指定的条件、约束和相互作用卷》的 1.2.1 节。

可以指定初始应力仅随海拔变化，如《Abaqus 分析用户手册——指定的条件、约束和相互作用卷》的 1.2.1 节中所描述的那样。在此情况中，水平应力通常是假定成竖直应力的分数：这些分数是在 x 方向上与 y 方向上定义的。

在涉及部分或者全部饱和多孔介质的问题中，初始孔流动压力 u_w、空隙比 e^0 和饱和值 s 必须给出（见 1.8.1 节）。

在部分饱和的情况中，初始孔压力和饱和值必须位于吸收性曲线与外吸渗曲线之间（见《Abaqus 分析用户手册——材料卷》的 6.6.4 节）。一个部分饱和的问题，在《Abaqus 基准手册》的 1.9.3 节中进行了描述。

如果在地压过程的进程中模拟了热传导，也可以在模型中指定初始温度。

边界条件

边界条件可以施加于位移自由度 1～6 和孔隙压力自由度 8 上（见《Abaqus 分析用户手

册——指定的条件、约束和相互作用卷》的 1.3.1 节)。如果使用了耦合的热-孔隙压力单元，则边界条件也能施加于温度自由度 11 上。如果使用了增强的过程，并且施加了非零的边界条件，则确保对应于所指定容差的位移大于分析中的位移是用户的责任，在非零边界节点上的位移将使用指定的容差来重设为零。

边界条件应当与初始应力和施加的载荷相平衡。如果水平应力是非零的，则水平的平衡必须通过在有限元模型的任何非水平边界上，在水平方向上固定边界条件，或者通过使用无限元（见《Abaqus 分析用户手册——单元卷》的 2.3.1 节）来保持。如果模拟了热传导，则温度边界条件应当与初始温度场和施加的热载荷平衡。

载荷

可以在一个地压应力场中指定下面的载荷类型：

- 集中节点力可以施加在位移自由度上（1~6）（见《Abaqus 分析用户手册——指定的条件、约束和相互作用卷》的 1.4.2 节）；
- 也可以施加分布压力或者体积力（见《Abaqus 分析用户手册——指定的条件、约束和相互作用卷》的 1.4.3 节），备有分布载荷类型的具体单元在第 VI 部分，“单元”中进行了描述，自重载荷的大小和方向是通过使用重力或者体力分布载荷类型来定义的；
- 孔隙流体流动如《Abaqus 分析用户手册——指定的条件、约束和相互作用卷》的 1.4.7 节中所描述的那样进行控制。

如果模拟了热传导，也可以指定下面类型的热载荷（见《Abaqus 分析用户手册——指定的条件、约束和相互作用卷》的 1.4.4 节）。在一个地压分析过程中，Abaqus/CAE 不支持这些载荷。

- 集中热流量；
- 体流量和分布的面流量；
- 对流膜条件和辐射条件；膜属性可以制定成温度的函数。

预定义的场

可以在一个地压应力场过程中指定下面的预定义场，如《Abaqus 分析用户手册——指定的条件、约束和相互作用卷》的 1.6.1 节中所描述的那样：

- 对于一个不需要模拟热传导，并使用常规孔隙压力单元的地压分析，温度不是一个自由度，并且可以指定节点温度；
- 在也模拟热传导的地压分析中，不允许预定义的温度场。应当使用边界条件来替代指定温度，如前面所描述的那样；
- 可以指定用户定义的场变量值，这些值仅影响场变量相关的材料属性。

材料属性

Abaqus/Standard 中可以使用的任何力学本构模型，可以用来模拟多孔固体材料。然而，

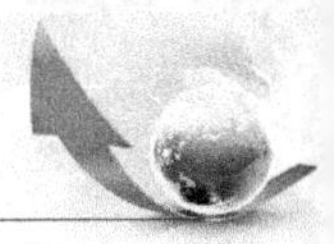

增强的过程仅可以与弹性、多孔弹性、扩展的 Cam-clay 塑性和 Mohr-Coulomb 塑性模型一起使用。一个不受支持的材料模型与此过程一起使用，如果位移大于所指定容差对应的位移，将导致收敛性不好或者不收敛。如果过程与一个不受支持的材料模型一起使用，则 Abaqus 将发出一个警告信息。

如果在地压过程的后续中将分析一个多孔介质，则应当定义孔隙流体流动量，例如渗透率和吸收率（见《Abaqus 分析用户手册——材料卷》的 6.6.1 节）。

如果模拟了热传导，则应当为固体和孔隙流体相定义密度和热属性，例如传导、比热容（对于如何为两相指定分别的热属性的详细情况，见 1.8.1 节）。

单元

Abaqus/Standard 中的任何应力/位移单元可以用于一个地压过程。连续孔隙压力单元也可以用来模拟一个正在变形的多孔介质中的流体。这些单元除了具有位移自由度 1 ~ 3 外，还有多孔压力自由度 8。然而，增强的过程仅可以与连续的和具有孔隙压力自由度的黏性单元，以及相应的应力/位移单元一起使用。不受支持的单元与此过程一起使用，如果位移大于设定容差对应的位移，可导致收敛性不好或者不收敛。如果过程与一个不受支持的单元一起使用，则 Abaqus 将发出一个警告信息。

如果需要模拟热传导，则可以使用耦合温度、孔隙压力和位移的连续单元。这些单元除了具有孔隙压力自由度 8 和位移自由度 1 ~ 3，还有温度自由度 11。对于更多的信息，见《Abaqus 分析用户手册——单元卷》的 1.1.3 节。

输出

对于耦合的孔隙流体扩散/应力分析可以使用的单元输出，包括通常的力学量，例如（有效的）应力、应变、能量和状态值、场，以及用户定义的变量。此外，与孔隙流体流动相关的下面量是可以使用的：

VOIDR——孔隙比 e；

POR——孔隙压力 u_w；

SAT——饱和度 s；

GELVR——凝胶体积比 n_t；

FLUVR——总流体体积比 n_f；

FLVEL——孔隙流体有效速度矢量 $\boldsymbol{f}$ 的大小和分量；

FLVELM——孔隙流体有效速度向量的大小 $\boldsymbol{f}$；

FLVEL*n*——流体有效速度向量的分量 n（$n=1, 2, 3$）。

如果模拟了热传导，下面的与热传导相关联的单元输出变量也是可以使用的：

HFL——热流量向量的大小和分量；

HFL*n*——热流量向量的分量 n；

HFLM——热流量向量的大小；

TEMP——积分点温度。

可用的节点输出包括常用的力学量，例如位移、反作用力和坐标。此外，与孔隙流体流动相关联的下面的量是可以使用的：

POR——一个节点上的孔隙压力；

RVF——由指定的压力所产生的反作用流体体积流量，此流量是要保持指定的边界条件，通过节点进入或者离开模型的流动体积速率，一个正值的 RVF 表示流动是进入模型的。

如果模拟了热传导，与热传递相关联的以下节点输出也是可以使用的：

NT——节点温度；

RFL——由指定的温度产生的反作用流量值；

RFLn——节点上的反作用流量值 n（$n=11$，12，...）；

CFL——集中流量值；

CFLn——一个节点上的集中流量值 n（$n=11$，12，...）。

所有的输出变量标识符列在《Abaqus 分析用户手册——介绍、空间建模、执行与输出卷》的 4.2.1 节中。

输入文件模板

```
*HEADING
…
*MATERIAL, NAME=mat1
定义固体材料机械属性的数据行
…
*DENSITY
定义干材料密度的数据行
*PERMEABILITY, SPECIFIC=γw
定义渗透率 k 为空隙比 e 的函数的数据行
*CONDUCTIVITY
如果模拟了热导率，定义固体颗粒的热导率性的数据行
*CONDUCTIVITY, TYPE=ISO, PORE FLUID
如果模拟了热导率，定义渗透流体的热导率的数据行
*SPECIFIC HEAT
如果在后续的计算步中模拟了瞬态的热导率，定义固体颗粒比热容的数据行
*SPECIFIC HEAT, PORE FLUID
如果在后续的计算步中模拟了瞬态的热导率，定义渗透流体比热容的数据行
*DENSITY
如果在后续的计算步中模拟了瞬态的热导率，定义固体颗粒密度的数据行
*DENSITY, PORE FLUID
如果在后续的计算步中模拟了瞬态的热导率，定义渗透流体密度的数据行
*LATENT HEAT
如果模拟了由温度改变引起的相变，定义固体颗粒潜热的数据行
```

```
*LATENT HEAT, PORE FLUID
如果模拟了由温度改变引起的相变，定义渗透流体潜热的数据行
…
*INITIAL CONDITIONS, TYPE=STRESS, GEOSTATIC
定义初始应力状态的数据行
*INITIAL CONDITIONS, TYPE=PORE PRESSURE
定义初始孔隙流体压力的数据行
*INITIAL CONDITIONS, TYPE=RATIO
定义空隙比的初始值的数据行
*INITIAL CONDITIONS, TYPE=SATURATION
定义初始饱和度的数据行
*INITIAL CONDITIONS, TYPE=TEMPERATURE
定义初始温度的数据行
*BOUNDARY
定义零赋值的边界条件的数据行
**
*STEP
*GEOSTATIC
*CLOAD 和/或 *DLOAD 和/或 *DSLOAD
指定机械载荷的数据行
*FLOW 和/或 *SFLOW 和/或 *DFLOW 和/或 *DSFLOW
指定孔隙流体流动的数据行
*CFLUX 和/或 *DFLUX
如果模拟了热导率，定义集中和/或者分布热流量的数据行
*BOUNDARY
指定位移或者孔隙压力的数据行
*END STEP
```

1.9 质量扩散分析

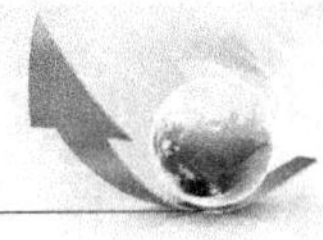

产品：Abaqus/Standard　Abaqus/CAE

参考

- “定义一个分析”1.1.2 节
- ＊MASS DIFFUSION
- “构建通用分析过程”中的“构建一个质量扩散过程”《Abaqus/CAE 用户手册》的 14.11.1 节，此手册的 HTML 版本中
- “创建并更改指定的条件”《Abaqus/CAE 用户手册》的 16.4 节
- “定义一个集中的浓度通量”《Abaqus/CAE 用户手册》的 16.9.33 节，此手册的 HTML 版本中
- “定义一个体浓度通量”《Abaqus/CAE 用户手册》的 16.9.35 节，此手册的 HTML 版本中
- “定义一个面浓度通量”《Abaqus/CAE 用户手册》的 16.9.34 节，此手册的 HTML 版本中

概览

一个质量扩散分析：

- 模拟一个材料到另外一个材料的瞬态的或者稳态的扩散，例如氢气通过一个金属的扩散；
- 要求质量扩散单元的使用；
- 可以用来模拟温度和/或者压力驱动的质量扩散。

控制方程

质量扩散的控制方程是 Fick 方程组的一个扩展：它们允许扩散物质在基础材料中的非均匀溶解，以及由温度和压力梯度驱动的质量扩散。基本解变量（用作网格节点上的自由度）是“归一化的浓缩”（通常也称之为扩散物质的“有效物”），$\phi \stackrel{\text{def}}{=} c/s$，其中 c 是扩散材料的质量浓度，以及 s 是它的基础材料中的溶解度。这样，当网格包括共享节点的不同材料时，归一化的浓度是连续穿过不同材料之间的界面的。

例如，在扩散过程中解离的双原子气体，可以使用 Sievert 定律来描述：$c = sp^{\frac{1}{2}}$，其中 p 是扩散气体的分压。将 Sievert 定律与前面给出的归一化浓度的定义相结合，$\phi = c/s = p^{\frac{1}{2}}$。平衡要求分压连续地穿过一个界面，这样归一化的浓度将也是连续的。如果不是 Sievert 定律定义溶解材料的浓度与分压之间的关系，则应当定义相应的溶解度。

溶解问题是从溶解相的质量保存要求定义的：

$$\int_V \frac{\mathrm{d}c}{\mathrm{d}t}\mathrm{d}V + \int_S \boldsymbol{n} \cdot \boldsymbol{J}\mathrm{d}S = 0$$

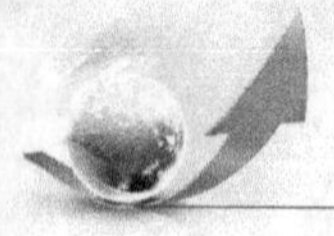

式中 V——表面积为 S 的任何体积；

$\boldsymbol{n}$——S 的外法向；

$\boldsymbol{J}$——溶解相的浓度通量；

$\boldsymbol{n}\cdot\boldsymbol{J}$——离开 S 的浓度通量。

假定溶解度是通过一个广义的化学势的梯度驱动的，此化学势梯度给出的行为为

$$\boldsymbol{J}=-s\boldsymbol{D}\cdot\left[\frac{\partial\phi}{\partial x}+\kappa_s\frac{\partial}{\partial x}\left(\ln\left(\theta-\theta^z\right)\right)+\kappa_p\frac{\partial p}{\partial x}\right]$$

其中 $\boldsymbol{D}$（c，θ，$\boldsymbol{f}$）是扩散度；s（θ，$\boldsymbol{f}$）是溶解度；κ_s（c，θ，$\boldsymbol{f}$）是“Soret 效应”因子，提供因为温度梯度产生的扩散；θ 是温度；θ^Z 是所用温度尺度上的绝对零度的值；κ_p（c，θ，$\boldsymbol{f}$）是压应力因子，提供通过等效压应力 $p\overset{\text{def}}{=}-\text{trace}(\boldsymbol{\sigma})/3$ 的梯度驱动的扩散；$\boldsymbol{\sigma}$ 是应力；并且 $\boldsymbol{f}$ 是任何预定义的场变量。

任何时候 $\boldsymbol{D}$、κ_s 或者 κ_p 取决于浓度，问题变成非线性的，并且方程组变成非对称的。在实际情况中，对浓度的相关性是非常强烈的，这样当执行一个质量扩散分析时，自动调用非对称的矩阵存储和求解方案（见 1.1.2 节）。

Fick 定律

质量扩散行为通常是通过 Fick 定律来描述的（Crank，1956）：

$$\boldsymbol{J}=-\boldsymbol{D}\cdot\frac{\partial c}{\partial \boldsymbol{x}}$$

Fick 定律在 Abaqus/Standard 中是作为广义化学势关系的特殊情况来提供的。要建立 Fick 定律与广义化学势之间的关系，我们将 Fick 定律写为

$$\boldsymbol{J}=-\boldsymbol{D}\cdot\left(s\frac{\partial\phi}{\partial\boldsymbol{x}}+\phi\frac{\partial s}{\partial\boldsymbol{x}}\right)$$

在大部分的实际案例中，$s=s(\theta)$，并且我们可以写为

$$\boldsymbol{J}=-s\boldsymbol{D}\cdot\frac{\partial\phi}{\partial\boldsymbol{x}}-\boldsymbol{D}\cdot\frac{c}{s}\frac{\partial s}{\partial\theta}\frac{\partial\theta}{\partial\boldsymbol{x}}$$

此方程中的两个项分别描述了归一化的浓度和温度驱动的扩散。归一化的浓度驱动的扩散项是与通用关系中给出的项一样。Fick 定律中温度驱动的扩散项在通用关系中得到恢复，如果

$$\kappa_s=\frac{c\left(\theta-\theta^z\right)}{s^2}\frac{\partial s}{\partial\theta}$$

当要求 Fick 定律时（见《Abaqus 分析用户手册——材料卷》的 6.4.1 节），此转换在 Abaqus/Standard 中自动实现。

Fick 定律的扩展形式也可以通过指定一个非零的 κ_p 值来选取：

$$\boldsymbol{J}=-\boldsymbol{D}\cdot\left(\frac{\partial c}{\partial\boldsymbol{x}}+s\kappa_p\frac{\partial p}{\partial\boldsymbol{x}}\right)$$

在这种情况下，Abaqus/Standard 仍将如前面所讨论的那样，自动定义 κ_s。

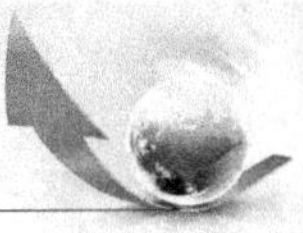

单位

浓度的单位通常是给定为百万分之一（P）的。基于质量扩散的 Sievert 定律的应用基础，溶解度的单位是 $PLF^{-1/2}$，其中 F 是力，L 是长度。Soret 影响因子的单位是 $F^{1/2}L^{-1}$。压应力因子的单位是 $LF^{-1/2}$，等效压应力的单位是 FL^{-2}。扩散度 $\boldsymbol{D}$ 具有 L^2T^{-1} 的单位，其中 T 是时间。溶解度流量 $\boldsymbol{J}$ 则具有单位 PLT^{-1}，并且溶解度体积通量，$Q = \int_S \boldsymbol{n} \cdot \boldsymbol{J} dS$，具有单位 PL^3T^{-1}。

稳态分析

稳态质量扩散分析直接提供稳态解：稳态分析中，关于时间的浓度变化率是从控制扩散方程中省略的。在非线性情况中，要得到收敛的解，迭代或许是必要的。

因为从控制方程中删除了速率项，稳态问题没有内在物理意义的时间尺度，不过，可以对分析步赋予一个“时间”尺度。此时间尺度对于输出标识符和指定规定的归一化浓度，以及指定大小变化的流量，通常是方便的。这样，当选择了稳态分析时，指定一个“时间”增量和一个计算步的“时间”区段，Abaqus/Standard 则在整个步上相应地递增。如果稳态分析步后面跟随一个瞬态分析计算步，并且在幅值定义中使用了总时间（见《Abaqus 分析用户手册——指定的条件、约束和相互作用卷》的 1.1.2 节），则在稳态步中，时间区段应当定义成可以忽略的短小。对于时间尺度和时间计算步的更多详情，见 1.1.2 节。

输入文件用法：*MASS DIFFUSION，STEADY STATE

Abaqus/CAE 用法：Step module：Create Step：General：Mass diffusion：Basic：Response：Steady state

瞬态分析

瞬态扩散分析中的时间积分是使用向后欧拉方法（也称为改进的 Crank—Nicholson 算子）来实现的。此方法对于线性问题是无条件稳定的。

对于瞬态分析，可以使用自动的或者固定的时间增量。自动的时间增量方案通常是优先的，因为响应通常是单纯扩散：归一化浓度的改变速率，在计算步过程中是变化广泛的，并且在时间积分中要求不同的时间增量来保持精度。

由小时间增量所产生的寄生振荡

在使用二阶单元的瞬态质量扩散分析中，在最小可用时间与单元尺寸之间存在一个关系。一个简单的准则是

$$\Delta t > \frac{1}{6D}\Delta l^2$$

式中 Δt——时间增量；

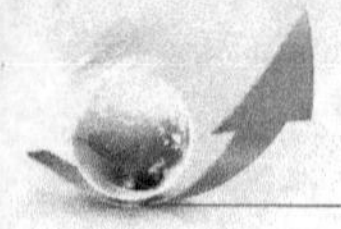

D——扩散度；

Δl ——典型的单元尺寸（例如一个单元的侧面长度）。

如果使用了小于此值的时间增量，则在求解中可出现寄生振荡。对于为一个质量扩散分析而定义的初始时间增量，Abaqus/Standard 不提供检查；必须确保所给定的值不违反上面的准则。

在使用一阶单元的瞬态分析中，溶解度项是集总的，它排除了这样的振荡，但是对于小时间增量可以产生局部不精确解。如果要求更小的时间增量，则在发生归一化浓度变化的区域中，应当使用一个更细致的网格。

通常，在时间增量上没有上限，因为积分过程是无条件稳定的，除非非线性造成数值问题。

自动的增量

质量扩散问题的自动时间增量方案，是基于任何节点处的一个增量——ΔC_{max}，过程中，所允许的用户指定的最大归一化浓度的变化的。

输入文件用法：＊MASS DIFFUSION，DCMAX = ΔC_{max}

Abaqus/CAE 用法：Step module：Create Step：General：Mass diffusion：Basic：Response：Transient；Incrementation：Type：Automatic：Max. allowable normalized concentration change：ΔC_{max}

固定的时间增量

如果选择固定的时间增量，则固定的时间增量等于将要使用的用户指定的初始时间增量Δt_0的大小。

输入文件用法：＊MASS DIFFUSION

Δt_0

Abaqus/CAE 用法：Step module：Create Step：General：Mass diffusion：Basic：Response：Transient；Incrementation：Type：Fixed，Increment size：Δt_0

结束一个瞬态分析

可以通过完成一个指定的时间区段来终止瞬态质量扩散分析，或者可以继续分析，直到到达稳态的条件。默认情况下，当完成了给定的时间区段时，分析将结束。另外，可以指定当到达稳态时，或者时间区段结束时，以先到者为准，分析将结束。稳态是定义成当所有的归一化浓度以小于用户定义的速率变化时的时间点。

输入文件用法：当达到时间区段时，使用下面的选项来结束分析：

＊MASS DIFFUSION，END = PERIOD（默认的）

使用下面的选项，基于浓度的变化率来结束分析：

＊MASS DIFFUSION，END = SS

Abaqus/CAE 用法：Step module：Create Step：General：Mass diffusion：Basic：Response：Transient；Incrementation：Type：Automatic：End step when normalized concentration change rate is less than

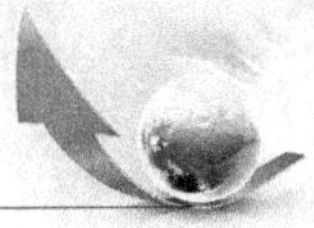

初始条件

可以定义属于质量扩散单元的特定节点上所具有的扩散材料的初始归一化浓度（见《Abaqus 分析用户手册——指定的条件、约束和相互作用卷》的 1.2.1 节）。对于一个质量扩散是通过温度的梯度和（或者）压力来驱动的分析（见《Abaqus 分析用户手册——材料卷》的 6.4.1 节），也可以定义一个模型中的初始温度和压应力场。

输入文件用法：使用下面的选项：

* INITIAL CONDITIONS，TYPE = CONCENTRATION 对于初始浓度

* INITIAL CONDITIONS，TYPE = TEMPERATURE 对于初始温度

* INITIAL CONDITIONS，TYPE = PRESSURE STRESS 对于初始等效压应力

Abaqus/CAE 用法：Load module：Create Predefined Field：Step：Initial：为 Category 选择 Other 和为 Types for Selected Step 选择 Temperature

Abaqus/CAE 中，不支持初始浓度和等效压应力。

边界条件

在任何质量扩散单元中，可以对节点自由度 11 施加边界条件，来指定归一化的浓度值（见《Abaqus 分析用户手册——指定的条件、约束和相互作用卷》的 1.3.1 节）。这样的值也可以指定成时间的函数。

在一个质量扩散计算步过程中施加的任何边界条件变化，应当使用合适的幅值定义来指定它们的“时间”变化（见《Abaqus 分析用户手册——指定的条件、约束和相互作用卷》的 1.1.2 节），在各自的计算步中给出。如果边界条件是为没有幅值参考的计算步指定的，则根据用户指定的或者与计算步相关联的默认时间变化，假定它们随“时间”在计算步中线性地变化，或者在计算步的起点瞬时地变化（见 1.1.2 节）。

载荷

浓度流量是唯一可以在质量扩散分析计算步中施加的载荷。

输入文件用法：使用下面的选项，在一个节点上指定一个集中的浓度流量：

* CFLUX

节点编号或者节点集名称、自由度、浓度流量大小

使用下面的选项来指定一个作用在整个单元（体流量）上的，或者只是在单元面（面流量）上分布的浓度通量：

* DFLUX

单元编号或者单元集名称，BF 或者 S*n*，分布的流量大小

Abaqus/CAE 用法：使用下面的输入，在节点上定义一个集中的浓度流量：

Load module：Create Load：为 Category 选择 Mass diffusion 和为 Types

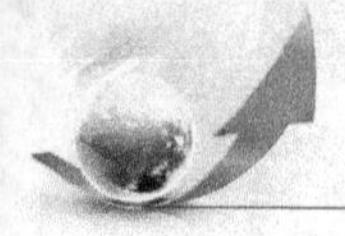

for SelectedStep 选择 Concentrated concentration flux：选择区域：Magnitude：集中流量的大小

使用下面的输入来定义一个作用在整个单元（体通量）上的，或者只是在单元面上（面通量）分布的浓度通量：

Load module：Create Load：为 Category 选择 Mass diffusion 和为 Types for Selected Step 选择 Body concentration flux 或 Surface concentration flux：Distribution：Uniform 或者选择一个分析区域，Magnitude：分布的流量大小

更改或者删除浓度通量

集中或者分布的浓度流量可以如《Abaqus 分析用户手册——指定的条件、约束和相互作用卷》的 1.4.1 节中所描述的那样进行添加、更改或者删除。

指定时间相关的浓度通量

集中的或者一个分布的浓度流量大小可以通过参考一个幅值曲线（见《Abaqus 分析用户手册——指定的条件、约束和相互作用卷》的 1.1.2 节）来进行控制。如果对于不同的流量需要不同的大小变化，则可以重复流量定义，每一个参考它自己的幅值曲线。

在用户子程序中定义非均匀分布的浓度流量

要定义非均匀分布的浓度流量，在整个步上的流量大小变化可以在用户子程序 DFLUX 中定义。如果直接指定了一个参考流量大小，将忽略用户子程序中的定义。作为一个结果，也忽略了流量定义中的任何幅值参考。

输入文件用法：使用下面的选项来定义一个非均匀分布的浓度体流量：

*DFLUX

单元编号或者单元集，BFNU

使用下面的选项来定义一个非均匀分布的浓度面流量：

*DFLUX

单元编号或者单元集，S*n*NU

Abaqus/CAE 用法：使用下面的输入来定义一个非均匀分布的浓度体流量：

Load module：Create Load：为 Category 选择 Mass diffusion 和为 Types for Selected Step 选择 Body concentration flux：选择区域：Distribution：User-defined

使用下面的输入来定义一个非均匀分布的浓度面流量：

Load module：Create Load：为 Category 选择 Mass diffusion 和为 Types for Selected Step 选择 Surface concentration flux：选择区域：Distribution：User-defined

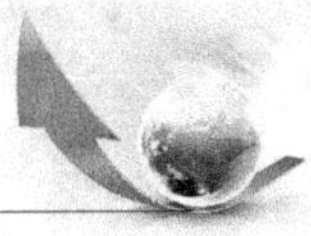

预定义的场

预定义的温度、等效压应力和场变量可以在一个质量扩散分析中进行指定。

指定温度

在温度驱动的质量扩散分析中，通过定义一个温度场来对节点施加温度。所用温度尺度上的绝对零度如《Abaqus 分析用户手册——指定的条件、约束和相互作用卷》的 1.4.4 节中所描述的那样进行定义。另外，温度场可以从一个前面的热传导分析中得到。对于任何方法，时间相关的温度变化是可能的。

使用 Abaqus/Standard 结果文件来定义质量扩散分析中不同时间的温度场。Abaqus/Standard 假定质量扩散分析中的节点具有与前面的热传导分析中的节点相同的编号。在热传导分析中存在的节点上的值，但是在质量扩散分析中不存在该值在结果文件中将忽略该值，并且热传导分析中的节点上不存在的温度，将不会通过读取结果文件来进行设定。

对于指定温度的具体细节，见《Abaqus 分析用户手册——指定的条件、约束和相互作用卷》的 1.6.1 节中的“预定义的温度”。

指定等效的压力应力

等效的压应力值可以通过在质量扩散分析中直接将它们指定成一个预定义的场来给出，或者通过从一个之前的应力/位移，完全耦合的温度-位移，或者完全耦合的热-电-结构分析的结果文件中，通过读取等效压应力来间接地指定。无论以何种方式指定它们，压力应当根据 Abaqus 的约定来输入，当等效压应力是正的时候，它们是压力。

用一个简单的界面通过力学分析的 Abaqus/Standard 结果文件来定义质量扩散分析中不同时间的等效压应力。Abaqus/Standard 假定质量扩散分析中的节点具有与前面的力学分析中的节点相同的编号。力学分析中存在的节点上的值，但是在质量扩散分析不存在，在结果文件中将忽略该值，并且力学分析中节点上不存在的压力，将不会通过读取结果文件来进行设定。

对于指定等效压应力的具体情况，见《Abaqus 分析用户手册——指定的条件、约束和相互作用卷》的 1.6.1 节中的“预定义的压应力”。

指定预定的场变量

可以在一个质量扩散分析中指定预定义场变量的值。这些值只影响场-变量相关的材料属性。见《Abaqus 分析用户手册——指定的条件、约束和相互作用卷》的 1.6.1 节中的“预定义的场变量”。

材料选项

扩散度（见《Abaqus 分析用户手册——材料卷》的 6.4.1 节）和溶解度（见《Abaqus 分析用户手册——材料卷》的 6.4.2 节）都必须在一个质量扩散分析中进行定义。可选的，可以定义一个 Soret 影响因子和一个压应力因子来引入分别由温度和压力梯度产生的

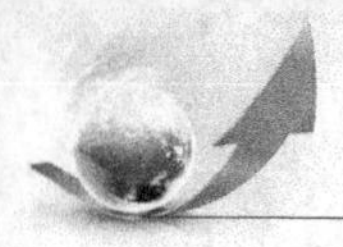

质量扩散。Fick 定律的使用也引入温度驱动的质量扩散，因为一个 Soret 影响因子是自动计算的。

单元

通过仅使用 Abaqus/Standard 热传导/质量扩散单元库中的二维、三维和轴对称固体单元来完成质量扩散分析。

输出

除了 Abaqus/Standard 中可用的标准输出标识符（见《Abaqus 分析用户手册——介绍、空间建模、执行与输出卷》的 4.2.1 节），下面的变量在质量扩散分析中具有特别的意义：

单元积分点变量：

CONC——质心；

ISOL——积分点上溶解度的大小，计算成质量浓度和积分点体积的积；

MFL——浓度流量向量（不包括由压力和温度梯度产生的项）的大小和分量；

MFLM——浓度流量向量的大小；

MFL*n*——浓度流量向量的分量 *n*（*n* =1，2，3）；

TEMP——所施加温度场的大小。

整个单元的变量：

ESOL——单元中的溶解度大小，计算成 ISOL 在整个单元积分点上的和；

NFLUX——通过单元中的质量扩散所产生的单元节点上的流量；

FLUXS——施加于一个单元的分布质量。

整个或者部分模型变量：

SOL——模型中的或者指定单元集中的溶解量，计算成 ESOL 在模型中的或者单元集中的所有单元上的和。

节点变量：

CFL——所有的集中通量值；

CFL*n*——一个节点上的集中通量值 *n*（*n* =11）；

NNC——一个节点上的所有归一化的浓度值；

NNC*n*——一个节点上的归一化浓度自由度 *n*（*n* =11）；

RFL——所有反作用流量值（归一化浓度的共轭）；

RFL*n*——一个节点上的反作用流量值（*n* =11）（归一化浓度的共轭）。

输入文件模板

下面的模板是代表一个三步质量扩散分析。在第一个计算步中建立一个扩散材料的初始稳态浓度分布；在第二个计算步中，从一个完全耦合的温度-位移分析中读取等效的压应力，并且为物体的机械载荷工况得到瞬态的质量扩散响应；在最后的计算步中，从一个完全耦合

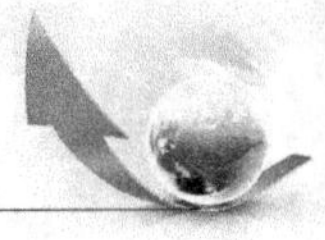

的温度-位移分析中读取一个温度场，并且为发生扩散的物体所具有的加热和冷却工况计算质量扩散响应。一个遵循此模板的例题见《Abaqus 基准手册》的 1.10.1 节。

```
*HEADING
…
*MATERIAL, NAME=材料 1
*SOLUBILITY
定义溶解度的数据行
*DIFFUSIVITY
定义扩散度的数据行
*KAPPA, TYPE=TEMP
定义温度梯度驱动的扩散度的数据行
*KAPPA, TYPE=PRESS
定义等效压应力梯度驱动的扩散度的数据行
*INITIAL CONDITIONS, TYPE=TEMPERATURE
定义一个初始温度场的数据行
*INITIAL CONDITIONS, TYPE=CONCENTRATION
定义归一化浓度初始节点值的数据行
*INITIAL CONDITIONS, TYPE=PRESSURE STRESS
定义等效压应力初始节点值的数据行
*AMPLITUDE, NAME=名称
定义幅值变量的数据行
*INITIAL CONDITIONS, TYPE=PRESSURE STRESS
定义等效压应力初始节点值的数据行
*AMPLITUDE, NAME=名称
定义幅值变量的数据行
**
*STEP
Step 1 -稳态解
*MASS DIFFUSION, STEADY STATE
定义增量的数据行
*BOUNDARY
指定归一化浓度节点值的数据行
*EL FILE
定义单元积分输出到结果文件的数据行
*NODE FILE
定义节点输出结果到结果文件的数据行
*END STEP
**
*STEP
```

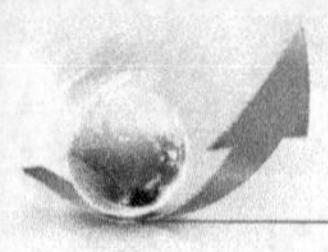


```
Step 2 - 压应力梯度驱动的瞬态分析
*MASS DIFFUSION, DCMAX = dcmax, END = SS
定义增量的数据行
*BOUNDARY
指定归一化浓度节点值的数据行
*PRESSURE STRESS, FILE = 名称
*EL FILE
定义单元积分输出到结果文件的数据行
*NODE FILE
定义节点输出到结果文件的数据行
*END STEP
**
*STEP
Step 3 - 温度梯度驱动的瞬态分析
*MASS DIFFUSION, DCMAX = dcmax, END = SS
定义增量的数据行
*BOUNDARY
指定归一化浓度节点值的数据行
*TEMPERATURE, FILE = 名称
*EL FILE
定义单元积分输出到结果文件的数据行
*NODE FILE
定义节点输出结果到结果文件的数据行
*END STEP
```

参考文献

- Crank, J., *The Mathematics of Diffusion*, Clarendon Press, Oxford, 1956.

1.10 声学、冲击和耦合的声学结构分析

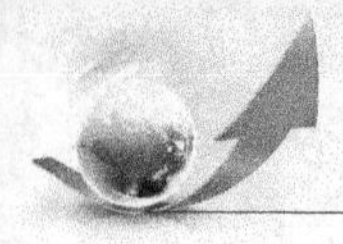

产品：Abaqus/Standard Abaqus/Explicit Abaqus/CAE

参考

- “声学介质”《Abaqus 分析用户手册——材料卷》的 6.3.1 节
- “声学和冲击载荷”《Abaqus 分析用户手册——指定的条件、约束和相互作用卷》的 1.4.6 节
- “Abaqus/Standard 和 Abaqus/Explicit 中的初始条件”《Abaqus 分析用户手册——指定的条件、约束和相互作用卷》的 1.2.1 节
- “ALE 自适应网格划分：概览”7.2.1 节
- “稳态传输分析”1.4.1 节
- *ACOUSTIC FLOW VELOCITY
- *ACOUSTIC WAVE FORMULATION
- *ADAPTIVE MESH
- *BEAM FLUID INERTIA
- *CONWEP CHARGE PROPERTY
- *IMPEDANCE
- *IMPEDANCE PROPERTY
- *INCIDENT WAVE
- *INCIDENT WAVE INTERACTION
- *INITIAL CONDITIONS
- *SIMPEDANCE
- *TIE
- “定义一个声学压力边界条件”《Abaqus/CAE 用户手册》的 16.10.19 节，此手册的 HTML 版本中
- “创建子模型边界条件”《Abaqus/CAE 用户手册》的 38.4 节

概览

使用声学单元、声学介质和动态过程的分析，可以仿真不同的工程现象，包括涉及空气和水那样流体的低幅值波现象，以及涉及与结构相互作用的流体中的更高幅值的波“冲击”分析。

声学分析：

- 用来模拟声音传播、发散和辐射问题；
- 可以包括入射波加载到模型的影响，例如水下爆炸（UNDEX）在与流体相互作用的结构上的影响，空气传播的爆炸载荷在结构上的影响，或者声波撞击在一个结构上的影响；
- 在 Abaqus/Explicit 中，当绝对压力降低到限制值时，可以包括经受气穴的流体；
- 以动态分析过程的一种来进行（见 1.3.1 节）；

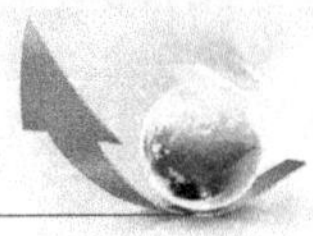

• 可以用来单独模拟声学介质，就像一个包含声学流体的腔所具有的固有振动频率的研究那样；

•可以用来模拟耦合的声学结构系统，就像车辆中的噪声水平研究中那样；

• 可以用来模拟声音通过耦合的声学-结构系统的传播；

• 要求使用声学单元，并且对于耦合的声学-结构的分析，要求使用绑定约束的基于面的相互作用，或者在 Abaqus/Standard 中，要求使用声学界面单元；

• 可以用来通过选择总波公式，尤其当声学介质中存在气穴那样的非线性流体行为时，得到一个总波解（入射和散射波的求和）；

• 可以用来模拟声学介质与一个受到大静态变形结构的相互作用问题；

• 在 Abaqus/Standard 中，可以与对称的模型生成（见 5.4.1 节）和对称的结果传递（见 5.4.2 节）一起使用；

• 在 Abaqus/Standard 中，可以与稳态传输（见 1.4.1 节）和一个声学流动速度（见《Abaqus 关键字参考手册》的 1.1 节）一起使用，来模拟一个运动流体的声学扰动；

• 在 Abaqus/Standard 中，可以包括一个之前定义的耦合结构-声学的子结构（见 5.1.2 节）；

• 可以用来模拟内部问题，在其中，一个结构包围一个或者多个声学腔，也可以用来模拟外部问题，在其中，一个结构是位于延伸到无限的流体介质中；

• 对于一个介质中的任何振动或者动态问题是可用的，介质的切应力影响是可忽略的。

冲击分析：

• 用来模拟结构上的爆炸效果；

• 当使用 Abaqus/Explicit 时，通常要求双精度来避免圆整误差；

• 可以包括声学单元来模拟流体的惯性和可压缩性的影响；

• 可以包括虚拟质量效应来模拟不可压缩流体与管道结构相互作用的效果；

• 是使用动态分析过程的一种来执行的（见 1.3.1 节）；

• 既可以用来模拟内部问题，在其中，结构包围一个或者多个流体腔，也可以用来模拟外部问题，在其中，结构是位于延伸到无限的流体介质中；

• Abaqus/Explicit 中，可以包括使用 CONWEP 模型的结构上的爆炸载荷。

声学分析的可用过程

声学单元模拟声波的传递，并且仅在动态分析过程中是有效的。它们在下面的过程中最常用：

• 直接求解，稳态，谐波分析（见 1.3.4 节）；

• 频率分析（见 1.3.5 节）；

• 基于子空间的稳态动力学分析（见 1.3.9 节）；

• 显式动力学分析（见 1.3.3 节）。

也能够使用以下来执行声学分析：

• 直接时间积分分析（见 1.3.2 节）；

• 复频率分析（见 1.3.5 节）；

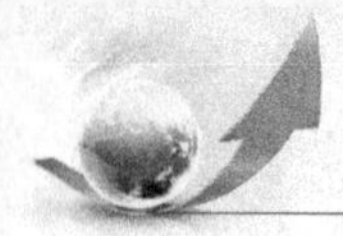

- 基于模态的瞬态动力学分析（见 1.3.7 节）；
- 基于模态的稳态动力学分析（见 1.3.8 节）；
- 动态完全耦合的温度- 位移分析（见 1.5.3 节）。

通常，具有声学单元的分析，应当看成为小位移线性摄动分析，在此分析中，声学单元中的应变明确为（或者绝大多数的）体积的应变和微小的应变。在许多应用中，简单忽略线性摄动的基本状态：对于与气体或者水相互作用的固体结构，空气或者水中的初始应力（如果有的话）在声波上具有可以忽略的物理影响。大部分瞬态的或者稳态的工程声学分析是这个类型。

一个重要的例外是，当声学扰动发生在具有高速潜流的气体或者液体中时。如果流速的大小与流体中的声速是明显可以相比较的（即，马赫数远远大于零）。波速在流动方向上被放大了，并且在流动相反的方向上受到抑制。此现象是众所周知的“多普勒效应”的来源。在 Abaqus/Standard 中，通过指定一个声学流动速度，为组成声学单元的节点指定潜流效应。

声学单元可以用于一个静态分析，但是将忽略所有的声学影响。一个典型的例子是一个轮胎/轮子装配中的气腔。在这样的一个仿真中，在确定气腔声学响应的耦合声学- 结构分析之前，轮胎经受膨胀、轮圈安装和充气载荷。更多的信息，见 7.2.6 节和 7.2.7 节。

声学单元也可以用于一个子结构生成过程中来生成耦合的结构- 声学子结构，只有结构自由度可以得到保留。当生成了一个声学- 结构子结构时，必须选择所保留的特征模态。在一个涉及包含声学单元的子结构的静态分析中，结果将不同于没有子结构的等效静态分析中得到的结果。原因是在子结构中考虑了声学- 结构的耦合（导致声学流体的静水压贡献），而在一个没有子结构的静态分析中忽略了耦合。更多耦合的结构- 声学子结构的详细情况，可以在 5.1.2 节中找到。

可以定义一个体积阻力系数 γ 来仿真流体速度相关的压力幅值损失。例如，当声学介质流动通过一个具有一定阻抗的多孔基体（见《Abaqus 分析用户手册——材料卷》的 6.3.1 节）时会发生这些，诸如一个像玻璃纤维绝缘材料的消声材料，其压力幅值会降低。对于直接时间积分的动力学分析，我们假设量 γ/ρ_f 中没有明显的不连续性空间，其中 ρ_f 是流体的密度（声学介质），并且体积阻力在声学- 结构边界上是小的。这些可以限制分析应用的假设，在《Abaqus 理论手册》的 2.9.1 节中进一步得到讨论。

直接求解的稳态动力学谐响应过程，对于声学结构的声音传播问题是有利的，因为 γ/ρ_f 的梯度不需要很小，并且因为声学- 结构耦合和阻尼在此公式中没有受到限制。如果不存在阻尼，或者阻尼可以忽略，则对一个只有实数的矩阵因式分解，可以显著地降低计算时间，详情见 1.3.4 节。

某些流固相互作用的分析包含持续时间很长的动态影响，比声波传递更接近结构动态分析的，即，发生结构重要动态的时间尺度，与固体介质的压缩波速度和流体的声波速度相比，是较长的。同样，在这样的情况中，与流体中的压缩波和结构中的压缩波传播相比，感兴趣的扰动在结构中传播得非常缓慢。在这种情况中，使用梁来模拟结构是常见的。当这些结构单元与周围的流体相互作用时，重要的流体影响是由与不可压缩的流动（见《Abaqus 理论手册》的 1.3.1 节）相关联的运动引起的。这些运动产生添加在结构梁上的一个可察觉的惯性，此情况通常称为“虚拟质量近似。”对于此情况，Abaqus 允许更改梁和管单元的惯性属性，如下面所描述的那样。也可以在此近似下提供与流体中的入射波相关联的结构上

的载荷。

固有频率提取

Abaqus 可以为具有阻尼或者没有阻尼的纯粹声学或者结构-声学系统，既计算实数的特征解，又计算复数的特征解，也可以求解外部声学问题。

选择一个特征求解器

在一个耦合的声学-结构模型中，实数值的耦合模态默认使用 Lanczos 特征频率提取过程来提取。在频率提取步中可以抑制耦合，在此情况中，结构单元表现得就像没有与声学单元相互作用（就像此表面在“真空中”）一样，并且声学单元表现成具有结构单元的边界，就像刚性的一样。

如果使用了子空间迭代特征求解器，则忽略结构-声学的耦合。

当对一个耦合的结构-声学模型应用了 AMS 特征求解器时，为了在后面的耦合强迫响应分析中使用，Abaqus 默认在固有频率提取过程中投影并存储声学耦合矩阵。结构和声学区域在特征分析过程中，实际上是不耦合的。Abaqus 分别求解两个区域，但是为了在后续的稳态动力学步中使用，需计算和存储投影后的耦合算子。只支持使用绑定接触的结构-声学耦合。如果希望，可以抑制此耦合。在一个特征分析中，由于声学体积阻力所引起的阻尼，默认也是得到投影的，并且默认在后续的稳态动力学步中得到还原。在固有频率提取过程中，基于 SIM 构架的 Lanczos 特征求解器也可以得到投影和存储声学耦合矩阵。

一个声学固有频率提取中的阻尼和惯性效应

因为在实数赋值的模态提取中忽略阻尼，所以不考虑体积阻力效应，除了它对任何无反射边界的小贡献（见《Abaqus 理论手册》的 2.9.1 节）。在一个特征频率提取步中不包括由任何阻抗边界条件引起的阻尼作用（基于单元的或者基于面的）或者声学无限元，但是包括对声学单元质量和刚度矩阵的作用。类似的，在一个特征频率提取步中包括声学无限元的（对称化的）刚度和质量作用，但是忽略了阻尼效应。

也可以在 Abaqus 中执行阻尼和辐射声学系统的模态分析。使用复特征值提取过程，对单元运算子恢复了声学无限单元的阻尼作用、无反射阻抗条件的阻尼作用和广义阻抗层的阻尼作用。

如果通过指定一个声学流动速度为声学区域定义了一个潜流，则固有频率和模态受到影响。然而，在实数值的频率提取中，只有声学单元质量和刚度矩阵对解有作用。因为存在流动场的声学公式要求一个单元算子中的虚部（阻尼矩阵），实数值的过程仅可以有限程度地包括流动的影响。Abaqus /Standard 中的复频率过程包括阻尼矩阵作用，因此，当寻求一个具有运动流体的系统的模态时，要求此阻尼矩阵的作用。复频率过程只能在 Lanczos 实数值的频率过程后面使用。

通过添加惯性，为梁定义的虚拟质量效应（见《Abaqus 分析用户手册——单元卷》的 3.3.5 节），是包括在模态分析中的：将它们的影响简化成给梁单元添加惯性。

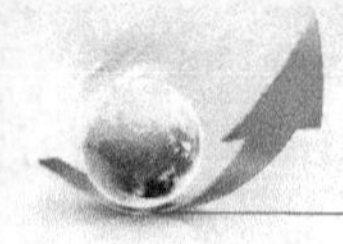

在一个耦合的结构-声学固有频率分析中说明提取到的模态

当在一个耦合的Lanczos结构-声学固有频率分析中的所有的模态包括流体-固体相互作用的影响时，它们的一部分可以主要具有结构作用，而其他则主要具有声学的作用。耦合的结构-声学特征频率可以如下分类：

• 最普遍的，一个单独的模态可以表现出同时参与流体和固体介质中，这称为“耦合的模态”。

• 其次，存在“结构共振”模态。这些是对应于不存在声流体的结构所具有的特征模态，声流体的存在对于这些特征频率和模态形状具有相对较小的影响。

• 第三，存在“声腔共振”模态，这些非零的特征频率耦合模态，在基于模态的动态过程中的声压动态产生中，具有明显的作用。

• 第四，如果在模型的结构部分上，没有指定足够的边界条件，则频率提取过程将提取刚体模态。这些模态具有零特征频率（有时候它们表现成小的正数，甚至负的特征值），然而，如果约束了足够的自由度，则这些刚体模态消失。

• 最后，存在奇异的声模态，具有零特征频率和不变的声压，它们在数学上类似于结构刚体模态。奇异的声模态的结构部分对应无约束声学区域的不变压力的准静态结构响应。这些特征模态主要是声学的，并且在表示存在声学载荷的基于模态的分析中的（低频）声学响应时是重要的，以同样的方式，在结构运动的表示中，刚体模态是重要的。结构刚体模态也是这样，如果指定了一个足够数量的声学自由度（每个声学区域的一个自由度8就足够了），则奇异的声学模态将消失，在仅具有一个无约束的声学区域（最常见的情况）的模型中，将只计算一个奇异的声学模态。一般来说，具有与独立的未约束声学区域一样多的奇异的声模态如果存在，则它们总是通过Lanczos特征求解器最先报告，并且数据文件中的特征频率列表的底部有一个说明，提供关于奇异声学模态的数量信息。

广义的质量和有效的质量可以帮助区分模态之间的不同类型，并且可以用来评估对于后续的基于模态的分析来说，哪一个模态是重要的。此外，对广义质量的声学作用，是作为每一个特征模态的分数来汇报的。此分数越接近于一个单位，则此特征模态的声学分量越是明显。也为每一个特征模态进行了声学有效质量的计算。缩放了此标量，这样当提取了模型中的所有特征模态时，所有声学有效质量的和等于1.0（减去来自具有声学自由度约束的节点的贡献）。声有效质量可以在不同的模式之间进行对比：声有效质量越高的模态对于声压的精确表示越是重要（典型的），例如，与其他模态相比，流体腔声学共振模态将具有更大的声有效质量。

模态叠加过程

在Abaqus中，对声区域的控制非常类似于对固体和结构区域的控制。实数赋值的特征模态，是从一个前面的实数赋值的特征频率提取过程中产生的，作为模态求解的基础。基于模态的稳态动力学过程与计算结构声学系统的稳态响应相比最有效。这些分析中的结构声学耦合和阻尼影响取决于模态过程的类型和计算特征频率所使用的特征求解器。

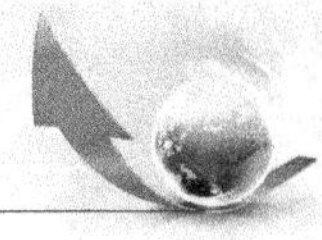

使用没有 SIM 构架的 Lanczos 特征求解器的模态分析中的结构-声学耦合

如果耦合的模态是使用 Lanczos 特征求解器计算得到的，则基于模态的和子空间投射稳态动力学过程都将包括结构-声学耦合影响。如果计算了非耦合的 Lanczos 模态，则只能通过使用子空间投影来重载耦合。在一个单独的频率（常数子空间）上投影来为所有的频率求解声学耦合是足够的。

使用没有 SIM 构架的 Lanczos 特征求解器的模态分析中的声学介质阻尼

在基于子空间的稳态动力学分析中，考虑了声学介质阻尼和结构材料阻尼，并且也包括结构-声学相互作用、无限单元和阻抗边界项。

在直接以系统特征模态为基础进行响应预测的过程中，例如瞬态模态动力学分析或者基于模态的稳态动力学过程，是不考虑声学介质阻尼的。这样，对于具有阻抗边界条件的问题，这些方法应当小心地使用。模态阻尼可以用于这些过程（见《Abaqus 分析用户手册——材料卷》的 6.1.1 节）来模拟材料阻尼和体积阻力影响，然而，模态阻尼通常不能用于精确的模拟流体-固体耦合，或者阻抗边界效应。

使用子空间迭代特征求解器的模态分析中的结构-声学耦合和阻尼

子空间迭代特征求解器忽略结构-声学耦合的影响。这样，在子空间模态过程中不包括耦合效应。

就像使用 Lanczos 特征求解器的分析那样，在后续的基于子空间的稳态动力学过程中考虑声学介质阻尼和结构材料阻尼，但是在后续的瞬态模态或者基于模态的稳态动力学过程中不考虑这些阻尼效应。

使用 AMS 特征求解器或者基于 SIM 构架的 Lanczos 特征求解器的模态分析中的结构-声学耦合和阻尼

当使用指定的结构声学耦合投影，使用 AMS 特征求解器或者使用基于 SIM 构架的 Lanczos 特征求解器计算模态时，耦合和声学阻尼算子是在固有频率提取过程中投影并存储的。使用模态稳态动力学的后续耦合的强迫响应分析，通过自动使用这些投影矩阵来自动恢复结构-声学耦合和阻尼影响。如果没有对矩阵投影，则稳态动力学步将不会包括这些影响。一个基于模态的稳态动力学步，不能使用诸如来自声学流动速度或者无限单元的影响那样的非对称阻尼。要考虑这些影响，应当使用一个基于子空间的稳态动力学分析。此外，使用 SIM 构架的模态分析可以使用耦合的结构-声学模态。

在 Abaqus/Standard 中定义瞬态的或者转动的潜流速度

如上面所描述的那样，Abaqus/Standard 中的声分析可以作为一个高速流动场的一个线性扰动来执行。流动速度场通过流速对波传递速度的作用，来影响介质中的声波传递。波沿局部流动矢量的方向上较快地传递，并且相应地在流动相反的方向上受到阻碍。在受影响的声区域中定义速度场是完全可行的，在公式中加速度可以忽略。

指定声学有限元区域中的流动为一个动态线性扰动步中的历史数据。流动场可以通过直接输入速度分量或者通过定义与一个参考框架相关联的转动来进行描述。在前面的情况中，对发生流动的声区域中的每一个节点赋予一个通过指定速度矢量 $\boldsymbol{c}$ 的分量来定义 Cartesian 速度。在后面的情况中，通过在当前构型中，指定一个角转动速度 Ω 的大小以及位置和转动轴的方向来指定声区域中节点转动速度。在步的开始时施加轴的位置和方向，并且在步过程中保持固定。

所指定的潜流仅对于声有限元是有效的，其他具有声自由度的单元，例如声学无限元和界面单元，是不受指定的流速影响的。潜流对声学单元的影响，也取决于所使用的过程，仅在频域动力学过程和固有频率提取中存在此影响。对于复数赋值的过程，例如复频率提取和稳态动力学，潜流的存在影响声学有限元刚度矩阵，并且对单元阻尼矩阵添加一个显著的贡献。对于实数赋值的过程，例如特征频率提取和因式分解得到一个只有实数方程组矩阵的稳态动力学分析，潜流的存在仅影响声学有限元的刚度矩阵，阻尼矩阵是忽略不计的。结果，声场上的流动影响仅在复数赋值的过程中实现。

对于旋转系统，固体和声学材料在 Abaqus 中是不同对待的。固体材料通过一个网格的流动，可导致明显的变形，并且是通过使用稳态传输来处理的。后续的线性摄动步分析此变形状态（见 1.4.1 节）。通过指定一个声学流动速度，在线性摄动步中完全处理材料通过一个声学网格的流动。不要求一个初步的非线性的稳态传输分析。对于承受转动的耦合的声学-结构系统，例如轮胎，模型可以经历一个稳态的传输步，此步变形了固体介质，在此步后面跟随有线性的摄动动力学步。此情况中，在线性摄动步中包含固体转动的影响；要包括声流体的转动影响，需在线性摄动步中指定一个声学流动速度。

输入文件用法：使用下面的选项来定义一个传输流体速度：

*ACOUSTIC FLOW VELOCITY, TRANSLATION

使用下面的选项来定义一个转动流体速度：

*ACOUSTIC FLOW VELOCITY, ROTATION

Abaqus/CAE 用法：Abaqus/CAE 中不支持声流动速度。

在一个大位移的 Abaqus/Standard 分析过程中更新声学区域

默认情况下，声学-结构耦合计算是基于流体区域的原始构型的。然而，声学单元也可以用于耦合分析之前结构区域经历大变形的分析。一个典型的例子是一个承受膨胀、轮圈安装和足印压力那样的结构载荷的轮胎内腔。

Abaqus 中的声学单元不具有位移自由度，并且因此，当结构承受大变形时，不能模拟流体的变形。Abaqus/Standard 通过周期性地创建一个新的声学网格，来解决计算声学区域当前构型的问题。新网格在整个仿真中使用相同的拓扑（单元和连接性），但是节点位置进行了调整，这样声学区域在边界上与结构区域相符。

当指定了自适应网格划分时，计算了一个新的声学网格，并且在任何忽略声学影响的无扰动 Abaqus/Standard 分析过程中，考虑了几何非线性效应。

声学分析的自适应网格划分特征在 7.2.6 节和 7.2.7 节中进行了描述。

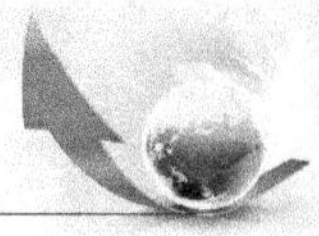

初始条件

在 Abaqus/Standard 中，声学方程是不模拟初始声静压力（静水压或者环境）的，并且初始声学静压力不能作为初始条件来指定。

在 Abaqus/Explicit 中，可以指定对应于初始静态平衡（静水压或者环境）的初始声学压力（见《Abaqus 分析用户手册——指定的条件、约束和相互作用卷》的 1.2.1 节），并且仅当声学流体能够发生气蚀时才有意义。具有可能流体气蚀的问题中，在气蚀条件中是考虑初始声学静压力，即，为了发生气蚀，动态和静态声压的和需要落入气蚀压力限以下。指定的声学静压仅在气蚀条件中使用，并且不在声网格和结构网格的共有湿界面上施加任何静载荷。此外，在节点声学压力自由度中是不包括声学静压力的。

可以为直接时间积分动力学、显式动力学、动态的完全耦合的温度-位移和基于模态的瞬态动力学分析过程，指定初始温度和场变量值（见《Abaqus 分析用户手册——指定的条件、约束和相互作用卷》的 1.2.1 节）。这些变量在分析过程中的变化将影响任何温度相关的或者场变量相关的声学介质属性。

边界条件

可以对下面描述的声学介质应用不同边界条件。这些边界条件包括具有静止刚性壁或者对称平面的声区域边界，诸如具有与零动态压力自由面那样的指定压力值，指定的阻抗（见《Abaqus 分析用户手册——指定的条件、约束和相互作用卷》的 1.4.6 节）诸如一个船的或者一个潜艇的界面那样的结构界面。外部问题（例如一个结构在一个无限延伸的声介质中的振动）的辐射（无反射）边界条件是作为一个阻抗边界条件的特殊情况实施的（见《Abaqus 分析用户手册——指定的条件、约束和相互作用卷》的 1.4.6 节）。在任何给定的声学区域边界部分中，只应当施加一个边界条件类型，除了阻抗边界条件与声学-结构界面条件的组合。

具有静止刚性壁或者一个对称平面的边界

一个声学介质的默认边界条件，是一个具有静止刚性壁或者一个对称平面的边界条件。Abaqus 中的声学公式中，压力的共轭“力”是面处的法向压力梯度除以质量密度，量纲为每单位质量的力。没有体积阻力的情况下，此每单位质量的力等于声介质的向内加速度。面上节点处的共轭变量是向内体积加速度，它是在与节点相关联的面区域上评估的声介质的向内加速度积分。一个“无牵引”表面（一个没有边界条件，没有施加载荷，没有面阻抗条件，没有界面单元的面）是一个在其法向不承受运动的声介质面，并且因此对应于一个临近流体的刚性静止面。声介质的一个对称面是另外的“无牵引”面。

指定的压力

声学介质中的基本变量是压力（自由度 8）。这样，此变量可以在声学模型中的任何节点上，通过施加一个边界条件来指定（见《Abaqus 分析用户手册——指定的条件、约束和

相互作用卷》的1.3.1节)。设置压力为零代表一个自由的面，因为面的运动（要考虑面运动的影响，见下面阻抗的讨论），使得自由的面的压力不会变化。指定一个非零值的压力代表一个声源。

可以使用一个幅值变化来指定压力的值。在一个稳态分析中，可以同时指定压力的同相（实数）部分（默认的）和压力的异相（虚部）部分。

输入文件用法：使用下面选项的任何一个来定义边界条件的实部（同相）：

*BOUNDARY

*BOUNDARY，REAL

使用下面选项来定义边界条件的虚部（异相）：

*BOUNDARY，IMAGINARY

Abaqus/CAE 用法：Load module：Create Boundary Condition：为 Category 选择 Other 和为 Types for Selected Step 选择 Acoustic pressure：选择区域：Magnitude：实（同相）部 + 虚（异相）部 i

结构边界

如果声介质靠近一个结构，则边界处的介质之间将传递动量和能量。使用声学单元模拟的压力场，在结构上创建一个法向面牵引，并且使用结构单元模拟的加速度场，在流体边界上创建了自然的强迫项（对于详细情况，见《Abaqus 理论手册》的2.9.1节)。

基于面的耦合过程和用户定义的声学界面单元，在它们的理论实现中稍有不同。本质上，通过基于面过程内部计算得到的界面单元，是从面的节点上计算得到的离散点单元。另一方面，一个用户定义的声学界面单元，在整个所有的界面节点上分布耦合影响。通常，使用两个耦合方法得到的结果将非常相似，但是耦合边界上的离散化差异，可能在结果中产生小的不同。

使用用户定义的声学界面单元来定义声结构耦合

在 Abaqus/Standard 中，如果结构和声学网格在边界上共享节点，使用声学边界界面单元对此边界进行加衬（见《Abaqus 分析用户手册——单元卷》的6.13.2节）将施加所要求的物理耦合条件。界面单元法向必须指向声学介质，此法向强制声学介质的法向加速度连续性和边界上结构的法向加速度连续性，并且确保声学单元的压力是施加于结构的。在这样的边界上也能指定位移。

使用一个基于面的耦合过程来定义声学结构耦合

另外，可以使用一个基于面的过程来强制执行耦合。Abaqus/Explicit 中，基于面的过程是唯一可用的方法。此方法要求结构和声学网格是分离的节点。在结构和流体网格上定义面，并且在两个网格之间，使用一个基于面的绑定约束（见《Abaqus 分析用户手册——指定的条件、约束和相互作用卷》的2.3.1节）来定义相互作用。不要求额外的网格定义。

从面，为绑定约束所设定的两个面的第一个，必须是基于单元的。而主面可以是基于单元的或者基于节点的。一个基于刚性单元类型（R3D4，等）的面或者一个分析刚性面，不能用作一个主面，可将一个可变形的面制成刚性来代替。

对于基于面的绑定约束，Abaqus 自动计算每一内部生成的声学-结构界面单元的影响区域。如果用户定义的从面显著突出于主面，则影响的区域可包括突出的部分。结果，从面的突出部分可能表现出非物理的耦合自由度：如果从面是声学的，则为位移，如果从面是固体或者结构，则为声压。突出上的这些无物理意义的结果将不影响解的其余部分，并且应当明白它们是没有意义的。

输入文件用法：在使用流体网格面为从面的分析中使用下面的选项：

*TIE，NAME = 流体从面

流体面，结构面

在使用固体网格面为从面的分析中使用下面的选项：

*TIE，NAME = 固体从面

结构面，流体面

Abaqus/CAE 用法：Interaction module：Create Constraint：Tie

使用声学有限单元来将面耦合到结构

声学无限元可以形成面，此面以两种不同的方式通过使用一个绑定约束来耦合到结构。声学无限元面可以由声学无限元的基础（第一个）面片来组成。在此情况中，此面应当绑定到一个拓扑类似的结构表面。也可以使用声学无限元边来定义表面（见《Abaqus 分析用户手册——指定的条件、约束和相互作用卷》的 3.3.1 节），此表面可以绑定到固体单元。此方法耦合声学无限单元的半无限边到固体单元。

网格细化

虽然网格可以在绑定面上节点不一致，但网格细化影响耦合解的精度。在声学-固体问题中，网格细化取决于两个介质中的波速。对于具有较低波速的介质网格，通常应当进一步细化，并因此应当成为从属面。如果流-固界面附近波场的详细情况是重要的话，则网格细化应当与对应较低波速的介质细化程度相同。在此情况中，主面的选择是任意的。一个例外是声学介质必须随着结构而更新的大变形分析情况。在这样的情况中，从面必须在声学区域中定义。另外一个例外是流体耦合到壳或者梁单元的两个面的情况（如下面所描述的那样）。

使用子模型技术顺序的求解结构系统

在一些应用中，由声学流体创建的结构上的法面牵引，与结构系统中的其他力相比可以忽略。例如，一个金属电动机壳体可以辐射声音到周围的空气中，但是电动机上的空气反作用压力，对于壳体的动力学而言是微不足道的。在这些情况中，可以使用子模型技术（见 5.2.1 节）来顺序求解系统。即，结构分析（不与流体耦合）后面跟随有声学分析（通过结构来驱动）。通常，这样的分析耦合降低了计算成本。结构系统扮演“整体”模型的角色，并且声学流体是子模型。声学流体边界上的结构位移必须保存到整体分析中的结果文件中。因为 Abaqus 在整体和子模型之间插值场，所以可以使用声学-结构的界面单元。它们应当施加到通过整体结构模型驱动的流体边界上。

输入文件用法：在后面跟随有一个子模型分析的整体（结构）分析中，使用下面的选项：

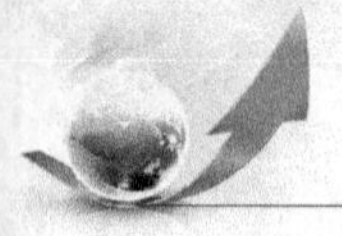

*NSET，NSET = 驱动流体的固体边界

*NODE FILE，NSET = 驱动流体的固体边界

U

在后续的子模型（流体）分析中，使用下面的选项，后续的子模型在被驱动的流体边界上使用声学界面单元：

*NSET，NSET = 被驱动的流体边界

*SUBMODEL，EXTERIOR TOLERANCE = 容差

被驱动的流体边界

*BOUNDARY，SUBMODEL，STEP = 1

被驱动的流体边界，1，3，

Abaqus/CAE 用法：在后续的子模型（流体）分析中，使用下面的选项，后续的子模型在被驱动的流体边界上使用声学界面单元：

Load module：Create Boundary Condition：为 Category 选择 Other 以及为 Types for Selected Step 选择 Submodel：为被驱动的流体边界选择区域：Exterior tolerance：relative：容差；Degrees of freedom：1，3；Global step number：1

在梁或者壳的两面定义声学-结构耦合

在 Abaqus/Standard 中，对于模拟一个在两面与流体相互作用的梁（二维中）或者壳，有两个可用的替代：一个基于面的过程和一个基于单元的过程。在 Abaqus /Explicit 中，必须使用基于面的过程。

基于面的过程的使用是简单的。在梁或者壳上必须定义两个面：一个在 SPOS 侧，另一个在 SNEG 侧。然后每一个面使用一个绑定约束与流体耦合。最后，梁上或者壳上的两个面中至少一个必须是主面。

在 Abaqus/Standard 中，如果为流体和梁或者壳使用了相同的节点，声学界面单元必须以下面的方式，在一个梁或者壳单元的两侧定义声学-结构耦合：

1. 定义另外一个与梁或者壳节点重合的节点集，并且使用一个 PIN 类型的 MPC（见《Abaqus 分析用户手册——指定的条件、约束和相互作用卷》的 2.2.2 节）来约束两个节点集的运动到一起。

2. 使用第一个节点集，将梁或者壳单元的一侧，与声学界面单元相对齐（使得声学界面单元的法向指向流体）。

3. 使用第二个节点集，将梁或者壳单元的另外一侧，与声学界面单元相对齐（使得法向指向结构相反一侧的流体，如步骤 2 中）。

4. 梁或者壳单元的第一个侧面上的声学单元，应当使用节点的第一集来定义，并且梁或者壳单元的另外一侧上的声学单元，应当使用另一个节点集来定义。

为梁和管单元定义虚拟质量影响（流体结构的耦合）

Abaqus 中，可以通过为梁指定额外的惯性来模拟在铁木辛哥梁单元中融入虚拟质量影响。虚拟质量影响是作为梁的单元截面的部分来指定的。

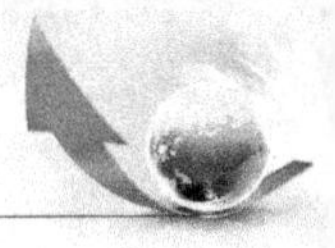

1. 定义梁截面（见《Abaqus 分析用户手册——单元卷》的 3.3.6 节和 3.3.7 节），任何附加的内部惯量（见《Abaqus 分析用户手册——单元卷》的 3.3.5 节中的“为铁木辛哥梁添加惯量到梁的截面行为”）和梁材料属性。

2. 定义虚拟质量影响（见《Abaqus 分析用户手册——单元卷》的 3.3.5 节中的“添加由于浸没在流体中所引起的附加惯量”）。

3. 如果模型是使用一个入射波来加载的（见《Abaqus 分析用户手册——指定的条件、约束和相互作用卷》的 1.4.6 节），则在梁单元上定义一个面或者许多的面。

载荷

在一个声学分析中，可以指定下面类型的载荷，如《Abaqus 分析用户手册——指定的条件、约束和相互作用卷》的 1.4.6 节中所描述的那样：

- 集中的压力共轭载荷。
- 指定声介质压力与边界（基于单元的或者基于面的）上法向运动之间的关系的阻抗条件。施加这样的一个条件，例如，包括一个重力场中的小幅值的“晃动”的影响，或者包括一个可压缩的、可能耗散的声学介质与一个固定的刚性壁或者一个结构之间的衬里（例如一个地毯）。此类型的条件也可以施加于声学无限单元的边面。
- 声学边界（基于单元的或者基于面的）上的无反射辐射条件。可以定义一个阻抗来选择考虑辐射面形状的合适的辐射边界条件。
- 入射波载荷，例如通过一个水下爆炸所产生的入射波，或者一个声场。因为此类型的载荷通常是与半无限声区结合来施加的，在 Abaqus 中有两个备选的模拟公式是可用的。当入射波载荷是施加于一个半无限声场网格的外部时，提供一个基于总压力的公式。当声学介质能够发生气穴时，必须用此公式来处理入射波载荷，呈现流体材料行为的非线性。当气穴不是流体机械行为的一部分时，并且当载荷是施加在流体-固体界面的时候，通常是使用散射的压力公式。声音传输损失和声学散射问题通常落入后者的范畴。

对于两个公式，当对给定的面施加一个入射波载荷时，在面两侧的压力之间发生一个数学的阶跃，因为入射波到达的那个面隐含是一个压力分散了的区域。当入射波载荷是施加在一个具有无反射阻抗条件的面时，以及当入射波载荷是施加在一个流体-固体界面时，此阶跃是自动处理的。然而，如果入射波载荷是施加在一个位于声学有限单元或者无限单元之间的面上时，则不会正确模拟阶跃，因为压力是在声学单元之间连续的。对于此情况，低质量和低刚度膜、壳或者面单元应当在声学单元之间进行插值来允许压力中的阶跃存在。

入射波载荷可以在使用直接求解的稳态动力学过程和基于子空间的稳态动力学过程的时谐问题中进行施加。可以定义发射波的单个球源或者平面源，或者可以在 Abaqus 中使用确定性的弥散场模型。在前面的情况中，用法非常类似于瞬态分析：所定义的源对应于不同的声源。后者情况模拟声场入射到暴露于一个混响室的表面上：假定场是等效于从一个半球分布的方向上到达的许多平面波。当在稳态动力学中使用入射波载荷时，只支持散射的波公式。

入射波载荷的几个例子，见《Abaqus 分析用户手册——指定的条件、约束和相互作用卷》的 1.4.6 节。

- 由一个空气爆炸引起的入射冲击波所产生的载荷。虽然此类型的波是高度非线性的和

复杂的，但是由冲击波所产生的压力载荷可以很容易地从 Abaqus /Explicit 中可用的 CONWEP 模型所提供的经验数据算出来。此模型的主要优点是载荷直接施加在承受爆炸的结构，不需要在计算区域中包括流体介质。在 CONWEP 模型中，可以使用两类波的经验数据：中空中爆炸的球波和地平面上爆炸的半球波，在其中包括了地面效应。

CONWEP 模型不考虑由障碍物产生的遮蔽效应。此外，它不考虑限制效应，并且由此，不包括分析中任何反射面的参与。模型不考虑爆炸波的入射角；对于压力载荷计算中入射角的结合，见《Abaqus 分析用户手册——指定的条件、约束和相互作用卷》的 1.4.6 节。

预定义的场

在声学分析中可以指定下面的预定义场，如《Abaqus 分析用户手册——指定的条件、约束和相互作用卷》的 1.6.1 节中所描述的那样：

- 虽然声学单元中温度不是一个自由度，但是可以指定节点温度。所指定的温度影响温度相关的材料属性。
- 可以指定用户定义的场变量值。这些值影响场变量相关的材料属性。

材料选项

在声学分析中，只有声学介质材料模型（见《Abaqus 分析用户手册——材料卷》的 6.3.1 节）是使用有效的。一个耦合的声学-结构分析中的结构可以使用任何材料模型来模拟。因为声学分析总是使用一个动态过程来执行，所以通常应当定义结构的密度（见《Abaqus 分析用户手册——材料卷》的 1.2.1 节）。

当膨胀波在多孔材料中主导剪切效应时，多孔材料通常是使用一个多孔公式来模拟的。对于此范畴的现象存在大量的模型。Abaqus 中，对于使用声学单元的多孔介质模型，可以使用两种类型的模型：唯相模型和通用的频率相关的模型。唯相模型描述使用与多孔结构相关的材料数据的动态特征，例如多孔性自身、扭弯等。另外，可以为材料直接指定动态属性。这通常是使用一个频率相关的数据表格来完成的。指定 Abaqus 中声学材料的详细情况，见《Abaqus 分析用户手册——材料卷》的 6.3.1 节。

当声学介质能够气蚀时，并且分析包括入射波加载，则必须使用一个基于总压力的公式。如果不存在气蚀，或者问题没有入射波载荷，则可以使用默认的散射波公式或者总波公式。

对于使用虚拟质量近似的梁单元，相关数据是作为梁截面定义的部分来指定的。

单元

Abaqus 为模拟承受小压力变化的声学介质提供一组单元。此外，Abaqus/Standard 提供界面单元来将这些声学单元耦合到结构模型（见《Abaqus 分析用户手册——单元卷》的 1.1.3 节）。如果使用了界面单元，则只能执行直接求解的稳态谐（线性的）响应分析（见 1.3.4 节）和瞬态响应分析（见 1.3.2 节）。

Abaqus/Standard 中，对于给定数量的自由度，二阶声学单元通常比一阶声学单元精确

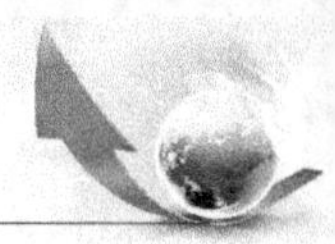

得多。Abaqus/Explicit 中的声学单元是限制于一阶插值的。

声学单元不能与静水压单元一起使用。

使用 Abaqus/Explicit 中提供的 CONWEP 模型，分析必须是三维的。加载面必须仅由固体、壳或者膜单元组成。此外，声学单元不能施加 CONWEP 载荷。

外部问题

我们通常需要模拟一个外部问题，例如无限延伸的声学介质中的一个结构振动。阻抗类型的辐射边界条件可以用来模拟网格外面的波运动。此外，Abaqus 为此类问题提供声学无限单元。

阻抗类型的辐射条件

在此情况中，使用声学单元来模拟结构和简单的几何面（远离结构放置的）之间的区域，并且在那个表面上施加一个辐射（无反射的）边界条件。辐射边界条件是近似的，这样，一个外部声学分析中的误差，不仅通过通常的有限单元离散化误差来控制，还通过近似辐射条件中的误差来控制。Abaqus 中，当辐射边界条件变成无限远离辐射结构时，辐射边界条件转变成极限中的精确条件。实际上，当面与结构之间的距离至少是最长特征或者响应结构波长的一半时，这些辐射条件已经可以提供精确的结果了。

声学无限单元

为模拟外部问题（见《Abaqus 分析用户手册——单元卷》的 2.3.1 节）提供声学无限单元。这些单元具有面拓扑：二维和轴对称问题中的线性和二次分段的，以及三维问题中的三角形和四边形。通常，在一个声学有限元区域的终止面上定义声学无限元。在撞击终端面的波场具有许多复杂特征的情况中，声学无限元公式比阻抗类型的辐射边界条件要精确得多。辐射边界条件是相对简单的，等效于一个“零阶”的无限单元。Abaqus 中实施的声学无限元是变阶的，最高到九阶。

可以通过使用一个基于面的绑定约束，将声学无限元直接耦合到结构面：在某些应用中，这可以提供足够的精度。在通常情况中，声学无限元是定义在声学有限元网格的终止面上的。对于给定的精度，声学有限元网格的直径可以比使用辐射边界条件的情况所使用的单元直径小很多。

声学无限元上的节点连续性定义单元的面拓扑。要完成单元公式，面拓扑必须映射到无限区域中。此映射要求一个参考点，此参考点在单元截面属性定义中给出。参考点用于定义坐标映射中所使用的特征长度。在从一个球面发出声学辐射的理想情况中，参考点的正确放置是球的中心。通常，当参考节点是位于无限元封闭区域的中心附近时，声学无限元产生最精确的结果。

无限区域的精确映射要求节点法向量。节点法向量必须指向无限元区域，并且用来定义通过一个特定的无限元来处理的部分无限区域。要不重叠地覆盖无限区域，每一个附在无限单元上的节点必须具有一个唯一的法向。节点法向向量如下指定或者进行计算。

用户指定的其他的节点法向（见《Abaqus 分析用户手册——介绍、空间建模、执行与输出卷》的 2.1.4 节），对于声学无限单元是忽略的，因此，不能用来为声学单元定义法向

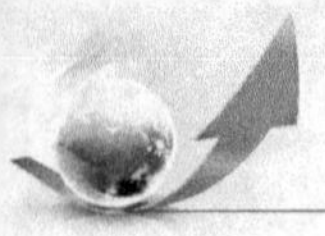

方向。在单元的表面拓扑上，法向量必须发散，即，所映射的面（在二维中）或者所映射的体积必须随着距离而增加到无限区域中。要确保此准则，在每一个声学无限单元节点上的法向向量，是定义成沿着那个节点和在单元截面属性定义中所给出的参考点之间的向量的。对于更多的信息，见《Abaqus 分析用户手册——单元卷》的 2. 3. 1 节。

网格细化

声学和振动分析中最常见的困难是网格细化得不够。为了合适的精度，应当用至少六个声学网格的典型节点间隔来拟合分析中存在的最短声波。如果在最短的波长上使用十个或者更多的节点间隔，则精度持续得到提高。在稳态分析中，最短的波长将发生在具有最低声速的介质中，在分析的最高频率上。在瞬态分析中，在分析之前确定存在的最短波长是更加困难的：使用载荷或者指定的边界条件中存在的最高频率来估计此波长是合适的。

一个“节间间隔”是定义成一个单元中，一个节点与到它最近节点的距离，即，一个线性单元的单元大小，或者一个二次形单元的一半单元大小。在一个固定的节点间隔上，二次单元比线性单元更加精确。为声学介质所选取的细化水平，也应当在声学介质中体现：固体网格应当足够进行细化，来精确模拟弯曲波、压缩波和剪切波。

所要求的网格细化水平取决于应用。任何传递波的区域的有限元离散化，在每个波长上引入一定量的误差。就波长而言是小的网格中，相对粗糙（例如，每波长六个节间间隔）的网格可能就足够了。对于包含许多感兴趣频率的波长的网格，每个波长的有限元离散误差会累计，因此通常需要更高水平的细化。在这些更大的网格中，如果细化不够的话，则在于整个网格中存在积累的每个波长的误差。

声学波长随着频率增加而降低，因此对于一个给定的网格，存在一个频率上限。让 L_{max} 代表网格中单元的最大节间间隔，n_{min} 为我们期望的每个声波长的节间间隔数量（推荐 $n_{min} \geqslant 10$），f_{max} 代表激励的圆频率，并且 $c=\sqrt{K_f/\rho_f}$ 代表声速，其中 K_f 是声学介质的体积模量，ρ_f 是密度。则要求表达为

$$L_{max} < \frac{c}{n_{min} f_{max}} \text{或者} f_{max} < \frac{c}{n_{min} L_{max}}$$

如果给定了频率，则上面的表达式可以用来评估最大可允许的单元长度，或者对于一个给定的网格大小，上面的表达式可以用来评估最大的有效频率。例如，在室温下的空气，$c \approx$ 343m/s。表 1-10 给出了精确的模拟给定的最大频率 f_{max}，所需要的最大节间距离：

表 1-10 最大节间距离

感兴趣的最大频率 f_{max}	最大的节间间隔 L_{max}	
	$n_{min}=8$	$n_{min}=12$
110Hz	<430mm	<286mm
500Hz	<86mm	<57mm
1000Hz	<43mm	<29mm
20kHz	<2. 1mm	<1. 4mm

对于外部问题，一个分析的精度也取决于吸收边界条件的精度。如上面所说明的那样，Abaqus 中实施的吸收边界阻抗条件是与声源与辐射边界之间的一个声学有限元的消散厚度

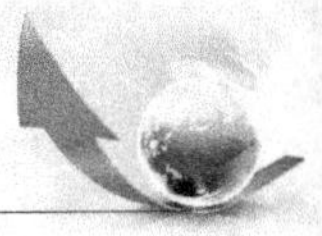

r_1一起使用的。因为将辐射条件近似收敛成无限消散限制中的确切条件，则一个更大的消散厚度改善解的精度。消散厚度 r_1 是表达成所分析的最小频率上的波长 $m_{\min}$：

$$r_1 > \frac{cm_{\min}}{f_{\min}} \qquad 或者 \qquad f_{\min} > \frac{cm_{\min}}{r_1}$$

继续使用空气属性的例子，我们可以计算推荐的对应于一个指定感兴趣最小频率的最小消散厚度，使用 $m_{\min}=1/3$：

感兴趣的最小频率 $f_{\min}$	辐射边界消散 r_1
100Hz	>1140mm
500Hz	>230mm
1000Hz	>114mm
20kHz	>5.7mm

一个外部问题的计算要求因而取决于辐射边界消散距离和节间距离。一个模型中的节点编号 N 取决于网格的体积，通过 r_1 和空间维度 d 来控制，并且网格的密度由 $L_{\max}$ 来控制。节点的确切编号取决于模型的细节，但是表达式

$$N \sim \left(\frac{r_1}{L_{\max}}\right)^d \sim \left(\frac{f_{\max}}{f_{\min}} m_{\min} n_{\min}\right)^d$$

表明在一个给定的分析中，模型的大小有关于最大频率与最小频率的比。因为外部问题的网格大小严重依赖于带宽（$f_{\max}-f_{\min}$），可以通过分割带来控制一个分析的大小。例如，覆盖感兴趣的整个频率范围是 100～10000Hz，则一个在三维空间中覆盖此带的单独球形网格具的大小为

$$N \sim (100 m_{\min} n_{\min})^3 \sim 1e6\ (m_{\min} n_{\min})^3$$

然而，将此问题分割成两个带，（100，1000）和（1000，10000），并且为每一个带创建一个外部网格，产生如下大小的两个分析

$$N \sim (10 m_{\min} n_{\min})^3 \sim 1000\ (m_{\min} n_{\min})^3$$

在耦合的声学-结构系统中，通常存在不同的流体和固体介质波速。在声学-结构界面的区域中，两个介质中的波现象可能表现出较慢介质的长度特征，即，波动态的长度可以和较短的波长相等，对应于较低的波速。此结果遵守两个介质在边界上耦合的实际情况。对于这些影响是重要的靠近声学-结构界面的区域，通常不会比较短的波长厚。

例如，在一个涉及水与橡胶相互作用的分析中，橡胶中的波速可比水中的波速慢许多。一个用来详细模拟此问题的有限元网格将要求在界面的两侧细化到每个较短波长六（或者更多的）个节点。如果高细化区域没有进一步在水中延伸到一个较短的波长，则在水侧（较快的，较长的波长），精度将很可能不明显地受到损失。当然，在某些分析中，在界面附近的影响可能是不重要的。这样，两个网格可以只细化为可以精确代表它们自己的特征波长。

输出

节点输出变量 POR（声学单元节点上的压力大小）对于一个声学介质是可用的（在

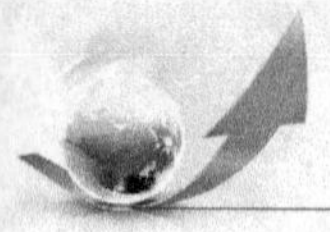

Abaqus/CAE 中，称此输出变量为 PAC）。当散射波公式（默认的）与入射波载荷一起使用时，输出变量 POR 仅代表模型的散射压力响应，并且不包括入射波载荷自身。当使用总波公式时，输出变量 POR 代表总动态声压，总动态声压代表入射和散射波的贡献，以及流体气穴的动态效应。对于任何的公式输出变量，POR 不包括声学静压。

在 Abaqus/Explicit 中，一个额外的节点输出变量 PABS（绝对压力，等于 POR 与声学静压力的和）是可以使用的。当对流体气穴的动态效应感兴趣时，可以在一个使用总波公式的声学分析中指定声学静压。如果在一个声学区域中不指定声学静压，则假定它们是较大的，在那个区域中不包括气穴。

对于通用步，包括隐式和显式动态步，没有为声学单元计算能量大小。结果，这些单元将对总能量平衡没有贡献。

稳态动力学输出

对于稳态动力学分析，POR 是复数，并且可以在 Abaqus/CAE 的 Visualization 模块中以几种方式显示。相角（PPOR）作为数据（.dat）和结果（.fil）文件的输出是可以得到的。

对于直接求解的稳态动力学或者基于子空间的稳态动力学分析中的多维声学有限元，另外还有几个次要的量是可以得到的。“声压水平”是定义成：

$$SPL \equiv 20\lg p_{\mathrm{RMS}} - 20\lg p_{\mathrm{REF}}$$

其中 p_{REF} 是定义成模型中的物理常数（见下面的“定义参考压力”），并且 p_{RMS} 是在任何点上，使用下面的公式，从复数赋值的声压 $\tilde{p}$ 计算得到的。

$$2p_{\mathrm{RMS}}^2 = \mathscr{R}(\tilde{p})^2 + \mathscr{P}(\tilde{p})^2$$

任何材料点上的声学粒子速度是

$$\tilde{\boldsymbol{v}} = \frac{\boldsymbol{i}}{\tilde{\boldsymbol{\rho}}\boldsymbol{\omega}}\frac{\partial \tilde{\boldsymbol{p}}}{\partial \boldsymbol{x}}$$

$\boldsymbol{I}$ 为声音强度矢量，一个材料点上的能量流动率的度量是

$$\tilde{\boldsymbol{I}} = -\frac{1}{2}\boldsymbol{\sigma}\,\hat{\tilde{v}}$$

在一个声学介质中，应力张量可简化为声学压力乘以标识张量，这样，此表达式简化成

$$\tilde{\boldsymbol{I}} = \frac{-1}{2i\,\hat{\tilde{\rho}}\omega}\left[\tilde{p}\,\widehat{\frac{\partial \tilde{p}}{\partial x}}\right]$$

字母上面的符号表示复数共轭。强度的实部称为“主动强度，”虚部是“反应强度。”在稳态动力学分析中，对于声学有限元单元，声压梯度也是可以得到的。

在稳态动力学分析中，对于声学无限单元，额外的节点输出量是可以使用的。

PINF 表示无限单元形状函数的复数压力系数。这些系数可以用来在 Abaqus/CAE 的 Visualization 模块中使用脚本来显示外部声场（即，声学无限元的体积中），见《Abaqus 脚本使用手册》的 9.10.11 节。INFN 是声学无限单元用来定义单元体积的法向量，INFR 表示那个节点处的单元所使用的半径，并且 INFC 表示单元的余弦，即，节点法向量与依附那个节点的声学无限元面法向向量之间的最小点积。这些量的更多完整描述见《Abaqus 理论手册》的 3.3.2 节。INFN、INFR、INFC 在使用声学无限单元调试中是有用的。结果，有时候执行

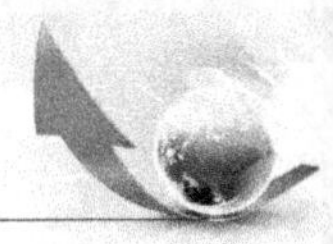

一个稳态动力学是有价值的，对一个模型直接分析来显示这些信息。

对于稳态动力学步，对于声学单元，能量大小是可以使用的。这些单元在稳态动力学中对总能量平衡是有贡献的。

定义参考压力

必须定义用来计算声压水平的参考压力 p_{REF}。参考压力没有默认的值。

输入文件用法：＊PHYSICAL CONSTANTS，SPL REFERENCE PRESSURE = p_{REF}

Abaqus/CAE 用法：在 Abaqus/CAE 中，不能定义一个参考压力。

输入文件模板

下面是一个直接求解的稳态动态声学分析的步定义例子，此分析寻求从 $f=10$ 到 $f=100$ 的六个线性频率上的模型响应。指定节点集 INPUT 上的压力（边界上的节点）具有一个 3.0 的同相分量和一个 -4.0 的异相分量（即，一个 3.0 -4.0i 的复数值）。在节点 10 上，指定了一个 40.0 的同相向内的体积加速度。

在面 LINER1 上，基于命名为 CARPET1 的阻抗属性定义了一个阻抗。在单元集 PAD 中的所有单元的另外面上，定义了另外一个基于 CARPET1 的面阻抗。在单元集 END 中的所有单元的第四个面上，指定了默认的平面波边界条件。

为节点集 OUTPUT 要求了压力大小和相的打印输出。声压和位移是写到输出数据库的。所有的输出为六个激励频率中的每一个记录一次。

```
*HEADING
…
*SURFACE, NAME = LINER1
10, S3
*IMPEDANCE PROPERTY, NAME = CARPET1
描述阻抗属性为一个频率的函数的数据行（英文原版有误）
**
*STEP
*STEADY STATE DYNAMICS, DIRECT
10, 100, 6
*SIMPEDANCE, PROPERTY = CARPET1
LINER1,
**
*IMPEDANCE, PROPERTY = CARPET1
PAD, I2
*IMPEDANCE
END, I4
** 在节点集 INPUT 上施加复数压力
*BOUNDARY, REAL
```

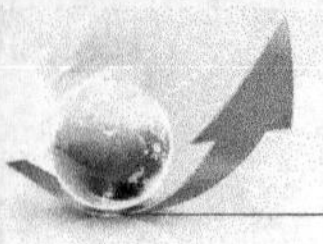


```
INPUT, 8, 8, 3.
*BOUNDARY, IMAGINARY
INPUT, 8, 8, -4.
** 在节点 10 上施加一个同相向内的体积加速度
*CLOAD
10, 8, 40.
** 输出要求
*NODE PRINT, NSET=OUTPUT, TOTALS=YES
POR, PPOR
*OUTPUT, FIELD
*NODE OUTPUT
U, PU, POR
*END STEP
```

下面是一个 Abaqus/Explicit 声学分析的步定义模板。在面 SURF 上，基于命名为 IPROP 的阻尼属性定义了一个阻尼。此外，阻尼是在单元或者单元集上定义的。

```
*HEADING
…
*ELEMENT, TYPE=AC2D4R
…
**
*SURFACE, NAME=SURF
定义面的数据行
*IMPEDANCE PROPERTY, NAME=IPROP
描述阻尼属性的数据
**
*STEP
*DYNAMIC, EXPLICIT 或者 *DYNAMIC TEMPERATURE-DISPLACEMENT, EXPLICIT
定义增量的数据行
*SIMPEDANCE, PROPERTY=IPROP
SURF,
**
*IMPEDANCE
定义单元或者单元集上的阻尼的数据行
*CLOAD
定义声学载荷的数据行
*FIELD
定义场变量值的数据行
*END STEP
```

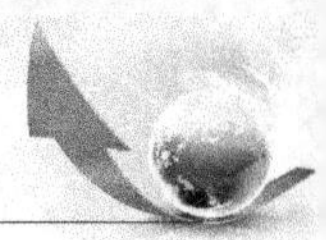

下面的模板是一个为施加入射波载荷，使用优先界面的耦合声学-结构冲击问题的表达（见《Abaqus 分析用户手册——指定的条件、约束和相互作用卷》的 1.4.6 节）：

```
*HEADING
…
*ELEMENT, TYPE=..., ELSET=ACOUSTIC
定义声学单元的数据行
*ELEMENT, TYPE=..., ELSET=SOLID
定义固体单元的数据行
*ELEMENT, TYPE=..., ELSET=BEAM
定义梁单元的数据行
*BEAM SECTION, ELSET=BEAM, MATERIAL=...
定义梁刚度截面属性的数据行
*BEAM FLUID INERTIA
定义梁虚拟质量属性的数据行
*SURFACE, NAME=IW_LOAD_ACOUSTIC
定义由入射波加载的声学面的数据行
*SURFACE, NAME=IW_LOAD_SOLID
定义由入射波加载的固体面的数据行
*SURFACE, NAME=IW_LOAD_BEAM
定义由入射波加载的梁表面的数据行
*SURFACE, NAME=TIE_ACOUSTIC
定义与固体网格交界的声学面的数据行
*SURFACE, NAME=TIE_SOLID
定义与声学网格交界的固体面的数据行
*INCIDENT WAVE INTERACTION PROPERTY, NAME=IWPROP, TYPE=SPHERE
定义一个球形入射波场的数据行
*UNDEX CHARGE PROPERTY
定义水下爆炸参数的数据行
** 将声学网格绑定到实体网格
*TIE, NAME=COUPLING
TIE_ACOUSTIC, TIE_SOLID
*STEP
*DYNAMIC, EXPLICIT 或者 *DYNAMIC
** 加载声学面
*INCIDENT WAVE INTERACTION, PROPERTY=IWPROP
IW_LOAD_ACOUSTIC, 源节点, 消散节点, 参考大小
** 加载固体面
*INCIDENT WAVE INTERACTION, PROPERTY=IWPROP
```

```
IW_ LOAD_ SOLID，源节点，消散节点，参考大小
** 加载梁面
*INCIDENT WAVE INTERACTION，PROPERTY = IWPROP
IW_ LOAD_ BEAM，源节点，消散节点，参考大小
*END STEP
```

下面的模板是一个为施加入射波载荷，使用另外界面的耦合声学结构冲击问题的表达：

```
*HEADING
…
*ELEMENT，TYPE =...，ELSET = ACOUSTIC
定义声学单元的数据行
*ELEMENT，TYPE =...，ELSET = SOLID
定义固体单元的数据行
*ELEMENT，TYPE =...，ELSET = BEAM
定义梁单元的数据行
*BEAM SECTION，ELSET = BEAM，MATERIAL =...
定义梁刚度截面属性的数据行
*BEAM FLUID INERTIA
定义梁虚拟质量属性的数据行
*SURFACE，NAME = IW_ LOAD_ ACOUSTIC
定义由入射波加载的声学面的数据行
*SURFACE，NAME = IW_ LOAD_ SOLID
定义由入射波加载的固体面的数据行
*SURFACE，NAME = IW_ LOAD_ BEAM
定义由入射波加载的梁面的数据行
*SURFACE，NAME = TIE_ ACOUSTIC
定义与固体网格交界的声学面的数据行
*SURFACE，NAME = TIE_ SOLID
定义与声学网格交界的固体面的数据行
*INCIDENT WAVE PROPERTY，NAME = IWPROP，TYPE = SPHERE
定义一个球形入射波场的数据行
*INCIDENT WAVE FLUID PROPERTY
为入射波场定义流体属性的数据行
*AMPLITUDE，DEFINITION = BUBBLE，NAME = PRESSUREVTIME
定义水下爆炸参数的数据行
** 绑定声学单元到固体单元
*TIE，NAME = COUPLING
TIE_ ACOUSTIC，TIE_ SOLID
*STEP
```

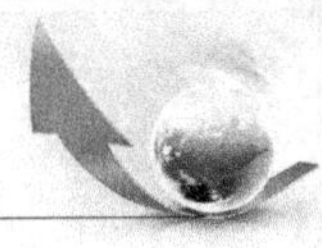

```
*DYNAMIC 或者 *DYNAMIC, EXPLICIT
** 加载声学面
*INCIDENT WAVE, PRESSURE AMPLITUDE = PRESSUREVTIME,
PROPERTY = IWPROP
IW_ LOAD_ ACOUSTIC, {幅值}
** 加载固体面和梁面
*INCIDENT WAVE, PRESSURE AMPLITUDE = PRESSUREVTIME,
PROPERTY = IWPROP
IW_ LOAD_ SOLID, {幅值}
IW_ LOAD_ BEAM, {幅值}
*END STEP
```

下面的模板是一个为施加入射波载荷，使用优先界面的耦合声学结构声音传播问题的表达（见 8.4.6 节）：

```
*HEADING
…
*ELEMENT, TYPE =..., ELSET = ACOUSTIC
定义声学单元的数据行
*ELEMENT, TYPE =..., ELSET = SOLID
定义固体单元的数据行
*SURFACE, NAME = IW_ LOAD_ ACOUSTIC
定义由入射波加载的声学面的数据行
*SURFACE, NAME = IW_ LOAD_ SOLID
定义由入射波加载的固体面的数据行
*SURFACE, NAME = TIE_ ACOUSTIC
定义与固体网格交界的声学面的数据行
*SURFACE, NAME = TIE_ SOLID
定义与声学网格交界的固体面的数据行
*INCIDENT WAVE INTERACTION PROPERTY, NAME = FIRST, TYPE = SPHERE
定义一个球形入射波场的数据行
*INCIDENT WAVE INTERACTION PROPERTY, NAME = SECOND, TYPE = PLANE
定义一个平面入射波场的数据行
** 绑定声学网格到固体网格
*TIE, NAME = COUPLING
TIE_ ACOUSTIC, TIE_ SOLID
*STEP
*STEADY STATE DYNAMICS, DIRECT or SUBSPACE PROJECTION
** 在声学和固体面上，定义由于第一个载荷工况产生的载荷：
*LOAD CASE, NAME = FIRST_ SOURCE
```

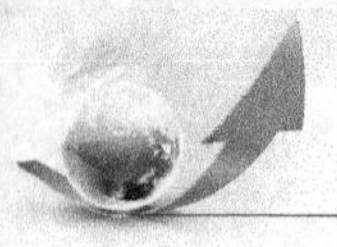


```
** 加载声学面：在消散点上定义实部
*INCIDENT WAVE INTERACTION, PROPERTY = FIRST, REAL
IW_ LOAD_ ACOUSTIC，第一个源节点，第一个消散节点，参考大小
** 加载声学面：在消散点上定义虚部
*INCIDENT WAVE INTERACTION, PROPERTY = FIRST, IMAGINARY
IW_ LOAD_ ACOUSTIC，第一个源节点，第一个消散节点，参考大小
** 加载固体面：在消散点上定义实部
*INCIDENT WAVE INTERACTION, PROPERTY = FIRST, REAL
IW_ LOAD_ SOLID，第一个源节点，第一个消散节点，参考大小
** 加载固体面：在消散点上定义虚部
*INCIDENT WAVE INTERACTION, PROPERTY = FIRST, IMAGINARY
IW_ LOAD_ SOLID，第一个源节点，第一个消散节点，参考大小
*END LOAD CASE
** 在声学和固体面上，定义由下一个载荷工况产生的载荷：
*LOAD CASE, NAME = SECOND_ SOURCE
** 加载声学面：在消散点上定义实部
*INCIDENT WAVE INTERACTION, PROPERTY = SECOND, REAL
IW_ LOAD_ ACOUSTIC，第二个源节点，第二个消散节点，参考大小
** 加载声学面：在消散点上定义虚部
*INCIDENT WAVE INTERACTION, PROPERTY = SECOND, IMAGINARY
IW_ LOAD_ ACOUSTIC，第二个源节点，第二个消散节点，参考大小
** 加载固体面：在消散点上定义实部
*INCIDENT WAVE INTERACTION, PROPERTY = SECOND, REAL
IW_ LOAD_ SOLID，第二个源节点，第二个消散节点，参考大小
** 加载固体面：在消散点上定义虚部
*INCIDENT WAVE INTERACTION, PROPERTY = SECOND, IMAGINARY
IW_ LOAD_ SOLID，第二个源节点，第二个消散节点，参考大小
*END LOAD CASE
*END STEP
```

1.11 Abaqus/Aqua 分析

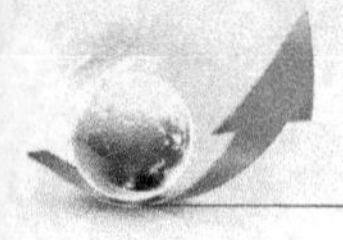

产品：Abaqus/Aqua

参考：

- "UWAV"《Abaqus 用户子程序参考手册》的 1.1.56 节
- "定义一个分析" 1.1.2 节
- * AQUA
- * CLOAD
- * C ADDED MASS
- * DLOAD
- * D ADDED MASS
- * SURFACE SECTION
- * WAVE
- * WIND

概览

一个 Abaqus/Aqua 分析：

- 用来在诸如模拟海上管道的安装或者海洋立管的分析那样的问题中，对淹没或者部分淹没的结构施加稳定洋流、海浪和风载荷；
- 可以使用静态（见 1.2.2 节），直接积分的动力学（见 1.3.2 节），显式动力学（见 1.3.3 节），或者特征频率提取（见 1.3.5 节）过程；
- 将仅对梁、管、弯头、杆和某些刚度单元计算阻力、浮力和惯性载荷；
- 可以在 Abaqus/Standard 中包括为了自升式塔钻基础分析来模拟桩脚靴的单元；
- 可以是线性的或者非线性的。

Aqua 分析的可用过程

Aqua 载荷可以施加于静态步（见 1.2.2 节），直接积分的动态步（见 1.3.2 节）和显式动态步（见 1.3.3 节）。在这些步中，流体质点速度假定是由两个叠加的影响组成的：稳态流动（它可以随着海拔和位置而变化）和重力海浪。流体质点加速度仅与重力海浪相关。

流体质点速度和加速度是用来计算浸入体上的阻力和惯性载荷。Abaqus/Aqua 也计算流体面海拔，并且允许部分浸入；对于在流体面以上的或者海床面以下的那些结构部分，忽略了阻力和浮力载荷。

可以在一个静态或者直接积分的动态步中（如果那个步包括非线性几何效应）使用一个特征频率提取步（见 1.3.5 节），提取由 Aqua 载荷产生一个预应力的结构所具有的固有频率。在一个特征频率提取步中，可以包括由于流体惯性载荷产生的附加质量影响。

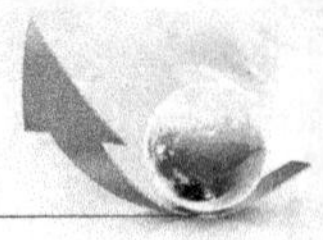

定义一个 Abaqus/Aqua 问题

Aqua 载荷以下面的方式来施加：

1. 为模型定义的流体属性和稳定流动速度。

2. 为模型定义重力海浪和风速。

3. 阻力、浮力和流体惯性载荷是使用静态或者直接积分的动态步定义中的分布或者集中载荷定义来施加在结构的单元和节点上的。所施加的载荷大小是通过流体属性，稳态流、海浪和风定义来确定的。

4. 在一个特征频率提取步中，使用集中的和分布的附加质量定义来（替代集中和分布的载荷）表示流体的惯性影响。

来自 Abaqus/Aqua 载荷的载荷刚度项，在几何非线性分析中是重要的，是不对称的。因此，当包括非线性几何影响时（见 1.1.2 节），应当为步使用非对称矩阵求解和存储方案。当被分析的结构是柔性的时候，有必要使用非对称求解器（见《Abaqus 基准手册》的 1.13.3 节）。

另一方面，如果一个相对硬的结构承受 Aqua 载荷，或者动态步使用小时间增量，则非对称载荷刚度项可能不占主导，并且能够使用对称求解器得到一个收敛的解（见《Abaqus 例题手册》的 12.1.2 节）。

坐标系

对于三维情况，z 坐标轴必须指向竖直，并且对于二维情况，y 坐标轴必须指向竖直。对于三维情况，静止流体表面（没有海浪运动）位于一个与 $x-y$ 平面平行的平面中。对于二维情况，它平行于 x 轴放置。静止流体表面的位置是作为流体属性数据的部分来指定的。

定义流体属性

Aqua 载荷要求流体密度、海床和自由面海拔和重力约束的定义。

输入文件用法：*AQUA

海床海拔，自由面海拔，重力约束，流体密度

*AQUA 选项必须包括在输入文件的模型数据部分中。

定义一个稳定流

稳定流是通过给出作为海拔和位置函数的稳定流速来定义的。对于三维模型，海拔是在正的 z 方向上定义的；对于二维模型，在正的 y 方向上定义。对于二维情况，忽略稳定流速的 z 分量。对于如何定义一个属性（在此情况中为稳定流速度）为多个独立变量的函数的解释见 1.2.1 节。

如果流动速度不是海拔或者位置的函数（例如，当在一个均匀移动通过一个静流体的坐标系统中模拟一个问题时，例如一个牵引分析），只需要指定一个流体速度。

稳定流速可以通过参考一个幅值曲线（见《Abaqus 分析用户手册——指定的条件、约束和相互作用卷》的 1.1.2 节），来将施加阻力载荷的集中或者分布载荷定义进行缩放，如后面所描述的那样。

输入文件用法：＊AQUA

在第一个数据行上的流体属性（如上面所描述的）

X－速度$_{流体}$，Y－速度$_{流体}$，Z－速度$_{流体}$，海拔，X－坐标，Y－坐标...

定义重力波浪

重力波浪是通过指定一个波浪理论来定义的。波浪理论确定流体加速度、速度和压力场波动。流体加速度场和速度场波动对阻力负载有影响。流体压力场波动对浮力载荷有影响。

选择要使用的波动理论类型

在 Abaqus/Standard 分析中使用 Abaqus/Aqua，可以选择 Airy 线性波浪理论，Stokes 五阶波浪理论，波浪数据从一个格子化的网格读取，或者在用户子程序 UWAVE 中定义流体运动学。对于 Airy 和 Stokes 波浪，流体表面海拔和流体质点速度和加速度将基于波浪定义，作为时间和位置的函数来计算得到。如果波浪数据是以格子化的网格形式来提供的，则必须指定这些量。如果使用了用户子程序 UWAVE，则必须在那个程序中定义流体运动。

类似的，在 Abaqus/Explicit 分析中使用 Abaqus/Aqua，可以选择 Airy 线性波浪理论，Stokes 五阶波浪理论，或者在用户子程序 VWAVE 中定义的流体运动学。

所有的内置波浪理论假定在不受任何流-固相互作用影响的水平面（流体表面的平面）里的一系列波浪。Airy 和 Stokes 理论是基于无黏性的无旋流动，不可压缩的流体，其中浪高 H 与静水深度 d 相比是小的。流体的底部是假定成平的（静水深度是不变的）。

Ursell 参数，

$$\frac{H}{\lambda}\left(\frac{\lambda}{d}\right)^3$$

其中 λ 是波长，对于可应用的 Airy 波浪理论应当远小于 1.0，并且对于可应用的 Stokes 理论，应当小于 10.0。当 H/λ 大于 0.142 时，预测波浪的波峰要断裂。然后在自由面上假定的边界条件在任何理论中不再有效，所假定的边界条件限制了任何理论的最大波浪幅值。

Airy 波浪理论

线性 Airy 波浪理论通常是当浪高对水深的比 H/d 小于 0.03 的时候使用的，前提是水是深的（水深对波长的比 d/λ 大于 20）。作为 Airy 理论线性化的部分，忽略对流加速度项。Airy 波浪理论在《Abaqus 理论手册》的 6.2.2 节中进行了详细的描述。

因为 Airy 波浪理论是线性的，可以定义在不同方向上通过水的任何数量的波列。通过线性叠加分别对流体质点速度和加速度求和。每一个波浪分量的方向，是通过指定位于静流体表面定义的平面内的向量余弦方向 d_N 来指定的。

默认情况下，Airy 波浪是以波长 λ_N 的形式定义的。另外，可以采用波浪周期 τ_N 的方式来定义波浪。对于 Airy 波浪理论，每一个分量的波长和周期是通过下式来关联的。

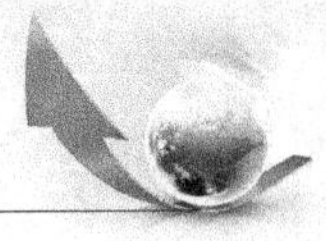

$$\frac{2\pi}{\tau_N^2}=g\frac{1}{\lambda_N}\tanh\frac{2\pi h}{\lambda_N},$$

式中 τ_N——此分量的周期；

g——重力加速度；

λ_N——波长；

h——未受干扰的（静）水深度。

输入文件用法：使用下面的选项，以波长的方式定义 Airy 波浪：

*WAVE，TYPE = AIRY

幅值，波长，相角，x 方向余弦，y 方向余弦

使用下面的选项，以波浪周期的方式定义一个 Airy 波浪：

*WAVE，TYPE = AIRY，WAVE PERIOD

幅值，波长，相角，x 方向余弦，y 方向余弦

在任何情况中，重复数据行来定义多个波列。

斯托克斯五阶波浪理论

斯托克斯五阶波浪理论是一个深水波浪理论，对于相对大的波长是有效的。在斯托克斯五阶理论的流体质点加速度计算中包括对流项，并且对于较大的 H/λ 比可以是显著的。斯托克斯波浪理论，在《Abaqus 理论手册》的 6.2.3 节中进行了详细的描述。

因为斯托克斯五阶波浪理论是非线性的，在一个分析中只允许一个波列。虽然上面给出的公式是一个一阶近似公式，但在斯托克斯五阶理论中，波长与波周期之间的关系不像 Airy 理论中那样简单。斯托克斯波浪仅可以采用波周期 τ 的形式进行定义。

输入文件用法：*WAVE，TYPE = STOKES

波高，波周期，相角，行驶方向余弦

网格波浪数据

在一个用户定义的网格中，通过一个二进制数据文件，可以选择提供波浪面海拔，质点速度和加速度，以及一个点上的动态压力。二进制文件包含关于波浪定义的信息，指定有波浪信息的网格点位置和用户定义的时间上的波浪运动。在用户定义的网格内的空间位置上，Abaqus/Aqua 将从最近的网格点插值波浪运动，使用线性或者二次插值。当一个结构上的点是在用户定义的网格以上时，Abaqus/Aqua 假定此点在自由面海拔以上。这样，不施加流体载荷。如果一个在结构上的点落在用户定义的空间网格之外，并且不在网格的上方，则 Abaqus/Aqua 在网格中的最近的点上寻找波浪运动，并且在此结构点上使用这些值。

输入文件用法：*WAVE，TYPE = GRIDDED，DATA FILE = 文件名称

网格化波浪数据的二进制数据文件要求

数据文件必须包含下面的未格式化的（二进制）记录（见《Abaqus 验证手册》的 3.12.1 节）。FORTRAN WRITE 声明的数据为每一个记录给出：

第一个记录：

NCOMP，DTG，NWGX，NWGY，NWGZ，IPDYN

其中，NCOMP——数据文件中读取的波分量的数量；

DTG——在网格上给出波浪数据的时间增量；

NWGX——网格在 x 方向上的网格点数量；

NWGY——网格在 y 方向上的网格点数量，如果此数量是一，则 Abaqus/Aqua 假定关于局部 y 方向的波浪数据是不变的；

NWGZ——网格在 z 方向上的网格点数量，如果此数量是零或者一，则分析是二维的，并且 y 方向是竖直的；

IPDYN——一个整数标识，表示在网格化的波浪文件中存储了动态压力信息（IPDYN =1），或者在网格化的波浪文件中没有进行存储动态压力信息（IPDYN =0）。

第二个记录：

（AMP（K1），WXL（K1），PHI（K1），K1 =1，NCOMP）

其中，NCOMP——在上面的第一个记录上读取的；

AMP——包含波浪分量幅度，a_N；

WXL——包含此分量的波长，λ_N；

PHI——包含此分量的相角，ϕ_N（单位为度）。

此文件的第二个记录包含用来生成网格化波浪数据的波浪分量数据，Abaqus/Aqua 不使用此记录。此记录只是通过使用 GETWAVE 接口为用户子程序 UEL 提供的信息（见《Abaqus 用户子程序参考手册》的 2.1.13 节）。矩阵 AMP 和 WXL 的意义取决于。然而，PHI 的单位转换成弧度。

第三个记录：

（WGX（K1），K1 =1，NWGX），（WGY（K1），K1 =1，NWGY），（WGZ（K1），K1 =1,NWGZ）

其中，NWGi——在第一个记录上读取的；

WGX——包含网格点的局部 x 坐标；

WGY——包含网格点的局部 y 坐标；

WGZ——包含网格点的局部 z 坐标（对于二维分析，不包括在网格化的波浪文件中）。

如果 IPDYN =0，则保留记录：

对于三维：

（（（WGVX（K1，K2，K3），WGVY（K1，K2，K3），WGVZ（K1，K2，K3），

WGAX（K1，K2，K3），WGAY（K1，K2，K3），WGAZ（K1，K2，K3），K3 =1，NWGZ），

WZCRST（K1，K2），NCRST（K1，K2），K1 =1，NWGX），K2 =1，NWGY）

对于二维：

（（WGVX（K1，K2），WGVY（K1，K2），WGAX（K1，K2），WGAY（K1，K2），

K2 =1，NWGY），WZCRST（K1），NCRST（K1），K1 =1，NWGX）

如果 IPDYN =1，则保留记录：

对于三维：

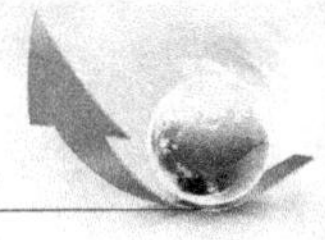

(((WGVX (K1, K2, K3), WGVY (K1, K2, K3), WGVZ (K1, K2, K3),
WGAX (K1, K2, K3), WGAY (K1, K2, K3), WGAZ (K1, K2, K3),
P (K1, K2, K3), DPDZ (K1, K2, K3), K3 =1, NWGZ),
WZCRST (K1, K2), NCRST (K1, K2), K1 =1, NWGX), K2 =1, NWGY)

对于二维:

((WGVX (K1, K2), WGVY (K1, K2), WGAX (K1, K2), WGAY (K1, K2),
P (K1, K2), DPDZ (K1, K2), K2 =1, NWGY),
WZCRST (K1), NCRST (K1), K1 =1, NWGX)

其中，WGVX——包含波浪质点速度的局部 x 分量；

WGVY——包含波浪质点速度的局部 y 分量；

WGVZ——包含波浪质点速度的局部 z 分量；

WGAX——包含波浪质点加速度的局部 x 分量；

WGAY——包含波浪质点加速度的局部 y 分量；

WGAZ——包含波浪质点加速度的局部 z 分量；

WZCRST——包含波浪表面海拔；

NCRST——包含恰好在瞬间水表面上方的竖直网格水平的量；

P——包含动态压力；

DPDZ——包含动态压力在竖直方向上的梯度。

Abaqus/Standard 中用户定义的波浪理论

在 Abaqus/Standard 中的一个 Abaqus/Aqua 分析中，一个用户定义的波浪理论可以在用户子程序 UWAVE 中进行编码。可以在用户子程序中定义流体质点速度、加速度、自由面海拔和流体压力场。

对于随机分析，可以指定一个随机数种子 r，并给出用来定义波浪谱的频率/幅值对。在分析过程中，Abaqus/Aqua 存储一个可以在用户子程序中使用中间构型来计算波浪的随机描述。将中间构型初始化为参考构型，并且仅当用户子程序要求时，由当前构型进行替换。以此方法，波浪场的随机描述可以存储在一个外部的数据库中，并且在必要时重新进行计算。

输入文件用法：使用下面的选项，在用户子程序 UWAVE 中指定波浪运动

*WAVE, TYPE = USER

为随机分析使用下面的选项，使得在用户子程序 UWAVE 中，中间构型可用：

*WAVE, TYPE = USER, STOCHASTIC = r

频率，幅值

...

Abaqus/Explicit 中的用户定义的波浪理论

在 Abaqus/Explicit 中的一个 Abaqus/Aqua 分析中，一个用户定义的波浪理论，可以在用户子程序 VWAVE 中进行编码。可以在用户子程序中定义流体质点速度、加速度、自由面海

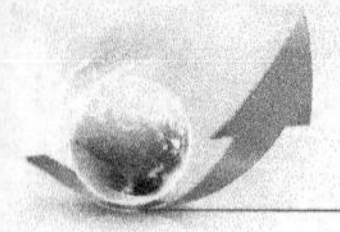

拔和流体压力场。

可以将定义波浪运动所要求的量指定成属性，并传递到用户子程序中。例如，在统计波运动的情况中，可以将任何要求的种子变量或者频率-幅值数据对指定成属性。

也可以为用户定义的波浪计算申明并且使用状态变量，这些状态变量将在节点上提供，并且在步的开始时初始化成零。必须在用户子程序中更新状态变量。例如，可以使用状态变量来存储描述一个统计波浪场的任何结构的中间构型。

输入文件用法：使用下面的选项，在用户子程序 VWAVE 中指定波浪运动：

*WAVE，TYPE = USER

使用下面的选项，在用户子程序 VWAVE 中指定可用的属性为 NPROPS 大小的实数矩阵的自变量 PROPS：

*WAVE，TYPE = USER，PROPERTIES = 节点属性

prop_ 1，*prop_ 2*，...，*prop_ 8*

...，*prop_ nprops*

使用下面的选项，在用户子程序 VWAVE 中指定可用的属性为 NSTATEVAR 大小的实数矩阵的自变量 STATEVAR：

*WAVE，TYPE = USER，DEPVAR = 节点状态变量

作为时间函数的波浪位置

对于 Airy 和 Stokes 波浪，在时间 $t=0$ 时的波浪位置可以通过指定波浪的相角 ϕ（或者 Airy 波浪的波浪分量）来选择。默认情况下，将波浪选择成它们在 $t=0$ 时的水平轴原点上具有一个波谷（流体面的竖直位移是一个最小的）。可以通过引入一个波浪的相角 ϕ 来改变此波谷。一个正的相角在波浪的传输方向上将波浪向后移动（见图1-24）。

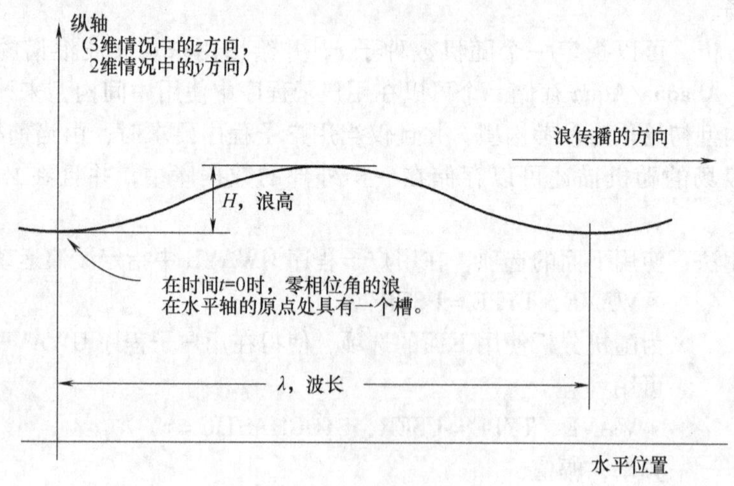

图1-24　零相角的波浪

波浪理论中使用的时间 t 是分析中的总时间。这样，如果在其中施加有 Airy 或者 Stokes 波浪的直接积分动态步，其前面的步不是直接积分的动态步（例如静态步），则使得这些前面的步中的时间周期与波的周期相比非常小，通常是方便的。

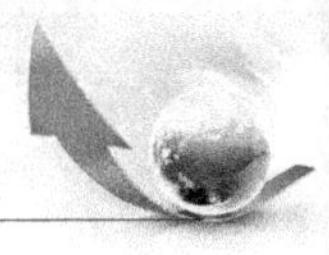

因为使用了总时间，所以波浪的相将从一个动态步的结束到下一个动态步的开始连续。

定义一个最小波谷海拔

为了计算效率，Abaqus/Aqua 使用的一个最小波谷海拔，低于此海拔，结构假定为浸入。低于此海拔，不需要做流体面的计算来确定感兴趣的点是否在瞬时表面的正上方。类似的，使用一个最大的波海拔：假定任何在最大波海拔之上的点没有流体载荷。

对于 Airy 和 Stokes 波浪，最小和最大浪高是从波浪理论中计算得到的。

对于网格化的波浪，Abaqus/Aqua 允许一个最小波谷海拔的定义：三维分析中的 $z_{\min}$，或者两维分析中的 $y_{\min}$。总是假定结构浸入此海拔之下。最大的浪高是计算成静水海拔加上静水海拔与最小波谷海拔之间的差。如果没有为网格化的波浪指定最小波谷海拔，则 Abaqus/Aqua 将结构上每一个点的海拔与通过网格化的数据定义的瞬时流体面进行比较。当定义此海拔时，确认没有波谷曾低于所指定的最小波谷海拔。

输入文件用法：* WAVE，TYPE = GRIDDED，DATA FILE = 文件名，MINIMUM = 海拔

Airy 波浪的波浪运动、 动态压力和外推

对所有的波浪类型使用波浪场的一个空间（欧拉）描述。这样，使用一个结构点的坐标来评估波浪运动。在几何非线性分析中，结构点的坐标是它的当前坐标。在几何线性分析中，波浪运动是使用结构点的参考坐标来进行评估的。

在几何线性和非线性分析中，对于静态和直接积分的动态过程，浸入是计算为当前时刻的瞬时水海拔。只在那些瞬时水位以下的结构点上施加流体载荷。

当所施加的浮力载荷与一个重力波浪相结合时，由静表面的变化所引起的动态压力被添加到静水压（度量到静水水平），这样来得到总的浮力载荷，除了当通过一个分布的或者集中的载荷定义描述的浮力载荷，覆盖了为 Abaqus/Aqua 分析给出的流体属性。对于 Airy、Stokes 和网格化的波浪类型，都为静态和动态过程包括了动态压力；然而，使用网格化的波浪数据，可以选择抑制此影响。对于动态压力的定义，见《Abaqus 理论手册》的 6.2.2 节和 6.2.3 节。

虽然线性化的 Airy 波浪理论假定关于波长和流体深度，流体位移是小的，但可能这些位移关于结构浸入到流体中的尺寸是不小的。作为线性近似的结果，对于计算瞬时水平以下，但是在静水线以上的点的波浪运动的特别处理是必要的。Abaqus/Aqua 使用 Airy 波浪理论的外推：静水线之上，但是瞬时自由表面以下的点的波浪速度、加速度和动态压力，取为从静水线处的波浪理论评估的值。更多的详细情况，见《Abaqus 理论手册》的 6.2.2 节。

从其他文件读取定义重力波浪的数据

可以在一个其他文件中包含重力波浪的数据库。对于文件名的语法，见《Abaqus 分析用户手册——介绍、空间建模、执行与输出卷》的 1.2.1 节。

输入文件用法：* WAVE，INPUT = 文件名

重力波浪的显示

在一个三维分析中，可以通过使用面网格来划分水的自由面来显示重力波浪（见

《Abaqus 分析用户手册——单元卷》的 6.7.2 节），并且通过面截面定义来标识单元为 Aqua 显示单元。

Aqua 显示单元仅是用于后处理，并且不影响解。对于这些单元的正确使用，下面的这些必须是真实的：

1. Aqua 显示单元可以仅通过共享节点来连接到其他显示单元。它们不能以任何方式连接到分析中已经使用的模型中的任何单元上。这包括通过共享的节点，运动约束，或者面相互作用的连接。如果没有满足这些条件，Abaqus 在输入文件的前处理中发出一个错误信息。例如，如果做一个离岸石油平台的 Abaqus/Aqua 分析，则显示单元不能连接到任何用于模拟平台的单元。

2. 忽略任何施加到显示单元上的边界条件或者载荷。

3. 对显示单元不能赋予密度。

4. 为显示单元不能定义加强层。

5. 要显示位移，必须在输出数据库（.odb）文件中要求位移场输出。在分析中，Abaqus 计算使用在模型中，也包括在用户子程序中，包括的任何波浪定义的单元的 z 位移。对于执行单元，只能要求位移输出。

6. 单元的初始 z 坐标应当定义在静水高度处，否则，Abaqus 在输入文件前处理过程中自动调整它们到静水高度。

输入文件用法：*SURFACE SECTION，ELSET =单元名称，AQUAVISUALIZATION = YES

定义一个风速剖面

可以定义一个风速剖面。仅对静水面海拔（在流体属性中进行定义的）之上的单元施加风载荷。如果一个单元是在静水深度之上，但是由于一个海浪而浸没，则仍然施加风载荷。

假定风速剖面是随着高度（三维模型中的 z 方向，二维模型中的 y 方向）根据指数规律的风速剖面变化的，并且在水平面上没有变化。指数规律的速度剖面给出为

$$v = v^0\left(\frac{z}{z_0}\right)^{\alpha}$$

式中 $v(z, t)$ ——局部风速（$\boldsymbol{i}$ 是沿着风场局部 x 轴的一个单位矢量，以及 $\boldsymbol{j}$ 是沿着风场的局部 y 轴的一个单位矢量），$v(z, t) = v_x(z, t)\boldsymbol{i} + v_y(z, t)\boldsymbol{j}$；

$v^0(t)$ ——参考高度 z_0 上的随时间变化的风速；

α——用户定义的常数（默认值1/7）；

z——静水面之上的距离（即，$z = 0.0$ 是静水表面）；

z_0——给出风速时间变化的静水表面之上的参考距离。

风局部坐标系是通过给出单位向量 $\boldsymbol{i}$ 的方向余弦来定义的。

输入文件用法：*WIND

空气密度，z_0，c_x，c_y，$\boldsymbol{i}$ 的 x 方向余弦，$\boldsymbol{i}$ 的 y 方向余弦，α

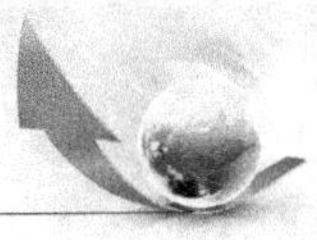

规定参考高度处风速的时间变量

风剖面的时间变化是通过$v^0(t)$定义的，在一个参考高度$z=z_0$上的风速向量的时间历史：

$$v^0(t) = v_x^0(t)\,\boldsymbol{i} + v_y^0(t)\,\boldsymbol{j}$$

风速分量时间历史$v_x^0(t)$和$v_y^0(t)$通过下面给出

$$v_x^0(t) = c_x A_x(t),\quad v_y^0(t) = c_y A_y(t)$$

其中c_x和c_y是用户定义的，如上面所描述的那样（具有默认的值1.0）并且$A_x(t)$和$A_y(t)$是通过参考来自对模型施加风载的集中或者分布载荷定义的幅值曲线来定义的时间相关的函数。如果没有幅值曲线参考，则风速分量是常数值$v_x^0(t)=c_x$和$v_y^0(t)=c_y$。

几何线性与几何非线性分析

在几何线性分析中，风速是基于结构的原始坐标计算得到的。在几何非线性分析中，使用结构上点的当前坐标来计算此点上的风速。

初始条件

在Abaqus/Aqua中，初始条件可以采用没有Aqua载荷的静态分析和动态分析的相同方式，施加到结构上。见《Abaqus分析用户手册——指定的条件、约束和相互作用卷》的1.2.1节。

边界条件

在Abaqus/Aqua中，边界条件可以采用没有Aqua载荷的静态分析和动态分析的相同方式，施加到结构上。见《Abaqus分析用户手册——指定的条件、约束和相互作用卷》的1.3.1节。

在海床上定义接触

Aqua载荷仅是施加在海床上的。要使用一个接触平面来模拟海床，接触平面的海拔必须比海床稍微高一点，以避免接触条件与所施加载荷之间的模糊。如果接触面在海床同一个水平上，圆整问题将造成Aqua载荷没有施加到与海床接触的节点上的风险。

载荷

使用集中或者分布的载荷定义，将稳定流动、波浪和风载荷施加到结构的节点或者单元上。如果当前点是在静水面之上的，则只施加风载。如果当前点是在瞬时流体表面以下，并且在海床以上，则仅施加流体载荷。部分浸入的单元施加分布的载荷。

特征频率提取步不能使用集中载荷和分布的载荷定义，这样，下面所描述的载荷仅能施

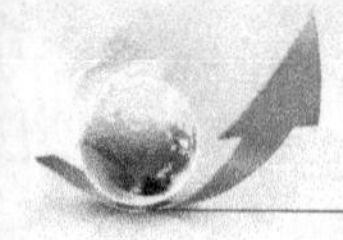

加在静态步中和直接积分的动态步中。

控制 Aqua 载荷的时间变化和大小

具有三个方法来将 Aqua 载荷的大小控制成时间的函数：

1. 可以参考一个来自集中或者分布载荷定义中的用户定义的幅值曲线（见《Abaqus 分析用户手册——指定的条件、约束和相互作用卷》的 1.1.2 节）来缩放整个载荷。

2. 可以为集中或者分布的载荷定义指定一个量值因子 M 来缩放所有的载荷。此量值因子允许定义归一化幅值曲线，并且用于多个载荷。默认的量值因子总是 $M=1.0$。

3. 可以参考单个的用户定义幅值曲线来分别缩放不同的载荷分量。例如，稳定流速和波浪速度可以通过参考不同的幅值曲线来分别进行缩放。

所有的这些因子是累积的。

浮力载荷

计算得到的结构浮力取决于暴露表面相对于垂直方向的夹角。此表面积是通过 Abaqus/Aqua 自动为分布的浮力载荷计算的，然而，必须指定暴露的面积和集中浮力载荷的节点上的外法向方向余弦。

当在所有的线单元上计算分布的浮力时，Abaqus/Aqua 使用一个封闭型的载荷条件。要得到一个开放的载荷条件，集中的浮力载荷可以用来抵消施加在单元末尾的浮力载荷。

浮力载荷要求流体密度、海床和自由面海拔以及重力常数的定义。如“定义流体属性”中所描述的那样，为模型定义默认的外部流体属性。可以在分布的或者集中的载荷定义中，通过直接指定它们来覆盖一部分这类属性。这为结构的不同部分承受不同浮力载荷的模拟情况提供了准备，例如一根管子在另一根管子内部，其中围绕内管的静流体是不同于围绕外管的流体的。当重置了任何外部流体属性时，重力波浪（见“Airy 波浪的波浪运动、动态压力和外推”）不影响浮力载荷。

指定分布的浮力属性

要施加分布的浮力载荷到浸入流体中的单元，必须指定梁、杆的有效外部直径和一维刚体单元。提供外部流体密度、自由面海拔和额外的压力来覆盖默认的流体属性，来模拟上面描述的情况。对于有必要模拟一个单元内部的流体的情况，单元的有效内部直径也必须与密度和单元内部流体的自由面海拔一起给定。

分布的浮力载荷可以施加到刚性表面单元，然而，对于这些单元，波浪的影响会被忽略。浮力载荷仅是对静水水平面计算的。为了施加合适的正浮力，R3D3 和 R3D4 单元的正法向必须指向流体。

输入文件用法：＊DLOAD

单元编号或者集，PB，M，有效的外径，内部流体密度，有效的内直径，内部自由面海拔，外部流体密度，外部自由面海拔，额外的压力

指定集中浮力载荷

对于施加到浸入一个流体中的节点的集中浮力载荷，载荷是基于静水压（度量到静水

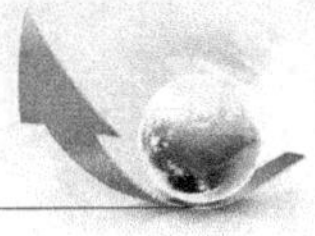

水平面）和由于波浪运动产生的动态压力的总和来计算的。总压力是通过节点的集中载荷乘以与节点相关联的暴露面积。在几何非线性分析中（对于具有旋转自由度的单元），载荷是自动考虑成跟随力的，这样，没有必要指定载荷是一个跟随力。提供外部流体密度、自由面海拔和额外的压力来覆盖默认的流体属性，来模拟上面描述的情形。

输入文件用法：*CLOAD

节点编号或者集，TSB，M，暴露面积，局部坐标系数据，外部流体密度，外部自由面海拔，额外的压力

阻力载荷

波浪和风都能在一个结构上造成阻力载荷。流体阻力指的是由于浸入由流体属性和重力波定义的液体中的结构构件所产生的阻力，并且因此，承受稳态流动和波浪载荷。流体阻力载荷是通过 Morison 方程提供的。流体阻力载荷必须以法向（横向）载荷和切向载荷的形式来指定。

风阻是在由流体属性定义的静流体面之上的结构部分生成的，因为这些部分是暴露在用户定义的风速剖面中的。

指定分布的横向流体或者风阻力载荷

分布的横向载荷是定义如下的（更多的细节见《Abaqus 理论手册》的 6.2.1 节）：

$$F_D = A\frac{1}{2}\rho C_D D\Delta v_{fn}\mid\Delta v_{fn}\mid,$$

式中 F_D——每单位长度上的力，与构件相交；

$A(t)$——分布载荷定义参考的幅值曲线，乘以用户定义的量值因子 M 的流值；

ρ——对于流体分布阻力，是流体的质量密度（在流体属性中给出），对于风的分布阻力，是空气的质量密度（在风速度剖面中给出）；

C_D——阻力系数；

D——构件的有效外部直径。

法向方向上的相对流体质点速度 Δv_{fn}，是通过下面给出的。

$$\Delta v_{fn} = \Delta v - \Delta v \cdot \boldsymbol{tt}$$

$$\Delta v_{fn} = v_f - \alpha_R v_p$$

式中 v_f——流体质点速度（见下面的讨论）；

v_p——结构上此点的速度（在静态步中为零）；

α_R——结构速度因子；

$\boldsymbol{t}$——沿着单元轴的单位向量。

有效的单元外直径 D、阻力系数 C_D 和结构速度因子 α_R 必须在分布的载荷定义中，与分布的载荷类型（流体分布阻力或者风分布阻力）一起定义。

由于稳态流动和波浪产生的速度，可以通过参考一个不同的幅值曲线，为流体分布阻力分别进行缩放。这样，流体质点速度v_f在任何时间是

$$v_f = A_c v_c + A_\omega v_\omega$$

式中 $A_c(t)$——载荷定义中列出的第一个幅值曲线的当前值，如果省略了幅值参考，则

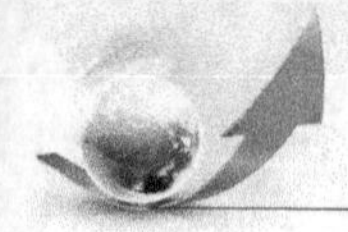

其值为1.0；

v_c——流体属性中定义的稳态流速度；

$A_\omega(t)$——载荷定义中列出的第二个幅值曲线的当前值，如果省略了幅值参考，则其值为1.0；

v_ω——用户定义的波浪速度。

风速是在分量中，相对于为风速剖面定义的局部轴 $\boldsymbol{i}$ 和 $\boldsymbol{j}$ 来定义的。每一个速度分量可以通过参考不同的幅值曲线来分别进行缩放。任何时间上的总风速 v_f 是

$$v_f=(c_xA_x\boldsymbol{i}+c_yA_y\boldsymbol{j})\left(\frac{z}{z_0}\right)^{\alpha}$$

其中 $A_x(t)$ 和 $A_y(t)$ 分别是局部 x 方向和 y 方向上的速度分量的载荷定义中，所提供的幅值参考。c_x、c_y、z_0 和 α 的值，是通过风速剖面定义的，并且 z 是静流体表面正上方的距离。

输入文件用法：使用下面的选项来定义流体分布的阻力：

*DLOAD

单元编号或者集，FDD，M，D，C_D，α_R，$A_c(t)$，$A_\omega(t)$

使用下面的选项来定义风分布的阻力：

*DLOAD

单元编号或者集，WDD，M，D，C_D，α_R，$A_x(t)$，$A_y(t)$

指定分布的切向流体阻力载荷

分布的切向流体载荷是一个在单元的切向上，由表面摩擦引起的载荷。此类型的载荷定义如下（更多的详细情况，见《Abaqus 理论手册》的6.2.1节）：

$$\boldsymbol{F}_t=A\frac{1}{2}\rho_w C_t\pi D\Delta v_{ft}|\Delta v_{ft}|^{h-1}$$

式中 $\boldsymbol{F}_t$——每单位长度上的力，与构件相切；

$A(t)$——分布载荷定义参考的幅值曲线，乘以用户定义的量值因子 M 得到的值；

ρ_w——流体的质量密度（在流体属性中给出）；

C_t——剪切阻力系数；

D——构件的有效外部直径；

h——一个常数（默认情况下，为了使力与速度的平方成正比，$h=2$）。

在切向方向上的相对流体质点速度通过下面给出

$$\Delta v_{ft}=(v_f-\alpha_R v_p)\cdot\boldsymbol{tt}$$

其中

v_f——流体质点速度（如上面对于分布的横向流体阻力载荷所定义的那样）；

v_p——结构上此点的速度（在静态步中为零）；

α_R——结构速度因子；

$\boldsymbol{t}$——沿着单元轴的单位向量。

有效的单元外直径 D、阻力系数 C_t、结构速度因子 α_R 和指数 h 必须在分布载荷的定义中与分布的载荷类型（流体切向阻力）一起定义。

就像分布的横向流体载荷那样，由稳态流和波浪产生的速度（A_c 和 A_w），可以通过参

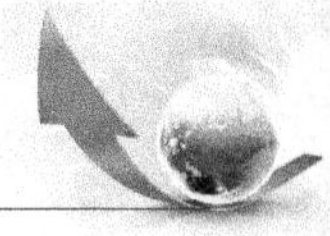

考不同的幅值曲线来分别缩放。

输入文件用法：使用下面的选项来定义流体切向阻力：

*DLOAD

单元编号或者集，FDT，M，D，C_t，α_R，$A_c(t)$，$A_w(t)$

指定使用一个集中载荷定义的集中流体阻力载荷或者风阻力载荷

集中流体或者风阻力载荷，垂直于一个单元的末尾施加一个载荷。在几何非线性分析中，自动将这样的载荷考虑成一个跟随力（对于具有转动自由度的单元）。

拖动理论使用 Morison 方程（见《Abaqus 理论手册》的 6.2.1 节）。当静流是在暴露面外法向的相反方向上时，阻力是非零的，以及当静流是在法向方向时，阻力是零：

$$\boldsymbol{F}_{\text{drag}}=\begin{cases}-A\dfrac{1}{2}\rho C_n\Delta A\ (\Delta v_{ft})^2\boldsymbol{t} & \text{当 } \Delta \boldsymbol{v}_{ft}\leqslant 0 \text{ 时},\\ 0 & \text{当 } \Delta \boldsymbol{v}_{ft}>0 \text{ 时}\end{cases}$$

式中 $A(t)$——乘以用户定义的量值因子 M 的集中载荷定义参考的幅值曲线；

ρ——对于过渡段流体阻力是流体的质量密度（在流体属性中给出），或者对于过渡段风阻力是空气的质量密度（在风速度剖面中给出）；

C_n——阻力系数；

ΔA——暴露面积；

Δv_{ft}——结构构件与流体质点之间沿着 $\boldsymbol{t}$ 的相对速度，并且是通过 $\boldsymbol{t}\cdot\Delta\boldsymbol{v}_{ft}$ 给出的，$\Delta v_{ft}=(\boldsymbol{v}-\alpha_R\boldsymbol{v}_p)\cdot\boldsymbol{tt}$，如上面为分布的切向流体阻力所定义的那样。

暴露面积 ΔA、阻力系数 C_n 和结构速度因子 α_R 必须在集中载荷的定义中，与集中载荷类型（过渡段流体阻力和过渡段风阻力）一起定义。

就像分布的横向流体载荷那样，由稳态流和波浪产生的速度（A_c 和 A_w），和在方向 $\boldsymbol{i}$ 和 $\boldsymbol{j}$ 上的风速分量（A_x 和 A_y），可以通过参考不同的幅值曲线来分别缩放。

输入文件用法：使用下面的选项来定义过渡段的流体阻力：

*CLOAD

节点编号或者集，TFD，M，ΔA，C_n，α_R，$A_c(t)$，$A_w(t)$

使用下面的选项来定义过渡段的风阻力：

*CLOAD

节点编号或者集，TWD，M，ΔA，C_n，α_R，$A_x(t)$，$A_y(t)$

使用一个分布的载荷定义来指定集中流体或者风阻力载荷

可以在单元的末尾上施加集中流体或者风阻力。这些载荷，就像在一个节点上使用集中载荷定义来指定一个集中载荷那样具有相同的影响，此集中载荷定义具有集中载荷类型过渡段流体阻力，或者具有过渡段风阻力，除了当使用一个分布的载荷定义时，不能指定暴露面积的法向；单元末端的法向是通过与单元相切来定义的。

载荷可以施加到第一个单元的末端（节点），或者到单元的第二个末端（节点 2 或者 3）。仅当净流动是在暴露面积外法向的相反方向上时，这些载荷才是非零的。

载荷恰好与使用集中载荷定义来施加的集中流体或者风阻力载荷的描述相同。为了方

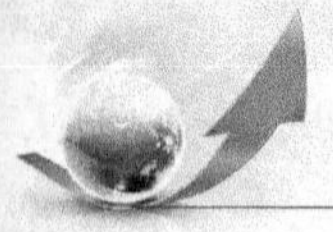

便，提供载荷的“分布”形式。

输入文件用法：使用下面的选项，在单元的第一个末端定义流体阻力：

*DLOAD

单元编号或者集，FD1，M，ΔA，C，α_R，A_c（t），A_w（t）

使用下面的选项，在单元的第二个末端定义流体阻力：

*DLOAD

单元编号或者集，FD2，M，ΔA，C，α_R，A_c（t），A_w（t）

使用下面的选项，在单元的第一个末端定义风阻力：

*DLOAD

单元编号或者集，WD1，M，ΔA，C，α_R，A_x（t），A_y（t）

使用下面的选项，在单元的第二个末端定义风阻力：

*DLOAD

单元编号或者集，WD2，M，ΔA，C，α_R，A_x（t），A_y（t）

在一个步中忽略波浪对阻力和惯性载荷的贡献

如果波浪对阻力和惯性载荷的贡献不应当在一个步中进行施加，则集中的或者分布的载荷分量定义必须明确参考一个具有零值的幅值曲线。这是唯一的方法，来防止波浪对用于这些集中或者分布载荷类型的计算中的流体速度和加速度产生贡献。

流体惯性载荷（添加了的质量的影响）

流体惯性载荷使得一个结构对加速度具有增加的惯性阻抗。当施加了流体惯性载荷时，此流体“添加了的质量”的影响是自动包括在一个直接积分的动态步中的。必须将集中或者分布的添加质量定义成包括一个特征频率提取步中的添加了质量的影响。

在一个直接积分的动态步中指定分布的流体惯性载荷

分布的流体惯性载荷是如下定义的（更多的详情描述，见《Abaqus 理论手册》的6.2.1节）：

$$\boldsymbol{F}_I = A\rho_w \frac{\pi D^2}{4}\left[C_M \boldsymbol{a}_{fn} - C_A \boldsymbol{a}_{pn}\right]$$

式中 $\boldsymbol{F}_I$——每单位长度上的力，横向于此构件，由流体惯性产生；

A（t）——分布的载荷定义所参考的幅值曲线，乘以用户定义的量值因子M；

ρ_w——流体的质量密度（在流体属性中给出）；

D——构件的有效外直径；

C_M——横向流体惯性系数；

C_A——横向添加了的质量的系数；

$\boldsymbol{a}_{fn}$——流体加速度的横向分量；

$\boldsymbol{a}_{pn}$——梁加速度的横向分量（在静态步中为零）。

有效的外直径D、横向流体惯性系数C_M和横向添加了的质量的系数C_A，必须在分布载荷定义中与分布载荷类型（分布的流体惯性）一起定义。

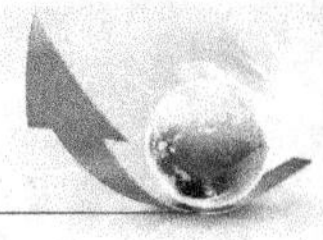

流体加速度 $\boldsymbol{a}_{fn}$ 是依据用户定义的重力波浪来计算的，并且通过分布载荷参考的幅值曲线 A_w 进一步进行缩放。

输入文件用法：使用下面的选项，在一个动态步中定义分布的流体惯性：

*DLOAD

单元编号或者集，FI，M，D，C_M，C_A，A_w（t）

在特征频率提取步中指定分布的流体惯性载荷

由分布的流体惯性载荷产生的添加的质量贡献，仅在横向于构件轴方向上的每单位长度的构件上是

$$\rho_w \frac{\pi D^2}{4} C_A$$

式中 ρ_w——流体的质量密度（在流体属性中给出）；

D——构件的有效外直径；

C_A——横向的添加了的质量系数。

输入文件用法：*D ADDED MASS

单元编号或者集，FI，D，C_A

在使用一个集中载荷定义的一个直接积分的动态步中指定集中流体惯性载荷

集中的流体惯性载荷是自动考虑成一个跟随力的（对于具有旋转自由度的单元）。

惯性项是作为一个暴露面积的外法向的流动方向上的力来计算的：

$$\boldsymbol{F}_I = A\rho_w\left(K_{ts}F_{1s}\boldsymbol{a}_{ft} - L_{ts}F_{2s}\boldsymbol{a}_{pt}\right)$$

式中 $\boldsymbol{F}_I$——由流体惯性产生的点力；

A（t）——由集中载荷定义所参考的幅值曲线，乘以用户定义的量值因子 M；

ρ_w——流体的质量密度（在流体属性中给出）；

K_{ts}——切向惯性系数；

F_{1s}——流体加速度形状因子（L^3 维度）；

L_{ts}——切向添加质量的系数；

F_{2s}——结构加速度形状因子（L^3 维度）；

$\boldsymbol{a}_{ft}$——暴露面外法向方向上的流体加速度；

$\boldsymbol{a}_{pt}$——暴露面外法向方向上的结构加速度（在静态步中为零）。

切向惯性系数 K_{ts}、流体加速度形状因子 F_{1s}、切向添加质量的系数 L_{ts}、结构加速度形状因子 F_{2s} 都是在集中载荷定义中，与集中载荷类型（过渡段惯性）一起给定的。

流体加速度 $\boldsymbol{a}_{ft}$ 是依据用户定义的重力波浪计算得到的，并且是通过由集中载荷定义参考的幅值曲线 A_w 进一步缩放的。

输入文件用法：使用下面的选项在一个动态步中定义过渡段惯性：

*CLOAD

节点编号或者集，TSI，M，K_{ts}，F_{1s}，L_{ts}，F_{2s}，A_w（t）

在一个使用分布载荷定义的直接积分的动力学步中，指定集中的流体惯性载荷

可以在单元的端部施加集中流体惯性载荷。这些载荷所具有的效果，与使用集中载荷定

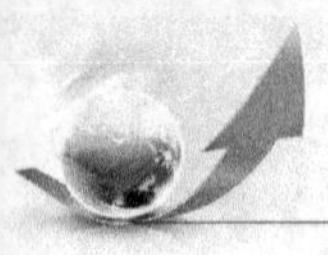

义和集中载荷类型的过渡部分惯性一样，除了当使用一个分布载荷定义时，不能指定暴露面积的法向，通过单元的切向来定义单元末端的法向。

惯性载荷可以施加到单元的第一个端（节点），或者施加到单元的第二端（节点 2 或者 3）。

此载荷恰好与使用集中载荷定义施加的流体惯性载荷的描述是一样的。为了方便而提供载荷的“分布的”形式。

输入文件用法：在一个动态步中，使用下面的选项，在单元的第一个端部定义流体惯性：

* DLOAD

单元编号或者集，FI1，M，K_{ts}，F_{1s}，L_{ts}，F_{2s}，A_w（t）

在一个动态步中，使用下面的选项，在单元的第二端上定义流体惯性：

单元编号或者集，FI2，M，K_{ts}，F_{1s}，L_{ts}，F_{2s}，A_w（t）

在一个使用集中添加质量定义的特征频率提取步中指定集中的流体惯性影响

在一个特征频率提取步中，由集中流体惯性载荷引起的添加质量所具有的贡献是

$$\rho_w L_{ts} F_{2s}$$

式中　它与过渡段区域的方向垂直。

ρ_w——流体的质量密度（在流体属性中给出）；

L_{ts}——切向添加质量的系数；

F_{2s}——结构加速度形状因子（L^3 维度）。

输入文件用法：* C ADDED MASS

节点编号或者集，TSI，L_{ts}，F_{2s}

定义暴露面外法向的方向余弦

在一个使用分布的添加质量定义的特征频率提取步中指定集中流体惯性影响

可以在单元的端部施加集中流体惯性影响。这些载荷所具有效果，就像具有集中流体惯性效应那样，而流体惯性效果是使用载荷类型转化为截面惯量的方法，来指定使用一个集中添加后的质量来定义的，但是此情况中，不能指定暴露面积的法向，通过单元的切向来定义单元末端的方向。

添加的质量可以施加到单元的第一个端（节点），或者施加到单元的第二端（节点 2 或者 3）。

此效果恰好与一个使用集中添加的质量定义所施加的集中流体惯性影响的描述一样。为了方便而提供载荷的“分布的”形式。

输入文件用法：使用下面的选项，在一个特征频率提取步中，定义单元的第一个端部上的流体惯性：

* D ADDED MASS

单元编号或者集，FI1，L_{ts}，F_{2s}

使用下面的选项，在一个特征频率提取步中，定义单元的第二个端部上的流体惯性：

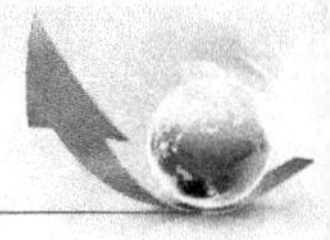

*D ADDED MASS

单元编号或者集，FI2，L_{ts}，F_{2s}

对结构施加无 Aqua 的载荷

集中和分布的载荷定义也都可以用来对载荷施加不与风、波浪或者稳定流相关的集中的和分布的力。见《Abaqus 分析用户手册——指定的条件、约束和相互作用卷》的 1.4.2 节和 1.4.3 节。

预定义的场

在 Abaqus/Aqua 分析中，可以为结构（不是流体）指定下面的预定义场，如《Abaqus 分析用户手册——指定的条件、约束和相互作用卷》的 1.6.1 节中所描述的那样：

- 可以指定结构中节点的温度。如果为材料给定了热膨胀（见《Abaqus 分析用户手册——材料卷》的 6.1.2 节），则所施加的温度与初始温度之间的任何差异将造成热应变。指定的温度也影响温度相关的材料属性。
- 可以指定用户定义的变量值。这些值只影响场变量相关的材料属性，如果有的话。

材料属性

Abaqus 中可以使用任何的力学本构来模拟一个 Abaqus/Aqua 分析中的结构（对于 Abaqus/Standared 中可以得到的材料模型，见《Abaqus 分析用户手册——材料卷》）。

单元

Abaqus/Aqua 分析中的流体载荷不能施加于所有的单元类型。只有 Abaqus/Standard 中的梁、管、关节、杆、刚性梁单元和 Abaqus/Explicit 中的线性梁单元及管单元可以用来让结构承受通用的 Abaqus/Aqua 载荷。唯一可以施加到二维刚性面（R3D3 和 R3D4 单元）的载荷是静水压浮力。并且此载荷仅可以在 Abaqus/Standard 中施加。当前，波浪和风载荷对刚性面没有影响。

自升式基础分析

Abaqus/Standard 提供单元类型 JOINT2D 和 JOINT3D，它们可以用来模拟定位桩罐与海床之间的弹性-塑性相互作用（见《Abaqus 分析用户手册——单元卷》的 6.10.1 节）。

输出

除了 Abaqus/Standard 中可用的通常输出变量外（见《Abaqus 分析用户手册——介绍、空间建模、执行与输出卷》的 4.2.1 节）和 Abaqus/Explicit 中可用的通常输出变量外（见《Abaqus 分析用户手册——介绍、空间建模、执行与输出卷》的 4.2.2 节），可以使用单元

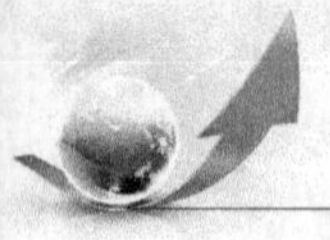

截面输出变量 ESF1 要求承受压力载荷的梁中的有效轴力的输出（见《Abaqus 分析用户手册——单元卷》的 3.3.8 节）。不能输出流体的速度和加速度。

输入文件模板

```
*HEADING
…
*SURFACE SECTION, ELSET=aquaviz, AQUAVISUALIZATION=YES
*NSET, NSET=naquaviz, ELSET=aquaviz
*AQUA
定义流体属性和稳态流速度的数据行
*WAVE, TYPE=波浪理论
定义重力波浪的数据行
**
*STEP (, NLGEOM)
使用 NLGEOM 参数来包括非线性几何影响
*DYNAMIC (或 *STATIC 或 *DYNAMIC, EXPLICIT)
…
*CLOAD
定义集中浮力，流体/风阻力和流体惯性载荷的数据行
*DLOAD
定义分布的浮力，流体/风阻力和流体惯性载荷的数据行
*OUTPUT, FIELD, TIME INTERVAL=场输出的间隔
*NODE OUTPUT, NSET=naquaviz
U
*END STEP
**
*STEP
在之前的步中必须已经包括 NLGEOM 参数来得到预应力结构的固有频率
*FREQUENCY
…
*C ADDED MASS
定义集中的附加质量影响的数据行
*D ADDED MASS
定义分布的附加质量效应的数据行
*OUTPUT, FIELD, TIME INTERVAL=场输出的间隔
*NODE OUTPUT, NSET=naquaviz
U
*END STEP
```

1.12　退火分析

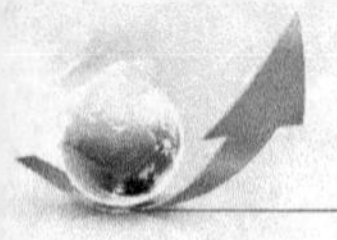

产品：Abaqus/Explicit Abaqus/CAE

参考

- ＊ANNEAL
- “构建通用分析过程”中的“构建一个退火过程”《Abaqus/CAE 用户手册》的 14.11.1 节，此手册的 HTML 版本中

概览

退火过程：

- 通过设置所有合适的状态变量和速度到零来退火一个结构；
- 仅用于金属塑性和用户定义的材料模型；它对其他材料模型没有影响。

退火过程

退火过程适用于仿真金属加热到高温时发生的应力和塑性应变。物理上讲，退火是加热一个金属零件到高温，使得微结构重新结晶，消除由材料冷作产生的位错。在退火过程中，Abaqus/Explicit 设置所有合适的状态变量到零。这样的变量包括应力、背应力、塑性应变和速度。在金属多孔塑性的情况中，空隙体积分数也设置成零，这样材料变得完全致密。

在一个退火计算步中没有时间尺度，这样，时间不推进。退火过程瞬间发生，退火过程没有数据可要求。

输入文件用法：＊ANNEAL

Abaqus/CAE 用法：Step module：Create Step：General：Anneal

温度

设置热应变为零，并且模型中所有节点上的温度，在退火过程中，将设置成一个均一的温度，或者将保持在当前的温度上。默认的，所有节点上的温度是保持在当前的温度上的。可以设置一个不同的最终温度 θ。

输入文件用法：＊ANNEAL，TEMPERATURE = θ

Abaqus/CAE 用法：Step module：Create Step：General：Anneal：Post-anneal reference temperature：Valueθ

初始条件

退火步的初始状态是模型在上个显式动力学分析计算步的结尾上的模型状态。

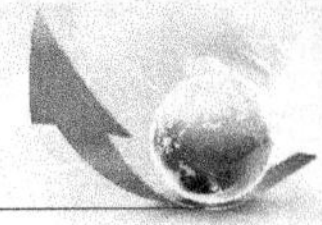

边界条件

在一个退火过程中指定新边界条件或者更改边界条件是不合适的。此退火过程之前的所有有效的边界条件将保持固定。

载荷

在一个退火过程中指定载荷是没有意义的。

预定义的场

在一个退火过程中指定预定义场是没有意义的。

材料选项

退火过程仅适用于金属塑性模型（见《Abaqus分析用户手册——材料卷》的3.2.1节）以及具有用户子程序VFABRIC和VUMAT的用户定义的材料模型。Abaqus/Explicit中的金属塑性模型包括Mises、Johnson-Cook、Hill和金属多孔塑性。Abaqus/Explicit也允许弹性材料的退火（见《Abaqus分析用户手册——材料卷》的2.2.1节），包括各向同性、正交异性和各向异性弹性。退火过程对其他材料模型没有影响。

单元

Abaqus/Explicit中的所有可以使用的单元，可以用于一个退火过程中。单元列在《Abaqus分析用户手册——单元卷》中。

输出

不存在与一个退火计算步相关联的输出。

输入文件模板

```
*HEADING
…
**
*STEP
*DYNAMIC, EXPLICIT (, ADIABATIC) 或者
*DYNAMIC TEMPERATURE-DISPLACEMENT, EXPLICIT
```

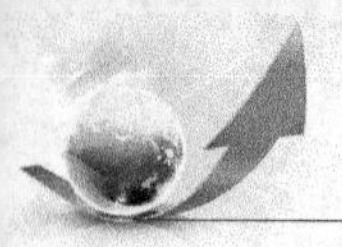

指定计算步时间区段的数据行
* BOUNDARY, AMPLITUDE = 名称
描述零赋值的或者非零边界条件的数据行
* CLOAD 和/或 * DLOAD
指定载荷的数据行
* TEMPERATURE 和/或 * FIELD
指定预定义场的值的数据行
* END STEP
**
* STEP
* ANNEAL (, TEMPERATURE = θ)
* END STEP
**
* STEP
* DYNAMIC, EXPLICIT (, ADIABATIC)
指定计算步的时间区段的数据行
* BOUNDARY, AMPLITUDE = 名称
描述零赋值的或者非零边界条件的数据行
* CLOAD 和/或 * DLOAD 和/或 * DSLOAD
指定载荷的数据行
* TEMPERATURE 和/或 * FIELD
指定预定义场的值的数据行
* END STEP

2 分析求解和控制

2.1 求解非线性问题

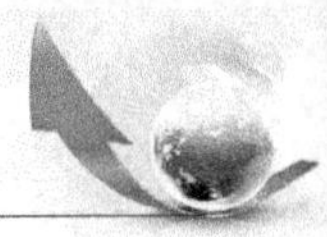

产品：Abaqus/Standard　　Abaqus/CAE

参考

- “收敛性和时间积分准则：概览”2.2.1 节
- “常用的控制参数”2.2.2 节
- “非线性问题的收敛准则”2.2.3 节
- “瞬态问题的时间积分精度”2.2.4 节
- “构建通用分析过程”《Abaqus/CAE 用户手册》的 14.11.1 节，此手册的 HTML 版本

概览

在 Abaqus/Standard 中非线性问题求解涉及：

- 增量和迭代过程的结合；
- 使用牛顿法求解非线性方程；
- 确定收敛；
- 定义载荷为时间的函数；
- 自动选择合适的时间增量。

因为严重的非线性，一些静态问题可能变得不稳定，Abaqus/Standard 提供自动的稳定机制来处理该类问题。

非线性问题的求解

一个结构的非线性载荷-位移曲线如图 2-1 所示。

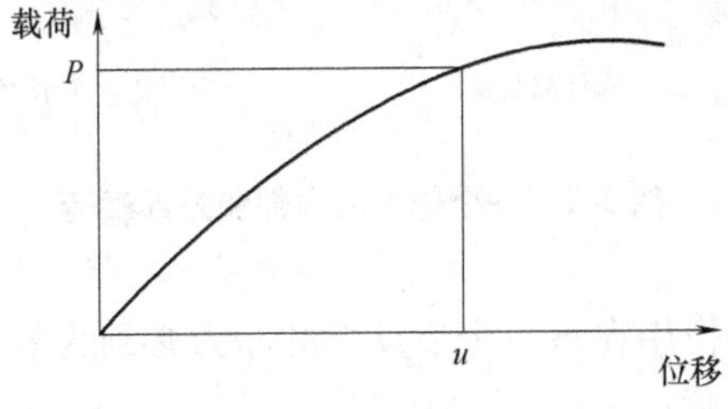

图 2-1　非线性载荷-位移曲线

分析的目的是确定此响应。在一个非线性分析中，不能像线性问题，通过求解一个单独的线性方程组来获得解。可以通过指定载荷为时间和时间增量的函数来得到非线性响应。这样，Abaqus/Standard 将仿真分离成一些时间增量，并且在每一个时间增量的结束处找到近似平衡的构型。使用牛顿法，它通常利用 Abaqus/Standard 的一些迭代来确定对于每一个时间增量可接受的解。

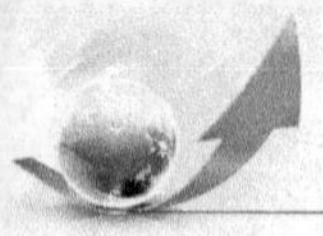

步、增量和迭代

• 一个仿真的时间历史包含一个或者多个步。定义步，它通常由一个分析过程、载荷和输出要求组成。在每一个步骤可以使用不同的载荷、边界条件、分析过程和输出要求。例如：

步1：在刚性钳口之间夹持一个盘；

步2：添加载荷来使此盘变形；

步3：找到变形后盘的固有频率。

• 一个增量是步的一部分。在非线性分析中，每一个步是被分成很多增量的，这样可以遵循非线性解路径。给出第一个增量的大小，并且Abaqus/Standard自动选择后续增量的大小。在每一个增量的结束处，结构是（近似）平衡的，并且可以将结果写入到重启动、数据、结构或者输出数据库文件。

• 一个迭代是在一个增量中寻找一个平衡解的尝试。如果模型不是在迭代的结束处平衡的，则Abaqus/Standard将尝试其他的迭代。随着每次迭代的进行，Abaqus/Standard得到的解应当更加接近平衡。然而，某些时间迭代过程可能发散——后续的迭代可能远离平衡状态。如果遇到那样的情况，Abaqus/Standard可以终止迭代过程，并且尝试找到一个具有更小增量的解。

收敛

考虑作用在一个体上的外力 P 和内（节点）力 I（分别见图2-2a和图2-2b）。附加在节点上的单元内的应力在那个节点上引起内载荷。

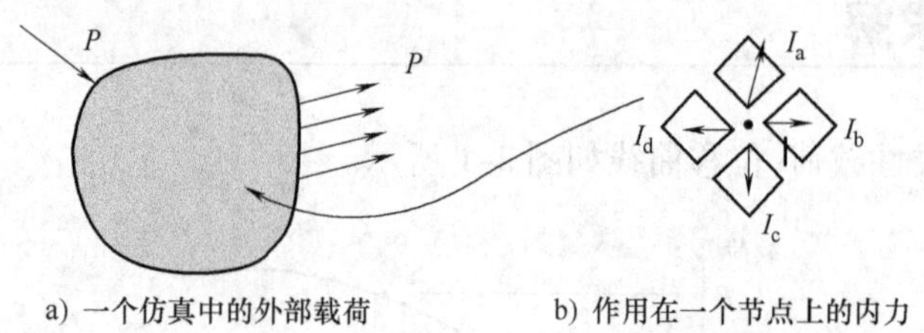

a) 一个仿真中的外部载荷　　b) 作用在一个节点上的内力

图2-2　一个体上的内部和外部载荷

对于处在平衡中的体，作用在每一个节点上的净力必须为零。这样，平衡的基本条件是内力 I 和外力 P 必须相互平衡：

$$P-I=0$$

结构对于一个小载荷增量 ΔP 的非线性响应如图2-3所示。Abaqus/Standard使用结构的切向刚度 K_0（它是基于 u_0 处的构型）和 ΔP 为结构计算一个位移校正 c_a。使用 c_a 结构的构型更新到 u_a。

然后，Abaqus/Standard在此更新的构型中计算结构的内力 I_a。总施加载荷 P 与 I_a 之间的差异，现在可以计算为

$$R_a=P-I_a$$

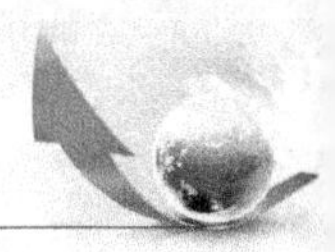

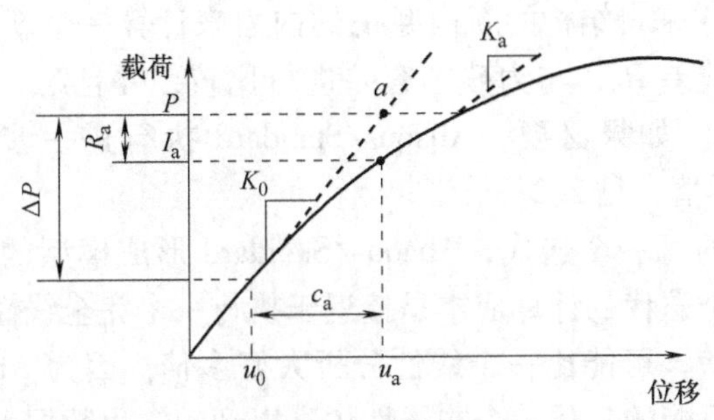

图 2-3　一个增量中的第一个迭代

其中 R_a 是迭代的力残差。

如果在模型中的每一个自由度上 R_a 是零，图 2-3 中的点 a 将位于载荷变形曲线上，并且结构将处于平衡中。在一个非线性的问题中，R_a 不会恰好是零，Abaqus/Standard 将它与一个容差值相比较。如果 R_a 在所有的节点上是小于此力残差容差的，则 Abaqus/Standard 接受此解为平衡。默认条件下，设置此容差值是结构中平均力的 0.5%，在整个时间上进行平均。Abaqus/Standard 自动在整个分析上计算此空间的和时间平均的力。可以通过指定求解控制（见 2.2.3 节）来改变此容差，以及其他容差。

如果 R_a 是小于当前的容差值的，则考虑 P 和 I_a 处于平衡，并且 u_a 是施加了载荷的结构的一个有效的平衡构型。然而，在 Abaqus/Standard 接受此解之前，它也检查最后的位移校正 c_a，相对于总位移增量，Δu_a（$\Delta u_a = u_a - u_0$）是小的。如果 c_a 大于一个增量位移的分数（默认是 1%），则 Abaqus/Standard 执行另外一个迭代。在认为一个解对于那个时间增量已经收敛之前，两个收敛检查必须都满足。

如果来自一个迭代的解是不收敛的，则 Abaqus/Standard 执行另外的迭代来试图使内力与外力平衡。首先，Abaqus/Standard 基于更新的构型 u_a 为结构形成新刚度 K_a。此刚度与残差 R_a 一起，确定另外一个位移校正 c_b，使方程组更趋于平衡（图 2-4 中的点 b）。

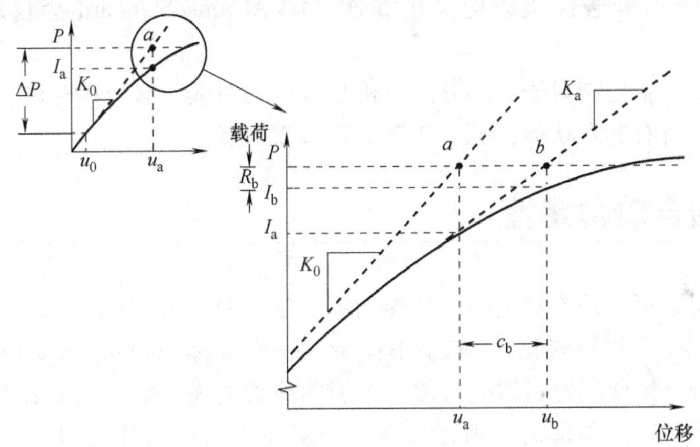

图 2-4　另外一个迭代

Abaqus/Standard 使用来自结构的新构型 u_b 的内力来计算一个新的力残差 R_b。同样，在任何自由度上的最大力残差 R_b，与力残差容差进行比较，并且第二个迭代的位移校正 c_b 与位移的增量 Δu_b 相比较。如果必要，Abaqus/Standard 执行进一步的迭代。对于 Abaqus/Standard 中收敛的更多详情，见 2.2.3 节。

对于非线性分析中的每一个迭代，Abaqus/Standard 形成模型的刚度矩阵，并且求解一个方程组。这样，每一个迭代的计算成本是接近于执行一个完全线性的分析成本的，使得一个非线性分析的计算花费，可能比一个线性分析大好多倍。因为 Abaqus/Standard 在每一个收敛增量处存储结果是可能的，从一个非线性仿真得到的输出数据库的量，也可以远远大于来自相同几何形体的线性分析所具有的输出数据量。

自动的增量控制

默认情况，Abaqus/Standard 自动调整时间增量的大小，来高效地求解非线性问题。只需要给出仿真每一个步中的第一个增量的大小，在此之后，Abaqus/Standard 自动调整增量的大小。如果不提供一个初始增量大小，则 Abaqus/Standard 将会在一个单独的增量中施加步中所有定义的载荷。对于高度非线性问题，Abaqus/Standard 将不得不反复降低增量的大小来得到一个解，导致计算时间的浪费。提供一个合适的初始增量大小的优点很明显，因为只有在轻度非线性问题中，才能在一个单个的增量中施加一个步中所有的载荷。

一个时间增量找到一个收敛解所需的迭代数量，随着方程组的非线性程度变化。使用默认的增量控制，过程如下。如果在 16 个迭代中没有收敛，或者如果解表现出发散，Abaqus/Standard 将放弃此增量，并且将增量缩小为原来的 25% 后再次开始。然后它使用此较小的时间增量来搜寻一个收敛的解。如果解仍然不能收敛，Abaqus/Standard 将再次缩小时间增量。继续此过程，直到找到一个收敛的解。如果时间增量变得小于用户定义的最小值，或者需要 5 次以上的尝试，Abaqus/Standard 将停止此分析。

如果增量在少于 5 次迭代中收敛，则表明找到解是相当容易的。对于当前的时间增量大小，如果连续 2 个求解迭代次数均少于 5 次，则 Abaqus/Standard 会自动将时间增量放大 50%。

当默认的自动增量控制对于大部分的分析是合适的时候，必要的时候，用户可以通过指定求解控制来改变所有的默认值，见 2.2.2 节和 2.2.4 节。

不稳定问题的自动稳定性

非线性静态问题可以是不稳定的。这样的不稳定可以是几何固有的（例如屈曲），或者材料本质的（例如一个材料软化）。如果不稳定在一个整体载荷-位移响应中，使用一个负刚度来表现其自身，则此问题可以处理成一个屈曲或者失稳问题，如 1.2.4 节中所描述的那样。然而，如果不稳定是局部的，则将会有一个从模型的一部分到邻近部分的能量局部传递，并且整体求解方法可能不起作用。此类问题必须动态求解，或者添加辅助的阻尼（人工的），例如，通过使用阻尼器。

Abaqus/Standard 通过自动添加模型的体积比例阻尼，可以把非稳定的准静态问题进行

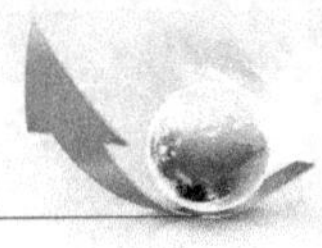

稳定。施加的阻尼因子可以在步的过程中不变，或者它们可以随时间变化来考虑步过程中的变化。后者的自适应过程通常是优先的。

使用一个不变阻尼因子的静态问题的自动稳定性

使用不变阻尼因子的自动稳定，是通过在任何非线性的准静态过程中包括自动的稳定来触发的。下面形式的黏性力

$$F_v = c\boldsymbol{M}^* v$$

添加到整体平衡方程中

$$P - I - F_v = 0$$

其中 $\boldsymbol{M}^*$ 是使用单位密度计算得到的人工质量矩阵，c 是阻尼因子，$v = \Delta u/\Delta t$ 是节点速度的向量，并且 Δt 是时间增量（它在所求解的总题中可能有或者没有物理意义）。

对于静态稳定性问题，铁木辛哥梁的质量矩阵计算总是假定转动惯量各向同性，而不管梁截面定义所指定的转动惯量类型见《Abaqus 分析用户手册——单元卷》的 3.3.5 节中的“铁木辛哥梁的转动惯量”。

自动稳定不自动延续到后续的步。需要为任何想要激活自动稳定的步来声明它。Abaqus/Standard 重新计算阻尼因子的新值，基于所声明的阻尼强度，并且基于步的第一个增量的解。这样，除非直接指定了相同的阻尼因子（见下面的“直接的指定阻尼因子”），一个具有一个非稳定步的分析所产生的结果，可以与将原始步分割成两步的相同分析的结果略有不同。此外，如果模型中的不稳定性在一个步结束时没有消退，则黏性力可能突然终止，或者在后续步的开始时得到更改，如果没有在后续步中使用自动稳定，则有可能会产生收敛困难。如果出现了此情形，推荐在先前的步中，使用设置成等于 Abaqus/Standard 选取值（或者指定值）的阻尼因子来重启动。此值为前面的步打印在信息（.msg）文件中。如果有必要在发生不稳定（并且模型的行为返回到一个稳定区域中）之后具有一个精确的静态平衡解，则具有自动稳定的步可以在后面跟随有一个没有这样的稳定的步。

基于耗散能量分数来计算阻尼因子

假定问题在步的开始是稳定的，并且可以在步的过程中建立不稳定。当模型稳定时，黏性力以及由之耗散的黏性是非常小的。这样，附加的人工阻尼没有作用。如果一个局部的区域变得不稳定，则局部速度增加，并且释放的部分应变能通过施加的阻尼来耗散。如果必要的话，Abaqus/Standard 可以降低时间增量，从而允许没有造成非常大位移的不稳定响应过程。基于步的第一个增量的解，Abaqus/Standard 计算并且打印阻尼因子 c 到信息文件中。在大部分的应用中，步的第一个增量是稳定的，不需要施加阻尼。一个具有类似于第一个增量特征的给定增量所耗散的能量，是外推的应变能的一个小分数，以这样的方式来确定阻尼因子。此分数称为耗散能量分数，并且具有默认值——2.0×10^{-4}。如果使用了耗散能量分数的默认值，则下一节中讨论的自适应自动稳定方案，将在步中默认的自动激活。

另外，可为直接为自动稳定指定非默认的耗散能量部分。

输入文件用法：　使用下面的任何选项，来指定一个非默认的耗散能量分数：

*COUPLED TEMPERATURE-DISPLACEMENT,
STABILIZE = 耗散能量分数

* SOILS, STABILIZE = 耗散能量分数
* STATIC, STABILIZE = 耗散能量分数
* STEADY STATE TRANSPORT, STABILIZE = 耗散能量分数
* VISCO, STABILIZE = 耗散能量分数

Abaqus/CAE 用法：Step module：Create Step：General：任何有效的步类型：Basic：从 Automatic stabilization 域选择 Specify dissipated energy fraction

当第一个增量是不稳定或者奇异时的考虑

存在第一个增量是不稳定的或者奇异的情况（由于一个刚体模式）。在这样的情况中，得到一个没有施加一些阻尼的第一个增量解是不可能的。因而应当在第一个增量过程中施加了一些阻尼。这样选取用于初始增量的阻尼因子，使得平均的单元阻尼矩阵分量除以步时间，等于平均单元刚度矩阵分量乘以耗散能量分数。如果此增量值计算得到的应变能变化表明没有阻尼的解是稳定的，则基于前面描述的能量法重新计算阻尼因子。然而，如果应变能变化表明解是不稳定的或者奇异的，则保留初始计算的阻尼因子，并且发出一个警告信息表明所施加的阻尼大小可能不合适。在许多情况中，阻尼的大小实际上是相当大的，它将以不期望的方式影响解。这样，如果发出了上面提到的警告信息，则检查黏性力（VF），并且将它们与期望的节点力对比，来确保黏性力不主导解。如果必要，使用没有使用稳定性的另外一个步，或者使用一个使用了一个非常小的阻尼因子的步来跟随已经稳定了的步。

直接指定阻尼因子

也可以直接指定阻尼因子。不幸的是，评估一个阻尼因子是否合适通常是非常困难的，除非从之前运行的输出中已知一个值。阻尼因子不仅取决于阻尼的大小，也取决于网格大小和材料行为。

输入文件用法：使用下面的选项来直接指定阻尼因子：
* COUPLED TEMPERATURE-DISPLACEMENT, STABILIZE, FACTOR = 阻尼因子
* SOILS, STABILIZE, FACTOR = 阻尼因子
* STATIC, STABILIZE, FACTOR = 阻尼因子
* STEADY STATE TRANSPORT, STABILIZE, FACTOR = 阻尼因子
* VISCO, STABILIZE, FACTOR = 阻尼因子

Abaqus/CAE 用法：Step module：Create Step：General：Coupled temp-displacement，Soils，Static，General，或者 Visco：Basic：从 Automatic stabilization 域选择 Specify damping factor

自适应自动稳定性方案

如上面所讨论的那样，具有一个不变阻尼因子的自动稳定方案，通常能够降低不稳定和消除刚体模式，使得对解不产生严重的影响。然而，不保证阻尼因子的值是最佳的，在某些情况中甚至是不合适的。对于薄壳模型特别如此，在此模型中，当在第一个增量过程中做出了一个外推应变能的不好的评估时，阻尼因子可能太高了。对于这样的模型，如果收敛行为

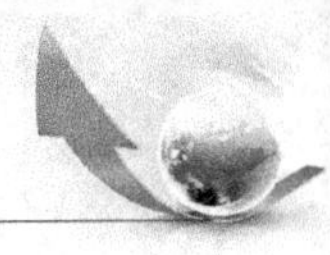

是有问题的，可能不得不增加阻尼因子；如果它扭曲了解，则降低阻尼因子。前面的情况将要求使用一个更大的阻尼因子来重新运行分析，而后面的情况将要求通过黏性阻尼(ALLSD)耗散的能量与总应变能(ALLIE)执行耗散能量的后分析比较。这样，得到一个阻尼因子的优化值，是一个要求试错的人工过程，直到得到一个收敛的解，并且耗散的稳定性能量是足够小的。

自适应自动稳定性方案(在其中阻尼因子可以随空间变化，并且随着时间变化)提供了一个有效的替代方法。在此情况中，阻尼因子是通过收敛历史和黏性阻尼耗散的能量对总应变能的比来控制的。如果因为不稳定或者刚体模式的原因，收敛行为是有问题的，则Abaqus/Standard 自动地增加阻尼因子。例如，一个分析具有额外的严重不连续性，或者每个增量具有额外的平衡迭代，或者要求时间增量消减时，则阻尼因子可能增加。另外一方面，如果不稳定和刚体模式消退，Abaqus/Standard 可以自动降低阻尼因子。

黏性阻尼对总应变能的耗散能量比，是通过一个用户指定的精确容差来限制的。这样的一个精确容差是施加在整个模型的整体层级上的。如果通过黏性阻尼耗散的能量对整个模型的总应变能的比，超出了精确性容差，则调整每一个单独步上的阻尼，来确保稳定性能量对应变能的比，在整体和局部单元层级上都是小于精确性容差的。稳定性能量总是增加的，而应变能可能降低。这样，如果总稳定性能量对总应变能的比超过精确性容差，则 Abaqus/Standard 为每一个增量限制其稳定性能量的增量值对应变能的增量值的比，来确保此值没有超过精确性容差。精确性容差是一个目标化的值，并且可以在某些情况下超出。例如当存在一个刚体运动，或者发生显著的非局部不稳定性时。

由自适应的自动稳定方案使用的默认精确性容差是 0.05。默认的容差对于大部分的应用是合适的，但是如果必要的话，具有指定一个非默认的精确性容差的选项。如果精确性容差是设置为零，则不激活自适应的自动稳定方案，并且在步中将使用具有一个不变阻尼因子的自动稳定性方案。

如果没有指定精确性容差，但是使用了具有默认值 2.0×10^{-4} 的耗散能量分数，则将自动激活具有一个 0.05 精确度容差的自适应的自动阻尼算法。

输入文件用法：使用下面的任何选项来激活具有默认稳定性能量容差的自适应自动稳定性：

*COUPLED TEMPERATURE-DISPLACEMENT, STABILIZE

*SOILS, STABILIZE

*STATIC, STABILIZE

*STEADY STATE TRANSPORT, STABILIZE

*VISCO, STABILIZE

使用下面的任何选项来激活具有非默认稳定性能量容差的自适应自动稳定性

*COUPLED TEMPERATURE-DISPLACEMENT, STABILIZE, ALLSDTOL = 精确性容差

*SOILS, STABILIZE, ALLSDTOL = 精确性容差

*STATIC, STABILIZE, ALLSDTOL = 精确性容差

*STEADY STATE TRANSPORT, STABILIZE,

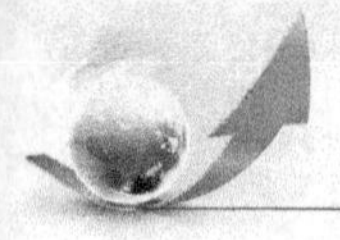

ALLSDTOL = 精确性容差

* VISCO, STABILIZE, ALLSDTOL = 精确性容差

Abaqus/CAE 用法：Step module：Create Step：General：Coupled temp-displacement，Soils，Static，General，或者 Visco：Basic：选择 Automatic stabilization 方法：切换打开 Use adaptive stabilization with max. ratio of stabilization to strain energy：精确性容差

初始阻尼因子的默认值

默认情况下，阻尼因子的初始值，通常与用于具有不变阻尼因子的自动稳定性的值相等（见上面的“基于耗散能量分数来计算阻尼因子”）。在某些情况下，所考虑的具有自适应自动稳定性的附加因子，造成初始阻尼因子中的一些差异。

直接指定初始阻尼因子

另外，可以直接指定初始阻尼因子。阻尼因子是基于整个步的收敛历史和整个步的精确性容差来调整的。

输入文件用法：使用下面的任何选项来直接指定具有默认稳定性能量容差的初始阻尼因子：

* COUPLED TEMPERATURE-DISPLACEMENT，STABILIZE，FACTOR = 阻尼因子，ALLSDTOL

* SOILS，STABILIZE，FACTOR = 阻尼因子，ALLSDTOL

* STATIC，STABILIZE，FACTOR = 阻尼因子，ALLSDTOL

* STEADY STATE TRANSPORT，STABILIZE，FACTOR = 阻尼因子，ALLSDTOL

* VISCO，STABILIZE，FACTOR = 阻尼因子，ALLSDTOL

Abaqus/CAE 用法：Step module：Create Step：General：Coupled temp-displacement，Soils，Static，General，或者 Visco：Basic：从 Automatic stabilization 域，选择 Specify damping factor：阻尼因子：切换打开 Use adaptive stabilization with max. ratio of stabilization to strain energy：最大比

从紧接的上一个通用步传递阻尼因子到当前的步

自适应自动稳定性，提供一个选项来从紧接的上一个通用步，传递阻尼因子到后续的步中。默认是不从前面的通用步的结果中传递阻尼因子。在此情况中，Abaqus 基于声明的耗散能量分数，并且基于步的第一个增量的解，重新计算初始阻尼因子，或者用户可以直接指定初始阻尼因子。

输入文件用法：使用下面的任何选项，表明当前步骤的阻尼因子是从紧接的上一个通用步中传递得来的：

* COUPLED TEMPERATURE-DISPLACEMENT，STABILIZE，ALLSDTOL，CONTINUE = YES

* SOILS，STABILIZE，ALLSDTOL，CONTINUE = YES

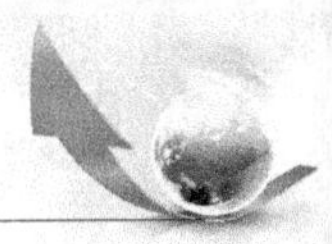

*STATIC, STABILIZE, ALLSDTOL, CONTINUE = YES
*STEADY STATE TRANSPORT, STABILIZE, ALLSDTOL, CONTINUE = YES
*VISCO, STABILIZE, ALLSDTOL, CONTINUE = YES

Abaqus/CAE 用法：Step module：Create Step：General：Coupled temp-displacement，Soils，Static，General，或者 Visco：Basic：从 Automatic stabilization 域选择 Use damping factors from previous general step：Use adaptive stabilization with max. ratio of stabilization to strain energy：精度容差

确保一个精确的解是使用自动稳定获得的

无论何时对一个问题施加自动的稳定性，检查下面来确保得到精确的解：

• 对于一个使用耗散能量分数计算的阻尼因子，检查在第一个增量的结束时打印到信息（.msg）文件的因子，来确保施加了合适的阻尼大小。不幸的是，阻尼因子是因问题而异的，这样，必须依靠前面运行的经验。

• 将黏性力（VF）与分析中的整个力相比，并且确保黏性力与模型中的整个力相比是相对小的。

• 将黏性阻尼能量（ALLSD）与总应变能（ALLIE）相比，并且确保比率不超过耗散能量分数或者任何合适的大小。如果结构承担大量的运动，则黏性阻尼能量可能是大的。

计算阻尼因子的自动过程，对于绝大部分应用是工作良好的。然而，存在计算得到的因子要么太小了，造成没有控制稳定性，要么太高了，导致结果不精确。当使用一个不变的阻尼因子时，更容易发生这些问题——阻尼因子是在第一个增量中计算得到的，可能它不代表剩下步中的行为。例如，考虑一个后续耦合的热-应力分析，在其中一个力学分析从一个之前的瞬态热分析中读取温度。通常热分析表现出一个耗散过程，其中在分析的早期发生温度的快速变化，并且一旦达到稳定状态，发生细微的温度变化。在这样的情况中，Abaqus 将基于对应第一个增量时间的温度来计算外推的应变能（在此情况中，对于第一个增量可能有显著的温度改变），这样产生一个更大的应变能，然后对其进行期望中的应变能外推。这反过来导致一个过大的阻尼因子，产生一个不精确的结果。

如果自动稳定性方法中的一个工作得不恰当，则可以试图使用其他的自动稳定方法，自适应的稳定方案通常是优先的。另外，可以尝试直接指定阻尼因子。

2.2 分析收敛性控制

- “收敛准则和时间积分准则：概览”2.2.1 节
- “常用的控制参数”2.2.2 节
- “非线性问题的收敛准则”2.2.3 节
- “瞬态问题的时间积分精度”2.2.4 节

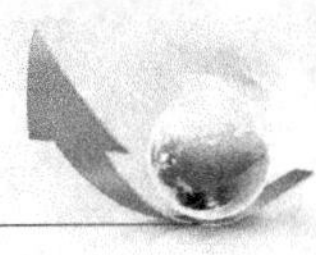

2.2.1 收敛准则和时间积分准则：概览

Abaqus/Standard 中，数值控制参数是与收敛性和积分精度算法相关联的。赋予这些参数默认值，选取这些默认值来优化广谱的非线性问题解的精度和有效性。可以改变解控制参数，如下面的部分所描述的那样：

- 对更加重要的求解控制参数的一个简短概要，与可以有效使用它们的环境的描述，在 2.2.2 节中一起提供。这部分对于一般用户很可能是最有用的，并且应当首先阅读。
- Abaqus/Standard 包含一个设计来精确并且经济地求解非线性系统的平衡方程组经验算法。用来建立非线性增量的收敛和基于收敛速度的增量大小而自动调整的准则，在 2.2.3 节中进行了描述。
- Abaqus/Standard 允许在具有一个物理时间尺度的问题中选择“时间积分精度参数”。为自动控制时间增量大小而使用这些参数的算法，在 2.2.4 节中进行了描述。
- Abaqus/CFD 允许选择用于一个 Abaqus/CFD 到 Abaqus/Standard，或者到 Abaqus/Explicit的协同仿真控制参数，来缓解分析过程中的不稳定性和网格扭曲。

更改默认的求解控制

求解控制参数的默认值，对于大部分的情况是不需要调整的。然而，可以在一个步定义中重新设置它们。

给予求解控制参数的值，对于剩余的分析是保持有效的，或者直到重新设置它们。

输入文件用法：　*CONTROLS

如果必要的话，可以使用不同参数重复 *CONTROLS 选项。

Abaqus/CAE 用法：Step module：Other→General Solution Controls→Edit：切换打开 Specify

重新设置所有的默认求解控制

可以重载所有的求解控制参数到它们的默认值。

输入文件用法：　*CONTROLS，RESET

Abaqus/CAE 用法：Step module：Other→General Solution Controls→Edit：切换打开 Reset all parameters to their system-defined defaults

2.2.2 常用的控制参数

产品：Abaqus/Standard　Abaqus/CFD　Abaqus/CAE

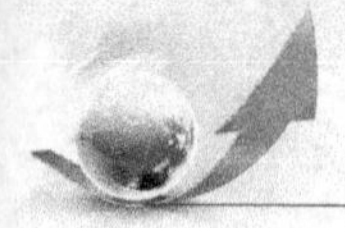

参考

- “收敛准则和时间积分准则：概览”2.2.1 节
- *CONTROLS
- “定制通用求解控制”《Abaqus/CAE 用户手册》的 14.15.1 节，此手册的 HTML 版本中

概览

求解控制参数可以用来控制：

- 非线性方程的求解精度；
- 时间增量的调整；
- Abaqus/CFD 到 Abaqus/Standard，或者到 Abaqus/Explicit 的协同仿真中的 FSI 稳定性和网格扭曲。

对于大部分的分析，不需要改变求解控制参数。然而，在不同的情况中，求解过程使用默认的控制不会收敛，或者需要使用过多数量的增量和迭代。在确立问题不是由于模拟错误所造成的之后，改变特定的控制参数可能是有用的。

此部分中呈现了一个更加重要的求解控制参数的一个简要大纲和可以有效使用它们的环境的描述。

求解控制参数的给定值，对于剩余的分析是保持有效的，或者直到它们被重新设置。可以将所有的求解控制参数重载到它们的默认值（见 2.2.1 节）。

术语

在此节中，“流量”意为被搜寻离散平衡的变量，并且它的平衡方程可以是非线性的，如：力、力矩、热流量、集中体积流量或者孔隙流体体积流量；“场”指系统的基本变量，例如一个连续应力分析中的唯一分量，或者一个热传导分析中的温度。上标 α 指这类方程的一种。在 2.2.3 节中列出了 Abaqus/Standard 中可用的场和相应的流量。

为场方程定义容差

求解控制参数可以用来定义场方程的容差。可以选择定义有求解控制参数的方程所具有的类型，如表 2-1 中所示。如果在收敛准则中，分析步不要求高的精度，则可以重新设置默认的容差。

场方程容差的最重要的求解控制参数有：R_n^α、C_n^α、$\tilde{q}_0^\alpha$和 $\tilde{q}_u^\alpha$。在残差比流量大的情况中，或者增量求解基本上是零的情况中，只能进行更改。

表 2-1 选择场方程

平衡方程	输入文件	Abaqus/CAE	自由度
所有有效的场	FIELD = GLOBAL	施加到所有可应用的场	所有
力和双力矩	FIELD = DISPLACEMENT	位移	1，2，3，7
力矩	FIELD = ROTATION	转动	4，5，6
热传导	FIELD = TEMPERATURE	温度	11，12，13…
静水流体	FIELD = HYDROSTATIC FLUID PRESSURE	静水压流体压力	8
孔隙流体压力	FIELD = PORE FLUID PRESSURE	孔隙流体压力	8
质量扩散	FIELD = CONCENTRATION	集中	11
电导	FIELD = ELECTRICAL POTENTIAL	电位	9
机构分析（具有材料流动自由度的连接器单元）	FIELD = MATERIAL FLOW	不支持	10
包含 C3D4H 单元的分析（所有的材料，除了可压缩的超弹性体和弹性体泡沫）	FIELD = PRESSURE LAGRANGE MULTIPLIER	不支持	N/A
包含 C3D4H 单元，可压缩的超弹性或者超弹性泡沫材料	FIELD = VOLUMETRIC LAGRANGE MULTIPLIER	不支持	N/A

输入文件用法：　*CONTROLS，PARAMETERS = FIELD，FIELD = 场

Abaqus/CAE 用法：Step module：Other→General Solution Controls→Edit：切换打开 Specify：Field Equations：Apply to all applicable fields 或者 Specify individual fields：场

更改残差控制

R_n^α收敛准则是最大的残差对相应的平均流量 $\tilde{q}^\alpha$的比。$\tilde{q}^\alpha$在 2.2.3 节中进行了定义。默认的值是 $R_n^\alpha = 5\times10^{-3}$，它对于工程标准是相当严格的，但是在所有的情况下，除了特殊情况之外，将对复杂的非线性问题保证一个精确的解。如果为了计算速度可以牺牲一些精度的话，可以将此比值适当放大。

更改解校正控制

C_n^α收敛准则是最大解校正对最大相应增量解的比。默认的值是 $C_n^\alpha = 10^{-2}$。除了足够小的残差外，Abaqus/Standard 还要求解值的最大校正与最大的相应增量解的比值够小。一些分析可能不要求这样的精确，这样允许增加此比率。

指定平均流量

$\tilde{q}^\alpha$是 Abaqus/Standard 为检查残差所使用的平均流量。默认的值是通过 Abaqus/Standard 计算的时间平均流量，如 2.2.3 节中所定义的那样。然而，可以为平均流量定义一个不变的值 $\tilde{q}_u^\alpha$，在此情况中，在整个步上 $\tilde{q}^\alpha = \tilde{q}_u^\alpha$。

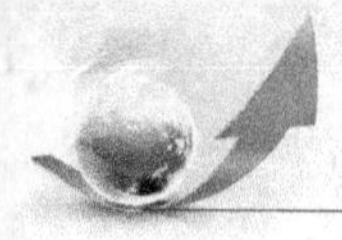

可以希望为残差检查使用绝对的容差。然后此绝对的容差值等于平均流量 $\tilde{q}_u^\alpha$ 与 R_n^α 的积。要避免测试解校正的大小，可以设置 C_n^α 为 1.0。

更改初始时间平均流量

$\tilde{q}_0^\alpha$ 是当前步的时间平均流量的初始值。默认的值是来自之前步的时间平均流量（如果当前是步 1，则 $\tilde{q}_0^\alpha=10^{-2}$）。当分析的是一个耦合问题时，并且问题中的一些场在第一步中没有激活的时候，可以尝试重新定义 $\tilde{q}_0^\alpha$。例如，在一个完全耦合的热-应力步之前执行一个静态步。

如果第一步是一个空步，则 $\tilde{q}_0^\alpha$ 的重新定义也是有作用的。例如，在一个尚未发生任何接触的接触问题中，初始生成的流量（力）是零。在这样的情况中，应当令 $\tilde{q}_0^\alpha$ 等于当场 α 第一次变得有效时将会发生的典型流量值。

保留 $\tilde{q}^\alpha$ 的初始值，直到完成迭代，对于此迭代 $\bar{q}^\alpha>\varepsilon^\alpha\tilde{q}^\alpha$，在此时间上，我们重新定义 $\tilde{q}^\alpha=\bar{q}^\alpha$。零流量的准则与 $\tilde{q}^\alpha$ 相比是 $\tilde{q}^\alpha\leqslant\tilde{q}^\alpha\cdot\varepsilon^\alpha$（见 2.2.3 节）。

如果直接指定了平均流量 $\tilde{q}_u^\alpha$，则忽略为 $\tilde{q}_0^\alpha$ 给出的值。

Abaqus/Standard 输出

分析效果中的控制是列于数据（.dat）和信息（.msg）文件中的。非默认的控制用"***"标记。例如，指定下面的控制：

场方程	R_n^α	C_n^α	$\tilde{q}_0^\alpha$	$\tilde{q}_u^\alpha$	R_P^α	ε^α
位移	0.01	1.0	10.0	-	-	1.E-4
转动	0.02	2.0	20.0	2.E3	-	-

将导致下面的输出：

```
CONVERGENCE TOLERANCE PARAMETERS FOR FORCE
*** CRIT. FOR RESIDUAL FORCE FOR A NONLINEAR PROBLEM              1.000E-02
*** CRITERION FOR DISP. CORRECTION IN A NONLINEAR PROBLEM              1.00
*** INITIAL VALUE OF TIME AVERAGE FORCE                                10.0
    AVERAGE FORCE IS TIME AVERAGE FORCE
    ALT. CRIT. FOR RESIDUAL FORCE FOR A NONLINEAR PROBLEM         2.000E-02
*** CRIT. FOR ZERO FORCE RELATIVE TO TIME AVRG. FORCE             1.000E-04
    CRIT. FOR DISP. CORRECTION WHEN THERE IS ZERO FLUX            1.000E-03
    CRIT. FOR RESIDUAL FORCE WHEN THERE IS ZERO FLUX              1.000E-08
    FIELD CONVERSION RATIO                                             1.00
CONVERGENCE TOLERANCE PARAMETERS FOR MOMENT
 *** CRIT. FOR RESIDUAL MOMENT FOR A NONLINEAR PROBLEM            2.000E-02
 *** CRIT. FOR ROTATION CORRECTION IN A NONLINEAR PROBLEM              2.00
 *** INITIAL VALUE OF TIME AVERAGE MOMENT                              20.0
 *** USER DEFINED VALUE OF AVERAGE MOMENT NORM                    2.000E+03
     ALT. CRIT. FOR RESID. MOMENT FOR A NONLINEAR PROBLEM         2.000E-02
     CRIT. FOR ZERO MOMENT RELATIVE TO TIME AVRG. MOMENT          1.000E-05
     CRIT. FOR ROTATION CORRECTION WHEN ZERO FLUX                 1.000E-03
     CRIT. FOR RESIDUAL MOMENT WHEN ZERO FLUX                     1.000E-08
     FIELD CONVERSION RATIO                                            1.00
```

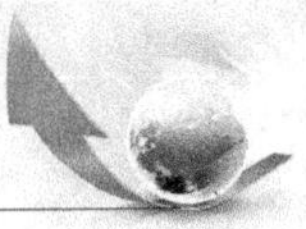

控制时间增量方案

可以使用求解控制参数来改变收敛控制算法和时间增量算法。时间增量参数 I_0 和 I_R 是最重要的，因为它们对收敛具有直接的影响。如果收敛是（初始的）非单调的，或者如果收敛是非二次的，则不得不更改它们。

如果不同的非线性相互作用，则可以发生非单调的收敛。例如，摩擦、非线性材料行为和几何非线性的结合可能导致非单调地减少残差。

如果雅可比不准确，则将发生非二次的收敛，雅可比不准确可以发生在复杂的材料模型中。如果雅可比是非对称的，但是使用对称方程求解器，则也会发生非二次的收敛。在那样的情况中，应当为步指定非对称的方程求解器（见 1.1.2 节）。

输入文件属性：＊CONTROLS，PARAMETERS = TIME INCREMENTATION

Abaqus/CAE 用法：Step module：Other→General Solution Controls→Edit：切换打开 Specify：Time Incrementation

为一个残差检查指定平衡的迭代

I_0 是平衡迭代的编号，在此平衡迭代之后，检查在两次连续迭代中残差不增加。默认的值是 $I_0 = 4$。如果初始收敛是非单调的，则可能有必要来增加此值。

为一个收敛检查的对数速率指定平衡的迭代

I_R 是平衡迭代的编号，在此平衡迭代之后开始对数收敛速率检查。默认的值是 $I_R = 8$。在收敛是非二次的且此非二次收敛不能通过对步使用非对称方程求解器来进行修正时，应当通过设置此参数为高值来消除对数收敛检查。

避免在困难的分析中过早地消减

有时候，同时增加 I_0 和 I_R 是有用的。例如，在一个涉及摩擦和脆性材料模型的困难分析中，设置 $I_0 = 8$ 和 $I_R = 10$ 来避免时间增量过早消减是有帮助的。对于严重不连续的问题，这两个参数可以通过分别增加它们来增加到更加合适的值。

自动设置时间增量参数

可以自动设置上面描述的参数值 $I_0 = 8$ 和 $I_R = 10$。在此情况中，将覆盖之前为 I_0 和 I_R 所指定的任何值。然而，如果 I_0 和 I_R 在一个步中指定了多次，具有不同的求解控制设置，则将以最后的为准。

输入文件用法：　＊CONTROLS，ANALYSIS = DISCONTINUOUS

Abaqus/CAE 用法：Step module：Other→General Solution Controls→Edit：切换打开 Specify：Time Incrementation：Discontinuous analysis

提高包含一个高摩擦因数的问题中的求解效率

通过自动设置时间增量参数，并且使用非对称的方程求解器，有时候可以提高一个包含

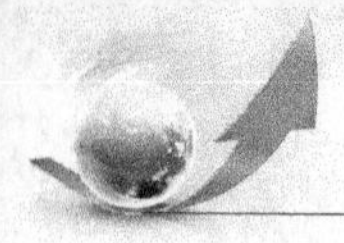

高摩擦因数的分析中的求解效率。

Abaqus/Standard 输出

对一个分析的有效控制列在数据（.dat）文件和信息（.msg）文件中。非默认的控制是用“***”标识。例如，指定时间增量参数 $I_0=7$ 和 $I_R=10$，将产生下面的输出：

```
 TIME INCREMENTATION CONTROL PARAMETERS:
  *** FIRST EQUIL. ITERATION FOR CONSECUTIVE DIVERGENCE CHECK            7
  *** EQUIL. ITER. AT WHICH LOG. CONVERGENCE RATE CHECK BEGINS          10
      EQUIL. ITER. AFTER WHICH ALTERNATE RESIDUAL IS USED                9
      MAXIMUM EQUILIBRIUM ITERATIONS ALLOWED                            16
      EQUIL. ITERATION COUNT FOR CUT-BACK IN NEXT INCREMENT             10
      MAX EQUIL. ITERS IN TWO INCREMENTS FOR TIME INC. INCREASE          4
      MAXIMUM ITERATIONS FOR SEVERE DISCONTINUITIES                     12
      MAXIMUM CUT-BACKS ALLOWED IN AN INCREMENT                          5
      MAX DISCON. ITERS IN TWO INCS FOR TIME INC. INCREASE               6
      CUT-BACK FACTOR AFTER DIVERGENCE                               0.250
      CUT-BACK FACTOR FOR TOO SLOW CONVERGENCE                       0.500
      CUT-BACK FACTOR AFTER TOO MANY EQUILIBRIUM ITERATIONS          0.750
```

激活“线性搜索”算法

在强烈的非线性问题中，Abaqus/Standard 中使用的牛顿算法可能有时候在平衡迭代中发散。线性搜索算法（在 2.2.3 节中的通过使用线性搜索算法提高求解的效率进行了讨论）自动发现这些情况，并且对计算得到的解校正应用一个比例因子，这有助于防止发散。当使用了准牛顿法时，线性搜索算法是特别有用的（见 2.2.3 节中的“求解方法”）。

默认情况下，线性搜索算法仅在使用准牛顿法的步中是有效的。设置线性搜索迭代 N^{ls} 的最大数量到一个合适的值（例如 5）来激活线性搜索过程，或者到零来强行抑制线性搜索。

输入文件用法：　＊CONTROLS，PARAMETERS = LINE SEARCH

N^{ls}

Abaqus/CAE 用法：Step module：Other→General Solution Controls→Edit：切换打开 Specify：Line Search Control：N^{ls}

定义约束方程的容差

可以使用解控制参数来设置约束方程的容差。可以为混合单元设置应变协调容差，为分布耦合约束设置位移和转动协调容差（设置成基于面的约束，或者使用 DCOUP2D/DCOUP3D 单元），以及为软化接触设置协调容差。详细情况见 2.2.3 节。

在直接循环分析中控制求解精度

可以在直接循环分析中使用求解控制参数来指定何时施加周期性条件以及为稳定的状态和塑性棘轮检测设置容差。

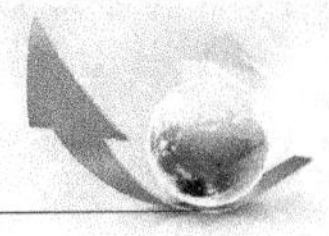

输入文件用法： ＊CONTROLS，TYPE = DIRECT CYCLIC

I_{PI}，CR_n^α，CU_n^α，CR_0^α，CU_0^α

Abaqus/CAE 用法：Step module：Other→General Solution Controls→Edit：切换打开 Specify：Direct Cyclic：I_{PI}，CR_n^α，CU_n^α，CR_0^α，CU_0^α

施加周期性条件

可以指定第一次施加周期条件的迭代数 I_{PI}，默认为 $I_{PI}=1$，在此情况中，周期条件是从分析的开始为所有的迭代施加的。此求解控制参数很少需要从它的默认值进行重新设置。

为稳定的状态和塑性棘轮检测定义容差

可以指定稳定状态探测准则 CR_n^α和 CU_n^α。CR_n^α是傅里叶级数中任何项上的最大残差系数，对相应的平均流量范数的最大可允许的比，并且 CU_n^α是傅里叶级数中任何项上的位移系数最大校正，对最大的位移系数的最大可允许的比。默认的值是 $CR_n^\alpha=5\times10^{-3}$和 $CU_n^\alpha=5\times10^{-3}$。如果这两个准则都得到满足，则解收敛于一个稳定状态。

如果发生塑性棘轮效应，应力-应变曲线的形状保持不变，但是一个循环上的塑性应变的平均值，连续地从一个迭代移动到下一个。在那样的情况中，期望为傅里叶级数中的常数项使用单独的容差来探测塑性棘轮。

也可以指定塑性棘轮效应探测准则 CR_0^α和 CU_0^α。CR_0^α是傅里叶级数中常数项上的最大残差系数，对相应的平均流量范数的最大可允许的比，并且 CU_n^α是傅里叶级数中常数项上的位移系数最大校正，对最大的位移系数的最大可允许的比。默认的值是 $CR_0^\alpha=5\times10^{-3}$和$CU_0^\alpha=5\times10^{-3}$。如果残差系数和任何周期项上的位移系数的校正，分别是在通过 CR_n^α和 CU_n^α设定的容差之内的，但是常数项上的最大残余系数和常数项上的位移系数的最大校正，分别超出了通过 CR_0^α和 CU_0^α设置的容差，则可预期塑性棘轮。

Abaqus/Standard 输出

一个分析的有效控制是列在数据（.dat）文件和信息（.msg）文件中的。非默认的控制用“**”来标注。例如，指定下面的控制：

I_{PI}	CR_n^α	CU_n^α	CR_0^α	CU_0^α
5	1.0E-4	1.0E-4	1.0E-4	1.0E-4

将产生下面的输出：

```
STABILIZED STATE AND PLASTIC RATCHETTING DETECTION
PARAMETERS FOR FORCE
** CRIT. FOR RESI. COEFF. ON ANY FOURIER TERMS              1.0E-04
** CRIT. FOR CORR. TO DISP. COEFF. ON ANY FOURIER TERMS     1.0E-04
** CRIT. FOR RESI. COEFF. ON CONSTANT FOURIER TERM          1.0E-04
** CRIT. FOR CORR. TO DISP. COEFF. ON CONST. FOURIER TERM 1.0E-04

PERIODICITY CONDITION CONTROL PARAMETER:
** ITERATION NUMBER AT WHICH PERIODICITY CONDITION
** STARTS TO IMPOSE                                               5
```

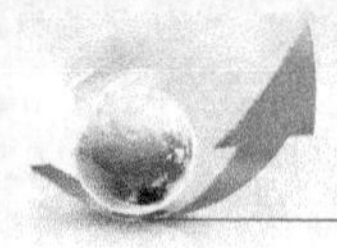

在一个使用 Abaqus/CFD 的变形网格分析中控制求解精度和网格质量

求解控制参数可以用来控制网格运动，并且在涉及运动边界的或者变形几何形体的变形网格问题中保持网格质量。当执行 Abaqus/CFD 到 Abaqus/Standard 的或者到 Abaqus/Explicit 的协同仿真时，也使用它们来控制 FSI 稳定性。

控制网格平顺和 FSI 稳定性

当使用了网格平顺的隐式算法（默认的）时，可以在执行一个收敛检查之前，指定迭代的数量，迭代的最大数量，FSI 罚比例因子，固体/流体密度比，线性收敛准则和刚度比例因子来控制网格运动和 FSI 稳定性。

隐式算法使用无矩阵，迭代方法来求解虚拟弹性问题。当在 FSI 的 ALE 过程中求解线性弹性方程时，或者变形网格问题时，迭代的数量和线性收敛准则控制精度。降低迭代的数量，或者放松线性收敛准则，有助于缩短计算时间。类似的，增加迭代的数量或者提高线性收敛准则，可以保证网格质量良好。刚度缩放因子可以用来缩放弹性刚度。降低弹性刚度产生一个具有更多局部变形的 ALE 网格。

当使用了网格平顺的显式算法，可以指定网格平顺增量的最小次数、网格平顺增量的最大次数、FSI 罚比例因子、固体/流体密度比和刚度比例因子来控制网格运动和 FSI 稳定性。

网格平顺增量的最小和最大次数，控制 FSI 的 ALE 过程或者变形网格问题中所取的网格平顺步数量。降低网格平顺增量的最小和最大数量，可以有助于缩短计算时间。类似的，增加平顺增量的最小/最大数量有助于确保网格质量保持良好，并且避免变形网格问题发展过程中潜在的单元失稳。

FSI 罚比例因子是用来控制 FSI 稳定性的，默认值为 1.0。当结构加速度较高的时候，以增量 0.1 来增加此参数，对于高密度流体中的极其柔性的结构是必要的。

也使用固体/流体密度比来控制 FSI 稳定性的。默认情况下，如果没有指定固体/流体密度比，则忽略它。当存在多固体-流体界面时，应当选择最小的固体/流体密度比。

输入文件用法：　使用下面选项的一个来控制网格平顺或者 FSI 稳定性：

*CONTROLS，TYPE = FSI，MESH SMOOTHING = IMPLICIT

收敛检查前的迭代次数，迭代的最大次数，FSI 罚比例因子，固体/流体密度比，刚度比例因子，线性收敛准则

*CONTROLS，TYPE = FSI，MESH SMOOTHING = EXPLICIT

网格平顺增量的最小次数，网格平顺增量的最大次数，FSI 罚比例因子，固体/流体密度比，刚度比例因子

Abaqus/CAE 用法：Abaqus/CAE 中，不支持在一个 Abaqus/CFD 到 Abaqus/Standard 或者到 Abaqus/Explicit 的协同仿真中控制 FSI 稳定性。

控制网格变形

类似于 Abaqus/Explicit 中使用的扭曲控制（详情见《Abaqus 分析用户手册——单元卷》的 1.1.4 节），当使用显式网格平顺算法时，Abaqus/CFD 提供扭曲控制来防止单元在流体网

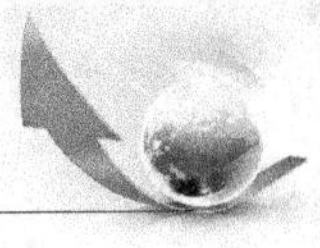

格运动中反转或者极度扭曲。默认情况下，如果使用了隐式网格平顺算法，扭曲控制在协同仿真过程中是关闭的，并因而忽略。

输入文件用法：当使用了隐式网格平顺算法时，使用下面的选项来抑制扭曲控制（默认的）：

* CONTROLS, TYPE = FSI, MESH SMOOTHING = EXPLICIT, DISTORTION CONTROL = OFF

使用下面的选项来激活扭曲控制：

* CONTROLS, TYPE = FSI, MESH SMOOTHING = EXPLICIT, DISTORTION CONTROL = ON

Abaqus/CAE 用法：Abaqus/CAE 中，不支持在一个 Abaqus/CFD 到 Abaqus/Standard 或者到 Abaqus/Explicit 的协同仿真中控制网格扭曲。

2.2.3 非线性问题的收敛准则

产品：Abaqus/Standard　　Abaqus/CAE

参考

- “收敛性和时间积分准则：概览” 2.2.1 节
- * CONTROLS
- “定制通用求解控制”《Abaqus/CAE 用户手册》的 14.15.1 节，此手册的 HTML 版本中

概览

在非线性问题中，控制平衡方程必须迭代的进行求解。此部分描述：

- 非线性问题的求解方法（牛顿法）；
- Abaqus/Standard 可以求解的场方程组；
- 在求解过程中，用来建立每一个迭代的收敛准则；
- “严重的不连续” 迭代；
- 线性搜索算法，可以用来提高牛顿法的稳健性。

求解方法

只要有可能，Abaqus/Standard 使用牛顿法来求解非线性问题。在某些情况中，在方程组的雅可比是精确定义的情况下，它使用牛顿法的精确执行，并且当解的估计是处在算法的收敛半径中时，得到二次收敛。在其他情况中，雅可比是近似的，这样迭代方法不是一个精确的牛顿法。例如，一些材料模型和面界面模型（例如不相关的流动塑性模型，或者库仑

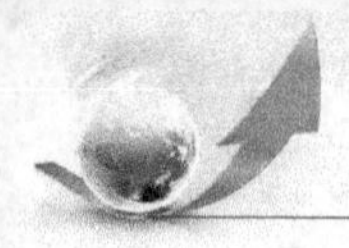

摩擦）创建一个非对称的雅可比矩阵，但是可以通过它的对称部分来选择近似此矩阵。

许多问题表现出不稳定的行为，一个常用的例子是接触——在一个表面上的一个特定点上，接触约束要么是存在的，要么是不存在的。另外一个（通常不太严重）例子是材料屈服处的一个点上的塑性中的应变逆转。

指定准牛顿法

可以选择为一个特定的步使用准牛顿技术（在《Abaqus 理论手册》的 2.2.2 节中进行了描述），替代求解非线性方程组的标准牛顿法。

准牛顿技术可以在某些情况中通过降低乘以因式分解后的雅可比矩阵的次数来节省大量的计算成本。当系统是大的并且每个增量需要许多迭代时，或者当刚度矩阵从迭代到迭代没有改变许多时（例如一个使用隐式时间积分的动态分析中，或者在一个具有局部塑性的小位移分析中），通常它是非常成功的。它仅能用于对称的方程组，当为一个步指定了非对称求解器时，不能使用它（见 1.1.2 节），也不能用于总是产生一个非对称方程组的过程，例如 1.5.3 节和 1.11.1 节。此外，它不能用于一个静态 Riks 过程（见 1.2.4 节）。

准牛顿方法在与线性搜索方法（见"通过使用线性搜索算法提高求解的效率"）相结合时工作良好。线性搜索有助于防止通过准牛顿法产生的不精确的雅可比所导致的平衡迭代发散。对于使用准牛顿法的步，线性搜索方法默认是有效的。可以通过指定线性搜索控制来覆盖此操作。

可以指定重新形成内核矩阵前可使用准牛顿迭代的次数。默认的迭代数量是 8。额外的矩阵重新生成在基于收敛行为的迭代过程之中自动发生。因为二次收敛在准牛顿迭代过程中是不期望的，因而在时间增量过程中不施加收敛检查的对数速率。进一步，时间增量中使用的迭代次数是准牛顿迭代的权重和，使用取决于是否已经形成内核矩阵的权重因子。

输入文件用法：　＊SOLUTION TECHNIQUE，TYPE = QUASI-NEWTON，REFORM KERNEL = *n*

Abaqus/CAE 用法：Step module：step editor：Other：Solution technique：Quasi-Newton，Number of iterations allowed before the kernel matrix is reformed：*n*

指定分离方法

另外，可以使用分离的技术替代标准的牛顿法来解完全耦合的热-应力和耦合的热-电过程的非线性方程组。

分离的技术（在 1.5.3 节中和 1.7.3 节中进行了描述）通过消除场间耦合项来近似雅可比，并且可以在场间相对是弱耦合的情况中，节省大量的计算成本。

输入文件用法：　＊SOLUTION TECHNIQUE，TYPE = SEPARATED

Abaqus/CAE 用法：Step module：step editor：Other：Solution technique：Separated

场方程组

场方程组可以单独进行模拟或者完全耦合。Abaqus/Standard 中的某些场仅可能具有线性场。每一个场是通过使用基本节点变量（有限元模型节点上的自由度）来离散化的，例

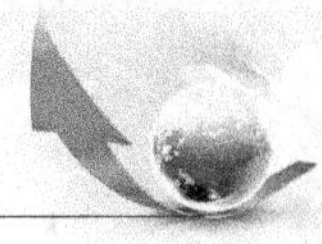

如连续应力分析问题中的位移分量。每一个场具有一个共轭的“流量。”

可得的场和它们的共轭流量

Abaqus/Standard 中可得的场和共轭流量见表 2-2：

表 2-2 场和共轭流量

基本问题	场	共轭流量
应力分析：	位移，$\boldsymbol{u}$	力，$\boldsymbol{F}$
力平衡	翘曲，w	双力矩，W
结构应力分析：力矩平衡	转动，ϕ	力矩，$\boldsymbol{M}$
热传导分析	温度，θ	热流量，q
声学分析（仅线性）	声压，u	流体体积通量的改变率
孔隙流体流动分析	孔隙流体压力，u	孔隙流体体积流量，q
静水压流体模拟	流体压力，p	流体体积，V
质量扩散分析	归一化的集中，ϕ	质量集中体积流量，Q
压电分析	电位，ϕ	电荷，q
电导分析	电位，ϕ	电流，J
机构分析（具有材料流动自由度的连接器单元）	材料流动	材料流量
包含 C3D4H 单元（所有的材料，除了可压缩的超弹性弹性体和弹性的泡沫）的分析	应力拉格朗日乘子	体积流量
包含具有可压缩的超弹性或者超泡沫材料的 C3D4H 单元的分析	体积拉格朗日乘子	压力流量

约束方程

在某些情况中，问题也包含约束方程。在 Abaqus/Standard 中，表 2-3 所列的约束是通过使用拉格朗日乘子来包括的。

表 2-3 约束

问题	约束变量	约束
混合固体（除了 C3D4H 单元）	压应力	体积应变兼容性
混合梁	轴力	轴向应变兼容性
混合梁	横向剪切力	横向切应变兼容性
分布耦合	力	耦合位移兼容性
分布耦合	力矩	耦合转动兼容性
接触	法向力	面渗透
具有拉格朗日摩擦的接触	切应力	相对剪切滑动

如果使用了罚方法，则接触拉格朗日乘子可能不存在。

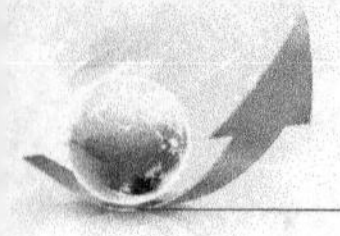

求解耦合的场方程

在一个通用的问题中，必须求解几个（可能非线性）类型的耦合场方程，$\alpha = 1, 2, ..., N$，并且几个不同的（可能非线性）类型的约束必须同时满足 $j = 1, 2, ..., K$，例如，在一个使用了混合梁单元的结构问题中，$\alpha = 1$ 可能代表位移场和共轭力的平衡方程，$\alpha = 2$ 可能代表转动场和共轭力矩的平衡方程，而 $j = 1$ 代表轴向应变兼容性以及 $j = 2$ 代表横向的切应变兼容性。

控制求解的精确性

Abaqus/Standard 中定义的默认求解控制参数，是设计用来提供复杂问题合理的优化解的，这些复杂问题涉及非线性的组合以及简化非线性情况的高效解。然而，选择控制参数中的最重要的一点是，任何“收敛”的解都是一个对非线性方程组真实解的非常近似的值。在此上下文中，当使用默认值时，“非常近似值”被工程标准解释得相当严格，如下面所描述的那样。

可以重新设置许多与用于场方程的容差相关的求解控制参数。如果用户定义不太严格的收敛准则，当它们没有足够逼近系统的真值时，可以认为结果收敛。当重新设置求解控制参数时应当小心。不收敛通常是源于建模问题，这应当在改变精度控制之前得到解决。

可以选择定义有求解控制参数的方程类型。例如，可以仅重新定义位移场和翘曲自由度平衡方程的默认控制。默认情况下，求解控制参数将施加于模型中的所有有效场。详情见 2.2.2 节中的“为场方程定义容差”。

输入文件用法： *CONTROLS, PARAMETERS = FIELD, FIELD = 场

R_n^α，C_n^α，$\tilde{q}_0^\alpha$，$\tilde{q}_u^\alpha$，R_P^α，ε^α，C_ε^α，R_l^α

C_f，ε_l^α，ε_d^α

Abaqus/CAE 用法：Step module：Other→General Solution Controls→Edit：切换打开 Specify：Field Equations：Apply to all applicable fields 或 Specify individual fields：场

术语

为场方程组的收敛来测试问题中激活的每一个场 α。使用下面的度量来决定一个增量是否已经收敛：

$r_{\max}^\alpha$ 为场 α 的平衡方程中的最大残差。

$\Delta u_{\max}^\alpha$ 为增量中类型 α 的一个节点变量中的最大变化。

$c_{\max}^\alpha$ 为由当前的牛顿迭代提供的类型 α 所具有的任何节点变量的最大校正。

e^j 为类型 j 的一个约束中的最大误差。

$\bar{q}^\alpha(t)$ 为场 α 的流量在时间 t 时的瞬时大小，在整个模型上进行平均（空间平均流量）。

此平均默认是通过单元施加到它们的节点上的流量，以及任何外部定义的流量来定义的：

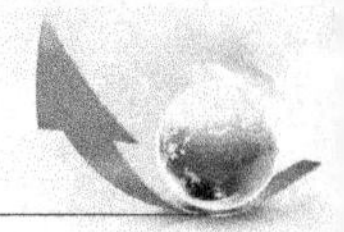

$$\bar{q}^{\alpha}(t) \stackrel{\text{def}}{=} \frac{1}{\sum_{e=1}^{E}\sum_{n_e=1}^{N_e} N_{n_e}^{\alpha} + N_{ef}^{\alpha}} \left(\sum_{e=1}^{E}\sum_{n_e=1}^{N_E}\sum_{i=1}^{N_{n_e}^{\alpha}} |q|_{i,n_e}^{\alpha} + \sum_{i=1}^{N_{ef}^{\alpha}} |q|_{i}^{\alpha,ef} \right)$$

式中 E——模型中单元的数量；

N_e——单元 e 中节点的数量；

$N_{n_e}^{\alpha}$——类型 α 在单元 e 的节点 n_e 处的自由度个数；

$q|_{i,n_e}^{\alpha}$——单元 e 在它的第 i 个类型 α 的自由度上，在时间 t 时在它的第 n_e 个节点施加的总流量分量的大小；

N_{ef}^{α}——场 α 的外部流量数量（取决于单元类型、载荷类型和施加到一个单元的载荷数量）以及 $q|_{i}^{\alpha,ef}$ 是场 α 的第 i 个外部流量的大小。

$\tilde{q}^{\alpha}$（t）到目前为止，在包括当前增量的此步中，场 α 典型流量的一个整体时间平均的值。通常情况下，$\tilde{q}^{\alpha}(t)$ 是定义成在 $\bar{q}^{\alpha}$ 非零的步中的所有增量上平均的 $\bar{q}^{\alpha}$。当前增量的 $\bar{q}^{\alpha}$ 是当前增量的每个迭代后重新计算得到的。

$$\tilde{q}^{\alpha}(t) \stackrel{\text{def}}{=} \frac{1}{N_t}\sum_{i=1}^{N_t} \bar{q}^{\alpha}(t|_i)$$

式中 N_t 是到目前为止，步中增量的总数量，包括当前的增量，在当前增量中 $\bar{q}^{\alpha}(t|_i) > \varepsilon^{\alpha}\tilde{q}^{\alpha}(t|_i)$。这里 $\bar{q}^{\alpha}(t|_i)$ 是增量 i 时的 $\bar{q}^{\alpha}$ 值，并且 ε^{α} 很小。ε^{α} 的默认值是 10^{-5}，但是在特殊情况中，可以改变此默认值。

另外，可以在步 $\tilde{q}_u^{\alpha}$ 中为平均流量定义一个值。在此情况中，在整个步中 $\tilde{q}^{\alpha}(t) = \tilde{q}_u^{\alpha}$。

在步的开始时，$\tilde{q}^{\alpha}$ 通常是来自前面步的值（除了步 1，此时默认为 $\tilde{q}^{\alpha} = 10^{-2}$）。另外，可以定义时间平均流量的一个初始值 $\tilde{q}_0^{\alpha}$，如 2.2.2 节中“更改初始时间平均流量”所描述的那样。$\tilde{q}^{\alpha}$ 保持它的初始值，直到完成了一个 $\bar{q}^{\alpha} > \varepsilon^{\alpha}\tilde{q}^{\alpha}$ 的迭代，在此时，我们重新定义 $\tilde{q}^{\alpha} = \bar{q}^{\alpha}$。（如果定义了 $\tilde{q}^{\alpha}$，将忽略为 $\tilde{q}_0^{\alpha}$ 定义的值。）

$\tilde{q}_{max}^{\alpha}$ 为此步过程中，对应于场 α 的最大流量的时间平均的值，不包括当前的增量。

q_{max}^{α} 为当前迭代过程中，对应于场 α 的最大流量。

平均流量

流量（$\tilde{q}^{\alpha}(t)$）的时间平均值，是从时间中的不同瞬时流量（$\bar{q}^{\alpha}(t)$）的空间平均计算得到的。在一些仅有模型的一小部分有效的情况中（在剩余模型上的流量是零或者非常小），一个流量在整个模型上的空间平均，当与模型的有效部分上的空间平均相比时，可以是非常小的。在一个时间段上，这可以产生在时间平均上的一个非常小的流量值，并且进而可以导致就工程标准而言非常严格的收敛准则。要避免这样的一个过度严格的收敛准则，Abaqus/Standard 使用一个算法来确定一个模型在任何给定瞬时的有效部分。

在一个迭代过程中，将任何 $q_i^{\alpha}(t) < \varepsilon_l^{\alpha}\tilde{q}_{max}^{\alpha}$ 的流量处理成无效的，并且将相应的自由度也标识成无效的。$\tilde{q}_{max}^{\alpha}$ 是当前步过程中，模型中最大流量的时间平均值。默认的 ε_l^{α} 值是 10^{-5}，

可以重新定义此参数。

在迭代结束时，当前迭代过程中模型的最大流量（q_{max}^{α}），与最大流量（$\tilde{q}_{max}^{\alpha}$）的时间平均值进行了比较。如果 $q_{max}^{\alpha} \geqslant 0.1\tilde{q}_{max}^{\alpha}$，则仅在模型的有效部分上计算空间的平均；如果 $q_{max}^{\alpha} < 0.1\tilde{q}_{max}^{\alpha}$，则将模型的所有被抑制部分重新分类成有效的，并且此空间平均是在整个模型上计算的。然后，使用以此方式得到的流量的合适空间平均，来计算用于收敛准则的时间平均的流量 $\tilde{q}^{\alpha}(t)$。设置 $\varepsilon_l^{\alpha}=0$，强制一个流量的空间平均总是在整个模型上进行计算。

如果在步中为平均的流量指定一个值 $\tilde{q}_u^{\alpha}$，则整个步上 $\tilde{q}^{\alpha}(t)=\tilde{q}_u^{\alpha}$。

残差

如果残差的容差小于0.5%，则大部分的非线性工程计算将是足够精确的。这样，Abaqus/Standard 通常使用

$$r_{max}^{\alpha} \leqslant R_n^{\alpha}\tilde{q}^{\alpha}$$

作为残差检查，其中可以定义 R_n^{α}（默认值为0.005）。如果满足了此不等式，且最大的解校正 c_{max}^{α} 与对应的解变量中的最大增量变化 Δu_{max}^{α} 相比还小，就接受收敛。

$$c_{max}^{\alpha} \leqslant C_n^{\alpha}\Delta u_{max}^{\alpha}$$

或者，如果解的最大校正的大小将不止一次迭代的发生，则评估为

$$c_{est}^{\alpha} = \frac{(r_{max}^{\alpha})^{i}}{\min((r_{max}^{\alpha})^{i-1},(r_{max}^{\alpha})^{i-2})}c_{max}^{\alpha}$$

满足相同的准则

$$c_{max}^{\alpha} \leqslant C_n^{\alpha}\Delta u_{max}^{\alpha}$$

可以定义 C_n^{α}，其默认值为 10^{-2}。

上标 i、$i-1$ 和 $i-2$ 是迭代编号，$(r_{max}^{\alpha})^0$ 指增量的第一个迭代开始时场 α 中的最大的残差。指定 C_n^{α} 的更多细节，见2.2.2节。

零流量

在某些情况中，有可能在一些增量过程中，在模型的任意处的 α 类型的方程组中具有零流量。零流量是指 $\bar{q}^{\alpha} \leqslant \varepsilon^{\alpha}\tilde{q}^{\alpha}$，其中，如前面所讨论的那样，$\varepsilon^{\alpha}$ 默认值为 10^{-5}，并且如果 $r_{max}^{\alpha} \leqslant \varepsilon^{\alpha}\tilde{q}^{\alpha}$，则接受场 α 的解。如果不是，将 c_{max}^{α} 与 Δu_{max}^{α} 相比较，当 $c_{max}^{\alpha} \leqslant C_{\varepsilon}^{\alpha}\Delta u_{max}$ 时，场 α 收敛是可接受的。C_{ε}^{α} 的默认值是 10^{-3}，可以重新定义此参数。

某些场中的可忽略响应

模型中多于一个有效场的可能发生情况是在某些增量中的某些场中具有可忽略的响应。如果某些类型的物理转化因子 f_{β}^{α} 在有效的场 α 与 β 之间存在，对于那些特殊的增量，$\tilde{q}^{\alpha}$ 太小（$\bar{q}^{\alpha} \leqslant \tilde{q}^{\alpha} < f_{\beta}^{\alpha}C_f\tilde{q}^{\beta}$），不能实际应用于场 α 的收敛准则部分，可以利用 $f_{\beta}^{\alpha}C_f\tilde{q}^{\beta}$ 来代替上面段落中的 $\tilde{q}^{\alpha}$。一个 f_{β}^{α} 的例子是特征长度在力与力矩之间转换。

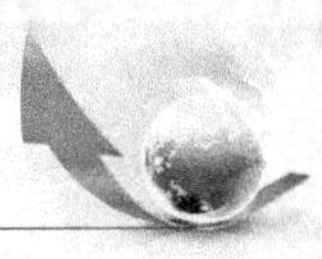

这里，f_{β}^{α}是由 Abaqus/Standard 基于问题的定义和所包含的场来计算得到的一个因子，C_f是一个用户定义的场转化率，C_f的默认值是 1.0。当f_{β}^{α}代表一个特征单元长度时，此概念仅用于与力和力矩相关的场之间的转换。

线性增量

线性情况不要求每个增量都要一个以上的平衡迭代。如果对于所有 α 都有：

$$r_{\max}^{\alpha} \leqslant R_l^{\alpha} \tilde{q}^{\alpha}$$

则认为增量为线性的。

R_l^{α}的默认值是 10^{-8}，也可以定义 R_l^{α}。在每一个场中通过最大残差与平均流量严格比较的任何情况，可以考虑成线性的，并且不要求进一步的迭代。如果在第一个之后的某些迭代上满足了此要求，则不需要对解的大小进行检查，可直接接受。

非二次收敛

在某些情况下，迭代的二次收敛是不可能的，因为牛顿方案的雅可比是近似的。如果在I_P迭代之后，收敛速度只是线性的，则 Abaqus/Standard 使用一个较大的容差。

$$r_{\max}^{\alpha} \leqslant R_p^{\alpha} \tilde{q}^{\alpha}$$

作为容差检查。当使用准牛顿方法时，不施加此容差更改，因为在正常情况下此方法要求大量的迭代来收敛。

R_p^{α}的默认值是 2×10^{-2}，可以定义 R_p^{α} 的值。也可以定义 I_P（默认情况下，$I_P = 9$，见“控制迭代”）。

约束还要求：

$$c_{\max}^{\alpha} \leqslant C_n^{\alpha} \Delta u_{\max}^{\alpha}$$

连续迭代直到两个准则可满足所有有效的场，否则放弃此增量。

当有效的场是位移时，收敛准则要求当最大的位移增量非常小的时候，忽略最大的位移校正小于最大的位移增量（$c_{\max}^{\alpha} \leqslant C_n^{\alpha} \Delta u_{\max}^{\alpha}$），如同通过 $\Delta u_{\max}^{\alpha} \leqslant \varepsilon_d^{\alpha} f_{\beta}^{\alpha}$定义的那样（其中$f_{\beta}^{\alpha}$是特征单元长度；$\varepsilon_d^{\alpha}$的默认值是 10^{-8}，可以重新定义此参数）。

控制迭代

非线性求解的每一个增量通常将通过多平衡迭代来进行求解。如果迭代的数量变得过大时，应当降低增量的大小并且再次尝试；反之，如果通过少量的迭代求解了连续的增量，则增量的大小可以增加。可以指定多个时间增量控制参数，有些在此部分中进行了描述，而其余的参数在 2.2.4 节中进行了描述。

输入文件用法： ＊CONTROLS，PARAMETERS = TIME INCREMENTATION

I_0，I_R，I_P，I_C，I_L，I_G，I_S，I_A，I_J，I_T，I_S^c，I_J^c，I_A^c

D_f，D_C，D_B，D_A，D_S，D_H，D_D，W_G

D_G，D_M，D_M^{dyn}，D_M^{diff}，D_L，D_E，D_R，D_F

Abaqus/CAE 用法：Step module：Other→General Solution Controls→Edit：切换打开 Speci-

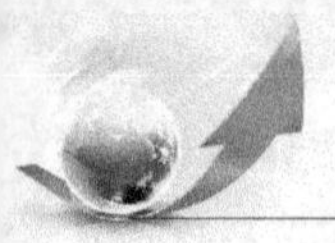

fy：Time Incrementation；点击 More 来看额外的数据表

因为单元或者材料计算的问题，重新尝试一个增量

因为大位移问题中的极度扭曲，或者因为非常大的塑性应变增量，Abaqus/Standard 可能具有单元计算的问题。如果发生了此问题并且已经选择了自动时间增量，则将把当前使用的时间增量放大 D_H倍来再次尝试，D_H的值可以进行定义，默认情况下，$D_H=0.25$。如果已经选择了固定的时间增量，则分析将终止，同时显示一个出错信息。

再次尝试一个发散增量

有时候增量太大，使得求解根本不能收敛——初始状态处在牛顿法“收敛半径”的外面。此条件可以通过观察最大残差 r_{max}^{α}的行为来探测到。在某些情况中，这些将不会在产生收敛的迭代序列上从迭代到迭代的下降，但是我们假定那样，如果它们不能在两个连续的迭代上降低，则应当放弃迭代。这样，如果 $\min((r_{max}^{\alpha})^{i},(r_{max}^{\alpha})^{i-1})>(r_{max}^{\alpha})^{i-2}$，则放弃此迭代。其中 i 是迭代计数器。在一个解不连续后面的 I_0之后第一次进行了此检查。可以定义 I_0，其最小值为 3，I_0的默认值是 4。如果使用了固定的时间步，则分析将伴随一个出错信息而终止。

使用自动的时间分步，将当前尝试时间增量乘以 D_f 后再次开始增量，在其中可以定义 D_f，D_f的默认值为 0.25。持续此细分，直到找到一个成功的时间增量，或者所允许的最小时间增量失效，作业结束，失效时会出现一个出错信息。使用 $N^{ls}=4$ 的线性搜索算法，有时候在此情况中有帮助（见“通过使用线性搜索算法提高求解的效率”）。

当要求了太多的平衡迭代时，重新尝试一个增量

在不能得到二次收敛的情况中，收敛的对数速度

$$\ln((r_{max}^{\alpha})^{i}/(r_{max}^{\alpha})^{i-1})$$

将经常会在整个的迭代过程中保持。可以在较早的迭代过程中建立此速率。如果在 I_R之后没有实现收敛，或者在一个求解不连续之后跟随有更多的迭代，如果选择了自动的时间增量，并且如果在所有场 α 上的最慢的收敛速率，暗示最后不连续解之后的总迭代次数大于 I_C，则将所放弃增量的时间增量乘以 D_C 后再次开始增量。如果已经选择了固定时间增量，则继续增量。但是如果增量中的最后一个解不连续，在 I_C个迭代中没有达到收敛，则分析将终止，伴随一个出错信息。

可以定义 I_R、I_C和 D_C的值。默认情况下，$I_R=8$，$I_C=16$，$D_C=0.5$。

为了效率，增加或者降低时间增量的大小

当选择了自动时间增量时，非线性方程求解的有效性用于下一个时间增量的选择中（以及时间增量精度准则在 2.2.4 节中进行了讨论）。如果在两个连续迭代中不要求超过 I_G 的迭代，则可将时间增量放大 D_D倍。如果一个增量收敛了，但是使用了多于 I_L个增量，则下一个时间增量取当前时间增量的 D_B倍。可以定义 I_G、I_L、D_D和 D_B的值。默认情况下，$I_G=4$，$I_L=10$，$D_D=1.5$，$D_B=0.75$。

外推

非线性分析步的第一个增量之后的每一个增量上，Abaqus/Standard 通过从前面的增量（或者多个增量）外推解来评估增量的解。默认情况下，使用 100% 的线性外推（对于 Riks 方法为 1%）。如果 $\Delta t_i \leqslant D_E \Delta t_{i-1}$，则放弃外推，其中 Δt_i 是所提出的新时间增量，并且 Δt_{i-1} 是最后成功的时间增量。可以定义 D_E 的值，其默认值是 0.1。

可以为一个特定的步关闭此外推方案，见 1.1.2 节。

混合单元中应变约束的收敛

混合单元中应变约束的收敛性，是通过将每一个应变约束的最大误差 e^j 与一个相应误差的绝对容差 T^j 相比较来进行检查的。每一个迭代后的这些误差的大小作为“兼容性误差”在信息（.msg）文件中进行报告。例如，体积兼容性误差是满足不可压缩性约束的精度度量。因为约束方程中的非线性通常是反映在同一个问题中的场方程组中的，不试图评估这些约束方程组中的收敛速率：我们假定场方程组中的收敛速率的度量是足够的。

可以定义 T^j（T^{vol}，T^{axial} 和 T^{tshear}）。默认情况下，所有的 $T^j = 10^{-5}$。

输入文件用法：　＊CONTROLS，PARAMETERS = CONSTRAINTS
T^{vol}，T^{axial}，T^{tshear}

Abaqus/CAE 用法：Step module：Other→General Solution Controls→Edit：切换打开 Specify：Constraint Equations

严重的不连续迭代

Abaqus/Standard 区分常规、平衡迭代（在其中，解平顺的变化）和刚度中发生突然变化的严重不连续迭代（SDIs）。默认情况下，Abaqus/Standard 将连续迭代，直到严重的不连续足够小（或者没有严重的不连续发生），并且满足平衡（流量）容差。对于用于严重不连续性检查的准则的更多信息，见 1.1.2 节中的“Abaqus/Standard 中的严重不连续”。另外，Abaqus/Strandard 将连续迭代，直到没有严重的不连续发生，并且满足了平衡（流量）容差。如果接触条件只是微弱地得到确定，并且发生接触“抖动”，或者如果要求大量的严重不连续迭代来安排接触条件，则此更加传统的方法可造成收敛困难。

可以定义接触和滑动相容性容差、低压的软接触兼容性容差和接触力误差容差。

输入文件用法：　＊CONTROLS，PARAMETERS = CONSTRAINTS
,,, T^{cont}，T^{soft}，,,, T^{cfe}

Abaqus/CAE 用法：Step module：Other→General Solution Controls→Edit：切换打开 Specify：Constraint Equations
Abaqus/CAE 中不支持定义接触力误差容差。

隐式动态分析中的严重不连续迭代

在隐式动态分析中，增量中所有接触变化的平均时间得到评估，并且中断时间增量来求解那个时间上的冲击方程。使用增强的拉格朗日或者罚约束强制方法，或者使用软化的接触，当求解冲击方程时，没有施加接触约束。然而，如果在给定的容差中接触约束没有得到满足，则强加一个严重不连续迭代。对于动态问题中的间歇接触上的详细情况，见《Abaqus 理论手册》的 2.4.2 节。

控制严重不连续迭代的数量

默认情况下，Abaqus 施加涉及穿透中的变化、残余力中的变化和从一个迭代到下一个严重不连续的数量的复杂准则来确定迭代是否应当连续或者终止。这样，原则上不需要限制严重不连续迭代的数量。这使得在不改变控制参数的情况下，解决要求大量接触变化的接触问题成为可能。仍然可能为严重不连续迭代的最大数量设置一个限制 I_S^c。默认情况下，$I_S^c=50$，它在实际中应当总是大于一个增量中迭代的实际数量。

输入文件用法： ＊CONTROLS，PARAMETERS＝TIME INCREMENTATION

,,,,,,,,,,, I_S^c

Abaqus/CAE 用法：Step module：Other→General Solution Controls→Edit：切换打开 Specify：Time Incrementation；点击 More 见额外的数据表

当严重不连续总是强制迭代时，控制严重不连续迭代的数量

在此情况中，对由一个增量中的严重不连续引起的迭代数量给出一个限制 I_S。如果对于严重的不连续性要求大于 I_S 的迭代，则将所放弃增量乘以 D_S 来开始的（对于自动的时间增量）。如果选择了固定的时间增量，则分析终止，并给出一个出错信息。可以定义 I_S 和 D_S 的值。默认情况下，$I_S=12$，$D_S=0.25$。

输入文件用法： ＊CONTROLS，PARAMETERS＝TIME INCREMENTATION

,,,,,, I_S

,,,,,,, D_S

Abaqus/CAE 用法：Step module：Other→General Solution Controls→Edit：切换打开 Specify：Time Incrementation；点击 More 来见额外的数据表格

通过使用线性搜索算法提高求解的效率

Abaqus/Standard 提供包括一个"线性搜索"算法的选项。线性搜索的目的是提高牛顿或者准牛顿方法的稳健性。默认情况下，线性搜索仅对于使用准牛顿法的步才有效。在大残差的平衡迭代中，线性搜索算法通过一个线性搜索缩放因子 s^{ls} 来缩放解的校正。使用一个迭代过程来寻找最小化残差向量在校正向量方向上的分量 s^{ls} 的值，此分量称为 y^j，其中 j 是线性搜索迭代编号。每一个线性搜索迭代要求一个迭代通过 Abaqus/Standard 的单元环，但是不要求任何使用整体刚度矩阵的操作。

通常确定 s^{ls} 为中等精度就足够了。有几个控制用来限制此精度。执行最大 $j=N^{ls}$ 的线性搜索迭代，可允许的 s^{ls} 的范围具有一个限制：

$$s_{\min}^{ls}\leqslant s^{ls}\leqslant s_{\max}^{ls}$$

当满足下面条件时，线性搜索停止

$$|y^j|\leqslant f_s^{ls}|y^0|$$

其中 y^0 是在第一个平衡迭代之前进行评估的。线性搜索停止时的残余降低因子 f_s^{ls} 通常是设置成一个相当大的容差。当一个线性搜索迭代提供的 s^{ls} 中的变化小于 η^{ls} 与 s^{ls} 的乘积时，线性搜索也将停止。

可以定义 N^{ls}、s_{max}^{ls}、s_{min}^{ls}、f_s^{ls} 和 η^{ls} 的值。默认情况下，使用牛顿法时取 $N^{ls}=0$，使用准牛顿法取 $N^{ls}=5$。设置 N^{ls} 成一个非零的值来激活线性搜索算法，或者设置成零来强行抑制线性搜索。其余的线性搜索参数的默认值为：$s_{max}^{ls}=1.0$，$s_{min}^{ls}=0.0001$，$f_s^{ls}=0.25$，$\eta^{ls}=0.10$。选择这些默认值来达到线性搜索比例因子的中等精度，同时使线性搜索迭代的额外成本最小。更加激进的线性搜索在一些仿真中是有益的，特别当需要许多非线性迭代和（或者）缩减来解决解中明显的不连续问题时。在这些情况中，可以试图允许更多的线性搜索迭代（$N^{ls}=10$），并且在线性搜索比例因子（$\eta^{ls}=0.01$）中要求更高的精度。这将导致更多的线性搜索迭代，但是会减少非线性迭代和缩减，并且使求解总体成本降低。

输入文件用法：　*CONTROLS，PARAMETERS = LINE SEARCH
N^{ls}，s_{max}^{ls}，s_{min}^{ls}，f_s^{ls}，η^{ls}

Abaqus/CAE 用法：Step module：Other→General Solution Controls→Edit：切换打开 Specify：Line Search Control

2.2.4　瞬态问题的时间积分精度

产品：Abaqus/Standard　　Abaqus/CAE

参考

- “收敛准则和时间积分准则：概览” 2.2.1 节
- “使用直接积分的隐式动力学分析” 1.3.2 节
- “非耦合的热传导分析” 1.5.2 节
- “耦合的孔隙流体扩散和应力分析” 1.8.1 节
- “率相关的塑性：蠕变和溶胀”《Abaqus 分析用户手册——材料卷》的 3.2.4 节
- *CONTROLS
- “自定义通用求解控制”《Abaqus/CAE 用户手册》的 14.15.1 节，此手册的 HTML 版本中

概览

Abaqus/Standard 通常为瞬态问题的求解使用自动的时间步方案。影响瞬态问题增量大小的因子包括与几何维度、材料、接触非线性（它也影响非瞬态问题，并且在 2.2.3 节中进行了讨论）有关的收敛方面的内容，以及时间积分算子对精确地解决增量上的加速度中的、速度中的和位移中的变化的能力。此部分讨论容差参数，以及与后者方面相关的时间增量大小的调整。

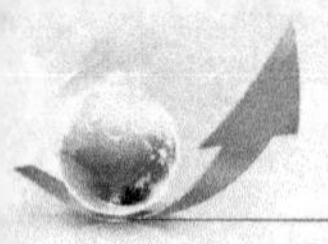

时间增量参数和调整准则

表 2-4 列出了具体分析过程的可用容差参数。瞬态过程类型的时间积分的描述以及在隐式动态的情况中关于时间积分精度的，影响时间积分大小的额外因子，在表 2-4 中参考的各自部分中提供。

在任何使用自动时间增量的瞬态分析中，某些容差 T^J($J=1$, 2...) 将被激活。将为步中的每一个增量计算积分精度的相应度量 S^J。Abaqus/Standard 将使用这些值来调整那些使用在本节描述的准则的时间增量。如果不止一个精度度量有效，则使用所有准则要求的最小时间增量。

降低时间增量大小

对于步中激活的任何控制 J，如果 $S^J > T^J$，则表明时间增量 Δt 太大，不能满足时间积分精度要求。因此，增量可乘以 $D_A\left(\frac{T^J}{S^J}\right)$再次开始。

其中用户可以定义 D_A的值，默认情况下，$D_A=0.85$。

输入文件用法：　＊CONTROLS, PARAMETERS = TIME INCREMENTATION

第一个数据行

,,, D_A

Abaqus/CAE 用法：Step module：Other→General Solution Controls→Edit：切换打开 Specify：Time Incrementation；点击 More 来见附加的数据表

表 2-4　不同过程的时间积分精度度量

过　程	精度度量（S^J）	容差（T^J）
隐式动力学（见 1.3.2 节）	半增量残差	半增量残余容差
瞬态热传导分析（见 1.5.2 节）	温度增量，$\Delta\theta$	$\Delta\theta_{max}$
固结分析（见 1.8.1 节）	孔隙压力增量，Δu_w	Δu_w^{max}
蠕变和黏弹性材料行为（见《Abaqus 分析用户手册——材料卷》的 3.2.4 节）	$(\dot{\varepsilon}^{cr}\mid_{t+\Delta t}-\dot{\varepsilon}^{cr}\mid_t)\Delta t$	蠕变容差

增加时间增量大小

如果在当前的时间增量 Δt 上，$\Delta t\left(\frac{S^J}{\Delta t}\right)_i < W_G T^J$，对于每一个 I_T连续增量 i 中的所有 J，如果在这些增量中没有因为非线性发生缩减，则下一个时间增量将增加到 $\min(D_G\Delta t_p, D_M\Delta t)$。

可以设置 I_T，W_G和 D_G的值，默认情况下，$I_T=3$，$W_G=0.75$，$D_G=0.8$。Δt_p是提议的新时间增量，对于瞬态热传导和瞬态质量扩散问题，其定义为

$$\Delta t_p=\left(\frac{T^J}{S^J/\Delta t}\right)$$

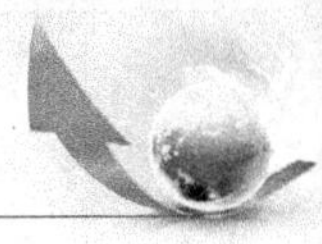

对于其他瞬态问题其定义为

$$\Delta t_p = I_T\left(\frac{T^J}{\sum_{i=1}^{I_T}(S^J/\Delta t)_i}\right)$$

对于时间增量增加因子给出一个限制 D_M。根据不同的分析类型，D_M有相应的默认值：

- 对于动态分析，$D_M^{dyn}=1.25$；
- 对于扩散主导的过程，如蠕变、瞬态热传导、耦合的温度-位移、土壤固结和瞬态质量扩散，$D_M^{diff}=2.0$；
- 对于所有其他的情况，$D_M=1.5$。

可以为每一个分析类型重新定义 D_M。

如果问题是非线性的，则时间增量可以通过非线性方程组的收敛速率来进行约束。时间增量控制与非线性问题一起使用，在 2.2.3 节中进行了描述。

输入文件用法：　＊CONTROLS，PARAMETERS = TIME INCREMENTATION

,,,,,,,,,, I_T

,,,,,,, W_G

D_G，D_M，D_M^{dyn}，D_M^{diff}

Abaqus/CAE 用法：Step module：Other→General Solution Controls→Edit：切换打开 Specify：Time Incrementation；点击 More 见附加的数据表

在隐式积分过程中避免时间增量的微小变化

在 Abaqus/Standard 使用隐式积分的线性瞬态问题中，无论何时时间增量变化，都必须重新形成并分解方程组，即使刚度矩阵不发生变化。这样，要降低系统矩阵变化的数量增加，Abaqus/Standard 使用 D_L，其中

$$D_L = \min\left(\frac{\Delta t_p}{D_M\Delta t}\right)$$

D_L的定义导致建议的时间增量与当前的时间增量之间存在下列关系：

$$\Delta t_p \geqslant D_L D_M \Delta t$$

基于此不等式，只有当时间增量的值是通过此部分的前面所描述的准则计算得到时，或者是使用在特定用户子程序（例如 UMAT）中设定的 PNEWDT 值来计算得到时，才允许增加时间增量，且时间增量是大于或者等于 $D_L D_M \Delta t$ 的。D_L的默认值是 1.0，但是可以重新定义它为一个较小的数量。降低 D_L到一个小于 1.0 的值，允许时间增量增加一个小于 D_M的因子，这样强制一个时间增量的改变，即使变化是小的。否则，求解使用相同的 Δt 继续。

输入文件用法：　＊CONTROLS，PARAMETERS = TIME INCREMENTATION

第一数据行

第二数据行

,,,, D_L

Abaqus/CAE 用法：Step module：Other→General Solution Controls→Edit：切换打开 Specify：Time Incrementation；单击 More 见附加的数据表

下 篇

分析技术

3 分析技术：介绍

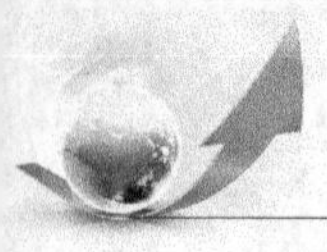

Abaqus 提供多种分析技术。这些技术为更加切实有效地执行分析提供强有力的工具。

分析连续性技术

在许多情况中，分析结果与计算成本紧密相关。通常可以通过利用已经执行过的分析结果来降低计算成本。在其他情况中，整个分析历史将由不同的 Abaqus 工作组成，每一个工作代表一部分的模型历史响应。Abaqus 提供下面的分析连续性技术：

- Abaqus 允许重启动一个分析，只要要求在原始分析中存储包含模型和状态数据的某些文件（见 4.1.1 节）。
- 可以使用 Abaqus/Standard 或者 Abaqus/Explicit 执行一个分析的一部分，并且使用其他产品来继续分析。可以从 Abaqus/Standard 传递结果到 Abaqus/Explicit，从 Abaqus/Explicit 传递结果到 Abaqus/Standard，从 Abaqus/Standard 传递结果到 Abaqus/Standard（见 4.2.1 节）。

建模抽象

所有的 Abaqus 模型涉及特定的抽象，除了与有限元方法相关联的传统抽象之外，可以通过下面的方法来降低求解成本。

- 可以通过将若干单元组合在一起创建子结构，并且仅保留与邻近结构对接所需的自由度。当一个子结构在同一个分析中、在不同的分析中或者由不同的分析进行反复使用时，此方法特别有用（见 5.1.1 节）。
- 可以非常详细地分析一个模型的局部区域，并且从一个更大的粗糙的全局模型中插值求解结果（见 5.2.1 节）。
- 可以通过在一个模型中生成代表刚度、质量、黏性阻尼、结构阻尼和载荷向量的全局或者单元矩阵，从而允许诸如网格和材料信息那样的模型数据的数学抽象（见 5.3.1 节）。
- 可以通过关于一个对称轴，旋转不同形式的轴对称和三维模型截面，在 Abaqus/Standard 中创建一个三维模型（见 5.4.1 节）。也可以将在一个原始轴对称的模型中得到的解传递到新模型中（见 5.4.2 节）。此外，对于表现出循环对称性的模型，可以抽取特征模型。并通过仅模拟一个模型的单独重复扇形部分，来执行基于模态的稳态动力学分析（见 5.4.3 节）。
- 使用周期性介质分析技术，可以有效地模拟本质上重复的系统，例如涉及输送带的制造工艺或者连续的成型操作（见 5.5.1 节）。
- 可以定义一个复杂的梁横截面，包括多个材料和复杂的几何形体，并自动生成梁单元横截面属性（见 5.6.1 节）。
- 使用扩展的有限元方法，可以模拟不连续性，例如裂纹，作为一个扩展特征，不需要创建一个网格来匹配不连续的几何形体（见 5.7.1 节）。

特别目的的技术

某些分析技术不能按普通方法分类，它们作为特别目的的技术单独形成一类。Abaqus

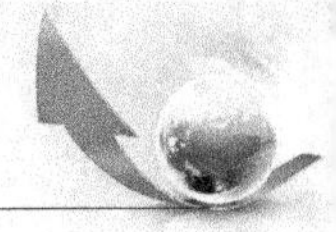

提供下面的特别目的的技术：

• 可以使用惯性释放技术，来作为执行一个承受源自刚体加速度载荷的，自由的或者部分约束的体的完全动力学分析的一个便宜的替代品（见 6.1.1 节）。

• 可以选择性地删除，并稍后重新引入一部分的模型（见 6.2.1 节）。

• 可以引入小缺陷到一个模型中，通常为后屈曲分析（见 6.3.1 节）。

• 可以通过围线积分评估，通过裂纹扩展模拟技术，或者通过使用与壳单元相连的线弹簧单元来评估断裂性能（见 6.4.1 节）。

• 可以模拟流体填充的结构变形与通过一个被包含的流体所施加的压力之间的耦合（见 6.5.1 节）。

• 在 Abaqus/Explicit 中，可以使用质量缩放技术来控制稳态时间增量，并且提高计算效率（见 6.6.1 节）。

• 可以使用选择性的子循环，为不同组的单元使用不同的时间增量，当模型中的一个小区域的单元控制稳定时间增量时，可以降低一个分析的运行时间（见 6.7.1 节）。

• 可以使用稳态检测，来侦测一个准静态单方向的 Abaqus/Explicit 仿真中达到稳态的时间，进而终止仿真（见 6.8.1 节）。

自适应技术

自适应技术能够通过对网格的变更来得到一个更好的解。Abaqus 提供下面的自适应技术：

• 可以使用 ALE 自适应网格划分来控制网格扭曲，或者来模拟材料损失（见7.2.1 节）。

• 可以使用 Abaqus/Standard 和 Abaqus/CAE 以及自适应重划分，反复改进网格，来得到一个更加精确的解（见7.3.1 节）。

• 可以使用网格-网格的解映射，作为对于扭曲控制的网格替换方案的一部分（见 7.4.1 节）。

自适应性方法的对比见 7.1.1 节。

优化技术

可以使用结构优化这样的迭代过程来帮助用户细化设计，执行拓扑和形状优化。在 Abaqus/CAE 中，创建要进行优化的模型，并且定义、构造和执行结构优化（见8.1.1 节）。

欧拉分析

可以使用 Abaqus/Explicit 来仿真一个欧拉分析中的极度变形，甚至可以是流动流体。欧拉材料可以耦合到拉格朗日结构来分析流体-结构的相互作用（见 9.1.1 节）。

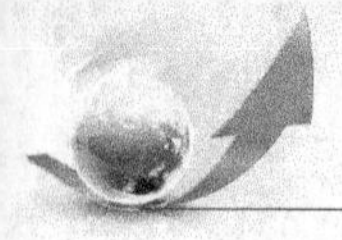

粒子方法

使用光滑的粒子流体动力学技术，可以模拟猛烈的自由表面的流体流动（例如波冲击）和固体结构极度高的变形/碰擦（例如喷丸）（见 10.2.1 节）。

使用离散单元技术，可以模拟粒子介质并执行诸如颗粒状材料的混合或者分离、传输以及粒子材料的沉积（见 10.1.1 节）。

顺序耦合的多物理场分析

在 Abaqus/Standard 中，当一个模型中的一个或者多个物理场的耦合，仅在一个方向上是重要的时候，可以执行顺序耦合的多物理场分析（见 11.1 节）。

协同仿真

可以使用两个 Abaqus 分析的，或者 Abaqus 与第三方分析程序的运行时间的耦合协同仿真技术，来执行多物理场的仿真（见 12.1.1 节）。

扩展 Abaqus 分析功能

可以使用用户子程序的灵活性来扩展 Abaqus 的功能（见 13.1 节）。

设计敏感性分析

可以使用设计敏感性分析（DSA）技术来确定关于所指定设计参数的响应敏感性。可以在 Abaqus/Standard 中为设计研究使用这些技术，或者与第三方设计优化工具相连接（见 14.1.1 节）。

参数研究

可以使用参数研究来执行多个分析，在其中可以系统化地改变用户定义的模拟参数（见 15.1.1 节和 15.2 节）。

分析技术的可用性

Abaqus 中所提供的分析技术的可用性在表 3-1 中进行了总结。此外，优化技术在 Abaqus/CAE 中可以使用（见 8.1 节）。

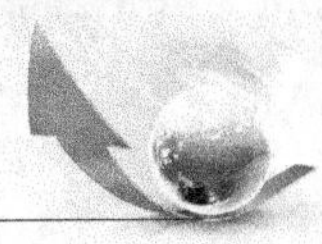

表 3-1　Abaqus 中的分析技术的可用性

技　术	Abaqus/Standard	Abaqus/Explicit	Abaqus/CFD
“重启动一个分析” 4.1 节	√	√	√
“导入和传递结果” 4.2 节	√	√	
“子结构” 5.1 节	√		
“子模型” 5.2 节	√	√	
“生成矩阵” 5.3 节	√		
“循环对称模型的对称模型生成，结果传递和分析” 5.4 节	√		
“周期介质分析” 5.5 节		√	
“网格化的梁横截面” 5.6 节	√	√	
“模拟不连续性成一个使用扩展的有限元方法的扩展特征” 5.7 节	√		
“惯性释放” 6.1 节	√		
“网格更改或替换” 6.2 节	√		
“几何缺陷” 6.3 节	√	√	
“断裂力学” 6.4 节	√		
“基于面的流体模拟” 6.5 节	√	√	
“质量缩放” 6.6 节		√	
“选择性子循环” 6.7 节		√	
“稳态检测” 6.8 节		√	
“ALE 自适应网格划分” 7.2 节	√	√	
“自适应网格重划分” 7.3 节	√		
“网格替换后的分析连续性” 7.4 节	√		
“欧拉分析” 9.1 节		√	
“连续粒子分析” 10.2 节		√	
“离散单元方法” 10.1 节		√	
“顺序耦合的多物理场分析” 11.1 节	√		
“协同仿真” 12.1 节	√	√	√
“用户子程序和工具” 13.1 节	√	√	√
“设计敏感性分析” 14.1 节	√		
“脚本参数化研究” 15.1 节	√	√	

4　分析连续性技术

4.1 重启动一个分析

产品：Abaqus/Standard　Abaqus/Explicit　Abaqus/CFD　Abaqus/CAE

参考

- “输出”《Abaqus 分析用户手册——介绍、空间建模、执行与输出卷》的 4.1.1 节
- *RESTART
- “重启动一个分析”《Abaqus/CAE 用户手册》的 19.6 节

概览

当运行一个分析时，可以向一个重启动要求的文件写入模型定义和状态。

使用重启动功能的情况包括：

• 继续一个中断的运行：如果一个分析是由一个计算机故障而中断的，则 Abaqus 重启动分析能力允许分析按照原来的定义完成。

• 使用额外的步来继续：从一个成功的分析显示结果之后，可以决定对载荷历史附加分析步。

• 改变一个分析：有时候，已经观看了前面分析的结果，可以从一个中间的点重启动分析，并且以某种方式改变余下的载荷历史。此外，如果前面的分析已经成功地完成，可以对载荷历史添加额外的步。

《Abaqus 分析用户手册——介绍、空间建模、执行与输出卷》的 4.1.1 节，描述了从一个 Abaqus/Standard 重启动文件得到结果输出的过程。

写重启动文件

如果想要重启动一个分析，必须要求重启动输出。此输出将被写入一个可以用来重启动分析的文件。如果没有要求写重启动数据，则 Abaqus/Standard 将不会创建重启动文件，而在 Abaqus/Explicit 和 Abaqus/CFD 中，一个状态文件将使用每一步的开始和结束处的结果来创建。

在 Abaqus/Standard 中，这些文件分别是：重启动（*job-name*. res，文件大小限制在 16GB），分析数据库（. mdl 和 . stt），零件（. prt），输出数据库（. odb），线性动力学以及子结构数据库（. sim）文件；在 Abaqus/Explicit 中，这些文件分别是：重启动（*job-name*. res，文件大小限制在 16GB），分析数据库（. abq，. mdl，. pac，. stt），零件（. prt），所选择的结果（. sel），输出数据块（. odb）文件。这些文件，统称为重启动文件，允许一个分析在一个具体运行中的一个特定点上完成以及进行重启并在一个后续运行中得到继续。输出数据块文件只需要包含模型数据，不要求结果数据并且可以进行抑制。

可以控制写入重启动文件的数据量，如下面所描述的那样。如果在每一个步定义中包括重启动要求，则写入重启动文件的数据量可以从步到步的改变。

在下面的线性摄动步过程中，不写出重启动信息：

- “静态应力分析” 1.2.2 节（摄动）

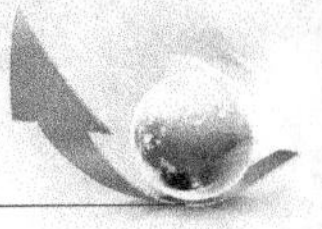

- “特征值屈曲预测”1.2.3 节
- “直接求解的稳态动力学分析”1.3.4 节
- “复特征值提取”1.3.6 节
- “瞬态模态动力学分析”1.3.7 节
- “基于模态的稳态动力学分析”1.3.8 节
- “基于子空间的稳态动力学分析”1.3.9 节
- “响应谱分析”1.3.10 节
- “随机响应分析”1.3.11 节
- “涡流分析”1.7.5 节

输入文件用法：　使用下面的选项来要求为一个分析写出重启动数据：

*RESTART，WRITE

*RESTART，WRITE 选项可以用作模型数据或者历史数据。

Abaqus/CAE 用法：Step module：Output→Restart Requests

在 Abaqus/CAE 中，重启动要求总是与一个具体的步相关联，不能为整个分析定义一个重启动要求。默认为每个步创建重启动要求；Abaqus/Standard 和 Abaqus/CFX 步的重启动要求使用一个默认的 0 频率，而 Abaqus/Explicit 步的重启动要求具有 1 的默认间隔数量。

控制输出到重启动文件的频率

可以指定将数据写到 Abaqus/Standard 重启动文件和 Abaqus/Explicit 以及 Abaqus/CFD 状态文件的频率。不能指定要写入的变量，每一次写入完整的数据集，因此，重启动文件可能非常大，除非控制重启动信息写入的频率。如果为一个 Abaqus/Standard 分析以确切的时间间隔要求重启动信息，则 Abaqus/Standard 将在写入数据的每一时刻得到一个解。在此情况中，如果输出到重启动文件的频率过高，则可以造成增量的数量和分析的计算成本显著增加。

以增量的方式指定输出到 Abaqus/Standard 重启动文件的频率

默认情况下，Abaqus/Standard 将在每一个可以整除由用户指定的频率值 N 的那个增量编号后以及在分析的每一个步的结束处（无论在那时的增量数）写数据到重启动文件。在一个直接循环中，或者一个低周疲劳分析中，Abaqus/Standard 将仅在一个载荷循环的结束处写数据到重启动文件，因此，Abaqus/Standard 将在每一个迭代编号（或者一个低周疲劳分析中的循环编号）可以由 N 整除的每一个迭代（或者一个低周疲劳分析中的循环）后以及分析的每一个步结束处，写数据到重启动文件。

输入文件用法：　*RESTART，WRITE，FREQUENCY = N

默认情况，$N=1$。

Abaqus/CAE 用法：Step module：Output→Restart Requests：在 Frequency 中为每一个步输入 N

默认情况，$N=0$（无重启动信息写入）。

以时间间隔的方式指定输出到 Abaqus/Standard 重启动文件的频率

Abaqus/Standard 可以将步分成用户指定的时间间隔数 n，并且在每一个间隔的结束处写

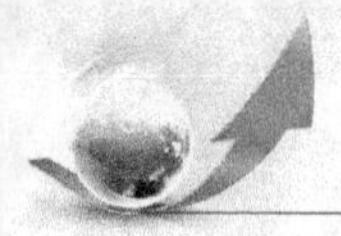

结果文件，总共 n 个步的点。如果指定了 n，则默认情况下会在将步分成 n 个相等的间隔而产生的确切时间点上，将数据写入到结果文件中。另外，可以选择在每一个间隔决定的时刻立即结束的增量上写信息。

可以为表 4-1 中列出的过程，采用时间间隔的方式指定重启动输出的频率。此外，此功能不支持线性摄动分析。

输入文件用法：　使用下面的选项，在确切的时间间隔上要求结果：

*RESTART，WRITE，NUMBER INTERVAL = n，TIMEMARKS = YES

使用下面的选项，在每一个时间间隔刚好结束时的增量上要求结果：

*RESTART，WRITE，NUMBER INTERVAL = n，TIME MARKS = NO

Abaqus/CAE 用法：Step module：Output→Restart Requests：在 Intervals 列输入 n；如果想要在确切的时间间隔上写结果，切换打开每一个步的 Time Marks 列。

表 4-1　支持在时间间隔上重启动的 Abaqus/Standard 过程列表

过　程	时间增量	在确切的时间间隔上重启动	在近似的时间间隔上重启动
"静态应力分析" 1.2.2 节（除使用 Riks 方法之外）	自动的	√	√
	固定的	—	√
"使用直接积分的隐式动力学分析" 1.3.2 节	自动的	√	√
	固定的	—	√
"非耦合的热传导分析" 见 1.5.2 节（除了达到稳态时，指定分析结束）	自动的	√	√
	固定的	—	√
"质量扩散分析" 1.9 节（除了达到稳态时，指定分析结束）	自动的	√	√
	固定的	—	√
"耦合的孔隙流体扩散和应力分析" 1.8.1 节（除了达到稳态时，指定分析结束）	自动的	√	√
	固定的	—	√
"完全耦合的热-应力分析" 1.5.3 节	自动的	√	√
	固定的	—	√
"完全耦合的热—电—结构分析" 1.7.4 节	自动的	√	√
	固定的	—	√
"耦合的热—电分析" 1.7.3 节（除了达到稳态时，指定分析结束）	自动的	√	√
	固定的	—	√
"稳态传输分析" 1.4 节	自动的	√	√
	固定的	—	√
"基于子空间的稳态动力学分析" 1.3.9 节	固定的	—	√
"准静态分析" 1.2.5 节	自动的	√	√
	固定的	—	√

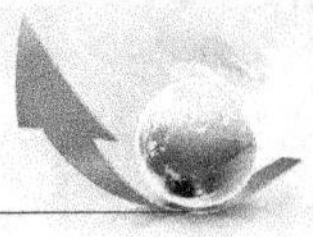

时间增量

如果输出频率是以间隔数量的方式指定的，Abaqus/Standard 将调整时间增量来确保在指定的时间点上写出数据。在某些情况中，Abaqus 可以直接在一个时间点前，在增量中使用小于步中可允许的最小时间增量的一个时间增量。然而，Abaqus 将不会超出固结、瞬态质量扩散、瞬态热传导、瞬态耦合的热-电、瞬态耦合的温度-位移和瞬态耦合的热-电-结构分析所允许的最小时间增量。对于要求一个时间增量小于最小时间增量的那些过程，Abaqus 将使用步中所允许的最小时间增量，并且将在时间点后的第一个增量上写重启动数据。

当输出频率是以间隔数量的方式来指定时，完成分析所必需的增量数可能会再增加，这可能对性能造成不利的影响。

指定输出到 Abaqus/Explicit 状态文件的频率

Abaqus/Explicit 将步划分成为一个用户指定数量 n 的时间间隔，并且在步的开始和每一个间隔的结束时写结果，总数为 $n+1$ 个步的点。默认情况下，刚好在由每一个间隔决定的时间后刚好结束的增量上，结果将被写入状态文件。另外，可以选择在将步等分成 n 个间隔的确切时间上写出结果。结果总是在步的结束时写入，所以如果仅在步的结束时要求结果，则没有必要在确切时间间隔上要求结果。

如果一个问题并不影响分析连续进行直到完成，例如一个单元变成极度扭曲，则 Abaqus/Explicit 将试图在静态文件中保存最后完成的增量。

输入文件用法：　使用下面的选项，在每一个时间间隔后立即结束的增量上要求结果：

*RESTART，WRITE，NUMBER INTERVAL = n，TIME MARKS = NO

使用下面的选项，在确切的时间间隔上要求结果：

*RESTART，WRITE，NUMBER INTERVAL = n，TIME MARKS = YES

默认情况下，$n=1$。

Abaqus/CAE 用法：Step module：Output→Restart Requests：在 Intervals 列输入 n；如果想要在确切的时间间隔上写结果，切换打开每一步的 Time Marks 列。

默认情况下，$n=1$。

以增量的方式指定输出到 Abaqus/CFD 状态文件的频率

Abaqus/CFD 将在恰好可被一个用户指定的频率值 N 整除的增量编号之后的每一个增量上和分析的每一步的结束处（无论那时的增量编号）把数据写到重启动文件。

输入文件用法：　*RESTART，WRITE，FREQUENCY = N

默认情况下，$N=1$。

Abaqus/CAE 用法：Step module：Output→Restart Requests：在 Frequency 列处为每一步输入 N

默认情况下，$N=0$（不写入重启动信息）。

以时间间隔的方式设置输出到 Abaqus/CFD 状态文件的频率

Abaqus/CFD 将步划分成一个用户指定数量的时间间隔 n，并且在步的开始和在每一个

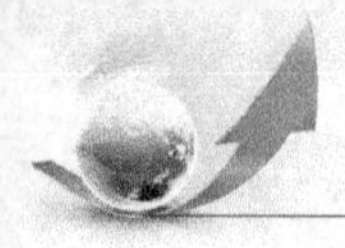

迭代的结束时写结果，对于步来说总数为 $n+1$ 个点。默认情况下，结果将在每一个间隔确定的时间后刚好结束的增量处，写入状态文件。

如果一个问题并不影响分析连续进行直到完成，例如求解没有收敛，Abaqus/CFD 将试图存储最后一个完成的增量到状态文件中。

输入文件用法：　*RESTART，WRITE，NUMBER INTERVAL = n

Abaqus/CAE 用法：Step module：Output→Restart Requests：在 Intervals 列出输入 n，默认情况下，$n=0$。

同步一个在协同仿真中写的重启动信息

为了一个协同仿真重启动成功，重启动输出必须在协同仿真分析之间同步。要达到此同步，推荐在一个指定时间间隔数量 n 上要求写重启动数据。在此情况中，Abaqus/Standard、Abaqus/Explicit 和 Abaqus/CFD 将在由每一个间隔确定的时间后的协同仿真目标时间上，立即写重启动信息。如果以增量的方式指定重启动的输出频率，则同步重启动信息的写入是非常困难的，并且重启动分析可能从两个不同的时间点启动，可能导致一个失衡。

输出文件用法：使用下面的选项在一个协同仿真中同步的写入重启动信息：

*RESTART，WRITE，NUMBER INTERVAL = n

当使用一个协同仿真的 NUMBER INTERVAL 参数时，在 *RESTART 选项上的 TIME MARKS 参数总是设置成 NO。

Abaqus/CAE 用法：Step module：Output→Restart Requests：在 Intervals 列传输入 n

控制 Abaqus/Explicit 状态文件输出的精度

默认情况下，当分析是以双精度运行的时候，Abaqus/Explicit 以双精度写入状态文件。另外，如果想要降低状态文件的大小，可选择以单精度写数据到状态文件中。此选项可能在步边界之间，或者重启动分析的第一个步上产生噪声结果。如果 Abaqus/Explicit 是以单精度运行的，则忽略此控制参数，并且总是使用单精度。

输入文件用法：　*RESTART，WRITE，SINGLE

Abaqus/CAE 用法：Abaqus/CAE 不支持单精度状态文件输出。

在重启动文件中覆盖结果

对于一个 Abaqus/Standard 或者 Abaqus/Explicit 分析，可以指定在 Abaqus/Standard 重启动文件或者 Abaqus/Explicit 状态文件中，每步应当只有一个增量（或者一个迭代在一个直接循环分析的情况中）得到保留，这样来最小化文件的大小。随着数据的写入，它们覆盖来自先前增量（或者迭代），为同一个步写入的数据。可以指定数据是否应当分别覆盖每一个步。因为在 Abaqus/Explicit 中，默认情况下结果只是在步的结束处写入的，推荐覆盖数据，协同配合指定一些数据写入的时间间隔。以此方法，重启动文件中的数据随着所使用的间隔数量来推进。

如果系统崩溃了，要保护免遭数据丢失，当 Abaqus/Standard 从一个给定的增量写一帧时，它并不是严格地覆盖上一次所存增量的帧，它总是保留一个后备帧，并且仅在当确保下一帧在文件中时，才因为覆盖释放一个给定的已经存储的帧。如果覆盖发生在步中，并且如

果分析成功完成，则此过程在分析的最后步产生一个额外帧。用户将观察到，即使使用了覆盖，最后步的倒数第二的重启动帧也被保留。

覆盖重启动数据的好处是它最小化了存储重启动文件所需要的空间。

输入文件用法： 在 Abaqus/Standard 中使用下面的选项：

* RESTART, WRITE, OVERLAY

在 Abaqus/Explicit 中使用下面的选项：

* RESTART, WRITE, OVERLAY, NUMBER INTERVAL = n

Abaqus/CAE 用法：Step module：Output → Restart Requests：为每一个步点击选取 Overlay 列

重启动一个分析

通过指定读入新分析的原始分析创建的重启动或者状态文件、分析数据库文件和零件文件来重启动（继续）一个分析。重启动文件必须在第一个作业完成后保存。在 Abaqus/Explicit 中，打包（.pac）文件和所选择的结果（.sel）文件也用来重启动一个分析，并且必须在第一个作业完成后进行保存。因为重启动文件可能会非常大，必须提供足够的磁盘空间（在 Abaqus/Standard 中，分析输入文件处理器会评估重启动文件所要求的空间）。

可以在新运行中指定继续分析的点，如下面所讨论的那样。

一个分析不能从列于“写重启动文件”中的线性摄动步中开始重启动。

此外，如果一个 Abaqus/Standard 或者 Abaqus/Explicit 分析由于一个操作系统命令或者由于断电而突然终止，则作业不太可能得到恢复或者重启动。在此情况中，在分析过程打开的文件没有正确关闭，可产生数据的缺失和不完整的文件。

输入文件用法： 使用下面的选项来重启动一个分析：

* RESTART, READ

当包括了 READ 参数时，* RESTART 选项必须作为模型数据出现。它通常是输入文件中 * HEADING 选项后的第一个选项。

Abaqus/CAE 用法：Job module：job editor：将 Job Type 切换打开成 Restart

确定要重启动的分析

在一个 Abaqus/Standard 重启动分析中，必须指定包含所指定的步和增量，迭代（为一个直接循环分析），或者循环（为一个低周疲劳分析）的重启动文件的名称。在一个 Abaqus/Explicit 或者一个 Abaqus/CFD 重启动分析中，必须指定包含所指定步和迭代的状态文件名称。

如果要求重启动的步和增量、迭代、循环或者间隔数在所要求的重启动或者状态文件中不存在，则 Abaqus 发出一个错误信息。

输入文件用法： 在命令行敲入下面的输入：

abaqus job = 作业名称 oldjob = 旧作业名称

Abaqus/CAE 用法：Any module：Model→Edit Attributes→*model_name*：Restart：切换打开 Read data from job 并输入旧作业名称

指定重启动点

可以在先前的分析中指定开始重启动的点（步和增量、迭代、循环或者间隔）。在下面讨论了当重启动时，在前面分析中截断一个步。

为一个 Abaqus/Standard 分析指定重启动点（除了当从一个直接循环或者一个低周疲劳分析启动时）

一个 Abaqus/Standard 分析从一个直接循环或者一个低周疲劳分析之外的任何分析中重启动，将在用户指定的步和增量之后立即继续分析。如果不指定一个步或者增量，分析将在重启动文件中找到的最后可用步上和增量上启动分析。

输入文件用法：　＊RESTART，READ，STEP = 步，INC = 增量

Abaqus/CAE 用法：Any module：Model→Edit Attributes→*model_name*：Restart：切换打开 Read data from job，Step name：步，切换打开 Restart from increment，interval，iteration，cycle，并输入增量

为从一个直接循环分析重启动的 Abaqus/Standard 分析指定重启动点

从一个先前的直接循环分析重启动的一个 Abaqus/Standard 分析，可以只从一个载荷循环的结束处重启动。在此情况中，应当指定将重新开始新分析的步和迭代编号。

在一个重启动时还没有达到一个稳定循环的直接循环分析中，可以增加迭代的次数或者傅里叶项，这样允许分析的连续性（见 1.2.6 节）。

输入文件用法：　＊RESTART，READ，STEP = 步，ITERATION = 迭代

Abaqus/CAE 用法：Any module：Model→Edit Attributes→*model_name*：Restart：切换打开 Read data from job，Step name：步，切换打开 Restart from increment，interval，iteration，cycle，并且输入迭代

为从一个低周疲劳分析重启动的 Abaqus/Standard 分析指定重启动点

从一个先前的低周疲劳分析重启动的 Abaqus/Standard 分析，仅能从载荷循环的结束处进行重启动。在此情况中，应当指定将恢复新分析的步和循环编号。

输入文件用法：　＊RESTART，READ，STEP = 步，CYCLE = 循环

Abaqus/CAE 用法：Any module：Model→Edit Attributes→*model_name*：Restart：切换打开 Read data from job，Step name：步，切换打开 Restart from increment，interval，iteration，cycle，并且输入循环

为一个 Abaqus/Explicit 分析指定重启动点

一个 Abaqus/Explicit 重启动分析将在用户指定的步和迭代后立即继续分析。必须指定步，Abaqus/Explicit 重启动分析将从指定的步继续。如果不指定一个重启动开始的间隔时间，或者不指定当前步应当在一个所指定的间隔时间上终止，则分析从所指定步的状态文件中的最后可用的间隔时间开始重启动。

输入文件用法：　＊RESTART，READ，STEP = 步，INTERVAL = 间隔

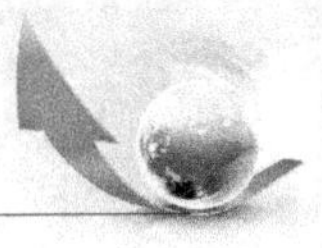

Abaqus/CAE 用法：Any module：Model→Edit Attributes→*model_name*：Restart：切换打开 Read data from job，Step name：步，切换打开 Restart from increment，interval，iteration，cycle，并且输入迭代

为一个 Abaqus/CFD 分析指定重启动点

一个 Abaqus/CFD 重启动分析将在用户指定的步和增量后立即的继续分析。必须指定步和增量，Abaqus/CFD 重启动分析将从此步和增量开始继续重启动分析。如果不指定一个步或者增量，将发出一个错误信息。

输入文件用法：　＊RESTART，READ，STEP＝步，INC＝增量

Abaqus/CAE 用法：Any module：Model→Edit Attributes→*model_name*：Restart：切换打开 Read data from job，Step name：步，切换打开 Restart from increment，interval，iteration，cycle，并且输入增量

无变化地继续一个分析

要无改变地继续一个分析，在重启的分析中，只有在定义了重启动步的分析步后面才能定义步。所有其他的信息已经保存到重启动文件中。此特征不能用于使用协同仿真技术的 Abaqus 分析，并且不能用于 Abaqus/CFD 分析。

继续一个没有变化的 Abaqus/Standard 分析

在 Abaqus/Standard 中，在简单执行重启动来继续一个长步（例如，可能因为超过了作业的时间限制而已经终止）的情况中，重启动运行的数据可以简单地由要求从其他分析中读取重启动数据的要求组成。

输入文件要求：＊RESTART，READ

Abaqus/CAE 用法：Any module：Model→Edit Attributes→*model_name*：Restart：切换打开 Read data from job

继续一个无变化的 Abaqus/Explicit 分析

在 Abaqus/Explicit 中，在简单执行重启动来继续一个长步（例如，可能因为超过了一个 CPU 时间限制而已经终止）的情况中，不使用一个重启动分析，而使用一个恢复分析。在此情况中，不需要数据（除非使用了用户子程序）。

输入文件用法：　在命令行敲入下面的语句：

abaqus job＝作业名 recover

Abaqus/CAE 用法：Job module：job editor：将 Job Type 切换打开成 Recover（Explicit）

截断一步

当重启动分析时，可以在一个分析步完成之前截断它。例如，默认情况下，如果先前的分析是一个 Abaqus/Standard 过程，并且指定重启动点是 Step p，则重启动分析将从最后存储的 Step p 的增量重启动，并且继续步到完成。然而，如果指定重启动点是 Step p 的增量 n，并且此步应当在重启动前终止，则重启动分析将从 Step p 的增量 n 重启动，在那一

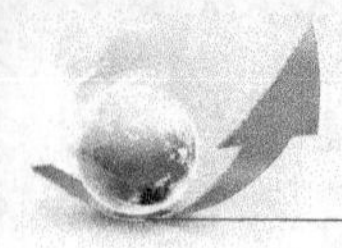

点结束 Step p，并且使用新定义的步继续。在此情况中，重启动分析的步将在重启动的时间上进行截断，而无视在先前的分析中已经给出的步结束时间。这样，将认为步已经完成，即使可能还没有施加所有的载荷。分析的继续将通过重启动运行中提供的历史数据来定义。

当在 Abaqus/Explicit 重启动分析中截断一个分析步时，必须指定间隔，在此间隔之后，分析将进行重启动。当在 Abaqus/CFD 重启动分析中截断一个分析步时，必须指定增量，在此增量之后，分析将进行重启动。

如果已经实施了重启动的步正常完成，则用户可以截断步，在步中重启动，这样可以要求额外的输出，使用更高的频率写入到重启动文件等。在 Abaqus/Explicit 中，当在一个步中发生一个未预见的事件时，有必要截断一个分析步，例如，接触面定义由于未预见位移而要求更改时。如果已经实施了重启动的步正常完成，并且重启动是从最后的增量、迭代或者间隔来实施的，则截断分析步将没有影响作用。

如果重启动是从一个操作系统截断（例如，因为不充足的存储空间，超出运行时间限制等）的作业中取得的，通常将不选择截断分析步，这样旧步将首先在一个新步开始之前完成。如果重启动是从一个在 Abaqus 内提前终止（例如，因为它用尽了增量，或者它不能收敛）的步的结束处生成的，则必须截断步，并且包括一个新的步定义。如果用户截断步，Abaqus 将试图在重启动上继续旧步，并且将以与前面相同的方式终止分析。

输入文件用法：在 Abaqus/Standard 中使用下面的选项来从除了直接循环步之外的任何分析步中进行重启动：

*RESTART, READ, STEP = p, INC = n, END STEP

在 Abaqus/Standard 中使用下面的选项来从一个直接循环分析步中重启动：

*RESTART, READ, STEP = p, ITERATION = n, END STEP

在 Abaqus/Standard 中使用下面的选项来从一个低周疲劳分析步中重启动：

*RESTART, READ, STEP = p, CYCLE = n, END STEP

在 Abaqus/Explicit 中使用下面的选项：

*RESTART, READ, STEP = p, INTERVAL = n, END STEP

Abaqus/CAE 用法：Any module：Model→Edit Attributes→*model_name*：Restart：切换打开 Read data from job；Step name：步；切换打开 Restart from increment, interval, iteration, cycle，输入增量，间隔，迭代，或者循环；并切换打开 and terminate the step at this point

幅度参考

如果载荷和边界条件参考幅值曲线（见《Abaqus 分析用户手册——指定的条件、约束和相互作用卷》的 1.1.2 节），则应当谨慎。如果幅值是以总时间的方式给出的，则载荷和边界条件将根据幅值定义继续进行施加。然而，如果幅值是以步时间（默认的）给出的，则载荷和边界条件将在步终止时刻的值上保持不变。

施加在旧步中的温度、场变量和质量流率，如果没有重新定义它们，则它们将在新步中得以保留。如果没有指定一个幅值曲线，这些量将根据过程的默认幅值来继续施加。

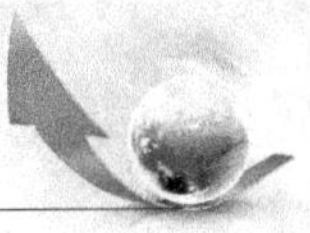

Abaqus/Standard 中的自动稳定性

在 Abaqus/Standard 中，当在截断了步的点上自动稳定性是有效的时候，应当谨慎。这可以在使用自动稳定性准静态过程（见 2.1.1 节）的中间发生，或者在使用自动黏性阻尼（见《Abaqus 分析用户手册——指定的条件、约束和相互作用卷》的 3.3.6 节）的接触分析中发生。在此种情况中，可能存在黏性力，它将不会延续到后续的步中，因此造成收敛困难。

在使用自动稳定的准静态过程情况中，推荐在后面的步中继续施加稳定性，并且直接指定阻尼因子，使用 Abaqus/Standard 在信息文件中打印出的最后值。当接触还没有完全建立起来的时候，在一个接触对中有自动粘接阻尼的情况中，推荐再次施加阻尼，虽然不保证施加的阻尼将与原来步中的是一样的。

为一个 Abaqus/Standard 重启动分析选择初始时间增量

在 Abaqus/Standard 中，如果先前的步进行了截断，则应当小心选择新步的时间周期和初始时间增量。在瞬态分析中，新步的初始时间增量应当与旧步中重启动点所使用的时间增量类似。在准静态分析中，选择新步的初始时间增量，使得载荷中的或者指定的边界条件的增量与旧步中重启动点处的载荷中的或者指定的边界条件的增量类似。

在一个非线性分析中，重启动运行的第一个增量中所施加的载荷增量，应当类似于先前运行的最后收敛增量中所施加的载荷增量。设

Δl_1 = 在重启动运行的第一个增量中施加的载荷；

l_{rem} = 在重启动运行中施加的剩余载荷；

Δt_1 = 重启动的初始时间增量；

t_{step} = 重启动运行的第一步的总步时间。

则下面的方程可以用来确定重启动运行的初始时间增量：

$$\Delta t_1 = \frac{\Delta l_1}{l_{rem}} t_{step}$$

例子

假设一个 Abaqus/Standard 作业停止运行，因为它达到了为步指定的最大增量数。原始的输入文件如下：

```
*HEADING
…
*STEP, INC=4
*STATIC, DIRECT
0.1, 1.0
*CLOAD
1, 2, 20.0
*RESTART, WRITE, FREQUENCY=2
*END STEP
```

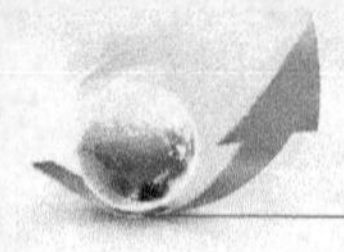

此运行在 Step 1，增量 4 结束，具有一个施加的 8.0 载荷。可以使用下面的输入文件来重启动此作业，并且完成加载：

```
*HEADING
*RESTART, READ, STEP=1, INC=4, END STEP
*STEP, INC=120
*STATIC, DIRECT
0.1, 0.6
*CLOAD
1, 2, 20.0
*END STEP
```

注意到所施加的集中载荷与先前步中的相同。

在此例子中，假定在先前运行的最后收敛的增量上施加了一个 2.0 的载荷增量。这样，选取重启动运行的初始时间增量，使得在第一个增量中施加的载荷增量也是 2.0。在重启动运行中施加的剩余载荷是 12.0（20.0-8.0）。代入初始时间增量采用 $\Delta t_1 = t_{step}/6$ 的方程式。重启动作业的第一步的步时间 t_{step} 是选取为 0.6，这样当施加载荷 20.0 时（在步的结束时），总积累时间是 1.0。这样，重启动运行的初始时间增量 Δt_1 是设置成 0.1。

在重启动分析中提供额外的数据

在制作有重启动的步之后定义步是可能的。在重启动分析中提供新的幅值定义、新面、新节点集和新单元集也是可能的。现有的集不能进行更改。

在 Abaqus/Standard 中，在一个重启动分析的模型零件中定义的额外面，具有仅能从基于面的载荷定义参考它们（见《Abaqus 分析用户手册——指定的条件、约束和相互作用卷》1.4 节）或者为用户定义的截面输出请求（见《Abaqus 分析用户手册——介绍、空间建模、执行与输出卷》的 4.1.2 节）的限制。

例子

假定一个单步的 Abaqus/Explicit 作业在完成之前停止，因为超过了 CPU 时间限制，并且已经决定另外一个步应当添加有新边界载荷定义。下面的输入文件可以用来重启动此作业，完成 Step1 剩下的部分，并且完成 Step2：

```
*HEADING
*RESTART, READ, STEP=1
**
** 这定义 Step 2
**
*STEP
*DYNAMIC, EXPLICIT
, .003
*BOUNDARY, OP=NEW
…
```

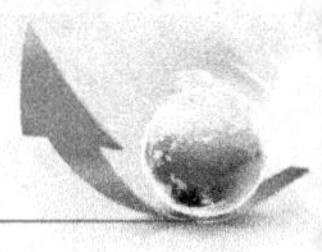

*END STEP

重启动分析中可选历史数据的连续性

控制可选分析历史数据——载荷、边界条件、输出控制和辅助控制（见《Abaqus 分析用户手册——介绍、空间建模、执行与输出卷》的 1.3.1 节）——的连续性规则，对于重启动分析中定义的步和原始分析中定义的步是一样的。对于控制可选历史数据连续性的规则的讨论（见 1.1.2 节）。

在重启动中指定预定义的场

在重启动分析中指定预定义的场（见《Abaqus 分析用户手册——指定的条件、约束和相互作用卷》的 1.6.1 节）是可能的。

要在 Abaqus/Standard 重启动分析中指定预定义的温度或者场变量，则相应的预定义场必须在原始分析中，已经指定为初始温度或者场变量（见《Abaqus 分析用户手册——指定的条件、约束和相互作用卷》的 1.2.1 节），或者已经指定成预定义的温度或者场变量（见《Abaqus 分析用户手册——指定的条件、约束和相互作用卷》的 1.6.1 节）。

具有用户子程序的重启动

用户子程序不写到 Abaqus/Standard 重启动文件或者 Abaqus/Explicit 状态文件中。这样，如果原始分析包含任何用户子程序，则这些用户子程序必须再次包含在重启动运行中，或者在从重启动数据恢复额外的结果输出时进行包括（见《Abaqus 分析用户手册——介绍、空间建模、执行与输出卷》的 4.1.1 节）。这些子程序可以在重启动中进行更改，不过，进行更改必须慎重，因为它们可能导致具有重启动的求解无效。

同时读取和写一个重启动文件

可以将先前的分析作为一个重启动分析来继续，并且将来自重启动分析的结果写入到一个新的文件或者状态文件中。例如，如果先前的分析是一个 Abaqus/Explicit 过程，并且在当前分析中，指定的重启动点是 Step p，并且重启动输出频率是 n，则分析将从 Step p 的最后存储的间隔重启动，并且重启动状态将基于新的 n 值来写入后续的步中。

当重启动一个先前的分析时，要在 Abaqus/Standard 中中断重启动文件的写入，指定一个重启动输出为 0 的频率，如果不指定这样一个频率，则文件将继续以为先前的分析定义的频率写入。

新重启动文件

对于大模型或者涉及许多重启动增量的模型，重启动文件可以是非常大的，除非选择覆盖重启动数据（见“在重启动文件中覆盖结果”）。这样，当重启动一个作业时，没有将先前的重启动复制到新重启动文件的开始，只有当前运行中要求的重启动增量处的数据被存储到新的重启动文件中。然而，如果重启动一个特征频率提取步（见 1.3.5 节），并且要求额外的特征值时，新的重启动文件将包含在第一个运行中传递的这些特征值，以及附加的特征值。

例子：Abaqus/Standard

假定一个 Abaqus/Standard 作业因为用尽了磁盘空间而停止运行。重启动中最后完成的增量信息是从 Step2，增量 4 取得的。可以使用下面的两行输入文件来重启动此工作，并且继续写重启动文件：

```
*HEADING
*RESTART, READ, STEP=2, INC=4, WRITE
```

例子：Abaqus/Explicit

假定因为生成了太多的输出而停止了一个 Abaqus/Explicit 作业。状态文件中的最后信息是从 Step2，间隔 4 在时间 0.004 取得的。Step2 具有一个时间周期 .010，并且重启动结果是在 10 个间隔上要求的。下面的输入文件将用来重启动此作业，并且重新定义具有降低了输出要求的剩余步：

```
*HEADING
*RESTART, READ, END STEP, STEP=2, INTERVAL=4
*STEP
*DYNAMIC, EXPLICIT
, .006
*RESTART, WRITE, NUMBER INTERVAL=2
*END STEP
```

输出对重启动的连续性

当重启动一个分析时，Abaqus 创建一个新输出数据库文件（*job-name*.odb）和一个新的结果文件（作业名称.fil，在 Abaqus/CFD 中不创建此文件），并且根据下面描述的准则，将输出数据写入到那些文件中。

输出数据库（.odb）文件

Abaqus 的输出数据库文件（作业名称.odb）包含可以在 Abaqus/CAE 中用于后处理的结果。默认情况下，输出数据库文件不是连续通过重启动的，而是每一次运行作业，Abaqus 创建一个新的输出数据库文件。可以在 Abaqus/CAE 的 Visulization 模块中，组合从多个输出数据库抽取的 $X-Y$ 数据。另外，也可以从一个原始分析和一个重启动分析中，通过运行 abaqus restartjoin 执行程序来连接场和历史结果。更多的信息见《Abaqus 分析用户手册——介绍、空间建模、执行与输出卷》的 3.2.19 节。

结果（.fil）文件

Abaqus/Standard 和 Abaqus/Explicit（作业名称.fil）中创建的 Abaqus 结果文件包含用户定义的结果，可以使用此结果在外部后处理工具包中进行后处理。在 Abaqus/Explicit 中，结

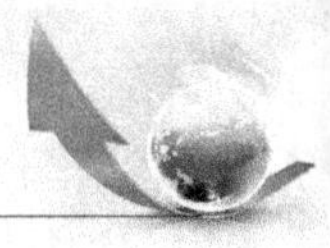

果也写入选定的结果文件（作业名称 . sel）中，然后它将为后处理转化成结果文件。详细情况见《Abaqus 分析用户手册——介绍空间建模、执行与输出卷》的 4. 1. 1 节。

一旦重启动，Abaqus/Standard 将为新作业从旧结果文件中复制直到启动点的信息到新作业中，并且在那个点之后写新结果到新文件。Abaqus/Explicit 将为新作业从旧的选定结果文件中复制直到重启动点的信息到选定结果文件中，并且在那个点之后写新结果到新文件中。

如果没有提供旧结果文件，Abaqus/Standard 将继续分析，只将重启动分析的结果写到新结果文件中。这样，将在不同的文件中具有零碎的分析结果，大部分情况中应避免这种问题，因为后处理程序默认结果是一个单独连续的文件。如果有必要的话，通过使用 abaqus append 执行程序，可以合并这些零碎的结果文件（见《Abaqus 分析用户手册——介绍空间建模、执行与输出卷》的 3. 2. 13 节）。

重启动功能

Abaqus/Standard 中的一个启动分析可以使用来自相同的或者任何相同通用版本的先前维护交付生成的重启动文件。例如：如果原始的分析是使用 Abaqus6. 13-3 维护交付来执行的，可以使用所有后续的 Abaqus6. 13 维护交付来启动重启动分析。重启动在通用版本之间是不兼容的（例如，在 Abaqus6. 12 与 Abaqus6. 13 之间）。

在 Abaqus/Explicit 和 Abaqus/CFD 中，原始分析和重启动分析必须使用精确的相同版本。例如，如果原始分析是使用 Abaqus6. 13-3 维护交付执行的，则只有此确切版本可以用来启动重启动分析。

Abaqus 中的重启动分析和 Abaqus/Explicit 中的恢复分析，必须在一个用来生成重启动文件的二进制兼容计算机上运行。

4.2 导入和传递结果

- "在 Abaqus 分析之间传递结果：概览" 4.2.1 节
- "在 Abaqus/Explicit 与 Abaqus/Standard 之间传递结果" 4.2.2 节
- "从一个 Abaqus/Standard 分析传递结果到另外一个 Abaqus/Standard 分析" 4.2.3 节
- "从一个 Abaqus/Explicit 分析传递结果到另外一个 Abaqus/Explicit 分析" 4.2.4 节

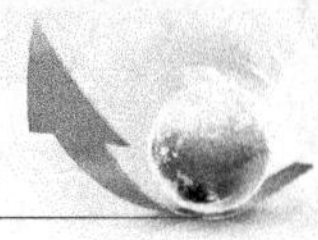

4.2.1 在 Abaqus 分析之间传递结果：概览

产品：Abaqus/Standard　Abaqus/Explicit　Abaqus/CAE

参考

- “在 Abaqus/Explicit 与 Abaqus/Standard 之间传递结果” 4.2.2 节
- “从一个 Abaqus/Standard 分析传递结果到另外一个 Abaqus/Standard 分析” 4.2.3 节
- “从一个 Abaqus/Explicit 分析传递结果到另外一个 Abaqus/Explicit 分析” 4.2.4 节
- *IMPORT
- *IMPORT ELSET
- *IMPORT NSET
- *IMPORT CONTROLS
- *INSTANCE
- “在 Abaqus 分析之间传递结果”《Abaqus/CAE 用户手册》的 16.6 节

概览

Abaqus 具有从 Abaqus/Standard 导入一个变形的网格和它的相关材料状态到 Abaqus/Explicit 的功能，反之亦然。该功能在制造问题中特别有用，例如，可以分析整个板料金属成形工艺（要求一个初始预加载、成形和后续回弹）。在此情况中，初始预加载可以使用一个静态过程的 Abaqus/Standard 来仿真，并且后续成形过程可以使用 Abaqus/Explicit 来仿真。最后，回弹分析可以使用 Abaqus/Standard 来执行。

Abaqus 还具有从一个 Abaqus/Standard 分析传递期望的结果和模型信息到一个新的 Abaqus/Standard 分析，或者从一个 Abaqus/Explicit 分析传递到一个新的 Abaqus/Explicit 分析的功能，可以在继续分析前指定额外的模型定义。例如在装配过程中，一个分析可能最初对一个特定零件的局部行为感兴趣，但是后来关心组装后的产品具有的行为。在此情况中，局部行为最初可以在 Abaqus/Standard 或者 Abaqus/Explicit 分析中进行分析。随后，此分析的模型信息和结果可以被传递到另外一个 Abaqus/Standard 或者 Abaqus/Explicit 分析中，其中可以为其他组件指定附加的模型定义，并且可以对整个产品的行为进行分析。

使用此功能时，必须在二进制兼容的计算机上运行相同版本的 Abaqus/Explicit 和 Abaqus/Standard。此外，模型和结果的传递仅可以在前面的分析要求，不支持多重分析之间的传递。

存储分析结果

原始分析的重启动文件包含从 Abaqus/Standard 或者 Abaqus/Explicit 传递来的分析结果。

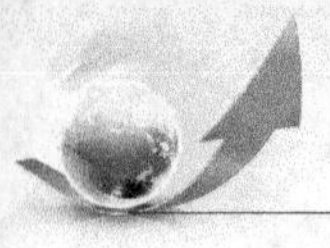

在4.1.1节中的“写重启动文件”对得到重启动文件进行了更加详细的描述，下面给出扼要的概括。默认情况下，Abaqus/Standard不写入任何重启动信息，并且Abaqus/Explicit在每一步的开头和结束处写入重启动信息。

从Abaqus/Standard导入结果

如果从一个Abaqus/Standard分析导入结果，则必须将该结果写入到重启动文件(.res)、分析数据库文件（.mdl和.stt)、零件文件（.prt）和输出数据库文件（.odb）中。

用户可以指定要写入重启动信息的增量。在Abaqus/Standard中，无论何时要求重启动，除了在所要求的增量处写入外，还总是在步的结束处写入重启动信息。

输入文件用法：　*RESTART，WRITE，FREQUENCY = n

Abaqus/CAE用法：Step module：Output→Restart Requests：在Frequency列中为每一步输入 n

从Abaqus/Explicit导入结果

如果从一个Abaqus/Explicit分析导入结果，则必须将该结果在要求传递变形体状态的时间上写入状态文件（.abq)。状态文件（.abq)、重启动文件（.res)、分析数据库文件(.stt)、打包文件（.pac)、零件文件（.prt）和输出数据库文件（.odb）将用来从Abaqus/Explicit导入结果。

用户可以指定是在由Abaqus/Explicit分析过程中所指定的间隔 n 确定的确切时刻写入结果，还是在由指定时间间隔确定的时刻之后的增量结束时写入结果。结果总是在步的结束处写入，所以，如果仅在一个步结束时读取结果，则没有必要在确切时间间隔上要求结果。

输入文件用法：　使用下面的选项，在每一个时间间隔之后马上结束的增量上要求结果：

*RESTART，WRITE，NUMBER INTERVAL = n，TIME MARKS = NO

使用下面的选项，在确切的时间间隔上要求结果：*RESTART，WRITE，NUMBER INTERVAL = n，TIMEMARKS = YES

Abaqus/CAE用法：Step module：Output→Restart Requests：在Number Interval列输入 n；如果想要在确切的时间间隔上写出结果，则为每一个步勾选Time Marks列。

指定模型数据和结果的传递

导入功能用来从一个分析传递模型数据和结果到另外一个分析。下面的部分描述如何指定导入要求。用户可以从并非定义成零件实例装配的模型中导入单元集，或者从定义成零件实例装配的模型中导入零件实例。在Abaqus/CAE中，可以仅从零件实例装配的模型中导入模型数据和结果。

虽然在截面定义中使用的同一个单元集中可以指定不同类型的单元，例如C3D4、C3D6、C3D8R等，但是如果模型用于导入分析中，则单元类型的最大数量限制为三。

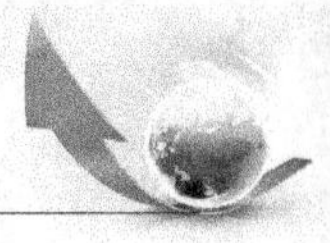

为没有定义成零件实例装配的模型指定模型数据和结果的传递

用户可以从一个先前的分析中导入单元集，为没有定义成零件实例装配的模型指定模型数据和结果的传递。此导入功能在《Abaqus 例题手册》的 1.5.1 节和 1.3.7 节中进行了说明。

每一个导入的单元集必须已经在原始分析中进行定义。用户可以导入任何单元集，包括嵌套单元集和具有重叠单元的单元集；也可以是其他导入单元集的一个子集。这些单元集中的单元以及单元集定义得到导入。即使一个单元可能包含在多个导入的单元集中，在导入分析中，每一个单元仅被导入一次。不能使用原始分析内部的单元集。

输入文件用法：　使用下面的选项，从一个先前的分析中导入单元集：

*IMPORT

被导入单元集的列表

例如，下面的输入除了导入 BLANK 的单元和单元集，也导入 BLANK1 和 BLANK2 的单元集定义：

原始分析

*SHELL SECTION, MATERIAL = STEEL1, ELSET = BLANK1

.00082, 5

*SHELL SECTION, MATERIAL = STEEL2, ELSET = BLANK2

.00082, 5

*ELSET, ELSET = BLANK

BLANK1, BLANK2

导入分析

*IMPORT

BLANK

要防止任何有关单元和节点定义的歧义，必须在输入文件中定义附加模型数据的任何选项之前指定 *IMPORT 选项。此外，只能指定一次 *IMPORT 选项。

Abaqus/CAE 用法：在 Abaqus/CAE 中，用户仅可以从定义成零件实例装配的模型中导入模型数据和结果。

为定义成零件实例装配的模型指定模型数据和结果的传递

用户可以从一个先前的分析中导入零件实例，为定义成零件实例装配的模型指定模型数据和结果的传递。如果导入多于一个的零件实例，则零件实例必须来自同一个输出数据库文件（.odb），并且所有的导入参数必须与每一个导入的零件实例相同。每一个指定的实例名必须与原始分析中的实例名一样。只有在导入的实例中定义的集被导入。在装配水平上定义的集必须在导入分析中重新定义。可以在导入时添加新集定义和面定义。不能对导入的零件实例赋予新截面、材料方向、法向或者梁方向。

输入文件用法：　使用下面的选项，从一个先前的分析中导入一个零件实例：

*INSTANCE, INSTANCE = 实例名称

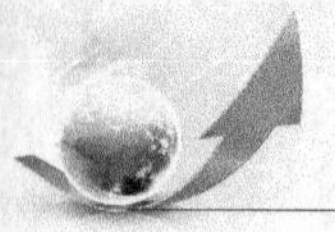

额外的集和面定义（可选的）

*IMPORT

*END INSTANCE

Abaqus/CAE 用法：在 Abaqus/CAE 中，可以只从定义成零件实例装配的模型中导入模型数据和结果。

Load module：Create Predefined Field：Step：Initial：为 Category 选择 Other 并且为 Types for Selected Step 选择 Initial State：选择应当赋予初始状态的实例

确定从中得到数据的分析

用户必须指定作业的名称，从此作业得到模型和结果数据。

输入文件用法：所有的模型都可以在命令行输入：

abaqus job = 作业名称 oldjob = 旧作业名称

如果省略了 oldjob 参数，Abaqus 将提示输入作业名称（见《Abaqus 分析用户手册——介绍、空间建模、执行卷与输出卷》的 3.2.2 节），即使当前作业是使用恢复选项从状态文件中的最后可用步和增量进行重启动的 Abaqus/Explicit 分析。

另外，对于定义成零件实例装配的模型，可以使用下面的选项：

*INSTANCE，LIBRARY = 旧作业名称

如果导入多于一个的零件实例，则由 LIBRARY 参数指定的旧作业名称必须与每一个导入的零件实例一样。

如果在使用 oldjob 选项的命令行指定了作业名，则命令行指定将优先于 LIBRARY 参数。

Abaqus/CAE 用法：在 Abaqus/CAE 中，可以只从定义成零件实例装配的模型中导入模型数据和结果。

Load module：Create Predefined Field：Step：Initial：为 Category 选择 Other 并且为 Types for Selected Step 选择 Initial State：Job name：输出数据库名称

导入模型数据

仅当更新了参考构型（见“更新参考配置”），并且没有导入材料状态（见“导入材料状态”），才可以重新定义导入单元的单元属性定义。在此情况中，也可以重新定义材料方向定义（见《Abaqus 分析用户手册——介绍、空间建模、执行与输出卷》的 2.2.5 节），沙漏刚度而不是沙漏控制定义和导入单元的横向剪切刚度定义（壳单元的情况中）。

对于其他参考配置和材料状态组合，将从原始分析中导入为每一个导入单元定义截面所要求的信息。在导入分析中，不能重新定义材料方向，不能再次使用方向名称。对于导入的单元，将从原始分析中传递材料方向。不能重新定义导入的壳单元的横向剪切刚度，而是从原始分析中传递值。不能在 Abaqus/Standard 导入分析中重新定义导入单元的沙漏刚度，而是使用默认值。导入单元使用的截面控制定义（动态公式，单元公式中的精度阶和沙漏控

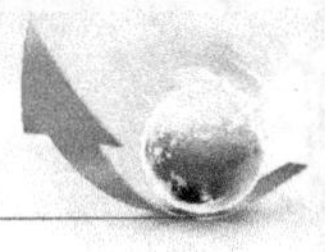

制方法）不能进行重新定义（详情见 4.2.2 节）。

只有与导入的单元相关联的节点才得到导入。可以在导入分析中定义新节点。

可以定义和使用与导入的节点或者单元相同编号的节点或者单元，前提是更新了参考配置，没有导入材料状态，并且导入不是从一个实例库实现的。新定义将覆盖导入的定义。如果没有更新参考配置，则不能将新节点或者新单元的编号定义为与导入的节点和单元编号相同，而不论是否导入了材料状态。

将结果从一个 Abaqus/Standard 分析传递到其他的 Abaqus/Standard 分析过程中，或者从一个 Abaqus/Explicit 传递到其他的 Abaqus/Explicit 分析过程中，如果参考配置得到更新并且没有导入材料状态，则通过重新指定节点定义，对导入节点的坐标进行更改，使其不同于它们的导入值。在从 Abaqus/Explicit 传递结果到 Abaqus/Standard 或者相反的过程中，不允许更改导入节点的坐标。

导入通过一个分布定义的模型数据

当从 Abaqus/Standard 分析传递结果到其他的 Abaqus/Standard 分析中时，大部分通过一个分布定义的单元或者材料属性（见《Abaqus 分析用户手册——介绍空间建模、执行与输出卷》的 2.8.1 节）与单元一起被导入。唯一的例外是定义在复合壳和实体层上的呈空间变化的厚度和方向角。在此情况中，在输入文件的前处理中，Abaqus 发出一个错误信息。

当从一个 Abaqus/Explicit 分析传递结果到另外一个 Abaqus/Standard 分析中时，唯一可以导入的通过分布性来定义的呈空间变化的单元属性，是壳和实体单元的壳厚度和截面方向。如果任何其他的单元或者材料属性通过分布性来定义，则 Abaqus 在输入文件前处理中发出一个错误信息。

当从一个 Abaqus/Standard 分析传递结果到一个 Abaqus/Explicit 分析中时，或者从一个 Abaqus/Explicit 分析传递结果到其他的 Abaqus/Explicit 分析，唯一可以导入的通过分布性定义的空间变化的单元属性，是壳厚度、壳、实体单元的截面方向、为复合壳层上的壳截面定义的方向角，以及为通用壳截面直接指定的截面刚度矩阵。如果任何其他单元或者材料属性定义有分布性，则 Abaqus 在输入文件前处理过程中发出一个错误信息。

仅当参考配置得到更新（见“更新参考配置”）和没有导入材料状态（见“导入材料状态”）时，才可以重新定义导入的单元截面和材料属性，使其具有分布性。在此情况中，也能重新定义材料方向定义（见《Abaqus 分析用户手册——介绍空间建模、执行与输出卷》的 2.2.5 节），沙漏刚度但不是沙漏控制定义和导入单元的横向剪切刚度定义（在壳单元的情况中）。

从一个 Abaqus/Standard 分析（不是一个直接循环分析）导入结果

如果从一个 Abaqus/Standard 分析中导入结果，用户可以在导入了结果的重启动文件中指定步和增量。默认情况下，导入分析结束处写入结果。

输入文件用法：　＊IMPORT，STEP = 步，INCREMENT = 增量

对于定义成零件实例装配的模型，下页必须在零件实例定义中出现 ＊IMPORT 选项。

Abaqus/CAE 用法：在 Abaqus/CAE 中，可以仅从定义成零件实例装配的模型中导入模

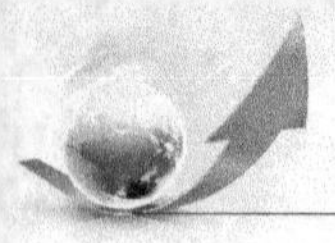

型数据和结果。

Load module：Create Predefined Field：Step：Initial：为 Category 选择 Other 以及为 Types for Selected Step 选择 Initial State：选择实例：Step：选择 Specify：步和 Frame：选择 Specify：增量

从一个 Abaqus/Standard 直接循环分析导入结果

如果结果是从一个直接循环分析中导入的，则可以在导入了结果的重启动文件中指定步和迭代编号。默认情况下，导入分析结束时所写的结果。

输入文件用法：　*IMPORT，STEP＝步，ITERATION＝迭代

对于定义成零件实例装配的模型，必须在零件实例定义中选择 *IMPORT选项。

Abaqus/CAE 用法：在 Abaqus/CAE 中，可以仅从定义成零件实例装配的模型中导入模型数据和结果。

Load module：Create Predefined Field：Step：Initial：为 Category 选择 Other 以及为 Types for Selected Step 选择 Initial State：选择实例：Step：选择 Specify：步和 Frame：选择 Specify：迭代

从一个 Abaqus/Explicit 分析中导入结果

如果从一个 Abaqus/Explicit 分析中导入结果，可以在导入了结果的状态文件中指定步和迭代。默认情况下，导入分析结束时所写的结果。

输入文件用法：　*IMPORT，STEP＝步，INTERVAL＝迭代

对于定义成零件实例装配的模型，必须在零件实例定义中选择 *IMPORT选项。

Abaqus/CAE 用法：在 Abaqus/CAE 中，可以仅从定义成零件实例装配的模型中导入模型数据和结果。

Load module：Create Predefined Field：Step：Initial：为 Category 选择 Other 以及为 Types for Selected Step 选择 Initial State：选择实例：Step：选择 Specify：步和 Frame：选择 Specify：间隔

更新参考配置

一旦将一个 Abaqus 分析的当前模型配置导入到 Abaqus/Explicit 或者 Abaqus/Standard 中，就可以继续分析，并且可以使用或者不使用导入的配置来更新参考配置。如果参考配置没有更新为导入的配置，则位移和应变将作为相对于原始参考配置的总值，并且其值将因此而连续。如果参考配置更新为导入的配置，则导入分析中报告的位移和应变是相对于更新后的参考配置的总值。如果需要相对于导入的配置来显示结果，则此选择是有用的，例如在回弹分析中可能期望的那样。如果导入的分析是几何线性的，则参考配置不能进行更新。

是否更新参考配置的选择，会影响在 Abaqus/Standard 中与接触初始化相关联的无应变的节点调整。可以使用无应变的调整来解决 Abaqus/Standard 中存在的与参考配置之间的穿透或者间隙，这样，如果参考配置没有进行更新，则在导入时无应变调整算法中不考虑导入

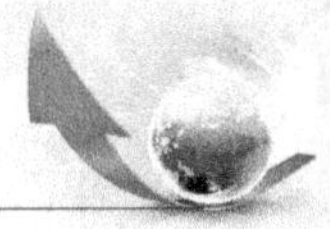

之前的位移。Abaqus/Explicit 中的无应变节点调整，是基于当前的配置的，而不是基于参考配置的，这样，这些调整对于是否在 Abaqus/Explicit 中更新了参考配置并不敏感。无应变调整的进一步详细情况见《Abaqus 分析用户手册——指定的条件、约束和相互作用卷》的 3.2.4 节中的“默认接触初始方法”、3.2.4 节、3.4.4 节和 3.5.4 节。

如果导入了连接器单元，则可以更新配置，前提是没有导入状态。

输入文件用法：使用下面的选项来指定将参考配置更新为导入的配置：

*IMPORT, STEP = 步, UPDATE = YES

使用下面的选项来指定参考配置不应当更新为导入的配置：

*IMPORT, STEP = 步, UPDATE = NO

对于定义成零件实例装配的模型，必须在零件实例定义中选择 *IMPORT选项。

Abaqus/CAE 用法：在 Abaqus/CAE 中，可以仅从定义成零件实例装配的模型中导入模型数据和结果。

Load module：Create Predefined Field：Step：Initial：为 Category 选择 Other 以及为 Types for Selected Step 选择 Initial State：切换 Update reference configuration 为打开或者关闭

导入材料状态

可以指定是否导入相关的材料状态。如果选择导入材料状态，则将导入：

- 应力；
- 等效塑性应变；
- 动态硬化模型的背应力；
- 用户定义的状态变量；
- 混凝土损伤塑性模型的损伤相关的状态变量；
- 使用胶粘单元的牵引分离响应的损伤相关的状态变量；
- 韧性金属的损伤相关的状态变量；
- 纤维增强的复合材料的损伤相关的状态变量；
- Mulins 效应变形历史中的最大偏应变能密度；
- 黏弹性材料模型的内部应变和应力；
- 诸如塑性应变、摩擦滑动和损伤状态那样的连接器状态变量。

这样，仅为下面本构的进一步分析而正确导入的状态：

- 线性弹性；
- Mises 塑性（包括动态硬化模型）；
- 增强的 Drucker-Prager 塑性；
- 可压碎的泡沫塑性；
- Mohr-Coulomb 塑性；
- 临界状态（黏土）塑性；
- 铸铁塑性；
- 混凝土损伤塑性；

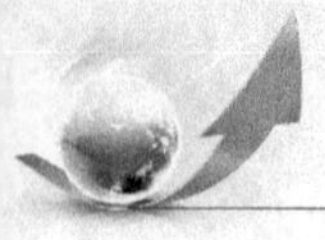

- 超弹性（包括 Mullins 效应）；
- 超泡沫；
- 黏弹性；
- 黏性单元的具有损伤的牵引分离响应；
- 韧性金属的损伤；
- 纤维增强复合材料的损伤；
- 连接器行为；
- 用户子程序 UMAT 和 VUMAT 中定义的材料。

对于其他材料模型，只导入应力，而不导入其他状态变量。

如果在一个用户子程序中定义了材料行为，则必须确保 UMAT 和 VUMAT 是一致的。

如果导入了连接器单元，则可以导入状态，前提是没有更新配置。

输入文件用法：使用下面的选项来指定应当导入材料状态：

*IMPORT, STATE = YES

使用下面的选项来指定不应当导入材料：

*IMPORT, STATE = NO

对于定义成零件实例装配的模型，必须在零件实例定义中选择 *IMPORT选项。

Abaqus/CAE 用法：在 Abaqus/CAE 中，可以仅从定义成零件实例装配的模型中导入模型数据和结果。Abaqus/CAE 中总是导入材料状态。如果只导入变形的网格，则可以从输出数据库中的一个选定的步和增量中导入一个独立的网格（见《Abaqus/CAE 用户手册》的 10.1.1 节）。

在导入时定义约束

大部分的约束（例如多点约束和基于面的绑定约束）没有从原始分析中导入，必须在导入分析中重新定义。没有更新的则使用原始分析中的参考配置，确保在导入分析中同样再现这些约束。

如果一个新约束是在导入分析中定义的，则必须确保约束在参考配置中或者在导入分析的启动配置中不冲突。这两个配置对于新引入的节点是相同的。如果一个新约束涉及原始分析的节点，则应该更新导入分析的参考配置（更多的信息见“更新参考配置”）。

在一个具有自适应网格划分和声学结构绑定约束的 Abaqus/Standard 分析中，结构以及声学节点可以从它们的初始位置移动。当这些声学和结构网格从 Abaqus/Standard 导入到 Abaqus/Explicit 中时，不更新参考配置。当在 Abaqus/CAE 的 Visulization 模块中显示为未变形的显示模式时，界面处的声学单元可能看上去是扭曲的。这些扭曲表现是因为声学节点的参考配置是自动进行更新的，而非声学节点的配置不是自动更新的。在 time =0 时的变形显示正确的网格。

导入单元集和节点集定义

与导入单元相关的所有单元集和节点集定义是默认导入的。对于不是定义成零件实例装配的模型，也可以选择性地仅导入指定的单元集或者节点集定义。此功能提供一个简便方法来选择性地重用在原始分析中定义的单元集或者节点集。这样，不属于导入单元的此类集中

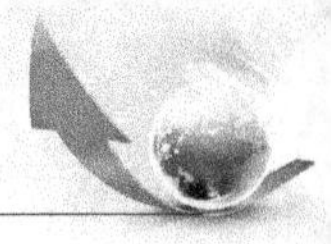

的任何成员将会从指定的集中被删除。

例如，假设三个单元集 SHELL3D、MEMB 和 ALL 是在原始分析中定义的。单元集 ALL 包含单元集 SHELL3D 和 MEMB 中的所有单元，以及其他的单元。用户可以选择仅导入单元集 SHELL3D 和 MEMB（即在这些集以及单元集定义中的单元）。此外，也可以选择性地导入单元集定义 ALL（但不是此集中的单元）。如果单元 100 属于单元集 ALL，但是不属于单元集 SHELL3D 或者单元集 MEMB，则不会被导入，并且从属于单元集 ALL 的单元列表中被删除。导入的单元集定义将在任何节点或者单元定义之前，这样，即使单元 100 随后在导入分析中被重新定义，它仍然不属于单元集 ALL（除非在导入分析中明确地将它赋给单元集 ALL）。

只有在原始或者先前的导入分析中定义的节点和单元，对于导入才是可用的。不能对一个重启动运行中定义的新集进行导入。

输入文件用法：　紧随 * IMPORT 选项使用下面任何一个或者同时使用下面的选项，来导入选定的单元集或者节点集定义：

* IMPORT ELSET

* IMPORT NSET

对于定义成零件实例装配的模型，不能选择性地导入单元集和节点集定义，所有单元集和节点集定义是自动导入的。

Abaqus/CAE 用法：在 Abaqus/CAE 中，可以仅从定义成零件实例装配的模型中导入模型数据和结果。不能在 Abaqus/CAE 中选择性地导入单元集和节点集定义，所有单元集和节点集定义是自动导入的。

在得到更新的配置中为壳的法向指定一个容差

在导入过程中对导入的配置进行更新时，网格离散化可能不满足 Abaqus/Explicit 或者 Abaqus/Standard 中实施的用以评估网格是否合适的网格几何检查。在高度扭曲的壳单元中，有可能从中面插值计算得到的单元中心处的法向，不同于从节点处旋转的法向插值所得到的法向。如果差异超出了设定的容差，分析将终止。这表明可能需要通过一个细化的网格来建模高曲率变化的区域，以达到分析成功的目的。

从中面插值计算得到的单位法向 $\boldsymbol{n}_1$ 和通过节点处旋转法向插值预测得到的法向 $\boldsymbol{n}_2$ 必须满足条件：

$$1-f_{\text{tol}} \leqslant |\boldsymbol{n}_1 \cdot \boldsymbol{n}_2|$$

其中用户可以指定容差 f_{tol}。如果不指定一个值，则使用一个默认的 $f_{\text{tol}}=0.1$ 的值。

输入文件用法：　如果将参考配置更新为导入的配置，则可以指定一个壳的法向上错误检查容差：

* IMPORT CONTROLS, NORMAL TOL = f_{tol}

Abaqus/CAE 用法：Abaqus/CAE 中不支持壳法向容差。

4.2.2 在 Abaqus/Explicit 与 Abaqus/Standard 之间传递结果

产品：Abaqus/Standard　　Abaqus/Explicit　　Abaqus/CAE

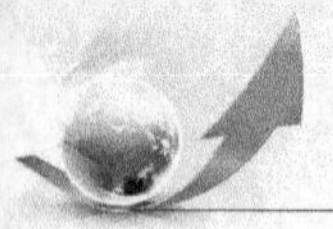

参考

- “在 Abaqus 分析之间传递结果：概览” 4.2.1 节
- * IMPORT
- * IMPORT ELSET
- * IMPORT NSET
- * IMPORT CONTROLS
- * INSTANCE
- “在 Abaqus 分析之间传递结果”《Abaqus/CAE 用户手册》的 16.6 节

概览

Abaqus 具有从 Abaqus/Standard 导入一个变形网格以及与变形网格相关的材料状态到 Abaqus/Explicit 中的功能，反之亦然。此外，新模型信息可以在导入分析中指定。此功能对于包含几个分析阶段的问题是有用的。例如，在制造工艺中，可以使用 Abaqus/Standard 来分析预载荷，并且可以使用 Abaqus/Explicit 来仿真后续的成形操作。最后，可以在 Abaqus/Standard 中执行材料的回弹。

要使用此功能，必须在计算机上运行相同版本的 Abaqus/Explicit 和 Abaqus/Standard。

关于如何在 Abaqus 分析之间传递结果的信息见 4.2.1 节中。

在一个导入分析中指定新数据

诸如新单元、节点、面等这样的附加模型定义，可以在导入分析过程中进行定义。初始条件也可以在导入分析过程中进行指定。

新模型定义

一旦指定了导入，则可以在一个导入分析中将新节点、单元和材料属性添加到模型中。节点坐标必须在更新后的配置中进行定义，无论导入时参考配置是否得到更新（见《Abaqus 分析用户手册——介绍、空间建模、执行与输出卷》的 4.2.1 节中的“更新参考配置”）。可以使用一般的 Abaqus 输入。导入的材料定义可以与新单元一起使用（需要新的截面属性定义）。

节点转换

如果没有导入节点转换（见《Abaqus 分析用户手册——介绍、空间建模、执行与输出卷》的 2.1.5 节），可以在导入分析中单独对其进行定义。只有导入分析中的节点转换与原始分析中的节点转换相同时，才能得到连续的位移、速度等。对于具有边界条件的节点或者在一个局部坐标系统中定义的点载荷，也推荐使用相同的转换。

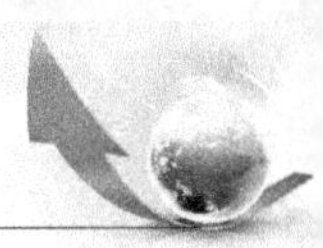

在一个导入的分析中指定几何非线性

默认情况下，Abaqus/Standard 中使用小应变公式（即忽略几何非线性），Abaqus/Explicit 中使用大变形公式（即包括几何非线性）。对于分析的每一个步，可以指定应当使用哪个公式，详细情况见 1.1.3 节中的“几何非线性”。

一个导入分析中的公式默认值与导入时刻的值是一样的。在任何分析中的一个给定步中只要使用了大位移公式，则它将在所有后续步中保持有效，无论分析是否为导入的。

如果在导入时刻使用了小位移公式，则参考配置不能得到更新。

为导入的单元和节点指定初始条件

只有在特定条件下，才能在导入的单元和节点上指定初始条件（见《Abaqus 分析用户手册——指定的条件、约束和相互作用卷》的 1.2.1 节）。表 4-2 列出了决定材料状态是否被导入的有效初始条件（见 4.2.1 节）中的“导入材料状态”。参考配置额可以根据需求进行更新或者不更新。

表 4-2 有效的初始条件

初 始 条 件	是否导入材料状态？
硬化	否
相对密度	否
转动速度	是 或者 否
求解相关的状态变量	否
应力	否
速度	是 或者 否
空隙率	否

过程

结果只能从 Abaqus/Standard 中涉及静态应力分析、动态应力分析或者稳态传输分析的通用分析步导入到 Abaqus/Explicit 中。不允许从线性摄动过程（见 1.1.3 节）传递结果。

Abaqus/Standard 中提供若干可以在导入分析中使用的分析过程。这些过程可以用来进行特征值分析、静态或者动态应力分析、屈曲分析等。可用过程的讨论见 1.1.1 节。

对于一个成形部件的回弹分析，Abaqus/Standard 分析中的第一步通常由静态分析过程组成，这样可以从系统中逐渐删除初始不平衡力。这些力的删除是在最初的静态分析步中，由 Abaqus/Standard 自动执行的，如下面所描述的那样。如果 Abaqus/Standard 分析中的第一步不是一个静态步（例如一个动态步），则分析过程直接从 Abaqus/Explicit 分析导入的状态开始。

在导入到 Abaqus/Standard 中时实现静态平衡

当显式动态分析中的变形物体所具有的当前状态被导入到静态分析中时，模型最初不是静平衡的。必须在动平衡中的变形体上施加初始不平衡力，以实现静平衡。动态力（惯性

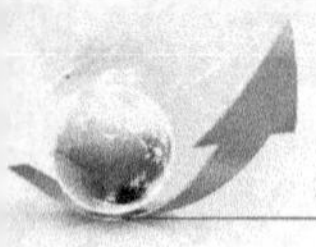

和阻尼）和边界相互作用力都对初始不平衡力有贡献。边界力是固定边界和接触条件的相互作用结果。任何从 Abaqus/Explicit 分析到 Abaqus/Standard 分析的边界和接触条件的改变，都对初始不平衡力有贡献。

通常，静态分析中的初始不平衡力的即时删除将导致收敛问题。因此，这些力需要逐渐删除，直到满足完全静平衡。在删除初始不平衡力的过程中，物体将进一步变形，并且内力重新分布，产生一个新的应力状态。这实质上是一个成形的产品从工具上取下时，在回弹过程中发生的。

当 Abaqus/Standard 导入分析中的第一步是一个静态过程时，使用下面的算法来自动删除初始不平衡力：

1. 在分析的开始时导入的应力，定义为材料中的初始应力。

2. 在每一个材料点上定义了一个人工应力的额外集。这些应力在大小上等于导入的应力，但是方向相反。这样，材料点应力和人工应力和，在步的开始创建零内力。

3. 内部人工应力在第一步的时间中逐渐线性地消失。这样，在步结束时，人工应力就已经完全被删除，材料中余留的应力是与静平衡相关的残余应力。

一旦得到静平衡，对后续步可以使用任何在 Abaqus 中可以正常遵循一个静态分析的分析过程进行定义。

当第一步不是一个静态分析时，不施加人工应力，并且导入的应力用于单元的内力计算。

边界条件

不导入在原始分析中指定的边界条件，包括任何连接器运动，而是必须在导入分析中对其重新进行定义。在某些情况中，当导入的配置没有得到更新时，在原始分析中施加的非零边界条件，需要在导入分析中保持相同的值。在此情况中，可以为分析步指定一个恒定（步函数）的幅值变化（见 1.1.2 节中的“指定非默认的幅值变化”），这样新施加的边界条件是即时施加的，并且在步的期间保持为该值。另外，可以在边界条件定义中参考一个幅值曲线（见《Abaqus 分析用户手册——指定的条件、约束和相互作用卷》的 1.1.2 节）。如果原始分析中的边界条件是在一个转换的坐标系中施加的（见《Abaqus 分析用户手册——介绍、空间建模、执行与输出卷》的 2.1.5 节），则应当定义相同的坐标系，并且在导入分析中使用。

对施加边界条件的讨论见《Abaqus 分析用户手册——指定的条件、约束和相互作用卷》的 1.3.1 节。

载荷

不导入在原始分析中定义的载荷，包括那些为连接器作动而施加的载荷。这样，在导入分析中需要重新定义载荷。当结果从一个分析导入到另外一个时，对可以施加的载荷是没有限制的。在需要保持载荷与原始分析中的值相同的情况中，可以为分析步指定一个恒定（阶跃函数）的幅值变化（见 1.1.2 节中的“指定非默认的幅值变化”），在步的开始时即时地施加载荷，并且在步的过程中保持不变。另外，可以在载荷定义中参考一个幅值曲线

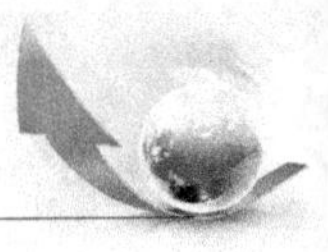

（见《Abaqus 分析用户手册——指定的条件、约束和相互作用卷》的 1.1.2 节）。如果原始分析中的点载荷是在一个转换的坐标系（见《Abaqus 分析用户手册——介绍、空间建模、执行与输出卷》的 2.1.5 节）中施加的，并且在导入分析中必须保持载荷，则如果在导入分析中定义了相同的坐标系并且得到使用，载荷施加将得到简化。

Abaqus 中可用载荷类型的概览见《Abaqus 分析用户手册——指定的条件、约束和相互作用卷》的 1.4.1 节。

预定义的场

不导入节点上的场变量。如果导入的单元是耦合的温度-位移单元，且导入了相关联的材料状态，则温度得到导入。对于一个绝热分析，如果导入了相关联的材料状态，温度也得到导入。对于所有其他的情况，不导入节点上的温度。

如果原始分析使用预定义的温度场（见《Abaqus 分析用户手册——指定的条件、约束和相互作用卷》的 1.6.1 节中的"预定义的温度"）来改变节点上的温度，则不允许继续导入分析。如果原始分析使用预定义的场变量定义（见《Abaqus 分析用户手册——指定的条件、约束和相互作用卷》的 1.6.1 节）来改变节点处的场变量，只有在所有导入的单元是耦合的温度-位移单元时，才允许继续导入分析，但是，不会导入场变量。如果原始分析使用初始温度（见《Abaqus 分析用户手册——指定的条件、约束和相互作用卷》的 1.2.1 节中的"定义初始温度"）和场变量（见《Abaqus 分析用户手册——指定的条件、约束和相互作用卷》的 1.2.1 节中的"定义预定义场变量的初始位"）条件，只有当所有导入的单元是耦合的温度-位移单元时，才允许继续导入分析。

此外，在导入分析之后是不允许指定温度和场变量初始条件的，除非所有导入的单元是耦合的温度-位移单元。在此情况中，如果更新了参考配置，并且没有导入材料状态，则可以在导入的节点上指定温度和场变量的初始条件。如果是一个绝热分析，可以在导入分析中指定初始温度。

材料选项

与导入的单元相关联的所有材料属性定义和方向是默认导入的。可以通过重新指定具有相同材料名称的材料属性定义来改变材料属性。所有相关的材料属性必须重新定义，因为默认导入的旧定义将被覆盖。除非参考配置得到更新，并且没有导入材料状态，与导入的单元相关联的材料方向才能得到改变。与导入单元相关联的材料方向，不能为参考配置和材料状态的其他组合而进行重新定义。

当导入连接器单元时，默认导入任何相关联的连接器行为定义。只有未导入状态时，才可以更改导入的连接器行为定义。

如果在 Abaqus/Explicit 中使用了质量缩放（见 6.6.1 节），则缩放的质量将不会传递到 Abaqus/Standard 的后续导入分析中。Abaqus/Standard 分析的模型质量将基于导入的质量定义，或者基于重新定义的质量定义。

如果要求改变材料阻尼，则必须在导入分析中重新定义材料模型。

当材料定义改变时，必须确保连续的材料状态。有时候还可能简化材料定义。例如，如果在 Abaqus/Explicit 分析中使用了一个 Mises 塑性模型，并且在 Abaqus/Standard 中预期没有进一步的塑性屈服（通常是回弹仿真的情况），则 Abaqus/Standard 分析中可以使用线弹性材料。然而，如果预期到有进一步的非线性材料行为，则不能对现有的材料定义做出改变。如果材料模型在原始分析和导入分析中是不一样的，则不保留状态变量的历史。

单元

对于 Abaqus/Explicit 和 Abaqus/Standard 都常见的一阶连续的、改进的三角的和四面体的单元、常规壳、连续壳、膜、梁（线性的和二次的）、管（线性的）、杆、连接器、刚性和面单元，可以使用导入功能见表 4-3。

表 4-3　可以在 Abaqus/Explicit 与 Abaqus/Standard 之间转换的常见单元类型

常见单元类型
CPS3, CPS3T, CPS4R, CPS4RT, CPS6M, CPS6MT
CPE3, CPE3T, CPE4R, CPE4RT, CPE6M, CPE6MT
CAX3, CAX3T, CAX4R, CAX4RT, CAX6M, CAX6MT
C3D4, C3D4T, C3D6, C3D6T, C3D8, C3D8R, C3D8T, C3D8RT
C3D10M, C3D10MT
M3D3, M3D4, M3D4R
R2D2
R3D3, R3D4
RAX2
S4, S4R, S3R, S4RT, S3RT
SC8R, SC8RT, SC6R, SC6RT
SAX1
SFM3D3, SFM3D4R
T2D2
T3D2
B21, B22, PIPE21
B31, B32, PIPE31
CONN2D2①, CONN3D2①
AC2D3, AC2D4R, AC2D4, ACIN2D2
AC3D4, AC3D6, AC3D8R, AC3D8, ACIN3D3, ACIN3D4
ACAX3, ACAX4R, ACAX4, ACINAX2
COH2D4, COHAX4, COH3D6, COH3D8

① 连接器单元可以从 Abaqus/Standard 导入到 Abaqus/Explicit 中，但是反之不行。

当 S3R 壳单元从 Abaqus/Explicit 导入到 Abaqus/Standard 中时，它们自动地转换成退化的 S4R 单元。然而，当 S3R 壳单元从 Abaqus/Standard 导入到 Abaqus/Explicit 中时，它们保持为 S3R 单元。当 C3D6 和 C3D6T 实体单元从 Abaqus/Explicit 导入到 Abaqus/Standard 中时，在单个积分点上的结果都应用于 Abaqus/Standard 中的两个积分点上，并且自动地使用完全积分。然而，当 C3D6 和 C3D6T 实体单元从 Abaqus/Standard 导入到 Abaqus/Explicit 中时，

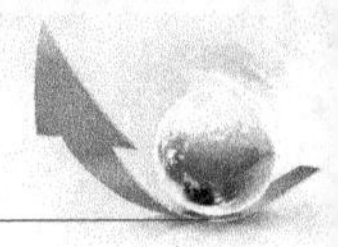

只导入了第一个积分点上的结果，并且用于缩减积分之中。当在 Abaqus/Explicit 与 Abaqus/Standard 之间导入四边形和六面体声学有限单元时，根据需要将它们转换成缩减积分类型或者从缩减积分类型转换而来。

导入功能的限制如下：

• 连接器单元可以从 Abaqus/Standard 导入到 Abaqus/Explicit 中，但是反之不行。进一步，如果导入了连接器单元，可以更新配置，但前提是没有导入状态，并且状态可以导入，没有更新配置。

• 使用螺纹钢层定义的螺纹钢（见《Abaqus 分析用户手册——介绍空间建模、执行与输出卷》的 2.2.3 节）得到导入，前提是基底单元也得到导入。如果此定义中使用的宿主和嵌入单元也得到导入，则使用嵌入单元技术（见《Abaqus 分析用户手册——指定的条件、约束和相互作用卷》的 2.4.1 节）来定义的螺纹钢加强筋得到导入。不能导入定义成单元属性的螺纹钢（见《Abaqus 分析用户手册——介绍空间建模、执行与输出卷》的2.2.4 节）。

• 不能导入无限单元和流体单元。

• Abaqus/Explicit 分析中，厚度是从节点插值得到的刚性单元，将不会导入到 Abaqus/Standard 中。

• 不能导入同时包含可变形单元和刚性单元的刚体。当对用来定义刚体的单元进行导出指定时，导入包括刚性单元的刚体。当对用于定义刚体的单元组进行输出指定时，则在 Abaqus/Explicit 中导入包括可变形单元的刚体。如果使用相同的单元集对刚体重新进行指定，则覆盖导入的刚体定义。当模型是以一个零件实例的装配方式进行定义时，导入刚体的参考点必须属于导入的实例。

• 当导入刚体时，任何相关联的数据，诸如销节点集和绑定节点集，是导入定义的一部分。然而，导入的集只包含那些与导入的单元相连的节点。

• Abaqus/Explicit 中的失效单元不被导入到 Abaqus/Standard 中。

• Abaqus/Standard 中被删除的或者是未激活的（见 6.2.1 节）单元不被导入到 Abaqus/Explicit 中。

• 刚性面不被导入。

当从 Abaqus/Explicit 分析中导入结果到 Abaqus/Standard 分析中时，每一个指定的单元集只可以包含表 4-4 中列出的兼容单元类型，并且至多包含三种不同的单元类型。

表 4-4　兼容单元类型

ACINAX2, ACIN2D2, ACIN3D3, ACIN3D4
CPE4R, CPE3, AC2D3, AC2D4
CPS4R, CPS3
CAX4R, CAX3, ACAX3, ACAX4
AC3D4, AC3D6, AC3D8, C3D8, C3D8R, C3D4, C3D6
M3D4R, M3D3, M3D4
R3D3, R3D4
S4R, S3R, SC6R, SC8R, S4
SFM3D3, SFM3D4R

（续）

	CAX6M, C3D10M
	C3D8T, C3D4T, C3D6T
	SC6RT, SC8RT, S4T, S4RT, S3T, S3RT
	MASS, ROTARYI

在导入分析中使用截面控制

当在 Abaqus/Standard 与 Abaqus/Explicit 之间传递结果时，一贯的计算沙漏力是重要的。对于在原始的以及所有后续的导入分析中计算沙漏力，推荐使用增强的沙漏控制方程（见《Abaqus 分析用户手册——单元卷》的 1.1.4 节）。

一旦在原始分析中定义了截面控制，它们就不能在任何后续的 Abaqus/Standard 或者 Abaqus/Explicit 分析中改变。这样，如果在一系列导入分析中的任何一个分析中使用了截面控制，则必须在第一次分析中指定它们。为原始分析中的一个单元截面所指定的截面控制，将在所有后续的导入分析中用于属于那个单元集的单元。

沙漏控制方程以外的截面控制具有取决于分析类型的适当的默认设置，并且通常不需要改变。也可以在一定的限制条件下选取非默认的值。

在 Abaqus/Standard 分析中，只有平均的应变运动学公式和二阶精度的单元公式是可用的。只有与 Abaqus/Explicit 分析相关的其他运动学公式、单元公式或者截面控制，才可以在 Abaqus/Standard 分析中指定。这些控制在 Abaqus/Standard 中被忽略，但是为后续的 Abaqus/Explicit 导入分析而保留。

如果平均应变运动公式以外的一个运动公式在 Abaqus/Explicit 分析中用于固体单元，则单元发生扭曲或者承受大的转动时，运动公式之间的差异可导致 Abaqus/Standard 产生错误。

可以认为在 Abaqus/Explicit 中使用一阶精度单元公式（默认的）和 Abaqus/Standard 中使用二阶精度的单元公式（仅有可用的公式）不会产生明显的错误，因为 Abaqus/Explicit 中的时间增量本来就小。一个例外是当 Abaqus/Explicit 分析涉及承受一些旋转载荷的部件时，推荐使用二阶精度的单元公式。

输入文件用法：　在原始分析中使用下面的选项：

*MEMBRANE SECTION, CONTROLS = 名称 1, ELSET = 单元集 1
*SHELL SECTION, CONTROLS = 名称 2, ELSET = 单元集 2
*SHELL GENERAL SECTION, CONTROLS = 名称 3, ELSET = 单元集 3
*SOLID SECTION, CONTROLS = 名称 4, ELSET = 单元集 4

在原始分析中使用类似于下面选项的多个选项：

*SECTION CONTROLS, NAME = 名称 1

Abaqus/CAE 用法：在原始分析中赋予单元类型时，定义截面控制：

Mesh module：Mesh→Element Type：Element Controls

膜和壳单元厚度计算

膜和壳单元厚度的计算如下描述。

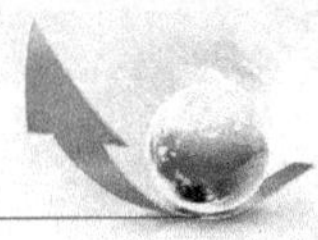

使用一个通用壳截面定义的壳单元

对于使用一个通用壳截面定义的壳，当前厚度是基于有效泊松比计算得到的，它的默认值为 0.5，在 Abaqus/Explicit 和 Abaqus/Standard 中都是如此。

输入文件用法： * SHELL GENERAL SECTION，POISSON = ν_{eff}

Abaqus/CAE 用法：Property module：homogeneous or composite shell section editor：Section-integration：Before analysis：Advanced：Section Poisson's ratio

使用分析过程中积分得到的壳截面来定义的壳单元和膜单元

对于在 Abaqus/Standard 中使用分析过程中积分得到的壳截面来定义的壳和膜，当前的厚度是基于有效泊松比（默认值为 0.5），计算得到的。另一方面，在 Abaqus/Explicit 中，厚度的计算是基于有效泊松比或者整个厚度的应变的，使用的计算基于默认使用的基于整个厚度的应变。

如果没有在原始的 Abaqus/Explicit 或者 Abaqus/Standard 分析中为分析过程中积分得到的壳截面或者膜截面指定一个截面泊松比，则原始的和所有后续导入分析中的厚度计算是使用默认方法实施的。换言之，所有 Abaqus/Standard 分析中的厚度是使用默认值为 0.5 的有效泊松比计算得到的，而在所有的 Abaqus/Explicit 分析中，厚度是使用整个厚度的应变计算得到的。

当在原始的 Abaqus/Standard 或者 Abaqus/Explicit 分析中赋予截面泊松比一个数值时，原始分析和所有后续导入分析中的厚度计算是使用该有效泊松比指定值来执行的。

输入文件用法： 使用下面的选项：

* SHELL SECTION，POISSON = ν_{eff}
* SHELL SECTION，POISSON = MATERIAL
* MEMBRANE SECTION，POISSON = ν_{eff}
* MEMBRANE SECTION，POISSON = MATERIAL

Abaqus/CAE 用法：Property module：

Homogeneous or composite shell section editor：Section integration：During analysis：Advanced：Section Poisson's ratio

Membrane section editor：Section Poisson's ratio

SLIPRING 类型连接器单元中的接触角计算

接触角 α 是通过围绕节点 b 的带缠绕形成的（见《Abaqus 分析用户手册——单元卷》的 5.1.5 节），在 Abaqus/Explicit 中自动计算得到，忽略在 Abaqus/Standard 分析中指定的值。

约束

在原始分析中所指定的大部分运动约束类型（包括多点约束和基于面的绑定约束）是不进行导入的，并且必须在导入分析中对其重新定义；然而，嵌入的单元约束是默认导入的。对于不同类型运动约束的讨论，见《Abaqus 分析用户手册——指定的条件、约束和相互作用卷》的 2.1.1 节。

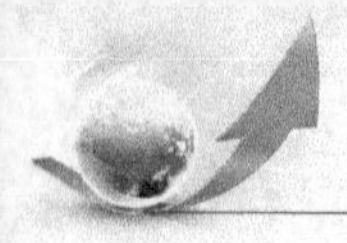

相互作用

在原始分析中指定的接触定义和接触状态是不进行导入的。在导入分析中，可以通过指定面和接触对来再次定义接触；然而，因为 Abaqus/Standard 与 Abaqus/Explicit 之间在接触功能上的差异，可能无法使用在原始分析中的确切接触定义。

接触约束实施在 Abaqus/Standard 和 Abaqus/Explicit 中可以是不同的。差异的可能原因如下：

- Abaqus/Standard 中通常使用“纯粹的主从”方法，而 Abaqus/Explicit 中通常使用“平衡的主从”方法。
- 根据所使用的接触公式，Abaqus/Standard 和 Abaqus/Explicit 有时候对壳厚度和中面平移进行不同的处理。

这样，当在导入分析中定义接触条件后，先前分析中的接触状态可能无法在导入分析的开始时重现。这将导致应力重新分布，并且导致一个用户不期望的分析。在某些情况中，可以通过使用非默认选项来改善此问题，例如在接触计算中忽略壳厚度，以匹配 Abaqus/Standard 和 Abaqus/Explicit 中的行为。

Abaqus 中的接触功能的详细描述和 Abaqus/Standard 与 Abaqus/Explicit 之间接触功能的差异见《Abaqus 分析用户手册——指定的条件、约束和相互作用卷》的 3. 1. 1 节。

输出

可以为导入分析要求输出，所采用的方法与不导入结果的分析所使用的方法相同。Abaqus/Standard 中可用的输出变量列在《Abaqus 分析用户手册——介绍、空间建模、执行与输出卷》的 4. 2. 1 节中。Abaqus/Explicit 中可用的输出变量列在《Abaqus 分析用户手册——介绍空间建模、执行与输出卷》的 4. 2. 2 节中。

当导入了材料状态时，下面材料点的输出变量值将在导入分析中保持有效：应力、等效塑性应变（PEEQ）以及 UMAT 和 VUMAT 的求解相关的状态变量（SDV）。类似的，对于一个连接器行为，塑性相对位移（CUP）、运动硬化转移力（CALPHAF）、总体损伤（CDMG）、损伤初始准则（CDIF，CDIM，CDIP）、摩擦累计滑动（CASU）和连接器状态（CSLST，CFAILST）将保持有效。

如果没有更新参考配置，将相对于原始配置报告位移、应变、整个单元变量、截面变量和能量。在 Abaqus/Explicit 中的导入分析开始处重新计算加速度，并且可能与在 Abaqus/Standard 分析的结束处得到的加速度不同。导入应力创建的内力重新计算产生加速度中的差异，重新计算使用 Abaqus/Explicit 单元公式算法。

如果更新了参考配置，则导入分析中的位移、应变、整体单元变量、截面变量和能量将不连续，并且将相对于更新后的参考配置进行报告。

如果更新了参考配置，在原始的分析与导入的分析之间，时间和步编号将不是连续的；如果没有更新参考配置，时间和步编号将是连续的。

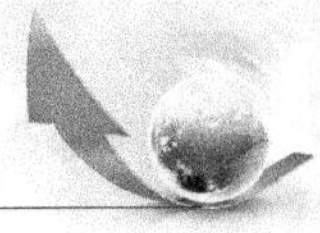

限制

导入功能具有如下的限制。在相关章节中给出了何处可用的详细情况。

- 必须在二进制兼容的计算机上运行相同版本的 Abaqus/Explicit 和 Abaqus/Standard。
- 此功能对于流体单元、无限单元和弹性及阻尼器单元是不可用的。连接器单元可以从 Abaqus/Standard 导入到 Abaqus/Explicit 中，但是反之不行。进一步的细节见此节中对“单元”的讨论。
- 如果导入了连接器单元，配置可以得到更新，前提是没有导入状态，反之，状态可以导入，前提是没有更新配置。
- 当导入零件实例时，所有单元和节点必须包括在至少一个原始分析的集中。
- 从现有单元集（见《Abaqus 分析用户手册——介绍空间建模、执行与输出卷》的 2.1.1 节）生成的节点集，必须在原始分析中进行定义。
- 不导入表面定义、接触对定义和通用接触定义。将不导入分析刚体面。
- 如果导入了材料状态，将只为那些不是通过线弹性模型、超弹性模型、Mullins 效应模型、超泡沫模型、黏弹性模型、Mises 塑性模型（包括运动硬化模型）、扩展的 Drucker-Prager 塑性模型、可压碎泡沫塑性模型、Mohr-Coulomb 塑性模型、临界状态（土壤）塑性模型、铸铁塑性模型、混凝土损伤塑性模型、胶粘单元的损伤模型、韧性金属的损伤模型或者纤维-增强复合材料的损伤模型定义的材料模型导入应力。详细情况见 4.2.1 节中的“导入材料状态”。
- 如果为具有行为定义的连接器单元导入了状态，则塑性位移、摩擦滑动和损伤状态得到导入，并且重新计算了连接器力。某些连接器输出变量（例如 CU）也在导入时进行了重新计算。由于贯穿导入的两个求解器之间的精度和算法差异，在导入点处，重新计算得到的变量可以略微不同。详细情况见 4.2.1 节中的“导入材料状态”。
- 不导入节点处的温度和场变量。若温度是一个状态变量（就像温度是一个积分点量的绝热分析中），如果导入了材料状态，则导入温度。详细情况见对“预定义的场”的讨论。
- 不导入载荷、边界条件、多点约束和方程。
- 不导入运动和分布耦合约束。此外，只有当参考节点是导入的其他单元定义的一部分时，才会导入耦合约束的参考节点。
- 在 Abaqus/Standard 中，单元和接触对删除/再激活（见 6.2.1 节）不能用于导入分析的第一步，但可以用于后续步中。
- 在以次序 Abaqus/Explicit（1）→Abaqus/Standard(1)→Abaqus/Explicit(2)→Abaqus/Standard(2) 的一系列的 Abaqus/Standard 和 Abaqus/Explicit 导入分析中，如果在 Abaqus/Explicit（1）分析中删除了一个单元集中的单元，后续的 Abaqus/Standard（2）导入分析不能识别此单元集在先前的分析中已经被删除，并且不能运行，同时提示一个错误信息，在重启动文件中没有找到单元集。可以通过使用压平的输入文件，并且只要求导入的激活单元集来避免这样的失败。
- 如果任何序列的导入分析使用非默认的单元公式，则必须在原始分析中定义截面控制，因为在导入分析中不能改变截面控制。见此节前面的对“在一个导入分析中使用截面控制”的讨论。
- Abaqus/Standard 中的导入分析中不能使用对称模型生成功能（见 5.4.1 节）。

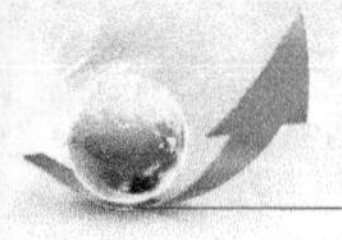

• 导入分析过程中生成的结果文件、重启动文件或者输出数据库文件，不附加于原始分析的结果文件、重启动文件或者输出数据库文件。

• 如果在前面的 Abaqus/Explicit 分析中使用了自适应网格划分功能（见 7.2.1 节），则不允许一个参考配置没有得到更新的 Abaqus/Standard 导入分析。

• 不导入网格无关的点焊（见《Abaqus 分析用户手册——指定的条件、约束和相互作用卷》的 2.3.4 节）和绑定约束（见《Abaqus 分析用户手册——指定的条件、约束和相互作用卷》的 2.3.1 节）。可以在导入分析中重新定义这些约束，并且使用导入模型的参考配置来形成。如果更新了参考配置，则由于几何中的差异，重新定义的约束可能与旧约束不完全匹配。如果定义了新约束，并且没有更新导入模型的参考配置，如果包含在约束中的节点具有非零的位移，则它们可能最初不符合。这将造成数值计算困难和导入分析可能的终止。因此，建议在导入时更新参考配置。

• 当参考配置得到更新时，一个导入后的第一步不应当用来生成一个子结构。

• 对于具有大曲率的梁结构，并且曲率发生大的永久变化，当使用导入时，取决于参考配置是否更新到导入的配置（见 4.2.1 节），将观察到细微差异的平衡配置。此配置差异是由于 Abaqus/Standard 与 Abaqus/Explicit 之间的梁单元公式差异产生的。

输入文件模板

使用未定义成零件实例装配的模型，在 Abaqus/Explicit 与 Abaqus/Standard 之间传递结果：

Abaqus/Explicit 分析：

```
*HEADING
…
*MATERIAL, NAME = mat1
*ELASTIC
定义线弹性的数据行
*PLASTIC
定义 Mises 塑性的数据行
*DENSITY
定义材料密度的数据行
…
*BOUNDARY
定义边界条件的数据行
*STEP
*DYNAMIC, EXPLICIT
…
*RESTART, WRITE, NUMBER INTERVAL = n
```

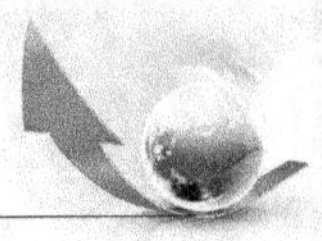


```
* END STEP
```

Abaqus/Standard 分析：

```
* HEADING
* IMPORT, STEP = 步, INTERVAL = 间隔, STATE = YES, UPDATE = NO
指定要导入的单元集的数据行
* IMPORT ELSET
指定要导入的单元集定义的数据行
* IMPORT NSET
指定要导入的节点集的数据行
**
*** 可选的重新定义材料的块
**
* MATERIAL, NAME = mat1
* ELASTIC
重新定义线弹性的数据行
* PLASTIC
重新定义 Mises 塑性的数据行
…
* BOUNDARY
重新定义边界条件的数据行
* STEP, NLGEOM = YES
* STATIC
…
* END STEP
```

使用未定义成零件实例装配的模型，在 Abaqus/Standard 与 Abaqus/Explicit 之间传递结果：

Abaqus/Standard 分析：

```
* HEADING
…
* MATERIAL, NAME = mat1
* ELASTIC
定义线弹性的数据行
* PLASTIC
定义 Mises 塑性的数据行
* DENSITY
定义材料密度的数据行
…
```

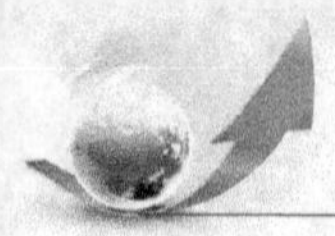


```
*BOUNDARY
定义边界条件的数据行
*STEP
*STATIC
…
*RESTART, WRITE, FREQUENCY = n
*END STEP
```

Abaqus/Explicit 分析：

```
*HEADING
*IMPORT, STEP = 步, INCREMENT = 增量, STATE = YES, UPDATE = NO
指定要导入的单元集的数据行
*IMPORT ELSET
指定要导入的单元集定义的数据行
*IMPORT NSET
指定要导入的节点集的数据行
**
*** 可选的重新定义材料块
**
*MATERIAL, NAME = mat1
*ELASTIC
重新定义线弹性的数据行
*PLASTIC
重新定义 Mises 塑性的数据行
…
*BOUNDARY
重新定义边界条件的数据行
*STEP
*DYNAMIC, EXPLICIT
…
*END STEP
```

使用定义成零件实例装配的模型，在 Abaqus/Explicit 与 Abaqus/Standard 之间传递结果：

Abaqus/Explicit 分析：

```
*HEADING
*PART, NAME = Part - 1
节点,单元,截面,集和面定义
*END PART
*ASSEMBLY, NAME = Assembly - 1
```

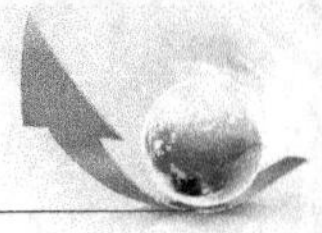

```
*INSTANCE, NAME = i1, PART = Part - 1
<定位数据>
额外的集和面定义(可选的)
*END INSTANCE
装配水平的集和面定义
…
*END ASSEMBLY
*MATERIAL, NAME = mat1
*ELASTIC
定义线弹性的数据行
*PLASTIC
定义 Mises 塑性的数据行
*DENSITY
定义材料密度的数据行
…
*BOUNDARY
定义边界条件的数据行
*STEP
*DYNAMIC, EXPLICIT
…
*RESTART, WRITE, NUMBER INTERVAL = n
*END STEP
```

Abaqus/Standard 分析：

```
*HEADING
零件定义(可选的)
*ASSEMBLY, NAME = Assembly - 1
*INSTANCE, INSTANCE = i1, LIBRARY = 旧作业名称
附加的集和面定义(可选的)
*IMPORT, STEP = 步, INTERVAL = 间隔, STATE = YES, UPDATE = NO
*END INSTANCE
附加的零件实例定义(可选)
装配水平的集和面定义
…
*END ASSEMBLY
**
*** 可选的重新定义材料块
**
*MATERIAL, NAME = mat1
```

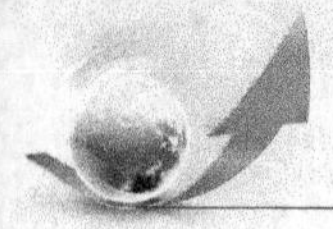


```
*ELASTIC
定义线弹性的数据行
*PLASTIC
定义 Mises 塑性的数据行
*DENSITY
定义材料密度的数据行
…
*BOUNDARY
定义边界条件的数据行
*STEP, NLGEOM=YES
*STATIC
…
*END STEP
```

使用定义成零件实例装配的模型，在 Abaqus/Standard 与 Abaqus/Explicit 之间传递结果：

Abaqus/Standard 分析：

```
*HEADING
*PART, NAME=Part-1
节点,单元,截面,集和面定义
*END PART
*ASSEMBLY, NAME=Assembly-1
*INSTANCE, NAME=i1, PART=Part-1
<定位数据>
额外的集和面定义(可选的)
*END INSTANCE
装配水平的集和面定义
…
*END ASSEMBLY
*MATERIAL, NAME=mat1
*ELASTIC
定义线弹性的数据行
*PLASTIC
定义 Mises 塑性的数据行
*DENSITY
定义材料密度的数据行
…
*BOUNDARY
定义边界条件的数据行
```

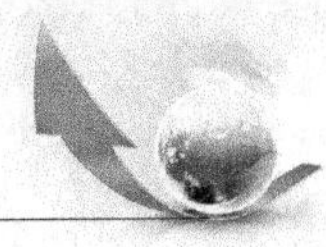


```
*STEP
*STATIC
…
*RESTART, WRITE, FREQUENCY = n
*END STEP
```

Abaqus/Explicit 分析：

```
*HEADING
零件定义(可选的)
*ASSEMBLY, NAME = Assembly - 1
*INSTANCE, INSTANCE = i1, LIBRARY = 旧作业名称
额外的集和面定义(可选的)
*IMPORT, STEP = 步, INCREMENT = 迭代, STATE = YES, UPDATE = NO
*END INSTANCE
额外的零件实例定义(可选的)
装配水平的集和面定义
*END ASSEMBLY
**
*** 可选的重新定义材料块
**
*MATERIAL, NAME = mat1
*ELASTIC
重新定义线弹性的数据行
*PLASTIC
重新定义 Mises 塑性的数据行
…
*BOUNDARY
重新定义边界条件的数据行
*STEP
*DYNAMIC, EXPLICIT
…
*END STEP
```

4.2.3 从一个 Abaqus/Standard 分析传递结果到另外一个 Abaqus/Standard 分析

产品：Abaqus/Standard　　Abaqus/CAE

参考

- “在 Abaqus 分析之间的结果传递：概览” 4.2.1 节
- *IMPORT
- *IMPORT ELSET
- *IMPORT NSET
- *IMPORT CONTROLS
- *INSTANCE
- “Abaqus 分析之间的结果传递”《Abaqus/CAE 用户手册》的 16.6 节

概览

Abaqus 提供从 Abaqus/Standard 分析传递期望的结果和模型信息到一个新的 Abaqus/Standard 分析的功能，在新的 Abaqus/Standard 分析继续之前，可以指定额外的模型信息。例如，在一个装配过程中，开始时对分析的一个特定部件的局部行为感兴趣，但是后来关心装配后产品的行为。在这样的情况中，可以在 Abaqus/Standard 分析中对局部行为进行分析。然后，此分析的模型信息和结果被传递到另外一个 Abaqus/Standard 分析中，并在其中指定其他部件的模型定义，对整个产品的行为进行分析。

使用此功能时，必须在二进制兼容的计算机上运行相同版本的 Abaqus/Standard。

关于如何在 Abaqus 分析之间传递结果和信息，见 4.2.1 节中提供。

与重启动功能进行比较

Abaqus/Standard 中的导入和重启动功能都允许从一个 Abaqus/Standard 分析传递结果和模型信息到另外一个 Abaqus/Standard 分析中。然而，两种功能是为不同的应用设计的。

重启动功能允许重启动和继续一个完整的 Abaqus/Standard 分析。原始分析的整个模型和结果被传递到重启动运行中，在重启动运行中可以定义额外的分析步。在重启动分析中可以指定不多的新模型数据，只允许如新幅值定义、新节点集和新单元集这样的模型信息。重启动功能的详细信息在 4.1.1 节中给出。

导入功能也允许继续一个已经完成的 Abaqus/Standard 分析。此外，此功能只允许继续原始分析中期望部件的分析，不需要传递整个模型。新模型数据，例如单元、节点、面、接触对等，可以在导入分析中进行指定。在导入分析中，有可能选择只传递先前分析的模型信息，或者也传递与那个模型相关的结果。

对于目标是继续原始的分析，并且对模型信息不进行改变的情形，推荐使用重启动功能。对于模型信息需要改变的情形，或者要求对结果传递进行控制的情况，应当使用导入功能。

在一个导入分析中指定新数据

对于额外的模型信息，诸如新单元、节点、面等，可以在导入分析中进行定义和指定初

始条件。

新模型定义

一旦指定了导入，就可以在导入分析中的模型中添加新节点、单元和材料属性。节点坐标必须在更新了的配置中定义，无论在导入（见4.2.1节）中是否更新了参考配置。可以使用通常的Abaqus/Standard输入。新单元可以使用导入的材料定义（需要新的截面属性定义）。

节点变换

不导入节点变换（见《Abaqus分析用户手册——介绍、空间建模、执行与输出卷》的2.1.5节），可以在导入分析中单独定义变换。只导入分析中的节点变换与原始分析中的节点变换是一样的，才能得到连续的位移、速度等。对于在一个局部系统中定义了边界条件或者点载荷的节点，推荐使用相同的变换。

在一个导入分析中指定几何非线性

默认情况下，Abaqus/Standard中使用小应变公式（即忽略几何非线性）。对于每一个分析的步，可以指定是否应当包括几何非线性，详细情况见1.1.3节中的“几何非线性”。

一个导入分析中的公式默认值，与导入时刻使用的值是一样的。一旦在任何分析中的一个给定步中使用了大位移公式，它就将在所有后续步中保持有效，无论分析是否是导入的。

如果在导入时间上使用了小应变公式，则不能更新参考配置。

指定导入的单元和节点的初始条件

只能在某些特定条件下，才可以在导入的单元或者节点上指定初始条件。表4-5列出了由材料状态是否被导入决定的有效初始条件（见4.2.1节）。参考配置可以根据需求来决定是否更新，一个例外情况：对于初始温度或者场变量条件，必须更新参考配置。

表4-5 有效的初始条件

初始条件	是否导入材料状态
场变量	否
硬化	否
相对密度	否
转动速度	是 或者 否
求解相关的状态变量	否
应力	否
温度	否
速度	是 或者 否
空隙率	否

过程

只能从Abaqus/Standard中的静态应力分析、动应力分析、稳态传输分析、耦合的温度-

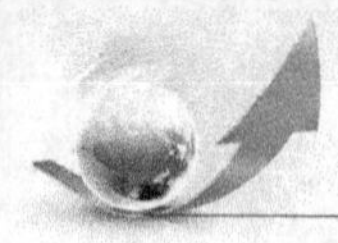

位移分析或者热-电-结构分析的通用分析步导入结果。不允许从线性摄动过程（见1.1.3节）中传递结果。

Abaqus/Standard提供一些可以用于导入分析中的分析过程。可以使用这些过程来执行一个特征值分析、静态或者动态应力分析、屈曲分析等。可用过程的讨论见1.1.1节。

当从一个Abaqus/Standard动态分析传递结果到另外一个第一步是静态过程的Abaqus/Standard分析中时，必须从系统中逐渐删除不平衡力。这些力的删除是在第一个静态分析步的过程中，由Abaqus/Standard自动执行的，如下面所描述的那样。如果Abaqus/Standard分析中的第一步不是静态步（例如动态步），则直接根据先前的Abaqus/Standard分析导入的状态进行分析。

当从一个动态分析导入到一个静态分析时达到静平衡

将动态分析中变形后的物体的当前状态导入到静态分析中时，模型最初不是静平衡的。必须在动平衡中对已经变形的物体施加初始不平衡力，使其达到静平衡。动态力（惯性和阻尼）和边界相互作用力都对初始不平衡力有贡献。边界力是固定边界和接触条件的相互作用结果。任何边界和接触条件中的改变都对初始不平衡力有贡献。

通常，在静分析中瞬间删除初始不平衡力，会导致收敛问题。因此，需要逐渐删除这些力，直到达到完全的静平衡。在删除不平衡力的过程中，物体发生进一步变形，并且内力重新分布，产生一个新的应力状态。这就是当从工具上移除一个成形的产品时，回弹过程中发生的情况。

当Abaqus/Standard导入分析中的第一步是一个静态过程时，使用下面的算法来自动删除初始不平衡力：

1. 在分析开始时，将导入的应力定义成材料中的初始应力。

2. 在每个材料点上定义了一个人工应力的额外集。这些应力与导入应力大小相等，符号相反。因此，对材料点应力和人工应力求和，使得在步的开始阶段内力为零。

3. 内部人工应力在第一步的时间过程中逐渐线性地消失。这样，在步结束时，已经完全删除了人工应力，材料中余留的应力是与静态平衡相关联的残余应力。

一旦得到了静态平衡，则可以使用任何正常遵循一个静态分析的分析过程来定义后续步。

当第一步不是一个静态分析时，不施加人工应力，并且导入的应力用于单元的内力计算。

边界条件

不导入在原始分析中指定的边界条件，必须在导入分析中重新定义它们。

在某些情况中，当没有更新导入的配置时，在原始分析中施加的非零边界条件，需要在导入分析中保持相同的值。在这样的情况中，可以为分析步指定一个恒定（步函数）的幅值变量（见1.1.2节中的“指定非默认的幅值变化”），这样，新施加的边界条件是即时施加的，并且在此步持续期间，一直保持为该值。另外，可以在边界条件定义中参考一个幅值曲线（见《Abaqus分析用户手册——指定的条件、约束和相互作用卷》的1.1.2节）。如果原始分析中的边界条件是在一个变换的坐标系中施加的（见《Abaqus分析用户手册——介绍空间建模、执行与输出卷》的2.1.5节），则应当定义一个相同的坐标系，并且在导入分

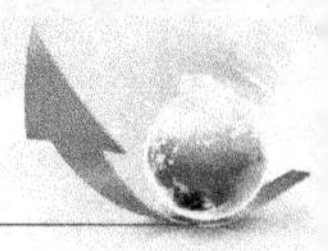

析中使用。

施加边界条件和多点约束的讨论见《Abaqus 分析用户手册——指定的条件、约束和相互作用卷》的 1.3.1 节和 2.1.1 节。

载荷

不导入在原始分析中定义的载荷。这样，可能需要在导入分析中重新定义载荷。当从一个分析导入结果到另外一个分析时，对可以施加的载荷没有限制。在需要将载荷保持在与原始分析中的值相同的情况时，可以为分析步指定一个恒定（步函数）的幅值变量（见 1.1.2 节中的“指定非默认的幅值变化”），在步的开始时即时施加载荷，并且在步的存续期间保持其值。另外，可以在载荷定义（见《Abaqus 分析用户手册——指定的条件、约束和相互作用卷》的 1.1.2 节）中参考一个幅值曲线。如果原始分析中的点载荷是在一个变换的坐标系（见《Abaqus 分析用户手册——介绍、空间建模、执行与输出卷》的 2.1.5 节）中施加的，并且在导入分析中必须保留载荷，则如果定义了相同的坐标系，并且在导入分析中得到使用，载荷的施加将得到简化。

Abaqus/Standard 中可用的载荷类型的概览见《Abaqus 分析用户手册——指定的条件、约束和相互作用卷》的 1.4.1 节。

预定义的场

温度，可以是被指定的，也可以是自由度（如一个耦合的热-应力分析中），并且如果导入了材料状态，则导入节点上的场变量。

如果更新了参考配置，并且导入了材料状态，则温度的初始条件和导入节点上的场变量，将被重新设置为导入的值。例如，热应变通过导入的温度来度量。如果更新了参考配置，但是没有导入材料状态，则重新设置初始条件为零。在此情况中，可以在导入的节点上重新设置初始条件。

如果温度是一个状态变量（如在一个绝热分析中，温度是一个积分点量），并且如果导入了材料状态，则导入温度。

材料选项

所有与导入的单元相关联的材料属性定义和方向，默认是导入的。可以通过使用相同材料名称的材料属性定义来改变材料属性。在此情况中，所有相关的材料属性必须得到重新定义，因为将覆盖默认导入的旧定义。除非更新了参考配置，并且没有导入材料属性，这样与导入的单元相关联的材料方向才可以得到改变。与导入单元相关联的材料方向，不能因为其他参考配置和材料状态的组合而进行重新定义。

如果要求改变材料阻尼，则必须在导入分析中重新定义材料模型。

当改变了材料定义时，必须确保连续的材料状态。简化材料定义有时候是可能的。例如，如果一个 Mises 塑性模型用于一个最初的 Abaqus/Standard 分析，并且预期在一个后续的

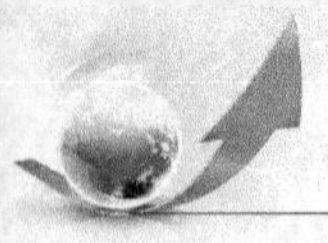

Abaqus/Standard 分析中不会有进一步的塑性屈服，则 Abaqus/Standard 分析可以使用一个线弹性的材料。然而，如果预期到有进一步的非线性材料行为，则不应当改变现有的材料定义。如果材料模型在原始分析和导入分析中都是不同，则系统不保留状态变量的历史。

单元

Abaqus/Standard 中可以使用单元有热-电-结构单元和应力/位移的一个子集以及耦合的温度-位移连续的壳、膜、杆、刚性和面单元，可以使用导入功能。表 4-6 提供了所支持的单元。如果导入已经删除的单元（见 6.2.1 节），则它们在导入分析中变得有效，因此应当在导入分析的第一个步中进行删除。

表 4-6　可以从 Abaqus/Standard 分析传递到另外的 Abaqus/Standard 分析的单元类型

单元类型	所支持的单元
平面应变连续	CPE3，CPE3H，CPE3T，CPE4，CPE4H，CPE4HT，CPE4I，CPE4IH，CPE4R，CPE4RHT，CPE4RT，CPE4T
	CPE6，CPE6H，CPE6M，CPE6MH，CPE6MHT，CPE6MT，CPE8，CPE8H，CPE8HT，CPE8R，CPE8RH，CPE8RHT，CPE8RT，CPE8T
平面应力连续	CPS3，CPS3T，CPS4，CPS4I，CPS4R，CPS4T
	CPS6，CPS6M，CPS6MT，CPS8，CPS8R，CPS8RT，CPS8T
三维连续	C3D4，C3D4H，C3D4T，C3D6，C3D6H，C3D6T，C3D8，C3D8H，C3D8HT，C3D8I，C3D8IH，C3D8R，C3D8RH，C3D8RHT，C3D8RT，C3D8T，Q3D4，Q3D6，Q3D8，Q3D8H，Q3D8R，Q3D8RH
	C3D10，C3D10H，C3D10I，C3D10M，C3D10MH，C3D10MHT，C3D10MT，C3D15，C3D15H，C3D15V，C3D15VH，C3D20，C3D20H，C3D20HT，C3D20R，C3D20RHT，C3D20RT，C3D20T，C3D27，C3D27H，C3D27RH，Q3D10M，Q3D10MH，Q3D20，Q3D20H，Q3D20R，Q3D20RH
轴对称连续	CAX3，CAX3H，CAX3T，CAX4，CAX4H，CAX4HT，CAX4I，CAX4IH，CAX4R，CAX4RH，CAX4RHT，CAX4RT，CAX4T
	CAX6，CAX6M，CAX6MH，CAX6MHT，CAX6MT，CAX8，CAX8H，CAX8HT，CAX8R，CAX8RH，CAX8RHT，CAX8RT，CAX8T
膜	M3D3，M3D4R
二维刚性	R2D2
三维刚性	R3D3，R3D4
轴对称刚性	RAX2
三维壳	S4R，S3R，S4RT，S3RT，S4T，S3T
轴对称壳	SAX1
连续壳	SC6RT，SC8RT

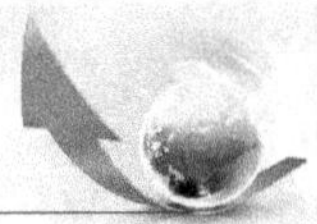

（续）

单元类型	所支持的单元
面	SFM3D3，SFM3D4R
二维杆	T2D2，T2D2T
三维杆	T3D2，T3D2T
胶粘剂	COH2D4，COHAX4，COH3D6，COH3D8
惯性	MASS，ROTARYI

不能导入下面的单元类型：

- 声学单元
- 轴对称-反对称连续和壳单元
- 梁单元
- 连接器单元
- 耦合的热-电单元
- 扩散热传导/质量扩散单元和强制对流/扩散单元
- 广义平面应变单元
- 垫片单元
- 热容单元
- 无限单元
- 压电单元
- 特殊目的的单元
- 子结构
- 用户定义的单元

此外，对导入功能有如下限制：

- 导入使用螺纹钢层定义的螺纹钢（见《Abaqus 分析用户手册——介绍空间建模、执行与输出卷》的 2.2.3 节），前提是基底单元也得到导入。如果嵌入单元技术定义中使用的宿主和嵌入单元也得到导入，则使用嵌入单元技术（见《Abaqus 分析用户手册——指定的条件、约束和相互作用卷》的 2.4.1 节）定义的螺纹钢加强物得到导入。定义成一个单元属性的螺纹钢不能导入（见《Abaqus 分析用户手册——介绍空间建模、执行与输出卷》的 2.2.4 节）。

- 不能导入同时包含可变形单元和刚性单元的刚体。当为了导入而指定了用于定义刚体的单元集时，导入包括刚体单元的刚体。当为了导入指定了用于定义刚体的单元集时，包括可变形单元的刚体得到导入。如果使用相同的单元集重新指定了刚体定义，则覆盖导入的刚体定义。当模型是以零件实例装配的方法来定义时，导入刚体的参考节点必须属于导入的实例。

- 当导入刚体时，任何相关的数据，例如销节点集和绑定节点集，是所导入定义的一部分。然而，导入的集只包含与导入单元相连接的节点。

约束

不导入在原始分析中指定的大部分类型的运动约束，并且必须在导入分析中对其再次进

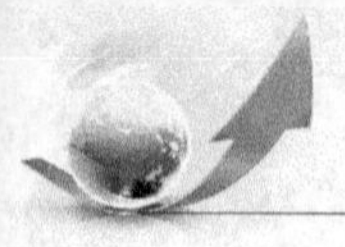

行定义。但是，基于面的绑定约束默认是导入的。不同类型运动约束的讨论见《Abaqus 分析用户手册——指定的条件、约束和相互作用卷》的 2.1.1 节。

相互作用

可以导入大部分基于面的机械接触定义的各个方面（包括面、接触对和接触属性定义）。不能导入热相互作用、电相互作用和孔隙流体面相互作用。某些类型的机械接触（如压力、穿透载荷和脱粘的面）不能被导入。最常用的机械接触（如压力过闭合行为、摩擦行为和阻尼）可以被导入。

导入基于单元的和基于节点的面功能，是由是否导入定义这些面的基底单元和节点来决定的。如果没有导入一个面的底层单元或节点，则不导入面。如果只有部分用于原始面定义的基底节点或者单元得到导入，则只导入对应于已导入单元的那部分面。当也导入相关联的从面时，刚性面定义得到导入，接触对定义也得到导入，前提是所有用于接触对原始定义中的从面和主面也得到导入。

在传递过程忽略使用接触单元模拟的接触条件。

如果导入了材料状态，则导入与一个应力/位移分析相关联的接触状态。如果更新了参考配置，则将累计的接触应变设置为零。不导入与热、电或者孔隙流体面相互作用相关联的接触状态。不导入与一个裂纹扩展分析相关联的接触状态，不导入初始粘接的接触面定义。如果由于使用接触对删除（见《Abaqus 分析用户手册——指定的条件、约束和相互作用卷》的 3.3.1 节），一个完成了导入的步中的接触对是无效的，则必须在导入分析的第一步中再次抑制此接触对。

可以在导入分析中通过指定新面、接触对和相互作用来定义额外的接触信息。新接触对定义可以使用导入的面相互作用定义。

Abaqus/Standard 中接触能力的详细描述见《Abaqus 分析用户手册——指定的条件、约束和相互作用卷》的 3.1.1 节。

输出

一个导入分析的输出请求，与没有导入结果的分析是一样的。如果原始分析中的输出请求没有传递到导入分析中，则必须重新设定导入分析中的输出请求。Abaqus/Standard 中可用的输出变量，列在《Abaqus 分析用户手册——介绍、空间建模、执行与输出卷》的 4.2.1 节中。

当导入材料状态时，下面材料点输出变量的值将在一个输出分析中保持有效：应力、等效塑性应变（PEEQ）和 UMAT 的求解相关的状态变量（SDV）。

如果没有更新参考配置则相对于原始配置报告位移、应变、整个的单元变量、截面变量和能量值。

如果更新了参考配置，则位移、应变、整个的单元变量、截面变量和能量值将不在导入分析中保持有效，并且将相对于更新了的参考配置进行报告。

如果更新了参考配置，则时间和步编号在原始分析与导入分析之间将是不连续的。只有

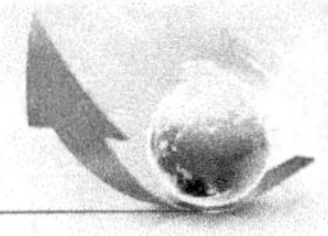

参考配置没有更新的情况下，时间和步编号才会是连续的。

限制

导入功能具有如下限制。如果在某处适用，细节在相关部分给出。

- 必须在二进制兼容的计算机上运行相同版本的 Abaqus/Standard。
- 此功能对于流体单元、无限单元和弹簧、阻尼器以及连接器单元是不可用的。进一步的详细情况见此节中对“单元”的讨论。
- 当模型是定义成一个零件实例的装配时，不导入面。
- 当导入零件实例时，所有单元和节点必须包括在至少一个原始分析的集中。
- 不导入与热、电和孔隙流体面的相互作用相关联的接触状态；不导入与裂纹扩展相关联的接触状态。
- 不导入通用接触定义。
- 如果导入了材料状态，将只为那些不是通过线弹性、超弹性、超泡沫、黏弹性、Mises塑性和胶粘单元的损伤来定义的材料模型导入应力，详情见 4.2.1 节中的“导入材料状态”。
- 不导入载荷、边界条件、多点约束和函数。
- 不导入运动和分布耦合约束。此外，将不导入耦合约束的参考节点，除非参考节点是导入的其他单元定义的一部分。
- 从一个定义成零件实例装配的原始分析中分别导入零件实例时，与刚体或者导入的实体上定义的耦合约束相关联的参考节点，在导入分析中，对于载荷或者边界条件施加将不可用。
- 不导入预拉伸截面定义；必须在导入分析中重新定义它们。
- 对于使用复合实体截面定义的单元，此功能是不可用的。
- 如果在原始分析中（见 6.2.1 节）导入了删除的单元，则它们在导入分析中变得有效，因此应当在导入分析的第一步中进行删除。
- Abaqus/Standard 中的导入分析不能使用对称模型生成功能。
- 导入分析过程中生成的结果文件、重启动文件或者输出数据文件，并不附加于原始分析的结果、重启动文件或者输出数据库文件。
- 对于使用完全积分的、一阶连续单元的分析，如果单元已经明显变形并且更新了参考配置，则在状态变量的传递中会有细微的不连续。
- 不导入网格无关的点焊（见《Abaqus 分析用户手册——指定的条件、约束和相互作用卷》的 2.3.4 节）。然而，可以导入点焊参考节点，并且可以用在导入分析中重新定义点焊。点焊参考节点的位置和投影点是基于导入分析的参考配置来计算的。这样，如果所导入模型的已变形的配置，与它的参考配置明显不同，则建议更新参考配置。
- 如果摩擦因数的值相对于原始分析的模型数据中给出的值有变化，则必须在导入分析的第一步中进行重新设定（见《Abaqus 分析用户手册——指定的条件、约束和相互作用卷》的 4.1.5 节中的“在一个 Abaqus/Standard 分析中改变摩擦属性”）。
- 如果在原始分析中使用了自适应网格划分（见 7.2.7 节），则此功能不可用。
- 不导入扩展特征（见“使用扩展的有限元方法来模拟不连续为一个扩展特征”）。

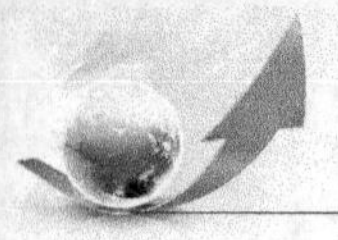

• 在导入分析中的分析前处理器和 Abaqus/Standard 执行中使用原始分析的重启动文件。当通过使用基于 MPI 的并行方法在计算机群上并行运行导入作业时，将这些重启动文件复制到每一个主机上。不通过分解原始作业重启动文件来匹配导入分析并行域，以及相对大于主机上的可用本地磁盘空间。可以通过只为将发生导入的增量要求重启动输出来最小化此文件。

输入文件模板

使用未定义成零件实例装配的模型来传递结果：

第一个 Abaqus/Standard 分析：

```
*HEADING
…
*MATERIAL, NAME = mat1
*ELASTIC
定义线弹性的数据行
*PLASTIC
定义 Mises 塑性的数据行
*DENSITY
定义材料密度的数据行
…
*BOUNDARY
定义边界条件的数据行
*STEP, NLGEOM = YES
*STATIC
…
*RESTART, WRITE
*END STEP
```

Abaqus/Standard 导入分析：

```
*HEADING
*IMPORT, STEP = 步, INCREMENT = 增量, STATE = YES, UPDATE = NO
指定要导入的单元集的数据行
*IMPORT ELSET
指定要导入的单元集定义的数据行
*IMPORT NSET
指定要导入的节点集定义的数据行
**
*** 可选的定义附加的模型信息
**
```

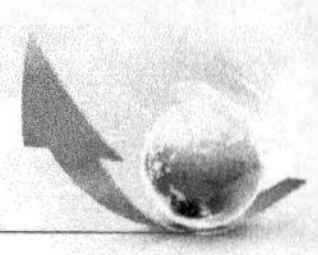

*BOUNDARY
重新定义边界条件的数据行
*STEP, NLGEOM = YES
*STATIC
…
*END STEP

使用定义成零件实例装配的模型传递结果：

第一个 Abaqus/Standard 分析：

*HEADING
*PART, NAME = Part - 1
节点、单元、截面、集和面定义
*END PART
*ASSEMBLY, NAME = Assembly - 1
*INSTANCE, NAME = i1, PART = Part - 1
<定位数据>
额外的集和面定义(可选的)
*END INSTANCE
装配水平的集和面定义
…
*END ASSEMBLY
*MATERIAL, NAME = mat1
*ELASTIC
定义线弹性的数据行
*PLASTIC
定义 *Mises* 塑性的数据行
*DENSITY
定义材料密度的数据行
…
*BOUNDARY
定义边界条件的数据行
*STEP
*STATIC
…
*RESTART, WRITE, FREQUENCY = n
*END STEP

Abaqus/Standard 导入分析：

*HEADING

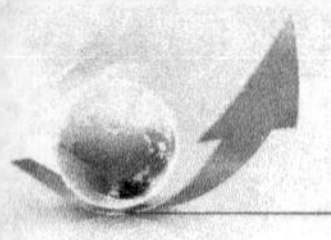


```
零件定义(可选的)
*ASSEMBLY, NAME = Assembly - 1
*INSTANCE, INSTANCE = i1, LIBRARY = 旧作业名称
额外的集和面定义(可选的)
*IMPORT, STEP = 步, INCREMENT = 增量, STATE = YES, UPDATE = NO
*END INSTANCE
额外的零件实例定义(可选的)
装配水平的集和面定义
*END ASSEMBLY
**
***可选的定义附加的模型信息
**
*BOUNDARY
定义边界条件的数据行
*STEP, NLGEOM = YES
*STATIC
…
*END STEP
```

4.2.4 从一个 Abaqus/Explicit 分析传递结果到另外一个 Abaqus/Explicit 分析

产品：Abaqus/Explicit　　Abaqus/CAE

参考

- "在 Abaqus 分析之间传递结果：概览" 4.2.1 节
- *IMPORT
- *IMPORT ELSET
- *IMPORT NSET
- *IMPORT CONTROLS
- *INSTANCE
- "在 Abaqus 分析之间传递结果"《Abaqus/CAE 用户手册》的 16.6 节

概览

Abaqus 提供从一个 Abaqus/Explicit 分析传递期望的结果和模型信息到一个新的 Abaqus/Explicit 分析中的功能，在新的 Abaqus/Explicit 分析中，可以在继续分析之前指定额外的模型定义。例如，在一个装配过程中，一个分析可能最初对一个特定部件的局部行为感兴趣，

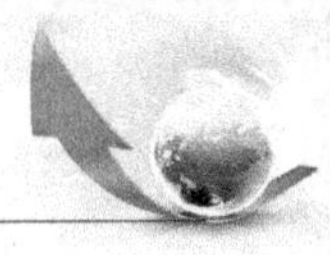

但是后来关心装配产品的行为。在此情况中，可以先在一个 Abaqus/Explicit 分析中进行局部行为分析。然后，将此分析的模型信息和结果传递到另外一个 Abaqus/Explicit 分析中，其中可以指定其部件的额外模型定义，进而得以分析整个产品的行为。

使用此功能时，必须在二进制兼容的计算机上运行相同版本的 Abaqus/Explicit。

关于如何在 Abaqus 分析之间传递结果的信息见 4.2.1 节。

与重启动功能相比较

Abaqus/Explicit 中的导入和重启动功能都允许从一个 Abaqus/Explicit 分析传递结果和模型信息到另外一个 Abaqus/Explicit 析中。然而，两种功能是为不同的应用设计的。

重启动功能允许重启动和继续一个完整的 Abaqus/Explicit 分析。原始分析的整个模型和结果被传递到重启动运行中，在重启动运行中可以定义额外的分析步。在重启动分析中可以指定不多的新模型数据，如新幅值定义、新节点集和新单元集这样的模型信息。重启动功能的详细信息在 4.1.1 节中给出。

导入功能也允许继续一个已经完成的 Abaqus/Explicit 分析。除此之外，此功能还允许只继续原始分析的期望部件的分析，不需要传递整个模型。新模型数据（如单元、节点、面、接触对等）可以在导入分析中进行指定。在导入分析中，选择仅传递先前分析的模型信息，或者同时传递与那个模型相关的结果。

对于目标是继续原始的分析，而对模型信息没有改变的情形，推荐使用重启动功能。对于模型信息需要改变的情形，或者要求对结果的传递进行控制的情况，应当使用导入功能。

在一个导入分析中指定新数据

对于额外的模型信息（如新单元、节点、面等），可以在导入分析中进行定义。初始条件也可以在导入分析中指定。

新模型定义

一旦指定了导入，可以在一个导入分析的模型中添加新的节点、单元和材料属性。无论在导入中是否更新了参考配置，必须在更新后的配置中定义节点坐标（见 4.2.1 节中的"更新参考配置"）。可以使用通常的 Abaqus/Standard 输入。新单元可以使用导入的材料定义（需要新的截面属性定义）。

节点变换

如果不导入节点变换（见《Abaqus 分析用户手册——介绍空间建模、执行与输出卷》的 2.1.5 节），则可以在导入分析中单独定义变换。只有导入分析中的节点变换与那些原始分析中的节点变换是一样的，才能得到连续的位移、速度等。对于在一个局部系统中定义的边界条件或者点载荷的节点，推荐使用相同的变换。

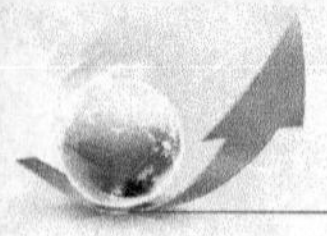

在一个导入分析中指定几何非线性

默认情况下，Abaqus/Standard 使用小应变公式（即忽略几何非线性）。对于每一个分析的步，用户可以指定是否应当包括几何非线性，详细情况见 1.1.3 节中的“几何非线性”。

一个导入分析中使用的公式默认值，与导入时刻使用的公式值相同。一旦在任何分析中的一个给定步中使用了大位移公式，则它将在所有后续步中保持有效，无论分析是否是导入的。

如果在导入时使用了小应变公式，则不能更新参考配置。

指定导入的单元和节点的初始条件

只能在某些特定条件下，才可以在导入的单元或者节点上指定初始条件。表 4-7 列出了决定材料状态是否被导入的有效初始条件（见 4.2.1 节中的“导入材料状态”）。参考配置可以根据需求来决定是否更新，一个例外情况：对于初始温度或者场变量条件，必须更新参考配置。

边界条件

在原始分析中指定的边界条件（包括连接器运动）是不导入的；它们必须在导入分析中重新进行定义。

在某些情况中，当没有更新导入的配置时，原始分析中的非零边界条件需要在导入分析中保持相同的值。在这样的情况中，可以为分析指定一个恒定（步函数）的幅值变量（见 1.1.2 节中的“指定非默认的幅值变化”），这样，新施加的边界条件是即时施加的，并且在此步的持续期间，保持其值。另外，可以在边界条件定义中参考一个幅值曲线（见《Abaqus 分析用户手册——指定的条件、约束和相互作用卷》的 1.1.2 节）。如果原始分析中的边界条件是在一个变换的坐标系中施加的（见《Abaqus 分析用户手册——介绍、空间建模、执行与输出卷》的 2.1.5 节），则应当定义一个相同的坐标系，并且在导入分析中使用。

施加边界条件和多点约束的讨论见《Abaqus 分析用户手册——指定的条件、约束和相互作用卷》的 1.3.1 节和 2.1.1 节。

表 4-7　有效的初始条件

初始条件	导入材料状态
场变量	否
硬化	否
相对密度	否
转动速度	是 或者 否
求解相关的状态变量	否
应力	否
温度	否
速度	是 或者 否
空隙率	否

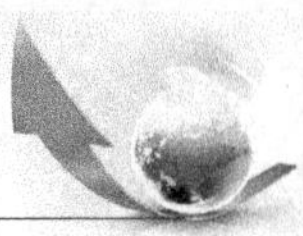

载荷

载荷，包括那些为连接器作动而施加的，而在原始分析中定义的载荷是不导入的。这样，可能需要在导入分析中重新定义载荷。当从一个分析导入结果到另外一个分析时，对于可以施加的载荷没有限制。在需要将载荷保持与原始分析中的值一样的情况时，可以为分析步指定一个恒定（步函数）的幅值变量（见 1.1.2 节），在步的开始瞬时地施加载荷，并且在步的持续期间保持其值不变。另外，可以在载荷定义（见《Abaqus 分析用户手册——指定的条件、约束和相互作用卷》的 1.1.2 节）中参考一个幅值曲线。如果原始分析中的点载荷是在一个变换的坐标系（见《Abaqus 分析用户手册——介绍空间建模、执行与输出卷》的 2.1.5 节）中施加的，并且载荷必须在导入分析中得到保持，则如果在导入分析中定义并使用了相同的坐标系，载荷的施加将得到简化。

Abaqus/Explicit 中可用的载荷类型概览见《Abaqus 分析用户手册——指定的条件、约束和相互作用卷》的 1.4.1 节。

预定义的场

温度，可以是被指定的，也可以是自由度（如一个耦合的热-应力分析中），以及节点上的场变量，如果导入了材料状态，则也导入它们。

如果更新了参考配置，并且导入了材料状态，则导入节点上的温度初始条件和场变量将会重新设置成导入的值。例如，热应变相对于导入的温度值来度量。如果更新了参考配置，但是没有导入材料状态，则重新设置初始条件为零。在此情况中，可以在导入的节点上重新设置初始条件。

如果温度是一个状态变量（如在一个绝热分析中，温度是一个积分点量），并且如果导入了材料状态，则导入温度。

材料选项

默认导入所有与导入的单元相关联的材料属性定义和方向。可以通过重新指定具有相同材料名称的材料属性定义来改变材料属性。在此情况中，必须重新定义所有相关的材料属性，因为它会覆盖默认导入的旧定义。只有更新了参考配置，并且没有导入材料属性，才可以改变与导入的单元相关联的材料方向。不能为了其他参考配置和材料状态的组合，而重新定义与导入的单元相关联的材料方向。

当导入了连接器单元时，默认导入任何相关联的连接器行为定义。只有在没有导入状态时，才可以更改导入的连接器行为定义。

如果要求材料阻尼改变，则必须在导入分析中重新定义材料模型。

当改变了材料定义时，必须确保连续的材料状态。简化材料定义有时候是可能的。例如，如果一个 Mises 塑性模型用于一个最初的 Abaqus/Explicit 分析，并且预期在一个后续的 Abaqus/Explicit 分析中不会有进一步的塑性屈服，则可以在后续的 Abaqus/Explicit 分析中使用

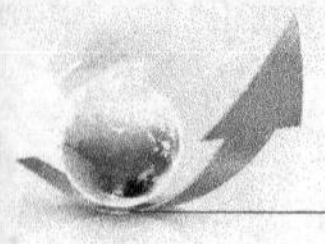

一个线弹性的材料。然而，如果预期到有进一步的非线性材料行为，则不应当改变现有的材料定义。如果材料模型在原始分析中和导入分析中都是不同的，则不保留状态变量的历史。

单元

在 Abaqus/Explicit 中可以使用的应力/位移的一个子集以及耦合的温度-位移连续的单元，壳、膜、杆、刚性和面单元可以使用导入功能。所支持的单元完整列在表 4-8 中。如果导入了已经删除的单元（见 6.2.1 节），则它们在导入分析中变得有效，因此应当在导入分析的第一个步中删除。

下面的单元类型不能导入：

- 热容单元
- 欧拉单元（EC3D8R 和 EC3D8RT）

此外，对导入功能有如下限制：

- 导入使用螺纹钢层定义的多个螺纹钢（见《Abaqus 分析用户手册——介绍空间建模、执行与输出卷》的 2.2.3 节），前提是基底单元也得到导入。如果导入嵌入单元技术定义中使用的宿主和嵌入单元，则导入使用嵌入单元技术（见《Abaqus 分析用户手册——指定的条件、约束和相互作用卷》的 2.4.1 节）定义的螺纹钢加强物。不能导入定义成一个单元属性的螺纹钢（见《Abaqus 分析用户手册——介绍空间建模、执行与输出卷》的 2.2.4 节）。
- 如果导入了连接器单元，则配置可以得到更新，前提是没有导入状态；也可以导入状态，前提是没有更新配置。
- 不能导入同时包含可变形单元和刚性单元的刚体。当为了导入而指定了用于定义刚体的单元集时，包括刚体单元的刚体得到导入。当为了导入而指定了用于定义刚体的单元集时，包括可变形单元的刚体得到导入。如果使用相同的单元集重新指定刚体定义，则导入的刚体定义得到覆盖。当模型是以零件实例装配的方法来定义的时候，则所导入刚体的参考节点必须属于导入的实例。
- 当导入了刚体时，任何相关的数据，例如销节点集和绑定节点集，是所导入定义的一部分。然而，导入的集中只包含与导入的单元相连接的那些节点。

表 4-8　可以在 Abaqus/Explicit 分析之间传递的单元类型

单元类型	所支持的单元
平面应变连续	CPE3，CPE4R，CPE4RT，CPE6M，CPE6MT，CPE3T
平面应力连续	CPS3，CPS4R，CPS4RT，CPS6M，CPS6MT，CPS3T
三维连续	C3D4，C3D4T，C3D6，C3D6T，C3D8R，C3D8RT，C3D10M，C3D10MT，C3D8，C3D8T，C3D8I
轴对称连续	CAX3，CAX4R，CAX3T，CAX4RT，CAX6M，CAX6MT
膜	M3D3，M3D4，M3D4R
二维刚性	R2D2
三维刚性	R3D3，R3D4
轴对称刚性	RAX2

（续）

单元类型	所支持的单元
三维壳	S4R，S3R，S3，S4，S4RS，S4RSW，S3RS，S3T，S3RT，S4T，S4RT
连续壳单元	SC6R，SC8R，SC6RT，SC8RT
轴对称壳	SAX1
面	SFM3D3，SFM3D4R
二维杆	T2D2
三维杆	T3D2
二维梁	B21，B22
三维梁	B31，B32
连接器单元	CONN2D2，CONN3D2
胶粘剂	COH2D4，COHAX4，COH3D6，COH3D8
无限单元	CINPS4，CINPE4，CINAX4，CIN3D8，ACIN2D2，ACIN3D3，ACINAX2
声学单元	AC2D3，AC2D4R，AC3D4，AC3D6，ACAX3，ACAX4R，AC3D8R
惯性单元	MASS，ROTARYI

约束

不导入在原始分析中指定的大部分类型的运动约束，并且必须在导入分析中对其再次进行定义；但是，基于面的绑定约束是默认导入的。不同类型的运动约束的讨论见《Abaqus分析用户手册——指定的条件、约束和相互作用卷》的2.1.1节。

相互作用

如果两个分析中都定义了通用接触，则导入接触状态。

对于通过接触对定义的接触，不导入在原始分析中指定的接触定义和接触状态。可以在导入分析中通过指定面和接触对再次定义接触。

可以在导入分析中通过指定新面、接触对和相互作用来定义额外的接触信息。

对于Abaqus/Explicit中接触能力的详细描述，参考《Abaqus分析用户手册——指定的条件、约束和相互作用卷》的3.1.1节。

输出

一个导入分析所具有的输出请求，与没有导入结果的分析是一样的。原始分析中的输出请求没有传递到导入分析中，因此必须重新设定导入分析中的输出请求。Abaqus/Explicit中

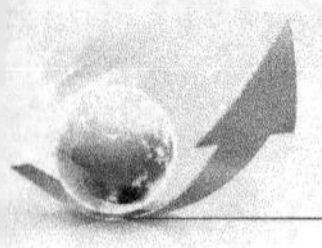

可用的输出变量见《Abaqus 分析用户手册——介绍、空间建模、执行与输出卷》的 4.2.2 节。

当导入材料状态时，下面材料点输出变量的值将在一个输出分析中保持连续：应力、等效塑性应变（PEEQ）和 UMAT 的求解相关的状态变量（SDV）。类似的，连接器行为、塑性相对位移（CUP）、运动的硬化转换力（CALPHAF）、整体损伤（CDMG）、损伤初始准则（CDIF，CDIM，CDIP）、摩擦累积滑动（CASU）和连接器状态（CSLST，CFAILST）也保持有效。

如果没有更新参考配置，则相对于原始配置报告位移、应变、整个的单元变量、截面变量和能量值。

如果更新了参考配置，则位移、应变、整个的单元变量、截面变量和能量值将不在一个导入分析中连续，并且将相对于更新的参考配置进行报告。

如果更新了参考配置，则时间和步编号在原始与导入分析之间将是不连续的。除非没有更新参考配置，时间和步编号才将是连续的。

限制

导入功能有如下限制。如果在某处适用，详细情况在相关部分给出。

- 必须在二进制兼容的计算机上运行相同版本的 Abaqus/Explicit。
- 此功能对于弹簧和阻尼器是不可用的。进一步的细节见此节中对“单元”的讨论。
- 当导入了连接器单元时，配置可以得到更新，前提是没有导入状态；也可以导入状态，前提是没有更新配置。
- 当模型是定义成一个零件实例的装配时，不导入面。
- 当导入零件实例时，所有单元和节点必须包括在至少一个原始分析的集中。
- 不导入接触对的接触状态。
- 如果导入了材料状态，将只为那些不是通过线弹性、超弹性、超泡沫、黏弹性、Mises塑性和胶粘单元损伤定义的材料模型导入应力。详细情况见 4.2.1 节中的“导入材料状态”。对于一个连接器行为，塑性位移、摩擦滑动和损伤状态得到导入，并且重新计算连接器力。详细情况见 4.2.1节中的“导入材料状态”。
- 不导入载荷、边界条件、多点约束、函数和基于面的绑定约束。
- 不导入运动和分布耦合约束。此外，不导入耦合约束的参考节点，除非参考节点是导入的其他单元定义的一部分。
- 导入分析过程中生成的结果文件、重启动文件或者输出数据文件，并不附加于原始分析的结果、重启动文件或者输出数据库文件。
- 不导入网格无关的点焊（见《Abaqus 分析用户手册——指定的条件、约束和相互作用卷》的 2.3.4 节）和绑定约束（见《Abaqus 分析用户手册——指定的条件、约束和相互作用卷》的 2.3.1 节）。可以在导入分析中重新定义这些约束，并且使用导入模型的参考配置来形成。如果更新了参考配置，则由于几何形体中的差异，重新定义的约束可能与旧有的约束不匹配。如果定义了新的约束，并且没有更新导入模型的参考配置，如果约束中包含的节点具有零位移，则它们最初可能不吻合。这可能会产生数值困难以及导致导入分析终止。在此情况中，建议在导入中更新参考配置。

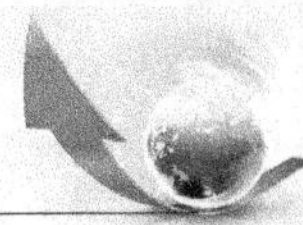

输入文件模板

对使用未定义成零件实例装配的模型结果进行传递：

第一个 Abaqus/Explicit 分析：

```
*HEADING
…
*MATERIAL, NAME=mat1
*ELASTIC
定义线弹性的数据行
*PLASTIC
定义 Mises 塑性的数据行
*DENSITY
定义材料密度的数据行
…
*BOUNDARY
定义边界条件的数据行
*STEP
*DYNAMIC, EXPLICIT
…
*RESTART, WRITE, NUMBER INTERVAL=n
*END STEP
```

Abaqus/Explicit 导入分析：

```
*HEADING
*IMPORT,STEP=步,INTERVAL=间隔,STATE=YES,UPDATE=NO
指定要导入的单元集的数据行
*IMPORT ELSET
指定要导入的单元集定义的数据行
*IMPORT NSET
指定要导入的节点集定义的数据行
**
*** 可选的定义附加模型信息
**
*BOUNDARY
重定义边界条件的数据行
*STEP
```

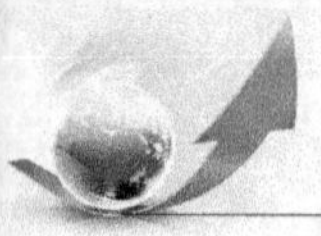


```
*DYNAMIC, EXPLICIT
…
*END STEP
```

对使用定义成零件实例装配的模型结果进行传递：

第一个 Abaqus/Explicit 分析：

```
*HEADING
*PART, NAME = Part-1
节点、单元、截面、集和面定义
*END PART
*ASSEMBLY, NAME = Assembly-1
*INSTANCE, NAME = i1, PART = Part-1
<定位数据>
额外的集和面定义(可选的)
*END INSTANCE
装配水平的集和面定义
…
*END ASSEMBLY
*MATERIAL, NAME = mat1
*ELASTIC
定义线弹性的数据行
*PLASTIC
定义 Mises 塑性的数据行
*DENSITY
定义材料密度的数据行
…
*BOUNDARY
定义边界条件的数据行
*STEP
*DYNAMIC, EXPLICIT
…
*RESTART, WRITE, NUMBER INTERVAL = n
*END STEP
```

Abaqus/Explicit 导入分析：

```
*HEADING
零件定义(可选的)
*ASSEMBLY, NAME = Assembly-1
*INSTANCE, INSTANCE = i1, LIBRARY = 旧作业名称
```

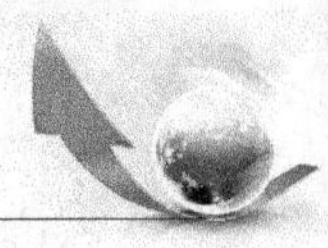


```
额外的集和面定义(可选的)
*IMPORT, STEP=步, INTERVAL=间隔, STATE=YES, UPDATE=NO
*END INSTANCE
额外的零件实例定义(可选的)
装配水平的集和面定义
…
*END ASSEMBLY
**
***可选的定义附加模型信息
**
*BOUNDARY
定义边界条件的数据行
*STEP
*DYNAMIC, EXPLICIT
…
*END STEP
```

5 模拟抽象化

5.1 子结构

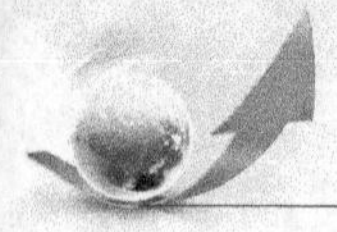

5.1.1 使用子结构

产品：Abaqus/Standard　　Abaqus/CAE

参考

- “定义子结构”5.1.2 节
- *SLOAD
- *SUBSTRUCTURE PATH
- *SUBSTRUCTURE PROPERTY

概览

子结构：

• 允许将多个单元的集合组成一个整体，并且在组内，在线性响应的基础上消除了保留自由度以外的所有自由度。

• 一旦如 5.1.2 节中所描述的那样创建了子结构，则其与 Abaqus 单元库中的任何标准单元类型的使用方式相同。

• 可以用于应力/位移分析中和耦合的声学-结构分析中。

• 具有线性响应，但是允许大平动和大转动。

• 对于一个结构中重复出现的相同零件（例如一个齿轮的齿）是特别有用的，因为可以重复地使用一个单独的子结构。

• 可以关于全局坐标系平移、旋转，并且当它们得到使用时，可以反映在一个平面中。

• 通过保留节点上的保留自由度来与模型的剩下部分进行连接。

• 包含一组可以激活和缩放的内部载荷工况和边界条件。

• 可以通过包括保留的特征模态来包括动态影响。

• 对于模型的剩余部分表现为一个具有刚度、可选质量、阻尼以及一组可缩放载荷的向量。

子结构

子结构是单元的集合，其中的内部自由度已经被删除。所保留的节点和自由度是将在使用层级（当在一个分析中使用了子结构时）可以从外部识别的节点和自由度，并且它们是在子结构生成的过程中定义的。确定保留多少节点、哪些节点以及自由度应当保留的因素在下面这 5.1.2 节中进行了讨论。

子结构与超级单元

在有限元文献中，子结构也称为超级单元。在 Abaqus 的早期版本中，对子结构和超级

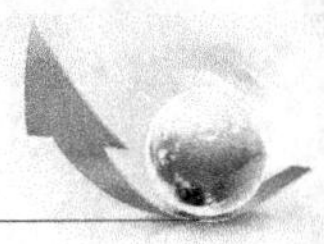

单元进行了区别。当需要明确在子结构内部恢复结果时使用术语“子结构”。否则，两个词可以互换使用。为了避免混淆，“超级单元”已经被取消。

为什么使用子结构？

使用子结构的原因有很多。

计算优势

- 作为子结构结果的系统矩阵（刚度，质量）较小。继子结构的创建之后，在分析中只使用保留的自由度和相关联的缩小后的刚度（和质量）矩阵，直到有必要恢复子结构的内部求解。
- 当多次使用相同的子结构时，效率得到提升。只执行一次刚度计算和子结构缩聚，可以使用多次子结构，使得计算成本显著降低。
- 子结构化可以隔离子结构以外的可能的外部变化，以节约分析过程的时间。在设计过程中，结构的大部分通常保持不变。这些部分可以隔离在一个子结构中，以节约涉及形成结构那部分刚度的计算成本。
- 在具有局部非线性的问题中，例如一个包括可能分离或者接触界面的模型，如果使用子结构将模型缩聚到只有在局部非线性中包含的自由度，则可以在一个非常低的自由度数量上实现这些局部非线性的迭代。

组织优势

- 子结构为复杂的分析提供一个系统的方法。设计过程通常以自然发生的子结构的独立分析开始。这样，使用这些在独立分析过程中得到的子结构数据来执行最终的设计分析是非常有效的。
- 子结构库允许分析间共享子结构。在大设计项目中，许多工程师经常使用相同的结构进行分析。子结构库提供一个清晰且简单的方法来共享结构信息。
- 许多实际结构非常庞大和复杂，以至于完整结构的有限元模型计算超出了可用的计算机资源。对于这样大的一个线性问题，可以通过建立模型，使用子结构来进行子结构化，并一层一层地堆叠这些子结构，直到完成整个结构，并且根据要求来局部恢复位移和应力来解决。

有效的过程

在下面的过程中可以无限制地使用子结构：

- “静态应力分析”1.2.2 节
- “使用直接积分的隐式动力学分析”1.3.2 节
- “直接求解稳态动力学分析”1.3.4 节
- “固有频率提取”1.3.5 节
- “复特征值提取”1.3.6 节
- “基于模态的稳态动力学分析”1.3.8 节

子结构也可以用于下面的过程，但是不支持恢复已经消除的自由度：

- “瞬态模态动力学分析”1.3.7 节

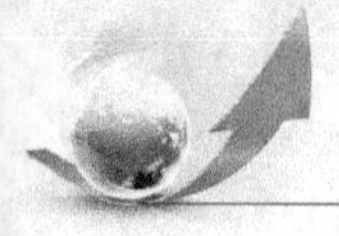

- “响应谱分析” 1.3.10 节
- “随机响应分析” 1.3.11 节

在静态分析中使用子结构

在线性静态结构分析中，子结构不导入额外的近似性。子结构是构件的线性、静态行为的精确表示。在应力/位移分析中使用子结构的主要缺点是子结构的刚度矩阵是完全填充的（无零项），因此，如果子结构有大量的保留自由度，则刚度矩阵会非常大。这意味着使用子结构的模型的波前非常大，导致较长的求解方程计算时间。

通常可以通过仔细地选择子结构的边界，或者通过重复使用一些较小的子结构，而不是使用一个单独的较大子结构来避免此问题。在某些情况中，利用 Abaqus/Standard 允许保留单个自由度，而不是一个节点上的整个自由度集是可能的。例如，在没有摩擦的接触问题中，只需要为接触求解保留垂直于面的位移分量。为此，节点变换在面节点处定向位移分量是有帮助的（见《Abaqus 分析用户手册——介绍空间建模、执行与输出卷》的 2.1.5 节）。

在涉及包含声学单元的子结构静态分析中，所得到的结果与没有子结构的等效静态分析所得到的结果不同。声学-结构耦合在子结构（导致声流的静压贡献）中得到考虑，而耦合在一个没有子结构的静态分析中是被忽略的。

在动态分析中使用子结构

子结构在动态分析中引入近似性。一个子结构的动态表示的默认方法是使用相同的转换来缩减它的质量矩阵和阻尼矩阵，就像用于刚度矩阵那样，称之为“Guyan 缩减。”此方法假定消除的自由度与保留的自由度之间的响应仅是通过静态模式来正确表示的。如果子结构中的动态模态更为重要，则此表示可能不精确。可以通过保留不要求连接子结构到模型剩余部分的额外物理自由度，来改进 Guyan 缩减的动态表示。例如，如果子结构是一块板或者一根梁，则可以将某些横向位移（面内转动分量）作为保留自由度。有关 Guyan 缩减的详细情况见《Abaqus 理论手册》的 2.14.1 节。

“动态模态添加”可以作为 Guyan 缩减的替代方法来使用。此方法包括添加与子结构特征模态相关联的广义自由度，同时对所有保留的物理自由度进行自动约束。这改进了动力学行为，但是引入了提取受约束子结构的特征模态的额外成本。有关动态模态添加的更多详细情况，见《Abaqus 理论手册》的 2.14.1 节。

缩减方法可以在同一个结构中同时施加于不同的子结构。缩减质量矩阵的定义在 5.1.2 节中得到进一步的讨论。

在几何非线性应力/位移分析中使用子结构

如果在一个具体的应力/位移分析（见 1.2.1 节）中考虑了几何非线性，则子结构可以有大的运动。Abaqus/Standard 中考虑子结构的大刚体转动和平动。然而，假定子结构在几何非线性分析过程中的所有时间上具有小（线弹性）变形。在每一个平衡迭代过程中的每一个等效的子结构刚体转动，是使用子结构的保留节点来进行计算的。对子结构的质量矩阵、阻尼矩阵、刚度矩阵（包括保留的特征模态）和力向量也使用等效的刚体转动进行适当转动。使用合适的（转动的）线性摄动位移（相对于旋转的参考构型的包括应变的位移）

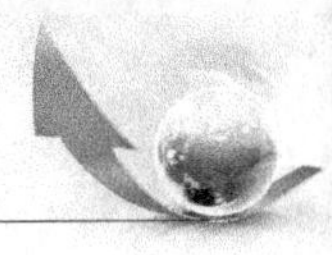

来计算与子结构相关联的内力。如果在几何非线性分析中使用了子结构，则不应当选择性地保留一个节点处的自由度。耦合的声学-结构子结构不能用于几何非线性分析中。

与构件模态综合相比较

模态综合方法允许将结构划分成构件（子结构），通过大部分的较小构件上已经完成的分析来建立整个结构的近似模型。

实际上，Abaqus/Standard 中的子结构是模态综合方法扩展到几何非线性分析中，允许子结构（部件）有大转动和大平动的一个具体案例。模态综合方法所基于的假设是子结构的小变形可以用一个模态集合模拟。文献中最常用的模态参考如下：

- 约束模态，通过给每一个子结构中的保留自由度一个单位位移，而同时保持其他保留的自由度固定来得到的静态形状。
- 固定界面的固有模态，通过固定保留的自由度，并计算子结构的特征模态来得到。
- 自由界面的固有模态，通过计算具有自由（没有固定的）保留自由度的子结构的特征模态来得到。
- 混合界面的固有模态，通过固定部分保留自由度，并且计算子结构的特征模态来得到。

约束模态是 Abaqus/Standard 中使用的精确的静态模态（见《Abaqus 理论手册》的 2.14.1 节）。在子结构的代表中，通过指定保留的自由度（见 5.1.2 节中的“定义保留的自由度”）来包括这些模态。固定界面、自由界面或者混合界面固有模态是生成层级的特征频率提取步中提取的特征模态，并且这些模态代表 Abaqus 中允许的子结构动态模态的具体情况（见 5.1.2 节中的“定义生成的自由度”）。通过选取所用的特征模态，来在子结构的代表中包括动态模态。

在一个模型中包括子结构

当在一个模型中使用了一个子结构时，它被赋予一个单元编号并且通过节点来定义，就像任何其他单元一样。

使用一个有子结构标识符的单元定义（见《Abaqus 分析用户手册——介绍空间建模、执行与输出卷》的 2.2.1 节）来在其他子结构（嵌套子结构）定义中，或者在一个分析模型中包括子结构。在一个给定的分析内，最多可以读取 500 库的子结构数据。

在单元定义中，可在用户层级定义子结构的单元编号，并且为子结构的保留节点赋予节点编号。每个单元定义中可以定义多于一个的子结构。

一旦一个子结构通过一个单元定义得到引入，则对待它就像对待模型中其他单元一样，除了它的响应只能是线性的以外（虽然它可以用作包含非线性影响的模型的一部分，同时包括大位移）。

使用子结构时要求子结构数据库是可用的。生成一个子结构的所有文件包括 .sup 和 .sim 文件，以及/或者必须可以得到 .prt 文件、.stt 文件和 .mdl 文件。

输入文件用法：　使用下面的选项在一个模型中包括一个或者更多的子结构：

*ELEMENT, TYPE = Z*n*

Abaqus/CAE 用法：使用下面的选项在一个模型中包括一个子结构：

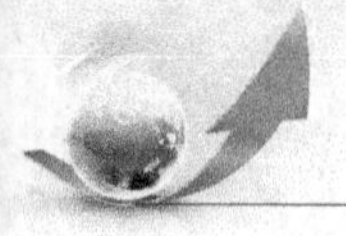

All modules：File→Import→Part：File Filter：Substructure
为每一个用户想要在模型中包含的子结构重复导入过程。

使用层级上的子结构节点次序

创建一个子结构时所使用的节点编号和使用与子结构相关联的节点编号，是完全独立的。当使用子结构时，保留的节点次序可以采用两种方式进行定义：

1. 可以采用在子结构定义中的相同节点次序。在此情况中，当指定要保留的自由度时，必须防止对保留节点重新排序（见5.1.2节中的“防止排列自由度”）。如果没有对保留的节点进行排序，则不合并重复的节点。这样，如果在保留的自由度列表中对相同的节点多次指定保留不同的自由度，则使用层级上的对应节点必须出现相同的次数。

2. 必须以保留节点的相同次序指定子结构节点，此次序是根据子结构中使用的保留节点编号的升序排列的。当指定保留的自由度时，此方法是默认的。

在任何一种情况中，必须确保无论何时使用一个子结构，节点都要正确地匹配。

从一个子结构库中读取子结构定义

可以从一个子结构库中读取子结构定义。

输入文件用法：　＊ELEMENT，TYPE = Z*n*，FILE = 子结构库名称

Abaqus/CAE 用法：Abaqus/CAE 中不支持子结构库。

解释数据文件中的模型输出

如果模型定义被写入数据文件中（见《Abaqus 分析用户手册——介绍空间建模、执行与输出卷》的4.1.1节），则子结构实例通过跟随有F和表示子结构库编号的两个数字的子结构标识符，在数据文件（.dat）中进行标识，并且在模型输出中包含与此编号相关联的子结构库的完整名称。

定义子结构的属性

将一个属性定义与模型中的每一个子结构进行关联。属性定义有以下用途：

1. 可在用户层级定义任何平动、转动和子结构的映像。

2. 它允许设定一个容差来确保用户层级的节点坐标，与用于生成子结构的节点坐标匹配。

3. 它在用户层级控制动态分析中不同来源的子结构阻尼。

输入文件用法：　＊SUBSTRUCTURE PROPERTY，ELSET = 名称

Abaqus/CAE 用法：使用下面的选项来定义子结构的平动和转动：

Assembly module：Instance→Translate or Instance→Rotate

Abaqus/CAE 中不支持子结构的映像。

使用下面的选项来施加连接保留节点与使用层级节点的约束：

Interaction module：Constraint→Create

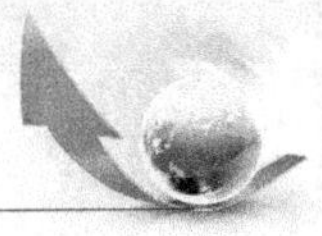

平动、转动和映像一个结构

可以在一个子结构属性定义中指定子结构的平动、转动和（或者）映像（以这样的次序）。

通过给定一个平动向量来指定一个平动。通过给出两个点 a 和 b，定义一个转动轴，并且使用围绕该轴的右手转动法则来指定一个转动。通过在映像平面中给出三个非共线点来定义一个映像。

平动不影响子结构的刚度或者质量。施加一个平动的主要原因是启用对节点坐标的容差检查，如后面所讨论的那样。子结构的转动和（或者）映像影响子结构的刚度和质量。子结构载荷工况采用和子结构的刚度与质量的相同方法来旋转和（或者）映像；这样，当创建所有子结构载荷工况中的载荷时，将其施加在与子结构相关联的局部方向上。

对于分布载荷（例如一个面的压力载荷），此应用和期望的一样精确。然而，在坐标方向（BX，BY，BZ）上的分布体积力是施加在子结构的局部方向上的，取代全局方向上的载荷，这可能与所需要的不一致。类似的，取决于位置（例如静水压或者离心载荷）的分布载荷是基于子结构的局部坐标，并且在使用过程中不在子结构位置上。应当小心的确保对转动或平动的子结构正确加载。

无论何时对一个子结构平动、转动或者映像，任何保留节点的自由度都是相对于使用层级上的坐标方向的。这样，如果没有保留一个节点的所有自由度，或者一个使用 $x-y$ 平面外旋转的三维模型中使用的是一个二维子结构，则转动和（或者）映像可能会激活额外的自由度。因此，应小心地检查此情况中子结构用法的有效性。

在子结构节点上设置容差

使用大子结构的一个困难是确保子结构中保留的节点在使用层级上与正确的节点相连（如果可行，在子结构平动、转动和（或者）映像之后）。这样，Abaqus/Standard 中检查保留节点的坐标在使用层级上与对应节点的坐标相匹配。对子结构不要求使用层级上的任何坐标，因为它只由一个刚度矩阵、一个质量矩阵和几个载荷工况组成。然而，它通常是一个模型有效性的良好检查，可用来判断子结构和导入子结构的模型是否几何连贯。

要检查坐标，可以对用户层级节点与所对应的子结构节点之间距离设置一个容差。此容差为发出警告前的最大可允许的偏差。如果不指定此容差，则默认使用 10^{-4} 倍的子结构内最大整体尺寸。如果指定容差为 0.0，则不检查保留的节点位置。

几何检查是基于使用层级上子结构的平动、转动和（或者）映像之后的保留节点坐标的。而对于这些节点因子结构生成过程中几何非线性预加载发生的运动，在此检查中是不考虑的。

输入文件用法：　*SUBSTRUCTURE PROPERTY，ELSET = 名称，POSITION TOL = 容差

Abaqus/CAE 用法：Assembly module：Instance→Translate and Instance→Rotate

定义子结构阻尼

Abaqus 允许为子结构通过选择一个具体的阻尼来源来添加几个源，或者为子结构在使

用层级上消除阻尼影响。

子结构阻尼的来源

可以使用在生成阶段计算得到的，并在子结构数据库上进行存储的简明黏性阻尼矩阵 $\boldsymbol{D}_{\text{viscous}}$ 和简明的结构阻尼矩阵 $\boldsymbol{K}_s$ 来模拟使用阶段中的子结构阻尼。另外，可以使用刚度和质量比例阻尼因子来创建一个分别使用简明的刚度矩阵 $\boldsymbol{K}$ 和质量矩阵 $\boldsymbol{M}$ 的子结构阻尼矩阵。也可以要求在使用层级对此两个阻尼来源进行组合或者一起消除阻尼的影响。

输入文件用法：使用下面的选项来控制子结构阻尼的来源：

* DAMPING CONTROLS，VISCOUS = 黏性阻尼源，
STRUCTURAL = 结构阻尼源

Abaqus/CAE 用法：使用下面的选项来控制子结构阻尼的来源：

Step module：Create Step：Linear perturbation：Substructure generation：Damping 表页

控制黏性阻尼的来源

在通常情况下，子结构黏性阻尼是通过下面的矩阵来定义的：

$$\boldsymbol{D}_{\text{viscous}}^{\text{combined}} = \boldsymbol{D}_{\text{viscous}} + \overline{\alpha}_{\text{R}}\boldsymbol{M} + \overline{\beta}_{\text{R}}\boldsymbol{K}$$

输入文件用法：只激活子结构生成的简明黏性阻尼矩阵（等式右边的第一项），使用下面的选项：

* DAMPING CONTROLS，VISCOUS = ELEMENT

只激活 Rayleigh 黏性阻尼，使用下面的选项：

* DAMPING CONTROLS，VISCOUS = FACTOR

要激活生成的和 Rayleigh 黏性阻尼矩阵的组合，使用下面的选项：

* DAMPING CONTROLS，VISCOUS = COMBINED

要在使用层级一起消除黏性阻尼的影响，使用下面的选项：

* DAMPING CONTROLS，VISCOUS = NONE

Abaqus/CAE 用法：只激活子结构生成的简明黏性阻尼矩阵（等式右边的第一项），使用下面的选项：

Step module：Create Step：Linear perturbation：Substructure generation：Damping 表页：Structural damping：Element

只激活 Rayleigh 黏性阻尼，使用下面的选项：

Step module：Create Step：Linear perturbation：Substructure generation：Damping 表页：Viscous damping：Factor

要激活已经生成的和 Rayleigh 黏性阻尼矩阵的组合，使用下面的选项：

Step module：Create Step：Linear perturbation：Substructure generation：Damping 表页：Viscous damping：Combined

要在使用层级完全排除黏性阻尼的影响，使用下面的选项：

Step module：Create Step：Linear perturbation：Substructure generation：Damping 表页：Viscous damping：None

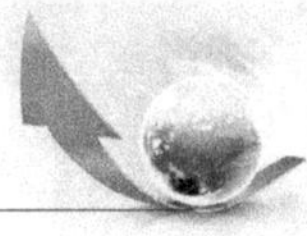

控制结构阻尼的来源

在通常的情况中，通过下面的矩阵来定义子结构结构阻尼：

$$\boldsymbol{K}_s^{\text{combined}} = \boldsymbol{K}_s + \bar{s}\boldsymbol{K}$$

输入文件用法： 只激活已经生成的子结构的简明结构阻尼矩阵（等式右边的第一项），使用下面的选项：

* DAMPING CONTROLS，STRUCTURAL = ELEMENT

只激活刚度比例结构阻尼矩阵，使用下面的选项：

* DAMPING CONTROLS，STRUCTURAL = FACTOR

激活已经生成的和刚度比例结构阻尼矩阵的组合，使用下面的选项：

* DAMPING CONTROLS，STRUCTURAL = COMBINED

排除结构阻尼矩阵，使用下面的选项：

* DAMPING CONTROLS，STRUCTURAL = NONE

Abaqus/CAE 用法：只激活已经生成的子结构的简明结构阻尼矩阵（等式右边的第一项），使用下面的选项：

Step module：Create Step：Linear perturbation：Substructure generation：Damping 表页：Structural damping：Element

只激活刚度比例结构阻尼矩阵，使用下面的选项：

Step module：Create Step：Linear perturbation：Substructure generation：Damping 表页：Structural damping：Factor

要激活已经生成的和刚度比例结构阻尼矩阵的组合，使用下面的选项：

Step module：Create Step：Linear perturbation：Substructure generation：Damping 表页：Structural damping：Combined

要排除结构阻尼矩阵，使用下面的选项：

Step module：Create Step：Linear perturbation：Substructure generation：Damping 表页：Structural damping：None

定义阻尼比

默认情况下，用于定义子结构刚度比例和质量比例阻尼的 Rayleigh 阻尼比 $\bar{\alpha}_R$ 和 $\bar{\beta}_R$ 及结构阻尼比 $\bar{s}$ 为零。

输入文件用法： 使用下面的选项来定义使用层级上子结构阻尼比的值：

* DAMPING，ALPHA = α_R，BETA = β_R，STRUCTURAL = s

Abaqus/CAE 用法：使用下面的选项来定义使用层级上子结构阻尼比的值：

Step module：Create Step：Linear perturbation：Substructure generation：Damping 表页：Alpha：α_R：Beta：β_R：Structural：s

为模态动力学分析定义阻尼

为基于结构模态的线性动态分析定义阻尼，当使用子结构时应当指定模态阻尼。每一个

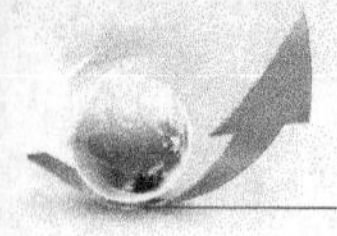

特征模态中的阻尼可以给定为临界阻尼的一部分。此外，可以定义 Rayleigh 阻尼。在子结构内部不能使用复合模态阻尼。

更多关于模态阻尼过程的信息见 1.3.7 节。

输入文件用法：　使用下面的选项将每一个特征模态中的阻尼定义为临界阻尼的一部分：

*MODAL DAMPING, VISCOUS = FRACTION OF CRITICAL DAMPING

使用下面的选项定义 Rayleigh 阻尼：

*MODAL DAMPING, VISCOUS = RAYLEIGH

Abaqus/CAE 用法：Abaqus/CAE 中不支持子结构的模态阻尼。

定义动态约束和转换

所有动态边界条件 MPC 和转换，可以在使用层级施加在保留的自由度上。这些指定可以采用常规的方法一步一步地改变。在此方面，对子结构和它们的保留节点采用与正常的单元及其节点相同的方式来操作。

在保留的节点上定义变换

如果在子结构生成的过程中，在一个保留的节点上使用节点变换（见《Abaqus 分析用户手册——介绍空间建模、执行与输出卷》的 2.1.5 节），则在子结构的内部建立变换。当子结构节点附属于一个标准的 Abaqus 单元时，会造成不一致，因为 Abaqus/Standard 中直接使用保留的自由度，不检查它们的方向，因此，建议避免此情况。

如果必须使用节点变换，则导致的不一致可以通过下面那样保留所有节点上的自由度，并且施加一个线性约束方程（见《Abaqus 分析用户手册——指定的条件、约束和相互作用卷》的 2.2.1 节）来解决。例如，在一个已经变换了的子结构节点与一个全局模型连接的任何点上，在使用层级上定义两个重合的节点 P 和 Q。在使用层级上为子结构使用节点 P（使用一个单元定义来定义），其自由度的局部方向已经在节点上建立。对所有连接到此点的标准 Abaqus 单元的使用节点 Q，对其使用一个局部变换，将自由度变换到与节点 P 内建的相同的局部方向上。现在使用一个线性约束方程使节点 P 和 Q 的单个自由度等同。

施加载荷到一个子结构

分析中（在使用层级）对一个子结构施加的载荷或者边界条件，必须在子结构生成步过程中，通过定义一个子结构载荷工况，或者通过要求计算子结构的重力载荷向量（见 5.1.2 节中的“在一个分析中为子结构加载定义子结构载荷工况”）来指定。一个载荷工况可以由任何载荷和非零边界条件组合而成，并且可以为任何给定的子结构定义多载荷工况。

当激活为一个子结构创建的载荷工况时，应指定子结构单元编号或者单元集的名称、相关联的子结构载荷工况名称和所指定的子结构载荷工况载荷和（或者）边界条件的比例因子。要准确复制子结构生成过程中定义的加载条件，使用 1.0 的比例。

在子结构的生成过程中指定的边界条件总是当前的，无论子结构载荷工况是否为部分激

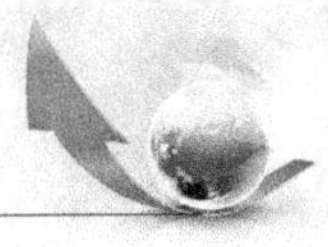

活。在子结构中有效地内建它们，并且如果需要的话，可以仅进行缩放而不删除。关于在子结构中定义边界条件的进一步信息，见 5.1.2 节。

输入文件用法：　使用下面的选项来激活一个子结构的载荷工况：

* SLOAD

Abaqus/CAE 用法：使用下面的选项来激活一个子结构的载荷工况：

Load module：load editor：Category：Mechanical：Types for Selected Step：Substructure load

更改或者删除载荷工况

默认情况下，结构载荷是作为现有载荷的更改，或者附加于任何前面定义的载荷来施加的。可以删除所有前面定义的载荷，并且也可以选择当激活一个载荷工况时，指定新的载荷。边界条件不能删除。

输入文件用法：　使用下面的选项来更改载荷工况：

* SLOAD，OP = MOD

使用下面的选项来删除载荷工况：

* SLOAD，OP = NEW

Abaqus/CAE 用法：使用下面的选项来更改载荷工况：

Load module：Load Case Manager：单击 Edit

使用下面的选项来删除载荷工况：

Load module：Load Case Manager：单击 Delete

指定时间相关的载荷工况

子结构载荷的大小可以通过参考一个幅值定义（见《Abaqus 分析用户手册——指定的条件、约束和相互作用卷》的 1.1.2 节）来随着时间变化。

输入文件用法：　使用下面的选项来定义时间相关的载荷工况：

* AMPLITUDE，NAME = 幅值

* SLOAD，AMPLITUDE = 幅值

Abaqus/CAE 用法：使用下面的选项来定义时间相关的载荷工况：

Load module：amplitude editor：Create Amplitude：Amplitude：幅值

Load module：load editor：Category：Mechanical：Types for Selected Step：Substructure load：Amplitude：幅值

几何非线性分析中的载荷工况

可在一个与子结构相关联的局部坐标系中施加所有子结构载荷和边界条件。因为当出现大运动时，局部坐标系随着子结构转动，这些载荷和边界条件也将旋转。因此，当在几何非线性分析中使用子结构载荷时，应当确保在使用层级上加载在合适的方向上。此情况类似于通过一个子结构属性定义来转动子结构。

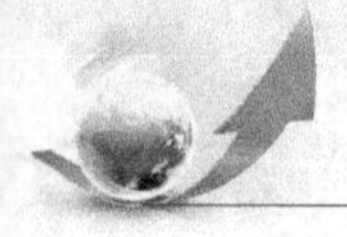

重力加载

可以对一个子结构通过一个分布载荷定义来施加用户定义大小的，由一个幅值定义进行缩放的，并且作用在一个特定方向上的重力载荷。要启用一个子结构的重力载荷，必须在子结构生成步（见5.1.2节中的“重力载荷”）过程中要求子结构的重力载荷向量计算。在此情况中，不应当将重力载荷定义成子结构载荷工况的一部分。

输入文件用法：　使用下面的选项来定义重力载荷：

*DLOAD, AMPLITUDE = 幅值

单元集或者单元编号, GRAV, 大小, 方向

Abaqus/CAE 用法：Load module：Create Load：为 Category 选择 Mechanical 和为 Types for Selected Step 选择 Gravity

在子结构中得到结果的输出

可以得到静态、动态、特征频率提取和稳态及瞬态模态动力学分析中使用的子结构中的输出。对于用于响应谱和随机响应分析的子结构，输出的恢复是不可能的。一个子结构中的输出不包括因预加载变形所产生的位移、应力等。

子结构的输出在数据文件（.dat）、结果文件（.fil）和输出数据库文件（.odb）中是可用的。为每一个子结构命名为 *inputfile-name_substructure-number*.odb 的单独的输出数据文件。如果一个子结构包含一个嵌入的子结构，则创建一个包含嵌入子结构的输出，名称为 *inputfile-name_substructure-number_nested-substructure-number*.odb 的文件。abaqus substructurecombine 执行程序可以将模型和结果数据从两个子结构输出数据库合并成一个单独的输出数据库。更多的信息见《Abaqus 分析用户手册——介绍、空间建模、执行与输出卷》的3.2.20节。

子结构中的解恢复，要求子结构中恢复数据的信息在.sup文件，.sim文件，.prt文件，.stt文件和.mdl文件中是可用的。

输出是由子结构到子结构组织的。用户指定 Abaqus/Standard 进入一个具体的子结构内部，并且接着要求那个子结构的输出。除非子结构库对于链中的所有子结构是可用的，结果才可以在嵌入的多层级子结构中得到恢复。

通过设想子结构成为详细模拟的“层级”，最容易描绘子结构输出要求。在全局（顶）层级，定义分析模型（例如，一架飞机）。从此层级下降到第一个子结构层级，将模型的主要部件定义成子结构（机翼、安定面、机身等）；下降到第二子结构层级，定义其他的子结构（襟翼、油箱、地板等），依次类推，可以定义第三层级的子结构（梁、桁条等）。要得到输出，应向下移动，并且通过子结构路径来使这些不同层级向上返回，类似于浏览文件目录树结构的方法。每一个子结构路径定义包含在树中向下进入下一层级的子结构，或者离开当前子结构，以及向上移动一个层级。

在输出要求的开始，Abaqus/Standard 是在全局模型层级。必须始终一致地进入并离开一个子结构，这样在一组子结构输出请求之后，Abaqus/Standard 留在全局模型层级上。必须在步定义结束之前返回全局层级（离开所有的子结构）。

如果在相同的子结构路径定义中进入并离开，结果是离开子结构并且进入另外一个相同

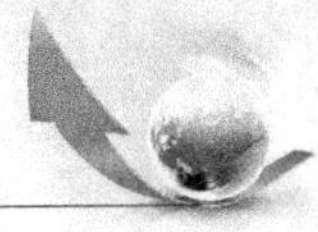

层级上的子结构。

为输出进入一个子结构

要为输出进入一个具体的子结构，可通过模型中为输出选择的单元编号 n 来确定子结构。所有的子模型输出要求是为了那个子结构中的输出，并且必须以它的内部节点和单元编号（当创建子结构时，所使用的节点和单元编号）的方式来给出。

输入文件用法：　*SUBSTRUCTURE PATH，ENTER ELEMENT = n

Abaqus/CAE 用法：Step module：field output request editor：Domain：Substructure：点击并选择子结构集

在得到输出后离开一个子结构

在得到一个子结构的输出后，必须返回到模型的层级，子模型组成此层级的一部分。这样说明子结构中变量输出要求的结束。

输入文件用法：　*SUBSTRUCTURE PATH，LEAVE

Abaqus/CAE 用法：Step module：field output request editor：Domain：Substructure：点击并选择子结构集

得到输出，如果子结构是嵌套的

如果子结构用在多个层级上，并且在下几个层级要求输出，则必须进入几个子结构。Abaqus/CAE 中不支持子结构的嵌套。

例子：在嵌套的子结构中得到输出

例如，假定一个模型在两个层级上包括几个子结构。在第二个层级上的两个子结构中的一些单元中，要求打印输出应力分量以及第一层级子结构中的一个子结构的一些节点上打印输出位移。（回想一下，“第一层级”指分析模型中直接使用的子结构；“第二层级”子结构是用作第一层级子结构的部件。）

数据可以如下：

*SUBSTRUCTURE PATH，ENTER ELEMENT = N

** 此选项允许进入单元编号 N，其必为一个子结构。

*SUBSTRUCTURE PATH，ENTER ELEMENT = M

** 现在向下进入此子结构的单元编号 M。

** 当创建了 N 时，M 是用于此子结构的单元编号。

** M 必须指向一个子结构 *EL PRINT，ELSET = A1

S

** 此选项要求此子结构的单元集 A1 中的应力输出。

** 此单元集必须在子结构 M 的创建过程中已经得到定义。

*SUBSTRUCTURE PATH，LEAVE

** 此选项允许向上返回到第一层级子结构 N 中。

*SUBSTRUCTURE PATH，ENTER ELEMENT = P

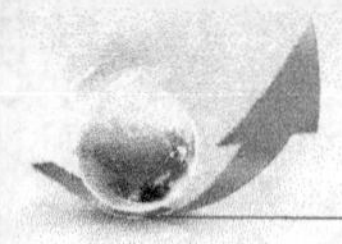


```
** 此选项允许向下进入单元 P，它必须仍是一个单元 N 中的子结构。
*EL PRINT, ELSET=A1
S
** 此选项要求单元集 A1 中的应力输出打印。这有可能是上面要求中使用过的相同子
** 结构中的相同单元集，因为子结构 M 和 P 可以都是相同子结构的复制。
** 然而，因为它们代表模型中不同位置的相同部件，推测应力将会不同。
*SUBSTRUCTURE PATH, LEAVE
** 返回到单元 N。
*SUBSTRUCTURE PATH, LEAVE
** 返回到全局层级。
*SUBSTRUCTURE PATH, ENTER ELEMENT=R
** 在全局层级进入单元 R：此单元是想要从中打印位移的子结构。
*NODE PRINT, NSET=FLANGE
U
** 此选项允许打印子结构的节点集 FLANGE 中的所有节点上的位移
** 再次创建子结构时，必须已经定义了 FLANGE。
*SUBSTRUCTURE PATH, LEAVE
** 返回全局层级。
```

解释节点变量输出

子结构中的节点位移不包括预加载变形所产生的位移，如果预加载变形存在的话。

如果旋转和（或者）映像了一个子结构，则节点变量是相对于分析的全局坐标系统输出的。在几何非线性分析中，节点位移除了包括小应变位移外，还包括与子结构的平动和转动相关联的大运动位移。如果使用了一个节点变换（见《Abaqus 分析用户手册——介绍空间建模、执行与输出卷》的 2.1.5 节），节点输出将在局部或者全局方向上，这取决于节点输出要求（见《Abaqus 分析用户手册——介绍空间建模、执行与输出卷》的 4.1.2 节）。如果在子结构生成过程中使用了一个节点变换，则变换方向与子结构一起转动。

解释单元变量输出

如果存在预加载变形，则子结构中的单元输出变量不包括预加载变形的变量结果值。

连续单元中的单元变量可在分析模型的全局坐标系输出，或者在局部（材料）坐标系中输出，如果使用了一个局部坐标系（见《Abaqus 分析用户手册——介绍空间建模、执行与输出卷》的 2.2.5 节）。结构单元的单元输出总是相对于子结构生成过程中使用的单元坐标系给出的。积分点坐标和局部材料方向（见《Abaqus 分析用户手册——介绍空间建模、执行与输出卷》的 4.1.2 节）是相对于全局坐标系统给出的。

与非线性预加载响应（塑性应变、蠕变等）相关联的单元量可以在子结构恢复过程中输出。因为在子结构使用过程中，子结构中的响应是完全线性的，这些量是基本状态的一部分，在预加载过程中计算得到的数值不发生变化。

如果映像了一个子结构，调节写入子结构实例输出数据库的连续单元的单元连通性，这

样不会违反 Abaqus 的逆时针单元编号约定。

在子结构中恢复值时，不能直接得到单元中心处的单元输出，或者单元节点处的单元输出。这些输出值可以从输出数据库文件中的子结构相关的数据计算得到，而输出数据库文件使用 Abaqus 脚本界面中的命令。

解释写入结果文件的结果

子结构中的结果可以写入结果文件。将子结构路径记录插入到结果文件中，切换到一个子结构中。跟随在此子结构路径记录后面的所有记录属于定义在该记录上的子结构，直到在文件中出现下一个子结构路径。

要求输出到结果文件，会将 Absqus/Standard 模型中全局层级上的，以及所有子结构中的单元和节点定义写到文件中。作为结果记录本身，在这些子结构中的节点和单元记录的前面和后面放置子结构路径记录，以表示它们属于哪个子结构。

每一个子结构中的节点和单元编号是针对那个子结构局部的，这样，在一些子结构中和在全局层级的模型中，可能出现相同的节点和单元编号。在此情况中，必须通过子结构路径记录来辨识一个具体节点或者单元在模型中的位置。如果可以确保节点和单元编号在整个模型中（包括所有的子结构中）是唯一的，则可以忽略结果文件中的子结构路径记录。

可视化子结构结果

虽然 Abaqus/CAE 不直接支持子结构，但是可以通过将所有的子结构实例输出数据库文件（. odb）合并为一个单独的文件来显示子结构结果。详情见《Abaqus 分析用户手册——介绍空间建模、执行与输出卷》的 3. 2. 20 节。

也可以在 Abaqus/CAE 中分别加载并显示每一个单独的子结构实例输出数据库文件（. odb）。

子结构库兼容性

一个使用子结构的分析，可以使用来自相同的或者来自通用版本的任何先前的子结构库。例如，如果一个子结构是使用 Abaqus6. 13-3 维护交付生成的，则它可以用于所有后续的 Abaqus6. 13 维护交付。子结构库在通用版本之间是不兼容的（例如，在 Abaqus6. 12 与 Abaqus6. 13 之间）。

一个子结构使用分析必须在一个与生成子结构库所使用的计算机二进制兼容的计算机上运行。

输入文件模板

下面的模板可以用来生成一个子结构：

```
*HEADING
…
```

*NODE, NSET = N1

定义节点的数据行

…

*NSET, NSET = N3

定义节点集成员的数据行

…

*ELEMENT, TYPE = CPE8, ELSET = E1

定义组成子结构的单元的数据行

…

*ELSET, ELSET = E3

定义单元集的成员的数据行

…

*SOLID SECTION, ELSET = E1, MATERIAL = M1

*MATERIAL, NAME = M1

*ELASTIC

30.E6, 0.3

*DENSITY

0.0007324

*STEP

*FREQUENCY

指定模态数量（≥m）的数据行。如果使用*SELECT EIGENMODES选项要求模态，则要求 *FREQUENCY功能。

*END STEP

*STEP

*STATIC

…

定义一个线性或者非线性静预载荷的选项。

…

*END STEP

*STEP

*SUBSTRUCTURE GENERATE, TYPE = Z101, OVERWRITE, MASS MATRIX = YES, VISCOUS DAMPING MATRIX = YES, STRUCTURAL DAMPING MATRIX = YES, RECOVERY MATRIX = YES, NSET = N3, ELSET = E3

*RETAINED NODAL DOFS

定义保留自由度的数据行

*SELECT EIGENMODES, GENERATE

1, m, 1

*SUBSTRUCTURE LOAD CASE, NAME = BOUND

*BOUNDARY

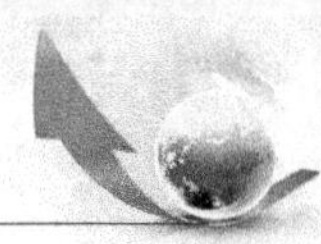

定义边界条件的数据行。

```
*SUBSTRUCTURE LOAD CASE, NAME = LOADS
*CLOAD
```

定义集中载荷的数据行。

```
*DLOAD
```

定义分布载荷的数据行。

```
*END STEP
```

下面的模板可以用来定义子结构实例：

```
*HEADING
…
*ELEMENT, TYPE = Z101, ELSET = E2
```

定义单元的数据行。

```
*SUBSTRUCTURE PROPERTY, ELSET = E2
*BOUNDARY
…
*RESTART, WRITE
*STEP
*STATIC
…
*BOUNDARY
…
*SLOAD
E2, LOADS, 比例因子
*SUBSTRUCTURE PATH, ENTER ELEMENT = n
*EL PRINT
S,
*NODE PRINT
U,
*SUBSTRUCTURE PATH, LEAVE
*END STEP
*STEP
*DYNAMIC
…
*BOUNDARY
…
*SUBSTRUCTURE PATH, ENTER ELEMENT = n
*EL PRINT
S,
```

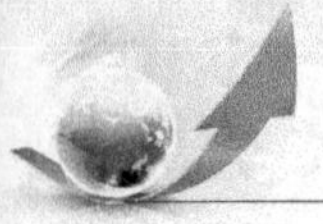


```
*NODE PRINT
U, V
*SUBSTRUCTURE PATH, LEAVE
*END STEP
```

5.1.2 定义子结构

产品：Abaqus/Standard　　Abaqus/CAE

参考

- “使用子结构”5.1.1节
- *RETAINED NODAL DOFS
- *SELECT EIGENMODES
- *SUBSTRUCTURE COPY
- *SUBSTRUCTURE DELETE
- *SUBSTRUCTURE DIRECTORY
- *SUBSTRUCTURE GENERATE
- *SUBSTRUCTURE LOAD CASE
- *SUBSTRUCTURE MATRIX OUTPUT

概览

此节描述如何定义单独的子结构。关于如何在一个模型中使用它们的信息，见5.1.1节。

子结构是使用子结构生成步骤定义的。不能在同一个分析中创建和使用子结构，可以在同一个分析中生成多个子结构。任何子结构可以包含一个或者多个其他子结构；如果是这种情况，必须首先定义被嵌入层级的子结构。子结构库不是以零件实例的方式组织的，因此，不能从定义了装配的模型中生成子结构。定义了装配的模型不支持任何子结构选项。

要定义一个典型的子结构生成步，执行如下操作：

- 调用子结构生成过程；
- 定义使用子结构时，作为外部自由度保留的节点和自由度；
- 可选的，保留外部动力学模态来改善使用过程中子结构的动态行为；
- 可选的，指定子结构载荷工况；
- 可选的，将恢复矩阵，子结构的刚度矩阵、质量矩阵和（或者）载荷工况向量写入一个文件中。

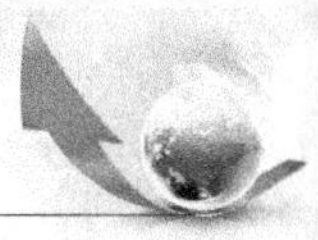

生成一个子结构

生成一个子结构时，应指定一个在子结构库中赋予此子结构的标识符。标识符必须以字母 Z 开头，其后跟随一个不超过 9999 的数字。

子结构标识符在一个库中必须是唯一的。如果一个具有相同标志符的子结构已经存在于库中，分析将会中止，并显示一个错误信息，除非已经指定覆盖现有的子结构，如下面所描述的那样。

输入文件用法：　　＊SUBSTRUCTURE GENERATE，TYPE = Z*n*

Abaqus/CAE 用法：Step module：Create Step：Linear perturbation：Substructure generation：*n*

子结构数据库

一个子结构数据库是描述子结构几何形状的文件组，并且 Abaqus 在分析过程中将所有的子结构数据写入到子结构数据库中。子结构数据库可以包括有下列扩展名的文件：. sup 文件、. sim 文件、. prt 文件、. mdl 文件和 . stt 文件。. sup 文件称为子结构库。默认情况下，将子结构数据写入名为 *jobname* 的子结构数据库，并且将子结构文件命名为 *jobname*. sup、*jobname_Zn*. sim、*jobname_Zn*. prt、*jobname_Zn*. mdl 和 *jobname_Zn*. stt。扩展名为 . sup 和 . sim 的文件是为所有子结构生成的。只有子结构中的解可以完全地或部分地得到恢复，才生成具有扩展名 . prt、. mdl 和 . stt 的文件。某些子结构可以共享一个子结构库文件，但是其他文件对于每一个子结构是独立的。强烈推荐不同的子结构使用不同的子结构库名称。

可以选择将数据写入一个用户指定的子结构数据库。

如果指定子结构库名称，则将会命名文件为 *library_name_Zn*. sim、*library_name_Zn*. prt、*library_name_Zn*. mdl 和 *library_name_Zn*. stt。

输入文件用法：　　＊SUBSTRUCTURE GENERATE，TYPE = Z*n*，LIBRARY = *library_name*

Abaqus/CAE 用法：Abaqus/CAE 中不支持子结构库的定义。

在一个库中覆盖子结构数据

如果一个子结构生成分析使用相同的 *jobname* 重新运行，同时不删除子结构库，则将重新生成一个子结构或者更多的子结构，必须指定现有的子结构可以被覆盖。如果对于第二个分析，*jobname* 是不同的，但是指定了相同的 *library_name*，则要求相同。

输入文件用法：　　＊SUBSTRUCTURE GENERATE，TYPE = Z*n*，LIBRARY = *library_name*，OVERWRITE

Abaqus/CAE 用法：Abaqus/CAE 中不支持定义子结构库。

在一个子结构中恢复

默认情况下，可以恢复子结构中任何自由度上的解。Abaqus 必须通过访问子结构的 . mdl 文件、. prt 文件和 . stt 文件来执行一个完全的恢复。这些文件保存在子结构数据库中。

可以指定在子结构中不恢复单元或者节点信息。这极大地降低了一个大子结构的数据库

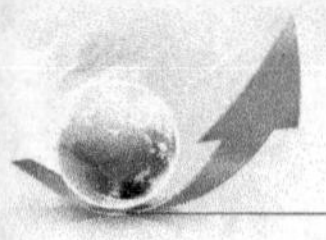

大小，因为不用存储恢复那些已经删除的变量所需要的信息。然而，在后面的时间上不能重新创建此信息，除了通过重新生成具有已启用了可恢复的整个子结构。

输入文件用法：　使用下面的选项来启用一个子结构的恢复：

*SUBSTRUCTURE GENERATE，TYPE = Z*n*，RECOVERY MATRIX = YES（默认的）

使用下面的选项来抑制一个子结构的恢复：

*SUBSTRUCTURE GENERATE，TYPE = Z*n*，RECOVERY MATRIX = NO

Abaqus/CAE 用法：使用下面的选项来启用一个子结构的恢复：

Step module：Create Step：Linear perturbation：Substructure generation：Basic 表页：切换打开 Evaluate recovery matrix for：选择 Whole model

使用下面的选项来抑制一个子结构的恢复：

Step module：Create Step：Linear perturbation：Substructure generation：Basic 表页：切换关闭 Evaluate recovery matrix for

使用可选恢复方法

如果只期望在内部自由度的一个子集上恢复结果，则通过使用可选恢复方法，可以大幅地降低磁盘的使用。要启用可选的恢复，可以直接指定期望恢复的区域。

输入文件用法：　使用下面的选项来为可选恢复定义节点集：

*SUBSTRUCTURE GENERATE，RECOVERY MATRIX = YES，NSET = 节点集名称

使用下面的选项来为可选恢复定义单元集：

*SUBSTRUCTURE GENERATE，RECOVERY MATRIX = YES，ELSET = 单元集名称

Abaqus/CAE 用法：使用下面的选项来为可选恢复定义节点集：

Step module：Create Step：Linear perturbation：Substructure generation：Basic 表页：切换打开 Evaluate recovery matrix for：选择 Region：节点集名称

使用下面的选项来为可选恢复定义单元集：

Step module：Create Step：Linear perturbation：Substructure generation：Basic 表页：切换打开 Evaluate recovery matrix for：选择 Region：单元集名称

评估频率相关的材料属性

当指定了频率相关的材料属性时，为了在子结构生成中使用这些属性而且在频率上对这些属性进行评估，Abaqus/Standard 中提供选择频率的选项。如果没有选择频率，则 Abaqus/Standard 在零频率上评估刚性，并且不考虑频域黏弹性的贡献。如果用户指定了一个频率，则只考虑频域黏弹性刚度贡献的实部。

输入文件用法：　*SUBSTRUCTURE GENERATE，PROPERTY EVALUATION = 频率

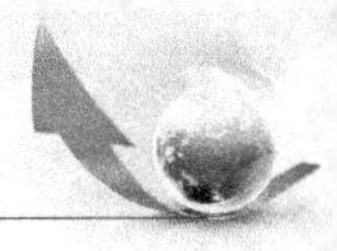

Abaqus/CAE 用法：Step module：Step editor：Substructure generate：Options 表页：切换打开 Evaluate frequency-dependent properties at frequency：频率

定义保留的自由度

节点上的自由度可以分为保留的自由度（在子结构的使用层级上使用）和消除的自由度（子结构内部的）。Abaqus/Standard 允许子结构的任何节点上的任何自由度得到保留，只有一个例外：如果生成一个声学-结构的子结构，无论是基于耦合的或者非耦合的模态，只有结构自由度得到保留。必须确保自由度的保留选择是合理的，这样子结构可以正确连接到剩下的模型。

在子结构的使用中，应当将必须重新指定运动约束的所有自由度保存为保留自由度。

如果保留了用来定义分布耦合单元的节点的任何自由度，则将与拉格朗日乘子相关联的一个内部节点的自由度，自动添加到子结构的保留自由度列表中。

要定义保留的自由度，指定节点编号或者节点集标签，并且是可选的，保留第一个和最后一个自由度。

默认情况下，与保留自由度相关联的节点按照编号升序排列。

输入文件用法：　＊RETAINED NODAL DOFS

Abaqus/CAE 用法：Load module：boundary condition editor：Category：Mechanical：Types for Selected Step：Retained nodal dofs

防止排列自由度

可以防止排列自由度。使用一个子结构时的节点顺序与保留节点时的顺序一致。

输入文件用法：　＊RETAINED NODAL DOFS，SORTED = NO

Abaqus/CAE 用法：不能在 Abaqus/CAE 中防止排列自由度。

当子结构在使用层级用于几何非线性分析时，保留自由度

在几何非线性分析中使用子结构时，推荐保留一个具体节点的所有平动或者所有转动自由度。即使在使用层级只需要一个具体节点的单独的平动或转动自由度，也应当保留与该节点相关联的所有平动或转动自由度。否则，当子结构在一个几何的非线性分析中转动时，可能发生局部数值不稳定（负特征值），因为旋转的子结构在具体的节点自由度中可能没有刚度。

必须选择合适数量的节点，用于子结构的一个等效刚体运动的计算。在二维或者轴对称分析中，保留两个节点的所有平动自由度，或者保留一个节点的所有平动和转动自由度，对于在使用层级计算子结构的一个等效刚体运动就足够了。在三维分析中，需要三个保留了所有平动自由度的非共线的节点，或者一个保留了所有平动和转动自由度的节点。如果保留的节点是共线的，或者保留的节点少于三个，则必须至少保留一个节点的所有转动自由度。如果所保留自由度的数量不合适，Abaqus/Standard 在使用层级上不能在分析过程中为子结构计算一个等效的刚体运动时，则发出一个警告信息，并且忽略与子结构相关联的任何几何非线性影响。

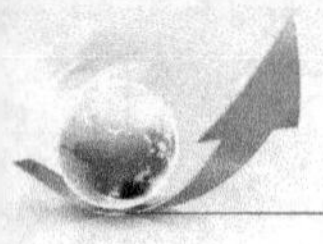

定义运动约束

如《Abaqus 分析用户手册——指定的条件、约束和相互作用卷》的 2.1.1 节中所描述的那样定义运动约束。应用下面的规则：

- 所有与没有保留的自由度相关联的运动边界条件必须在生成子结构的时候进行指定。在子结构内部建立条件并在所使用的任何时间上保持施加。一旦生成了子结构，就不能重新指定内部变量的运动约束，只能通过在库中拭除并重新创建子结构来进行更改。一个施加于内部自由度的规定边界条件的大小可以与一个子结构载荷工况相关联，并且可以在使用层级上进行改变。约束本身是建立在子结构中的，不能通过忽略载荷工况参考来删除。
- 子结构生成过程中，必须避免多点约束，在这些多点约束中，为了避免内部自由度而去除了某些子结构的保留自由度。如果期望保留由多点约束消除的特定自由度，则必须重新指定在多点约束中作为保留自由度出现的所有变量，并且在使用层级上施加这些约束。

定义广义自由度

模拟子结构动态行为的一种有效技术，是通过包括一些与动态模态相关联的广义自由度来放大子结构中的响应。可以选择要保留的模态，它必须在一个先前的频率提取步中计算得到（见 1.3.5 节）。所选的模态必须完全恢复，如果使用 AMS 特征求解器计算它们，并且部分得到恢复，将发出一个错误信息。模态包括特征模态，但如果在特征频率提取步中得到激活，则包括剩余模态。如果在频率提取步中约束了子结构的所有保留自由度，则此方法通常称为 Craig-Bampton 方法。如果在频率提取步中没有约束所有保留的子结构自由度，则此技术通常称为 Craig-Chang 方法。Craig-Bampton 方法中的子结构动态模态通常称为固定界面模态，并且 Craig-Chang 方法中的子结构动态模态通常称为自由界面模态。如果在频率提取步中，某些子结构的保留自由度得到约束，并且其他子结构保留自由度没有得到约束，则动态模态称为混合界面模态。如果选择了自由界面或者混合界面动态模态，与使用相同数量的固定界面动态模态情况相比，子结构生成时间将显著增加。在这样的情况中，Abaqus 发出一个警告信息。然而，使用一个数量明显较小的自由或者混合动态模态，有时候可以获得比使用固定界面模态更好的求解精度。

应当选择足够数量的动态模态来为子结构提供充分的动态表现。可通过检查载荷频率和结构频率成分来确定此范围。在特征频率提取步定义中指定一个转变点和（或者）一个截止频率，可得到只在期望的频率范围中的模态。广义自由度的引入使子结构生成步中频率提取的成本增加，但是如果在一个后续的动态分析（见 1.3.2 节）、稳态动力学分析（见 1.3.4 节）或者频率提取（见 1.3.5 节）分析中使用了子结构，则极大地改善了求解的精度。

在频率提取分析中的特征向量位移归一化情况中，一个子结构必须至少具有一个在使用层级上有效的物理自由度，否则，不能正确地进行模态归一化。额外的细节见《Abaqus 理论手册》的 2.14.1 节。

当生成一个声学结构的子结构时，必须选取保留的特征模态。

在固有频率提取过程中，保留的特征模态中可以包括声学-结构耦合的影响。要计算耦合的结构-声学特征模态，使用一个采用默认的 Lanczos 特征求解器的频率提取分析，并且在

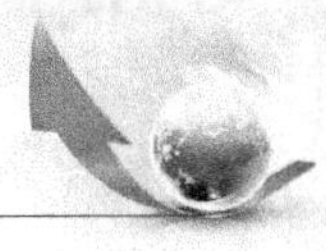

固有频率提取过程（见1.3.5节）中引入声学-结构耦合的影响。

Abaqus也可以使用非耦合的特征值模态（利用基于SIM的Lanczos或者AMS特征值求解器得到），来生成一个耦合的声学-结构的子结构。在此情况中，在子结构生成过程中包含了声学-结构耦合的影响。结构和声学特征模态都必须为子结构生成进行保留，并且要得到一个精确的子结构，如果存在零频模式，则选择这种模式。

通过模态的模态编号来选择用于子结构生成分析中的模态

可以通过特征模态的模态编号来直接指定一个子结构生成分析中使用的特征模态。

输入文件用法： ＊SELECT EIGENMODES

特征模态1，特征模态2，等。

Abaqus/CAE用法：使用下面的选项通过模态范围来生成特征模态的列表，在数据表中的每一个行上指定一个单独的模态编号。每一个行中的开始模态编号和结束模态编号应当相等，并且增量值应当为零。

Stepmodule：Create Step：Linear perturbation：Substructure generation：Options表页：切换打开Specify retained eigenmodes by：Mode range：

Start Mode：特征模态1：End Mode：特征模态1：Increment：0

Start Mode：特征模态2：End Mode：特征模态2：Increment：0等。

通过模态范围生成一个特征频率列表

不列出所有的保留特征模态编号，而是通过模态范围生成特征频率列表。

输入文件用法： 使用下面的选项通过模态范围来生成特征模态列表，在每一个数据行指定开始模态编号、结束模态编号和这两个值之间的模态编号增量：

＊SELECT EIGENMODES，GENERATE

第一个模态编号，最后的模态编号，增量

Abaqus/CAE用法：使用下面的选项通过模态范围来生成特征模态列表，数据表中的每一个行指定开始模态编号、结束模态编号和这两个值之间的模态编号增量：

Step module：Create Step：Linear perturbation：Substructure generation：Options表页：切换打开Specify retained eigenmodes by：Mode range：Start Mode：第一个模态编号：End Mode：最后的模态编号：Increment：增量

通过频率范围生成一个特征模态列表

可以从包括频率边界的指定频率范围中选择所有的模态。

输入文件用法： 使用下面的选项，通过频率范围来生成特征模态列表，每一个数据行指定频率范围的较低边界和频率范围的较高边界：

＊SELECT EIGENMODES，DEFINITION＝FREQUENCY RANGE

频率范围的较低边界，频率范围的较高边界

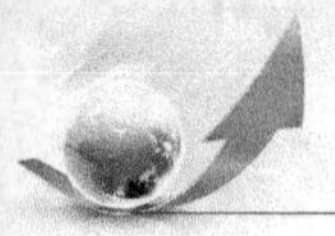

Abaqus/CAE 用法：使用下面的选项，通过频率范围来生成特征模态列表，每一个数据行指定频率范围的较低边界和频率范围的较高边界：

Step module：Create Step：Linear perturbation：Substructure generation：Options 表页：切换打开 Specify retained eigenmodes by：Frequency range：Lower Frequency：频率范围的较低边界：Upper Frequency：频率范围的较高边界

预加载一个子结构

子结构可以用在表现出非线性响应的模型中（与标准的 Abaqus 单元或者与接触定义相关联），但是一个子结构中的响应假定为线性小变形。然而，一个子结构的响应可以是关于一个预变形的（如转动和平动）基础状态的一个线性摄动，在子结构预加载过程中，在子结构内部非线性响应的基础上进行定义。

当子结构用于几何非线性分析中时，应当将子结构预加载限制为只产生自平衡应力的载荷（例如热应力或者过盈配合）。在大部分情况中，预加载应力不是自平衡的（例如指定边界条件或者所施加载荷产生的应力）。如果存在非自平衡的预应力，并且子结构在使用层级上承受一个刚体运动，则在子结构中生成额外的应力。这样的使用层级应力是非物理的，并且将导致收敛问题和难于解释的结果。因此，当对一个用于几何非线性分析中的子结构预加载时，应当非常小心。

此预加载概念允许一个子结构包括应力刚化这样的影响。预加载是子结构状态的一部分：预加载是自平衡的，并且当使用子结构时，不生成一个载荷向量。在一个模型中，子结构的任何加载在使用期间是附加于预载荷的。

区分一个预载荷和一个载荷工况是重要的。二者在一个子结构生成分析中都是被允许的，但是只有预载荷在生成期间是实际加载于子结构的。载荷工况，在子结构生成期间定义，仅能在使用层级上进行施加（见 5.1.1 节中的“对一个子结构施加载荷”）。在后文对载荷工况进行更加详细的讨论。

一个变量总响应的计算

将一个子结构中的任何被恢复的响应变量（例如应力或者位移）定义成来自预加载后基础状态的一个摄动（对于几何非线性分析具有一些例外）。对于几何非线性分析，位移输出的同时包括与子结构相关联的等效刚体转动和平动，以及包含应变的小位移摄动。如果预期到一个变量的总响应，则可以通过对子结构预加载期间计算得到的最后结果添加摄动来计算得到。

预加载的子结构的切线刚度计算

计算一个预加载子结构的刚度矩阵的法则，与计算一个静态线性摄动步的法则是一样的。关于此法则的详细的描述见 1.1.3 节。

定义一个预加载过程

指定定义一个子结构预加载状态的加载过程。

输入文件用法： 使用下面的选项：

* STEP

定义预加载过程的选项

* END STEP

可以定义任何数量的步

* STEP

* SUBSTRUCTURE GENERATE

定义子结构的选项。

* END STEP

Abaqus/CAE 用法：在一个 Abaqus/CAE 分析中，必须在预加载步之后定义 Substructure generation 步。

在预加载步中， 在保留的自由度上指定边界条件

在子结构预加载期间，可以在保留的自由度上指定边界条件。当紧接着在一个子结构生成步中创建预加载的子结构时，必须释放所有的保留自由度（见《Abaqus 分析用户手册——指定的条件、约束和相互作用卷》的 1.3.2 节中的“删除边界条件”）。如果某些保留自由度没有得到释放，则将显示一个错误信息。已经被释放的自由度上的反作用力变成集中载荷，与子结构中的应力进行平衡。这些集中载荷不能在不改变预载荷的情况下删除。

这样，预加载的子结构是处于平衡状态的。如果要求一个子结构中的预加载必须有效地对结构的其他部分施加载荷，则必须创建子结构载荷，并且此子结构载荷对应于在预加载过程中施加的载荷。

此技术在《Abaqus 例题手册》的 2.2.1 节中进行了介绍。

生成一个子结构的简化的质量矩阵

可以为一个子结构生成简化的质量矩阵。

简化的质量矩阵是通过将全局质量矩阵投射到子结构模态的子空间来计算得到的。如果只使用了与节点的保留自由度相关的稳态模态，则称此技术为 Guyan 缩减。但是这种技术只使用稳态模态，不足以精确地定义子结构的动态响应。必须使用额外的动态模态来改善子结构内部的响应。

输入文件用法： * SUBSTRUCTURE GENERATE，TYPE = Z*n*，MASS MATRIX = YES

Abaqus/CAE 用法：Step module：Create Step：Linear perturbation：Substructure generation：Options 表页：切换打开 Compute reduced mass matrix

生成一个子结构的简化的黏性阻尼矩阵

可以为子结构生成简化的黏性阻尼矩阵。

简化的黏性阻尼矩阵是采用和简化质量矩阵相同的方法计算得到的。

输入文件用法： * SUBSTRUCTURE GENERATE，TYPE = Z*n*，VISCOUS

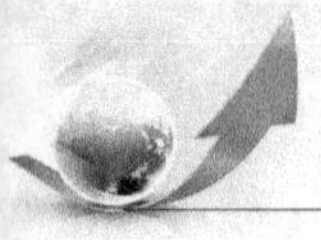

DAMPING MATRIX = YES

Abaqus/CAE 用法：Step module：Create Step：Linear perturbation：Substructure generation：Options 表页：切换打开 Compute reduced viscous damping matrix

生成一个子结构的简化的结构阻尼矩阵

可以为子结构生成简化的结构阻尼矩阵。

简化的结构阻尼矩阵是采用和简化质量矩阵相同的方法计算得到的。

输入文件用法：　　＊SUBSTRUCTURE GENERATE，TYPE = Zn，STRUCTURAL DAMPING MATRIX = YES

Abaqus/CAE 用法：Step module：Create Step：Linear perturbation：Substructure generation：Options 表页：切换打开 Compute reduced structural damping matrix

生成具有非对称阻尼矩阵的子结构

当一个由耦合的或者非耦合的模态生成的耦合声学-结构子结构，是从一个在声学区域指定了阻尼的模型生成的时候，子结构阻尼矩阵是非对称的。如果一个子结构是从滚动的轮胎生成的，则子结构黏性阻尼矩阵是非对称的。

Abaqus 在这些情况中并非自动地生成一个非对称子结构。必须明确地为子结构生成步选择非对称求解器（见 1.1.2 节），以获得正确的、具有非对称贡献的子结构阻尼矩阵。

在一个分析中为后续载荷定义子结构载荷工况

在一个子结构的生成期间定义的，并且在使用层级上激活的载荷工况，与 Abaqus 中常规单元可用的单元载荷类型等价。它们可以由任何载荷组合而成（分布载荷、集中节点载荷、热膨胀以及为任何可以作为此子结构定义的一部分的诸多子结构而定义的载荷工况）。

需要载荷工况，当后续在一个模型中使用子结构时，为保留自由度上的载荷一致，只需对施加的具体载荷进行合适的缩放，没有必要进入子结构的内部并重复基本单元计算来分布载荷。

通过将子结构与一个幅值-时间曲线和大小（见《Abaqus 分析用户手册——指定的条件、约束和相互作用卷》的 1.1.2 节）相关联来使用子结构的时候，可以施加每一个这样的载荷工况。使用了一个子结构时，生成子结构时所创建的子结构载荷工况载荷，是在该子结构中可以使用的唯一载荷。除了重力载荷，使用子结构时，不能施加分布载荷，温度载荷等到组成任何子结构的单元。这些载荷必须在载荷创建期间施加在子结构中。

可以在子结构创建期间定义多子结构载荷工况，为子结构定义不同的子结构载荷。为每一个载荷工况赋予一个名称，当在使用层级上施加载荷工况时，将使用此名称。

可以使用任何集中载荷、分布载荷、子结构载荷和温度场（见《Abaqus 分析用户手册——指定的条件、约束和相互作用卷》的 1.4.2 节和 1.4.3 节）的组合来定义每一个载荷工况。

给每一个基本载荷赋予一个参考值，当施加子结构载荷时，将通过实际指定的比例大小来缩放此参考值。赋予每一个基本载荷的参考值，必须定义为相对于基本状态的载荷或者边

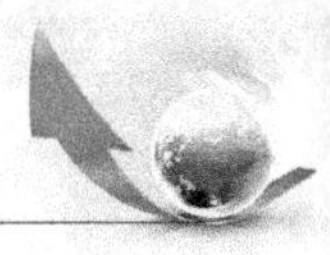

界条件的变化，而不是基本状态和变化值的总和。在子结构生成中施加的初始条件不算作载荷工况定义的一部分。

对于温度载荷，子结构载荷工况的载荷向量只包含由于热膨胀而产生的作用。如果存在温度相关的属性，则在预加载状态中所指定的温度上评估它们。因此，考虑指定为初始条件的非零初始温度场（见《Abaqus 分析用户手册——指定的条件、约束和相互作用卷》的 1.2.1 节），在创建子结构前预加载结构是必要的。当在一个子结构载荷工况中使用温度载荷时，不能从一个结构文件读取数据。所指定的温度必须定义为相对于基本状态温度中的改变。

进行子结构载荷工况定义，在一个指定了保留模态的子结构生成过程中包含声学载荷时，Abaqus/Standard 有一个限制：在生成的载荷工况中，不考虑单独的（不变压力）声学模态（见 1.10.1 节）贡献。因为此模态的贡献对于低频响应是明显的，所以生成的载荷工况在这些工况中不足以代表所指定的声学载荷。如果在耦合的声学-结构子结构中没有单独的声学区域，则声学载荷得到精确的表示。

找到一个载荷工况和一个预载荷之间的差别是重要的。二者都是在子结构生成期间定义的，但只有预载荷在生成层级上是实际施加在子结构上的。诸多载荷工况是在生成层级上定义的，仅能够在使用层级上施加，并且如果已经指定一个载荷工况，则它们作用在一个预加载的基础状态上（预加载在前面进行了讨论）。

在通用分析步和摄动步中，对子结构载荷采用与其他载荷一样的办法进行处理，例如集中载荷和分布载荷（见《Abaqus 分析用户手册——指定的条件、约束和相互作用卷》的 1.4.2 节和 1.4.3 节）。例如，如果一个通用分析步后面跟随有其他通用分析步，则将在第二个步中保留子结构载荷，同时它们的大小等于前面通用分析步结束时的大小，除非更改或删除该子结构载荷。在一个线性摄动步中，子结构载荷代表一个增量载荷。

如果使用一个子结构载荷在直接求解的稳态动力学分析中施加 Coriolis 载荷，则不考虑非对称的载荷刚度贡献。

输入文件用法：　使用下面的选项：

*SUBSTRUCTURE LOAD CASE，NAME = 名称
*CLOAD 和（或者）
*DLOAD 和（或者）
*DSLOAD 和（或者）
*TEMPERATURE

当遇到一个不是 *CLOAD、*DLOAD、*DSLOAD 或 *TEMPERATURE 的选项时，通过 *SUBSTRUCTURE LOAD CASE 选项定义的载荷工况结束。载荷定义可以采用任何次序进行指定。

Abaqus/CAE 用法：使用下面的选项来定义一个子结构载荷工况和其中包含的载荷：

Load module：Create Load Case：单击 ✚：选择载荷

定义边界条件

在子结构矩阵中建立的所有边界条件，必须通过一个边界条件定义来指定。这些边界条件不能是一个子结构载荷工况指定的一部分。一旦在一个具体的节点自由度上指定了一个运

动的边界条件，就将它创建到子结构矩阵中来，则对于所有载荷工况是有效的，并且不能删除（或者在使用层级进行重定义）。指定为预载荷一部分的边界条件是建立在子结构矩阵中的。

如果不能确定一个约束是否是永久的，最好使自由度成为一个保留自由度，并且在子结构定义中不指定任何约束。进而，可以根据需要在每一个分析步中引入约束。

在几何非线性分析中使用子结构时的载荷工况

在生成层级上包含在子结构载荷工况中的，以及在使用层级上作为一个子结构载荷施加的所有载荷和边界条件，是施加在一个与子结构相关联的局部坐标系中的。因为当存在大运动时，这些坐标系随着子结构转动，这些载荷和边界条件也将转动。结果是当在几何非线性分析中使用子结构载荷工况时，应当小心地确认在使用层级上，载荷是在合适的方向上的。使用一个子结构属性定义来转动子结构与此类似。

重力载荷

要施加重力载荷，必须至少为子结构中的某些单元定义密度。可以采用两种不同的积分办法来施加一个重力载荷到一个子结构中。如果一个分布载荷定义在子结构生成期间（如上面“在一个分析中，定义后续加载的子结构载荷工况”中所描述的）是子结构载荷工况的一部分，则重力载荷也是子结构载荷工况的一部分，并且在使用中随着子结构的局部坐标系转动（可以通过一个子结构属性定义，或者几何非线性响应来转动子结构，进而转动局部坐标系）。

要定义使用期间在一个固定的全局方向上作用的重力载荷，可以要求在子结构生成期间计算子结构的重力载荷向量。在此情况中，重力载荷不应当定义成子结构载荷工况的一部分。当计算得到重力载荷向量时，Abaqus/Standard 为每一个全局方向上（三维分析的三个和二维/轴对称分析的两个）生成一个重力载荷向量。在使用层级上，可以使用一个分布载荷定义（见 5.1.1 节中的“重力载荷”）在子结构上指定作用在一个固定全局方向上的具有指定大小的重力载荷。

输入文件用法：　使用下面的选项来计算子结构生成期间的重力载荷向量：

*SUBSTRUCTURE GENERATE，GRAVITY LOAD = YES

Abaqus/CAE 用法：Step module：Create Step：Linear perturbation：Substructure generation：Options 表页：切换打开 Compute gravity load vectors

对一个文件写入恢复矩阵、简化的刚度矩阵、质量矩阵、载荷工况向量和重力向量

可以对一个文件写入一个子结构的恢复矩阵、简化的刚度矩阵、质量矩阵和载荷工况向量。当在其他程序中使用此子结构时，此输出是有用的。

输出记录可以写入 Abaqus/Standard 结果文件中，或者写入一个用户定义的文件中，或者写入输出数据库中（见下面）。对于每一种情况，必须指定写入哪一个输出：质量矩阵、恢复矩阵、载荷工况向量、刚度矩阵和（或者）重力载荷向量。默认情况下，不生成输出。

在要求子结构矩阵输出的每一个子结构的子结构生成文件中重复子结构矩阵的输出要求。

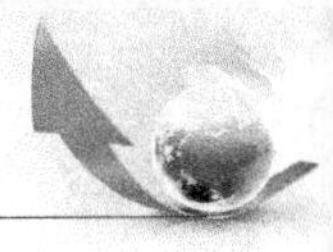

如果对一个预加载的子结构要求输出子结构载荷工况向量，则输出将包含一个具有一个等于零的载荷工况编号的记录。此载荷工况向量包含平衡在先前步中生成的任何应力所必需的力。

输入文件用法：*SUBSTRUCTURE MATRIX OUTPUT，MASS = YES，RECOVERY MATRIX = YES，SLOAD = YES，STIFFNESS = YES，GRAVITY LOAD = YES

Abaqus/CAE 用法：Step module：Create Step：Linear perturbation：Substructure generation：Basic 表页：切换打开 Evaluate recovery matrix for：选择 Whole model 或者 Region

将记录写入 Abaqus/Standard 结果文件中

默认情况下，所要求的矩阵是写入对应于子结构生成输出文件名的 Abaqus/Standard 结果文件中的。结果文件的记录格式在《Abaqus 分析用户手册——介绍空间建模、执行与输出卷》的 5.1.2 节中进行了描述。文件可以写成二进制格式或者 ASCII 格式（见《Abaqus 分析用户手册——介绍空间建模、执行与输出卷》的 4.1.1 节）。

输入文件用法：*SUBSTRUCTURE MATRIX OUTPUT，OUTPUT FILE = RESULTS FILE

Abaqus/CAE 用法：当运行一个具有 Substructure generation 步的分析时，Abaqus/CAE 自动将所要求的矩阵写入 Abaqus 结果文件中。

将记录写入一个用户定义的文件中

可以指定将写入记录的文件名称（没有扩展名）。写入的记录应与一个线性用户定义的单元相兼容。记录格式在《Abaqus 分析用户手册——单元卷》的 6.15.1 节中进行了描述。一个 .mtx 扩展名将添加到所指定的文件名。

输入文件用法：*SUBSTRUCTURE MATRIX OUTPUT，
OUTPUT FILE = USER DEFINED，FILE NAME = 文件名

Abaqus/CAE 用法：Job module：job editor：Name

管理库中的子结构

子结构存储在库的集合中。系统提供管家函数以帮助维护扩展的库，例如，可以将子结构从一个库删除，或者将其移动到一个不同的库中。

一旦生成一个子结构库，则磁盘文件属性可以定义为只读，以保护库免遭意外的删除或者更改。在子结构的生成期间，以及当使用子结构管家函数从一个库中添加或者删除子结构时，一个子结构库不能是只读的。

当使用多分析来生成一个子结构库时，这些分析必须一个接一个地运行，不能同时运行。Abaqus 可能无法知道正在写入的子结构库是否正被其他 Abaqus 分析使用。如果几个分析同时写入同一个库，库可能崩溃。如果发生这种情况并且在后续分析中使用了此库，则需要一个较大的前处理内存。

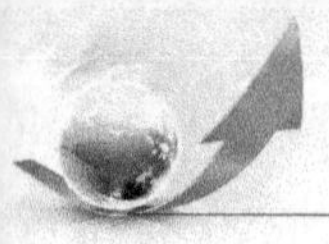

输入文件用法：使用下面的任何选项（在下面进行了详细描述）在子结构库上执行管家函数：

*SUBSTRUCTURE COPY

*SUBSTRUCTURE DELETE

*SUBSTRUCTURE DIRECTORY

管家选项可以在输入文件（见《Abaqus 分析用户手册——介绍空间建模、执行与输出卷》的 1.3.1 节）模型部分内的任何地方出现。一个输入文件可以仅由 *HEADING 选项和一个或者多个管家函数组成。在此情况中，管家选项提到的文件和子结构必须存在于分析的开始处。

Abaqus/CAE 用法：Abaqus/CAE 中不支持子结构库。

列出子结构库中存储的子结构

可以得到一个关于存储在子结构库中的子结构的信息总结。如果必要，可以为库确定一个非默认的名字（默认名字是 *jobname*）。

输入文件用法：*SUBSTRUCTURE DIRECTORY，LIBRARY = 子结构_库_名称

Abaqus/CAE 用法：Abaqus/CAE 中不支持子结构库。

从一个子结构库中删除一个子结构

可以从子结构库中删除一个指定的子结构。如果有必要，也可以指定库的名称。

输入文件用法：*SUBSTRUCTURE DELETE，TYPE = Z*n*，
LIBRARY = 子结构_库_名称

Abaqus/CAE 用法：Abaqus/CAE 中不支持子结构库。

复制或者移动一个子结构定义

可以从一个库复制一个子结构定义到另外一个库，或者在同一个库中，从一个子结构复制子结构定义到另外一个子结构中。必须指定要复制的子结构，并且给创建的子结构赋予一个名称。

当从库到库地复制子结构时，可以指定包含要复制的子结构的库所具有的名称。类似的，可以指定将要复制进子结构的新库的名称。此新库不需要在要复制的子结构之前存在，可在此工况中创建。

如果要删除原始的子结构，则可以在复制命令后面跟随一个删除命令（见上面）。

输入文件用法：*SUBSTRUCTURE COPY，OLD TYPE = Z*n*，NEWTYPE = Z*n*，
OLD LIBRARY = 子结构_库_名称，
NEW LIBRARY = 子结构_库_名称

Abaqus/CAE 用法：Abaqus/CAE 中不支持子结构库。

重命名子结构库

一旦生成一个子结构库，就不应当人为重命名磁盘文件。要重命名一个子结构库，将现有的子结构复制到一个新库中。在被复制的第一个子结构之前不需要新库存在。如果不再需要原始的磁盘文件，则可以删除它。

5.2 子模型

- “子模型模拟：概览”5.2.1 节
- “基于节点的子模型模拟”5.2.2 节
- “基于面的子模型模拟”5.2.3 节

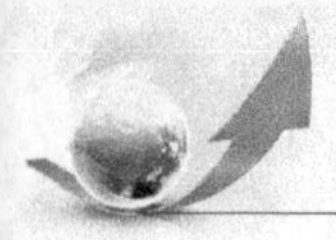

5.2.1 子模型模拟：概览

产品：Abaqus/Standard　　Abaqus/Explicit　　Abaqus/CAE

参考

- “基于节点的子模型模拟”5.2.2 节
- “基于面的子模型模拟”5.2.3 节
- *SUBMODEL
- “子模型模拟”《Abaqus/CAE 用户手册》的第 38 章

概览

子模型模拟技术：

- 使用一个细化的网格来研究一个模型的局部，采用来自初始的（未变形的）相对粗糙的整体模型所具有的解的插值为基础；
- 当有必要得到一个局部区域的精确的解，并且该局部区域的详细模拟对于总体解的影响可以忽略时，是非常有用的；
- 可以用来通过节点结果，例如整体网格的位移（见后面“基于节点的子模型模拟”），或者通过整体网格的单元应力结果（见后面“基于面的子模型模拟”），来驱动一个模型的局部部分；
- 当声流对结构解的影响可以忽略时，可以通过一个结构的整体模型的位移来驱动分析一个声学模型；
- 可以用于声压驱动的结构分析，声压来自一个声学的或者耦合的声学-结构的整体模型；
- 可以使用 Abaqus/Explicit 和 Abaqus/Standard 过程的组合；
- 可以使用线性和非线性过程的组合；
- 不能用于一个导入分析。

术语

将其解被插值在子模型边界相关部分上的模型称为“整体”模型（即使它自身可以是一个更大的“整体”模型的子模型）。驱动变量，是指定义成那些子模型中的进行约束的变量，与来自整体模型的结果相匹配。驱动变量可以是基于节点的技术中的节点自由度，或者可以是基于面的技术中，单元面的积分点上的应力张量分量。

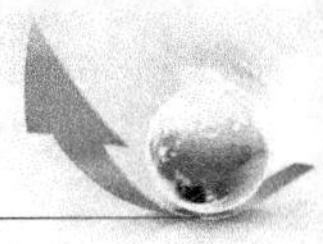

子模型技术

子模型可以在 Abaqus 中非常通用地施加。为子模型定义的材料响应可以不同于为整体模型定义的材料响应。整体模型和子模型都可以具有非线性响应。子模型技术的一个应用例题，见《Abaqus 例题手册》的 1.1.10 节。

车辆-乘客/行人相互作用仿真是一个可以高效使用子模型技术的例子。碰撞安全仿真通常包括汽车与它的乘客或者汽车与行人之间的相互作用。在某些情况中，人对车辆的结构响应所具有的影响是如此地小，以至于可以忽略。在这种情况下，执行车辆的整体分析，不需要人或者使用简单的人体模型，并且通过子模型技术来研究处于人周围的车辆部分与许多人体模型的详细相互作用。

子模型通过使用的两个基本技术进行分类，最常用的并且最通用的技术是基于节点的子模型，使用节点结果场（包括位移、温度或者压力自由度）将整体模型的结果插值到子模型的节点上。基于面的技术使用应力场，将整体模型结果插值到受驱动的基于单元的面片上的子模型积分点。

用户可以选择基于节点的或者基于面的技术，或者两个技术的组合。选择时应当考虑下面的因素：

- 是否在 Abaqus/Standard 中的一个通用静态分析中执行固体-固体的子模型：
  - 基于面的子模型仅对于实体模型和静态分析是可用的。
  - 对于所有其他过程，使用基于节点的技术。
- 在子模型区域中，整体模型和子模型在它们的平均刚度中是否是显著不同的：
  - 当模型的刚度是相当的时候，位移的基于节点的子模型将提供与基于面的技术相当的结果，具有很少有与刚体模式相关联的数值问题的倾向。
  - 当模型的刚度不同时，并且整体模型主要面对一个载荷控制的环境时，通常基于面的技术将提供更加精确的应力结果。由于子模型中的额外细节可以产生刚度差异，例如一个圆角或者一个孔的显式建模。在其他情况中，刚度差异可能来自于次要的几何变化，对此情况，没有必要进行整体模型的重新分析。
- 模型是否承受大变形或者转动：
  - 位移的基于节点的子模型可对模型的大变形和转动进行更加精确的传递。
- 整体模型的位移响应是否对应于子模型的位移响应：
  - 当整体模型中的位移与期望的子模型中的位移密切对应时，基于节点的子模型通常是优先的。
  - 当预期到子模型位移响应不同于全集模型响应时，应当使用基于面的子模型。当模拟了热-应变，并且子模型的温度变化过程不同于整体模型时，可发生此种情形；例如，当热传导子模型作为顺序热-结构分析的一部分来执行时。
- 结构的刚度：
  - 基于面的子模型可以为刚度很大的结构提供更加精确的结果。当结构刚度很大，以至于只有整体模型位移场的一个小分量对应力响应有贡献，位移结果的数值舍入可以变得显著；例如，当刚体运动分量主导整体模型位移时。

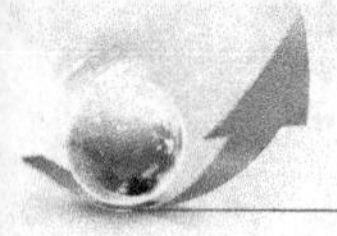

- 感兴趣的子模型的输出种类：
  - 位移的基于节点的子模型模拟将产生一个位移场的更加精确的传输。
  - 基于面的子模型模拟将产生一个应力场的更加精确的应力场传输和子模型中反作用力的确定。

可以在同一个模型中同时使用基于节点的和基于应力的子模型模拟。

基于节点的子模型模拟

基于节点的子模型模拟是更加通用的技术，支持 Abaqus/Explicit 和 Abaqus/Standard 中不同单元类型的组合和过程。

输入文件用法：　　＊SUBMODEL，TYPE = NODE

Abaqus/CAE 用法：Load module：Create Boundary Condition：为 Category 选择 Other 以及为 Types for Selected Step 选择 Submodel：Driving region：Specify

所支持的单元类型

在子模型中可以使用不同于那些在整体模型中用于模拟相应区域的单元类型。

为基于节点的方法提供下面的子模型类型（整体-子模型）：

- 二维模型：
  - 实体-实体
  - 声学-结构
- 三维模型：
  - 实体-实体
  - 壳-壳
  - 膜-膜
  - 壳-实体
  - 声学-结构

在子模型模拟技术中，一个使用连续壳单元划分的整体或者子模型区域，组成了一个三维实体区域。这样，涉及连续壳单元的模型的子模型模拟技术使用，与涉及连续体单元的模型（例如 C3D8R 或 C3D6）是一样的。

所支持的过程

整体模型和子模型都可以具有非线性响应，并且可以为任何分析过程的序列进行分析。这些过程对于两个模型可以是不一样的。例如，整体模型的线性或者非线性动态响应可以用来驱动接地子模型的静态非线性响应，因为该子模型对于动态效应来说太小了，以至于在局部区域不明显。在 Abaqus/Standard 中执行的整体过程，可以在 Abaqus/Explicit 中驱动一个子模型模拟过程，并且反之亦然。例如，在 Abaqus/Standard 中执行的一个静态分析可以驱动一个子模型中的准静态 Abaqus/Explicit 分析。这些分析中使用的步时间可以是不同的在被驱动的节点上所生成的幅值函数的时间变量，可以缩放到子模型中使用的步时间。

子模型不能参考一个包括多载荷工况的整体模型步（见 1.1.4 节）。必须为将要驱动子

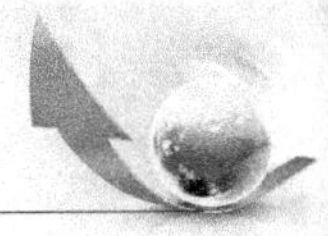

模型的步使用一个单独的载荷定义，以执行整体分析。

基于面的子模型模拟

基于面的子模型模拟作为基于节点的技术的一个补充提供了，允许使用整体模型的应力驱动子模型。

输入文件用法：　　＊SUBMODEL，TYPE = SURFACE

Abaqus/CAE 用法：Load module：Create Load：为 Category 选择 Mechanical 以及为 Types for Selected Step 选择 Submodel：Driving region：Specify

所支持的单元类型

给基于面的方法提供下面类型的子模型模拟（整体-子模型）：

- 二维模型：
  - 实体-实体
- 三维模型：
  - 实体-实体

在子模型中可以使用的单元类型不同于那些用来模拟整体模型中对应区域的单元类型。支持静态分析过程的连续单元，是支持基于面的子模型模拟的，具有下面的例外：

- 不支持圆柱形单元；
- 不支持连续壳单元。

所支持的过程

基于面的技术仅对于 Abaqus/Standard 中的静态分析有效。

子模型不能参考包括多载荷工况（见 1.1.4 节）的一个整体模型步。必须为将要驱动子模型的步使用一个单独的载荷定义，以执行整体分析。

执行一个子模型模拟分析

一个子模型模拟分析包含：

- 运行一个整体分析，并且在子模型边界的附近存储结果；
- 定义子模型中的驱动节点或者驱动面的总集；
- 通过指定每一个步骤要驱动的实际节点和自由度或者基于单元的面，来定义子模型分析中驱动变量的时间变化；
- 运行使用“驱动变量”来驱动解的子模型分析。

链接整体模型和子模型

子模型是作为整体分析的一个单独分析来运行的。子模型与整体模型之间仅有的链接是将整体分析中保存的变量的时间相关值，传递到子模型的相关边界节点上，或者传递到相关的边界面上。此传递是通过将来自整体模型的结果，为基于节点的子模型保存到结果文件（.fil）

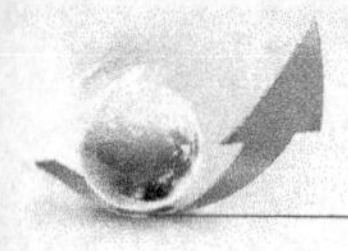

中，或者保存到输出数据库文件（.odb）中，或者为基于应力的子模型保存到输出数据库文件（.odb）中，然后将这些结果读入子模型分析中。如果整体模型是以零件实例装配的方式定义的，则为了子模型分析而要求了来自整体模型的零件文件（.prt）。因为子模型是一个单独的分析，它可以用于任何数量的层级；一个子模型可以作为一个后续子模型的整体模型来使用。

精度

一个子模型模拟分析中的整体模型定义的子模型边界响应必须具有足够的精度。务必确保为任何子模型模拟技术的具体使用提供有物理意义的结果。通常，子模型边界处的解必须不能因为不同的局部建模而显著不同。Abaqus 中没有此准则的内建检查，而是需要用户自己判断。通常，可以通过对比子模型区域边界附近的重要变量云图显示来检查精度。

指定用来驱动子模型的整体单元

默认情况下，根据包含驱动节点的位置或者驱动面的面片的单元，来寻找子模型附近的整体模型；然后子模型通过这些单元的响应来驱动。在某些情况下，包括一个驱动节点位置的单元不止一个。例如，整体模型中的相邻体可能具有临时重合的节点或者面，如图 5-1 所示。

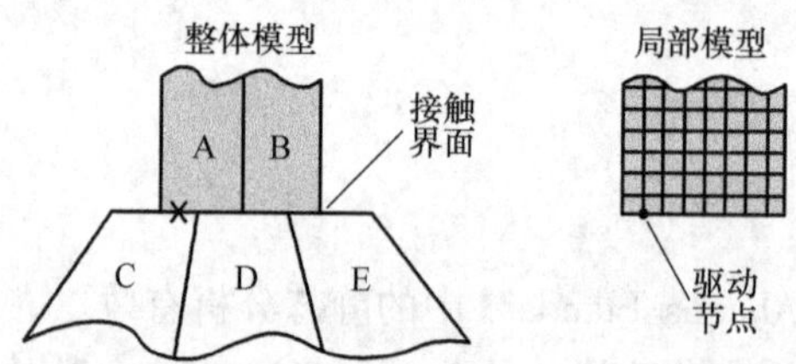

图 5-1　局部模型驱动节点区域中具有重合面的整体模型

在此情况下，相应整体模型中驱动节点的位置同时接触单元 A 和单元 C，然而，只有来自单元 A 的结果驱动子模型中的节点。

要排除某些单元驱动子模型，应通过指定一个整体单元集的选项来限制对一个合适的整体模型子集的寻找。

输入文件用法：　＊SUBMODEL，GLOBAL ELSET = 名称

如果整体模型是以零件实例的装配方式定义的，当指定整体单元集时，则给出完整的名称，包括装配和零件实例名称。例如，一个装配 Assembly-1 的零件实例 I-1 中命名为 top 的单元集，必须由 Assembly-1. I-1. top 来指向。

如果子模型不是以零件实例的装配方式定义的，则整体单元集名称中的点必须用下划线来替代：Assembly-1_I-1_top。

如果整体单元集是在装配层级定义的，则可以在子模型分析中提供单元集名称，不需要限定它与装配名称一致。

Abaqus/CAE 用法：Load module：Create Boundary Condition：为 Category 选择 Other 或者

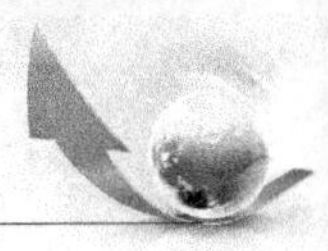

为 Types for Selected Step 选择 Submodel：Driving region：Specify

最小化文件大小

可以通过只要求输出那些用于驱动子模型的整体节点和整体单元，来为一个子模型模拟分析最小化子模型结果文件或者输出数据库。要确定使用哪些整体节点和（或者）单元来驱动子模型，执行下面步骤。

1. 在具有任何结果文件或者输出数据库文件输出请求组合的整体模型上，运行一个数据检查分析，即通过在运行 Abaqus 的命令行中使用 datacheck 参数来执行数据检查（见《Abaqus 分析用户手册——介绍空间建模、执行与输出卷》的 3.2.2 节）。

2. 在子结构上运行一个数据检查分析。

将用于驱动子模型的整体节点和（或者）单元的列表，会在子模型数据检查分析期间输出到数据文件。

输出的频率

应特别关注在整体模型中要求输出的频率（见《Abaqus 分析用户手册——介绍空间建模、执行与输出卷》的 4.1.2 节和 4.1.3 节）。有可能定义结果文件输出或者节点和单元输出到输出数据库文件，对不同的节点和单元以不同的频率写入，但是不应当对包含在插值中的定义驱动变量值的节点和单元这样操作，因为 Abaqus 将只以最稀疏的频率来取值。要避免此问题，将所有包含在插值中的节点和单元使用相同的频率输出到输出数据库或者结果文件中，并且选择一个允许子模型中的历史得到精确再现的频率。

输入文件用法：　要控制 Abaqus/Standard 结果文件的输出频率，使用下面的选项：

*NODE FILE，FREQUENCY

要控制 Abaqus/Explicit 结果文件的输出频率，使用下面的选项：

*FILE OUTPUT，NUMBER INTERVAL

要控制输出数据库的输出频率，使用下面的选项：

*OUTPUT，FIELD，FREQUENCY

Abaqus/CAE 用法：Step module：Output→Field Output Requests→Create：Frequency

材料选项

可以在整体和子模型分析中使用《Abaqus 分析用户手册——材料卷》中所描述的任何材料。为子模型定义的材料响应可以与为整体模型定义的材料响应不同。

单元

子模型的维度必须与整体模型的维度一致：两个模型必须都是二维的或者三维的。施加下面的约束：

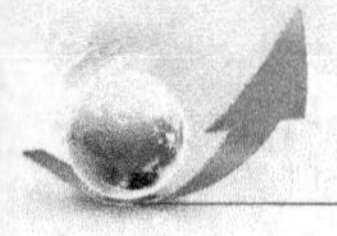

• 子模型的边界节点必须在整体模型的区域中，在此区域中 Abaqus 能够通过执行空间插值来定义驱动变量的值。这样，它们必须位于（或者所允许的容差外靠近）整体模型中的二维或者三维几何定义的单元之内。这样的几何定义的单元是：

- 二维中的一阶或者二阶三角或者四边形；
- 一阶或者二阶三角或者四边形壳；
- 三维中的一阶或者二阶四面体、楔形或者六面体。

• 边界节点不能位于只有一维单元（梁、杆、链接、轴对称壳）的整体模型的区域中，因为 Abaqus 对这样的单元不提供必要的结果插值。

• 边界节点不能位于只有用户单元、子结构、弹簧、阻尼器、胶粘单元等的整体模型的区域中，因为这些单元类型不允许几何插值。

• 边界节点不能位于只有非线性非对称变形的轴对称实体单元（CAXA 单元）的整体模型的区域中。当前子模型模拟功能并不支持这些单元。

• 与广义平面应变单元（CPEG）相关联的参考节点，在一个子模型分析中不能用作驱动边界节点。

输出

一个具体过程中的任何常规的可用输出，在一个子模型模拟分析期间也是可用的（见《Abaqus 分析用户手册——介绍空间建模、执行与输出卷》的 4.2.1 节和 4.2.2 节）。

如上面所描述的那样，必须在整体分析中使用结果文件或者输出数据库文件的节点输出要求，以保存子模型边界上的驱动变量值。

5.2.2 基于节点的子模型模拟

产品：Abaqus/Standard　　Abaqus/Explicit　　Abaqus/CAE

参考

• "子模型模拟：概览" 5.2.1 节
• ＊SUBMODEL
• ＊BOUNDARY
• "子模型模拟"《Abaqus/CAE 用户手册》的第 38 章

概览

下面类型的基于节点的子模型是可用的：

• 相同的-相同的（即实体-实体，壳-壳）
• 壳-实体

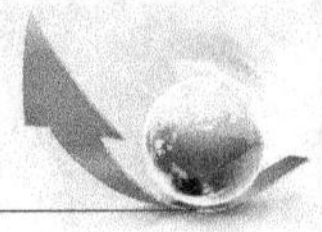

- 声学-结构

这些子模型类型支持下面的节点驱动变量：

- 位移
- 转动
- 温度
- 孔隙压力
- 声压力

执行一个基于节点的子模型模拟分析

包括基于节点的和基于面的子模型模拟共有的一些详细情况见 5.2.1 节。

从一个整体模型分析得到的结果，部分地或者完全地用于驱动子模型分析。对整体模型的结果，在子模型边界的合适的节点上进行插值（见图 5-2）。这样，局部区域边界上的响应是通过整体模型的解来定义的。驱动节点和任何施加在局部区域的载荷确定了子模型中的解。

基于节点的子模型模拟的不同类型

基于节点的子模型模拟中，可以使用三种不同的子模型。

实体-实体的子模型

可以通过整体实体模型的线性或者非线性响应来驱动一个实体子模型的响应。驱动变量可以是位移或者温度。

壳-实体的子模型

可以一个整体壳模型的线性或者非线性响应来驱动一个实体子模型的响应。驱动变量是位移，它是根据整体模型位移和转动来确定的。

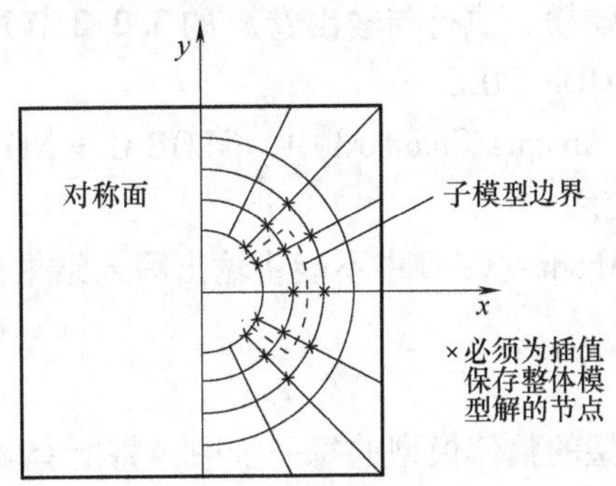

图 5-2　整体模型

声学子模型

如果流体施加在结构上的力很小，则可以使用整体结构模型的线性或者非线性响应来驱动任意大小的流体区域的声学响应。这通常就是空气中金属结构、建筑物内部或者液体到空气的声音传播情况。在流体和气体的情况中，不需要遵循特殊的过程，直接耦合压力自由度。在结构驱动流体的情况下，必须确保整体模型结果中存在子模型中要驱动的自由度。存在一些其他情况。一薄层的流体单元，具有子模型流体一样的属性，可以被添加到整体模型中。然后，此单元集和它的节点可以采用通常的方式用来驱动子模型。另外，可以在子模型的表面上创建声学界面单元，并且使用结构节点来驱动对应的节点（见《Abaqus 例题手册》的 9.1.1 节）。

流体在结构上施加的压力大时，可能对结构的机械响应感兴趣。此时可以使用声学-结构的子模型。这些子模型是整体模型结构部件的一部分。从求解一个耦合的声学-结构的整体分析中得到的声压，是用来在与流体介质共享的表面上驱动子模型的。其他子模型的边界可以通过实体-实体子模型模拟，使用整体模型的结构部件位移来驱动。在子模型驱动节点上插值整体模型的声压。使用分支区域和与驱动节点相关联的外法向将插值得到的声压转化成一个作用在该位置（见《Abaqus 验证手册》的 3.8.17 节）的集中载荷。

保存整体模型的结果

对整体分析的结果，必须在子模型边界的驱动变量插值所要求的所有节点上进行保存（见图 5-2）。结果文件（.fil）或者输出数据库文件（.odb）可以用于此目的。

保存结果到结果文件

在解将被用来驱动子模型的整体模型的每一步中，将所有驱动变量的节点结果写入结果文件中（见《Abaqus 分析用户手册——介绍空间建模、执行与输出卷》的 4.1.2 节）。必须在模型的整体坐标系中写入这些结果。子模型只能参考一个来自兼容平台的全局模型结果文件。

当整体模型是在 Abaqus/Explicit 中运行时，并且要求输出结果文件，将结果写入选定的结果文件（.sel）。此文件需要使用 convert 选项来转换成一个结果文件（.fil）（见《Abaqus 分析用户手册——介绍空间建模、执行与输出卷》的 3.2.2 节）。

输入文件用法： ＊NODE FILE

（在 Abaqus/Standard 中，GLOBAL = NO 不应当在＊NODE FILE 选项上使用）

Abaqus/CAE 用法：在 Abaqus/CAE 中不能将输出写入结果文件。

保存结果到输出数据库

在解将被用来驱动子模型的整体模型的每一步中，将所有驱动变量的节点结果写入输出数据库（见《Abaqus 分析用户手册——介绍空间建模、执行与输出卷》的 4.1.3 节）。和结果文件不同，输出数据库的节点输出总是在整体方向上写入的。因为它是二进制的，所以输出数据库可以传递到任何平台上。

输出文件用法： 使用下面的两个选项：

＊OUTPUT，FIELD

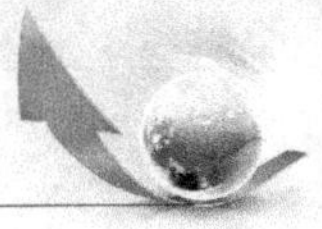

*NODE OUTPUT

Abaqus/CAE 用法：Step module：Output→Field Output Requests→Create

使用更高的精度保存结果

默认情况下，节点输出到输出数据库是使用单精度写入的，对于某些类型的问题可能是不够的，例如，承受大刚体运动（在这些情况中也考虑基于面的子模型模拟——见 5.2.3 节）的子结构。对于这样的分析，要求节点输出到最完全的可能精度（见《Abaqus 分析用户手册——介绍、空间建模、执行与输出卷》的 3.2.2 节）。

输入文件用法：　abaqus job = 整体模型输入文件 output_precision = full

Abaqus/CAE 用法：Job module：Create Job：Precision：Nodal output precision：Full

从一个具有物理时间尺度的整体模型中保存结果

如果 Abaqus/Standard 中的整体分析涉及一个物理时间尺度，并且结果文件用于子模型分析中，则要求在步的开始（零增量）处，为整体分析中的所有步写结果文件输出。Abaqus 然后将具有可以驱动子模型的完整求解过程（包括一个步开始处的求解状态）。如果没有要求零增量结果，并且子模型中的步时间小于结果文件中的第一个增量的步时间，将得到错误的结果。不是在步开始处的结果与结果文件中第一个增量的结果之间插值，Abaqus 而是简单地使用第一个增量的结果，只要子模型的步时间小于结果文件中的第一个增量步时间。Abaqus/Explicit 中不要求零增量，因为结果总是在每一个步的开始处写入结果文件中的。类似地，当使用输出数据库来从整体模型传递结果到子模型时，结果总是得到正确的插值，因为总是将零增量写入输出数据库中。

输入文件用法：　*FILE FORMAT，ZERO INCREMENT

Abaqus/CAE 用法：在 Abaqus/CAE 中，不能将输出写入结果文件。

从子模型分析中参考整体模型结果

必须定义整体解结果的来源。提供整体结果文件的名称或者输出数据库文件的名称；文件扩展名是可选的。如果省略文件扩展名，且只存在结果文件或者输出数据库，Abaqus 将正确选择扩展名。如果省略文件扩展名，并且同时存在结果文件和输出数据库文件，则使用结果文件。

输入文件用法：　abaqus job = 子模型输入文件 globalmodel = 整体结果文件或整体_输出_数据库

Abaqus/CAE 用法：Any module：Model→Edit Attributes→*submodel*：Submodel：Read data from job：整体结果文件或整体输出数据库

指定子模型中的驱动节点

指定驱动节点并不激活驱动变量，它们必须通过指定合适的子模型边界条件来激活。

在任何步中（见图 5-3）必须将驱动变量的子模型中的所有节点指定为驱动节点，因为节点的列表不能在初始定义之后进行扩展（即使在重启动上）。然而，给定节点处的变量不需要在所有步中得到驱动，在具体步中驱动哪一个变量的选择是作为子模型边界条件定义的一部分给出的，如后面所讨论的那样。

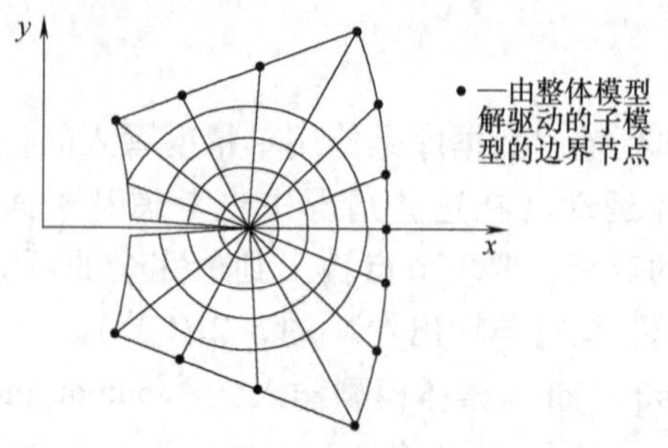

图 5-3　放大的子模型

输入文件用法：　＊SUBMODEL

节点的列表或者节点集标签或者对于声学-结构的子模型模拟，一个基于单元的结构面名称

在子模型分析的输入文件模型定义部分必须包括的＊SUBMODEL 选项。允许多＊SUBMODEL 选项；然而，在此情况中，必须确保在一个选项的数据行上指定的驱动节点是分离的，并且不同于所有其他选项的数据行上所指定的节点。

Abaqus/CAE 用法：Load module：Create Boundary Condition：为 Category 选择 Other 以及为 Types for Selected Step 选择 Submodel：选择区域

在壳-实体的子模型模拟中指定驱动节点

在壳-实体的子模型模拟中，子模型是由实体单元组成的，并且替换整体模型中的一个使用常规壳单元的区域。在此情况中，Abaqus 希望所有子模型上的驱动节点属于实体单元，并且在一个完全由壳单元组成的整体模型区域中进行驱动。在子模型中，被驱动的子模型的边界是一系列的面，但在整体模型中，被驱动的子模型的边界是壳参考面中的一组线，如图 5-4 所示。实体单元子模型的阴影面替代壳模型上的虚线 $A-B-C$。

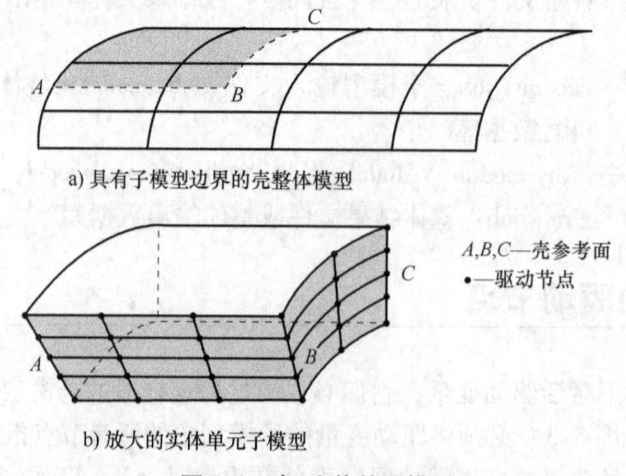

图 5-4　壳-实体的子模型

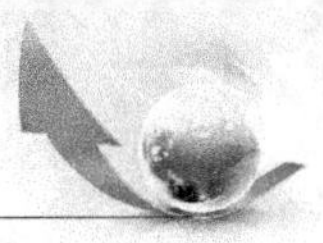

无论何时使用了壳到实体的子模型，必须定义整体模型中的最大壳厚度，与模型所使用的单位相同。如果在整体模型中定义了一个壳偏移，则必须设置壳厚度等于壳顶面或者底面到壳参考面最大距离的两倍。

输入文件用法： ＊SUBMODEL，SHELL TO SOLID，SHELL THICKNESS＝厚度

如果使用了多于一个的＊SUBMODEL，则必须在每一个选项上包括SHELL TO SOLID参数。

Abaqus/CAE用法：Any module：Model→Edit Attributes→*submodel*：Submodel：Shell global model drives a solid submodel

Load module：Create Boundary Condition：为Category选择Other和为Types for Selected Step选择Submodel：选择区域：Shell thickness：厚度

在声学结构的子模型模拟中指定驱动节点

声学结构子模型模拟问题的整体分析是作为一个耦合的声学-结构分析来执行的。整体分析的声学节点压力，必须写入与感兴趣的结构面相接触的声学网格的结果文件。在子模型分析中，子模型的驱动节点是位于所指定面上的节点。声学-结构的子模型中只允许基于单元的面。

输入文件用法： ＊SUBMODEL，ACOUSTIC TO STRUCTURE，ABSOLUTE EXTERIOR TOLERANCE＝值

Abaqus/CAE用法：Abaqus/CAE中不支持声学结构的子模型。

为两面都有声压的壳指定驱动节点

在某些问题中，声压可以同时作用在壳结构的两个面上。图5-5所示为由两面同时受声压作用的壳结构组成的整体模型的横截面。

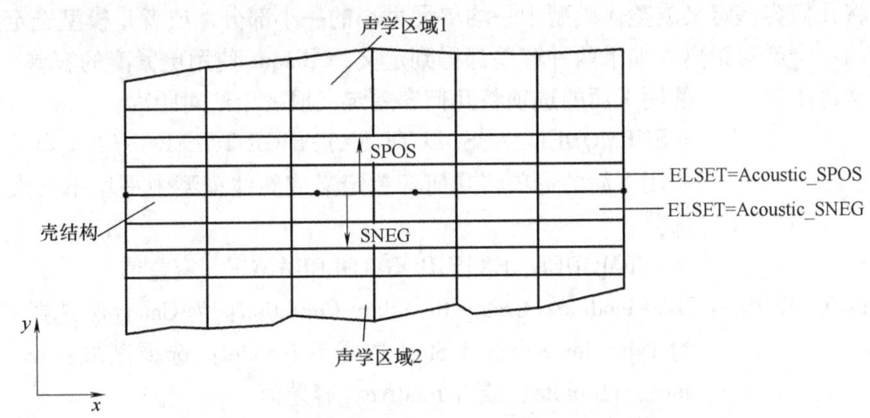

图5-5　两面都受声压作用的壳结构组成的整体模型的横截面

分别定义由壳的正面和背面上的声学单元组成的分离单元集。将与这些集中的单元相接触的节点压力写入选定的结果文件。图5-6所示为两面承受声压作用的壳结构组成的声学-结构子模型。

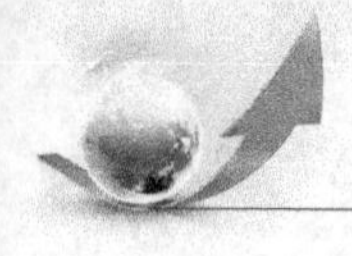

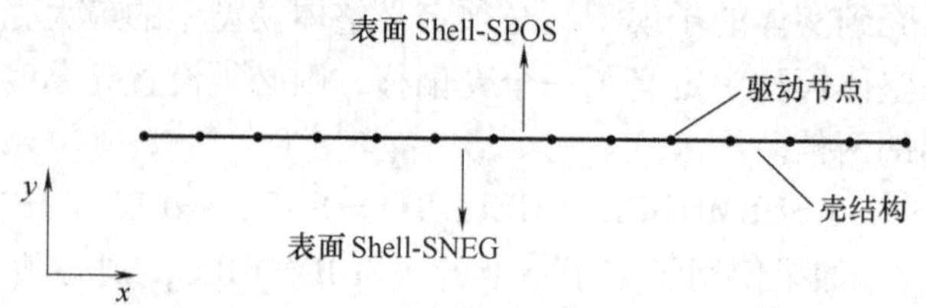

图 5-6　两面都承受声压作用的壳结构组成的声学-结构子模型

在 SPOS 侧和 SNEG 侧分别定义了两个分离的面。要从整体分析来正确地在壳的每一侧施加声压，必须指定面名称和对应的声学单元集。

输入文件用法：　* SUBMODEL，ACOUSTIC TO STRUCTURE，GLOBAL ELSET = *Acoustic_SPOS*
Shell_SPOS
* SUBMODEL，ACOUSTIC TO STRUCTURE，GLOBAL ELSET = *Acoustic_SNEG*
Shell_SNEG

Abaqus/CAE 用法：Abaqus/CAE 中不支持声学-结构的子模型。

定义几何容差

当对面在整体未变形的有限元模型中进行插值时，可用一个几何容差来定义子模型中的一个边界节点与未变形的有限元模型的整体模型外表面的距离。默认情况下，子模型中的节点的位置容差必须小于0.05 倍整体模型中平均单元尺寸。可以改变容差，这对子模型驱动节点位于一个整体模型外表面之外更远处的情况是有用的。然而，大于此默认值的容差，为了突出处在整体模型外表面之外的驱动节点，可能导致更多的驱动求解计算时间和更低的驱动求解精度。

可以将几何容差定义成整体模型中平均单元大小的一小部分，或者是模型选定的一个长度单位中的一个绝对距离。如果两种容差都得到定义，Abaqus 使用更紧凑的容差。

输入文件用法：　使用下面的选项将几何容差定义成一个绝对距离：
* SUBMODEL，ABSOLUTE EXTERIOR TOLERANCE = 容差值
使用下面的选项将几何容差定义成整体模型中平均单元大小的一小部分：
* SUBMODEL，EXTERIOR TOLERANCE = 容差值

Abaqus/CAE 用法：Load module：Create Boundary Condition：为 Category 选择 Other 以及为 Types for Selected Step 选择 Submodel：选择区域：Exterior tolerance：absolute：或者 relative：容差值

实体-实体的子模型中的外部容差

一个实体-实体的子模型分析的外部容差是通过图 5-7 中的阴影区域表示的。如果驱动节点与整体模型的自由表面之间的距离落在所指定的容差以内，则将来自整体模型的解变量外推到子模型中。

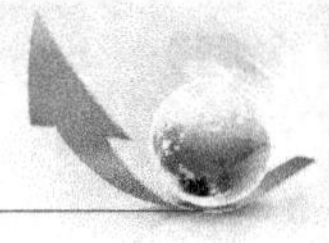

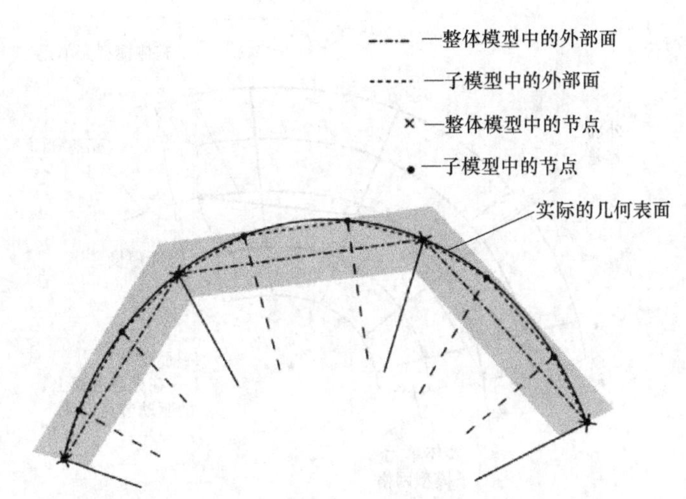

图 5-7 实体-实体的子模型中的外部容差

壳-壳的子模型模拟中的外部容差

在一个壳-壳的子模型分析中，Abaqus 检查子模型的驱动节点是否足够靠近位于整体模型中的壳单元参考面。要简化计算，整体模型中最近的点是一个通过子模型上节点的线与整体模型壳的参考面的交点。线的方向是每一个壳单元的近似平面的法向。平面的法向是壳单元节点上的法向平均。所指定外容差的经过核对的距离显示在图 5-8 中。

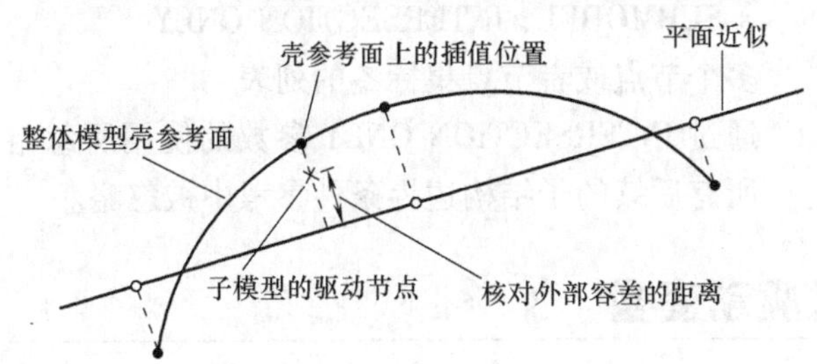

图 5-8 壳-壳的子模型模拟中的平面近似

壳-实体的子模型中的外部容差

对于壳-实体子模型模拟，Abaqus 使用两种容差来确定子模型与整体模型之间的关系。首先，确定整体模型的壳参考面上的最近点，“图像节点”如图 5-9 所示。使用用户指定的外部容差来检查图像节点是否位于整体模型的区域之内。然后检查驱动节点与其镜像节点之间的距离 D。如果距离小于所指定的壳厚度的一半加外部容差，则距离是可接受的。如果整体模型的壳厚度变化，或者如果壳参考面从中面偏移，则此检查就只是近似的。

允许从子模型中排除驱动节点

在某些情况中（例如子模型几何形状在自由面附近比整体模型更加详细时），可以指定 Abaqus 找到在整体模型单元区域外的驱动节点，即使有搜寻容差。默认情况下，这些情况

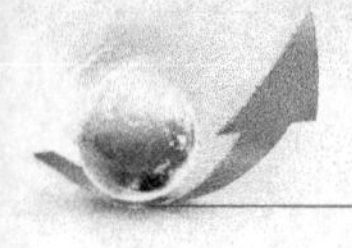

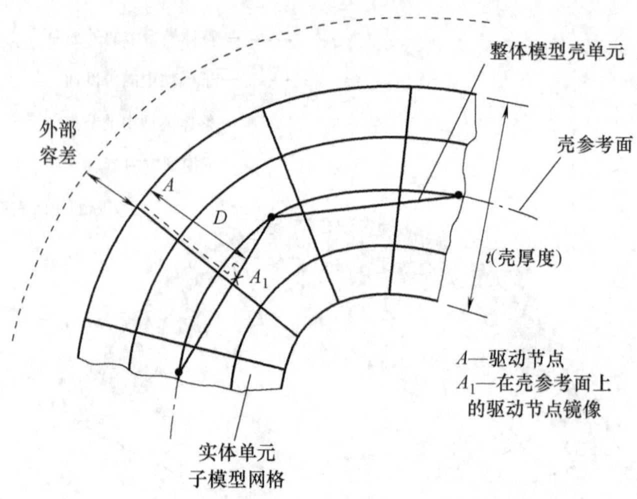

图 5-9　壳-实体的子模型中的外部容差

产生一个错误信息。然而，在实体-实体的子模型模拟中，可以指定 Abaqus 忽略不能找到的驱动节点。小心使用此选项，并且要一直评估标签为模拟找不到的节点列表。如果 Abaqus 找到驱动节点的位置大部分位于整体模型的外面，则说明建模错误，并且在这些情况中，仅使用交点选项可导致错误的结果。

输入文件用法：　使用下面的选项来指定 Abaqus 忽略在整体模型单元中不能找到的驱动节点：

*SUBMODEL，INTERSECTION ONLY

多个节点或者节点集标签的列表

通过 INTERSECTION ONLY 参数的使用所忽略的驱动节点，将会在所有后续的子结构边界条件参考中被忽略。

在子模型中定义驱动变量

实际的驱动变量在所有步中都被定义为一个子模型边界条件。边界条件是从整体分析的结果或者输出数据库文件中得到的“驱动变量”。

子模型驱动节点的自由度必须在整体模型的受力节点上存在。例如，在涉及由一个结构整体模型驱动的声音流的子模型问题中，应当在子模型与结构的驱动边界上创建声学界面单元。

对于实体-实体的和壳-壳的子模型，应指定要驱动的单个的自由度。大部分情况中，这些节点上的解变量（位移、转动、温度等）的所有分量是通过整体解来驱动的，虽然可以选择在所有驱动节点上只驱动某些分量。对于壳-实体的子模型模拟，驱动自由度是基于一个围绕壳参考面的用户指定的区域自动选取的，如后面所解释的那样。

Abaqus/Explicit 不允许位移和转动边界条件中的跳跃（见《Abaqus 分析用户手册——指定的条件、约束和相互作用卷》的 1.3.1 节中的“指定的位移”），任何驱动位移和转动中的跳跃将被忽略。

不推荐子模型中所有节点上的所有变量通过整体解来驱动。

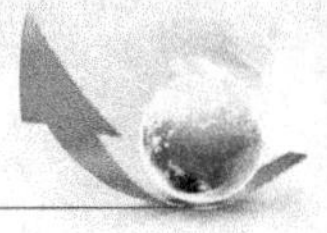

对于声学-结构的子模型模拟，由声学压力作用在子模型驱动节点上产生载荷作用，是通过指定压力和驱动节点集（自由度8）来激活。

在每一个分析中只可以指定一个子模型边界条件。

输入文件用法： ＊BOUNDARY，SUBMODEL

Abaqus/CAE 用法：Load module：Create Boundary Condition：为 Category 选择 Other 以及为 Types for Selected Step 选择 Submodel：选择区域：Degrees of freedom：自由度

从整体分析中指定步编号

应指定在当前子模型分析步中，用来驱动变量的整体模型历史步。当从结果文件得到整体解时，如果在整体分析中要求了零增量，则包括它（见《Abaqus 分析用户手册——介绍空间建模、执行与输出卷》的4.1.1节）。

在一个通用分析步中或者一个直接求解的稳态动力学分析步中，Abaqus 利用整体模型的结果将驱动变量的幅值计算成时间或者频率的函数。

输入文件用法： ＊BOUNDARY，SUBMODEL，STEP = 步

Abaqus/CAE 用法：Load module：Create Boundary Condition：为 Category 选择 Other 以及为 Types for Selected Step 选择 Submodel：选择区域：Global step number：步

将整体模型时间段缩放成子模型时间段

整体模型分析和子模型分析可以具有不同的时间步。用户可以将整体模型分析驱动节点的时间变量缩放成子模型分析的步时间。当分析本质上是静态的或者准静态的时候，此技术是有用的。不推荐在具有明显惯性影响的动态分析中使用此技术。如果在整体模型和子模型中都使用了相同的步时间，则时间缩放没有作用。不能在频域分析或者在线性摄动步中指定时间缩放。

Abaqus 将通过使用整体求解结果或者输出数据库文件的时间中的写入点，来确定在整个子模型分析的步上，驱动变量将遵循的值。当缩放了整体模型分析中驱动节点的时间变量时，并且如果步时间与子模型步时间不同，缩放驱动变量时间中的点到子模型步时间。

输入文件用法： ＊BOUNDARY，SUBMODEL，STEP = 步，TIMESCALE

Abaqus/CAE 用法：Load module：Create Boundary Condition：为 Category 选择 Other 以及为 Types for Selected Step 选择 Submodel：选择区域：Scaletime period of global step to time period of submodel step

缩放驱动变量的幅值

对于基于位移的子模型模拟，驱动变量的幅值是通过将整体分析得到的位移历史乘以一个比例缩放参数来得到的。可以通过在子模型边界条件的定义中设置缩放参数来缩放驱动变量。此技术在多步分析中缩放子模型的边界条件，而不运行整体模型时是有用的。它可以用于相同-相同和壳-实体的 Abaqus/Standard 和 Abaqus/Explicit 中，声学-结构的子模型模拟除外。

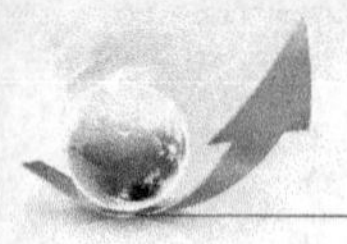

输入文件用法：　　* BOUNDARY，SUBMODEL，STEP = 步，SCALE = 因子值

Abaqus/CAE 用法：Load module：Create Boundary Condition：为 Category 选择 Other 以及为 Types for Selected Step 选择 Submodel：选择区域：Scale：缩放值

更改驱动变量的集

可以通过更改子模型边界条件来给驱动变量的列表添加新的变量，也可以从驱动变量集中删除变量，并且在稍后重新引入它们（见《Abaqus 分析用户手册——指定的条件、约束和相互作用卷》的 1.3.1 节）。为子模型定义的驱动节点总集中不能添加新节点，此驱动节点集是模型定义的一个固定部分。

输入文件用法：　　使用下面选项的一个：

* BOUNDARY，SUBMODEL，OP = MOD

* BOUNDARY，SUBMODEL，OP = NEW

Abaqus/CAE 用法：Load module：boundary condition editor：Degrees of freedom

在壳-实体的子模型中自动选择驱动变量

对于壳-实体的子模型，在驱动节点上的驱动自由度是自动选取的，取决于驱动节点与整体模型壳参考面之间的距离。所有位移分量是在位于参考面上，或者在一个“中心区域”内的节点上驱动的，如图 5-10 所示。中心区域的大小是作为子模型边界条件定义的一部分指定的，如下面所描述的那样。对于离参考面较远的节点，只有平行于壳参考面的位移分量得到驱动。至少一层子模型中的节点必须在中心区域之中；如果没有找到这样接近参考面的节点，则 Abaqus 发出一个错误信息。

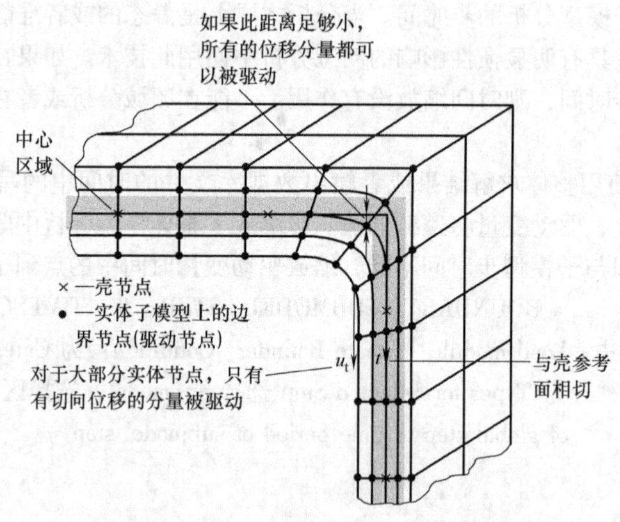

图 5-10　壳-实体子模型中心区域的选择

在壳-实体的子模型中指定中心区域的大小

指定驱动变量的中心区域方法，通常提供一个壳模型中平面应力假设的合理传递。驱动所有位移分量的参考面周围的区域宽度，对于不同的驱动节点或者节点集来说可以是不同

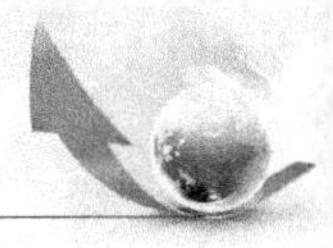

的。如果用户不提供中心区域大小的值，则假定一个最大为10%的所指定壳厚度的默认值。

对于复杂的几何形体，给不同的节点或者节点集赋予一个不同的中心区域是有利的。

可以在 Abaqus/CAE 中，通过 Visualization 模块中的显示模型边界条件（View→ODB Display Options）来显示位移中心区域内部或者外部的驱动节点。

输入文件用法：　*BOUNDARY，SUBMODEL，STEP = 步

节点，中心区域大小

Abaqus/CAE 用法：Load module：Create Boundary Condition：为 Category 选择 Other 以及为 Types for Selected Step 选择 Submodel：选择区域：Center zone size：中心区域大小

在壳-实体的子模型模拟中传递横向切应力

通常，最靠近壳参考面的节点层位于中心区域是足够了的。如果在厚度方向上使用了非常细密的网格，并且传递了大量的横向切应力，则有必要使得中心区域足够大，这样多层的节点位于区域内部。然而，如果子模型边界处的横向切应力是高的，并且子模型在厚度方向上得到高度的细化，因为子模型边界处的剪切力仅在中心区域内的驱动节点上进行传递，则可能产生高的局部应力。高的横向切应力只发生在弯曲力矩快速变化的区域中，在这样的区域中最好不要定位子模型边界。最好在整体模型中的低横向切应力区域中定位子模型边界。

特殊考虑

几点特殊考虑值得注意。

在壳-壳的子模型模拟中指定壳厚度

对于壳-壳的子模型模拟，壳厚度通常在模型之间没有变化。可以指定不同的壳厚度，例如，可以设计一个局部厚度变化。不过，Abaqus 不检查这些差别的有效性。

壳到实体的子模型模拟中的限制

下面的限制和特别情况应用于壳-实体的能力：

• 整体模型可以同时包含实体和壳单元，然而，当使用了壳-实体的能力时，所有驱动节点必须位于整体模型中的壳单元之内。如果驱动边界位于一个实体和一个壳区域之间的边界上，则必须把驱动节点移动一个较小的距离以远离实体区域（见图 5-11）。

• 整体模型中可能存在壳单元组成的拐角或者扭结。在这样的拐角或者扭结上，壳单元只对材料远离壳中面的分布近似（见图 5-12）。因为这样的近似，所以如果子模型的驱动节点位于一个拐角或者一个扭结的壳厚度之内，则不可能正确驱动一个子模型。如果有必要，使用图 5-12 所示的方法。一个更好的方法是将拐角或者扭结作为子模型的一部分，并且从远离拐角或者扭结的节点来驱动它，因为它们是应力集中和高应力梯度的源头（见图 5-13）。

• 在壳-实体的子模型中不能驱动温度自由度。

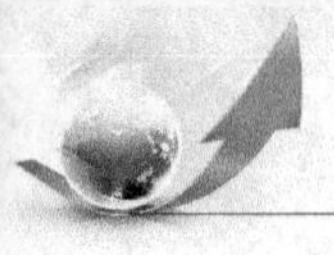

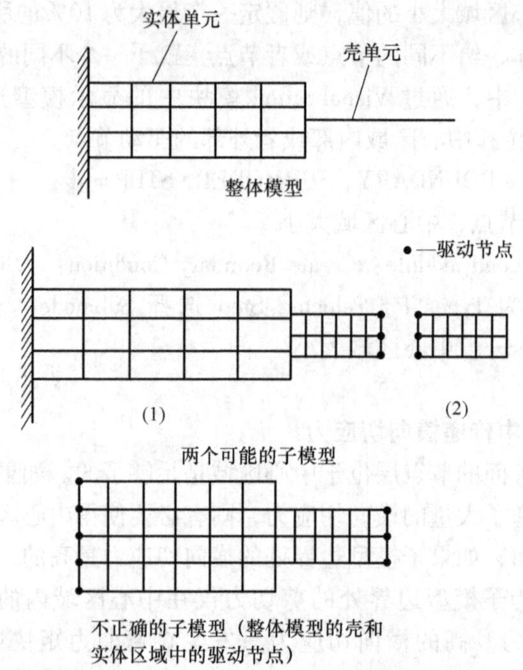

图 5-11 壳-实体的子模型的限制

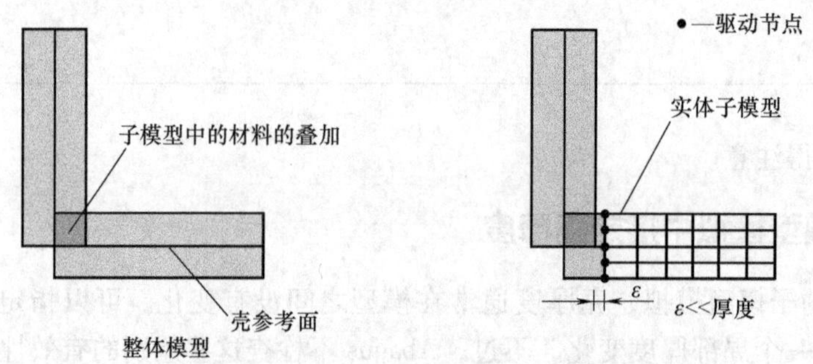

图 5-12 围绕拐角的壳-实体的子模型

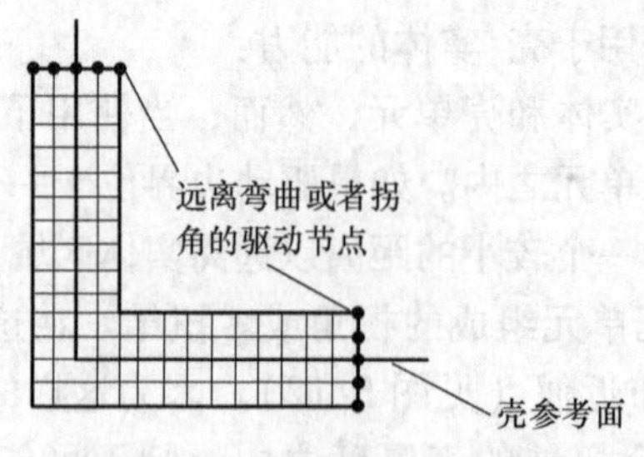

图 5-13 壳交点的实体子模型

替代壳-实体的子模型模拟

一个壳-实体的子模型模拟的替代是《Abaqus 分析用户手册——指定的条件、约束和相

互作用卷》的 2.3.3 节中讨论的基于面的壳-实体的耦合能力。

过程

在子模型层级，不能使用耦合的热-电过程，也不能使用任何基于模态的动力学过程。此外，不能使用子模型模拟来与对称的模型生成或者对称的结果传递相连接。不应当在整体模型中使用自适应网格划分。然而，可以在子模型分析中使用它们，Abaqus 将总是在子模型中把驱动节点处理成拉格朗日节点。

在子模型中，可以同时使用通用的（可能的非线性）和线性摄动步（通用和线性摄动步的讨论见 1.1.3 节）。

动态过程中的子模型模拟

子模型模拟能力可以用于使用显式积分（在 Abaqus/Explicit 中）的动态过程中和使用直接积分（在 Abaqus/Standard 中）的动态过程中。可以考虑下面的整体模型与子模型之间的过程组合：显式动力学、隐式动力学、动态耦合的热-应力和耦合的热-应力。在惯性力是显著的动态问题中，整体模型和子模型需要以相同的步时间间隔来运行。

在 Abaqus/Explicit 中，准静态分析是作为动态过程来执行的。对于此情况和在 Abaqus/Standard 中执行的静态分析，整体模型和子模型的时间步可以不同。必须将来自整体分析的驱动节点时间变量缩放到子模型分析的步时间，将在驱动点上生成的幅值函数时间变量匹配到子模型中使用的步时间。

对于 Abaqus/Explicit 中明显的动态问题，需要写入足够数量的间隔到整体模型的结果文件或者输出数据库文件。最好为每一个增量保存用来驱动子模型的节点位移结果。这种谨慎是必要的，特别是对于具有弹性材料属性的问题，要避免可能的走样（根据抽样），走样可以造成子模型中的求解扭曲。这些要求不应用于准静态问题。

解释加速度结果

当使用整体模型位移结果驱动一个子模型边界时，将位移解释成在时间上分段平滑的线性函数，类似于将如何使用一个幅值定义表来施加一个位移边界条件（见《Abaqus 分析用户手册——指定的条件、约束和相互作用卷》的 1.1.2 节中的“使用一个幅值定义与边界条件”）。此平顺的函数通常在驱动节点上产生与整体模型合理的一致的位移和速度。然而，在驱动边界上的加速度，通常不与整体模型一致，因为它们反映位移历史光顺的形状，而不是模型加速度结果（从一个分段线性的整体模型的位移历史中不能得到的信息）。远离子模型驱动节点的子模型加速度结果受此平顺的影响较少，并且通常与整体模型响应保持一致。

在一个特定的时间点， 使用线性摄动分析得到一个解

在 Abaqus/Standard 中，有可能通过使用子模型分析中的一个静态、线性的摄动过程，来研究子模型对应一个整体解中的一个特定时间点上的线性化响应。可以选择作为计算驱动变量值的基础的整体分析步骤的增量。如果不选择一个静态线性摄动步中的增量，则整体分析中选定步的最后增量，用作计算驱动变量值的基础。不能在一个通用子模型步中选择一个

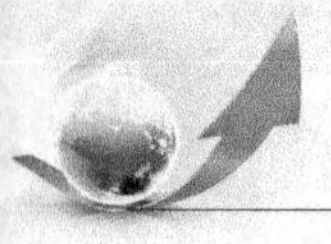

增量。

输入文件用法：　＊BOUNDARY，SUBMODEL，STEP＝步，INC＝增量

Abaqus/CAE 用法：Load module：Create Boundary Condition：为 Category 选择 Other 以及为 Types for Selected Step 选择 Submodel：选择区域：Global step number：步，Global increment：增量

频域中的子模型模拟

子模型模拟能力可以通过直接求解的稳态动力学过程来用于频域。不能在子模型层级使用基于模态的稳态动力学。

在子模型中频域范围指定的唯一限制是最小和最大频率应当位于整体模型中所计算得到的频率范围之内。就像空间插值一样，在将解变量应用于子模型之前，Abaqus 将会从频域中的整体模型来插值解变量。如果子模型中要求的响应频率与整体模型中计算得到的响应频率匹配的话，则结果将是最精确的。这在整体模型的特征频率附近是特别真实的。

在整体模型中，必须同时写节点位移的幅值和相位到结果文件中，这样 Abaqus 可以在子模型中的驱动节点上施加解的实部和虚部。如果使用输出数据库来驱动子模型，仅需要要求节点位移输出，因为输出到输出数据库的位移同时包括实部和虚部。

混合通用步和线性摄动步

同时在整体和子模型分析中混合通用步和线性摄动步是可能的。Abaqus 允许在子模型期间将通用分析步处理成线性摄动步，反之亦然。

例题：具有通用步和线性摄动步的子模型模拟

对于一个同时使用通用和线性摄动步的子模型模拟例子，考虑下面的情形。整体分析是由一个静态预加载作为一个通用的、非线性的分析步完成，后面跟随有预加载结构的特征模态提取，然后是5秒的一个模态动力学响应分析步组成：

```
*STEP
** 施加预载荷
*STATIC
0.1, 1.0
…
** 为子模型的边界差值所需要的节点写出结果
*NODE FILE, NSET=DETAIL
U
*END STEP
*STEP
** 计算模态和频率
*FREQUENCY
…
** 重复*NODE FILE 选项，因为这是第一个线性摄动步
```

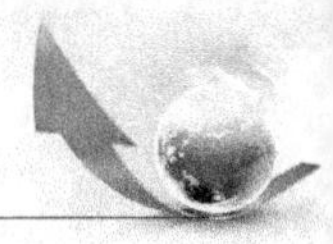

```
*NODE FILE, NSET=DETAIL
U
*END STEP
*STEP
** 预加载系统的动态响应
*MODAL DYNAMIC
0.01, 5.0
…
*END STEP
```

我们希望研究的局部的、可能非线性的响应的此模型部分是如此小，以至于我们不需要局部的模拟动态影响，并且这样，可以执行两步静态分析：

```
** 定义子模型边界（驱动节点）
*SUBMODEL
PERIM
*STEP
** 预加载
*STATIC
0.1, 1.0
*BOUNDARY, SUBMODEL, STEP=1
…
*END STEP
*STEP
** 全局动态步的局部静态响应
*STATIC
0.01, 5.0
*BOUNDARY, SUBMODEL, STEP=3
…
*END STEP
```

在整体分析中，动态步是一个线性摄动步的时候（模态动力学总是一个线性摄动分析），子模型分析为两个步要求通用，可能非线性的，是完全可以接受的。需要用户知道这样使用子模型特征是否合理的。例如，假定整体分析使用一个通用的、非线性静态响应的第四步来继续：

```
*RESTART, READ, STEP=3
** 在初始载荷的末尾读取状态
**（可以完全等效的使用 *RESTART, READ, STEP=1）
*STEP
** 添加更多的预载荷
*STATIC
0.2, 1.0
```

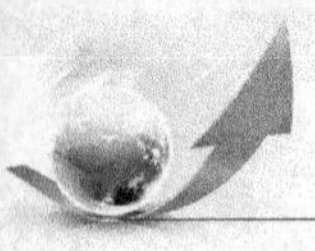


```
…
*END STEP
```

因为频率提取和模态动力学步都是线性摄动步，此第四个通用分析步从通用分析 Step 1 结束处的状态开始。然而，如果我们以相同的方式重启动了子模型分析，则求解可能与全局模态解不具有可比性。

```
*RESTART, READ, STEP=2
** 在步2的末尾读取状态
*STEP
** 添加更多的预加载
*STATIC
0.2, 1.0
*BOUNDARY, SUBMODEL, STEP=4
…
*END STEP
```

子模型中的第二步是一个通用分析步，此步的响应可以是非线性的，这样改变了模型的状态。一个有效的改变将是在第一步之后立即对子模型施加 Step 4 响应：

```
*RESTART, READ, STEP=1
** 在预加载步的末尾读取状态
*STEP
** 添加更多的预加载
*STATIC
0.2, 1.0
*BOUNDARY, SUBMODEL, STEP=4
…
*END STEP
```

在子模型分析中重新解释求解变量

在通用分析步中，Abaqus 以总解变量的方式（例如位移 u）来工作。在线性摄动步中，Abaqus 以关于一个基础状态$u|_0$的位移摄动 Δu 的方式工作。当通用分析步和线性摄动步在子模型分析中进行重新解释时，整体分析结果按表 5-1 中定义进行处理。

表 5-1　在子模型分析中重新解释解变量

整体分析步基础	子模型步基础	在子模型边界条件定义中指定的整体增量	驱动变量基础
通用	通用	无	$u_s = u_g$
线性摄动	通用	无	$u_s = u_s\|_0 + \Delta u_g$
通用	静态，线性摄动	i	$\Delta u_s = u_g\|_i - u_s\|_0$
线性摄动	静态，线性摄动	i	$\Delta u_s = \Delta u_g\|_i$

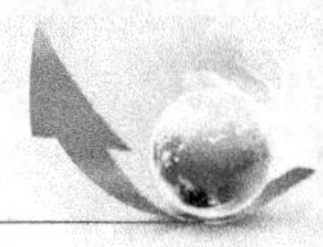

此表中

u_s——一个通用的，非线性的分析步过程中在任何时间上，子模型中的驱动变量的当前值；

Δu_s——一个线性摄动步过程中，子模型中驱动变量的摄动值；

u_g和Δu_g——整体模型中，相同（几何插值后）变量的对应值；

$u_g|_0$——整体分析过程中，一个线性摄动步中变量的“基本状态”值；

$u_s|_0$——子模型分析过程中，一个线性摄动步中变量的“基本状态”值；

$u_g|_i$——u_g在整体分析步的增量i上的值；

$\Delta u_g|_i$——Δu_g在整体分析步的增量i上的值。

在壳-实体的子模型中混合通用和线性摄动步

当一个整体模型上的通用过程驱动一个子模型上的线性摄动过程时，必须为壳-实体情况做额外的假设，反之亦然。假设取决于所使用的几何公式（线性的或者非线性的）和过程组合。这些情况的细节和控制方程见《Abaqus 理论手册》的2.15.1节。

初始条件

初始条件的定义应当在整体模型与子模型之间一致。

边界条件

在受驱动的自由度上所指定的边界条件（不是子模型边界条件），将代替使用子模型边界条件来指定的边界条件。当发生这样的替代时，Abaqus 在数据文件中报告此改变。

一个节点可以在某些步中从整体模型中驱动，并且在其他步中具有用户指定的边界条件。在这些情况中，所有相关的边界条件必须进行重新指定（见《Abaqus 分析用户手册——指定的条件、约束和相互作用卷》的1.3.1节）。

任何施加在子模型区域中的其他的边界条件，应当以通常的方式施加在子模型分析中。用户正确地施加这样的指定边界条件到子模型是必要的，这样它们可与整体模型的加载相对应。

对于也在对称平面上的子模型边界节点要小心，在其上两种边界条件都可以施加。在此情况中，在一个局部坐标系中施加边界条件（见《Abaqus 分析用户手册——介绍空间建模、执行与输出卷》的2.1.5节）可能是有帮助的。局部坐标系应当只能施加在有意覆盖子模型边界条件的边界条件上，因为子模型边界条件总是通过整体模型在整体坐标方向上输出。

载荷

施加在子模型区域中的任何载荷，必须以通常的方式施加在子模型分析中。用户正确地施加这样的载荷到子模型是必要的，这样它们可与整体模型的载荷相对应。对于 Abaqus 中可用载荷的概览见《Abaqus 分析用户手册——指定的条件、约束和相互作用卷》的1.4.1节。

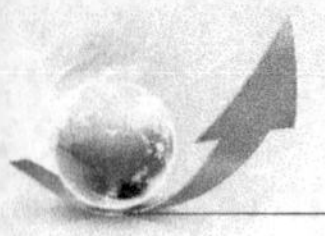

预定义的场

可以在一个子模型模拟分析中指定下面的预定义场，如《Abaqus 分析用户手册——指定的条件、约束和相互作用卷》的 1.6.1 节中所描述的那样。

- 可以指定节点温度。施加的温度与初始温度之间的任何差异将产生热应变，如果给出了材料的热膨胀系数（见《Abaqus 分析用户手册——材料卷》的 6.1.2 节）。指定的温度也影响温度相关的材料属性。
- 可以指定用户定义的场变量值。这些值只影响场-变量相关的材料属性。

Abaqus 将解变量插值到子模型驱动节点上。也可以将温度插值为场变量（详情见《Abaqus 分析用户手册——指定的条件、约束和相互作用卷》的 1.6.1 节中的“网格之间插值数值”）。其他预定义的场将不会插值到子模型的节点上。在要求解变量的地方，必须可以从子模型的所有节点的输入数据中访问。

Abaqus/Standard 为一个必须使用来自整体热传导分析的温度解来执行一个子模型的热-应力分析的情况，提供多个方法。

- 运行一个整体模型的热传导分析，并且写节点温度到结果文件或者输出数据库文件中。运行一个整体模型的顺序耦合的热-应力分析。从整体热传导分析的结果或者输出数据库文件得到的温度，是此情况中的场变量。如果热应力分析中所使用的网格不同于热传导分析中的网格，则指定 Abaqus/Standard 应当从热传导分析网格插值温度场到热-应力分析网格。使用整体热-应力分析的结果或者输出数据库文件来运行一个子模型的热-应力分析，来读取驱动变量（位移场），并且使用来自整体热传导分析或者整体热-应力分析的结果或者输出数据库文件来将温度读取为场变量。在任何一种情况中，温度场将必须插值到当前的子模型节点上。如果在不同的网格之间插值是必要的话，则必须使用整体输出数据库文件来读取温度。详情见图 5-14 和图 5-15。

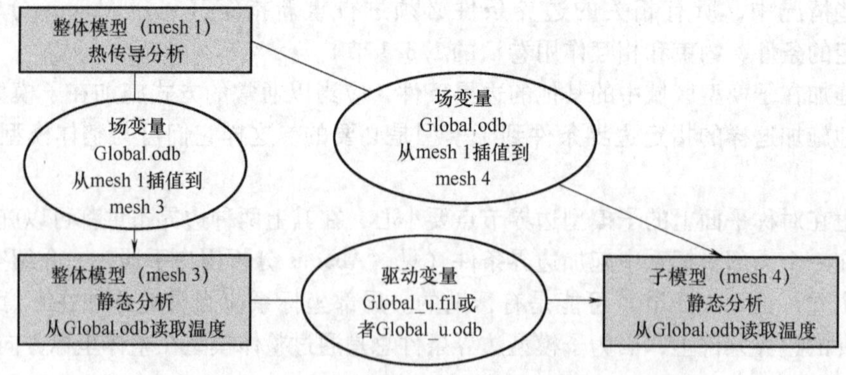

图 5-14 只有一个热-应力分析的子模型的整体模型的顺序耦合热-应力分析（1）

- 运行一个整体模型的热传导分析，并写节点温度到结果文件或者输出数据库文件。运行一个使用与整体热传导分析具有相同网格（mesh 1）的、温度来自整体热传导分析的结果文件或者输出数据库文件的顺序耦合热-应力分析（整体热应力分析）。下一步，运行一个

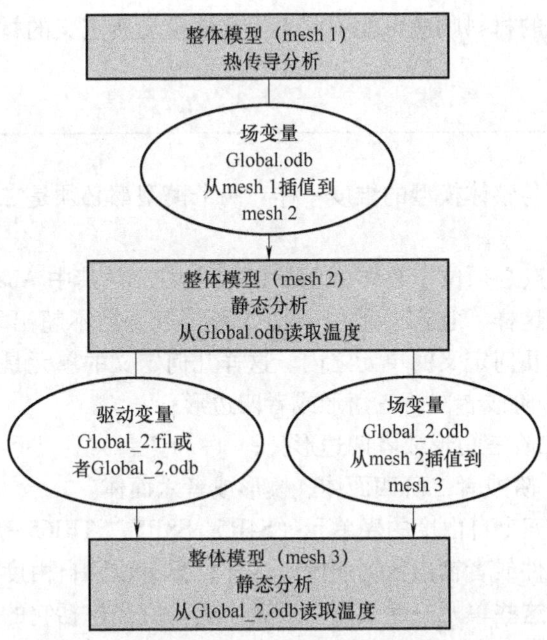

图 5-15　只有一个热-应力分析的子模型的整体模型的顺序耦合热-应力分析（2）

使用最后的子模型热-应力分析要求的网格（mesh 2）的子模型热传导分析，并且将节点温度写到结果文件或者输出数据库文件。使用来自整体热传导分析的温度解来驱动子模型热传导分析的求解。最后，使用从子模型热传导分析的结果文件或者输出数据库文件得到的温度（作为场变量），以从整体热-应力分析得到的位移（作为驱动变量），来运行子模型的热-应力分析。见图 5-16 的详情流程表。

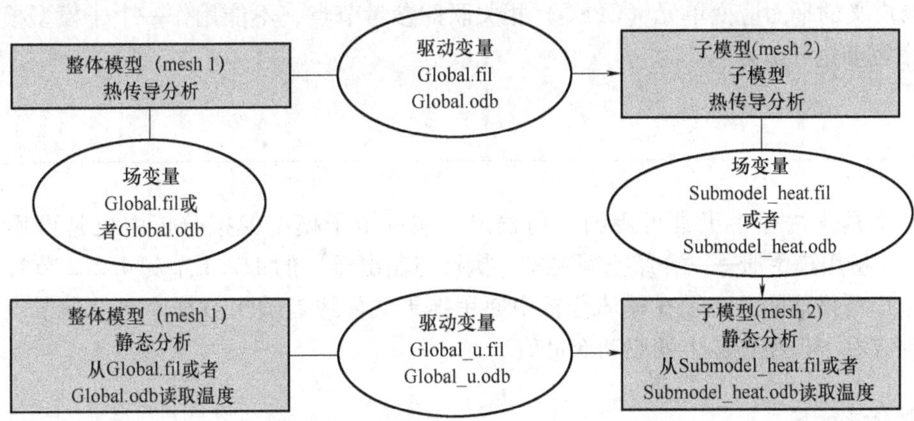

图 5-16　只使用子模型的热-应力分析的整体模型的顺序耦合热-应力分析

材料选项

《Abaqus 分析用户手册——材料卷》中描述的任何材料模型，可以用于整体分析和子模

型分析。为子模型定义的材料响应可能不同于为整体模型所定义的材料响应。

单元

子模型的维度必须与整体模型的维度一样：两个模型都必须是二维的或者三维的。施加下面的限制：

- 子模型的边界节点必须位于整体模型的区域之内，在其中 Abaqus 能够执行空间插值来定义驱动变量的值。这样，它们必须位于（或者接近，但不超出外部容差范围的）整体模型中的二维或者三维几何定义的单元之内。这样几何定义的单元是：
  - 二维中的一阶或者二阶三角形或者四边形；
  - 一阶或者二阶三角形或者四边形壳；
  - 三维中的一阶或者二阶四面体、楔形或者六面体。
- 当每个节点具有五个自由度的壳单元（S4R5，S8R5，STRI65 等）用在整体模型中时，没有将转动写入结果文件或者输出数据库中。这样，只有位移自由度可以得到驱动。这些限制建议子模型不应当与这些单元一起使用，或者子模型应当包括它的驱动边缘周围的窄单元组，这样在这些节点上的插值有效地传递转动。在壳-实体的子模型中不能使用五自由度的壳。
- 边界节点不能位于只有一维单元（梁、杆、链接、轴对称壳）的整体模型区域中，因为 Abaqus 不为这样的单元提供必要的结果插值。
- 边界节点不能位于只有用户单元、子结构、弹簧、阻尼器等的整体模型区域中，因为这些单元类型不允许几何插值。
- 边界节点不能位于只具有非线性的，非对称变形的轴对称实体单元（CAXA 单元）的整体模型区域中。子模型模拟能力当前不支持这些单元。
- 与广义的平面应变单元（CPEG）相关联的参考节点，不能用作一个子模型模拟分析中的一个驱动边界节点。

输出

在一个具体过程中正常可用的任何输出，在一个子模型模拟分析中也是可用的（见《Abaqus 分析用户手册——介绍空间建模、执行与输出卷》的 4.2.1 节和 4.2.2 节）。

如上面所描述的，必须在整体分析中使用结果文件或者输出数据库文件的节点输出要求，来保存在子模型边界上的驱动变量值。

输入文件模板

整体分析：

```
*HEADING
…
*STEP
```

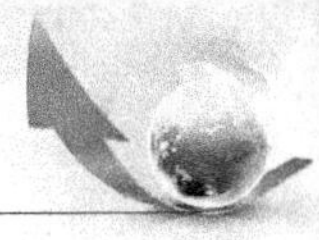

Step 1
＊STATIC（或 ＊DYNAMIC 等）
定义步时间和控制增量的数据行
…
＊NODE FILE
用来驱动子模型的解变量列表
＊OUTPUT, FIELD
＊NODE OUTPUT
用来驱动子模型的解变量列表
＊END STEP

子模型分析：

＊HEADING
…
＊SUBMODEL, EXTERIOR TOLERANCE = 容差
要驱动的所有节点的列表
＊＊
＊STEP
＊STATIC（或者任何其他允许的过程）
定义步时间（必须与整体分析中的步时间一样，除非在＊BOUNDARY 选项上使用了 TIMESCALE 参数）和控制增量的数据行
…
＊BOUNDARY, SUBMODEL, STEP = 1
对此步中要驱动的节点和自由度进行列表的数据行
…
＊END STEP

5.2.3 基于面的子模型模拟

产品：Abaqus/Standard

参考

- "子模型模拟：概览" 5.2.1 节
- ＊SUBMODEL
- ＊DSLOAD
- "子模型"《Abaqus/CAE 用户手册》的第 38 章

概览

基于面的子模型技术：

- 可能不能提供如基于节点的子模型一样水平的精度；
- 应当只在基于节点的技术不能提供足够的结果时才使用；
- 是局限于 Abaqus/Standard 中通用静态过程（见 1.2.2 节）的基于应力的实体-实体的子模型；
- 基于从整体模型插值的应力场，对子模型面施加面牵引；
- 可以与位移的基于节点的子模型模拟（见 5.2.2 节）相组合。

执行一个基于面的子模型模拟分析

从一个整体分析得到的结果，部分或者完全地驱动子模型分析。来自整体模型的结果是插值到子模型边界合适部分的面上的。这样，局部区域边界上的响应是通过整体模型的解来定义的。驱动面和任何施加在局部区域的载荷，确定了子模型中的解。

基于面的子模型应当仅在基于节点的技术不能提供足够结果的时候使用。对于两个子模型技术的比较和对它们的应用推荐，参考 5.2.1 节。

从整体模型中保存结果

在为了子模型边界面驱动变量的插值所要求的所有单元上，必须存储来自整体分析的结果。只有输出数据库可以用于此目的。

在解将用来驱动子模型的整体模型的每一个步中，将应力结果写到输出数据库（见《Abaqus 分析用户手册——介绍、空间建模、执行与输出卷》的 4.1.3 节)。

输入文件用法：　同时使用下面的选项：

* OUTPUT，FIELD

* ELEMENT OUTPUT

Abaqus/CAE 用法：Step module：Output→Field Output Requests→Create

从子模型分析中参考整体模型结果

必须定义整体求解结果的来源，并且提供输出数据库文件的名称；文件扩展名是可选的。如果省略了文件扩展名，如果存在输出数据库，则 Abaqus 将正确地选择扩展名。

输入文件用法：　abaqus job = 子模型输入文件 globalmodel = 整体输出数据库

Abaqus/CAE 用法：Any module：Model→Edit Attributes→*submodel*：Submodel：Read data from job：整体输出数据库

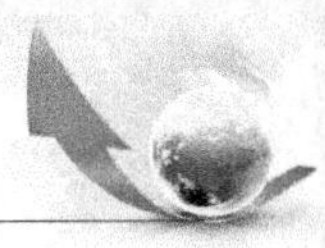

在子模型中指定驱动面

指定基于单元的驱动面并不激活驱动面载荷：它们必须通过指定合适的子模型分布面载荷来激活。

在任何步中，通过应力驱动的子模型的所有面片，必须指定为驱动面（见图5-17），因为面的列表不能在它的初始定义之后进行扩展（即使在重启动上）。然而，给定表面上的变量不必在所有步中进行驱动：选择在一个具体步中驱动哪一个面，是作为子模型分布面载荷定义的一部分的，如此节后面“在子模型中定义驱动面牵引”中所讨论的那样。

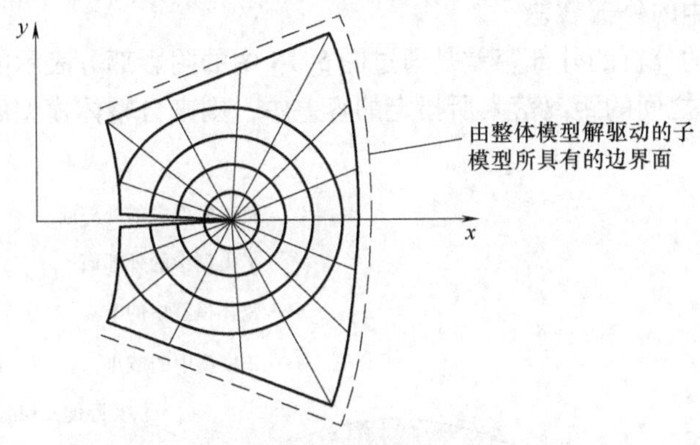

图5-17 放大的子模型

输入文件用法： ＊SUBMODEL
基于单元的结构面列表
必须在子模型分析的输入文件模型定义部分中包括＊SUBMODEL选项。允许多个＊SUBMODEL选项；然而，在此情况中，必须确保一个选项的数据行上所指定的驱动面是分离的，并且不同于所有其他选项的数据行上指定的其他面。

Abaqus/CAE用法：Load module：Create Load：为Category选择Other以及为Types for Selected Step选择Submodel：Driving region：选择区域

定义几何容差

当在整体中对面进行插值时，使用一个几何容差来定义子模型中基于单元的驱动面节点可以如何位于整体模型未变形的有限元模型外表面之外。默认情况下，子模型中的面节点，必须位于0.05倍整体模型中的平均单元大小距离之内。可以改变此容差，在子模型驱动表面位于一个更大的整体模型外表面之外的情况中是有用的。然而，大于此默认值的容差，对于驱动表面区域显著处于整体模型外表面之外的驱动求解，计算时间显著变长，驱动精度也明显降低。

可以定义几何容差为整体模型中平均单元尺寸的一小部分，或者以模型所选长度单位定义的一个绝对距离。如果两个容差都进行了定义，则Abaqus使用较小的容差。

输入文件用法： 使用下面的选项将几何容差定义成一个绝对距离：

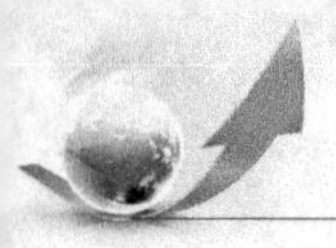

＊SUBMODEL，TYPE＝SURFACE，ABSOLUTE EXTERIOR TOLERANCE＝容差

使用下面的选项来将几何容差定义成整体模型中平均单元大小的一小部分：

＊SUBMODEL，TYPE＝SURFACE，EXTERIOR TOLERANCE＝容差

Abaqus/CAE 用法：Load module：Create Load 为 Category 选择 Other 以及为 Types for Selected Step 选择 Submodel：选择区域：Exterior tolerance：absolute：或 relative：容差

实体-实体的子模型中的外部容差

一个实体-实体的分析的外部容差是通过图 5-18 中的阴影部分表示的。如果驱动面节点与整体模型的自由面之间的距离落入所指定的容差中，则来自整体模型的解变量外推到子模型上。

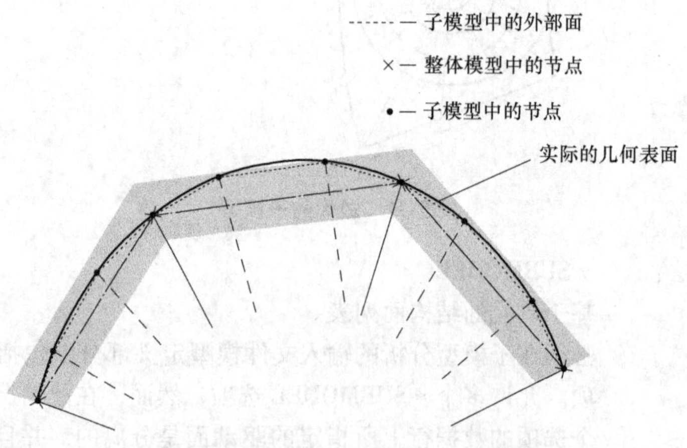

图 5-18　基于面的子模型中的外部容差

在子模型中定义驱动面牵引

实际驱动面牵引是在任何步中作为子模型分布面载荷来定义的。造成这些牵引力的应力是从整体分析的输出数据库文件得到的“驱动变量”。

所有驱动子模型边界面的整体模型单元的应力分量，必须写入到输出数据库中。将使用它们在驱动面的积分点上创建牵引、剪切和法向应力（作为非均匀的分布面载荷）。计算得到了所有可施加的应力分量，并且在每一个时间增量上施加到面积分点上。

输入文件用法：　＊DSLOAD，SUBMODEL

Abaqus/CAE 用法：Load module：Create load：为 Category 选择 Other 以及为 Types for Selected Step 选择 Submodel

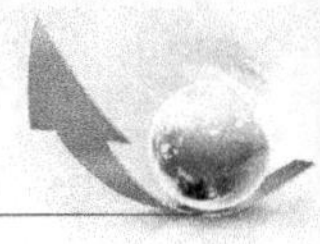

从整体分析中指定步编号

指定整体模型历史的步，用于驱动当前子模型分析步骤的驱动变量。

输入文件用法：　*DSLOAD，SUBMODEL，STEP=步

Abaqus/CAE 用法：Load module：Create load：为 Category 选择 Other 以及为 Types for Selected Step 选择 Submodel：选择区域：Global step number：步

更改驱动面牵引的集

可以一步一步地更改子模型分布的表面载荷定义，来改变整体步参考，可以删除面载荷定义，并且可以在后面重新导入它们（见《Abaqus 分析用户手册——指定的条件、约束和相互作用卷》的 1.4.1 节）。不能为子模型定义的驱动面总集添加新的面，此驱动面的集是模型定义的一个固定部分。

输入文件用法：　使用下面选项的一个：

*DSLOAD，SUBMODEL，OP=MOD

*DSLOAD，SUBMODEL，OP=NEW

得到足够的解精度的准则

不像基于节点的子模型模拟那样，基于面的子模型模拟可以在许多情况中提供不正确的或者误导的子模型结果。此风险来自于从整体模型插值应力到子模型所使用的方法：

- 整体模型材料点应力进行了平滑，并且与整体模型节点相关联。
- 然后将这些整体模型基于节点的应力插值到子模型表面积分点，并且作用牵引力。

此过程通常是非保守的，在平衡意义上产生一个不等价于整体模型应力场的子模型牵引场。

模拟准则

可以通过观察下面的准则来改善精度并且实现合理的子模型解：

- 设计模型，使得子模型面在相对低的应力梯度区域与整体模型相连接。
- 设计模型，使得子模型面在单元大小均匀的区域中与整体模型相连接。在观察到单元大小明显非均匀分布的情况中，在数据（.dat）文件中提供了一个警告信息。

检查结果

要理解模拟方法是否产生一个合理的精确的解，推荐下面的准则：

- 将子模型驱动面上的应力分布与整体模型中的应力分布相比较。可以通过在 Abaqus/CAE 的 Visualization 模块中使用诸如切割平面和路径显示的工具来显示整体模型中的应力分布。整体模型的应力分布与子模型驱动面中的应力分布的吻合程度，通常是子模型求解精确程度的说明。
- 对于子模型没有删除所有的刚体模式的情况，当在子模型中使用惯性释放时，将惯性释放力与子模型中主要的力水平相比较。如果惯性释放力与主要的力水平比较而言较大，则子模型结果可能是不精确的。

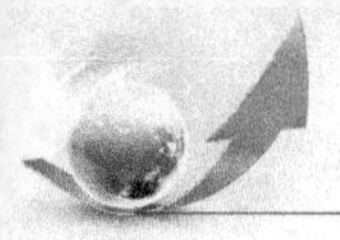

特殊考虑

有几个特殊的考虑值得注意。

刚体模式的处理

当使用基于面的子模型模拟专门驱动子模型响应时，位移解将不是唯一的。通常将遇到刚体模式，伴随有数值问题。可以通过下面内容来解决这些刚体模式。

- 在子模型分析中提供足够的基于节点的子模型位移边界条件定义；
- 在子模型分析中提供足够的边界条件定义；
- 在子模型分析中提供一个惯性释放载荷定义（见 6.1.1 节）。

可以按需对模型适当组合这些定义，来解决所有的刚体模式。

有限转动的情况

整体模型应力结果保存在全局坐标系中的输出数据库中。子模型牵引是沿这些应力和子模型中当前的构型面法向计算得到的。然而，当整体模型结果涉及明显的有限转动时，子模型结果通常是不精确的，除非提供足够的基于节点的子模型位移边界条件定义，来给予子模型类似的刚体转动。完全基于面的子模型模拟定义的使用，不足以提供这些刚体运动。当子模型没有正确的旋转时，也可以在子模型中经历收敛困难。

非弹性的行为

当使用基于面的子模型来驱动一个具有非弹性材料定义的子模型区域时，可能遇到刚体模式和伴随的数值问题。例如，如果子模型材料定义包括塑性，数值问题将防止收敛，并且剪切带公式中的子模型载荷结果超出了材料硬化的定义，这样会发生不受约束的运动（即，如果子模型载荷超出了限制载荷能力）。在这些情况中，应当使用基于节点的子模型。

过程

只允许静态过程。通用的（可能非线性的）和线性摄动步都可以用于子模型中（通用和线性摄动步的讨论见 1.1.3 节）。

使用线性摄动分析在一个具体时间点上得到解

在 Abaqus/Standard 中，通过在子模型分析中使用一个静态的，线性摄动的过程，研究子模型对应于整体解中一个具体时间点的线性化响应是可能的。可以选择整体分析步中的增量，此增量作为计算驱动变量值的基础。如果不在一个静态线性摄动分析中选择一个增量，则使用整体分析中选定步的最后增量作为驱动变量值计算的基础。不能在一个通用子模型步中选择一个增量。

输入文件用法：　＊DSLOAD，SUBMODEL，STEP＝步，INC＝增量

Abaqus/CAE 用法：Abaqus/CAE 中不支持指定整体模型增量的选择。

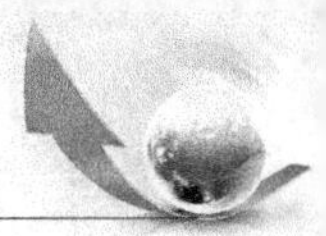

混合通用和线性摄动步

在整体和子模型分析中混合通用步和线性摄动步是可能的。Abaqus 允许在子模型模拟中将通用分析步处理成线性摄动步，并且反之亦然。

例如：使用通用和线性摄动步进行子模型模拟

对于同时使用通用和线性摄动步的子模型模拟的例子，考虑下面的情形。包含一个静态预加载的整体分析（作为一个通用的，非线性分析步来实现），跟随有预加载结构的特征模态提取，接着是一个 5s 的模态动力学响应分析步：

```
*STEP
** 施加预载荷
*STATIC
0.1, 1.0
…
** 写出对于子模型的表面插值所需要的单元应力结果
*ELEMENT OUTPUT, ELSET = DETAIL
S
*END STEP
*STEP
** 计算模态和频率
*FREQUENCY
…
** 应用这是第一个线性摄动步，所以重复*ELEMENT OUTPUT 选项
*ELEMENT OUTPUT, ELSET = DETAIL
U
*END STEP
*STEP
** 预加载系统的动态响应
*MODAL DYNAMIC
0.01, 5.0
…
*END STEP
```

我们希望研究局部的，可能非线性的响应的此模型部分是如此的小，以至于我们不需要模拟局部的动态影响，进而可以执行静态分析的两个步：

```
** 定义子模型面（驱动表面）
*SUBMODEL, TYPE = SURFACE
PERIM
*STEP
** 预加载
*STATIC
```

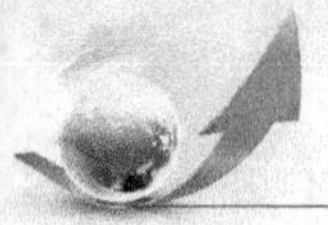


```
0.1, 1.0
*DSLOAD, SUBMODEL, STEP=1
…
*END STEP
*STEP
** 整体动态步的局部静态响应
*STATIC
0.01, 5.0
*DSLOAD, SUBMODEL, STEP=3
…
*END STEP
```

当在整体分析中，动态步是一个线性摄动步时（模态动力学总是一个线性摄动分析），子模型分析为两个步要求通用的，可能非线性的分析是完全可接受的。用户必须判断子模型特征的使用是否合理。例如，假定整体分析是使用一个通用的，非线性静态响应的第四步来继续的：

```
*RESTART, READ, STEP=3
** 在初始预加载的结束处读取状态
**（可以完全等效地使用*RESTART, READ, STEP=1）
*STEP
** 添加更多的预载荷
*STATIC
0.2, 1.0
…
*END STEP
```

此第四通用分析步以通用分析 Step 1 结束处的状态开始，因为频率提取和模态动力学步都是线性摄动步的。然而，如果我们以相同的方式重启动子模型分析，则解可能与整体模型解不一致。

```
*RESTART, READ, STEP=2
** 在 Step 2 的结束处读取状态
*STEP
** 添加更多的预载荷
*STATIC
0.2, 1.0
*DSLOAD, SUBMODEL, STEP=4
…
*END STEP
```

子模型的第二步是一个通用分析步，对此通用分析步的响应可能是非线性的，这样改变了模型的状态。一个有效的替代将是在第一步之后立即对子模型施加 Step 4 响应：

```
*RESTART, READ, STEP=1
```

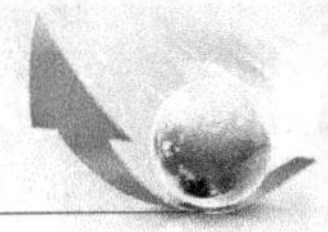

```
** 在预加载步的结束处读取状态
*STEP
** 添加更多的预载荷
*STATIC
0.2, 1.0
*DSLOAD, SUBMODEL, STEP=4
…
*END STEP
```

载荷

任何施加在整体分析的子模型区域中的载荷，必须以通常的方式在子模型分析中进行施加。正确地施加这样的载荷到子模型，使它们响应整体模型的加载是用户的责任。对于Abaqus中可用载荷的概览，见《Abaqus分析用户手册——指定的条件、约束和相互作用卷》的1.4.1节。

输出

一个具体过程中正常可用的任何输出，在一个子模型分析中也是可用的（见《Abaqus分析用户手册——介绍空间建模、执行与输出卷》的4.2.1节和4.2.2节）。

如上面所描述的那样，必须在整体分析中使用输出数据库文件的单元应力输出请求，来保存子模型边界处驱动变量的值。

输入文件模板

整体分析：

```
*HEADING
…
*STEP
Step 1
*STATIC（或者 *STATIC 等）
定义时间和控制增量的数据行
…
*ELEMENT OUTPUT
S
*OUTPUT, FIELD
*ELEMENT OUTPUT
```

```
S
*END STEP
```

子模型分析:

```
*HEADING
…
*SUBMODEL, TYPE=SURFACE, EXTERIOR TOLERANCE=容差
所有要驱动的面的列表
**
*STEP
*STATIC（或者任何其他允许的过程）
定义步时间和控制增量的数据行。
…*DSLOAD, SUBMODEL, STEP=1
列出在此步中要驱动的面的数据行
…
*END STEP
```

5.3 生成矩阵

- “生成结构矩阵”5.3.1 节
- “生成热矩阵”5.3.2 节

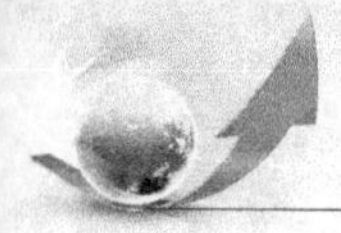

5.3.1 生成结构矩阵

产品：Abaqus/Standard

参考

- “定义矩阵”《Abaqus 分析用户手册——介绍、空间建模、执行与输出卷》的2.11.1节
- “单元矩阵装配工具”《Abaqus 分析用户手册——介绍、空间建模、执行与输出卷》的3.2.24
- “定义一个分析”1.1.2节
- *MATRIX GENERATE
- *MATRIX OUTPUT
- *MATRIX INPUT
- *CLOAD

概览

结构矩阵生成：

- 是一个线性摄动过程；
- 通过生成代表模型中的刚度、质量、黏性阻尼、结构阻尼和载荷向量的整体或者单元矩阵，来允许模型数据（诸如网格和材料信息）的数学抽象；
- 通常创建的矩阵与那些在基于子空间的稳态动力学过程（见1.3.9节）中使用的矩阵是相同的。
- 如果在分析中包括非线性的几何影响，则包括由预载荷和初始条件产生的初始应力和载荷刚度影响；
- 写矩阵数据到一个二进制.sim文件，此文件可以由Abaqus作为输入读取；
- 可以输出矩阵数据到文本文件，它可以作为输入由Abaqus或者其他仿真软件在其他分析中作为输入来读取。

介绍

一个线性结构有限元模型可以采用矩阵的方式来总结，矩阵代表模型中的刚度、质量、阻尼和载荷。使用这些矩阵，可以在其他用户、供应商或者软件包之间交换模型，而不需要交换网格或者材料数据。模型的矩阵表示省略了属性信息的传递，并且使得数据操作需求最小化。

矩阵生成过程是一个考虑了模型中所有当前边界条件、载荷和材料响应的线性摄动步（见1.1.3节）。也可以在矩阵生成步中指定新的边界条件、载荷和预定义的场。生成的矩

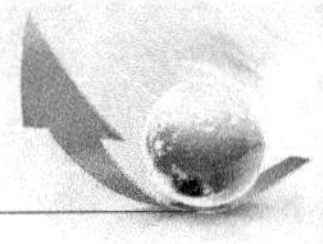

阵是一个矩阵使用模型中的输入。

矩阵生成过程使用 SIM，Abaqus 中可用的高效数据库。生成的矩阵是保存在一个名为 *jobname*_X*n*. sim 的文件中的，其中 *jobname* 是输入文件或者分析作业的名称，并且 *n* 是生成矩阵的 Abaqus 步的编号。

指定矩阵类型

可以生成代表下面模型特征的矩阵：

- 刚度；
- 质量；
- 黏性阻尼；
- 结构阻尼；
- 载荷。

载荷矩阵包含在矩阵生成步中定义的载荷工况的集成节点载荷向量（等号右边）。载荷工况可以由任何载荷的组合构成——分步的载荷、集中的节点载荷、热膨胀和为任何可用作模型一部分的子结构所定义的载荷工况。

输入文件用法：　使用下面的选项来生成刚度矩阵：

* MATRIX GENERATE，STIFFNESS

使用下面的选项来生成质量矩阵：

* MATRIX GENERATE，MASS

使用下面的选项来生成黏性阻尼矩阵：

* MATRIX GENERATE，VISCOUS DAMPING

使用下面的选项来生成结构阻尼矩阵：

* MATRIX GENERATE，STRUCTURAL DAMPING

使用下面的选择来生成载荷矩阵：

* MATRIX GENERATE，LOAD

生成单元矩阵

默认情况下，矩阵生成过程以装配的形式生成模型的整体矩阵。生成的整体矩阵是从局部单元矩阵装配得到的，并且包括来自矩阵输入数据的贡献。Abaqus/Standard 提供一个选项来生成单元接单元形式的整体矩阵。取代整体（装配的）矩阵，生成局部单元矩阵。如果选择为包含矩阵输入数据的模型生成局部单元矩阵，则 Abaqus/Standard 计算并只保存单元矩阵；忽略矩阵输入数据。

输入文件用法：　* MATRIX GENERATE，ELEMENT BY ELEMENT

为模型的一部分生成矩阵

默认情况下，矩阵生成过程为整个模型生成矩阵。Abaqus/Standard 可以为通过单元集定义的一部分模型生成矩阵。

输入文件用法：　* MATRIX GENERATE，ELSET = 单元集名称

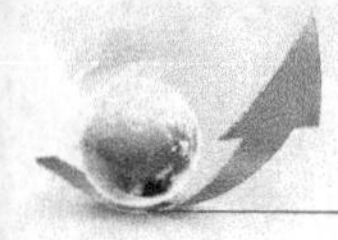

评估频率相关的材料属性

当在模型定义中指定了频率相关的材料属性时，Abaqus/Standard 提供选择频率的选项，为了在整体矩阵生成中使用这些属性，而在此频率上进行评估。如果不选择频率，Abaqus/Standard 在零频率上评估矩阵，并且不考虑来自频域黏弹性的贡献。

输入文件用法：　　* MATRIX GENERATE，PROPERTY EVALUATION = 频率

指定公共节点

一个 Abaqus/Standard 模型可以包含用户定义的节点和内部节点。内部节点是具有与它们自身相关联的自由度（例如，拉格朗日乘子和广义位移），由 Abaqus/Standard 内部所创建的节点。

可以使用矩阵生成过程来指定一些用户定义的节点为“公共节点。”这些节点将在矩阵使用模块中可见。矩阵数据中保留的用户定义的节点是指定为内部节点的，并且有效地隐藏在矩阵使用模块中（见《Abaqus 分析用户手册——介绍空间建模、执行与输出卷》的 2.11.1 节中的“矩阵数据中的内部节点”）。默认情况下，矩阵数据中的所有用户定义的节点是公共节点。

通过指定公共节点，可以降低矩阵使用分析中用户定义的节点的数量，这样简化了重映射过程（见《Abaqus 分析用户手册——介绍空间建模、执行与输出卷》的 2.11.1 节中的“在装配的矩阵中重映射用户定义的节点”）。例如，可能为了将一个子部件（矩阵）附加在矩阵所使用模型上，或者为了结果输出为公共节点而确定节点。

输入文件用法：　　* MATRIX GENERATE，PUBLIC NODES = 节点集名称

初始条件

矩阵生成是一个线性摄动过程。这样，矩阵生成步的初始状态是上个生成分析步结束时的模型状态。如果在分析中包括了非线性几何影响，则生成矩阵包括由预加载及初始条件产生的初始应力和载荷刚度影响。

边界条件

边界条件可以在一个矩阵生成步中定义或者更改。定义边界条件的更多信息，见《Abaqus 分析用户手册——指定的条件、约束和相互作用卷》的 1.3.1 节。在一个矩阵生成步中定义的任何边界条件，将不会用于后续的通用分析步中（除非重新设定它们）。

载荷

在矩阵生成步的载荷工况中可以施加所有类型的载荷。将为复杂载荷生成载荷向量的实部和虚部。施加载荷的更多信息见《Abaqus 分析用户手册——指定的条件、约束和相互作用卷》的 1.4.1 节。在矩阵生成步中定义的任何载荷，将不会用于后续通用分析步中（除非它们得到重新指定）。

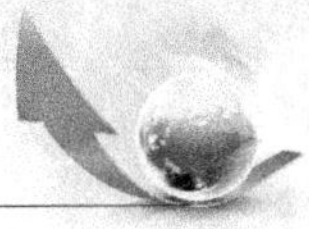

预定义的场

可以在一个矩阵生成过程中指定预定义场的所有类型。指定预定义场的更多信息见《Abaqus 分析用户手册——指定的条件、约束和相互作用卷》的 1.6.1 节。一个矩阵生成步中定义的任何预定义的场，将不会用于后续的通用分析步中（除非它们得到重新指定）。

材料选项

Abaqus/Standard 中可用的所有类型的材料，可以在矩阵生成过程中使用。

单元

可以在矩阵生成过程中使用 Abaqus/Standard 中可用的所有类型的单元。

为包含固体连续无限单元的模型生成矩阵

固体连续无限元（CIN 类型的单元）在静态和动态分析中具有不同的公式。这样，当为一个包含固体连续无限单元的模型生成矩阵时，必须指定是否使用静态或者动态公式。

输入文件用法： 使用下面的选项为固体无限单元选择静态公式：

* MATRIX GENERATE，SOLID INFINITE FORMULATION = STATIC

使用下面的选项为固体无限单元选择动态公式：

* MATRIX GENERATE，SOLID INFINITE FORMULATION = DYNAMIC

输出

在一个矩阵生成分析中，可以输出刚度、质量、黏性阻尼、结构阻尼和载荷矩阵到文本文件中。对于矩阵输出，一些格式是可用的，如下面所讨论的那样。从 . sim 文件复制矩阵并且输出到使用下面命名约定的文本文件中：

jobname_matrixN. mtx

其中 *jobname* 是输入文件或者分析作业的名称，*matrix* 是一个四字母的标识符，表明矩阵类型（见表 5-2），并且 *N* 是与生成矩阵的 Abaqus 分析步相关联的编号。

表 5-2 生成的矩阵文件名中所使用的标识符

标识符	矩阵类型
STIF	刚度矩阵
MASS	质量矩阵
DMPV	黏性阻尼矩阵
DMPS	结构阻尼矩阵
LOAD	载荷矩阵

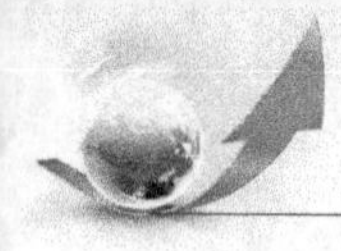

例如，如果一个刚性矩阵生成是在一个命名为 VehicleFrame 分析作业的第三步中执行的，则矩阵是输出到一个命名为 VehicleFrame_STIF3. mtx 的文件中的。

可以使用矩阵装配工具（见《Abaqus 分析用户手册——介绍空间建模、执行与输出卷》的 3. 2. 24 节）来在 SIM 文档中装配单元矩阵，并且（或者）写装配的矩阵到文本文件中。

输入文件用法：　使用下面的选项来输出刚度矩阵：

* MATRIX OUTPUT，STIFFNESS

使用下面的选项来输出质量矩阵：

* MATRIX OUTPUT，MASS

使用下面的选项来输出黏性阻尼矩阵：

* MATRIX OUTPUT，VISCOUS DAMPING

使用下面的选项来输出结构阻尼矩阵：

* MATRIX OUTPUT，STRUCTURAL DAMPING

使用下面的选项来输出载荷矩阵：

* MATRIX OUTPUT，LOAD

矩阵输入文本格式

此默认文本格式创建的矩阵格式名称，与 Abaqus/Standard 中的矩阵定义技术使用的格式一致（见《Abaqus 分析用户手册——介绍空间建模、执行与输出卷》的 2.11. 1 节）。此格式不转化任何的 Abaqus 内部节点标签。对于一个内部节点，可以使用一个负数或者零来作为标签。

输入文件用法：　* MATRIX OUTPUT，FORMAT = MATRIX INPUT

算子矩阵的格式

装配的稀疏矩阵算子数据是作为一系列的逗号分隔列表来写入文本文件中的。文件中的每一行代表一个单独的矩阵输入；一行是作为一个逗号分隔的下面元素的列表来书写的：

1. 行节点标签；
2. 行节点的自由度；
3. 列节点的标签；
4. 列节点的自由度；
5. 矩阵输入。

载荷矩阵的格式

代表右手边向量数据的载荷矩阵中的非零输入，作为一个逗号分隔的下面元素的列表来写入文本文件：

1. 节点标签；
2. 自由度；
3. 右手边的向量输入。

载荷向量的格式和标题标签是基于 Abaqus 关键字接口的，此格式生成的标签在其他的 Abaqus 分析中方便应用。每一个载荷向量使用下面的标题来表明载荷的实部和虚部：

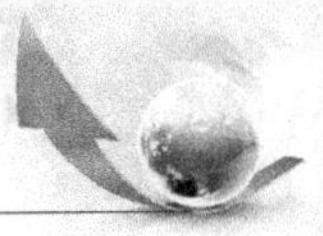

* CLOAD，REAL

* CLOAD，IMAGINARY

如果矩阵生成不具有多个载荷工况，则每一个载荷工况的载荷矩阵是通过下面的标签在生成的文本文件中打包的：

* LOAD CASE

…

* END LOAD CASE

在其他 Abaqus 模型中包括生成的矩阵数据和生成的载荷

以输入文本格式输出的生成的稀疏矩阵和生成的载荷，可以包括在其他 Abaqus 模型中。

输入文件用法：　使用下面的选项：

* MATRIX INPUT

* INCLUDE，INPUT = 矩阵或者载荷文件

标签文本格式

可以生成文本文件，在其中，矩阵是根据标准标签格式来格式化的。将内部 Abaqus 节点标签转化成 Abaqus 矩阵输入数据可以接受的大的正编号。这是标签文本格式与默认的矩阵输入文本格式之间唯一的区别。如果在 Abaqus/Standard 分析中使用了矩阵，则将以标签文本格式生成的矩阵的所有节点，处理成用户定义的节点。

输入文件用法：　* MATRIX OUTPUT，FORMAT = LABELS

坐标文本格式

可以生成文本文件，其中的矩阵是根据常用的数学坐标格式来格式化的。此格式在数学程序中经常使用，例如 MATLAB。

一个坐标格式化文件中的每一行对应一个矩阵输入；一行是写成具有下面元素的逗号分隔的列表：

1. 行编号；
2. 列编号；
3. 矩阵输入。

对于载荷矩阵，其表示右手边的向量数据，文本文件中的每一行是使用下面的单元来书写的：

1. 方程（行）数；
2. 右手边的向量输入。

将具有注释的载荷工况选项写入输出文件中，来表明载荷工况。

输入文件用法：　* MATRIX OUTPUT，FORMAT = COORDINATE

以单元接单元的形式输出矩阵

如果矩阵是以单元接单元的形式生成的，则可以采用单元接单元的形式写它们。当使用矩阵输入或者标签格式生成文本文件时，文件中的每一行代表一个单独的矩阵输入。一行是

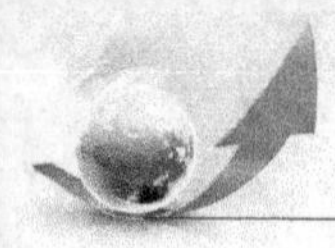

写成具有下面元素的一个逗号分隔的表：

1. 单元标签；
2. 行节点标签；
3. 行节点的自由度；
4. 列节点标签；
5. 列节点的自由度；
6. 矩阵输入。

对于载荷矩阵，它代表右手边向量数据，文本文件中的每一行是使用下面的单元来书写的：

1. 单元标签；
2. 节点标签；
3. 自由度；
4. 右手边的向量输入。

坐标格式对于单元接单元的整体矩阵生成也是可用的。坐标格式化文件中的每一行对应一个矩阵输入。一行是写成具有下面单元的一个逗号分隔的列表：

1. 单元编号；
2. 行编号；
3. 列编号；
4. 矩阵输入。

对于载荷矩阵，文本文件中的每一行使用下面元素来编写：

1. 单元编号；
2. 方程（行）编号；
3. 右手边的向量输入。

输入文件模板

```
*HEADING
…
**
*STEP
定义模型的预加载过程的选项。
*END STEP
**
*STEP
*MATRIX GENERATE, STIFFNESS, MASS, VISCOUS DAMPING,
STRUCTURAL DAMPING, LOAD
*MATRIX OUTPUT, STIFFNESS, MASS, VISCOUS DAMPING,
STRUCTURAL DAMPING, LOAD, FORMAT=MATRIX INPUT
*BOUNDARY
```

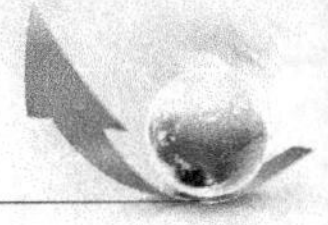

定义矩阵生成步的边界条件的选项。

```
**
*LOAD CASE, NAME = LC1
```

定义第一个载荷工况的载荷的选项。

```
*END LOAD CASE
**
*LOAD CASE, NAME = LC2
```

定义第二个载荷工况的载荷的选项。

```
*END LOAD CASE
```

可以定义任何数量的载荷工况。

```
*END STEP
```

5.3.2 生成热矩阵

产品：Abaqus/Standard

参考

- “单元矩阵装配工具”《Abaqus 分析用户手册——介绍空间建模、执行与输出卷》的 3.2.24
- *ELEMENT OPERATOR OUTPUT

概览

热矩阵生成：

- 通过生成特定时间上的代表热传导、热容和载荷的整体或者单元矩阵，允许诸如网格和材料信息那样的模型数据的数学抽象；
- 将矩阵数据编写到一个可以由 Abaqus 进一步处理的二进制 SIM 文档中；
- 仅能用作非耦合的热传导分析的一部分。

介绍

一个线性化的热传导有限元模型，可以采用热载荷向量和代表热容及热传导的热矩阵的形式来概括。此数学抽象用作不同的目的。例如，可以使用这些矩阵来与其他用户、供应商或者软件包交互模型数据，而不需要交互网格或者材料信息。也可以在与模型降阶类似的技术中使用这些矩阵。此抽象也可以扩展到瞬态非线性问题，它可以处理成离散时间上的热矩阵数据构建的一系列分段线性模型。

热矩阵生成发生在一个热传递分析中，并且考虑所有材料中的当前边界条件、载荷和材

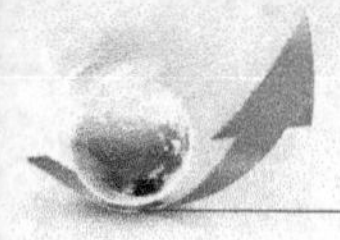

料响应。生成的矩阵保存在一个命名为*jobname*THERM*n*. sim 的 SIM 文档中，其中，*jobname* 是输入文件或者分析作业的名称，并且 n 是生成矩阵的 Abaqus 热传导步的编号。

定义矩阵类型

空间上离散的热传导方程（见《Abaqus 理论手册》的 2. 11. 1 节）的连续时间描述是

$$\int_V N^N \rho \dot{U} \mathrm{d}V = -\int_V \frac{\partial N^N}{\partial x} \cdot \boldsymbol{k} \cdot \frac{\partial \theta}{\partial x} \mathrm{d}V + \int_V N^N r \mathrm{d}V + \int_{S_q} N^N q \mathrm{d}S$$

式中　θ——温度场；

N^N——有限元插值函数；

ρ——材料密度；

$\dot{U}$——内能的材料时间导数；

$\boldsymbol{k}$——（可能各向异性的）传导矩阵；

r——每单位体积的指定热流；

V——区域的体积；

S_q——积分表面，在其上每单位面积的热流 q 是直接进行指定的，或者通过膜和辐射条件来指定。

外部的热向量 $\boldsymbol{P}$ 是定义成

$$\boldsymbol{P}^N = \int_V N^N r \mathrm{d}V + \int_{S_q} N^N q \mathrm{d}S$$

内部热流向量 $\boldsymbol{I}$ 定义成

$$\boldsymbol{I}^N = -\int_V \frac{\partial N^N}{\partial x} \cdot \boldsymbol{k} \cdot \frac{\partial \theta}{\partial x} \mathrm{d}V$$

静流向量 $\boldsymbol{F}$ 是定义成内流向量 $\boldsymbol{I}$ 与外流向量 $\boldsymbol{P}$ 的和。热容矩阵 $\boldsymbol{C}$ 是定义成

$$\boldsymbol{C}^{NM} = \int_V N^N \rho \frac{\partial U}{\partial \theta} N^M \mathrm{d}V$$

热传导矩阵 $\boldsymbol{K}$ 是定义成

$$\boldsymbol{K}^{NM} = -\frac{\partial}{\partial \theta^M}\left[-\int_V \frac{\partial N^N}{\partial x} \cdot \boldsymbol{k} \cdot \frac{\partial \theta}{\partial x} \mathrm{d}V + \int_V N^N r \mathrm{d}V + \int_{S_q} N^N q \mathrm{d}S\right]$$

即，热传导矩阵是净通量向量关于节点温度向量 θ 的负导数，并且由此，包括诸如膜和辐射那样的温度相关通量条件的影响。

指定矩阵类型

可以生成代表下面模型特征的热矩阵：

- 热容；
- 热传导；
- 载荷。

如果热传导属性是温度相关的，则热传导矩阵具有一个非对称的贡献。除非在步定义中（见 1. 1. 2 节）启动了非对称求解器，才考虑此项。

载荷矩阵包含节点外部通量向量，或者对应于在热传导步中定义的载荷的净流量向量。

输入文件用法：　　使用下面的选项来生成热容矩阵：

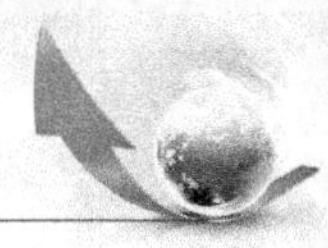

* ELEMENT OPERATOR OUTPUT, DAMPING

使用下面的选项来生成热传导矩阵:

* ELEMENT OPERATOR OUTPUT, STIFFNESS

使用下面的选项来生成外部通量矩阵:

* ELEMENT OPERATOR OUTPUT, LOAD, LOADTYPE = EXTERNAL

使用下面的选项来生成净流量向量:

* ELEMENT OPERATOR OUTPUT, LOAD, LOADTYPE = NET

为模型的一部分生成矩阵

默认情况下，热矩阵为模型中所有受支持的单元类型生成。可以要求 Abaqus/Standard 为通过单元集定义的模型的一部分生成矩阵。

输入文件用法: * ELEMENT OPERATOR OUTPUT, ELSET = 单元集名称

指定矩阵生成的频率

默认情况下，热矩阵是为步中每一个要求生成热矩阵的增量生成的。可以要求 Abaqus/Standard 以指定的频次来生成矩阵。

输入文件用法: * ELEMENT OPERATOR OUTPUT, FREQUENCY = 输出频次

生成装配的矩阵

默认情况下，热矩阵是以单元接单元的形式写入 SIM 文档中的。可以将装配的矩阵写入 SIM 文档，当热矩阵输出为大单元集或者在很小的时间间隔上写入的时候，推荐这样写入装配的矩阵。

输入文件用法: * ELEMENT OPERATOR OUTPUT, ASSEMBLE

初始条件

热矩阵生成发生在一个通用分析过程中。这样，生成的矩阵包括瞬态分析中初始条件的影响。

边界条件

没有在生成的热矩阵和载荷向量上施加指定的温度边界条件。

载荷

一个非耦合的热传导分析中所支持的所有类型的载荷，可以用于热矩阵生成。施加载荷的更多信息，见《Abaqus 分析用户手册——指定的条件、约束和相互作用卷》的 1.4.1 节。作为温度函数的载荷类型（例如膜和辐射）对热传导矩阵贡献额外的“载荷刚度”项。

预定义的场

可以为热矩阵生成指定所有类型的预定义场。指定预定义场的更多信息，见《Abaqus分析用户手册——指定的条件、约束和相互作用卷》的1.6.1节。

材料选项

对于非耦合的热传导，Abaqus/Standard中可用的所有类型的材料都可以用于热矩阵生成。

单元

支持热矩阵生成的只有连续扩散热传导单元和热接触单元。只为所支持的单元写热矩阵到SIM文档中。

输出

生成的矩阵以单元的形式或者装配的形式写入输出SIM文档中。为了效率，在SIM文档只保存非零的矩阵元素。如果矩阵是对称的，则只有矩阵的上三角部分非零元素得到保存。可以使用矩阵装配工具（《Abaqus分析用户手册——介绍、空间建模、执行与输出卷》的3.2.24节）在SIM文档中装配单元矩阵，并且（或者）写装配矩阵到文本文件中。

限制

使用自由度清除技术（例如绑定约束）实现的约束，不会为热矩阵输出进行处理。此外，对于热矩阵输出不考虑腔辐射影响。

输入文件模板

```
*HEADING
…
**
*STEP
定义一个非耦合的热瞬态分析的选项。
…
*BOUNDARY
定义热传导步的边界条件的选项。
**
```

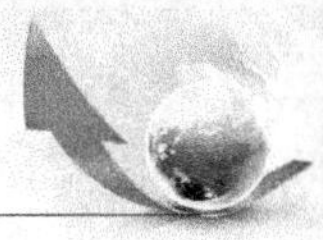

＊CFLUX 和/或＊DFLUX 和/或＊DSFLUX

定义热载荷的数据行

＊FILM 和/或＊SFILM 和/或＊RADIATE 和/或＊SRADIATE

定义对流膜和辐射条件的数据行

＊＊

＊ELEMENT OPERATOR OUTPUT, ASSEMBLE, STIFFNESS, DAMPING, LOAD, LOADTYPE = EXTERNAL, FREQUENCY = 1

＊＊

定义热传导步的输出请求的选项。

＊＊

＊END STEP

5.4 对称模型生成、结果传递和循环对称模型的分析

- “对称模型生成” 5.4.1 节
- “从一个对称网格或者三维网格的一部分传递结果到一个完全的三维网格” 5.4.2 节
- “表现出循环对称的模型的分析” 5.4.3 节

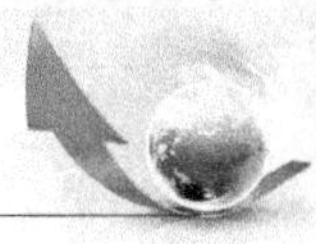

5.4.1 对称模型生成

产品：Abaqus/Standard

参考

- *SYMMETRIC MODEL GENERATION

概览

可以在 Abaqus/Standard 中通过下面创建的一个三维模型：

- 关于轴对称模型的旋转轴来旋转它；
- 关于一个单独三维扇区的对称轴旋转它；
- 组合一个对称三维模型的两部分，其中一个零件是原始的模型，并且另外一个零件是通过一个对称线或者一个对称面反射原始模型来得到的。

Abaqus/Standard 也提供将原始分析中得到的解传递到新模型中（见 5.4.2 节）。

只可以使用应力/位移、热传递、耦合的温度-位移和声学单元来生成一个新模型。

模型生成

通过关于轴对称模型的旋转轴旋转它，通过关于一个单独的三维扇区的对称轴旋转它，或者通过组合一个对称模型的两部分，其中一部分会是原始模型，并且另外一部分是原始模型通过一根线或者一个面来反射的原始模型，对称模型生成能力可以用来创建一个三维模型。

一个整体三维模型，包括节点、单元、截面定义、材料和方向定义、加强筋和接触对定义，是从原始模型生成的。不允许从一个具有通用接触的模型生成对称模型。必须重新定义动态约束的类型（《Abaqus 分析用户手册——指定的条件、约束和相互作用卷》的 2.1.1 节）。然而，基于面的约束（见《Abaqus 分析用户手册——指定的条件、约束和相互作用卷》的 2.3.1 节）和在原始模型中定义的嵌入单元约束（见《Abaqus 分析用户手册——指定的条件、约束和相互作用卷》的 2.4.1 节），将在新的三维模型中自动生成。对模型的更改作为历史数据的一部分将不会传递到新模型之中。单元或者接触对删除/再激活（见 6.2.1 节）或者对摩擦属性的改变（《Abaqus 分析用户手册——指定的条件、约束和相互作用卷》的 4.1.5 节）这样的改变将不得不在新模型的历史数据中进行重新定义。将在新模型中使用在原始模型中定义的所有单元和节点集。这些集将包含从原始集中产生的所有新单元和节点。

也能定义额外的节点、单元、接触面等来创建没有在原始模型中指定的模型部分。必须确保这些节点和单元的编号不与由对称模型生成能力所使用的那些单元编号冲突。可以控制新模型中的节点和单元编号（如下面为每一种类型的旋转模型所描述的那样），这样可以定义模型的额外部分，而没有单元和节点标签冲突的风险。定义新模型额外部分中使用的最小节点/单元编号，应当大于由对称模型生成能力生成的最大节点/单元编号。

去除重合的节点

将在某些特定情况中生成重合的节点。可以去除这样的节点来确保网格正确连接。重合节点可以在旋转后模型的旋转轴上生成，在周期模型扇区之间的连接平面上生成，和反射模型的两部分之间的连接平面上生成。可以指定用来寻找重合节点的容差距离 d。默认的距离是平均单元尺寸的1.0%。在某些情况中，需要指定比默认值小的容差距离，例如，如果在周期模型原始扇面中的一个连接平面上的两个节点之间的距离小于默认的容差距离。模型中其他地方的紧密排列节点，例如界面表面之间，或者在使用任何其他模型定义选项生成的部分模型上，将不会去除。

输入文件用法：　使用下面选项的一个来指定搜寻重合节点中使用的容差：

*SYMMETRIC MODEL GENERATION，PERIODIC，TOLERANCE = d

*SYMMETRIC MODEL GENERATION，REVOLVE，TOLERANCE = d

*SYMMETRIC MODEL GENERATION，REFLECT，TOLERANCE = d

将新模型定义写到一个外部文件

可以指定一个外部文件名（没有扩展名），新模型定义的数据将写入此文件。将对提供的文件名添加扩展名 .axi。可以编辑文件来更改或者扩展由 Abaqus/Standard 生成的模型。

输入文件用法：　使用下面选项的一个：

*SYMMETRIC MODEL GENERATION，PERIODIC，FILE NAME = 名称

*SYMMETRIC MODEL GENERATION，REVOLVE，FILE NAME = 名称

*SYMMETRIC MODEL GENERATION，REFLECT，FILE NAME = 名称

确定重启动文件

对称模型生成能力使用来自旧模型的重启动（.res）、分析数据库（.stt 和 .mdl）和零件（.prt）文件，来生成新模型。当通过在运行 Abaqus 的命令中使用 oldjob 参数，或者通过回答命令过程提出的要求（见《Abaqus 分析用户手册——介绍、空间建模、执行与输出卷》的 3.2.2 节）来执行新分析时，必须指定旧模型的重启动文件名称。

验证新模型

推荐在执行一个分析前小心地验证新模型。对称的模型生成能力，只要求数据检查运行期间保存到重启动文件中的信息来生成新模型，这允许在执行原始模型的分析之前验证新模型。通过在运行 Abaqus 的命令中使用 datacheck 参数来执行数据检查（见《Abaqus 分析用户手册——介绍、空间建模、执行与输出卷》的 3.2.2 节）。

旋转一个轴对称的横截面

可以从一个规定的参考角（θ=0.0°）绕一条轴旋转二维轴对称模型的截面来创建一个

三维模型。新三维模型的对称轴和参考平面，可以相对于整体坐标系定位在任何方向上（见图5-19）。可以指定在圆周方向上的一个非均匀的离散。

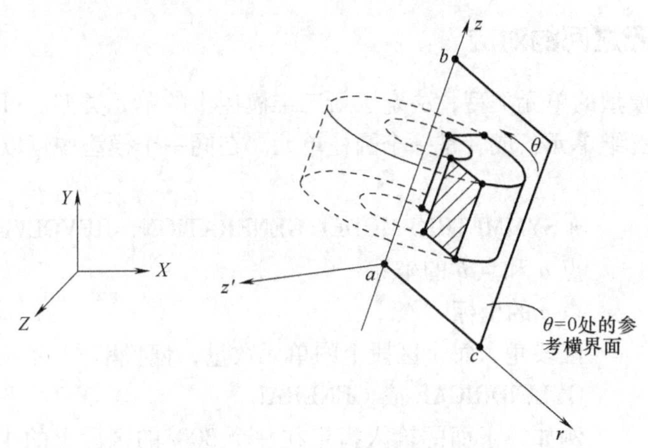

图5-19 旋转一个轴对称的横截面

指定图5-19中所示的点 a、b 和 c 的坐标，其后跟随有一个在圆周方向上定义离散的表，此表包含区段角，每段的单元数量和区段的偏置率。一些区段角，每一个具有一个不同数量的单元划分和一个不同的偏置率，可以用来定义围绕旋转模型圆周的完全的离散化。整个360.0°的旋转横截面将总是连接于旋转的起始角（$\theta = 0.0°$），不管重合节点容差的指定值。

输入文件用法：　*SYMMETRIC MODEL GENERATION, REVOLVE

局部方向坐标系

应力、应变等的单元输出总是使用一个局部圆柱方向坐标系。如果原始轴对称模型中的材料不包含一个方向定义，则提供一个默认的局部方向定义。此默认的方向是使用沿着旋转轴的坐标系极轴来定义的，使用一个关于局部1-方向的附加90.0°旋转，这样局部轴是1=径向，2=轴向，3=周向。如果使用了壳或者膜，则局部的2-轴和3-轴在壳或者膜表面上的投影，作为表面上的局部方向。总是提供此方向坐标系，即使在原始轴对称模型上已经指定了一个方向。然而，如果轴对称分析的结果映射到新的三维模型上（见5.4.2节），并且在原始模型中，一个方向定义与材料相关联，则关于对称轴旋转的原始方向替代此默认的方向定义。

控制新节点和单元编号

可以定义围绕三维模型圆周的每一个节点与单元之间的编号增量。编号在参考横截面 $\theta = 0.0°$ 处开始。参考横截面使用如原始轴对称模型一样的编号。默认是原始轴对称模型中所使用的最大的节点和单元编号。对编号的控制允许用户定义模型的额外部分，而没有单元和节点标签冲突的风险。每一个偏移值应当分别大于或者等于原始模型中所使用的最大节点或者单元标签。当指定偏移值时，必须保证所生成的节点或者单元不能超出允许的最大值：999，999，999。

输入文件用法： ＊SYMMETRIC MODEL GENERATION，REVOLVE，NODE OFFSET = 偏移，ELEMENT OFFSET = 偏移

轴对称与三维单元之间的对应

用于原始二维模型的单元类型，决定了新三维模型中的单元类型。可以指定新单元是否应当是一个通用的三维单元，或者是一个圆柱单元。在同一个模型中可以使用通用的和圆柱的单元。

输入文件用法： ＊SYMMETRIC MODEL GENERATION，REVOLVE

点 a 和点 b 的坐标

点 c 的坐标

区段角，每个区段上的单元数量，偏置率，

CYLINDRICAL 或 GENERAL

例如，下面的输入指定在一个 300°的区段上的 4 个圆柱单元和 60°区段中的 10 个通用单元：

＊SYMMETRIC MODEL GENERATION，REVOLVE

a_x，a_y，a_z，b_x，b_y，b_z

cx，cy，cz

300.0，4，1.0，CYLINDRI

60.0，10，1.0，GENERAL

可以在二维模型中使用常规的轴对称单元（CAX）、具有翘曲的轴对称单元（CGAX）、壳单元、膜单元、刚性单元和面单元，然而，不能使用非线性轴对称单元（CAXA）。一个包含不可压缩模式单元的二维模型、一阶缩减积分连续单元、壳单元或者刚性单元不能用来生成圆柱单元。轴对称单元类型与等效的三维单元类型（通用的或者圆柱的）之间的对应，显示在表 5-3 中。

表 5-3 轴对称的与三维的（通用的和圆柱的）单元类型之间的对应

轴对称单元	通用三维单元	圆柱单元
ACAX3	AC3D6	
CAX3	C3D6	
CAX3H	C3D6H	CCL9
CGAX3	C3D6	DDL9H
CGAX3H	C3D6H	DDL9
CGAX3T	C3D6T	DDL9H
DCAX3	DC3D6	
ACAX4	AC3D8	
CAX4	C3D8	
CAX4H	C3D8H	
CAX4I	C3D8I	
CAX4R	C3D8R	
CAX4RH	C3D8RH	
CGAX4	C3D8	

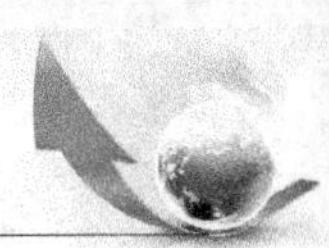

（续）

轴对称单元	通用三维单元	圆柱单元
CGAX4H CGAX4R CGAX4RH CAX4T CAX4RT CAX4HT CAX4RHT CGAX4T CGAX4RT CGAX4HT CGAX4RHT DCAX4 DCCAX4 DCCAX4D	C3D8H C3D8R C3D8RH C3D8T C3D8RT C3D8HT C3D8RHT C3D8T C3D8RT C3D8HT C3D8RHT DC3D8 DCC3D8 DCC3D8D	CCL12 CCL12H CCL12 CCL12H
ACAX6 CAX6 CAX6H CGAX6 CGAX6H DCAX6	AC3D15 C3D15 C3D15H C3D15 C3D15H DC3D15	CCL18 CCL18H CCL18 CCL18H
ACAX8 CAX8 CAX8H CAX8R CAX8RH CGAX8 CGAX8H CGAX8R CGAX8RH CAX8T	AC3D20 C3D20 C3D20H C3D20R C3D20RH C3D20 C3D20H C3D20R C3D20RH C3D20T	CCL24 CCL24H CCL24R CCL24RH CCL24 CCL24H CCL24R CCL24RH
CAX8RT CAX8HT CAX8RHT CGAX8T CGAX8RT CGAX8HT CGAX8RHT DCAX8	C3D20RT C3D20HT C3D20RHT C3D20T C3D20RT C3D20HT C3D20RHT DC3D20	
SAX1 DSAX1	S4R DS4	
SAX2 DSAX2	S8R DS8	

（续）

轴对称单元	通用三维单元	圆柱单元
MAX1 MGAX1	M3D4R M3D4R	MCL6 MCL6
MAX2 MGAX2	M3D8R M3D8R	MCL9 MCL9
RAX2	R3D4	
SFMAX1 SFMGAX1 SFMAX2 SFMGAX2	SFM3D4R SFM3D4R SFM3D8R SFM3D8R	SFMCL6 SFMCL6 SFMCL9 SFMCL9

限制

- 在轴对称模型中不能一起使用一阶和二阶单元。
- 将在模型生成中忽略非轴对称单元，例如弹簧、阻尼器、梁和杆。
- 只有基于面的接触对可以旋转。使用通用接触的模型不能进行旋转。将在模型生成中忽略使用接触单元模拟的接触条件。
- 一个包括不可压缩模式单元的二维模型、一阶的缩减积分的连续单元、壳单元或者刚性单元不能用来生成圆柱单元。
- 在一个轴对称单元的径向具有非均匀间隔的螺纹钢不能进行旋转。
- 不能旋转运动约束的大部分类型。然而，在原始模型中定义的基于面的约束（见《Abaqus 分析用户手册——指定的条件、约束和相互作用卷》的 2.3.1 节）和嵌入的单元约束（见《Abaqus 分析用户手册——指定的条件、约束和相互作用卷》的 2.4.1 节）将在新三维模型中自动的生成。
- 只有应力/位移、热传导、耦合的温度-位移和声学单元可以进行旋转。

旋转一个三维扇区来创建一个周期模型

可以通过围绕一个对称轴，旋转一个三维扇区来创建一个三维的圆周模型。圆周模型中每一个生成的扇区可以在圆周方向上跨越相同的角度，如在一个通风盘中；也可以具有一个不同的角度，例如在一个轮胎面中。在两种情况中，每一个扇区总是具有相同的几何和网格。对称轴和原始的三维扇区都可以在任何方向上相对于整体坐标系来定向（见图 5-20）。在扇区之间可以使用不匹配的网格。可以生成开放的（结构具有末端）或者闭环的周期结构。如果需要创建一个闭环周期结构，在所有扇区上的区段角度总和必须等于 360.0°。

使用一个不变角度来定义周期模型

要使用一个不变的角度来定义周期模型，必须指定图 5-20 中所示的点 a 和点 b 的坐标来定义对称轴。然后定义原始扇区的区段角 θ(°) 以及所生成的周期模型中的三维重复扇区

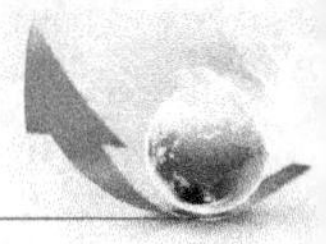

的数量 N，包括原始扇区。

输入文件用法：　＊SYMMETRIC MODEL GENERATION，PERIODIC = CONSTANT

点 a 和点 b 的坐标

θ，N

定义一个具有可变角度的周期模型

要定义一个具有可变角度的周期模型，原始扇区的两个侧面必须完全是平面的。指定图5-20 中所示的点 a 和点 b 的坐标来定义对称轴。然后定义生成的周期模型中原始扇区的区段角 θ(°) 和三维重复扇区的数量 N，包括原始扇区。下一步，指定要生成的三维扇区的一个额外数量 M 和在圆周方向上的角度缩放因子 f，此缩放因子是在圆周方向上关于原始扇区对这些附加的扇区的。可以根据需求定义附加扇区的对和缩放因子。

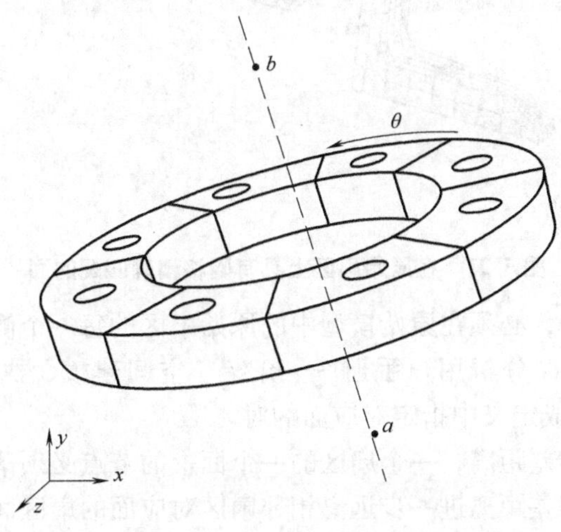

图 5-20　旋转一个三维扇区来形成一个周期的模型

输入文件用法：　＊SYMMETRIC MODEL GENERATION，PERIODIC = VARIABLE

点 a 和点 b 的坐标

θ，N

M_1，f_1

M_2，f_2

等

例如，下面的输入创建了一个 210.0°的三维模型，具有 7 个扇区，分别具有 20°，20°，30°，30°，30°，40°和 40°：

＊SYMMETRIC MODEL GENERATION，PERIODIC = VARIABLE

a_x，a_y，a_z，b_x，b_y，b_z

20.0，2

3，1.5

2，2.0

施加约束到具有不匹配网格的对称面

如图 5-21 所示，如果原始扇区中的对称面具有精确匹配的网格，则将自动去除生成的任何重复节点，来保证当关于对称轴旋转原始扇区来创建一个周期模型时，网格在相邻的扇区之间是正确连接的。

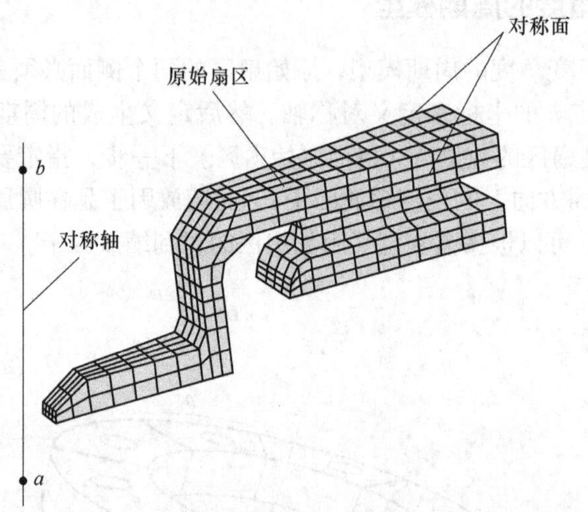

图 5-21　在原始扇区上具有网格精确匹配的面

在其他的所有情况中，必须在原始模型中的原始扇区的每一个侧面上定义一个或者多个对应面的对（见《Abaqus 分析用户手册——介绍、空间建模、执行与输出卷》的 2.3.1 节），并且在对称模型生成定义中指定对应面的对。

另外，也可以指定容差距离，一个扇区的一个面上的节点必须落在容差内远离被约束相邻扇面的对应面。比此容差距离进一步远离相邻扇区对应面的扇区面上的节点，是不会被约束住的。此容差距离的默认值是原始扇区面中典型单元大小的 5% 或者 10%，取决于是否分别使用了节点-面，或者面-面类型的约束。

也可以指定是否应当使用面-面的（默认的）或者节点-面的约束。然后当关于对称轴旋转原始扇面来创建一个周期模型时，使用一个自动生成的基于面的绑定约束（见《Abaqus 分析用户手册——指定的条件、约束和相互作用卷》的 2.3.1 节）来施加对应面的自动生成的相邻对之间的约束。每一个指定对的第一个面是从面，并且面中节点的所有自由度将通过内部生成的多点约束加以消除。

输入文件用法：　在原始模型中使用下面的选项：

*SURFACE，NAME = 主面

*SURFACE，NAME = 从面

在每一个扇面具有一个约束角的新模型中使用下面的选项：

*SYMMETRIC MODEL GENERATION，PERIODIC = CONSTANT

a_x，a_y，a_z，b_x，b_y，b_z

θ，N

从、主、容差距离，SURFACE 或 NODE

在每一个扇面具有一个变化角度的新模型中使用下面的选项：

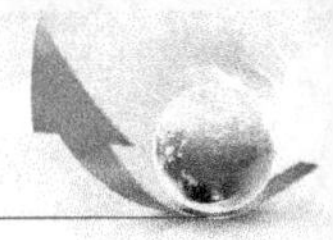

a_x，a_y，a_z，b_x，b_y，b_z

θ，N

M，f

从，主，容差距离，SURFACE 或 NODE

局部方向坐标系

一个局部圆柱方向坐标系总是用于应力、应变等的单元输出。如果在原始三维扇面中指定了一个方向（见《Abaqus 分析用户手册——介绍空间建模、执行与输出卷》的 2.2.5 节)，则新模型中的方向坐标系是通过关于对称轴旋转原始方向坐标系来定义的。如果使用了壳或者膜，局部 2-轴和 3-轴在壳或者膜的表面上的投影，作为面上的局部方向。如果原始三维扇面中的材料不包括一个方向定义，则提供一个默认的局部方向定义。此默认方向是通过关于新模型中的对称轴，旋转原始模型中的整体坐标系来定义的。

控制新的节点和单元编号

可以定义围绕三维模型圆周的每一个节点与单元之间，在编号上的递增。编号从原始三维重复的扇区上开始。原始三维重复扇区使用与原始模型相同的编号。默认是在原始的模型中使用最大的节点和单元编号。对编号的控制允许定义模型的额外部分，而没有单元和节点标签冲突的风险。每一个偏移值应当分别大于或者等于原始模型中使用的最大的节点或者单元标签。当指定偏移值时，所生成的节点或者单元不能超过允许的最大值，是999，999，999。

输入文件用法：　　*SYMMETRIC MODEL GENERATION，PERIODIC，
NODE OFFSET = 偏移，ELEMENT OFFSET = 偏移

限制

- 只有基于面的接触对可以旋转。使用通用接触的模型不能旋转。使用接触单元模拟的接触条件将在模型生成中忽略。
- 动态约束的大部分类型不能进行旋转。然而，在原始模型中定义的基于面的约束（见《Abaqus 分析用户手册——指定的条件、约束和相互作用卷》的 2.3.1 节）和嵌入的单元约束（见《Abaqus 分析用户手册——指定的条件、约束和相互作用卷》的 2.4.1 节）将在新三维模型中自动的生成。一个例外是施加循环对称约束的基于面的绑定没有得到旋转。
- 基于面的分布耦合约束，例如耦合（见《Abaqus 分析用户手册——指定的条件、约束和相互作用卷》的 2.3.2 节)、壳-实体的耦合（见《Abaqus 分析用户手册——指定的条件、约束和相互作用卷》的 2.3.3 节）和紧固件（见《Abaqus 分析用户手册——指定的条件、约束和相互作用卷》的 2.3.4 节)。这种分布耦合约束不能进行旋转，并且必须重新定义。
- 只有应力/位移、热传导、耦合的温度-位移和声学单元可以进行旋转。梁和框单元不能进行旋转。

反射一个局部的三维模型

可以通过合并一个对称三维模型的两个部分来创建一个三维模型。一个零件是原始模

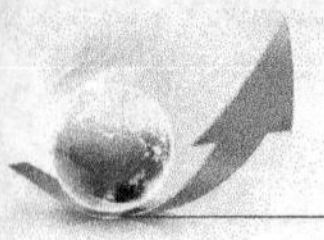

型，并且另外一个零件是通过一个对称线（图 5-22）或者对称面（图 5-23）来反射原始模型得到的。

指定图 5-22 和图 5-23 中显示的点 a、点 b 和（如果要求）点 c 的坐标。

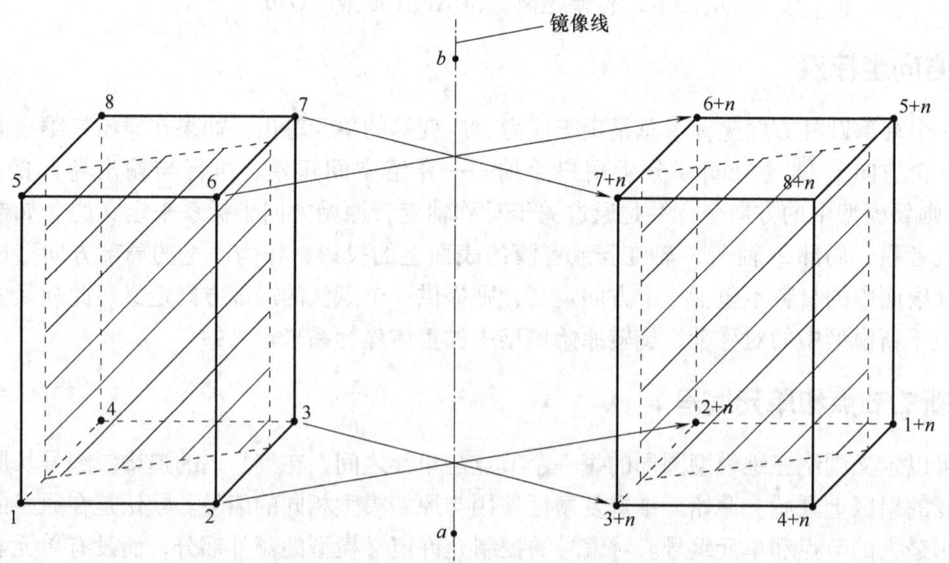

图 5-22　使用节点偏移 n 来通过线 ab 反射一个三维模型

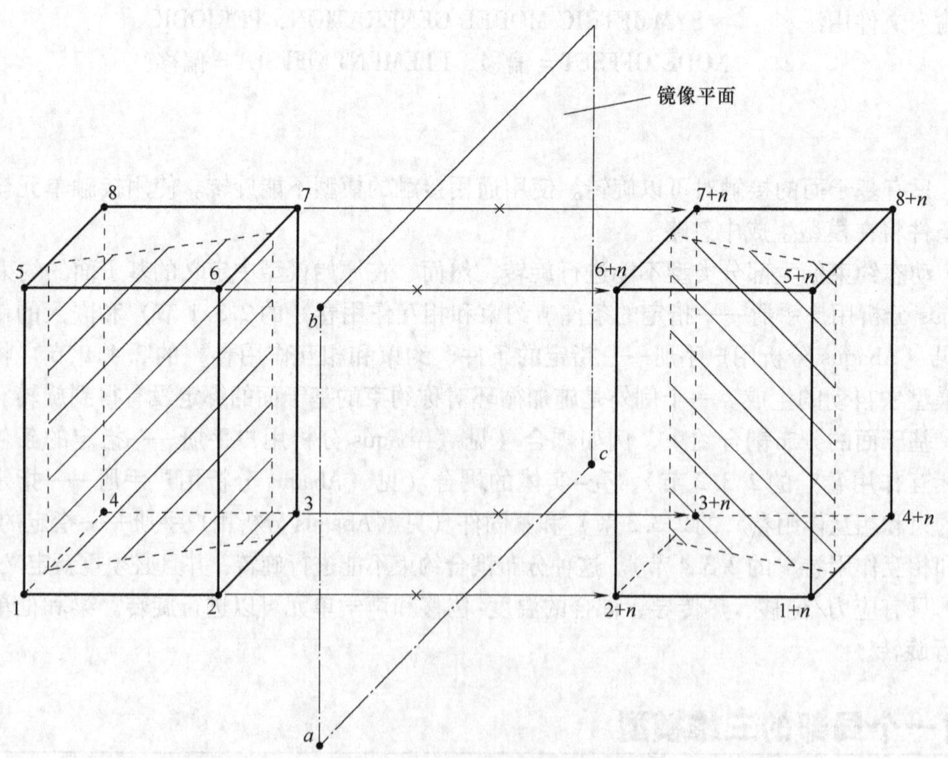

图 5-23　使用节点偏移 n 通过一个平面 abc 来反射一个三维模型

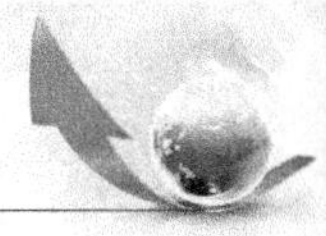

输入文件用法：　使用下面选项的一个：

*SYMMETRIC MODEL GENERATION，REFLECT = LINE

*SYMMETRIC MODEL GENERATION，REFLECT = PLANE

控制新节点和单元编号

为了给三维模型的反射零件编号，可以指定必须添加到原始节点和单元编号的约束。默认是在原始模型中使用最大的节点和单元编号。对编号的控制允许定义模型的附加部分，而没有单元和节点编号冲突的风险。

输入文件用法：　*SYMMETRIC MODEL GENERATION，REFLECT，

NODE OFFSET = 偏置，ELEMENT OFFSET = 偏置

限制

• 只有基于面的接触对可以反射。使用通用接触的模型不能进行反射。使用接触单元模拟的接触条件将在模型生成中忽略。

• 必须确保主面在反射后保持连续。当原始模型中的面，在对称结构的两个零件之间不与连接平面相交时，会创建出一个不连续的面。

• 不能反射刚性面。原始模型的刚性面定义在新模型中是简单重复的。这样，必须在原始的模型中指定完整的刚性面。

• 绝大部分的动态约束不能反射。然而，在原始模型中定义的基于面的约束（见《Abaqus 分析用户手册——指定的条件、约束和相互作用卷》的 2.3.1 节）和嵌入的单元约束（见《Abaqus 分析用户手册——指定的条件、约束和相互作用卷》的 2.4.1 节），将在新的三维模型中自动生成。

• 只有应力/位移、热传导、耦合的温度-位移和声学单元可以进行反射。

• 非轴对称的单元，例如弹簧、阻尼器、梁和杆不能反射。

5.4.2　从一个对称网格或者三维网格的一部分传递结果到一个完全的三维网格

产品：Abaqus/Standard

参考

• “对称模型生成” 5.4.1 节

• *SYMMETRIC RESULTS TRANSFER

概览

对称结果传递：

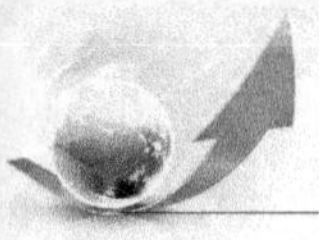

• 降低结构分析的成本，此结构在载荷历史中可以先承受对称的变形，后面跟随有非对称变形；

• 可以用来传递一个轴对称模型的解到一个三维模型中；

• 可以用来传递一个三维模型对称部分的解到一个完全三维模型中；

• 必须用来与对称模型生成能力相结合（见 5.4.1 节）；

• 只可以用来传递应力/位移、热传导、耦合的温度-位移或者耦合的声学-结构分析的结果到一个新的模型中。

从一个对称网格或者三维网格的一部分传递结果到一个完全三维的网格

可以使用对称结果传递能力来传递一个轴对称模型的解到一个三维模型中，或者传递一个三维模型的对称部分的解到一个完全三维的模型中。在 5.4.1 节中描述的对称模型生成能力，必须用来生成三维模型。

对于以零件实例装配的形式定义的模型，对称结构传输能力是不可用的。

传递到新模型中的解由变形的构型和对应的材料状态组成，包括应变和所有的状态变量。节点使用它们的原始坐标来导入。此解成为新分析中的初始或者基本状态。

指定必须读取原始模型中得到解的时间

指定必须读取原始模型中得到解的时间。要求的步和增量或者迭代，必须在原始分析中写入到重启动文件中。

输入文件用法： 如果从任何不是直接循环过程的分析中传递解，则使用下面的选项：

*SYMMETRIC RESULTS TRANSFER, STEP = 步, INC = 增量

如果从一个先前的直接循环分析中传递解，则使用下面的选项：

*SYMMETRIC RESULTS TRANSFER, STEP = 步, ITERATION = 迭代

得到平衡

必须确保在分析开始时模型是平衡的。推荐使用与传递结果的模型状态相匹配的边界条件和载荷，来包括初始步定义。应当为此步使用一个等于总时间的初始时间增量，来允许 Abaqus/Standard 尝试，并且在一个增量中达到平衡。如果需要的话，Abaqus/Standard 可以在步中线性地解决应力不平衡，这样使用多于一个的增量。可以选择在步的第一个增量中使应力不平衡得到解决来进行替代。

输入文件用法： 使用下面的选项来让 Abaqus/Standard 在步上线性地解决应力不平衡问题：

*SYMMETRIC RESULTS TRANSFER, UNBALANCED STRESS = RAMP

使用下面的选项来让 Abaqus/Standard 在步的第一个增量上解决应力不平衡：

*SYMMETRIC RESULTS TRANSFER, UNBALANCED STRESS = STEP

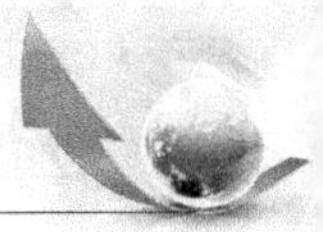

确定重启动文件

对称结果传递能力使用重启动文件（. res）、分析数据库文件（. stt 和 . mdl）、零件文件（. prt）和输出数据库文件（. odb）来从旧分析传递解数据到新网格。当新分析是通过使用运行 Abaqus 命令中的 oldjob 参数，或者通过回答命令过程产生的要求（见《Abaqus 分析用户手册——介绍空间建模、执行与输出卷》的 3. 2. 2 节）来执行时，必须指定来自旧分析的重启动文件的名称。

验证新模型

在传递结果之前，或者执行任何分析之前，验证新模型是否正确生成的。模型生成能力要求仅在一个数据检查运行过程中存储在重启动中的信息来生成新模型，它允许在执行原始模型的分析之前，验证新模型。一个数据检查分析是通过使用运行 Abaqus 的命令中的 datacheck 参数来执行的（见《Abaqus 分析用户手册——介绍空间建模、执行与输出卷》的 3. 2. 2 节）。

一旦模型得到验证，就可以执行原始模型的分析，并且可以传递结果到新模型中。

通过在一个步的开始时要求输出（见《Abaqus 分析用户手册——介绍空间建模、执行与输出卷》的 4. 1. 1 节），可以将被传递的解写到结果文件中。此解也能在 Abaqus/CAE 中显示。

方向坐标系

当从一个轴对称模型传递结果到一个三维模型时，一个局部圆柱方向坐标系用于应力、应变等的单元输出。如果原始轴对称模型中的材料没有包含一个方向定义，则提供了一个默认的局部方向定义（见《Abaqus 分析用户手册——介绍空间建模、执行与输出卷》的 2. 2. 5 节）。此默认方向是使用坐标系的极轴，沿着转动轴，关于局部 1- 方向具有额外 90°的旋转来定义的，这样，局部轴是 1 = 径向、2 = 轴向和 3 = 周向。如果使用了壳或者膜，则在壳或者膜的表面上投影的局部 2- 轴和 3- 轴取为表面上的局部方向。假定材料属性是在此坐标系中指定的。如果，在另一方面，在原始模型中一个方向定义与材料相关联，则新三维模型中的方向将是关于对称轴旋转的方向定义。

当通过反射一部分的三维模型，从一个三维模型的一部分传递结果到一个完全的三维模型中时，一个局部材料方向在完全的三维模型定义中，基于部分三维模型中的对应方向定义来创建。然而，如果在部分的三维模型中，材料不包含一个方向定义，并且部分的三维模型不是通过旋转一个轴对称模型来创建的，则在完全的三维模型中没有创建局部的方向定义。完全三维模型使用一个整体坐标系。

当从一个三维扇区传递结果到一个通过关于三维扇区的对称轴旋转三维扇区来得到的周期三维模型中时，一个局部圆柱方向坐标系总是用于应力、应变等的单元输出。如果在原始的三维扇区中指定了一个方向，则新模型中的方向坐标系是通过关于对称轴旋转原始方向坐标系来定义的。如果使用了壳或者膜，则在壳或者膜表面上的局部 2- 轴和 3- 轴的投影，作为表面上的局部方向。如果原始三维扇区中的材料不包含一个方向定义，则提供一个默认的局部方向定义。此默认的方向是通过在原始模型中，关于新模型中的对称轴旋转整体坐标系来定义的。

节点处的坐标系

从原始模型中得到位移和旋转分量，在传递结果前，首先传递到一个整体的，直角笛卡儿坐标系中。如果在新模型中要求了局部坐标方向，则必须在新模型中指定一个节点变换（见《Abaqus 分析用户手册——介绍空间建模、执行与输出卷》的 2.1.5 节）来定义此坐标系。

限制

对于从一个轴对称模型传递结果到一个 3D 模型中，存在下面的限制：

- 当单元在一个接触对中是从面的基底时，从 8 节点缩聚的轴对称单元（CAX8R 和 CAX8RH）传递结果到对应的 20 节点的六面体单元（C3D20R 和 C3D20RH）是不可行的。
- SAX2 是有限应变的壳，而 S8R 是一个小应变的壳。当原始分析中的变形较大的时候，不要使用这样的组合。

下面的限制存在于从一个对称的 3D 模型传递结果到一个完全的 3D 模型的过程中：

- 对于每个节点具有五个自由度的壳（STRI65，S8R5，和 S9R5），不支持结果传递。

初始条件

可以在所有节点和单元上指定初始条件（见《Abaqus 分析用户手册——指定的条件、约束和相互作用卷》的 1.2.1 节），包括使用对称模型生成（见 5.4.1 节）的模型的一部分。然而，在绝大多数情况中，对称结果传递能力将使用从原始模型得到的解来覆盖初始条件值。一个例外是初始温度和场变量。仅当温度和场变量是在原始模型中得到指定时，才覆盖初始温度和场变量。如果只有原始模型的一部分包含温度或者场变量的指定，则模型的剩余部分假定为大小为零的初始条件。这样的场分布将传递到新模型中。如果在原始模型的任何地方都没有定义温度和（或者）场变量，则施加新模型中所指定的初始条件。

边界条件

必须重新定义所有的边界条件；对称结构传递能力忽略在原始模型中指定的边界条件。必须确保在分析的开始时模型是平衡的；这样，应当使用匹配要传递结果的模型所具有的状态的边界条件和载荷，来包括一个初始步定义。

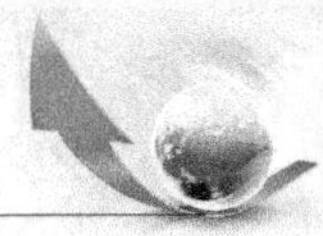

载荷

必须重新定义所有的载荷；对称结构传递能力忽略了原始模型中所指定的载荷。必须确保在分析的开始时模型是平衡的；这样，应当使用匹配要传递结果的模型所具有的状态的边界条件和载荷，来包括一个初始步定义。

材料选项

在原始模型中定义的所有材料定义将传递到新模型中。

单元

在原始模型中有效的任何单元或者接触对删除/重激活定义（见 6.2.1 节），将被重新指定。

输出

应力/位移单元可用的所有标准输出变量可以用于对称结果传递能力。

可以通过在步的开始时要求输出来将传递到新模型中的解（见《Abaqus 分析用户手册——介绍、空间建模、执行与输出卷》的 4.1.1 节）写到结果（.fil）文件中。它也可以在 Abaqus/CAE 中显示。

5.4.3 表现出循环对称的模型的分析

产品：Abaqus/Standard　　Abaqus/CAE

参考

- “固有频率提取” 1.3.5 节
- “基于模态的稳态动力学分析” 1.3.8 节
- *CYCLIC SYMMETRY MODEL
- *SELECT CYCLIC SYMMETRY MODES
- *SURFACE
- *TIE
- “定义循环对称”《Abaqus/CAE 用户手册》的 15.13.19 节，此手册的 HTML 版本中

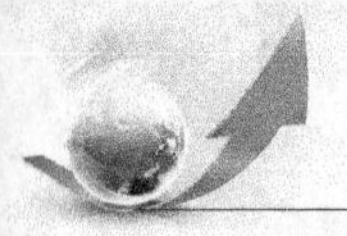

概览

Abaqus/Standard 中的循环对称分析技术：

• 使得分析一个基于一个重复扇区模型的，循环对称 360°的结构的行为成为可能；

• 可以确定静态的、稳态的和热传导分析的循环对称载荷的响应；

• 可以使用分块的 Lanczos 特征频率提取过程来计算 360°结构的所有特征频率和特征模态；

• 可以确定在基于模态的稳态动力学分析中，对应于一个给定循环对称模态的载荷响应；

• 不要求在对称面上使用匹配的网格。

介绍

表现出循环对称的结构，给分析提供了一个机会，可以通过仅分析一个单独重复的模型扇区，大幅降低计算成本的情况下，模拟一个完全 360°的结构。通常，这是可以辨识的最小的扇区，虽然并不必要。例如，如果一个结构包含 16 个重复的扇区，使用一个 45°的模型包含两个重复扇区是可能的。扇区采用对循环对称的轴按逆时针的方向进行编号（如下面所进一步描述的那样）。当然，这比使用一个具有一个 22.5°扇区模型的效率要差一些。重复扇区的两个对称面上的网格，没有任何方式的匹配限制。

在这样的分析中，有两个基本的情况必须考虑：一个具有循环对称初始状态和一个循环对称响应的模型；一个具有循环对称的初始状态，但是非对称响应的模型。Abaqus/Standard 中的循环对称能力，提供具有循环对称响应的循环对称结构的线性和非线性分析。在整个分析中保持结构是循环对称的条件，这样在一个载荷步中，在任何时候不可能在结构中出现任何非对称的变形。这样，只有循环对称载荷可以应用于此情况。

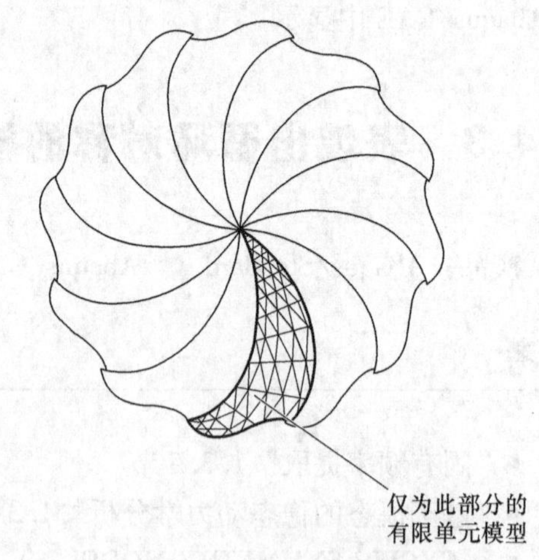

图 5-24　循环对称的结构

表现出非对称响应的循环对称结构分析，要求额外的考虑。这样的一个分析只能在一个线性摄动步中执行，因为非对称变形使得一个通用非线性分析中的任何后续步的循环对称“基本状态”的假设变得无效。整个一个的循环对称结构的完全响应（见图 5-24）可以表示为几个独立的基本响应的线性组合，每一个组合对应于一些 k-折叠的循环对称模式。

循环对称模态数量（也称为“节点直径”）说明了在一个基本响应中，沿着周向波的数量。图 5-25、图 5-26 和图 5-27 说明了在一个包含四个重复扇区的循环对称结构中，对应于 0-折叠、1-折叠和 2-折叠模式（节点直径 0、1 和 2）的基本响应。通过为一个对称的单个扇区求解一系列对应的线性分析，可以执行一个完全的线性摄动分析。单个扇区的循环对称

边界条件（与不同的循环对称模式相关联）产生 Hermitian 刚度矩阵和质量矩阵（具有对称的实部和斜对称的虚部的复杂矩阵）。序列中的第 k 个线性分析，是使用相当于结构响应的 k- 折叠的循环对称模式的对称条件来执行的。对于一个表现出 N- 折叠的循环对称结构，只要求 $N/2+1$（偶数 N）或者$(N+1)/2$（奇数 N）次这样的分析。这使得产生整个结构响应解的成本大大降低。

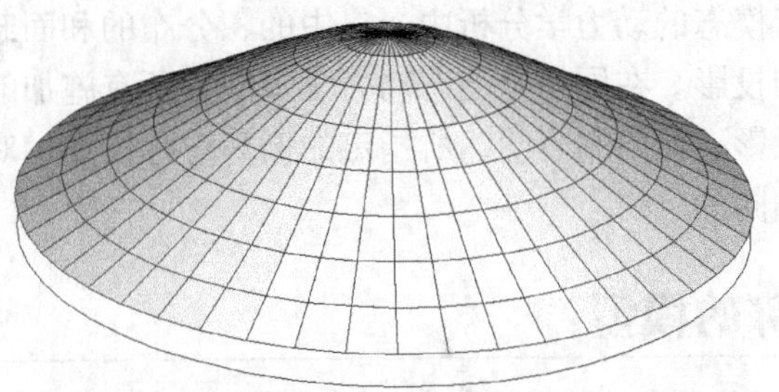

图 5-25 对应于 0- 折叠循环对称模式的响应

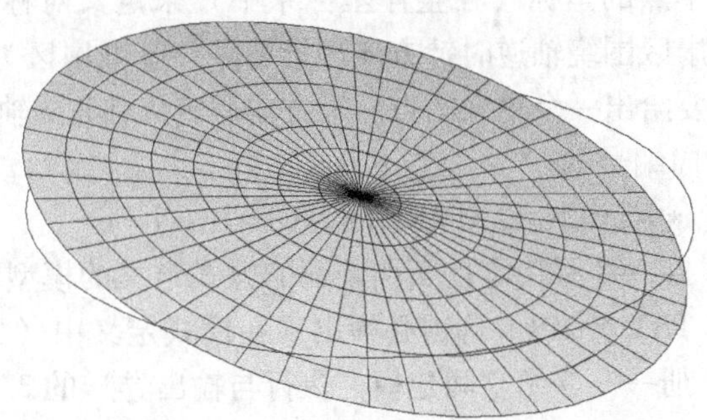

图 5-26 对应于 1- 折叠循环对称模式的响应

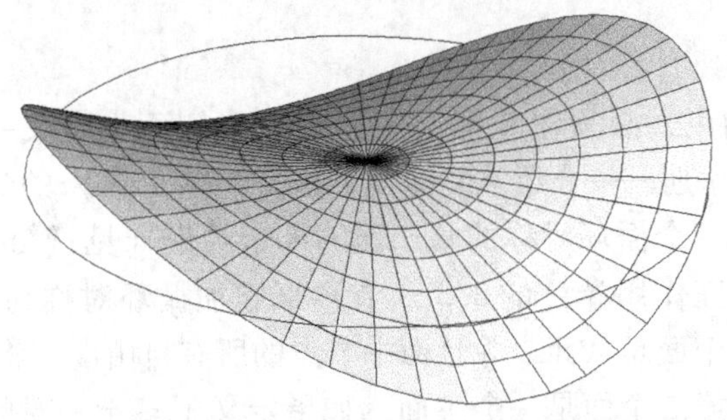

图 5-27 对应于 2- 折叠循环对称模式的响应

要执行一个循环对称结构的通用线性分析，外部力应当表示成基本载荷的一个线性组合，每一个外部力对应于一个对称的样式，并且激发一个对应于相同样式的结构响应。在静态分析中，在任何非 0- 折叠的样式上定义载荷的能力尚未实现。由于 0- 折叠模式的响应保存在循环对称中，此类型结构的分析可以在通用非线性步中完成，以及在一个线性摄动步中（如上面所描述的那样）完成。因为相同的原因，这样的一个步可以用作一个循环对称线性摄动步的预加载步。

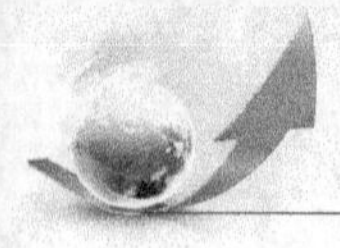

循环对称结构的非对称响应的提取，当前仅对于使用分块的 Lanczos 方法的特征频率（1.3.5 节）提取分析和对于频域，基于模态的稳态动力学分析（1.3.8 节）是可用的。对应于对称的和非对称的特征模态的固有频率，可以为一个特别的循环对称模态，为一组循环对称模态，或者为所有循环对称模态提取。它们可以用于后续的稳态动力学分析之中。在其上投影解的特征模态是如 1.3.8 节中的“选取模态并指定阻尼”所描述的那样进行选取。

在一个稳态的基于模态的动力学分析中，集中的、分布的和面载荷可以定义成在一个指定的循环对称模式上的投影。在同一个稳态动力学步中，所有施加的载荷必须给定为在同一个循环对称模式上的投影。此限制表明，所指定的循环对称模式，对于给定的稳态动力学步中的所有载荷是必须相同的。

定义一个循环对称的模型

定义模型的一个单独扇区的网格，所谓的“基准扇区”指定 360°模型中扇区的数量 n。通过指定位于轴上的两个点的坐标（在整体坐标系中）来定义对称轴。轴的方向是从第一个点到第二个点，并且扇区围绕轴逆时针方向进行编号，基准扇区为扇区编号 1。对于一个二维模型，在轴上只需要给出一个单独的点。轴方向假定为在正 z 轴方向上；这样，扇区在 $x-y$ 平面上是逆时针方向编号的。

输入文件用法：　* CYCLIC SYMMETRY MODEL，N = *n*

在一个采用零件实例装配的方式定义的模型中，* CYCLIC SYMMETRY MODEL 选项必须出现在模式定义中（见《Abaqus 分析用户手册——介绍空间建模、执行与输出卷》的 2.10.1 节）。

Abaqus/CAE 用法：Interaction module：Interaction→Create：Cyclic symmetry：Total number of sectors：*n*

施加循环对称约束

要施加循环对称约束，必须在基准扇区的每一个侧面上定义一对或者多对的对应面（见《Abaqus 分析用户手册——介绍空间建模、执行与输出卷》的 2.3.1 节）。然后，可以在对应的面之间，使用一个循环对称的基于面的绑定约束（见《Abaqus 分析用户手册——指定的条件、约束和相互作用卷》的 3.3.7 节）来施加循环对称约束。在绑定约束定义中指定的每一个对的第一个面是从面，并且面中节点的所有自由度，将通过内部生成的多点约束来消除。每一个对的第二个面是一个主面。如果定义了多于一对的从/主面，则从面到主面的旋转方向必须对于所有对是一样的（即，顺时针或者逆时针）。

输入文件用法：　使用下面的选项，在两个面之间施加一个循环对称约束：

* SURFACE，NAME = 主面
* SURFACE，NAME = 从面
* TIE，CYCLIC SYMMETRY，NAME = 循环名
slave，*master*

Abaqus/CAE 用法：Interaction module：Interaction→Create：Cyclic symmetry：在提示区单击 Surface

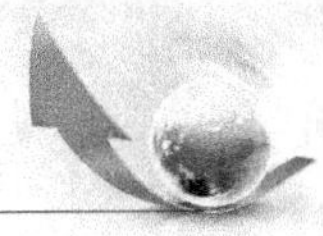

使用不匹配的面网格

在不匹配的面网格情况中（见图 5-28）更细密的网格通常应当是从面。不匹配的网格可能造成应力场中的一些局部不精确。不精确的程度取决于网格之间的不匹配程度以及所使用的单元类型：对应二阶（增强的）四面体单元，不精确通常是最明显的。这样，如果使用了不匹配的面网格，推荐在局部应力场的精度是不关键的区域中选择扇区边界。

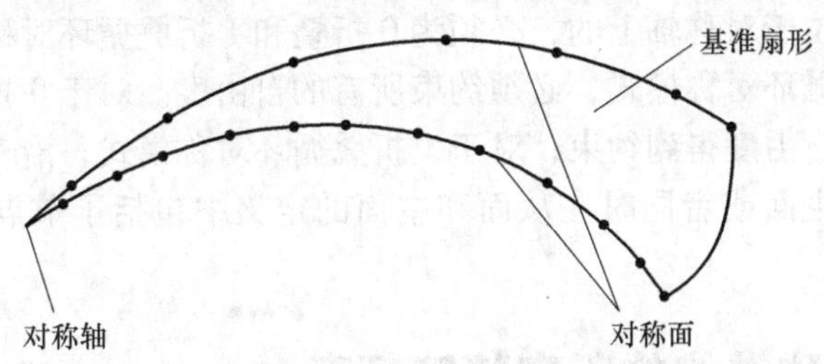

图 5-28　具有不匹配节点的循环对称面

对于壳，循环对称条件必须要施加于壳单元边缘的节点上。当前的循环对称，对于定义在壳边缘上的基于单元的面是不支持的。这样，如果对壳单元使用了不匹配的网格，则一个基于单元的面应当在邻近组成主面边缘上的壳单元的顶面上或者底面上进行定义。一个基于节点的面可以在组成从面的边缘上定义。

施加节点到节点的循环对称约束

在匹配网格的情况中，可以选择任何一个面作为从面。如果面具有匹配的网格，如图 5-29 所示，则使用一个基于节点的主面来得到节点到节点的循环对称约束是可能的。这样的好处是 Abaqus/Standard 将调整从面上的节点位置，这样它们精确地匹配主面上的节点位置。这样产生了最精确的结果，并且使计算成本最小化。在此情况中，从面通常也将选为一个基于节点的面，虽然计算上讲无关紧要，因为在任何情况下，施加了一个严格的节点-节点的约束。

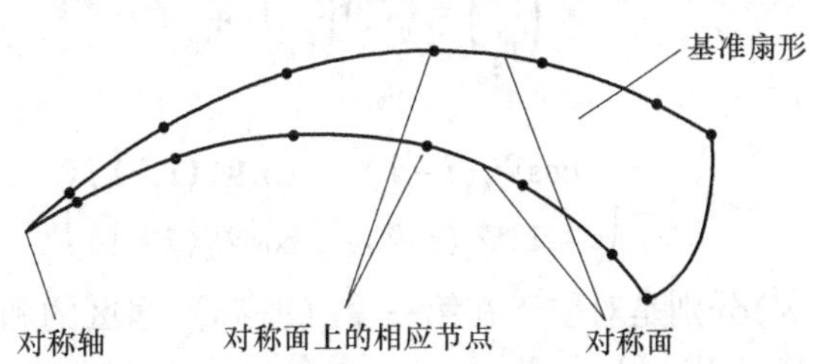

图 5-29　具有节点-节点的匹配的循环对称面

对于离散的成员（例如杆或者梁），循环对称条件仅可以使用基于节点的面来施加。

输入文件用法：　使用下面的选项，在两个基于节点的面之间施加一个循环对称的约束：

*SURFACE，TYPE = NODE，NAME = 主面

*SURFACE，TYPE = NODE，NAME = 从面

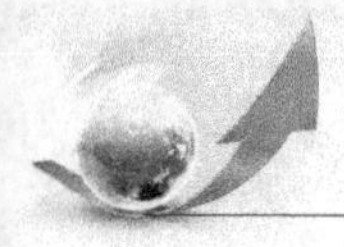

*TIE, CYCLIC SYMMETRY, NAME = 循环名
从面，主面

Abaqus/CAE 用法：Interaction module：Interaction→Create：Cyclic symmetry：在提示区单击 Node Region

在对称轴上施加循环对称条件

如果一个节点是位于对称轴上的，必须为 0 折叠和 1 折叠循环对称模型施加特殊的循环对称约束。而为其他循环对称模式，必须约束所有的自由度。对于 0 折叠循环对称模式，垂直于对称轴的平面内自由度得到约束；对于 1 折叠循环对称模式，沿着对称轴的自由度得到约束。只要在从面、主面或者同时在从面和主面的定义中包括了节点，Abaqus/Standard 就将自动创建这些约束。

得到一个循环对称结构的所有特征频率

一个循环对称结构的固有频率和相应的特征模态，可以按照采用 Lanczos 特征求解器（见 1.3.5 节）的特征频率提取过程来提取。对于特征频率提取过程，不要求额外的信息。所有固有频率是以常规的（升序）次序排列的。对于每一个固有频率，汇报了循环对称的模态编号。

特征模态按照对应固有频率的次序，只写入用户指定的基础扇区的数据文件（.dat）、结果文件（.fil）和输出数据库文件（.odb）。这些模态可以在 Abaqus/CAE 中扩展到整个结构，取决于循环对称模态数量。

有两个不同类型的特征模态：单独的和成对的。0 折叠循环对称的特征模态总是单独的。对于偶数 N，$N/2$ 折叠的循环对称特征模态也是单独的。剩下的 $N/2-1$（偶数 N）或者 $(N-1)/2$（奇数 N）循环对称模态是成对的。对应于成对的特征模态的固有频率是相等的，并且总是在数据文件中的固有频率表中一起出现的。扇区 $i=2$，…，N 的具有 k 折叠的循环对称（$k<N/2$）特征模态的扩展，可以采用下面的方式来完成：

$$\begin{pmatrix} u_k^i \\ v_k^i \end{pmatrix} = (T_k^i)\begin{pmatrix} u_k \\ v_k \end{pmatrix}$$

其中

$$(T_k^i) = \begin{pmatrix} \cos\Psi_k(i-1) & \sin\Psi_k(i-1) \\ -\sin\Psi_k(i-1) & \cos\Psi_k(i-1) \end{pmatrix}$$

这里 (u, v) 和 (u^i, v^i) 分别是对应于在第一个（基础）扇区的和第 i 个扇区上双倍固有频率的成对特征模态，并且 $\Psi_k=2\pi k/N$。

从上面的表达式中可以清楚地看到，具有 0 折叠循环对称的特征模态总是对称的；即，$u_0^i=u_0$。类似的，对于偶数 N，具有（$N/2$）折叠循环对称的特征模态是单独的，因为 $u_{(N/2)}^i=(-1)^{(i-1)}u_{(N/2)}$。

选择循环对称模态

可以选择循环对称模态，将通过指定在分析中所使用的最低循环对称模态 $n$min 和在分

析中所使用的最高循环对称模态 $n$max 来对此循环对称模态执行特征频率分析。默认情况下 $n$min 是 0；默认情况下，$n$max 是 $N/2$（偶数 N）或者 $(N-1)/2$（奇数 N）。$n$min 的值不能大于 $n$max 的值，并且 $n$max 的值不能大于默认值。如果没有选择循环对称模态，会在分析中考虑所有可能的循环对称模态。可以选择只使用偶数循环对称模态。

输入文件用法：　使用下面的选项来指定循环对称模态：

*SELECT CYCLIC SYMMETRY MODES，NMIN = 最低循环对称模态，NMAX = 最高循环对称模态

使用下面的选项来只要求偶数循环对称模态：

*SELECT CYCLIC SYMMETRY MODES，EVEN

Abaqus/CAE 用法：使用下面的选项来指定循环对称模态：

Interaction module：Interaction→Create：Cyclic symmetry：切换打开 Specified range 并且指定 Lowest nodal diameter 和 Highest nodal diameter

在 Abaqus/CAE 中不能只要求偶数循环对称模态。

选择一个稳态动力学步的循环对称模态

在稳态动力学步中只能激发一个单独的循环模态。指定与载荷定义中的载荷相关联的循环对称模态。

输入文件用法：　使用下面选项中的一个：

*CLOAD，CYCLIC MODE = k，REAL 或者 IMAGINARY

*DLOAD，CYCLIC MODE = k，REAL 或者 IMAGINARY

*DSLOAD，CYCLIC MODE = k，REAL 或者 IMAGINARY

Abaqus/CAE 用法：Interaction module：Interaction → Create：Cyclic symmetry：Excited nodal diameter

循环对称分析技术与 MPC 类型的 CYCLSYM 的对比

MPC 类型的 CYCLSYM（见《Abaqus 分析用户手册——指定的条件、约束和相互作用卷》的 2.2.2 节）提供一个由循环对称分析能力提供的功能子集。对于一个特征值分析，MPC 类型的 CYCLSYM 将只允许对称（0 折叠）模态的提取。循环对称分析能力允许使用表面（见《Abaqus 分析用户手册——介绍、空间建模、执行与输出卷》的 2.3.1 节）的使用来定义模型的对称表面，它使得在对称面上的非匹配网格的使用，而 MPC 类型的 CYCLSYM 仅能在节点-节点的基础上施加。

限制

存在下面的限制：

- 对于循环对称特征值提取过程，一个连续性能力是不可用的。每一个特征值提取步将不重用任何在前面特征值提取步中得到的特征模态。
- 指定的循环对称模态，对于在一个给定稳态动力学步中定义的所有载荷必须是一

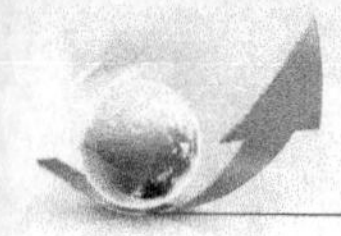

样的。

- 基本运动对于循环对称模型是不实施的。
- 循环对称条件在应力/位移分析中是施加于机械自由度的，以及施加在热传导分析中的温度自由度的。声压、孔隙压力和电气自由度不施加循环对称条件。
- 循环对称模型中不能使用腔辐射。

初始条件

所有施加的初始条件必须是循环对称的。

边界条件

只能施加循环对称边界条件。从循环对称面上的节点不能施加边界条件。

载荷

在静态分析中，只可以施加循环对称的载荷。不能施加 Coriolis 载荷，并且在频率分析中不考虑 Coriolis 载荷刚度的影响。

在基于模态的稳态动力学分析中，对于一个具体的循环对称模态，载荷是定义在基本扇区上的，在载荷定义中表明了此具体的循环对称模态。对于 k 折叠的循环对称模态（$0<k<N/2$），扇区 $i=1, 2, \cdots, N$ 上的复杂载荷 f^i 和 g^i（分别对应于实部和虚部）是以下面的方式得到的：

$$f^i = F\cos\Psi_k(i-1) + G\sin\Psi_k(i-1),$$

$$g^i = G\cos\Psi_k(i-1) - F\sin\Psi_k(i-1),$$

其中 $\Psi_k = 2\pi k/N$，并且 F 和 G 分别是为基础扇区指定的载荷实部和虚部。对于 0 折叠的循环对称模态（$k=0$），此类型的载荷对应于一个具有 $f^i=F$ 和 $g^i=G$ 的循环对称载荷样式。对于 $k>0$，当对一个旋转结构施加一个空间不变的载荷样式时（或者当一个不变的载荷样式围绕结构时），生成了这样类型的载荷。对于 $N/2$ 折叠的模态，扇区 i 上的复杂载荷是，$f^i=(-1)^{(i-1)}F$ 和 $g^i=(-1)^{(i-1)}G$。

预定义的场

只能施加循环对称预定义的场。这样，预定义的场应当在基础扇区的每一个侧面上具有相同的值。

材料选项

对通用过程的循环对称模型所使用的材料模型没有具体的限制。对于频率分析过程，见 1.3.5 节中的备注。

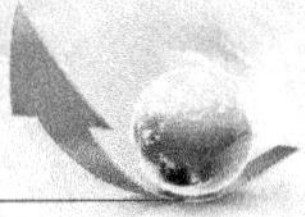

单元

轴对称单元不应当用于循环对称模型之中。

输出

节点位移和单元输出变量（例如应力、应变和截面力）仅对于基础扇区是可用的。数据文件中所列出的质量是为整个模型计算的。

在特征值提取过程中，施加下面的特别条件：

• 如果选择了位移特征向量正则化（默认的），则基础扇区上的每一个特征向量中的最大位移输入是单位化的。如果选择了质量特征向量正则化，则特征向量是正则化的，这样在基础扇区上的广义质量是单位化的。详细情况见 1.3.5 节。

• 特征值编号、循环对称模态编号和对应的频率（弧度/时间和转速/时间）列表在数据文件中，连同广义的质量、复合模态阻尼因子、参与因子和模态有效质量。广义质量是在基础扇区上计算的；复合模态阻尼因子、参与因子和模态有效质量是为整个模型计算的。

• 可以通过选择希望有输出的模态来限制对结果和数据文件的输出（见《Abaqus 分析用户手册——介绍空间建模、执行与输出卷》的 4.1.2 节）。

• 使用 Abaqus/CAE，可以为任何扇区显示静态位移和特征模态。也可以为任何数量的扇区，包括整个模型动画显示稳态的，基于模态的动力学分析结果。

输入文件模板

```
*HEADING
…
**
*CYCLIC SYMMETRY MODEL, N=整数
N 表示扇区在整个 360°模型中的编号。
…
**
*SURFACE, NAME=名称, TYPE=ELEMENT
*SURFACE, NAME=名称, TYPE=NODE
将在*TIE 选项中参考的从节点和主节点的面描述。
…
**
*TIE, CYCLIC SYMMETRY
表明绑定主面和从面的内部 MPC,
在循环对称模型中只使用循环对称条件。
指定将要与此选项绑定的面名称的数据行。
```

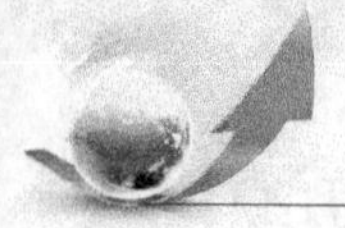

...
**
*STEP (, NLGEOM)
如果使用了 NLGEOM，在后续的线性摄动步之中，包括在频率提取步之中，将包括初始应力和预载荷刚性影响。
*STATIC
...
*DLOAD
指定单元或者单元集、载荷类型、值（方向）的数据行。
...
**
*END STEP
*STEP
*FREQUENCY, EIGENSOLVER = LANCZOS
...
*SELECT CYCLIC SYMMETRY MODES, NMAX = 整数, NMIN = 整数, EVEN
...
**
*END STEP
*STEP
*STEADY STATE DYNAMICS
...
*SELECT EIGENMODES
使用此选项来指定用在响应中的特征模态列表。
*MODAL DAMPING
指定与特征模态相关联的阻尼系数的数据行。
...
*CLOAD, CYCLIC MODE = 整数, REAL 或者 IMAGINARY
指定节点或者节点集、自由度、值的数据行
*DLOAD, CYCLIC MODE = 整数, REAL 或者 IMAGINARY
指定单元或者单元集、载荷类型、值（方向）的数据行
...
*DSLOAD, CYCLIC MODE = 整数, REAL 或者 IMAGINARY
指定单元或者单元集、载荷类型、值（方向）的数据行
...
**
*END STEP

5.5 周期介质分析

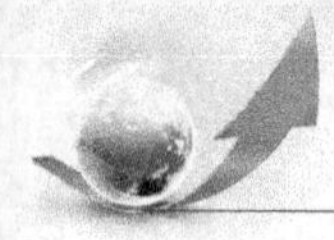

产品：Abaqus/Explicit

参考

- ＊PERIODIC MEDIA
- ＊MEDIA TRANSPORT

概览

Abaqus/Explicit 中的周期介质分析技术：

- 是一个在移动结构中提供欧拉型表现的拉格朗日技术；
- 可以用来有效地模拟本质上重复的系统，例如涉及传送带或者连续成形操作的制造工艺；
- 与传统的可能要求极大量网格的模拟技术相比，产生显著的分析时间加速；
- 要求使用拓扑相同的网格划分的零件来创建模型，可以通过零件和实例建模模式来实现。

介绍

非常多的工业工艺需要分析涉及以一个简单的样式重复的截面，并移动通过一个工艺区域。一个著名的例子是具有规则间隔打包的传送带，如图 5-30 和图 5-31 所示。连续成形操作，例如金属轧制也是很好的例子，因为变形材料可以分解成任意数量的相同截面。

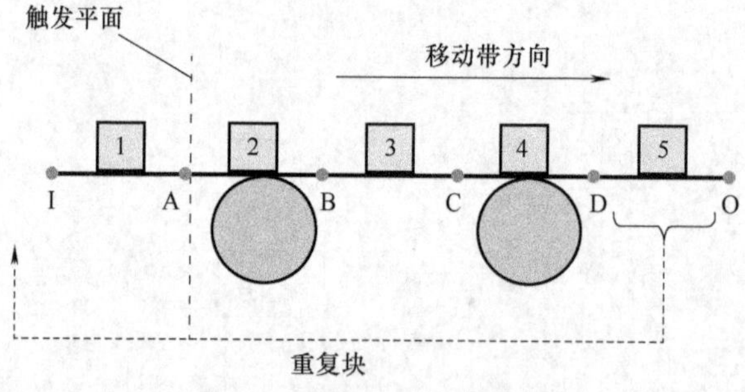

图 5-30　周期介质的示意性表示

为了清晰的原因，我们将在整个讨论中使用传送带来举例说明许多与周期介质分析技术相关的概念。图 5-30 显示一个传送带的概念分解，实际上，带是连续的实体。

概念上，整个模型可以分解成连接在一起并跨过工艺区的块（拓扑上一样的网格结构）。创建一个定义成“建筑块”的零件（重复地模拟整个周期介质的网格划分结构），进而通过合适的已定位的实例链接来构造整个模型。周期的介质分析技术提供一个简单的办法来自动地在相邻块的前方和后端连接这些实例到一起。这些技术也提供一个便利的方法，来

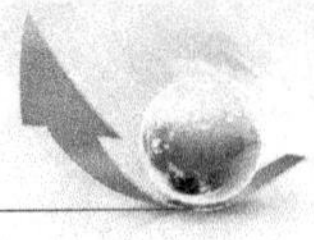

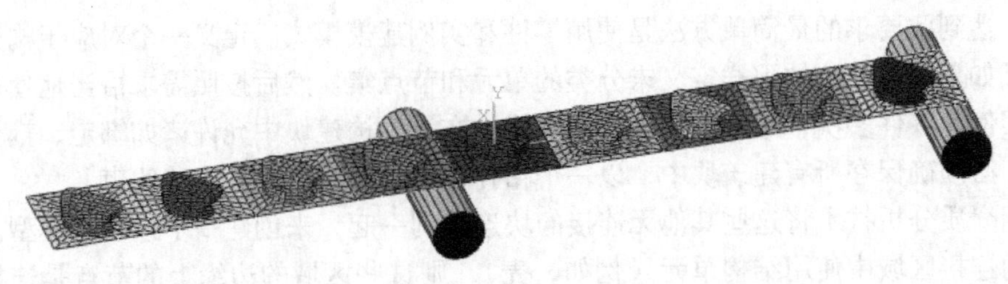

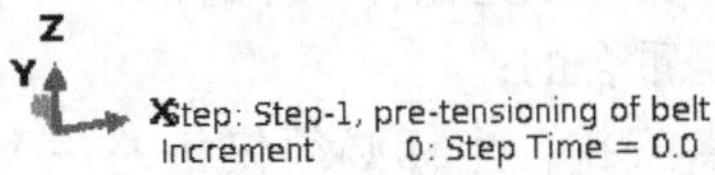

图 5-31　上面有包裹的传送带

定义代表链中第一个和最后一个块的未连接端部处的物理系统载荷和边界条件。链的第一个块称为入口，并且最后一个块称为出口。最后，当周期介质通过工艺区时，来自出口的块自动地拖入入口。使用此技术定义的许多块（网格划分后的结构）可以通过接触与其他的自身不是周期性的模拟特征相互作用，例如图 5-30 中所示的导辊。

周期介质分析技术的核心位于从出口将块拖入返回入口的概念。一个专用的算法用来探测出口在工艺区域中移动过远的时间，并且从出口直接拖入一个块到入口。图 5-30 中的虚线箭头说明了拖入过程。要确保一个平顺的过渡，来自出口块的必要节点和单元状态在当前步的开始时得到保存。当发生拖入时，映射已保存的节点和单元状态数据到新的入口块，并且任何入口/出口载荷或者边界条件被传递到新暴露出的块端部。

这样，周期介质分析技术在移动重复结构中为一个欧拉型表现提供方便的方法。例如，用户可能对于评估导辊之间某个位置处的传送带上的瞬态和稳态条件中的打包动力学都感兴趣。定义一些围绕那个位置的块，定义与导辊的必要接触，并且提供合适的入口和出口载荷条件。周期介质分析技术提供一个方便的和经济的方法来创建并分析此系统。通过拖入过程，重用已经离开工艺区的单元，可以在入口末端避免纯粹拉格朗日仿真所要求的大量网格。

构建一个周期介质的模型

构建一个周期介质模型中的第一步是辨别组成重复结构构建块的模型部分。在图 5-31 中，一个方形传输带与一个上面的不对称形状的包裹一起构成了这样一个构建块。如果将一些构建块串起来，则具有包裹的整个传输带可以如显示的那样进行模拟。

定义一个构建块

当定义每一个构建块时，必须观察下面的要求：

- 必须定义一个未分类的单元集来包括构建块中的所有单元；
- 必须定义一个未分类的节点集来包括构建块中的所有节点。

要确保随着周期介质的推进，信息的正确传递，这些未分类的集必须在所有的块之间拓

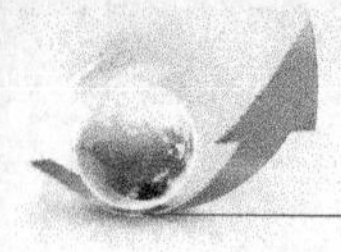

扑相同。达到此要求的最简单方法是使用零件和实例建模模式。定义一个对应于构建块的零件，并且如上面所讨论的那样定义未分类的单元和节点集。然后按照需求恰当地使用平动和转动来实例化零件多次，来生成周期介质网格。在一个构建块中允许诸如绑定、耦合和刚体的约束。必须确保在所有建筑块中，以一个拓扑相同的样式来定义这些约束。

周期介质分析技术将这些其他无连接的块连接到一起，来创建一个连续的模型。如果在构建块的连接区域中使用结构单元（例如，壳），则这些区域的边缘上的节点是连接到邻近区域的。如果使用了连续单元，则这些区域的面上节点是相连的。为了可靠地构建这些约束，必须观察下面的附加要求：

- 块的前面连接端部和后面连接端部处的节点安排必须是拓扑一样的；
- 邻近块的前面端部节点和后面端部节点必须是重合的；
- 初始入口块的前面端部和后面端部处的节点安排，坐标必须仅相差一个刚体平移距离；
- 使用每一个块的前面和后面端部处的未分类的节点集创建的两个基于节点的面，必须得到定义。

基于节点的面是用来自动地在相邻块之间生成节点-节点的绑定约束，这样整个装配行为像一个连续的实体一样运行。

输入文件用法：　使用下面的选项来定义块的序列，块使用上面所描述的未分类的集和面：

*PERIODIC MEDIA，NAME = 名称
单元集 1，节点集 1，前表面 1，后表面 1
单元集 2，节点集 2，前表面 2，后表面 2
…
单元集 n，节点集 n，前表面 n，后表面 n
每一个数据行提供与一个给定块相关联的集和面名称。

在介质末端施加载荷和边界条件

在图 5-30 中显示的带示意中，通常需要在装配的两端都施加载荷或者边界条件。在入口点 I，通常施加一个预拉伸载荷来保持带张紧。而在输出点 O，通常已经指定了带速度。随着带的前进并从出口将退出的块拖入到入口，要求边界条件的节点将发生变化。这样，这些边界条件和载荷不能直接地在属于块的节点上进行指定。

通过与当前入口的和出口的基于节点的面相关联的两个控制节点，周期介质分析技术允许这样的载荷特征的施加。控制节点类似于其他特征（例如运动耦合）中使用的参考节点，并且在装配的极端末尾节点上自动施加所定义的刚体型约束。在这些控制节点上施加载荷和边界条件。一个刚体型的约束也施加在入口块的前端节点上，但是不能施加载荷或者边界条件。当离开块被拖入回到入口时，控制点将在新端部面上执行刚体型的约束，并且从先前的位置上删除刚体型的约束。此过程是自动的，并且由周期介质分析技术完全管理。

输入文件用法：　使用下面的选项来定义入口和出口条件的控制节点：

*PERIODIC MEDIA，INLET CONTROL NODE = 节点，
OUTLET CONTROL NODE = 节点

定义工艺区域

当入口块完全移动进入工艺区时，出口块拖入到入口，如图 5-30 中虚线箭头所显示的那样。一个触发平面控制发生拖入的精确时间。当位于当前入口点 I 上的节点通过触发平面时，启动了拖入过程。触发平面是使用一个静态节点的坐标（通常的）和一个用户定义方向的 *z* 轴来定义的。本地 *z* 轴方向点从入口朝向工艺区。

输入文件用法：　使用下面的选项，通过触发节点和方向来定义触发平面：

* PERIODIC MEDIA，TRIGGER NODE = 节点，

ORIENTATION = 方向

激活一个周期介质

拖入过程可以在步-步的基础上激活。默认情况下，拖入过程是受抑制的。在许多情况中，操作条件中周期介质的构型只可以通过仿真来确定。这允许在激活拖入过程之前实施任何数量的分析步。

图 5-31 中和《Abaqus 验证手册》的 3.25.1 节中显示的例子，显示了一个传输最初规则间隔放置不对称包裹的输送带。在它的操作条件下，带将被拉伸。可以在 Abaqus/Standard 或者 Abaqus/Explicit 中预拉伸带装配。如果在 Abaqus/Standard 中进行预拉伸分析，则所有邻近块之间的绑定以及入口和出口端部节点处的边界条件，必须得到明确的定义，因为周期介质分析技术只在 Abaqus/Explicit 中可用。如果预拉伸步是在 Abaqus/Explicit 中进行的，则拖入过程在预拉伸步中应当保持抑制。

输入文件用法：　使用下面的选项来激活或者抑制周期介质拖入过程：

* MEDIA TRANSPORT

*periodic_media_name*1，ACTIVE

*periodic_media_name*2，INACTIVE

…

模拟技巧

周期介质分析技术非常强大，然而，当使用它时，用户必须执行好的工程判断。下面的评论和推荐将帮助用户在使用此技术时，避免常见的隐患：

- 当单元的组块从一个端部分离，并且在另外一个端部重新连接时，块拖入过程自然会带入噪声。虽然过程使用合适的材料和运动学状态，小的冲击是内在的过程。推荐一个小量的质量属性阻尼来抑制此激励。
- 入口控制节点处的边界条件组合与过程区域中所施加的任何载荷，应当确保入口块不改变方向的移动通过触发平面。在传送带例题中，一个好的模拟实践将远离触发平面至少两个块来放置固定的导辊。
- 对于更加复杂的几何形体（例如在导辊之间改变带的方向，或者当带本身就是包装材料的包裹包装分析），从一个直接序列的块开始，并且移动带导辊（它不是周期介质定义的

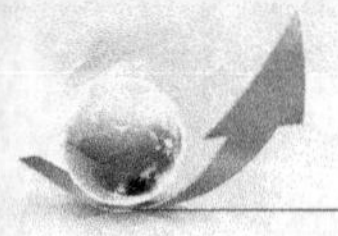

一部分）到期望的位置可能是必要的。带与导辊之间的接触相互作用将会把带变形为期望的构型，此额外的分析步可以极大地简化初始网格的定义。

• 有时候，有必要模拟一个带包装纸穿过导辊的过程，正如物理现实中制造工艺开始的那样。如果此导向部分后面跟随有包括实际包裹的周期块，可以将周期介质网格连接在一个规则的网格上来执行穿过。然后网格的周期介质部分可以导入到一个分离的没有导引网格的模型中，并且周期介质的分析只由可以执行的包装纸和包裹组成。

初始条件

可以在周期介质网格中的所有节点上指定初始条件。可以使用速度初始边界条件来最小化需要达到稳态操作条件的求解时间。在要求预拉伸的情况中，从先前的分析中导入，而不是执行一个多步分析，允许在受拉伸的构型上施加初始条件。因为没有导入周期介质定义，它们必须在需要它们的每一个分析中重新进行指定。

边界条件

出口和入口控制节点是与周期介质定义相关的仅有的两个节点，在此两个节点上可以施加边界条件。进一步，只允许速度边界条件。必须不在与周期介质网格相关联的任何其他节点上指定边界条件。当周期介质是激活的时候，并且如果找到了一个稳态解，则这些边界条件应当在方向和大小上都保持不变，来降低解的噪声。

载荷

只有集中载荷可以施加在入口和出口控制节点上，来驱动或者拉伸周期介质。当周期介质是激活的时候，这些载荷应当在方向和大小上都保持不变。可以按需求施加重力载荷。也可以指定其他分布的载荷，然而，必须记住当拖入块时，载荷将与块一起移动。

材料选项

支持所有可用的材料。

限制

周期介质分析受到下面的限制：

• 块中只允许有膜、壳、杆、连续单元和刚性单元。如果适用，也可以使用加强筋层。

• 属于不同块的节点之间不允许明确定义的约束。

• 必须以相同的方式对所有的块进行质量缩放定义。

不应当在下面中涉及周期介质

• 定义热接触属性或者耦合的欧拉-拉格朗日接触的通用接触。

- 通过接触对算法定义的接触。

输入文件模板

下面的例子说明了定义有两个周期介质的模型：

```
*HEADING
…
*PERIODIC MEDIA, NAME=belt1, INLET CONTROL NODE=10,
OUTLET CONTROL NODE=110, ORIENTATION=ori1, TRIGGER NODE=210
单元集1，节点集1，前表面1，后表面1
单元集2，节点集1，前表面2，后表面2
单元集3，节点集1，前表面3，后表面3
*PERIODIC MEDIA, NAME=belt2, INLET CONTROL NODE=11,
OUTLET CONTROL NODE=111, ORIENTATION=ori2, TRIGGER NODE=211
单元集1，节点集1，前表面1，后表面1
单元集2，节点集1，前表面2，后表面2
单元集3，节点集1，前表面3，后表面3
*STEP
*DYNAMIC, EXPLICIT
*MEDIA TRANSPORT
带1，ACTIVE
带2，INACTIVE
*END STEP
```

5.6 网格划分的梁横截面

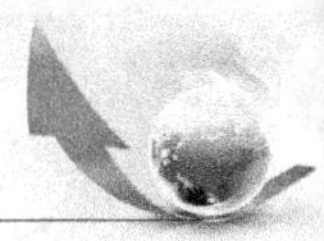

产品：Abaqus/Standard Abaqus/Explicit

参考

- ＊BEAM GENERAL SECTION
- ＊BEAM SECTION GENERATE
- ＊SECTION ORIGIN
- ＊SECTION POINTS

概览

网格划分的横截面：

- 允许包括多材料和复杂几何形体的梁横截面描述；
- 在 Abaqus/Standard 中使用二维翘曲单元划分，翘曲单元具有一个平面外翘曲位移作为唯一的自由度。
- 生成可以在 Abaqus/Standard 或者 Abaqus/Explicit 中用于后续梁单元分析的梁横截面属性。
- 仅允许翘曲单元的各向同性线性弹性材料行为（见《Abaqus 分析用户手册——材料卷》的 2.2.1 节中的“定义翘曲单元的正交异性弹性”）或者正交异性线性弹性材料行为（见《Abaqus 分析用户手册——材料卷》的 2.2.1 节中的“定义各向同性弹性”）。
- 允许梁单元模型或者二维翘曲单元模型上的应力和应变后处理。

介绍

某些结构的响应是梁型的，然而梁横截面几何形体或者横截面的多材料组成，不允许梁横截面预定义库的使用。在这些情况中，可以使用一个网格划分的横截面模拟梁横截面，并且来生成适合在后续铁木辛哥梁分析中使用的梁横截面属性。假定梁属性是一个具有非约束的平面外翘曲的厚壁（实体）横截面生成的，这样，开截面梁单元不能使用从网格划分了的截面生成的梁横截面属性（见《Abaqus 分析用户手册——单元卷》的 3.3.1 节）。生成的梁横截面属性包括轴、弯曲、扭曲和横向剪切刚度；质量、转动惯量和阻尼属性；横截面的形心及剪切中心。此外，等效的梁横截面属性包括应力回复的信息，例如翘曲方程和它的衍生物。

一个要求网格划分的横截面的典型结构例子是一艘船的船体的突然移动分析。其中船的船体具有一个多区和多材料构造。其他的例子包括一个翼形转子叶片或者机翼，一个层状复合工字梁（具有沿着梁轴线长度延伸或者垂直于梁轴线的纤维）等。

模拟方法

如图 5-32 所示，一个已经完成网格划分的横截面允许一个梁横截面的复杂描述：其中

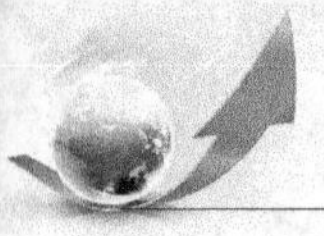

的一个可以包括一个任意的形状、多个材料、多个区和非结构质量。基本的思想是创建一个梁横截面的二维有限元模型。在 Abaqus/Standard 中使用网格划分了的横截面，数值计算在一个后续的梁单元分析中，表征横截面的结构响应所要求的属性。二维 Abaqus/Standard 分析将横截面属性写到一个输入文件准备的文本文件（jobname. bsp）中。在后续的 Abaqus/Standard 或者 Abaqus/Explicit 梁单元分析中，梁单元要求网格划分的横截面属性包括文本文件 jobname. bsp，作为通用梁截面数据。一旦完成了梁单元分析，使用 Abaqus/CAE 的 Visualization 模块把沿着梁长度的预选择点上的结果可视化，或者检查在二维网格化的横截面上直接显示的细节应力和应变结果。

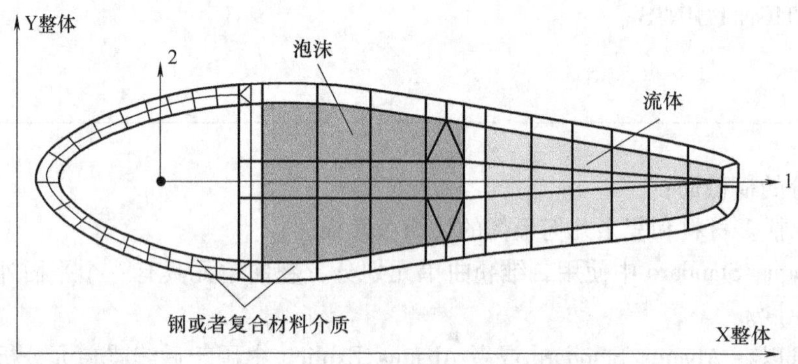

图 5-32　划分网格的截面轮廓例子

总之，分析和后处理一个使用网格划分横截面梁的分析过程如下：

1） 网格划分并且分析一个梁横截面的二维 Abaqus/Standard 模型；

2） 在 Abaqus/Standard 或者 Abaqus/Explicit 梁分析中使用生成的横截面属性；

3） 使用梁分析结果，从梁模型或者二维横截面模型进行后处理。

网格划分并且分析一个梁横截面的二维模型

横截面的网格划分使用的是特殊目的的二维单元：WARP2D3（3 节点三角形）和 WARP2D4（4 节点四边形）。这些单元每一个节点具有一个自由度代表平面外翘曲函数的值（见《Abaqus 分析用户手册——单元卷》的 2.4.2 节），并且使用实体截面定义；不需要截面数据。横截面网格中的相邻单元必须共享公共的节点；不允许使用多点约束的网格细化。

横截面网格中的每一个单元可以参考不同的弹性材料，为翘曲单元使用各向同性线性弹性材料行为（见《Abaqus 分析用户手册——材料卷》的 2.2.1 节中的“定义各向同性弹性”），或者正交异性线性弹性材料行为（见《Abaqus 分析用户手册——材料卷》的 2.2.1 节中的“定义翘曲单元的正交异性弹性”）。另外，密度（见《Abaqus 分析用户手册——材料卷》的 1.2.1 节）可以是唯一指定的材料属性，这对于模拟与油箱中的油相似的非结构质量是有用的。

然后，通过使用步定义中的梁截面属性生成过程来分析模型。此横截面分析将数值的计算截面的几何、刚度和惯性属性，包括翘曲函数和剪切中心（见《Abaqus 理论手册》的 3.5.6 节），并且将计算得到的属性写入到 jobname. bsp 文本文件中。此文本文件的内容，可以用于一个后续的 Abaqus/Standard 或者 Abaqus/Explicit 梁分析中，如下面所详细描述的那样。

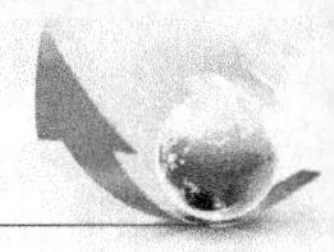

输入文件用法：　　使用下面的选项为网格划分的横截面生成梁截面属性：

　　　　　　　　　* BEAM SECTION GENERATE

定义横截面的原点

默认情况下，横截面的原点是用来定义网格划分的坐标系原点。可以直接输入原点的坐标覆盖此默认值，或者指定原点与剪切中心或者横截面的形心相重合。当在实际分析中所使用的梁节点不与二维坐标系的原点重合时，一个非默认的原点是特别有用的。

输入文件用法：　　同时使用下面的选项来直接输入原点的坐标：

　　　　　　　　　* BEAM SECTION GENERATE

　　　　　　　　　* SECTION ORIGIN

　　　　　　　　　同时使用下面的选项来在形心或者剪切中心上定位原点：

　　　　　　　　　* BEAM SECTION GENERATE

　　　　　　　　　* SECTION ORIGIN，ORIGIN = CENTROID 或者 SHEAR CENTER

在特定的积分点上要求输出

输出到输出数据库可以在实际分析过程中，在横截面上的特定积分点处进行恢复。在大量的横截面点上要求输出可以降低性能。

输入文件用法：　　同时使用下面的选项，在特定积分点上要求输出：

　　　　　　　　　* BEAM SECTION GENERATE

　　　　　　　　　* SECTION POINTS

jobname. bsp 文本文件的内容

在生成横截面属性的分析完成之后，jobname. bsp 文本文档包含下面的数据行：

(EA)，$(EI)_{11}$，$(EI)_{12}$，$(EI)_{22}$，(GJ)

(ρA)，$(\rho I)_{11}$，$(\rho I)_{12}$，$(\rho I)_{22}$，x_{1cm}，x_{2cm}

* TRANSVERSE SHEAR STIFFNESS

$(GA)_{11}$，$(GA)_{22}$，$(GA)_{12}$

* CENTROID

x_{1c}，x_{2c}

* SHEAR CENTER

x_{1s}，x_{2s}

* DAMPING，ALPHA = (C_α)，BETA = (C_β)，COMPOSITE = (C_c)

jobname. bsp 文本文件中的开始两行数据对应于一个使用翘曲单元网格划分的任意形状的实体通用梁横截面的截面属性（见《Abaqus 分析用户手册——单元卷》的 3. 3. 7 节中的“为网格划分的横截面定义线性截面行为”）。

如果在二维横截面模型生成中要求特定积分点上的输出，则 jobname. bsp 文本文件包含下面的附加行：

* SECTION POINTS

截面点标签，2D 单元编号，积分点编号

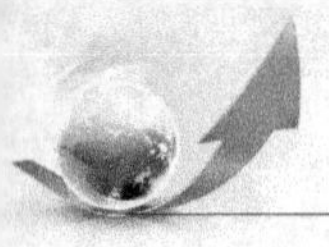

$$E,\ G_1,\ G_2,\ \alpha,\ -(x_1-x_{1c}),\ (x_2-x_{2c}),\ \left(\frac{\partial \Psi}{\partial x_1}-(x_2-x_{2c})\right),\ \left(\frac{\partial \Psi}{\partial x_2}+(x_1-x_{1s})\right)$$

…

其中对于要求的更多的截面点，重复两个数据行的集。

写入到 jobname. bsp 文本文件的横截面属性信息，将如下面所描述的那样，在后续的梁分析中，读入到通用梁截面定义中。

在一个梁分析中使用通用横截面属性

如上面所讨论的那样，计算得到的并且保存在 jobname. bsp 文本文件中的截面属性，可以用于实际的梁分析中来定义梁单元的横截面。保存在 jobname. bsp 中的数据对应于任意形状的，使用翘曲单元划分的实体通用梁横截面的截面属性数据（见《Abaqus 分析用户手册——单元卷》的 3.3.7 节中的“为网格划分的横截面定义线性截面行为”）。结果，插入这些数据的一个简单方法是在梁分析中包括 jobname. bsp 文本文件。

输入文件用法：　使用下面的选项在一个梁分析中生成截面属性：

*BEAM GENERAL SECTION，SECTION = MESHED

N_x，N_y，N_z（n_1的余弦方向）

*INCLUDE，INPUT = 作业名 . bsp

从梁模型或者二维横截面模型进行后处理

可以使用一个刻度标记云图显示使沿着梁模型长度的应力和应变输出可视化。二维横截面模型生成所要求的所有应力和应变分量将是可得的。二维横截面上的应力和应变的云图显示也是可用的。截面几何形体是从由二维横截面分析生成的输出数据库中读取的，而广义的截面结果是从由梁分析生成的输出数据库读取的。

初始条件

当生成梁截面属性时，初始条件是没有意义的，可以忽略。

边界条件

当生成梁截面属性时，边界条件是没有意义的，可以忽略。

载荷

当生成梁截面属性时，载荷是没有意义的，可以忽略。

预定义的场

温度和场变量对于网格划分的截面是不允许的。

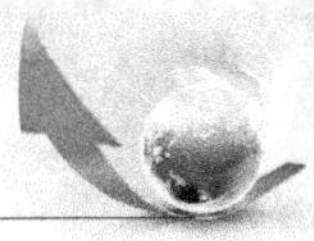

材料选项

网格划分的截面只允许下面的材料行为：

• 各向同性的线性弹性（见《Abaqus 分析用户手册——材料卷》的 2.2.1 节中的“定义各向同性弹性”）

• 翘曲单元的正交异性线性弹性（见《Abaqus 分析用户手册——材料卷》的 2.2.1 节）

• 密度（见《Abaqus 分析用户手册——材料卷》的 1.2.1 节）

单元

必须使用翘曲单元来网格划分二维横截面。详情见《Abaqus 分析用户手册——单元卷》的 2.4.1 节。

输出

单元的输出是实际梁分析中，在网格划分的横截面上的积分点处计算得到的，网格划分的横截面是在属性生成分析中选择的，就像上面所描述的那样。来自属性生成分析的输出只在输出数据库中可用。可以使用 Abaqus/CAE 的 Visualization 模块来生成截面上单元输出的云图，截面上的单元输出要求来自截面属性生成分析（横截面模型）和实际梁分析二者的输出数据库。更多的信息见《Abaqus 脚本用户手册》的 9.10.10 节中的“Python 脚本例子”。

输入文件模板

在一个 Abaqus/Standard 分析中生成横截面属性

```
*HEADING
网格划分的横截面
…
*NODE, NSET=ALL
…
*ELEMENT, TYPE=WARP2D3, ELSET=TRI
…
*ELEMENT, TYPE=WARP2D4, ELSET=QUAD
…
*SOLID SECTION, MATERIAL=COMPOSITE, ELSET=TRI
*MATERIAL, NAME=COMPOSITE
*ELASTIC, TYPE=TRACTION
E, G1, G2
```

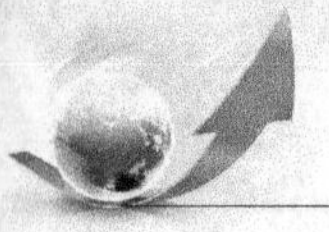


```
*DENSITY
…
*SOLID SECTION, MATERIAL=MASS_ONLY, ELSET=QUAD
*MATERIAL, NAME=MASS_ONLY
*DENSITY
…
*STEP
*BEAM SECTION GENERATE
*SECTION ORIGIN
X, Y
*SECTION POINTS
截面点标签，单元编号，积分点编号
*END STEP
```

在一个后续 Abaqus/Standard 或者 Abaqus/Explicit 梁分析中使用生成的横截面属性

```
*HEADING
梁分析
…
*NODE, NSET=NALL
…
*ELEMENT, TYPE=B31, ELSET=BEAM1
…
*BEAM GENERAL SECTION, SECTION=MESHED
```

N_x，N_y，N_z（n_1的方向余弦）

```
*INCLUDE, INPUT=作业名.bsp
…
*STEP
*DYNAMIC
…
*BOUNDARY
…
*CLOAD
…
*OUTPUT
*ELEMENT OUTPUT
…
*END STEP
```

5.7 使用扩展的有限元方法将不连续性模拟成一个扩展特征

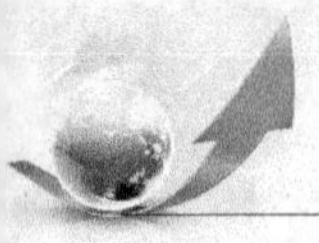

产品：Abaqus/Standard　　Abaqus/CAE　　Abaqus/Viewer

参考

- ＊ENRICHMENT
- ＊ENRICHMENT ACTIVATION
- “使用扩展的有限元方法来模拟断裂力学”《Abaqus/CAE 用户手册》的 31.3 节

概览

将不连续性（例如裂纹）模拟成一个扩展的特征：

- 通常称为扩展的有限元方法（XFEM）；
- 是常规有限元方法基于单位分割概念的一个扩展；
- 通过使用特别的位移函数来扩展自由度，允许一个单元内不连续的存在；
- 不要求网格匹配不连续的几何形体；
- 在仿真一个离散裂纹沿着一个任意的求解相关的路径的初始化和扩展时，是一个非常具有吸引力的，并且非常有效的方法，同时没有在一个块材料中重新划分网格的要求。
- 可以与基于面的胶粘行为方法（见《Abaqus 分析用户手册——指定的条件、约束和相互作用卷》的 4.1.10 节）或者与最适用于模拟界面化分层的虚拟裂纹闭合技术（见 6.4.3 节）同时使用；
- 可以使用静态过程（见 1.2.2 节），隐式动力学过程（见 1.3.2 节），或者使用直接循环方法的低周疲劳分析（见 1.2.7 节）来执行；
- 也可以用来执行一个任意静态面裂纹的围线积分评估，不需要细化裂纹尖端周围的网格；
- 允许开裂的单元面基于小滑动公式的接触相互作用；
- 允许分布的压力载荷施加到开裂的单元面上；
- 材料和几何的非线性都允许；
- 当前仅对于一阶应力/位移实体连续单元和二阶应力/位移四面体单元是可用的。

模拟方法

模拟静态的不连续性，例如一个裂纹，使用传统的有限元方法要求网格符合几何不连续性。这样，在裂纹尖端的附近需要相当的网格细化，来充分地捕捉奇异渐进场。模拟一个生长的裂纹更是麻烦，因为网格必须连续的更新来匹配随着裂纹扩展的不连续的几何形体。

扩展有限元方法（XFEM）缓解了与网格开裂面相关联的缺点。扩展有限元方法首先是由 Belytschko 和 Black（1999）介绍的。它是传统有限元方法基于 Melenk 和 Babuska（1996）的单位分割概念的扩展，此单位分割概念允许将局部扩展功能纳入到一个有限元近似中。不连续性的存在是通过特别的扩展函数与额外的自由度的结合来确保的。然而，保留了与有限

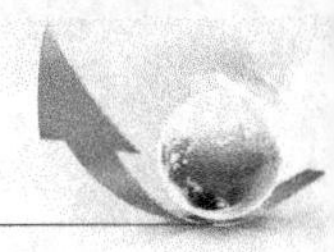

元框架和其稀疏性及对称性类似的属性。

引入节点扩展函数

为了断裂分析的目的，扩展函数通常包含捕捉裂纹尖端周围奇点的近尖端渐进函数，和一个表现跨越裂纹面位移中的阶跃不连续函数。使用单元扩展分区的位移向量函数 u 的近似为

$$\mathrm{u}=\sum_{I=1}^{N}N_I(x)\left[\mathrm{u}_I+H(x)\mathrm{a}_I+\sum_{\alpha=1}^{4}F_\alpha(x)\mathrm{b}_I^\alpha\right]$$

其中 $N_I(x)$是通常的节点形函数；方程的右手边第一项 u_I是与有限元解的连续部分相关联的通常节点位移向量；第二项是节点扩展自由度向量 a_I与相关联的不连续阶跃函数$H(x)$跨越裂纹表面的乘积；第三项是节点扩展自由度向量 b_I^α与相关联的弹性非对称裂纹尖端函数 $F_\alpha(x)$的乘积。右手边的第一项对于模型中的所有节点是可以应用的；第二项对于形函数支持被裂纹内部切割的节点是有效的；第三项只用于形函数支持被裂纹尖端切割的节点。

图 5-33 显示了跨越裂纹面的不连续阶跃函数 $H(x)$。

$$H(x)=\begin{cases}1 & \text{如果}(x-x^*)\cdot \boldsymbol{n}\geqslant 0\\ -1 & \text{其他,}\end{cases}$$

其中 x 是一个采样（高斯）点，x^*是最靠近 x 的裂纹上的点，$\boldsymbol{n}$ 是 x^*处垂直于裂纹的向量单位。

图 5-33 显示了一个各向同性弹性材料中的渐进裂纹尖端函数 $F_\alpha(x)$。

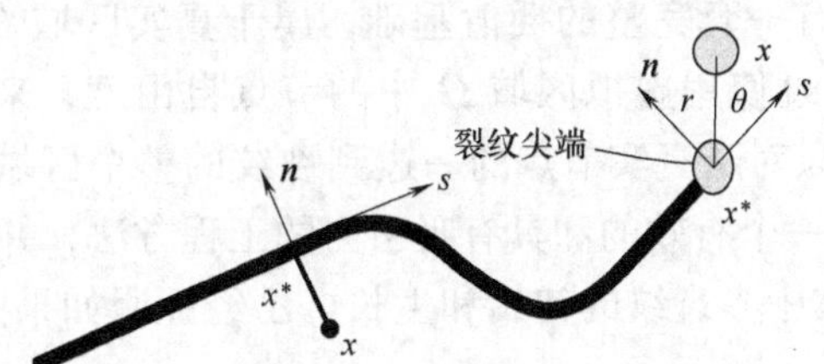

图 5-33　一个光滑裂纹的法向和切向坐标说明

$$F_\alpha(x)=\left[\sqrt{r}\sin\frac{\theta}{2},\ \sqrt{r}\cos\frac{\theta}{2},\ \sqrt{r}\sin\theta\sin\frac{\theta}{2},\ \sqrt{r}\sin\theta\cos\frac{\theta}{2}\right]$$

其中（r，θ）是原点在裂纹尖端上的极坐标系统，并且 $\theta=0$ 是在尖端处与裂纹相切的。

这些函数跨越静弹塑性的渐进裂纹尖端函数，并且$\sqrt{r}\sin\dfrac{\theta}{2}$考虑了跨越裂纹面的不连续性。渐进裂纹尖端函数的使用并不限于各向弹性材料中的裂纹模拟。相同的方法可以用来表现沿着一个双材料界面的一个裂纹侵入，或者一个弹性-塑性幂律硬化材料中的裂纹侵入。然而，此三种情况中，取决于裂纹位置和非弹性材料变形的程度，要求不同形式的渐进裂纹尖端的函数。渐进的裂纹尖端函数的不同形式分别由 Sukumar（2004），Sukumar and Prevost（2003）和 Elguedj（2006）进行了讨论。

精确模拟裂纹尖端的奇异性要求不断地跟踪裂纹在哪里扩展，这样是很繁琐的，因为裂纹奇点的自由度取决于非各向同性材料中的裂纹位置。因此，当在 Abaqus/Standard 中模拟稳态裂纹时，只考虑渐进奇点方程。移动的裂纹是使用下面描述的两个可选方法中的一个来

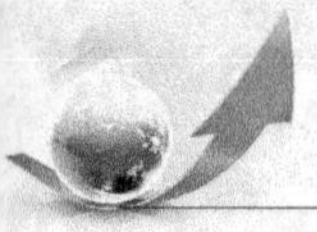

进行模拟的。

使用胶粘片段方法和虚拟节点法来模拟移动的裂纹

XFEM 框架中的一个可选方法是基于牵引分离的胶粘行为的。此方法用在 Abaqus/Standard 中来仿真裂纹初始和扩展。这是一个非常通用的相互作用模拟功能，可以用来模拟脆性或者韧性开裂。另外一个 Abaqus/Standard 中可用的裂纹初始和扩展功能是基于胶粘单元（见《Abaqus 分析用户手册——单元卷》的 6.5.6 节）或者基于面的胶粘行为的（见《Abaqus 分析用户手册——指定的条件、约束和相互作用卷》的 4.1.10 节）。不像这些方法要求胶粘面与单元边界对齐，并且裂纹扩展沿着一个预定义的路径设置，基于 XFEM 的胶粘片段方法可以用来仿真沿着块材料中一个任意的，求解相关路径的裂纹初始和扩展，因为裂纹扩展不是绑定于网格中的单元边界的。在此情况中，不需要近尖端渐进奇异，并且只考虑了跨越一个开裂单元的位移阶跃。这样，裂纹必须一次跨越一整个单元来扩展，从而避免模拟应力集中的需要。

虚拟节点，它是叠加在原始真实节点上的，引入它来表示开裂单元的不连续性，如图 5-34中所示。当单元完好时，每一个虚节点是完全被约束在它的对应真实节点上的。当单元被一个裂纹切开时，开裂的单元分离成两部分。取决于裂纹的方向，每一部分由一些真实节点和虚节点的组合形成。每一个虚拟节点和其对应真实节点不再绑定在一起，并且可以移动分离。

分离的大小是由胶粘规则控制的，直到开裂单元的胶粘强度为零，在此之后，虚节点和真实节点分别移动。要具有一套完整的插值基础，属于真实区域 Ω_0 的开裂单元的部分，扩展到虚拟区域 Ω_p。可以通过使用虚拟区域 Ω_p 中的节点自由度，来插值真实区域 Ω_0 中的位移。位移场的阶跃是通过只对从真实节点的一边到裂纹的整个区域进行简单积分来实现的，即 Ω_0^+ 和 Ω_0^-。此方法提供一个有效的和具有吸引力的工程方法，并且已经由 Song（2006）和 Remmers（2008）用于固体中多裂纹的初始和生长。已经证明如果网格是足够细化的，则几乎没有表现出网格相关性。

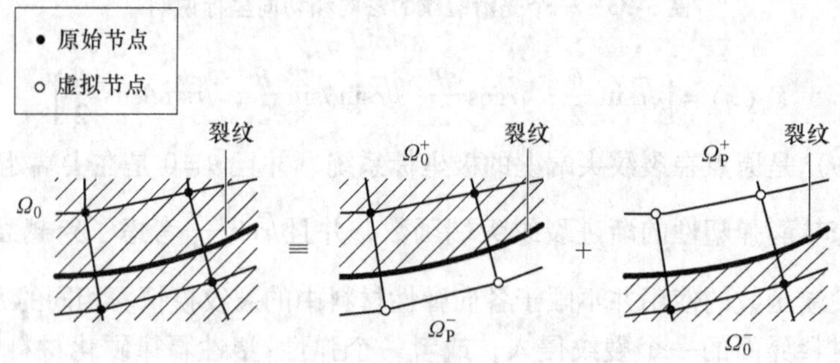

图 5-34　虚拟节点方法的原理

基于线性弹性断裂力学（LEFM）和虚拟节点模拟移动裂纹

另外一个在 XFEM 的框架中模拟移动裂纹的可选方法，是基于线性弹性断裂力学（LEFM）的原理。这样，对于发生脆性裂纹扩展的问题是更加合适的。类似于上面所描述

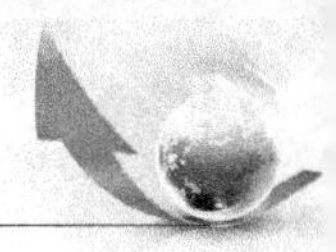

的基于 XFEM 的胶粘片段方法，不考虑近尖端渐进奇点，并且只考虑跨越一个开裂单元的位移阶跃。这样，裂纹必须一次扩展通过一整个的单元来避免需要模拟应力奇异。裂纹尖端处的应变能释放率是基于改进的虚拟裂纹闭合技术（Virtual Crack Closure Technique，VCCT）来计算的，它已经用来模拟沿着一个已知的并且部分粘接面（见 6.4.3 节）的分层。然而与此方法不同，基于 XFEM 的 LEFM 方法可以用来仿真块材料中沿着一个任意的求解相关路径的裂纹扩展，不要求模型中一个预先存在裂纹。

模拟技术与上面描述的基于 XFEM 的胶粘片段方法是非常相似的，当满足断裂准则时，在其中引入的虚拟节点来表示开裂单元的不连续性。在扩展的单元中，当裂纹尖端处的等效应变能释放率超过了临界应变能释放率时，真实节点和对应的虚拟节点将分离。牵引力最初是作为等于并且反向于开裂单元两个面上的力来承担的。牵引力在具有耗散的应变能等于初始分离所要求的临界应变能，或者等于扩展裂纹所要求的临界应变能的两个面之间的分离上，线性地逐步下降，耗散的应变能等于哪种情况取决于是否指定了 VCCT 或者增强的 VCCT 准则。

基于 LEFM 的原理模拟低周疲劳裂纹扩展

也可以使用基于 XFEM 的 LEFM 方法来仿真一个使用直接循环方法（见 1.2.7 节）的低周疲劳分析中，一个承受亚临界循环载荷的离散裂纹生长。扩展单元中裂纹尖端处的断裂能释放率，是基于上面提到的改进 VCCT 技术计算得到的。通过使用 Paris 法则来表征裂纹的发生和扩展，此法则将相对的断裂能释放率与裂纹扩展率联系起来，如图 5-35 中所表明的那样。此方法已经用于模拟亚临界循环载荷下，沿着一个已知部分粘接的面（见 6.4.3 节中的“低周疲劳准则”）的渐进性分层。然而，不像此方法，基于 XFEM 的 LEFM 方法可以用于仿真沿着块材料中任意的求解相关路径的疲劳裂纹扩展。

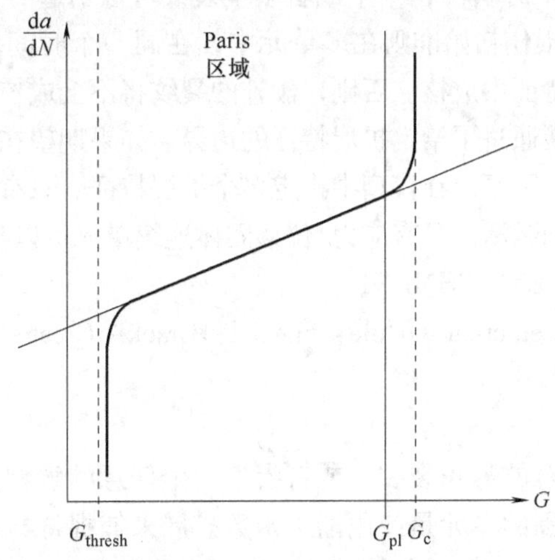

图 5-35 通过 Paris 法则控制的疲劳裂纹生长

使用水平集方法来描述不连续的几何形体

在一个扩展有限元分析中有助于处理裂纹的关键发展，是裂纹几何形体的描述，因为不要求网格符合裂纹的几何形体。水平集方法，是一个强有力的分析和计算界面运动的数值技术，固有的适合扩展有限元方法，并且使得不需要重新网格划分来模拟任意裂纹生长成为可能。裂纹几何形体是通过两个几乎正交的符号距离函数来定义的，如图 5-36 所示。ϕ 描述裂纹面，ψ 用于构建一个正交面，这样两个面的相交给出了裂纹前缘。$\boldsymbol{n}^+$ 表明对裂纹面的正法向；$\boldsymbol{m}^+$ 表明对于裂纹前缘的正法向。不需要边界或者界面的明显表现，因为它们是通过节点数据整体描述的。通常是要求每个节点两个符号距离函数来描述一个裂纹几何形体。

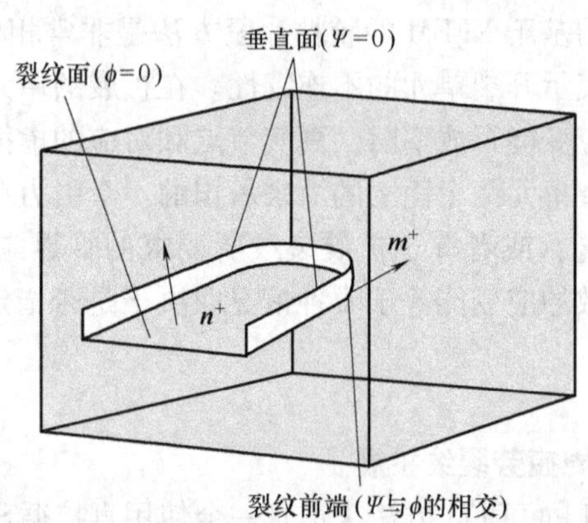

图 5-36　通过两个符号距离函数 ϕ 和 ψ，三维中非平面裂纹的表示

定义一个扩展特征和它的属性

可以指定一个扩展特征和它的属性。一个或者多个预先存在的裂纹，可以与一个扩展的特征相关联。此外，在一个分析中，一个或者多个裂纹可以引起一个扩展特征，而不需要任何初始缺陷。然而，除非损伤初始准则在多单元中，在同一个时间增量上得到满足，多裂纹才可以在一个单独的扩展特征中成核。否则，额外的裂纹将不会成核，直到一个扩展特征中所有预先存在的裂纹已经扩展通过了给定扩展特征的边界。如果期望在一个分析中，几个裂纹成核顺序发生在不同的位置，则可以在模型中指定多个扩展特征。只有当一个单元与一个裂纹相交时，扩展的自由度才得到激活。只有应力/位移固体连续单元可以与一个扩展的特征相关联。

输入文件用法：　　* ENRICHMENT

Abaqus/CAE 用法：Interaction module：Special→Crack→Create→XFEM

定义扩展的类型

可以选择模拟一个任意的静止裂纹，或者沿着一个任意的解相关路径的一个离散裂纹扩展。前面要求裂纹尖端周围的单元是使用渐进函数扩展来捕捉奇异性的，并且由裂纹内部相交的单元使用跨越裂纹面的阶跃函数来进行扩展。裂纹扩展的后面推断是使用胶粘片段方法，或者与虚拟节点相结合的线性弹性断裂力学方法来模拟的。然而，这些选项是互斥的，并且不能在一个模型中同时指定。

输入文件用法：　　使用下面的选项来指定一个裂纹扩展分析（默认的）：

　　* ENRICHMENT，TYPE = PROPAGATION CRACK

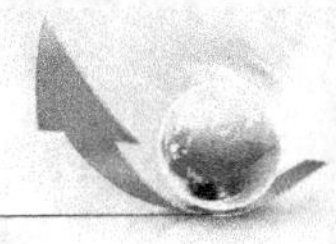

使用下面的选项来指定一个具有静态裂纹的分析：

*ENRICHMENT，TYPE = STATIONARY CRACK

Abaqus/CAE 用法：使用下面的选项来指定一个裂纹扩展分析：

Interaction module：crack editor：切换打开 Allow crack growth

使用下面的选项来指定一个具有静态裂纹的分析：

Interaction module：crack editor：切换关闭 Allow crack growth

给扩展特征赋予一个名称

必须给一个裂纹那样的扩展特征赋予一个名称。此名称可以用于裂纹面初始位置的定义中，用于为围线积分输出确定一个裂纹中，用于激活或者抑制裂纹扩展分析中，以及用于开裂单元面的生成中。

输入文件用法：　　*ENRICHMENT，NAME = 名称

Abaqus/CAE 用法：Interaction module：Special→Crack→Create：XFEM：Name：名称

确定一个扩展区域

必须将扩展定义与一个模型区域相关联。只有这些区域中的单元自由度是使用特殊函数可能扩展的。区域应当包含被当前裂纹相交的单元，并随着裂纹而扩展，那些可能被裂纹相交的单元组成。

输入文件用法：　　*ENRICHMENT，ELSET = 单元集名称

Abaqus/CAE 用法：Interaction module：Special→Crack→Create→：XFEM：Select the crack domain：选择区域

定义一个裂纹面

随着一个裂纹扩展通过模型，在分析过程中由一个裂纹相交的那些扩展单元上生成代表开裂单元的两个面的一个裂纹面。必须将一个扩展特征的名称与面相关联（见上面的“给扩展的特征赋予一个名称”）。

生成的裂纹面只支持分布压力载荷的施加。

输入文件用法：　　*SURFACE，TYPE = XFEM

Abaqus/CAE 用法：Abaqus/CAE 中不支持一个基于 XFEM 的裂纹面。

使用一个小滑动的公式来定义开裂单元面的接触

当一个单元被一个裂纹切开时，必须考虑裂纹面的压缩性。控制行为的公式与那些用于基于面的小滑动穿透接触（见《Abaqus 分析用户手册——指定的条件、约束和相互作用卷》的 4.1.1 节）的公式是非常类似的。

对于与一个静态裂纹，或者一个具有线性弹性断裂力学方法的移动裂纹相交的单元，假定已经开裂的单元的弹性胶粘强度是零。这样，当裂纹面接触时，裂纹面的压缩行为是使用上面的选项来完全定义的。对于一个使用胶粘片段方法的移动裂纹，情况更加复杂。裂纹面的牵引-分离胶粘行为以及压缩行为，是包含在开裂的单元中的。在接触法向上，因为它们每一个描述不同接触区域中的面之间的相互作用，压力闭合关系控制不与胶粘行为相互作用

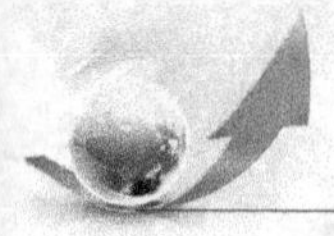

的面之间的压缩行为。压力闭合关系只控制当裂纹是“闭合”的时候的行为。只有当裂纹是“打开”的时候（即没有接触），胶粘行为才对接触法向应力有影响。

如果一个单元的弹性胶粘刚度，在剪切方向上没有破坏，则假定胶粘行为是有效的。假定任何切向滑动本质上是纯粹弹性的，并且因为单元的弹性胶粘强度阻抗而产生剪切力。如果已经定义了损伤，对于切应力的胶粘作用，随着损伤演化开始退化。一旦退化达到极限，则对切应力的胶粘作用是零。摩擦模型激活并开始对切应力起作用。

输入文件用法：　使用下面的选项来定义使用一个小滑动公式的裂纹面接触：

* ENRICHMENT，INTERACTION = 相互作用属性名称

* SURFACE INTERACTION，NAME = 相互作用属性名称

* SURFACE BEHAVIOR

Abaqus/CAE 用法：Interaction module：crack editor：切换打开 Specify contact property

对基于 XFEM 的胶粘行为应用胶粘材料概念

控制裂纹扩展分析的基于 XFEM 的胶粘片段行为的公式和规则，与用于具有牵引-分离本构行为（见《Abaqus 分析用户手册——单元卷》的 6.5.6 节）的胶粘单元所使用的公式和规则以及用于基于面的胶粘行为（见《Abaqus 分析用户手册——指定的条件、约束和相互作用卷》的 4.1.10 节）的公式和规则是非常类似的。类似扩展到线性弹性牵引-分离模型，损伤初始化准则和损伤扩展法则。

线性弹性牵引-分离行为

Abaqus 中可用的牵引-分离模型，初始假定损伤的初始化和发展是遵循线性弹性行为的。采用将法向和切向应力与开裂单元的法向和切向分离相关联的弹性本构矩阵形式，来书写弹性行为。

法向牵引应力向量 $\boldsymbol{t}$ 由下面的分量组成：t_n、t_s 和（在三维问题中）t_t，它分别代表法向和两个切向牵引。响应的分离是通过 δ_n、δ_s 和 δ_t 来表示的。这样，弹性行为可以写成

$$\boldsymbol{t}=\begin{pmatrix}t_n\\t_s\\t_t\end{pmatrix}=\begin{pmatrix}K_{nn}&0&0\\0&K_{ss}&0\\0&0&K_{tt}\end{pmatrix}\begin{pmatrix}\delta_n\\\delta_s\\\delta_t\end{pmatrix}=\boldsymbol{K\delta}$$

法向和切向刚度分量将不会耦合：它自身纯粹的法向分离不会引起切向的胶粘力，并且具有零法向分离的纯粹切向滑动，不会产生任何法向的胶粘力。

项 K_{nn}、K_{ss} 和 K_{tt} 是基于扩展单元的弹性属性来计算的。在一个扩展的区域中指定材料的弹性属性，对于定义弹性刚度和牵引-分离行为都是足够的。

损伤模拟

损伤模拟允许仿真扩展单元的退化和最终失效。失效机制包括两个部分：一个损伤初始准则和一个损伤演化法则。假定初始响应是线性的，如前面部分中所讨论的那样。然而，一旦满足了一个损伤初始准则，损伤可以依据用户定义的损伤演化法则来发生。图 5-37 显示

了具有失效机制的一个典型的线性和一个典型的非线性牵引-分离响应。扩展的单元不承受纯粹压缩下的损伤。

扩展单元中胶粘行为的牵引-分离响应的损伤，是在传统材料使用的相同通用框架中定义的（见《Abaqus 分析用户手册——材料卷》的 4.1.1 节）。然而，不像具有牵引-分离行为的胶粘单元，不必在一个扩展单元中指定未损伤的牵引-分离行为。

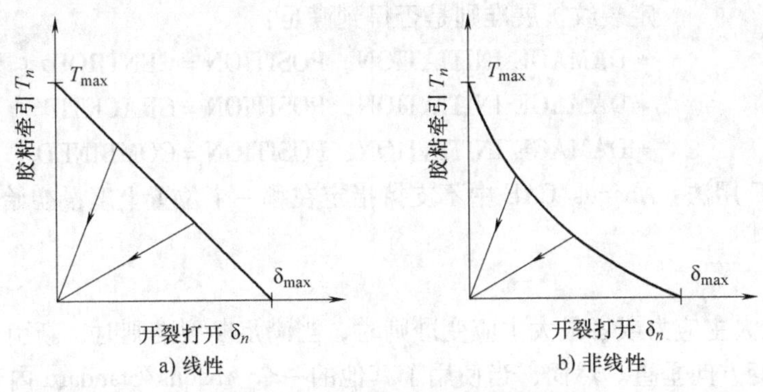

图 5-37 典型的牵引-分离响应

裂纹初始和裂纹扩展的方向

裂纹初始指的是一个扩展单元上，胶粘响应的退化开始。当应力或者应变满足所指定的裂纹初始准则时，退化的过程开始。基于下面的 Abaqus/Standard 内建模型，裂纹初始准则是可以使用的：

- 最大主应力准则；
- 最大主应变准则；
- 最大法向应力准则；
- 最大法向应变准则；
- 二次牵引-相互作用准则；
- 二次分离-相互作用准则。

此外，可以在用户子程序 UDMGINI 中指定一个用户定义的损伤初始准则。

当断裂准则 f 在一个给定的容差中达到了 1.0 时，在一个平衡增量之后，引入了一个额外的裂纹，或者延伸了一个现有裂纹的裂纹长度：

$$1.0 \leqslant f \leqslant 1.0 + f_{tol}$$

可以指定容差 f_{tol}。如果 $f \leqslant 1.0 + f_{tol}$，则时间增量得到消减，这样满足了裂纹初始准则。默认的 f_{tol} 值是 0.05。

输入文件用法： ＊DAMAGE INITIATION，TOLERANCE = f_{tol}

Abaqus/CAE 用法：Property module：material editor：Mechanical：Damage for Traction Separation Laws：Quade Damage，Maxe Damage，Quads Damage，Maxs Damage，Maxpe Damage，或者 Maxps Damage：Tolerance：f_{tol}

指定用于度量裂纹初始准则的位置

默认情况下，Abaqus/Standard 使用在裂纹尖端前面的单元质心处计算得到的应力/应变

的一个高斯点平均，来确定裂纹初始准则是否得到满足，并且确定裂纹扩展方向。另外，可以使用外推到裂纹尖端的应力/应变值来确定这些值。也可以选择组合这两个可选值：可以使用外推到裂纹尖端的应力/应变值，来确定损伤初始准则是否得到满足，也可以使用单元质心上的应力/应变值来确定裂纹扩展方向。

输入文件用法：　使用下面选项中的一个，来指定使用哪一个位置的应力/应变值来确定裂纹扩展准则是否得到满足：

* DAMAGE INITIATION，POSITION = CENTROID（默认的）

* DAMAGE INITIATION，POSITION = CRACKTIP

* DAMAGE INITIATION，POSITION = COMBINED

Abaqus/CAE 用法：Abaqus/CAE 中不支持指定在哪一个位置上度量初始准则。

指定开裂方向

当指定了最大主应力或者最大主应变准则时，当满足断裂准则时，新引入的裂纹总是与最大主应力/应变方向垂直。然而，当使用了其他的一个 Abaqus/Standard 内建裂纹初始准则时，当断裂准则得到满足时，必须指定新引入的裂纹是否将与单元局部 1- 方向垂直，还是垂直于单元局部 2- 方向（见《Abaqus 分析用户手册——介绍、空间建模、执行与输出卷》的 1.2.2 节）。默认情况下，裂纹是垂直于单元局部 1- 方向上的，如果指定了一个用户定义的损伤初始准则，则可以在用户子程序 UDMGINI 中对裂纹平面的法向方向或者裂纹线进行定义。

输入文件用法：　当指定最大法向应力，最大法向应变，二次牵引- 相互作用，或者二次分离- 相互作用准则时，使用下面的选项中的一个来指定裂纹方向：

* DAMAGE INITIATION，NORMAL DIRECTION = 1（默认的）

* DAMAGE INITIATION，NORMAL DIRECTION = 2

Abaqus/CAE 用法：Property module：material editor：Mechanical→Damage for Traction Separation Laws：Quade Damage，Maxe Damage，Quads Damage，或者 Maxs Damage：Direction relative to local 1- direction（for XFEM）：Normal 或者 Parallel

最大主应力准则

最大主应力准则可以表示为

$$f=\left\{\frac{\langle\sigma_{\max}\rangle}{\sigma_{\max}^{o}}\right\}$$

这里，$\sigma_{\max}^{o}$ 代表最大可允许的主应力。“$\langle\rangle$”称为 Macaulay 括号，表示当自变量小于 0 时，则函数值为 0；当自变量不小于 0 时，则函数值等于自量。（即，如果 $\sigma_{\max}<0$，则 $\langle\sigma_{\max}\rangle=0$；如果 $\sigma_{\max}\geqslant 0$，$\langle\sigma_{\max}\rangle=\sigma_{\max}$）。Macaulay 括号用来符号化表明一个纯粹的压缩应力状态不会初始化损伤。假定当最大主应力比（如上面表达式中所定义的那样）达到 1 时，损伤开始。

输入文件用法：　* DAMAGE INITIATION，CRITERION = MAXPS

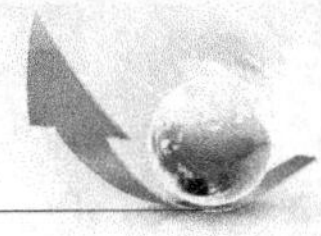

Abaqus/CAE 用法：Property module：material editor：Mechanical：Damage for Traction Separation Laws：Maxps Damage

最大主应变准则

最大主应变准则可以表示为

$$f=\left\{\frac{\langle\varepsilon_{\max}\rangle}{\varepsilon_{\max}^{o}}\right\}$$

这里，$\varepsilon_{\max}^{o}$代表最大可允许的主应变，并且 Macaulay 括号符号化表明一个纯粹的压缩应变不会初始化损伤。假定当最大主应变率（如上面表达式中所定义的那样）达到 1 时，损伤开始。

输入文件用法：　　＊DAMAGE INITIATION，CRITERION = MAXPE

Abaqus/CAE 用法：Property module：material editor：Mechanical：Damage for Traction Separation Laws：Maxpe Damage

最大法向应力准则

最大法向应力准则可以表示为

$$f=\max\left\{\frac{\langle t_n\rangle}{t_n^o},\ \frac{t_s}{t_s^o},\ \frac{t_t}{t_t^o}\right\}$$

法向牵引应力向量 $\boldsymbol{t}$ 由三个分量组成（在二维问题中是两个）。t_n是垂直于可能开裂表面的分量，并且 t_s及 t_t是可能出现的开裂表面上的两个剪切分量。取决于用户指定了什么（见上面的“指定裂纹方向”），可能开裂的面将正交于单元局部 1-方向，或者正交于单元局部 2-方向。这样 t_n^o、t_s^o和 t_t^o代表法向应力的峰值。符号〈〉为具有通常解释的 Macaulay 括号。Macaulay 括号符号化一个纯粹的压缩应力状态不会开始损伤。假定当最大主应力比（如上面表达式中所定义的那样）达到 1 时，损伤开始。

输入文件用法：　　＊DAMAGE INITIATION，CRITERION = MAXS

Abaqus/CAE 用法：Property module：material editor：Mechanical：Damage for Traction Separation Laws：Maxs Damage

最大法向应变准则

最大法向应变准则可以表示为

$$f=\max\left\{\frac{\langle\varepsilon_n\rangle}{\varepsilon_n^o},\ \frac{\varepsilon_s}{\varepsilon_s^o},\ \frac{\varepsilon_t}{\varepsilon_t^o}\right\}$$

假定当最大法向应变率（如上面表达式中所定义的那样）达到 1 时，损伤开始。

输入文件用法：　　＊DAMAGE INITIATION，CRITERION = MAXE

Abaqus/CAE 用法：Property module：material editor：Mechanical：Damage for Traction Separation Laws：Maxe Damage

二次法向应力准则

二次法向应力准则可以表示为

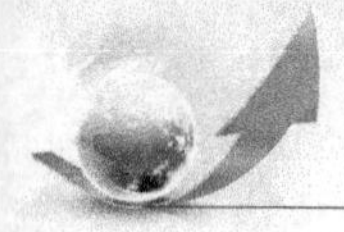

$$f=\left\{\frac{\langle t_n\rangle}{t_n^o}\right\}^2+\left\{\frac{t_s}{t_s^o}\right\}^2+\left\{\frac{t_t}{t_t^o}\right\}^2$$

假定当包含应力比的二次相互作用函数（如上面表达式中所定义的那样）达到1时，损伤开始。

输入文件用法：　＊DAMAGE INITIATION，CRITERION = QUADS

Abaqus/CAE 用法：Property module：material editor：Mechanical：Damage for Traction Separation Laws：Quads Damage

二次法向应变准则

二次法向应变准则可以表示为

$$f=\left\{\frac{\langle \varepsilon_n\rangle}{\varepsilon_n^o}\right\}^2+\left\{\frac{\varepsilon_s}{\varepsilon_s^o}\right\}^2+\left\{\frac{\varepsilon_t}{\varepsilon_t^o}\right\}^2$$

假定当包含应变比的二次相互作用函数（如上面表达式中所定义的那样）达到1时，开始损伤。

输入文件用法：　＊DAMAGE INITIATION，CRITERION = QUADE

Abaqus/CAE 用法：Property module：material editor：Mechanical：Damage for Traction Separation Laws：Quade Damage

用户定义的损伤初始准则

用户子程序 UDMGINI 为实现一个用户定义的损伤初始准则，提供了一个通用的功能。

可以在用户子程序 UDMGINI 中定义一些损伤初始机制。通过一个断裂准则 $f_{\text{index}i}$ 和与裂纹平面或者裂纹线的法向相关联的法向方向来表示每一个损伤初始机制。虽然用户可以定义一些损伤初始机制，一个扩展单元的实际损伤初始是通过最严重的损伤初始机制来控制的：

$$f=\max\{f_{\text{index1}},\ f_{\text{index2}},\ \cdots,\ f_{\text{index}n}\}$$

假定当 f，如上面公式中所定义的那样，达到1时，损伤开始。

必须指定用户子程序 UDMGINI 中需要的任何材料常数，作为一个用户定义的损伤初始准则定义的一部分。

输入文件用法：　使用下面的选项来定义一个用户定义的损伤初始化准则：

＊DAMAGE INITIATION，CRITERION = USER

使用下面的选项来指定用户定义的损伤初始准则中的失效机制的总数：

＊DAMAGE INITIATION，CRITERION = USER，FAILURE MECHANISMS = n

使用下面的选项来为一个用户定义的损伤初始准则定义属性：

＊DAMAGE INITIATION，CRITERION = USER，PROPERTIES = 常数的数量

Abaqus/CAE 用法：Abaqus/CAE 中不支持定义一个用户定义的损伤初始化准则。

损伤扩展

损伤扩展法则描述一旦满足了对应的初始准则，胶粘刚度具有的退化率。描述损伤扩展

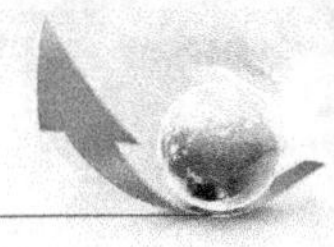

的通常框架，与用于基于面的胶粘行为中的损伤扩展概念上是相似的（见《Abaqus 分析用户手册——指定的条件、约束和相互作用卷》的 4.1.10 节）。

一个标量损伤变量 D 代表裂纹面与开裂的单元边缘之间相交处的整体损伤平均。最初具有一个 0 的值。如果模拟了损伤扩展，则在损伤初始后的进一步加载过程中，D 单调地从 0 演变成 1。损伤通过下面对法向和切应力进行影响。

$$t_n = \begin{cases} (1-D)\ T_n & T_n \geqslant 0 \\ T_n & \text{否则（对于压缩刚度没有损伤）} \end{cases}$$

$$t_s = (1-D)T_s$$

$$t_t = (1-D)T_t$$

其中 T_n、T_s 和 T_t 是由没有损伤的当前分离的弹性牵引分离行为所预测的法向和切应力分量。

要在跨越界面的法向和剪切分离的组合下描述损伤的扩展，一个有效的分离定义为

$$\delta_m = \sqrt{\langle \delta_n \rangle^2 + \delta_s^2 + \delta_t^2}$$

输入文件用法：　使用下面的选项来指定一个损伤扩展法则：

* DAMAGE EVOLUTION

Abaqus/CAE 用法：Property module：material editor：Mechanical → Damage for Traction Separation Laws：Maxpe Damage 或者 Maxps Damage：Suboptions → Damage Evolution

与用户定义的损伤初始准则相结合使用

应当为用户子程序 UDMGINI 中定义的每一个损伤初始准则指定一个单独的损伤扩展法则。一个损伤初始准则和一个对应的损伤扩展法则的每一个组合，称之为一个失效机制。损伤将只积累每个单元的一个失效机制，对应于损伤初始准则最先达到的机制。

输入文件用法：　使用下面的选项来为多个用户定义的损伤初始准则指定损伤扩展法则：

* DAMAGE INITIATION，CRITERION = USER，FAILURE MECHANISMS = n

* DAMAGE EVOLUTION，FAILURE INDEX = 1

* DAMAGE EVOLUTION，FAILURE INDEX = 2

…

* DAMAGE EVOLUTION，FAILURE INDEX = n

Abaqus/CAE 用法：Abaqus/CAE 中不支持定义一个用户定义的损伤初始准则。

Abaqus/Standard 中的黏性正则化

表现出各种形式的软化行为和刚度退化的模型，通常导致 Abaqus/Standard 中严重的收敛困难。一个扩展单元中定义胶粘行为的本构方程所具有的黏性正则化，可以用来克服这些收敛困难的一部分。对于足够小的时间增量，黏性正则化阻尼造成切向刚度矩阵是正定的。

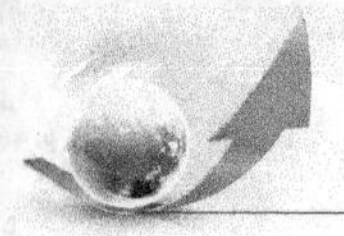

与整个模型上的黏性正则化相关联的近似能量大小，可以使用输出变量 ALLVD 得到。

输入文件用法：　使用下面的选项来指定黏性正则化：

*DAMAGE STABILIZATION

Abaqus/CAE 用法：Property module：material editor：Mechanical→Damage for Traction Separation Laws：Quade Damage，Maxe Damage，Quads Damage，Maxs Damage，Maxpe Damage，或者 Maxps Damage：Suboptions→Damage Stabilization Cohesive

对基于 XFEM 的 LEFM 方法应用 VCCT 技术

裂纹扩展分析的控制基于 XFEM 的线性弹性断裂力学方法的行为的公式和法则，与那些用于模拟沿着一个已知的，并且部分粘接的面的分层（见 6.4.3 节）所使用的公式和法则是非常类似的，其中裂纹尖端上的应变能释放率是基于改进的虚拟裂纹闭合技术（Virtual Crack Closure Technique，VCCT）来计算的。然而，不像此方法，基于 XFEM 的 LEFM 方法可以用来仿真具有或者没有初始裂纹的块材料中，沿着任意的，求解相关的路径的裂纹扩展。通过定义一个基于断裂的面行为，并且在扩展单元中指定断裂准则，来完成裂纹扩展功能的定义。

裂纹成核和裂纹扩展的方向

由定义，基于 XFEM 的 LEFM 方法，内在的要求模型中存在一个裂纹，因为它是基于线性弹性断裂力学的原理的。裂纹可以是预先存在的，或者它可以在分析中成核。如果对于一个给定的扩展区域，没有预先存在的裂纹，则不会激活基于 XFEM 的 LEFM 方法，直到一个裂纹成核。裂纹成核是通过六个内建基于应力的或者基于应变的开裂初始准则中的一个，或者一个上面的“裂纹扩展的裂纹初始和方向”中讨论的用户定义的裂纹初始准则来控制的。裂纹在一个扩展区域中成核之后，裂纹的后续扩展是通过基于 XFEM 的 LEFM 准则来控制的。

输入文件用法：　当扩展的区域中没有预先存在的裂纹时，使用下面的选项来指定裂纹成核准则为材料定义的一部分：

*DAMAGE INITIATION，TOLERANCE = f_{tol}

Abaqus/CAE 用法：Property module：material editor：Mechanical：Damage for Traction Separation Laws：Quade Damage，Maxe Damage，Quads Damage，Maxs Damage，Maxpe Damage，或者 Maxps Damage：f_{tol}

指定何时一个预先存在的裂纹将会扩展

如果在一个扩展的区域中有一个预先存在的裂纹，则当在一个给定的容差中，断裂准则 f 达到 1.0 时，裂纹在此时的平衡增量之后进行扩展。

$$1.0 \leqslant f \leqslant 1.0 + f_{tol}$$

可以指定容差 f_{tol}。如果 $f \leqslant 1.0 + f_{tol}$，则时间增量得到消减，这样裂纹扩展准则得到满足。默认的 f_{tol} 值是 0.2。

输入文件用法：　同时使用下面的选项：

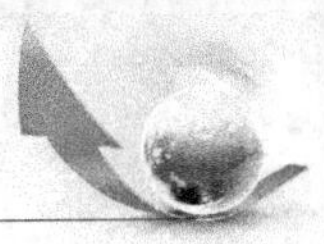

*SURFACE BEHAVIOR

*FRACTURE CRITERION，TOLERANCE = f_{tol}，TYPE = VCCT

Abaqus/CAE 用法：Interaction module：Interaction→Property→Create，Contact，Mechanical→Fracture Criterion，Tolerance：f_{tol}

指定裂纹扩展方向

当断裂准则得到满足时，必须指定裂纹传播方向。裂纹可以在垂直于最大切应力的方向上，垂直于单元局部1-方向（见《Abaqus 分析用户手册——介绍、空间建模、执行与输出卷》的1.2.2节），或者垂直于单元局部2-方向上扩展。默认情况下，裂纹垂直于最大切应力的方向进行传播。

输入文件用法：当断裂准则得到满足时，使用下面选项的一个来指定裂纹方向：

*FRACTURE CRITERION，NORMAL DIRECTION = MTS（默认的）

*FRACTURE CRITERION，NORMAL DIRECTION = 1

*FRACTURE CRITERION，NORMAL DIRECTION = 2

Abaqus/CAE 用法：Interaction module：contact property editor：Mechanical→Fracture Criterion：Direction of crack growth relative to local 1-direction：Maximum tangential stress，Normal，或 Parallel

混合模式的行为

Abaqus 为计算等效断裂能释放率 G_{equivC} 提供三个常用的模式混合公式：BK 法则、幂律法则和 Reeder 法则模型。在任何的给定分析中，模型的选择并非总是清晰的；最好通过经验来选取合适的模型。

BK 法则

BK 法则在 Benzeggagh（1996）和 Kenane（1996）中通过下面的方程描述：

$$G_{equivC} = G_{IC} + (G_{IIC} - G_{IC})\left(\frac{G_{II} + G_{III}}{G_I + G_{II} + G_{III}}\right)^{\eta}$$

要定义此模型，必须提供 G_{IC}、G_{IIC} 和 η。此模型提供一个将 Mode I，ModeII 和 Mode III 中的能量释放率组合成一个单独标量开裂准则的幂律关系。

输入文件用法：*FRACTURE CRITERION，TYPE = VCCT，MIXED MODE BEHAVIOR = BK

Abaqus/CAE 用法：Interaction module：contact property editor：Mechanical→Fracture Criterion：Mixed mode behavior：BK，并且在数据表中输入临界能量释放率

幂律

幂律在 Wu 和 Reuter（1965）中通过下面的方程描述：

$$\frac{G_{equiv}}{G_{equivC}} = \left(\frac{G_I}{G_{IC}}\right)^{a_m} + \left(\frac{G_{II}}{G_{IIC}}\right)^{a_n} + \left(\frac{G_{III}}{G_{IIIC}}\right)^{a_o}.$$

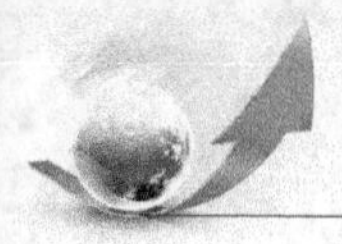

要定义此模型，必须提供 G_{IC}、G_{IIC}、G_{IIIC}、a_m、a_n和 a_o。

输入文件用法： * FRACTURE CRITERION, TYPE = VCCT, MIXED MODE BEHAVIOR = POWER

Abaqus/CAE 用法：Interaction module：contact property editor：Mechanical→Fracture Criterion：Mixed mode behavior：Power，并且在数据表中输入临界能量释放率

Reeder 规律

Reeder 规律在 Reed 等（2002）中通过下面的方程进描述：

$$G_{equivC} = G_{IC} + (G_{IIC} - G_{IC})\left(\frac{G_{II} + G_{III}}{G_I + G_{II} + G_{III}}\right)^{\eta} + (G_{IIIC} - G_{IIC})\left(\frac{G_{III}}{G_{II} + G_{III}}\right)\left(\frac{G_{II} + G_{III}}{G_I + G_{II} + G_{III}}\right)^{\eta}$$

要定义此模型，必须提供 G_{IC}、G_{IIC}、G_{IIIC}和 η。Reeder 规律最好应用于当 $G_{IIC} \neq G_{IIIC}$时。当 $G_{IIC} = G_{IIIC}$时，Reeder 规律退化成 BK 规律，Reeder 规律仅应用于三维问题。

输入文件用法： * FRACTURE CRITERION, TYPE = VCCT, MIXED MODE BEHAVIOR = REEDER

Abaqus/CAE 用法：Interaction module：contact property editor：Mechanical→Fracture Criterion：Mixed mode behavior：Reeder，并且在数据表中输入临界能量释放率

定义可变的临界能量释放率

可以通过在节点上指定临界能量释放率，来定义一个具有可变能量释放率的 VCCT 准则。

如果指定节点临界能量比，则将忽略所有指定的不变的临界能量释放率，并且临界能量释放率是从节点进行插值的。临界能量释放率必须定义在扩展区域中的所有节点上。

输入文件用法： 同时使用下面的选项：

* FRACTURE CRITERION, TYPE = VCCT, NODAL ENERGY RATE
* NODAL ENERGY RATE

Abaqus/CAE 用法：在 Abaqus/CAE 中，不支持定义一个具有可变能量释放率的 VCCT 准则。

增强的 VCCT 准则

控制增强的 VCCT 准则行为的公式和法则，与用于 VCCT 准则的公式和法则是非常类似的。然而，不像 VCCT 准则，裂纹的开始和生长可以通过两个不同的临界断裂能量释放率 G_C和 G_C^P来控制。在涉及 Mode I、II 和 III 断裂的通常情况中，当满足断裂准则时，有：

$$f = \frac{G_{equiv}}{G_{equivC}} \geqslant 1.0$$

开裂单元的两个面上的牵引力，是在具有耗散应变能等于传播裂纹所要求的临界等效应

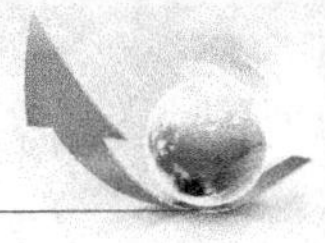

变能 G^{P}_{equivC}的分离上逐渐下降的，而不是初始分离所要求的临界等效应变能 G_{equivC}。计算 G^{P}_{equivC}的公式与用来计算不同混合-模式的断裂准则的 G_{equivC}的公式是一样的。

输入文件用法：　同时使用下面的选项：

*SURFACE BEHAVIOR

*FRACTURE CRITERION，TYPE = ENHANCED VCCT

Abaqus/CAE 用法：Abaqus/CAE 中不支持指定增强的 VCCT 准则。

基于 LEFM 原理的低周疲劳准则

如果指定低周疲劳准则，则可以仿真承受亚临界循环载荷的层压复合材料中，在界面处的渐进分层。此准则仅可以用在使用直接循环方法的低周疲劳分析之中（见 1.2.7 节）。一个低周疲劳步可以是仅有的步，可以后面跟随一个通用的静态步，或者可以后面跟随有一个通用静态步。可以在一个单独的分析中包括多个低周疲劳分析步。如果在一个模型中执行一个没有预先存在的裂纹的疲劳分析，则必须执行疲劳步和成核一个裂纹的静态步，如“裂纹成核和裂纹扩展的方向”中所讨论的那样。

通过使用 Paris 法则来特征化起始和分层生长，它将裂纹生长率与相对断裂能量释放率相关联，如图 5-35 中所示。扩展单元中裂纹尖端处的断裂能量释放率是基于上面所提到的 VCCT 技术来计算的。

Paris 区域以能量释放率阀值 G_{thresh}为边界，低于阀值的区域没有疲劳裂纹初始或者生长的考虑，并且以能量释放率上限 G_{pl}为边界，高于此上限，疲劳裂纹将以一个更高的速率生长。G_C是临界等效应变能量释放率，基于用户指定的模式混合准则和块材料的断裂强度计算得到。在上面已经为不同混合模式的断裂准则提供了计算 G_C的公式。可以指定 G_{thresh}对 G_C的比和 G_{pl}对 G_C的比。默认值是$\frac{G_{thresh}}{G_C}=0.01$ 和$\frac{G_{pl}}{G_C}=0.85$。

输入文件用法：　同时使用下面的选项：

*SURFACE BEHAVIOR

*FRACTURE CRITERION，TYPE = FATIGUE

Abaqus/CAE 用法：Abaqus/CAE 中不支持指定低周疲劳准则。

疲劳裂纹生长的开始

疲劳裂纹生长的开始指的是在扩展单元中的裂纹尖端处，疲劳裂纹生长的开始。在一个低周疲劳分析中，疲劳裂纹生长开始的准则是通过 ΔG 来特征化的，当结构在它的最大和最小值之间承载时，ΔG 是相对断裂能量释放率。疲劳裂纹生长初始准则定义为

$$f=\frac{N}{c_1\Delta G^{c_2}}\geqslant 1.0$$

其中 c_1和 c_2是材料常数，N 是循环次数。裂纹尖端前面的扩展单元将不会断裂，除非上面的方程得到满足，最大断裂能释放率 $G_{\max}$对应于当加载结构到最大值时的循环能量释放率，其值大于 G_{thresh}。

使用 Paris 法则的疲劳裂纹生长

一旦疲劳裂纹生长准则的开始在扩展单元处得到满足，裂纹生长速率 $\mathrm{d}a/\mathrm{d}N$ 可以根据

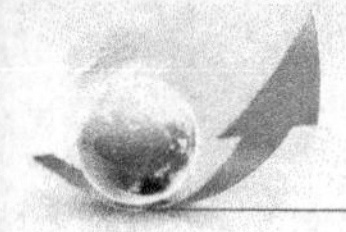

相对的断裂能量释放速率 ΔG 来计算得到。如果 $G_{thresh} < G_{\max} < G_{pl}$，则每个循环裂纹生长的速率是通过 Paris 法则给出。

$$\frac{da}{dN} = c_3 \Delta G^{c_4}$$

其中 c_3 和 c_4 是材料常数。

在循环 N 的末尾，通过开裂裂纹尖端前面至少一个扩展单元，从当前循环向前推进一个循环 ΔN，使得 Abaqus/Standard 将裂纹从 a_N 扩展到长度 $a_{N+\Delta N}$。给定的材料常数 c_3 和 c_4，与已知的裂纹长度和在裂纹尖端前面的扩展单元处的可能的裂纹扩展方向 $\Delta a_{N_j} = a_{N+\Delta N} - a_N$，每一个裂纹尖端前面的扩展单元失效所必需的循环数量可计算为 ΔN_j，其中 j 代表第 j 个裂纹尖端前面的扩展单元，进行组合。此分析设置为在载荷循环稳定后，裂纹推进至少一个扩展单元。确定具有最少循环的单元发生断裂，并且将它的 $\Delta N_{\min} = \min(\Delta N_j)$ 表示为要裂纹生长它的单元长度 $\Delta a_{N_{\min}} = \min(\Delta a_{N_j})$ 的循环次数。在稳定循环的末尾，最关键的单元完全断裂，具有一个零约束和一个零刚度。随着扩展单元得到断裂，载荷得到重新分布，并且为下个循环裂纹尖端前面的扩展单元重新计算一个新的相对断裂能量释放率。此功能允许裂纹尖端前面至少一个扩展单元，在每一个稳定循环后得到完全断裂，并且准确地计数造成那个长度的疲劳裂纹生长的循环次数。

如果 $G_{\max} > G_{pl}$，则裂纹尖端前面的扩展单元将通过仅对循环次数计数 dN 的数值增加 1 来断裂。

基于 XFEM 的 LEFM 方法的黏性正则化

具有不稳定扩展裂纹的结构仿真是具有挑战性的，而且是困难的。不收敛行为会不时地发生。为了基于 XFEM 的 LEFM 方法，通过使用黏性正则化技术来包括局部化的阻尼。黏性正则化阻尼造成软化材料的切向刚度矩阵，对于足够小的时间增量是正定的。

输入文件用法：　同时使用下面的选项

*FRACTURE CRITERION，TYPE = VCCT，VISCOSITY = μ

*FRACTURE CRITERION，TYPE = ENHANCED VCCT，VISCOSITY = μ

Abaqus/CAE 用法：Interaction module：contact property editor：Mechanical→Fracture Criterion：Viscosity：μ

施加分布的压力载荷到开裂的单元面上

当一个单元在分析过程中由一个裂纹切开时，就在分析中生成了一个基于 XFEM 的裂纹面（见上面的“定义一个裂纹面”）。一个分布的压力载荷可以施加到开裂的单元面上。

输入文件用法：　使用下面的选项来定义分布的压力载荷到一个裂纹面上：

*DSLOAD

面名称，P 或 PNU，大小

Abaqus/CAE 用法：Abaqus/CAE 中不支持基于 XFEM 的面。

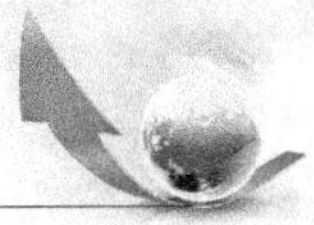

指定一个扩展特征的初始位置

因为不要求网格符合几何不连续性，所以必须在模型中指定一个预先存在裂纹的初始位置。为了此目的提供了一个水平集方法。通常要求每个节点两个符号距离函数来描述一个裂纹几何。第一个描述裂纹面，而第二个用来构建一个正交面，这样两个面的相交给出了裂纹前缘（见《Abaqus 分析用户手册——指定的条件、约束和相互作用卷》的 1.2.1 节）。

第一个符号距离函数必须不等于零。如果必须在一个单元的边界上定义初始裂纹，则可以为第一个符号距离函数指定一个非常小的正的或负的值。

输入文件用法：使用下面的选项来指定一个扩展特征的初始位置：

*INITIAL CONDITIONS，TYPE = ENRICHMENT

Abaqus/CAE 用法：Interaction module：crack editor：Crack location：Select：选择区域

激活和抑制扩展特征

可以在步定义中激活或者抑制裂纹扩展功能。

输入文件用法：使用下面的选项，在步定义中激活裂纹扩展功能：

*ENRICHMENT ACTIVATION，NAME = 名称，ACTIVATE = ON（默认的）

使用下面的选项，在步定义中抑制裂纹扩展功能：

*ENRICHMENT ACTIVATION，NAME = 名称，ACTIVATE = OFF

一旦所有的预先存在的裂纹（或者如果没有预先存在的裂纹，所有可允许的新成核的裂纹）已经扩展超过步定义中给定的扩展特征的边界，就在步定义中使用下面的选项来自动抑制裂纹扩展功能。

*ENRICHMENT ACTIVATION，NAME = 名称，ACTIVATE = AUTO OFF

Abaqus/CAE 用法：要更改一个步中的裂纹扩展功能，必须首先创建一个 XFEM crack growth 相互作用：

Interaction module：Create Interaction：选择初始步：XFEM Crack Growth：选择裂纹：Interaction manager：在步中选择相互接触：Edit：切换打开/关闭 Allow crack growth in this step

围线积分

当使用传统的有限元方法（见 6.4.2 节）来评估围线积分时，必须明确定义裂纹前缘，除了将网格匹配到开裂的几何形体外，还要指定虚拟裂纹扩展方向。通常要求详细聚焦的网格，并且在三维弯曲的表面上得到一个裂纹的精确围线积分结果，往往是繁琐的。扩展的有限元与水平集方法相结合，缓解了这些缺点。通过特殊的扩展函数与额外的自由度相结合，确保了足够的奇点渐近场和不连续性。此外，裂纹前缘和虚拟裂纹扩展方向，通过水平集符

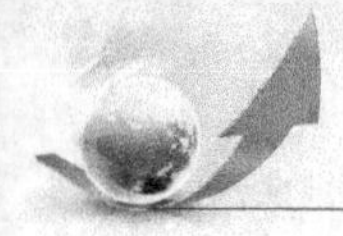

号距离函数进行自动确定。

输入文件用法：　通过下面的选项来使用扩展有限元方法，为一个命名过的扩展特征得到围线积分：

*CONTOUR INTEGRAL，XFEM，CRACK NAME＝名称

Abaqus/CAE 用法：Step module：history output request editor：Domain：Crack：裂纹名称

指定扩展半径

虽然 XFEM 已经缓解了由于添加的渐进场与细化裂纹前缘附近区域中的网格相关的缺点，但必须围绕裂纹前缘生成足够数量的单元，来得到路径无关的围线。自裂纹前缘的一个小半径中的单元组是扩展的，并且变成包含在围线积分计算之中。默认的围线半径是扩展的区域中典型单元特征长度的三倍。必须在用来定义扩展区域的单元集中，包括扩展半径内的单元。

输入文件用法：　使用下面的选项来指定一个扩展半径：

*ENRICHMENT，ENRICHMENT RADIUS

Abaqus/CAE 用法：Interaction module：crack editor：Enrichment radius：Analysis default 或者 Specify

过程

将不连续性模拟成一个扩展特征，可以通过使用下面的任何一个来执行：

- 静态分析（见 1.2.2 节）；
- 隐式动力学分析（见 1.3.2 节）；
- 使用直接循环方法的低周疲劳分析（见 1.2.7 节）。

初始条件

可以指定确定边界的初始条件，或者扩展特征的界面（见《Abaqus 分析用户手册——指定的条件、约束和相互作用卷》的 1.2.1 节）。

边界条件

边界条件可以施加到任何位移自由度上（见《Abaqus 分析用户手册——指定的条件、约束和相互作用卷》的 1.3.1 节）。

载荷

下面的载荷类型可以在具有扩展特征的模型中指定：

- 集中节点力可以施加在位移自由度（1～3）上；见《Abaqus 分析用户手册——指定的条件、约束和相互作用卷》的 1.4.2 节。

- 可以施加分布压力或者体积力，见《Abaqus 分析用户手册——指定的条件、约束和相互作用卷》的 1.4.3 节。可使用分布载荷类型的特别单元在《Abaqus 分析用户手册——单元卷》。

预定义的场

下面的预定义场可以在具有扩展特征的模型中指定，如《Abaqus 分析用户手册——指定的条件、约束和相互作用卷》的 1.6.1 节中所描述的那样：

- 节点温度。(虽然温度不是应力/位移单元中的一个自由度)，所指定的温度影响温度相关的临界应力和应变失效准则。
- 用户定义的场变量值。所指定的值影响场变量相关的材料属性。

材料选项

Abaqus/Standard 中的任何力学本构模型，包括用户定义的材料（是使用用户子程序“UMAT”定义的，Abaqus 用户子程序参考手册的 1.1.41 节），在一个裂纹扩展分析中，可以用来模拟扩展单元的力学行为，见《Abaqus 分析用户手册——材料卷》。在一个材料点上的非弹性定义必须与线性弹性材料模型（见《Abaqus 分析用户手册——材料卷》的 2.2.1 节）或者超弹性材料模型（见《Abaqus 分析用户手册——材料卷》的 2.4.1 节）相结合使用。当评估一个静态裂纹的围线积分时，只支持各向同性弹性材料。

单元

只有一阶实体连续应力/位移单元和二阶应力/位移四面体单元，可以与扩展特征相关联。对于进行扩展的裂纹，这些单元包括双线性平面应变和平面应力单元、双线性轴对称单元、线性六面体单元、线性四面体单元和二阶四面体单元。对于静态裂纹，这些单元包括线性六面体单元、线性四面体单元和二阶四面体单元。

对于一个不可压缩模式的单元，单元在拉伸载荷下断裂后，Abaqus/Standard 立即丢弃了由不协调的变形模式产生的贡献。这样，即使此开裂的单元完全得到卸载，并且开裂的单元面的接触得到重新建立，开裂单元处的应力水平仍不能完全返回它的原始未加载状态。

输出

除了 Abaqus 中的标准输出标识符之外（见《Abaqus 分析用户手册——介绍空间建模、执行与输出卷》的 4.2.1 节），对于一个具有扩展特征的模型，下面的变量具有特殊的意义：

PHILSM	描述裂纹面的符号距离函数。
PSILSM	描述初始裂纹前缘的符号距离函数。
STATUSXFEM	扩展单元的状态（如果完全开裂，则一个扩展单元的状态是 1.0，并且如果单元没有包含裂纹，则是 0.0。如果单元是部分开裂的，则变量 STATUSXFEM 位于 1.0 到 0.0 之间）。

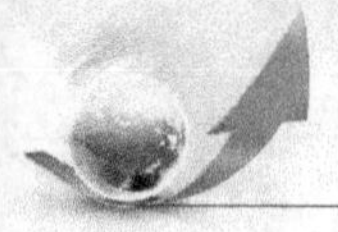

ENRRTXFEM　当具有扩展有限元方法的线性弹性断裂力学得到使用时，应变能释放率的所有分量。

LOADSXFEM　施加在裂纹面上的分布压力载荷。

可视化

一个裂纹可以通过符号距离函数 PHILSM 的等高面来显示。

如果一个裂纹割开一个扩展单元非常小的一个角，则沿着扩展单元中裂纹前缘的位移，在极少的情况下，可能在 Abaqus/CAE 的 Visualization 模块中（Abaqus/Viewer）发生扭曲。然而，当只显示变形的形状时，不显示扭曲。

限制

在一个扩展特征中存在下面的限制：

- 一个扩展特征不能被多于一条的裂纹穿过。
- 在分析过程中，不允许一个裂纹在一个增量中转向超过 90°。
- 对于静态裂纹，只考虑一个各向同性弹性材料中的渐近裂纹尖端场。
- 不支持自适应网格。

输入文件模板

下面是一个使用基于 XFEM 的胶粘片段方法，模拟裂纹扩展的方法：

```
*HEADING
…
*NODE, NSET=ALL
…
*ELEMENT, TYPE=C3D8, ELSET=REGULAR
*ELEMENT, TYPE=C3D8, ELSET=ENRICHED
…
*SOLID SECTION, MATERIAL=STEEL1, ELSET=REGULAR
*SOLID SECTION, MATERIAL=STEEL12, ELSET=ENRICHED
*ENRICHMENT, TYPE=PROPAGATION CRACK, ELSET=ENRICHED,
NAME=ENRICHMENT, INTERACTION=INTERACTION
*MATERIAL, NAME=STEEL1
…
*MATERIAL, NAME=STEEL2
*DAMAGE INITIATION, CRITERION=MAXPS, TOLERANCE=0.05
*DAMAGE EVOLUTION, TYPE=ENERGY
指定失效机制的数据行
…
```

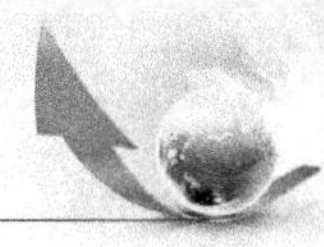

```
*SURFACE INTERACTION, NAME = INTERACTION
*SURFACE BEHAVIOR
指定开裂的单元面接触的数据行
…
*STEP
*STATIC
…
*END STEP
*STEP
*STATIC
…
*ENRICHMENT ACTIVATION, TYPE = PROPAGATION CRACK,
NAME = ENRICHMENT, ACTIVATE = OFF
…
*END STEP
```

下面是使用基于 XFEM 的 LEFM 方法，模拟裂纹扩展的例子：

```
*HEADING
…
*NODE, NSET = ALL
…
*ELEMENT, TYPE = C3D8, ELSET = REGULAR
*ELEMENT, TYPE = C3D8, ELSET = ENRICHED
…
*SOLID SECTION, MATERIAL = STEEL1, ELSET = REGULAR
*SOLID SECTION, MATERIAL = STEEL12, ELSET = ENRICHED
*ENRICHMENT, TYPE = PROPAGATION CRACK, ELSET = ENRICHED,
NAME = ENRICHMENT, INTERACTION = INTERACTION
*MATERIAL, NAME = STEEL1
…
*MATERIAL, NAME = STEEL2
*DAMAGE INITIATION, CRITERION = MAXPS, TOLERANCE = 0.05
指定裂纹成核机制的数据行
…
*SURFACE INTERACTION, NAME = INTERACTION
*SURFACE BEHAVIOR
*FRACTURE CRITERION, TYPE = VCCT, TOLERANCE = 0.05, VISCOSITY = 0.00001
指定裂纹扩展准则的数据行
…
*END STEP
```

下面是使用扩展有限元方法计算静态裂纹中的围线积分例子：

```
*HEADING
…
*NODE, NSET=ALL
…
*ELEMENT, TYPE=C3D8, ELSET=REGULAR
*ELEMENT, TYPE=C3D8, ELSET=ENRICHED
…
*SOLID SECTION, MATERIAL=STEEL1, ELSET=REGULAR
*SOLID SECTION, MATERIAL=STEEL12, ELSET=ENRICHED
*ENRICHMENT, TYPE=STATIONARY CRACK, ELSET=ENRICHED,
NAME=ENRICHMENT, ENRICHMENT RADIUS
*MATERIAL, NAME=STEEL1
…
*MATERIAL, NAME=STEEL2
…
*STEP
*STATIC
…
*CONTOUR INTEGRAL, CRACK NAME=ENRICHMENT, XFEM
*END STEP
```

参考文献

- Belytschko, T., and T. Black, "Elastic Crack Growth in Finite Elements with Minimal Remeshing," International Journal for Numerical Methods in Engineering, vol. 45, pp. 601-620, 1999.
- Benzeggagh, M., and M. Kenane, "Measurement of Mixed-Mode Delamination Fracture Toughness of Unidirectional Glass/Epoxy Composites with Mixed-Mode Bending Apparatus," Composite Science and Technology, vol. 56, p. 439, 1996.
- Elguedj, T., A. Gravouil, and A. Combescure, "Appropriate Extended Functions for X-FEM Simulation of Plastic Fracture Mechanics," Computer Methods in Applied Mechanics and Engineering, vol. 195, pp. 501-515, 2006.
- Melenk, J., and I. Babuska, "The Partition of Unity Finite Element Method: Basic Theory and Applications," Computer Methods in Applied Mechanics and Engineering, vol. 39, pp. 289-314, 1996.
- Reeder, J., S. Kyongchan, P. B. Chunchu, and D. R. Ambur, "Postbuckling and Growth of Delaminations in Composite Plates Subjected to Axial Compression" 43rd AIAA/ASME/ASCE/AHS/ASC Structures, Structural Dynamics, and Materials Conference, Denver, Colorado, vol. 1746, p. 10, 2002.

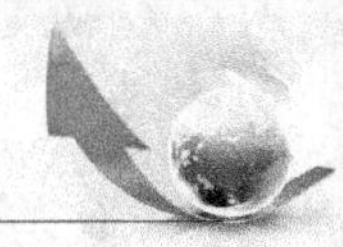

- Remmers, J. J. C. , R. de Borst, andA. Need leman, "The Simulation of Dynamic Crack Propagation using the Cohesive Segments Method," Journal of the Mechanics and Physics of Solids, vol. 56, pp. 70-92, 2008.
- Song, J. H. , P. M. A. Areias, and T. Belytschko, "A Method for Dynamic Crack and Shear Band Propagation with Phantom Nodes," International Journal for Numerical Methods in Engineering, vol. 67, pp. 868-893, 2006.
- Sukumar, N. , Z. Y. Huang, J. -H. Prevost, and Z. Suo, "Partition of Unity Enrichment for Bimaterial Interface Cracks," International Journal for Numerical Methods in Engineering, vol. 59, pp. 1075-1102, 2004.
- Sukumar, N. , and J. -H. Prevost, "Modeling Quasi-Static Crack Growth with the Extended Finite Element Method Part I: Computer Implementation," International Journal for Solids and Structures, vol. 40, pp. 7513-7537, 2003.
- Wu, E. M. , and R. C. Reuter Jr. , "Crack Extension in Fiberglass Reinforced Plastics," T and M Report, University of Illinois, vol. 275, 1965.

6 特殊目的的技术

6.1 惯性释放

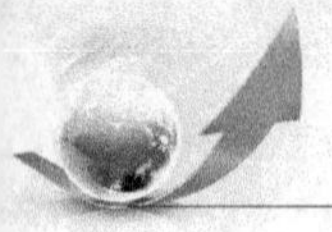

产品：Abaqus/Standard　　Abaqus/CAE

参考

- “分布的载荷”《Abaqus 分析用户手册——指定的条件、约束和相互作用卷》的 1.4.3 节
- “定义一个分析”1.1.2 节
- *INERTIA RELIEF
- “定义一个惯性释放载荷”《Abaqus/CAE 用户手册》的 16.9.16 节，此手册的 HTML 版本中

概览

惯性释放：

- 涉及将外部施加在一个没有约束的或者部分约束的实体上的力与来自不变刚体加速度得出的载荷进行平衡；
- 为了计算惯性释放载荷而要求指定材料密度、质量和（或者）转动惯量值；
- 可以为 Abaqus/Standard 中的静态、动态和屈曲分析来执行；
- 在静态分析中，随着施加的载荷来变化惯性释放载荷；
- 在动态分析中，施加对应于静态预载荷的惯性释放载荷；
- 当与屈曲分析一起使用时，可以用来平衡已施加的摄动载荷；
- 使用与指定的边界条件一致的刚体加速度，来计算惯性释放载荷；
- 可以是几何线性的或者非线性的；
- 如果在一个几何非线性分析中具有大的惯性释放力矩，则可以要求使用非对称求解器；
- 当所施加的载荷与物体的特征频率相比缓慢变化时，是对进行一个完全动态自由物体分析的一个廉价的替代；
- 可以与多载荷情况一起使用。

典型应用

可以在静态（见 1.2.2 节）、动态（见 1.3.2 节）和特征值屈曲预测步（见 1.2.3 节）中施加惯性释放载荷。

在一个静态分析中，惯性释放载荷随施加的外部载荷变化。一个使用惯性释放载荷的例子，是使用静态分析过程来建模一个承受不变或者缓慢变化加速度的升空中的火箭。通过平衡外部载荷的惯性释放载荷，由物体承受的惯性力包括在静态分析中。

在一个动态步中，惯性释放载荷是基于静态预载荷来计算的，并且在步过程中是保持不变的。下面是一个在动态分析过程中使用惯性释放载荷的例子：考虑一个浸入水中的自由

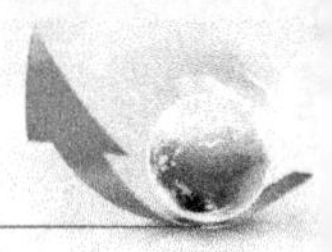

体，并且承受由一个爆炸产生的冲击波载荷。需要一个动态分析来计算瞬态解。如果已知在重力和来自流体的水压力作用下，物体初始时候是静态的，重力载荷应当恰好平衡浮力。然而，如果有限元模型不包括所有存在于物体内的质量（例如，压舱物载荷），没有额外的载荷，物体将由于不平衡的外载而加速。施加惯性释放载荷恰好平衡这些不平衡外载，将物体置于一个静态平衡中。然后动态分析提供物体相对于静态平衡位置的变形，作为物体对冲击波载荷的瞬态响应。

在一个屈曲分析中，可以在静态预加载步中，在特征值屈曲预测步中，或者同时在上述两个步中施加惯性释放载荷。在特征值屈曲预测步中，惯性释放载荷是基于摄动载荷计算得到的。考虑静态分析火箭的例子。如果我们在一个火箭推力作为摄动载荷的火箭屈曲分析中使用了惯性释放，则我们可以预测造成火箭屈曲的临界推力。

基本方程

在惯性释放中，物体的总响应 $\{u_t\}$ 写成一个由参考点的刚体运动产生的刚体响应 $\{u_b\}$ 和一个相对响应 $\{u\}$ 的组合：

$$\{u_t\} = \{u\} + \{u_b\}$$

具有对应的速度和加速度的表达式。参考点是质心，除非必须指定参考点的时候。然后，动态平衡方程的有限元近似变成

$$\boldsymbol{M}\{\ddot{u}\} + \boldsymbol{M}\{\ddot{u}_b\} + \{\boldsymbol{I}\} = \boldsymbol{P}$$

其中 $\boldsymbol{M}$ 是质量矩阵，$\boldsymbol{I}$ 是内力向量，并且 $\boldsymbol{P}$ 是外力向量。涉及惯性释放的静态分析中所感兴趣的响应是对应于参考点动态运动的刚体响应和相对于刚体运动的静态响应。这样，相对加速度项 $\boldsymbol{M}\{\ddot{u}\}$ 在平衡方程中出现。

刚体响应可以采用参考点加速度 $\ddot{z}_j$ 和刚体模向量 $\{T\}_j$，$j=1，2，\cdots，6$（在三维中）的方式表达：

$$\{\ddot{u}_b\} = \sum_{j=1}^{6}\{T\}_j\ddot{z}_j$$

由定义，$\{T\}_j$ 代表对应参考点处 j 方向上的，施加单位加速度（位移或者旋转）的加速度向量。例如，在一个节点上具有通常的三位移和三旋转的 $\{T\}_j$ 是

$$\begin{pmatrix} 1 & 0 & 0 & 0 & (z-z_0) & -(y-y_0) \\ 0 & 1 & 0 & -(z-z_0) & 0 & (x-x_0) \\ 0 & 0 & 1 & (y-y_0) & -(x-x_0) & 0 \\ 0 & 0 & 0 & 1 & 0 & 0 \\ 0 & 0 & 0 & 0 & 1 & 0 \\ 0 & 0 & 0 & 0 & 0 & 1 \end{pmatrix} \begin{pmatrix} \hat{e}_1 \\ \hat{e}_2 \\ \hat{e}_3 \\ \hat{e}_4 \\ \hat{e}_5 \\ \hat{e}_6 \end{pmatrix}$$

其中 $\hat{e}_j$ 是单位；所有其他的 $\hat{e}_i$ 是零；x、y 和 z 是节点的坐标；并且 x_0、y_0 和 z_0 代表旋转中心的参考点坐标。如果系统经受几何上的有限变化，则 $\ddot{z}_j$ 和 $\{T\}_j$ 将都是时间的函数。

将动态平衡方程投影到刚体模型，我们有

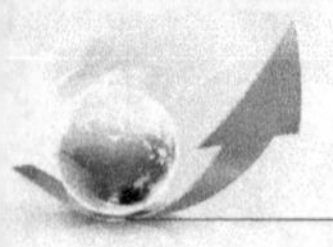

$$\sum_{j=1}^{6} m_{ij}\ddot{z}_j = \{T\}_i^{\mathrm{T}}\{P\}$$

其中 $m_{ij}=\{T\}_i^{\mathrm{T}}\boldsymbol{M}\{T\}_j$ 是“刚体惯性”，并且 $\ddot{z}_j$ 是与刚体模态 j 相关的刚体加速度。在出现对称平面的情况以及二维和轴对称分析中，刚体模的实际数目将会少于6。这样，刚体响应可以从外部载荷直接评估得到。

物体的相对响应，可以通过求解将已知惯性项 $\boldsymbol{M}\{\ddot{u}_b\}$ 移动到右边的平衡方程来得到。静态平衡方程则变为

$$\{I\}=\{P\}+\{P^{ir}\}$$

其中 $\{P^{ir}\}=-\boldsymbol{M}\sum_{j=1}^{6}\{T\}_j\ddot{z}_j$。

在一个涉及惯性释放的动态分析中，刚体模向量 $\{T\}_j^0$ 是在动态分析开始时的构型中计算得到的，并且计算参考点加速度 $\ddot{z}_j^0$ 来平衡此构型中的静态预载荷。相对加速度项没有出现，这样动态平衡方程变成

$$\boldsymbol{M}\{\ddot{u}\}+\{I\}=\{P\}+\{P^{ir}\}$$

其中 $\{P^{ir}\}=-\boldsymbol{M}\sum_{j=1}^{6}\{T\}_j^0\ddot{z}_j^0$。在一个几何非线性分析中，刚体模向量在分析中使用当前的构型进行重新计算，但是参考点加速度保持不变。这样在分析过程中，保持惯性释放载荷的总大小不变，但是允许载荷与空间质量分布成比例，空间质量分布随着几何形体而变化。

输入文件用法：　* INERTIA RELIEF

Abaqus/CAE 用法：Load module：Create Load：为 Category 选择 Mechanical 以及为 Types for Selected Step 选择 Inertia relief

惯性释放加载方向

默认情况下，模型中的所有刚体运动方向可以通过惯性释放载荷来加载（在此讨论中，我们用“方向”来表达任何刚体平移或者转动的意思）。在具有对称平面的模型中，或者允许在唯一具体方向上自由移动的模型中，可以指定施加惯性释放载荷的自由方向。例如，在一个具有一个对称平面的三维分析中，只存在三个自由方向——两个平动和一个转动。添加一个额外的对称平面，并且只留下来一个自由平动。例如气缸活塞，其中唯一可以考虑的自由方向是沿着气缸轴的运动。在这些情形中，通过指示自由度来指定由惯性释放载荷加载的自由方向。

不允许两个自由旋转方向的情况。对于具有惯性释放的循环对称模型，为计算惯性释放载荷只考虑 Z 方向上的平动和以 Z 方向为轴的转动。

输入文件用法：　* INERTIA RELIEF

标识自由方向的整体自由度的整数列表

例如，列表1，3，5说明 X 方向和 Z 方向上的平动和绕 Y 轴的旋转是自由方向。

Abaqus/CAE 用法：Load module：Create Load：为 Category 选择 Mechanical 以及为 Types for Selected Step 选择 Inertia relief：切换打开自由度来定义 Free Di-

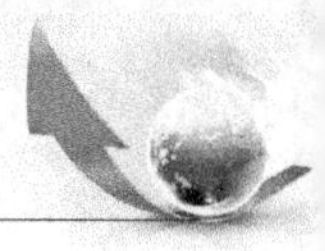

rections（得到显示的自由度取决于模型空间）

在一个局部坐标系中定义自由方向

如果自由方向不是整体方向，则可以使用一个方向来定义局部坐标系，自由度标志符的整数列表指向此局部坐标系。

输入文件用法：　　＊INERTIA RELIEF，ORIENTATION = 方向名称

标识自由方向的局部自由度的整数列表

Abaqus/CAE 用法：Loadmodule：Create Load：为 Category 选择 Mechanical 以及为 Types for Selected Step 选择 Inertia relief：单击 Edit，并且选择一个局部 CSYS

定义要求一个用户指定的参考点的自由度方向组合

不是所有用户选择的自由方向组合接纳未约束的刚体运动，即，有某些自由度组合要求一个额外的点来定义刚体运动向量。例如，在三维中，4、5、6 的选择对应于关于一个固定点的自由旋转。必须给出固定的点来定义刚体运动向量。在另外一个例子中，自由方向包括关于一个固定轴的旋转。考虑一个关于它自身轴旋转的涡轮叶片，如图 6-1 中所示。

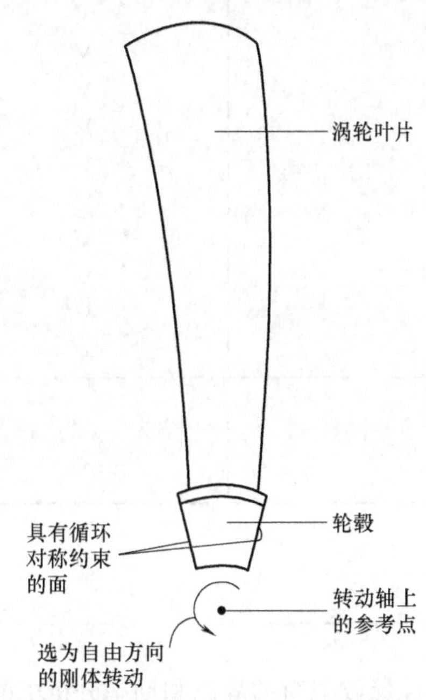

图 6-1　关于轴的旋转作为唯一自由方向的涡轮叶片的惯性释放

要找到叶片在所施加的力偶或者转矩作用下的旋转加速度，应当指定在叶片围绕转动的轴上的点坐标。必须指定一个参考点的自由方向组合，在表 6-1 中给出。

输入文件用法：　　＊INERTIA RELIEF，ORIENTATION = 方向名称

标识自由方向的局部自由度的整数列表

定义刚体向量的参考点坐标 X，Y，Z

Abaqus/CAE 用法：Load module：Create Load：为 Category 选择 Mechanical 以及为 Types for Selected Step 选择 Inertia relief：切换打开 Global position of reference point，并输入 X，Y 和 Z 坐标（如果可以使用）

表 6-1 要求一个参考点的自由方向组合

定义自由方向的自由度标识符	参考点定义		
	固定的旋转点	转动轴上的点	对称线上的点
4，5，6	√		
1，4，5，6	√		
2，4，5，6	√		
3，4，5，6	√		
1，2，4，5，6	√		
1，3，4，5，6	√		
2，3，4，5，6	√		
4		√	
5		√	
6		√	
2，4		√	
3，4		√	
1，5		√	
3，5		√	
1，6		√	
2，6		√	
1，2，4		√	
1，2，5		√	
1，3，4		√	
1，3，6		√	
2，3，5		√	
2，3，6		√	
1，4			√
2，5			√
3，6			√

初始条件

初始条件可以采用没有惯性释放载荷的静态和动态分析中的相同方式来指定。如果在分析中的第一个步中使用了惯性释放，则这些初始条件组成了物体的基本状态。见《Abaqus 分析用户手册——指定的条件、约束和相互作用卷》的 1.2.1 节。

边界条件

边界条件可以采用没有惯性释放载荷的静态和动态分析中的相同方式来指定（见《Abaqus 分析用户手册——指定的条件、约束和相互作用卷》的 1.3.1 节）。理论上，当在一个静态步中使用了惯性释放时，则需要一个静定的约束集。"静定"是指约束了所有刚体

模式，但是没有约束变形模式的一组约束。这样的一个组提供了一个唯一的位移解，并且确保惯性释放载荷刚好平衡了用户指定的外载荷：零反作用力和没有质心刚体运动。表6-2总结了不同情况的约束要求。

表6-2 必要的和足够的静定约束

问题的维度	自由方向	要求的约束数量
二维	2个平动和1个转动	3
轴对称	1个转动	1
具有扭曲的轴对称	1个平动和1个转动	2
三维	3个平动和3个转动	6

然而，用户没有必要刚好指定具有惯性释放的边界条件（见《Abaqus分析用户手册——指定的条件、约束和相互作用卷》的1.3.1节），除了在屈曲分析的情况中。如果没有指定边界条件，或者没有指定足够的边界条件，将发出一个警告信息，并且约束刚体模式的必要边界条件，将在模型中对应参考点最初位置，进行内部的施加。另一方面，如果在某个方向上指定了太多的边界条件，将发出一个警告信息，显示过度指定边界条件的节点上的反力可能非零。如果在某些方向上具有不足的边界条件，并且在其他方向上具有过多的边界条件，则问题将处理成一个这些情况的组合。

如果一个模型没有边界条件，或者具有不足的边界条件，则在分析中的每一个平衡迭代过程中，会发出特定数量的数据奇异警告。后处理位移解来删除未进行约束的刚体运动。然而，数据奇异的数量不应当超出未得到约束的刚体模式数量。任何额外的数据奇异信息可说明其他的问题。

类似的，一个没有边界条件的模型，或者没有足够边界条件的模型将产生负的特征值信息。如果分析中每一个平衡迭代上的负特征值数量，没有超出与惯性释放的边界条件相关的数值奇异的最大合理数量，则结果没有问题，过多的负特征值则表明其他的问题。

如果一个模型包含对称平面，或者约束成在一个特定方向上自由移动，则惯性释放载荷应当仅在这些自由方向上施加。在自由方向上应当没有指定边界条件，然而，在其他方向上必须指定足够的边界条件。任何违反上面要求的边界条件将标识为一个错误。如果自由方向的组合仅包括两个自由旋转，或者要求一个参考点，但是没有指定，则也将发出一个错误信息。

在一个屈曲分析中，正确的边界条件对于得到正确的模态是重要的。当在这样的分析中施加惯性释放载荷时，必须指定足够的边界条件。如何在屈曲分析中施加边界条件的详细情况，见1.2.3节。

载荷

使用惯性释放的分析可以包括位移自由度（1~6）上的集中节点载荷，分布的压力或者体积力和用户指定的载荷。

惯性释放载荷用来平衡外部载荷。当在步定义中包括了惯性释放时，它们得到计算和施加。在步之间传递载荷定义的规则保持惯性释放载荷（见《Abaqus分析用户手册——指定

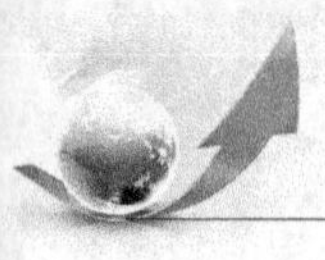

的条件、约束和相互作用卷》的1.4.1节)。惯性释放载荷将不会传递到对于指定的过程惯性释放是无效的步。

如果在一个几何非线性分析中存在大惯性释放力矩，它们对刚度矩阵的贡献可能是非对称的。在此情况中，非对称方程解可提高计算效率（见1.1.2节)。

计算惯性释放载荷

对应于惯性释放载荷的节点力向量计算如下。将所施加的载荷投影到刚体模 $\{T\}_j$ 上。这些力和力矩分量（三维中的六个分量）与“刚体惯性”一起使用来求解刚体加速度 $\ddot{z}_j$。只有对应惯性释放加载方向的刚体加速度分量是非零的。节点力向量使用装配后的质量矩阵 $\boldsymbol{M}$ 计算为

$$\{P^{ir}\} = -\boldsymbol{M}\sum_{j=1}^{6}\{T\}_j\ddot{z}_j$$

固定的惯性释放载荷

可以指定惯性释放载荷应当在幅度和方向上保持在前面步结束时计算得到的值。

输入文件用法： *INERTIA RELIEF, FIXED

Abaqus/CAE 用法：Loadmodule：Create Load：为 Category 选择 Mechanical 以及为 Types for Selected Step 选择 Inertiarelief：Method：Fix at current loading

删除惯性释放载荷

可以指定在前面通用分析步中施加的惯性释放载荷，应当在当前步中进行删除。

输入文件用法： *INERTIA RELIEF, REMOVE

Abaqus/CAE 用法：Load module：Load Manager：Deactivate

预定义的场

可以采用在没有惯性释放载荷的静态和动态分析中一样的办法，来指定用户定义的场变量（见《Abaqus 分析用户手册——指定的条件、约束和相互作用卷》的1.6.1节)。

材料选项

任何 Abaqus/Standard 中可用于静态、动态或者屈曲分析的任何力学本构模型，可以与惯性释放一起使用（Abaqus/Standard 中可用的材料模型的详细情况见《Abaqus 分析用户手册——材料卷》)。因为惯性释放载荷是使用模型的惯性属性计算得到的，所以必须指定密度（见《Abaqus 分析用户手册——材料卷》的1.2.1节）来定义模型的惯性属性。

单元

可以使用 Abaqus/Standard 中可得的，用于静态、动态和屈曲分析的大部分应力/位移单

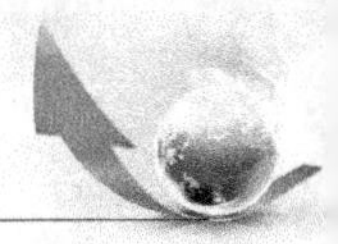

元（包括质量和转动惯量单元和用户单元）。当模型包含没有相关质量和惯性的单元时（例如，静液压流体单元和孔隙压力单元），将发出一个警告。如果模型包含不允许有限边界的单元（例如，无限单元和弹性单元边界），将发出一个错误信息。虽然五自由度壳单元可用于具有惯性释放载荷的步，但是如果模型没有边界条件或者边界条件不足，则它们会形成收敛困难。要改进收敛性，这些单元应当使用其他常规壳单元进行替代。

在子结构的情况中，必须为子结构生成一个退化的质量矩阵（见 5.1.2 节中的“生成一个子结构的退化的结构阻尼矩阵”）。在整个模型的全局质量矩阵中包括退化的质量矩阵，来计算刚体加速度和惯性释放载荷。仅在几何线性分析中，惯性释放才能与子结构一起使用。如果在一个几何非线性分析中惯性释放与子结构一起使用，则将发出一个错误信息。

输出

除了 Abaqus/Standard 中可用的常规输出变量以外（见《Abaqus 分析用户手册——介绍空间建模、执行与输出卷》的 4.2.1 节），下面是为惯性释放特别提供的整个模型的变量：

IRX——参考点的当前坐标；

IRX*n*——参考点的坐标 *n*（*n* = 1，2，3）；

IRA——等效刚体加速度分量；

IRA*n*——等效刚体加速度的分量 *n*（*n* = 1，2，3）；

IRAR*n*——关于参考点的等效刚体角加速度的分量 *n*（*n* = 1，2，3）；

IRF——对应等效刚体加速度的惯性释放载荷；

IRF*n*——对应参考等效刚体加速度的惯性释放载荷的分量 *n*（*n* = 1，2，3）；

IRM*n*——对应关于参考点的等效刚体角加速度的惯性释放力矩的分量 *n*（*n* = 1，2，3）；

IRRI——关于参考点的转动惯量；

IRRI*ij*——关于参考点的转动惯量所具有的 *ij* 分量（$i \leqslant j \leqslant 3$）；

IRMASS——整个模型质量。

对于大部分的情况，惯性释放载荷对应于“刚体惯性”与等效刚体加速度向量的乘积。然而，当只有几个刚体方向选来作为惯性释放的自由方向时，为了输出的目的，惯性释放载荷在所有刚体方向上得到计算，但是等效刚体加速度仅在自由方向上得到计算，同时等效刚体角加速度从“刚体惯性”的对角线项计算得到。

局限性

需要意识到使用惯性释放载荷的分析中会遇到的限制。

几何线性和非线性分析中的内部边界条件和收敛性

在包含生成不平衡内力或者力矩的内部边界条件的模型中，例如可能来自某些单元（SPRING1，DASHPOT1，SPRING2，DASHPOT2 或者 GAPUNI 单元），或者动态约束（例如，耦合约束、线性约束方程、多点约束或者基于面的绑定约束），惯性释放载荷将不平衡

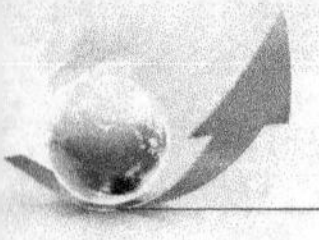

这些内力或者力矩。如果模型包含足够的边界条件，则这些内力或者内力矩将表现为非零的反力或者反力矩；如果模型不包含足够的边界条件，则这些内力或者内力矩将表现为信息文件中几何线性以及非线性分析的不收敛残留通量。应该将模型处理成具有内部边界条件和代表需要被加载在内部边界条件中反力或者反力矩的非收敛残留。理想的，应当删除内部边界条件或者应当对模型添加足够的边界条件。

具有接触的未连接的区域和分析

由多个未连接区域组成的模型不支持惯性释放，即使在它们之间定义了接触，不过，当在区域之间定义了绑定接触时除外。在此情况中，用户一定要把不同的零件采用在它们之间没有刚体运动可能性的方式来绑定。

此外，涉及接触同时具有惯性释放载荷的模型，会显示出差的收敛性；在面不接触时或者使用接触稳定性时，模型不能收敛。

使用矩阵定义了质量和刚性

不能在分析中使用矩阵和惯性释放载荷来定义质量和刚度。

输入文件模板

＊HEADING
…
＊DENSITY
指定材料密度的数据行
＊BOUNDARY
指定零赋值的边界条件的数据行
＊＊
＊STEP（,NLGEOM）（,PERTURBATION）
使用 NLGEOM 参数表明非线性几何影响；
在所有的后续步中，它将保持有效。
＊STATIC（或者 ＊DYNAMIC）
…
＊CLOAD 和/或者 ＊DLOAD
指定载荷的数据行
＊INERTIA RELIEF,ORIENTATION = 方向名称
指定定义自由方向的整体（或者局部，如果使用了 ORIENTATION 参数）自由度，并提供参考点坐标的数据行
＊END STEP
＊＊
＊STEP
＊STATIC（或者 ＊DYNAMIC）

…

*INERTIA RELIEF, FIXED or REMOVE

包括 FIXED 参数来从步的开始保持惯性释放载荷的当前值;包括 REMOVE 参数来从步的开始删除惯性释放载荷。

*END STEP

6.2 单元和接触对的删除和再激活

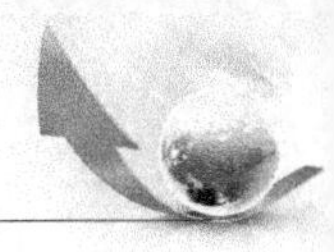

产品：Abaqus/Standard　　Abaqus/CAE

参考

- “在 Abaqus/Standard 中定义接触对”中的“删除和再激活接触对”《Abaqus 分析用户手册——指定的条件、约束和相互作用卷》的 3.3.1 节
- ＊MODEL CHANGE
- “定义一个模型改变相互作用”《Abaqus/CAE 用户手册》的 15.13.13 节，此手册的 HTML 版本中

概览

单元和接触对的删除/再激活：

- 可以用来仿真模型一部分的删除，临时的或者为剩余部分的分析；
- 允许单元无应变或者具有应变的再激活；
- 可以用来在不需要一个接触对时节省计算时间；
- 只能用于通用分析步；
- 只有在原始分析中使用或者再激活时，才能用于重启动分析。

删除单元

可以在通用分析步中从模型删除指定的单元。就在删除步之前，Abaqus/Standard 保存所删除区域的力通量，将其施加在剩余模型部分与删除区域之间的节点上。这些力在删除步中线性降低到零。这样，被删除区域对剩余模型的影响仅在删除步结束时，才完全不存在。力逐渐线性降低，确保单元删除对模型具有一个平顺的影响。

对被删除的单元不再做进一步的单元计算，从单元被删除的步开始就不计算了。被删除的单元在后续步中保持无效，直到按下面所描述的那样再激活它们。

输入文件用法：　使用下面的选项从模型中删除它们：

＊MODEL CHANGE，TYPE = ELEMENT，REMOVE

Abaqus/CAE 用法：Interaction module：Create Interaction：Model Change：Definition：Region，Activation state of region elements：Deactivated in this step

在瞬态过程中删除单元

在瞬态过程中删除单元必须谨慎。被删除的单元施加在剩余模型边界上的节点通量，在步中线性下降。在瞬态热传导中，完全耦合的温度-位移，或者完全耦合的热-电-结构分析中，如果通量高并且计算步是很长的，则此线性下降对剩下的物体有冷却的影响，或者加热的影响。在动态分析中，如果力很大并且计算步很长，动能可能传递给模型的剩余部分。可以在剩下的分析之前，通过在一个非常短的瞬态步中删除单元来避免此问题，可以在一个单

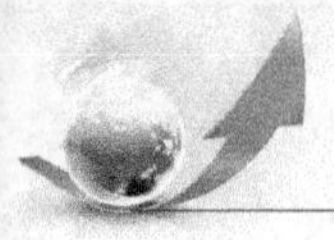

独的增量中完成此步。

再激活应力/位移单元

对于应力/位移单元有两种不同类型的再激活（包括子结构）：无应变再激活和具有应变的再激活。无应变再激活可以重置初始构型，具有应变的再激活不能重置构型。

虽然在分析中不能创建单元，然而通过在模型定义中创建单元，在第一个分析中删除它们，并且在后续中再激活它们，可以达到类似的效果。

无应变再激活

当在一个无应变的状态中再激活应力/位移单元时，它们在再激活的一刻（再激活它们的步的开始时刻）立即变得完全有效。在再激活步的开始时刻，在包含有再激活单元的构型中，将它们重置成一个“退火”状态（零应力、应变、塑性应变等）。此构型取决于是否进行一个小位移的或者大位移的分析。另外，可以指定非原始状态的再激活。

因为这些单元以一个原始状态得到再激活（即具有零应力），所以它们对模型的剩余部分施加零节点力。此结果允许立即完成再激活，对解的平顺度没有负面的影响。

再激活后，应变和位移梯度是基于再激活时刻的后续位移的，而不是基于它们的总位移。这样，再激活步开始时候的当前构型，是单元的初始构型。

此类型的再激活，通常用来模拟模型的未变形和未应变区域的创建，这些创建的区域与其他可能受应力的、受应变的区域共享一个边界。例如，在隧道开挖中，添加一个未受应力的隧道衬砌，来衬砌一个已经变形的隧道墙（见《Abaqus 例题手册》的 1.1.11 节）。

输入文件用法：　使用下面的选项，以一个无应变状态再激活单元：

*MODEL CHANGE，ADD = STRAIN FREE（默认的）

Abaqus/CAE 用法：Interaction module：Create Interaction：Model Change：Definition：Region，Activation state of region elements：Reactivated in this step

小位移分析

在小位移分析中，认为再激活时刻的位移是小的。这样，体积、质量、初始长度和走向没有改变。

大位移分析

在大位移的分析中，新的构型与模型定义中的最初构型可以显著不同。构型中的改变可以源自大变形或者刚体运动。对于再激活时处于正确位置的再激活的单元节点，这些节点必须由没有得到移动的单元来共享。否则，被删除单元的节点保持在删除时刻所占据的位置上。对于再激活一个封闭区域材料的情况，共享节点的约束可要求一个单元的复制集，这些单元的材料属性不影响在被删除单元的顶部定义的应力解。这些复制单元提供了一个追踪被删除单元节点位置的方法。

再激活时，一个单元可以具有一个显著不同的体积或者质量，这样为单元重新组成了质量矩阵。任何可应用于单元的局部方向是在新构型上重新定义的。然而，对于壳和膜单元，

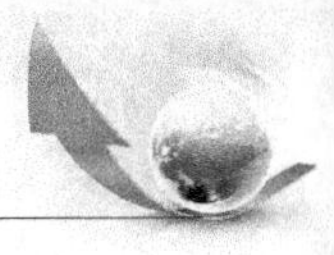

再激活单元的厚度是分析开始时，通过单元的截面定义指定的厚度，通过一个节点厚度定义指定的厚度（见《Abaqus 分析用户手册——介绍空间建模、执行与输出卷》的 2.1.3 节），或者一个导入定义（见 4.2.1 节）指定的厚度。

再激活时刻结构单元上的当前法向变成那个单元的新初始法向。当前法向是再激活时刻，通过节点旋转来转动单元的最初法向（是模型定义中所指定的）得到的。此方案保留了再激活单元的法向与和再激活单元共享节点的单元法向之间的夹角。通常，此夹角应当是零，并且法向必须是一样的，例如，当添加一个无应变层到一个已经变形的壳或者梁中。这可以通过确保法向与模型定义中的法向是一致的来实现。如果再激活的结构单元仅与非结构单元（不提供转动自由度刚度的单元）共享节点，则要求复制结构单元，这样，共享节点处的转动自由度将在再激活之前，跟随变形和刚体移动。

在一个大变形分析中，一个得到再激活的单元，在再激活时刻，无应变地适配到通过它的节点给出的任何构型中。必须确保此构型是有意义的，并且没有严重扭曲。Abaqus/Standard 将对再激活的单元实施几何检查，这些检查同分析输入文件处理器中完成的检查是一样的。如果单元看上去不正常的扭曲，则将在信息文件中打印警告信息，如果扭曲是严重的，则给出一个错误信息，在此情况中分析将停止。如果对单元的几何检查产生一个警告或者一个错误信息，则为了检查，单元的当前坐标和法向被打印到信息文件中。通过要求打印单元删除/再激活的详细的打印，能够为所有再激活的单元打印当前的坐标，如《Abaqus 分析用户手册——介绍、空间建模、执行与输出卷》的 4.1.1 节的“Abaqus/Standard 信息文件”所解释的那样。

再激活轴对称单元

如果轴对称单元在再激活时具有一个非常小的负半径坐标（半径坐标的绝对值小于 10^{-4}倍的平均单元长度），Abaqus/Standard 将不会停止分析，在此情况中打印一个警告信息，并且假定一个零的半径坐标。如果半径坐标是负的，并且绝对值大于 10^{-4}倍的平均单元长度，分析将停止。

对于轴对称-非对称单元（SAXA 和 CAXA），即使在大位移分析中，认为再激活时的位移是小的，因为这些单元要求一个轴对称的原始构型，但是再激活时由这些单元的节点给出的构型，通常将不是轴对称的。这样，假定原始构型对于这些单元是没有变化的。

再激活耦合的温度-位移单元和耦合的热-电-结构单元

在一个完全耦合的温度-位移分析中和一个完全耦合的热-电-结构分析中，连续单元在无应变再激活时，立即达到它们的完全力学刚度。然而，要确保求解的平顺，步中的热传导性是从零线性上升的。

再激活弹簧单元和子结构

如果“无应变”的再激活弹簧单元或者子结构，则再激活时刻的构型代表单元的零位移状态，弹簧中的力或者子结构中的力是基于激活时刻后续的相对位移的。

具有应变的再激活

具有应变的再激活从一个退火状态开始，除非指定了一个非原始状态中的再激活。如下

面所描述的那样。

下面的方案是为在再激活步过程中的单元实现的：让 u^g 代表此单元的节点位移，此位移是由模型的剩余部分共享的位移，或者是通过边界条件指定的位移。通常，这些位移可以随时间在再激活步中变化。在再激活步中的任何时间上，Abaqus/Standard 为单元强制施加位移 u^e：

$$u^e = \alpha(t)u^g$$

其中 $\alpha(t)$ 是步过程中从 0 到 1 线性变化的一个参数。这样，在步中，再激活单元触及的位移线性增加到它们的实际值。要产生一个一贯的刚度矩阵，单元矩阵也乘以 $\alpha(t)$。这样，模型的剩下部分经历再激活的单元，仿佛再激活单元的刚度是在步中线性上升的。

此位移的线性上升，取代单元力的直接线性上升，确保单元中的应变从零线性上升到由它的节点位移给出的应变。此应变的逐渐线性上升是符合期望的，这样历史相关的材料的响应可以逐渐聚集。

继再激活步结束后，再激活单元中的应变对应于自初始构型产生的再激活单元节点的位移，而不是从再激活时刻以后它们的位移。这是合理的，例如，在原子反应堆的加料中，新燃料装配必须与相邻材料配合。

此再激活方案对于每节点具有五个自由度的壳单元的转动不起作用，因为在这些节点中不储藏总旋转。结果，具有应变的再激活对于这些单元是不允许的。

如果一个单元在先前已经无应变再激活后再次进行有应变激活，则应变是基于自单元无应变再激活后的构型所产生的位移的（因为这定义了新的单元初始构型）。在此情况中，上面公式中的 u^g 应相对于单元无应变再激活的位置所产生的节点位移来进行积分。

输入文件用法：　使用下面的选项来再激活具有应变的单元：

* MODEL CHANGE，ADD = WITH STRAIN

Abaqus/CAE 用法：Interaction module：Create Interaction：Model Change：Definition：Region，Activation state of region elements：Reactivated in this step；切换打开 Reactivated elements with strain（when applicable）

再激活具有加强筋的单元

无应变再激活的加强筋，或者有应变再激活的加强筋酷似在其中定义它们的单元。再激活时发生的退火也施加在模型中的加强筋上。在一个非原始状态，也可以完成加强筋的再激活。

再激活其他单元类型

在应力/位移单元、子结构和接触单元之外的所有单元类型的再激活过程中，由单元中的应力和由分布载荷产生的节点力，在再激活步过程中通过一个从 0 线性增加到 1 的值来进行缩放。（节点通量也类似地为热传导单元进行缩放）。实际上，此缩放使得单元刚度在步中从零开始线性增加；对于具有质量或者阻尼的单元，此缩放也在步中线性地增加质量或者阻尼。

在再激活步过程中，热传导单元的热传导性和孔隙压力单元的渗透性在步上从零线性增加。

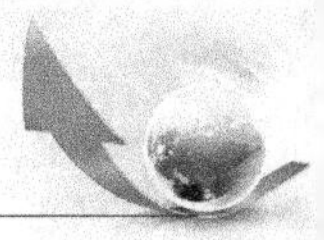

可以删除并再激活用户定义的单元。在正在删除单元或者已经删除单元的步中，不调用用户子程序 UEL。

输入文件用法： ＊MODEL CHANGE，ADD

Abaqus/CAE 用法：Interaction module：Create Interaction：Model Change：Definition：Region，Activation state of region elements：Reactivated in this step

删除和再激活接触对

在一个通用分析步中，可以从模型中删除指定的从面和主面。接触对删除和再激活在《Abaqus 分析用户手册——指定的条件、约束和相互作用卷》的 3.3.1 节中的“删除和再激活接触对”进行了解释。

输入文件用法： ＊MODEL CHANGE，TYPE = CONTACT PAIR，REMOVE 或者 ADD

Abaqus/CAE 用法：使用下面的选项来删除接触对：

Interaction module：Create Interaction：Surface-to-surface contact (Standard) 或者 Self-contact (Standard)：切换关闭 Active in this step

使用下面的选项来再激活接触对：

Interaction module：Create Interaction：Surface-to-surface contact (Standard) 或者 Self-contact (Standard)：切换打开 Active in this step

删除和再激活接触单元

接触单元以接触对一样的方法，由 Abaqus/Standard 进行删除和再激活，如《Abaqus 分析用户手册——指定的条件、约束和相互作用卷》的 3.3.1 节中的“删除和再激活接触对”所描述的那样。

输入文件用法： ＊MODEL CHANGE，TYPE = ELEMENT，REMOVE 或者 ADD

Abaqus/CAE 用法：使用下面的选项来删除接触单元：

Interaction module：Create Interaction：Model Change：Definition：Region，Activation state of region elements：Deactivated in this step

使用下面的选项来再激活接触单元：

Interaction module：Create Interaction：Model Change：Definition：Region，Activation state of region elements：Reactivated in this step

模拟问题

在某些情况中，单元删除/再激活可能造成数值问题。下面的指导可以用来降低风险的概率：

- 如果在静态应力分析中删除单元，并且此删除留下一个具有未约束刚体模式的模型区域，将会发生求解问题，并且分析很有可能不能收敛。这样，确保剩下的模型是约束足够的。
- 如果删除了连接到接触对的一些单元，则也应当删除接触对来避免求解问题。

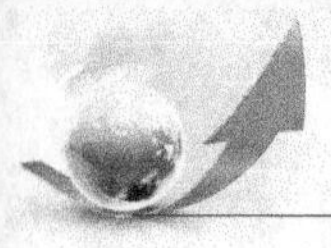

• 如果删除了与使用多点约束来约束的节点相连接的所有单元，或者删除了与使用一个线性约束方程来约束的节点相连接的所有单元，则此节点应当是多点约束或者线性约束方程的从属节点。

在某些情况中，单元删除可造成 Abaqus/Standard 在信息文件中汇报额外的未连接区域。可以忽略这些信息，不会带来风险。

在一个重启动分析中删除或者再激活单元和接触对

只有当单元或者接触对在原始分析中删除或者再激活，才能在一个重启动分析中删除或者再激活单元或者接触对（4.1.1 节）。预期在一个重启动分析中将要求添加或者删除单元或接触对，但是在原始分析中没有这样需求的情形中，必须在原始分析中开启单元或者接触对删除/再激活。开启此功能并不添加或者删除任何单元或者接触对，它只是允许 Abaqus/Standard 在一个后续的重启动分析中进行这些改变。

输入文件用法： 使用下面的选项来开启单元或者接触对删除/再激活：

*MODEL CHANGE, ACTIVATE

Abaqus/CAE 用法：Interaction module：Create Interaction：Model Change：Definition：Restart

过程

在线性摄动分析中（见 1.1.3 节），或者在一个静态 Riks 步（见 1.2.4 节）中，不能删除或者再激活单元或接触对。对于此步中要删除的单元，它们必须在先前的通用分析步（非摄动）结束时被抑制。

初始条件

当单元添加回模型中时，通常假定它们是“退火的”，即，单元得到再激活的步的开始时，它们具有零塑性应变、零蠕变应变和零应力。再激活一个单元，使得单元以非零应力，非零等效塑性应变，如果适用，非零背应力（在一个非原始状态）开始是有可能的。

在一个非原始状态中再激活

要使用非零应力来再激活单元，在模型定义中定义初始应力条件（见《Abaqus 分析用户手册——指定的条件、约束和相互作用卷》的 1.2.1 节）来指定所要求的应力。然后必须在分析的第一步中删除单元。当再激活时，它们将具有所指定的初始应力。再激活立即完成，这样初始应力（在第一个增量中完全地施加）必须自平衡来避免收敛问题。

如果不是在第一步中删除单元，如果它们在第一步之后再次进行删除，或者如果没有为它们指定初始条件，则当再激活时，它们将具有零应力。

以类似的方式，可以再激活一个具有非零初始等效塑性应变，以及具有背应力的材料。

当单元被再激活时，任何施加的初始应力在零增量帧不显示。

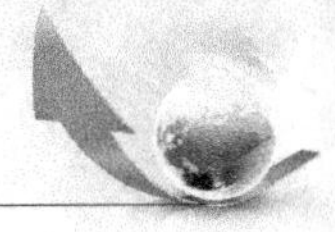

输入文件用法：　使用下面的选项来指定初始应力条件：

*INITIAL CONDITIONS，TYPE = STRESS

使用下面的选项来指定初始等效塑性应变和背应力：

*INITIAL CONDITIONS，TYPE = HARDENING

Abaqus/CAE 用法：使用下面的选项来指定初始应力条件：

Load module：Create Predefined Field：Step：Initial，为 Category 选择 Mechanical 以及为 Types for Selected Step 选择 Stress

使用下面的选项来指定初始等效塑性应变和背应力：

Load module：Create Predefined Field：Step：Initial，为 Category 选择 Mechanical 以及为 Types for Selected Step 选择 Hardening

边界条件

被删除单元的节点变量在单元被删除时是不改变的。可以通过在单元无效的时候定义一个边界条件来重新设置这些变量（见《Abaqus 分析用户手册——指定的条件、约束和相互作用卷》的 1.3.1 节）。

载荷

施加在一个删除或者再激活单元区域中的分布和集中载荷，需要进行更改。

分布载荷

为被抑制单元指定的任何分布载荷、通量、流动和基础也是被抑制的。然而，除非明确地删除它们，这些载荷的记录仍然得到保留并且列在数据（.dat）文件中，就好像单元仍然是存在的那样。贯穿步载荷的连续性不受删除的影响。一旦单元再激活，未删除的分布载荷也得到再激活。

默认情况下，如果在步中被再激活的单元上施加一个分布载荷，则分布载荷的大小是在步过程中，从零到它的步结束时的值线性变化的。如果这样的载荷是使用一个幅值参考施加的，则由幅值参考给出的幅值，是通过一个从 0 到 1 的值，在整个步上再次缩放来给出的。此方案确保再激活对求解有一个平顺的影响，即使在一个再激活单元上使用一个幅值参考的分布载荷是从前面的步中传递来的情况也是如此。

集中载荷

当删除了周围的单元时，没有删除集中载荷或者通量，这样，必须确保任何仅由被删除的单元来承受的集中载荷或者通量也得到删除。否则，在删除步过程中将发生一个求解问题（一个力施加在一个具有零刚度的自由度上）。当集中载荷或者通量与再激活单元一起被重新引入时，应当线性增加。

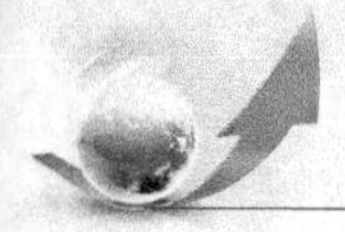

预定义的场

当删除单元时，被删除单元的节点变量并没有直接得到改变。当单元被抑制时，可以通过定义温度，或者定义其他预定义场变量来重新设置这些变量（见《Abaqus 分析用户手册——指定的条件、约束和相互作用卷》的 1.6.1 节）。例如，在一个应力/位移分析中删除的单元，可以在由于删除而被抑制的时候，通过设置这些单元上的节点处的温度到期望的值，来在不同的温度上重新引入。

温度

再激活步开始时的温度，成为再激活单元的初始温度。热应变（伴随热应力）是基于再激活时刻之后的温度变化的（见《Abaqus 分析用户手册——材料卷》的 6.1.2 节）。

材料选项

在退火、压实相关的量上——例如可压碎泡沫塑料中静水压缩中的屈服应力 p_c（见《Abaqus 分析用户手册——材料卷》的 3.3.5 节）、帽塑性中静水压缩中的屈服应力 p_b（见《Abaqus 分析用户手册——材料卷》的 3.3.2 节）和多孔金属塑性中的有效体积分数 f（见《Abaqus 分析用户手册——材料卷》的 3.2.9 节）是重新设置成分析开始时刻的值。

对于多孔材料，重新设置孔隙度 n 成它的初始值，并且饱和度 s 保持它在删除时刻的值（见《Abaqus 分析用户手册——材料卷》的 6.6.1 节）。

可以删除和再激活使用用户定义的材料类型的单元。当单元被抑制时，不调用用户子程序 UMAT 和 UMATHT。再激活时，设置用户子程序 UMAT 中的应力和应变为零，并且用户子程序 UMATHT 中定义的传导性和热通量，在再激活步过程中是从零线性增加的。求解相关的状态变量必须在用户子程序 UMAT、UMATHT 或者 SDVINI 中重新设置，它们将在再激活中进行调用。

单元

目前，刚性、胶粘剂、垫片和压电单元不支持删除。Abaqus/Standard 中的所有其他单元类型可以进行删除和再激活。见《Abaqus 分析用户手册——单元卷》的 1.1.3 节。

输出

已经删除的单元或接触面的输出是不可得的。被抑制的单元和接触面在 Abaqus/CAE 中是可见的。

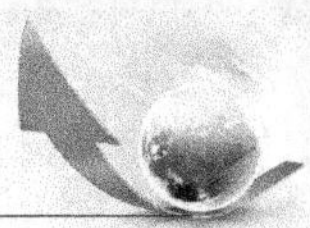

输入文件模板

```
*HEADING
...
*STEP
*STATIC
...
** 在单元集 SIDE 中删除所有的单元
*MODEL CHANGE,REMOVE
SIDE,
** 删除接触对(SLAVE1,MASTER1)
*MODEL CHANGE,TYPE=CONTACT PAIR,REMOVE
SLAVE1,MASTER1
...
*END STEP
**
*STEP
*STATIC
...
** 在单元集 SIDE 中再激活单元
*MODEL CHANGE,ADD=STRAIN FREE
SIDE,
** 再激活接触对(SLAVE1,MASTER1)
*MODEL CHANGE,TYPE=CONTACT PAIR,ADD
SLAVE1,MASTER1
...
*END STEP
```

6.3 在一个模型中引入一个几何缺陷

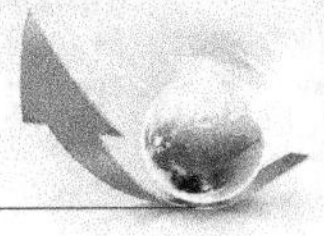

产品：Abaqus/Standard　　Abaqus/Explicit

参考

- “非稳定失稳和后屈曲分析”1.2.4节
- *IMPERFECTION

概览

一个几何缺陷样式：

- 通常为一个后屈曲载荷-位移分析而引入到模型中；
- 可以定义成使用Abaqus/Standard来执行的一个先前的特征值屈曲预测分析中，或者特征频率提取分析中得到的屈曲特征模态的一个线性叠加；
- 可以基于从一个先前使用Abaqus/Standard执行静态分析中得到的解；
- 可以直接指定。

一般的后屈曲分析

在Abaqus/Standard中，Riks方法（见1.2.4节）可以用来求解后屈曲问题，具有稳定的和不稳定的后屈曲行为都可以使用。然而，由于在一个屈曲点上的不连续响应（分叉），精确的后屈曲问题通常不能直接求解。要分析一个后屈曲问题，必须将它转换成一个具有连续响应的问题，来替代分叉，可以通过在“完美”几何中引入一个几何缺陷样式来实现，这样在达到临界载荷前，就有一些屈曲模式的响应。

引入几何缺陷

缺陷通常通过几何形体中的摄动来引入。Abaqus提供三个途径来定义一个缺陷：作为屈曲特征模态的线性叠加，加入到一个静态分析的位移，或者通过直接指定节点编号和缺陷值。只有平动自由度进行了更改。接着，Abaqus将基于摄动后的坐标，使用常规算法计算常态。除非已知一个缺陷的精确形状，否则可以引入一个由多叠加的屈曲模式组成的一个缺陷（见1.2.3节）。

通常的方法包括两个使用相同模型定义的分析运行，使用Abaqus/Standard来建立可能的坍塌模式，以及使用Abaqus/Standard或者Abaqus/Explicit来执行后屈曲分析：

1）在第一个分析运行中，使用Abaqus/Standard在“完美”结构上执行一个特征值屈曲分析，来建立可能的坍塌模式，并且确认精确的网格离散化了那些模式。将默认的全局坐标系中的特征模态作为节点数据写入结果文件（见《Abaqus分析用户手册——介绍、空间建模、执行与输出卷》的4.1.2节）。

2）在第二个分析运行中，使用Abaqus/Standard或者Abaqus/Explicit，通过添加这些屈

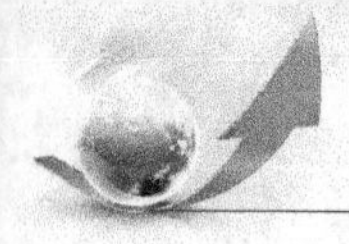

曲模式到“完美”几何形体中，在几何形体中引入一个缺陷。经常假设最低屈曲模式来提供最关键的缺陷，所以通常，缩放这些并且添加到完美几何中来创建扰动网格。这样缺陷具有下面的形式：

$$\Delta x_i = \sum_{i=1}^{M} w_i \phi_i$$

其中 ϕ_i是 i^{th}模态形状，并且 w_i是相关的缩放因子。

必须选择不同模态的缩放因子。通常（如果结构不是缺陷敏感的）最低的屈曲模式应当具有最大的因子。所使用的摄动幅值通常是类似梁横截面或者壳厚度的相对结构尺寸的百分之几。

3）使用 Abaqus/Standard 或者 Abaqus/Explicit 来执行后屈曲分析。

- 在 Abaqus/Standard 中使用 Riks 方法，执行包含缺陷的结构的一个几何非线性载荷-位移分析。在此方法中，Riks 方法可以用来执行“刚硬”结构的后屈曲分析，此“刚硬”结构在屈曲前表现出线性行为。通过执行一个载荷-位移分析，可以包括其他类似材料非弹性或者接触的重要的非线性影响。
- 在 Abaqus/Explicit 中，在受扰动的结构上执行一个后屈曲分析。

Abaqus 通过用户节点标签来导入缺陷数据。Abaqus 不检查两个分析运行之间的模式兼容性。在原始模型中的和具有缺陷的模型中的节点集定义可能是不同的。对于在其中 Abaqus 生成额外节点的模型（例如，为 20-节点的块单元上的接触面生成节点）必须小心。在此种情况中，必须确保两个分析运行的模型是一样的，并且将所生成节点的节点信息写入到结果文件中。

如果模型是以一个零件实例的装配方式定义的，则要求来自原始分析的零件文件（.prt）从结果文件读取特征模态。原始模型和随后的模型都必须以零件实例装配的方式来统一地定义。

基于特征模态数据定义一个缺陷

要基于加权模态形状的叠加来定义一个缺陷，从一个先前的特征频率提取或者特征值屈曲预测分析中指定结果文件和步。也可以为一个指定的节点集导入特征模态数据。

输入文件用法： *IMPERFECTION，FILE = 结果文件，STEP = 步，NSET = 名称

基于一个静态分析数据定义一个缺陷

基于一个先前静态分析的变形几何来定义一个缺陷（见 1.2.4 节），从一个先前的静态分析中指定结果文件和步（以及可选的增量编号）。如果没有指定增量编号，Abaqus 将从结果文件中所指定步的可以使用的最后增量中读取数据。可选的，可以为一个指定的节点集导入模型数据。

输入文件用法： *IMPERFECTION，FILE = 结果文件，STEP = 步，INC = 增量，NSET = 名称

直接定义一个缺陷

可以直接将缺陷指定成一个节点编号和整体坐标系中的坐标摄动表，或者，可选的，在

一个圆柱或者球坐标系中。另外，可以从一个单独的输入文件中读取缺陷数据。

输入文件用法：　　＊IMPERFECTION，SYSTEM = 名称，INPUT = 输入文件

如果没有指定输入文件，Abaqus 假定数据遵从选项。

缺陷敏感性

某些结构的响应受原始几何形体中的缺陷影响明显，特别在屈曲发生后如果多个屈曲模态相互作用。这样，基于一个单独屈曲模态的缺陷往往产生非保守的结果。通过调整不同屈曲模态的缩放因子大小，可以评估结构的缺陷敏感性。正常的，应当继续一些分析来探讨结构对缺陷的敏感性。具有许多紧密排布特征模态的结构，往往是缺陷敏感的，并且具有对应于最低特征值的特征模态形状的缺陷，可以给出不是最坏的情况。

如果缺陷是大的，则缺陷结构将较容易的来分析。如果缺陷是小的，则在临界载荷下，变形将是非常小的（相对于缺陷）。响应在临界载荷附近快速增长，引入行为中的一个快速变化。

另一方面，如果缺陷是大的，在到达临界载荷之前，后屈曲响应将稳定增长。在此情况中，转变到后屈曲行为中将是平顺的，并且分析起来相对容易。

输入文件模板

下面的例子显示了一个通过屈曲特征模态线性叠加来定义缺陷结构的一个后屈曲分析，还涉及两个使用相同模型定义的分析运行。

最初的分析运行使用 Abaqus/Standard 执行一个特征值屈曲分析来建立可能的失稳模式，并且将它们写入到结果文件中。

```
*HEADING
初始分析运行将屈曲模态写入到结果文件中
*NODE
定义初始"完美"几何形体的数据行
…
**
*STEP
*BUCKLE
定义屈曲特征模态数量的数据行
*CLOAD 和/或者 *DLOAD 和/或者 *DSLOAD 和/或者 *TEMPERATURE
指定参考载荷 P_ref 的数据行
*NODE FILE, GLOBAL = YES, LAST MODE = n
U
*END STEP
第二个分析运行引入缺陷，并且在 Abaqus/Standard 中执行一个使用改进的 Riks 方法的后屈曲分析
```

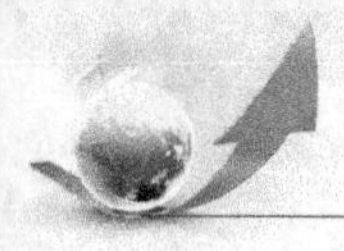


```
*HEADING
第二个分析运行来定义缺陷并执行后屈曲分析
*NODE
定义初始“完美”几何形体的数据行
…
*IMPERFECTION,FILE=结果文件,STEP=步
指定模态编号和它的相关缩放因子的数据行
…
**
*STEP,NLGEOM
*STATIC,RIKS
定义增量和停止准则的数据行
*CLOAD 和/或者 *DLOAD 和/或者 *DSLOAD 和/或者 *TEMPERATURE
指定参考载荷 P_ref 的数据行
*END STEP
```

另一个第二个分析运行，引入缺陷并且使用 Abaqus/Explicit 执行一个后屈曲分析。

```
*HEADING
第二个分析运行来定义缺陷并执行后屈曲分析
*NODE
定义初始“完美”几何形体的数据行
…
*IMPERFECTION,FILE=结果文件,STEP=步
指定模态编号和它的相关缩放因子的数据行
…
**
GEOMETRIC IMPERFECTIONS
*STEP
*DYNAMIC,EXPLICIT
定义步时间周期的数据行
*CLOAD 和/或者 *DLOAD 和/或者 *DSLOAD 和/或者 *TEMPERATURE
*END STEP
```

6.4 断裂力学

- “断裂力学：概览”6.4.1 节
- “围线积分评估”6.4.2 节
- “裂纹扩展分析”6.4.3 节

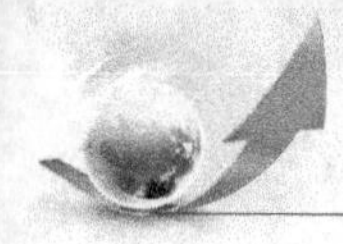

6.4.1 断裂力学：概览

Abaqus/Standard 为进行断裂力学研究，提供下面的方法：

- 开裂的发生：开裂的发生可以通过使用围线积分来在准静态问题中进行研究（见 6.4.2 节）。均匀材料和界面裂纹的 J－积分、C_t－积分（为蠕变）、应力强度因子、裂纹扩展方向和 T－应力是由 Abaqus/Standard 计算得到的。围线积分可以用在二维或者三维问题中。在这些类型的问题中，通常要求聚焦网格划分，并且不研究裂纹的扩展。
- 裂纹扩展：裂纹扩展功能允许研究准静态，包括低周疲劳，裂纹沿着预定义的路径生长（见 6.4.3 节）。裂纹沿着用户定义的表面脱层。可以使用的一些裂纹扩展准则，并且在分析中可以包括多个裂纹。可以在裂纹扩展问题中要求围线积分。
- 线性弹簧单元：壳中的部分通过裂纹可以在一个静态过程中通过使用线性弹簧单元来便宜地建模，见《Abaqus 分析用户手册——单元卷》的 6.9.1 节。
- 扩展有限元法（XFEM）：XFEM 通过在单元中添加具有特别位移函数的自由度来将一个裂纹建模成一个扩展特征（见 5.7.1 节）。XFEM 不要求网格匹配不连续的几何形体。它可以用来仿真一个离散裂纹沿着一个任意的求解相关的路径的初始和扩展，而不需要重新网格划分。XFEM 也可以用来执行围线积分评估，而不需要重新细化裂纹尖端周围的网格。

6.4.2 围线积分评估

产品：Abaqus/Standard　　Abaqus/CAE

参考

- “断裂力学：概览” 6.4.1 节
- *CONTOUR INTEGRAL
- “使用围线积分来建模断裂力学”《Abaqus/CAE 用户手册》的 31.2 节

概览

Abaqus/Standard 基于传统的有限元法或者扩展有限元法（XFEM，见 5.7.1 节），为断裂力学研究提供几个参数评估：

- J－积分，广泛被接受为线性材料响应的准静态断裂力学参数，并且对非线性材料响应具有局限性；
- C_t－积分，在一个准静态步骤（见 1.2.5 节）中的时间相关的蠕变行为的背景中具有等同 J－积分的角色（见《Abaqus 分析用户手册——材料卷》的 3.2.4 节）；

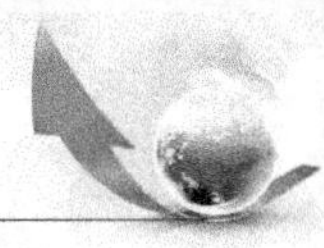

• 应力强度因子，用在线性弹性断裂力学中来度量局部裂纹尖端场的强度；

• 裂纹扩展方向——即，预先存在的裂纹将扩展的角度；

• T - 应力，代表一个平行于裂纹平面的应力，并且用作程度的一个指标，像 J - 积分那样的参数是裂纹周围变形场的有用表征。

围线积分：

• 是输出量——它们不影响结果；

• 仅能够在通用分析步中要求；

• 当与常规有限元法一起使用时，仅能够与二维四边形单元或者三维六面体单元一起使用；

• 当与 XFEM 一起使用时，可以得到评估，而不要求裂纹尖端周围的一个详细细化的网格；

• 当与 XFEM 一起使用时，目前仅可用于具有各向同性弹性材料的一阶或者二阶四面体和一阶六面体单元。

围线积分评估

Abaqus/Standard 提供两种不同的途径来评估围线积分。第一个方法是基于常规有限元方法，通常要求网格与开裂的几何相一致，明确地定义裂纹前缘，并且指定虚拟裂纹扩展方向。通常要求详细地聚焦网格，并且得到一个三维弯曲表面中一个裂纹的精确围线积分值，可以是非常繁琐的。扩展有限元法（XFEM）缓解了这些缺点。XFEM 不要求网格与开裂的几何形体匹配。裂纹的存在是通过特别的扩展函数与添加的自由度相结合来保证的。当评估围线积分时，此方法也删除了明确定义裂纹前缘或者指定虚拟裂纹扩展方向的要求。围线积分所要求的数据，是基于一个单元中节点处水平集赋予符号的距离函数来自动确定的（见 5.7.1 节）。

有可能在沿着一个裂纹的每一个位置上进行一些围线积分评估。在一个有限元模型中，每一个评估可以考虑成围绕裂纹尖端的（在二维中）或者沿着裂纹线（在三维中）围绕每一个节点的材料块的虚拟运动。每一个块通过围线来定义，其中每一个围线是一个完全围绕裂纹尖端的单元环，或者沿着从一个裂纹面到对面的裂纹面的完全围绕裂纹线的节点的单元环。这些单元环是递归定义的，来围绕所有之前的围线。

Abaqus/Standard 自动地从定义成裂纹尖端或者裂纹线的区域中，找到形成每一个环的单元。每一个围线提供一个围线积分的评估。可能的评估数量是此种单元环的编号。必须指定用来计算围线积分的围线编号。此外，必须指定所计算的围线积分类型，如下面所描述的那样。默认的，Abaqus/Standard 计算 J - 积分。

可以给一个裂纹赋予名称，用来识别数据文件中和输出数据库文件中的围线积分值。Abaqus/CAE 也用此名称来要求围线积分输出。如果正使用常规有限元方法并且不指定一个裂纹名称，默认情况下，Abaqus/Standard 依照定义裂纹的次序生成裂纹的编号。如果使用 XFEM，必须设置裂纹名称等于赋予扩展特征的名字。

输入文件用法：　　使用下面的选项来使用常规有限元法来评估围线积分：

　　*CONTOUR INTEGRAL，CRACK NAME = 裂纹名称，

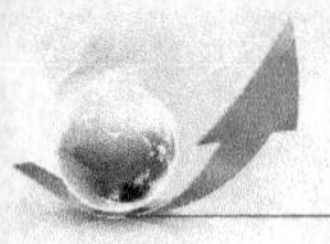

CONTOURS = n，TYPE = 积分类型

使用下面的选项来使用 XFEM 来评估围线积分：

* CONTOUR INTEGRAL，CRACK NAME = 裂纹名称，XFEM，

CONTOURS = n，TYPE = 积分类型

Abaqus/CAE 用法：Interaction module：Special → Crack → Create：Name：裂纹名称，Type：Contour integral 或者 XFEM

Step module：history output request editor：Domain：Crack：裂纹名称，Number of contours：n，Type：积分类型

域积分法

使用散度定理，在围绕裂纹的有限区域上，可以将围线积分扩展进二维中的一个面积分中，或者三维中的一个体积分中。在 Abaqus/Standard 中使用此域积分方法来评估围线积分。此方法是非常稳健的，在于即使使用非常粗糙的网格，也通常是得到精确的围线积分评估。此方法是稳健的，因为积分是在围绕裂纹的单元区域上取得的，并且局部求解参数中的误差对于 J、C_t、应力强度因子和 T - 应力的评估值具有较少的影响。

要求多个围线积分

二维中，在一些不同裂纹尖端处的围线积分，或者在三维中，沿着一些不同的裂纹线的围线积分，在步定义中可以在任何时候按照需要，通过重复围线积分请求来进行评估。当使用常规有限元方法时，必须为每一个裂纹尖端或者裂纹线指定裂纹前缘和虚拟裂纹扩展方向（或者如果裂纹平面的法向是不变的，则指定裂纹平面的法向），如下面所描述的那样。当使用 XFEM 时，不需要指定裂纹前缘或者虚拟裂纹扩展方向，因为它们将通过 Abaqus/Standard 来确定。然而，必须设置每一个裂纹名称等于对应的扩展特征，让每一个扩展特征由一个裂纹组成。此外，无论是使用常规有限元方法还是 XFEM，都必须指定计算每一个积分的围线编号。

J - 积分

通常在率无关的准静态开裂分析中使用 J - 积分，来表征与裂纹扩展相关的能量释放。如果材料响应是线性的，则 J - 积分可以与应力强度因子相关。

J - 积分是以与裂纹推进相关的能量释放率的方式来定义的。对于一个三维开裂平面中的虚拟裂纹推进 $\lambda(s)$，能量释放率为

$$\bar{J} = \int_A \lambda(s) n \cdot H \cdot q \mathrm{d}A$$

其中 $\mathrm{d}A$ 是沿着一个包围裂纹尖端或者裂纹线的正在消散的小管状表面的一个面单元，n 是 $\mathrm{d}A$ 的外法向，并且 q 是虚拟裂纹扩展的局部方向。H 为

$$H = \left(WI - \sigma \cdot \frac{\partial u}{\partial x} \right)$$

对于弹性材料行为，W 是弹性应变能；对于弹-塑性或者弹塑性-黏塑性材料，材料行

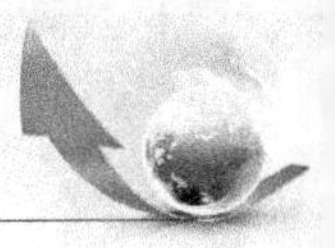

为 W 是定义成弹性应变能密度加上塑性耗散，这样代表了一个“等效弹性材料”中的应变能。因此，计算得到的 J – 积分只适合于弹性-塑性材料的单调加载。

输入文件用法： ＊CONTOUR INTEGRAL，CONTOURS = n，TYPE = J

Abaqus/CAE 用法：Step module：history output request editor：Domain：Crack：裂纹名称，Number of contours：n，Type：J-integral

域相关性

J – 积分应该独立于使用的域，前提是裂纹面是相互平行的，但是从不同环评估得到的 J – 积分可以是不同的，因为有限元求解的近似本质。这些评估中的剧烈变化，通常称为域相关性，或者称为围线相关性，通常表明围线积分定义中存在错误。这些评估中的逐渐变化可能表明需要一个更加细化的网格，或者如果包括了塑性，表明围线积分区域没有完全包括塑性区域。如果“等效弹性材料”不是弹性-塑性材料的良好表示，则围线积分将仅当它们完全包括塑性区域时才是域无关的。因为在三维中并非总是可能包括塑性区域，更细的网格可能是唯一的解决方案。

如果第一个围线积分是通过指定裂纹尖端上的节点来定义的，则前几个围线积分可能是不精确的。要检查这些围线的精确性，可以要求更多的围线，并且确定从一个围线到下一个围线所表现出的近似不变的围线积分值。应当丢弃与此不变值相差悬殊的围线积分值。在线弹性问题中，第一个和第二个围线通常因为不精确而忽略。

对于一些具有开放裂纹前缘的三维模型，来自裂纹前缘末端处节点集（或者 XFEM 情况中的单元）的 J – 积分评估可能是不精确的。求解困难与最外层单元的歪曲相混合。此精度损失仅局限在前缘末端处的围线积分，并且对沿着裂纹前缘的临近节点处的围线积分值精度没有影响（或者使用 XFEM 情况中的单元）。

在 J – 积分评估上包括残余应力场的影响

在结构中经常发生一个残余应力场，例如，产生塑性的工作载荷的结果、一个没有经过退火处理的金属成形过程、热效应或者溶胀作用的结果。当残余应力非常明显时，上面描述的 J – 积分标准定义可能产生一个路径相关的值。要确保它的路径无关性，J – 积分评估必须包括一个考虑残余应力场的附加项。在 Abaqus/Standard 中，将具有残余应力场的问题作为一个初始应变问题来对待。如果总应变写成机械应变 ε^m 和初始应变 ε^o 的总和，即

$$\varepsilon = \varepsilon^m + \varepsilon^o$$

存在残余应力场的一个路径无关的能量释放率给出为

$$\bar{J} = \int_A \lambda(s) n \cdot \left(WI - \sigma \cdot \frac{\partial u}{\partial x} \right) \cdot q \mathrm{d}A + \int_V \sigma : \frac{\partial \varepsilon^o}{\partial x} \cdot q \mathrm{d}V$$

其中 V 是包围裂纹尖端或者裂纹线的域体积，W 只定义成机械应变能密度：

$$W = \int_0^{\varepsilon^m} \sigma : \mathrm{d}\varepsilon^m$$

并且在整个变形期间，ε^o 保持不变。

残余应力场可以通过从一个先前的分析步中读取应力数据，或者通过定义一个初始条件

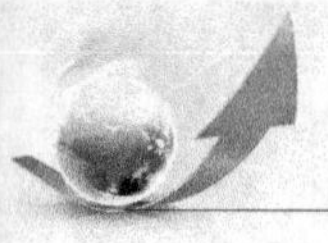

来指定（见《Abaqus 分析用户手册——指定的条件、约束和相互作用卷》的 1.2.1 节）。指定步的编号，此指定步中的最后一个可用增量中的应力值将被考虑成残余应力。如果步编号设置成零（默认的），则残余应力场是通过初始条件来定义的。当使用 XFEM 时，残余应力场只能使用一个初始条件来定义。

输入文件用法：　＊CONTOUR INTEGRAL，RESIDUAL STRESS STEP = n，TYPE = J

Abaqus/CAE 用法：Step module：history output request editor：Domain：Crack：裂纹名称，Number of contours：n，Step for residual stress initialization values：步，Type：J-integral

C_t – 积分

常规有限元法支持 C_t – 积分，然而，XFEM 并不支持它。

C_t – 积分可以用于时间相关的蠕变行为，它在某些蠕变条件下表征蠕变裂纹变形，包括瞬态裂纹生长。例如，对于小尺度蠕变条件下的一个静止裂纹，C_t 与裂纹尖端/裂纹线蠕变区域的生长速率成比例。在稳态蠕变条件下，当蠕变区域贯穿整个试样时，C_t 变得路径无关，称为 C^*。应当仅在准静态步中要求 C_t – 积分。

C_t – 积分通过将位移替换成速度，以及将应变能密度替换成 J – 积分扩展中的应变能率密度来得到的。应变能率密度定义为

$$\dot{W} \overset{def}{=} \int_0^{\dot{\varepsilon}} \sigma : \mathrm{d}\dot{\varepsilon}$$

如果多变形机理对应变率有贡献，则 $\dot{W}$ 并非唯一定义的。然而，在围绕裂纹尖端或者裂纹线的区域内，蠕变机理将起主导作用，这样弹性和塑性对 $\dot{W}$ 的贡献可以忽略。此区域的大小取决于蠕变松弛的程度：区域最初是小的，但是当达到稳态蠕变时，最终包括整个试样。在 $\dot{W}$ 的计算中，Abaqus/Standard 仅考虑蠕变。忽略弹性和塑性应变率，具有时间硬化形式的幂律蠕变模型的应变能密度，在 Abaqus/Standard 中是

$$\dot{W} = \frac{n}{n+1} q \dot{\bar{\varepsilon}}$$

其中 n 是幂律指数，q 是等效 Mises 应力，以及 $\dot{\bar{\varepsilon}}$ 是等效单轴应变率。

对于双曲正弦规律，不能得到 $\dot{W}$ 的一个分析表达式。对于此规律，$\dot{W}$ 是通过数值积分得到的；一个五点高斯积分方案在现实的蠕变应变率范围内给出了合适的精度。

如上面对 J – 积分所描述的那样，对 C_t – 积分使用域积分方法。

对于用户定义的蠕变规律，必须在用户子程序 CREEP 中定义应变能率密度。

输入文件用法：　＊CONTOUR INTEGRAL，CONTOURS = n，TYPE = C

Abaqus/CAE 用法：Step module：history output request editor：Domain：Crack：裂纹名称，Number of contours：n，Type：Ct-integral

域相关性

在稳态之前，C_t – 积分评估将表现出域相关性，即使有限元网格是足够细化的，因为指

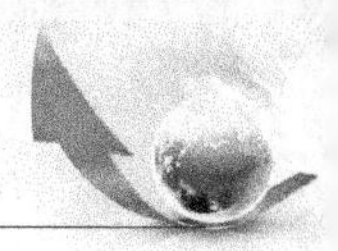

定域中的蠕变主导假设。这些 C_t 评估应当外推至零半径，来得到一个改进的，对应于收缩到裂纹尖端或者裂纹线上的围线所具有的改进的 C_t 评估（见《Abaqus 基准手册》的 1.16.6 节）。

在 C_t –积分评估上包括残余应力场的影响

当计算 C_t –积分时，包括了一个附加的项来考虑残余应力场，如“在 J –积分评估上包括残余应力场的影响”中所描述的那样。

输入文件用法： *CONTOUR INTEGRAL，RESIDUAL STRESS STEP = n，TYPE = C

Abaqus/CAE 用法：Step module：history output request editor：Domain：Crack：裂纹名称，Number of contours：n，Step for residual stress initialization values：步，Type：Ct-integral

应力强度因子

应力强度因子 K_I、K_{II} 和 K_{III} 通常用于线弹性断裂力学中，来表征局部裂纹尖端/裂纹线的应力和位移场。它们与能量释放率（J –积分）存在下面的关系。

$$J = \frac{1}{8\pi}\boldsymbol{K}^{\mathrm{T}} \cdot \boldsymbol{B}^{-1} \cdot \boldsymbol{K}$$

其中 $\boldsymbol{K} = (K_I \quad K_{II} \quad K_{III})^{\mathrm{T}}$ 是应力强度因子，并且 $\boldsymbol{B}$ 称为前对数能量因子矩阵。对于均匀的，各向同性的材料，$\boldsymbol{B}$ 是对角的，并且上面的等式简化成

$$J = \frac{1}{\overline{E}}(K_I^2 + K_{II}^2) + \frac{1}{2G}K_{III}^2$$

其中对于平面应力，$\overline{E} = E$；对于平面应变、轴对称和三维情况，$\overline{E} = E/(1-\nu^2)$。对于两个各向同性材料之间的界面裂纹，有

$$J = \frac{1-\beta^2}{E^*}(K_I^2 + K_{II}^2) + \frac{1}{2G^*}K_{III}^2$$

其中

$$\frac{1}{E^*} = \frac{1}{2}\left(\frac{1}{\overline{E}_1} + \frac{1}{\overline{E}_2}\right) \qquad \frac{1}{G^*} = \frac{1}{2}\left(\frac{1}{G_1} + \frac{1}{G_2}\right)$$

$$\beta = \frac{G_1(\kappa_2 - 1) - G_2(\kappa_1 - 1)}{G_1(\kappa_2 + 1) + G_2(\kappa_1 + 1)}$$

对于平面应变、轴对称和三维情况，$K = 3-4\nu$；对于平面应力，$K = (3-\nu)/(1+\nu)$。不像它们在均匀材料中的同类项，K_I 和 K_{II} 不再是纯粹的界面裂纹 Mode I 和 Mode II 应力强度因子。它们简单的是复数应力强度因子的实部和虚部。

虽然在 Abaqus/Standard 中直接地计算得到能量释放率，通常不直接地为混合模式问题从一个已知的 J –积分计算应力强度因子。Abaqus/Standard 提供一个交互积分法来为混合模式载荷情况下的裂纹直接计算应力强度因子。此能力对于线性各向同性和各向异性材料是可以使用的。此理论在《Abaqus 理论手册》的 2.16.2 节中进行了详细的描述。

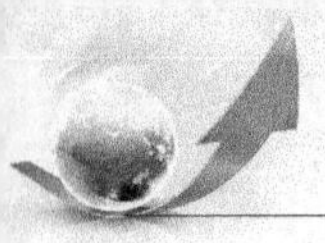

在此情况中，也将会输出从应力强度因子计算得到的 J - 积分。因为用于计算的不同算法，这些 J - 积分值可能与那些通过直接要求来评估得到的 J - 积分值略微不同。

输入文件用法：　＊CONTOUR INTEGRAL，CONTOURS = n，TYPE = K FACTORS

Abaqus/CAE 用法：Step module：history output request editor：Domain：Crack：裂纹名称，Number of contours：n，Type：Stress intensity factors

域相关性

此应力强度因子具有如同 J - 积分一样的域相关特征。

在应力强度因子评估上包括残余应力场的影响

当计算应力强度因子时，包括了一个额外的项来考虑残余应力场，如“在 J - 积分评估上包括残余应力场的影响”中所描述的那样。

输入文件用法：　＊CONTOUR INTEGRAL，RESIDUAL STRESS STEP = n，TYPE = K FACTORS

Abaqus/CAE 用法：Step module：history output request editor：Domain：Crack：裂纹名称，Number of contours：n，Step for residual stress initialization values：步，Type：Stress intensity factors

裂纹扩展方向

对于均质、各向同性弹性材料，可以使用下面三种准则之一来计算开裂初始的方向：最大切应力准则，最大能量释放率准则，或者 $K_{II}=0$ 准则。在这些准则中，都不考虑 K_{III}。

最大切应力准则

使用条件 $\partial\sigma_{\theta\theta}/\partial\theta=0$，或者 $\tau_{r\theta}=0$（其中 r 和 θ 是中心在裂纹尖端处，垂直于裂纹线的平面中的极坐标），我们可以得到

$$\hat{\theta}=\arccos\left(\frac{3K_{II}^2+\sqrt{K_I^4+8K_I^2K_{II}^2}}{K_I^2+9K_{II}^2}\right)$$

其中裂纹扩展角 $\hat{\theta}$ 相对于裂纹平面进行度量，并且 $\hat{\theta}=0$ 代表“笔直向前”方向的裂纹扩展。如果 $K_{II}>0$，则 $\hat{\theta}<0$，而如果 $K_{II}<0$，则 $\hat{\theta}>0$。裂纹扩展角度从 q 量到 n；即，它是关于方向 t 进行度量的，或者从图 6-2 中的 q 进行逆时针度量。

将输出裂纹扩展角 $\hat{\theta}$。

输入文件用法：　＊CONTOUR INTEGRAL，CONTOURS = n，TYPE = K FACTORS，DIRECTION = MTS

Abaqus/CAE 用法：Step module：history output request editor：Domain：Crack：裂纹名称，Number of contours：n，Type：Stress intensity factors，Crack initiation criterion：Maximum tangential stress

最大能量释放率准则

此准则假设裂纹在能量释放率最大化的方向上开始开裂。

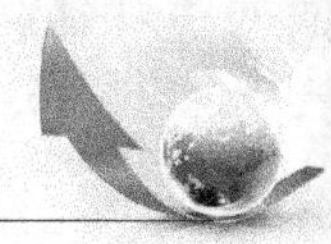

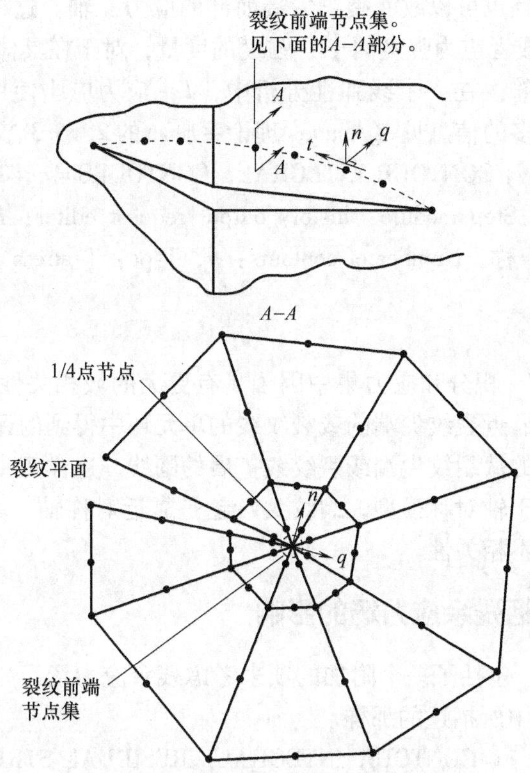

图 6-2 断裂力学评估的典型聚焦网格

将输出裂纹扩展角 $\hat{\theta}$。

输入文件用法： ＊CONTOUR INTEGRAL，CONTOURS = n，TYPE = K FACTORS，DIRECTION = MERR

Abaqus/CAE 用法：Step module：history output request editor：Domain：Crack：裂纹名称，Number of contours：n，Type：Stress intensity factors，Crack initiation criterion：Maximum energy release rate

$K_{II}=0$ 准则

此准则假定裂纹在 $K_{II}=0$ 的方向上进行初始扩展。

将输出裂纹扩展角 $\hat{\theta}$。

输入文件用法： ＊CONTOUR INTEGRAL，CONTOURS = n，TYPE = K FACTORS，DIRECTION = KII0

Abaqus/CAE 用法：Step module：history output request editor：Domain：Crack：裂纹名称，Number of contours：n，Type：Stress intensity factors，Crack initiation criterion：K11 = 0

T-应力

T-应力分量代表一个在裂纹尖端处平行于裂纹面的应力。它的大小不仅可以改变塑性

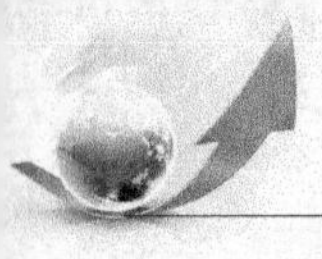

区域的大小和形状，而且也可以改变裂纹尖端前部的应力三轴。这样，T－应力成为裂纹尖端奇点（例如 J－积分或者应力强度因子）强度的度量，对于在具体载荷情况下表征一个裂纹是否有用的一个标志符。在一个线弹性分析中，T－应力应当使用等于弹性-塑性分析中的载荷来计算。对于更多的信息见《Abaqus 理论手册》的 2.16.3 节。

输入文件用法：　*CONTOUR INTEGRAL，CONTOURS＝n，TYPE＝T-STRESS

Abaqus/CAE 用法：Step module：history output request editor：Domain：Crack：裂纹名称，Number of contours：n，Type：T-stress

域相关性

通常，T－应力比 J－积分和应力集中因子具有更大的域相关性或者围线相关性。数值试验说明从最初的两个靠近裂纹尖端的或裂纹线的单元环中得到的评估，通常不提供精确的结果。应当选择足够多的从裂纹尖端或裂纹线扩展的围线，这样 T－应力可以独立于围线的编号来确定。具体的对于轴对称模型，裂纹尖端越是靠近对称轴，域中的网格越是要细化，来达到围线积分的路径不相关性。

在 T－积分评估上包括残余应力场的影响

当计算 T－积分时，包括了一个附加的项来考虑残余应力场，如"在 J－积分评估上包括残余应力场的影响"中所描述的那样。

输入文件用法：　*CONTOUR INTEGRAL，RESIDUAL STRESS STEP＝n，TYPE＝T-STRESS

Abaqus/CAE 用法：Step module：history output request editor：Domain：Crack：裂纹名称，Number of contours：n，Step for residual stress initialization values：步，Type：T-stress

定义使用常规有限元法的围线积分所要求的数据

要求使用常规有限元法的围线积分输出，必须定义裂纹前缘，并指定虚拟裂纹扩展方向。

定义裂纹前缘

必须指定裂纹前缘，即定义第一个围线的区域。Abaqus/Standard 使用此区域和围绕此区域的一层单元来计算第一个围线积分。使用一个附加的单元层来计算每一个后续的围线。

裂纹前缘相当于二维中的裂纹尖端，或者三维中的裂纹线，如果它是一个围绕裂纹前缘或者裂纹线的更大的区域，它必须包括裂纹尖端或者裂纹线。

如果模拟变钝的裂纹尖端，裂纹前缘应当包括变钝的尖端的半径减小到零时，从一个裂纹面到另外一个裂纹面退化到裂纹尖端的所有节点。否则，围线积分值将基于路径，直到围线区域到达平行的裂纹面。

输入文件用法：　*CONTOUR INTEGRAL，CONTOURS＝n

在数据行上指定裂纹前缘节点集名称；格式取决于用来指定虚拟裂

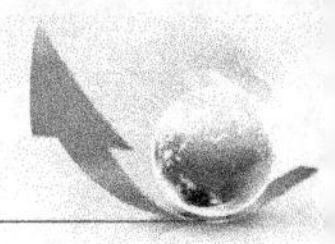

纹扩展方向的方法。

对于二维情况，只有一个裂纹前缘节点集（在裂纹尖端处的裂纹前缘）必须进行指定；对于三维情况，必须重复数据行，使用从裂纹的一个末端到另外一个末端的顺序，为每一个沿着裂纹线的节点（或者聚焦节点的集群）指定裂纹前缘，包括二阶单元的中间节点，不允许沿着裂纹线跳过节点。

Abaqus/CAE 用法：Interaction module：Special→Crack→Create：选择裂纹前缘

定义裂纹尖端或者裂纹线

默认情况下，Abaqus/Standard 将裂纹尖端定义为裂纹前缘指定的第一个节点，并将裂纹线定义为裂纹前缘指定的第一个节点的序列。第一个节点是具有最小节点编号的节点，除非未分类的生成节点集。此外，可以直接指定裂纹尖端节点或者裂纹线节点。此指定为一个具有钝裂纹尖端的三维裂纹扮演一个关键角色。

Abaqus/CAE 不能基于所指定的裂纹前缘来自动确定裂纹尖端或者裂纹线。然而，如果在二维中选择一个点来定义裂纹前缘，则同一个点定义裂纹尖端；同样，如果在三维中选择一个边来定义裂纹前缘，则同一个边定义裂纹线。对于所有其他的情况，必须直接定义裂纹尖端或者裂纹线。

输入文件用法：使用下面的选项来直接指定裂纹尖端节点：

* CONTOUR INTEGRAL，CONTOURS = n，CRACK TIP NODES

在数据行上指定裂纹前缘节点集名称，以及裂纹尖端节点编号或者节点集名称；格式取决于指定虚拟裂纹扩展方向的方法。

为三维情况重复此数据行。

Abaqus/CAE 用法：Interaction module：Special→Crack→Create：选择裂纹前缘，然后选择裂纹尖端（在二维中）或者裂纹线（在三维中）

定义一个闭环裂纹线

有时候一个裂纹线可以形成一个闭环（例如，当建模一个完整的硬币形状的裂纹而不调用对称条件时）。在此种情况中，裂纹尖端区域中的有限元网格可以使用或者不使用缝来创建，即可以或者不用来将两层节点绑定到一起的线性约束方程（见《Abaqus 分析用户手册——指定的条件、约束和相互作用卷》的 2.2.1 节）或者多点约束（见《Abaqus 分析用户手册——指定的条件、约束和相互作用卷》的 2.2.2 节）。

如果一个裂纹线构成一个闭环，可以任意指定裂纹前缘的初始节点集，并且定义裂纹前缘的其他节点集必须顺序地围绕裂纹前缘。定义裂纹前缘的最后节点集必须是同一个最初的节点集。如果通过创建重合节点，然后使用线性约束方程和多点约束来绑定在一起来形成一个闭环，则节点集的指定顺序必须是从包含在约束方程或者多点约束中的节点集开始，并且结束在另外一个节点集。

指定虚拟裂纹扩展方向

必须在二维中的每一个裂纹尖端处，或者在三维中的沿着裂纹线的每一个节点上，通过

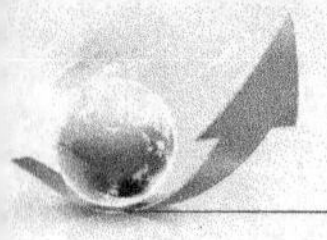

指定垂直于裂纹平面的 $\boldsymbol{n}$，或者指定虚拟裂纹扩展方向 $\boldsymbol{q}$ 来指定虚拟裂纹扩展的方向。

如果指定了指向材料内部的虚拟裂纹扩展方向（平行于裂纹面），则计算得到的 J－积分值将是正的。当虚拟裂纹扩展方向在相反的方向上进行指定时，则得到负的 J－积分值。

指定裂纹平面的法向

可以通过指定裂纹平面的法向 $\boldsymbol{n}$ 来定义虚拟裂纹扩展方向。在此情况中，Abaqus/Standard 将计算一个虚拟裂纹扩展方向 $\boldsymbol{q}$，它正交于裂纹前缘切向 $\boldsymbol{t}$ 和裂纹法向 $\boldsymbol{n}$。如图 6-2 中所示，对于一个三维裂纹，$\boldsymbol{q}=\boldsymbol{t}\times\boldsymbol{n}$；对于一个二维裂纹，有 $q_x=-n_y$ 和 $q_y=n_x$。因为每个围线积分只可以给出一个 $\boldsymbol{n}$ 值，指定法向意味着裂纹平面是平的。

输入文件用法：　＊CONTOUR INTEGRAL，CONTOURS＝n，NORMAL

n_x－方向余弦（或者 n_r），n_y－方向余弦（或者 n_z），n_z－方向余弦（或者空白）

裂纹前缘节点集名称（二维）或者多个名称（三维）

Abaqus/CAE 用法：Interaction module：Special→Crack→Create：选择裂纹前缘：Specify crack extension direction using：Normal to crack plane

指定虚拟裂纹扩展方向

另外，可以直接指定虚拟裂纹扩展方向 $\boldsymbol{q}$。在三维情况下，虚拟裂纹扩展方向 $\boldsymbol{q}$ 将被校正到正交于任何在节点上定义的法向，或者在其他情况中，校正到切向于裂纹线自身。具体点上的裂纹线切向 $\boldsymbol{t}$，由通过整个裂纹前端的抛物线和此区域的任何一侧上的最近节点集插值确定，其中为裂纹前端定义了虚拟裂纹扩展方向。Abaqus/Standard 将标准化虚拟裂纹扩展方向 $\boldsymbol{q}$。

输入文件用法：　＊CONTOUR INTEGRAL，CONTOURS＝n

裂纹前缘节点集名，q_x－方向余弦（或者 q_r），q_y－方向余弦（或者 q_z），q_z－方向余弦（或者空白）

对三维情况重复此数据行，为沿着裂纹线的每一个节点（或者集中节点串）定义裂纹前缘和虚拟裂纹扩展向量。

Abaqus/CAE 用法：Interaction module：Special→Crack→Create：选择裂纹前缘：Specify crack extension direction using：q vectors

定义面法向

在裂纹前缘与三维实体的外表面相交处，模型中具有一个材料不连续的面，或者裂纹在一个弯曲的壳中，虚拟裂纹扩展方向 $\boldsymbol{q}$ 必须位于精确围线积分评估的表面平面中。为了此目的，必须在所有位于要求的围线内的此表面节点上指定面法向（这些节点在数据文件中打印在“围线积分”信息下面）。对于壳单元模型，如果通过 Abaqus/Standard 计算得到的法向是不足的，则可以使用节点坐标来指定法向。对于实体单元模型，可以直接指定法向（见《Abaqus 分析用户手册——介绍、空间建模、执行与输出卷》的 2.1.4 节和《Abaqus 例题手册》的 1.4.1 节），或者使用节点坐标（第四个-第六个坐标）。如果没有为裂纹面上的节点和一个裂纹线末端处的外表面上的节点指定面法向，则 Abaqus/Standard 将为这些节

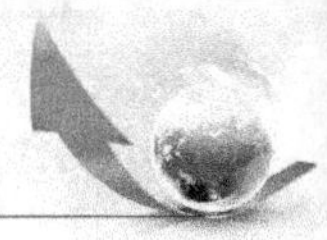

点自动计算法向，来校正任何不足的虚拟裂纹扩展方向 $\boldsymbol{q}$。

定义使用 XFEM 的围线积分所要求的数据

如果使用 XFEM 来评估围线积分，则裂纹前缘和虚拟裂纹扩展方向都通过 Abaqus/Standard 来确定的。

使用常规有限元法的对称

如果在一个对称面上定义一个裂纹，则只需要建模半个结构。从虚拟裂纹前缘推进计算得到的潜在能量的变化，将进行加倍来计算正确的围线积分值。

输入文件用法：使用下面的选项来说明裂纹是在一个对称面上定义的：
*CONTOUR INTEGRAL，CONTOURS = n，SYMM

Abaqus/CAE 用法：Interaction module：Special→Crack→Create：选择裂纹前缘和裂纹尖端或者裂纹线，并且指定裂纹扩展方向：General：切换打开 On symmetry plane（half-crack model）

为使用常规有限元法的小应变分析构造一个断裂力学网格

通常使用小应变假设来模拟尖锐裂纹（在未变形构型中，裂纹面位于彼此的上面）。聚焦网格，如图 6-2 中所示，通常应当用于小应变断裂力学评估。然而，对于一个尖锐裂纹，应变场在裂纹尖端处变成奇点。此结果明显是物理的近似；然而，大应变只是非常局部的，并且大部分的断裂力学问题可以仅使用小应变分析来进行满意的求解。

裂纹尖端应变奇点取决于所用的材料模型。线弹性、理想塑性和幂律的硬化是经常用于断裂力学分析中的。幂律的硬化具有的形式为

$$\frac{\bar{\varepsilon}}{\varepsilon_0}=\alpha\left(\frac{\bar{\sigma}}{\sigma_0}\right)^n$$

其中 $\bar{\varepsilon}$ 是等效总应变，ε_0是一个参考应变，$\bar{\sigma}$ 是 Mises（米泽斯）应力，σ_0是初始屈服应力，n 是幂律硬化指数（通常在 3 ~ 8 之间，$n>10$ 对于大的 ε 是非常接近理想塑性的），并且 α 是一个材料常数（通常在 0.5 ~ 1.0 的范围中）。

对于拉伸载荷下的体中的纯幂律非线弹性材料的结果，与载荷是成一定的幂律比例关系的。这样，一个具体载荷情况下的一个几何形体的断裂参数，可以缩放成任何其他相同分布的，但是具有不同大小的载荷。

如果载荷是按比例的（在应力空间中，应力增加的方向是近似不变的）并单调增加的，幂律硬化变形塑性和增加的塑性本质上是等价的。然而，变形塑性是一个具有更多可用分析结果的非线弹性材料。Abaqus 使用变形塑性的 Ramberg-Osgood 形式（见《Abaqus 分析用户手册——材料卷》的 3.2.13 节），此模型并非一个纯幂律模型，必须考虑到这一点。

创建奇点

在大部分情况中，裂纹尖端处的奇点应当在小应变分析中加以考虑（当忽略了几何非

线性时)。包括奇点，通常会提高 J-积分的、应力强度因子的和应力及应变计算的精度，因为靠近裂纹尖端区域中的应力和应变是更加精确的。如果 r 是离裂纹尖端的距离，小应变分析中的应变奇点为

$$\varepsilon \propto r^{-1/2} \quad \text{线性弹性时，}$$

$$\varepsilon \propto r^{-1} \quad \text{理想塑性时，}$$

$$\varepsilon \propto r^{-\frac{n}{n+1}} \quad \text{幂律硬化时}$$

在二维中模拟裂纹尖端奇点

可以使用标准单元来在有限单元中求出平方根和 $1/r$ 奇点。裂纹尖端是使用一个退化的四边形单元来模拟的，如图 6-3 中所示。

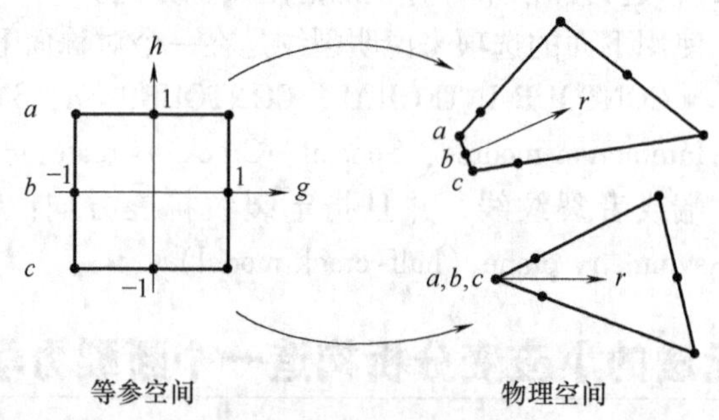

图 6-3 退化的二维单元

要得到一个网格奇点，通常使用二阶单元并且单元进行如下退化：

1）退化一个 8 节点等参数单元的一边（CPE8R，例如），这样所有三个节点（a、b 和 c）具有相同的位置（在裂纹尖端上）。

2）移动连接到裂纹尖端的边上的中节点到最靠近裂纹尖端的 1/4 点处。当为一个网格区域生成节点时，可以使用二阶等参元来创建“四分之一点”空间；见《Abaqus 分析用户手册——介绍空间建模、执行与输出卷》的 2.1.1 节中的“创建四分之一点间距”。

此过程将创建应变奇点

$$\varepsilon \rightarrow \frac{A}{r} + \frac{B}{r^{1/2}} \text{ 当 } r \rightarrow 0 \text{ 时}$$

不能使用 Abaqus 单元来创建 $r^{-\frac{n}{n+1}}$ 奇点，但是 r^{-1} 和 $r^{-1/2}$ 的项组合可以提供 $r^{-\frac{n}{n+1}}$ 的一个合理近似。

如果使用了 4 节点等参元（例如，CPE4R），则单元的一边退化，并且两个重合节点可以自由移位，就创建了一个 $1/r$ 奇点。

如果使用线性单元网格划分裂纹区域，则忽略中节点的位置指定。

创建一个平方根奇点

如果约束节点 a、b、c 一起移动的，则 $A=0$ 和应变集应力是平方根奇点（适合于线性弹性）。

输入文件用法： *NFILL，SINGULAR

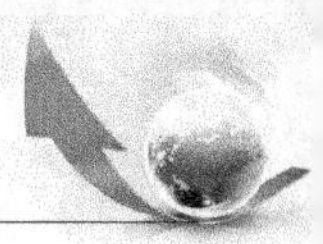

通过在组成单元的节点列表中指定相同的节点编号，或者通过使用一个线性约束方程或多点约束来将它们绑定，来约束退化的节点一起移动。

Abaqus/CAE 用法：Interaction module：Special→Crack→Create：选择裂纹前缘和裂纹尖端，并且指定裂纹扩展方向：Singularity：Midside node parameter：0.25，Collapsed element side，single node

创建一个 1/r 奇点

如果中节点保持在中间点上，而不是移动到 1/4 点处，并且允许节点 a、b、c 独立的移动，则只创建了应变中的 1/r 奇点（适于理想塑性）。

输入文件用法：　　*NFILL

Abaqus/CAE 用法：Interaction module：Special→Crack→Create：选择裂纹前缘和裂纹尖端，并且指定裂纹扩展方向：Singularity：Midside node parameter：0.5，Collapsed element side，duplicate nodes

创建一个平方根和 1/r 奇点的组合

如果中间节点移动到 1/4 点处，但是允许 a、b、c 独立移动，则奇点创建成一个平方根和 1/r 奇点的组合。此组合通常对于一个幂律硬化材料是最好的。然而，因为 1/r 奇点主导，移动中节点到 1/4 点仅给出比节点置于中间点稍微好一点的结果。因为创建一个具有中间节点移动到 1/4 点的网格是困难的，所以通常最好简单地使用 1/r 奇点。

输入文件用法：　　*NFILL，SINGULAR

Abaqus/CAE 用法：Interaction module：Special→Crack→Create：选择裂纹前缘和裂纹尖端，并且指定裂纹扩展方向：Singularity：Midside node parameter：0.25，Collapsed element side，duplicate nodes

在三维中模拟裂纹尖端奇点

要创建一个奇点场，可以使用具有一个退化面的 20-节点块和 27-节点块（图 6-4）。垂直于裂纹线的三维单元的平面，为了最佳的精度而采用平面。如果它们不是平面的，则当移动中节点到 1/4 点时，单元的雅可比将在某些积分节点上变成负值。为纠正此问题，将中节点向着中点位置稍微偏离 1/4 点（移动的位置不是关键的）。

对于在 Abaqus/CAE 中创建一个三维断裂力学网格的信息，见《Abaqus/CAE 用户手册》的 31.2.7 节。

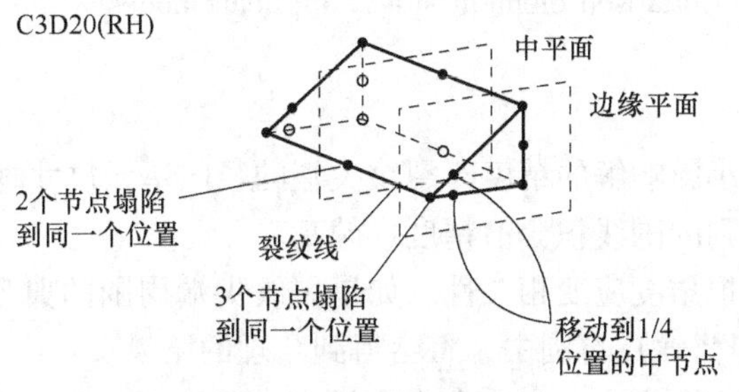

图 6-4　退化的三维单元

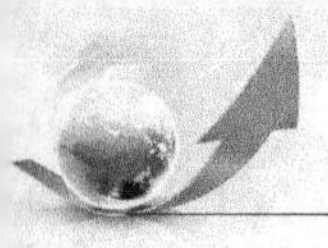

创建一个平方根奇点

要得到平方根奇点，约束在边平面的退化面上的节点一起移动，并移动节点到1/4点。

如果在退化的20-节点块中间平面上的节点被约束成一起移动，则$\varepsilon \propto r$。这样，中平面上的奇点与边平面上的不是同一个。此差异造成在求解中关于沿着裂纹线的裂纹尖端的局部振荡，虽然通常振荡并不明显。

如果27-节点块包括所有中面节点和质心节点，并且移动中间边和中面节点到最靠近裂纹线的1/4点处，则降低了局部应力和应变场的振荡。

输入文件用法： *NFILL，SINGULAR
通过在组成单元的节点列表中指定相同的节点编号，或者通过使用一个线性约束方程或者多点约束来将它们绑定在一起，来约束退化的节点一起移动。

Abaqus/CAE用法：Interaction module：Special→Crack→Create：选择裂纹前缘和裂纹线，并且指定裂纹扩展方向：Singularity：Midside node parameter：0.25，Collapsed element side，single node

创建一个1/r奇点

要得到一个1/r奇点，允许退化面上的三个节点独立地移位，并保持中间节点在中点上。

输入文件用法： *NFILL

Abaqus/CAE用法：Interaction module：Special→Crack→Create：选择裂纹前缘和裂纹线，并且指定裂纹扩展方向：Singularity：Midside node parameter：0.5，Collapsed element side，duplicate nodes

创建一个平方根和1/r奇点的组合

要得到一个平方根和1/r奇点的组合，允许退化面上的节点独立地移位，并且移动中间节点到1/4点处。在二维的情况中，如果创建具有节点移动到1/4点的网格是比较困难的话，则简单地使用1/r奇点。

输入文件用法： *NFILL，SINGULAR

Abaqus/CAE用法：Interaction module：Special→Crack→Create：选择裂纹前缘和裂纹线，并且指定裂纹扩展方向：Singularity：Midside node parameter：0.25，Collapsed element side，duplicate nodes

网格细化

裂纹尖端的单元大小影响解的精度。裂纹尖端的径向单元尺寸越小，得到的应力、应变等结果就越好，并且得到的围线积分值精度也越高。

不使用奇点单元模拟角度应变相关性。如果裂纹尖端周围的典型单元所对的角度在10°（精确）到22.5°（中等精确）范围中，将会得到合理的结果。

因为裂纹尖端产生应力集中，应力和应变梯度随着接近的裂纹尖端而变大。J-积分评

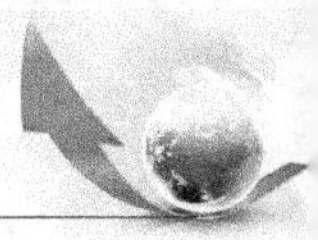

估中的路径相关性将说明网格没有得到足够细化，但是路径无关并不能证明网格收敛。有限元网格必须在裂纹附近进行细化，以得到精确的应力和应变。然而，即使使用相对粗糙的网格，也能经常得到精确的 J-积分结果。

在许多情况中，如果使用了足够细化的网格，不使用奇变单元，也能得到精确的围线积分值。

模拟壳中的裂纹尖端域

可以使用聚焦网格，但是并非所有的 Abaqus/Standard 中的三维壳单元可以退化。单元 S8R 和 S8RT 不能退化成三角形；单元类型 S4、S4R、S4R5、S8R5 和 S9R5 可以。

1/4 点技术（移动中间节点到 1/4 点处，来给出弹性断裂力学的一个 $1/\sqrt{r}$奇点）可以用于 S8R5 和 S9R5 单元，但是不能使用 S8R（T）单元。当 1/4 点技术用于 S9R5 单元时，中面节点应当沿着两个中间节点移动到 1/4 点位置处。

如果使用了 S8R（T），则应当在裂纹尖端处引入一个钥匙孔。

位于穿透壳厚度平面中的裂纹，可以使用线弹簧单元来建模，见《Abaqus 分析用户手册——单元卷》的 6.9.1 节。在许多情况中，线弹簧单元提供精确的 J-积分和应力集中值，但是限制这些单元来模拟小应变和转动。受限的塑性模拟也允许使用线弹簧。

使用常规有限元法构建一个有限应变分析的断裂力学网格

在大应变分析中（当包括几何非线性时），通常不应当使用奇点单元。如果要求裂纹尖端区域中的详细信息，则围绕裂纹尖端的网格必须进行足够细化来模拟非常高的应变梯度。即使仅要求 J-积分，裂纹尖端周围的变形可主导解，并且裂纹尖端的区域将必须使用足够的细节来模拟以避免数值问题。

物理裂纹的尖端并非是理论上的尖锐。这样，通常将裂纹建模成一个半径约等于 $10^{-3}r_p$ 的钝缺口，其中 r_p是一个裂纹尖端前面的塑性区域所具有的特征尺寸。缺口必须足够小，这样在感兴趣的载荷下，缺口的变形后形状不再取决于原来的几何形状。通常的，为了变形后的形状独立于原始的几何形状，缺口必须钝到大于四倍的原始半径。围绕缺口的单元大小应当大约是缺口尖端半径的 1/10，这样来得到精确的结果。

如果将一个裂纹建模成尖锐的，则裂纹尖端附近的有限单元不能近似高应变，因而带来收敛问题。即使得到收敛，围绕裂纹尖端的应力和应变结果将很有可能是不精确的。然而，如果求解收敛，则围线积分结果应当是相当准确的。三维中的收敛困难将很可能大于二维中的情况。

在涉及有限旋转，但却是小变形的情形中，例如细长结构的弯曲，应当围绕裂纹尖端模拟一个小的“钥匙孔”。如果孔是小的，则结果不会受显著的影响，并且将避免处理裂纹尖端处奇点应变中的问题。

与常规有限元方法一起使用约束

通常不应当在计算围线积分的网格划分区域中的节点上，使用多点约束和线性约束方程

（见《Abaqus 分析用户手册——指定的条件、约束和相互作用卷》的 2.1.1 节），除非约束中包含的节点位于同一个点上。在聚焦网格裂纹尖端处的节点可以使用多点约束来绑定在一起，对围线积分计算没有不利的影响。绑定这些节点将改变裂纹尖端处的奇点，但是围线积分的路径无关性将得到保留。此外，如果模型的两个面是使用 MPC 类型的 TIE 或者一个线性约束方程来连接的，则围线积分的路径无关性将不会受到影响，前提是两个面的所有节点是重合的。为网格细化使用多点约束，或者为在围线积分区域中施加对称/非对称边界条件使用多点约束，将产生围线积分的路径相关性。如果违反了这条规则，不会提供警告或者错误信息。

过程

可以在使用下面过程模拟的断裂力学问题中要求围线积分：

- 同时使用 XFEM 和常规有限元法的静态过程（1.2.2 节）；
- 仅使用常规有限元法的准静态过程（1.2.5 节）；
- 仅使用常规有限元法的稳态传输过程（1.4.1 节）；
- 仅使用常规有限元法的耦合热应力过程（1.5.3 节）；
- 仅使用常规有限元法的裂纹扩展（6.4.3 节）。

仅可以在通用分析步中要求围线积分：不能在线性摄动分析中计算围线积分（1.1.3 节）。

在裂纹面上施加压力的一个开裂分析，如果在步中包括了几何非线性，则可以给出不精确的围线积分。

载荷

围线积分计算包括下面的分布载荷类型：

- 热载荷；
- 分布载荷，包括裂纹面压力和连续单元上的牵引载荷，以及那些使用子程序 DLOAD 和 UTRACLOAD 施加的载荷；
- 分布载荷，包括面牵引载荷和壳单元上的裂纹面边缘载荷，以及使用用户子程序 UTRACLOAD 施加的载荷；
- 均匀的和非均匀的体积力；
- 在连续单元和壳单元上的集中载荷。

这些载荷并没有包括由域中的集中载荷对围线积分的贡献，取而代之的是网格必须进行更改来包括一个小的单元，并且对此单元施加一个分布的载荷。

没有包括由于接触力而产生的贡献。

材料选项

J - 积分对于线弹性、非线弹性和弹性-塑性材料是有效的。塑性行为可以模拟成非线弹性（见《Abaqus 分析用户手册——材料卷》的 3.2.13 节），但是如果材料通过增量塑性建

模，并且承受等比的单调牵引载荷，则结果通常是最好的。

如果在裂纹尖端周围的塑性区域内发生卸载，则 J – 积分将是无效的，除非在非常有限的情况中。

C_t – 积分对于涉及蠕变的问题是有效的（见《Abaqus 分析用户手册——材料卷》的 3.2.4 节）。

应力强度因子计算对于均质的、线弹性材料中的裂纹是有效的。它对于两个不同的各向同性线弹性材料界面之间的裂纹也是有效的。它对于任何其他类型的材料是无效的，包括用户定义的材料。

裂纹扩展方向仅对均质的、各向同性线弹性材料才是有效的。

T – 应力仅对均质的、各向同性线弹性材料有效。虽然 T – 应力是用具有一个裂纹的体所具有的线弹性材料属性计算得到，但是它通常与使用体的弹性-塑性材料属性计算得到的 J – 积分一起使用（见《Abaqus 理论手册》的 2.16.3 节）。

如果存在材料不连续，必须为所有将会位于围线积分域内部的材料不连续上的所有节点指定材料不连续线的法向。可以通过为不连续两侧上的单元定义用户指定的法向来指定法向（见《Abaqus 分析用户手册——介绍、空间建模、执行与输出卷》的 2.1.4 节），或者通过使用不连续上的节点法向坐标来指定法向。不能为一个具有材料不连续线通过裂纹尖端的裂纹来执行围线积分计算（除了两个不同材料之间的界面裂纹）。这样，当为裂纹尖端处的节点指定一个不垂直于虚拟裂纹扩展方向 $\boldsymbol{q}$ 的法向时，应当谨慎。

单元

当与 XFEM 一起使用时，围线积分仅能在一阶或者二阶的四面体或者一阶的六面体单元中进行评估。下面的段落仅应用于常规有限元法。

Abaqus/Standard 中的围线积分评估能力，假定用于计算的域中的单元是二维中的四边形或者壳模型或者连续三维模型中的六面体。围线积分域中所包括的网格中不能使用三角的、四面体的或者楔形的单元。当在 Abaqus/CAE 中生成围绕裂纹尖端的单元时，三角形单元（二维中）或者楔形单元（三维中）会被转化成退化的四边形或者六面体单元。在围线域中的单元应当具有相同的类型。

在壳结构中，除非围绕裂纹尖端的变形模式主要是膜，则通过 Abaqus/Standard 计算得到的围线积分将是围线无关的。如果在域中存在显著的弯曲或者横向剪切效应，则围线积分可能不是围线无关的，并且应当从位移和/或者应力直接得到围线积分值。

广义平面应变单元、具有扭曲的广义轴对称单元、非对称轴对称单元、膜单元和圆柱形单元不能使用在围线积分区域中。

在分析中，只有在 J – 积分的计算中和使用一个壳截面积分的壳单元的 C_t – 积分中才包括加筋的贡献（见《Abaqus 分析用户手册——单元卷》的 3.6.5 节）。

输出

与每一个围线相关联的域是自动计算得到的。属于每一个域的节点可以在数据文件中进

行打印（见《Abaqus 分析用户手册——介绍空间建模、执行与输出卷》的 4.1.1 节）。如果使用常规的围线积分方法，则 Abaqus/Standard 为每一个域在输出数据库中创建一个新的节点集来包括这些节点。可以在 Abaqus/CAE 中显示这些节点。此外，为裂纹面上的节点和通过 Abaqus /Standard 计算节点法向的自由面上的节点创建了新的节点集。

围线积分不能从重启动文件中恢复，如《Abaqus 分析用户手册——介绍空间建模、执行与输出卷》的 4.1.1 节所描述的那样。

不应当要求将单元输出外推到二维中具有一个退化边的二阶单元所具有的节点上，或者三维中具有一个退化面的二阶单元节点上（见《Abaqus 分析用户手册——介绍空间建模、执行与输出卷》的 4.1.2 节）。

默认的围线积分输出

默认情况下，将围线积分值写入数据文件中和写入输出数据库文件中。下面的命名协议用于写入输出数据库的围线积分：

积分类型：缩写-积分-类型 at 历史-输出-要求-名称_裂纹-名称_内部-裂纹-尖端-节点-集-名称__Contour_围线-编号

其中积分类型可以是

- Crack propagation direction（Cpd）
- J-integral（J）
- J-integral estimated from Ks（JKs）
- Stress intensity factor K1（K1）
- Stress intensity factor K2（K2）
- T-stress（T）

例如，

J-integral：J at JINT_CRACK_CRACKTIP-1__Contour_1

将围线积分写入结果文件

除了写入数据文件外，还可以选择将围线积分值写入到结果文件中。

输入文件用法：使用下面的选项将围线积分写入到结果文件中，替代写入数据文件中：

*CONTOUR INTEGRAL，CONTOURS = n，OUTPUT = FILE

使用下面的选项，除了将围线积分写入数据文件外，还写入结果文件中，

*CONTOUR INTEGRAL，CONTOURS = n，OUTPUT = BOTH

Abaqus/CAE 用法：不能从 Abaqus/CAE 中将围线积分写入到结果文件中。

控制输出频率

可以采用增量的方式控制围线积分的输出频率。默认情况下，裂纹尖端位置和相关的量将进行每个增量的打印。指定 0 的输出频率来抑制围线积分输出。

围线积分输出到输出数据库的输出频率，是通过大于指定历史输出到输出数据库的频率

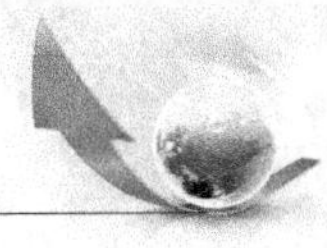

值（见《Abaqus 分析用户手册——介绍空间建模、执行与输出卷》的 4.1.3 节）或者指定围线积分输出到输出数据库的频率值来控制的。如果指定一个历史输出到输出数据库为 0 的输出频率，则围线积分值将不会写入到输出数据库中。

输入文件用法：　* CONTOUR INTEGRAL，CRACK NAME = 裂纹名称，
CONTOURS = n，FREQUENCY = f

Abaqus/CAE 用法：Step module：history output request editor：Domain：Crack：裂纹名称，Number of contours：n，Save output at

6.4.3 裂纹扩展分析

产品：Abaqus/Standard　Abaqus/Explicit　Abaqus/CAE

参考

- “定义一个分析” 1.1.2 节
- “断裂力学：概览” 6.4.1 节
- “使用直接循环方法的低周疲劳分析” 1.2.7 节
- “基于面的胶粘行为”《Abaqus 分析用户手册——指定的条件、约束和相互作用卷》的 4.1.10 节
- * COHESIVE BEHAVIOR
- * CONTACT CLEARANCE
- * DEBOND
- * DIRECT CYCLIC
- * FRACTURE CRITERION
- * NODAL ENERGY RATE
- “定义面-面的接触” 中的 “在 Abaqus/Standard 分析中定义面-面的接触”《Abaqus/CAE 用户手册》的 15.13.7 节

概览

裂纹扩展分析：

- 在 Abaqus/Standard 中允许六种断裂准则——裂纹尖端前一定距离的临界应力、临界裂纹张开距离、裂纹长度对时间、VCCT（虚拟裂纹闭合技术，the Virtual Crack Closure Technique）、增强的 VCCT 和基于 Paris 法则的低周疲劳准则；
- 在 Abaqus/Explicit 中允许 VCCT 断裂准则；
- 在 Abaqus/Standard 中模拟所有类型的断裂准则在二维中的准静态裂纹生长和 VCCT、增强的 VCCT，低周疲劳准则在三维（实体、壳和连续壳）中的准静态裂纹生长；
- 在 Abaqus/Explicit 模型中，VCCT 准则在三维（实体、壳和连续壳）中的裂纹生长；

• 要求定义两个截然不同的初始粘接的接触面，裂纹将在它们之间扩展。

在 Abaqus/Standard 中定义初始粘接的裂纹面

将可能的裂纹面模拟成从接触面和主接触面（见《Abaqus 分析用户手册——指定的条件、约束和相互作用卷》的 3.3.1 节）。除了有限滑动外的任何接触方式，面对面的方程都可以使用。将事先确定的裂纹面假定为初始部分的粘接的，这样可以由 Abaqus/Standard 明确确定裂纹尖端。初始粘接的裂纹面不可以与自接触一起使用。

定义一个初始条件来确定裂纹的哪一部分是初始粘接的。指定从面、主面和确定从面初始粘接部分的节点集。从面未粘接的部分将作为一个常规的接触面行事。必须指定从属面或者主面。如果只给出了主面，则所有与此主面相关联的从面（此从面具有节点集之中的节点），将在这些节点上被粘接起来。

如果没有指定一个节点集，则初始接触条件将应用于整个接触对。在此种情况中，不能确定裂纹尖端，并且粘接在一起的面不能分开。

如果指定了一个节点集，则初始条件仅对节点集中的从节点施加。Abaqus /Standard 检查确认所定义的节点集只包括属于指定接触对的从节点。

默认情况下，将节点集之中的节点考虑成在各个方向上初始粘接的。

输入文件用法：　　* INITIAL CONDITIONS，TYPE = CONTACT

Abaqus/CAE 用法：Interaction module：Create Interaction：Surface-to-surface contact (Standard)

仅在法向上粘接

对于基于临界应力，临界裂纹张开距离，或者裂纹长度对时间的断裂准则，有可能仅在法向上粘接节点集之中的节点（或者接触对，如果没有定义一个节点集）。在此情况中，允许节点自由切向于接触面移动。如果仅在法向上粘接节点，则不能指定摩擦力（见《Abaqus 分析用户手册——指定的条件、约束和相互作用卷》的 4.1.5 节）。

仅在法向上粘接，通常用来建模 Mode I 裂纹问题中的粘接接触条件，其中沿着裂纹平面的裂纹前部切应力是零。

输入文件用法：　　* INITIAL CONDITIONS，TYPE = CONTACT，NORMAL

Abaqus/CAE 用法：Abaqus/CAE 中不支持仅在法向上的粘接。

激活 Abaqus/Standard 中的裂纹扩展能力

在步定义中必须激活裂纹扩展能力，来指定在两个初始部分粘接的面之间可能发生裂纹扩展。指定面，裂纹沿着此面扩展。

如果没有激活部分粘接面的裂纹扩展能力，面将不会分离。在此情况下，所指定的初始接触条件所具有的效果，与通过绑定接触能力所提供的效果一样，它产生了一个在整个分析期间，两个面之间的一个永久粘接（见《Abaqus 分析用户手册——指定的条件、约束和相互作用卷》的 3.3.7 节）。

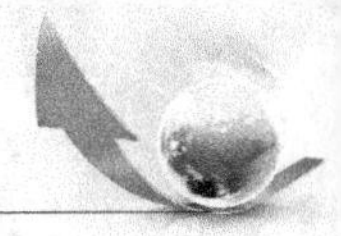

输入文件用法： ＊DEBOND，SLAVE＝从面名称，MASTER＝主面名称

Abaqus/CAE 用法：Interaction module：Create Interaction：Surface-to-surface contact (Standard)，选择主面和从面

多个裂纹的扩展

裂纹可以从一个单独的裂纹尖端或者多个裂纹尖端扩展。Abaqus/Standard 中的裂纹扩展能力要求面是初始部分粘接的，这样可以确定裂纹尖端。一个接触对可以具有从多个裂纹尖端扩展的裂纹。然而，对于一个给定的接触对只能允许一个裂纹扩展准则。沿着几个裂纹对的裂纹扩展，可以通过指定多裂纹扩展定义来模拟。

在 Abaqus/Explicit 中定义并激活的裂纹扩展

在 Abaqus/Explicit 中，潜在的裂纹面在基于面的胶粘行为的背景中（见《Abaqus 分析用户手册——指定的条件、约束和相互作用卷》的 4.1.10 节）是模拟成粘接的通用接触面的（见《Abaqus 分析用户手册——指定的条件、约束和相互作用卷》的 3.4.1 节）。这样，此能力仅在三维分析中可用，并且使用一个纯粹的主-从公式来实现。正如 Abaqus/Standard 中的情况，将事先确定的裂纹面假定成初始部分粘接，这样可以明确地确定裂纹尖端。

要确定是哪一个面对来确定裂纹，并且裂纹的哪一部分是初始粘接的，必须定义并且赋予一个接触间隙（见《Abaqus 分析用户手册——指定的条件、约束和相互作用卷》的 3.4.4 节）。最初定义一个接触间隙来指定初始粘接的节点集，并且，将此接触间隙赋予定义裂纹的两个单侧面的对。非绑定的部分像一个正常的接触面那样行事。将集中的节点考虑成是在所有的方向上初始粘接的。

仅从指定的两个面和节点集来确定裂纹尖端，不尝试从包含在通用接触域中的所有面确定一个裂纹尖端。结果，要能够确定裂纹尖端，则包括指定节点集的面必须扩展通过节点集，否则，面将不会脱粘，并且裂纹不能扩展。

必须通过定义一个基于断裂的粘接行为的面相互作用，来完成裂纹扩展能力的定义。通过将裂纹扩展赋予初始部分粘接的面对方法来激活裂纹扩展。如果断裂准则得到满足，将在这两个面之间发生裂纹扩展。粘接行为也用来指定粘接的弹性行为（见《Abaqus 分析用户手册——指定的条件、约束和相互作用卷》的 4.1.10 节）。

如果没有给一个面对赋予一个基于断裂的面相互作用，则未完成开裂定义。不像 Abaqus/Standard 中，如果没有激活开裂，则所标志的节点将保持粘接，在 Abaqus/Explicit 中，通过接触间隙定义来标志的节点将分离，不产生任何界面应力。

与 Abaqus/Standard 类似，可以从同一个面对的单独或者多个裂纹尖端进行裂纹扩展。

输入文件用法： 使用下面的选项：

＊CONTACT CLEARANCE，NAME＝间隙名称，
SEARCH NSET＝粘接的节点集名称
＊＊
＊SURFACE INTERACTION，NAME＝相互作用名称
＊COHESIVE BEHAVIOR

```
*FRACTURE CRITERION
..**
*CONTACT
*CONTACT CLEARANCE ASSIGNMENT
从面，主面，间隙名称
*CONTACT PROPERTY ASSIGNMENT
从面，主面，相互作用名称
```

Abaqus/CAE 用法：Abaqus/CAE 中不支持定义和激活 Abaqus/Explicit 中的裂纹扩展。

指定一个断裂准则

可以指定裂纹扩展准则，如下面所讨论的那样。表 6-3 显示了哪一个准则是 Abaqus / Standard 和 Abaqus/Explicit 所支持的。即使当前是多裂纹，每一个接触对也只允许有一个裂纹扩展准则。

表 6-3

裂纹扩展准则	Abaqus/Standard	Abaqus/Explicit
临界应力	是	否
零件裂纹张开距离	是	否
裂纹长度对时间	是	否
VCCT	是	是
增强的 VCCT	是	否
低周疲劳	是	否

裂纹扩展分析是以节点为基础来运行的。当断裂准则 f 在给定的容差内达到 1.0 时，裂纹尖端节点脱离粘接：

$$f_{LL} \leqslant f \leqslant f_{UL}$$

其中对于 VCCT、增强的 VCCT 和低周疲劳准则，$f_{UL}=1+f_{tol}$，并且 $f_{LL}=1$，或者对于其他断裂准则，$f_{LL}=1-f_{tol}$，可以指定容差 f_{tol}。在 Abaqus/Standard 中，如果 $f>1+f_{tol}$，时间增量将得到缩减，这样裂纹扩展准则得到满足，除了非稳定裂纹扩展问题的情况，在此情况中，允许多节点在裂纹尖端或者在裂纹尖端的前面脱离粘接，而不需要在一个增量中缩减增量的大小。对于临界应力、临界裂纹张开距离和裂纹长度对时间的准则，默认的 f_{tol} 值是 0.1，并且对于 VCCT、增强的 VCCT 和低周疲劳准则，默认的 f_{tol} 值是 0.2。

输入文件用法：　*FRACTURE CRITERION，TOLERANCE = f_{tol}，TYPE = 类型

Abaqus/CAE 用法：Interaction module：Create Interaction Property：Contact，Mechanical→Fracture Criterion，Type：VCCT 或者 Enhanced VCCT，Tolerance

临界应力准则

此准则仅在 Abaqus/Standard 中可以使用。

如果在一个裂纹尖端前面的一个临界距离处指定一个临界应力准则，则当裂纹尖端前面

的一个指定距离处的横跨界面的局部应力达到临界值时，裂纹尖端节点脱离粘接。

此准则通常用于脆性材料中的裂纹扩展。临界应力准则是定义为

$$f=\sqrt{\left(\frac{\hat{\sigma}_n}{\sigma^f}\right)^2+\left(\frac{\tau_1}{\tau_1^f}\right)^2+\left(\frac{\tau_2}{\tau_2^f}\right)^2}$$

$$\hat{\sigma}_n=\max(\sigma_n,0)$$

其中 σ_n是横跨指定距离界面处承受的应力法向分量；τ_1 和 τ_2 是界面中的切应力分量；并且 σ^f和 τ_1^f是必须指定的法向和剪切失效应力。剪切失效应力的第二分量 τ_2 在二维分析中是无关的，τ_2^f的值不需要指定。当断裂准则 f 达到值 1.0 时，裂纹尖端节点脱离粘接。

如果没有给出 τ_1^f的值，或者指定为零，它将采用一个非常大的值，这样切应力对断裂准则没有影响。

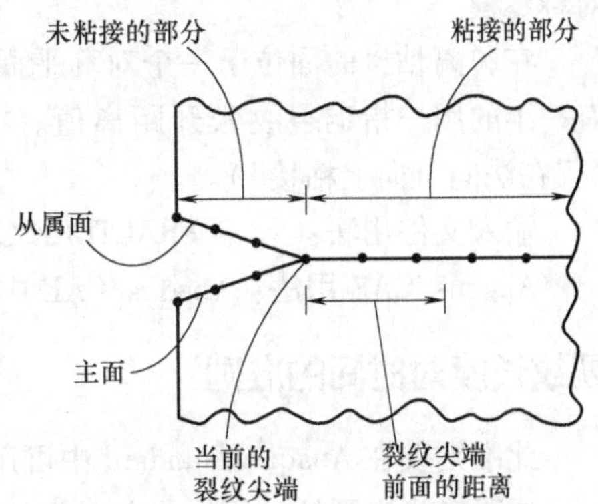

图 6-5　临界应力准则的距离指定

裂纹尖端前的距离是沿着从面度量的，如图 6-5 中所示。裂纹尖端前面指定距离处的应力是通过将附近节点上的值进行插值得到的。插值取决于用于定义从面的是一阶的还是二阶的单元。

输入文件用法：　　* FRACTURE CRITERION，TYPE = CRITICAL STRESS，DISTANCE = *n*

Abaqus/CAE 用法：Abaqus/CAE 中不支持临界应力准则。

临界裂纹张开距离准则

此准则仅在 Abaqus/Standard 中可以使用。

如果将裂纹扩展分析以裂纹张开距离准则为基础，则当裂纹尖端后面指定距离上的裂纹张开距离满足一个临界值时，裂纹尖端节点脱离粘接。此准则通常用于韧性材料中的裂纹扩展。

裂纹张开距离准则定义为

$$f=\frac{\delta}{\delta_c}$$

其中 δ 是裂纹张开距离的度量值，并且 δ_c 是裂纹张开距离（用户指定的）的临界值。当断裂准则达到值 1.0 时，裂纹尖端节点脱离粘接。

必须提供裂纹张开距离针对累计裂纹长度的数据。在 Abaqus/Standard 中，累计裂纹长度是定义为在当前构型中，初始裂纹尖端与当前裂纹尖端之间沿着从面度量的距离。裂纹张开距离是定义为在给定距离处的打开两个裂纹面的法向距离。

指定裂纹尖端后面的位置 *n*，在此位置上计算临界裂纹张开距离。此位置值必须指定成连接当前裂纹尖端到从面与主面上的点之间的直线距离（图 6-6）。

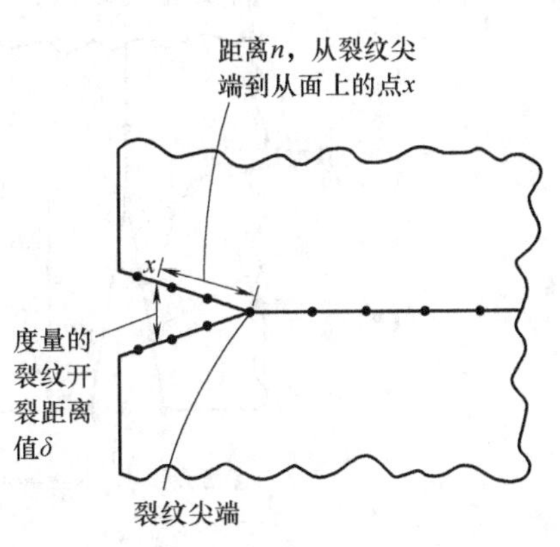

图 6-6　临界裂纹张开距离准则的距离指定

Abaqus/Standard 通过插值相邻节点处的值来计算裂纹在那个点上的张开距离。插值取决于用来定义从面的单元是一阶的还是二阶的。如果 n 的值不在接触对的末点以内，则发出一个错误信息。

输入文件用法： ＊FRACTURE CRITERION，TYPE = COD，DISTANCE = n

Abaqus/CAE 用法：Abaqus/CAE 中不支持临界裂纹张开准则。

对称建模

在脱离粘接的面位于一个对称平面上的问题中，可以指定 Abaqus/Standard 应当考虑只有一半的用户指定裂纹张开距离值。在此情况中，初始粘接必须仅在法向上（见上面的“仅在法向方向上粘接”）。

输入文件用法： ＊FRACTURE CRITERION，TYPE = COD，DISTANCE = n，SYMMETRY

Abaqus/CAE 用法：Abaqus/CAE 中不支持模拟对称性。

裂纹长度对时间的准则

此准则仅在 Abaqus/Standard 中可用。

要明确指定裂纹扩展作为总时间的函数，必须提供一个裂纹对时间的关系以及一个参考点，从此参考点开始度量裂纹长度。此参考点是通过指定一个节点集来定义的。Abaqus/Standard 找到节点集中节点当前位置的平均值来定义参考点。在裂纹扩展中，裂纹长度是从此用户指定的参考点，沿着变形后构型中的从面来度量的。指定的时间必须是总时间，不是步时间。

断裂准则 f 是以用户指定的裂纹长度和当前裂纹尖端长度的形式来声明的。从参考点开始的当前裂纹尖端长度，是作为从参考点开始的初始裂纹尖端的距离，与初始裂纹尖端和沿着从面度量得到的当前裂纹尖端之间的距离的总和来度量的。

参考图 6-7，让节点 1 作为裂纹尖端的初始位置，并且节点 3 作为裂纹尖端的当前位置。位于节点 3 的当前裂纹尖端的距离由下面给出：

$$l_3 = l_1 + \Delta l_{12} + \Delta l_{23}$$

其中 l_1 是连接节点 1 和参考点的直线长度，Δl_{12} 是节点 1 和节点 2 之间的距离，Δl_{23} 是节点 2 和节点 3 沿着从面度量的距离。

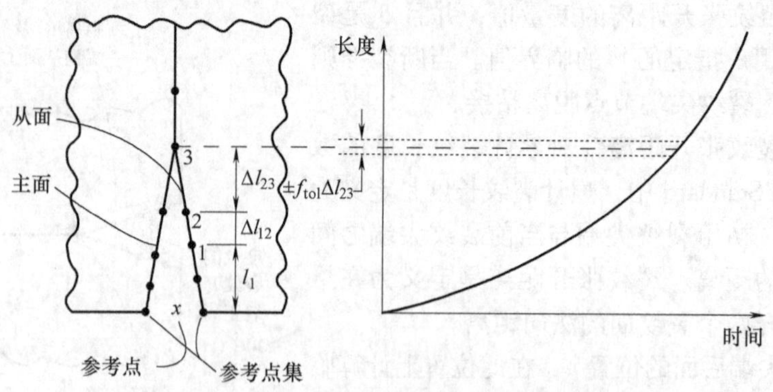

图 6-7 作为时间函数的裂纹扩展

断裂准则f通过下面给出

$$f=\frac{l-(l_3-\Delta l_{23})}{\Delta l_{23}}$$

其中l是当前时刻的长度，从用户指定的裂纹长度对时间的曲线中得到。当失效函数f达到值1.0时（在用户定义的容差内），裂纹尖端节点3将脱离粘接。

如果在步中考虑了几何非线性（见1.1.2节），则参考点可以随体变形而移动，必须确保此移动不会使裂纹长度对时间准则失效。

Abaqus/Standard不对裂纹数据的结束点进行外推。这样，如果最初所指定的裂纹长度大于从裂纹参考点到第一个粘接节点的距离，则第一个粘接的节点将永远不会开裂，并且裂纹将不会扩展。在此情况中，Abaqus/Standard将在信息（.msg）文件中打印警告信息。

输入文件用法：　　*FRACTURE CRITERION，TYPE = CRACK LENGTH，NSET = 名称

Abaqus/CAE用法：Abaqus/CAE中不支持裂纹长度对时间的准则。

VCCT准则

此准则在Abaqus/Standard和Abaqus/Explicit中都可以使用。

虚拟裂纹闭合技术（The Virtual Crack Closure Technique，VCCT）准则使用线弹性断裂力学（LEFM）的原理，对于其中沿着预定义的面发生脆性裂纹扩展的问题是合适的。

VCCT是基于当一个裂纹扩展一定长度时，所释放的应变能与闭合相同长度的裂纹所要求的能量是一样的假设。例如，图6-8显示了裂纹从i扩展到j和裂纹在j处闭合的类似性。

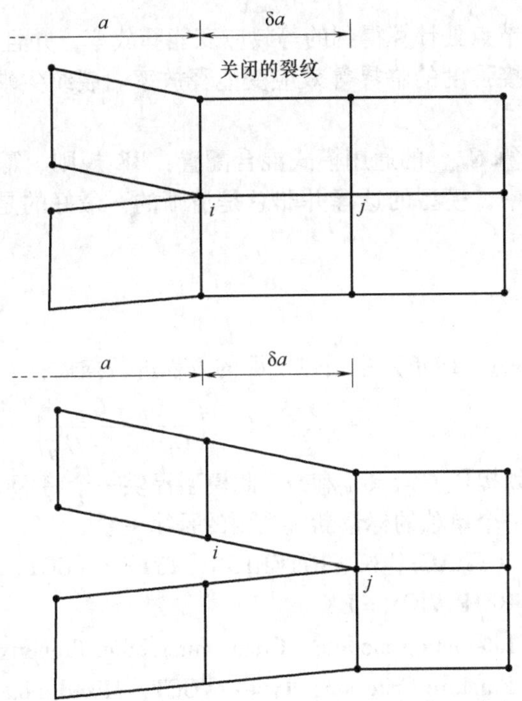

图6-8　Mode I：当一个裂纹扩展一定量时，所释放的能量与闭合裂纹所要求的能量相等

图6-9中，节点2和5将开始松开，当

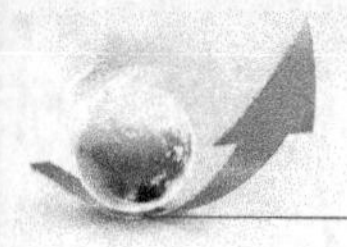

$$f=\frac{G_I}{G_{IC}}=\frac{1}{2}\left(\frac{v_{1,6}F_{v,2,5}}{bd}\right)\frac{1}{G_{IC}}\geqslant 1.0$$

其中 G_I是 Mode I 能量释放率，G_{IC}是临界 Mode I 能量释放率，b 是宽度，d 是裂纹前缘处的单元长度，$F_{v,2,5}$是节点 2 与 5 之间的垂直力，并且 $v_{1,6}$是节点 1 与 6 之间的垂直位移。假定裂纹闭合是通过线弹性行为控制的，则从先前的方程计算得到闭合裂纹的能量（并且，这样，打开裂纹的能量）。类似的参数和方程可以在二维中为 Mode Ⅱ 写出，并且为包括 Mode Ⅲ的三维裂纹面写出。

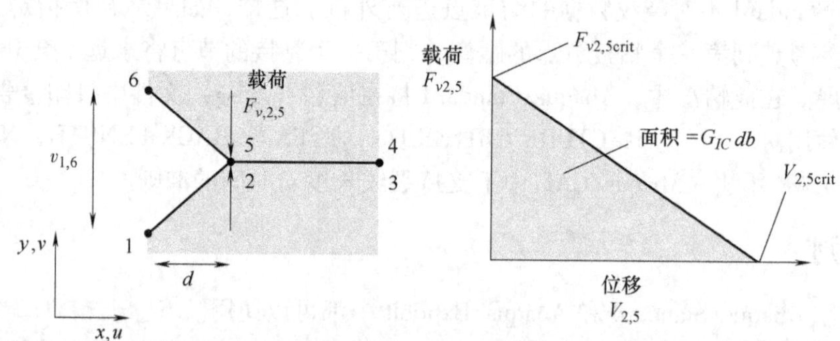

图 6-9　更改的纯 Mode Ⅰ

在涉及 ModeⅠ、Ⅱ和Ⅲ的一般情况中，断裂准则定义为

$$f=\frac{G_{equiv}}{G_{equivC}}\geqslant 1.0$$

其中 G_{equiv}是在一个节点处计算得到的等效应变能释放率，并且 G_{equivC}是基于用户指定的模式混合准则和界面粘接强度的临界等效应变能释放率。裂纹尖端节点将在断裂准则达到 1.0 值的时候脱离粘接。

Abaqus 提供三种计算 G_{equivC}的通用模式混合配置：BK 规则、幂律规则和 Reeder 规则模型。在任何给定的分析中，模型的选择并非总是清晰的，最好的是凭经验选择一个合适的模型。

BK 规则

BK 规则在 Benzeggagh（1996）中通过下面的方程进行描述：

$$G_{equivC}=G_{IC}+(G_{IIC}-G_{IC})\left(\frac{G_{II}+G_{III}}{G_I+G_{II}+G_{III}}\right)^{\eta}$$

要定义此模型，必须提供 G_{IC}、G_{IIC}和 η。此模型提供一个将 Mode I、ModeII 和 Mode III 中的能量释放率组合成一个单独的标量断裂准则的幂律关系。

输入文件用法：　* FRACTURE CRITERION，TYPE = VCCT，MIXED MODE BEHAVIOR = BK

Abaqus/CAE 用法：Interaction module：Create Interaction Property：Contact，Mechanical→Fracture Criterion，Type：VCCT，Mixed mode behavior：BK

幂律

幂律在 Wu（1965）中通过下面的方程描述：

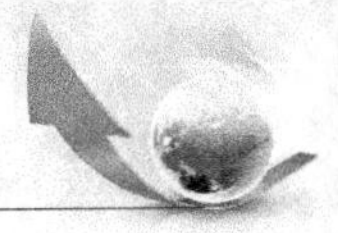

$$\frac{G_{equiv}}{G_{equivC}}=\left(\frac{G_I}{G_{IC}}\right)^{a_m}+\left(\frac{G_{II}}{G_{IIC}}\right)^{a_n}+\left(\frac{G_{III}}{G_{IIIC}}\right)^{a_o}$$

要定义此模型，必须提供 G_{IC}、G_{IIC}、G_{IIIC}、a_m、a_n和 a_o。

输入文件用法：　*FRACTURE CRITERION，TYPE = VCCT，MIXED MODE BEHAVIOR = POWER

Abaqus/CAE 用法：Interaction module：Create Interaction Property：Contact，Mechanical→Fracture Criterion，Type：VCCT，Mixed mode behavior：Power

Reeder 规则

Reeder 规则在 Reed（2002）中通过下面的方程描述：

$$G_{equivC}=G_{IC}+(G_{IIC}-G_{IC})\left(\frac{G_{II}+G_{III}}{G_I+G_{II}+G_{III}}\right)^{\eta}+$$

$$(G_{IIIC}-G_{IIC})\left(\frac{G_{III}}{G_{II}+G_{III}}\right)\left(\frac{G_{II}+G_{III}}{G_I+G_{II}+G_{III}}\right)^{\eta}$$

要定义此模型，必须提供 G_{IC}、G_{IIC}、G_{IIIC}和 η。Reeder 规律最好应用于当 $G_{IIC}\neq G_{IIIC}$的时候。当 $G_{IIC}=G_{IIIC}$时，Reeder 规则退化成 BK 规则，Reeder 规则仅应用于三维问题。

输入文件用法：　*FRACTURE CRITERION，TYPE = VCCT，MIXED MODE BEHAVIOR = REEDER

Abaqus/CAE 用法：Interaction module：Create Interaction Property：Contact，Mechanical→Fracture Criterion，Type：VCCT，Mixed mode behavior：Reeder

在 Abaqus/Standard 中的一个增量中释放多节点

对于一个不稳定的裂纹增长问题，在一个没有缩减增量大小的增量中，当满足 VCCT 断裂准则时，允许多节点在裂纹尖端处和在裂纹前端处开裂，有时候是更加有效率的。如果指定一个不稳定的增长容差 f_{tol}^u，则自动激活此能力。在此情况中，如果断裂准则 f 是在给定的不稳定增长容差中，则

$$1+f_{tol}\leqslant f\leqslant 1+f_{tol}^u$$

其中 f_{tol}是此节中早先描述的容差，优先于缩减增量大小，允许在裂纹尖端处和裂纹尖端前部的更多节点在一个增量中脱离粘接，直到裂纹尖端前的所有节点的 $f<1$。在接下来的增量中，在那些已经开裂的节点上的力立即完全得到释放。如果不为非稳定的增长容差指定一个值，则默认的值是无穷大。在此情况中，非稳定裂纹增长的断裂准则 f 在上面的方程中不受任何上限值的限制。

输入文件用法：　*FRACTURE CRITERION，TYPE = VCCT，UNSTABLE GROWTH TOLERANCE = f_{tol}^u

Abaqus/CAE 用法：Interaction module：Create Interaction Property：Contact，Mechanical→Fracture Criterion，Type：VCCT，切换打开 Specify tolerance for unstable crack propagation：指定值

定义可变临界能量释放率

可以通过在多个节点上指定临界能量释放率的方法，来定义一个具有可变能量释放率的

VCCT 准则。

如果表明将指定节点临界能量率，则将忽略指定的任何不变的临界能量释放率，并且从节点插值临界能量释放率。临界能量释放率必须定义在所有从属面的节点上。

输入文件用法：　同时使用下面的选项：

* FRACTURE CRITERION，TYPE = VCCT，NODAL ENERGY RATE

* NODAL ENERGY RATE

Abaqus/CAE 用法：Abaqus/CAE 中不支持定义可变临界能量释放率。

增强的 VCCT 准则

此准则仅在 Abaqus/Standard 中可用。

增强的 VCCT 准则与上面描述的原始的 VCCT 准则非常类似。正如原始的 VCCT 准则中，通常情况中的断裂准则包含 Mode Ⅰ、Ⅱ和Ⅲ，定义为

$$f=\frac{G_{equiv}}{G_{equivC}}\geqslant 1.0$$

当断裂准则值达到 1.0 时，裂纹尖端节点开裂。然而，不像原始的 VCCT 准则，可以指定两个不同的临界开裂能量释放率：起始裂纹的 G_C 和一个裂纹增长的 G_C^P。当将增强的 VCCT 准则用于包括 Mode Ⅰ、Ⅱ和Ⅲ裂纹的通用情况中时，与开裂力的释放相关联的能量释放大小通过扩展裂纹所要求的临界等效应变能 G_{equivC}^P 来控制，而不是通过初始裂纹所要求的临界等效应变能释放率 G_{equivC} 来控制。计算 G_{equivC}^P 的公式与那些用来计算不同混合模式断裂准则的 G_{equivC} 公式是一样的。

输入文件用法：　* FRACTURE CRITERION，TYPE = ENHANCED VCCT

Abaqus/CAE 用法：Interaction module：Create Interaction Property：Contact，Mechanical→Fracture Criterion，Type：Enhanced VCCT

低周疲劳准则

此准则仅在 Abaqus/Standard 中可以使用。

如果指定低周疲劳准则，则可以仿真承受亚临界循环载荷的层压复合材料中，在界面处的渐进分层。此准则仅可以用在使用直接循环方法的低周疲劳分析中（见 1.2.7 节）。通过使用 Paris 法则来表征分层起始和分层生长，它将裂纹生长率与断裂能量释放率关联，如图 6-10 中所示。界面单元中裂纹尖端处的断裂能量释放率是基于上面所提到的 VCCT 技术来计算的。

Paris 区域通过能量释放率阈值 G_{thresh} 来作为边界，低于阈值的区域没有疲劳裂纹初始或者扩展的考虑，并且以能量释放率上限 G_{pl} 为边界，高于此上限，疲劳裂纹将以一个递增的速率生长。G_C 是临界等效应变能量释放率，基于用户指定的模式混合准则和界面的粘接强度计算得到。在上面已经为不同混合模式的断裂准则提供了计算 G_C 的公式。可以指定 G_{thresh} 对 G_C 的比和 G_{pl} 对 G_C 的比。默认值是 $\frac{G_{thresh}}{G_C}=0.01$ 和 $\frac{G_{pl}}{G_C}=0.85$。

输入文件用法：　* FRACTURE CRITERION，TYPE = FATIGUE

Abaqus/CAE 用法：Abaqus/CAE 中不支持低周疲劳准则。

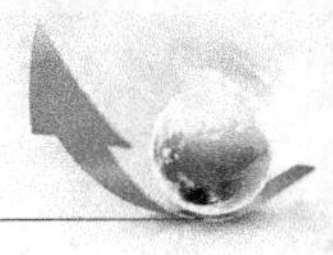

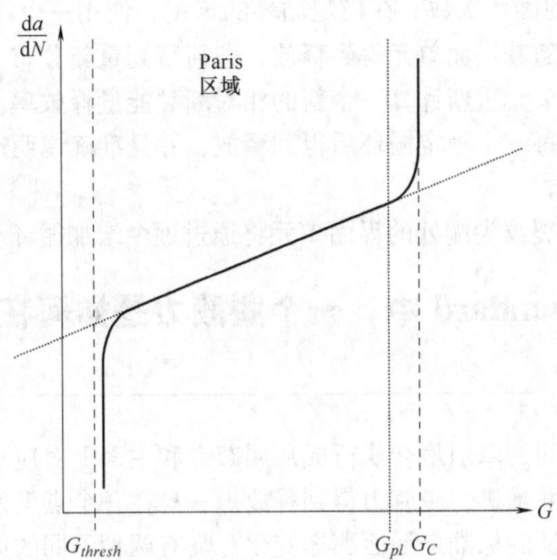

图 6-10 由 Paris 法则控制的疲劳裂纹生长

分层生长的开始

分层生长的开始指的是在裂纹尖端处，疲劳裂纹沿着界面生长的开始。在一个低周疲劳分析中，疲劳裂纹生长开始的准则是通过 ΔG 来表征的，当结构在它的最大和最小值之间承载时，ΔG 是相对开裂能量释放率。疲劳裂纹生长初始准则定义为

$$f=\frac{N}{c_1 \Delta G^{c_2}} \geqslant 1.0$$

其中 c_1 和 c_2 是材料常数，并且 N 是循环次数。裂纹尖端处的界面单元将不会得到释放，直到上面的方程得到满足，并且最大开裂能释放率 $G_{\max}$ 对应于当结构被加载到最大值时的循环能量释放率，是大于 G_{thresh} 的。

使用 Paris 法则的疲劳分层生长

一旦分层生长开始的准则在界面上得到满足，则分层生长速率 $\mathrm{d}a/\mathrm{d}N$ 可以基于相对开裂能量释放速率 ΔG 来计算得到。如果 $G_{thresh} < G_{\max} < G_{pl}$，则每个循环的分层生长速率通过 Paris 法则给出：

$$\frac{\mathrm{d}a}{\mathrm{d}N}=c_3 \Delta G^{c_4}$$

其中 c_3 和 c_4 是材料常数。

在循环 N 的末尾，通过释放界面上的至少一个单元，从当前循环向前推进数个循环的增量数 ΔN，裂纹长度达到 $a_{N+\Delta N}$，使得 Abaqus/Standard 扩展 a_N 长度的裂纹。给定的材料常数 c_3 和 c_4，与已知的裂纹尖端处界面单元上的节点间距 $\Delta a_{N_j}=a_{N+\Delta N}-a_N$ 进行组合，则每一个在裂纹尖端处的界面单元失效所要求的循环数量可计算为 ΔN_j，其中 j 代表第 j 个裂纹尖端处的节点。此分析设置成在载荷循环稳定后，释放至少一个界面单元。将具有最少循环的单元识别成被释放的，并且将它的 $\Delta N_{\min}=\min(\Delta N_j)$ 表示成要裂纹生长等于它的单元长度

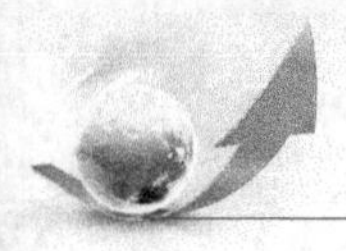

$[\Delta a_{N_{\min}} = \min(\Delta a_{N_j})]$ 的循环次数。在稳定循环的末尾，使用一个零约束和一个零刚度来完全释放最关键的单元。随着界面单元得到释放，载荷得到重新分布，并且为了下个循环，必须为裂纹尖端处的界面单元重新计算一个新的相对断裂能量释放率。此能力允许裂纹尖端处至少一个界面单元，在每一个稳定循环后得到释放，并且准确说明造成那个长度的疲劳裂纹生长所需要的循环次数。

如果 $G_{\max} > G_{pl}$，则裂纹尖端处的界面单元将通过逐个增加循环次数计数值 dN 来释放。

指定在 Abaqus/Standard 中，一个脱胶力是如何在满足断裂准则后得到释放的

在开裂后，两面之间的牵引最初执行成从属节点和主面上对应点处的大小相等并方向相反的力。随着裂纹张开并推进，脱胶力得到释放。一旦在一个点上发生了完全的脱胶，则粘接面像具有相关界面特征的标准接触面那样变化。具有两种不同的途径来释放开裂的力，采用哪种途径取决于所指定的断裂准则。

指定一个脱胶幅度曲线

当使用临界应力、临界裂纹张开距离或者裂纹长度对时间的断裂准则时，可以定义在粘接面上的具体节点处开始开裂后，此力是如何随时间降低到零的。指定一个相对的幅度 a 作为在一个节点处脱胶后的时间函数。这样，假设当一个节点开始脱胶后，在此从节点 N 处传递的面之间的力是$T^N|_0$，它在时间$t^N|_0$发生。然后，对于任何时间$t > t^N|_0$，在节点 N 处传递的面之间的力是 $a(t - t^N|_0)T^N|_0$。相对幅度在相对时间 0.0 处的值必须是 1.0，并且必须在最后给定的相对时间点处减少到 0.0。

幅度曲线的最佳选择取决于材料属性，所指定的载荷和裂纹扩展准则。如果应力去除得过于迅速，则靠近裂纹尖端的应变中所产生的大变化可导致收敛困难。对于大应变问题，也可发生严重的网格扭曲。对于具有率无关材料的问题，一个线性幅度曲线通常是足够的。对于具有率相关材料的问题，应力应当在开裂的开始处逐渐消失得更慢，来避免收敛和网格扭曲困难。要降低收敛和网格扭曲困难的可能性，可以在开裂时间的 50% 中降低脱胶应力值的 25%。解应当不受卸载过程详细情况的强烈影响。如果受到强烈影响，则通常表明网格应当在脱胶的区域中进行细化。

输入文件用法：　＊DEBOND，SLAVE = 从面，MASTER = 主面
定义脱胶幅度曲线的数据行

Abaqus/CAE 用法：Abaqus/CAE 中不支持指定一个脱胶幅值曲线。

VCCT 和增强的 VCCT 准则的逐渐下降开裂力

对于 VCCT 和增强的 VCCT 准则，当能量释放率在裂纹尖端处超过了临界值时，可以在紧接着的增量中，在裂纹尖端处立即释放两个面之间的牵引力，或者在随后的多个增量中逐渐释放牵引力，过程中脱胶力的降低幅度通过临界断裂能释放率来控制。有时候推荐后面的方法来避免当裂纹尖端推进时，突然丧失稳定性。仅当用来与后者方法相结合时，增强的 VCCT 准则才有意义。当使用前面的方法时，通过使用增强的 VCCT 准则来得到的结果，与

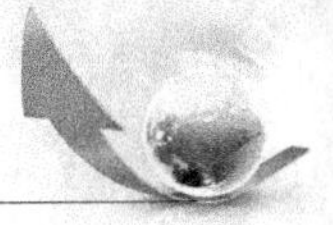

通过使用原始 VCCT 准则得到的结果是一样的。

输入文件用法：　使用下面的选项来立即释放牵引力：

* DEBOND，SLAVE = 从面，MASTER = 主面，DEBONDING FORCE = STEP

使用下面的选项来逐步释放牵引力：

* DEBOND，SLAVE = 从面，MASTER = 主面，DEBONDING FORCE = RAMP

Abaqus/CAE 用法：Interaction module：Special → Crack → Create：Name：裂纹名称，Type：Debond using VCCT，选择步和面—面（Standard）相互作用，Debonding force：Step 或 Ramp

过程

使用下面过程的静态和动态过载可以执行裂纹扩展分析。

- “静态应力分析” 1.2.2 节
- “准静态分析” 1.2.5 节
- “使用直接积分的隐式动态分析” 1.3.2 节
- “显式动态分析” 1.3.3 节
- “完全耦合的热-应力分析” 1.5.3 节

也可以使用下面过程的亚临界循环疲劳加载来执行：

- “使用直接循环方法的低周疲劳分析” 1.2.7 节

Abaqus/Standard 中开裂过程中的时间增量控制

当自动增量用于任何准则时，不包括 VCCT、增强的 VCCT 或者低周疲劳，可以指定脱胶开始之后所使用的时间增量大小。默认的，增量时间等于最后指定的相对时间。然而，如果一个断裂准则在一个增量开始的时候得到满足，则将脱胶开始之后所用的时间增量设置成等于此步中所允许的最小时间增量。

对于固定时间增量，如果 Abaqus/Standard 发现需要一个比固定时间更小的时间增量时，则所指定的时间增量值将用作脱胶开始后的时间增量大小。将按要求对时间增量大小进行更改，直到完成脱胶。

输入文件用法：　* DEBOND，SLAVE = 从面，MASTER = 主面，TIME INCREMENT = *t*

Abaqus/CAE 用法：Abaqus/CAE 中不支持在开裂过程中控制时间增量。

Abaqus/Standard 中 VCCT 的黏性正则化

具有非稳定扩展裂纹的结构仿真是具有挑战性的，并且是困难的。可以不时发生非收敛的行为。而通常的稳定性技术（例如接触对的稳定性和静态稳定性）可以用来克服一些收敛困难，通过使用黏性正则化技术来为 VCCT 或者增强的 VCCT 包括局部阻尼。对于足够小的时间增量，黏性正则化阻尼造成软化材料的剪切刚度矩阵变成正的。

输入文件用法：　使用下面的选项：

*FRACTURE CRITERION, TYPE = VCCT, VISCOSITY = μ
*FRACTURE CRITERION, TYPE = ENHANCED VCCT, VISCOSITY = μ

Abaqus/CAE 用法：Interaction module：Create Interaction Property：Contact，Mechanical→Fracture Criterion，Type：VCCT 或者 Enhanced VCCT，Viscosity

在 Abaqus/Standard 中加速 VCCT 收敛的线性缩放

对于大部分使用 VCCT 或者增强的 VCCT 准则的裂纹扩展仿真，变形可以是接近线性的，直到裂纹生长的起始点。过了此点，分析变得十分地非线性。在此情况中，可以使用一个线性缩放方法来有效地降低到裂纹生长开始的求解时间。

假设在增量 $t = t_i$时候施加上的一个“试验”载荷只是裂纹生长的起始时间 $t = t_{crit}$时的临界载荷的一部分。在 Abaqus/Standard 中使用下面的算法来快速地收敛到临界载荷状态：

$$\Delta t_{i+1} = \left(\beta_i \sqrt{\frac{G_{equivC}}{G_{equiv}}} - 1\right) t_i$$

其中初始的β_i将设置在 0.7 到 0.9 之间，取决于非线性的程度（默认值是 0.9）。当Δt_{i+1}变得小于0.5%时（表明载荷是在它的临界值的0.5%之内），接下来一个β_i自动地设置成1.0，产生最关键的裂纹尖端节点来精确地在下一个增量到达临界值。在第一个裂纹尖端节点释放后，线性缩放计算不再有效，并且设置时间增量成默认值，此时允许缩减。

输入文件用法：　*CONTROLS, TYPE = VCCT LINEAR SCALING

Abaqus/CAE 用法：Step module：Other→General Solution Controls→Edit：步名称，VCCT Linear Scaling

在 Abaqus/Standard 中使用 VCCT 或者增强的 VCCT 准则的技巧

使用 VCCT 或者增强的 VCCT 准则的裂纹扩展问题，在数值上是具有挑战的。下面的技巧将帮助用户创建一个成功的 Abaqus/Standard 模型：

• 一个使用 VCCT 或者增强的 VCCT 准则的分析要求小的时间增量。当使用 VCCT 或者增强的 VCCT 准则时，Abaqus/Standard 节点到节点的跟踪活动裂纹前缘的位置。这样，允许裂纹前缘在任何单独的增量中，仅向前推进一个节点（虽然在三维问题中，此推进可贯穿整个裂纹前缘发生）。因为一个使用 VCCT 或者增强的 VCCT 准则的分析提供裂纹生长的详细结果，将需要小的时间增量，尤其是如果网格得到高度的细化。

• 可以使用三种不同类型的阻尼来辅助一个使用 VCCT 或者增强的 VCCT 准则的模型收敛：接触稳定性、自动的或者静态的稳定性和黏性正则化。接触和自动的稳定性并非 VCCT 所特有，它们都内置于 Abaqus/Standard 中，并且与 VCCT 兼容。设置阻尼参数的值通常是一个迭代的过程。如果 VCCT 模型由于不稳定的裂纹扩展而不收敛，则将阻尼参数设置成相对高的值并且重新运行分析。如果参数足够高，则应当返回稳定的增量。然而，阻尼力可能已经改变了裂纹扩展行为并且可能在物理上是不正确的。监控黏性阻尼吸收的能量，观察阻尼能量并将结果与模型中的总应变能（ALLSE）进行对比。当正确设置时，阻尼能量的值应当是总能量的一小部分。监控阻尼能量来确保在阻尼存在的情况下，VCCT 仿真的结果是合理的。当使用接触或者自动稳定性的时候，Abaqus 将阻尼能量写入到输出数据库文件（.odb）中的变量 ALLSD 中。当使用黏性正则化时，Abaqus 将阻尼能量写入到变量

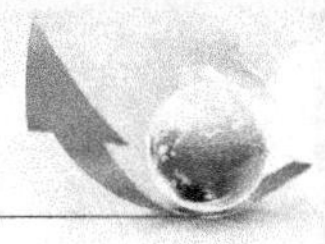

ALLVD 中。

- 要最大化脱胶仿真的精确性，尝试使用脱胶接触对的从面和主面之间的匹配网格。

- 如果的确使用一个不匹配的网格，则可以通过使用接触对的小滑动，面到面的公式来最大化仿真的精确性（见《Abaqus 分析用户手册——指定的条件、约束和相互作用卷》的 5.1.1 节）。

- 打印接触约束信息到数据文件（.dat），允许审查脱胶接触对在分析开始时候的状态。通过打印详细的接触条件到信息（.msg）文件中，可以跟踪分析期间正在推进的裂纹前缘所具有的增量行为。更多的有关这些输出请求的信息，见《Abaqus 分析用户手册——介绍、空间建模、执行与输出卷》的 4.1.1 节。

- 可以对脱胶接触对的初始不粘接部分添加一个小的空隙（见《Abaqus 分析用户手册——指定的条件、约束和相互作用卷》的 3.3.5 节）。随着裂纹开始扩展，小缝隙将帮助消除增量过程中非必要的严重不连续迭代。

- 在一个脱胶接触对中不要为从面使用 MPCs（见《Abaqus 分析用户手册——指定的条件、约束和相互作用卷》的 2.2.2 节）。Abaqus 不能解决 MPC 呈现的过约束和脱胶后的接触状态。

- 必须具有连续的主脱胶面。

- 能够通过添加几何非线性来帮助分析收敛（即使为脱胶接触对使用了小滑动）。更多的信息，见 1.1.3 节中的“几何非线性”。

- 对涉及高阶基底单元的接触对的二维模型，初始的非粘接部分必须扩展到完整的单元面上。换言之，二维中的裂纹尖端、高阶模型必须从二次从面上的拐角节点处启动。裂纹尖端必须不在中节点处启动。

在 Abaqus/Explicit 中使用 VCCT 准则的技巧

在 Abaqus/Explicit 中分析的使用 VCCT 准则的裂纹扩展问题，受益于显式时间积分背景中的通用接触算法的稳定性。尽管如此，就像 Abaqus/Standard 中的情况，基于断裂现象的不连续性本质，这些分析仍然具有挑战性。下面的技巧将帮助创建一个成功的 Abaqus /Explicit 模型：

- 当对一个来自使用 VCCT 准则的脱胶分析的结果进行评估时，动态效应是最相关的。在大部分情况中，准静态设置中的试验性和（或者）理论性数据是可得的。必须确保 Abaqus/Explicit 分析生成动能对内能的低比值（1% 或者更少）。在实践中，此要求通常转变成避免在模型中使用质量缩放。使用平顺的幅度来驱动载荷，帮助降低模型中的动能。在大部分的情况中，在一个更长时期的时间上运行分析不会有帮助，因为粘接开裂天生是一个快速和局部化的过程。

- 如果合适的话，在与脱胶平板相关的材料中使用类似阻尼的行为来降低动态振动。不像 Abaqus/Standard，在收敛增量的末尾达到一个纯静态平衡的地方，在 Abaqus/Explicit 中，在一个给定位置处的粘接开裂是与一个动态的过程相关联的，超出了静态均衡位置。如果振动是明显的（动能是清晰可见的），则裂纹尖端后面节点处的动态过度冲击可导致裂纹尖端的过早开裂。

- 要最大化脱胶仿真的精确性，在脱胶面的从面和主面之间使用四边形网格。避免使用

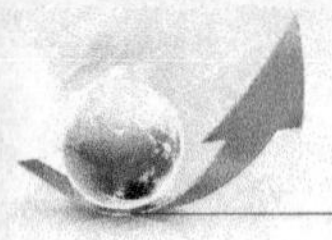

长宽比大于 2 的单元。在大部分情况中，网格细化将有助于得到一个真实的结果。

• 模式（Mode Ⅰ、Mode Ⅱ和 Mode Ⅲ）之间的高度不匹配临界能量值，往往以不稳定和不现实的方式，在连续改变的方向上诱发裂纹扩展，尤其对于模式Ⅱ和模式Ⅲ。不要使用此值，除非试验数据建议如此。

• 使用频率场输出要求来评估随着分析进程的脱胶演变。在某些情况中，这可以指出不一般的建模缺陷，而此建模缺陷从一个简单的数据检查分析中难以识别。

• 避免使用涉及脱胶界面两个面的节点的其他约束，因为胶粘接触力将与约束力抗衡来达到全局平衡。在这些情况中，粘接开裂可能难以阐述。

比较 VCCT 和胶粘单元

在 Abaqus 中，使用 VCCT 来求解分层问题，与使用胶粘单元是非常类似的。表 6-4 描述了两个方法的优点和缺点。

《Abaqus 基准手册》的 2.7.1 节给出了一个胶粘单元使用的例子。此例子也显示了黏性正则化对所预测的力-位移响应的影响。

表 6-4　比较 VCCT 和胶粘单元

VCCT	胶粘单元
仿真（力学的）——驱动裂纹沿着一个已知的裂纹面扩展	仿真（力学的）——驱动裂纹沿着一个已知的裂纹面扩展。然而，也可以在单元面之间放置胶粘单元，作为允许单个单元分离的机制
仅使用 LEFM 模拟脆性断裂	模拟 LEFM 或者 EPFM 的脆性或者韧性断裂。非常通用的接触模拟能力是可能的
使用一个基于面的框架。不要求额外的单元	要求胶粘单元与剩余结构的连接和内部连接定义。为了精确性，胶粘单元的网格需要小于周围结构网格和相关的“胶粘区域。”作为结果，胶粘单元更加昂贵
要求一个在裂纹面的开始处事先存在的裂纹。不能从一个没有已经开裂的面上模拟裂纹初始化	可以从初始未开裂的表面模拟裂纹初始化。当胶粘牵引应力超出一个临界值时，裂纹开始
当应变能释放率超出了断裂韧性时，裂纹扩展	根据粘接损伤模型的裂纹扩展，通常得到校准，这样当裂纹完全打开时的能量释放等于临界应变能释放率
可以包括多裂纹前缘/面	可以包括多裂纹前缘/面
在 Abaqus/Standard 中，当未开裂时，裂纹面是刚性粘接的	在 Abaqus/Standard 中，当未开裂时，裂纹面是弹性连接的
要求粘接的用户定义断裂韧性	要求粘接的用户指定的临界牵引值和断裂韧性，以及粘接面的弹性

度量 VCCT 的临界应变能释放属性

必须得到 VCCT 的粘接面具有的临界应变能释放属性。得到临界应变能释放属性的过程超出了此手册的范围；然而，可以参考下面的 ASTM 测试规范：

• ASTM D 5528-9a，“Standard Test Method for Mode I Interlaminar Fracture Toughness of Unidirectional Fiber-Reinforced Polymer Matrix Composites”（单向纤维增强聚合物基材复合材料的 Mode I 层间开裂韧性标准测试方法）

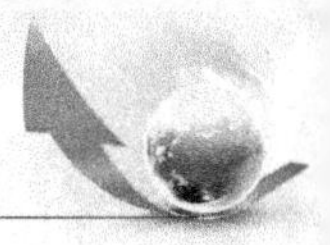

- ASTM D 6671-01，“Standard Test Method for Mixed Mode I-Mode II Interlaminar Fracture Toughness of Unidirectional Fiber-Reinforced Polymer Matrix Composites”（单向纤维增强聚合物基材复合材料的混合 Mode I-Mode II 层间开裂韧性标准测试方法）
- ASTM D 6115-97，“Standard Test Method for Mode I Fatigue Delamination Growth Onset of Unidirectional Fiber-Reinforced Polymer Matrix Composites”（单向纤维增强聚合物基材复合材料的 Mode I 疲劳分层生长开始标准测试方法）

这些测试规范可以在《ASTM 标准年鉴》，美国测试与材料协会，15.03 卷中找到。

初始条件

使用初始接触条件来确定从面的哪一个部分是初始粘接的，如早先所解释的那样。

边界条件

不应当对主裂纹面上的或者从属裂纹面上的任何节点施加边界条件，但是边界条件可以用来加载结构并且产生裂纹扩展。边界条件可以在一个裂纹扩展分析中施加在任何的位移自由度（见《Abaqus 分析用户手册——指定的条件、约束和相互作用卷》的 1.3.1 节）。在一个低周疲劳分析中，指定的边界条件必须具有一个在步上循环的幅值定义：起始值必须等于结束值（见《Abaqus 分析用户手册——指定的条件、约束和相互作用卷》的 1.1.2 节）。

载荷

可以在一个裂纹扩展分析中指定下面类型的载荷：

- 可以对位移自由度（1~6）施加集中节点力（见《Abaqus 分析用户手册——指定的条件、约束和相互作用卷》的 1.4.2 节）。
- 可以施加分布压力或者体积力（见《Abaqus 分析用户手册——指定的条件、约束和相互作用卷》的 1.4.3 节）。可以使用分布载荷类型的具体单元在《Abaqus 分析用户手册——单元卷》进行了描述。

对于一个低周疲劳分析，每一个载荷必须具有一个在步上循环的幅值定义：起始值必须等于结束值（见《Abaqus 分析用户手册——指定的条件、约束和相互作用卷》的 1.1.2 节）。

预定义的场

可以在一个裂纹扩展分析中指定下面的预定义场，如《Abaqus 分析用户手册——指定的条件、约束和相互作用卷》的 1.6.1 节中所描述的那样：

- 虽然在应力/位移单元中，温度不是一个自由度，但是可以将节点温度指定成为一个预定义场。如果指定了温度，则指定的温度影响与温度相关的临界应力和裂纹张开位移失效准则。
- 可以指定用户定义的场变量值。如果指定了用户定义的场变量值，则这些值影响场变量相关的临界应力和裂纹张开位移失效准则。

平均从面和主面上的温度和用户定义的场变量，来确定临界应力和裂纹张开距离。

在一个低周疲劳分析中，指定的温度值必须是在步上循环的：起始值必须等于结束值（见《Abaqus 分析用户手册——指定的条件、约束和相互作用卷》的 1.1.2 节）。如果温度是从结果文件读取的，则应当定义初始温度条件等于步结束时的温度值（见《Abaqus 分析用户手册——指定的条件、约束和相互作用卷》的 1.2.1 节）。另外，可以逐渐降低温度回到它们的初始条件值，如《Abaqus 分析用户手册——指定的条件、约束和相互作用卷》的 1.6.1 节中所描述的那样。

材料选项

可以使用 Abaqus/Standard 中的任何力学本构模型来模拟开裂材料的力学行为，见《Abaqus 分析用户手册——材料卷》。

单元

通常，在裂纹扩展分析中，矩形网格给出最好的结果。使用非线性材料的结果比具有小应变线弹性的结果对网格划分更加敏感。

一阶单元通常最适合裂纹扩展分析。

线性弹簧单元不能用于裂纹扩展分析。

VCCT、增强的 VCCT 和低周疲劳准则不仅支持二维建模（平面和轴对称），也支持使用涉及一阶基底单元（实体、壳和连续壳）的接触对的三维模型。在 Abaqus /Standard 中，在使用涉及高阶基底单元的接触对的二维模型中使用 VCCT 或者增强的 VCCT 准则，仅限于裂纹前缘，此裂纹前缘与高阶单元面的拐角节点对齐。不支持涉及高阶基底单元的接触对与低周疲劳准则一起使用。

输出

除非另有说明，此节的以下讨论仅应用于临界应力、临界裂纹张开距离和裂纹长度对时间的准则。

在一个分析开始时，Abaqus/Standard 将扫描具体的粘接面，并且识别出模型中存在的所有裂纹尖端。所有从面节点的初始接触状态打印在数据文件（. dat）中。在此阶段，Abaqus/Standard 将明确识别所有的裂纹尖端，并且标记它们成 carck 1、crack 2 等。也识别出与这些裂纹相关联的从面和主面。

所有从面节点的初始接触状态也打印在 VCCT、增强的 VCCT 和低周疲劳准则的数据（. dat）文件内。

打印裂纹扩展信息到数据文件

默认情况下，裂纹扩展信息将在分析过程中打印到数据文件中。对于每一个识别出来的裂纹，Abaqus/Standard 将打印出初始和当前裂纹尖端的节点编号，累积的增量裂纹长度

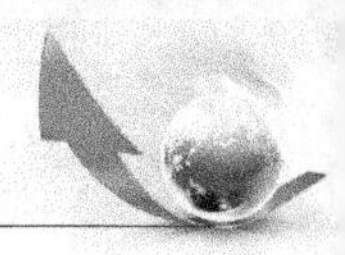

（沿着从面进行度量的，初始裂纹尖端到当前裂纹尖端的距离）和所使用的用户指定的断裂准则的当前值。在 Abaqus/Explicit 中，裂纹扩展信息不能打印到数据文件中。

输入文件用法： ＊DEBOND，SLAVE = 从面，MASTER = 主面

Abaqus/CAE 用法：Interaction module：Special→Crack→Create：Type：Debond using VCCT，Write output to DAT file every *n*increments

例如，如果使用了裂纹张开距离准则，分析过程中打印出的输出将在数据文件中显示如下：

```
     CRACK TIP LOCATION AND ASSOCIATED QUANTITIES
CRACK  SLAVE    MASTER  INITIAL   CURRENT   CUMULATIVE  CRITICAL
NUMBER SURFACE  SURFACE CRACKTIP  CRACKTIP  INCREMENTAL COD
                        NODE #    NODE #    LENGTH
  :      :        :       :         :         :           :
```

写裂纹扩展信息到结果文件

在 Abaqus/Standard 中，可以选择将裂纹扩展信息写到结果文件（.fil）中。

输入文件用法： ＊DEBOND，SLAVE = 从面，MASTER = 主面，OUTPUT = FILE

Abaqus/CAE 用法：Abaqus/CAE 中不支持写裂纹扩展信息到结果文件中。

将裂纹扩展信息同时写到数据文件和结果文件中

在 Abaqus/Standard 中，可以将裂纹扩展信息同时写到数据和结果文件中。

输入文件用法： ＊DEBOND，SLAVE = 从面，MASTER = 主面，OUTPUT = BOTH

Abaqus/CAE 用法：Abaqus/CAE 中不支持将裂纹扩展信息同时写到数据和结果文件中。

控制输出频率

在 Abaqus/Standard 中，可以控制增量中的输出频率。默认情况下，裂纹尖端的位置和相关的量将逐个增量地进行打印。指定一个 0 的输出频率来抑制裂纹扩展输出。

输出文件用法：＊DEBOND，SLAVE = 从面，MASTER = 主面，FREQUENCY = *f*

Abaqus/CAE 用法：Interaction module：Special→Crack→Create：Type：Debond using VCCT，Write output to DAT file every *n*increments

输出变量

可以为所有的断裂准则将下面的粘接失效量要求成面输出（见《Abaqus 分析用户手册——介绍、空间建模、执行与输出卷》的 4.1.2 节、4.2.1 节和 4.2.2 节）：

DBT　　发生粘接失效的时刻。对于 VCCT、增强的 VCCT 和低周疲劳准则，这是开裂开始的时刻。

DBSF　　在粘接失效处仍然保留的应力部分。

DBS　　失效的粘接中保留应力的所有分量。

DBS1*i*　　失效的粘接中保留应力 1*i* 分量（*i* = 1，2）。

对于 VCCT、增强的 VCCT 和低周疲劳准则，下面的附加变量也可以作为面输出来要求

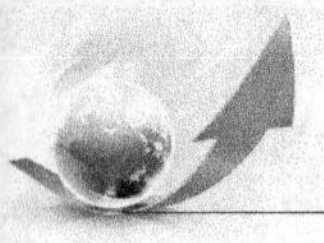

（见《Abaqus 分析用户手册——介绍、空间建模、执行与输出卷》的 4.1.2 节）：

CSDMG　　标量损伤变量的总体值；

BDSTAT　粘接状态，粘接状态在 1.0（完全粘接）和 0.0（完全开裂）之间变化；

OPENBC　满足断裂准则时，裂纹后面的相对位移；

CRSTS　　失效处临界应力的所有分量；

CRSTS1i　失效处临界应力 1i 分量（i=1，3）；

ENRRT　　应变能释放率的所有分量；

ENRRT1i　应变能释放率 1i 分量（i=1，3）；

EFENRRTR 有效的能量释放率比，$\frac{G_{equiv}}{G_{equivC}}$。

面输出要求提供上述量以外的常规接触变量输出。必须明确要求粘接失效量，否则，将只给出接触的默认输出。

Abaqus/CAE 提供写到输出数据库中的时间-历史图和变量 $X-Y$ 图的显示支持。

围线积分

可以为使用临界应力、临界裂纹张开距离或者裂纹长度对时间的断裂准则来执行的二维裂纹扩展分析要求围线积分。如果选择了围线积分，这样裂纹尖端通过围线，围线值将变成零（理所应当）。这样，在裂纹扩展分析中，应当离裂纹尖端足够远，裂纹尖端不会经过围线的地方要求围线积分，通过包括指定的裂纹尖端节点集之中沿着粘接面的所有节点的方法，可以容易地做到。围线积分输出的详细情况，见 6.4.2 节。

输入文件模板

```
Abaqus/Standard 分析
*HEADING
…
*BOUNDARY
指定零赋值边界条件的数据行
*INITIAL CONDITIONS,TYPE=CONTACT(,NORMAL)
指定初始条件的数据行
*SURFACE,NAME=从面
定义从节点的数据行
*SURFACE,NAME=主面
定义主面的数据行
**
*CONTACT PAIR
从,主
**
*STEP(,NLGEOM)
```

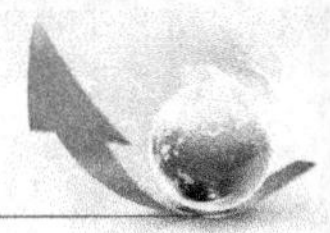


```
*STATIC 或*VISCO 或 *COUPLED TEMPERATURE-DISPLACEMENT
*DEBOND,SLAVE=从面,MASTER=主面
定义幅值曲线的数据行
*FRACTURE CRITERION,TYPE=类型,DISTANCE 或 NSET
定义断裂准则的数据行
*BOUNDARY
定义零值或者非零边界条件的数据行
*CLOAD 或 *DLOAD 和/或 *TEMPERATURE 或 *FIELD
定义载荷的数据行
**
*CONTOUR INTEGRAL,CONTOURS=n,TYPE=类型
**在一个二维裂纹扩展分析中可要求的围线积分
*CONTACT PRINT
DBT,DBSF,DBS
*EL PRINT
JK,
*END STEP
**
*STEP
*DIRECT CYCLIC,FATIGUE
*DEBOND,SLAVE=从面,MASTER=主面
*FRACTURE CRITERION,TYPE=FATIGUE
定义 Paris 法则和断裂准则中使用的材料常数的数据行
*BOUNDARY
定义零值的或者非零循环边界条件的数据行
*CLOAD 或*DLOAD 和/或*TEMPERATURE 或 *FIELD
定义循环载荷的数据行
**
*END STEP
**
```

Abaqus/Explicit 分析

```
*HEADING
…
*BOUNDARY
指定零值边界条件的数据行
*SURFACE,NAME=从面
定义从面的数据行
*SURFACE,NAME=主面
```

定义主面的数据行

```
**
*CONTACT CLEARANCE,NAME=间隙名称,
SEARCH NSET=初始的粘接的节点集名称
*SURFACE INTERACTION,NAME=相互作用名称
*COHESIVE BEHAVIOR
指定弹性行为的数据行
*FRACTURE CRITERION,TYPE=VCCT,MIXED MODE BEHAVIOR=BK
**
*STEP
*DYNAMIC,EXPLICIT
*CONTACT
*CONTACT CLEARANCE ASSIGNMENT
给一个面对赋予一个间隙名的数据行
*CONTACT PROPERTY ASSIGNMENT
给一个面对赋予一个面相互作用的数据行
*END STEP
**
```

参考文献

- Benzeggagh, M., and M. Kenane, "Measurement of Mixed-Mode Delamination Fracture Toughness of Unidirectional Glass/Epoxy Composites with Mixed-Mode Bending Apparatus," Composite Science and Technology, vol. 56, p. 439, 1996.
- Reeder, J., S. Kyongchan, P. B. Chunchu, and D. R.. Ambur, "Postbuckling and Growth of Delaminations in Composite Plates Subjected to Axial Compression" 43rd AIAA/ASME/ASCE/AHS/ASC Structures, Structural Dynamics, and Materials Conference, Denver, Colorado, vol. 1746, p. 10, 2002.
- Wu, E. M., and R. C. Reuter Jr., "Crack Extension in Fiberglass Reinforced Plastics," T and M Report, University of Illinois, vol. 275, 1965.

6.5 基于面的流体模拟

6.5.1 基于面的流体腔：概览

产品：Abaqus/Standard　　Abaqus/Explicit

参考

- “流体腔定义”6.5.2 节
- “流体交换定义”6.5.3 节
- “充气器定义”6.5.4 节

概览

基于面的流体填充的腔通过如下进行模拟：

- 使用标准有限元来模拟流体填充的结构；
- 使用一个面定义来提供流体填充的结构的变形与所盛的流体在结构腔边界上施加的压力之间的耦合；
- 定义流体行为；
- 使用流体交换定义来模拟腔与环境之间，或者多个腔之间的流体传输；
- 使用充气定义来注入一个气体混合物到一个流体腔，来仿真一个汽车气囊的充气。

基于面的流体腔功能可以用来模拟一个流体或者气体填充的结构。它在功能上取代基于单元的静水力学流体腔功能，并且不要求用户定义流体或者流体链接单元。

介绍

在某些应用中，有必要来预测一个流体填充的，或者一个气体填充的结构所具有的力学响应。例子包括压力容器，静水力学或者气动驱动机构和汽车安全气囊。处理这样的应用中的主要困难是结构的变形与所盛流体在结构上施加的压力之间的耦合。图 6-11 说明了一个简单的流体填充的结构承受外载荷系统的例子。结构的响应不仅取决于外部载荷，也取决于流体施加的压力，反之，流体也受结构变形的影响。基于面的流体腔功能提供需要的耦合来分析情形，在此情形中假定腔由均匀属性和状态的流体完全填充。不能使用此特征来模拟腔内具有显著空间变化的应用。例如，为涉及通过流体的晃荡和波传递的应用，考虑流体结构的相互作用和耦合的欧拉-拉格朗日功能（见 9.1.1 节、12.1.1 节中的“流体-结构的相互作用”和 12.3.2 节）。

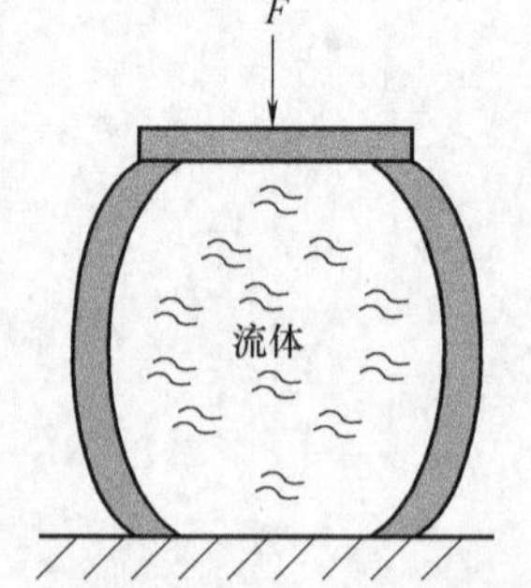

图 6-11　流体填充的结构

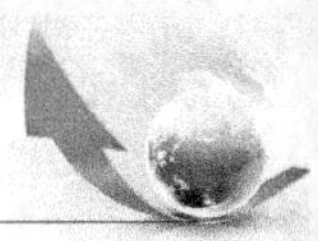

离散化流体腔

流体腔的边界是通过具有法向指向腔内部的基于单元的面来定义的。基底单元可以是标准实体或者结构单元以及面单元。面单元可以用来模拟结构上的洞，或者填充刚性或者其他不存在载荷承受单元的刚性区域（见《Abaqus 分析用户手册——单元卷》的 6.7.1 节）。所具有的节点仅由面单元完全环绕的那种面单元具有正确的边界条件时，必须小心。

考虑图 6-11 中所示的例子。实体单元定义在腔的顶部和侧面上，如图 6-12 中所示。面单元定义在腔的底部刚性边界上，在那里不存在标准单元。位于腔的对称轴和腔的较低刚性边界交点上的节点必须在 r 方向和 z 方向上进行约束，因为它只与一个面单元连接。定义腔的面是基于基底实体和面单元的。

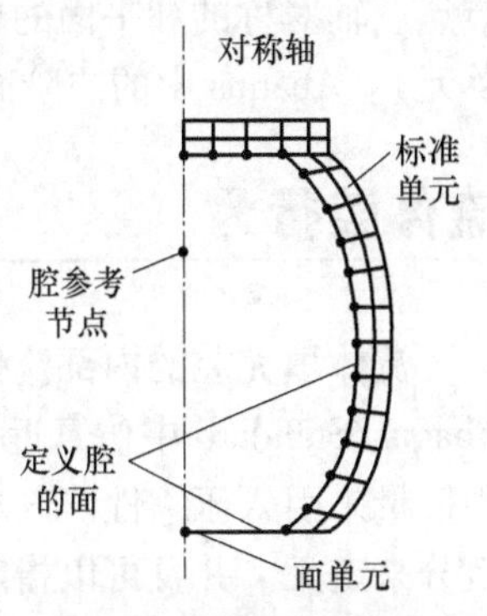

图 6-12　流体填充结构的轴对称模型

在 Abaqus/Explicit 中，可以对腔的实际体积或者几何体积添加一个额外的用户定义的体积。如果腔的边界不是通过一个基于单元的面来定义的，则假定流体腔具有一个等于所添加体积的固定体积。

定义腔参考节点的位置

一个单独节点，已知为腔参考点，与一个流体腔相关。此腔参考节点具有一个单独的自由度，代表流体腔内部的压力。此腔参考节点也用在腔体积计算中。

如果腔不是以对称平面为界的，则定义腔的面必须完全封闭腔来确保正确地计算它的体积。在此情况中，腔参考点的位置是任意的，并且不必位于腔的内部。

作为对称的结果，如果只有一部分腔边界是使用标准单元模拟的，则腔参考节点必须位于对称平面上或者对称轴上（图 6-12）。如果存在多个对称平面，则腔参考节点必须位于对称面的交点上（图 6-13）。对于一个轴对称分析，腔参考节点必须位于对称轴上，这些要求是流体腔没有完全由定义腔的面来封闭的结果。

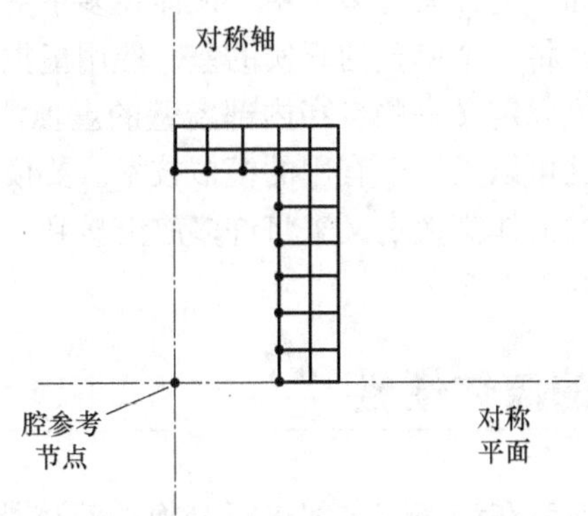

图 6-13　具有额外对称平面的轴对称模型

有限元计算

基于面的腔有限元计算，使用《Abaqus 理论手册》的 3.8.1 节中所描述的体积单元来执行。腔的体积单元由 Abaqus 使用面片几何和用户定义的腔参考节点在内部创建的。在 Abaqus/Standard 中，面片使用下面的单元类型来代表：FAX2 和 F2D2（分别是线性的、2-节点、轴对称的和平面的单元）以及 F3D3 和 F3D4（分别是线性的、3-节点和4-节点三维单元）。Abaqus 中的二阶面片进一步划分成多线性面片或者单元。

流体腔行为

流体填充腔的内部流体行为可以基于静水力学，或者气动模型。静水力学模型可以在 Abaqus/Standard 中仿真近乎不可压缩的流体行为和完全不可压缩的行为。通过定义一个体积模量来引入压缩性。气动模型是基于理想气体的。气体可以在 Abaqus /Explicit 中通过多组分来定义，并且可以指定气体的温度，或者让它基于绝热行为的假设来计算。一个绝热状态下多组分理想气体可作为汽车安全气囊的合适模型。

模拟流入或者流出一个腔

在 Abaqus 中有很多途径来模拟腔的流入或者流出。流动可以指定成一个规定的质量或者体积通量过程，或者可以模拟由压力差产生的物理机理，例如通过排气口排气或者通过一个多孔织物的泄漏。流体交换定义用于此目的，并且可以模拟一个流体腔与它的环境或者两个流体腔之间的流动（见 6.5.3 节）。此外，Abaqus/Explicit 可以模拟汽车安全气囊展开所使用的充气器。可以直接指定充气器的条件，或者可以使用罐测试数据（见 6.5.4 节）。

模拟多个室

许多流体填充系统，例如气囊，具有多个室，流体在多个室之间通过洞或者织物泄漏在腔之间流动。在其他情况中，将一个单独的真实的室，使用虚拟壁划分成多个室，来模拟贯穿室的压力梯度是有利的。可以定义一些贯穿内部室壁的虚拟泄漏机理来得到合理的行为。当仿真复杂的气囊展开时，这可以是一个有用的模拟技术。要模拟多个室，为每一个室定义一个流体腔，并且使用适当的流体交换定义来将许多腔链接到一起。如果有必要，多室模型的平均属性可以进行输出（见 6.5.2 节）。

定义一个动态过程中的流体惯性

一个流体腔内部的流体或者在许多腔之间进行交换的流体惯性，不是自动加以考虑的。要加入惯性影响，在腔的边界上使用 MASS 单元。应当确认添加的总质量对应于腔内的流体质量，并且 MASS 单元的合理分布代表结构所承受的流体质量分布载荷类型。只能模拟流体

惯性的整个影响，腔中的均匀压力假设，使得不可能模拟任何压力梯度驱动的流体运动。所以，此方法假设激励的时间尺度与流体通常的响应时间相比，是非常长的。

模拟涉及腔边界的接触

如果从一个腔中去除大量的流体，或者围绕腔的材料是非常柔软的，则腔可能部分地坍塌，并且腔壁的部分可能互相接触。腔壁的自接触和与周围结构的接触，可以通过使用模拟接触的 Abaqus 中的标准技术来有效地进行处理。Abaqus/Explicit 也能考虑由于接触面所产生的流出腔堵塞（见 6.5.3 节中的“考虑由于接触边界面产生的堵塞”）。

解释负特征值信息

Abaqus/Standard 中的某些应用中，在求解中可能会遇到负特征值。这些负特征值并不一定表明分叉或者已经超过了屈曲载荷。相反，如果所预测的响应看上去是合理的，则可以忽略这些信息。在静水力学流体单元问题的求解过程中如何产生负特征值的一个详细描述，在《Abaqus 理论手册》的 3.8.1 节中进行了介绍。

过程

基于面的流体腔功能可以用于除了耦合的孔隙流动扩散/应力分析的所有过程（见 1.8.1 节）。

初始条件

可以指定初始流体压力和温度（见《Abaqus 分析用户手册——指定的条件、约束和相互作用卷》的 1.2.1 节）。对于理想气体，初始压力代表超过和高于环境压力的表压。此初始温度应当以所使用的温度尺度来给出。为一个理想气体单独地指定那个温度尺度中的绝对零度（见 6.5.2 节）。

如果膜单元用作流体腔的基底单元，则也可以指定参考网格（初始矩阵）（见《Abaqus 分析用户手册——指定的条件、约束和相互作用卷》的 1.2.1 节）。

边界条件

腔参考点处的压力自由度（编号 8 的自由度）是问题中的一个主要变量。这样，它可以通过定义一个边界条件来指定（见《Abaqus 分析用户手册——指定的条件、约束和相互作用卷》的 1.3.1 节），类似于指定结构节点位移自由度的方法。指定腔参考节点处的压力，相当于使用一个分布载荷的定义对腔边界施加一个均匀压力（见《Abaqus 分析用户手册——指定的条件、约束和相互作用卷》的 1.4.3 节）。

如果使用一个边界条件来指定压力，则自动调整流体体积来填充腔（即，假定流体按

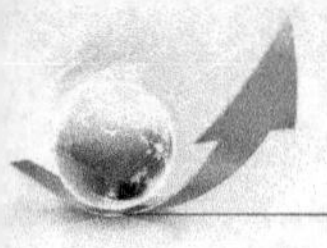

照需求进入并离开腔，来保持所指定的压力）。此行为在流体影响引入之前，腔体就发生变形的情形中是十分有用的。在一个后续步中，可以删除压力自由度上的边界条件（见《Abaqus 分析用户手册——指定的条件、约束和相互作用卷》的 1.3.2 节中的“删除边界条件”），这样使用当前的流体体积“密封”腔体。

载荷

分布压力、体力以及集中的节点力，可以施加在流体填充的结构上，如《Abaqus 分析用户手册——指定的条件、约束和相互作用卷》的 1.4.2 节和 1.4.3 节中所描述的那样。

预定义的场

可以为流体填充的结构和被封闭的流体二者预定义温度场和用户定义的场变量，如《Abaqus 分析用户手册——指定的条件、约束和相互作用卷》的 1.6.1 节中所描述的那样。

温度

可以在所有腔参考点上将流体温度指定成预定义的场（见《Abaqus 分析用户手册——指定的条件、约束和相互作用卷》的 1.6.1 节中的“预定义的温度”），除非指定了一个绝热的过程，或者使用了一个耦合的温度-位移过程。如果给出了热膨胀系数，施加的温度与初始温度之间的任何差异将造成一个气动流体和一个静水力的流体的热膨胀。如果存在的话，一个指定的温度场也可能影响流体填充的结构和被封闭流体所具有的温度相关的材料属性。

场变量

用户定义的场变量值可以在所有腔参考节点上进行指定（见《Abaqus 分析用户手册——指定的条件、约束和相互作用卷》的 1.6.1 节中的“预定义的场变量”）。这些值将影响场变量相关的被封闭流体的材料属性。

输出

腔内部的流体状态，对于使用节点输出变量 PCAV 和 CVOL 的历史输出是可以得到的，PCAV 和 CVOL 分别代表流体表压和腔体积。在稳态动力学过程中，流体压力的大小和相角可以作为节点变量 PPOR 来得到。

Abaqus/Explicit 也提供腔温度的、腔表面积的和流体质量的输出（分别为节点输出变量 CTEMP、CSAREA 和 CMASS）。理想气体只有在绝热条件下使用，输出变量 CTEMP 才是可用的。如果做出输出要求的节点集包含一个以上的流体腔，则流体平均压力、总体积、流体平均温度、所有外部腔表面积的总和和这些腔的总质量，也将通过分别使用节点输出变量 APCAV、TCVOL、ACTEMP、TCSAREA 和 TCMASS 来输出。

在 Abaqus/Explicit 中，当模型包括流体交换定义时，使用节点输出变量 CMFL 和 CMFLT 来得到总质量流速和一个腔的总累计流出质量的历史输出，以及 CEFL 和 CEFLT 来得到一个腔的总热能流速和总累计热能流出的历史输出。如果为一个腔定义了一个以上的流体交换，则也将输出每一个流动交换的质量或者热能流速的时间历史，以及累计质量或者腔的热能流出。

如果流体腔是通过理想气体的混合物模拟的，则通过使用节点输出变量 CMF，可以得到流体腔内部每一种流体组分的分子量分数的时间历史。

如果使用了充气器，则使用节点输出变量 MINFL、MINFLT 和 TINFL 来得到质量流速的时间历史、累积的质量通量和每一个充气器定义的充气器温度（见《Abaqus 分析用户手册——介绍空间建模、执行与输出卷》的 4.2.2 节）。

输出文件模板

一个具有静压流体的分析：

```
*HEADING
…
*FLUID CAVITY,NAME=腔名称,BEHAVIOR=行为名称,
REF NODE=腔参考节点,SURFACE=面名称
*FLUID BEHAVIOR,NAME=行为名称
*FLUID DENSITY
定义密度的数据行
*FLUID BULK MODULUS
定义体积模量的数据行
*FLUID EXPANSION
定义热膨胀的数据行
**
*FLUID EXCHANGE,NAME=交换名称,PROPERTY=交换属性名称,
腔参考节点
*FLUID EXCHANGE PROPERTY,NAME=交换属性名称,TYPE=MASS FLUX
定义每单位面积的质量流率的数据行
**
*INITIAL CONDITIONS,TYPE=TEMPERATURE
定义初始温度的数据行
*INITIAL CONDITIONS,TYPE=FLUID PRESSURE
定义初始压力的数据行
**
*STEP
```

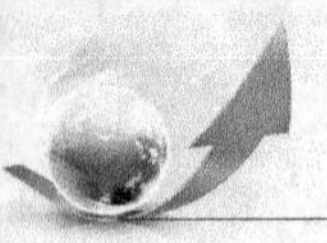


```
**
*TEMPERATURE
定义温度的数据行
*FLUID EXCHANGE ACTIVATION
交换名称
**
*END STEP
```

具有混合理想气体的一个气囊分析：

```
*HEADING
…
*FLUID CAVITY,NAME=室_1,MIXTURE=MOLAR FRACTION,ADIABATIC,
REF NODE=室 1 参考节点,SURFACE=面名称 1
空白行
Oxygen,0.2
Nitrogen,0.75
Carbon_dioxide,0.05
**
*FLUID CAVITY,NAME=室 2,BEHAVIOR=Air,ADIABATIC,
REF NODE=室 2 参考节点,SURFACE=面名称 2
空白行
**
*FLUID BEHAVIOR,NAME=Air
*CAPACITY,TYPE=POLYNOMIAL
定义热容系数的数据行
*MOLECULAR WEIGHT
定义相对分子质量的数据行
**
*FLUID BEHAVIOR,NAME=Oxygen
*CAPACITY,TYPE=POLYNOMIAL
定义热容系数的数据行
*MOLECULAR WEIGHT
定义相对分子质量的数据行
**
*FLUID BEHAVIOR,NAME=Nitrogen
*CAPACITY,TYPE=POLYNOMIAL
定义热容系数的数据行
*MOLECULAR WEIGHT
定义相对分子质量的数据行
```

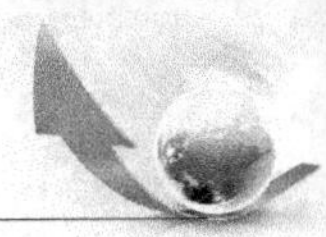


```
**
*FLUID BEHAVIOR,NAME = Carbon_dioxide
*CAPACITY,TYPE = POLYNOMIAL
定义热容系数的数据行
*MOLECULAR WEIGHT
定义相对分子质量的数据行
**
*FLUID INFLATOR,NAME = 充气器,PROPERTY = 充气器属性
室1参考节点
*FLUID INFLATOR PROPERTY,NAME = 充气器属性,
TYPE = TEMPERATURE AND MASS
定义质量流速和气体温度的数据行
*FLUID INFLATOR MIXTURE,TYPE = MOLAR FRACTION,NUMBER SPECIES = 2
Carbon_dioxide,Nitrogen
定义质量分数的表
**
*FLUID EXCHANGE,NAME = 排气,PROPERTY = 排气行为
室1参考节点
*FLUID EXCHANGE PROPERTY,NAME = 排气行为,TYPE = ORIFICE
指定孔行为的数据行
*FLUID EXCHANGE,NAME = 泄漏1,PROPERTY = 织物行为
室1参考节点
*FLUID EXCHANGE,NAME = 泄漏2,PROPERTY = 织物行为
室2参考节点
*FLUID EXCHANGE PROPERTY,NAME = 织物行为,TYPE = FABRIC LEAKAGE
指定织物泄漏行为的数据行
**
*FLUID EXCHANGE,NAME = 室壁,PROPERTY = 壁行为,
EFFECTIVE AREA =
室1参考节点,室2参考节点
*FLUID EXCHANGE PROPERTY,NAME = 壁行为,TYPE = ORIFICE
指定孔行为的数据行
**
*AMPLITUDE,NAME = 幅值名称
定义振幅变化的数据行
*PHYSICAL CONSTANTS,UNIVERSAL GAS CONSTANT =
**
*INITIAL CONDITIONS,TYPE = FLUID PRESSURE
定义初始压力的数据行
```

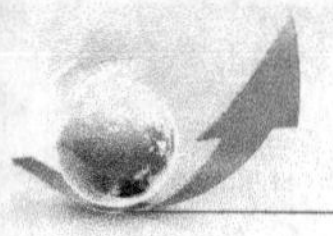


```
*INITIAL CONDITIONS,TYPE=TEMPERATURE
定义初始温度的数据行
**
*STEP
**
*FLUID EXCHANGE ACTIVATION
排气,泄漏1,泄漏2,室壁
*FLUID INFLATOR ACTIVATION,INFLATION TIME AMPLITUDE=幅值名称
充气器
**
*END STEP
```

6.5.2 流体腔定义

产品：Abaqus/Standard Abaqus/Explicit Abaqus/CAE

参考

- “基于面的流体腔：概览”6.5.1节
- “流体交换定义”6.5.3节
- *CAPACITY
- *FLUID BEHAVIOR
- *FLUID BULK MODULUS
- *FLUID CAVITY
- *FLUID DENSITY
- *MOLECULAR WEIGHT
- “定义一个流体腔的相互作用”《Abaqus/CAE用户手册》的15.13.11节，此手册的HTML版本中
- “定义一个流体腔相互作用属性”《Abaqus/CAE用户手册》的15.14.4节，此手册的HTML版本中

概览

一个基于面的流体腔：

- 可以用来模拟一个流体填充的或者气体填充的结构；
- 是与一个称之为腔参考的节点相关联的；
- 是通过指定一个完全封闭腔的面来指定的；
- 仅对于一个具体腔中流体的压力和温度在任何时间点上是均匀的情形是可用的；

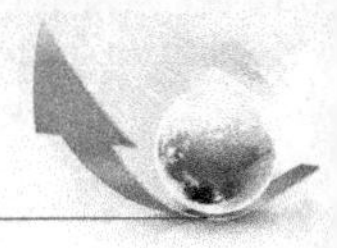

- 可以用来模拟一个使用绝热条件下的理想气体混合物假设的一个气囊；
- 具有一个名字，可以用来标识与腔相关联的历史输出。

定义流体腔

必须将名字与每一个流体腔关联。

输入文件用法： *FLUID CAVITY，NAME=名称

Abaqus/CAE 用法：Interaction module：Create Interaction：Fluid cavity，Name：名称

指定腔参考节点

每个流体腔必须具有一个相关联的腔参考节点。与流体腔名称一道，参考节点用来标识流体腔。此外，可以通过流体交换和充气定义来参考此参考节点。参考节点不应当与任何模型中的单元相连接。

输入文件用法： *FLUID CAVITY，REF NODE=*n*

Abaqus/CAE 用法：Interaction module：Create Interaction：Fluid cavity：选择流体腔参考节点

指定流体腔的边界

流体腔必须由有限单元完全地封闭，除非模拟了对称面（见 6.5.1 节）。面单元可以用于不是结构的腔表面部分。使用一个基于单元的面来指定腔的边界条件，此基于单元的面覆盖腔周围的单元，并且面的法向指向内部。默认情况下，如果表面的基底单元不具有一致的法向，则发出一个错误信息。另外，可以跳过面法向的一致性检查。

输入文件用法： 使用下面的选项来定义面和一致法向检查：

*FLUID CAVITY，SURFACE=面名称，CHECK NORMALS=YES

使用下面的选项来定义没有法向检查的面：

*FLUID CAVITY，SURFACE=面名称，CHECK NORMALS=NO

Abaqus/CAE 用法：Interaction module：Create Interaction：Fluid cavity：选择流体腔边界表面；切换打开或者关闭 Check surface normals

指定一个流体腔中的额外体积

在 Abaqus/Explicit 中，可以为一个流体腔指定一个附加的体积。当通过一个指定的面来定义腔的边界时，此附加的体积将添加到实际的体积中。如果没有指定一个形成流体腔边界的面，则假定流体腔具有一个等于所附加体积的固定体积。

输入文件用法： *FLUID CAVITY，ADDED VOLUME=*r*

Abaqus/CAE 用法：Abaqus/CAE 中不支持指定附加体积。

指定最小体积

当流体腔的体积极小时，一个显式动态过程中的瞬态可以造成体积变成零甚至负的，造成有效腔刚度趋向于无穷。要避免数值问题，在 Abaqus/Explicit 中，可以为流体指定一个最

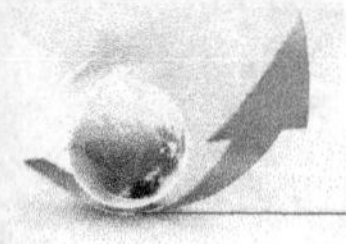

小值。如果腔的体积（等于实际体积加上附加的体积）下降到最小，则使用最小值来计算流体压力。

可以直接指定最小体积，或者将最小体积指定成流体腔的最初体积。如果使用了后者，并且流体腔的初始体积是一个负值，则最小体积设置等于零。

输入文件用法：　使用下面的选项来直接指定最小体积：

*FLUID CAVITY，MINIMUM VOLUME = 最小体积

使用下面的选项来指定最小体积等于初始体积：

*FLUID CAVITY，MINIMUM VOLUME = INITIAL VOLUME

Abaqus/CAE 用法：Abaqus/CAE 中不支持最小体积的指定。

定义流体腔行为

流体腔行为控制腔压力、体积和温度之间的关系。Abaqus/Standard 中的一个流体腔只可包含有一个单独的流体。在 Abaqus/Explicit 中，一个腔可以包含一个单独的流体，或者理想气体的混合。

具有均质流体的流体行为

要定义一个由一个单独流体组成的流体腔，指定一个单独流体行为来定义流体属性。必须使用一个名称来关联流体行为。然后此名称可以用来将一特定的行为与一个流体腔定义相关联。

输入文件用法：　使用下面的选项：

*FLUID CAVITY，NAME = 流体腔名称，BEHAVIOR = 行为名称

*FLUID BEHAVIOR，NAME = 行为名称

Abaqus/CAE 用法：Interaction module：Create Interaction Property：Fluid cavity，Name：行为名称

Abaqus/Explicit 中，具有一个理想气体混合物的流体行为

在 Abaqus/Explicit 中，可以定义一个由多个气体组分组成的流体腔行为。要定义一个多个气体组分组成的流体腔行为，需指定多个流体行为来定义流体属性。指定流体行为的名称和定义混合的初始质量或者摩尔分数，来将一个特定行为的组与一个流体腔定义相关联。

输入文件用法：　使用下面的选项，以初始质量分数的形式定义流体腔混合物：

*FLUID BEHAVIOR，NAME = 行为名称

*FLUID CAVITY，NAME = 流体腔名称，MIXTURE = MASS FRACTION

平面外的表面厚度（如果没有要求则空白）

行为名称，初始质量分数

…

使用下面的选项，以初始摩尔分数的方式定义流体腔混合物：

*FLUID BEHAVIOR，NAME = 行为名称

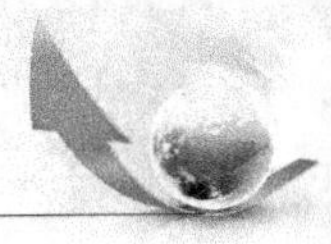

*FLUID CAVITY, NAME = 流体腔名称,
MIXTURE = MOLAR FRACTION
平面外的表面厚度（如果没有要求则空白）
行为名称，初始摩尔分数
...

Abaqus/CAE 用法：Abaqus/CAE 中不支持理想气体混合物的指定。

Abaqus/Standard 中的用户定义的流体行为

在 Abaqus/Standard 中，可以在用户子程序 UFIELD 中定义流体行为。

输入文件用法：　*FLUID BEHAVIOR, USER

Abaqus/CAE 用法：Abaqus/CAE 中不支持用户子程序 UFIELD。

为一个流体腔定义环境压力

对于气动流体，等价问题通常是以流体腔中的“表压”表达的（即，环境大气压对系统的固体和结构零件载荷没有影响）。可以选择在本构规则使用中转换表压到绝对压力 $\tilde{p}$。对于静水力流体，可以定义环境压力，可以用它来计算一个流体腔和环境之间进行流体交换的压力差。在腔参考节点处作为自由度 8 给出的压力值是表压的值。如果不指定环境压力 p_A，则将其假设为零。

输入文件用法：　*FLUID CAVITY, AMBIENT PRESSURE = p_A

Abaqus/CAE 用法：Interaction module：Create Interaction：Fluid cavity：切换打开 Specify ambient pressure：p_A

等温过程

对于长持续时间问题中的静水力学流体和气动流体，假定温度是不变的，或者是一个腔周围环境的一个已知函数是合理的。在此情况中，流体的温度可以通过在腔参考点处指定初始条件（见《Abaqus 分析用户手册——指定的条件、约束和相互作用卷》的 1.2.1 节中的“定义初始温度”）和预定义温度场（见《Abaqus 分析用户手册——指定的条件、约束和相互作用卷》的 1.6.1 节中的“预定义温度”）来进行定义。对于一个气动流体，气体的压力和密度是从理想气体定律、质量守恒和预定义的温度场计算得到的。

为一个流体腔定义环境温度

对于具有绝热行为的气动流体，当在一个单独的腔和它的环境之间定义了热能流动，并且流动定义是基于分析条件时，就需要环境温度。如果没有指定环境温度 θ_A，则假定其为零。

输入文件用法：　*FLUID CAVITY, AMBIENT TEMPERATURE = θ_A

Abaqus/CAE 用法：Abaqus/CAE 中不支持环境温度的指定。

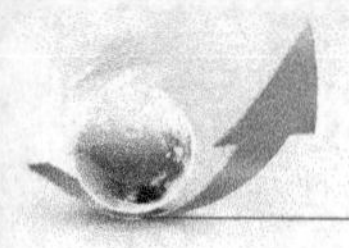

静水力流体

使用静水力流体模型来模拟 Abaqus/Standard 中几乎不可压缩的流体行为，以及完全不可压缩的流体行为。通过假定一个线性压力-体积关系来引入可压缩性。可压缩行为所要求的参数是体积模量和参考密度。在 Abaqus/Standard 中用户省略体积模量来指定完全不可压缩的行为。可以将密度的温度相关性模拟成流体的热膨胀。

输入文件用法： * FLUID CAVITY，BEHAVIOR = 行为名称

Abaqus/CAE 用法：Interaction module：Create Interaction Property：Fluid cavity：Definition：Hydraulic

定义参考流体密度

在零压力和初始温度 θ_I 下设置参考流体密度 ρ_R：

$$\rho_R = \rho(0, \theta_I)$$

输入文件用法： * FLUID DENSITY

Abaqus/CAE 用法：Interaction module：Create Interaction Property：Fluid cavity：Definition：Hydraulic：Fluid density：密度

定义可压缩性的流体体积模量

可压缩性是通过流体的体积模量来描述的：

$$p = -K\left(\frac{V(p,\theta) - V_0(\theta)}{V_0(\theta_I)}\right) = -K_{\rho R}(\rho^{-1}(p,\theta) - \rho_0^{-1}(\theta))$$

式中 p——当前压力；

θ——当前温度；

K——流体体积模量；

$V(p, \theta)$——当前流体体积；

$\rho(p, \theta)$——当前压力和温度下的密度；

$V_0(\theta)$——在零压力和当前温度下的流体体积；

$V_0(\theta_I)$——在零压力和初始温度下的流体体积；

$\rho_0(\theta)$——在零压力和当前温度下的密度。

假设体积模量是独立于流体密度变化的。然而，体积模量可以设定成温度或者预定义的场变量的函数。

输入文件用法： * FLUID BULK MODULUS

Abaqus/CAE 用法：Interaction module：Create Interaction Property：Fluid cavity：Definition：Hydraulic：Fluid Bulk Modulus 表页：切换打开 Specify fluid bulk modulus，并且在表中输入体积模量

使用下面的选项来包括温度和场变量相关性：

切换打开 Use temperature-dependent data，Number of field variables：n

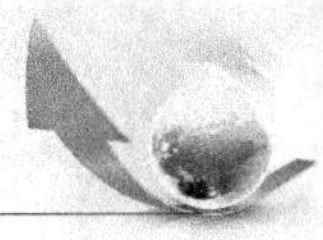

定义流体膨胀

热膨胀系数解释为对于一个参考温度的总膨胀系数，可以将它指定成温度或者预定义场变量的函数。由热膨胀引起的流体体积变化如下：

$$V_0(\theta)=V_0(\theta_I)[1+3\alpha(\theta)(\theta-\theta_0)-3\alpha(\theta_I)(\theta_I-\theta_0)]$$

其中，θ_0是热膨胀系数的参考温度，$\alpha(\theta)$ 是热膨胀的平均（正割）系数。

如果热膨胀系数不是温度或者场变量的函数，则不需要 θ_0值。

热膨胀系数也能表达成流体密度的方式：

$$\rho_0(\theta)=\rho_R/[1+3\alpha(\theta)(\theta-\theta_0)-3\alpha(\theta_I)(\theta_I-\theta_0)]$$

输入文件用法： *FLUID EXPANSION，ZERO = θ_0

Abaqus/CAE 用法：Interaction module：Create Interaction Property：Fluid cavity：Definition：Hydraulic：Fluid Expansion 表页：切换打开 Specify fluid thermal expansion coefficients，并且在表中输入热膨胀平均系数

使用下面的选项来表达温度和场变量相关性：

切换打开 Use temperature-dependent data，Reference temperature：θ_0，Number of field variables：n

气动流体

将可压缩的或者气动流体模拟成一个理想气体（见《Abaqus 分析用户手册——材料卷》的 5.2.1 节）。一个理想气体的状态方程（或者理想气体定律）为

$$\tilde{p}=\rho R(\theta-\theta^Z)$$

其中绝对的（或者总的）压力 $\tilde{p}$ 定义为

$$\tilde{p}=p+p_A$$

其中，p_A是环境压力，p 是表压，R 是气体常数，θ 是当前温度，θ^Z是所用温标下绝对零度的值。气体常数 R 也可以从通用气体常数 $\tilde{R}$ 和分子质量 MW 得到，如下：

$$R=\frac{\tilde{R}}{MW}$$

质量守恒给出了流体腔中质量的变化，是

$$\dot{m}=\dot{m}_{in}-\dot{m}_{out}$$

其中 $\dot{m}$ 是流体的质量变化率，$\dot{m}_{in}$是进入流体腔的质量流率，$\dot{m}_{out}$是出流体腔的质量流率。

定义分子量

必须指定理想气体的相对分子质量值 MW。

输入文件用法： *MOLECULAR WEIGHT

MW

Abaqus/CAE 用法：Interaction module：Create Interaction Property：Fluid cavity：Defini-

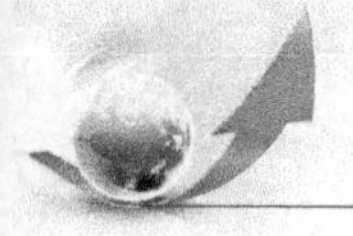

tion：Pneumatic，Ideal gas molecular weight：*MW*

指定通用气体常数的值

可以指定通用气体常数的值 $\widetilde{R}$

输入文件用法：　*PHYSICAL CONSTANTS，UNIVERSAL GAS CONSTANT = $\widetilde{R}$

Abaqus/CAE 用法：All modules：Model→Edit attributes→*model name*：Physical Constants：切换打开 Universal gas constant：$\widetilde{R}$

指定绝对零度的值

可以指定绝对零度的值 θ^Z

输入文件用法：　*PHYSICAL CONSTANTS，ABSOLUTE ZERO = θ^Z

Abaqus/CAE 用法：All modules：Model→Edit attributes→*model name*：Physical Constants：切换打开 Absolute zero temperature：θ^Z

绝热过程

默认情况下，通过在腔参考点上预定义温度场来定义流体温度。然而，对于快速事件，Abaqus/Explicit 中的流体温度可以从绝热过程中假设的能量守恒来确定。使用此假设，除了通过流体交换定义或充气，腔中没有热添加或者热移除。一个绝热过程通常可很好地用于模拟气囊的展开。在展开过程中，气体从充气器高压喷射出，并且随着它在大气压下的扩展而冷却。扩展是如此迅速，以至于没有明显的热量可以扩散到腔外。

能量方程可以从第一热力学定律得到。在忽略动能和势能的情况下，一个流体腔的能量方程通过下面给出：

$$\frac{\mathrm{d}(mE)}{\mathrm{d}t} = \dot{m}_{in}H_{in} - \dot{m}_{out}H_{out} - \dot{W} - \dot{Q}$$

其中流体腔扩展所做的功为

$$\dot{W} = p\dot{V}$$

$\dot{Q}$ 是通过流体腔的表面传热产生的热能流率。一个 $\dot{Q}$ 的正值将生成流出主流体腔的热能流。比能量通过下面给出：

$$E = E_I + \int_{\theta_I}^{\theta} c_V(T)\mathrm{d}T$$

其中 E_I 是初始（或者参考）温度 θ_I 上的初始比能量，c_V 是比定容热容（或者定容热容），对于理想气体只取决于温度，H 是比焓，并且 V 是气体所占体积。由定义，比焓是

$$H = H_I + \int_{\theta_I}^{\theta} c_p(T)\mathrm{d}T$$

其中 H_I 是初始（或者参考）温度 θ_I 上的初始比焓，并且 c_p 是比定压热容，对于理想气体只取决于温度。气体的压力、温度和密度，是通过求解理想气体定律、能量平衡和质量守恒来得到的。

如果使用了绝热的或者耦合的过程，则绝热行为将总是用于流体腔。

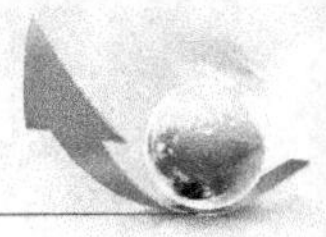

输入文件用法： *FLUID CAVITY，ADIABATIC

Abaqus/CAE 用法：Interaction module：Create Interaction：Fluid cavity：Property definition：Pneumatic，切换打开 Use adiabatic behavior

定义等压下的热容

当模拟一个理想气体的绝热过程时，必须指定等压下的热容。可以采用多项式或者表格形式来定义它。多项式形式是基于依据国家标准和技术委员会（National Institute of Standards and Technology）的 Shomate 方程的。等压摩尔热容可以表达成

$$\tilde{c}_p = \tilde{a} + \tilde{b}(\theta - \theta^Z) + \tilde{c}(\theta - \theta^Z)^2 + \tilde{d}(\theta - \theta^Z)^3 + \frac{\tilde{e}}{(\theta - \theta^Z)^2}$$

其中系数 $\tilde{a}$、$\tilde{b}$、$\tilde{c}$、$\tilde{d}$ 和 $\tilde{e}$ 是气体常数。经常用于气囊仿真的一些气体的这些气体常数与相对分子质量一起列在表 6-5 中。等压热容可以通过下面得到

$$c_p = \frac{\tilde{c}_p}{MW}$$

等容热容 $\tilde{c}_V$ 可以通过下面来确定

$$c_V = c_p - R$$

表 6-5　一些经常使用的气体属性（SI 单位）

气体	相对分子质量（*MW*）	$\tilde{a}$	$\tilde{b}$（$\times10^{-3}$）	$\tilde{c}$（$\times10^{-3}$）	$\tilde{d}$（$\times10^{-3}$）	$\tilde{e}$（$\times10^{-3}$）	θ/K
空气	0.0289	28.110	1.967	4.802	−1.966	0.0	273～1800
氮气	0.028	26.092	8.218	−1.976	0.1592	0.0444	298～6000
氧气	0.032	29.659	6.137	−1.186	0.0957	−0.219	298～6000
氢气	0.00202	33.066	−11.36	11.432	−2.772	−0.158	273～1000
一氧化碳	0.028	25.567	6.096	4.054	−2.671	0.131	298～1300
二氧化碳	0.044	24.997	55.186	−33.691	7.948	−0.136	298～1200
水蒸气	0.0180	32.240	1.923	0.105	−3.595	0.0	273～1800

等压情况下指定热容，可以使用多项式形式，在此情况下，输入系数 $\tilde{a}$、$\tilde{b}$、$\tilde{c}$、$\tilde{d}$ 和 $\tilde{e}$。另外，可以定义一个等压热容针对温度和任何预定义场变量的表。

输入文件用法： 使用下面的选项，以多项式的形式指定热容：

*CAPACITY，TYPE = POLYNOMIAL

$\tilde{a}$，$\tilde{b}$，$\tilde{c}$，$\tilde{d}$，$\tilde{e}$

使用下面的选项，以表格的形式指定热容：

*CAPACITY，TYPE = TABULAR，DEPENDENCIES = *n*

$\tilde{c}_p$，温度，场变量 1…

…

Abaqus/CAE 用法：使用下面的选项，以多项式的形式指定热容：

Interaction module：Create Interaction Property：Fluid cavity：Defini-

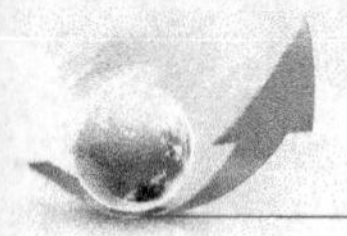

tion：Pneumatic，切换打开 Specify molar heat capacity：Polynomial，Polynomial Coefficients：

$\tilde{a}$，$\tilde{b}$，$\tilde{c}$，$\tilde{d}$，$\tilde{e}$

使用下面的选项，以表格的形式指定热容：

Interaction module：Create Interaction Property：Fluid cavity：Definition：Pneumatic：切换打开 Specify molar heat capacity：Tabular：输入摩尔热容

使用下面的选项，在表中包括温度和场变量相关性：

切换打开 Use temperature-dependent data，Number of field variables：n

理想气体的混合物

Abaqus/Explicit 可以模拟流体腔中的一个理想气体的混合物。对于理想气体混合物，使用不完全体积的 Amagat-Leduc 法则来得到一个摩尔平均热属性的评估（Van Wylen 和 Sonntag，1985）。让每一个组分具有比定压热容 c_{p_i} 和比定容热容 c_{V_i}、相对分子质量 MW_i、质量分数 f_i，则混合气体的比定压热容和比定容热容如下：

$$c_p = \sum_i f_i c_{p_i}$$

$$c_V = \sum_i f_i c_{V_i}$$

相对分子质量通过下面给出：

$$MW = 1 \Bigg/ \sum_i \frac{f_i}{MW_i}$$

混合气体的比能和比焓则通过下面给出：

$$E = \sum_i f_i E_i$$

$$H = \sum_i f_i H_i$$

进入流体腔的能量流通过下面给出：

$$\dot{m}_{in} H_{in} = \sum_i \dot{m}_{in_i} H_{in_i}$$

流出流体腔的能量流通过下面给出：

$$\dot{m}_{out} H_{out} = \sum_i \dot{m}_{out_i} H_{out_i}$$

使用上面给出的理想气体混合物的属性，压力和温度可以从理想气体定律和能量方程中得到。

多流体腔的平均属性

如果为一个包含多个流体腔的节点集要求了腔内流体状态的输出，则多流体腔的平均属性也将自动输出。通过体积加权的腔压力贡献来计算平均压力。一个绝热理想气体的平均温

度是通过质量加权的腔温度贡献来得到的。让每一个流体腔具有压力 p_k、温度 θ_k、体积 V_k、气体常数 R_k 和质量 m_k。流体腔集群的平均压力定义为

$$p_{avg} = \sum_k p_k V_k \Big/ \sum_k V_k$$

并且平均温度为

$$\theta_{avg} = \sum_k R_k \theta_k m_k \Big/ \sum_k R_k m_k$$

参考文献

- Van Wylen, G J, R E Sonntag, Fundamentals of Classical Thermodynamics, Wiley, New York, 1985.

6.5.3 流体交换定义

产品：Abaqus/Standard　Abaqus/Explicit　Abaqus/CAE

参考

- “基于面的流体腔：概览”6.5.1 节
- “流体腔定义”6.5.2 节
- *FLUID EXCHANGE
- *FLUID EXCHANGE PROPERTY
- *FLUID EXCHANGE ACTIVATION
- “VUFLUIDEXCH”《Abaqus 用户子程序参考手册》
- “VUHLUIDEXCHEFFAREA”《Abaqus 用户子程序参考手册》的 1.2.14 节
- “定义一个流体交换相互作用”《Abaqus/CAE 用户手册》的 15.13.12 节，此手册的 HTML 版本中
- “定义一个流体交换相互作用属性”《Abaqus/CAE 用户手册》的 15.14.5 节，此手册的 HTML 版本中

概览

一个流体交换定义：

- 可以用来模拟一个单独的流体腔与它的环境之间的流动，或者两个流体腔之间的流动；
- 可以用来规定基于质量的或者基于体积的腔流入或者腔流出；
- 可以模拟腔通过排气口的排风；
- 可以模拟通过腔壁的流动，例如通过多孔织物的泄漏；
- 可以用来规定由热传导产生的通过腔表面的热损失；

- 可以考虑局部材料状态；
- 可以说明由于边界面的接触而造成的堵塞；
- 具有一个名称，可以用来识别一个流出腔的质量流率的历史输出。

定义流体交换

流体交换功能是非常通用的，并且可以用来将腔的流进和流出定义成一个指定函数，或者定义成基于分析条件所引起的压力差。Abaqus/Standard 中的流体行为是基于质量流体流动的，并且 Abaqus/Explicit 中的行为可以基于质量流体流动或者热能流动。必须将流体交换定义与一个名称相关联。

输入文件用法：　＊FLUID EXCHANGE，NAME＝名称

Abaqus/CAE 用法：Interaction module：Create Interaction：Fluid exchange，Name：名称

一个单独的腔与它的环境之间的流动

要定义一个流体腔与它的环境之间的流动，需指定与流体腔相关联的单个参考节点。在下面的讨论中，此流体腔作为主体腔来参考。当将流动定义成一个规定的函数时，流动可以是流进或者流出主体腔的。如果流动是进入腔的，则假定流动进入的材料属性即刻是腔自身的材料属性。当流动行为是基于分析条件时，仅在流出主体腔时才发生质量流动，但是热能流动可以流入或者流出主体腔。对于质量流动的情况，Abaqus 将使用流体腔压力和指定的不变环境压力来计算压力差，用来确定质量流率。对于热能流动的情况，Abaqus/Explicit 将使用流体腔温度和指定的不变环境温度来计算温度差，用来确定热能流率。

输入文件用法：　使用下面的选项：

＊FLUID CAVITY，NAME＝主腔名称，
REF NODE＝主腔参考节点
＊FLUID EXCHANGE，NAME＝流体交换名称
主腔参考节点

Abaqus/CAE 用法：Interaction module：Create Interaction：Fluid exchange：Definition：To environment，Fluid cavity interaction：名称，Fluid exchange property：名称

两个流体腔之间的流动

要定义两个流体腔之间的流动，指定与主流体腔和次流体腔相关的参考节点。当流动是基于分析条件时，流体将从高压或者上游腔流到低压或者下游腔，并且热能将从高温流到低温。

输入文件用法：　使用下面的选项：

＊FLUID CAVITY，NAME＝主腔体名称
REF NODE＝主腔体参考节点
＊FLUID CAVITY，NAME＝次腔体名称，
REF NODE＝次腔体参考节点
＊FLUID EXCHANGE，NAME＝流体交换名称

主腔体参考节点，此腔体参考节点

Abaqus/CAE 用法：Interaction module：Create Interaction：Fluid exchange：Definition：Between cavities，Fluid cavity interaction 1：名称，Fluid cavity interaction 2：名称，Fluid exchange property：名称

在一个 Abaqus/Explicit 分析中指定有效面积

对于任何流体交换属性，来自主体腔的流率与有效泄漏面积成比例。泄漏面积可以代表排气孔口的大小，封闭腔的多孔织物的面积，或者腔之间管的大小。

在一个 Abaqus/Explicit 中，可以直接指定有效泄漏面积的值。另外，可以通过指定封闭主体流动腔的边界上的面名称，来定义一个代表泄漏面积的表面。流体交换的有效面积是基于表面的面积的，除非直接指定面积，或者使用用户子程序 VUFLUIDEXCHEFFAREA 来定义有效面积。如果同时指定了有效面积和一个表面，则只使用表面的面积来确定堵塞（见下面的“边界表面接触产生了堵塞”）。如果没有指定面积，则有效面积默认为 1.0。

如果需要将泄漏模拟成所指定面的基底单元中的一个材料状态的函数，也可以使用用户子程序 VUFLUIDEXCHEFFAREA 来定义有效泄漏面积（见《Abaqus 用户子程序参考手册》的 1.2.14 节）。例如，为模拟未涂覆的气囊中的织物透气性，此子程序可以用来定义单元级别的泄漏面积，其中泄漏可以局部地变化，取决于纱线方向中的应变和织物纱线之间的角度。只有膜单元支持使用 VUFLUIDEXCHEFFAREA。

输入文件用法：　使用下面的选项来直接指定有效的泄漏面积，并且指定一个代表泄漏面积的表面：

*FLUID EXCHANGE，EFFECTIVE AREA = 有效面积，
SURFACE = 面名称

使用下面的选项，使用一个用户子程序来定义有效的泄漏面积：

*FLUID EXCHANGE，EFFECTIVE AREA = USER，
SURFACE = 面名称

Abaqus/CAE 用法：Interaction module：Create Interaction：Fluid exchange：
Effective exchange area：有效面积
Abaqus/CAE 中不支持用户子程序 VUFLUIDEXCHEFFAREA。

在一个流体交换表面上施加流体腔压力

可以控制在 Abaqus/Explicit 中，一个流体交换表面上的腔压力如何产生了影响。默认情况下，腔压力在所有流体交换表面节点上生成力，对于流体腔的其他部分使用相同的方法。另外，腔压力在流体交换面上产生的力，只能分布在流体交换表面的边缘节点中。此选项可用来避免排风面的局部凸起，产生不精确的泄漏面积计算。

输入文件用法：　使用下面的选项（默认的）来说明流体压力应当在一个流体交换表面的所有节点上生成力：

*FLUID EXCHANGE，CAVITY PRESSURE = SURFACE，
SURFACE = 面_名称

使用下面的选项来说明流体压力应当只在流体交换的边缘节点上生

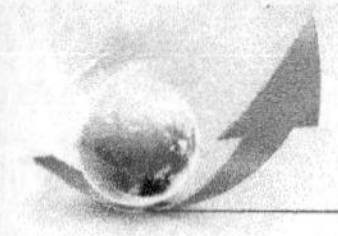

成力：

＊FLUID EXCHANGE，CAVITY PRESSURE = PERIMETER，
SURFACE = 面_名称

Abaqus/CAE 用法：在 Abaqus/CAE 中，不能改变默认的压力施加。压力总是施加到所有的流体交换表面节点上。

定义流体交换属性

在 Abaqus 中，有几种可以使用的不同类型的流体交换属性，用来定义从一个流体腔到环境的或者两个流体腔之间的流率。流体交换属性可以简化成直接指定质量或者体积流速。更加复杂的泄漏机制（例如在汽车安全气囊上所发现的那些）可以通过定义质量或者体积泄漏率作为压力差 Δp、绝对压力 $\tilde{p}$ 和温度 θ 的函数来模拟。由通过腔表面的热传导所造成的热损，可以在 Abaqus/Explicit 中通过直接指定热能流率或者通过定义成温度差 $\Delta\theta$、绝对压力 $\tilde{p}$ 和温度 θ 的函数的热能流率来模拟。另外，在 Abaqus/Explicit 中，在用户子程序 VUFLUIDEXCH 中可以指定质量流率和（或者）热能流率。

为了评估两个腔之间的质量流率，从高压或者上游腔中拾取了绝对压力和温度。质量流总是在从高压腔到低压腔或者下游腔的方向上，并且热能流动总是在从高温腔到低温腔的方向上。腔绝对压力和温度总是用来计算一个腔和环境之间的流动。

必须将流体交换属性与一个名字相关联。然后可以使用此名字来将一个特定的属性与一个流体交换定义相关联。

输入文件用法：　使用下面的选项：

＊FLUID EXCHANGE，NAME = 流体交换名称，
PROPERTY = 属性名称

＊FLUID EXCHANGE PROPERTY，NAME = 属性名称

Abaqus/CAE 用法：Interaction module：Create Interaction Property：Fluid exchange，Name：属性名称

指定一个质量或者体积流量

进入或者流出主流体腔的流体流量，可以通过指定每单位面积的质量流率 $\bar{\dot{m}}$ 来直接定义。质量流率是

$$\dot{m} = \bar{\dot{m}}A$$

式中　A——有效面积。

流体流量也可以通过指定每单位面积上的体积流率 $\bar{\dot{V}}$ 来指定。质量流率是

$$\dot{m} = \rho\bar{\dot{V}}A$$

式中　ρ——密度。

$\bar{\dot{m}}$ 或者 $\bar{\dot{V}}$ 的负值将生成进入主流体腔的流量。当没有定义另外一个流体腔时，假定流入主体腔的流体状态是主体腔中已经存在的流体所具有的状态。

输入文件用法：　基于质量流率来指定一个流量：

* FLUID EXCHANGE PROPERTY，TYPE = MASS FLUX

基于体积流率来指定一个流量：

* FLUID EXCHANGE PROPERTY，TYPE = VOLUME FLUX

Abaqus/CAE 用法：Interaction module：Create Interaction Property：Fluid exchange：Definition：Mass flux 或 Volume flux

使用黏性和水力阻抗系数来指定流率

质量流率 $\dot{m}$ 可以通过黏性和水力阻抗系数来与压力差相关来表示。

$$\Delta pA = C_V\dot{m} + C_H\dot{m}\,|\,\dot{m}\,|$$

式中　Δp——压力差；

A——有效面积；

C_V——黏性阻力系数；

C_H——流体动力学阻力系数。阻力系数可以是平均绝对压力、平均温度和任何用户定义的场变量的平均的函数。一个 $\dot{m}$ 的正值对应于第一个腔的流出。

输入文件用法：　* FLUID EXCHANGE PROPERTY，TYPE = BULK VISCOSITY，DEPENDENCIES = *n*

黏性阻抗系数（C_V），水力阻抗系数（C_H）

Abaqus/CAE 用法：Interaction module：Create Interaction Property：Fluid exchange：Definition：Bulk viscosity：Viscous coefficient：C_V：Hydrodynamic coefficient：C_H

使用下面的选项来表示压力、温度和场变量相关性：

切换打开 Use pressure-dependent data，切换打开 Use temperature-dependent data，Number of field variables：*n*

指定通过一个排风或者通气口的流率

可以通过一维、准静态和等熵的流来近似通过一个排风或者通气口的质量流率，通过下面给出（Bird，Stewart 和 Lightfoot，2002）

$$|\,\dot{m}\,| = CA\frac{\tilde{p}_e}{\sqrt{R(\theta-\theta^Z)}}\sqrt{\frac{2\gamma}{\gamma-1}\left(q^{\frac{2}{\gamma}} - q^{\frac{\gamma+1}{\gamma}}\right)}$$

式中　C——量纲一的排量系数；

A——排风或者通气口面积；

θ——上游流体腔中的温度；

θ^Z——所用温标下的绝对零度值；

$\tilde{p}_e$——上游流体腔中的绝对压力；

q——压力比，q 定义为

$$q = \frac{\tilde{p}}{\tilde{p}_e}$$

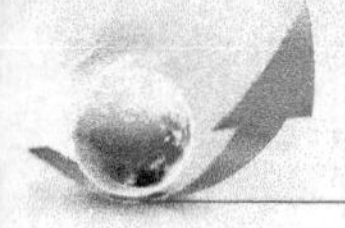

式中　$\tilde{p}$——板孔中的绝对压力。

发生阻塞或者音速流的临界压力 p_c定义为

$$p_c = \tilde{p}_e \left(\frac{2}{\gamma + 1} \right)^{\frac{\gamma}{\gamma - 1}}$$

式中　γ——比定压热容 c_p和比定容热容 c_V的比值：

$$\gamma = \frac{c_p}{c_V}$$

板孔压力 $\tilde{p}$，则由下式给出

$$\tilde{p} = p_a \quad 如果\ p_a \geqslant p_c$$

$$\tilde{p} = p_c \quad 如果\ p_a < p_c$$

对于从一个单独的流体腔流出，p_a 是等于环境压力；对于在两个流体腔之间流动，是下游腔压力。

排量系数的值可以是绝对上游压力、上游温度和任何用户定义的场变量的函数。通过一个排风或者通气口的流体交换仅对气动流体是有效的，并且仅在 Abaqus/Explicit 中可以使用。

输入文件用法：　＊FLUID EXCHANGE PROPERTY，TYPE = ORIFICE，DEPENDENCIES = *n*

排量系数

Abaqus/CAE 用法：在 Abaqus/CAE 中不支持通过排风或者孔的流体交换。

指定由于织物泄漏产生的流率

通过织物的泄漏所产生的质量流率可以表达成

$$|\dot{m}| = CA\ \sqrt{2\rho\,|\Delta p|}$$

其中 C 是量纲一的织物泄漏或者排量系数，并且 A 是有效的织物泄漏面积。

排量系数的值可以是绝对上游压力、上游温度和任何用户定义的场变量的函数。

输入文件用法：　＊FLUID EXCHANGE PROPERTY，TYPE = FABRIC LEAKAGE，DEPENDENCIES = *n*

排量系数

Abaqus/CAE 用法：Abaqus/CAE 中不支持定义由于织物泄漏所产生的流体交换。

指定一个质量流率对压力差的表

整个质量流率可以从每单位面积上的指定质量流率 $\bar{\dot{m}}$ 通过下式计算得到

$$|\dot{m}| = \bar{\dot{m}}(|\Delta p|, \tilde{p}, \theta) A$$

式中　A——有效面积。

在此情况中，可以在一个表中定义每个单位面积上的质量流率，此质量流率取决于压力差的绝对值，还可取决于平均绝对压力、平均温度和任何用户定义的场变量的平均值。$\bar{\dot{m}}$ 和 $|\Delta p|$的值必须是正的，并且从零开始。

输入文件用法：　＊FLUID EXCHANGE PROPERTY，TYPE = MASS RATE LEAKAGE，

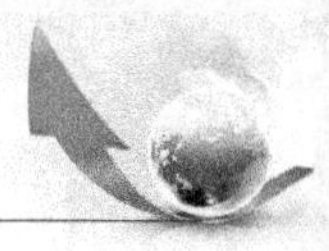

DEPENDENCIES = n
0, 0
$\dot{m}_1$, $|\Delta p|_1$
…

Abaqus/CAE 用法：Interaction module：Create Interaction Property：Fluid exchange：Definition：Mass rate leakage：Mass Flow Rate：$\dot{m}$，Pressure Difference：$|\Delta p|$
使用下面的选项来包括压力、温度和场变量相关性：
切换打开 Use pressure-dependent data，切换打开 Use temperature-dependent data，Number of field variables：n

指定体积流率对压力差的一个表

整个质量流率可以利用一个指定的单位面积上的体积流率 $\dot{\bar{V}}$ 来计算。

$$|\dot{m}| = \rho\dot{\bar{V}}(|\Delta p|, \tilde{p}, \theta)A$$

式中 A——有效面积；
ρ——密度。

在此种情况中，可以在一个表中定义取决于压力差绝对值的每个单位面积上的体积流率，以及定义取决于平均绝对压力、平均温度和任何用户定义的场变量的绝对值的每个单位面积上的体积流率。$\dot{\bar{V}}$ 和 $|\Delta p|$ 的值必须是正的，并且从零开始。

输入文件用法：*FLUID EXCHANGE PROPERTY，TYPE = VOLUME RATE LEAKAGE，
DEPENDENCIES = n
0, 0
$\dot{\bar{V}}_1$, $|\Delta p|_1$
…

Abqus/CAE 用法：Interaction module：Create Interaction Property：Fluid exchange：Definition：Volume rate leakage：Volumetric Flow Rate：$\dot{\bar{V}}$，Pressure Difference：$|\Delta p|_1$
使用下面的选项来包括压力、温度和场变量相关性：
切换打开 Use pressure-dependent data，切换打开 Use temperature-dependent data，Number of field variables：n

指定一个热能通量

在 Abaqus/Explicit 中，进入或者流出主流体腔的热能通量，可以通过指定每个单位面积上的热能流率 $\dot{\bar{Q}}$ 来直接定义。热能流率是

$$\dot{Q} = \dot{\bar{Q}}A$$

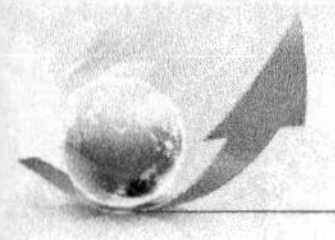

其中 A 是有效面积 $\dot{\bar{Q}}$ 值为正表示生成流出主流体腔的热通量。

输入文件用法：　　* FLUID EXCHANGE PROPERTY，TYPE = ENERGY FLUX

Abaqus/CAE 用法：在 Abaqus/CAE 中不支持通过明确指定热能流率来定义流体交换。

指定一个热能流率对温度差的表格

整个热能流率可以利用一个单位面积上的指定热能流率 $\dot{\bar{Q}}$ 通过下式来计算。

$$\dot{Q} = \dot{\bar{Q}}(\,|\Delta\theta|,\tilde{p},\theta)A$$

其中 A 是有效面积。

Abaqus/Explicit 处理此情况时，可以在一个表中定义取决于温度差绝对值的每个单位面积上的热能流率，也可定义取决于平均绝对压力、平均温度和任何用户定义的场变量的平均值的每个单位面积上的热能流率。$\dot{\bar{Q}}$ 和 $|\Delta\theta|$ 的值必须是正的，并且从零开始。

输入文件用法：　　* FLUID EXCHANGE PROPERTY，TYPE = ENERGY RATE LEAKAGE，
DEPENDENCIES = n
0，0
$\dot{\bar{Q}}$，$|\Delta\theta|_1$
...

Abaqus/CAE 用法：Abaqus/CAE 中，不支持通过指定热能流率作为温度差和压力的函数来定义流体交换。

使用一个用户子程序来指定质量流率和（或者）热能流率

质量流率 $\dot{m}$ 或者整个热能流率 $\dot{Q}$，可以在 Abaqus/Explicit 中使用用户子程序 VUFLUIDEXCH 来定义（见《Abaqus 用户子程序参考手册》的 1.2.14 节）。

输入文件用法：　　* FLUID EXCHANGE PROPERTY，TYPE = USER

Abaqus/CAE 用法：Abaqus/CAE 中不支持用户子程序 VUFLUIDEXCHEFFAREA。

激活 Abaqus/Explcit 中的流体交换定义

流体交换将不会在 Abaqus/Explicit 中发生，除非在一个分析步中激活了流体交换定义。

输入文件用法：　　使用下面的选项来激活一个给定分析步的一个流体交换：
* FLUID EXCHANGE，NAME = 流体交换名称
* FLUID EXCHANGE ACTIVATION
流体交换名称

Abaqus/CAE 用法：Abaqus/CAE 中，Abaqus/Explicit 步自动激活流体交换。

变化流动的大小

默认情况下，流动的大小是基于所指定的流动行为的。在一个步中，流动大小随时间的

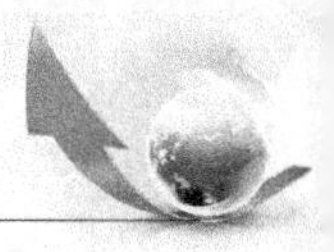

变化，可以通过一个幅值曲线来引入。所指定的流动行为的大小与幅值相乘，得到实际质量或者热能流率。例如，可以定义一个所指定质量的或者体积流量的随时间的变化。

可以使用一个幅值曲线来触发一个分析步中间的流体交换事件。例如，一个安全气囊可以在一个步过程中，在一些事先确定的时间上展开，并且希望关闭所有的排气孔，直到实际展开。一个从零开始的，并且在展开时间到达高点的步幅值曲线可以用于此目的。

输入文件用法： 使用下面的选项：

*AMPLITUDE，NAME = 幅值名称

*FLUID EXCHANGE ACTIVATION，AMPLITUDE = 幅值名称

Abaqus/CAE 用法：Abaqus/CAE 中不支持使用一个幅值来激活一个流体交换。

边界表面接触产生了堵塞

由于通过接触面产生的一个堵塞，Abaqus/Explicit 可以造成的一个腔流出的堵塞。例如，因为流出通气孔的流动被其他接触面覆盖，可以是完全或者部分地堵塞通气孔的流动。

可以为任何流体交换属性考虑堵塞。然而，在检查接触堵塞的流体腔的边界上必须定义一个面。Abaqus/Explicit 将通过接触面来计算未阻塞的面积分数，并且对流出腔的质量或者能量流率应用此分数。可以控制可造成堵塞的面组合。Abaqus/Explicit 将不考虑接触面要造成的堵塞，除非指定它们能够造成堵塞（见《Abaqus 分析用户手册——指定的条件、约束和相互作用卷》的 4.1.4 节）。

输入文件用法： *FLUID EXCHANGE ACTIVATION，BLOCKAGE = YES

Abaqus/CAE 用法：Abaqus/CAE 中不支持由于接触边界面造成的堵塞。

限制流动方向

默认情况下，当在流体交换定义中包括了另外一个节点时，主流体腔既可以发生流入，也可以发生流出。此外，当在一个单独的腔与它的环境之间定义了流动时，热能流动可以在两个方向上发生。可以在 Abaqus/Explicit 中限制这些情况中的流动方向，这样流体或者热能流动仅流出主流体腔。此方法仅与基于分析条件的，并且不基于预先指定的质量、体积或者热能流量的流体交换定义相关。

输入文件用法： *FLUID EXCHANGE ACTIVATION，OUTFLOW ONLY

Abaqus/CAE 用法：Abaqus/CAE 不支持限制流动方向。

激活基于泄漏面积的改变而产生的流体交换

在 Abaqus/Explicit 中，可以激活基于定义有效的表面面积的改变而产生的腔之间的流动。需要指定实际表面面积对初始有效面积的比，此比值代表触发流体交换的阈值。用于腔之间（或者腔与环境之间）流体交换的有效面积是实际面积与初始面积之间的差。

输入文件用法： 使用下面的选项：

*FLUID EXCHANGE，SURFACE = 面名称

*FLUID EXCHANGE ACTIVATION，DELTA LEAKAGE

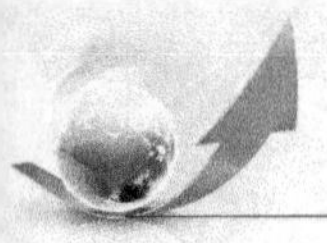

AREA = 面比率

Abaqus/CAE 用法：Abaqus/CAE 不支持基于泄漏面积变化的流体交换激活。

在多个步中激活

默认情况下，当更改流体交换定义的有效性时，或者激活一个新的流体交换定义时，保留步中所有的现有流体交换的有效性。当更改一个现有的有效性时，必须重新设定所有适用数据。

被激活的流体交换定义在后续步中保持激活，除非对其进行抑制。可以选择在模型中抑制所有的流体交换定义，并且选择性地再激活新的定义。如果在一个步中抑制任何流体交换定义，则必须重新指定所有的流体交换定义。

输入文件用法：使用下面的选项来更改一个现有的流体交换激活，或者来指定一个额外的流体交换（默认的）：

*FLUID EXCHANGE ACTIVATION，OP = MOD

使用下面的选项来抑制模型中的所有流体交换定义，并且选择性地再激活新的定义：

*FLUID EXCHANGE ACTIVATION，OP = NEW

Abaqus/CAE 用法：Abaqus/CAE 中，流体交换激活对于所有步中的流体交换相互作用是自动的，不允许更改或者添加。

指定 Abaqus/Standard 中的质量通量

在 Abaqus/Standard 中，一个腔中的流体量可以在一个步中发生变化。可以使用一个幅值曲线来定义具体步过程中的质量流率。

输入文件用法：使用下面的选项：

*AMPLITUDE，NAME = 幅值_名称

*FLUID FLUX，AMPLITUDE = 幅值_名称

使用下面的选项来更改现有的流体通量或者给一个腔指定一个额外的流体通量（默认的）：

*FLUID FLUX，OP = MOD

使用下面的选项来抑制模型中的所有流体通量定义，并且有选择地再激活新的定义：

*FLUID FLUX，OP = NEW

Abaqus/CAE 用法：Abaqus/CAE 中，不支持使用流体通量来更改质量流率。

参考文献

• Bird，R. B.，W. E. Stewart，and E. N. Lightfoot，Transport Phenomena，Wiley，New York，2002.

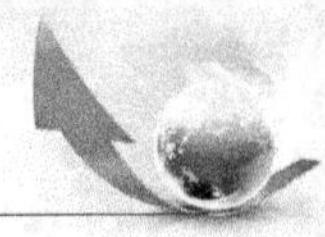

6.5.4 充气器定义

产品：Abaqus/Explicit

参考

- “基于面的流体腔：概览”6.5.1 节
- “流体腔定义”6.5.2 节
- “流体交换定义”6.5.3 节
- *FLUID INFLATOR
- *FLUID INFLATOR PROPERTY
- *FLUID INFLATOR ACTIVATION

概览

一个充气器定义：

- 可以用来对一个流体腔充气，来仿真用于安全气囊辅助乘员保护系统的实际充气器；
- 可以使用与存在于流体腔中的理想气体混合物不同的理想气体混合物来填充一个流体腔；
- 可以直接进行指定，或者通过定义来自一个容器试验的数据来指定；
- 可以通过名字来识别质量流率的历史输出；
- 可以在分析的过程中，在任何时间上得到激活。

定义一个充气器

Abaqus/Explicit 中的充气器功能，适合模拟用于安全气囊系统的充气器所具有的流动特征。必须将充气器定义与一个名字关联。指定流体腔的参考节点，充气器将对此流体腔注入气体。一个单独的流体腔可以具有任意数量的充气器。

输入文件用法：　*FLUID INFLATOR，NAME = 名称
　　流体腔参考节点

定义充气器属性

充气器属性通过直接的，或者通过输入容器试验数据，来将质量流率和温度定义成充气时间的函数。它也定义进入流体腔的气体混合物。必须将充气器属性与一个名字相关联。随后可以使用此名字来将一特定的属性与一个充气器定义相关联。

输入文件用法：　使用下面的选项：

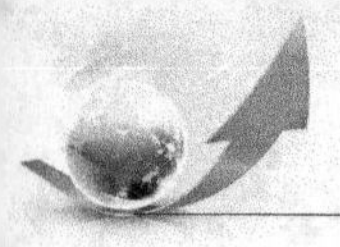

＊FLUID INFLATOR，NAME＝流体充气器名称，
PROPERTY＝属性名称
＊FLUID INFLATOR PROPERTY，NAME＝属性名称

直接指定气体温度和质量流率

可以直接将进入流体腔的气体温度和质量流率定义为充气时间的函数。输入一个质量流率和温度对充气时间的表。

输入文件用法：　＊FLUID INFLATOR PROPERTY，TYPE＝TEMPERATURE AND MASS
充气时间，充气气体温度，充气质量流率
…

使用容器测试数据

进入流体腔的气体的质量流率和温度，可以通过容器试验的结果来确定。在试验中，将充气器放入一个封闭的、体积固定的容器中放气，并且对容器内压力的时间历史进行测量。然后使用气体动力学方程，从压力历史计算得到充气器质量流率。对于一个理想气体，通过下式给出一个绝热过程的能量守恒。

$$\dot{m}_{\text{tank}}c_v\theta_{\text{tank}}+m_{\text{tank}}c_v\dot{\theta}_{\text{tank}}=\dot{m}_{in}c_p(\theta_{in}-\theta^Z)$$

其中θ是温度，θ^Z是所用温度尺度上的绝对零度，并且角标 in 和 tan$k$ 分别参照充气器和刚性容器的量。根据质量平衡，有

$$\dot{m}_{\text{tank}}=\dot{m}_{in}$$

并且一个具有恒定体积的理想气体所具有的状态方程是

$$\dot{p}_{\text{tank}}V_{\text{tank}}=R(\dot{m}_{\text{tank}}\theta_{\text{tank}}+m_{\text{tank}}\dot{\theta}_{\text{tank}})$$

通过合并上面的那些方程，可以找到质量流率

$$\dot{m}_{in}=\frac{\dot{p}_{\text{tank}}V_{\text{tank}}}{\gamma R(\theta_{in}-\theta^Z)}$$

式中　γ——比定压热容 c_p 与比定容热容 c_V 的比值：

$$\gamma=\frac{c_p}{c_V}$$

要使用一个容器试验结果来计算质量流率，输入一个容器压力和充气温度对充气时间的表，并且指定容器的体积。

输入文件用法：　＊FLUID INFLATOR PROPERTY，TYPE＝TANK TEST，TANK VOLUME＝V_{tank}
充气时间，充气器温度，容器压力
…

使用二元压力法

如果在一个容器测试过程中，对充气压力 $\tilde{p}_{in}$ 和容器压力 p_{tank} 的时间历史曲线都进行了测

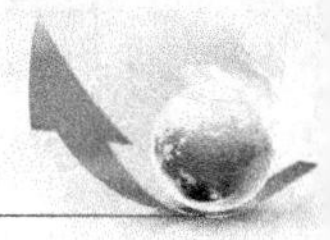

量，则使用等熵流动的假设来计算充气器质量流率和温度（Wang 和 Nefske，1988）。通过充气器口的质量流率可以通过下式来描述。

$$\dot{m}_{in}=CA\frac{\tilde{p}_{in}}{\sqrt{R(\theta_{in}-\theta^Z)}}C_{tank}$$

式中 C——排量系数；

A——有效面积；

C_{tank}——系数，其值通过假定堵塞或者声速流来确定。

$$C_{tank}=\left(\frac{2}{\gamma+1}\right)^{\frac{1}{\gamma-1}}\sqrt{\frac{2\gamma}{\gamma+1}}$$

将一个刚性容器中得到的充气器质量流率的表达式与上面给出的表达式进行对比，充气器温度通过下面给出。

$$\theta_{in}-\theta^Z=\frac{1}{R}\left(\frac{\dot{p}_{tank}V_{tank}}{\gamma CAC_{tank}\tilde{p}_{in}}\right)^2$$

并且充气器质量流率是

$$\dot{m}_{in}=\frac{\gamma(CAC_{tank}\tilde{p}_{in})^2}{V_{tank}\dot{p}_{tank}}$$

要使用二元压力法计算充气质量流率和温度，输入一个容器压力和充气器压力对充气器时间的表。并且指定容器的体积、有效面积和排量系数。必须指定容器体积和有效面积。排量系数的默认值为 0.4。

输入文件用法： ＊FLUID INFLATOR PROPERTY，TYPE = DUAL PRESSURE，
TANK VOLUME = V_{tank}，EFFECTIVE AREA = A，
DISCHARGE COEFFICIENT = C
充气时间，充气器压力，容器压力
…

直接指定充气器压力和质量流率

可以输入一个质量流率和充气器压力对充气时间的表，并且指定有效面积和排气系数。充气器中的气体温度将通过使用等熵流的假定来进行计算。必须指定有效面积。排气系数的默认值为 0.4。

输入文件用法： ＊FLUID INFLATOR PROPERTY，TYPE = PRESSURE AND MASS，
EFFECTIVE AREA = A，DISCHARGE COEFFICIENT = C
充气时间，充气器压力，充气器质量流率
…

指定气体混合物

要定义充气器气体混合物，指定用于充气器的气体组分数量，并且输入一个流体行为的名称列表和一个质量分数或者组分的摩尔分数表格。组分的质量分数或者摩尔分数可以是充气时间的函数。组分的质量分数或者摩尔分数的总和应当在给定的任何时刻等于 100%。

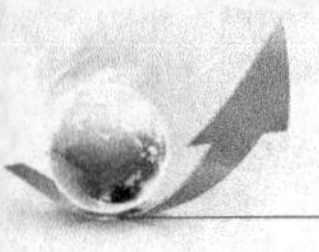

输入文件用法： 使用下面的选项，以质量分数的形式指定气体混合物：

*FLUID INFLATOR PROPERTY

*FLUID INFLATOR MIXTURE，NUMBER SPECIES = k，TYPE = MASS FRACTION

流体行为名称1，流体行为名称2，等

充气时间，质量分数1，质量分数2，等

…

使用下面的选项，以摩尔分数的形式指定气体混合物：

*FLUID INFLATOR PROPERTY

*FLUID INFLATOR MIXTURE，NUMBER SPECIES = k，TYPE = MOLAR FRACTION

流体行为名称1，流体行为名称2，等

充气时间，摩尔分数1，摩尔分数2，等

…

激活充气器定义

不会发生充气，除非在一个分析步中激活了充气定义。

输入文件用法： 使用下面的选项来激活一个给定分析步的流体充气器：

*FLUID INFLATOR，NAME = 流体充气器名称

*FLUID INFLATOR ACTIVATION

流体充气器名称

将充气时间关联到分析时间

充气器属性定义由指定气体变量对充气时间的表格组成。在Abaqus/Explicit中，充气时间 t_{in} 与一个幅值曲线 $f(t)$ 存在下列关系。

$$t_{in} = \int_0^t f(t)\,\mathrm{d}t$$

通常的，幅值变量是一个阶跃函数，在气囊应当展开的时刻从零跃变到一。此幅值变量具有从分析时间抵消充气时间的效果。

输入文件用法： 使用下面的选项：

*AMPLITUDE，NAME = 幅值名称

*FLUID INFLATOR ACTIVATION，INFLATION TIME AMPLITUDE = 幅值名称

更改质量流率

如果质量流率是在充气器属性定义中直接指定的，则可以在一个步中，通过指定一个幅值定义来更改它。然而，如果质量流率是通过使用容器测试数据或者二元压力法来计算的，则幅值定义将被忽略。

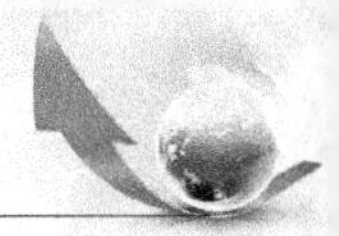

输入文件用法：　使用下面的选项：

*AMPLITUDE，NAME = 幅值名称

*FLUID INFLATOR ACTIVATION，MASS FLOW AMPLITUDE = 幅值名称

在多步中激活

默认情况下，当更改一个流体充气器定义的有效性时，或者激活一个新流体充气器定义时，保持步中所有现有流体充气器的有效性。当更改一个现有的有效性时，所有适用参数必须重新进行指定。

被激活的充气器定义在后续步中是保持有效的，除非被抑制。可以选择抑制模型中的所有流体充气器定义，并且选择性地再激活新的充气器定义。如果在一个步中抑制了任何流体充气器定义，则所有流体充气器定义必须重新进行指定。

输入文件用法：　使用下面的选项来更改一个现有的流体充气器有效性，或者指定一个额外的流体充气器有效性（默认的）：

*FLUID INFLATOR ACTIVATION，OP = MOD

使用下面的选项来抑制模型中所有的流体充气器定义，并且选择性地再激活新的流体充气器定义：

*FLUID INFLATOR ACTIVATION，OP = NEW

参考文献

- Wang，J. T.，and O. J. Nefske，“A New CAL3D Airbag InflationModel，” SAE paper 880654，1988.

6.6 质量缩放

产品：Abaqus/Explicit　　Abaqus/CAE

参考

- “显式动力学分析” 1.3.3 节
- “调整和/或者重新分布单元集的质量”《Abaqus 分析用户手册——介绍、空间建模、执行与输出卷》的 2.6.1 节
- “输出”《Abaqus 分析用户手册——介绍、空间建模、执行与输出卷》的 4.1.1 节
- *FIXED MASS SCALING
- *VARIABLE MASS SCALING
- “构造通用的分析过程” 中的 “构造一个动态的，显式的过程”《Abaqus/CAE 用户手册》的 14.11.1 节，此手册的 HTML 版本中
- “构造通用分析过程” 中的 “构造一个使用显式积分的动态完全耦合的热应力过程”《Abaqus/CAE 用户手册》的 14.11.1 节，此手册的 HTML 版本中

概览

通常为了准静态分析中的计算效率，以及某些包含一些控制稳态时间增量的非常小单元的一些动态分析，在 Abaqus/Explicit 中使用质量缩放。质量缩放有如下作用：

- 缩放整个模型的质量，或者缩放单个单元或者单元集的质量；
- 在一个多步分析中在每步的基础上缩放质量；
- 在步开始时和（或者）整个步上缩放质量。

质量缩放可以通过下面来执行：

- 通过一个用户提供的常数因子来缩放所有指定单元的质量；
- 使用相同的值来缩放所有指定单元的质量，这样单元集中的任何单元的最小稳定时间增量等于一个用户提供的时间增量；
- 单元集中，只有单元稳定时间增量小于用户提供的时间增量的单元，其质量才得到缩放，这样，这些单元的单元稳定时间增量变成等于用户提供的时间增量；
- 缩放所有指定单元的质量，这样它们的每一个单元稳定时间增量变成与用户提供的时间增量相等；
- 基于块金属轧制分析的网格几何形体和初始条件自动缩放。

介绍

显式动力学过程通常用来解决两类问题：瞬态动力学响应计算和涉及复杂非线性影响（最常见的涉及复杂接触状态的问题）的准静态仿真。因为使用显式中心差分方法在时间中积分时间函数（见 1.3.3 节），所以平衡方程中使用的离散质量矩阵，在两类问题的计算效率和精度上，都扮演关键角色。当正确使用时，质量缩放可以改善计算效率，同时保持一个

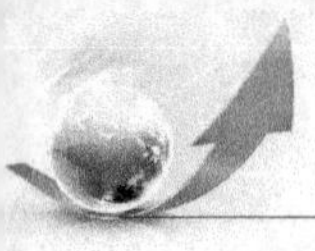

具体问题类型所要求的必要的精确度。然而，对于准静态仿真最适合的质量缩放技术，与用于动态分析的质量缩放技术，可能是非常不同的。

准静态分析

对于包含率无关材料行为的准-静态仿真，自然时间尺度通常是不重要的。要取得一个经济的解，降低分析的时间周期，或者人为地增加模型的质量（“质量缩放”）通常是有用的。这两种选择对率无关材料都产生类似的结果，虽然如果模型中包括率相关性，质量缩放是降低求解时间的优先方法，因为自然时间尺度是保持不变的。

准静态分析的质量缩放通常在整个模型上执行。然而，当一个模型的不同部分具有不同的刚度和质量属性时，只缩放模型的选中部分，或者独立缩放每一个部分是有帮助的。在许多情况中，从来没有必要降低模型的物理质量值，并且通常不可能人为地增加质量而不降低精度。对于大部分的准静态情况，有限度的质量缩放通常是可能的，并且将造成 Abaqus/Explicit 使用的时间增量的相应增加，以及一个计算时间的相应减少。然而，必须确保质量的变化和所造成的惯性力增加不显著的改变解。

虽然通过更改模型中的材料密度可以达到质量缩放的目的，但是此节所描述的方法提供了更多的灵活性，特别是在多步分析中。

在一个准静态分析中使用质量缩放的讨论，见《Abaqus 例题手册》的 1.3.6 节。

动态分析

在动态分析中，自然时间尺度总是重要的，并且捕捉瞬态响应会要求模型中的物理质量和惯性的精确表示。然而，许多复杂动态模型包含一些非常小的单元，它们将迫使 Abaqus / Explicit 使用一个小的时间增量来对整个模型在时间中积分。这些小单元通常是一个困难网格生成任务的结果。通过在步的开始时缩放这些控制网格的质量，可以显著提高稳定时间增量，对模型的整个动态行为的影响则可以忽略。

在一个碰撞分析中，靠近碰撞区域的单元通常经历大量的变形。这些单元的降低后的特征长度导致一个更小的全局时间增量。按要求在整个仿真中缩放这些单元的质量，可以显著降低计算时间。对于扁长的单元影响一个静态刚体的情况，在仿真中增加这些小单元的质量将对整个动态响应具有非常小的影响。

真正的动态事件的质量缩放，将几乎总是只发生于有限数量的单元，并且绝对不会明显增加模型的整个质量属性，明显增加整个质量属性将降低动态解的精度。

对于在一个动态分析中使用质量缩放的讨论，见《Abaqus 基准手册》的 1.3.10 节。

稳定时间增量

贯穿此节，术语“单元稳定时间增量”指一单个单元的稳定时间增量。术语“单元-单元的稳定时间增量”指一个特定单元集内的最小单元稳定时间增量。术语“稳定时间增量”指整个模型的稳定时间增量，无论是否使用了全局评估或者单元-单元的评估。

在一个模型中导入质量缩放

在 Abaqus/Explicit 中有两类质量缩放可以使用：固定的质量缩放和可变的质量缩放。这

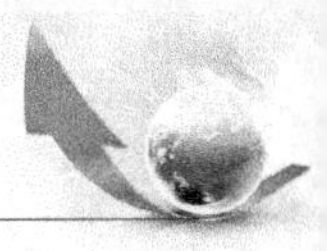

两类质量缩放可以分别加以应用，或者可以一起施加它们来定义一个整体质量缩放策略。质量缩放也可以全局的应用于整个模型，或者可选的，以单元集为基础来施加在一个单元集上。

固定的质量缩放

在指定固定质量缩放的步的开始时执行一次。对于固定的质量缩放，两个基本方法是可以使用的：可以直接的定义一个质量缩放，或者可以定义一个期望的最小稳定时间增量，对于此方法的质量缩放因子，将由 Abaqus/Explicit 来确定。

如果在一个步中，可变质量缩放和固定质量缩放都进行了指定，则在步的开始，依据所指定的固定质量缩放，进行一次单元原始质量缩放。然后基于所指定可变质量缩放，在步的开始和步的过程中周期性地进一步进行缩放。

固定的质量缩放提供一个简单的办法，在一个分析的开始时更改一个准静态模型的质量属性，或者在一个动态模型中更改一些小单元的质量，这样这些小单元不控制稳定时间增量大小。因为仅在定义了质量缩放的步的开始时执行了一次缩放操作，所以固定的质量缩放在计算上是高效的。

输入文件用法： ＊FIXED MASS SCALING

Abaqus/CAE 用法：Step module：Create Step：General，Dynamic，Explicit 或 Dynamic，Temp-disp，Explicit：Mass scaling：Use scaling definitions below：Create：Semi-automatic mass scaling，Scale：At beginning of step

可变质量缩放

可变质量缩放用来在步的开始和步过程中周期性地缩放单元质量。当使用此类型的质量缩放时，定义一个期望的最小稳定时间增量：质量缩放因子将自动地得到计算并按要求施加于整个步。

如果在一个步中，可变质量缩放和固定的质量缩放都得到指定，则在那个步的开始时，基于所指定的固定质量缩放，对单元的原始质量进行一次缩放。接着，基于所指定的可变质量缩放，在那个步的开始时并在过程中周期性地对单元质量进一步缩放。

当控制稳定时间增量的刚度属性在步过程中剧烈变化时，可变的质量缩放是非常有用的。此情形在准静态的块成型和单元高度受压或者压碎的动态仿真中都能发生。

输入文件用法： ＊VARIABLE MASS SCALING

Abaqus/CAE 用法：Step module：Create Step：General，Dynamic，Explicit 或 Dynamic，Temp-disp，Explicit：Mass scaling：Use scaling definitions below：Create：Semi-automatic mass scaling，Scale：Throughout step

直接定义一个缩放因子

直接定义一个标量因子，对于准静态分析是有用的，在此分析中，模型中的动能应当保持较小。可以定义一个固定质量缩放因子，施加到一个指定单元集中的所有单元的原始质量上。在步的开始时，单元的质量将得到缩放，并且在整个步上保持固定，除非通过可变质量缩放得到进一步的更改。

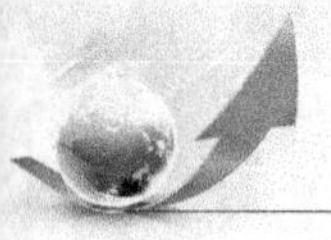

输入文件用法：　*FIXED MASS SCALING，FACTOR＝缩放因子

例如，下面的选项通过一个因子10来缩放单元集 *elset* 中的单元的质量：

*FIXED MASS SCALING，FACTOR＝10.，ELSET＝*elset*

Abaqus/CAE用法：Step module：Create Step：General，Dynamic，Explicit 或 Dynamic，Temp-disp，Explicit：Mass scaling：Use scaling definitions below：Create：Semi-automatic mass scaling，Scale：At beginning of step，Scale by factor：缩放因子

定义一个期望的单元-单元的稳定时间增量

可以定义一个单元集的期望的单元-单元的稳定时间增量是固定的或者可变质量缩放的。Abaqus/Explicit将接着确定必要的质量缩放因子。当定义了一个期望的单元-单元的稳定时间增量时，有三种可用的互斥方法来缩放模型的质量。在此节的后面部分对每一种方法进行了详细的描述。

要确定在一个增量中使用的稳定时间增量，Abaqus/Explicit首先基于一个单元-单元的基础来确定最小的稳定时间增量。然后，一个全局的评估算法基于模型的最高频率来确定一个稳定的时间增量。两个评估的较大者确定所使用的稳定时间增量。通常，通过全局评估确定的稳定时间增量将大于通过单元-单元的评估确定的稳定时间增量。当将固定的或者可变的质量缩放与一个指定的单元-单元的稳定时间增量一起使用来缩放一组单元的质量时，单元-单元的稳定时间增量评估直接受到影响。如果模型中的所有单元通过一个单独的质量缩放定义进行缩放，则单元-单元的评估将等于赋予单元-单元的稳定时间增量值，除非使用了罚方法来强制接触约束。罚接触可以造成单元-单元的评估略微低于赋予单元-单元的稳定时间增量值（见《Abaqus分析用户手册——指定的条件、约束和相互作用卷》的3.4.5节和5.2.3节）。因为整体评估的使用，所使用的实际稳定时间增量可以大于赋予单元-单元的稳定时间增量值。如果仅在模型的一部分上执行了质量缩放，则没有缩放的单元可以具有小于赋予单元-单元的稳定时间增量值的单元稳定时间增量，并且在那样的情况中，将控制单元-单元的稳定时间增量评估。作为结果，如果只有部分的模型得到缩放，则所用的时间增量将通常不等于赋予单元-单元的稳定时间增量值。

如果显式动态步的固定时间增量大小是基于初始单元-单元的稳定性限制的，或者是直接指定的，则所用时间增量将根据1.3.3节中描述的法则进行计算。

均匀的缩放质量

均匀的缩放质量对于准静态分析是有用的，在此分析中，模型中的动能应当保持较小。此方法类似于直接定义一个缩放因子。在两种情况中，所有指定单元的质量通过一个单独的因子均匀得到缩放。然而，使用此方法，质量缩放因子是通过Abaqus/Explicit确定的，而不是由用户指定。一个单独的质量缩放因子对所有的单元均匀地施加，这样，这些单元中的最小稳定时间增量等于赋予单元-单元的稳定时间增量值 d*t*。

输入文件用法：　使用下面选项中的任意一项：

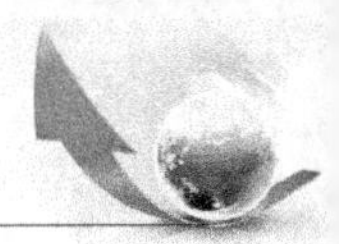

* FIXED MASS SCALING，TYPE = UNIFORM，DT = d*t*

* VARIABLE MASS SCALING，TYPE = UNIFORM，DT = d*t*

Abaqus/CAE 用法：Step module：Create Step：General，Dynamic，Explicit 或 Dynamic，Temp-disp，Explicit：Mass scaling：Use scaling definitions below：Create：Semi-automatic mass scaling，Scale：At beginning of step 或 Throughout step，Scale to target time increment of：d*t*，Scale element mass：Uniformly to satisfy target

仅缩放单元稳定时间增量小于所指定的单元-单元的稳定时间增量的单元

缩放单元稳定时间增量小于一个用户指定值的单元，对于准静态和动态分析都是合适的。增加最关键单元的单元稳定时间增量是有用的。

当一个分析或者一个步开始时的网格，包含了一些控制稳定时间增量大小的非常小的单元时，使用固定质量缩放来缩放这些单元的质量，并且使用一个期望的时间增量值来开始此步。仅提高这些控制单元的质量，意味着可以显著地增加稳定时间增量，可以忽略对模型整个行为的影响。

对于不断发展的变形创建出有限数量的小单元的分析，使用可变质量缩放来缩放这些单元的质量，这样限制了稳定时间增量的降低。

输入文件用法：　使用下面选项的任何一个：

* FIXED MASS SCALING，TYPE = BELOW MIN，DT = d*t*

* VARIABLE MASS SCALING，TYPE = BELOW MIN，DT = d*t*

Abaqus/CAE 用法：Step module：Create Step：General，Dynamic，Explicit 或 Dynamic，Temp-disp，Explicit：Mass scaling：Use scaling definitions below：Create：Semi-automatic mass scaling，Scale：At beginning of step 或 Throughout step，Scale to target time increment of：d*t*，Scale element mass：If below minimum target

缩放所有单元来得到相等的单元稳定时间增量

缩放所有的单元使得它们具有相同的稳定时间增量，实际收缩了模型的本征谱；它降低了模型的最低和最高自然频率之间的范围。因为在质量属性中的剧烈变化，此方法仅适用于准静态分析。它表明一些单元可具有小于一的缩放因子。

输入文件用法：　使用下面选项中的任意一个：

* FIXED MASS SCALING，TYPE = SET EQUAL DT，DT = d*t*

* VARIABLE MASS SCALING，TYPE = SET EQUAL DT，DT = d*t*

Abaqus/CAE 用法：Step module：Create Step：General，Dynamic，Explicit 或 Dynamic，Temp-disp，Explicit：Mass scaling：Use scaling definitions below：Create：Semi-automatic mass scaling，Scale：At beginning of step 或 Throughout step，Scale to target time increment of：d*t*，Scale element mass：Nonuniformly to equal target

全局和局部质量缩放

指定一个单元集为固定的或者可变的质量缩放，缩放模型一个局部区域的质量。忽略单元集的指定说明将为所有的单元实施质量缩放。可以通过重复具有一个指定单元集的质量缩放定义，由一个给定的单元集的局部定义来覆盖一个整体定义。

输入文件用法：　使用下面选项的任意一个：

* FIXED MASS SCALING，ELSET = 单元集

* VARIABLE MASS SCALING，ELSET = 单元集

Abaqus/CAE 用法：Step module：Create Step：General，Dynamic，Explicit 或 Dynamic，Temp-disp，Explicit：Mass scaling：Use scaling definitions below：Create：Semi-automatic mass scaling，Scale：At beginning of step 或 Throughout step，Region：Set：单元集

例子 1

当材料具有完全不同的波速时，或者在一个分析中存在网格细化时，不同质量缩放因子可以是有用的。在此例题中，在一个准静态分析中，一个 50 的缩放因子对于所有单元的质量是可取的，只有部分单元使用了 500 的缩放因子。

* FIXED MASS SCALING，FACTOR = 50.0

* FIXED MASS SCALING，FACTOR = 500.0，ELSET = *elset*1

第一个固定质量缩放定义通过因子 50 来缩放模型中所有单元的质量。第二个固定质量缩放定义，通过一个因子 500 来缩放包含在单元集 *elset*1 中的单元质量，来取代单元集 *elset*1 中所包含单元的第一个定义。

例子 2

缩放 *elset*1 中单元质量的另外一个方法是给它们赋予一个稳定时间增量，并且让 Abaqus/Explicit 来确定质量缩放因子。

* FIXED MASS SCALING,FACTOR = 50.0

* FIXED MASS SCALING,DT = 0.5E-6,TYPE = BELOW MIN,ELSET = *elset*1

第一个固定质量缩放定义通过因子 50，缩放整个模型中的质量。第二个固定质量缩放定义通过缩放 *elset*1 中稳定时间增量小于 0.5×10^{-6} 的任何单元的质量，来取代第一个定义。

步开始时的质量缩放

固定的质量缩放仅是用来在步的开始时指定缩放质量，并且总是缩放原始单元质量。当直接定义缩放因子时，质量通过赋予缩放因子的值来缩放。如果指定了单元-单元的稳定时间增量 d*t*，则基于此值进行质量缩放。如果缩放因子和单元-单元的稳定时间增量都进行了指定，则质量首先通过赋予的缩放因子值进行缩放，如果可能的话再进行缩放，取决于所赋

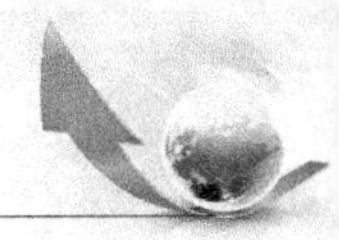

予的单元-单元的稳定时间增量值和所选的固定质量缩放的类型。

可以为一个特定的单元集定义局部质量缩放。如果没有指定单元集，则固定的质量缩放定义将应用于模型中的所有单元。每个单元集仅允许一个固定质量缩放定义。多个固定质量缩放定义不能包含重叠的单元集。局部质量缩放定义将覆盖指定单元集的整体定义。

输入文件用法：＊FIXED MASS SCALING，FACTOR = 因子，DT = d*t*，TYPE = 类型，ELSET = 单元集

Abaqus/CAE 用法：Step module：Create Step：General，Dynamic，Explicit 或 Dynamic，Temp-disp，Explicit：Mass scaling：Use scaling definitions below：Create：Semi-automatic mass scaling，Scale：At beginning of step，Scale by factor：因子，Scale to target time increment of：d*t*

例子

假定对于一个准静态分析，对模型中的所有单元应用了一个质量缩放因子 50。此外，假定即使进行了一个因子 50 的缩放后，一些极小的或者形状差的单元造成稳定时间增量小于一个期望的最小值。要提高稳定时间增量，使用下面的选项：

＊FIXED MASS SCALING，FACTOR = 50.，TYPE = BELOW MIN，DT = 0.5E-6

指定的缩放因子造成模型中所有单元的质量放大了 50。如果任何单元稳定时间增量在进行了因子 50 的缩放后，仍然低于 0.5×10^{-6}，则缩放它的质量使得它的稳定时间增量等于 0.5×10^{-6}。

贯穿步的质量缩放

具有一个指定的单元-单元的稳定时间增量的可变质量缩放，是用来定义在步的开始时和贯穿步过程中执行的质量缩放的。必须指定增量中的频率或者间隔的次数，来定义如何反复地执行质量缩放。在没有执行质量缩放的增量中，所使用的时间增量通常将不同于赋予单元-单元的稳定时间增量值。

可以为一个指定的单元集定义局部质量缩放。如果没有指定单元集，则将对模型中的所有单元应用可变质量缩放定义。每一个单元集仅允许一个可变的质量缩放定义。多个可变的质量缩放定义不能包含重叠的单元集。局部质量缩放定义将覆盖指定单元集的整体定义。

输入文件用法：＊VARIABLE MASS SCALING，DT = d*t*，TYPE = 类型，ELSET = 单元集

Abaqus/CAE 用法：Step module：Create Step：General，Dynamic，Explicit 或 Dynamic，Temp-disp，Explicit：Mass scaling：Use scaling definitions below：Create：Semi-automatic mass scaling，Scale：Throughout step，Scale to target time increment of：d*t*

在等间隔的增量上计算质量缩放

可以指定质量缩放计算之间的增量个数。例如，指定间隔为 5，将产生在步的开始处和

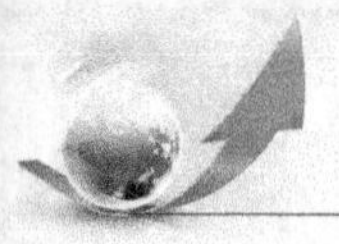

在增量 5、10、15 等处执行质量缩放。

当选择频率值时要小心，因为在一个分析中，每几个增量执行质量缩放，可造成每个增量明显的额外计算成本。

输入文件用法： ＊VARIABLE MASS SCALING，TYPE＝类型，DT＝dt，FREQUENCY＝n

Abaqus/CAE 用法：Step module：Create Step：General，Dynamic，Explicit 或 Dynamic，Temp-disp，Explicit：Mass scaling：Use scaling definitions below：Create：Semi-automatic mass scaling，Scale：Throughout step，Scale to target time increment of：dt，Scale：Every n increments

在等间隔的时间间隔上计算质量缩放

另外，可以指定等间隔的时间间隔数目，在此间隔时间上执行质量缩放计算。例如，在一个具有 1s 过程的步中指定 5 个间隔，将产生在步的开始和时间点 0.2，0.4，0.6，0.8，和 1.0s 上执行质量缩放。

输入文件用法： ＊VARIABLE MASS SCALING，TYPE＝类型，DT＝dt，NUMBER INTERVAL＝n

Abaqus/CAE 用法：Step module：Create Step：General，Dynamic，Explicit 或 Dynamic，Temp-disp，Explicit：Mass scaling：Use scaling definitions below：Create：Semi-automatic mass scaling，Scale：Throughout step，Scale to target time increment of：dt，Scale：At n equal intervals

步的开始和过程上的不同质量缩放

存在这样的情况，期望在一个步的开始时包括的质量缩放，可以在贯穿步的过程中得到进一步的更改。

输入文件用法： 同时使用下面的两个选项：

＊FIXED MASS SCALING，FACTOR＝因子，TYPE＝类型，DT＝dt_初始

＊VARIABLE MASS SCALING，TYPE＝类型，DT＝dt_最小，FREQUENCY＝n

或 NUMBER INTERVAL＝n

Abaqus/CAE 用法：同时创建以下两个质量缩放定义：

Step module：Create Step：General，Dynamic，Explicit 或 Dynamic，Temp-disp，Explicit：Mass scaling：Use scaling definitions below：Create：Semi-automatic mass scaling，Scale：At beginning of step Semi-automatic mass scaling，Scale：Throughout step

例子

假定在一个碰撞分析中，在网格中存在一些极小的或者形状差的单元，并且因此控制稳定时间增量。要防止这些单元控制稳定时间增量，希望在步的开始缩放它们的质量。此外，

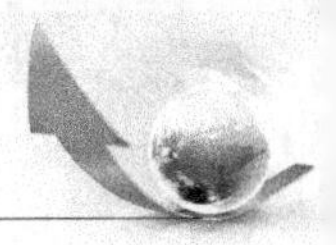

作为与一个固定刚性面碰撞的结果，网格区域中的单元将出现严重的扭曲。因此，在撞击区域中的单元可能最后控制稳定时间增量。

由于碰撞区域中的单元基本上是对着刚性面静止的，有选择地缩放它们的质量将保证整个动态响应没有不利的影响。通过指定一个时间增量来缩放这些单元质量，来限制单元-单元的稳定时间增量的下降，可大幅减少运行时间。

例如，为模型中所有稳定时间增量低于 1.0×10^{-6} 的单元指定固定的质量缩放。此外，为碰撞区域（elset1）中稳定时间增量低于 0.5×10^{-6} 的单元指定可变质量缩放。在此情况中，所有模型中的单元在步开始时得到检查。如果任何单元具有小于 1.0×10^{-6} 的稳定时间增量，则它们的质量将被缩放（独立的），这样单元-单元的稳定时间增量等于 1.0×10^{-6}。此缩放在整个步中保持有效，并且不再进行进一步的更改，除了 elset1 中的那些单元。可变质量缩放定义造成 elset1 中包含的单元在整个步中得到缩放，这样它们的稳定时间增量没有变得小于 0.5×10^{-6}。因为只有 elset1 中的单元在步中得到了缩放，可以产生小于 0.5×10^{-6} 的稳定时间增量。

在多步分析中质量缩放

在一个步的结束时已经得到缩放的单元质量和任何在那个步中指定的可变质量缩放方法，会自动地向前执行到后续步，以确保步边界处质量矩阵中的连续性和可变质量缩放方法的连续应用。然而，可以将单元质量重设成它们的原始值，或者通过在后续步的开始时使用一个新的固定的质量缩放方法来重新计算单元质量。也可以删除从前面的步继承的可变质量缩放方法，或者使用一个新的可变质量缩放方法来替换所继承的方法。

要重设初始质量矩阵，在后续步中指定一个固定的质量缩放方法。类似的，在后续步中指定一个可变质量缩放方法，来中断前面步的所有可变质量缩放方法。下面的例子分别说明：a）继续质量矩阵，没有进一步的质量缩放；b）恢复质量矩阵到原始的状态，没有进一步的质量缩放。

由于质量缩放，单元质量中的非常大的变化贯穿步，可导致质量计算中的精度问题。这些精度问题可以产生错误的或者误导性的结果。当在此种情况中预期到单元质量中的大变化时，推荐在新步中使用固定质量缩放，重新将单元质量设定成它们的原始值，然后再使用要求的额外质量缩放定义，来缩放单元质量到它们的期望值。

没有进一步缩放的连续质量矩阵

要定义一个没有进一步缩放的连续质量矩阵，通过重新定义一个新的可变质量缩放，来删除从先前的步中继承的任何可变质量缩放定义。

输入文件用法：　在一个新步中，使用没有任何参数的下面选项：

*VARIABLE MASS SCALING

Abaqus/CAE 用法：Step module：Create Step：General，Dynamic，Explicit 或 Dynamic，Temp-disp，Explicit：Mass scaling：Use scaling definitions below：Create：Disable mass scaling throughout step

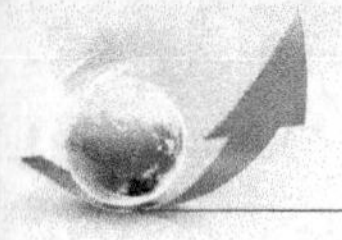

例子

假定在准静态分析的第一步过程中，单元将发生会造成稳定时间增量显著降低的扭曲。此外，假定在第二步中的变形将不会大到足够对稳定时间增量造成任何进一步的影响。

```
*HEADING
…
*STEP
…
*FIXED MASS SCALING,FACTOR=1.1
*VARIABLE MASS SCALING,TYPE=BELOW MIN,DT=1.E-5,FREQUENCY=10
…
*END STEP
*STEP
…
*VARIABLE MASS SCALING
…
*END STEP
```

在第一步过程中，固定的质量缩放增加了单元质量 1.1 倍。可变质量缩放定义在步的开始和每 10 个增量对整个模型的质量进行缩放，这样，单元-单元的稳定时间增量至少等于 1×10^{-5}。在第二步中的质量缩放定义替换了来自第一步的质量缩放定义。第二步中没有任何参数的可变质量缩放的特殊定义，也防止了第二步过程中的任何进一步的质量缩放。来自第一个步的缩放质量矩阵在整个第二步中延期使用。

恢复质量矩阵到原始状态

可以在后续步中引入一个固定的质量缩放方法，来中断所有之前步的质量缩放方法。进一步的，如果使用了默认的固定质量缩放指定，则单元矩阵在后续步的开始时恢复成它们的原始值。这样，只是指定默认的固定质量缩放方法来防止在新步中使用之前步的已经缩放的质量。这对于从一个质量缩放是合适的准静态仿真步到一个不期望缩放的动态步是合适的。

输入文件用法：　同时使用下面的无参数选项：

*FIXED MASS SCALING

*VARIABLE MASS SCALING

Abaqus/CAE 用法：同时创建下面的质量缩放定义：

Step module：Create Step：General，Dynamic，Explicit 或 Dynamic，Temp-disp，Explicit：Mass scaling：Use scaling definitions below：Create：

Reinitialize mass

Disable mass scaling throughout step

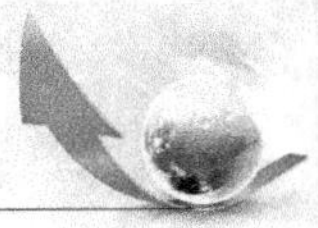

例子

假定一个分析包含一个准静态步，并且后面跟随有一个动态步。质量缩放可以在准静态步中执行，但是在动态步中关闭。

```
* HEADING
* STEP
…
* FIXED MASS SCALING,FACTOR = 1.1
* VARIABLE MASS SCALING,TYPE = BELOW MIN,DT = 1.E-5,FREQUENCY = 10
* END STEP
* STEP
* FIXED MASS SCALING
* VARIABLE MASS SCALING
* END STEP
```

在第一个步中，固定的质量缩放增加了单元质量 1.1 倍。可变质量缩放定义在步的开始和每 10 个增量对整个模型的质量进行缩放，这样，单元-单元的稳态时间增量至少等于 1×10^{-5}。然后，第二个步中的没有任何参数的新固定质量缩放定义将质量矩阵恢复到原始状态。新的可变质量缩放定义替换所有从第一步继承的可变质量缩放定义。进一步，因为新可变质量缩放定义没有参数，在第二步中没有应用质量缩放。这样，第二步的质量矩阵恢复到质量矩阵的初始状态。

来自外部程序的质量贡献通过协同仿真与 Abaqus 相连

协同仿真可以引导来自外部程序的质量和（或者）转动惯量，在步中被添加到 Abaqus 模型中。然而，一旦完成了协同仿真步，必须删除贡献和其他从外部程序导入的量。如果预计到协同仿真对 Abaqus 模型添加了质量或者转动惯量，则一旦完成了这样的一个协同仿真步，Abaqus 自动地恢复质量矩阵到原始状态。需要重新指定超越协同仿真步后必须继续任何质量缩放。

当使用或者没有使用质量缩放时

下面的实体不受质量缩放的影响：

- 一个完全耦合的热-应力分析中的热解响应
- 重力载荷，黏性压力载荷
- 绝热计算
- 材料状态方程
- 流体和流体链接单元
- 基于面的流体腔
- 弹性和阻尼器单元

与此列表中的任何相关项目相关联的密度将保持不缩放。质量、转动惯量、无限和刚性

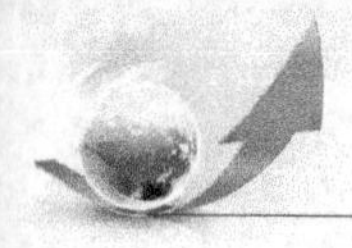

单元可以进行缩放。然而，因为没有一个单元具有一个相关的稳定时间增量，所以仅使用一个用户指定的缩放因子，或者一个均匀施加的单元-单元的稳定时间增量来缩放它们。如果指定了单元对单元的稳定时间增量，则质量缩放定义中必须包括至少一个具有稳定时间增量的单元。壳、梁和管单元中的转动惯量是基于缩放过的质量的。

无限单元的质量可以进行缩放，然而，无限单元将不会充当静默的边界，除非每一个附近可变形单元的密度通过相同的因子进行了缩放。如果两种单元都包括在同一个固定的或者可变质量缩放定义中，则它们的质量将通过相同的因子进行缩放。

块金属轧制分析的自动质量缩放

块金属轧制通常是考虑成一个准静态过程，但是此过程通常是使用 Abaqus/Explicit 来模拟，因为它控制接触问题的良好能力。要取得一个使用 Abaqus/Explicit 的经济的求解，通常人为地增加产品的质量是有效的。然而，质量缩放因子必须选择成质量中的变化和对应惯性力的变化不明显的改变解。选择太高的缩放因子将不产生准静态结果；选择太低的缩放因子，将产生较长的运行时间。可以使用轧制可变质量缩放来为此过程自动地优化此缩放因子。

自动的策略是基于半自动的方法，此方法缩放所有的单元来得到相等的单元稳定时间增量。通过从几个轧制工艺参数来确定目标稳定时间增量的合适值，使得此方法自动化。用于目标稳定时间增量 Δt 的值是基于轧制方向上的平均单元长度 L_e、进给速度 V 和产品横截面中的节点个数 n。将进给速度定义成稳态条件中轧制方向上的产品平均速率。在分析中调整 Δt 的值来考虑进给速率的实际值。必须指定平均速度的估计值，轧制方向上的平均单元长度和产品横截面中的节点数量。

任何单元的质量将永远不会低于它的原始质量。这与缩放所有单元来得到相等的单元稳定时间增量的方法是不同的。强加此约束意味着当把轧制问题作为准静态来进行分析时，具有显著惯性效应的轧制问题将不会自动调整它们的质量。

要取得良好的结果，应进行如下操作：

- 通过拉伸一个产品的二维横截面来网格划分此产品；
- 轧制方向上的平均单元长度，沿着产品的长度没有显著的变化；
- 产品在轧制方向上具有一个初始速度，近似等于稳态进给速率；
- 横截面中的单元尺寸等于或者小于轧制方向上的单元尺寸；
- 使用轧制自动可变质量缩放的单元没有使用其他的质量缩放。

输入文件用法： ＊VARIABLE MASS SCALING，ELSET = *elset*1，FREQUENCY = n，TYPE = ROLLING，FEED RATE = V，EXTRUDED LENGTH = L_e，CROSS SECTION NODES = n

Abaqus/CAE 用法：Step module：Create Step：General，Dynamic，Explicit 或 Dynamic，Temp-disp，Explicit：Mass scaling：Use scaling definitions below：Create：Automatic mass scaling，Feed rate：V，Extruded element length：L_e，Nodes in cross section：n

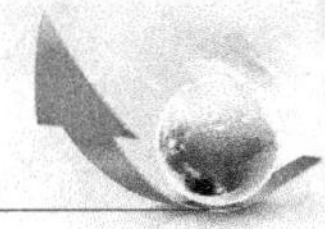

输出

输出变量 EMSF 提供单元质量缩放因子，可以使用 Abaqus/CAE 来得到 EMSF 的云图和历史图像。输出变量 DMASS 提供作为质量缩放结果的模型质量总百分比变化，并且可用于在 Abaqus/CAE 中的历史绘图。在一个单元集的基础上，输出变量 DMASS 是不可使用。

输出变量 EDT 提供单元稳定时间增量。单元稳定时间增量包括质量缩放的影响。可以使用 Abaqus/CAE 来得到 EDT 的历史图。

6.7 选择性的子循环

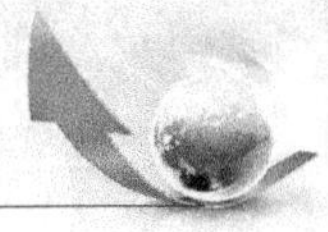

产品：Abaqus/Explicit

参考

- “显式动力学分析” 1.3.3 节
- “完全耦合的热-应力分析” 1.5.3 节
- * SUBCYCLING

概览

选择性的子循环：

- 允许为不同的单元组使用不同的时间增量；
- 当模型中小区域的单元控制稳定时间增量时，降低分析的运行时间；
- 通过定义子循环区域来调用。

介绍

Abaqus/Explicit 中选择性的子循环方法是基于域分解的。在此方法中，定义了在分析中保持不变的子循环区域。当定义了子循环区域时，域级的并行方法（见《Abaqus 分析用户手册——介绍、空间建模、执行与输出卷》的 3.5.3 节）是自动调用的。每一个子循环区域，以及非子循环区域，是独立分解成用户指定数量的并行区域的。将“主”区域定义成从非子循环区域起源的并行区域，并且使用最大的时间增量积分。从子循环区域起源的剩余并行区域，是使用最小的时间增量进行积分的，或者“子循环。”

将子循环时间增量大小选取成用于主并行区域中的时间增量的整除数。这样，所有并行区域恰好到达同主并行区域相同的时间点。在子循环过程中，处在与非子循环区域接口的界面上的节点要求特别处理。接口界面节点处的速度是从非子循环区域上拾取的，并且在子循环中不变。这产生了一个在子循环过程中线性变化的界面节点位移场。

定义子循环区域

子循环区域通过许多单元集来定义。这些单元集可以包括所有的单元类型，除了欧拉单元类型 EC3D8R 和 EC3D8RT。然而，所有并行区域必须具有至少一个可变形的单元来提供稳定的时间增量。如果在一个并行区域中，没有可变形的单元，则 Abaqus /Explicit 发出一个错误信息。可以定义任意数量的子循环区域。然而，在子循环区域之间，某些模拟特征不能进行分割。Abaqus/Explicit 自动地合并包含不能分割的特征的子循环区域。当发生下面的情况时，子循环区域合并到一起：

- 区域重叠；
- 区域共享相同的多个节点；

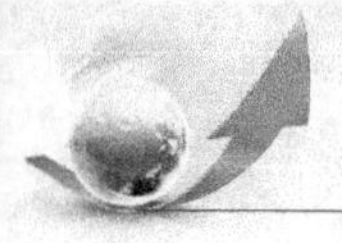

- 一个节点在一个子循环区域中，但是它的相邻节点在一个不同的子循环区域中；
- 在相同的约束方程中、连接器中或者刚体中包括子循环区域；
- 在分析中指定了通用接触。

当合并子循环区域时，使用了合并的区域中具有的最小稳定时间增量。如果子循环区域中包含约束、连接器或者刚体的任何一个节点，则总是将它们赋予子循环区域。因为使用了区域级的并行方法，所有并行区域分解上的约束施加于子循环区域。这些约束防止主并行区域和包含子循环区域的并行区域将特定的特征一分为二（见《Abaqus 分析用户手册——介绍、空间建模、执行与输出卷》的 3.5.3 节）。当定义了一个子循环区域时，不能在通用接触区域中包括分析刚体表面。

高效选择性子循环要求子循环区域的正确选择。对于每一个子循环区域，时间增量大小与非子循环区域相比应当较小，产生大量的子循环。子循环的数量是非子循环区域中的稳定时间增量对子循环区域中的稳定时间增量大小的比值。除了大量的子循环外，为了达到最佳性能，与模型中的单元总数量相比，一个子循环区域中的单元数量通常应当较小。如果模型中单元的大部分是在子循环区域中的，则性能不会很好。

输入文件用法：　使用下面的选项来定义一个子循环区域：

*SUBCYCLING, ELSET = 单元集名称

结果的精确性

Abaqus/Explicit 中使用的子循环算法，为大部分的复杂动态模型提供足够的精确性。然而，因为非子循环区域中使用的相对较大的时间增量，以及区域接口界面节点上使用的插值，子循环解可以引入一个截断误差，与常规解相比，它可能会稍微改变结果。此误差不应当影响模型的总体动态行为。当包括通用接触（见《Abaqus 分析用户手册——指定的条件、约束和相互作用卷》的 3.4.1 节）时，应当对子循环区域与非子循环区域之间的界面给予特别的关注。在相同的区域中具有彼此接触可能性的面，将这些面定义成面对是没有必要的。然而，要最小化截断误差，强烈推荐在区域中不要把可能接触其他面的一个单独面一分为二。

输出和质量缩放

输出（见《Abaqus 分析用户手册——介绍、空间建模、执行与输出卷》的 4.1.1 节）和质量缩放（见 6.6.1 节）总是在所有并行区域到达的同一个时刻执行。

输入文件模板

```
*HEADING
…
*ELSET,ELSET = ZONE1
…
```

```
*SUBCYCLING,ELSET=ZONE1
**************************
*STEP
*DYNAMIC,EXPLICIT
指定步时间期限的数据行
...
*END STEP
```

6.8 稳态检测

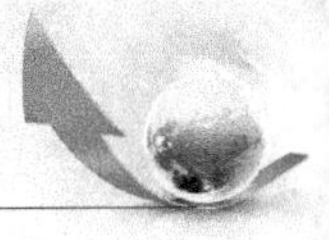

产品：Abaqus/Explicit

参考

- “输出”《Abaqus 分析用户手册——介绍、空间建模、执行与输出卷》的 4.1.1 节
- *STEADY STATE DETECTION
- *STEADY STATE CRITERIA

概览

稳态检测：

- 当达到一个稳态条件并且随后终止了仿真时，可以用来检测准静态单方向的 Abaqus/Explicit 仿真中的时间；
- 可以用来输出对追踪一个单方向的 Abaqus/Explicit 仿真过程有用的量；
- 仅对三维分析是可用的。

介绍

许多类型的单方向过程，是为了预变形后的形状变为更加适合于下一步工艺的形状。最常见的例子是辊压、拉丝和挤压工艺。因为工艺通常在低速下进行，所以通常使用 Abaqus/Explicit 中的那些显式动态过程来将工艺模拟成准静态的。分析通常由沿着一个主方向的任何数量的辊子或者其他成型面，将工件成型成一个预期的形状。成型面通常模拟成刚体。对于辊压仿真，刚体参考节点通常是定义在辊子的中心处的。工件的网格通常是拉伸的，并且可能由多层材料构造而成的。随着工件推进通过成型面，形状最后达到恒定状态。工件离开最后成形表面的位置称为离开平面，并且通常是与刚体最终成型面的参考点对齐。一达到此恒定形状，就认为此分析已经达到稳态。此稳态条件下的最终成型面上的力和力矩，也达到恒定值或者围绕一个恒定值振荡。通过检测稳态条件并且立即停止分析，或者稳态横截面推进一旦超出离开平面，到达切割平面的位置就停止分析，可显著降低计算成本。

网格要求

与稳态检测功能一起使用要求工件网格满足特定条件。首先，网格必须在主方向上拓扑规整。换言之，网格应当由多个单元的平面组成，每一个平面类似于与它相邻的引导平面和拖拽平面，在横截面上包含相同数量的单元和相同的单元拓扑方面。此外，平面中的每一个单元与引导和拖拽平面中参考相同材料和截面属性的单元相连。这样，允许具有多材料和截面属性的网格，但是主方向上的任何单元行，必须具有同一个类型，并且参考同一个材料和截面属性（见图 6-14）。

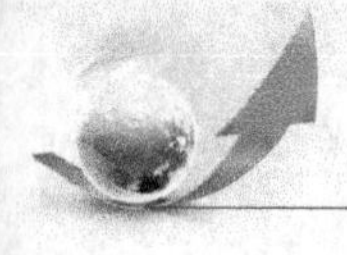

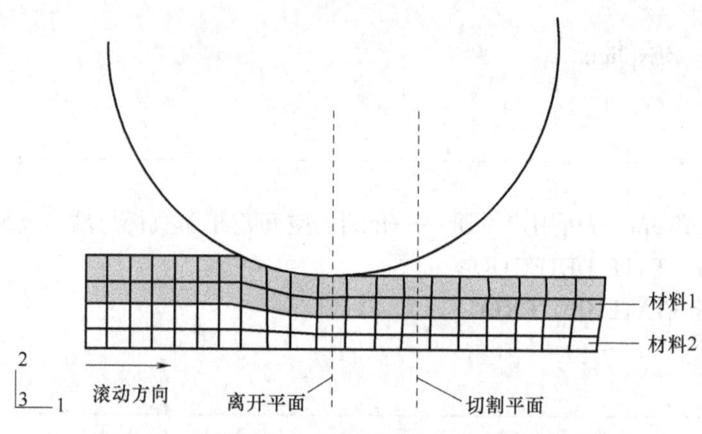

图 6-14　可接受的一个辊压分析的多材料拉伸网格

稳态检测判别采样

要确定是否已经达到稳态，对稳态检测“指标”进行了计算，它代表当材料通过一个沿主方向给定的位置时，一个工件横截面上感兴趣变量的平均值。此位置称之为离开平面，并且通常与工件通过的最后的刚性成型模具（例如，辊子）的位置重合。根据定义，离开平面的法向与主方向重合。对指标采样的时间间隔，取决于辊压分析是以欧拉方式，还是以拉格朗日方式来模拟变化。

在拉格朗日分析中采样

在一个基于拉格朗日的分析中（可以包括在拉格朗日区域上使用的自适应网格划分），稳态指标是当每一个单元平面的拖拽控制节点通过离开平面时计算的。图 6-15 说明了控制节点定义。

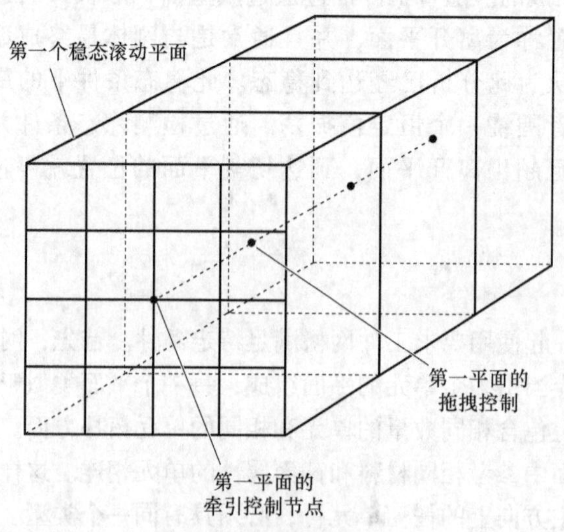

图 6-15　控制节点定位

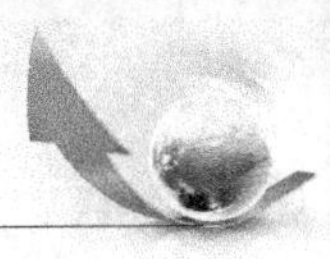

因此，指标采样的时间周期是基于单元的平面穿过离开平面的频率。为了输出的目的，假定指标的值在连续控制节点通过离开平面的时刻之间保持不变。

欧拉分析中的采样

欧拉分析采用一个控制体积方法，在此方法中，材料是从一个流入欧拉边界抽取，并且被推出或者被拉出通过一个外流边界。在工件上定义自适应网格区域，并且定义了滑动边界区域来模拟工件和成型模具之间的接触，例如辊子。自适应网格划分技术的详细情况，见 7.2.1 节。当材料离开平面时，网格保持相对静止。这样，采样之间的时间周期基于材料移动通过离开平面的过程。要使用与拉格朗日情况相一致的方式来确定时间周期，采样周期通过将工件的特征单元长度除以材料流动的速度来确定。此周期大约是材料通过一个典型大小的单元所花费的时间。

稳态检测指标定义

如果一个单独的指标数值上在三个连续平面上的相对变化没有超过一个容差，则认为此单独的指标已经达到稳态。当定义稳态准则时，可以提供指标容差，或者可以通过 Abaqus/Explicit 来选择容差的默认值。指标可以通过要求下面定义中所列的它们的标识符来输出。

等效塑性应变指标

单元平面的塑性应变指标，是通过等效塑性应变与每一个平面上单元的单元体积的乘积总和，然后除以平面上单元的总体积来定义的。此指标提供一个平面的等效塑性应变的加权平均。此等效塑性应变指标的标识符是 SSPEEQ。

传递指标

在一个平面上的多个单元的传递指标是计算成平面横截面的最大面惯性力矩。在确定传递指标中，平面上多个单元的横截面是通过投影单元面来确定的，此单元面的法向原本与离开平面所具有的主方向重合。然后，关于截面中心的惯性面力矩，在横截面的原始主轴方向上得到确定。传递指标的标识符是 SSSPRD。

力指标

力指标是通过在两个采样点之间的时间段，平均一个成形模具的刚体参考节点上的力大小来计算得到的，例如离开辊子那样的成形模具。提供刚体参考节点和力方向。力指标的标识符是 SSFORC。

力矩指标

力矩指标是通过在两个采样点之间的时间段，平均一个成形模具的刚体参考节点上的力矩大小来计算得到的，例如离开辊子那样的成形模具。提供刚体参考节点和力矩方向。力矩指标的标识符是 SSTORQ。

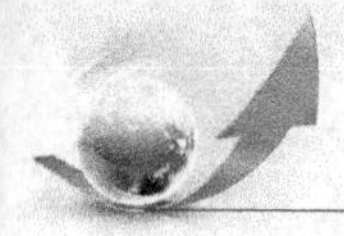

在一个分析中要求稳态检测

必须定义用来判断是否已经达到稳态的准则。Abaqus/Explicit 将在达到稳态时终止分析。

稳态检测

一个稳态检测定义用来定义工件中的单元、工件的主方向、切割位置和所使用的采样类型。通过指定关于笛卡儿坐标系的方向余弦来定义主方向。通过指定位于切割平面上的点的整体坐标系来定义切割位置。假定切割平面的法向与主方向重合。一旦检测到稳定状态，当检测到达到稳定状态的工件平面已经进展到切割平面时，分析终止。可以选择所使用的采样方法，如下面所描述的那样。

对于一个拉格朗日分析，当单元通过离开平面时要求采样

可以要求当每一个平面的单元通过离开平面时，计算所有的稳态指标。

输入文件用法：　*STEADY STATE DETECTION，ELSET = 单元集，SAMPLING = PLANE BY PLANE

对于一个欧拉分析，要求在均匀的间隔上采样

另外，可以要求所有的稳态指标，在基于要求材料进展一个平均单元长度的时间间隔上进行计算。

输入文件用法：　*STEADY STATE DETECTION，ELSET = 单元集，SAMPLING = UNIFORM

稳态准则

可以指定任何数量的稳态准则定义。只有当在任何一个稳态准则定义下指定的准则都得到满足时，才认为分析已经达到了稳态。

要定义准则，指定指标类型标识符，指标容差和在离开平面上的点所具有的整体坐标。对于力和力矩指标，也指定离开平面处的成型模具的刚体参考节点和力或者力矩的方向余弦。为每一个指标定义，可以分别定义多个离开平面。

输入文件用法：　使用下面的选项来定义达到稳态所需要的准则：

*STEADY STATE DETECTION，ELSET = 单元集，SAMPLING = PLANE BY PLANE 或 UNIFORM

*STEADY STATE CRITERIA

*STEADY STATE CRITERIA

…

例如，假定对两组准则感兴趣，并且只要满足任何一个，分析就终止。输入可以如下：

*STEADY STATE DETECTION，ELSET = sheet，SAMPLING = PLANE BY PLANE

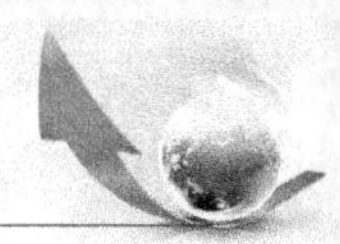


```
1.0, 0.0, 0.0, 6.0, 0.0, 0.0
*STEADY STATE CRITERIA
SSPEEQ, .002, 5.0, 0.0, 0.0
SSSPRD, .002, 5.0, 0.0, 0.0
SSFORC, .005, 5.0, 0.0, 0.0, 1000, 1.0, 0.0, 0.0
SSFORC, .005, 5.0, 0.0, 0.0, 1000, 0.0, 1.0, 0.0
SSTORQ, .005, 5.0, 0.0, 0.0, 1000, 0.0, 0.0, 1.0
*STEADY STATE CRITERIA
SSPEEQ, .001, 5.0, 0.0, 0.0
SSSPRD, .001, 5.0, 0.0, 0.0
SSFORC, .010, 5.0, 0.0, 0.0, 1000, 0.0, 1.0, 0.0
```

材料

稳态检测适合用于基于塑性的材料，因为对于非塑性材料模型，等效塑性应变指标将为零。

过程

每个分析允许一个稳态检测定义。定义可以在一个分析中的任何步中输入，并且在整个后续步上连续。退火步中不能输入一个稳态检测定义，或者继续在一个退火步中执行。

单元

当前的稳态检测功能只支持使用 C3D8R 和 C3D8RT 单元。

输出

输出变量 SSPEEQ*n*，SSSPRD*n*，SSFORC*n* 和 SSTORQ*n* 分别用来输出等效塑性应变指标、传递指标、力指标和力矩指标。可以使用 Abaqus/CAE 来得到每一个稳态检测指标变量的历史图。单个的指标可以通过要求指标编号 *n* 来输出，*n* 是基于指定指标的次序。参考上面的例子，如果要求了第二个稳态准则定义的力指标，则输出标识符将是 SSFORC3。如果要求了一个没有包括指标编号的稳态检测指标，例如 SSFORC，则输出所有那种类型的指标。

一旦检测到了稳态，则 Abaqus/Explicit 自动创建一个单元集，并且写到由最先满足稳态准则的平面上的单元所组成的输出数据库中。所创建的单元集命名为 *SteadyStatePlane-StepN*，其中 *N* 是步编号。并且它可以使用 Abaqus/CAE 来显示。如果对输出数据库没有做出输出要求，则不创建 *SteadyStatePlane-StepN* 单元集。

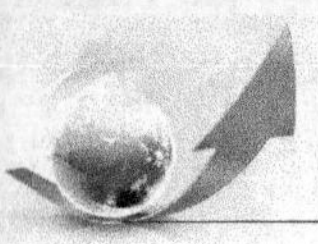

输入文件模板

```
*HEADING
…
*ELSET,ELSET = WORKPIECE
**************************
*STEP
*DYNAMIC,EXPLICIT
指定步时间周期的数据行
…
*STEADY STATE DETECTION,ELSET = WORKPIECE,SAMPLING = PLANE BY PLANE
指定辊压方向和切割平面位置的数据行
*STEADY STATE CRITERIA
指定稳态检测指标准则的数据行
STEADY-STATE DETECTION
…
*OUTPUT,HISTORY,TIME INTERVAL = 1. E-6
*INCREMENTATION OUTPUT
SSPEEQ,SSSPRD,SSFORC,SSTORQ
…
*END STEP
```

7 自适应技术

7.1 自适应技术：概览

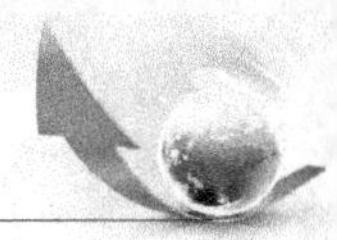

产品：Abaqus/Standard　Abaqus/Explicit　Abaqus/CAE

参考

- “ALE 自适应网格划分：概览” 7.2.1 节
- “自适应网格重划分：概览” 7.3.1 节
- “网格-网格的解映射” 7.4.1 节
- ＊ADAPTIVE MESH
- “理解自适应网格重划分”《Abaqus/CAE 用户手册》的 17.13 节

概览

来自次优模型网格划分的有限元离散化，将影响在合适的 CPU 成本情况下得到精确分析结果的能力。此部分提供一个 Abaqus 中可以使用的自适应技术的概览，此技术可以帮助优化一个网格，由此，在控制分析成本时，得到具备质量的求解。术语“自适应”反映了 Abaqus 使用的自适应的，或者求解相关的过程来自适应用户的网格来满足分析目标。

选择一个自适应技术

Abaqus 中有三种可以使用的自适应技术：任意的拉格朗日-欧拉（Arbitrary Lagrangian-Eulerian，ALE）自适应网格划分、变化拓扑结构自适应网格重划分和网格-网格的解映射，来启动重分区分析。表 7-1 显示了根据下面进行分类的自适应技术：

- 它们达到特定目标的适用性，要么精度，要么网格扭曲的控制；
- 它们对网格定义的影响，要么通过平滑一个单独的网格，要么通过生成多个不同的网格；
- 何时发生有关于分析步的自适应。

表 7-1　自适应技术的特征

	精　度	扭曲控制	单个网格	多个网格	发生自适应
ALE 自适应网格划分		√			整个步骤
自适应重划网格	√		√	√	个别的分析步
网格-网格的解映射		√		√	分析步骤之间

ALE 自适应网格划分

任意的拉格朗日-欧拉（ALE）自适应网格划分提供网格扭曲的控制。ALE 自适应网格使用一个在分析步骤中逐渐平滑的单独网格定义。ALE 自适应网格划分在 Abaqus/Standard 中对于有限的应用是可以使用的，并且在 Abaqus/Explicit 中更普遍适用。术语 ALE 暗示了广泛的分析方法，从单纯的拉格朗日分析，在其中节点运动对应于材料运动，到单纯的欧拉

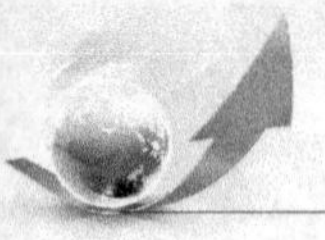

分析，在其中节点在空间保持固定，并且材料“流过”单元。通常的 ALE 分析使用介于此两个极端之间的方法。ALE 特征与 Abaqus/Explicit 中的欧拉分析能力截然不同，Abaqus/Explicit 中的欧拉分析能力在 9.1.1 节中进行了描述。

可以使用自适应的网格来控制发生材料大变形或者材料损失情况中的单元扭曲。图 7-1 说明了在一个块成形仿真中，自适应网格限制网格扭曲的情况。

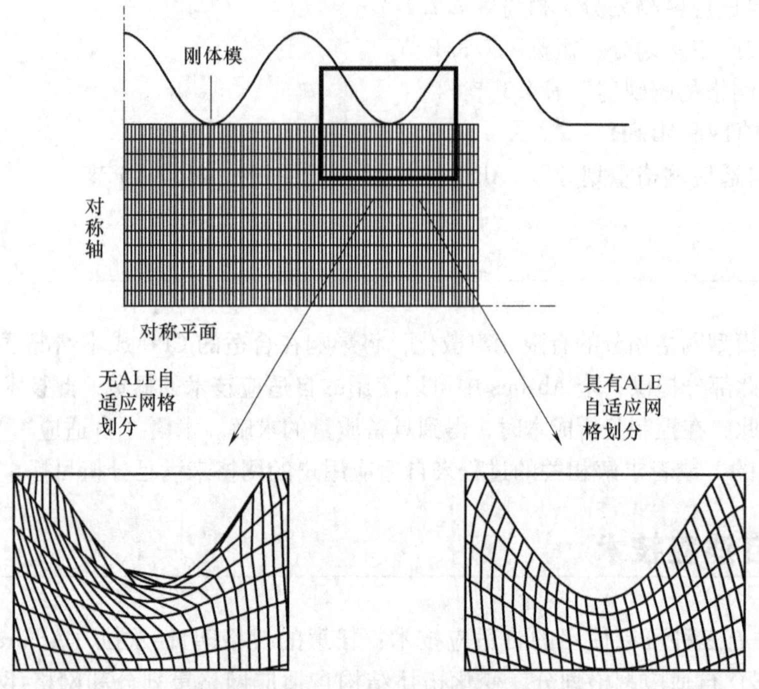

图 7-1 ALE 的使用来控制单元扭曲

不像其他自适应技术，自适应的网格划分在原始网格定义上操作，并且由此，在分析期间，仅当一个单独的网格对一个仿真的过程是有效的情况才是有用的。网格通过网格节点的平顺来得到自适应。此平顺通常在分析步骤中频繁实施。ALE 自适应的网格划分仅要求一个分析作业，详细情况见 7.2.1 节。

自适应网格重划分（变化的拓扑自适应性）

自适应网格重划分通常用于精度控制，虽然在某些情况中它也可以用于扭曲控制。自适应的网格重划分过程涉及多种不同网格的迭代生成，来确定用于整个分析中的单独的、优化的网格。自适应的网格重划分仅对于 Abaqus/CAE 中提交的 Abaqus/Standard 分析才可用。自适应网格重划分的目的是得到一个满足用户设定的网格离散误差指标目标的解，同时最小化单元的数目，并且由此，使分析成本最小化。可以使用自适应网格重划分来得到一个在求解成本与期望精度之间提供平衡的网格。图 7-2 说明了一个自适应网格重划分使用指标网格细化来改善圆角周围应力结果质量的案例。

自适应网格重划分涉及一个迭代的过程来确定一个整个分析中使用的单独的、优化过的网格。在 Abaqus/CAE 中控制迭代过程和网格重划分。每一个相继的分析作业包含同样的仿真过程，但是使用一个不同的网格。一旦完成了自适应网格重划分过程，一个单独的网格和

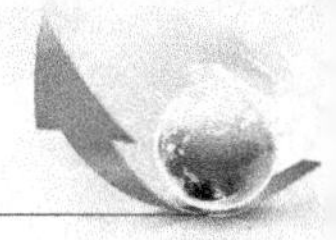

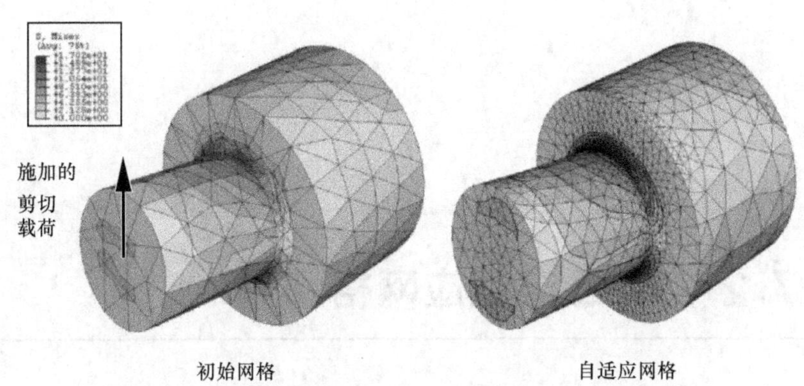

图 7-2　使用自适应网格重划分来改善应力结果的质量

一个单独的分析作业代表整个分析过程。见 7.3.1 节和《Abaqus/CAE 用户手册》的 12.13 节。

网格-网格的解映射

网格-网格的解映射仅在 Abaqus/Standard 中可以使用，可以使用此技术，在发生大变形的情况中通过替换网格来控制单元扭曲，并且继续分析。图 7-3 说明了一个案例，使用解映射来连接一个新网格来克服与单元扭曲相关联的困难。

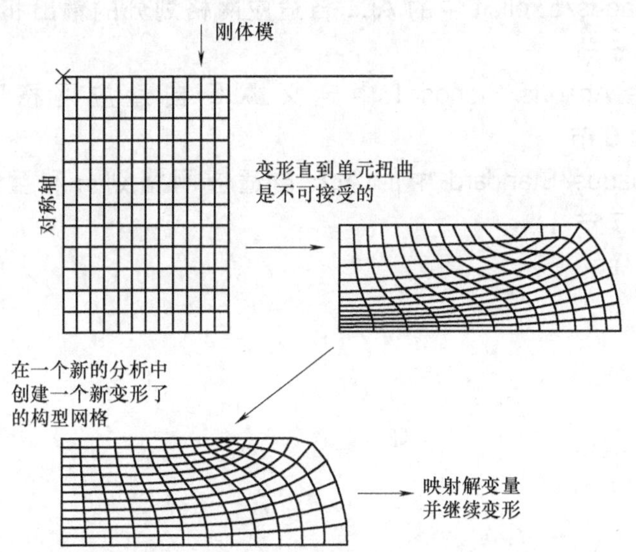

图 7-3　使用单元-单元的解映射作为重划分区域技术的组成部分

单元置换，或者重新划区，包括多 Abaqus 作业的创建，每一个作业代表仿真过程序列期间截然不同的模型构架。当对于仿真的持续期间一个单独的网格不能变得有效时，使用网格替换。每一个初始构型的后续网格反映模型的一个求解相关的变形的构型。这样，使用网格替换的分析是序列相关的，并且 Abaqus 使用网格-网格的解映射，从一个分析到下一个分析传递解变量。与自适应网格重划分相比，每一个网格替换作业代表整个分析过程的一个组成部分——没有单独的网格和没有单独的分析作业代表整个工作，详细情况见 7.4.1 节。

7.2 ALE 自适应网格划分

7.2.1 ALE 自适应网格划分：概览

Abaqus 中的自适应网格划分，结合了单纯的拉格朗日分析的特征和单纯的欧拉分析的特征。此类自适应网格划分通常称之为任意的拉格朗日-欧拉（Arbitrary Lagrangian-Eulerian, ALE）分析。Abaqus 文档通常将“ALE 自适应网格划分”简化称为“自适应网格划分。”

通过允许网格独立于材料来移动，使得 ALE 自适应网格划分是在分析的整个期间上保持高质量网格的一个工具，即使当发生大变形或者材料缺失的时候。ALE 自适应网格划分不改变网格的拓扑（单元和连通性），这意味着此方法对极度大变形保持一个高质量网格能力方面的某些局限性。ALE 自适应网格划分和其他的 Abaqus 自适应方法之间的比较，参考 7.1.1 节。

ALE 自适应网格划分与 Abaqus/Explicit 中的单纯的欧拉分析能力是截然不同的。单纯的欧拉能力支持在一个单一的单元中具有多个材料和空材料，这样允许有效地控制所涉及的极度变形的分析（例如流体流动）。相比较而言，ALE 单元总是 100% 地充满一种材料，而此公式限制了模型中的材料对于单元变形的变形，它允许更加精确的材料边界定义和更加复杂的接触相互作用。更多单纯的欧拉分析的信息，见 9.1.1 节。

虽然自适应网格划分技术和用户界面在 Abaqus/Explicit 和 Abaqus/Standard 中是相似的，但是用例和功能水平是不同的。Abaqus/Explicit 中的自适应网格划分适用于模拟大变形问题，它不用于小变形分析中最小化离散误差。Abaqus/Standard 中的自适应网格划分适用于声学领域中，以及模拟材料的烧蚀，或者磨损的效应。此部分提供了 Abaqus/Explicit 和 Abaqus/Standard 中的自适应网格重划分功能之间的比较。

ALE 自适应网格划分的特征

ALE 自适应网格划分：

- 通过允许网格独立于基底材料移动，通常能够在严重材料变形的情况下保持高质量的网格；
- 整个分析中保持一个拓扑类似的网格（即，没有创建或者破坏单元）。

在 Abaqus/Explicit 自适应网格划分中：

- 可用于分析拉格朗日问题（在其中没有材料离开网格）和欧拉问题（在其中材料流过网格）；
- 可用作承受大变形的瞬态分析问题的一个连续自适应网格划分工具（例如动态碰撞、穿透和锻造问题）；
- 可用作模拟稳态工艺的求解技术（例如挤压或者轧制）；
- 可用作分析稳态工艺中的瞬态阶段的工具；
- 可以用于显式动力学（包括绝热分析）和完全耦合的热应力过程中。

在 Abaqus/Standard ALE 自适应网格划分中：

- 可用来求解拉格朗日问题（在其中没有材料离开网格）和模拟烧蚀，或者磨损效应

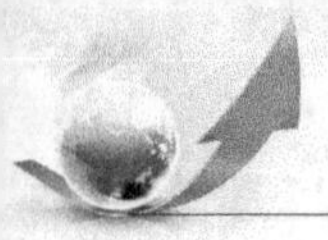

（在其中材料在边界被侵蚀）；

• 可用来更新声学网格，当结构预加载时，在声学域中产生严重的几何变化；

• 可用于几何非线性静力、稳态传输、耦合的孔隙流体流动和应力以及耦合的温度-位移过程。

启动 ALE 自适应网格划分

可以对整个模型或者模型的各个零件应用自适应网格划分。将创建一个拉格朗日自适应网格区域，这样作为一个整体的域将采用原来在里面的材料，这对于绝大多数结构分析是合适的物理解释。将为控制网格提供额外的选项。在 Abaqus/Explicit 分析中，可以定义欧拉边界来允许材料流入或者流出模拟的域。

在 7.2 节后面的章节中，描述了可以和自适应网格划分一起使用的不同选项。虽然这些选项给予对自适应网格划分执行详细控制的能力，但是它们对于许多拉格朗日问题是不必要的。

• 要充分利用 Abaqus 中的所有自适应网格特征的优势，理解自适应网格区域、边界区域、边界边、几何特征和网格约束的概念是重要的。这些概念在 7.2.2 节和 7.2.6 节中进行了解释。对自适应网格边界施加边界条件、载荷和面也在这些节中提供了说明。

• 7.2.3 节和 7.2.7 节，概括了用于移动网格并且将解变量重新映射到新网格上的方法。这些章节也介绍了控制这些算法的选项。虽然默认的方法对于很多不同问题工作良好，但是可能希望覆盖默认值来平衡稳健性和自适应网格划分的效率，或者扩展自适应网格划分的使用到相对困难的或者不寻常的应用中。

• 为验证自适应网格区域的构成以及说明一个分析的结果，可以使用不同的输出和诊断。这些选项在 7.2.5 节中进行了解释。

• 7.2.4 节以例子和模拟技巧的方式，对在使用自适应网格划分的 Abaqus/Explicit 中设置和说明欧拉问题给出了建议。

输入文件用法：　　* ADAPTIVE MESH，ELSET = 单元集名称

Abaqus/CAE 用法：Step module：Other→ALE Adaptive Mesh Domain→Edit：切换打开 Use the ALE adaptive mesh domain below，并且单击 Edit 来选择区域

ALE 自适应网格划分的使用

自适应网格划分在许多不同的问题中具有极大的价值。Abaqus/Explicit 和 Abaqus/Standard 在各自的求解器中以提供最大价值的方式使用自适应网格划分。

在 Abaqus/Explicit 中使用

在可预见的大变形的问题中，从自适应网格划分得到的改进的网格质量可以防止分析因严重的网格扭曲而终止。在这些情况中，可以使用自适应网格划分来得到比单纯的拉格朗日分析更快的、更加精确的和更加稳健的解。

自适应网格划分对于金属成形工艺，例如锻造、挤压和轧制的仿真是特别有效的，因为这些类型的问题通常涉及大量的不可恢复的变形。因为最终的产品形态可以与原来形状完全

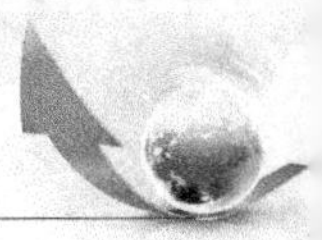

不同，当大材料变形导致严重的单元扭曲和纠缠时，对于原始产品几何形状最优化的网格在随后的工艺阶段中将变得不合适。单元长宽比在高应变集中的区域中也可以变差。这两个因素都导致精度的损失，稳定时间增量的降低，甚至问题的终止。

在 Abaqus/Standard 中的使用

可以使用自适应网格划分来启动声学区域网格跟随边界结构的大变形。在其他的应用中，可以使用自适应网格划分和自适应网格约束，来模拟从区域消失的任意大量的材料烧蚀。

声学区域的自适应网格划分，极大地扩展了声学分析程序的用途。可以使用 Abaqus 来模拟耦合的结构-声系统对于结构预载荷的响应。默认情况下，结构-声学计算是基于声域的原始构型的。只要预载荷施加过程中的流体与结构之间的边界不经历大变形，此近似就已经是足够的了。然而，当声域的几何形体因为结构载荷的结果而发生了显著变化时，则原始的声学构型必须进行更新。一个例子是轮胎的内部空腔承受膨胀，轮盘安装和承压面压力载荷。

Abaqus 中的声学单元不具有机械行为，并且因此，当结构承受大变形时，不能模拟流体的变形。Abaqus/Standard 通过周期性地创建一个新声学网格来解决计算声学域当前构型的问题，所创建的声学域使用与原来网格一样的拓扑结构，但是节点进行了调整，这样结构-声学边界的变形不会导致声学单元的严重扭曲。

然后在后续的耦合结构-声学分析中对与新声学网格相关联的几何改变进行了考虑。然而，默认流体的材料属性，例如密度，不随着网格平滑的结果而改变。

通过使用户能够定义独立于基底材料运动的边界网格运动，自适应网格划分也可以模拟烧蚀，或者磨损的影响。一个例子是轮胎在其寿命中的磨损，此作用可以显著影响结构的性能。

Abaqus/Explicit 和 Abaqus/Standard 中 ALE 自适应网格划分的比较

Abaqus/Explicit 中的自适应网格划分通常更加稳健，并且比 Abaqus/Standard 中的自适应网格划分提供更多的网格控制特征。

Abaqus/Explicit 中的 ALE 自适应网格划分

Abaqus/Explicit 中的自适应网格划分是设计成应对大量不同问题类别的，并且通过各种平滑方法，可以针对具体问题进行控制。Abaqus/Explicit 的实施允许用户执行下列操作：

- 整个的创建欧拉模型；
- 在变形开始之前，开始改善网格的质量；
- 定义示踪粒子，启用基于材料的结果量的追踪和输出。

Abaqus/Standard 中的 ALE 自适应网格划分

Abaqus/Standard 中的自适应网格划分，使用一个对于结构声学分析和烧蚀过程模拟工作良好的单一平滑算法。自适应网格划分的 Abaqus/Standard 实施具有如下的局限性：

- 不能使用最初的网格扫掠来改进初始网格定义的质量。
- 此方法不适用于大变形问题的通常类型，例如块成形。

- 诊断功能目前是有限的。

说明性例子

为了说明自适应网格划分的价值，随之给出瞬态和稳态成形应用的简单例子。为了简化，显示了二维情况。在每一个情况中，仿真中使用的是 Abaqus/Explicit。

轴对称锻造

在此例子中，一个润滑良好的正弦形状的刚性模下移，成形一个矩形截面的毛坯（见图 7-4）。压痕深度是 80% 的原始毛坯厚度。随着毛坯锯齿状的形成，材料向前和向外（径向）拉伸。假定毛坯具有弹塑性的材料属性，模具使用一个分析型的刚性面来模拟，并且毛坯使用在一个矩形网格构型中的轴对称连续单元来模拟。

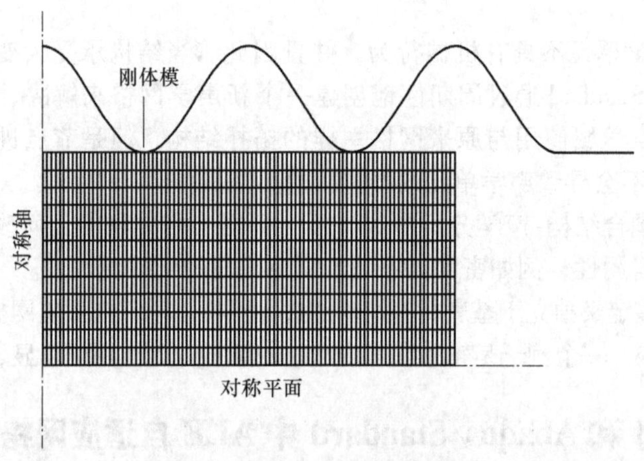

图 7-4　毛坯和一个正弦形状模具

此问题的一个单纯拉格朗日分析并不能运行完成，因为在几个单元中的极度扭曲，如图 7-5 中所示。因为正弦刚性面槽上单元的总扭曲而不能正确的处理接触面。

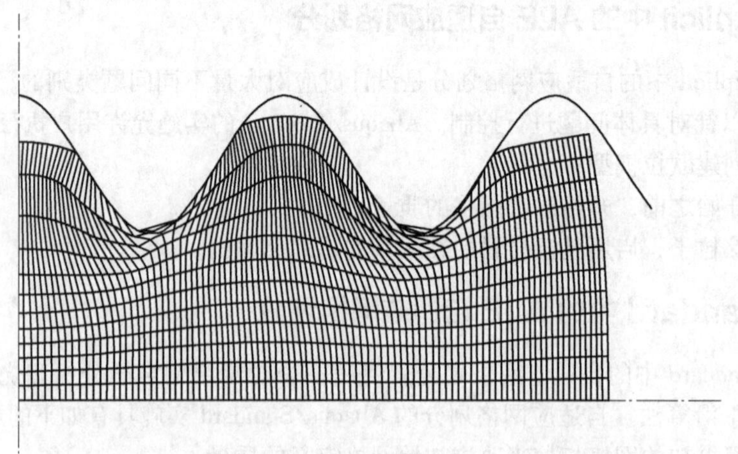

图 7-5　最后，因为过度的单元扭曲，单纯的拉格朗日分析将终止

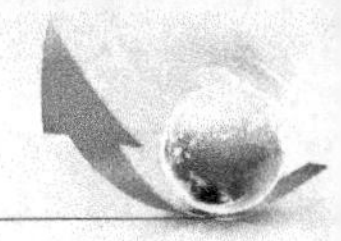

自适应网格划分允许问题运行到完成。为整个毛坯创建了一个拉格朗日自适应网格区域。Abaqus/Explicit 自动地为自适应的网格划分选择合适的默认值。这样，自适应网格方法仅要求两个额外的输入行：

```
*HEADING
...
*ELSET,ELSET=BLANK
****************************
*STEP
*DYNAMIC,EXPLICIT
...
*ADAPTIVE MESH,ELSET=BLANK
...
*END STEP
```

图 7-6 和图 7-7 显示了在成形分析的不同阶段上的变形网格。因为随着材料的径向流动，在接触模具槽的从面区域上保持网格细化，接触条件在整个分析中得到正确的解决。

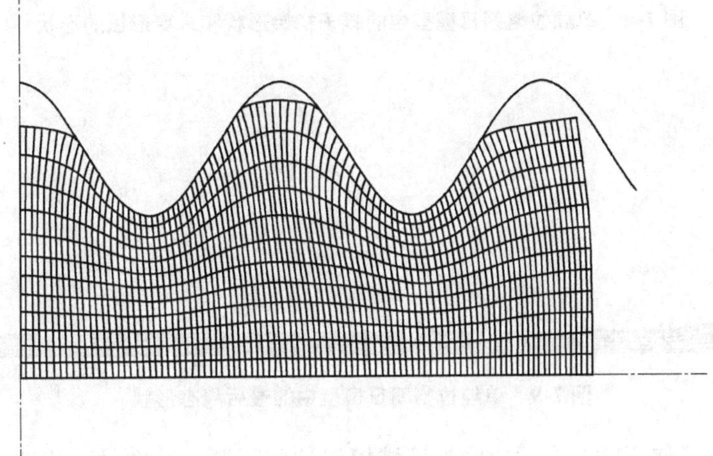

图 7-6 在分析中间阶段上的变形形状

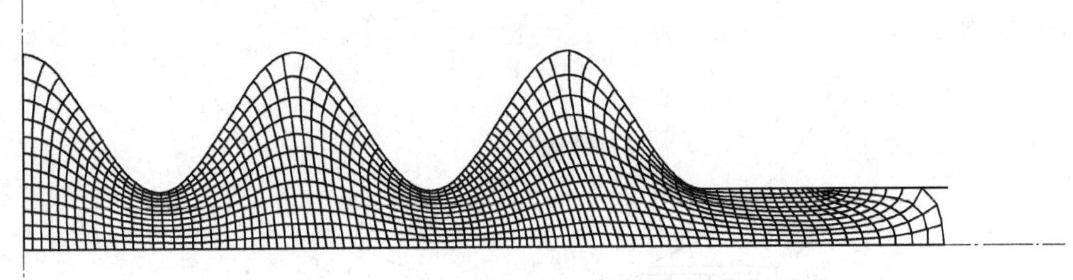

图 7-7 分析完成时的变形形状

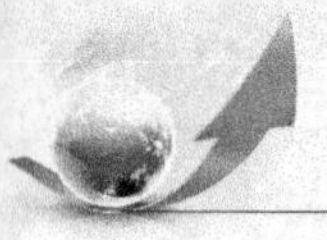

稳态轧制例子

此例子显示了在一个稳态分析中如何使用自适应网格划分，来允许材料流动通过问题区域的欧拉边界。一个钢板通过一个对称轧辊架辊压，厚度减小 50%。运行此分析直到它到达稳态条件。

图 7-8 和图 7-9 显示了此问题的单纯拉格朗日模型中的初始的形状的和最后的（稳态）形状。

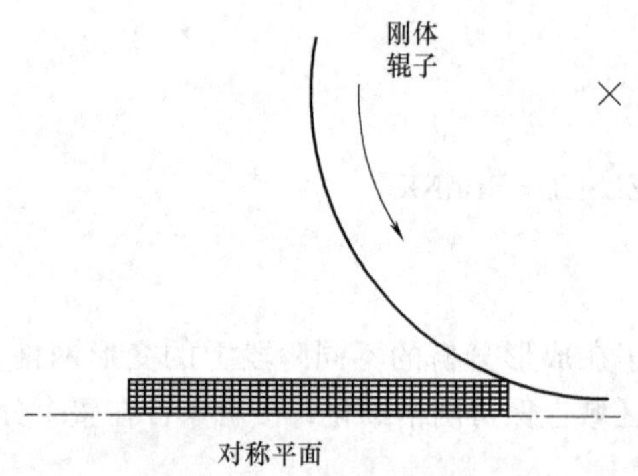

图 7-8　单纯拉格朗日模型中的辊子初始形状和未变形板的形状

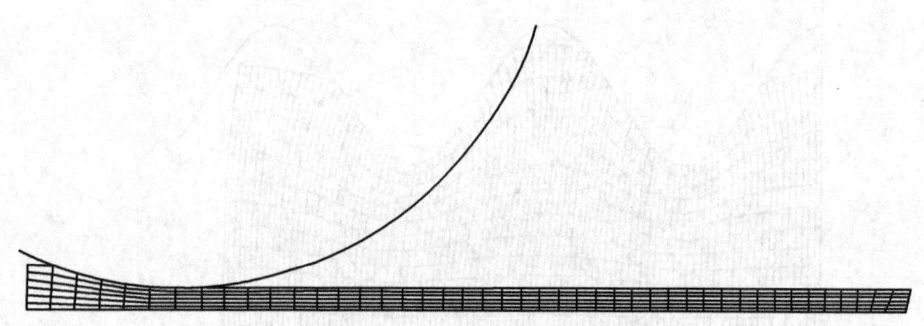

图 7-9　单纯拉格朗日模型中的最后稳态形状

图 7-10 显示了使用欧拉自适应网格区域模拟的此问题，其中材料流动通过网格。只模拟了靠近辊子的区域。设置此问题不需要知道自由面的确切位置：在一个可能的位置上创建它，并且最后稳态位置作为解的一部分来建立。虽然没有显示出来，可以使用一个集中网格，在辊子的下方直接捕获陡增的应变梯度。欧拉区域如拉格朗日方法得到的那样，到达了相同的稳态解。

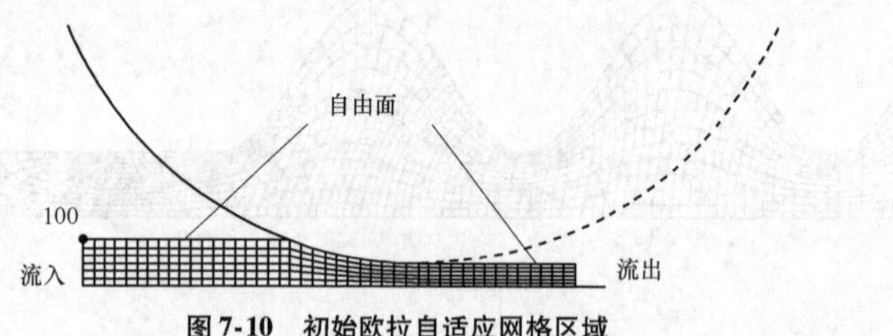

图 7-10　初始欧拉自适应网格区域

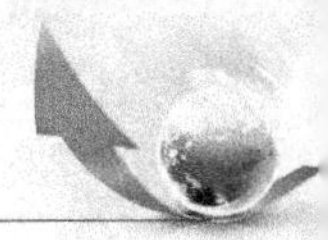

通过在自适应网格区域定义一个流入和流出边界，来创建欧拉自适应网格区域。自适应网格约束法向施加于这些边界上，这样材料将流过网格（见 7.2.2 节）。辊子和毛坯之间的摩擦接触推送材料通过自适应网格区域。

通过对单纯拉格朗日分析的输入文件做下面的修改来建立此问题：

```
*HEADING
...
*ELSET,ELSET=BILLET
...
*ELSET,ELSET=INFLOW
...
*ELSET,ELSET=OUTFLOW
...
*NSET,NSET=INFLOW
...
*NSET,NSET=OUTFLOW
...
*SURFACE,NAME=INFLOW,REGION TYPE=EULERIAN
INFLOW,S1
*SURFACE,NAME=OUTFLOW,REGION TYPE=EULERIAN
OUTFLOW,S2
****************************
*STEP
*DYNAMIC,EXPLICIT
指定步时域的数据行
...
*ADAPTIVE MESH,ELSET=BILLET,CONTROLS=ADAPT
*ADAPTIVE MESH CONTROLS,NAME=ADAPT
*ADAPTIVE MESH CONSTRAINT,TYPE=DISPLACEMENT
INFLOW,1,1,0.0
100,2,2,0.0
OUTFLOW,1,1,0.0
...
*END STEP
```

求解此问题不要求自适应网格控制，自适应网格控制只是为了说明（详细情况见 7.2.3 节）。

7.2.2　在 Abaqus/Explicit 中定义 ALE 自适应网格区域

产品：Abaqus/Explicit　　Abaqus/CAE

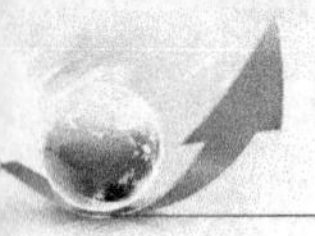

参考

- “ALE 自适应网格划分：概览”7.2.1 节
- “Abaqus/Explicit 中的 ALE 自适应网格划分和重映射”7.2.3 节
- * ADAPTIVE MESH
- “理解 ALE 自适应网格划分”《Abaqus/CAE 用户手册》的 14.6 节

概览

任意的拉格朗日-欧拉（ALE）自适应网格区域：

- 定义网格的运动是独立于材料变形的有限元部分；
- 可以用来分析拉格朗日或者欧拉问题；
- 可以包含一阶，缩减积分，实体单元（4 节点四边形、3 节点三角形、8 节点六面体、6 节点楔形和 4 节点四面体）；
- 可以用于平面、轴对称和三维几何形体中；
- 具有可以定义载荷、边界条件和面的边界区域；
- 仅适用于几何非线性步。

定义一个 ALE 自适应网格区域

ALE 自适应网格划分在自适应网格区域实施，自适应网格区域可以是拉格朗日的或者是欧拉的。在任何类型的自适应网格区域中，网格将独立于材料移动。拉格朗日自适应网格区域通常用来分析具有大变形的瞬态问题。在拉格朗日区域的边界上，网格将在垂直边界的方向上跟随材料，这样网格在所有时刻覆盖相同的材料域。通常使用欧拉自适应网格区域来分析涉及材料流动的稳态过程。在某些用户定义的欧拉区域边界上，材料可以流入或者流出网格。默认情况下，网格在这些边界上不是空间固定的，必须施加网格约束来防止网格与材料一起移动，如此节中后面介绍的“网格约束”中所描述的那样。永远不会有任何“空”单元，区域中的所有单元必须在所有的时刻用材料完全填充。

必须指定将要受到自适应网格划分的原始网格区域。

输入文件用法： * ADAPTIVE MESH，ELSET = 名称

在一个步骤中可以通过重复使用 * ADAPTIVE MESH 选项来定义多个自适应网格区域（例如，防止材料从一个区域流到另外一个区域，或在不连接的区域上应用自适应网格划分）。用于创建自适应网格区域的单元集不能重叠。

Abaqus/CAE 用法：Step module：Other→ALE Adaptive Mesh Domain→Edit：切换打开 Use the ALE adaptive mesh domain below，并单击 Edit 来选择区域

在 Abaqus/CAE 中，对于任何具体步骤只能定义一个自适应网格区域。

更改一个 ALE 自适应网格区域

默认情况下，在之前的分析步中定义的所有自适应网格区域，在接下来的步骤中保持不变。相对于预先存在的自适应网格，为一个步定义生效的自适应网格区域。在每一个新的步骤中，可以更改现有的自适应网格区域，并且可以指定额外的自适应网格区域（除了在 Abaqus/CAE 中，对于一个给定的步骤，只有一个生效的自适应网格区域）。

输入文件用法：使用下面任何一个选项来更改一个现有的自适应网格区域，或者指定一个额外的自适应网格区域：

* ADAPTIVE MESH，ELSET = 名称

* ADAPTIVE MESH，ELSET = 名称，OP = MOD

Abaqus/CAE 用法：Step module：Other→ALE Adaptive Mesh Domain→Edit

删除一个 ALE 自适应网格区域

如果选择在一个步中删除任何自适应网格区域，将不会从先前的步中传入自适应网格区域。这样，必须重新指定在此步中生效的所有自适应网格区域。

输入文件用法：使用下面的选项来删除所有先前定义的自适应网格区域，并指定新的自适应网格区域：

* ADAPTIVE MESH，ELSET = 名称，OP = NEW

如果在一个步中的任何 * ADAPTIVE MESH 选项上使用了 OP = NEW 参数，则在步中的所有的 * ADAPTIVE MESH 选项上必须使用此参数。

Abaqus/CAE 用法：Step module：Other→ALE Adaptive Mesh Domain→Edit：切换打开 No adaptive mesh domain for this step

分割 ALE 自适应网格区域

用户定义的自适应网格区域由 Abaqus/Explicit 来检查。如果区域具有如下的情况，将使用一个单独的自适应网格来模拟用户定义的区域：

- 由一个单一的单元类型组成；
- 由一个单一的连接区域组成；
- 由一个单一的材料组成；
- 承受一个均匀的体积力（包括零体积力）；
- 具有相同的截面控制。

如果区域具有如下的情况，则用户定义的区域将被分割成多个自适应的网格区域，通过边界区域分开：

- 由多个单元类型组成；
- 跨越多个零件实例；
- 由多个区域组成（包括通过少于单个单元面连接的区域，只是通过接触条件，或者只是通过诸如 MPCs 那样的连接器进行连接）；
- 由多个材料组成的；
- 是承受多个体积力定义的；

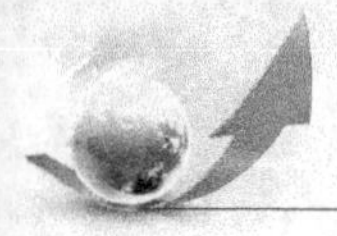

• 是承受多个截面控制定义的。

在此文档中，术语“自适应的网格区域”指的是由 Abaqus/Explicit 分割后的一个单一的区域。在某些特殊的场合，在自动分割前做了一个自适应网格区域的参考，它被称为一个“用户定义的自适应网格区域。”因为自适应网格区域横跨单元类型分割，应当为混合的区域使用包括三角和四边形的（或者四面体的和六面体的）退化单元。例如，当使用四边形的和三角形的单元来定义一个混合的平面应变区域时，应当使用 CPE4R 单元类型来定义四边形和退化的四边形。使用 CPE3 单元将导致分裂域，通常不希望如此。

ALE 自适应网格边界区域

每一个 ALE 自适应网格区域具有一个边界，可以由一个或者多个区域组成。（区域，在此上下文中，是三维模型中的面或者二维模型或轴对称模型中的线。）边界区域可以是拉格朗日的、滑动的或者欧拉的。有些边界由 Abaqus/Explicit 自动创建；其他的可以通过定义边界条件、载荷和面来创建。自适应网格边界区域通过三维中的边和二维中的拐角来分离。在整个文档中，边和拐角都被称为“边界区域边缘”。

边界区域边缘

可以存在两种类型的边界区域：拉格朗日和滑动。拉格朗日边总是与一个材料线相关联。材料永远不能流动通过一个拉格朗日边，并且节点只能沿着拉格朗日边（像线上的珠子）移动。滑动边仅与网格相关联。材料可以流过一个滑动边（即，滑动边缘自由地在基底材料上滑动）。

Abaqus/CAE 可以显示拉格朗日边缘（见 7.2.5 节）。

拉格朗日边界区域

在结构有限元分析中，拉格朗日边界区域是最常见的边界区域。除了接触面，在 Abaqus/Explicit 中总是默认拉格朗日边界。一个拉格朗日边界区域具有所有边界区域类型的大部分约束。约束网格在边界区域的面法向上，以及在边界区域边缘的垂直方向上，随材料一起移动。

拉格朗日边界区域具有拉格朗日边——跟随材料的边。在拉格朗日边界区域内部，网格可以在边界区域的表面中独立于材料移动。这样，可以把一个拉格朗日边界区域想象为跟随材料的“网格补丁”。节点在补丁的边内及沿着边可以自由移动，但是不能离开补丁。

拉格朗日拐角

一个拉格朗日拐角由两个拉格朗日边相遇形成。约束一个拉格朗日拐角上的节点在所有的方向上随着材料的移动是非自适应的。

滑动边缘区域

滑动边缘区域与拉格朗日边界区域是一样的，除了它还具有滑动边界。当在自适应网格区域的边界上定义一个表面时，默认地创建滑动边界区域（见《Abaqus 分析用户手册——介

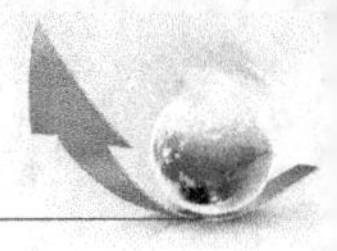

绍、空间建模、执行与输出卷》的 2.3.1 节)。

在边界区域的法向方向上，约束网格与材料一起运动，但是在与边界区域相切的方向上，它完全不受约束。这样，一个滑动边界区域可以想象成一个独立于基底材料来移动的“网格补丁”。

滑动边界区域可以通过在自适应网格区域的边界上定义一个面、边界条件或者载荷来创建（像此节后面所解释的那样)。因为网格在滑动边界区域的切向方向上是完全不受约束的，当网格在材料上移动时，施加边界条件或载荷的位置可能不具有物理意义。这样，为了保留施加边界条件或者载荷的空间意义，通常在滑动边界区域的切向施加空间网格约束（在“网格约束”中进行了描述，在本节后面介绍)。

欧拉边界区域

可以在模型的外表面定义欧拉边界区域，此外表面让材料流过边界具有物理意义（例如，在稳态拉伸或者辊压的进口和出口处)。此流过边界将欧拉边界区域从拉格朗日或者滑动边界区域中区分出来。

欧拉边界区域具有滑动边界，并且必须完全位于模型的外表面上。允许材料流到内表面上的起源是没有物理意义的。必须明确定义欧拉边界区域，因为默认情况下，Abaqus/Explicit 假定没有材料流入或者流出一个自适应网格区域。

欧拉边界区域是通过在一个自适应网格区域的边界上定义一个面、一个边界条件或者一个载荷来创建。在欧拉边界区域上，在材料运动的法向方向上通常应当约束网格的运动。这样，面网格应当在空间中使用网格约束（在“网格约束”中进行了描述，在本节后面介绍）来固定。法向于欧拉边界区域施加这些约束，允许材料流进或者流出网格，就像一个流体流动问题那样，而在边界区域的面上允许发生自适应网格划分来最大化网格的质量。

流进一个欧拉边界区域的材料，假定与自适应网格内部的材料具有相同的属性。

模拟欧拉区域的技术在 7.2.4 节中进行了介绍。

边界区域的创建:

Abaqus/Explicit 将在下面的地方自动的创建自适应网格边界

- 模型的外表面;
- 不同的自适应网格区域之间的边界;
- 一个自适应网格区域和非自适应区域之间的边界。

默认情况下，模型外表面的边界区域将是拉格朗日的，这样边界区域跟随材料、载荷、边界条件等保持它们的拉格朗日内涵。不同的自适应网格区域之间的一个边界总是拉格朗日的，没有材料可以流过这样的边界区域。当模型包含多个平行域时（见《Abaqus 分析用户手册——介绍空间建模、执行与输出卷》的 3.5.3 节)，要施加额外的约束。在此情况中，边界区域是非自适应的，没有材料可以流过边界区域，并且约束此边界上的节点在所有方向上与基底材料一起移动。一个自适应网格区域与非自适应区域之间的边界区域总是非自适应的。如果在一个自适应网格区域和一个包括基于位移的无限元的非自适应区域之间的边界上定义了一个欧拉边界的情况是个例外。在此情况中，边界上的节点像在欧拉边界域内那样行动（见“欧拉边界区域”下的说明，本节前面介绍过的)，并且可以使用空间网格来约束边

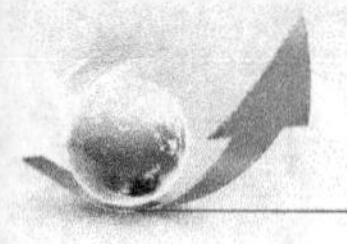

界节点上的网格移动。

两个不同材料之间的边界永远不能“流”过网格。这样的物理边界总是与拉格朗日边界区域或者非自适应网格边界相关联。

图 7-11 显示了将由 Abaqus/Explicit 自动创建的边界区域。此图显示的模型中，Abaqus/Explicit 将用户定义的自适应网格区域分割成两个自适应网格区域，因为原始的区域包含两个不同的材料。

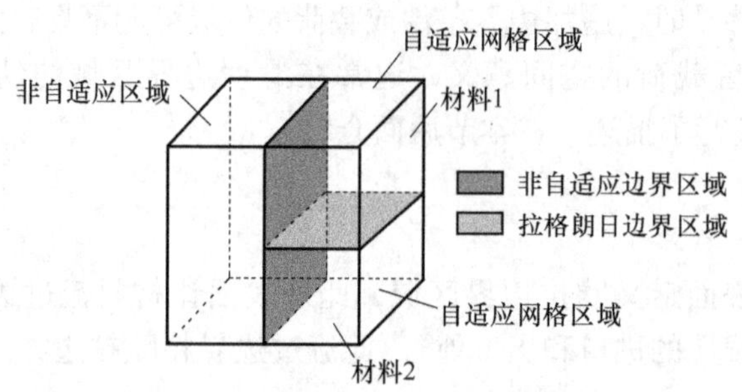

图 7-11　网格区域的自动分割和边界区域的创建

除了由 Abaqus/Explicit 自动创建的边界区域外，拉格朗日、滑动和欧拉边界区域可以通过面、边界条件和载荷的定义来创建，如本节后面所介绍的那样。

几何的特征

许多模型包含采取几何边或者角形式的几何扭结。通常不希望跨过这样的几何特征实施自适应网格划分，除非压平它们。

一个几何形体特征不为扁平时，如果抑制了此特征通常是最好的，这样自适应网格划分将横跨它发生。当自适应网格区域要承受大变形时是特别真实的。

Abaqus/Explicit 中的自适应网格算法将注意拉格朗日和滑动边界上的几何特征。在三维中，几何特征由边和拐角组成（见图 7-12），而在二维中，几何特征仅由拐角组成。如果一个几何边与一个拉格朗日边界区域的边重合，则几何特征的存在对边缘的处理没有影响——材料不能垂直于拉格朗日边流动。

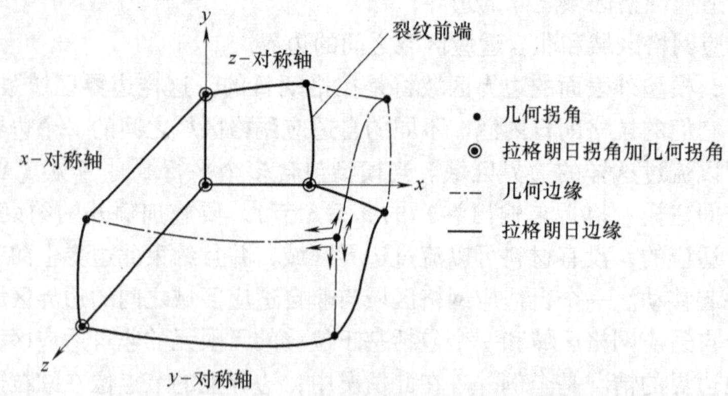

图 7-12　具有一个裂纹的实体块上形成的几何特征

在欧拉边界区域上不检测或追踪几何特征，因为它们通常没有物理意义。

输出选项对于显示几何边界和拐角的构形是可以使用的（见 7.2.5 节）。

控制几何边和拐角的检测

相邻单元面上的法向之间的夹角大于初始几何特征角，θ_I($0° \leqslant \theta_I \leqslant 180°$) 的地方，初始识别几何特征成为边界区域上的边（见图 7-13）。初始几何特征角的默认值是 $\theta_I = 30°$。

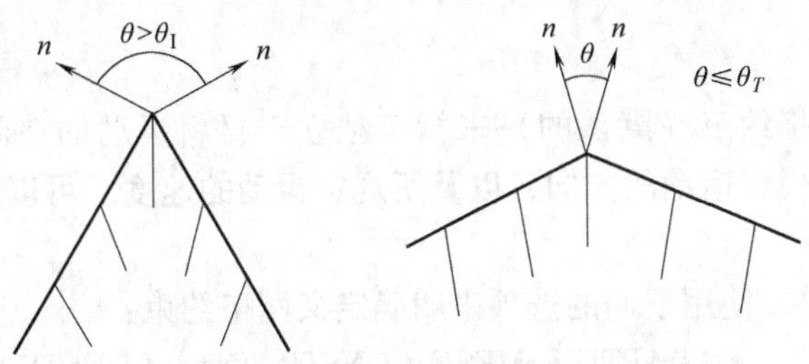

图 7-13　几何特征的检测和抑制

可以改变用于识别几何特征的角度值。设置 $\theta_I = 180°$将确保在自适应网格区域的边界上不形成几何边或者拐角。

输入文件用法：　＊ADAPTIVE MESH CONTROLS，NAME＝名称，
INITIAL FEATURE ANGLE $= \theta_I$

Abaqus/CAE 用法：Step module：Other→ALE Adaptive Mesh Controls→Create：
Name：名称，Initial feature angle：θ_I

控制几何边和拐角的抑制

几何特征只影响拉格朗日和滑动边界区域，这些边界区域充当临时的拉格朗日边界。在自适应网格增量的每一个网格扫掠中，沿一个几何边缘的节点通过应用基本的平滑方法进行定位（见 7.2.3 节）。约束节点沿着离散的几何边排布，除非形成几何边的角比转化几何特征角 θ_T($0° \leqslant \theta_T \leqslant 180°$) 小。转化特征角的默认值是 $\theta_T = 30°$。如果横跨几何边的角变得小于 θ_T，则将边界面考虑成足够平整，因为特征被抑制了，并且允许网格在材料上自由滑动（不受被抑制的几何边约束）。允许几何拐角以类似的方式展平。当在模型中保留几何特征时，此逻辑允许网格自适应中的极大灵活性。

可以改变转化特征角。设置 $\theta_T = 0°$将确保不抑制几何边或者拐角。

输入文件用法：　＊ADAPTIVE MESH CONTROLS，NAME＝名称，
TRANSITION FEATURE ANGLE $= \theta_T$

Abaqus/CAE 用法：Step module：Other→ALE Adaptive Mesh Controls→Create：
Name：名称，Transition feature angle：θ_T

网格约束

在大多数自适应网格问题中，网格中的节点运动是通过网格算法来确定的，具有通过

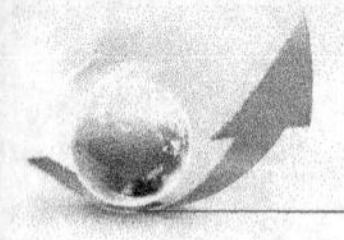

区域边界和边界区域边施加的约束。然而，存在必须明确定义节点运动的情况。如早先所解释的那样，欧拉和滑动边界区域通常要求区域的网格约束是有物理意义的。在某些问题中，可以期望保持某些节点固定，在特定的方向上移动节点，或者强迫某些节点随材料移动。在其他问题中，可以期望一个节点或者具体的节点集跟随材料运动。自适应网格约束允许对网格运动的完全控制，以及独立于任何边界条件或者施加到基底材料的载荷的作用。

施加空间网格约束

使用一个空间网格约束（默认的）来指定独立于材料运动的空间网格运动。指定施加约束的节点，指定所规定运动的方向，以及所规定运动的速度。可以指定空间网格运动的位移或者速度。

输入文件用法： 使用下面的选项来明确定义网格约束：

*ADAPTIVE MESH CONSTRAINT，CONSTRAINT TYPE = SPATIAL，TYPE = DISPLACEMENT 或 VELOCITY

Abaqus/CAE 用法：明确定义网格约束：

Step module：Other→ALE Adaptive Mesh Constraint→Create：Typesfor selected step：Displacement/Rotation 或者 Velocity/Angular velocity：选择区域：Motion：Independent of underlying material

施加空间网格约束的规则

空间网格约束可以没有约束地施加在欧拉边界区域上的节点上，或者施加在自适应网格区域内部的节点上。

在二维或者三维中，拉格朗日和激活的几何拐角上节点是受到完全约束的，与基底材料一起运动。在这样的拐角上不能施加网格约束。

自适应网格约束与拉格朗日和滑动边界区域所固有的其他网格约束相一定不能冲突；因此，自适应网格约束仅能切向地施加在拉格朗日或者滑动边界区域上。此限制说明自适应网格约束仅能施加在三维边界区域中的两个方向上，仅施加在二维边界区域中的一个方向上，或者在一个拉格朗日边缘或者有效的几何边缘的一个方向上。坚持此规则并非总是可行的，尤其当边界经历有限转动时。这样，如果在一个节点上边界区域的法向不垂直于一个指定网格约束，则它总是沿着边界区域的当前面移动，这样在指定约束方向上的网格运动投影是正确的（见图 7-14）。

如果边界区域的法向逼近施加网格约束的方向，将要求大网格运动来满足约束。默认情况下，如果边界区域的法向和指定约束的方向之间的夹角变得小于 θ_C，则终止分析。此截止角称为网格约束角，并且它的默认值是 60°。

当沿一个拉格朗日或者有效的几何边施加自适应网格约束到节点时，也使用网格约束角 θ_C。因为不能将独立网格运动指定成垂直于这些边，如果指定约束与垂直于边缘的面之间的夹角落入指定的网格约束角以下，则分析终止。

可以改变网格约束角的值（$5° \leqslant \theta_C \leqslant 85°$）。不推荐设置 $\theta_C < 45°$，因为它在确定自由面几何时，尤其是对于曲面，可能造成错误。

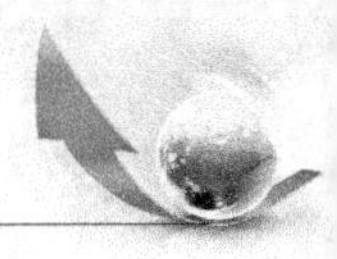

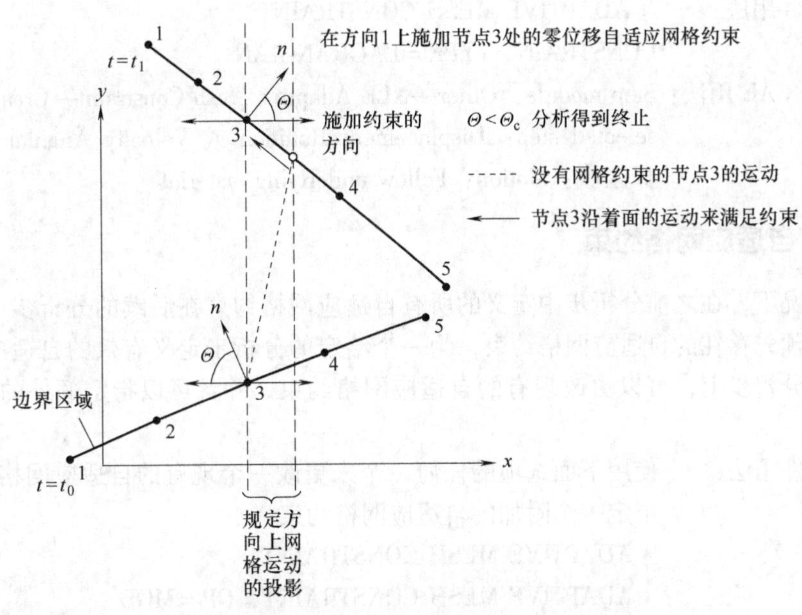

图 7-14　强制执行一个空间网格约束

输入文件用法：　＊ADAPTIVE MESH CONTROLS，MESH CONSTRAINT ANGLE = θ_C

Abaqus/CAE 用法：Step module：Other→ALE Adaptive Mesh Controls→Create：Mesh constraint angle：θ_C

定义随时间改变的网格约束

非零网格约束大小的指定可以在一个步中，依据一个幅值定义随时间改变（见《Abaqus 分析用户手册——指定的条件、约束和相互作用卷》的 1.1.2 节）。

输入文件用法：　同时使用下面的选项：

＊AMPLITUDE，NAME = 名称

＊ADAPTIVE MESH CONSTRAINT，AMPLITUDE = 名称

Abaqus/CAE 用法：Step module：Other→ALE Adaptive Mesh Constraint→Create：Types for selected step：Displacement/Rotation 或 Velocity/Angular velocity：选择区域：Motion：Independent of underlying material：Amplitude：幅度

在局部方向上施加空间网格约束

如果在一个节点上定义了一个局部坐标系，则空间网格约束施加在局部方向上（见《Abaqus 分析用户手册——介绍、空间建模、执行与输出卷》的 2.1.5 节），否则，它们施加在整体方向上。

施加拉格朗日网格约束

一个节点上的拉格朗日网格约束用于说明不应当实施网格平滑，即节点必须跟随材料。

输入文件用法： ＊ADAPTIVE MESH CONSTRAINT, CONSTRAINT TYPE = LAGRANGIAN

Abaqus/CAE 用法：Step module：Other→ALE Adaptive Mesh Constraint→Create：Types for selected step：Displacement/Rotation 或 Velocity/Angular velocity：选择区域：Motion：Follow underlying material

变更 ALE 自适应网格约束

默认情况下，在之前分析步中定义的所有自适应网格约束在后续的分析步中保持不变。相对于一个预先存在的自适应网格约束，为一个给定的分析步定义有效的自适应网格约束。在每一个新分析步上，可以更改现有的自适应网格约束，并且可以指定额外的自适应网格约束。

输入文件用法： 使用下面选项的任何一个来更改一个现有的自适应网格约束，或者指定一个附加的自适应网格约束：

＊ADAPTIVE MESH CONSTRAINT,

＊ADAPTIVE MESH CONSTRAINT, OP = MOD

Abaqus/CAE 用法：Step module：Other→ALE Adaptive Mesh Constraint→Manager：选择期望的步和网格约束：Edit

删除 ALE 自适应网格约束

如果选择在一个分析步中删除任何自适应网格约束，前面的分析步中的自适应网格约束不会传递到当前步。这样，必须重新指定所有当分析步中有效的自适应网格约束。

输入文件用法： 使用下面的选项来删除所有之前定义的自适应网格约束，并且指定新的自适应网格约束：

＊ADAPTIVE MESH CONSTRAINT, OP = NEW

如果在一个分析步中，在任何＊ADAPTIVE MESH CONSTRAINT 选项中使用了 OP = NEW 参数，则在此分析步中，所有＊ADAPTIVE MESH CONSTRAINT 选项上必须都使用它。

Abaqus/CAE 用法：Step module：Other→ALE Adaptive Mesh Constraint→Manager：

选择期望的分析步和网格约束：Deactivate

初始条件

对于自适应网格没有特别的初始条件，可以采用没有自适应网格的问题中所采用的相同办法来定义初始条件。如果在一个分析步的开始时实施初始网格扫掠来平滑网格（见 7.2.3 节），则所有初始条件（除了温度和场变量，在“预定义的场”中进行了讨论，此节的后面进行了介绍）将重新映射到新网格上。在一个绝热分析的自适应网格划分中，初始温度将重新进行映射。

欧拉边界流入区域附近所指定的初始条件将在整个分析中影响流入区域的材料状态。流

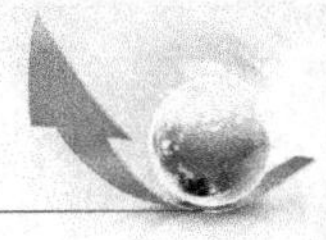

入边界的正确处理讨论，见 7.2.4 节。

在 ALE 自适应网格边界上定义表面

当在自适应网格区域的边界上定义一个表面时（见《Abaqus 分析用户手册——介绍空间建模、执行与输出卷》的 2.3.1 节），Abaqus 创建了一个与表面重合的边界区域。默认情况下，创建了一个滑动边界区域。可以选择创建一个拉格朗日或者欧拉边界区域来替代。

在一个自适应网格区域的内部定义的一个面，将独立于材料来运动（除非由网格约束进行了约束）。

使用一个面来定义一个滑动边界区域

默认情况下，通过一个面定义创建的边界区域将是滑动的（面的边将在材料上自由滑动）。

输入文件用法：　＊SURFACE，REGION TYPE = SLIDING

Abaqus/CAE 用法：Abaqus/CAE 中不支持使用面来定义边界区域。

使用一个面来定义一个拉格朗日边界区域

为了使面的边界跟随材料，创建一个拉格朗日边界区域。

输入文件用法：　＊SURFACE，REGION TYPE = LAGRANGIAN

Abaqus/CAE 用法：Abaqus/CAE 中不支持使用面来定义边界区域。

使用一个面来定义一个欧拉边界区域

从材料运动中解耦面，创建一个欧拉边界区域，并且垂直于表面施加空间网格约束。如果没有施加网格约束，面的作用与一个滑动边界区域相似（将没有材料流过面）。

通常假设在一个欧拉区域的流出边界上，材料内部没有法向或者切应力。此条件可以通过使用面来定义一个欧拉边界区域，并且垂直于面施加空间网格约束的方式来模拟，如图 7-15 中所示。

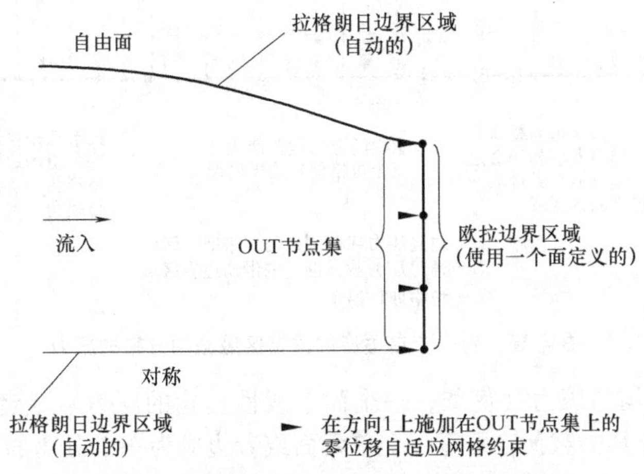

图 7-15　欧拉自适应网格区域的流出边界模拟

输入文件用法：　　＊SURFACE，REGION TYPE = EULERIAN

Abaqus/CAE 用法：Abaqus/CAE 中不支持使用面来定义边界区域。

接触

使用面创建的拉格朗日和滑动边界区域，可以用于接触对。它们与在非自适应区域定义的面具有相同的意义。因为接触通常包含体之间的相对滑动，对于接触面，滑动边界区域通常是合适的。

欧拉边界区域上定义的面不能用于接触对中。

如果为接触对使用了小滑动公式，则所有在两个面上的节点是非自适应的（见《Abaqus 分析用户手册——指定的条件、约束和相互作用卷》的 3.5.1 节和 5.2.2 节）。无分离接触对的基于单元的面所具有的节点是非自适应的（见《Abaqus 分析用户手册——指定的条件、约束和相互作用卷》的 4.1.2 节）。通用接触区域中的所有节点是非自适应的（见《Abaqus 分析用户手册——指定的条件、约束和相互作用卷》的 3.4.1 节）。类似的，定义了点焊的节点是非自适应的（见《Abaqus 分析用户手册——指定的条件、约束和相互作用卷》的 4.1.9 节）

分布载荷

当在自适应网格区域的边界上施加了分布的压力载荷时，Abaqus/Explicit 创建一个与载荷施加的区域重合的边界区域。以此方法创建的边界区域特征与通过定义面来创建的边界区域特征是完全一样的。如果在自适应网格区域内部的面上施加了一个压力载荷，则面上的节点将随材料在所有方向上一起移动（即，它们是非自适应的）。

通过不同的压力载荷创建的边界区域可能重叠。如果在临近的区域施加具有相同大小和幅度定义的压力载荷，则这些区域将合并成一个单独的边界区域来最小化形成的拉格朗日边和拐角的数量（见图 7-16）。

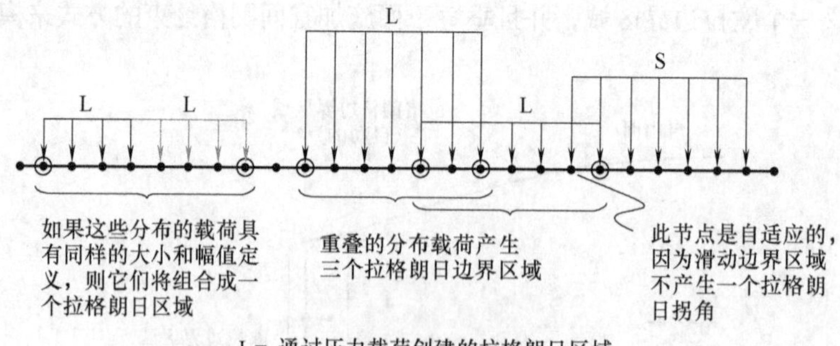
L
L
L
L
S
如果这些分布的载荷具有同样的大小和幅值定义，则它们将组合成一个拉格朗日区域
重叠的分布载荷产生三个拉格朗日边界区域
此节点是自适应的，因为滑动边界区域不产生一个拉格朗日拐角
L= 通过压力载荷创建的拉格朗日区域
S= 通过压力载荷创建的滑动边界区域
⦿= 拉格朗日拐角

图 7-16　对一个自适应的网格区域施加分布的压力

如果施加了非均匀压力（例如，一个面上线性变化的压力）或者在用户子程序 VDLOAD 中定义的一个压力载荷，则每一个单元面或者边成为一个分离的拉格朗日边界区域。因为在拉格朗日边相遇的地方形成了拉格朗日拐角，所有节点将在每一个方向上跟随材料，

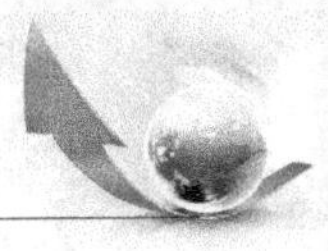

并且每一个区域变得非自适应。同样的，如果对一个自适应网格区域施加了一个非均匀的体积力，则区域被划分成多个区域，每一个具有均匀的体积力。如果此划分产生了单个单元的区域，则区域变得不可自适应。

定义一个具有压力载荷的拉格朗日边界

默认情况下，创建与压力载荷重合的边界区域将是拉格朗日的。施加在拉格朗日区域上的压力载荷与施加在非自适应区域上的压力载荷是一样的，除非网格可以移动到边界区域的内部。

输入文件用法：　　＊DLOAD，REGION TYPE = LAGRANGIAN

Abaqus/CAE 用法：Abaqus/CAE 中不支持定义使用压力载荷的边界区域。

定义具有压力载荷的滑动边界区域

可以在一个滑动边界区域上施加一个压力载荷，当材料移动经过它时，仿真一个在空间中固定的载荷（见图 7-17）。滑动边界在与边界区域相切的方向上是不受约束的。这样，除非施加了自适应网格约束，载荷施加区域将依据自适应网格划分算法来移动，这可能不具有物理意义。

允许一个压力载荷在材料上滑动，需要创建一个滑动边界区域。

输入文件用法：　　＊DLOAD，REGION TYPE = SLIDING

Abaqus/CAE 用法：Abaqus/CAE 中不支持定义使用压力载荷的边界区域。

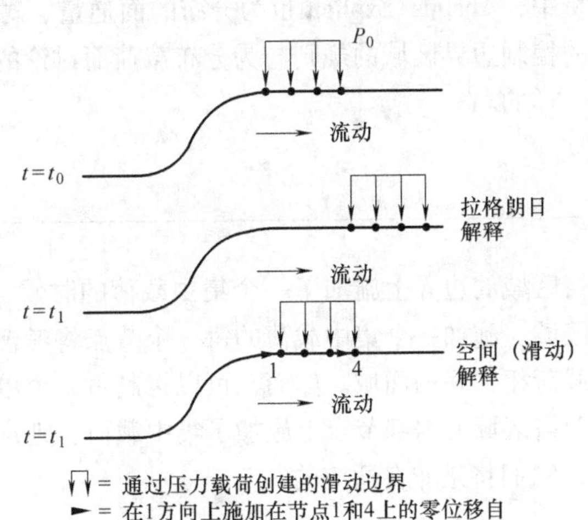

图 7-17　对一个自适应网格区域施加一个滑动分布载荷

定义一个具有压力载荷的欧拉边界区域

将压力施加区域从材料运动中解耦，创建一个欧拉边界区域并且施加垂直于面施加的空间网格约束。如果没有施加网格约束，则网格会与一个滑动边界区域相似（将没有材料流过面）。

作为一个例子，通常假设在欧拉区域的流出边界上存在一个均匀的环境压力。可以通过在一个欧拉边界区域上使用一个分布载荷来定义压力，以及垂向于面施加空间网格约束来模拟此条件，如图 7-18 中所示。

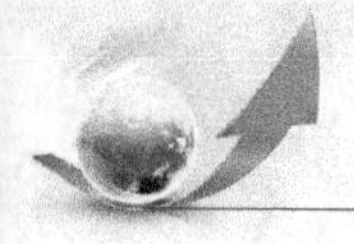

输入文件用法：　　＊DLOAD，REGION TYPE = EULERIAN

Abaqus/CAE 用法：Abaqus/CAE 中不支持定义使用压力载荷的边界区域。

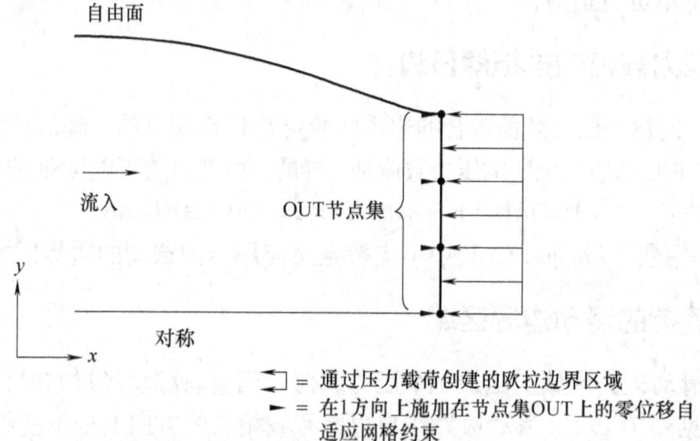

图 7-18　在欧拉自适应网格区域的外流边界上模拟一个环境压力

分布的面通量和热条件

在耦合的热应力分析中，Abaqus/Explicit 也为分布的面通量、对流膜条件和辐射条件创建边界区域。这些载荷的控制边界区域的规则与为分布载荷而讨论的规则是一样的。指定边界区域类型的能力也是一样的。

集中载荷

当在一个自适应网格区域的边界上施加了一个集中载荷的时候，Abaqus/Explicit 创建了一个与载荷重合的边界区域。施加一个集中载荷的每一个节点将考虑成它自己的边界，因为不可能确定一个与集中载荷相关联的面域。然而，可以控制每一个单节点区域的行为。

如果在一个自适应网格区域的内部节点上施加了集中载荷，则这些节点将在所有的方向上与材料一起移动（即，它们将是非自适应的）。

定义一个具有集中载荷的拉格朗日边界区域

默认情况下，由集中载荷创建的边界区域将是拉格朗日的。每一个单独节点的拉格朗日边界区域将在每一个方向上跟随材料（节点将是非自适应的）。

输入文件用法：　　＊CLOAD，REGION TYPE = LAGRANGIAN

Abaqus/CAE 用法：Abaqus/CAE 中不支持定义使用集中载荷的边界区域。

定义一个具有集中载荷的滑动边界区域

可以在一个滑动边界区域上施加一个集中载荷，来仿真当材料运动通过它的时候在空间固定的载荷（见图 7-19）。一个滑动节点在边界区域的切向上是不受约束的，因此，除非施

加了自适应的网格约束，载荷施加点将依据自适应的网格划分算法来移动，这可能是不具有物理意义的。

创建一个滑动边界区域，来允许集中载荷在材料上自由滑动。

输入文件用法： * CLOAD，REGION TYPE = SLIDING

Abaqus/CAE 用法：Abaqus/CAE 中不支持定义使用集中载荷的边界区域。

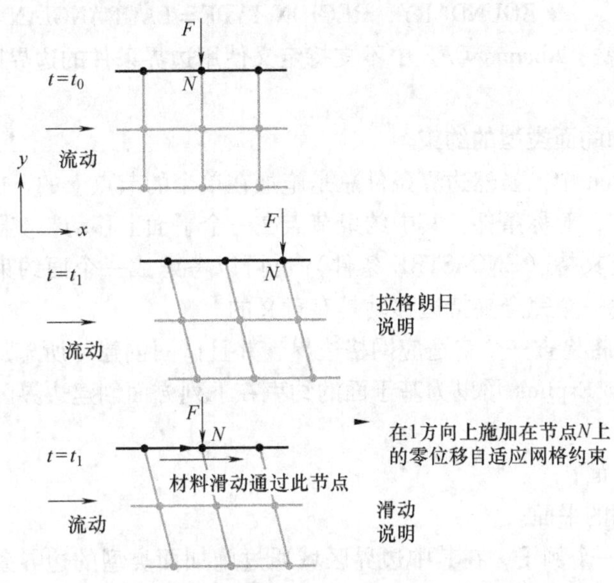

图 7-19 对自适应网格区域施加一个集中滑动载荷

定义一个具有集中载荷的欧拉边界区域

为从材料运动解耦集中载荷，创建一个欧拉边界区域并在法向于面的方向上施加空间网格约束。如果没有施加网格约束，则每一个单独节点的边界区域将像一个滑动边界区域那样行动。

输入文件用法： * CLOAD，REGION TYPE = EULERIAN

Abaqus/CAE 用法：Abaqus/CAE 中不支持定义使用集中载荷的边界区域。

集中通量和热条件

在耦合的热-应力分析中，Abaqus/Explicit 也为集中热流、膜条件和辐射条件创建边界区域。控制这些载荷边界区域的规则与为集中载荷所讨论的边界区域规则是一致的。指定边界区域类型的能力也是一样的。

边界条件

拉格朗日、滑动和欧拉边界区域可以通过对自适应网格区域的边界施加动态约束来创建。如果动态边界条件是施加在自适应网格区域内部节点上的，则这些节点将在所有方向上与材料一起移动（它们将是非自适应的），而不管所指定的边界区域类型。

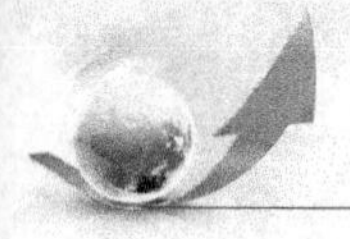

定义一个使用边界条件的拉格朗日边界区域

默认情况下，通过动态边界条件创建的边界区域将是拉格朗日的。Abaqus/Explicit 将自动识别出面类型的和点或者边约束，并且将为每一种类型创建一个合适的拉格朗日边界区域，如下面小节中所解释的那样。

输入文件用法：　　*BOUNDARY，REGION TYPE = LAGRANGIAN

Abaqus/CAE 用法：Abaqus/CAE 中不支持定义使用边界条件的边界区域。

使用边界条件来施加的面类型的约束

在 Abaqus/Explicit 中，虽然边界条件总是施加在单个的节点上的，但是它们通常代表面上的物理约束。例如，对称条件，其中约束节点在一个平面上移动，实际上是面约束。一个沿着一个边界的完全夹持（ENCASTRE 条件）也可以考虑成一个面约束。在自适应网格划分中，允许节点沿着一个完全夹持边移动是有意义的。

Abaqus/Explicit 将检查一个自适应网格边界，并且试图创建与所施加的边界条件重合的区域。当前，Abaqus/Explicit 可以为基于面的约束在下列方面创建边界区域：

- 对称平面；
- 完全夹持的平面；
- 指定统一运动的平面。

图 7-12 显示了一个例子，在其中边界区域通过施加面类型的边界条件来创建。此图显示了一个具有开裂和三个对称平面的块材料。因此，三个拉格朗日边界区域。材料将不会流过任何对称平面，但是可以在每一个拉格朗日边界区域内实施自适应网格划分。此灵活性对于具有显著变形的问题是有帮助的。

使用边界条件施加点或者边约束

某些边界条件代表点或者边约束。例如，可以在一个节点上指定一个位移。与这样的节点相关联的边界条件与那些通过集中载荷创建的边界条件恰好是一样的。

使用一个边界条件来定义一个滑动边界区域

与一个边界条件相关联的滑动边界区域可以根据自适应网格划分算法来移动。因为此行为可能是没有实际物理意义的，所以滑动边界区域的边通常在使用自适应网格约束面的切向方向上进行固定。例如，可以使用此方法来仿真一个刚性冲压机和一个可变形的体之间的无摩擦的接触，如图 7-20 中所示。

在此例子中，采用一个施加在“接触”区域中的，具有不变速度边界条件的滑动边界区域来替代冲压机。在节点 N 处的边界区域的边界上施加了一个切向的网格约束（其他边通过在对称面上自动创建的拉格朗日边界区域进行了约束）。这样的问题定义允许在保留“接触”区域原始大小和位置的时候，材料在“冲压”下面径向流动。

Abaqus/Explicit 在滑动边界区域的面类型的约束和点或边约束之间不做区分。

为允许边界条件对材料自由的滑动，创建一个滑动边界区域。

输入文件用法：　　*BOUNDARY，REGION TYPE = SLIDING

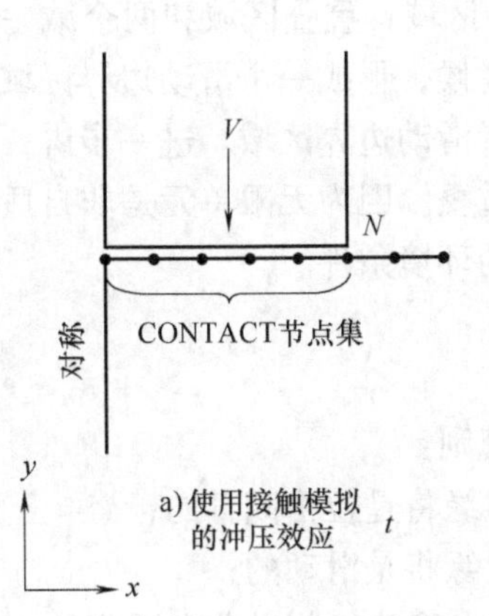

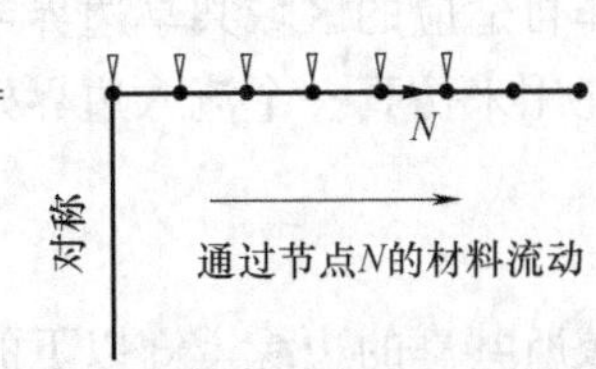

图 7-20 使用滑动边界区域的接触仿真

Abaqus/CAE 用法：Abaqus/CAE 中不支持使用边界条件定义的边界区域。

使用边界条件来定义一个欧拉边界区域

将边界区域从材料运动解耦，创建一个欧拉边界区域并法向于面施加空间网格约束。如果没有施加网格约束，则网格将像一个滑动边界区域那样行事（将没有材料流过面）。

作为一个例子，一个欧拉流入边界处的质量流率可以通过定义使用一个边界条件的欧拉边界区域来指定。

Abaqus/Explicit 在欧拉边界区域的面类型的约束和点或边界约束之间不做区分。

输入文件用法： * BOUNDARY，REGION TYPE = EULERIAN

Abaqus/CAE 用法：Abaqus/CAE 中不支持使用边界条件定义的边界区域。

边界区域重叠

一个拉格朗日边界区域可以重叠任何数量的其他拉格朗日区域或者滑动边界区域（见

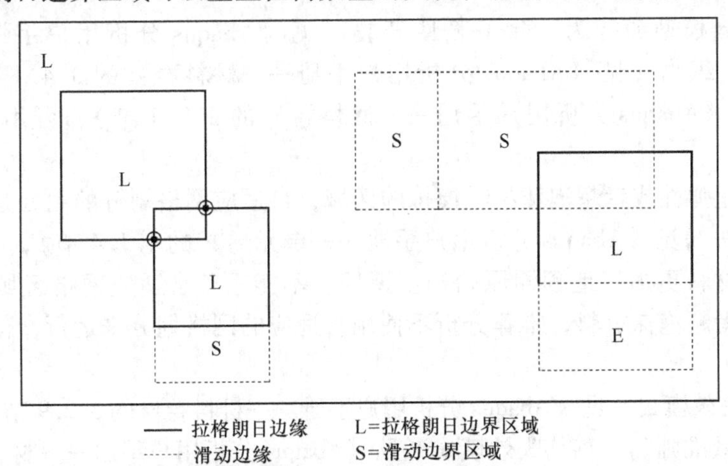

图 7-21 重叠的边界区域

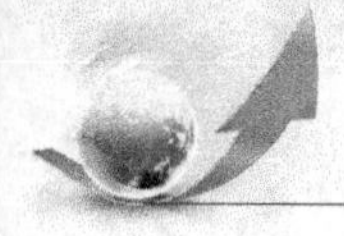

图7-21)。如果两个边界区域部分地重叠，则形成三个区域：重叠区域和两个减去重叠区域的初始区域。当一个拉格朗日和滑动边界区域重叠的时候，形成一个滑动边界区域。

一个欧拉边界区域永远不会重叠一个拉格朗日或者滑动边界区域。进一步讲，一个欧拉边界区域永远不会与一个非自适应的区域共享边界或重叠。因为无限单元是非自适应的，后者的约束说明无限单元不能用来仿真一个流入边界处的环境条件。

重合边

由不同类型的边界区域所共享的边缘遵守以下的规则：

- 一个拉格朗日和一个滑动边界区域之间的共享边缘将是拉格朗日的；
- 一个拉格朗日和一个欧拉边界区域之间的共享边缘将是滑动的；
- 一个拉格朗日和一个非自适应的边界区域之间的共享边缘将是非自适应的；
- 一个滑动的和一个非自适应的边界区域之间的共享边缘将是非自适应的；
- 一个欧拉边界区域的边永远不会与一个非自适应的区域的边重合。

预定义的场

在一个自适应的网格区域中施加指定的温度或者场变量是没有限制的，但是在实施自适应网格划分时，这些节点变量并不进行重映射。这样，空间不均匀的预定义场在一个自适应网格区域内将没有意义。

时间变化，空间均匀的预定义场是可接受的，因为自适应网格划分是施加在离散时间情况上的。然而，如果温度或者场变量数据是从一个参考的空间帧收集的，则为一个网格不会移动的欧拉区域施加一个空间变化的场是有意义的。Abaqus/Explicit 不为自适应网格划分实施任何预定义场检查或者计算。必须确保预定义场是有意义的。

材料

所有的材料模型和行为，除了脆性开裂（见《Abaqus 分析用户手册——材料卷》的 3.6.2 节）、织物（见《Abaqus 分析用户手册——材料卷》的 3.4.1 节）和低密度泡沫材料（见《Abaqus 分析用户手册——材料卷》的 2.9.1 节），可用于自适应网格区域中。

对于采用超弹性或者超泡沫材料模拟的区域，自适应网格划分的用处是有限的。推荐的增强沙漏方法（见《Abaqus 分析用户手册——单元卷》的 1.1.4 节），当删除载荷时，通常将为这些材料更加好地预测原始构型返回，不能用于自适应网格区域。这样，对于超弹性材料或者超泡沫材料，推荐分析不使用自适应的网格划分来运行，但是使用增强的沙漏控制。

如果多孔失效模式（见《Abaqus 分析用户手册——材料卷》的 3.2.9 节中的“Abaqus/Explicit 中的失效准则”）、剪切失效模式（见《Abaqus 分析用户手册——材料卷》的 3.2.8 节中的“剪切失效模态”）、拉伸失效模式（见《Abaqus 分析用户手册——材料卷》的 3.2.8 节中的“拉伸失效模式”）或者渐进性损伤模式的一种（见《Abaqus 分析用户手册——

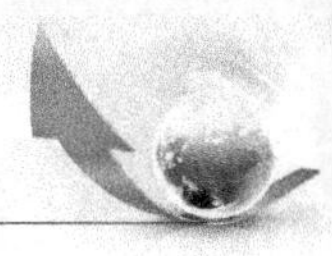

材料卷》的第4章）是在自适应网格区域内部指定的，则 Abaqus/Explicit 将在实施自适应网格划分时持续的监控单元的状态。当区域内的单元失效时，则沿着失效单元和未失效单元之间界面的节点将变成非自适应的。这具有在失效区域和未失效区域之间创建一个材料边界的效果。

当使用剪切失效、拉伸失效或渐进性失效模式的单元中发生没有删除单元的失效时，将不会删除失效区域中的单元，它们可以承受一些应力状态。失效区域中将发生自适应网格划分，但不是沿着具有未失效材料的界面。

单元

一个自适应网格区域只能包含一阶单元、缩减积分单元和实体单元。所有位于自适应网格划分区域内的单元必须具有相同的几何形状（都是二维的、三维的、轴对称的或者平面应变的等）。因为自适应网格区域是跨单元类型分割的，应当为包括三角和四边形的（或者四面体和六面体的）混合区域使用退化单元。所有不是一阶的、缩减积分的、实体单元的单元（包括质量、旋转惯量和无限单元）是非自适应的。这些单元可以与自适应的网格区域连接，但是它们的节点是非自适应的。一个刚性体上的所有节点和单元是非自适应的。在自适应网格区域中不支持螺纹钢。

多点约束和方程

如同边界条件，多点约束（见《Abaqus 分析用户手册——指定的条件、约束和相互作用卷》的 2.2.2 节）和方程（见《Abaqus 分析用户手册——指定的条件、约束和相互作用卷》的 2.2.1 节）总是施加于节点，但是有时候代表面上的约束。当满足下面的条件时，Abaqus/Explicit 将识别出面类型的约束：

- 一个公式，PIN MPC，或者 TIE MPC 绑定一个节点集到一个单独的节点；
- MPC 或者公式中包括的所有节点是共面的，并位于边界区域内。

如果满足了这些条件，一个边界区域将与 MPC 中的节点集或者公式相关联。如果在一个拉格朗日或者滑动边界区域内部施加 MPC，将创建一个拉格朗日边。如果在一个欧拉边界区域内部施加了 MPC，将不会创建边。如果不满足上面的条件，则所有连接 MPC 或者方程的节点将是非自适应的。

作为一个例子，可以在一个拉格朗日自适应网格区域的内部施加一个约束来强迫一个平面截面保持平面，如图 7-22a 中所示。在此情况中，在整个分析中通过一个方程来约束所有节点位于同一个平面中，但是允许平面内的自适应网格划分。

另外一个例子，考虑欧拉区域的流出边界，如图 7-22b 中所示。通常假设一个欧拉区域的流出边界足够远离速度未知但均匀的下游。使用一个面在流出边界处创建一个欧拉边界区域来模拟此种条件。使用一个自适应的网格约束来固定垂向于边界的网格，并且平面上的所有节点通过一个方程来约束成具有垂直于平面的相同速度。

对于基于面的绑定约束（见《Abaqus 分析用户手册——指定的条件、约束和相互作用卷》的 2.3.1 节），在绑定面上的所有节点将是非自适应的。

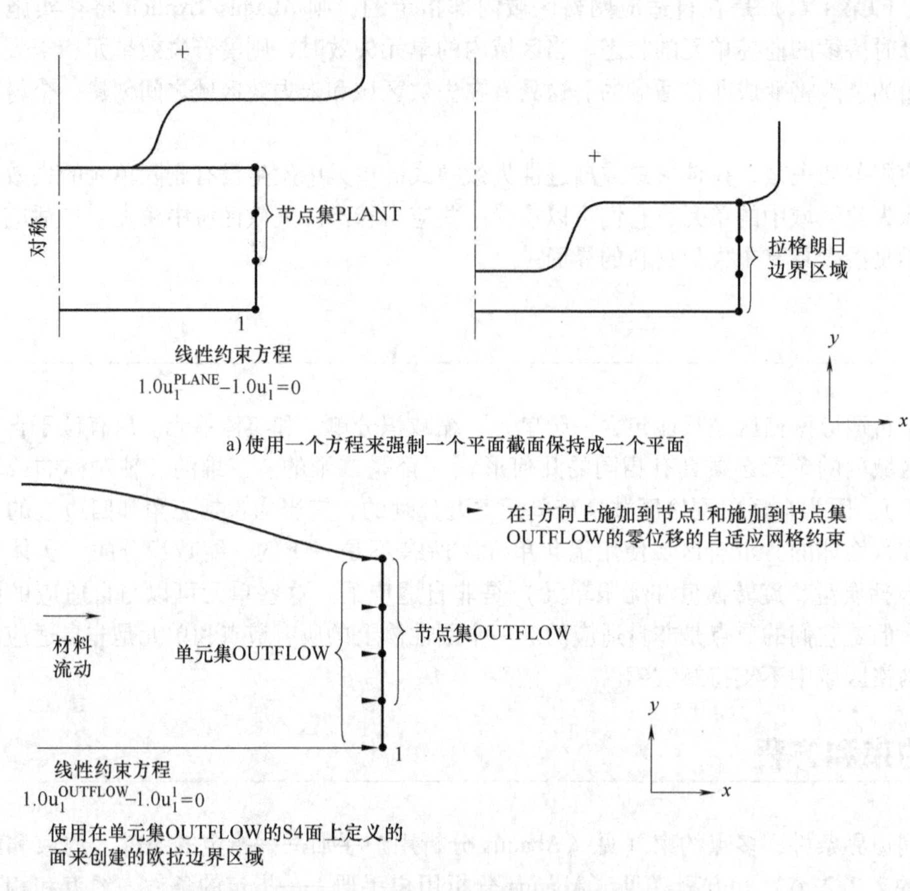

图 7-22　使用具有自适应网格划分的方程

过程

在一个绝热分析中，温度将在自适应网格区域中正确地进行重映射。在退火过程中或者在几何线性分析中，不使用自适应网格划分。

自适应网格区域、边界区域、网格约束和控制（见 7.2.3 节）的定义将步到步地传递。

用户子程序

当实施自适应网格划分的时候，用户子程序中定义的求解相关的状态变量 VUMAT 将重映射到新网格中。

在用户子程序 VFRIC、VUINTER、VFRICTION 和 VUINTERACTION 中，在从面上定义的求解相关的状态变量，当实施自适应网格划分的时候，将不会重映射到新网格。这样，为确保物理上有意义的结果，应当为具有求解相关的状态变量的接触从面上的节点，使用一个

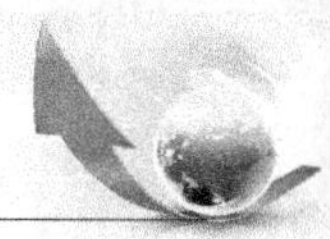

拉格朗日自适应网格约束，接触约束是使用这些用户子程序来定义的。

输出

因为当实施自适应网格重划分的时候，网格不再约束到材料，在单元和节点处的输出必须不同于单纯的拉格朗日问题来进行解读。详细情况见 7.2.5 节。

输入文件模板

创建一个拉格朗日自适应网格区域：

```
*HEADING
…
*ELSET,ELSET=ADAPT
**************************
*STEP
*DYNAMIC,EXPLICIT
指定分析步时间周期的数据行
*ADAPTIVE MESH,ELSET=ADAPT
...
*END STEP
```

创建一个具有指定速度流入条件和指定压力流出条件的欧拉自适应网格划分区域（两个都在整体 x 方向上）：

```
*HEADING...
*ELSET,ELSET=ADAPT
...
*ELSET,ELSET=OUT
...
*NSET,NSET=INFLOW
...
*NSET,NSET=OUTFLOW
...
*SURFACE,NAME=INSURF,REGION TYPE=EULERIAN
定义面的数据行
*SURFACE,NAME=OUTSURF,REGION TYPE=EULERIAN
定义面的数据行
...
*EQUATION
指定流入处均匀速度的数据行
**************************
```

```
*STEP
*DYNAMIC,EXPLICIT
指定分析步时间段的数据行
*ADAPTIVE MESH,ELSET = ADAPT
*ADAPTIVE MESH CONSTRAINT
INFLOW,1,1,0
OUTFLOW,1,1,0
*BOUNDARY,TYPE = VELOCITY,REGION TYPE = EULERIAN
INFLOW,1,1,10.0
*DLOAD,REGION TYPE = EULERIAN
OUT,P2,15.0
...
*END STEP
```

7.2.3 Abaqus/Explicit 中的 ALE 自适应网格划分和重映射

产品：Abaqus/Explicit　　Abaqus/CAE

参考

- “ALE 自适应网格划分：概览”7.2.1 节
- “在 Abaqus/Explicit 中定义 ALE 自适应网格区域”7.2.2 节
- “Abaqus/Explicit 中 ALE 自适应网格划分的输出和诊断”7.2.5 节
- *ADAPTIVE MESH
- *ADAPTIVE MESH CONSTRAINT
- *ADAPTIVE MESH CONTROLS
- “自定义 ALE 自适应网格划分”《Abaqus/CAE 用户手册》的 14.14 节，此手册的 HTML 版本中

概览

ALE 自适应网格划分由两个基本任务组成：

- 创建一个新网格；
- 以称为移流的过程将解变量从旧网格重映射到新网格。

自适应网格划分技术的成功取决于这些任务的每一个所使用的方法。创建一个新网格并重映射解变量的默认方法，为了在不同问题中工作，经过了谨慎的选择。然而，可能希望覆盖默认的选择来平衡自适应网格划分的稳健性和效率，或者拓展自适应网格划分的使用到更加困难的或不常见的应用中。

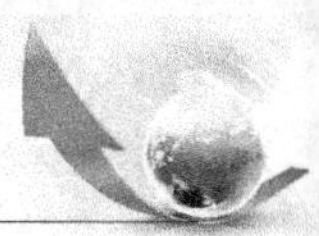

网格划分

一个新网格：

- 为每一个自适应区域以指定的频率进行创建；
- 通过在自适应网格区域上反复扫描，并且移动节点来平顺网格的方法来找到；
- 能够保留原始网格的最初渐变。

重映射

用于移流解变量到新网格的方法：

- 是一致的，单调的，并且（默认情况下）对二阶是精确的；
- 质量、动量和能量守恒的。

控制 ALE 自适应网格划分的频率

在大部分情况中，自适应网格划分的频率是最影响自适应网格划分的网格质量和计算效率的参数。通常没有欧拉边界的自适应网格应用将要求每 5 ~ 100 个增量就自适应网格划分一次。相比较而言，使用欧拉边界的稳态过程仿真中，自适应网格划分通常应当更加频繁的执行。这样，如果在一个自适应网格区域上定义了空间自适应网格约束或者一个欧拉边界区域，默认的频率是 1；否则，默认的频率是 10。

输入文件用法：　使用下面的选项来改变自适应网格划分的频率：

*ADAPTIVE MESH，FREQUENCY = 增量的数目。

Abaqus/CAE 用法：Step module：Other→ALE Adaptive Mesh Domain→Edit：切换打开 Use the ALE adaptive mesh domain below，Frequency：增量的数目

ALE 自适应网格划分强度的控制

在每一个自适应网格划分的增量中，通过实施一个或者更多的网格扫描来创建新网格，然后移流输送解变量到新网格。

网格扫描

在一个自适应网格划分的增量中，通过反复扫描自适应网格区域来创建一个新的、更平顺的网格。在每一次网格扫描中，重新定位区域中的节点（基于毗邻节点和单元的当前位置）来降低单元的扭曲。在通常的扫描中，一个节点移动了节点周围单元特征长度的一部分。在每一个自适应的网格划分增量中，增加扫描的次数，增加了自适应网格划分的强度。默认的网格扫描次数是一。

输入文件用法：　使用下面的选项来改变每一个自适应网格增量中实施的网格扫描次数：

* ADAPTIVE MESH，MESH SWEEPS = 扫描次数

Abaqus/CAE 用法：Step module：Other→ALE Adaptive Mesh Domain→Edit：切换打开 Use the ALE adaptive mesh domain below，Remeshing sweeps per increment：扫描次数

移流扫描

从旧网格映射解变量到新网格的过程称为移流扫描。在每一个自适应网格增量中，至少实施了一次移流扫描。理想情况下，增量的所有网格扫描完成之后将只实施一次移流扫描。然而，只有旧网格与新网格之间的差异很小的时候，才能保证移流扫描的数值稳定性。这样，如果网格扫描后区域中任何节点的总累积移动，大于任何毗邻单元特征长度的 50%，则实施移流扫描来从旧网格重映射解变量到中间过程网格。网格扫描将继续，直到达到指定的次数或者直到任何节点的运动再次超过 50% 的阈值。在此时，再次实施一次移流扫描，来从最后的中间过程网格映射变量到新的中间过程网格。将继续此循环，直到网格扫描的次数达到指定的次数。

对每一个自适应网格区域所要求的每个自适应网格增量的移流扫描次数，是由 Abaqus/Explicit 自动决定的，用户不能覆盖此自动计算。默认打印移流扫描的次数到信息（.msg）文件（见 7.2.5 节）。

ALE 自适应网格划分的计算成本

自适应网格划分的成本取决于网格重划分的频率，网格的数量和所实施的移流扫描，以及自适应网格区域的大小。当与单纯的拉格朗日分析进行比较时，只在自适应网格划分增量内部产生额外的计算成本。

通常，移流扫描的成本是一次网格扫描成本的几倍。当过于频繁地实施自适应网格划分或者指定了大数量的网格扫描，将触发多移流扫描。更加频繁地实施自适应网格划分并在每一个自适应网格增量中进行 1 ~ 5 次的网格扫描，通常将只产生一次移流扫描，这样最小化计算的成本。

自适应网格划分产生的相对平顺的网格和改进的单元长宽比例，与类似的纯拉格朗日分析相比，可以提高稳定时间增量。在一些情况中，此增加可以完全抵消自适应网格划分的成本。

虽然计算成本对于应用的类型可以变化很大，在整个问题区域上，在每个增量内实施自适应网格划分，通常将增加拉格朗日分析 3 ~ 5 倍的分析成本。定义仅覆盖整个问题区域中的一部分自适应网格区域，将成比例地降低成本。改变频率到每 10 ~ 25 个增量，计算成本仅仅比单纯拉格朗日分析成本略高。

控制 ALE 自适应网格划分频率和强度的准则

虽然对于许多问题，默认值工作良好，然而困难的分析可能要求一个更频繁地自适应网格划分频率，或更高强度的网格划分。

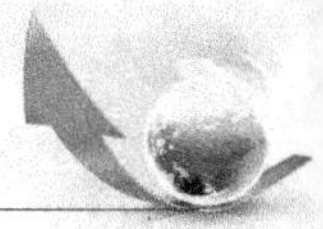

瞬态分析的准则

对于没有空间自适应网格划分或者欧拉边界区域的问题，默认的自适应网格划分频率是10，并且默认的网格扫描次数是1。默认值对于低速到中速的动态问题，以及对于承受适中变形的准静态过程仿真，通常是足够的。如果网格扫描的频率或者次数太低，则过大的网格扭曲可导致分析在网格调整之前终止，即使可以得到解，它可能不会像具有更高质量网格所得到的解那样精确。然而，在几乎所有情况下，以任何频率实施自适应网格划分，与单纯的拉格朗日分析相比，将降低单元的扭曲（并且，这样改进了解的质量）。

对于承受大变形量的高速碰撞问题，有必要提高自适应网格划分的频率，或者网格扫描的次数。通常在提高频率前，增加网格扫描的次数成本会稍微低一些，只要移流扫描的次数保持较小。

对于涉及在几百个增量上发生爆炸的问题，通常在每一个增量上要求自适应网格划分。对于涉及每个增量大量流动的准静态仿真，增加自适应网格划分的频率也是必要的。

对于每个增量是小变形的问题，可以每25～100个增量来实施自适应网格划分，依然可以保持网格的高质量。对于这些问题，可以忽略自适应网格划分的额外成本。

静态分析的准则

当自适应区域包含欧拉边界区域的时候，或者包括空间自适应网格约束的时候，默认的自适应网格划分频率是1。默认的频率是保守的，并且选取它主要是因为仅在自适应网格增量中才实施空间网格约束。这样，在自适应网格增量之间，网格可能从其指定的位置漂移，这将影响解。然而，来自自适应网格约束的漂移，将总是在下一个自适应网格增量中被去除——它不会累积。

对于变形的速度或者从单元到单元的材料流动速度比材料的波速小得多的问题，频率通常可以增加到5或者更高。此类问题包括大部分的稳态过程仿真，忽略在一些增量上的偏离指定位置的网格漂移。通过较少的实施自适应网格划分，稳态仿真对于它们的对应瞬态仿真变得具有竞争力。对于其中变形的速度或者材料流速高的欧拉区域，例如动态冲击问题，应当使用默认频率1。

网格平顺方法

Abaqus/Explicit中新网格的确定是根据四个方面。可以通过定义自适应网格来控制每一个方面。已经选择了默认值，这样整个算法对于大部分的问题工作良好。

首先，Abaqus/Explicit中的新网格计算基于三个基本平顺算法的组合：体积平顺、拉普拉斯平顺和等势平顺。在自适应网格划分区域中的每一个节点上应用平顺方法，基于周围节点或者单元的位置来确定节点的新位置。虽然所有的平顺方法趋向于平顺网格并降低单元的扭曲，但是基于所使用的方法，产生的网格将不同。

其次，如果希望，可以使用单元扭曲的代价来保留最初的单元渐变。

第三，在应用基本平顺方法之前，优化节点的位置可以提高网格质量，并最小化所要求的自适应网格划分的频率。

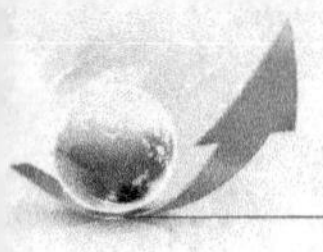

最后，使用解相关的网格划分来集中边界凹面演化附近区域的网格细化。这抵消了基本平顺方法降低精度要求重要的凹面边界附近的网格细化趋势。

体积平顺

体积平顺通过在节点周围的单元中计算单元中心的体积加权平均，来重新定位一个节点。在图7-23中，节点M的新位置由四个周边单元的单元中心的单元中心位置的体积加权平均C来确定。体积加权将趋向于将节点推离单元中心C_1，并且朝着单元中心C_3，这样降低单元的扭曲程度。

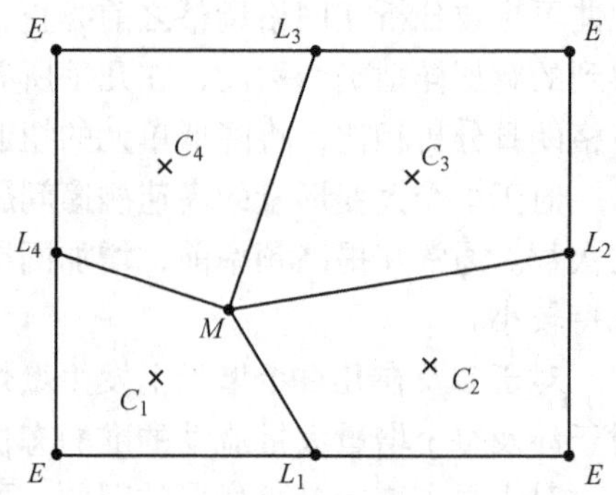

图7-23　一个网格扫描中的节点重定位

体积平顺是非常稳健的，并且是Abaqus/Explicit中的默认方法。它对于结构区域和高度非结构的区域都工作良好。一个结构区域是没有包含退化单元的区域，并且每个节点在二维中被四个单元包围，或者在三维中被八个单元包围。

拉普拉斯平顺

拉普拉斯平顺通过计算由一个单元边连接到问题节点的每一个附近节点的平均位置来重新定位一个节点。在图7-23中，节点M的新位置通过平均四个节点L的位置来确定，L通过单元边与M相连。节点L_2和L_3的位置将拉动节点M向上和向右，来降低单元扭曲程度。

拉普拉斯平顺是最便宜的平顺算法，并且通常用于网格划分前处理之中。对于低度到中度扭曲的网格区域，拉普拉斯平顺的结果类似于体积平顺的结果。对于具有复杂曲率边界的区域，体积平顺通常产生更加平衡的网格。

等势平顺

等势平顺是一个更高阶的方法，通过计算二维中最靠近节点的八个临近节点（或者三维中最靠近它的十八个节点）的一个更高阶的，加权平均的位置来重新定位一个节点。图7-23中，节点M的位置是基于所有周围的节点L和E的位置。

等势平顺方法的加权平均是相当复杂的，并且是基于拉普拉斯方程的解。等势平顺趋向于最小化在几个单元上横跨一个网格的线的局部曲率。虽然此趋向对于轻微弯曲的区域是期望的，但是它可以抑制等势平顺降低高度变形区域和局部弯曲区域中单元扭曲的能力。

等势平顺可仅对由局部结构网格围绕的节点来实施。当选择等势平顺的时候，由一个非结构的网格围绕的节点使用体积平顺的同等大小来移动。

组合平顺方法

Abaqus/Explicit中的默认平顺方法是体积平顺。要选择一个其他的平顺方法或者组合平顺方法，为每一种方法指定权重因子。当使用多于一种的平顺方法时，通过计算每一种所选方法预测得到的位置的加权平均来重定位一个节点。所有的权重必须是正的，它们的和通常是1.0。如果所选权重的和小于1.0，则网格平顺算法在每一个自适应网格增量时将是不激

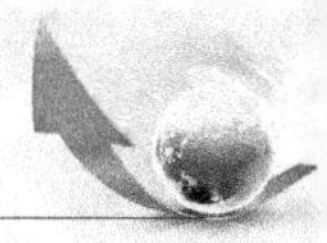

进的；如果所选的权重总和大于1.0，则将它们的值进行归一化，令它们的和是1.0。

输入文件用法：　＊ADAPTIVE MESH CONTROLS，NAME = 名称

体积平顺权重，拉普拉斯平顺权重，等势平顺权重

例如，下面的选择可以用来定义一个体积平顺和等势平顺的相等混合，而没有拉普拉斯平顺：

＊ADAPTIVE MESH CONTROLS，NAME = 名称

0.5，0.0，0.5

Abaqus/CAE 用法：Step module：Other→ALE Adaptive Mesh Controls→Create：Name：名称，Volumetric：体积平顺权重，Laplacian：拉普拉斯平顺权重，Equipotential：等势平顺权重

基本平顺方法的几何增强

基本平顺方法的常规形式在高度扭曲区域中不能良好实施。为保证自适应网格划分的稳健性，Abaqus/Explicit 默认的使用基本平顺算法的几何增强形式。对所有自适应网格应用推荐的增强形式。然而，因为许多有限元前处理使用基本的平顺算法，作为一个选项来提供它们的常规形式。

输入文件用法：　使用下面的选项来使用体积、拉普拉斯或者等势平顺算法的常规形式：

＊ADAPTIVE MESH CONTROLS，NAME = 名称，GEOMETRIC ENHANCEMENT = NO

Abaqus/CAE 用法：Step module：Other→ALE Adaptive Mesh Controls→Create：Name：名称，切换关闭 Use enhanced algorithm based on evolving element geometry

指定一个均匀的网格平滑目标

对于没有任何欧拉边界区域的自适应网格区域，网格平衡方法的默认目标是当改善单元长宽比的同时最小化网格扭曲，以扩散初始网格渐变为代价。为具有中度到较大的整体变形推荐均匀网格平滑目标。

输入文件用法：　使用下面的选项来指定均匀的网格平衡目标：

＊ADAPTIVE MESH CONTROLS，NAME = 名称，SMOOTHING OBJECTIVE = UNIFORM

Abaqus/CAE 用法：Step module：Other→ALE Adaptive Mesh Controls→Create：Name：名称，Priority：Improve aspect ratio

指定一个渐变的网格平顺目标

另外，随着分析的演变，平顺方法可以试图在降低单元扭曲的时候，保持初始的网格渐变。对于具有一个或者多个欧拉边界区域的自适应网格区域，此目标是默认的。渐变的网格平顺目标仅推荐给承受低到中等整体变形的，具有合适的结构渐变网格的自适应网格区域。将最小化单元扭曲，但是将大致的保持附近单元的长宽比。网格渐变在整体变形较小，并且

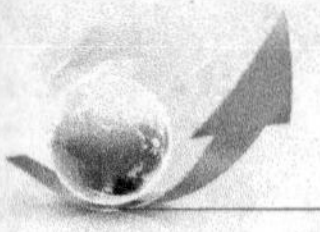

在特别的区域使用了集中网格来捕捉较高解梯度的稳态问题中，是特别有用的。

输入文件用法：　使用下面的选项来指定渐变的网格平顺目标：

*ADAPTIVE MESH CONTROLS, NAME = 名称,
SMOOTHING OBJECTIVE = GRADED

Abaqus/CAE 用法：Step module：Other→ALE Adaptive Mesh Controls→Create：Name：名称，Priority：Preserve initial mesh grading

在拉格朗日区域内定位节点

如果一个自适应网格区域不具有欧拉边界区域，默认的，网格扫描是基于当前节点位置的，考虑了自上一次自适应网格增量的材料移动累积。此方法通常对于承受大整体变形的拉格朗日问题是最好的。

输入文件用法：　使用下面的选项来要求使用当前变了形的节点位置作为网格平顺的起始位置：

*ADAPTIVE MESH CONTROLS, NAME = 名称,
MESHING PREDICTOR = CURRENT

Abaqus/CAE 用法：Step module：Other→ALE Adaptive Mesh Controls→Create：Name：名称，Meshing predictor：Current deformed position

在欧拉区域中定位节点

网格扫描可以基于上个自适应网格增量结束时的节点位置。对于欧拉性质的问题，与整体变形相比材料流动明显的问题推荐使用此技术。这样，它对于具有一个或者多个欧拉边界区域的自适应网格区域是默认的。此方法将产生一个实际上固定不变的网格。

输入文件用法：　使用下面的选项来使用之前自适应网格增量末尾时的节点位置，作为网格平顺的起始位置：

*ADAPTIVE MESH CONTROLS, NAME = 名称,
MESHING PREDICTOR = PREVIOUS

Abaqus/CAE 用法：Step module：Other→ALE Adaptive Mesh Controls→Create：Name：名称，Meshing predictor：Position from previous adaptive mesh increment

基于凹边界曲率的解相关的网格划分

仅基于最小化单元扭曲的网格平顺算法，趋向于降低凹曲率区域中的网格细化，特别是随着曲率的演变。使得靠近高度弯曲的边界具有足够的网格细化，对于模拟区域的形状和体积通常是非常重要的。为防止靠近不断变化的凹曲率处的网格细化中的自然降低，Abaqus/Explicit 使用解相关的网格划分来自动专注于朝向这些区域的网格渐变。

虽然解相关的网格划分可以“拉”更多的单元到高曲率的区域中，但是它的主要目的是保持这些区域中的正常细化。这样，当预期何时何地发生高曲率边界时，应当总是使用一个细化网格，并且解相关的网格划分通常应当不作为一个更多单元的直接替代来使用。

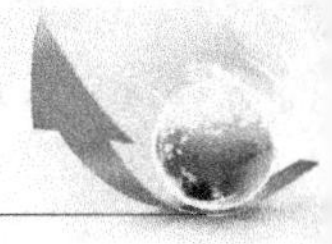

解相关的网格划分的激进性通过曲率细化权重 α_C 来控制。默认情况下，$\alpha_C=1$，对应于在一个广泛不同的问题中工作良好的激进性水平的选择。可以改变曲率细化权重。零值说明没有因为不断变化的边界曲率而产生解相关性，以及大于一的值比默认值增加了激进性。

输入文件用法：　＊ADAPTIVE MESH CONTROLS，NAME = 名称，
CURVATURE REFINEMENT = α_C

Abaqus/CAE 用法：Step module：Other→ALE Adaptive Mesh Controls→Create：
Name：名称，Curvature refinement：α_C

在分析步的开始平顺扭曲的网格

当自适应网格区域包含一个均匀密度的结构网格时，仅当区域变形时，网格才将独立于材料移动。如果网格初始是非均匀的，则即使没有变形或者材料转移时，Abaqus/Explicit 中的网格划分算法也将平顺网格。

当初始的网格包含高度扭曲的单元时，在分析步开始前平顺网格通常是有用的，这样在整个分析步中使用尽可能好的网格。当使用一个均匀平顺目标的时候，在定义有自适应网格区域的分析步开始的时候，默认进行五次网格扫描。对于一个渐变平顺的目的，在分析步的开始时默认进行两次不考虑渐变的网格扫描。所有用于后续网格扫描中的渐变的长宽比是基于此局部平顺后的网格的。

当进行了网格扫描后，初始条件将移流到新网格。

输入文件用法：　使用下面的选项来改变将在第一个分析步开始时实施的网格扫描次数，在第一个分析步中的自适应网格定义是激活的：
＊ADAPTIVE MESH，INITIAL MESH SWEEPS = 初始扫描的次数
例如，下面的选项将在分析步开始时采用 15 次网格扫描来平顺一个差的扭曲网格，其后在整个分析步中，执行自适应网格划分前每 20 个增量进行网格扫描，网格扫描三次：
＊ADAPTIVE MESH，FREQUENCY = 20，MESH SWEEPS = 3，
INITIAL MESH SWEEPS = 15

Abaqus/CAE 用法：Step module：Other→ALE Adaptive Mesh Domain→Edit：切换打开 Use the ALE adaptive mesh domain below，Initial remeshing sweeps：Value：初始扫描的次数

在边界区域划分网格

拉格朗日和滑动边界区域上的自适应网格划分，承受网格和材料必须在边界的法向方向上一起移动的约束。允许此边界内部的节点在边界内的材料上自由滑动，最大化了可实施的网格平顺大小。当约束节点位于边界区域上时，节点在每一次网格扫描中，通过施加基本平顺方法来重新定位。在三维中，某些拉格朗日边界区域上的节点将在一个拉格朗日边上。在每一次网格扫掠中，当约束节点沿着离散的拉格朗日边缘分布时，这些节点通过施加基本平顺方法来进行定位。

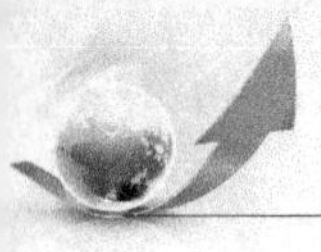

对于与变形相比，材料沿着边界从单元到单元流动非常明显的问题，如果关于材料流动的上游和下游方向对称地施加了这些约束，则边界内的网格可以产生振动。Abaqus/Explicit 使用自由边界约束的 Petrov-Galerkin 加权来抑制任何振动。算法是保体积的，并且自动选择迎风的程度。

移流解变量到新网格

Abaqus/Explicit 中自适应网格划分的框架是任意的拉格朗日-欧拉方法（Arbitrary Lagrangian-Eulerian，ALE），在动量守衡和质量守恒方程中引入了移流项，来考虑独立的网格和材料运动。有两种基本的办法来求解这些修正的方程：直接求解非对称方程组，或者使用算子分割符来从附加的网格运动中解耦拉格朗日（材料）运动。因为计算效率，在 Abaqus/Explicit 中使用的是算子分割符方法。进一步，在一个显式设置中，此技术是合适的，因为小时间增量限制了一个单独增量中的运动大小。

在一个自适应的网格划分增量中，单元公式、边界条件、外部载荷、接触条件等，首先以单纯拉格朗日分析相一致的方式进行处理。一旦拉格朗日运动得到更新，并且进行了网格扫描来找到了新网格，则通过实施一个移流扫描来重新映射解变量。移流扫描产生了动量平衡和连续方程中的移流项。

单元变量的移流方法

单元和材料状态变量必须在每一个移流扫描中从旧网格传递到新网格。进行移流的变量数量取决于材料模型和单元公式。然而，应力、历史变量、密度和内能总是解变量。对于单元变量的移流有两种方法可用：基于 Van Leer（Van Leer，1977）的工作的默认二阶方法和基于供方小区域差分的一阶方法。

两个移流方法结合迎风的概念。当从旧网格映射到新网格时，它们也在整体意义上保存单元变量（即，任何集成在域上的解变量值，通过自适应网格划分是不变的）。使用一个保守的算法来自动移流单元的密度和内能，确保没有欧拉边界区域的自适应网格区域的质量和能量守恒。

两个移流方法也是单调的和一致的。如果一个单元量在旧网格的一部分上具有单调递增的分布，在新网格上也是如此，则此方法是单调的。如果当解变量移流到一个与旧网格相同的新网格上时，所有单元量保持不变，则此方法是一致的。

二阶移流

默认对所有自适应网格区域使用二阶移流。对于所有的问题推荐此二阶移流，范围从准静态到瞬态动力学冲击。一个单元变量 ϕ 通过首先确定每一个旧单元内变量的一个线性分布，从旧网格重新映射到新网格，如图 7-24 中所示的一个简单的一维网格那样。中间单元中 ϕ 的线性分布，取决于两个临近单元中的 ϕ 值。构造线性分布：

1. 从中间单元和它毗邻单元中的积分点处的常数 ϕ 值构建一个二次插值。
2. 通过微分二次方程来找到中间单元积分点处的斜率，来建立一个试用线性分布 ϕ_{trial}。

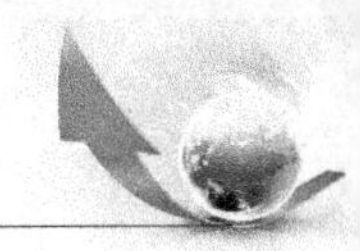

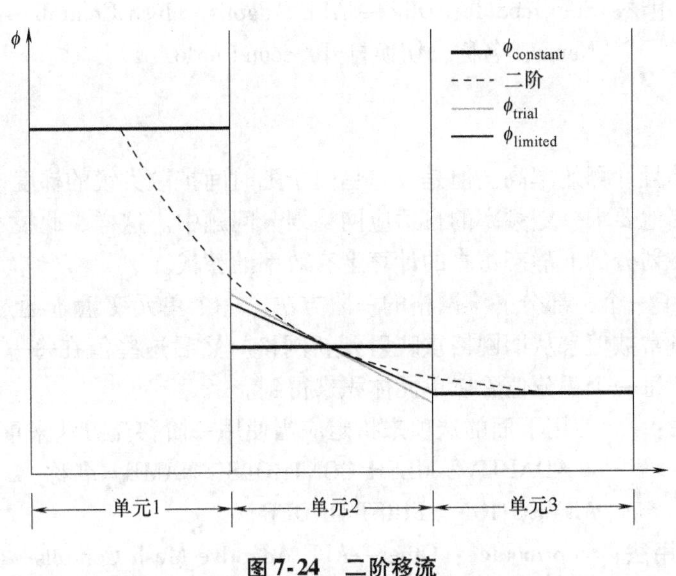

图 7-24 二阶移流

3. 通过降低它的斜率，直到它的最小和最大值在毗邻单元里的原始常数值范围内，来限制中间单元里的试用线性分布。此过程称之为流限制，并且从本质上确保移流是单调的。

一旦为旧网格中的所有单元确定了流限制的线性分布，这些分布在每一个新单元上进行积分。变量的新值通过将每一个积分值除以新单元体积来建立（此计算的一阶例子见图 7-25）。

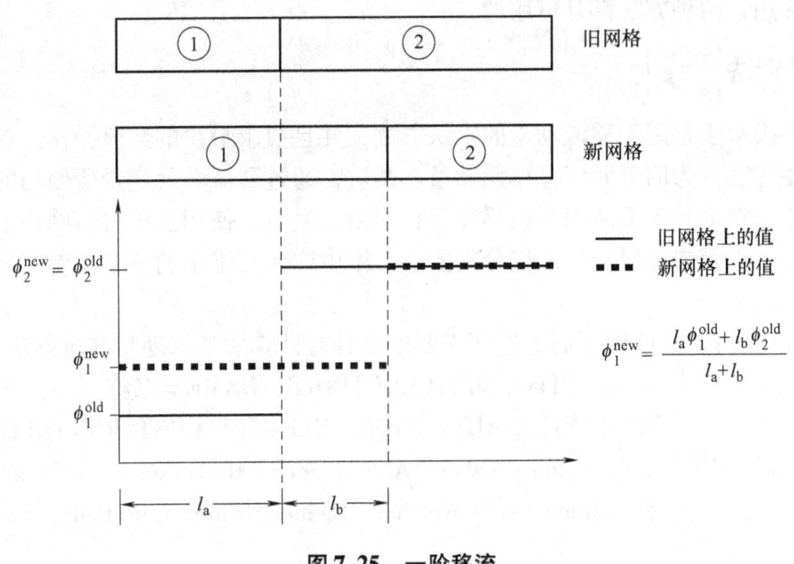

图 7-25 一阶移流

输入文件用法： 使用下面的选项来指定应当使用二级移流方法来重映射单元变量：

* ADAPTIVE MESH CONTROLS，NAME = 名称，

ADVECTION = SECOND ORDER

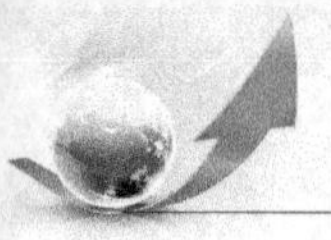

Abaqus/CAE 用法：Step module：Other→ALE Adaptive Mesh Controls→Create：Name：名称，切换打开 Second order

一阶移流

一阶移流简单且计算效率高。但是，它趋向于随时间扩散尖锐的梯度，特别在瞬态动力学分析中，或者其他要求一定频率的自适应网格划分问题中。这样，此技术应当仅作为不要求频繁自适应网格划分的准静态仿真的计算上有效率的替代。

图 7-25 说明了一个一部分一维网格的一阶方法。一个单元变量 ϕ 通过首先假设每一个旧单元的一个变量常数值来从旧网格重映射到新网格。然后这些值在每一个新单元上积分。变量的新值通过将每一个积分值除以单元体积来得到。

输入文件用法：使用下面的选项来指定应当使用一阶移流方法来重映射单元变量：

* ADAPTIVE MESH CONTROLS，NAME = 名称，ADVECTION = FIRST ORDER

Abaqus/CAE 用法：Step module：Other→ALE Adaptive Mesh Controls→Create：Name：名称，切换打开 First order

动量移流

首先通过移流动量来计算一个新网格上的节点速度，然后使用新网格上的质量分布来计算速度场。直接的移流动量确保重映射过程中自适应网格区域内的正确的动量守恒。移流动量有两个可用方法：默认的单元中心投影法和半指数移动法（Benson，1992）。对于所有的自适应网格应用，两种方法都是可用的。

单元中心投影法

单元中心投影法是用于移流动量的默认方法，并且要求最少的数值操作。首先基于质量和单元节点的速度，为旧单元计算单元动量。然后，通过移流单元变量所使用的相同的一阶或者二阶算法，将单元动量从旧网格移流到新网格。最后，使用投影将新网格上的单元动量在节点上组装。单元中心投影方法仅分别要求二维中或者三维中的两个或者三个额外变量的移流。

输入文件用法：使用下面的选项来要求最具有计算效率的动量移流方法：

* ADAPTIVE MESH CONTROLS，NAME = 名称，MOMENTUM ADVECTION = ELEMENT CENTER PROJECTION

Abaqus/CAE 用法：Step module：Other→ALE Adaptive Mesh Controls→Create：Name：名称，Momentum advection：Element center projection

半指数移动法

半指数移动法比单元中心投影法在计算上更密集，但是对于一些问题，它可能产生较少的波传播。此方法首先从单元周围的节点上将每一个节点动量变量移动到单元中心。然后，通过使用与移流单元变量相同的一阶或者二阶算法，将已经移动了的动量变量从旧网格移流

到新网格，在新单元的中心提供动量变量。最后，新网格中单元中心处的动量变量回移到节点。半指数移动法分别要求二维或者三维中 8 到 24 个额外变量的移流，这样可显著增加每一次移流扫描的成本。

输入文件用法： 使用下面的选项来指定应当用于动量移流的半指数移动方法：
＊ADAPTIVE MESH CONTROLS，NAME = 名称，
MOMENTUM ADVECTION = HALF INDEX SHIFT

Abaqus/CAE 用法：Step module：Other→ALE Adaptive Mesh Controls→Create：Name：名称，Momentum advection：Half-index shift

参考文献

- Benson，D. J.，"Momentum Advection on a Staggered Mesh，" Journal of Computational Physics，vol. 100，pp. 143-162，1992.
- Van Leer，B.，"Towards the Ultimate Conservative Difference Scheme III. Upstream-centered Finite-Difference Schemes for Ideal Compressible Flow，" Journal of Computational Physics，vol. 23，pp. 263-275，1977.
- Van Leer，B.，"Towards the Ultimate Conservative Difference Scheme IV. A New Approach to Numerical Convection，" Journal of Computational Physics，vol. 23，pp. 276-299，1977.

7.2.4 Abaqus/Explicit 中的欧拉自适应网格区域的模拟技术

产品：Abaqus/Explicit　　Abaqus/CAE

参考

- "ALE 自适应网格划分：概览" 7.2.1 节
- "在 Abaqus/Explicit 中定义 ALE 自适应网格区域" 7.2.2
- ＊ADAPTIVE MESH CONSTRAINT
- "理解 ALE 自适应网格划分"《Abaqus/CAE 用户手册》的 14.6 节

概览

欧拉自适应网格区域：

- 用来模拟流过网格的材料；
- 通常具有两个欧拉边界区域，一个流入和一个流出，通过拉格朗日和（或者）滑动边界区域进行连接。

网格约束和施加在一个欧拉边界区域上的材料边界条件的正确组合，取决于区域是作为一个流入边界还是作为一个流出边界。也必须选择区域类型和赋予连接到欧拉边界区域的网

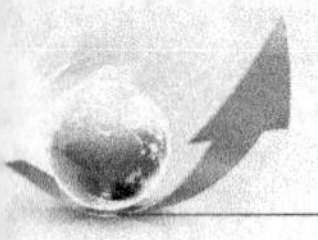

格约束，来仿真正确的物理行为。

如果网格是欠约束的，则 Abaqus/Explicit 中的自适应网格划分技术是稳健的：此节介绍的模拟技术试图在正确定义欧拉模型方面提供指导。

欧拉边界上的 ALE 自适应网格约束

ALE 自适应网格划分约束应当法向于欧拉边界区域来施加，否则，边界上的网格运动是模糊的。如果在边界的法向上没有施加网格约束，则 Abaqus/Explicit 将此区域处理成仿佛滑动的一样，并且网格将跟随材料法向于边界运动。

虽然在欧拉边界区域的节点上指定自适应网格约束没有限制，但是下面的指导应当在大部分情况中得到遵守：

- 应当在欧拉边界区域上的每一个节点上施加网格约束，包括拐角和边。
- 网格约束应当仅施加在欧拉边界的区域法向上，或者在每一个方向上。网格约束不应当仅指定在欧拉边界区域的切向上。这样的约束是模糊的并且在边界上可以产生不希望的网格运动。

欧拉边界上的载荷和边界条件作用在瞬间在面上与网格重合的材料上。当与空间自适应网格约束组合使用时，可以定义有物理意义的欧拉流动条件。

定义流入欧拉边界

通过欧拉边界流入一个自适应网格区域的材料，将具有刚好与边界相邻单元中的材料一样的应力和材料状态。这样，在这些单元中保持期望的应力和材料状态是重要的（在许多情况中将是零，来仿真进入欧拉区域的无应力材料）。为达到此目的：

- 在上游足够远离高梯度解来放置流入边界，确保在流入边界的响应是平顺的；
- 在边界上施加足够的网格和材料约束（如此节中后面所描述的那样）。

为了物理上有意义，必须保持流入边界区域的大小和形状。例如，对于稳态过程仿真，施加足够的约束是至关重要的，其中稳态过程中进入自适应网格区域的工件截面是已知的，并且所施加的约束影响下游的响应。适用于流入边界的约束类型取决于流入边界区域的精确位置是否已知，或者约束类型是否是解的一部分。

已知的流入边界位置

在许多问题中，区域、形状和流入边界的位置是事先已知的。例如，在正向挤压工艺的稳态分析中，可以使用一个流入欧拉边界来模拟进入自适应网格区域的材料流动。流动边界的大小是基于已知钢坯横截面，并且因为材料上的受限条件，流入边界的位置是固定的。

当已知区域、形状和流入边界的位置时，材料和网格约束都应当施加。图 7-26 显示了为一个二维正向挤压问题而建立的典型模型，在其中，对已知的流入边界施加了一个指定的质量流率，或者施加了一个指定的均匀压力。在流入边界区域的所有节点上施加边界条件，在边界面的切向上指定材料约束。防止切向于流入边界的材料运动，有助于保持靠近欧拉边界的单元的应力和材料状态。

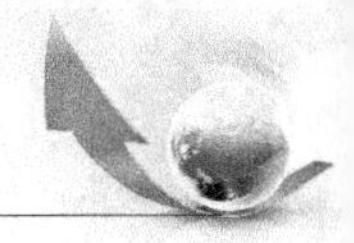

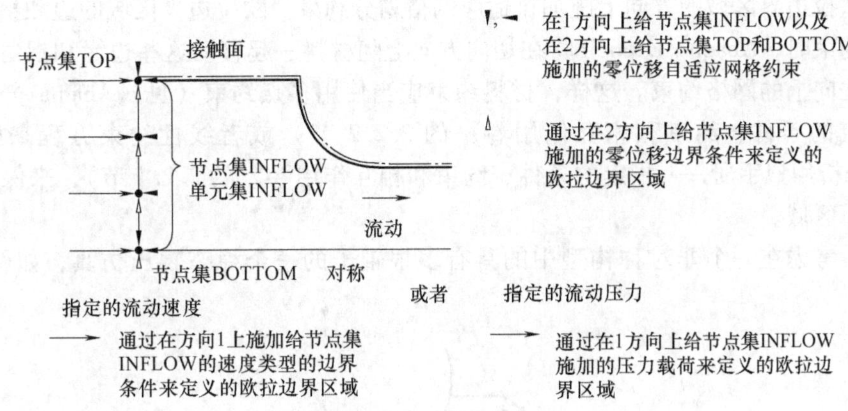

图 7-26　已知流入边界

在流入边界的节点处的法向上施加自适应网格划分约束。此外，在欧拉边界区域周围的边和拐角处的所有切向上施加网格约束。这些约束固定了流入边界处横截面的位置和大小。

如果对流入边界处的材料施加了非均匀的边界条件或者载荷，或者靠近边界的单元中的初始材料状态在切向上是非均匀的，则在欧拉边界区域的内部严格地对节点施加切向的网格约束。

虽然切向于和沿着一个流入欧拉边界的边和拐角的网格和材料约束的施加，看上去有些多余，它们实际上是独立的。例如，考虑一个具有可变横截面的长钢坯，如图 7-27 中所示。

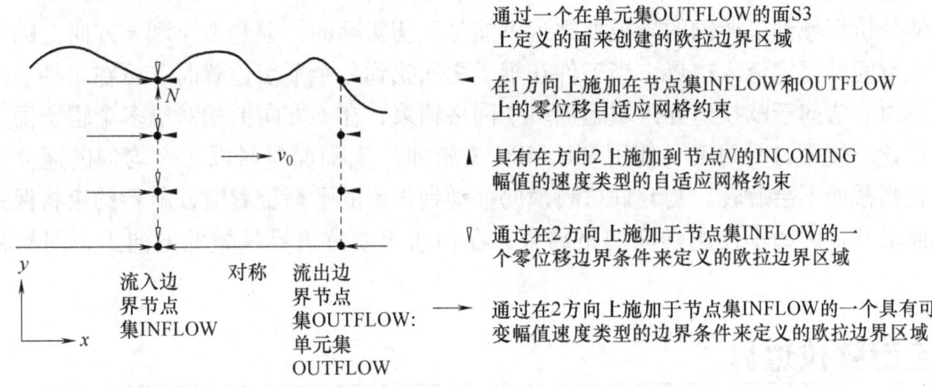

图 7-27　模拟一个具有可变横截面的钢坯

假定自适应网格区域和它的流入和流出欧拉边界区域，代表钢坯沿其长度的一部分。整个钢坯使用一个沿着它的长度（x 方向）的刚体速度移动，这样材料流进一个欧拉边界并且从另外一个欧拉边界流出。对流入边界处的材料施加边界条件来保持此速度。法向于流入和流出边界区域施加网格约束。使用在节点 N 处的 y 方向上施加的网格约束来规定已知的进入材料横截面的变量。此节点的运动不影响材料进入区域的速度场。

未知的流入边界位置

有些时候，流入边界的位置并不精确，它的精确位置将从解来确定。对于这些问题，仅在法向于欧拉边界区域的方向上施加自适应网格划分约束。欧拉边界区域的边和拐角处没有切向网格约束时，Abaqus/Explicit 将在切向方向上随材料一起移动这些边缘和拐角，但是此移动具有法向上的网格约束。这样，材料约束应当使用多点约束（见《Abaqus 分析用户手册——指定的条件、约束和相互作用卷》的 2.2.2 节）或者线性约束方程来施加（见《Abaqus 分析用户手册——指定的条件、约束和相互作用卷》的 2.2.1 节），来保持流入边界的横截面区域。

例如，考虑在一个非对称构型中的具有多根辊子的一个稳态辊压仿真，如图 7-28 中所示。

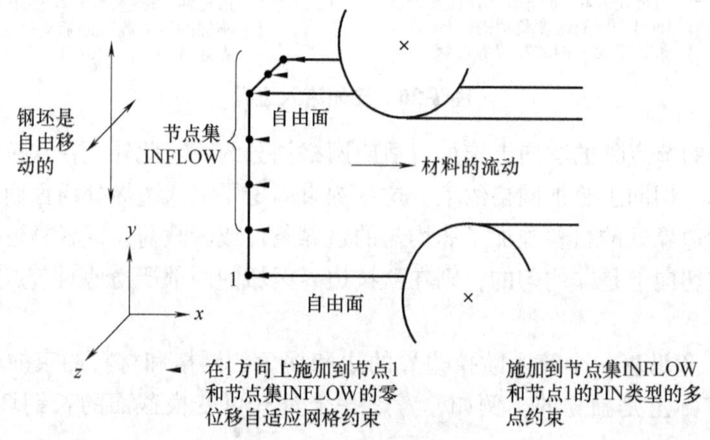

图 7-28　未知流入边界位置

延伸分析区域到上游侧的导板那样远可能是不切实际的，但是在 y 和 z 方向上的一个任意位置处空间的固定流入边界，当工件在辊子之间找到一个平衡位置时，可在工件上产生不真实的应力。法向于欧拉边界区域施加多个网格约束，在 x 方向上相对于多个辊子固定流入边界的位置。使用材料约束（使用 PIN MPC 来施加）来确保材料以一个均匀的速度进入区域，并且横截面不会旋转。当允许材料横向移动到正确的平衡位置时，材料约束将保持分段的横截面形状。因为不使用切向网格约束，在切向于欧拉边界区域的方向上，网格将跟随材料。

定义流出欧拉边界

典型的，自适应网格约束仅应当施加在欧拉边界区域上的面法向上，欧拉边界区域上的面作为流出边界。在毗邻作为自由面的拉格朗日（或流动）边界区域的边缘或者拐角上不应当施加切向网格约束。与流入边界相比，毗邻一个自由面的流出边界横截面是通过域中的解来确定的。在一个欧拉边界区域与一个拉格朗日或者滑动边界区域相遇的边缘和拐角处，Abaqus/Explicit 将同时满足所施加的网格约束法向于欧拉边界区域以及固有的网格约束法向于拉格朗日或者滑动边界区域，这样正确处理了毗邻流出边界的自由面的演化。图 7-29 显示了一个从 t_0 到 t_1 的流出边界的演化，其中材料连续流过流出边界。

法向于欧拉流出边界的网格约束通过沿着材料的自由面移动节点 N 来施加，这样流出边界随从上游到达的材料“扩展”。虽然没有在图中显示，网格平顺造成了所有在流出边界

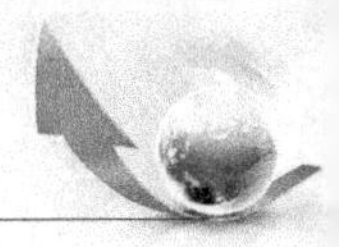

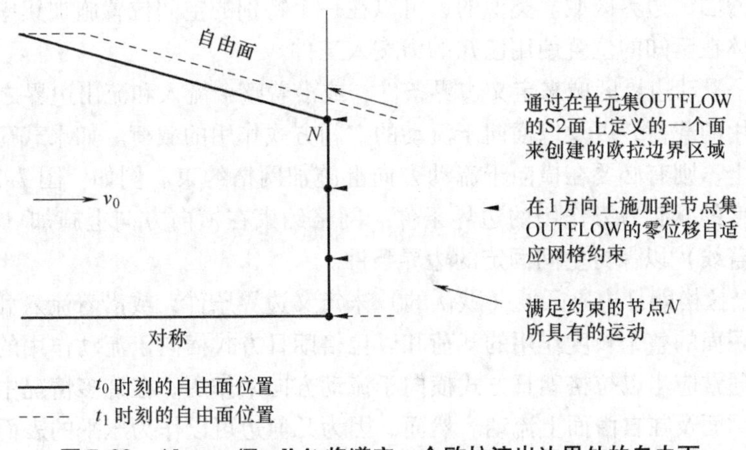

图 7-29 Abaqus/Explicit 将遵守一个欧拉流出边界处的自由面

上的其他节点，不包含对称面上的节点，随着边界扩展朝节点 N 移动。

在流出欧拉边界上不要求特殊的材料边界条件。切向于流出边界的边界条件仅在与上游所定义的边界条件一样的情况下（例如，一个沿欧拉域的长度进行运动的对称面），才推荐。然而，为改善稳态工艺仿真中稳态解的收敛性，使用多点约束或者线性约束方程来将材料的速度约束成法向于流出边界均匀，通常是有用的。

定义即充当流入又充当流出边界的欧拉边界区域

虽然很少适合，一个欧拉边界区域在同一个分析步中的不同时刻，可以既充当流入边界，又充当流出边界。应当将这样的边界上的自适应网格约束和材料边界条件选择成对流入和流出条件都有物理意义的。

对于在没有切向于边界面网格约束的欧拉边界区域的边和拐角上的每一个节点，Abaqus/Explicit 将在每一个自适应网格增量中，确定节点处的边界是一个流入还是一个流出边界。如果检测到的是一个流入条件，则节点将随材料在切向方向上移动，但是在法向上具有网格约束。如果检测到一个流出条件，则节点的运动将既跟随毗邻的拉格朗日边界区域，又满足法向于欧拉边界区域的网格约束。

欧拉域上的拉格朗日对滑动边界区域

许多使用欧拉自适应网格区域的应用，包括稳态工艺的仿真，具有一个主要的材料流动方向，并且使用一个控制体积方法来模拟工艺区域。这些问题通常包括两个欧拉边界区域，代表一个流入边界和流出边界。欧拉边界之间的剩余面可以是拉格朗日的或者滑动的边界区域。确定两个欧拉边界区域之间使用哪一种边界区域类型，取决于载荷的类型或者要求的边界条件：

- 使用一个滑动边界区域来定义边界条件，或作用在沿着控制体积的长度上的一部分表面空间位置上的载荷。在流动方向上对空间固定的网格施加自适应网格划分约束，（并且可能的话，还施加在流动横向的方向上）。例如，可以围绕控制体积的周围施加一个分布的压力，如图 7-30 所示。使用一个滑动边界区域来定义分布的压力载荷。施加网格约束来在流

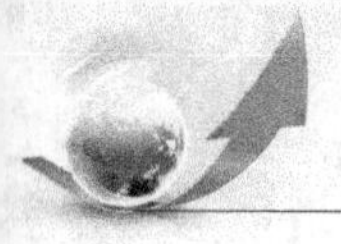

动方向上空间的固定边界区域。类似的，可以在一个特别的空间位置施加集中载荷来模拟一个非常尖锐的体在已知的位置使用已知的力按入工件。

• 使用一个滑动边界区域来定义边界条件，或沿着整个流入和流出边界之间的欧拉控制体积的长度作用的载荷，以及以横向于流动的空间方式作用的载荷。如果载荷仅作用在横向上的一部分面上，则有必要在横向于流动方向上施加网格约束。例如，图 7-31 中所示的一个沿着区域长度的，起刀刃作用的边界条件。网格约束在横向方向上施加（如果施加线是弯曲的，则沿着线）以保持空间固定的边界条件。

• 使用一个拉格朗日边界区域（默认的）来定义边界条件，或沿着流入和流出边界之间的欧拉控制体积面的整个长度作用的载荷和以拉格朗日方式横向于流动作用的载荷。在三维中，对称条件通常应当以拉格朗日方式横向于流动方向来作用。在许多情况中，几何边将防止材料流出对称面及在自由面上流动。然而，因为几何边可以作为压平的表面来抑制，应当使用拉格朗日边界区域来为这些类型的问题定义对称面。图 7-30 中，假定四分之一对称，并且使用拉格朗日边界区域定义了对称面。从一个欧拉边界到另外一个运行而产生的拉格朗日边缘，将对称面从自由面中分离出来。

• 边界条件或者仅作用在流入和流出边界之间材料的特定部分上的载荷，通常不能模拟利用欧拉控制体积的问题。因为载荷或者边界条件下面的网格必须跟随材料，网格将最终通过欧拉边界来进行约束。此载荷和边界条件的处理，通常并非与稳态模型相一致，并且不应当在使用欧拉自适应网格划分区域的实际仿真中出现。

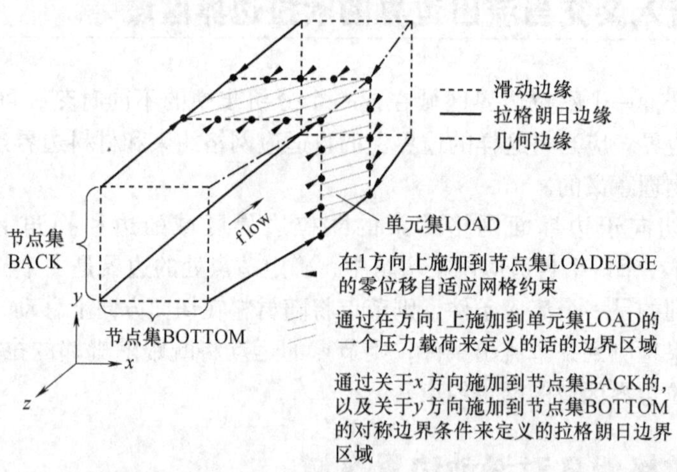

图 7-30　沿着欧拉控制体积长度的一部分表面施加一个空间压力载荷

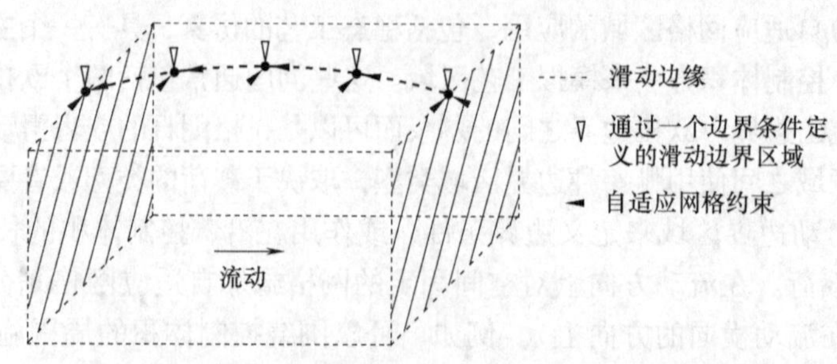

图 7-31　沿着欧拉控制体积的整个长度施加一个边界条件

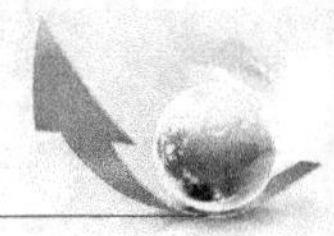

7.2.5 Abaqus/Explicit 中的 ALE 自适应网格划分的输出和诊断

产品：Abaqus/Explicit　Abaqus/CAE

参考

- “输出到输出数据库”《Abaqus 分析用户手册——介绍、空间建模、执行与输出卷》的 4.1.3 节
- “ALE 自适应网格划分：概览” 7.2.1 节
- “在 Abaqus/Explicit 中定义 ALE 自适应网格区域” 7.2.2 节
- *ADAPTIVE MESH
- *ADAPTIVE MESH CONTROLS
- *DIAGNOSTICS
- *TRACER PARTICLE
- “使用显示组来显示模型的子集”《Abaqus/CAE 用户手册》的第 78 章

概览

ALE 自适应网格划分的输出：

- 可以用来确认用户定义的区域的自动分割，拉格朗日边缘和拐角的构成，几何边缘和拐角的构成和非自适应节点的确定；
- 必须谨慎地进行解读，因为在网格中特定位置上的输出变量值，不再与特定材料点上的值关联；
- 可以包含示踪粒子的定义，它跟随材料点并且允许检查这些点的轨迹，并且显示在那些点上的所有单元材料时间历史和节点变量；
- 可以包括自适应网格划分的效率方面的诊断信息和移流的精度。

确认模型

可以用来确认自适应网格划分模型的输出在数据（.dat）文件和输出数据库（.odb）中是可访问的（这些文件的详细情况见《Abaqus 分析用户手册——介绍、空间建模、执行与输出卷》的 4.1.1 节）。

单元集

当 Abaqus/Explicit 分割了用户定义的自适应网格划分区域时，将组成新细分区域的单元打印到数据（.dat）文件中。

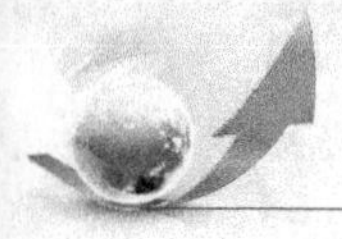

为所有自适应网格区域创建新单元集，并将其写入到输出数据库（.odb）中。为每一个域所创建的单元集名是用户定义的名称，加细分域的编号（如果没有细分域，则为1），加求解步编号。例如，如果为横跨三个不连接零件的单元集 *domain_name*（区域名称）指定用户定义的自适应网格区域，则 Abaqus/Explicit 将用户定义的区域细分成三个区域，并且在输出数据库（.odb）中为第一个分析步创建三个单元集：*domain_name*-1-1（区域名称-1-1），*domain_name*-2-1（区域名称-2-1）和 *domain_name*-3-1（区域名称-3-1）。

可以使用 Abaqus/CAE 来确认细分区域的创建。

边和非自适应节点

Abaqus/Explicit 自动形成拉格朗日边和拐角，并且基于自适应网格区域的拓扑、非自适应区域的连接和用户指定的边界区域来识别非自适应节点。此外，基于初始几何形状和初始特征角的值自动形成几何边缘和拐角。见 7.2.2 节。拉格朗日边、几何边和拐角和非自适应节点（包括拉格朗日拐角）为每一个自适应网格划分区域输出到数据（.dat）文件中。通过要求一个历史定义总结输出到数据文件中（见《Abaqus 分析用户手册——介绍、空间建模、执行与输出卷》的 4.1.1 节中的“模型和历史输出总结”），或者通过监控自适应网格划分的过程（见下面的“监控 ALE 自适应网格划分的过程”）来得到此信息。

另外，为每一个分析步中的每一个自适应网格划分区域，在输出数据库（.odb）中至多创建三个节点集。节点集的名称通过串联以下的信息来创建：

- 域单元集名称；
- 细分域的编号（如果无细分则创建为1）；
- LE 为拉格朗日边，GE 为几何边缘或拐角，NA 为非自适应节点（包括拉格朗日拐角）；
- 分析步编号。

例如，如果为单元集 *domain_name* 指定的一个用户定义的三维自适应网格区域，被自动细分成两个自适应网格区域，则 Abaqus/Explicit 将为第一个分析步在输出数据库中生成至多六个节点集：*domain_name*-1-LE-1，*domain_name*-1-GE-1，*domain_name*-1-NA-1，*domain_name*-2-LE-1，*domain_name*-2-GE-1 和 *domain_name*-2-NA-1。

因为在二维中，边界区域通过拐角来分隔，而不是边缘，在二维自适应网格区域中，不会为拉格朗日边缘创建节点集。对于三维区域，在非自适应（NA）节点集中包括拉格朗日拐角。

可以使用 Abaqus/CAE 来确认拉格朗日边和拐角、几何边和拐角以及非自适应节点的创建。

解释结果

当未实施自适应网格划分的时候，有限单元网格跟随材料，它实现分析结果的一个简单解释。可以通过研究网格的运动来可视化变形和材料运动。每一个节点和单元输出变量对应一个明确的材料位置，因为在整个时间上，网格固定于相同的材料点。

一旦发生了自适应网格划分，网格的位置和材料点相背离，并且分析结果必须做相应的解释。一个自适应网格区域内部的网格运动代表材料运动和自适应网格划分的复合效果。拉

格朗日和滑动边界区域上的网格运动和材料运动，在法向于边界的方向上是一样的，但是在切向于边界方向上是不一样的。

节点变量

当实施自适应网格的时候，在分析步开始的时候，一个与节点重合的材料点，在整个分析步上可能不与那个节点保持重合。位移的值和代表节点运动的当前坐标，不必定是材料的运动。所有其他节点变量（包括速度、加速度和反作用力）代表在当前节点位置上的材料粒子所具有的变量值。这些变量的云图或者矢量显示图将显示它们的正确空间分布。然而，承受自适应网格划分的节点，它们的节点变量的时间历史，通常是没有意义的。虽然在稳态问题中，速度或者加速度时间历史基于一个固定空间位置，比在特定的材料点上更有用。

单元变量

类似的，当实施自适应网格划分的时候，在分析步的开始时与一个单元积分点重合的一个材料粒子不会在整个分析步中保持重合。这样，整个分析步中单元积分点变量并不一定代表相同材料点上的值。由于为节点变量所描述的相同原因，单元积分点变量的云图或者矢量图显示是有意义的。然而，时间历史是基于单元积分点的空间位置的，并不是在特定的材料点上的。

整个单元变量具有一个类似的解释。

在材料点上跟踪节点或者单元变量

在自适应网格区域中，可以定义示踪粒子来跟踪材料点。也可以使用这些粒子来得到节点或者单元积分点的时间历程，此时间历程对应于具体材料点处的变量的时间变化。如下面所描述的那样定义示踪粒子（更多的信息见《Abaqus 分析用户手册——介绍、空间建模、执行与输出卷》的 4.1.3 节）。可以为示踪粒子集要求节点和单元变量输出，来检查材料粒子的轨迹或者得到材料时间历史。仅可以将示踪粒子的输出写入输出数据库（. odb）。

在拉格朗日区域中使用示踪粒子

在大部分使用拉格朗日区域的自适应网格划分仿真中，区域中的节点和单元不对应特定的空间位置，也不对应一个明确的材料点或者体积。这样，在节点和在单元积分点处的变量时间历程，通常在一个拉格朗日自适应网格划分区域中是没有物理意义的。应当定义示踪粒子来显示时间历史信息。也可以使用示踪粒子来可视化材料的行动。

定义示踪粒子的初始位置与一个称为父节点的节点相重合。通过定义多个父粒子或者粒子集来成集地定义示踪粒子。标明当前位置对应于示踪粒子初始位置的节点，并且给示踪粒子集赋予一个名字，为了在输出请求中使用而识别它。在定义示踪粒子的分析步中，以指定的时间间隔从示踪粒子的父节点中反复发出示踪粒子。在此分析步的余下部分和所有的后续分析步中，粒子跟随材料点。

虽然可以在与模型中的任何低阶实体单元相连的节点上定义示踪粒子，通常仅在自适应网格区域上定义它们。对于直到后面的分析步才实施自适应网格划分的分析，可以在分析的

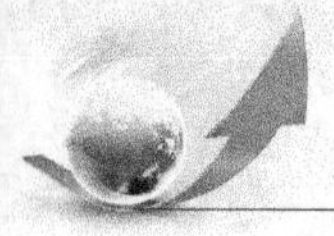

开始，在非自适应区域上定义示踪粒子，并且将随着区域变得自适应时连续地追踪。类似的，如果自适应网格区域的拓扑一步接一步地变化，则将从区域到区域地追踪示踪粒子。

输入文件用法：　使用下面的选项来定义示踪粒子集：

*TRACER PARTICLE，TRACER SET = 示踪粒子集名称

示踪粒子父节点的列表

Abaqus/CAE 用法：Abaqus/CAE 中不支持示踪粒子。

在欧拉区域中使用示踪粒子

欧拉区域中在节点和单元积分点处的时间历史，在施加空间自适应网格约束的点上是有物理意义的。例如，在沿着流出欧拉边界的单元中的等效塑性应变的时间变化，作为此变量的一个空间时间历史，并且可以用来评估过程是否已经到达一个稳态解。

可以在材料点流过欧拉区域时，定义示踪粒子来评估材料点处变量的材料时间历史。示踪粒子也可以用来评估材料点在通过区域时的轨迹和路径。

可以对欧拉自适应网格区域中的任何父节点赋予示踪粒子。如果一个示踪粒子到达一个流出边界，并且材料继续流出，则将不再追踪示踪粒子，并且所有与示踪粒子相关联的输出历史变量将在被抑制后变成零。

当材料明显地流过网格区域时，在分析步中的多个时间上，可以从父节点的当前位置释放出示踪粒子集。每一个示踪粒子的释放称之为粒子诞生。在粒子诞生后，示踪粒子跟随材料的运动，而不管网格的运动。用户可以在一个分析步中标识粒子诞生阶段的编号。这些阶段将在分析步的时间段内均匀分布。

例如，示踪粒子集可以定义成使得沿着一个流入欧拉边界的所有节点是父节点。可以指定多诞生阶段，这样在分析步中，示踪粒子集从流入边界处的网格得到周期性的释放。如果定义了足够的诞生阶段，当材料从流入边界流到流出边界时，示踪粒子最终会跨越区域。

输入文件用法：　使用下面的选项来定义具有多诞生阶段的示踪粒子集：

*TRACER PARTICLE，TRACER SET = 示踪粒子集名称，PARTICLE BIRTH STAGES = *n*

示踪粒子父节点的列表

Abaqus/CAE 用法：Abaqus/CAE 中不支持示踪粒子

监控 ALE 自适应网格划分的过程

可以将诊断信息写入信息（.msg）文件中来追踪自适应网格划分的效率和精度。可以选择诊断输出写入信息文件的程度。

在分析步的结尾得到一个总结

默认情况下，每一个自适应网格划分区域的自适应网格划分信息总结将在每一步的结尾时写入到信息（.msg）文件中。此总结信息包括：

- 节点移动的平均百分比；

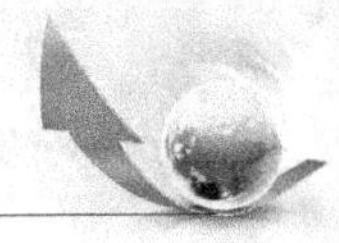

- 节点移动的最大百分比；
- 节点移动的最小百分比；
- 移流扫描的平均次数。

在所有自适应网格划分增量上为单个自适应网格划分区域计算得到每一个值。移流的成本大体上与被移动节点的百分比成比例，因为在自适应网格划分中，没有重新定位的单元不进行变量移流。

输入文件用法：　使用下面的选项在每一个分析步的结尾，为每一个自适应网格区域要求总结：

*DIAGNOSTICS，ADAPTIVE MESH = STEP SUMMARY

Abaqus/CAE 用法：Abaqus/CAE 中不支持自适应网格划分诊断。

为每一个 ALE 自适应网格增量得到一个总结

除了分析步总结信息外，可以在每一个自适应网格划分增量上对每一个自适应网格区域得到下面的诊断：

- 移动了的节点的百分比；
- 移流扫描的次数。

输入文件用法：　使用下面的选项来得到分析步末尾时和每一个自适应网格增量时的总结信息：

*DIAGNOSTICS，ADAPTIVE MESH = SUMMARY

Abaqus/CAE 用法：Abaqus/CAE 中不支持自适应网格划分诊断。

得到每一个 ALE 自适应网格增量的移流精度细节

下面的详细诊断信息也可以写入信息（.msg）文件中，来追踪移流的精度：

- 移流之前和之后的质量和动量；
- 体积变化的百分比。

输入文件用法：　使用下面的选项来要求最详细的诊断，包括移流精度度量和每一次自适应网格区域的总结信息，在每一次自适应网格增量时汇报：

*DIAGNOSTICS，ADAPTIVE MESH = DETAIL

Abaqus/CAE 用法：Abaqus/CAE 中不支持自适应网格划分诊断。

抑制 ALE 自适应网格诊断

可以抑制所有自适应网格划分诊断信息的输出。

输入文件用法：　*DIAGNOSTICS，ADAPTIVE MESH = OFF

Abaqus/CAE 用法：Abaqus/CAE 中不支持自适应网格诊断。

7.2.6　在 Abaqus/Standard 中定义 ALE 自适应网格区域

产品：Abaqus/Standard　　Abaqus/CAE

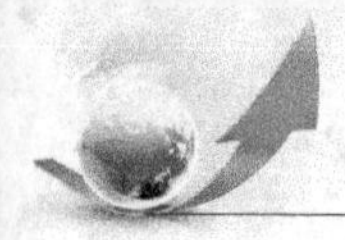

参考

- “ALE 自适应网格划分：概览”7.2.1 节
- “Abaqus/Standard 中的 ALE 自适应网格划分和重映射”7.2.7 节
- *ADAPTIVE MESH
- *ADAPTIVE MESH CONSTRAINT
- *ADAPTIVE MESH CONTROLS
- “自定义 ALE 自适应网格划分”《Abaqus/CAE 用户手册》的 14.14 节，此手册的 HTML 版本中

概览

Abaqus/Standard 中的 ALE 自适应网格划分：

- 保持一个拓扑类似的网格；
- 可以用来求解拉格朗日问题（其中没有材料离开网格）和用来模拟烧蚀效果，或者磨损（在其中材料在边界处被侵蚀）；
- 可以用于静态应力/位移分析，稳态传输分析，耦合的孔隙流体流动和应力分析，以及耦合的温度-位移分析；
- 仅可用于几何非线性通用分析步中；
- 仅对声学单元和实体单元的子集是可用的。

定义一个 ALE 自适应网格区域

可以将 ALE 自适应网格平顺作为一个步相关的特征，对整个模型或者模型的单个零件进行施加。Abaqus/Standard 中实体单元的自适应网格划分使用一个 Abaqus/Explicit 中可以使用的自适应网格划分功能的子集。

必须指定将要受到自适应网格划分的原始网格的部分。

输入文件用法：*ADAPTIVE MESH，ELSET=名称

多个自适应网格区域可以通过重用 *ADAPTIVE MESH 选项来在一个分析步中定义，但是每一个单元集必须参考一个唯一的单元设置。

Abaqus/CAE 用法：Step module：Other→ALE Adaptive Mesh Domain→Edit：切换打开 Use the ALE adaptive mesh domain below，并且点击 Edit 来选择区域

在 Abaqus/CAE 中，对于任何具体的分析步，只能定义一个自适应网格划分区域。

更改一个 ALE 自适应网格区域

默认情况下，在之前的分析步中定义的所有自适应网格区域，在后续的分析步中保持不变。相对于预先存在的自适应网格划分区域，为一个给定的分析步有效地定义自适应网格划

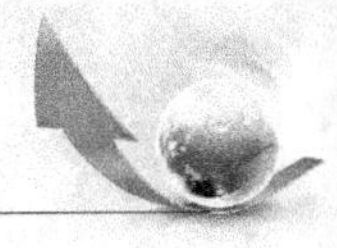

分区域。在每一个新分析步上，可以更改现有的自适应网格区域，并且可以指定附加的自适应网格划分区域（除了在 Abaqus/CAE 中，对于一个给定的分析步，仅有一个自适应网格划分区域是有效的）。

输入文件用法：使用一个下面的选项来更改一个现有的自适应网格划分区域，或者指定一个附加的自适应网格区域：

＊ADAPTIVE MESH，ELSET = 名称

＊ADAPTIVE MESH，ELSET = 名称，OP = MOD

Abaqus/CAE 用法：Step module：Other→ALE Adaptive Mesh Domain→Edit

删除一个 ALE 自适应网格区域

如果选择在一个分析步中删除任何自适应网格区域，将没有自适应网格划分区域从先前的分析步中传承下来。这样，必须重新指定此分析步中所有有效的自适应网格区域。

输入文件用法：使用下面的选项来删除所有之前定义的自适应网格区域，并指定新的自适应网格区域：

＊ADAPTIVE MESH，ELSET = 名称，OP = NEW

如果在一个分析步中的任何＊ADAPTIVE MESH 选项中使用了 OP = NEW 参数，则在此分析步中的所有＊ADAPTIVE MESH 选项中都必须使用它。

Abaqus/CAE 用法：Step module：Other→ALE Adaptive Mesh Domain→Edit：切换打开 No ALE adaptive mesh domain for this step

分割 ALE 自适应网格区域

Abaqus/Standard 可以细分用户指定的每一个自适应网格区域。

- 在一个自适应区域中的所有单元参考一个单元属性定义；
- 在一个自适应区域中的所有单元是相似类型的（诸如具有线性压力的混合单元）。

如果 Abaqus/Standard 细分用户指定的自适应网格区域，则每一个自适应网格细分区域具有一个新的名称，此名称将用于输出和诊断的目的。新名称将通过串联用户指定的单元集，标识细分的数字和分析步编号来形成。将进一步检查每一个细分来确保细分中的所有单元承受相同的体积力。可要求更改自适应网格区域的定义来满足此要求。

ALE 自适应网格区域

每一个自适应网格划分区域具有一个内部区域和边界区域。边界区域可包括具有几何边或者拐角形式的独特扭结。因此，在边界区域上的节点被进一步分隔成自由面节点、边节点和受约束的节点。在这些不同区域的节点上施加不同的更新规则，这些区域通过 Abaqus/Standard 自动创建。可以控制几何特征的探测。此外，可以对自适应网格区域中的任何节点施加网格约束。

因为声学单元不具有位移自由度，它们对自适应网格划分的处理包含一些额外的考虑。必须使用一个基于面的绑定约束来将声学自适应区域与定义在声学区域上的从面连

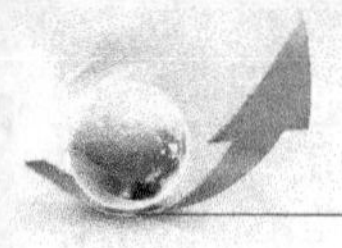

接。这样，一个声学自适应区域具有一个连接到结构区域的附加边界区域。这些从面节点基于结构区域上的主面节点位移构型来进行更新，不允许面间的相对滑动。定义在结构区域上的主面的位移，与非零的自适应网格约束一起，充当驱动声学自适应区域的自适应网格平顺强制方程。如果这些位移是零，则此网格平顺算法将不在声学自适应区域中产生变化。

控制网格平顺算法的选项在7.2.7节中得到描述。

ALE 自适应网格内部区域

内部区域中的节点是定义成被自适应网格区域中单元完全包围的节点。默认情况下，内部节点的新位置是从毗邻节点的位置计算得到的，毗邻节点是通过单元边缘与所讨论的节点相连的。这些节点可以在任何方向上移动。

可以在任何方向上施加一个自适应网格约束来控制这些节点的位移。

ALE 自适应网格的边界区域

边界区域是网格中不约束到其他单元的自适应网格区域的表面部分。边界区域上的节点被进一步分隔成表面节点、边缘节点、拐角节点和被约束的节点。

表面节点、边节点和拐角节点

周边的表面具有相同用户定义角度范围内的法向量的节点，定义成表面节点。约束这些节点法向上的移动，但是允许任何切向上的滑动。一个表面节点的新位置是从毗邻节点的位置计算得到的，这些毗邻节点通过表面小面片的边与所考虑的节点进行连接。

将三维模型中，其周边表面小面片具有两个不同的法向，并且沿着两个面边的向量是共线的节点，定义成边缘节点。在一个边上的节点仅能够沿着边滑动。边节点的新位置从沿着边的两个毗邻节点的位置计算得到。

周围面片上的所有法向是不同的节点是拐角节点。限制这些节点的所有网格平顺运动。

可以通过在任意方向上施加一个自适应网格约束，来控制这些节点类型在边界区域上的位移。

在一个声学自适应区域中约束节点

可以使用一个基于面的绑定约束来将两个声学面连接到一起。当绑定约束的主节点和从节点属于同一个自适应网格划分区域时，主面节点根据面节点、边节点和拐角节点的规则来更新。一个自适应网格也是可以施加在主面节点上的。从节点通过施加一个绑定约束来更新。自适应网格约束不能施加在从面节点上。

当主节点和从节点属于不同的声学自适应网格区域时，不能对这些节点施加网格平顺。

在实体自适应区域中约束节点

对于涉及多点约束（见《Abaqus分析用户手册——指定的条件、约束和相互作用卷》的2.2.2节），方程（见《Abaqus分析用户手册——指定的条件、约束和相互作用卷》的

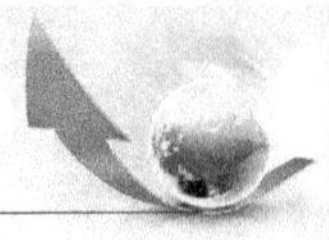

2.2.1 节)，或者动态耦合约束（见《Abaqus 分析用户手册——指定的条件、约束和相互作用卷》的 2.3.2 节）的节点，不施加网格平顺。

几何特征

在定义有自适应网格区域的，并且随着分析的进行和构型的变化而更新的分析步开始时，基于网格构型中几何特征的标识，来实施将边界区域节点分类成面节点、边节点和拐角节点。可以通过自适应网格划分控制，来定义 Abaqus/Standard 在分类几何特征中使用的准则。

控制几何边和拐角的检测

在毗邻单元面法向之间的夹角大于初始几何特征角，θ_I（$0° \leqslant \theta_I \leqslant 180°$）的边界区域上，几何特征最初是识别成边界区域上的边的，如图 7-32 所示。初始几何特征角的默认值是 $\theta_I = 30°$。设置 $\theta_I = 180°$将确保在自适应网格区域的边界上不形成几何边或者拐角。可以定义自适应网格控制来改变用来辨别几何特征的角度值。

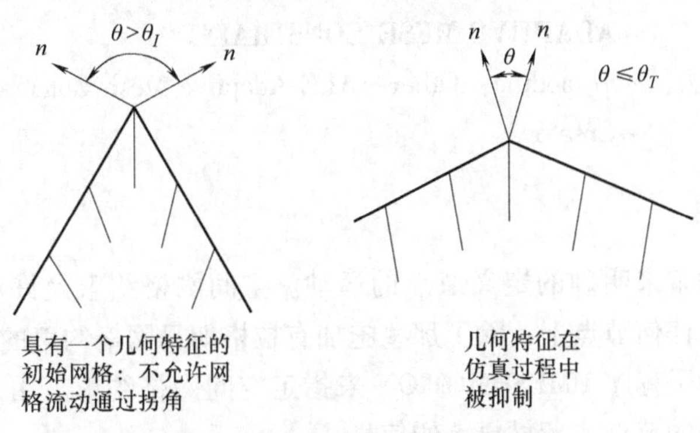

图 7-32　几何特征的发现和抑制

输入文件用法：　＊ADAPTIVE MESH CONTROLS，NAME = 名称，
　　　　　　　　INITIAL FEATURE ANGLE = θ_I

Abaqus/CAE 用法：Step module：Other→ALE Adaptive Mesh Controls→
　　　　　　　　Create：
　　　　　　　　Name：名称，Initial feature angle：θ_I

控制几何边和拐角的激活和抑制

Abaqus/Standard 允许几何特征，也就是施加在一个节点上的更新规则，在分析中进行改变。例如，将节点约束成沿着离散的几何边安放，除非形成几何边缘的角度变得小于转变几何特征角 θ_T（$0° \leqslant \theta_T \leqslant 180°$）。默认的转变特征角值是 $\theta_T = 30°$。如果跨过几何边缘的角度变得小于 θ_T，则认为对于特征来说边界面得到足够的压平而得到抑制，并且允许网格在表面上自由滑动。允许几何拐角以类似的方式进行压平。此外，最初平坦的面可以在仿真中产生边或者拐角。当在模型中保留几何特征时，此逻辑允许网格自适应中极大的灵活性。

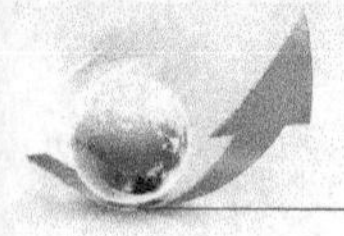

设置 $\theta_T=0°$将确保任何时候不会抑制几何边或拐角。可以使用自适应网格控制来改变转变特征角。

当激活或者抑制几何特征时，Abaqus/Standard 将发出一个警告信息。

输入文件用法：　＊ADAPTIVE MESH CONTROLS，NAME＝名称，TRANSITION FEATURE ANGLE＝θ_T

Abaqus/CAE 用法：Step module：Other→ALE Adaptive Mesh Controls→Create：Name：名称，Transition feature angle：θ_T

网格约束

在大部分的自适应网格问题中，网格中节点的运动由网格平顺算法来确定的，具有通过域边界和边界区域边施加的约束。然而，存在用户想要明确的定义节点运动的情况。也可以保持某些节点固定，在一个特定方向上移动节点，或者强迫某些节点随材料移动。

自适应网格约束给予明确的定义节点运动的灵活性。

输入文件用法：　＊ADAPTIVE MESH CONSTRAINT

Abaqus/CAE 用法：Step module：Other→ALE Adaptive Mesh Constraint→Create

施加空间网格约束

施加空间网格约束来明确的定义节点的运动。空间网格约束允许对网格运动完全地控制，并且可以施加于任何节点上，除了那些施加有拉格朗日网格约束的节点。

也可以通过使用子程序 UMESHMOTION 来指定空间网格约束。用户子程序允许使得空间网格约束依据可用的节点或者材料点的信息。

输入文件用法：　使用下面的选项来明确地定义网格约束：

＊ADAPTIVE MESH CONSTRAINT，CONSTRAINT TYPE＝SPATIAL，TYPE＝DISPLACEMENT 或者 VELOCITY

使用下面的选项在用户子程序 UMESHMOTION 中定义网格约束：

＊ADAPTIVE MESH CONSTRAINT，CONSTRAINT TYPE＝SPATIAL，TYPE＝DISPLACEMENT 或 VELOCITY，USER

Abaqus/CAE 用法：要明确地定义网格约束：

Step module：Other→ALE Adaptive Mesh Constraint→Create：Types for selected step：Displacement/Rotation 或者 Velocity/Angular velocity：选择区域：Motion：Independent of underlying material

在用户子程序 UMESHMOTION 中定义网格运动：

Step module：Other→ALE Adaptive Mesh Constraint→Create：Types for selected step：Displacement/Rotation 或 Velocity/Angular velocity：选择区域：Motion：User-defined

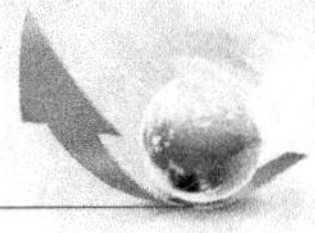

定义随时间变化的网格约束

在一个分析步中，非零网格约束的指定大小可以根据幅值定义随时间来变化（见《Abaqus 分析用户手册——指定的条件、约束和相互作用卷》的 1.1.2 节）。

输入文件用法： 使用下面的两个选项：

* AMPLITUDE，NAME = 名称

* ADAPTIVE MESH CONSTRAINT，AMPLITUDE = 名称

Abaqus/CAE 用法：Step module：Other→ALE Adaptive Mesh Constraint→Create：Types for selected step：Displacement/Rotation 或 Velocity/Angular velocity：选择区域：Motion：Independent of underlying material：Amplitude：幅值

在局部方向上施加空间网格约束

如果在一个节点上使用了转换的坐标系（见《Abaqus 分析用户手册——介绍、空间建模、执行与输出卷》的 2.1.5 节），则在局部方向上施加网格约束；否则，在整体方向上施加网格约束。

施加拉格朗日网格约束

使用一个节点上的拉格朗日网格约束来表明不应当施加网格平滑，即，节点必须跟随材料。

输入文件用法： * ADAPTIVE MESH CONSTRAINT，

CONSTRAINT TYPE = LAGRANGIAN

Abaqus/CAE 用法：Step module：Other→ALE Adaptive Mesh Constraint→Create：Types for selected step：Displacement/Rotation 或 Velocity/Angular velocity：选择区域：Motion：Follow underlying material

空间网格约束考虑

当决定空间自适应网格约束的类型时（位移、速度或者使用用户子程序来指定），应当考虑下面的准则。

在位移和速度自适应网格约束之间进行选择

位移和速度网格约束在它们的应用方面不同。位移约束定义一个节点相对于它原来坐标的位移，而速度约束定义一个相对于材料运动的节点速度。将使用一个位移约束来控制一个节点对于一个特定坐标位置的运动，而将使用一个速度约束来控制相对于拉格朗日运动的一个节点运动。这样，一个不变的速度自适应网格约束通常不产生相对于节点原始坐标的不变节点速度。

施加空间自适应网格约束来模拟材料烧蚀

不考虑节点处的当前材料位移来施加空间网格约束。此行为允许指定与自适应网格区域

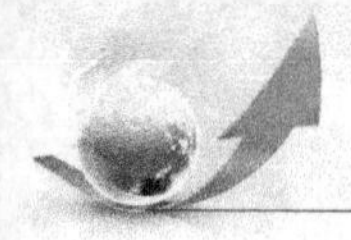

自由面处的当前材料位移不同的网格运动，在边界处有效的侵蚀，或者增加材料。如此使用自适应网格约束，对于模拟磨损或者烧蚀过程是一个有效的技术。如上面所描述的那样，在常见的烧蚀模拟情况中，将使用约束的速度形式。此外，如果需要，对于通常的边界情况，烧蚀的最有效接口是使用用户子程序 UMESHMOTION，可以对自由面上的节点，根据解相关的变量以通常的方法施加空间网格约束。用户子程序接口提供一个在表面节点处的，法向于自由面的局部坐标系，使得能够在此局部坐标系中描述网格运动。

更改 ALE 自适应网格约束

默认情况下，所有在之前分析步中定义的自适应网格约束，在接下来的分析步中保持不变。为一个给定的分析，相对于预先存在的自适应网格约束，定义有效的自适应网格约束。在每一个新分析步中，可以更改现有的自适应网格约束，并且可以指定额外的自适应网格约束。

输入文件用法：使用下面选项中的任何一个来更改一个现有的自适应网格约束，或者指定一个额外的自适应网格约束：

* ADAPTIVE MESH CONSTRAINT，

* ADAPTIVE MESH CONSTRAINT，OP = MOD

Abaqus/CAE 用法：Step module：Other→ALE Adaptive Mesh Constraint→Manager：选择希望的分析步和网格约束：Edit

删除 ALE 自适应网格约束

如果选择在一个分析步中删除任何自适应网格划分约束，则之前分析步的自适应网格约束没有延续下来。这样，必须重新指定所有此分析步中有效的自适应网格约束。

输入文件用法：使用下面的选项来删除所有之前定义的自适应网格约束，并且指定新的自适应网格约束：

* ADAPTIVE MESH CONSTRAINT，OP = NEW

在一个分析步中，如果任何 * ADAPTIVE MESH CONSTRAINT 选项中使用了 OP = NEW 参数，则此参数必须在此分析步中的所有 * ADAPTIVE MESH CONSTRAINT 选项中使用。

Abaqus/CAE 用法：Step module：Other→ALE Adaptive Mesh Constraint→Manager：选择期望的分析步和网格约束：Deactivate

接触

当为大滑动接触定义面时，自适应网格划分可以在面上重新定位节点。如果接触中的体是明显滑动的或者明显变形的，则可能要在面的边界上使用拉格朗日网格约束来防止面从它们预期的地方滑动。

对于小滑动接触，Abaqus/Standard 假定参考构型没有明显的变化。如果参考构型并不明显地变化，则这些面上的自适应网格划分数量应当比较小，并且基于参考构型计算得到的接触量应当继续保持有效（如果节点改变位置，则 Abaqus/Standard 更新切面）。这样，通

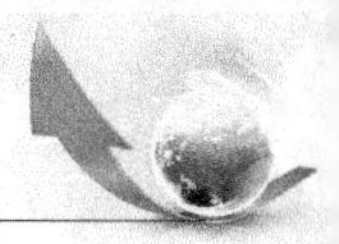

过网格平顺，Abaqus/Standard 将允许接触面上的节点按照需求来移动。应当在希望节点保持非自适应的情况中施加拉格朗日网格约束。

初始条件

可以在任何承受自适应网格平顺的区域上定义初始温度和场变量。然而，这些变量将不会从原始构型重新映射到更新后的构型上。

载荷

对于具有位移自由度的单元，对施加在自适应网格区域上的载荷没有约束。在载荷要跟随材料运动的情况中，必须为面边界上的节点施加拉格朗日网格约束，在面边界上施加有仿真面滑动的分布载荷。这样在保持分布载荷的位置时，将允许面内部发生自适应网格划分。

所有施加有集中载荷的节点变得非自适应。

可以在一个声学区域施加的载荷，在 1.10.1 节中得到描述。这些载荷不能施加在可以实施网格平滑的过程中。

边界条件

在施加了边界条件的节点上给出了特别的约束。在施加边界条件的方向上，不能完成自适应网格划分，但是自适应网格划分可以在其他方向上进行。当在一个分析步中删除边界条件时（见《Abaqus 分析用户手册——介绍、空间建模、执行与输出卷》的 1.3.1 节），适用同样的限制，因为 Abaqus/Standard 将在分析步的过程中逐渐关闭边界条件的贡献。

可以在一个声学区域施加的边界条件在 1.10.1 节中进行了描述。这些边界条件不能在可以实施网格平顺的任何分析过程中施加。

预定义的场

在一个自适应网格区域中施加指定的温度或者场变量并没有限制，但是在实施自适应网格划分时，并不重映射这些节点值。这样，在一个自适应的网格区域中，并非不变的预定义场是没有意义的。

材料选项

对于具有位移自由度的单元，在自适应区域中可以使用所有各向同性和均质的材料模型。具有各向异性行为的材料选项，例如各向异性材料（见《Abaqus 分析用户手册——材料卷》的 2.2.1 节中的“定义完全各向异性的弹性”）、节理材料模型（见《Abaqus 分析用户手册——材料卷》的 3.5.1 节）和混凝土材料模型（见《Abaqus 分析用户手册——材料卷》的 3.6.1 节），不能用于自适应网格划分区域中。

对于声学单元，相关的材料模型在1.10.1节中进行了描述。网格平顺假定声学区域中的几何改变不会导致材料属性的变化，例如流体密度。

单元

可以为Abaqus/Standard中的所有声学一阶和二阶平面单元、轴对称单元和三维单元以及有限数量的其他单元定义自适应网格区域。表7-2提供了所支持单元的列表。

表7-2 支持自适应网格划分的单元

AC1D2，AC1D3，AC2D3，AC2D4，AC2D6，AC2D8，AC3D4，AC3D6，AC3D8，AC3D10，AC3D15，AC3D20，ACAX3，ACAX4，ACAX6，ACAX8
CPS4，CPS4T，CPS3
CPE4，CPE4H，CPE4T，CPE4HT，CPE4P，CPE4PH，CPE3，CPE3H
CAX4，CAX4H，CAX4T，CAX4HT，CAX4P，CAX4PH，CAX3，CAX3H
C3D8，C3D8R，C3D8H，C3D8RH，C3D8T，C3D8HT，C3D8RT，C3D8RHT，C3D8P，C3D8PH，C3D8RP，C3D8RPH

过程

仅可以在调用下面一个过程的几何非线性通用分析步中使用自适应网格划分：

- 静态应力/位移分析（见1.2.1节）；
- 稳态的传输分析（见1.4.1节）；
- 耦合的温度-位移分析（见1.5.3节）；
- 耦合的孔隙流体流动和应力分析（见1.8.1节）；

声学单元通常将在静态过程中承受自适应网格划分，并且接下来在更新后的构架中参与后续的声学过程。

限制

- 不能删除或者增加自适应区域中的单元（见6.2.1节）。
- 声明成刚性的可变形单元不能作为自适应网格区域的一部分。
- 自适应区域中的单元不能包含嵌入单元或者螺纹钢。
- 不能从一个在自适应区域中具有实体单元的轴对称模型中，传输对称的结果。
- 不能从一个在自适应区域中具有实体单元的模型中导入。
- 使用来自一个自适应网格区域一部分的整体模型节点来驱动子模型是没有意义的。
- 仅可以与退化积分的单元一起使用增强的沙漏控制。
- 当与声学单元一起使用时，必须在一个耦合的结构声学分析之前的分析步中施加自适应网格平顺。它不能在一个大变形的动态分析中进行施加。
- 网格平顺假定声学区域中的几何改变不会导致材料属性的变化，例如流体的密度。
- 流体和结构之间的耦合必须使用一个基于面的，具有在声学域上定义从面的绑定约束

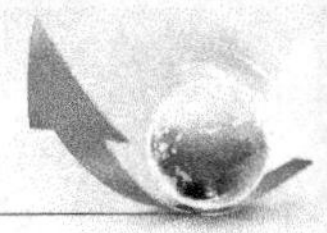

来定义。

● 诸如多点约束（见《Abaqus 分析用户手册——指定的条件、约束和相互作用卷》的 2.2.2 节）和方程（见《Abaqus 分析用户手册——指定的条件、约束和相互作用卷》的 2.2.1 节）约束中包括的自适应区域中的节点，应当通过施加拉格朗日约束来变成非自适应的。

输入文件模板

为声学分析施加 ALE 自适应网格划分

```
*HEADING
…
*ELEMENT,TYPE=…,ELSET=ACOUSTIC
定义声学单元的数据行
*ELEMENT,TYPE=…,ELSET=SOLID
定义结构单元的数据行
*SURFACE,NAME=TIE_ACOUSTIC
定义声学面与结构网格之间界面的数据行
*SURFACE, NAME=TIE_SOLID
定义固体面与声学面之间界面的数据行
*TIE, NAME=COUPLING
TIE_ACOUSTIC, TIE_SOLID
…
*STEP
*STATIC
*ADAPTIVE MESH, ELSET=ACOUSTIC, MESH SWEEPS=10
…
*END STEP
**
*STEP
*STEADY STATE DYNAMICS, DIRECT
…
*END STEP
```

在其他使用中施加 ALE 自适应网格划分

```
*HEADING
…
*ELEMENT,TYPE=C3D8,ELSET=..
定义实体单元的数据行
*NSET,NSET=LAG
```

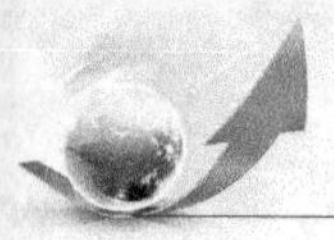

定义应当非自适应的节点的数据行

```
*NSET,NSET = SPATIAL
```

定义将施加有空间自适应网格约束的节点的数据行

```
*ELEMENT,TYPE = …,ELSET = SOLID
```

定义结构单元的数据行

```
*STEP,NLGEOM = YES
*STATIC
*ADAPTIVE MESH,ELSET = SOLID,MESH SWEEPS = 10
*ADAPTIVE MESH CONSTRAINT,CONSTRAINT TYPE = LAGRANGIAN
LAG
*ADAPTIVE MESH CONSTRAINT,CONSTRAINT TYPE = SPATIAL,USER
SPATIAL
*END STEP
```

7.2.7 Abaqus/Standard 中的 ALE 自适应网格划分和重映射

产品：Abaqus/Standard　　Abaqus/CAE

参考

- "在 Abaqus/Standard 中定义 ALE 自适应网格区域" 7.2.6
- *ADAPTIVE MESH
- *ADAPTIVE MESH CONSTRAINT
- *ADAPTIVE MESH CONTROLS
- "定制 ALE 自适应网格划分"《Abaqus/CAE 用户手册》的 14.14 节，此手册的 HTML 版本中

概览

ALE 自适应网格划分由两个基本任务组成：

- 通过一个扫描过程来创建一个新网格；
- 使用移流过程从旧网格重映射解变量到新网格。

可以控制网格扫描的过程，在此后，如果必要，Abaqus/Standard 将自动实施移流。为声学分析和为模拟材料的烧蚀或磨损而工作的创建新网格的默认方法，已经经过了谨慎地选择。然而，可能需要覆盖这些默认选项来平衡自适应网格划分的稳健性和效率，或者为其他类型的应用而扩展自适应网格划分的使用。

自适应网格平顺是定义成一个步定义的一部分的。Abaqus/Standard 中的自适应网格划

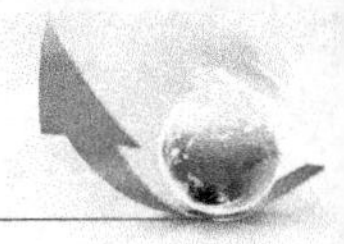

分使用算子分裂法，其中每一个分析增量由一个拉格朗日阶段和跟随其后的一个欧拉阶段组成。拉格朗日阶段是典型的既不发生网格扫描，又不发生移流的 Abaqus/Standard 解增量。一旦平衡方程收敛，就施加网格平顺。通过网格扫描过程调整节点之后，在一个欧拉阶段中移流材料点的数量，来在其当前构型中考虑模型的改进网格划分。选择此算子分裂方法来避免当移流和材料应变同时发生时，将产生的非对称雅可比项。声学单元不要求移流，并且不在声学单元上施加移流。

ALE 自适应网格扫描算法

在结构平衡方程收敛后实施自适应网格平顺。网格平顺方程通过对自适应网格区域迭代的扫描来进行显式地求解。在每一个网格扫描中，重定位区域中的节点（基于之前网格扫描中得到的邻近节点的位置）来降低单元扭曲。节点的新位置 x_{i+1} 为

$$x_{i+1} = X + u_{i+1} = N^N x_i^N$$

式中 X——节点的原始位置；

u_{i+1}——节点位移；

x_i^N——之前的网格扫描中得到的邻近节点的位置；

N^N——从下面方法中的一个或者一个加权混合中得到的权重函数。

在扫描中施加的位移与力学行为是不相互关联的。

原始构型投影

原始构型投影在 Abaqus/Standard 中是默认的，并且从最小二乘法最小化过程确定权重函数，此最小二乘法最小化过程在网格回到原始构型的投影中最小化节点位移。此平顺方法仅影响网格的变形，而不影响原始网格。

体积平顺

体积平顺通过计算围绕节点单元的一个单元中心的体积加权平均，来确定权重函数。图 7-33 中，通过四个周围单元的单元中心位置 C 的一个体积加权平均位置来确定节点 M 的位置。体积加权将趋向于推动节点远离单元中心 C_1，并且朝向单元中心 C_3，这样降低单元扭曲。

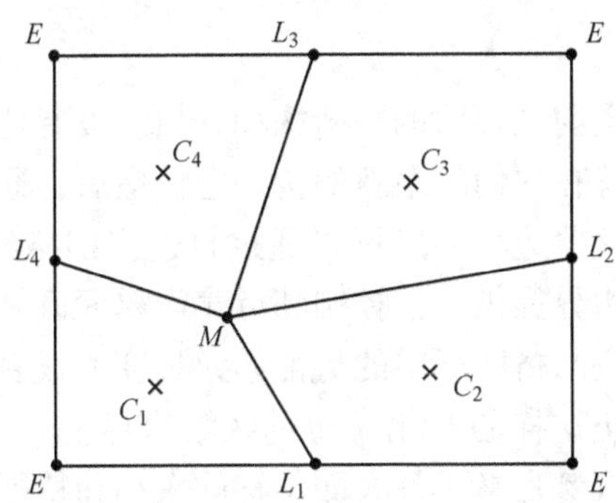

图 7-33　一个网格扫描中的节点重定位

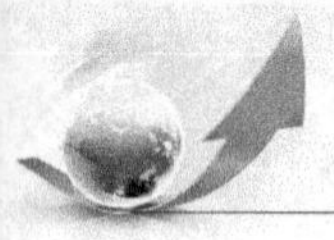

结构区域中支持体积平顺，每一个节点在二维中由四个单元（或者在三维中由八个单元）围绕。

平顺方法的组合

Abaqus/Standard 中的默认平顺方法是原始构型投影。选择一个其他的平顺方法，或者组合平顺方法，为每一种方法指定权重因子。当使用了多于一种的平顺方法时，通过计算每一种所选方法预测得到位置的加权平均来重新定位节点。所有的权重必须是零或者正数，并且它们的和必须非零。此权重仅在相对意义上有意义，对它们的值进行了归一化，令其和为1.0。

输入文件用法： *ADAPTIVE MESH CONTROLS，NAME = 名称

原始构型投影权重，体积平顺权重

例如，可以使用下面的选项来定义一个原始构型投影和体积平顺的相等混合：

*ADAPTIVE MESH CONTROLS，NAME = 名称

0.5，0.5

Abaqus/CAE 用法：Step module：Other→ALE Adaptive Mesh Controls→Create：Name：名称，Original configuration projection：原始构型投影权重，Volumetric：体积平顺权重

基本平顺方法的几何增强

基本平顺方法的传统形式在高度扭曲区域中不能始终良好地进行。可以使用基本平顺算法的几何增强形式来作为减少失真的技术。这些形式是试探性的，并且仅基于节点位置。由于它们的试探性质，几何增强不能总是改善网格平顺。

输入文件用法： 使用下面的选项来施加平顺算法的几何增强：

*ADAPTIVE MESH CONTROLS，NAME = 名称，GEOMETRIC ENHANCEMENT = YES

Abaqus/CAE 用法：Step module：Other→ALE Adaptive Mesh Controls→Create：Name：名称，切换打开 Use enhanced algorithm based onevolving element geometry

扫描算法的应用

网格平顺过程从网格的当前位移后的平衡构型开始。没有位移自由度的节点，例如那些连接到声学单元的节点，保持在它们的最新的构型上。然后，通过当前构型中的扭曲和通过边界约束来驱动网格平顺。这些边界约束可以通过自适应网格约束来直接描述。在结构-声学边界的情况中，结构网格边界提供一个控制邻近声学单元区域平顺的约束。

当这些边界区域比自适应网格区域中的特征单元长度大很多时，可以发生明显的几何改变，例如拐角的产生。为防止这样的变化，通过区域边界上一系列的“子增量”来渐进地施加约束。所使用的子增量数量是基于最大面位移的大小和特征单元尺寸来确定的。

余下的节点（没有通过约束来驱动的节点）确定为内部节点、自由面节点、边节点或者拐角节点。如7.2.6 节中描述的那样处理这些节点。

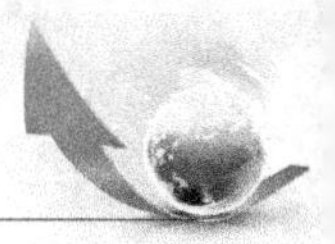

在网格扫描的末尾，检查新几何形体来确保在网格平顺中，单元没有变得严重扭曲。Abaqus/Standard 以不同的方式响应严重的扭曲，取决于所使用的单元和过程。当自适应网格划分与声学单元一起使用时，使用降低的时间增量来重复当前的分析增量，其后跟随另外一个自适应网格平顺的尝试。当自适应网格划分与其他单元一起使用时，严重的扭曲会导致放弃那个增量的网格平顺。在也定义了自适应网格约束的情况中，因为不能满足约束，中止 Abaqus/Standard。

ALE 自适应网格平顺的频率控制

在大部分情况中，自适应网格划分的频率是最影响网格质量的参数。默认情况下，网格平顺将在每一个收敛的结构分析增量后实施。可以改变自适应网格划分的频率，除了定义了自适应网格约束的时候。

输入文件用法：　＊ADAPTIVE MESH，FREQUENCY = 增量数量

Abaqus/CAE 用法：Step module：Other→ALE Adaptive Mesh Domain→Edit：切换打开 Use the adaptive mesh domain below，Frequency：增量数量

控制 ALE 自适应网格平顺地收敛

自适应网格平顺函数通过在自适应网格区域上迭代的扫描来显式地求解。在每一个网格扫描中，域中的节点基于邻近节点的当前位置重新定位，来降低单元扭曲。

紧随收敛增量的末尾实施网格平顺。可以通过定义要求的网格扫描次数来控制网格平顺的强度。当大位移时，通常要求更多的迭代。当用于声学分析中时，声学域中的单元体积下降时所要求的迭代，与结构加载中声学域中的单元体积增加的情况所要求的迭代相比，通常要求更多的迭代。

可以指定在每一个自适应网格增量中所实施的网格扫描数量。默认的网格扫描数量是一。

通过重复地施加网格扫描算法，网格将收敛；换言之，得到的节点位置不会随着进一步的网格扫描而改变。然而，通常没有必要实施网格平顺到得到一个收敛的网格；唯一的目的是降低单元扭曲。

输入文件用法：　＊ADAPTIVE MESH，MESH SWEEPS = 扫描次数

Abaqus/CAE 用法：Step module：Other→ALE Adaptive Mesh Domain→Edit：
切换打开 Use the adaptive mesh domain below，
remeshing sweeps per increment：扫描次数

ALE 自适应网格移流算法

Abaqus/Standard 应用一个显式方法，基于 Lax-Wendroff 的方法，来积分移流函数。Lax-Wendroff 方法的关键原理是将材料点量的时间导数替换成使用材料时间导数、参考导数和空间导数之间的经典关系的空间导数。更新方案是二阶精度的，并且提供一些迎风载荷。节点量通过将其一阶收敛到材料点量来移流。

材料量的移流通常将产生平衡的损失。出现此情况的第一个原因是移流过程自身的误

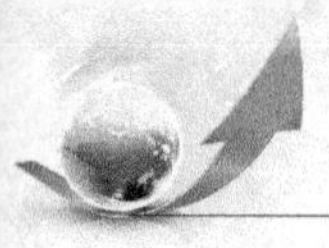

差。为最小化移流中的误差，Abaqus/Standard 通过要求每一个自适应区域中单元的 Courant 数小于一，来对移流速度的大小施加限制。在 Courant 数大于一的情况中，将通知用户，并且 Abaqus/Standard 将在每个增量中产生多移流传递。平衡损失的第二个原因是由于变化的网格，代表基础材料数量的变化。例如，考虑具有在两个单元上的初始跨越应力梯度的结构区域。在网格平顺后，相同的区域可能具有多于两个的单元。即使不存在移流中的误差，当计算内力时，这将导致细微不同的体积积分。

仅当网格过于粗糙，不足以提供好的解时，以及以过小的频率实施网格平顺，以至于网格运动大于平均单元尺寸时，这些平衡中的误差源头才是明显的。在实际应用中，这些误差通常不明显，产生的平衡损失通常是小的，并且由于平衡损失产生的残差落入 Abaqus/Standard 收敛准则的范围内。任何平衡的损失是不能传递的，因为在下一个增量的拉格朗日阶段末尾，将再次满足平衡。

后续步骤上的移流影响

为确保仅为满足平衡方程的构型输出结果，Abaqus/Standard 总是在拉格朗日阶段的末尾来输出结果。紧随拉格朗日阶段的欧拉阶段，将不平衡的结构留给下一个增量。此序列具有的后果是，在上个步的结尾处执行的欧拉阶段之后，平衡方程在下一分析步的开始将不能恰好满足，并且分析步末尾的解将与随后分析步的零增量上的解有稍许不同。可以通过在一个具有自适应网格划分的分析步后面跟随一个删除所有自适应网格区域的分析步并且允许结构来平衡，来再次建立平衡方程。一个单增量的步通常将是足够的。当随后的步是一个使用先前步的解作为基本状态的摄动过程时，这是非常重要的。

紧随自适应网格步的移流步也将受到影响，因为单元质量在网格平顺中是不移流的。这对单元质量的影响可以是显著的，取决于自适应网格运动的扩展和由于网格平顺而产生的单元大小的改变。Abaqus 将在频率分析步前的自适应网格划分情况中提供一个警告信息；当从这些情况中的一个频率分析步中解释结果时，应当评估更新后的网格构型的影响。

输出

在自适应网格划分中，一个单元的积分点通常在整个分析中，将不是指向相同的材料点的。材料变量的云图将显示正确的空间分布，但是历史显示是没有意义的。节点的位移包含材料位移以及由于网格移动而产生的位移。可以通过模型偏变量 VOLC 来得到自适应网格约束体积损失的度量，当对模型烧蚀使用自适应网格约束时是有用的。

每一个自适应网格划分区域中的自适应网格划分的总结，是写进信息（.msg）文件中的。此总结包括将结构位移传递到流体的载荷增量的总数、实施的网格扫描的总次数、最大位移增量的大小和度量最大位移增量的节点和自由度。当几何特征在网格平顺中改变时，发出警告信息。

可以要求更多的自适应网格平顺的详细诊断输出（见《Abaqus 分析用户手册——介绍、空间建模、执行与输出卷》的 4.1.1 节中的“Abaqus/Standard 信息文件”）。此输出提供最大位移和在每一个网格扫描中发生最大位移增量的节点和自由度。此外，列出了经历几何特征中变化的节点。

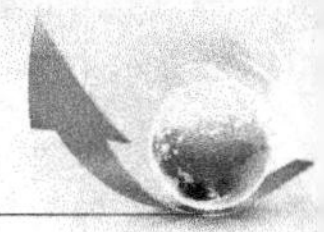

参考文献

- Lax, P. D., and B. Wendroff, "Difference Schemes for Hyperbolic Equations with High-Order Accuracy" Communications on Pure and Applied Mathematics, vol. 17, p. 381, 1964.
- Lax, P. D., and B. Wendroff, "Systems of Conservations Laws" Communications on Pure and Applied Mathematics, vol. 13, pp. 217-237, 1960.

7.3 自适应网格重划分

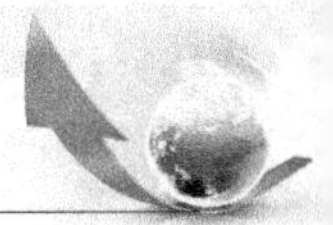

7.3.1 自适应网格重划分：概览

Abaqus/CAE 提供一个自动的过程来自适应地重划分网格。自适应网格重划分过程的目的是接近或者达到为一个指定的模型和与之配套的载荷历史所选择的容差指标。此过程与其他 Abaqus 自适应性方法的比较，见 7.1.1 节。

概览

要求下面的步骤来将自适应网格重划分纳入到 Abaqus/CAE 模型中：

- 识别希望施加一个或者更多自适应网格重划分规则的模型区域。一个网格重划分规则定义了在其中将施加规则的分析步，容差指标输出变量和那些容差指标的目标、尺寸方法和任何单元大小的约束（见《Abaqus/CAE 用户手册》的 17.13.1 节）。
- 定义一个分析工作的后续，当 Abaqus/CAE 试图满足网格重划分规则目标时将运行的一个“自适应过程”（见《Abaqus/CAE 用户手册》的 19.3.1 节）。

基于这些网格重划分规则和自适应过程定义，Abaqus/CAE 反复迭代：

- 执行一个 Abaqus/Standard 分析，基于重划分规则设定，将写出所选择的容差指标输出变量（见 7.3.2 节）；
- 在一个尺寸公式中使用容差指标变量来为一个新网格计算单元大小，考虑任何可能指定的大小约束（见 7.3.3 节）；
- 基于计算得到的单元尺寸，在一个指定的区域中生成一个新的网格。邻近的区域也将被重划分。

这些迭代将会继续，直到任何一个满足要求：

- 满足了所有的网格重划分规则目的；
- 到达了网格重划分迭代的最大次数。

更多的详细情况，见《Abaqus/CAE 用户手册》的 19.3.2 节。图 7-34 显示了此过程中 Abaqus 产品和文件之间的相互作用。

典型的应用

自适应网格重划分可以改善仿真结果质量。自适应网格重划分在以下情况是有帮助的：

- 不确认网格需要怎样的细化来达到特定的精确水平，或者网格可以怎样粗糙而不会具有不可接受的求解精度影响；
- 在感兴趣的区域附近设计一个足够细化的网格是困难的，例如应力提升的附近；
- 事先不知道感兴趣的位置，例如塑性区域的形成。

在《Abaqus 例题手册》的 5.1.6 节“反应压力容器螺栓紧固封头的热应力分析”中，提供了一个使用自适应网格重划分来研究一个螺栓紧固容器的热和应力行为的例子。此例子包括一个 Python 脚本，可以从 Abaqus/CAE 中运行来创建模型和网格重划分准则。另外一个

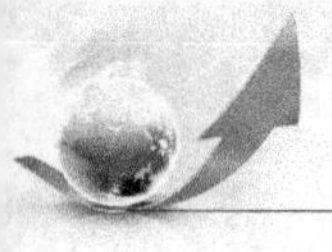

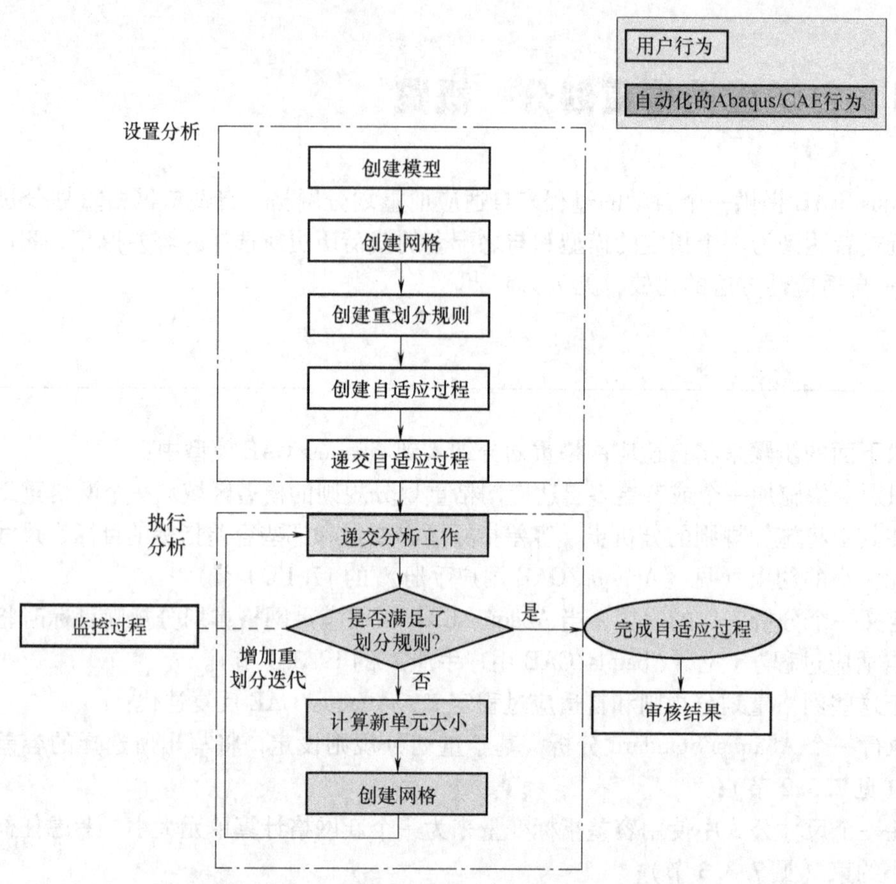

图 7-34　自适应网格重划分过程中的用户行动和自动的 Abaqus/CAE 行动

脚本允许递交自适应性过程，并且当 Abaqus/CAE 计算新单元大小时显示正在变化的网格。

例子：应力提升

图 7-35 显示自适应重划分如何为一个承受轴向载荷的典型缺口试样生成一个高质量的网格。

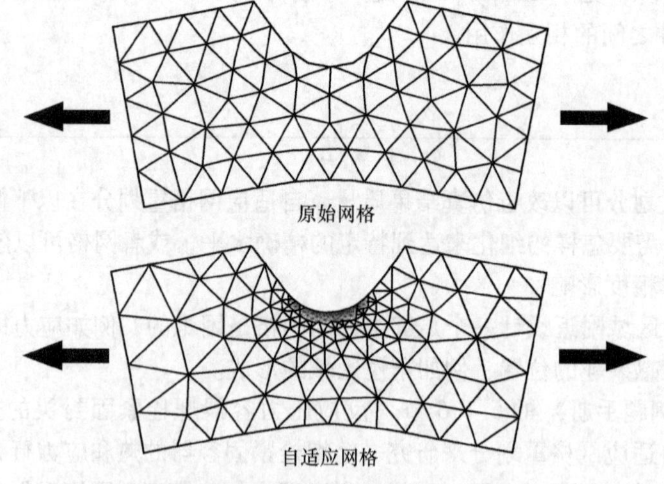

图 7-35　细化前和细化后的应力提升

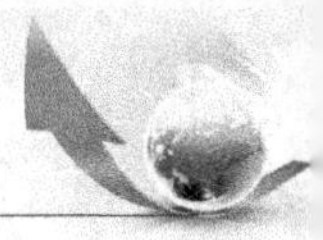

图 7-36 显示了这些网格变化对求解精度的影响，与均匀网格细化对求解精度的影响之间的对比。自适应网格细化比均匀网格细化在降低求解容差方面更加有效率。

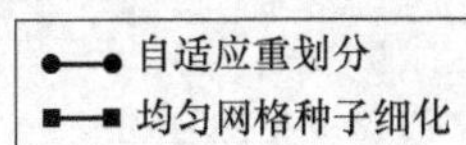

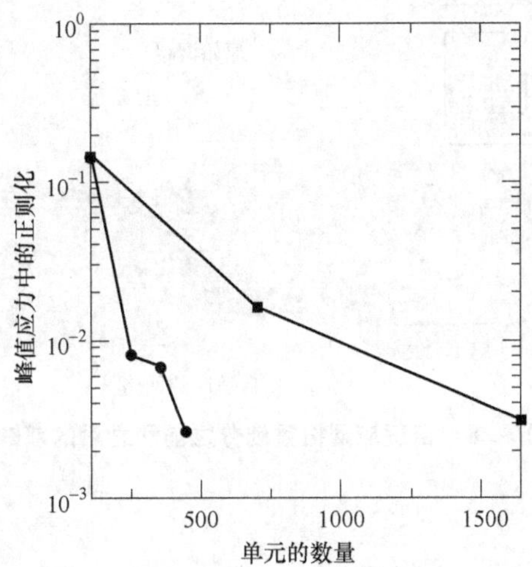

图 7-36　自适应网格重划分与基于边界种子点的均匀网格细化之间的比较

例子：塑性铰

此例子，一个双缺口的试样轴向的发生应变，直到塑性铰或者杆状形式，用来说明自适应重划分将如何在一个塑性铰上集中网格。它说明了在事先无法知道感兴趣区域的情况下，自适应网格重划分的价值。图 7-37 显示了样件和发生屈服的区域。图 7-38 显示了原始网格和三次自适应网格重划分迭代后的自适应网格。

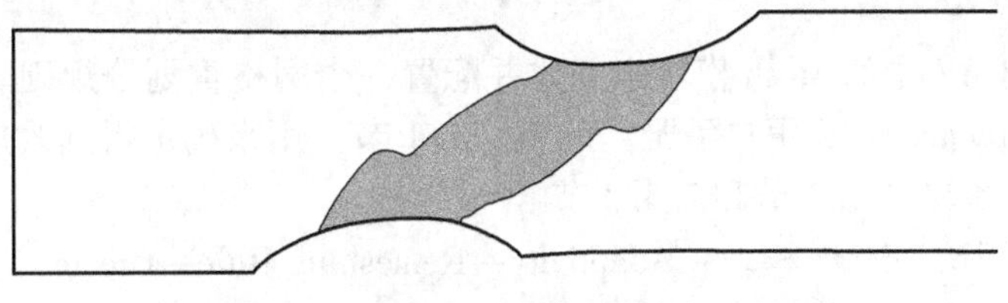

图 7-37　一个双缺口试样中的发生屈服区域

为自适应网格重划分准备模型

当实施自适应网格重划分时，使用 Abaqus/CAE 来完成如下操作：

- 创建模型并且指定边界条件和载荷历程；
- 创建网格重划分网格规则；
- 创建一个自适应进程；
- 启动并且监控自适应进程的过程。

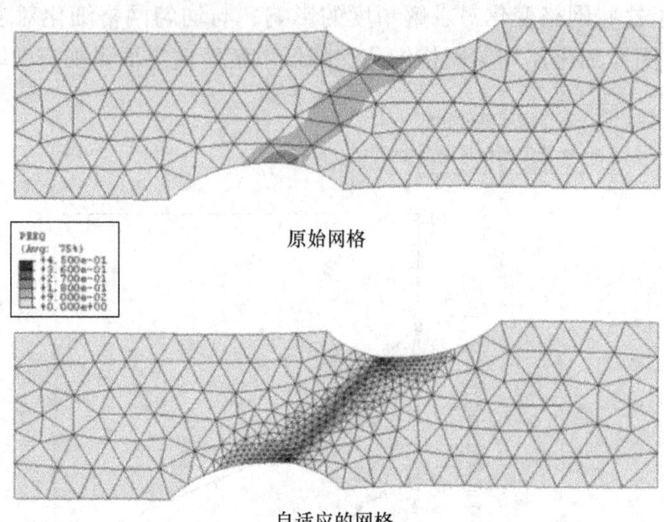

原始网格

自适应的网格

图 7-38　自适应网格重划分之前和之后的双缺口试样的网格

创建模块

当创建模型并指定边界条件和载荷历程时，没必要考虑自适应网格重划分；然而在使用自适应网格重划分前，必须如下行事：

- 创建模型的几何形体不能使用独立网格零件。
- 提供一个初始的，正常的网格。此网格可以相当粗糙。然而，由于早期的网格重划分迭代容差指标计算的较差质量，提供一个非常粗糙的网格，可以导致更多的自适应网格重划分迭代。在通常的情况中，可以通过在 Abaqus/CAE 中使用默认零件实例网格种子，来定义一个合理的初始网格。

创建一个网格重划分规则

使用 Abaqus/CAE 中的 Mesh 模块来创建并配置一个网格重划分规则。定义重划分规则的详细情况见《Abaqus/CAE 用户手册》的 17.21.1 节。用来确定得到改进的网格大小分布方法的详细情况，参考 7.3.2 节和 7.3.3 节。

Abaqus/CAE 用法：Mesh 模块：Adaptivity→Remeshing Rule→Create

创建一个自适应过程

创建和配置一个使用 Abaqus/CAE 中 Job 模块的自适应过程。当创建一个自适应性过程时，可以指定实施重划分迭代的最大次数，并设置不同的系统资源参数。详细情况见《Abaqus/CAE 用户手册》的 19.7 节。

Abaqus/CAE 用法：Job 模块：Adaptivity→Create

使用一个临时分析来实施自适应网格重划分

在某些情况中，在进行一个完全详细的分析之前，将试图为模型确定一个自适应网格，

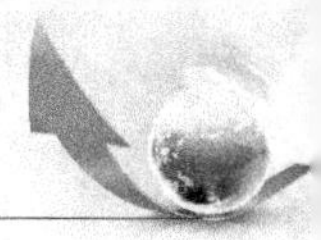

此分析包括许多步骤和复杂的行为。经常用到一个“临时的”分析，与自适应网格重划分一起，高效率地为模型确定一个好的网格。临时分析可以包括完全详细分析的不同简化，例如：

- 使用一个具有载荷的，足够反映更多一般载荷情况的单一线性摄动步来替代分析步；
- 删除塑性和其他材料非线性；
- 抑制几何非线性。

临时分析方法可以产生一个对于最终的载荷选择并非完美适合的网格。但是，从一个临时模型得到一个网格的成本，明显低于自适应进程在完全详细的分析中考虑所有复杂性所花费的成本，并且可以找到足够用于不同分析情况中的细化网格。

特殊考虑

通常，Abaqus 自适应网格重划分自动朝更好的网格质量进行迭代。然而，需要注意某些事项。

奇点

经常从几何抽象产生应力奇点，例如弹性材料中的凹角和锐边接触，以及点载荷或者分布载荷区域的突然结束。在这些情况中，靠近奇点的应力场是无限的，并且无限的网格细化才能得到正确解。如果在包括奇点的模型区域上施加了自适应网格重划分进程，进程将驱动奇点附近单元成为非常小的尺寸。最后结果将成为不可接受的昂贵分析。

使用下面的技术来防止具有奇点的模型的严重昂贵分析：

- 从网格重划分进程考虑中排除奇点的区域。通过分块模型来排除区域，并仅对远离奇点的区域赋予网格重划分规则。
- 在网格重划分规则中应用最小单元尺寸约束。Abaqus/CAE 的确默认地赋予一个最小的单元尺寸，是默认零件实例网格种子点的一部分。可以更改此约束，在避免严重的细化网格时达到一个奇点附近的有质量解。也可以使用网格重划分规则来控制 Abaqus/CAE 细化单元尺寸的速度。单元尺寸约束可以防止一个自适应过程到达指定错误指标目标。
- 为一个重划分规则区域指定一个最大的单元数量。Abaqus/CAE 调整网格大小，这样生成的单元总数近似满足此约束。

收敛问题

图 7-39 显示了 Abaqus/Standard 中一个容差指标和计算成本对重划分迭代的典型过程。

图 7-39 中的例子显示了一个理想的收敛轮廓。求解容差指标单调的递减并且快速到达期望容差指标目标的 25%。伴随此容差指标递减的是计算成本的适度增加，采用 Abaqus/Standard 中模型自由度或者时间的度量。某些情况可以妨碍此理想收敛轮廓，如下：

- 如果初始网格太粗糙，容差指标变量可能不具有足够的质量来在下一次迭代中产生一个足够改进的网格。即使初始网格非常粗糙，但最终自适应网格重划分进程也能够创建一个高质量的网格。然而，可以通过使用合适的初始网格细化来避免一些划分迭代。
- 当创建网格重划分规则时，指定的最小单元尺寸约束和单元的最大数量约束可以防止

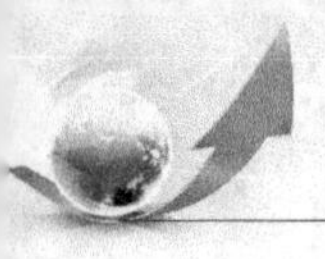

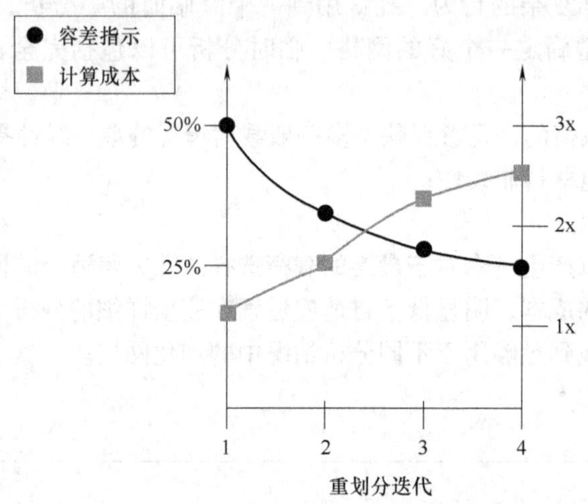

图7-39　容差指标和计算成本针对具有25%容差指标目标的模型的迭代

产生满足容差指标目标的足够细化的网格（在奇点的极端情况下，这总是这样）。可以通过放松这些约束来满足目标，例如，通过降低最小单元尺寸。更多的信息见《Abaqus/CAE 用户手册》的 17.13.1 节。

• 除了产生小网格尺寸导致大数量的单元之外，奇点还可以在达到容差对象过程中导致自适应进程失败，或者要求更多的网格重划分迭代。正如上面“奇点”中所描述的那样，可以通过指定一个最小单元大小约束或者单元的最大数量来控制计算成本。在任何重划分规则区域中存在奇点的情况中，可以看到容差指标结果中不佳的收敛。

• 线性单元（C3D4、CPS4 等）和改进的单元（C3D10M、CPS6M 等）相比于二次单元（C3D10、CPS6 等）缓慢地收敛，要求相对更多数量的单元来达到给定的容差目标。因此，应当尽可能地使用二次单元。

继续一个停止的自适应重划分进程

自适应重划分进程设计成自动的——Abaqus/CAE 在它持续的细化网格时，实施一系列的分析。然而，偶尔的情况下进程将停止，并且将从最近的网格继续自适应网格重划分，这些情况有：

• 当想要为最近的重划分迭代改变重划分规则时；

• 自适应网格重划分进程由于机器资源问题而失败的时候。

可以通过再提交一个已有的自适应进程，创建并提交一个新的自适应进程，或者实施手动重划分来继续自适应网格重划分进程（见《Abaqus/CAE 用户手册》的 17.21.6 节）。

限制

自适应网格重划分要求 Abaqus/CAE 的使用，并且只有 Abaqus/Standard 支持。其他具体的限制也适用。

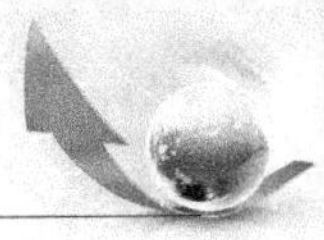

单元类型

Abaqus/CAE 仅能对下面形状的网格实施自适应网格重划分（见《Abaqus/CAE 用户手册》的 17.13.2 节）：

- 平面连续三角形或者四边形；
- 三角或者四边形壳；
- 四面体。

进程

Abaqus/CAE 可以与下面的 Abaqus/Standard 进程一起使用重划分：

- “静态应力分析” 1.2.2 节（通用和线性摄动）。
- “准静态分析” 1.2.5 节。
- “非耦合的热传导分析” 1.5.2 节。
- “完全耦合的热应力分析” 1.5.3 节。
- “耦合的热-电分析” 1.7.3 节。
- “耦合的孔隙流体扩散和应力分析” 1.8.1 节。

7.3.2 影响自适应网格重划分的容差指标的选择

产品：Abaqus/Standard　　Abaqus/CAE

参考

- “容差指标输出” 《Abaqus 分析用户手册——介绍、空间建模、执行与输出卷》的 4.1.4 节
- “自适应网格重划分：概览” 7.3.1 节
- “Abaqus/Standard 输出变量标识符” 《Abaqus 分析用户手册——介绍、空间建模、执行与输出卷》的 4.2.1 节
- *CONTACT OUTPUT
- *ELEMENT OUTPUT
- “理解自适应网格重划分” 《Abaqus/CAE 用户手册》的 17.13 节
- “控制自适应网格重划分” 《Abaqus/CAE 用户手册》的 17.21 节

概览

对一个具体分析的自适应网格重划分规则中选择使用哪一个容差指标变量，应考虑到：

- 容差指标变量的特征；
- 存在哪一个场，并且是感兴趣的；

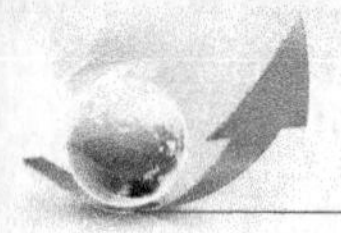

• 载荷的性质。

容差指标特征

容差指标输出变量提供求解精度的评估（见《Abaqus 分析用户手册——介绍、空间建模、执行与输出卷》的 4.1.4 节）。在自适应网格重划分的背景下，容差指标帮助确定哪里的网格应当进行细化或者粗化来达到指定的精度目标（见 7.3.1 节和 7.3.3 节）。此部分讨论对于影响不同分析类型中的自适应网格重划，在如何良好适合的分背景下的容差指标的额外特征。

哪一个场存在并且是感兴趣的

一些变量自然适用于一些类型的分析。例如，热流指标（HFLERI）用于使用温度自由度的分析中。当在 Abaqus/CAE 中的 Remeshing Rule 编辑器中选择容差指标变量时（见《Abaqus/CAE 用户手册》的 17.13.1 节），用户的选择将受限于所选进程类型的可用变量。

载荷的性质

某些容差指标变量只显示当前分析时间上的离散容差——一个分析步中的具体增量。其他容差指标变量提供一个到当前分析时间的求解历史记录。例如，如果仿真涉及非比例加载或者明显的非线性响应，则当使用记录求解过程的容差指标变量时，通常将看到较好的自适应网格重划分结果。表 7-3 列出了可应用于自适应网格重划分的容差指标变量和是否记录求解过程的说明。

表 7-3　可应用于自适应网格重划分的，记录求解过程的容差指标变量

求解量	容差指标变量（c_e）	记录求解过程？
单元能量密度	ENDENERI	是
密塞斯应力	MISESERI	否
等效塑性应变	PEEQERI	是
塑性应变	PEERI	否
蠕变应变	CEERI	否
热流	HFLERI	否
电流	EFLERI	否
电势梯度	EPGERI	否

默认情况下，当创建一个网格重划分规则的时候，为用户分析的最后分析步的最后增量指定容差指标，并且自适应网格重划分是基于此最后增量中的容差指标的。当选择一个记录求解过程的容差指标时，此默认的容差指标指定对于绝大部分的分析是合适的。然而，对于那些不记录求解过程的容差指标变量，可以发现为同一个区域定义多个重划分规则是合适的，具有每一个规则施加于对不同的分析步（例如，具有非比例加载的多分析步情况）。

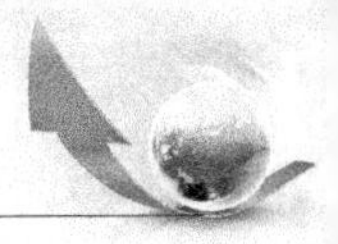

下面的例子提供了典型情况的简单说明，并且显示了容差指标输出变量的合适选择。

线性响应例子

图 7-40 说明了最简单的载荷情况，其中载荷比例于计算步时间，并且模型的响应是线性的。在此情况下，最后增量时候的解将比例于任何其他增量。因此，对于任何容差指标变量的选择，基于最后增量中的容差指标值进行的网格重划分是合适的。

单调响应例子

图 7-41 说明了一个更加通用的例子，其中模型具有非线性响应——在此情况中，由一个几何非线性产生——并且载荷是单调的，但是并非比例于时间步。模型的响应通用性略强一些，因为在具体增量上的解与最后增量上的解不成比例。然而，最后增量中的容差指标输出值仍然反映载荷历程的极端模型响应。

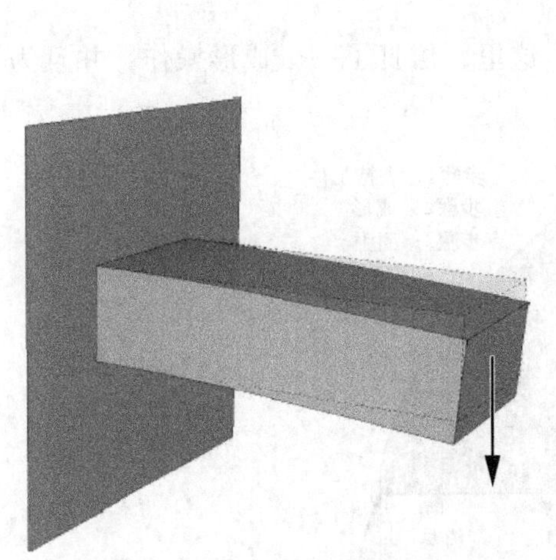

图 7-40　比例加载、线性响应例子：悬臂梁的小变形

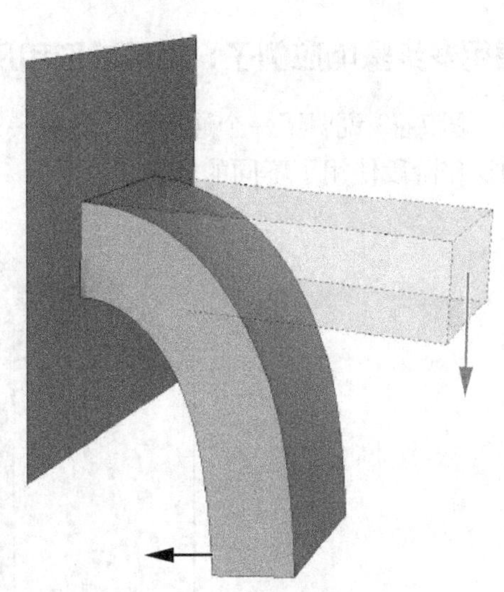

图 7-41　单调响应例子：悬臂梁的大变形

这样，对于任何容差指标变量的选择，基于最后增量的容差指标值的网格重划分是合适的。

通用响应例子

图 7-42 说明了载荷特征在分析中显著变化的情况。

在此情况中，容差指标的选择将基于材料模型。单元能量密度容差指标 ENDENERI，将说明该载荷历史的复杂性（并且在整个分析中产生一个提供精确解的自适应的网格），而不管材料的种类。如果发生塑性变形，也具有使用等效塑性应变 PEEQERI 的选项，或者塑性应变 PEERI 容差指标的选项。塑性应变和塑性应变容差指标通常不捕捉历史的影响。例如，它们不考虑模型中承受对称应变逆转的峰值应变。然而，此例子涉及无应变逆转，这样，PEERI 将成为一个有效的容差指标选择。

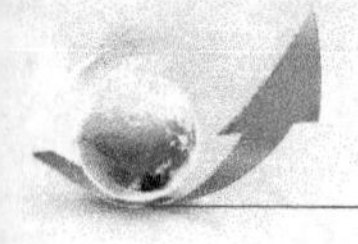

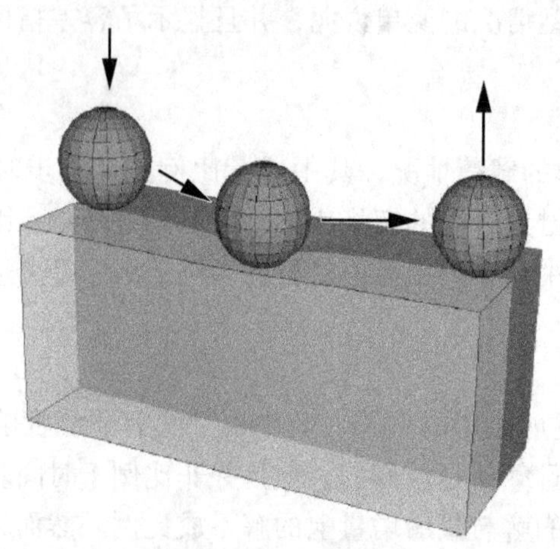

图 7-42　通用响应例子：承受刚性压头的块

通用多步骤响应例子：模具成形和反弹

图 7-43 说明了一个通用响应的进一步产生。这里，仿真了一个成形操作，并且为不同的操作阶段使用了不同的分析步。

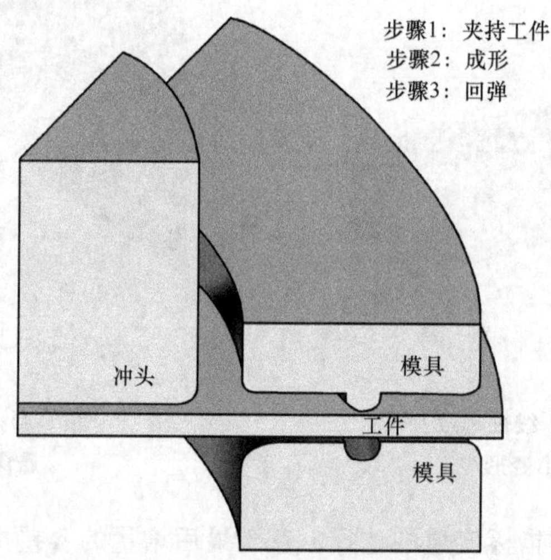

图 7-43　通用多步骤响应例子

在此情况中，模型从一步到另外一步是不同的。通常希望容差指标充分地捕捉载荷历史的模型响应所具有的极端情况。然而，用户不知道是否有任何具体增量捕获此极端情况。这样，应当选择一个记录求解历史的容差指标变量。

7.3.3　基于求解的网格大小

产品：Abaqus/Standard　Abaqus/CAE

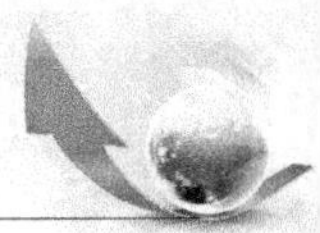

参考

- "自适应网格重划分：概览" 7.3.1 节
- "影响自适应网格重划分的容差指标选择" 7.3.2 节
- "理解 ALE 自适应网格划分"《Abaqus/CAE 用户手册》的 14.6 节
- "高级网格划分技术"《Abaqus/CAE 用户手册》的 17.14 节

概览

基于解的网格大小：

- 在 Abaqus/CAE 中实施；
- 对容差指标输出变量和网格重划分规则参数进行操作，来为网格确定得到改善的单元大小分布。

大小调整方法的基本操作

大小调整方法在自适应网格重划分过程中计算新的单元尺寸。Abaqus/CAE 对一个容差指标变量的场和由网格重划分规则定义的区域上的对应基本解变量应用大小调整方法。大小调整方法的输出是一组位于网格重划分规则定义区域的节点上的标量尺寸。图 7-44 说明了大小调整操作。图 7-44 显示了第一次重划分迭代后的基本解和容差指标分布。大小调整方

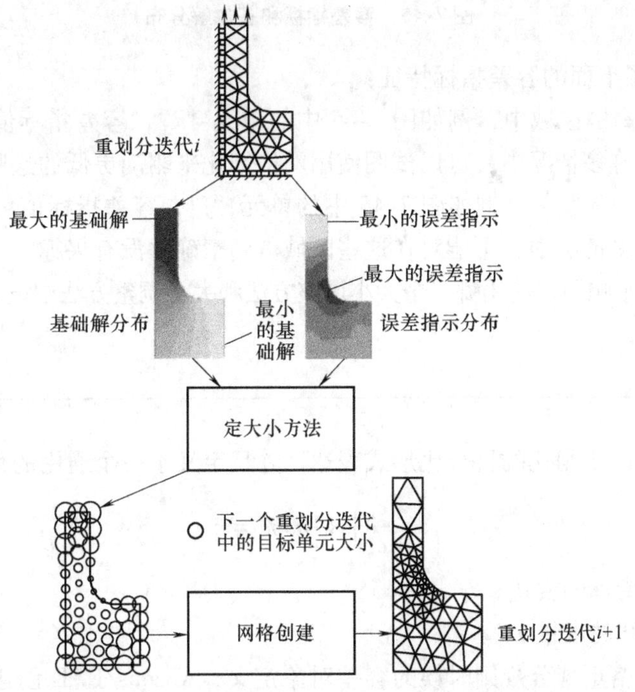

图 7-44 调整大小方法操作和与网格划分的相互作用

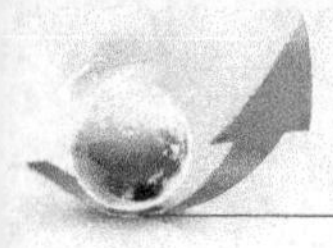

法确定在最大的容差指标区域中应当降低单元大小，并且在最低的容差指标区域内应当增加单元大小。显示了从这些目标单元大小生成的网格。

容差指标的特征

大小调整方法和用户选择的参数设置，对自适应网格重划分如何改变模型中的容差指标分布具有显著的影响。例如，可以仅在靠近一个应力上升区选择一个激进降低的容差指标。在其他的情况中，结构的整体响应比局部效应更加重要的地方，可以选择一个试图在整个区域降低容差指标到一个平均水平的大小调整方法。为理解大小调整方法如何影响容差指标，应当首先理解容差指标变量的典型特征。

图 7-45 提供了一个容差指标的说明和在一个通过模型的一般截面的对应基本解分布。

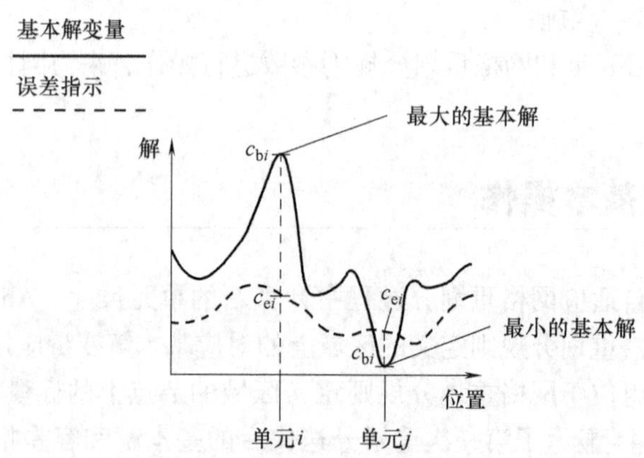

图 7-45　容差指标和基本解分布

图 7-45 说明了下面的容差指标特征：

- 在基本解值高的区域中，例如图 7-45 中的单元“i”，容差指标值可以相对地低于基本解的局部值。在许多情况中，可以试图使用网格细化来驱动更低的这些容差指示。
- 在基本解低的区域中，例如图 7-45 中的单元“j”，容差指标值可以相对地高于基本解的局部值。在许多情况中，可能对在这些区域得到精确解没有兴趣。

这些特征可以影响用户使用哪一个大小调整方法和大小调整方法中设置什么参数的决定。

大小调整方法

大小调整方法以正则化的百分比形式表达，并且定义了一个通用的目标。

$$\left(\frac{c_e}{c_b}\right)\times 100\% = \eta$$

式中　c_e——容差指标的度量；

　　　c_b——基本解的度量。

基于在创建网格重划分规则时候的容差对象定义，Abaqus/CAE 创建一个试图在使用网格重划分的后续分析工作中满足容差对象的大小分布。容差对象的确切意义取决于用户选择

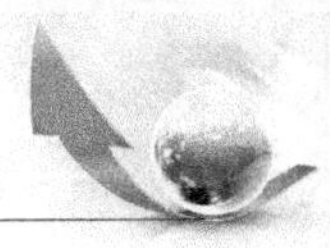

的大小调整方法。

Abaqaus/CAE 提供两个基本的大小调整方法：Minimum/maximum control 和 Uniform error distribution。也可以选择第三种方法，Default method and parameters，导致在 Abaqus/CAE 中为选择一种基本的大小调整方法，基于用户的容差指标变量的选择。

Abaqus/CAE 用法：Mesh module：Create Remeshing Rule：Sizing Method

最小/最大控制

最小/最大控制方法在重划分模型中提供最大的灵活性。此方法具有下面的特征：

• 控制大小调整的两个容差指示目标。η_{max}控制最高基本解（例如应力）区域中的大小调整，以及 η_{min}控制最低基本解区域中的大小调整。

• 容差对象在高基本解值的区域与低基本解值的区域之间连续变化，为控制变化提供一个偏离因子参数。

• 为了避免一个具有小基本解的单元处的过度细化，当单元基本解小于整体平均的单元基础时，选择一个整体平均的单元基础。

• 如果在网格重划分规则区域中出现了奇点，则因为发生在奇点位置的无限大的最大基本解，此方法将不能满足容差目标。

可以允许 Abaqus 自动选择目标，或者可以指定容差目标。类似的，可以接受 Abaqus/CAE 显示的默认偏离因子，或者可以指定一个定性的偏离因子。

Abaqus/CAE 用法：Mesh module：Create Remeshing Rule：Sizing Method：Method：
选择 Minimum/Maximum control

允许 Abaqus/CAE 选择容差目标

如果在没有设置容差目标的情况下指定最小/最大容差控制方法，Abaqus/CAE 自动选择容差对象 η_{max}和 η_{min}。两个目标都计算成之前网格重划分迭代分析产生的容差指标的分数。在没有具体的容差对象目标，但想要看网格细化如何影响结果时，自动的容差目标降低对于网格细化研究是一个好的选择。

Abaqus/CAE 用法：Mesh module：Create Remeshing Rule：Sizing Method：Error
Targets；选择 Automatic error target reduction

指定容差目标

除了自动容差目标降低，可以指定两个容差目标 η_{max}和 η_{min}。图 7-45 标明了此两个位置。η_{max}对应单元 i，η_{min}对应单元 j。

使用两个容差对象的值，Abaqus/CAE 应用一个试图在相应位置上都满足 η_{max}和 η_{min}的大小调整方法。

Abaqus/CAE 用法：Mesh module：Create Remeshing Rule：Sizing Method：Error Targets；
选择 Fixed error targets；输入最大基本解容差指标对象 η_{max}和最小基本解容差指标对象 η_{min}。

偏离因子

可以在网格重划分规则中使用偏离因子定义来进一步调整最大和最小基础解位置之间的

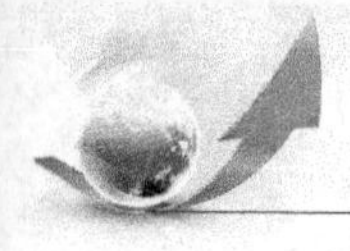

尺寸大小分布。偏离因子定义了网格重划分区域中这两种极端情况之间大小分布的梯度，如图 7-46 中所示。

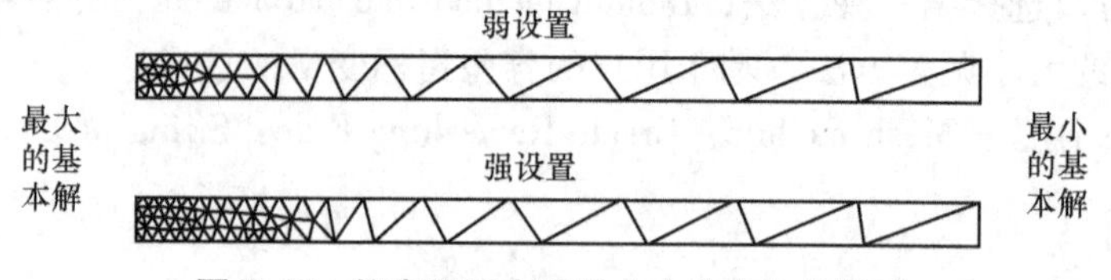

图 7-46　偏离因子在单元大小分布上的影响

可以在两个定性极端情况“弱”和“强”之间设置此因子。在弱极端，单元大小将在移动远离最大基本解的地方快速上升；在强极端时，单元大小将增大得非常慢。默认设置是朝着强极端的偏离。

Abaqus/CAE 用法：Mesh module：Create Remeshing Rule：Sizing Method：Mesh Bias；拖动滑块到 Weak 与 Strong 之间的一个设定

均匀容差分布

均匀容差分布方法为控制大小调整提供一个单个的容差指标对象 η。Abaqus/CAE 应用一个大小调整方法，这样在网格重划分规则区域在整个单元上是均匀分布的，并且满足给定的容差指标对象。此方法试图共同满足整个网格重划分规则区域的容差指标目标，而不是在每一个单元上进行满足。这样，奇点的存在将不会防止自适应性进程达到容差目标。

Abaqus/CAE 用法：Mesh module：Create Remeshing Rule：Sizing Method：Method：选择 Uniform error distribution

允许 Abaqus/CAE 选择容差对象

如果指定均匀容差分布方法，而不设定一个容差对象，则 Abaqus/CAE 自动选择容差目标 η。将目标计算成之前重划分迭代分析中的容差指标结果的分数。没有具体的容差目标目的，但是想要看网格细化对结果的影响，则自动的容差目标降低对于网格细化研究是一个好的选择。

Abaqus/CAE 用法：Mesh module：Create Remeshing Rule：Sizing Method：Error Targets；选择 Automatic error target reduction

指定容差目标

除了自动容差目标降低，可以指定单个的容差目标 η。当使用均匀的容差分布方法时，Abaqus/CAE 将容差目标与容差指标正则化的整体模的形式进行比较。此方法确保在区域内整体地收敛网格。

Abaqus/CAE 用法：Mesh module：Create Remeshing Rule：Sizing Method：Error Targets：选择 Fixed error target；输入容差指标目标 η

默认的大小调整方法和参数

此方法产生 Minimum/maximum control 或者 Uniform error distribution 的 Automatic error target reduction 形式的应用，使用根据表 7-4，基于容差指标变量应用的方法。

表 7-4 默认的每一个容差指标的大小调整方法

求解量	容差指标变量	默认的大小调整方法
单元能量密度	ENDENERI	平均容差分布
密塞斯应力	MISESERI	最小/最大控制
等效塑性应变	PEEQERI	最小/最大控制
塑性应变	PEERI	最小/最大控制
蠕变应变	CEERI	最小/最大控制
热流	HFLERI	均匀容差分布
电流	EFLERI	最小/最大控制
电势梯度	EPGERI	最小/最大控制

当网格重划分规则参照多个容差指标时，将使用基于从每一个大小调整方法计算得到的最小尺寸产生的局部尺寸，独立地对每一个容差指标变量应用大小调整方法。

Abaqus/CAE 用法：Mesh module：Create Remeshing Rule：Sizing Method：Method：选择 Default methods and parameters

例子：具有圆孔的平板的应力上升

最小/最大控制和均匀容差分布方法的基本行为之间的差别通过一个简单的例子进行说明。图 7-47 显示了具有一个孔的平板的简单加载所具有的应力结果。

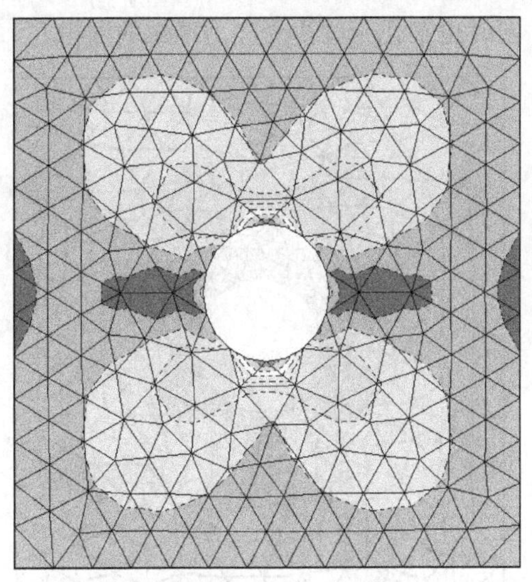

图 7-47 一个具有孔的平面应力平板的初始网格和密塞斯应力分布，承受一个均匀的水平的边界拉伸

最小/最大控制

图 7-48 说明当用户选择最小/最大控制方法并指定了两个容差对象（$\eta_{\min}$ 和 $\eta_{\max}$）时，由 Abaqus/CAE 产生的自适应网格。在此例子中，$\eta_{\min}=5\%$ 且 $\eta_{\max}=1\%$，并且网格偏移设置成默认设置。这些设置导致孔周围应力上升区的网格紧密集中，同时平滑地过渡到相对粗糙的远离孔的网格。

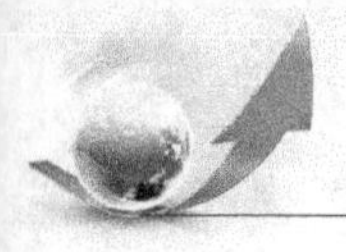

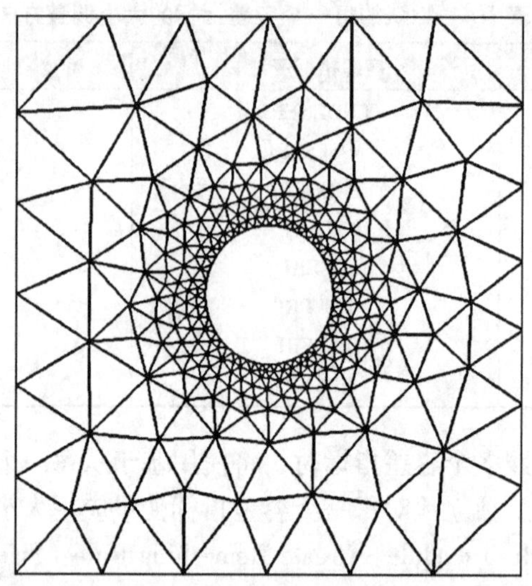

图 7-48　最小/最大控制大小调整方法产生的自适应网格

均匀容差分布

图 7-49 说明了当用户选择均匀容差分布方法，并且指定单个均匀容差指标对象（η）时，由 Abaqus/CAE 生成的自适应网格。在此例子中，$\eta = 1\%$。此设置产生一个在孔周围，应力上升区集中的网格，同时也细化了较少受应力区域的网格。

图 7-49　均匀容差分布大小调整方法产生的自适应网格重划分

额外网格重划分规则设定的影响

当创建一个重划分规则时，用户指定大小调整方法，并且大小调整方法在自适应网格重划分过程中计算新单元的大小。然而，下面的网格重划规则中的额外设置可以影响由 Abaqus/CAE 生成的网格，而不管选择的大小调整方法：

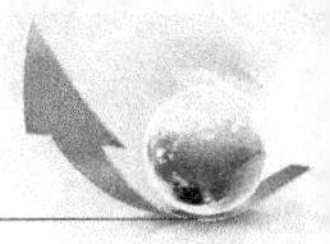

- 区域选择；
- 步骤和帧选择；
- 大小约束；
- 单元的最大近似数量；
- 细化和粗化速度因子。

区域选择

横跨单元集定义的大小调整方法，单元集对应于在 Abaqus/CAE 中应用网格重划分的区域。在每一个单元集中，Abaqus/CAE 对重划分规则中指定的容差指标变量应用大小调整操作。大小调整操作的结果是基于单元计算到最近节点的外推，并且结果是基于节点的。

Abaqus/CAE 用法：Mesh module：Create Remeshing Rule：Edit Region

计算步和帧选择

Abaqus 仅在一个指定步中的最后可用帧上对容差指标变量应用大小调整操作。对于计算步、帧和容差指标的选择，是如何影响瞬态分析中用户捕获响应的能力的讨论，见 7.3.2 节。

Abaqus/CAE 用法：Mesh module：Create Remeshing Rule：Step and Indicator：
Step；选择应用规则的分析步
和
Mesh module：Create Remeshing Rule：Step and Indicator：
Output Frequency；选择 Last increment of step
或 All increments of step

大小约束

当创建网格重划分规则时，可以从指定单元与为重划分网格区域定义的大小约束的关系，来约束大小调整操作。Abaqus/CAE 为这些约束提供缺省设定。

- 默认的最小单元尺寸约束是应用网格重划分规则的零件实例所具有的默认边界种子大小的 1%。
- 默认的最大单元尺寸约束是应用网格重划分规则的零件实例所具有的默认边界种子大小的 10 倍。

Abaqus/CAE 用法：Mesh module：Create Remeshing Rule：Constraints：Element Size

单元的近似最大数量

对于一个网格重划分规则，可以为单元的最大数目指定一个近似的限制。通过使用此约束，可以控制分析的成本并且确保不会创建大量不合理的单元。当定义了此约束时，如果目标容差要求比指定的限制更多的单元，Abaqus/CAE 将从内部降低目标容差，这样所生成的单元近似的满足指定的单元数量。此约束的使用可以妨碍自适应过程达到容差目标。默认情况下，此约束是不激活的。

Abaqus/CAE 用法：Mesh module：Create Remeshing Rule：Constraints：Approximatemaxi-

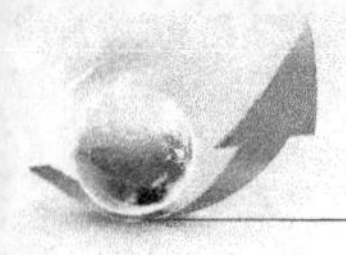

mum number of elements

细化和粗化速度因子

指定的细化和粗化因子，以网格迭代对迭代改变的形式来对网格尺寸定义了一个约束。使用这些因子来改变大小调整方法的进取性。细化因子控制网格的细化或者更小单元的引入。粗化因子来控制网格的粗化或者更大网格的引入。Abaqus/CAE 为这些速度因子提供默认的设置，设计这些速度因子来在一个单独的重划分迭代中避免极端的粗糙化，或者防止昂贵的细化。

细化因子在自适应网格划分进程的收敛中可以具有显著的影响。一旦设定了对于应用工作良好的大小调整方法参数，用户就可以通过增加细化因子的方法来达到更快的且效率更高的网格收敛。然而，在自适应进程收敛不好时，一个增加的细化因子可以在网格重划分迭代中产生过度的单元增加。

Abaqus/CAE 用法：Mesh module：Create Remeshing Rule：Constraints：Rate Limits

调节重叠重划分规则

Abaqus/CAE 对与重划分网格规则相关联的区域或者分析步不施加限制。可以应用多个网格重划规则，并且由此，对同一区域在同一时间调整功能。类似的，可以指定彼此重叠的网格重划分规则。当 Abaqus/CAE 生成新的网格时，它在所有的地方考虑所有的网格重划分规则，并且使用计算得到的最小单元尺寸来驱动网格划分算法。

7.4 网格替换后的分析连续性

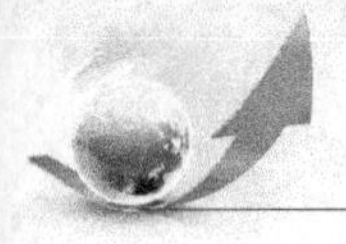

产品：Abaqus/Standard

参考

- ＊MAP SOLUTION

概览

从一个网格到另外一个网格映射一个解是网格重划分分析技术中的一步，一个已经从原始构型显著变形的网格由一个更好质量的单元替代，并且继续分析。解映射技术：

- 当单元在一个分析中变得严重扭曲，使得它们不再提供问题的良好离散时，进行使用；
- 从一个旧的已经变形的网格映射解到一个新的网格上，这样分析能够继续；
- 仅能与连续单元一起使用。

对比此技术和其他 Abaqus 自适应方法的高级讨论，参考“自适应性技术”7.1.1 节。

何时重划分

Abaqus/Standard 使用拉格朗日方程：网格附属于材料，并且这样，与材料一起变形。当几何非线性分析中的应变变得较大时，单元可能严重扭曲，以至于它们不再提供问题的良好离散化。严重扭曲可以发生在橡胶弹性问题中，或者在塑性或者黏塑性计算中，特别是当模拟制造工艺过程的时候。当发生严重的扭曲时，有必要重划分网格：创建一个更好设计的新网格来继续分析，并且映射旧模型的解到此新网格上。

用户必须决定何时需要网格重划分。可以参考使用特定网格的分析阶段中已经发生的应变大小来决定，如后面所讨论的那样。当要求网格重划分时，变形了的对象的新网格必须使用 Abaqus 中的网格生成能力或者外部网格生成器来生成。接着，将使用新网格的新问题来继续分析。在大部分情况中，可以从旧网格转化结果到新网格。

求解中的不连续性

每当从其他网格映射解时，可以预期因为网格中的变化，并作为解映射算法的结果，在解中将会有一些不连续。如果不连续是明显的，则意味着网格太粗糙，或者网格重划分应当在发生太多的扭曲前的一个更早的阶段进行实施。

网格重划分技术工作良好，为问题提供足够细化的网格，并且在单元变得太扭曲前完成网格重划分。

网格重划分准则

网格重划分的第一个要求是网格扭曲将导致解不精确的区域中的网格变得扭曲的一些迹象。一个可能的网格重划分准则，是需要准确解的高应变梯度区域内的极端单元扭曲。如果

扭曲的单元移入一个进一步的应变场变化是均匀的区域，则不过多关注不准确性；单元可以准确地反映常应变的状态，而无论它们是如何扭曲的。然而，最终网格重划分的决定是一个判断的问题。

生成一个新网格

一旦已经认为当前网格不足，则必须利用 Abaqus 中的或者外部网格生成器中的网格生成功能，生成一个更加适合问题当前状态的新网格。变形的构造图对于提供有关于被模拟对象的当前外形数据是有用的。通常，可以从结果文件输出定义一个在网格生成器中使用的外部表面，此表面在形成体的表面的节点集上。见《Abaqus 例题手册》的 1.1.22 节和 1.3.1 节。

重划分一个接触问题

在接触的区域中，新网格必须紧密地与来自旧分析中的表面贴合。对于涉及两个变形体之间接触的问题，此要求是特别重要的。如果由新网格定义的面与旧分析中的面即使稍有不同，接触算法也可能收敛失败。

指定解在新网格上插值

通过使用旧网格生成的输出数据库插值解到新网格上，来继续仿真。

指定必须读取解的时间

默认情况下，在可以得到解变量的最后一步和增量上发生解的转换。另外，可以指定将读取旧解的计算步和增量。

输入文件用法：　＊MAP SOLUTION，STEP = 计算步，INC = 增量

得到均衡

在插值完成后，应当包含一个初始步来允许 Abaqus/Standard 检查平衡。默认情况下，Abaqus/Standard 在步上线性地求解应力不平衡（见《Abaqus 分析用户手册——指定的条件、约束和相互作用卷》的 1.2.1 节中的“当施加初始应力场时建立平衡的讨论”）。可以选择在第一个增量中解决应力不平衡来替代。

输入文件用法：　使用下面的选项让 Abaqus/Standard 在步上线性地解决应力不平衡：

＊MAP SOLUTION，UNBALANCED STRESS = RAMP

使用下面的选项让 Abaqus/Standard 在步的第一个增量上解决应力不平衡：

＊MAP SOLUTION，UNBALANCED STRESS = STEP

平移和旋转旧作业的网格

旧作业的网格可以在执行映射前，通过给出相对于整体原点一个平动和（或者）旋转

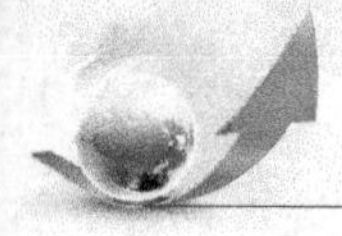

进行再定位。通过给定平移向量来指定一个平移。通过给定两个点来定义一个旋转轴，加上一个绕此轴的右手角度旋转来指定一个旋转。

输入文件用法：　　＊MAP SOLUTION，STEP＝计算步，INC＝增量
平移向量数据
转动轴和角度转动数据

从旧作业要求输出

必须为旧作业要求重启动的文件和输出数据库。并不从旧作业自动输出节点位移结果，必须明确要求所有节点位移变量U的输出，如在《Abaqus分析用户手册——介绍、空间建模、执行与输出卷》的4.1.3节中的“节点输出”所描述的那样。另外，可以要求预选的场输出，并为解映射得到足够的节点位移输出。

在完全的耦合过程中，必须要求输出数据库的耦合场变量的节点输出（见表7-5）。

表7-5　完全耦合过程的输出数据库节点输出要求

过　　程	节点输出变量
“完全耦合的热-应力分析”1.5.3节	NT11
“耦合的孔隙流体扩散和应力分析”1.8.1节	POR
“自重应力状态”1.8.2节	POR

识别旧作业

通过在运行Abaqus的命令中使用oldjob参数，或者通过回答命令进程制定的需求，来指定得到重启动和结果数据的旧作业的名称（见《Abaqus分析用户手册——介绍、空间建模、执行与输出卷》的3.2.2节）。从旧作业要求的文件包括：重启动文件（.res）、输出数据库（.odb）、模型数据库（.mdl）、状态数据库（.stt）和零件（.prt）文件。

解映射算法

通过将来自旧网格节点上的结果插值到新网格中的点上（节点或者是积分点）来进行解映射操作。因此，第一步包括将解变量关联到旧网格中的节点上。对于节点解变量，例如节点温度或孔隙压力，已经完成了关联。对于积分点变量，Abaqus通过将值从积分点外推到每一个单元节点，然后将所有毗邻每一个节点的类似单元上的这些值进行平均来得到旧网格节点处的解变量。

下一步，新网格中每一个点的位置相对于旧网格来得到。新网格点包括所有情况中的积分点，以及记录除了位移之外的，还有其他节点状态的过程中的节点（例如，耦合的温度-位移过程中的节点温度）。

1）找到点所在的单元（旧网格中的），则得到在那个单元中的点坐标。（此过程假设新网格中的所有点位于旧网格的边界之内：如果并非如此，将发出一个警告信息，并且设置变量的值为零。）

2）然后，从旧单元的节点上将变量插值到新模型中的点上。

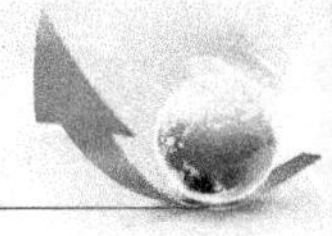

所有必要的变量以此种办法自动地进行插值，这样求解可以使用新网格来继续进行。

解发散

此算法在映射计算中引入一些发散。发散效应随着旧网格中的解梯度比例的变化；这样，对于即使是网格从旧模型到新模型不发生改变的模型区域，当旧网格解梯度高的时候，由于映射而产生的发散可以产生明显不同的映射量。可以通过细化解梯度高的区域中的网格，或者通过早一点网格重划分的方法来弱化此影响。

过程

下面的过程支持解映射能力：

- "静态应力分析" 1.2.2 节
- "准稳态的分析" 1.2.5 节
- "完全耦合的热-应力分析" 1.5.3 节
- "耦合的孔隙流体扩散和应力分析" 1.8.1 节
- "自重应力状态" 1.8.2 节

初始条件

从初始分析映射得到的解，形成了网格重划分分析的初始条件。可以指定诸如单纯的应力/位移分析的温度那样的初始条件。将忽略任何指定的其他初始条件。

边界条件

边界条件没有从旧网格转入到新网格。在网格重划分分析开始时所施加的边界条件，通常应当与来自初始分析的分析步及增量处的边界条件具有相同的有效性。虽然可以改变边界条件，如果结构远离平衡状态，问题可能不能收敛。

在一个映射的求解分析中，对于施加边界条件没有限制。可以采用与没有映射解的分析中施加边界条件的相同方法，来对所有可用的自由度施加边界条件（见《Abaqus 分析用户手册——指定的条件、约束和相互作用卷》的 1.3.1 节）。

载荷

对映射解分析中的载荷施加没有限制。可以采用与没有映射解分析中相同的方法来施加载荷。

在网格重划分分析的开始时候所施加的载荷，通常应当与初始分析的结尾时所施加的载荷具有相同的有效性。虽然可以改变载荷，如果结构远离平衡状态，问题有可能无法收敛。

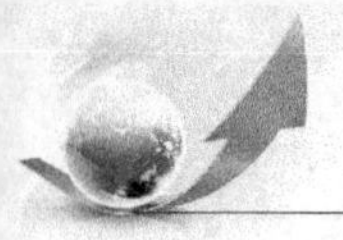

预定义的场

温度和场变量是从旧网格映射到新网格的。如果在网格重划分分析中改变了场变量的编号，则将传递两个分析中相同的编号。预定义场可以采用与没有解映射的分析中改变预定义场所采用的相同方法来进行变更（见《Abaqus 分析用户手册——指定的条件、约束和相互作用卷》的 1.6.1 节）。

材料选项

Abaqus 中的任何可用的力学本构模型都可以用在映射解分析中（见《Abaqus 分析用户手册——材料卷》）。旧分析与新分析中的材料模型之间没有限制协议，解映射算法将对两个模型的相同变量进行传递，必须确保材料模型是兼容的。

单元

仅能对连续单元使用解映射能力（见《Abaqus 分析用户手册——单元卷》的 2.1.1 节）。

输出

对于映射解分析没有特别的输出，可以采用与没有映射分析的分析中所采用的相同方法来要求输出。Abaqus 中可用的输出变量列在《Abaqus 分析用户手册——介绍空间建模、执行与输出卷》的 4.2.1 节中。

输入文件模板

```
*HEADING
*NODE
定义占据旧模型已经变形构型中的空间的新模型的节点
*ELEMENT
定义占据旧模型已经变形构型中的空间的新模型的单元
*MAP SOLUTION, STEP=计算步, INC=增量
平动和旋转数据
*STEP
*STATIC（或*COUPLED TEMPERATURE-DISPLACEMENT 或*GEOSTATIC
或 *SOILS 或*VISCO）
…
*END STEP
```

8 优化技术

8.1 结构优化：概览

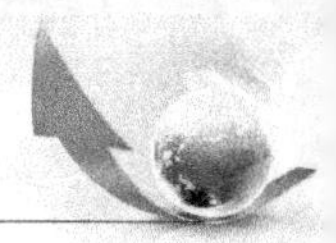

使用 Abaqus 的结构优化是一个迭代过程，帮助细化设计。设计良好的结构优化结果是轻量化的、刚性的和耐用的组件。Abaqus 提供两种方法来进行结构优化——拓扑优化和形状优化。拓扑优化从一个初始模型开始，通过更改被选择单元的材料属性，有效地从分析中删除单元来确定一个优化设计。形状优化通过移动面节点来更改组件的面，降低局部应力集中来进一步地细化模型。拓扑优化和形状优化都通过一组目标和约束来控制。

优化是通过为设计者的经验和直觉添加值和自动化的过程，来缩短开发过程的工具。为了优化模型，需要知道优化的内容。说想要最小化应力或者最大化特征值是不够的，要求必须更加具体。例如，想要将经历的两个载荷情况中的最大节点应力最小化，类似的，可能想要最大化最初五个特征值的和。优化的目标称为目标函数。此外，可以在优化过程中强制某些值。例如，可以指定一个给定节点的位移不能超过一个特定的值。强制的值称为约束。

使用 Abaqus/CAE 来创建需要优化的模型，并且定义、配置和执行结构优化。更多的信息，见《Abaqus/CAE 用户手册》的第 18 章。

术语

结构优化引入它自己的术语。下面的术语贯穿使用于 Abaqus 文档和 Abaqus/CAE 用户界面：

- 设计区域：设计区域是结构优化要更改的模型区域。设计区域可以是整个模型，或是仅包含所选区域的模型子集。给予指定的条件（例如边界条件、载荷和制造约束）。
  - 当拓扑优化过程试图达到一个优化设计时，它在设计区域中的单元中删除和添加材料；
  - 一个形状优化通过移动面节点来更改设计区域的面。
- 设计变量：对于优化问题，设计变量代表在优化中可以改变的参数。

对于一个拓扑优化，设计区域中的单元密度是设计变量。Abaqus 拓扑优化模块在每一个优化迭代中改变密度，并且将每一个单元的刚度与密度耦合。实际上，优化通过给单元一个足够小的质量和刚度，来确保它们不再参与结构的整个响应来删除单元。接着 Abaqus 分析材料属性经过修订的模型。

对于一个形状优化，设计区域中的面节点位移是设计变量。在优化过程中，Abaqus 拓扑优化模块向外（生长）或者向内（收缩）移动一个节点或者不改变位置（中性）。限制影响面节点可移动的量和移动的方向。优化仅直接更改单元角节点的位置。Abaqus 拓扑优化模块从角节点的移动内插中节点的位移。

- 设计循环：优化是一个更新设计变量的迭代设计过程，执行一个经过更改模型的 Abaqus 分析，并且评审结果来确定是否达到了优化方案。每一个优化迭代称为设计循环。

- 优化任务：一个优化任务包含优化定义，例如设计响应、目标、约束和几何限制。运行一个优化，执行一个优化过程。一个优化过程指一个优化任务。

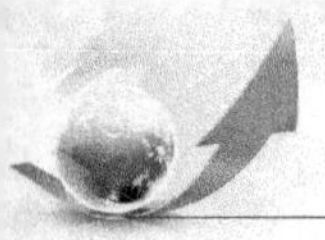

• 设计响应：优化的输入称为设计响应。设计响应可以从 Abaqus 输出数据库（.odb）文件直接读入（例如，刚度、应力、特征频率和位移）。另外，Abaqus 拓扑优化模块可以从输出数据库文件读取数据，并且从模型计算设计响应（例如，它的重量、质心或者相对位移）。

一个设计响应与模型的一个区域相关联，然而，它由一个单独的标量组成，例如区域中的最大应力或者模型的总体积。此外，一个设计变量可以和一个特定的步或者载荷工况相关联。

• 目标函数：目标函数定义优化的目标。一个目标函数是从设计响应提取的单独标量值，例如最大位移或者最大应力。一个目标函数可以从多个设计响应来配置。如果指定目标函数最小化或者最大化设计响应，则 Abaqus 拓扑优化模块通过添加从设计响应确定的每一个值来计算目标函数。此外，如果具有多个目标函数，可以使用一个权重因子来缩放它们在优化上的影响。

• 约束：约束也是从设计响应中提取的一个单独的标量值。然而，一个约束不能从一个设计响应的组合导出。约束限制一个设计响应的值，例如，可以指定体积必须降低 45%，或者一个区域中的绝对位移必须不超过 1mm。也可以施加独立于优化的制造和几何约束（例如，一个结构必须能够浇注或者冲压，或者不能改变一个支撑表面的直径）。

• 结束条件：一个全局结束条件定义一个优化可以进行的最大迭代次数。一个局部停止条件指定当达到一个局部最小（或者最大）时，优化应当停止。

使用 Abaqus/CAE 的结构优化

在 Abaqus/CAE 模型中包括结构优化要求下面的步骤：

• 创建一个可以优化的 Abaqus 模型。例如，设计区域必须仅包含受支持的单元和材料（见 8.2.3 节）。

• 创建一个优化任务（见《Abaqus/CAE 用户手册》的 18.6 节）。

• 创建设计响应（见 8.2.1 节）。

• 使用设计响应来创建目标函数和约束（见 8.2.2 节）。

• 创建一个优化过程并且为了分析而提交（见《Abaqus/CAE 用户手册》的 19.5.1 节）。

根据优化任务和优化过程的定义，Abaqus 拓扑优化模块迭代的进行：

• 准备设计变量（单元密度或表面节点位置），并更新 Abaqus 有限元模型；

• 执行一个 Abaqus/Standard 分析。

这些迭代或者设计循环连续进行，直到发生下面任何一个：

• 达到最大的设计循环数量；

• 达到指定的停止条件。

图 8-1 显示了 Abaqus 和优化过程的相互作用。

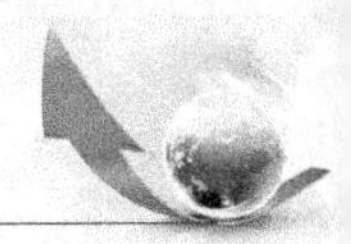

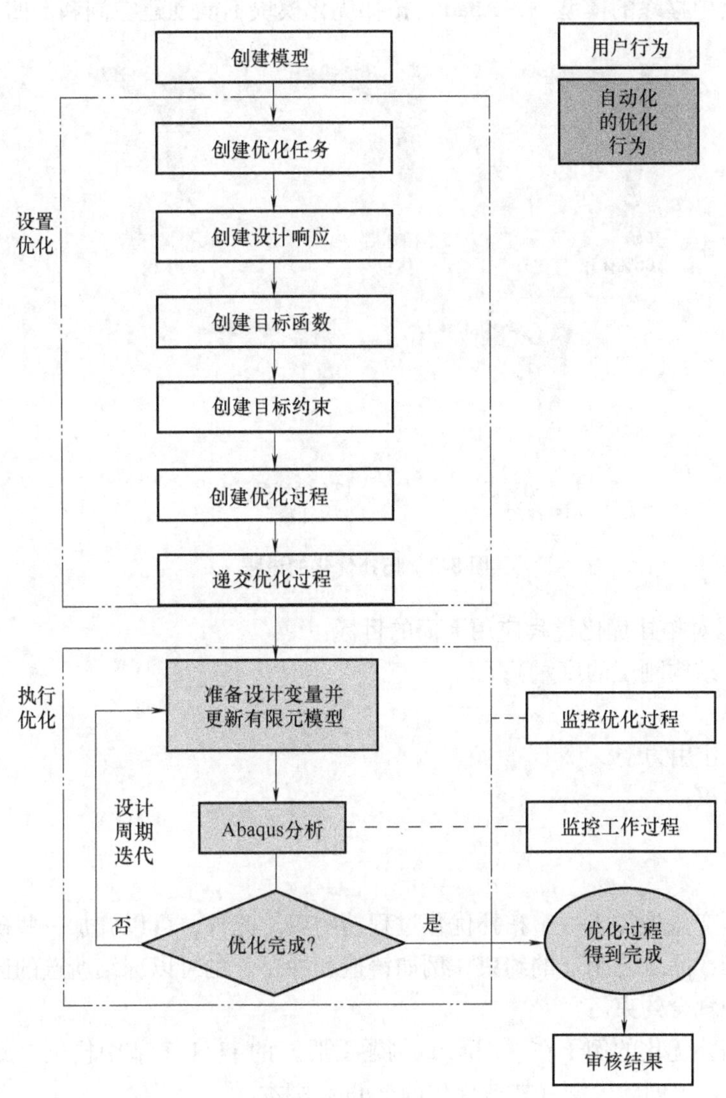

图 8-1 优化过程中的用户行动和 Abaqus/CAE 的自动行动

拓扑优化

拓扑优化从一个初始设计（原始设计区域）开始，它也包含任何指定的条件（例如边界条件和载荷）。优化过程通过改变初始设计中的单元密度和刚性，来确定一个新材料分布，期间继续满足优化约束，例如一个区域的最小体积或者最大位移。

图 8-2 显示了一个汽车控制臂在 17 个设计循环中的拓扑优化进程。优化中的目标函数是试图最小化或者最大化从臂中所有单元计算得到的应变能，实际上最大化了臂的结构刚度。约束是强制优化从体积初始值降低 57%。在优化中，降低了臂中心的单元密度和刚度，这样实际上从分析中“删除了”单元。然而，单元仍然存在，并且如果它们的密度和刚度随着优化的继续而增加，则它们将在分析中扮演角色。一个几何约束强制优化创建一个可以

铸造并且从模具中移除的模型——Abaqus 拓扑优化模块不能创建空洞和倒凹。

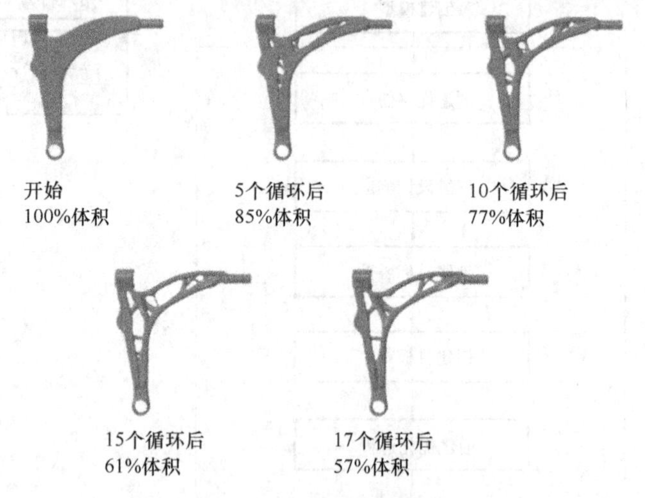

图 8-2　拓扑优化的进程

Abaqus 可以对拓扑优化过程应用下面的目标：

- 应变能（结构刚度的度量）；
- 特征频率；
- 内力和反作用力；
- 重量和体积；
- 重心；
- 惯量。

可以将相同变量施加成一个拓扑优化过程的约束。此外，可以施加一些确保所提出的设计可以使用标准产品工艺制造的约束，例如铸造和冲压。也可以冻结所选的区域，并施加成员大小、对称和耦合约束。

一个使用拓扑优化的例子在《Abaqus 例题手册》的 11.1.1 节中提供。此例题包含了可以从 Abaqus/CAE 中创建模型并构造优化的 Python 脚本。

一般对比基于条件的拓扑优化

拓扑优化支持两个算法——一般算法，更加灵活并且可以应用于大部分的问题以及基于条件的算法，更加高效，但是能力有限。默认情况下，Abaqus 拓扑优化模块使用一般算法，然而，当创建优化任务时，可以选择使用哪一种算法。每一种算法确定优化解的方法不同。

算法

当试图满足目标函数和约束时，一般拓扑优化使用一个调整设计变量密度和刚度的算法。Bendsoe 和 Sigmund（2003）部分的描述了一般算法。相比而言，基于条件的拓扑优化使用一个更加高效的算法，使用节点上的应变能和应力作为输入数据，并且不需要计算设计变量的局部刚度。基于条件的算法是德国 Karlsruhe 大学开发的，并且 Bakhtiary（1996）进

行了描述。

具有中间密度的单元

一般算法在最后设计中生成中间单元（它们的相对密度介于0和1之间）。相比而言，基于条件的优化算法在最后设计中所生成的单元不是空的（它们的相对密度非常接近于零）就是实体的（它们的相对密度等于1）。

优化设计循环的数量

一般优化算法使用的设计循环数量在优化开始前是未知的，但是设计循环的正常数量在30和45之间。基于条件的优化算法更加有效率，并且搜寻解直到循环次数达到优化设计循环的最大数目（默认15）。

分析类型

一般算法支持线性，非线性静态响应和线性特征频率有限元分析。两个算法都支持几何非线性和接触，并且也支持许多非线性材料。

更进一步，在Abaqus模型中，对于静态拓扑优化也允许指定的位移。然而，模态分析不允许指定的位移。可以在一个使用复合材料的结构上使用拓扑优化。然而，复合材料的单个层合板不能使用拓扑优化来更改，例如，不能改变纤维的方向。

目标函数和约束

一般拓扑优化算法可以使用一个目标函数和几个约束，其中约束都是不等式约束。可以使用不同的设计响应来定义目标和约束，例如应变能、位移和旋转、反作用力和内力，特征频率、材料体积及重量。基于条件的拓扑优化算法更加高效；但是，它不够灵活，并且仅支持应变能（刚性的度量）作为目标函数和材料体积作为一个等式约束。

形状优化

形状优化使用的算法类似于基于条件的拓扑优化所使用的算法。在所构建的大体布局已经固定的设计过程的结尾阶段使用形状优化，并且通过重定位选择区域中的面节点来仅允许很小的变化。一个形状优化从一个需要小改进的有限元模型开始，或者从通过拓扑优化生成的有限元模型开始。

通常，形状优化的目标是使用应力分析的结果来改变构件的表面几何体，来最小化应力集中，直到达到要求的应力水平。形状优化试图定位所选区域的面节点，直到横跨区域的应力保持不变（应力均匀化）。图8-3显示一个在连接杆底部处的区域，面节点通过形状优化进行了移动来弱化应力集中的效果。

可以对一个形状优化过程应用下面的目标：

- 应力和接触应力；
- 所选的自然频率；
- 弹性的、塑性的和总应变及应变能密度。

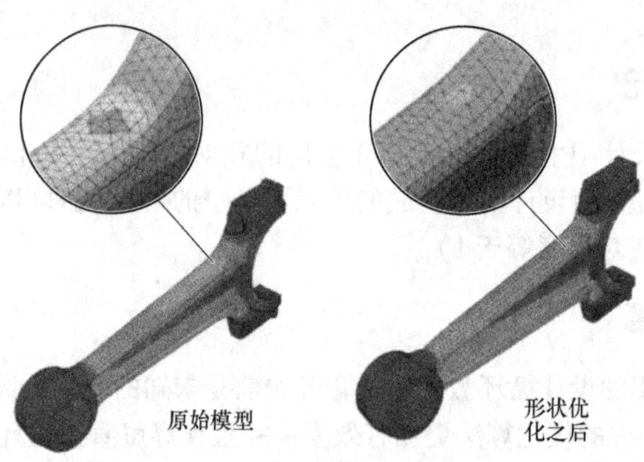

图 8-3　形状优化的效果

可以仅对形状优化施加一个体积约束。此外，可以施加几个制造几何约束来确保所提出的设计可以继续使用铸造或者冲压工艺来生产。也可以冻结所选的区域并施加构件大小，对称和耦合限制。

《Abaqus 例题手册》的 11.2.1 节提供了使用形状优化的例子。例题包括一个可以从 Abaqus/CAE 中创建模型和配置优化的 Python 脚本。

对一个形状优化施加网格平顺

在一个形状优化中，Abaqus 拓扑优化模块更改模型的面。如果 Abaqus 拓扑优化模块仅更改了面节点，而不调整内部节点，则面单元的层变得扭曲。这样，Abaqus 分析的结果不再可靠，并且优化的质量受损。为保持面网格的质量，Abaqus 拓扑优化模块可以对所选的区域施加网格平顺，这样调整与面节点的移动有关的内部节点位置。必须在开始形状优化之前有一个质量好的有限元网格，特别在期望形状改变的区域。

Abaqus 拓扑优化模块可以对标准连续单元执行网格平顺，例如三角形、四边形和四面体单元。在网格平顺中忽略其他单元类型。可以指定平顺网格的相对质量，并且可以指定那些认为定义单元质量好的角范围（四边形和三角形单元），或者纵横比范围（四面体单元）。被认为是差的单元给予一个质量等级。分级越是差的单元越是在单元质量改进中将给予更高的关心。

网格平顺可能是计算昂贵的。网格平顺算法是基于单元的，并将在具有许多受限制自由度单元的区域中增加计算时间，例如，具有小四面体单元的区域。应当仅对期望面节点移动的区域实施网格平顺——将从网格平顺中获益的区域。实施网格平顺的区域中节点必须能自由移动，例如，不应当对固定的节点或冻结区域实施网格平顺。

可以通过对所选区域施加最小和最大成长限制，来对网格平顺的结果施加限制。更多的信息见《Abaqus/CAE 用户手册》的 18.10.3 节中的“创建一个成长限制”。

网格平顺可以施加于包括设计区域的区域和设计区域之外的区域。具体来说，可以通过对设计区域与模型余下的区域之间的过渡区域，提供网格平顺来防止单元扭曲。然而，设计区域必须包含在实施网格平顺的区域中。

将自由面节点定义成位于设计区域之外的节点，并且不包含在几何约束中。默认情况

下，Abaqus 拓扑优化模块固定所有自由面节点的所有自由度，并且它们在网格平顺操作中不会更改。另外，可以选择让自由面节点沿着靠近设计区域里的节点的具有指定数目的节点层来移动。一个节点“层”仅是从角节点创建的，没有考虑中节点。

应当允许自由面节点在临近设计区域的区域中移动，来创建一个优化和非优化区域之间的平顺过渡。然而，在某些情况中，可以令自由面节点保持固定，例如，一个不在优化模型中扮演角色的平面，并且必须保持平坦。

默认情况下，使用一个受约束的拉普拉斯网格平顺算法。另外，如果有一个相对小的模型（在网格平顺区域少于 1000 个节点），则可以选择一个局部梯度网格平顺算法。在每一个迭代中，局部梯度网格平顺算法识别具有最差质量的单元，并且通过移动节点来改善它们。局部梯度网格平顺通常产生具有优化形状的单元，优化定义成单元的体积（壳单元的面积）对它直径相应幂的比率。对于较大的模型，局部梯度网格平顺算法趋向于在达到优化网格质量前就停止，因为计算时间变得过大。当网格平顺过早结束时，将只平顺具有最坏单元质量的网格。

8.2 优化模型

- "设计响应"8.2.1 节
- "目标和约束"8.2.2 节
- "创建 Abaqus 优化模型"8.2.3 节

8.2.1 设计响应

产品：Abaqus/CAE

参考

- “结构优化：概览”8.1 节
- “配置设计响应”《Abaqus/CAE 用户手册》的 18.7 节

概览

一个设计响应：

- 是一个单独的标量，例如结构体积响应；
- 是由 Abaqus 拓扑优化模块通过从输出数据库文件读取结果和模型数据来计算的；
- 可以由目标函数和约束来参考（例如，可以创建一个试图最小化一个节点上的位移的目标函数，或创建一个强制结构的重量降低至少 50% 的约束）；
- 仅对某些分析过程是可用的（例如，如果选择一个试图最大化最低特征频率的设计响应，则必须执行一个特征值提取分析）。

设计响应操作符

必须指定操作，Abaqus 拓扑优化模块将使用它来达到设计响应的一个单独标量值，虽然施加了一些限制。例如，一个体积设计响应仅能够使用设计区域内的体积总和。一个计算米塞斯应力的设计响应，必须使用模型区域内的应力最大值。当 Abaqus 拓扑优化模块计算一个动态频率设计响应时，没有相关的操作符。Abaqus 拓扑优化模块提供下面的设计响应操作符：

- 最小化或者最大化：所选择区域内的最小值或者最大值。Abaqus 拓扑优化模块仅允许应力、接触应力和应变设计响应的最大操作符。
- 总和：所选区域中所有值的和。Abaqus 拓扑优化模块仅允许体积、重量、惯性矩、重力设计响应的总和。

基于条件的拓扑优化所具有的设计响应

Abaqus 拓扑优化模块提供基于条件的拓扑优化的应变能和体积设计响应。

应变能

结构的柔性是它的总体柔性或者刚度的度量，并且为线性模型定义成所有单元应变能的

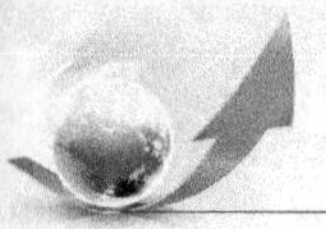

和$\sum u^t k u$。其中 u 是位移向量；k 是整体刚度矩阵。柔度是刚度的倒数，最小化柔度等效于最大化整体刚性。如果一个载荷工况是通过应力或者压力驱动的，则应选择最小化应变能来最大化整体刚度。然而，如果一个载荷工况是通过热场驱动的，则当优化更改结构使得它更软时，应变能降低。作为结果，应当总是选择最大化应变能，因为最小化应变能可以导致一个刚性结构。此外，如果对模型施加了指定的位移，则应当总是选择最大化应变能。

拓扑优化为所有的单元考虑总应变能，然而，如果选择应变能作为一个目标函数，则必须对整个模型施加目标。在优化中不能使用应变能作为一个约束。

Abaqus/CAE 用法：Optimization module：Task→*condition-based topology task*，Design Response→Create：Single-term，Variable Strain energy

体积

体积定义成设计区域中单元体积的和$\sum V_e$，其中 V_e是单元的体积。在一个拓扑优化中，采用 Abaqus 模型中定义的当前相对密度来缩放单元。对于大部分的优化问题，必须施加一个体积约束。例如，如果试图最小化应变能（最大化刚度）并且不施加一个体积约束，则 Abaqus 优化模块简单地将整个设计区域用材料填充。

Abaqus/CAE 用法：Optimization module：Task→*condition-based topology task*，Design Response→Create：Single-term，Variable：Volume

一般拓扑优化的设计响应

Abaqus 拓扑优化模块为一般拓扑优化提供重心、位移、旋转、特征频率、惯性矩，内力和反作用力及力矩、应变能、体积、重量设计响应。

重心

可以使用所选区域的重心作为一个优化中的设计响应。可以在三个主方向上选择重心：

$$x_g = \frac{\int \rho x \mathrm{d}V}{\int \rho \mathrm{d}V}$$

$$y_g = \frac{\int \rho y \mathrm{d}V}{\int \rho \mathrm{d}V}$$

$$z_g = \frac{\int \rho z \mathrm{d}V}{\int \rho \mathrm{d}V}$$

当 Abaqus 拓扑优化模块计算重心时，使用在 Abaqus 模块中定义的当前相对密度来缩放单元。

例如，可能要约束在 Y 方向上的重心，这样在优化过程中保持重心在一个最小和最大区域之中。设计响应可以考虑整个模型或者模型一个区域的重心。

如果选择一个局部坐标系，Abaqus 拓扑优化模块使用轴的方向和原点位置来重新计算

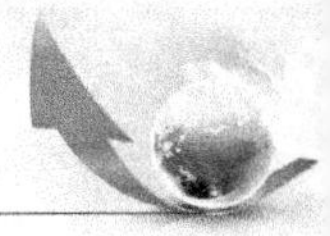

重心。如果不选择一个局部坐标系，则 Abaqus 拓扑优化模块应用整体坐标系。

当 Abaqus 拓扑优化模块计算重心时，通过施加区域的厚度，它将壳和膜区域处理成三维区域。Abaqus 拓扑优化模块仅使用支持拓扑优化的单元类型来计算重心。作为结果，通过 Abaqus 拓扑优化模块计算得到的重心，可能不同于由 Abaqus/Standard 或者由 Abaqus/Explicit 计算得到的重心。例如，如果模型包含框架区域。

Abaqus/CAE 用法：Optimization module：Task→*general topology task*，Design Response→Create：Single-term，Variable：Center of gravity

位移和旋转

在大部分优化问题中，将使用位移和（或者）旋转来定义目标函数或者约束。例如，一个顶点的最大位移可以是一个优化目标或者是一个优化约束。如果仅给顶点或者给小区域施加位移和旋转，则优化的性能将会得到改进。此外，如果将用来定义位移或者反作用力的区域赋予冻结区域，则性能也得到改进（Abaqus 拓扑优化模块在优化中，不会从冻结区域删除单元）。

表 8-1 列出了可用的位移和旋转变量。

Abaqus/CAE 用法：Optimization module：Task→*general topology task*，Design Response→Create：Single-term，Variable：Displacement

表 8-1　一般拓扑优化的位移和旋转变量

	位移	旋转
i-方向	u_i	θ_i
绝对值	$\sqrt{u_i^2+u_j^2+u_k^2}$	$\sqrt{\theta_i^2+\theta_j^2+\theta_k^2}$
i-方向上的绝对值	$\sqrt{u_i^2}$	$\sqrt{\theta_i^2}$

模态特征频率分析

模态特征值是结构分析中最简单的动态响应。在拓扑优化中，来自一个特征频率分析数据的典型使用包括以下：

- 最大化最低特征频率；
- 最大化一个选定的特征频率；
- 约束一个特征频率高于或者低于一个给定值；
- 在某个特定模态上最大化或者最小化特征频率；
- 执行一个频带间隙的优化，强制模态远离某个特定频率。

Abaqus 拓扑优化模块支持两种评估特征频率的方法：

- 来自模态分析的单个特征频率；
- Kreisselmaier-Steinhauser 方法。

Kreisselmaier-Steinhauser 方法是两种方法中更有效率的，并且应当尽可能地使用。评估单一特征频率的唯一优势是可以在一个一般拓扑优化中使用特征频率的和作为约束。不能从 Kreisselmaier-Steinhauser 方法中使用特征频率的和来作为一个一般拓扑优化中的约束。

当试图最大化最低特征频率时，不仅应考虑第一阶特征频率，也要考虑下两个最高的自然频率。在优化中，不同的自然频率通过它们与最低自然频率的距离来加权（在优化中，一个自然频率越接近第一阶自然频率，则它的权重越重）。如果想要最大化最低的特征频

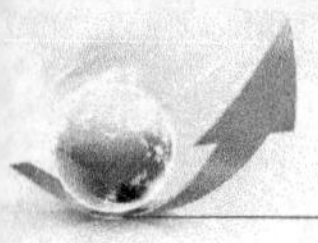

率，或者想要最大化多于一个的最低特征频率，则应当使用 Kreisselmaier-Steinhauser 特征值公式。如果使用 Kreisselmaier-Steinhauser 方法来最大化最低特征频率，不需要使用模态追踪，但是应当为更高的模态使用模态追踪，因为模态可能会转换。例如，当模型被优化时，第一模态的频率得到最大化，并且第二特征模态可以成为最低频率的模态。

Abaqus/CAE 用法：Optimization module：Task→*general topology task*，Design Response→Create：Single-term，Variable：
Eigenfrequency from modal analysis 或
Eigenfrequency calculated with
Kreisselmaier-Steinhauser formula

惯性矩

可以在一个优化中使用惯性矩设计响应来最小化关于一个选定轴的转动惯量。可以使用整个模型惯性矩的和，或者模型的一个区域的惯性矩，作为一个一般拓扑优化中的目标函数或一个约束。

可以在三个主方向上或者三个主平面上选择惯性矩：

$$I_x = \int\rho(y^2 + z^2)\mathrm{d}V$$

$$I_y = \int\rho(x^2 + z^2)\mathrm{d}V$$

$$I_z = \int\rho(x^2 + y^2)\mathrm{d}V$$

$$I_{xy} = I_{yx} = -\int\rho xy\mathrm{d}V$$

$$I_{xz} = I_{xz} = -\int\rho xz\mathrm{d}V$$

$$I_{yz} = I_{yz} = -\int\rho yz\mathrm{d}V$$

如果选择一个局部坐标系，则 Abaqus 拓扑优化模态使用轴的方向来重新计算重心。如果没有选择一个局部坐标系统，则 Abaqus 拓扑优化模块应用整体坐标系。

当 Abaqus 拓扑优化模块计算惯性矩时，它将壳和膜区域通过对区域施加厚度来处理成三维区域。Abaqus 拓扑优化模块仅使用拓扑优化支持的单元类型来计算惯性矩。作为结果，由 Abaqus 拓扑优化模块计算得到的惯性矩，可能不同于由 Abaqus/Standard 或者由 Abaqus/Explicit 计算得到的惯性矩，例如，如果模型中包含框架区域。

如果选择了任何一轴作为对称轴，则惯性矩关于任何两个正交轴是零。

Abaqus/CAE 用法：Optimization module：Task→*general topology task*，
Design Response→Create：Single-term，Variable：
Moment of inertia

内力和内力矩

在一个一般拓扑优化中，可以使用整个模型的或模型一个区域的节点内力和内力矩来作为一个目标函数或者约束。

表 8-2 列出了可用的节点内力和内力矩变量。

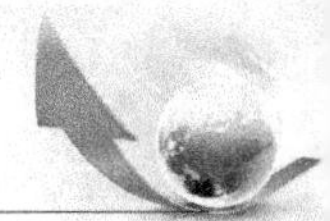

表 8-2 一个一般拓扑优化的节点内力和内力矩变量

	节点内力	节点内力矩
i-方向	$\sum K_e u_i$	$\sum K_e u_i$
绝对值	$\mid \sum K_e u_i \mid$	$\mid \sum K_e u_i \mid$
i-方向上的绝对值	$\sqrt{u_i^2}$	$\sqrt{u_i^2}$

不能和绝对内力或者和绝对内力矩一起使用一个参考坐标系。结构必须在优化中使用的力方向上具有刚度，否则，在此方向上的内力将为零。

Abaqus/CAE 用法：Optimization module：Task→*general topology task*，
Design Response→Create：Single-term，Variable：
Internal force 或 Internal moment

反作用力和反作用力矩

节点反作用力和反作用力矩仅在一般拓扑优化中，可作为一个设计响应来使用。如同位移那样，如果仅给顶点或小区域施加作用力或反作用力矩，并且给这些区域赋予了冻结区域（在优化中，Abaqus 拓扑优化模块将不会删除单元），则将提高优化的性能。

表 8-3 列出了可以使用的节点反作用力和反作用力矩。

表 8-3 一个一般拓扑优化的节点反作用力和反作用力矩变量

	节点内力	节点内力矩
i-方向	$\sum K_e u_i$	$\sum K_e u_i$
绝对值	$\mid \sum K_e u_i \mid$	$\mid \sum K_e u_i \mid$
i-方向上的绝对值	$\sqrt{u_i^2}$	$\sqrt{u_i^2}$

不能和绝对反作用力或者和绝对反作用力矩一起使用一个参考坐标系。结构必须在优化中使用的力方向上具有刚度，否则，在此方向上反作用力将为零。

Abaqus/CAE 用法：Optimization module：Task→*general topology task*，
Design Response→Create：Single-term，Variable：
Reaction force 或 Reaction moment

应变能

结构的柔性是它整体刚度的度量，并且为线性模型定义成所有单元的应变能总和 $\sum \boldsymbol{u}^t \boldsymbol{k}\boldsymbol{u}$，其中 $\boldsymbol{u}$ 是位移向量，$\boldsymbol{k}$ 是全局刚度矩阵。柔性是刚度的倒数，并且最小化柔性等效为最大化整体刚度。如果一个载荷工况是通过热场驱动的，则当结构变得更软时应变能降低。作为一个结果，试图最小化应变能可以产生一个刚性结构。此外，如果对于模型施加指定的位移，则应当总是选择最大化应变能。

拓扑优化为所有的单元考虑总应变能，如果将应变能选择成一个目标函数，则必须对整个模型应用目标。

Abaqus/CAE 用法：Optimization module：Task→*general topology task*，Design Response→Create：Single-term，Variable：Strain energy

体积

体积定义成设计区域中所有单元体积的和$\sum V_e$，其中 V_e是单元体积。对于绝大多数的优化问题，必须施加一个体积约束。例如，如果试图最小化应变能（最大化刚度）并且不施加一个体积约束，则 Abaqus 优化模块简单地使用材料填充设计区域。

Abaqus/CAE 用法：Optimization module：Task→*general topology task*，Design Response→Create：Single-term，Variable：Volume

重量

重量定义成设计区域中所有单元的重量和$\sum W_e$，其中 W_e是单元重量。Abaqus 拓扑优化模块使用当前的相对密度来缩放单元。对于绝大部分的优化问题，必须施加一个体积或者一个重量约束。使用重量替代体积，允许将被优化的模型约束到一个指定的物理重量。当计算重量时，Abaqus 拓扑优化模块仅使用受支持的单元类型。

Abaqus/CAE 用法：Optimization module：Task→*general topology task*，Design Response→Create：Single-term，Variable：Weight

形状优化的设计响应

Abaqus 拓扑优化模块为形状优化提供特征频率、应力、接触应力、应变、节点应变能密度、体积设计响应。只有一个体积设计响应可以用来作为设计约束，所有其他设计响应用来定义目标函数。

来自 Kreisselmaier-Steinhauser 函数的特征频率

在形状优化中，如果试图最大化第一阶特征频率，或者试图最大化多于一个的第一特征频率，应当使用特征值的 Kreisselmaier-Steinhauser 方法作为目标函数。如果使用特征值的 Kreisselmaier-Steinhauser 方法，则不需要使用模态追踪。

Abaqus/CAE 用法：Optimization module：Task→*shape task*，Design Response→Create：Single-term，Variable：Eigenfrequency calculated with Kreisselmaier-Steinhauser formula

应力和接触应力

等效应力是最常用的形状优化目标函数。所有由 Abaqus 拓扑优化模块计算得到的应力值，无论节点来自高斯点还是单元，都是插值到节点的。例如，可以试图使用一个目标函数来优化模型，尝试最小化具有应力集中的区域的最大冯密塞斯应力，或者尝试最小化具有接

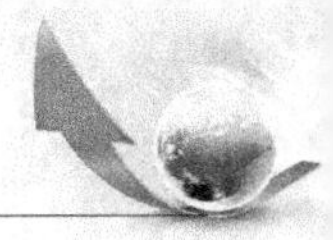

触的区域中的接触应力。Abaqus 拓扑优化模块仅考虑一个区域中的等效应力最大值。Abaqus 拓扑优化模块为没有合适应力值的节点发出警告。例如，如果选择一个接触应力的目标响应，Abaqus 拓扑优化模型发出关于不接触的单元节点的警告。如果 Abaqus 模块包含多载荷情况，则通过求和来自每一个载荷工况的应力值来评估设计响应。

可以从下面的等效应力中选择：

- 冯密塞斯应力
- 最大主应力和绝对最大主应力
- 最小主应力和绝对最小主应力
- 第二主应力
- Beltrami
- Drucker Prager
- Galilei
- Kuhn
- Mariotte
- Sandel
- Sauter
- Tresca

可以从下面的等效接触应力中选取：

- 接触压应力
- 接触总切应力
- 在 1-方向上的剪切接触应力
- 在 2-方向上的剪切接触应力
- 总接触应力

可以在形状优化中创建使用应力或者接触应力的响应，并且它仅用作一个目标函数。

Abaqus/CAE 用法：Optimization module：Task → *shape task*，Design Response → Create：Single-term，Variable：Stress 或 Contact stress

应变

如果模型承受大变形，则一个应力的度量不总是模型响应的一个良好指示符。例如，一个承受塑性变形的结构，对于理想塑性材料，将在塑性区域经历一个大的不变应力。在这些情况下，应变的度量是一个更加可靠的模型响应指示符。可以从下面的等效应变中选择：

- 弹性
- 塑性
- 总（弹性和塑性的和）

可以创建一个仅在形状优化中使用的设计响应，并且它仅用作为一个目标函数。

Abaqus/CAE 用法：Optimization module：Task → *shape task*，Design Response → Create：Single-term，Variable：Strain

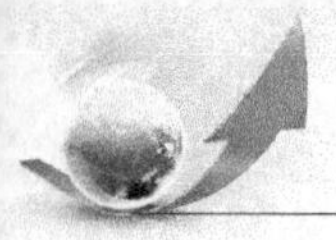

节点应变能密度

节点应变能密度 $u=\sigma_{ij}\varepsilon_{ij}$是一个局部逐点应变能，在非线性材料中可以比应力提供更好的失效代表性。

Abaqus/CAE 用法：Optimization module：Task→*shape task*，Design Response→Create：Single-term，Variable：Strain energy density

体积

体积是一个形状优化的唯一允许的约束。体积定义成设计区域中所有单元的体积总和 $\sum V_e$，其中 V_e是单元体积。

对于大部分的优化问题，必须对模型的一个区域施加一个体积约束。例如，如果试图最小化应变能（最大化刚度）并且不施加一个体积约束，Abaqus 简单地使用材料来填充设计区域。

Abaqus/CAE 用法：Optimization module：Task→*shape task*，Design Response→Create：Single-term，Variable：Volume

对设计响应的操作

可以定义由多个设计响应生成的单个值的组合得到的一个设计响应；例如，可以将值相加或者找到几个值的最大值。也可以将另外一个设计响应的操作结果定义成一个设计响应。例如，不同节点处的设计响应值之间的差别。

例如，可以创建对应于选取两个顶点 1-方向上位移的两个设计响应。另外，可以创建一个设计响应，是所选两个顶点 1-方向上位移之间的差距。然后可以定义一个约束，强迫设计响应接近于零。结果，此约束强迫两个选取的顶点在 1-方向上一起移动。

Abaqus/CAE 用法：Optimization module：Design Response→Create：Combined-term

参考文献

- Bakhtiary，N.，P. Allinger，M. Friedrich，F. Mulfinger，J. Sauter，O. Muller，and J. Puchinger，"A New Approach for Size，Shape and Topology Optimization，" SAE International Congress and Exposition，Detroit，Michigan，USA，February 26-29，1996.
- Bendsoe，M. P.，E. Lund，N. Ohloff，and O. Sigmund，"Topology Optimization - Broadening the Areas of Application，" Control and Cybernetics，vol. 34，pp. 7-35，2005.
- Bendsoe，M. P.，and O. Sigmund，Topology Optimization：Theory，Methods and Applications，Springer-Verlag，Berlin Heidelberg New York，2003.
- Bendsoe，M. P.，and O. Sigmund，"Material Interpolations in Topology Optimization，" Archive of Applied Mechanics，vol. 69，pp. 635-654，1999.
- Clausen，P. M.，and C. B. W. Pedersen，Non-Parametric Large Scale Structural Optimization，ECCM 2006 III European Conference on Computational Mechanics，Lisbon，Portugal，June

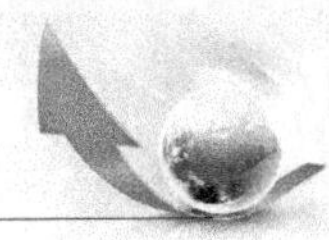

5-9，2006.

- Cook，R. D.，D. S. Malkus，and M. E. Plesha，Concepts and Applications of Finite Element Analysis，John Wiley & Sons Inc.，1989.
- Hansen，L. V.，"Topology Optimization of Free Vibrations of Fiber Laser Packages，" Structural and Multidisciplinary Optimization，vol. 29（5），pp. 341-348，2005.
- Olhoff，N.，and J. Du，Topology Optimization of Vibrating Bi-Material Plate Structures with Respect to Sound Radiation，IUTUAM Symposium on Topological Design Optimization of Structures，Machines and Materials：Status and Perspectives，M. P. Bendsoe，N. Olhoff，and O. Sigmund，eds.，pp. 147-156，Springer，2006.
- Pedersen，C. B. W.，and P. Allinger，Industrial Implementation and Applications of Topology Optimization and Future Needs，IUTUAM Symposium on Topological Design Optimization of Structures，Machines and Materials：Status and Perspectives，M. P. Bendsoe，N. Olhoff，and O. Sigmund，eds.，pp. 147-156，Springer，2006.
- Sigmund，O.，and J. S. Jensen，"Systematic Design of Phononic Band GapMaterials and Structures by Topology Optimization，" Philosophical Transactions of the Royal Society：Mathematical，Physical and Engineering Sciences，vol. 361，pp. 1001-1019，2003.
- Stolpe，M.，and K. Svanberg，"An Alternative Interpolation Scheme for Minimum Compliance Optimization，" Structural and Multidisciplinary Optimization，vol. 22，pp. 116-124，2001.
- Svanberg，K.，"The Method of Moving Asymptotes—A New Method for Structural Optimization，" International Journal for Numerical Methods in Engineering，vol. 24，pp. 359-373，1987.

8.2.2 目标和约束

产品：Abaqus/CAE

参考

- "结构优化：概览" 8.1 节
- "创建目标函数"《Abaqus/CAE 用户手册》的 18.8 节
- "创建约束"《Abaqus/CAE 用户手册》的 18.9 节
- "构造几何限制"《Abaqus/CAE 用户手册》的 18.10 节
- "创建局部停止条件"《Abaqus/CAE 用户手册》的 18.11 节

概览

对于一个优化问题：

- 一个目标函数定义优化的目标；

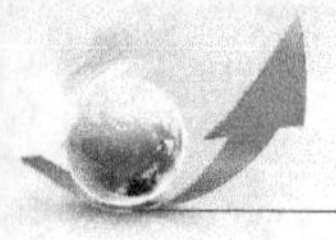

- 一个约束在优化上强加限制，并且定义一个可行的设计；
- 在通过优化可以生成的结构拓扑或者形状上强加几何形态限制；
- 停止条件定义一个优化任务的完成时间。

目标函数

目标函数定义优化的目标。一个目标函数是一个从一组设计响应配置得到的单个标量值。例如，如果设计响应是从一个区域的节点应变能定义的，则目标函数可以最小化设计响应的和，即，最小化应变能的和，实际上最大化区域的刚度。

一个优化问题可以声明为

$$\min(\Phi(U(x),x))$$

其中 Φ 是取决于状态变量 U 和设计变量 x 的目标函数。

试图最小化 N 个设计响应的目标函数公式可以声明为

$$\Phi_{\min} = \min\left(\sum_{i=1}^{N} W_i(\varphi_i - \varphi_i^{\text{ref}})\right)$$

其中给予每一个设计响应 φ_i 一个权重 W_i 和一个参考值 φ_i^{ref}。试图最大化 N 个设计响应的目标函数公式可以声明为

$$\Phi_{\max} = \max\left(\sum_{i=1}^{N} W_i(\varphi_i - \varphi_i^{\text{ref}})\right)$$

默认权重因子是1.0；对于一个拓扑优化，默认的参考值是0.0。对于一个形状优化，默认的参考值是通过 Abaqus 拓扑优化模块计算得到的。对于最常用的优化问题，不需要改变默认的权重因子值和参考值。然而，在某些情况中，可能不得不改变权重值来平衡主宰优化的目标函数所具有的影响。应当意识到，改变权重因子对最后的设计具有显著的影响。此外，一个在优化的开始时主导的设计响应，随着 Abaqus 拓扑优化模块对模型的更改，可能具有较少的影响。

一个试图最小化最大设计响应的目标函数，是一个重要的优化公式。在每一个设计循环中，Abaqus 拓扑优化模块首先确定哪一组加权的设计响应具有最大的值，并且接着试图最小化那个设计响应。在许多问题中，最小化最大设计响应提供一个满意的解，因为它降低了多个设计响应数量的最大值。例如，如果设计响应是从模型的多个区域的应力定义的，则最小化最大设计响应，试图最小化表现出最大应力的区域中的应力。公式可以定义为

$$\Phi_{\text{minmax}} = \min(\max_i\{W_i(\varphi_i - \varphi_i^{\text{ref}})\})$$

Abaqus 拓扑优化模块提供的设计响应在8.2.1节中列出。

定义一个目标函数的目的

目标函数的目的可以是最小化或者最大化。另外，目标函数的目的可以设置成最小化最大值，例如设计变量指向最大值，而目标试图最小化那个最大值。在所有的情况中，考虑了设计响应的权重和参考值。

Abaqus/CAE 用法：Optimization module：Objective Function→Create：Target

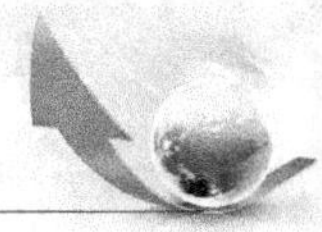

约束

如前面章节中所概述的那样，一个优化问题可以定义为

$$\min(\Phi(U(x),x))$$

其中 Φ 是取决于状态变量 U 和设计变量 x 的目标函数。约束 Ψ 可以施加于优化问题，并且约束 K_i，可以施加于设计变量：

$$\Psi_i(U(x),x)\leqslant 0$$

$$K_i(x)\leqslant 0$$

其中 $\Psi_i(U(x),x)\leqslant\Psi_i^*$，并且 Ψ_i是由 Ψ_i^* 约束的设计响应。此外，$K_i(x)\leqslant K_i^*$，其中 K_i是设计变量布局的表达式，例如制造性，并且 K_i^* 是设计变量的约束。

Abaqus 拓扑优化模块可以得到优化目标函数的解。然而，如果约束不能得到满足，则优化的结果可能不是一个可行的设计。一个约束是基于设计响应的，并且像设计响应一样，是从一个单个标量值制定得到的。大部分的优化具有防止优化产生一个平凡解的约束。例如，如果试图最大化一个结构的刚度，而没有实施任何约束，则 Abaqus 拓扑优化模块将简单地填充整个设计区域。然而，如果施加了一个重量约束来限制重量为初始值的 50%，则强制 Abaqus 拓扑优化模块去搜寻一个既优化了刚度目标，又满足重量约束的优化解。仅可以对拓扑优化和形状优化二者施加体积约束，不能使用体积作为一个目标函数。不能施加相同类型的多个约束，例如施加体积到整个模型或者到一个单独的区域。

Abaqus/CAE 用法：Optimization module：Constraint→Create

施加约束到区域

可以给模型的不同区域施加不同的约束。此外，这些区域可以具有不同的材料属性，或者在一个区域中材料属性可以不同。当 Abaqus 拓扑优化模块计算设计响应时，它考虑区域中不同的材料属性。不能对整个模型或者对一个单个的区域施加多个体积约束。

几何限制

几何限制是对设计变量直接施加的限制。几何限制允许模拟设计限制和制造限制。

定义一个冻结区域

可以通过冻结区域来指定优化区域中的一个区域被排除在优化之外。例如，可以排除一个形成支撑面的圆轴，或者用于连接结构到一个刚性面的凸台。必须冻结用于施加指定条件的区域。为了简化此操作，可以要求 Abaqus 拓扑优化模块在创建一个优化过程时，自动冻结用于施加指定条件和载荷的区域。

Abaqus/CAE 用法：Optimization module：Geometric Restriction→Create：Frozen area

指定最小和最大成员大小

在大部分的情况中，应当试图通过定义一个最小成员大小来避免结构中产生薄桁架。然

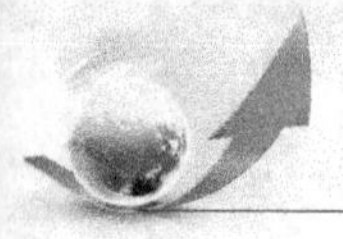

而，Abaqus 拓扑优化模块不能确保优化后区域中的结构具有的直径都大于最小成员大小。最小成员大小必须大于平均单元边长度。最大成员大小必须大于两倍的单元长度，否则，优化算法可能出现单元连接问题。如果为此两种情况制定相同的最小成员大小，则一个粗糙网格和一个细化网格产生一个具有拓扑等效的结果。Abaqus 拓扑优化模块将不在结构上已经施加了指定条件的区域生成薄区域。从这些区域删除材料可能导致结构坍塌。

如果结构将用于铸造，则应该通过指定一个具有最大成员大小的区域来避免过厚零件的生成。优化过程将通过生成几个较薄的区域来避免产生一个厚区域。不需要同时指定最大和最小成员大小。Abaqus 拓扑优化模块假定为最大成员大小输入的值，也应用于最小成员大小，并且将生成指定尺寸的桁架。最大成员大小约束与强加一个拔模方向的限制所具有的组合，例如可模压或者可冲压成型的制造约束，仅对一般拓扑优化是允许的。“拔模方向”是两个半模分离的方向，或者冲压模具移动的方向。

当指定的区域具有最小或者最大成员大小时，计算时间显著地增加。这样，应当仅对必须避免薄或者厚成员的区域施加成员大小限制。应当运行一个没有成员大小限制的优化来确定这样的区域。

Abaqus/CAE 用法：Optimization module：Geometric Restriction→Create：Member size

施加制造限制

拓扑优化过程总是创建一个满足目标函数和约束的结构布局。然而，设计不一定使用标准的制造技术来实现，例如铸造和成形。可以施加几何限制来强迫拓扑优化过程仅考虑可制造的设计。例如，当使用拓扑优化时，可以强迫 Abaqus 拓扑优化模块创建一个可铸造形状，可以从一个模具中抽取，或者一个可成形的形状，可以使用刀具和模具来创建。

保持一个可模压结构

在施加弯曲和扭曲的情况中，拓扑优化很可能生成一个具有中空结构的模型，或者模型具有不能制造的倒凹。可以通过指定下面的措施来防止拓扑优化生成空腔和倒凹：

- 一个可以从成形模具中移除的可成型结构，如图 8-4 中所示。

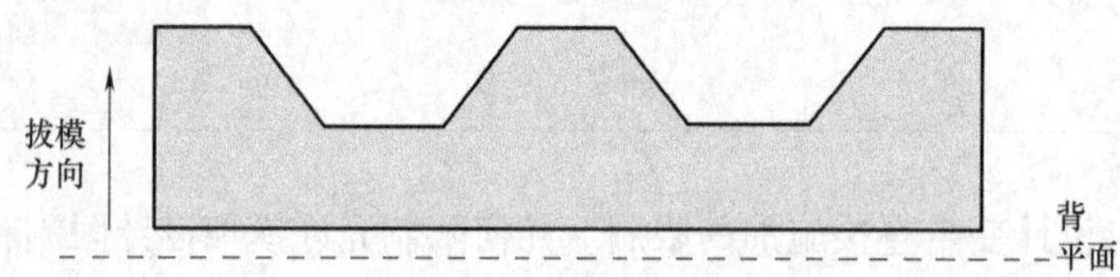

图 8-4　一个可成形零件

- 一个可以从两个半模中移除的可模压结构，如图 8-5 中所示。

作为对比，图 8-6 显示了不可模压的具有空腔和一个倒凹的零件。

Abaqus/CAE 用法：Optimization module：Geometric Restriction→Create：
Demold control；Demold technique，Demolding with a central plane
Optimization module：Geometric Restriction→Create：Demold control；Demold technique，Demolding at the region surface
Optimization module：Geometric Restriction→Create：Demold control；Demold technique，Forging

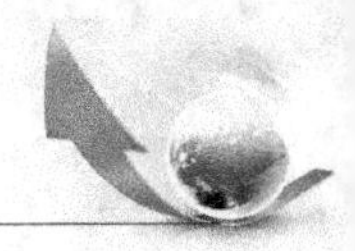

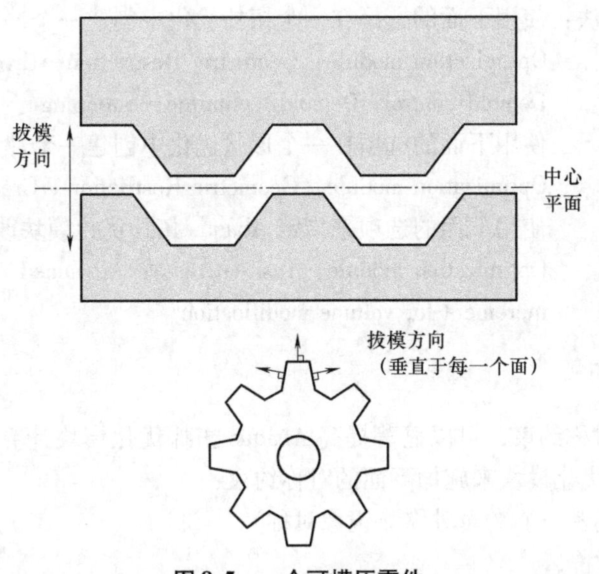

图 8-5　一个可模压零件

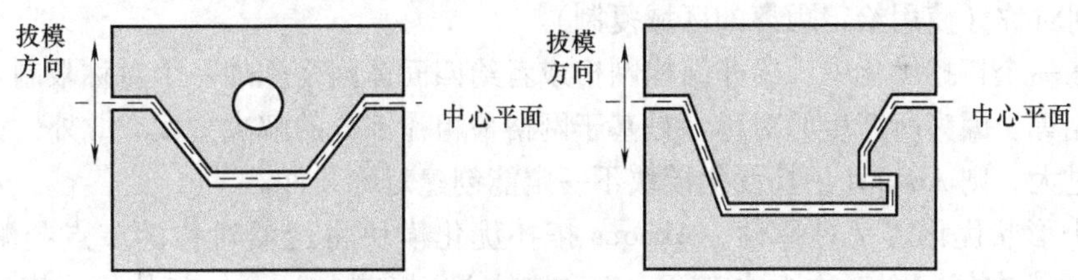

图 8-6　空腔和倒凹妨碍零件改进后可模压

保持一个可冲压成形的结构

可以指定结构通过冲压成形工艺来制造。如果优化过程从结构中删除一个单元，它也删除所有此单元后面或者前面的单元（关于拉伸方向），如图 8-7 中所示。

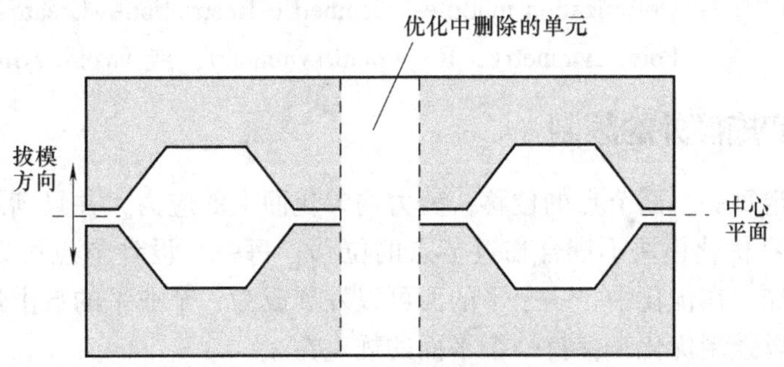

图 8-7　一个可冲压成形的结构

如果在基于条件的拓扑优化中激活了冲压成形限制，则 Abaqus 拓扑优化模块更改单元属性的速度不应该设置得太高，否则，由优化生成的支撑或者桁架可能与剩下的结构不能相连。

Abaqus/CAE 用法：使用下面的选择在一个拓扑优化中创建一个冲压成形几何限制：
Optimization module：Geometric Restriction→Create：
Demold control；Demold technique，Stamping
使用下面的选项在一个形状优化中创建一个冲压成形几何限制：
Optimization module：Geometric Restriction→Create：Stamp control
使用下面的选项来指定 Abaqus 拓扑优化模块改变单元属性的速度：
Optimization module：Task→Create：Advanced，Size of
increment for volume modification

指定一个对称结构

在模型中导入对称约束，可以显著提高 Abaqus 拓扑优化模块计算优化结构的速度。可以使用 Abaqus 拓扑优化模块来施加下面的对称约束：

- 关于一个轴或者一个平面对称（镜像对称）；
- 关于一个点对称；
- 旋转对称；
- 周期对称（使用给定距离的区域复制）。

可以在一个拓扑优化中，给非结构网格或者给四面体网格施加一个对称限制。单元大小应当近似相等，因为所产生的对称性是基于网格最粗糙部分的解决方案。此外，如果单元大小的差异过大，则 Abaqus 拓扑优化模块不一定能创建对称条件。

为一个形状优化定义对称性，Abaqus 拓扑优化模块将近似对称的节点装配到一个对称组中（通常在每一个对称组中有两个对称节点）。接着，Abaqus 拓扑优化模块确定对称组的主节点，并且按照主节点对称地移动到主节点平面的方法，计算客户端节点的设计位移。

如果执行一个拓扑优化，已经网格划分的 Abaqus 模型在优化开始前，不必是对称的。相反，如果执行一个形状优化，已经网格划分的 Abaqus 模型应当在优化开始前是对称的，来允许 Abaqus 拓扑优化模块识别对称的节点，并当面节点移动时，保持它们的对称性。

Abaqus/CAE 用法：Optimization module：Geometric Restriction→Create：Planar symmetry，
Point symmetry，Rotational symmetry，或 Cyclic symmetry

在形状优化中实施额外的限制

形状优化确定每一个面节点的位移，努力均匀化面上的应力，并且满足目标函数和任何约束。Abaqus 拓扑优化模块不耦合临近节点的位移；每一个设计节点可以独立于其他设计节点来移动。例如，在优化中，一个平的面可以发展成为一个非平的自由形式的面。通过耦合设计节点，可以强制优化来保持一个平面的规整性。

耦合条件限制系统的求解范围，并且降低优化潜力。此外，定义合适的耦合条件可能是非常耗时的。为简化优化，应当从一个具有尽量少的限制和仅有一些耦合条件，并且仅在要求时引入附加耦合条件的优化开始。

当 Abaqus 拓扑优化模块在形状优化中移动面节点时，可以施加额外的限制：

- 优化后的形状可以通过一个车床上的刀具，在模具中沿着一个指定的方向切削模型来

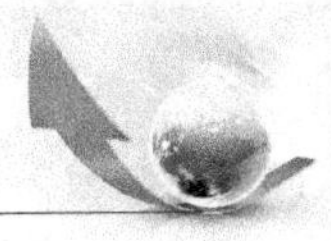

加工。

• 优化后的形状可以通过一个刀具沿着一个指定的方向钻入模型中来加工完成。刀具制成的孔关于刀具的轴对称。此外，刀具可以从孔中撤回。

• 优化后形状中的诸多被选面，可以沿着彼此滑动和（或者）彼此不穿透。

• 节点受限移动：

- 沿着一个指定的向量；
- 一个向内或者向外的指定距离（收缩或者生长）；
- 沿着一个指定的方向；
- 仅沿着所选的自由度；
- 仅在施加载荷的方向上。

Abaqus/CAE 用法：Optimization module：Geometric Restriction→Create：Turn control，Drill control，Penetration check，Slide region control，或 Vector

组合几何约束

施加的每一个几何约束，降低了 Abaqus 达到一个优化方案的可能性。此外，如果施加了太多的几何限制，则 Abaqus 生成的方案可能不是可以得到的最优化方案。这样，应当通过允许 Abaqus 执行一个没有施加几何限制的优化，或者通过允许 Abaqus 执行一个仅有有限数量几何限制的优化来开始。在研究过无限制或者少限制的优化之后，应当仅施加需要的限制来求解问题。

可以组合某些特定的几何约束。只允许 Abaqus 用下面的次序处理几何约束：

• 最小成员大小；
• 对称约束；
• 制造约束；
• 最大成员大小。

施加一个约束可以弱化其他约束的影响。例如，不能定义关于一个平面的对称，与一个不平行对称轴或对称面的脱模方向之间的结合。

下面的制造限制组合是允许的：

• 可以将关于一个平面对称与一个脱模方向组合，前提是脱模方向垂直于或平行于对称面。

• 可以将旋转对称与一个拔模方向组合，前提是拔模方向平行于旋转轴。

• 可以将两个关于面的对称进行组合，前提是面是相互垂直的。

• 当第一次运行一个基于条件的拓扑优化时，应当不使用一个最大成员大小和一个拔模方向的组合，因为优化可能不收敛，取决于有限元网格。当用户自信优化将会收敛时，可以引入此几何约束的组合。

• 可以指定一个大于最大成员尺寸的最小成员尺寸。Abaqus 首先执行最小成员尺寸要求，并创建相对厚的支撑。当 Abaqus 执行最大尺寸要求时，厚的支撑随后分成较小的平行成员。

停止条件

在每一个设计循环后检查停止条件，并且确定一个优化是否因为达到了最大设计循环的数量，还是因为优化在一个优化解上已经收敛了而应当结束。Abaqus 拓扑优化模块提供整体的和局部的停止条件。不过，很少要求局部停止条件。

整体停止条件

整体收敛停止条件定义设计循环应当执行的最大数量。要限制设计循环的数量，必须为每一个优化任务定义一个整体停止条件。设计循环的最大数量默认值取决于优化的类型，如表 8-4 中所示。

Abaqus/CAE 用法：Job module：Optimization→Create：Maximum cycles

表 8-4　设计循环的默认最大数量

优化类型	设计循环的默认最大数量
基于条件的拓扑优化	15
通用拓扑优化	50
形状优化	10

局部停止条件

局部停止条件显示一个一般拓扑优化是否已经在一个优化解上收敛。局部停止条件应用在模型一个区域中的位移或者应力上，并且定义何时达到优化的目标。一个局部停止条件将一个单独的位移标量值或者等效应力与一个参考值进行比较。单独的标量值可以是一个区域上的最大或者最小值，或者是所有值的总和。参考值可以取为先前迭代后的单个标量值大小，或者第一迭代后的单个标量值大小。此外，可以将参考值更改成一个固定量，或者更改成一个百分比。例如，可以指定一个结束优化的局部停止条件，如果一个区域中的位移总和小于第一次优化循环后位移总和的 1%。可以定义一个或者两个局部停止条件，并且可以指定，对于 Abaqus 拓扑优化模块结束优化，是否必须满足一个或者两个（默认的）局部停止条件都必须满足。

局部停止条件的例子包括以下：

- 如果已经指定了应当最小化（或者最大化）位移或者应力，如果位移或者应力的值在一个优化循环后增加（或者降低)，则一个局部停止条件可以结束优化。
- 当优化逼近优化解时，可以预期位移或者应力的值改变很小。如果位移或者应力的相对变化在一个优化循环后落在容差限制之内，则一个局部停止条件可以结束优化。
- 当优化逼近优化解时，可以预期位移的总和仅改变很小，并且由此，仅很小的改变模型。如果位移总和的变化在一个优化循环后落在容差限制之内，则一个局部停止条件就可以结束优化。可以使用位移的总和，来作为优化一个停止条件，此优化具有或者不具有约束。此外，对于不同的目标函数，例如应力或者频率，此停止条件是合适的。

Abaqus/CAE 用法：Optimization module：Stop Condition→Create

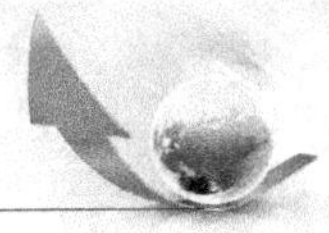

8.2.3 创建 Abaqus 优化模型

产品：Abaqus/CAE

参考

- “结构优化：概览”8.1 节
- “理解优化”《Abaqus/CAE 用户手册》的 18.3 节

概览

对于每一个设计循环，优化过程：
- 在拓扑优化中生成新材料属性和单元属性；
- 在形状优化中更改节点坐标；
- 将经过更改的模型发送给 Abaqus 分析；
- 读取分析的结果。

准备 Abaqus 模型

应当谨慎地确认 Abaqus 模型是结构优化所支持的。由使用结构优化所强加的任何限制，例如所支持的单元类型，仅设计区域施加；设计范围外的区域在优化中不扮演角色。

• 在试图优化模型之前，必须确认 Abaqus 模型可以进行分析，并且产生预期的力学结果。

• 应当只在模型是真正非线性时才考虑非线性。如果 Abaqus 模型是线性的，则优化将显著降低计算成本。在引入几何非线性或者材料非线性前，尽可能确认线性模型版本的优化产生合理的结果。

• 一个优化进行多个设计循环来完成，并且达到一个优化解所要求的时间可以是巨大的。作为一个结果，必须配置 Abaqus 模型来最小化计算时间。例如，通过删除对优化不重要的小细节。

• Abaqus 拓扑优化模块不支持 Abaqus 输入文件中零件和装配件的使用。当运行一个优化任务时，Abaqus 拓扑优化模块生成一个不使用零件和装配件的简洁的输入文件。

• Abaqus 拓扑优化模块从输入数据库（.odb）文件读取数据。Abaqus 拓扑优化模块仅从每一步的末尾要求数据。为了最小化输出数据库文件，应当仅从每一步的末尾要求数据。

分析类型的支持

拓扑和形状优化都支持下面的 Abaqus 分析类型：

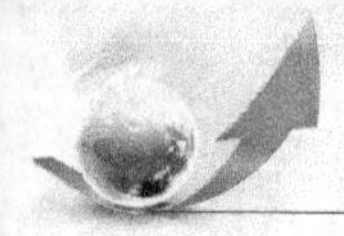

- 静态应力/位移，通用分析；
- 静态应力/位移，线性摄动分析；
- 提取自然频率和模态向量。

几何非线性的支持

可以指定仅在静态应力/位移分析中才应当考虑几何非线性。

具有受限制刚度的单元，例如具有超弹性材料属性的单元，可以在非线性分析的拓扑优化过程中过度地变形。此变形可以对收敛产生不利的影响并导致分析的终止。在使用超弹性材料实施拓扑优化时，应当意识到此潜在问题。

多载荷工况的支持

如果模型承受一个载荷序列，可以通过在一个单独的分析步中定义一个多载荷工况分析来显著地降低分析成本。

加速度载荷的支持

一般拓扑优化支持来自下面的指定加速度载荷

- 重力；
- 旋转体力；
- 集中力。

不支持科氏力。

优化中接触的支持

可以通过定义几何限制来避免在模型的优化区域中具有接触，例如，铸造或者最小成员大小限制。在某些情况中，不能在设计的开始阶段指定确切的边界条件。此外，非线性边界条件，例如接触定义，如果 Abaqus 拓扑优化模块改变了模型的拓扑，则可以改变。

如果使用合适的接触定义创建一个 Abaqus 模型，并且允许 Abaqus 计算接触，则优化过程是更有效的。接触条件通过节点上的力和单元中的应力来包含在优化中，并且拓扑和形状优化都允许 Abaqus 模型中的接触条件。

在拓扑优化中，可以直接在设计空间的边缘上定义一个接触面。然而，如果设计边缘在形状优化中属于接触面，则必须通过输入一个负增长比例因子来反转形状优化算法。如果具有一个复杂的接触问题，或者优化导致模型中较大的变化，则可能在 Abaqus 模型中遇到收敛困难。

用于拓扑优化的 Abaqus 模型的限制

在施加于模型的指定条件和目标函数及约束的情况下，拓扑优化确定设计空间中的优化的材料分布。优化必须施加合适的约束和限制；否则，Abaqus 拓扑优化模块可能大量地改变部件的拓扑。采用拓扑优化进行优化的结构解析精度与离散性紧密相关。一个细致网格划分比一个粗糙网格划分产生一个具有更高解析精度的结构。然而，它也将大幅地提高所需的

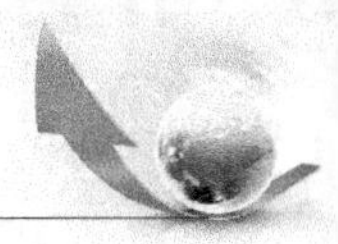

计算时间。必须在结构解析精度和计算时间之间进行均衡。

在拓扑优化中，Abaqus 拓扑优化模块更改设计区域中单元的材料定义。作为结果，必须提供设计区域中材料的初始密度，即使 Abaqus 分析没有要求提供。

用于形状优化的 Abaqus 模型上的限制

Abaqus 通过更改组件的边界或者面来执行一个形状优化。优化使用应力条件来计算组件表面上的节点新坐标，然后相应调整基底网格。网格质量必须足以确保分析结果因面节点的移动而几乎不发生变化。在一个单元内不可以存在高应力梯度。

当 Abaqus 拓扑优化模块对一个壳结构执行一个形状优化时，它优化壳结构的形式而不是它的厚度。沿着壳边缘的节点可以进行更改，不过，Abaqus 不更改壳定义。

设计区域中所支持的材料

设计区域里单元中的由结构优化所支持的材料模型，取决于优化的种类——基于条件的优化，一般拓扑优化，或者形状优化。

基于条件的拓扑优化所支持的材料

Abaqus 中的基于条件的拓扑优化支持线弹性、塑性和超弹性材料模型。

线弹性材料模型的支持

基于条件的拓扑优化支持下面的线弹性材料模型：

- 具有各向同性行为的线弹性材料。
- 具有完全各向异性行为的线弹性材料。
- 具有正交异性行为的线弹性材料。支持所有的行为模式，除了翘曲单元的正交异性剪切行为和胶粘剂单元的耦合的及非耦合的牵引行为。

塑性材料模型的支持

金属塑性材料模型——使用密塞斯或者希尔屈服面的弹塑性材料的材料模型塑性部分，基于条件的拓扑优化是支持它的。支持各向同性硬化，不支持循环加载，即每一个材料点仅可以卸载一次，并且不能再次成为弹塑性。

超弹性材料模型的支持

基于条件的拓扑优化支持所有的超弹性材料模型，除了 Marlow 材料模型和使用测试数据的超弹性材料模型。

温度和场变量相关性的支持

基于条件的拓扑优化支持具有温度和场变量相关性的材料。

一般拓扑优化支持的材料

Abaqus 中的一般拓扑优化支持线弹性、塑性和超弹性材料模型。

线弹性材料模型的支持

一般拓扑优化支持下面的线弹性材料模型：

- 具有各向同性行为的线弹性材料。
- 具有完全各向异性行为的线弹性材料。
- 具有正交异性行为的线弹性材料。支持所有的行为模式，除了翘曲单元的正交异性剪切行为和胶粘剂单元的耦合及非耦合的牵引行为。

塑性材料模型的支持

一般拓扑优化支持金属塑性材料模型——使用密塞斯或者希尔屈服面的弹塑性材料的材料模型塑性部分。支持各向同性硬化，但是不支持循环加载，即每一个材料点仅可以卸载一次，并且不能再次成为弹塑性。

超弹性材料模型的支持

一般拓扑优化支持所有的超弹性材料模型，除了 Marlow 材料模型和使用测试数据的超弹性材料模型。

温度和场变量相关性的支持

一般拓扑优化支持具有温度和场变量相关性的材料。

形状优化中支持的材料

Abaqus 中的形状优化支持所有的 Abaqus 材料模型。

坐标系的支持

在大部分情况中，将使用相同的坐标系来定义模型和优化任务。然而，Abaqus 拓扑优化模块允许在定义一个设计响应时，参考一个不同的坐标系。

所支持的单元类型

拓扑和形状优化所支持的，作为设计单元的 Abaqus 单元，列在表 8-5 ~ 表 8-8 中。这些表也列出了支持反作用力和内力设计响应的 Abaqus 单元。不支持的单元在优化过程中忽略并保持不变。结构优化不对用于设计区域之外的单元类型进行任何限制。

所支持的二维实体单元

拓扑优化（基于条件的和一般的）和形状优化支持的二维实体单元列于表 8-5 中。

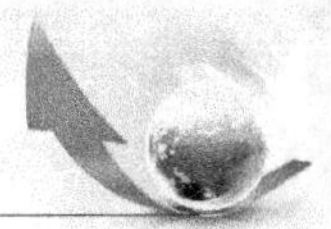

表 8-5 支持的二维实体单元

CPE3[1]，CPE3H，CPE4[1]，CPE4H，CPE4I，CPE4IH，CPE4R[1]
CPE4RH
CPE6H，CPE6M，CPE6MH
CPE8[1]，CPE8H，CPE8R[1]，CPE8RH
CPS3[1]，CPS4[1]，CPS4I，CPS4R[1]，CPS6[1]，CPS6M，CPS6MT，CPS8[1]，CPS8R[1]
CPEG3，CPEG3H，CPEG4，CPEG4H，CPEG4I，CPEG4IH，CPEG4R，CPEG4RH，CPEG6，CPEG6H，CPEG6M，CPEG6MH，CPEG8，CPEG8H，CPEG8R，CPEG8RH
CPE3T，CPE4T，CPE4HT，CPE4RT，CPE4RHT，CPE6MT，CPE6MHT，CPE8T，CPE8HT，CPE8RT，CPE8RHT
CPS3T，CPS4T，CPS4RT，CPS8T，CPS8RT
CPEG3T，CPEG3HT，CPEG4T，CPEG4RT，CPEG4RHT，CPEG6MT，CPEG6MHT，CPEG8T，CPEG8HT，CPEG8RHT

① 可以包括反作用力和内力设计响应。

所支持的三维实体单元

拓扑优化（基于条件的和一般的）和形状优化支持的三维实体单元列于表 8-6 中。

表 8-6 所支持的三维实体单元

C3D4[1]，C3D4H，C3D8[1]
C3D6[1]，C3D6H
C3D8H，C3D8I，C3D8IH，C3D8R[1]，C3D8RH
C3D10[1]，C3D10H，C3D10M，C3D10MH
C3D15[1]，C3D15H
C3D20[1]，C3D20H，C3D20R[1]，C3D20RH
C3D4T，C3D6T，C3D8T，C3D8HT，C3DHRT，C3D8RHT，C3D10MT，C3D10MHT，C3D20T，C3D20HT，C3D20RT，C3D20RHT

① 可以包括反作用力和内力设计响应。

所支持的轴对称实体单元

拓扑优化（基于条件的和一般的）和形状优化支持的轴对称实体单元列于表 8-7 中。

表 8-7 所支持的轴对称实体单元

CAX3[1]，CAX3H，CAX4[1]，CAX4H，CAX4I，CAX4IH，CAX4R[1]，CAX4RH
CAX8[1]，CAX8H，CAX8R[1]，CAX8RH
CGAX3，CGAX3H，CGAX4，CGAX4H，CGAX4R，CGAX4RH，CGAX8，CGAX8H，CGAX8R，CGAX8RH
CAX3T，CAX4T，CAX4HT，CAX4RT，CAX4RHT，CAX8T，CAX8HT，CAX8RT，CAX8RHT
CGAX3T，CGAX3HT，CGAX4T，CGAX4HT，CGAX4RT，CGAX4RHT，CGAX8T，CGAX8HT，CGAX8RT，CGAX8RHT

① 可以包括反作用力和内力设计响应。

其他受支持的单元

表 8-8 列出了优化支持的一般膜单元、三维传统壳单元和梁单元。

表 8-8　其他受支持的单元

一般膜单元（拓扑和形状优化）	M3D3①，M3D4①，M3D4R①，M3D6①，M3D8①，M3D8R①
三维传统壳单元（仅拓扑优化）	STRI3，S3，S3R，STRI65，S4，S4R，S4R5，S8R，S8R5，S8RT
三维传统壳单元（仅形状优化）	STRI3①，S3①，S3R①，S4①，S4R①，S8R①
梁单元（仅形状优化）	B21②，B21H②，B31②，B31H②

① 可以包括反作用力和内力设计响应。

② 能够在形状优化中包括梁单元，仅能用来定义一个相邻构件，用来限制优化区域中的节点运动。

9 欧拉分析

9.1 欧拉分析：概览

产品：Abaqus/Explicit　　Abaqus/CAE

参考

- “欧拉表面定义”《Abaqus 分析用户手册——介绍、空间建模、执行与输出卷》的 2.3.5 节
- “欧拉单元”《 Abaqus 分析用户手册——单元卷》的 6.14.1 节
- ＊EULERIAN SECTION
- ＊INITIAL CONDITIONS
- ＊SURFACE
- “创建欧拉截面”《Abaqus/CAE 用户手册》的 12.13.3 节，此手册的 HTML 版本中
- “定义一个材料赋予场” 《Abaqus/CAE 用户手册》的 16.11.10 节，此手册的 HTML 版本中
- “欧拉分析”《 Abaqus/CAE 用户手册》的第 28 章

概览

传统的拉格朗日分析中，节点是与材料绑定的，并且单元随着材料变形而变形。拉格朗日单元总是 100% 地充满一个单一的材料，所以材料边界与单元边界是重合的。

相比而言，在一个欧拉分析中，节点在空间是固定的，并且材料流过不变形的单元。欧拉单元可以不总是 100% 的充满材料——许多可以是部分的或者完全空的。因此，欧拉材料边界必须在每一个时间增量中进行计算，并且通常不与一个单元边界对应。欧拉网格通常是一个简单的矩形单元网格，构建成远远超过欧拉材料的边界，给出材料在其中移动和变形的空间。如果任何欧拉材料移动到欧拉网格外面，它就从仿真中丢失了。

欧拉材料可以与拉格朗日单元通过欧拉-拉格朗日接触来进行相互作用。包括此种类型接触的仿真，通常称之为耦合的欧拉-拉格朗日（coupled Eulerian-Lagrangian，CEL）分析。Abaqus/Explicit 通用接触强大的，易于使用的特征，能够实现完全的耦合多物理场仿真，例如流固相互作用。

应用

对于涉及极度变形的应用，并且直至包括流体流动，欧拉分析是有效的。在这些应用中，传统的拉格朗日单元变得高度扭曲并且丧失了精确性。液体晃动、气体流动和穿透问题都能够利用欧拉方法有效地进行处理。欧拉-拉格朗日接触允许欧拉材料与传统的非线性拉格朗日分析合并。

一个使用欧拉分析的严重变形分析例子在“铆钉成型”中进行了讨论（见《Abaqus 例题手册》的 2.3.1 节）；《Abaqus 例题手册》的 2.3.2 节，对使用耦合的欧拉-拉格朗日接触的流固相互作用应用进行了说明。

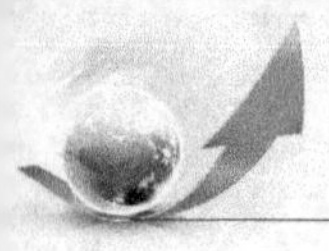

欧拉体积分数

Abaqus/Explicit 中的欧拉实施是基于流体体积的方法的。在此方法中，材料流过网格时，通过计算它在每一个单元中的欧拉体积分数（Eulerian volume fraction，EVF）来进行追踪。由定义，如果一个材料完全充满一个单元，它的体积分数是一；如果一个单元中没有材料，它的体积分数是零。

欧拉单元同时包含一种以上材料。如果一个单元中的所有材料体积的总和小于一，则单元的余下部分自动地使用“空”材料进行填充。空材料不具有质量，也不具有强度。

材料界面

在一个单元中，为每一种欧拉材料计算体积分数。在每一个时间增量中，每一种欧拉材料的边界使用这些数据来重新构建。界面重构算法将一个单元中的材料边界近似为简单的平面（欧拉方法仅对三维单元实施）。此假设产生了一个简单的、近似的材料面，可能在邻近单元之间是不连续的。这样，在一个单元中，精确材料位置的确定仅对于简单的几何形状是可能的，在大部分的欧拉分析中要求细网格分辨率。

当显示一个欧拉分析的结果时，一个欧拉材料面中的不连续可以导致物理性的不真实格局。Abaqus/CAE 可以实施一个节点平均算法，在显示中估计出一个更加真实的，连续的面。有关在一个欧拉模型中显示材料界面的更多信息，见《Abaqus/CAE 用户手册》的 28.7 节。

欧拉截面定义

一个欧拉截面定义列出了所有可以在一个欧拉单元中出现的材料。空材料自动地包含在此列表中。

材料列表支持一个可选的材料实例名称。要求材料实例名称来唯一识别要多次使用的材料。重复的材料是有的，例如在材料界面运动得到计算的混合仿真中，容器中的水可以通过创建水材料实例名“水_左”和“水_右”来划分，并且可以仿真这些材料之间界面的演化。

默认情况下，所有的欧拉单元采用空材料进行初始填充，而不管截面赋予。必须使用一个初始条件来引入非空材料到欧拉网格中（见下面的“初始条件”）。

欧拉网格变形

欧拉时间增量算法是基于一个控制方程的算子分离，产生一个后面跟随有一个欧拉阶段，或者传输阶段的传统拉格朗日阶段。此方程称为“拉格朗日+再映射。”在时间增量的拉格朗日阶段中，假定节点临时与材料绑定，并且单元与材料一起变形。在时间增量的欧拉阶段暂停变形，具有显著变形的单元被自动地重新划分，并且计算邻近单元之间的相应材料流动。

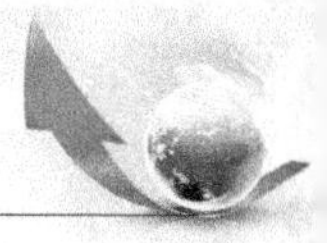

在每一个时间增量的拉格朗日阶段末尾，用一个容差来确定哪些单元是显著变形的。此检测通过允许那些具有小的或者没有变形的单元在欧拉阶段中保持非激活来提升性能。非激活单元在欧拉分析的显示中通常不具有影响。然而，使用一个非常大的变形比例因子来显示一个欧拉网格，可以揭示变形容差内的微小单元变形。

欧拉材料移流

随着材料流过一个欧拉网格，状态变量在单元之间通过移流进行传递。假定变量在每一个旧单元中是线性的或者不变的，然后，这些值在重新网格划分后的新单元上进行积分。变量的新值通过每一个积分值除以新单元中材料的体积或者质量来找到。

二阶移流

二阶平流假定变量在每一个旧单元中线性分布。为了构建线性分布，一个二次插值是从中间单元和它附近单元的积分点上的常数值构建成的。通过微分二次函数来找到中间单元积分点上的斜率，建立一个试用的线性分布。中间单元中的试用线性分布是受到限制的，降低它的斜率直到它的最小和最大值在临近单元中的原始常数值范围之中。此过程称之为流动限制，并且对于确保平流单调是必要的。

默认使用二阶移流，并且推荐对于所有的问题使用，范围从准静态到瞬态动力冲击。

输入文件用法：　　* EULERIAN SECTION，ADVECTION = SECOND ORDER

Abaqus/CAE 用法：二阶移流方法在 Abaqus/CAE 中是默认使用的。

一阶移流

一阶移流假定每一个旧单元中的变量是一个常数值。此方法是简单的并且计算高效的。然而，它往往随着时间将尖锐的梯度发散。这样，此技术应当仅为了计算的效率而作为准静态仿真的替换。

输入文件用法：　　* EULERIAN SECTION，ADVECTION = FIRST ORDER

Abaqus/CAE 用法：Abaqus/CAE 中不能指定一阶移流方法。

基于移流速度降低稳定时间增量

自动地调整稳定时间增量大小，防止材料在每一个增量中流动穿过一个以上的单元。当材料的速度接近声速（例如，涉及爆炸和冲击的仿真中），可能需要进一步限制时间增量的大小，来保持精度和稳定性。可以指定一个通量限制比率来限制稳定时间增量的大小，这样材料可以在每一次增量中仅流过一个单元的一部分。默认的通量限制比率是 1.0，并且推荐值范围从 0.1 到 1.0。

输入文件用法：　　* EULERIAN SECTION，FLUX LIMIT RATIO = 最大的比率

Abaqus/CAE 用法：Abaqus/CAE 中不能编辑通量限制比率。

初始条件

可以采用拉格朗日节点和单元使用的相同方法，对欧拉节点和单元施加边界条件。初始

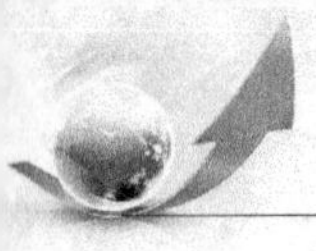

应力、温度和速度是常见的例子。此外，大部分的欧拉分析要求欧拉材料的初始化。

默认情况下，所有欧拉单元最初是空的。可以使用初始条件来使用一种或多种在欧拉截面定义中列出的材料来填充欧拉单元。通过选择性地填充单元，可以创建每一种欧拉材料的初始形状。

为填充一个欧拉单元，必须为每一种可用的材料实例定义一个初始的体积分数。直到填充材料的体积分数达到1.0；任何超出的材料将被忽略。初始条件仅在分析的开始进行施加。在分析中，材料依据所施加的载荷变形重新计算体积分数。

输入材料用法：＊INITIAL CONDITIONS，TYPE＝VOLUME FRACTION

Abaqus/CAE 用法：Load module：Create Predefined Field：Step：Initial：为 Category 选择 Other 以及为 Types for Selected Step 选择 Material Assignment

边界条件

默认情况下，欧拉材料可以通过网格边界自由地流进和流出欧拉区域。可以约束欧拉节点上的自由度来限制材料流动。例如，可以使用边界的法向和（或者）切向的约束来定义典型的流体“黏性”或者“滑动”墙。因为欧拉节点在欧拉运输阶段是自动重新定位的，所以不能对它们应用预先指定的位移边界。

可以在欧拉节点上使用指定的速度或者加速度条件来控制材料流动。指定的速度或者加速度在一个欧拉框架中进行实施，这样材料速度将随着材料经过欧拉节点而达到指定的值。如果速度在一个欧拉网格边界处指向外，要么通过指定，或者作为动态平衡的自然结果，材料可以流出欧拉区域。此材料将从仿真中失去，并且将发生相应的总质量和能量的降低。

类似的，如果速度在边界处是内部指向的，则将发生材料内流进欧拉区域。当材料通过边界面流进一个单元时，每一个内流材料的成分和状态与单元中当前存在材料成分和状态是相同的。例如，如果一个边界单元包含60%的热水和40%的冷空气，并且界面法向平行于边界面的，则内流速度将引入一个60%的热水和40%的冷空气的最大情况。在此情况中，将发生相应的总质量和能量的增加。

也可以在欧拉域边界上定义内流和外流条件，如9.1.2节中所描述的那样。

载荷

可以对欧拉节点、单元和面采用拉格朗日对等体一样的方法来施加载荷。欧拉载荷在欧拉框架中动作：当欧拉材料通过载荷施加点时，欧拉载荷对欧拉材料施加影响。

材料选项

可以采用拉格朗日分析的相同方法来定义欧拉分析的材料属性。流体和气体可以使用材料的状态方程来模拟（见《Abaqus分析用户手册——材料卷》的5.2.1节）。因为材料运输中方向数据的引入不准确性，各向异性材料是不支持的。脆性开裂也不支持，因为失效模型是各向异性的。在欧拉分析中可以使用超弹性材料，但是由于材料运输中所引入的变形梯度

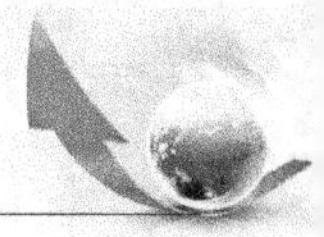

的不准确性，这些材料在载荷去除后，可能不能完全地恢复它们原始的构型。相同的不准确性也影响用户定义的材料。不支持低密度泡沫材料模型（见《Abaqus分析用户手册——材料卷》的2.9.1节）。

欧拉分析允许材料发生极大的应变，而没有拉格朗日分析的网格扭曲限制。这样，在整个应变范围中定义材料行为是特别重要的，此范围经常要求失效行为的定义。

使用损伤变量来表征材料的失效水平，来支持各向同性材料失效。单元删除对于欧拉截面是被抑制的，因为未失效的材料可以流进“失效的”单元。不支持剪切失效模型。

不支持瑞利质量比例阻尼。

单元

欧拉方法在多材料单元类型EC3D8R和多材料热耦合单元类型EC3D8RT中实施。这些材料的基础力学响应公式是基于拉格朗日C3D8R单元的，具有允许多材料的扩展，并且支持欧拉运输状态。方程在单元中对每一种材料施加相同的应变，然后允许应力和其他状态数据在每一种材料中独立地发展。这些应力使用体积分数数据来组合，来创建单元的平均值，用此平均值来积分得到节点力。类似的，热耦合单元的热响应方程是基于拉格朗日单元C3D8RT，具有允许多个材料使用不同热属性和支持温度对流的扩展。所有的材料具有相同的温度，并且在用来求解一个多材料模型的单独热传导方程前，体积平均热属性（例如热传导性和热容）。

为了输出的目的，其他状态数据的单元平均值进行类似的计算。

欧拉EC3D8R和EC3D8RT单元要求八个节点。不支持退化单元。欧拉方法对于二维单元是不能实施的。轴对称可以使用一个楔形网格和对称边界条件来仿真。

默认情况下，欧拉单元使用黏性沙漏控制。对于使用状态方程材料类型的不可压缩流体模型，默认情况下是禁用沙漏控制的。这些选择可以使用截面控制来更改（见《Abaqus分析用户手册——单元卷》的1.1.4节）。

约束

因为欧拉节点在欧拉运输阶段中是自动重新定位的，不能在像单元、连接器和约束那样的拉格朗日模拟特征中使用欧拉节点。然而，欧拉材料和拉格朗日零件之间的约束可以使用绑定（tied）接触相互作用来模拟。

相互作用

欧拉材料实例之间的相互作用使用黏性行为。此黏性的发生是因为运动学假设对一个单元中的所有材料施加一个单独的应变场。拉伸应力可以在两个欧拉材料之间穿过界面进行传递，并且在这些界面上不发生滑动。此欧拉-欧拉的接触行为在某些情况中是合理的，例如在一个铅子弹穿透一个钢板的仿真中。子弹对钢的表面烧蚀通过在子弹-钢界面上的欧拉单元中的黏性行为来捕捉。沿着此界面的相对运动将仅由于铅材料的剪切而发生。

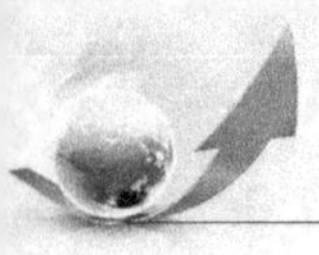

欧拉-欧拉的接触在欧拉分析中是默认发生的，不需要定义欧拉材料之间的接触相互作用。

当一种接触实体是使用拉格朗日单元模拟的时候，可以仿真更多复杂的接触相互作用。此强大的功能支持流体-结构相互作用那样的应用，其中欧拉流体与一个拉格朗日结构接触。

欧拉-拉格朗日接触的实施是通用接触在 Abaqus/Explicit 中的一个扩展。通用接触属性模型以及默认的施加于欧拉-拉格朗日接触（见《Abaqus 分析用户手册——指定的条件、约束和相互作用卷》的 4.1.1 节）。例如，默认情况下，拉应力无法穿过一个欧拉-拉格朗日接触界面传递，并且接触摩擦系数是零。为整个的欧拉-拉格朗日模型指定自动的接触，允许模型中所有的拉格朗日结构和所有的欧拉材料之间的相互作用。也可以使用欧拉表面（见《Abaqus 分析用户手册——介绍、空间建模、执行与输出卷》的 2.3.5 节）来创建具体材料的相互作用，或者排除具体的拉格朗日表面与欧拉材料之间的接触。

输入文件用法：同时使用下面两个选项来定义所有的拉格朗日实体和所有的欧拉材料之间的接触：

*CONTACT

*CONTACT INCLUSIONS, ALL EXTERIOR

使用下面的选项来包括或者排除具体的拉格朗日表面和欧拉材料之间的接触：

*CONTACT

*CONTACT INCLUSIONS

拉格朗日表面，欧拉表面

*CONTACT EXCLUSIONS

拉格朗日表面，欧拉表面

Abaqus/CAE 用法：使用下面的选项来定义所有拉格朗日实体和所有欧拉材料之间的接触：

Interaction module: Create Interaction: General contact (Explicit): Included surface pairs: All * with self

使用下面的选项来包括具体的拉格朗日面和欧拉材料之间的接触：

Interaction module: Create Interaction: General contact (Explicit): Included surface pairs: Selected surface pairs: Edit，在左面的列选择拉格朗日表面，并且在列的右面选择欧拉材料实例，接着单击箭头来传递它们到包含对的列表

使用下面的选项来排除具体的拉格朗日面和欧拉材料间的接触：

Interaction module: Create Interaction: General contact (Explicit): Excluded surface pairs: Edit，在左面的列选择拉格朗日面，并且在右边的列选择欧拉材料，接着单击箭头来传递它们到排除对的列表。

欧拉-拉格朗日接触的公式

欧拉-拉格朗日接触公式基于增强侵入边界法。在此方法中，拉格朗日结构占据欧拉网格内部的空区域。接触算法自动地计算并且追踪拉格朗日结构和欧拉材料之间的界面。此方

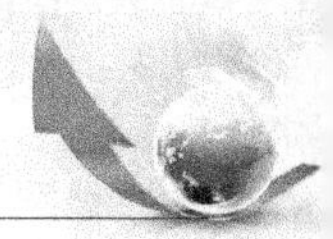

法的显著优点是不需要为欧拉域生成一个协调网格。实际上，一个欧拉单元的简单规整网格通常产生最好的精度。

如果拉格朗日实体一开始就置于欧拉网格内部，必须确认在材料初始化后，基底欧拉单元包含空材料。在分析中，拉格朗日实体将材料推出拉格朗日实体经过的欧拉单元，并且它们变得充满空材料。类似的，防止流向拉格朗日实体的欧拉材料进入基底欧拉单元。此公式确保两种材料不会占据同一个物理空间。

如果拉格朗日实体初始位于欧拉网格之外，则在欧拉网格边界上必须存在至少一层空欧拉单元。这样在欧拉网格边界内的欧拉材料上创建了一个自由面，并且为空材料提供了一个源来替代被排除出内部单元的欧拉材料。在自由面的上方通常使用几层空单元，来允许材料离开欧拉区域前的环形山构造和喷溅的仿真。

欧拉-拉格朗日接触也支持拉格朗日实体中的失效和侵蚀。拉格朗日失效可以在表面上打开一个洞，欧拉材料可以通过此洞流过。当模拟一个固体拉格朗日实体的侵蚀时，固体实体的内部面必须包含在接触面定义之中（见《Abaqus 分析用户手册——指定的条件、约束和相互作用卷》的 3.4.1 节中的“模拟表面侵蚀”）。

欧拉-拉格朗日接触约束采用罚函数法强制执行，针对稳定限制，默认的罚刚度参数自动地进行了最大化。

当在一个动力学耦合热-应力分析中使用耦合的热-位移欧拉单元 EC3D8RT 时，欧拉-拉格朗日接触支持热相互作用。然而，不支持间隙辐射和间隙传导作为间隙的函数。

输出

单元输出变量 EVF 的设置，给出了欧拉截面定义中每一种材料的欧拉体积分数，包括空材料。在所有的欧拉分析中要求 EVF 的输出是重要的，因为欧拉材料边界的可视化是基于材料体积分数的。

具体材料的欧拉场输出变量通过给基本场名附加材料名来区分。例如，如果要求一个涉及材料实例名为“steel”和“tin”的欧拉分析中的输出变量 S（应力分量），单个材料应力结果将被命名为“S_steel”和“S_tin”。

对于输出，一些体积分数平均的场数据也是可以使用的。例如，输出变量 SVAVG 给出每一个单元的应力单独值，此应力是对单元中出现的所有材料上的应力进行体积平均来计算得到的。使用这些体积分数平均的输出数据，具有在欧拉截面中定义有几种材料的情况下大幅降低输出数据库大小的好处。对于一个完整的欧拉专用输出变量的列表，见《Abaqus 分析用户手册——介绍、空间建模、执行与输出卷》的 4.2.2 节。

当模型中出现欧拉单元时，输出变量 EVF 和 SVAVG 包含在 PRESELECT 变量列表中。

也可以要求一个具体欧拉单元组上的集总体积（VOLEUL）和集总质量（MASSEUL）。这些输出变量是针对具体材料的，并且通过让材料名附加于变量名之后来进行区分。

限制

欧拉分析具有下面的局限性：

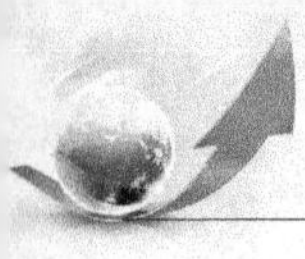

- 边界条件：不可以对欧拉节点施加预先指定的非零位移边界条件。
- 拉格朗日附件：不能将拉格朗日单元附加到欧拉节点上。代之于使用绑定（tie）接触相互作用。
- 约束：不能给欧拉节点施加拉格朗日约束（MPCs 等），代之于使用绑定接触相互作用。
- 材料：对于欧拉单元不支持具有方向的（各向异性等）材料。也不支持脆性开裂和剪切失效模型。不支持瑞利质量比例阻尼。
- 单元：欧拉方程仅对 EC3D8D 和 EC3D8RT 单元实施。
- 单元导入：不可以导入欧拉单元。
- 双侧接触：欧拉材料通过接触界面的穿透，在某些涉及欧拉材料与拉格朗日壳或者膜单元的接触情况中会发生。此类型的接触引入了复杂性，因为向外的法向方向必须在材料接近拉格朗日单元的飞行中进行确定；与单元的任何一面接触是允许的。应当尽可能地通过使用拉格朗日实体单元替代壳或者膜单元来简化接触问题，因为实体单元面处的外法向是唯一的。例如，如果一个模型涉及欧拉材料流动绕过一个刚性的拉格朗日障碍，则使用实体单元划分障碍，而不是壳单元。
- 接触穿透：在某些情况中，欧拉材料可以在接近拐角的地方穿透拉格朗日接触面。此穿透应当限制在等于局部欧拉单元大小的面积中。可以通过细化欧拉网格，或者给拉格朗日网格添加半径等于欧拉网格大小的圆角的方法来最小化穿透。
- 接触类型：欧拉-拉格朗日接触不支持拉格朗日梁单元、拉格朗日管单元、拉格朗日杆单元或者分析型刚性面。
- 接触导入：不支持欧拉-拉格朗日接触状态的导入。
- 热接触：不支持间距辐射和间距传导作为间隙的函数。
- 接触输出：仅为欧拉-拉格朗日相互作用的拉格朗日边输出接触变量。
- 面载荷：不能为通用面载荷使用欧拉材料面类型。然而，诸如压力那样的分布载荷可以施加给在欧拉单元面上定义的面。
- 质量缩放：不能对欧拉单元应用质量缩放。
- 热传递：使用耦合的温度-位移 EC3D8RT 欧拉单元来模拟一个完全耦合的热-应力分析。当使用 EC3D8R 单元时，欧拉材料中默认绝热的条件。
- 输出：在场或者历史输出中，欧拉单元的完全应变（LE）是不能使用的，但是它可以通过实用程序 VGETVRM 来获取。
- 子循环：在子循环领域中不能包括欧拉单元。

输入文件模板

下面的例子说明了一个拉格朗日船在欧拉水上漂浮的耦合的欧拉-拉格朗日分析。假定了一个协调网格，这样欧拉材料初始化通过整个单元填充来达到。拉格朗日实体和欧拉材料之间的特定材料的相互作用执行为：在船和水之间定义一个接触相互作用，但是忽略了船与空气间的相互作用。要求输出欧拉体积分数，欧拉单元平均的应力和材料应力。

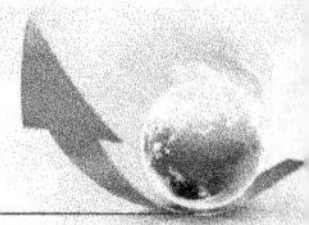

```
*HEADING
…
*ELEMENT, TYPE=C3D8R, ELSET=BOAT_ELSET
拉格朗日船的单元定义
*ELEMENT, TYPE=EC3D8R, ELSET=ALL_EULERIAN
整个欧拉网格的单元定义
*ELSET, NAME=AIR_ELSET
给定使用空气初始填充的欧拉单元的数据行
*ELSET, NAME=WATER_ELSET
给定使用水初始填充的欧拉单元的数据行
**
*MATERIAL, NAME=AIR
空气的材料定义
*MATERIAL, NAME=WATER
水的材料定义
**
*EULERIAN SECTION, ELSET=ALL_EULERIAN
AIR
WATER
**
*INITIAL CONDITIONS, TYPE=VOLUME FRACTION
AIR_ELSET, AIR, 1.0
WATER_ELSET, WATER, 1.0
*INITIAL CONDITIONS, TYPE=STRESS, GEOSTATIC
定义由于重力产生的水压的数据行
**
*SURFACE, NAME=WATER_SURFACE, TYPE=EULERIAN MATERIAL
WATER
*SURFACE, NAME=BOAT_SURFACE
BOAT_ELSET
**
*STEP
*DYNAMIC, EXPLICIT
*DLOAD
定义重力载荷的数据行
**
*CONTACT
*CONTACT INCLUSIONS
BOAT_SURFACE, WATER_SURFACE
```

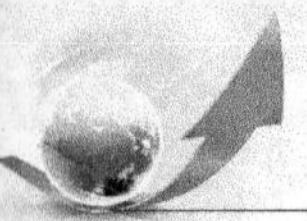


```
**
*OUTPUT, FIELD
*ELEMENT OUTPUT
EVF, SVAVG, PEEQVAVG
*END STEP
```

参考文献

- Benson, D. J., "Computational Methods in Lagrangian and Eulerian Hydrocodes," Computer Methods in Applied Mechanics and Engineering, vol. 99, pp. 235-394, 1992.
- Benson, D. J., "Contact in a Multi-Material Eulerian Finite Element Formulation," Computer Methods in Applied Mechanics and Engineering, vol. 193, pp. 4277-4298, 2004.
- Peery, J. S., and D. E. Carroll, "Multi-Material ALE methods in Unstructured Grids," Computer Methods in Applied Mechanics and Engineering, vol. 187, pp. 591-619, 2000.

9.2 定义欧拉边界

产品：Abaqus/Explicit　　Abaqus/CAE

参考

- “欧拉分析：概览” 9.1 节
- “欧拉单元”《Abaqus 分析用户手册——单元卷》的 6.14.1 节
- *EULERIAN BOUNDARY
- “定义一个欧拉边界条件”《Abaqus/CAE 用户手册》的 16.10.21 节

概览

在一个欧拉分析中，可以在欧拉边界上定义独立的内流和外流条件。一个欧拉边界条件：

- 可以用来控制材料进入欧拉区域的流动；
- 可以用来定义在欧拉区域边界上的一个压力场；
- 可以用来在人工截断边界上，施加无反射边界条件，来仿真一个无限区域；
- 与发生内流和外流的欧拉网格边界上定义的面相关联。

定义欧拉边界

欧拉边界必须定义在欧拉网格边界上的面上。不能在同一个面上定义多个欧拉边界。

输入文件用法：　*EULERIAN BOUNDARY

面名称

Abaqus/CAE 用法：Load module：Create Boundary Condition：Category：Other，Types for Selected Step：Eulerian boundary：选择区域

定义内流条件

可以使用内流条件来控制进入欧拉区域的材料流动。

自由内流

如果没有定义欧拉边界，则材料可以自由地流入欧拉区域；并且每一种内流材料的成分和状态与单元中当前存在的材料成分及状态相等。

输入文件用法：　*EULERIAN BOUNDARY，INFLOW = FREE

Abaqus/CAE 用法：Eulerian boundary condition editor：Flow type：Inflow，Inflow：Free

无内流

可以指定一个不能发生内流的欧拉边界——没有材料或者空材料能够通过指定区域流进欧拉区域。如果边界上速度指定向内，则速度的法向分量设置为零，而速度的切向分量保持不变。

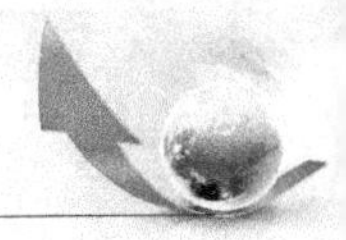

输入文件用法：　　* EULERIAN BOUNDARY，INFLOW = NONE

Abaqus/CAE 用法：Eulerian boundary condition editor：Flow type：Inflow，Inflow：None

空流

也可以指定一个边界发生内流，但是内流体积仅包含空材料。由于空材料的内流，一个最初完全充满材料的欧拉区域在分析中可以变成部分的填充。

输入文件用法：　　* EULERIAN BOUNDARY，INFLOW = VOID

Abaqus/CAE 用法：Eulerian boundary condition editor：Flow type：Inflow，Inflow：Void

定义流出条件

通过在流出边界上降低反射，或者在边界上指定一个压力场的方法，可以使用流出条件来仿真一个无边界的区域。

自由流出

如果没有指定欧拉边界条件，材料可以自由地流出欧拉区域，并且每一个流出材料的成分和状态与单元内当前存在的相等。如果定义了一个欧拉边界条件，且在相同的表面上指定了空材料内流条件，则自由流出是默认的行为。

输入文件用法：　　* EULERIAN BOUNDARY，OUTFLOW = FREE

Abaqus/CAE 用法：Eulerian boundary condition editor：Flow type：Outflow，Outflow：Free

无反射流出

一个无反射流出条件可以用于无边界区域中定义的边界值问题中，或者感兴趣区域的大小与周围介质相比是比较小的问题中。如《Abaqus 分析用户手册——单元卷》的 2.3.1 节中的“在动力学分析中使用固体介质无限单元”中所描述的无限元公式那样，无反射流出条件在区域边界上引入了额外的法向和切向牵引力，此牵引力与边界速度的法向和切向分量成比例。这些边界阻尼常数选择成可以将反射回有限元网格的纵波和横波能量最小化。此条件不提供网格外能量的完美传输，除了在平面体波在各向同性介质中的边界上垂直入射的情况。然而，它通常为大部分实际案例提供可接受的模拟。一个例外是通过边界发生显著的材料运输情况，在此情况中，不适于使用此条件。

输入文件用法：　　* EULERIAN BOUNDARY，OUTFLOW = NONREFLECTING

Abaqus/CAE 用法：Eulerian boundary condition editor：Flow type：Outflow，
Outflow：Nonreflecting

均衡流出

均衡流出是另外一个流出条件，可以在无边界区域中的人为流出边界上，有效地降低杂散反射。假定应力在边界上横跨单元界面是零阶连续的。在这些单元面上施加牵引力来平衡边界单元中由应力产生的节点力。这些条件通常施加在流出边界上，其上的压力分布是未知的。

输入文件用法：　　* EULERIAN BOUNDARY，OUTFLOW = NONUNIFORM PRESSURE

Abaqus/CAE 用法：Eulerian boundary condition editor：Flow type：Outflow，
Outflow：Equilibrium

零压力流出

通常在流体问题中，在流出口指定一个为零的压力。因为边界上的法向牵引包含压力和切应力，如果也考虑了流动的剪切行为，自然边界条件也称为“无为条件”，提供此种条件是不够的。零压力流出条件施加一个牵引力，抵消了剪切贡献，并且这样，在边界上产生一个均一分布的压力场。可以在相同的边界上施加一个分布的面载荷（见《Abaqus 分析用户手册——指定的条件、约束和相互作用卷》的 1.4.3 节中的“面牵引和压力载荷”）来指定非零的压力。如果没有指定流入条件，则此为默认的流出条件。

输入文件用法：　　* EULERIAN BOUNDARY，OUTFLOW = ZERO PRESSURE

Abaqus/CAE 用法：Eulerian boundary condition editor：Flow type：Outflow，
Outflow：Zero pressure

在重启动分析中使用欧拉边界

可以在重启动分析中定义一个新的欧拉边界，但是不能在此边界上指定一个空流入条件。此外，在一个重启动分析中，不能在一个现有的欧拉边界上将流入条件改变成空流入条件。

9.3 欧拉网格运动

产品：Abaqus/Explicit　　Abaqus/CAE

参考

- “欧拉面定义”2.3.5节
- “欧拉分析：概览”9.1节
- *EULERIAN MESH MOTION
- *EULERIAN SECTION
- *SURFACE
- “定义一个欧拉网格运动边界条件”《Abaqus/CAE用户手册》的16.10.22节，此手册的HTML版本中

概览

在一个传统的欧拉分析中，材料流动通过一个在空间固定的欧拉网格。因为它是静态的，所以欧拉网格必须足够大，来包含感兴趣的整个轨迹。在某些仿真中，例如翻滚充液的瓶子，此轨迹可以是长的，要求一个大的，单元大部分是空的欧拉网格。欧拉网格运动特征允许欧拉网格在空间中移动、跟随、扩展和收缩来包括一个目标对象。这样可以极大地降低网格的大小，并且因此，降低仿真成本。网格运动也能通过确保整个可能无法预测的感兴趣的轨迹确实是由欧拉网格包括的，来简化模拟。

激活网格运动

在一个模型中，可以为每一个欧拉部分独立地激活网格运动。运动应用于所有此部分中的单元。

输入文件用法：　*EULERIAN MESH MOTION，ELSET=名称

Abaqus/CAE用法：Load module：BC→Create，Category：Other，Types for Selected Step：Eulerian mesh motion：选择一个欧拉零件实例

计算网格运动

欧拉网格的运动，是使用一个包含整个欧拉部分的内部构造的边界盒来计算得到的。边界盒具有六个自由度：框中心的移动和三个盒尺寸的缩放。

边界盒在局部坐标系中构建。它的六个自由度也在此局部坐标系中进行定义。在仿真中，局部坐标系方向在空间中保持固定。如果没有指定局部坐标系，则局部坐标系与全局坐标系是一致的。

输入文件用法：　*EULERIAN MESH MOTION，ORIENTATION=名称

Abaqus/CAE用法：Load module：Eulerian mesh motion editor：Bounding Box Csys：Edit或Create

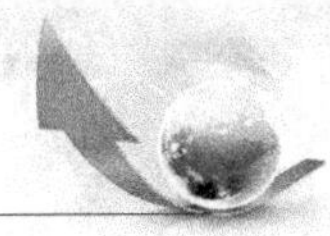

定义目标对象

使用一个面来定义欧拉网格将跟随的目标对象。默认情况下，欧拉网格边界盒在所有时候移动到封闭面，受限于任何在网格运动上指定的约束。如果面类型是拉格朗日的，则欧拉网格边界盒运动到封闭节点面（见图9-1）。如果面类型是欧拉的，则欧拉网格边界盒移动到封闭面定义中命名的欧拉材料（见图9-2）。

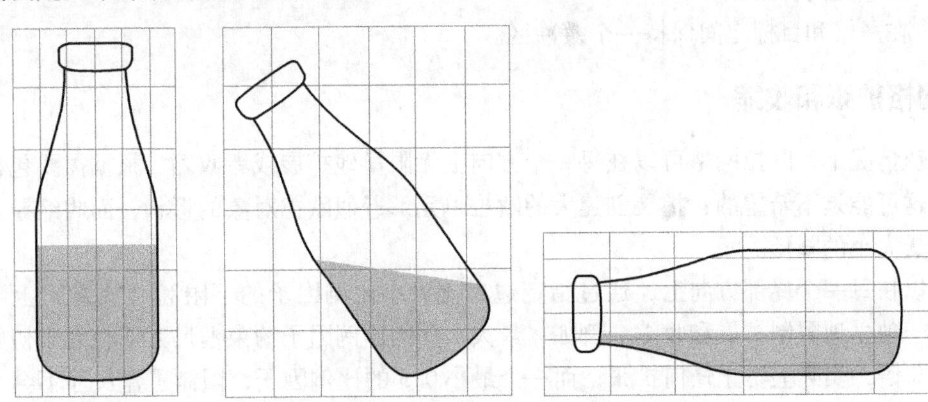

图9-1 网格运动，其中目标对象是拉格朗日瓶子

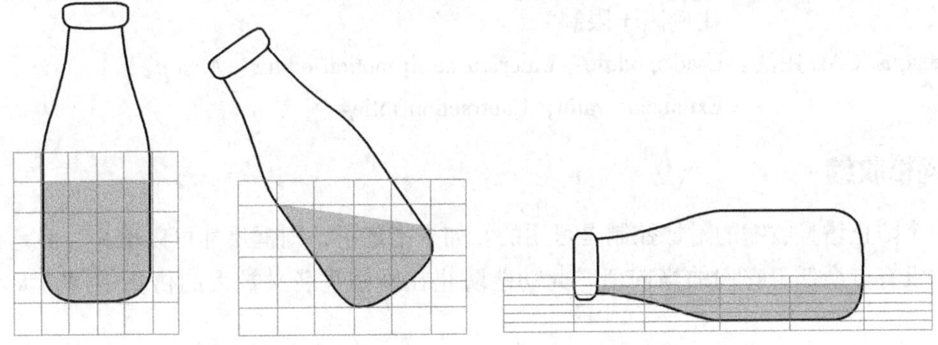

图9-2 网格运动，其中目标对象是欧拉流体

欧拉网格由于下面的原因，可以不完全地封闭目标：

- 边界盒运动约束；
- 边界盒局部方向的错位；
- 网格边界形状和边界盒之间的不匹配（例如，欧拉网格不是一个矩形盒）；
- 一个不足大小的，或者定位初始的欧拉网格。

输入文件用法： ＊EULERIAN MESH MOTION，SURFACE＝名称

Abaqus/CAE用法：Load module：Eulerian mesh motion editor：Object to Follow：名称

约束欧拉网格运动

一旦计算得到边界盒的运动，就对欧拉网格直接地施加移动和缩放因子。约束这些运动

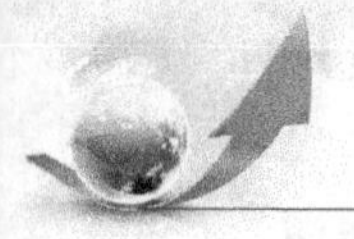

的一些类型的约束是可用的。竞争性约束之间的冲突以下面次序的过程来解决：

1）约束网格边界盒的中心和面；

2）限制网格运动速度；

3）关闭网格收缩；

4）将网格边界盒中心定位在目标的质量中心或者边界盒中心上；

5）防止网格扩张或者收缩超过比例因子限制；

6）限制宽高比变化；

7）在网格和目标之间保持一个缓冲区。

约束网格扩张和收缩

默认情况下，欧拉网格可以在每一个方向上无限量地扩展或者收缩，根据需要包含目标对象。这可能是不希望的：扩展创建大的欧拉单元，近似欧拉对象的形状，而收缩导致稳定时间增量大小的降低。

可以在每一个局部方向上，通过指定边界盒大小比例因子的下限和（或者）上限来施加约束，独立地限制扩展和收缩。例如，最大1.0的比例因子约束框尺寸不会大于初始框尺寸的1.0倍，实际上防止任何扩张；而一个最小0.5的比例因子，限制了盒尺寸不会小于初始尺寸的一半。

输入文件用法： * EULERIAN MESH MOTION
比例因子限制

Abaqus/CAE用法：Load module：Eulerian mesh motion editor：Axis n：Expansion ratio，Contraction ratio

防止网格收缩

一个防止增量收缩的附加控制是可用的。如果指定了，则框尺寸可以增大，但是在仿真过程中没有点会低于它们的当前值。此功能防止在网格是名义扩大的仿真中网格大小发生振荡。

输入文件用法： * EULERIAN MESH MOTION，CONTRACT = NO

Abaqus/CAE用法：Load module：Eulerian mesh motion editor：Controls：切换关闭 Allow mesh contraction

约束网格移动

可以在每一个局部方向上指定边界盒中心的移动是自由的（默认的），或是固定的。也可以在局部坐标系方向上，独立指定盒面的正和负的自由（默认的）或者固定法向移动。

输入文件用法： * EULERIAN MESH MOTION
面约束
中心约束

Abaqus/CAE用法：Load module：Eulerian mesh motion editor：Axis n：Center position，Positive plane position，Negative plane position

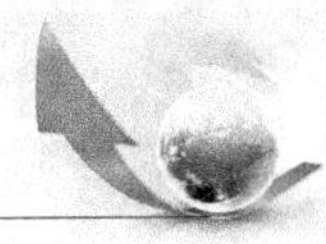

中心定位网格边界盒

如果网格边界盒的运动是不受约束的，则边界盒的中心是与封闭目标面的盒中心对齐的。如果目标面框架或者“发出”低密度材料，则将边界盒的中心与目标的质心对齐，可能是有利的。

输入文件用法：　使用下面的选项将网格边界盒中心定位到目标对象的质心：

*EULERIAN MESH MOTION，CENTER = MASS

使用下面的选项将网格边界盒中心定位到目标对象的边界盒中心：

*EULERIAN MESH MOTION，CENTER = BOUNDING BOX

Abaqus/CAE 用法：在 Abaqus/CAE 中不能改变网格边界盒的中心；网格边界盒的中心对应于目标对象的边界盒中心。

控制目标对象周围的网格缓冲

移动网格，给目标对象和边界盒之间保持一个欧拉单元的缓冲。默认情况下，此缓冲是等于两倍的网格中最大的欧拉网格尺寸。可以将缓冲大小指定为多个最大欧拉单元尺寸。也可以指定用于计算缓冲大小的目标对象和网格之间的初始空间（在目标初始超出网格的地方设置为零）。

输入文件用法：　通过下面的选项给出等于目标对象与网格之间初始距离的缓冲：

*EULERIAN MESH MOTION，BUFFER = INITIAL

使用下面的选项来指定最大欧拉单元尺寸倍数的缓冲：

*EULERIAN MESH MOTION，BUFFER = 值

Abaqus/CAE 用法：Load module：Eulerian mesh motion editor：Controls：Buffer size：Initial 或 Specify

限制宽高比变化

在一个单一方向上过度的网格运动，能产生形状差的欧拉单元。可通过一个参数来限制边界盒的最大宽高比变化。默认情况下，此限制是 10。当达到宽高比的限制时，在一个方向上的运动将引起另外一个方向上的运动，来保持盒的宽高比。此宽高比限制应用于边界盒尺寸，而不是应用于底层欧拉单元的尺寸。

输入文件用法：　*EULERIAN MESH MOTION，ASPECT RATIO MAX = 值

Abaqus/CAE 用法：Load module：Eulerian mesh motion editor：Controls：Aspect ratio limit：值

限制网格运动的速度

必须禁止欧拉网格立即移动。平流柯朗条件给出了它运动的硬限制，禁止网格速度比材料的波速快。此外，可以限制网格速度到目标对象最大速度的倍数。默认情况下，此限制设置为 1.01。

输入文件用法：　*EULERIAN MESH MOTION，VMAX FACTOR = 值

Abaqus/CAE 用法：Load module：Eulerian mesh motion editor：Controls：Mesh

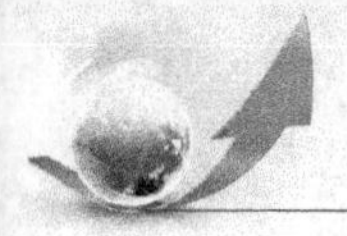

velocity factor：值

忽略欧拉材料的碎片

当目标对象是一个欧拉材料时，细微的碎片可以驱动过度的网格运动。可以指定一个最小的欧拉体积分数，在网格运动计算中将忽略在此体积分数以下的欧拉材料。此对于冲击计算将是特别有用的，允许其中的细微冲击碎片，飞溅弹丸离开欧拉区域。默认的最小体积分数是0.5。

输入文件用法：　　*EULERIAN MESH MOTION，VOLFRAC MIN=值

Abaqus/CAE用法：Load module：Eulerian mesh motion editor：Controls：Volume fraction threshold：值

限制

欧拉网格仅可以根据可用的欧拉网格运动选项来移动。不能对欧拉节点施加指定的位移边界条件。

9.4 在欧拉区域中定义自适应网格细化

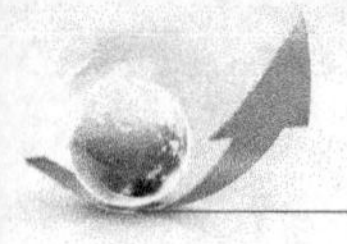

产品：Abaqus/Explicit

参考

- “欧拉分析：概览”9.1节
- ＊ADAPTIVE MESH REFINEMENT
- ＊EULERIAN SECTION
- ＊EULERIAN MESH MOTION
- ＊CONTACT CONTROLS ASSIGNMENT

概览

自适应网格细化特征：

- 可以在一个欧拉网格内部局部地细化单元；
- 允许用户为细化定义不同的准则；
- 一旦不再满足细化准则，可以自动地去除细化
- 只对于欧拉单元是可用的。

自适应网格细化

在一个传统的欧拉分析中，欧拉网格的拓扑在分析中是不改变的。虽然欧拉网格运动特征允许欧拉网格在空间运动来覆盖感兴趣的区域，然而它创建随时间改变的非均匀细化网格的功能是有限的。自适应网格细化特征可以通过细分用户定义的准则所确定的单元，来局部地细化网格。在分析中，一旦不再满足准则，这些细化可以自动地去除。与均匀细化网格相比，此方法可极大地节约计算成本。一个使用自适应网格细化特征的例子，见《Abaqus基准手册》的1.3.10节。

激活自适应网格细化

在一个模型中，可以为每一个欧拉截面独立地激活自适应网格细化。此特征施加于此截面中的所有单元，并且，为细化而指定的单元集名称，必须与欧拉截面定义中使用的名称相匹配。

输入文件用法：　＊ADAPTIVE MESH REFINEMENT，ELSET＝名称

设置细化限制

当发生了自适应网格细化的时候，欧拉网格中加入了单元。可以通过指定一个加入到原始单元中的单元上限比，来限制可以创建多少单元。默认的上限比的值是8.0。

输入文件用法：　＊ADAPTIVE MESH REFINEMENT，RATIO＝单元数量的最大增加/原始单元数量

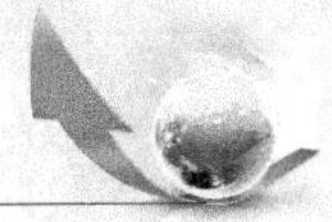

设置细化水平

具有细化水平一，每一次细化一个用户定义的欧拉单元，它等效于分成八个子单元。如果允许细化水平二，则这些子单元可以随后再次被划分。可以对细化的最大水平数设置限制。默认的最大水平是一。

输入文件用法：　　* ADAPTIVE MESH REFINEMENT，LEVEL = 细化的最大水平

定义细化准则

必须指定至少一个细化准则。如果满足任何准则，将选择一个单元来进行细化。为了在网格过渡边界（细化网格与粗糙网格相遇的地方）降低所产生的数值后果，与所选的单元毗邻的单元也被细分。一旦不再满足细化准则，单元将被粗化。每一个被选择的单元在每次增量中，可以被细化或者粗化一个水平。表 9-1 列出了所有在 Abaqus /Explicit 中可以使用的细化准则。

表 9-1　细化准则

细化准则描述	细化准则标签	用户定义的值
包含材料界面的细化单元	VF	N/A
与拉格朗日实体接触的细化单元	CONT	N/A
发生重大塑性变形单元的细化 不支持临界状态（层）塑性模型	PEEQ	等效塑性应变的临界值
锐化密度梯度附近的单元细化	密度	可以为此准则指定两个值。第一个值是密度梯度的临界值，计算成跨单元面的密度变化与单元内部材料密度之间的比；第二个值是临界密度。对于所选择的单元，密度和密度梯度二者都必须超出临界值
锐化压力梯度附近的单元细化	PRESS	可以为此准则指定两个值。第一个值是压力梯度的临界值，计算为跨单元面的压力变化与单元内部的压力之间的比率；第二个值是临界压力。对于所选择的单元，压力和压力梯度二者都必须超出临界值

输入文件用法：　　* ADAPTIVE MESH REFINEMENT，
　　　　　　　　　细化准则标签，准则值

接触

当在一个涉及通用接触的欧拉截面中指定了自适应网格细化时，必须编辑接触控制来激活动态种子。默认情况下，接触种子基于整个欧拉网格中的最小欧拉单元，在拉格朗日面上创建的，并且仅在分析的开始创建种子。一旦接近拉格朗日面的欧拉单元被细化，则使用动态种子允许创建更多的种子；一旦这些欧拉单元被粗化，则这些种子将被删除。

输入文件用法：　　* CONTACT CONTROLS ASSIGNMENT，SEEDING = DYNAMIC

10 粒子方法

10.1 离散单元方法

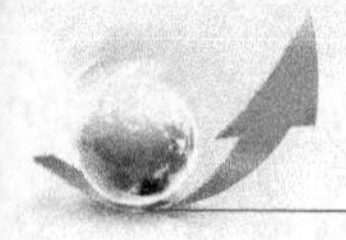

产品：Abaqus/Explicit　　Abaqus/Viewer

参考

- “离散粒子单元”《Abaqus 分析用户手册——单元卷》的 7.1.1 节
- *DISCRETE SECTION
- *CONTACT
- *INITIAL CONDITIONS

概览

离散单元方法（DEM）：

- 用于模拟大量离散粒子彼此接触的情况；
- 采用一个具有刚性球形状的单节点单元来模拟每一个粒子，可以表示一个单独的颗粒、片剂、喷丸或者其他简单物体；
- 在制药、化工、食品、陶瓷、冶金、矿山等行业中模拟微粒材料行为的一个多功能工具；
- 并非用于模拟连续体的变形，但是 DEM 可以与有限元一起用来模拟离散粒子与可变形的连续体或者其他刚体之间的相互作用。

介绍

离散单元方法（the discrete element method，DEM）是一个直观的方法，在显式动力学仿真中，离散粒子之间和与其他表面之间相互碰撞。典型的，每一个 DEM 粒子代表一个单个的颗粒、片剂、喷丸等。离散单元方法不适用于单个粒子承受复杂变形的情形。从概念上讲，离散单元方法比采用粒子团整体模拟一个连续体（见 10.2.1 节）的平滑粒子流体动力学（the smoothed particle hydrodynamic，SPH）方法简单。

例如，离散单元方法很适合于粒子混合的情况，例如图 10-1 所示。在此应用中，使用离散单元方法来模拟初始分离的蓝色和白色粒子，使用刚性有限元来模拟两个混合螺杆及箱形容器。图 10-1 中接下来的变形图显示了粒子对螺杆的转动的响应。仿真的这些离散单元方法结果通常最好使用动画查看。另外一个离散单元方法混合应用的例子在《Abaqus 例题手册》的 13.1.1 节中得到描述。

每一个离散单元方法粒子采用 PD3D 类型的单节点单元进行模拟。这些单元是具有指定半径的刚性球。PD3D 单元的节点具有位移和旋转自由度。当考虑了摩擦后，离散单元方法粒子的旋转可以显著地影响相互接触的作用。

通用接触定义可以轻易地扩展到包含离散单元方法粒子之间的，及离散单元方法粒子与有限元基础的（或分析型）面之间的相互作用。粒子间较大的相对运动是典型的离散单元方法应用。粒子-粒子可以包括像或者不像粒子的相互作用。每一个粒子可以同时包含在许多接触相互作用中。离散单元方法粒子相互作用使用有限的接触刚度，此接触刚度在粒子系

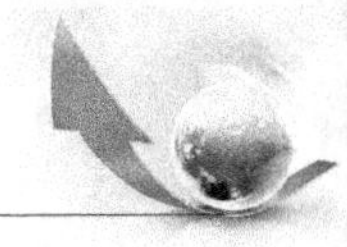

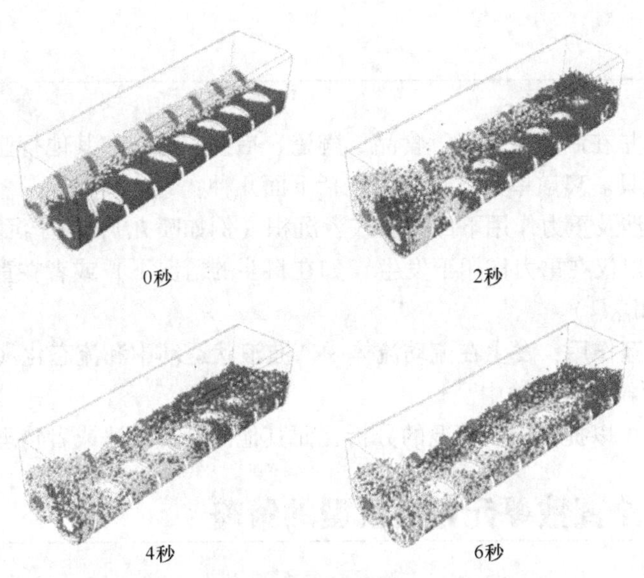

图 10-1　离散单元方法粒子混合例子

统中引入一些柔性。例如，可以指定接触刚度来反映采用离散单元方法模拟的填充颗粒状材料的宏观刚度。

例如，考虑图 10-2 中所示的两个圆球粒子之间的相互作用。

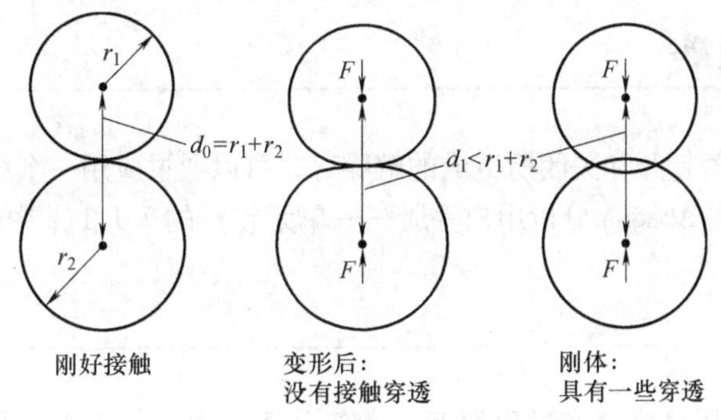

图 10-2　圆球粒子间的相互作用

三个情况分别为：两个未变形的球刚刚接触；两个严格执行接触的球推向彼此后变形；两个刚性球推向彼此，具有一定的穿透。球中心之间的距离对于图 10-2 的中间和右边所示的情况是一样的。物理行为对应于中间的情况。右边的情况对应于一个离散单元方法近似。如果变量 δ 定义为

$$\delta = r_1 + r_2 - d$$

其中 r_1 和 r_2 是两个球的半径，并且 d 是球中心之间的距离，当未变形的球刚刚接触时，$\delta = 0$，而如果球中心间的距离小于合并的半径，则 $\delta > 0$。对于离散单元方法近似，δ 对应于粒子间的最大穿透距离。可以通过调整离散单元方法粒子的接触刚度关系（接触力 F 针对穿透量 δ）来改进某些离散单元方法应用的精度，来反映 Hertz 接触解决方案（图 10-2 的中间情况）。进一步的有关调整接触刚度的讨论，见《Abaqus 例题手册》的 13.1.1 节。

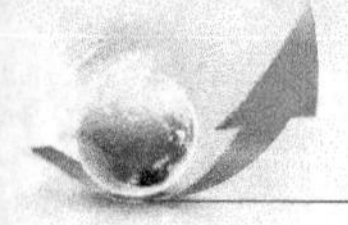

应用

离散单元方法是在制药、化工、食品、陶瓷、冶金、矿山和其他行业中模拟微粒材料行为的一个多功能工具。离散单元方法应用包括下面几种：

- 粒子填充：涉及重力作用下的涌出或者沉积（例如喷丸），粒子沉积后的振动和压实。
- 粒子流：可以仅在重力作用下发生（如在料斗的情况下）或者在重力和它驱动力下发生（例如混合器和磨盘）。
- 粒子流的相互作用：发生在流动流体中、波浪状运动中和流态化（其特征在于流体流过颗粒床）中的颗粒材料传输中。

离散单元方法可以提供许多情况的分析，而其他的计算方法或者物理实验则难以考察。

创建和初始一个离散单元方法模型的策略

粒子状介质通常由不同大小的随机分布的颗粒组成。生成一个离散单元方法分析的初始网格可能很具有挑战性。离散单元方法的一个常见策略是指定粒子之间具有一定间隙的近似初始位置，然后在第一步中，让粒子在重力载荷情况下安定。例如，在图 10-1 中显示的混合分析使用了此策略：螺旋推进器在第一步保持静止，在第一步中让粒子安定，然后在第二步中旋转螺旋推进器，来研究混合行为（这是图示的重点）。

降低解噪声的策略

由接触状态的数值打开和关闭所造成的解噪声，可以通过应用一个小量的质量比例阻尼来降低。更多的信息见《Abaqus 分析用户手册——单元卷》的 7.1.1 节中的“Alpha 阻尼”。

时间增量考虑

离散单元方法使用显式动态过程类型。大部分情况中，如 1.3.3 节中“显式增量分析”中的“自动时间增量”所讨论的那样，基于模型的刚度和质量特征，Abaqus/Explicit 自动地控制时间增量大小。最大稳定时间增量的大小、质量和刚度属性之间的关系是复杂的。稳定时间增量大小往往是与质量的平方根成正比，并且与刚度的平方根成反比。然而，不能为每一个 PD3D 单元计算稳定时间增量，因为粒子是刚性的，所以必须为纯粹的离散单元方法分析指定一个固定的时间增量大小（见 1.3.3 节中的“固定时间增量”）。可以使用具有 PD3D 单元和普通变形有限元模型的自动时间增量。

离散单元方法粒子之间的接触相互作用可以影响合适的时间增量大小。没有粒子紧密填充的离散单元方法分析可以简单地调用接触刚度，此接触刚度大到足够避免显著的穿透，而不是很准确地代表粒子（每一个粒子使用离散单元方法模拟成刚体）物理刚度特征的接触刚度。如果不指定接触刚度，Abaqus/Explicit 基于时间增量大小和粒子质量/转动惯量特征值，赋予一个默认（穿透）的接触刚度。在此情况中，应当确保时间增量足够小，可以产

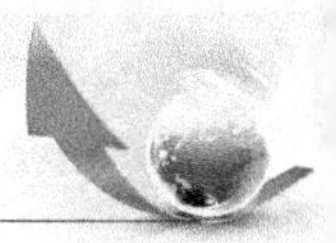

生一个足够大的穿透刚度。

在许多情况中，小心地设定接触刚度是重要的，例如，让离散单元方法结果来匹配可变形球之间的 Hertz 接触行为。如果指定离散单元方法接触刚度，必须确保分析所用的时间增量足够小，以避免数值不稳定。对于粒子的致密三维填充，每一个粒子同时与许多的粒子接触，数值稳定性的考量是复杂的。一般原则是时间增量不应当超过 $0.4\sqrt{\frac{m}{k}}$，其中 m 和 k 分别代表粒子的质量和接触刚度。在某些应用中，一个更小的时间增量可以产生更好的结果，例如 $0.1\sqrt{\frac{m}{k}}$。

如果粒子速度变得非常大，则增量运动的大小将影响合适的时间增量大小。有时候粒子运动的精确解析要求指定一个比最大数值稳定时间增量小的时间增量。

初始条件

可以在离散单元方法分析中使用合适的力学分析初始条件。对于一个显示动力学分析可以使用的所有初始条件在《Abaqus 分析用户手册——指定的条件、约束和相互作用卷》的 1.2.1 节中进行了阐述。

边界条件

边界条件如《Abaqus 分析用户手册——指定的条件、约束和相互作用卷》的 1.3.1 节中所描述的那样进行定义。在离散单元方法中，边界条件很少施加于一个单独的粒子。

载荷

对于一个显式动力学分析可以使用的载荷类型，在《Abaqus 分析用户手册——指定的条件、约束和相互作用卷》的 1.4.1 节中得到解释。重力载荷对于离散单元方法中的安定和粒子流动分析是非常重要的。集中载荷很少施加在粒子上。

单元

离散单元方法使用 PD3D 单元来模拟单个粒子。这些定义粒子介质单个颗粒的 1- 节点单元是球形的，并且模拟成刚性的（任何柔性在接触模型中建立）。这些粒子单元使用现有的 Abaqus 功能来参考单元关联的特征，例如初始条件、分布载荷和可视性。可以采用定义点质量或者转动惯量等方法来定义这些单元。粒子节点的坐标对应于材料颗粒的物理中心位置。给一个离散截面的定义赋予 PD3D 单元，在其中指定了粒子特征。更多的信息，见《Abaqus 分析用户手册——单元卷》的 7.1.1 节。

Input File Usage：使用下面的选项来定义一个离散单元介质：

*ELEMENT，TYPE = PD3D，ELSET = 粒子体

单元编号，节点编号

*DISCRETE SECTION，ELSET=单元集名称

约束

因为PD3D单元是拉格朗日单元，它们的节点可以包含在其他的功能中，例如连接器或者约束。虽然PD3D单元具有球面形状，通过聚集粒子到一起的方法，就有可能模拟复杂形状的颗粒，如图10-3中所示。一个簇是通过刚性聚集或者通过柔性连接器聚集在一起的一组粒子。

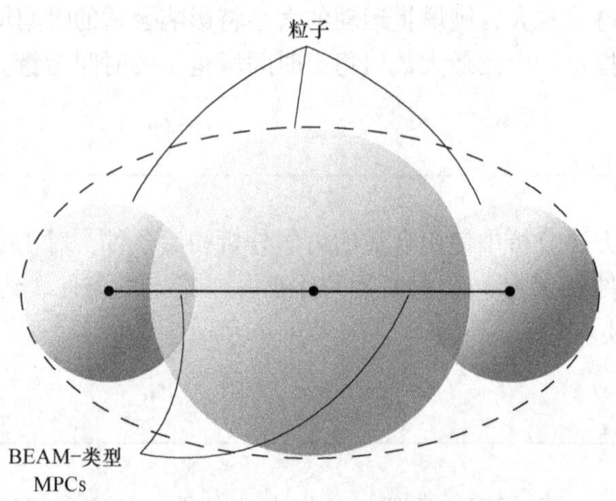

图10-3　粒子的刚性簇

一个簇中的粒子可以彼此重叠。将存在试图将簇的重叠粒子推开的接触力，除非在簇的粒子中指定了接触排除（见《Abaqus分析用户手册——指定的条件、约束和相互作用卷》的3.4.1节）。这些接触力在刚性聚集到一起的粒子上没有影响，但是对于使用柔性连接器的簇是有问题的。

粒子簇的方法可能无法复制实际粒子的精确几何。例如，图10-3中显示的簇可以近似一个椭圆的形状（在图中以虚线表示）。可以对簇加入更多的不同大小的球粒子使其更接近一个真实形状。

在粒子簇的节点之间定义BEAM类型的多点约束来创建一个刚性的簇，或者在粒子节点之间定义连接单元来创建一个刚性或者“可变形的”簇。可以为连接器单元定义合适的本构行为来捕捉一个簇中粒子连接器的柔性行为。更多的信息见《Abaqus分析用户手册——指定的条件、约束和相互作用卷》的3.2.2节和《Abaqus分析用户手册——单元卷》的5.1.1节。

相互作用

接触是离散单元方法分析的一个不可或缺的因素，如上面所讨论的那样。使用通用接触来定义涉及离散单元方法粒子的接触。一个离散单元方法粒子可以与下列同时参与多个接触

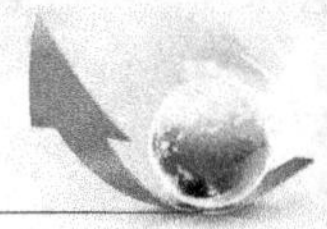

的相互作用。

- 使用相同离散截面定义的其他粒子；
- 使用不同离散截面定义的其他粒子；
- 基于有限元的一个面；
- 一个分析型刚性面。

模拟离散单元方法粒子之间的接触要求明确地将粒子作为使用接触包含的基于单元的面包括（见《Abaqus 分析用户手册——介绍、空间建模、执行与输出卷》的 2.3.2 节）在通用接触中。对于通用接触的讨论，见《Abaqus 分析用户手册——指定的条件、约束和相互作用卷》的 3.4.1 节。默认情况下，粒子不是通用接触域的一部分，类似于其他 1-节点单元（例如点质量）。

离散单元方法的接触刚性通常趋向于考虑粒子物理性的刚性特征，因为离散单元方法将每一个粒子模拟成刚性的；这样，对于离散单元方法相互作用，非默认的接触属性赋予是常见的。

法向和切向接触力

图 10-4 是一个代表两个粒子之间接触刚度和阻尼的示意图。弹性刚度 K_n 作用在接触法向方向上，并且可以表现出一个简单的线性或者一个非线性接触刚度。阻尼 C_n 表示法向上的接触阻尼。切向弹性刚度 K_t 与摩擦因数 μ 表示粒子间的摩擦力。阻尼 C_t 表示切向方向上的接触阻尼。

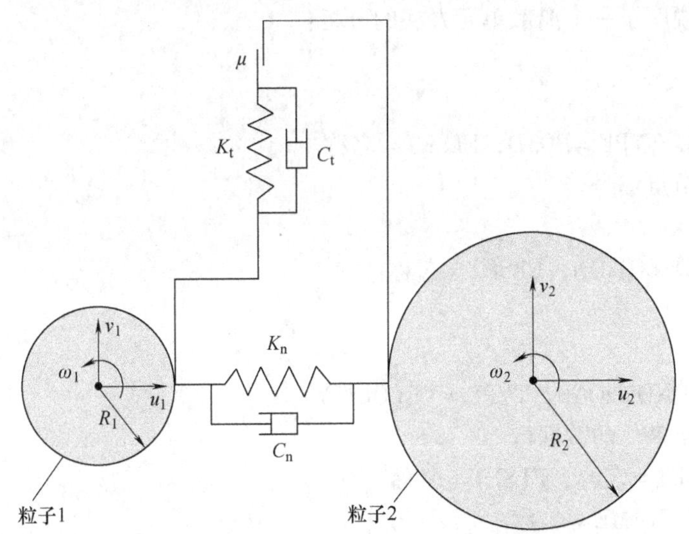

图 10-4　两个离散单元之间的法向和切向接触相互作用

图 10-4 显示作用在粒子表面的切向接触力造成粒子中心处的力矩。包含离散单元方法粒子的相互作用产生了通过该界面传输的力矩。

输出

对于 PD3D 单元没有可用的单元输出。节点输出包括所有 Abaqus/Explicit 分析中通常可用的输出变量（见《Abaqus 分析用户手册——介绍、空间建模、执行与输出卷》的 4.2.2 节）。

局限性

离散单元方法分析受到以下的限制：

- 在一个多域分析中，将强制所有 PD3D 单元在其中一个域之中。
- 应力、应变和其他类似连续单元输出的体积平均输出，对于单元离散法分析是不可用的。
- PD3D 单元只支持球形。
- 在 PD3D 单元之间或者 PD3D 单元与其他单元之间不可能指定粘结或者热接触。
- 忽略了 PD3D 单元之间或者 PD3D 单元与其他单元之间的滚动摩擦。
- 虽然在 Abaqus/Viewer 中支持，但是此功能在 Abaqus/CAE 中不支持。可以使用 Abaqus/CAE 中现有的功能来生成质量单元，写出一个输入文件，然后手动编辑输入文件来将质量单元转换成粒子。另外，可以使用 C3D8R 单元来创建一个网格，写出一个输入文件，然后写一个脚本来将这些单元转换成粒子单元，如在 www.3ds.com/support/knowledge-base.达索系统知识库中“从一个实体网格生成粒子单元”中所描述的那样。

输入文件模板

下面的例子说明了一个离散单元方法的分析：

```
*HEADING
…
*ELEMENT, TYPE=PD3D, ELSET=名称
单元编号，节点编号
…
*DISCRETE SECTION, ELSET=名称
粒子半径
**
*INITIAL CONDITIONS, TYPE=VELOCITY
定义速度初始条件的数据行
*NSET, NSET=名称, ELSET=名称
*SURFACE, NAME=名称
,
**
*SURFACE INTERACTION
**
*STEP
*DYNAMIC, EXPLICIT
*DLOAD
```

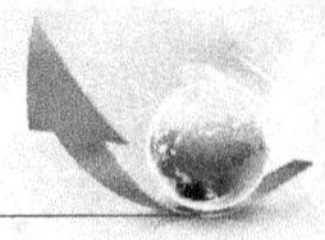

定义重力载荷的数据行

```
* *
* CONTACT
* CONTACT INCLUSIONS
* CONTACT PROPERTY ASSIGNMENT
* *
* CONTACT CONTROLS ASSIGNMENT
* OUTPUT, FIELD
* END STEP
```

参考文献

- Cundall, P. A., and O. D. Strack, "A Distinct Element Method for Granular Assemblies," Geotechnique, vol. 29, pp. 47-65, 1979.
- Munjiza, A., and K. R. F. Andrews, "NBS Contact Detection Algorithm for Bodies of Similar-Size," International Journal for Numerical Methods in Engineering, vol. 43, pp. 131-149, 1998.
- O' Sullivan, C., and J. D. Bray, "Selecting a Suitable Time Step for Discrete Element Simulations that Use the Central Difference Time Integration Scheme," Engineering Computations, vol. 21 (2/3/4), pp. 278-303, 2004.
- Zhu, H. P., Z. Y. Zhou, R. Y. Yang, and A. B. Yu, "Discrete Particle Simulation of Particulate Systems: A Review of Major Applications and Findings," Chemical Engineering Science, vol. 63, pp. 5728-5770, 2008.
- Zhu, H. P., Z. Y. Zhou, R. Y. Yang, and A. B. Yu, "Discrete Particle Simulation of Particulate Systems: Theoretical Developments," Chemical Engineering Science, vol. 62, pp. 3378-3396, 2007.

10.2 连续粒子分析

- “平滑粒子流体动力学”10.2.1 节
- “有限元转换为 SPH 粒子”10.2.2 节

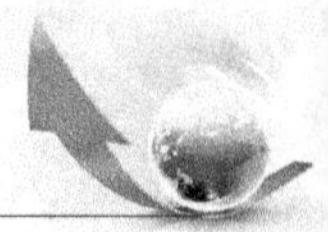

10.2.1 平滑粒子流体动力学

产品：Abaqus/Explicit

参考

- “连续粒子单元”《Abaqus 分析用户手册——单元卷》的 7.2.1 节
- *SOLID SECTION
- *SECTION CONTROLS
- *INITIAL CONDITION

概览

平滑粒子流体动力学（Smoothed particle hydrodynamics，SPH）是一个数值方法，是无网格（或者自由网格）方法大家庭中的一部分。对于这些方法，不需要定义在一个有限元分析中通常需要定义的节点和单元，只需用一个点集合代表一个给定物体。在平滑粒子流体动力学中，这些节点通常指的是粒子或者虚拟粒子。

图 10-5 中所示的例子对比了两种方法。两种离散表示模拟了一个瓶子内的流体初始构型，如《Abaqus 例题手册》2.3.2 节中所详细描述的那样。左边的模型是流体占据体积的传统四面体网格。在右边，相同的体积通过一个离散点集来表示。注意，后者的情况中没有连接点的边，因为这些点（虚拟粒子）不要求多节点单元连接的定义，多节点单元连接的定义就像左边传统有限元中表示的情况那样。一个在分析的开始直接定义粒子单元的替代方法是定义传统的连续有限元，然后在分析的开始或者在分析中自动地将它们转换成粒子单元，如 10.2.2 节中所讨论的那样。

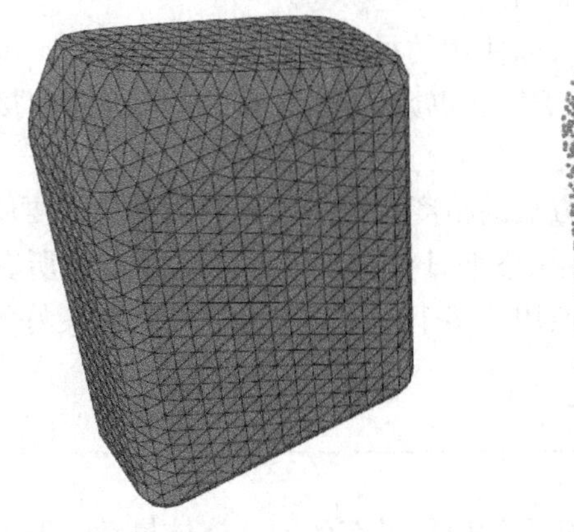

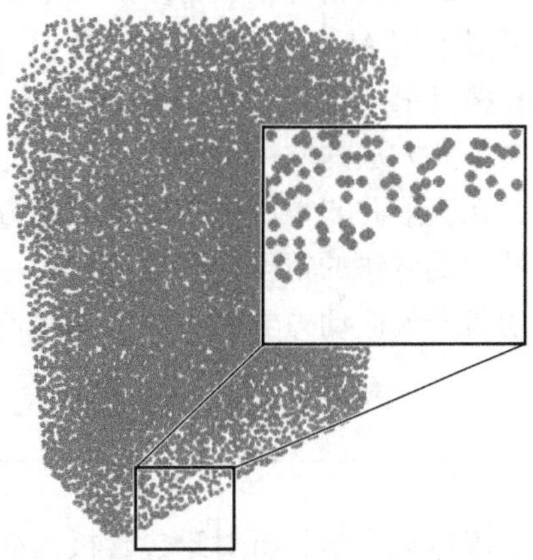

图 10-5 有限元网格和 SPH 粒子分布

平滑粒子流体动力学是完全的拉格朗日模拟方案，不需要定义一个空间网格，通过在求解域上分布的点离散组上进行直接插值，允许一个指定组的连续方程离散化。该方法的拉格朗日性质，与不存在的固定网格相连，是主要的优势。与流体流动、包含大变形的结构问题以及自由面相关的困难，则以相对自然的方法得到解决。

其核心，此方法不是基于压缩中的离散粒子（球形）相互间的碰撞，或者在拉伸中表现出的类似黏着的拉伸行为，如单词粒子所表明的那样。相反，它是连续偏微分方程的一个简单聪明的离散化方法。在此方面，平滑粒子流体动力学与有限元方法是非常相似的。SPH使用一个不断改进的插值策略，在一个域中的任何点上逼近一个场变量。在一个感兴趣的粒子上的一个变量值，可以从一个临近的粒子组通过累加贡献来近似，临近的粒子通过角标 j 来表述，对于"内核"方程，W 不是零。

$$\langle f(x)\rangle \approx \sum_j \frac{m_j}{\rho_j} f_j W(|x - x_j|h).$$

一个内核方程的例子显示在图10-6中。平滑长度 h 确定了有多少粒子影响一个粒子点的插值。

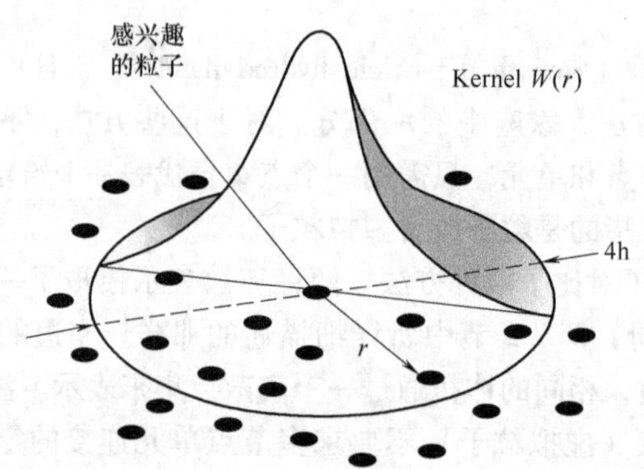

图10-6　内核方程

SPH方法自被提出以来（Gingold 和 Monaghan，1977）已经得到了大量的理论支持，并且与此方法有关的出版物现在非常多。在下面列出了一些参考。

此方法可以使用Abaqus/Explicit中任何可以使用的材料（包括用户材料）。可以像任何其他拉格朗日模型那样指定初始条件和边界条件。也允许与其他拉格朗日体的接触相互作用，这样扩展了此方法的应用范围。

总体上，在变形并非很严重的时候，此方法的精度比拉格朗日有限元分析要低，并且在更高变形区域，此方法的精度比耦合的欧拉-拉格朗日分析要低。如果模型中所有节点的大百分比与平滑粒子流体动力学相关联，如果使用了多个CPU，则分析不具有良好的扩展性。

应用

平滑粒子流体动力学分析对于包含极大变形的应用是有效的。流体晃动、波浪工程、弹道学、喷涂（如喷漆）、气流和填塞及破碎后二次冲击都是很典型的应用实例。有许多耦合的欧拉-拉格朗日和平滑粒子流体动力学方法都是可以使用的。在许多耦合的欧拉-拉格朗日

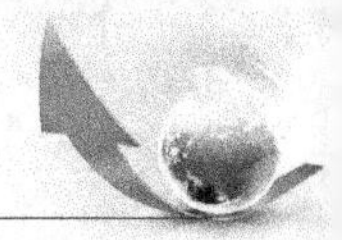

分析中，材料的孔隙率很小，因此，计算工作量可能过高。在这些情况中，平滑粒子流体动力学方法更好用。例如，在耦合的欧拉-拉格朗日分析中，追踪从首次碰撞得到的碎片通过一个大的空间，直到发生二次碰撞，成本是非常高的，但是如果采用一个平滑粒子流体动力学分析，则没有额外的花费。

《Abaqus 例题手册》的 2.3.2 节，包括一个使用平滑粒子流体动力学方法来模拟与撞击相关的猛烈晃动的例子。

人工黏性

平滑粒子流体动力学中的人工黏性，与有限元的体黏性具有相同的意义。类似于其他拉格朗日单元，粒子单元使用线性和二次黏性贡献来抑制来自计算相应的高频率噪声。在默认值不合适的极少情况中，可以控制包含在平滑粒子流体动力学分析中的人工黏性的大小。

输入文件用法： 使用下面的选项来指定线性和二次人工黏性的比例因子：

* SECTION CONTROLS

,,, 线性人工黏性的比例因子，二次人工黏性的比例因子

初始条件

《Abaqus 分析用户手册——指定的条件、约束和相互作用卷》的 1.2.1 节，描述了对于一个显式动力学分析可以使用的所有初始条件。对于力学分析合适的初始条件，可以用于一个平滑粒子流体动力学分析中。

边界条件

边界条件如《Abaqus 分析用户手册——指定的条件、约束和相互作用卷》的 1.3.1 节中所描述的那样进行定义。

载荷

一个显式动力学分析的可用载荷类型，在《Abaqus 分析用户手册——指定的条件、约束和相互作用卷》的 1.4.1 节中得到解释。集中节点载荷可以如通常的那样施加。重力载荷是平滑粒子流体动力学分析中唯一允许的分布载荷。

材料选项

Abaqus/Explicit 中的任何材料模型都可以用于平滑粒子流体动力学分析中。

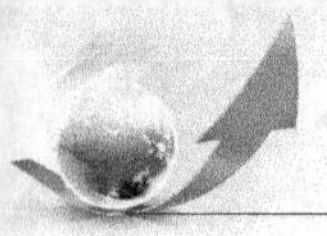

单元

平滑粒子流体动力学方法是通过与 PC3D 单元相关的公式实现的。这些 1- 节点单元是在空间中定义模拟一个具体的体或群体的粒子的简单方法。这些粒子单元利用 Abaqus 中现有的功能来应用单元相关的特征，例如材料、初始条件、分布载荷和可视性。

以定义点质量相类似的方法来定义这些单元。这些点的坐标位于所模拟的体的表面或在体的内部，类似于用六面体单元网格划分的体节点。为了得到更加精确的结果，应当努力在所有方向上尽可能地均匀布局这些点的坐标。

另外一个直接定义 PC3D 单元的方法是定义传统连续有限单元类型 C3D8R、C3D6 或者 C3D4，并且在分析的开始或者在分析中自动地将它们转换成粒子单元，如 10. 2. 2 节中所讨论的那样。

Abaqus/Explicit 中实施的平滑粒子流体动力学方法使用一个三次样条曲线作为插值多项式，并且基于经典的平滑粒子流体动力学理论，如下面参考中所列出的那样。

平滑粒子流体动力学方法不是用于二维单元的。轴对称可以使用一个楔形扇面和对称边界条件来模拟。没有与 PC3D 单元相关的沙漏或者扭曲控制力。这些单元没有面或者边与它们相关联。

SPH 内核插值

默认情况下，Abaqus/Explicit 中实施的平滑粒子流体动力学方法使用一个三次样条曲线作为插值多项式。另外，可以选择一个二次的（Johnson et al，1996）或者五次的（Wendland，1995）插值。

执行是基于经典的平滑粒子流体动力学理论的，如下面参考所叙述的那样。有使用平均流动校正配置更新的选项，通常在文献中称之为 XSPH 方法（见 Monaghan，1992）；还可采用 Randles 和 Libersky 的修正内核（1997），也称之为标准化的 SPH（NSPH）方法。

可以像《Abaqus 分析用户手册——单元卷》的 1. 1. 4 节中的“使用平滑粒子流体动力学（SPH）的截面控制”那样来控制这些设置。

计算粒子体积

目前，还不具备自动的计算与这些粒子相关联的体积的能力。于是，用户需要提供一个特征长度来用于计算粒子体积，进而用于计算与粒子相关的质量。假设节点在空间中是均匀分布的，并且每一个粒子与中心定位在粒子上的一个小立方体关联。当叠在一起的时候，这些立方体将填充物体的整个体积，在物体的自由面上将有一些近似。特征长度是立方体面长度的一半。从实践的角度，一旦创建了节点，可以使用两个节点之间距离的一半作为特征长度。另外，如果知道零件的质量和密度，可以计算零件的体积并且除以零件中粒子的总数，来得到与每一个粒子相关联的小立方体的体积。此小体积的立方根的一半是此粒子组的一个合理的特征长度。如果要求模型定义数据打印到 data（. dat）文件中（见《Abaqus 分析用户手册——介绍空间建模、执行与输出卷》的 4. 1. 1 节中的“模型和历史定义总结”），则可以检查模型中个别组的质量。

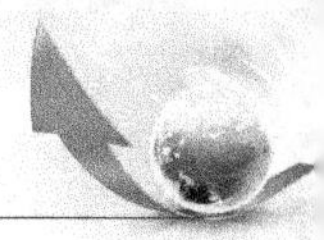

输出文件用法：使用下面的选项来定义一个平滑粒子流体动力学物体：

```
*ELEMENT，TYPE=PC3D，ELSET=粒子体
单元编号，节点编号
按需重复此数据行。
*SOLID SECTION，ELSET=粒子体，MATERIAL=材料名称
与粒子体积相关联的特征长度
```

平滑长度计算

尽管在模型中，每个粒子单元使用一个节点，平滑粒子流体动力学方法基于影响球内的临近粒子，为每一个单元计算贡献量。此影响球的半径在文献中指的是平滑长度。平滑长度独立于上面所讨论的特征长度，并且支配方法的内插特性。默认情况下，平滑长度是自动计算得到的。随着变形的进行，粒子相对于彼此移动，于是，所给定粒子的周边粒子可以（并且通常是）变化。对每一个增量，Abaqus/Explicit 重新计算此局部连接，并且基于中心在感兴趣粒子处的粒子云来计算运动学物理量（例如法向和切应变、变形梯度等）。然后，用与缩减积分六面体单元相似的方法计算得到应力，然后基于平滑粒子流体动力学方程，来为云中的粒子计算单元节点力。

默认情况下，Abaqus/Explicit 在分析开始时计算一个平滑长度，这样与一个单元相关的粒子平均数，大体上在 30 到 50 之间。平滑长度在分析中是保持不变的。这样，每一个单元粒子的平均数量，可以在分析中根据模型中的平均行为分别是膨胀的还是压缩的来降低或者增加。如果分析在本质上大部分是压缩的，则与一个给定单元相关联的粒子总数，可能会超过允许的最大值，并且分析将停止。默认情况下，允许与一个单元相关联的最大粒子数目是 140。

可以像《Abaqus 分析用户手册——单元卷》的 1.1.4 节中的“使用平滑粒子流体动力学（SPH）的截面控制”所讨论的那样控制这些设定的大部分。

平滑粒子流体动力学区域

在分析的开始时，计算得到一个矩形区域作为将被追踪粒子的箱体边界。此固定矩形箱体比整个模型的总体尺寸大 10%，并且它的中心位于模型的几何中心处。随着分析的进行，如果一个粒子超出了此箱体，则它表现得像一个自由飞翔的质点，并且对平滑粒子流体动力学计算没有贡献。如果粒子在稍后的阶段再次进入此箱体，它将再一次包含在计算中。

可以如《Abaqus 分析用户手册——单元卷》的 1.1.4 节中的“使用平滑粒子流体动力学（SPH）的截面控制”所讨论的那样编辑边界箱体的大小。

约束

因为 PC3D 单元是拉格朗日单元，它们的节点可以包含在其他特征中，例如其他单元、连接器或者约束。因为这些单元不具有面和边，所以不能使用 PC3D 单元来定义一个基于单元的面。结果，不能够为粒子定义要求基于单元的面（例如紧固件）的约束。

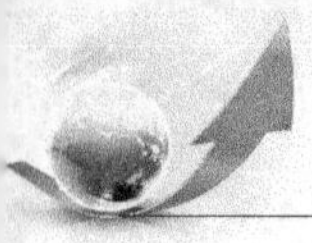

相互作用

使用粒子模拟的物体可以通过接触与其他有限元划分的物体进行相互作用。接触的相互作用，与一个基于节点的面（与粒子相关联）与基于单元的面或者分析的面之间的任何接触相互作用是一样的。通用接触和接触对都是可以使用的。允许所有包括一个基于节点的面的接触可以使用的相互作用类型和公式，包括胶粘剂的行为。可以通过通常的选项来赋予不同的接触属性。默认情况下，粒子不是通用接触域的一部分，类似于其他1-节点单元（例如点质量）。默认的粒子接触厚度与在截面定义中指定的特征长度是一样的。为了接触的目的，粒子可想象为球，具有等于在小立方体中描述的球那样的半径，小立方体与粒子体积具有上面所描述的相关性。

不应当为与PC3D单元相关联的节点指定一个零接触厚度，否则接触将不能稳定可靠地求解。推荐的方法是使用默认的或者指定一个合理的接触厚度。

全部使用PC3D单元模拟的不同物体之间的相互作用是允许的。然而，此相互作用仅在相碰的平滑粒子流体动力学物体使用相同的流体型材料的时候才有意义。例如一个水滴落入盛有部分水的水桶中。在有关固体的应用中，实体中的一个必须使用常规有限元来模拟，例如模拟一个子弹穿透一个装甲板。

粒子和欧拉区域之间不能定义接触相互作用。

输入文件用法： 使用下面的选项来定义一个网格划分的或者分析型面，与一个基于粒子的面之间的接触：

* CONTACT

* CONTACT INCLUSIONS

基于节点的粒子面，基于单元的/分析型表面

输出

PC3D单元可以使用的单元输出包括所有连续单元的力学相关的输出：应力、应变、能量、状态值、场以及用户定义的变量。节点输出包含所有Abaqus/Explicit分析中通常可用的输出变量。

粒子可以在Abaqus/CAE中通过圆盘显示。在云图显示中，场输出变量的值显示为着色的圆片。也可使用符号显示。

局限性

平滑粒子流体动力学分析受到下面的限制：

- 当变形不是太严重和单元没有扭曲时，通常比拉格朗日有限元分析的精度要差。在较高的变形情况中，耦合的欧拉-拉格朗日分析通常更加精确。当传统的有限元方法或者耦合的欧拉-拉格朗日方法已经达到它们固有的局限性，或者实施起来太昂贵时，应采用平滑的粒子流体动力学方法。
- 当材料处在拉伸状态时，粒子运动可能变得不稳定，导致所谓的拉伸不稳。此不稳定

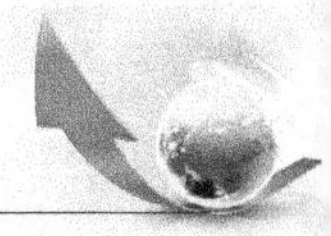

性，与标准平滑粒子动力学方法的插值技术紧密相关，在仿真固体的拉伸状态时特别明显。结果，粒子趋向于聚集在一起，并且显示出裂纹的行为。

• 用粒子单元定义的实体的质量分布，与采用连续单元（如 C3D8R 单元）定义的相同实体的质量分布相比，具有一点点不同。当使用粒子单元的时候，所有在此实体内的粒子体积是一样的。结果，与所有那个实体内的粒子相关联的节点质量是一样的。如果节点不是位于一个规则的立方体布置中，质量分布是有点不准确的，特别是在所模拟物体的自由面上。

• 面载荷不能在 PC3D 单元上指定。然而，分布载荷（如压力）可以施加在其他的有限元表面上，这些表面可以通过接触相互作用，在粒子单元上施加一个压力。

• 用粒子模拟的物体，并非使用相同截面定义来定义，之间没有相互作用。这样，不能使用平滑粒子流体动力学来模拟具有不同材料的混合物体。

• 该功能在 Abaqus/CAE 中不支持。可以使用 Abaqus/CAE 中现有的功能来生成质量单元，写出一个输入文件，然后手动编辑输入文件来将质量单元转换成粒子。另外，可以创建一个使用 C3D8R 单元的网格，写出一个输入文件，并且接下来使用一个脚本来将这些单元转换成粒子，如 www. 3ds. com/support/knowledge-base，达索知识库的“从一个实体网格生成粒子单元”中所描述的那样。

• 通过一个实体截面定义来定义的给定物体（零件）内，重力载荷和质量缩放不能选择性地指定在一个参考此定义的单元子组上。两个特征必须应用于与实体截面定义相关联的单元组中的所有单元上。

平滑的粒子流体动力学计算在大部分情况下是跨越平行域分布的。然而，都是具有下列任何特征（这往往会大大降低并行扩展性）的模型，通过一个单一的域（具有一个单一的处理器）来实施平滑过的粒子流体动力学计算：

• 渐进的单元转换；
• PC3D 单元的多实体截面；
• 指定名义内核成为一个截面控制；
• 材料属性的预定义场变量（包括温度）相关性。

如果使用了多个 CPU，平滑粒子流体动力学分析受下面的限制：

• 平滑粒子流体动力学子节点不支持接触输出；
• 不支持单元历史输出；
• 不支持非整个模型的能量历史输出；
• 不能启动动力学载荷平衡；
• 建议每个域至少 10000 粒子，以达到良好的扩展性。

输入文件模板

下面的例子说明了一个装有流体的瓶子，跌落到地板上的平滑粒子流体动力学分析。塑料瓶子和地板采用传统的壳单元来模拟。流体通过使用 PC3D 单元的平滑粒子流体动力学来模拟。粒子的节点坐标定义为它们都位于瓶子的内部。如通常那样为流体和瓶子定义材料属性。在平滑粒子流体动力学粒子所代表的水（节点为基础的面）和瓶子内壁之间定义了接触相互作用，并且也在瓶子外壁和使用基于单元的面（没有显示出来）的地板之间定义了

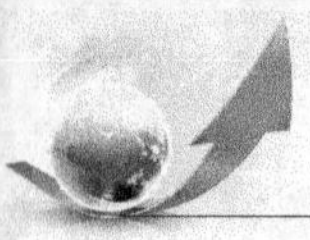

接触相互作用。要求输出流体中的应力（压力）和密度。

```
*HEADING
…
*ELEMENT，TYPE=PC3D，ELSET=Fluid_Inside_The_Bottle
单元编号，节点编号
…
*SOLID SECTION，ELSET=Fluid_Inside_The_Bottle，MATERIAL=Water
与粒子体积相关联的单元特征长度
*MATERIAL，NAME=Water
水的材料定义，例如一个 EOS 材料
*ELEMENT，TYPE=S4R，ELSET=Plastic_Bottle
壳的单元定义
**
*INITIAL CONDITIONS，TYPE=VELOCITY
定义速度初始条件的数据行
*NSET，NSET=Water_Nodes，ELSET=Fluid_Inside_The_Bottle
*SURFACE，NAME=Water_Surface，TYPE=NODE
Water_Nodes，
*SURFACE，NAME=Bottle_Interior
Plastic_Bottle，SNEG
**
*STEP
*DYNAMIC，EXPLICIT
*DLOAD
定义重力载荷的数据行
**
*CONTACT
*CONTACT INCLUSIONS
Water_Surface，Bottle_Interior
**
*OUTPUT，FIELD
*ELEMENT OUTPUT，ELSET=Fluid_Inside_The_Bottle
S，DENSITY
*END STEP
```

参考文献

- Gingold，R. A.，and J. J. Monaghan，“Smoothed Particle Hydrodynamics：Theory and Application to Non-Spherical Stars，” Royal Astronomical Society，Monthly Notices，vol. 181，pp. 375-

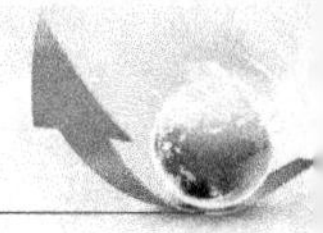

389, 1977.

- Johnson, J. , R. Stryk, and S. Beissel, "SPH for High Velocity Impact Calculations," Computer Methods in Applied Mechanics and Engineering, 1996.
- Libersky, L. D. , and A. G. Petschek, "High Strain Lagrangian Hydrodynamics," Journal of Computational Physics, vol. 109, pp. 67-75, 1993.
- Monaghan, J. , "Smoothed Particle Hydrodynamics," Annual Review of Astronomy and Astrophysics, 1992.
- Munjiza, A. , and K. R. F. Andrews, "NBS Contact Detection Algorithm for Bodies of Similar Size," International Journal for Numerical Methods in Engineering, vol. 43, pp. 131-149, 1998.
- Randles, P. W. , and L. D. Libersky, "Recent Improvements in SPH Modeling of Hypervelocity Impact," International Journal of Impact Engineering, 1997.
- Swegle, J. W. , and S. W. Attaway, "An Analysis of Smoothed Particle Hydrodynamics," Sandia National Lab Report SAND93-2513, 1994.
- Wendland, H. , "Piecewise Polynomial, Positive Definite and Compactly Supported Radial Functions of Minimal Degree," Advances in Computational Mathematics, 1995.

10.2.2 有限元转换为 SPH 粒子

产品：Abaqus/Explicit　　Abaqus/CAE

参考

- "连续粒子单元"《Abaqus 分析用户手册——单元卷》的 7.2.1
- * CONTACT
- * INITIAL CONDITIONS
- * OUTPUT
- * SECTION CONTROLS
- * SOLID SECTION

概览

当模拟一个物体时，可以利用拉格朗日有限元和 SPH 方法两者的固有优势。可以使用拉格朗日有限元来定义模型，并且在分析的开始或者在变形变得显著后，将有限元转换成 SPH 粒子。有时候使用拉格朗日有限元来创建网格是比较容易的，并且拉格朗日有限元对于小变形通常更加精确。SPH 方法对于大变形是非常适合的。

通常通过定义一个零件来开始。使用 C3D8R、C3D6 或者 C3D4 缩减积分单元或者这些单元的混合来划分零件。接着，当满足用户指定的准则时，指定这些"父"单元转换成内部生成的 SPH 粒子。重力载荷、接触相互作用、初始条件、质量缩放和与父单元或者父单

元的节点相关联的输出要求，将以下面所解释的直观方法，在转换的时候恰当地转换给粒子。使用特殊的公式来确保两个建模方法之间可能的最平滑的过渡。此技术可以使用 Abaqus/Explicit（包括用户材料）中的任何可用的材料。

启动转换到 SPH 粒子的功能

默认情况下，单元转换到粒子的功能是不启动的。当原始有限元网格中的变形为显著的并且单元可能扭曲的时候，适用于使用此转换功能。通常，在此种情况下，将快要扭曲的拉格朗日单元删除，将是允许分析继续的唯一选择。转换成 SPH 粒子提供对单元删除选项的一种改进，因为生成的粒子能够对超出有限元扭曲水平的变形提供阻抗。结果，单元删除与单元转换不能一起使用。

当触发转换的时候，可以控制每个父单元生成的粒子数量，并且在四个准则之间选择一个来指定。

输入文件用法：　　＊SECTION CONTROLS，ELEMENT CONVERSION = YES

Abaqus/CAE 用法：Mesh module：Mesh→Element Type：Conversion to particles：Yes

指定生成粒子的数目

默认情况下，每个父单元生成一个粒子。可以通过指定每个父单元等参方向上生成的粒子数目来控制每个单元生成的粒子数目。每个单元生成粒子的总数目取决于被转换单元的类型。例如，如果指定每个等参方向上生成 3 个粒子，在转换时从 C3D8R 单元生成 27 个粒子，从 C3D6 单元得到 18 个，从 C3D4 单元得到 10 个，如图 10-7 所示。每个方向可以指定七个粒子的最多值。粒子在父单元内是间隔均匀的，这样尽可能均匀地填充体积。例如，如果立方体父单元是在用户定义的网格中堆叠的，则粒子将在整个零件上均匀地间隔。

可以控制每个等参方向上生成的粒子数目，如《Abaqus 分析用户手册——单元卷》的 1.1.4 节中的“使用截面控制来将连续单元转换成粒子”所讨论的那样。

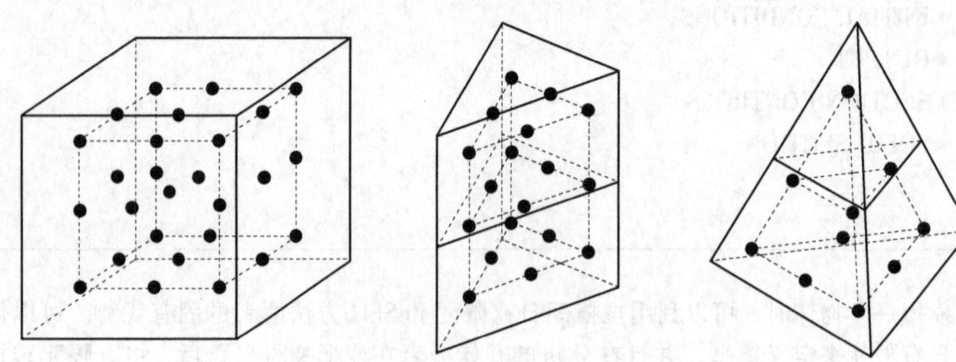

图 10-7　示意每个等参方向三个粒子的按父单元内部生成的粒子

基于时间的准则

可以指定受影响的单元组中的所有单元何时发生转换，而不管变形的水平。此选项适用

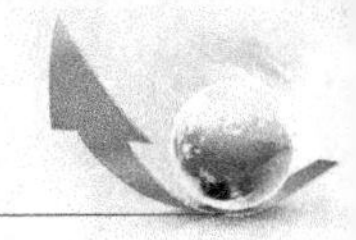

于模拟方法是 SPH 功能的应用，例如流体在一个箱体中晃动，或者一个人造的鸟撞击一架飞机。如果指定转换时间为零，则转换在分析的开始时发生。例如，如果预期晃动在分析的最初时候开始，则流体晃动对于使用基于时间的准则是一个好的候选例子。如果在一个分析中的稍晚时候才发生极度的变形，则可以指定一个稍晚的发生转换的时间。一个鸟的撞击分析是一个潜在的候选例子，因为鸟在撞击预期目标之前将经历一段没有任何变形的时间。

可以如《Abaqus 分析用户手册——单元卷》的 1.1.4 中的“使用截面控制来将连续单元转换成粒子”所讨论的那样来控制发生转变的时间。

基于应变的准则

可以指定当一个给定单元发生转变时的最大主应变的绝对值。随着单元的变形，如果最大主应变的绝对值大于指定的阈值，则父单元将渐进地转变成 SPH 粒子。此功能适用于有限单元法优先的模拟方法，但是在某些区域发生严重变形的应用。例子包括爆炸应用和压碎。

可以控制基于应变的发生转变的阈值，如《Abaqus 分析用户手册——单元卷》的 1.1.4 节中的“使用截面控制来将连续单元转换成粒子”所描述的那样。

基于应力的准则

可以指定给定单元发生转换时最大主应力值的绝对值。随着单元的变形，如果最大主应力的绝对值大于指定的阈值，则父单元将渐进地转换成 SPH 粒子。此选项适用于那些基于应变的准则所讨论的相同候选例子。

可以控制基于应力的发生转变的阈值，如《Abaqus 分析用户手册——单元卷》的 1.1.4 节中的“使用截面控制来将连续单元转换成粒子”所描述的那样。

基于用户子程序的准则

基于用户子程序的准则提供了一个允许实施自己的转换准则的用户子程序实现的灵活性。在一个 Abaqus/Explicit 分析的过程中，通过可以有效地编辑与材料点相关联的状态变量的任何用户子程序，来控制单元的转换，例如 VUSDFLD 和 VUMAT。指定控制单元转换标识的状态变量编号。例如，指定一个状态变量编号二，表明第二个状态变量在用户子程序中是转换标识。应当将转换状态变量设置成一个为 1 或者 0 的值。一的值表明单元是有效的，而零的值表明 Abaqus/Explicit 应当转换此单元为粒子。因为用户子程序具有可以通过参数（或者在 VUSDFLD 子程序的情况下，通过实用程序）来访问材料点的状态数据，此功能提供一个可理解的方法来定义状态变量的转换。

输入文件用法：　使用下面的选项来定义一个基于用户子程序的转换准则：

*SECTION CONTROLS，ELEMENT CONVERSION = YES，
CONVERSION CRITERION = USER

...

*MATERIAL

*DEPVAR，CONVERT = 变量编号

Abaqus/CAE 用法：Abaqus/CAE 中不支持为单元的转换而指定一个基于用户子程序的准则。

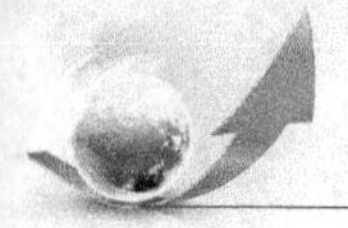

粒子方程的转换

当使用转换技术时，在分析的前处理阶段开始的时候，内部生成粒子，并且它们被置于非激活的或者蛰伏的状态。粒子以嵌入单元节点依附（见《Abaqus 分析用户手册——指定的条件、约束和相互作用卷》的 2.4.1 节）的类似方法，依附于父单元。并且它们在平均意义上跟随父单元节点的运动。此非激活状态中颗粒的惯性属性（此时，父有限元是激活的）将自动被忽略，以避免在给定位置处的动量加倍。类似于直接定义成 PC3D 单元的 SPH 粒子，从与不同截面定义相关联的父单元组生成的粒子，将不会彼此相互影响。

在转换的时候，按父单元内部生成的许多粒子得到激活，如图 10-7 中对于不同单元类型的描述。如果生成了大量的依照单元的粒子，则分析的计算成本在转换发生后会极大地增加，因为需要处理大量的激活单元。此外，因为随着粒子密度的增加，与内部生成的粒子相关联的稳定时间增量的降低，计算成本也会增加。

在转换的时候，与被转换的单元相关联的状态信息（例如应力或者等效塑性应变）被传递到生成的粒子，来确保尽可能平滑地转换。被激活的粒子将通过 SPH 形式，与先前激活的粒子和附近的仍然嵌入在有效父单元中的非激活粒子进行相互作用。

自动生成的组和面

因为粒子是内部生成的，不能定义与这些粒子相关联的单元集、节点集或者面。结果，为了方便，内部创建了许多集和面。可以通过常规的技术来显示这些内部集和面。表 10-1、表 10-2 和表 10-3 描述了内部生成的集和面。

表 10-1　内部生成的单元集

内部生成的单元集	描　述
ALL_GENERATED_ELEMENTS_SPH	整个模型中所有生成的 SPH 粒子
ALL_PARENT_ELEMENTS_SPH	整个模型中的所有父单元
*UserDefinedElsetName*_SECT_SPH	与截面定义中使用的用户定义的单元集名称单元组相关联的所有生成的粒子
*UserDefined_AElsetName*_SPH	与单元组用户定义的一个单元集名称相关联的所有生成的粒子

表 10-2　内部生成的节点集

内部生成的节点集	描　述
ALL_PARENT_ELEMENT_NODES_E_SPH	整个模型中所有父单元的所有节点
ALL_GENERATED_NODES_SPH	整个模型中所有生成粒子的节点
*UserDefinedElsetName*_SECT_E_SPH	与截面定义中使用的用户定义的单元集名称单元组相关联的生成粒子的所有节点
*UserDefined_ANsetName*_SPH	从与用户定义的一个节点集名称节点组的节点相接触的父单元中生成的粒子节点

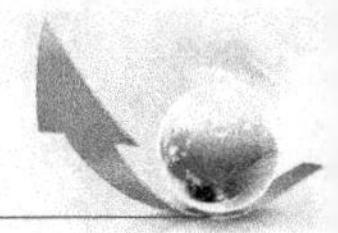

表 10-3 内部生成的面

内部生成的面	描述
*UserDefinedElsetName*_PARENT_EE_SPH	以单元为基础的面，包含与在截面定义中使用的用户定义的单元集名称单元组相关联的所有单元的所有面
*UserDefinedElsetName*_SECT_NE_SPH	具有所有生成粒子的所有节点的以节点为基础的面。生成的粒子与用于截面定义的用户定义的单元集名称单元组相关联
*UserDefinedSurfaceName*_NS_SPH	节点为基础的面，包含所有已经生成的粒子的所有节点，通用粒子与在用户定义的面名称基于单元的面的定义中使用的单元相关联

这些集和面是通过内部自动生成的特征来使用的，例如载荷、初始条件、质量缩放，接触定义和输出请求。这些内部生成的特征，将已经为相关联的父集和面定义的特征扩展到内部生成的粒子。在所有的情况下，内部生成的特征维持已经定义的属性。

初始条件

初始条件（见《Abaqus 分析用户手册——指定的条件、约束和相互作用卷》的 1.2.1 节）不能为生成的粒子直接指定。然而，可能的初始条件（应力、速度和转动速度）的子集自动地施加到生成的粒子。在模型中已经定义的原始单元或者节点集上指定这些初始条件，并且将它们适当地施加于相关联的生成粒子。通过上面所描述的内部创建的集来施加初始条件，这样，当施加初始条件时，必须使用一个单元或者节点集，而不是单元或者节点编号。

将在父单元上指定的初始应力施加于生成的粒子。在分析刚刚开始时（时域），在父单元转换成粒子的情况中应用此特征。其他与单元相关联的初始条件，在分析中的第一个增量后，父单元一转换成粒子，就为生成的粒子进行考虑。上面所讨论的状态转移机制，将信息适当地转移到粒子，并且，初始条件在粒子中得到正确的认定。

边界条件

边界条件（见《Abaqus 分析用户手册——指定的条件、约束和相互作用卷》的 1.3.1 节）不能直接施加于生成的粒子。施加在父单元节点上的边界条件并不传递到生成的粒子上。然而，可以如“相互作用”中所解释的那样使用接触相互作用来执行边界条件。

指定在包括父单元节点的节点集上的温度和场变量，被扩展到生成的粒子上。Abaqus/Explicit 通过“自动生成的集和面”中所描述的内部节点集，内部生成相应的温度和场变量定义。如果一个粒子父单元的节点在相同的给定时间具有相同的值，则生成的粒子将也具有相同的值。如果指定了不同的值，则不发生插值，取而代之的是使用上次定义的值。

载荷

“分析载荷：概览”《Abaqus 分析用户手册——指定的条件、约束和相互作用卷》的

1.4.1 节中解释了一个显式动力学分析的可用载荷类型。集中的节点载荷不能施加于生成的粒子。在父单元上指定的重力载荷是唯一在生成粒子转换时得到传递的分布载荷。

材料选项

Abaqus/Explicit 中的任何材料模型可以与转换技术一同使用。

单元

当使用转换技术时，以及使用 C3D8R、C3D6 和（或者）C3D4 缩减积分父单元来定义零件时，在分析的开始时内部生成 PC3D 单元。父单元是有效的，并且 PC3D 单元是无效的。转换时，有效状态切换。父单元和相关联的生成粒子在任何时候都不会同时激活。默认情况下，显示模块自动显示在任何给定时刻有效的单元。

粒子质量（和体积）自动地从父单元的质量（体积）计算得到。所有与一个指定的父单元相关联的粒子将具有相同的质量（体积）。SPH 形式所要求的 SPH 平滑长度和域，以直接定义 PC3D 单元情况中相同的方式来计算得到（见 10.2.1 节）。

如果在包含父单元的单元集上定义了质量缩放，则 Abaqus/Explicit 内部生成与相应的"自动生成的集和面"中所描述的内部单元集相关联的质量缩放定义。

约束

耦合或者绑定那样的约束不能直接地应用于生成的粒子。然而，约束可以在与父单元节点和面相关联的节点和面上定义。如果使用这些约束将父单元与其他的拉格朗日物体相依附，或者使用这些约束来驱动一个零件的运动，则当这样的约束包含的父单元面转换成粒子时，必须小心。约束可能在父单元转换时失效，并且由此，到其他零件的连接（绑定约束的情况中）或到驱动特征（在耦合约束的情况中）的连接将不再能实现。因此，在某些情况下，为了约束在整个分析过程中是有效的，可能需要将这些约束置于距离可以转换的父单元足够远的地方。

标识为可能转换成粒子的，但是也是刚体定义一部分的单元集，将不会得到转换，因为刚体约束总是在父单元上强制执行的。

相互作用

采用可以转换成粒子的单元进行模拟的物体，可以通过接触与其他的有限元——网格划分的或者分析型的体进行相互作用。一旦转换，内部生成的粒子也可能通过接触与这些物体进行相互作用，但是仅通过通用接触功能。

默认情况下，如果在模型中包含通用接触相互作用，将生成与内部的粒子相关联的，包含以内部的基于节点的面接触包括和接触排除。包括可转变单元的参考基于单元面的用户指定接触包含和接触排除，也将在内部生成的请求中得到反映。表 10-4 和表 10-5 显示了所有

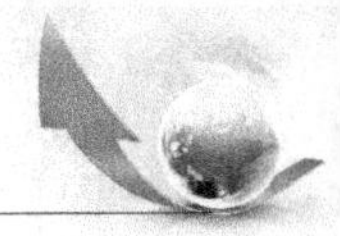

的对应关系。用于内部生成面的命名约定在上面的“自动生成集和面”中进行了解释。

表 10-4 内部生成的接触包含项

用户定义的接触包含	内部生成的接触包含
* CONTACT INCLUSIONS，ALL EXTERIOR	空白，所有用户节点集_SECT_NE_SPH
空白，用户单元基础的	空白，用户单元基础的_NS_SPH
用户单元基础的	无
用户单元基础的 1，用户单元基础的 2	用户单元基础的 1，用户单元基础的 2_NS_SPH 和 用户单元基础的 2，用户单元基础的 1_NS_SPH

表 10-5 内部生成的接触排除

用户定义的接触排除	内部生成的接触排除
总是，与用户定义无关	用户单元基础的_PARENT_EE_SPH，用户单元基础的_SECT_NE_SPH
空白，用户单元基础的	空白，用户单元基础的_NS_SPH
用户单元基础的	无
用户单元基础的 1，用户单元基础的 2	用户单元基础的 1，用户单元基础的 2_NS_SPH 和 用户单元基础的 2，用户单元基础的 1_NS_SPH

如表 10-5 的第二行中所显示的那样，生成的粒子和相关联父单元面之间的接触，总是排除在通用接触域之外。已经激活的内部粒子通过 SPH 公式，将与邻近的仍然附着于具有暴露面的父单元的未被激活的粒子进行相互作用。

已经生成的粒子的接触相互作用，与一个基于节点的面（内部粒子相关联的）和一个基于单元的或分析型面之间的接触相互作用是一样的。对于包含一个基于节点的面的接触可以使用的所有相互接触类型和公式都是允许的，包括胶粘剂行为。通过常规的选项，可以赋予不同的接触属性。用于包括可转换成粒子的父单元面对的接触控制和属性赋予选项，将在内部基于粒子面的内部生成的赋予中得到反映。表 10-6 显示了与用户定义的要求相关联的，内部生成的赋予。

表 10-6 内部生成的接触控制和属性赋予

用户定义的接触包含项	内部生成的接触包含项
空白，空白	空白，所有用户单元集_SECT_NE_SPH
空白，用户单元基础的	空白，用户单元基础的_NS_SPH
用户单元基础的	用户单元基础的，用户单元基础的_NS_SPH
用户单元基础的 1，用户单元基础的 2	用户单元基础的 1，用户单元基础的 2_NS_SPH 和用户单元基础的 2，用户单元基础的 1_NS_SPH

因为在分析的开始自动地计算得到，所以生成的粒子可以具有不同的接触厚度。如果在转换中要求在每一个等参方向上生成一个或者两个粒子，则所有生成的粒子将具有一个接触厚度，这样它们勉强地触及最接近的父单元面。如果每个方向上要求三个或者更多的粒子，则某些粒子将不会触及父单元的面。对于这些粒子，接触厚度将是触及此父单元面上父单元

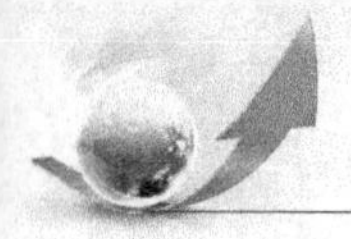

面的所有粒子的最小厚度。

对于一个包括父单元面的基于单元的面，可以通过使用面属性赋予功能来指定所生成粒子的接触厚度。此模拟选项在它们转换前，影响父单元上的接触相互作用。

输出

与父单元、父单元的节点或者涉及父单元面的接触相关联的输出要求，触发了与对应内部生成的粒子相关联的输出要求创建。例如，如果为一个包含父单元的单元集要求了单元输出，则 Abaqus/Explicit 自动创建使用包含生成粒子的相应内部单元集的额外单元输出要求，如“自动地创建集和面”中所描述的那样。

为所有父单元和生成的粒子，自动地创建 STATUS 输出变量的一个场输出要求。STATUS 输出变量的值，在父与生成的粒子转换时，自动地在 0 和 1 之间切换。默认情况下，在可视化模块中只显示有效的单元。此外，云图和向量图在当前有效的单元上合适地显示。

为生成的粒子也复制了历史输出要求。因为生成的粒子的实际单元编号或者节点编号是内部定义的，在确定显示哪个输出曲线前，可以在可视化模块中查询一个粒子的实际编号。例如，假定要求一个包含三个 C3D8R 父单元的小单元集的等效塑性应变历史输出，并且要求在转换时每个等参方向（每个父单元八个粒子）生成两个粒子。在转换前，将有 3 条曲线来分析。但是在三个单元转换后，存在 24 条可供选择的曲线。可以查询粒子的单元编号，并且接下来从 24 条可访问的历史曲线中选择那条曲线。在转换前，与粒子相关联的曲线具有一个零值。转换后，在当前时刻，将会有一个到等效塑性应变值的阶跃。

局限性

涉及有限元转换成 SPH 粒子的分析，受到下面的限制：

• 对于转换只有缩减积分的连续体单元 C3D8R、C3D6 和 C3D4 是可用的。

• 在分析中要转换的父单元面上指定的面载荷，在转换成粒子后并不施加在粒子上。然而，分布的载荷，例如可以施加在其他没有转换的有限元面上（例如，在一个活塞面上）压力，可以通过接触的相互作用来在粒子单元（例如，活塞推动的流体）上施加一个压力。

• 使用可以转换成采用不同截面来定义的粒子的单元来模拟的物体，将在物体转换的不同部分之间没有彼此的相互作用。例如，物体 A 和物体 B 允许单元转换成粒子，但是这些单元与不同的截面定义相关联。在转换后，粒子之间将没有相互作用。

• 在一个通过一个实体截面定义来定义的给定物体（零件）内，重力载荷和质量缩放不能在参考此定义的单元子集上进行选择性地指定。代之于，两种特征必须施加在与实体截面定义相关联的单元集中的所有单元上。

输入文件模板

下面的例子说明了使用转换技术的装有流体的塑料瓶掉到地板上的一个平滑粒子流体动力学分析。塑料瓶和地板使用传统的壳单元来模拟。流体使用 C3D4 单元来模拟，在分析开

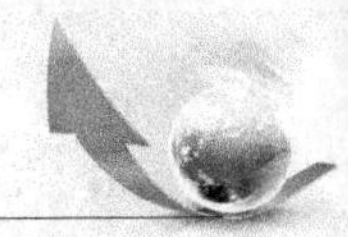

始时，基于时间的准则，将在每个等参方向上转换成两个粒子（每个单元四个粒子）。流体和瓶子的材料属性如通常那样进行定义。接触相互作用使用默认的选项来定义。要求输出流体中的应力（压力）和密度。

```
*HEADING
…
*ELEMENT, TYPE = C3D4, ELSET = Fluid_Inside_The_Bottle
…
*SOLID SECTION, ELSET = Fluid_Inside_The_Bottle, MATERIAL = Water,
CONTROLS = Time_Based_Conversion
*SECTION CONTROLS, ELEMENT CONVERSION = YES,
CONVERSION CRITERION = TIME, NAME = Time_Based_Conversion
第一个数据行
第二个数据行
第三个数据行
2, 0.0
*MATERIAL, NAME = Water
水的材料定义，例如 EOS 材料
*ELEMENT, TYPE = S4R, ELSET = Plastic_Bottle
壳的单元定义
**
*INITIAL CONDITIONS, TYPE = VELOCITY
定义速度初始条件的数据行
**
*STEP
*DYNAMIC, EXPLICIT
*DLOAD
定义重力载荷的数据行
**
*CONTACT
*OUTPUT, FIELD
*ELEMENT OUTPUT, ELSET = Fluid_Inside_The_Bottle
S, DENSITY
*END STEP
```

11 顺序耦合的多物理场分析

11.1 顺序耦合的预定义场

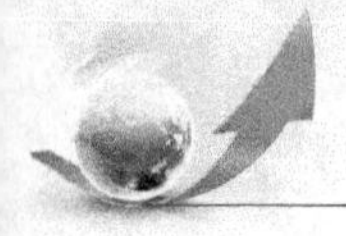

产品：Abaqus/Standard　　Abaqus/CAE

参考

- “定义一个分析”1.1.2节
- “顺序耦合的热-应力分析”11.2节
- “预定义的场”《Abaqus分析用户手册——指定的条件、约束和相互作用卷》的1.6.1节
- “创建并修改输出请求”《Abaqus/CAE用户手册》的14.4.5节
- “定义一个温度场”《Abaqus/CAE用户手册》的16.11.9节，此手册的HTML版本中

概览

在Abaqus/Standard分析中生成的下面节点输出量的时间历程，可以为顺序耦合的多物理场，作为预定义场来读入到后续的Abaqus/Standard分析中：

- 温度
- 归一化浓度
- 电势

当一个模型中的一个或者多个物理场之间的耦合仅在一个方向上是重要的时候——特别常见的情况是一个顺序的热-应力分析（11.2节），可以使用顺序耦合的多物理场分析。而非耦合的热-应力分析是最常见的顺序多物理场工作流程，Abaqus/Standard中的预定义场直接支持类似涉及归一化浓度（见1.9.1节）和电势（见1.7.3节）的顺序工作流程。就像温度那样，可以从输出数据库（.odb）文件读取归一化浓度和电势，作为预定义场添加到后续的分析中。

当通过来自先前的分析结果来定义时，预定义场通常随着位置而变化，并且是时间相关的——因为预定义场不随当前的分析而变化，所以它们是预定义的。当从先前的分析中读取预定义的场，它们在节点上读入。然后按需要在单元内部进行插值（见《Abaqus分析用户手册——指定的条件、约束和相互作用卷》的1.6.1节中的“在单元间插值数据”）。可以读入任何数量的预定义场，并且材料属性可以定义成与它们相关。此外，如果在材料属性定义中包括了热膨胀（见《Abaqus分析用户手册——材料卷》的6.1.2节）或场膨胀（见《Abaqus分析用户手册——材料卷》的6.1.3节），则体积应变将在应力分析中出现。

预定义场可以通过以下来影响系统响应：

- 本构行为，例如定义成温度或者场变量函数的屈服应力；
- 在应力/位移分析的材料定义中包括热或者场膨胀行为（见《Abaqus分析用户手册——材料卷》的6.1.2节，和《Abaqus分析用户手册——材料卷》的6.1.3节）时的体积应变。

为后续分析中的预定义场保存温度、归一化浓度和电势

节点温度、归一化浓度和电势可以为了在后续分析中使用，而作为时间的函数来保存。

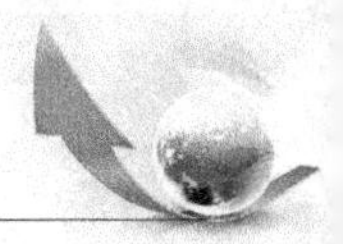

温度可以储存在结果（.fil）文件或者输出数据库（.odb）文件中，但是，仅当归一化浓度和电势保存在输出数据库文件中，才能使用它们。所保存的值必须作为预定义的场来读入新分析中。见《Abaqus 分析用户手册——介绍、空间建模、执行与输出卷》的 4.1.2 节中的“节点输出”和《Abaqus 分析用户手册——介绍、空间建模、执行与输出卷》的 4.1.3 节。

为后续分析中的预定义场保存温度

为了作为预定义场来进行读取，节点温度必须作为时间的函数储存在结果（.fil）文件中或者输出数据库（.odb）文件中。可以在一个非耦合的热传导分析中，或者在一个耦合的热-电分析中要求节点温度输出（NT）。

为后续分析中的预定义场保存归一化的浓度

为了作为预定义场来读取，归一化的浓度必须作为时间的函数储存在输出数据库（.odb）文件中——不像节点温度，归一化的浓度不能从一个结果文件中直接读取。可以在质量扩散分析中要求节点归一化浓度输出（NNC）。

为后续分析中的预定义场保存电势

为了作为预定义场来读取，电势必须作为时间的函数储存在输出数据库（.odb）文件中——不像节点温度，电势不能从一个结果文件中直接读取。可以在一个耦合的热-电分析中，或者一个压电分析中要求节点电势输出（EPOT）。

传递温度作为温度场

在当前分析中的不同时间上定义温度场，读取作为时间的函数储存在热交换结果中或者输出数据库文件中的节点温度。为当前的问题可以删除节点，例如，在一个顺序的热-应力分析中，代表热传导网格非结构部分（例如隔绝或者冷却流体）的单元可以在应力分析中忽略。当读取热传导文件或者输出数据库文件时，将忽略当前分析网格中不存在的节点上的温度。

必须指定包含所要求节点温度的热分析结果文件的名称，或者输出数据库文件的名称。文件的扩展名是可选的。如果热传导模型和当前分析模型共享相同的网格，则默认的是结果文件。如果热传导模型和当前的分析模型具有不一样的网格，则必须使用输出数据库文件。更多的信息见《Abaqus 分析用户手册——指定的条件、约束和相互作用卷》的 1.6.1 节中的“从一个用户指定的文件中读取场值”。

如果两个模型都包含零件和装配定义，则要求来自两个分析的零件（.prt）文件都从热分析传递温度到当前的分析。如果热模型是以一个零件实例装配方式定义的，则当前分析也必须如此。零件实例名称和本地节点编号必须在传递节点温度的两个分析中一样。

从输出数据库传递温度、归一化浓度和电势到预定义的场

在当前分析中的不同时间上预定义场，可以读取输出数据文件中作为时间函数存储的节点温度，归一化浓度，或者电势。可以为当前问题删除节点。当输出数据库文件上的节点输

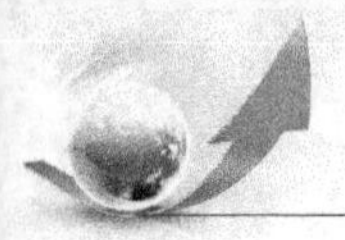

出变量，不出现在当前分析的网格中时，忽略它们。

必须指定包含要求节点输出变量的以及节点输出标签（NT，NNC，或者 EPOT）的输出数据文件的名称，来确定被读取的场。见《Abaqus 分析用户手册——指定的条件、约束和相互作用卷》的 1.6.1 节中的“从用户指定的输出数据库文件定义使用节点标量输出值的场”。

如果两个模型都包含零件和装配定义，则要求来自两个分析的零件（.prt）文件从原始分析传递节点结果到当前的分析。如果原始模型是以一个零件实例装配的形式定义的，则当前的分析也必须是这样。零件实例名称和本地节点编号在节点传递温度的两个分析中必须是一样的。

初始条件

在第 1 章，“分析过程”中讨论了 Abaqus/Standard 过程的合适的初始条件。可以从先前的分析中读取节点温度、归一化浓度或者电势来初始化预定义场。详细情况见《Abaqus 分析用户手册——指定的条件、约束和相互作用卷》的 1.2.1 节。

边界条件

在第 1 章，“分析过程”中讨论了 Abaqus/Standard 过程的合适边界条件。详细情况见《Abaqus 分析用户手册——指定的条件、约束和相互作用卷》的 1.3.1 节。

载荷

在第 1 章，“分析过程”中讨论了 Abaqus/Standard 过程的合适载荷。详细情况见《Abaqus 分析用户手册——指定的条件、约束和相互作用卷》的 1.4.1 节。

预定义的场

更多预定义的温度和场的详细情况见《Abaqus 分析用户手册——指定的条件、约束和相互作用卷》的 1.6.1 节。

材料选项

Abaqus/Standard 中可以使用的材料模型的详细情况见《Abaqus 分析用户手册——材料卷》。

如果在材料属性定义中包括了热膨胀（见《Abaqus 分析用户手册——材料卷》的 6.1.2 节）或者场膨胀（见《Abaqus 分析用户手册——材料卷》的 6.1.3 节），则在一个应力分析中，将出现体积应变。

单元

Abaqus/Standard 中可以使用的连续和结构单元，在《Abaqus 分析用户手册——单元

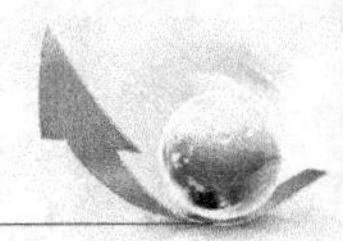

卷》的第 2 章的“连续单元”和第 3 章的“结构单元”中进行了讨论。如何从一个先前的分析传递结果到一个当前分析的详细情况，在《Abaqus 分析用户手册——指定的条件、约束和相互作用卷》的 1.6.1 节中进行了讨论。

输出

在《Abaqus 分析用户手册——材料卷》中描述了 Abaqus/Standard 的合适输出变量。所有的输出变量在《Abaqus 分析用户手册——介绍、空间建模、执行与输出卷》的 4.2.1 节中进行了介绍。

输入文件模板

一个湿气-应力分析是一个顺序耦合的多物理场分析的例子。一个典型的顺序耦合的湿气-应力分析包含两个 Abaqus/Standard 运行：一个质量扩散分析和一个后续的应力分析。归一化浓度存储在质量扩散分析的输出数据库文件中，并且作为一个预定义的场读入到后续应力分析中。

下面的模板显示了质量扩散分析 massdisffusion. inp 的输入：

```
*HEADING
…
*ELEMENT, TYPE=DC2D4
(选择质量扩散单元类型)
…
*STEP
*MASS DIFFUSION
…
施加载荷和边界条件
…
**写所有的归一化集中到输出数据库文件，massdiffusion. odb
*OUTPUT, FIELD
*NODE OUTPUT, NSET=NALL
NNC
*END STEP
```

下面的模板显示了后续静态结构分析的输入：

```
*HEADING
…
*ELEMENT, TYPE=CPE4R
(选择兼容所用质量扩散单元类型的连续单元类型)
*MATERIAL
```

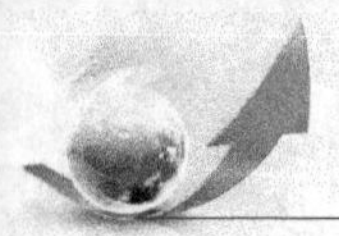


```
*EXPANSION, FIELD=1
```
(为场 1 定义场扩散，这样归一化浓度造成应力分析中的体积应变)

```
…
*STEP
*STATIC
…
```
施加结构载荷和边界条件

```
…
*FIELD, FILE=massdiffusion.odb, OUTPUT VARIABLE=NNC, FIELD=1
```
从输出数据库文件读入所有的归一化浓度到场变量 1 中

```
…
*END STEP
```

11.2 顺序耦合的热-应力分析

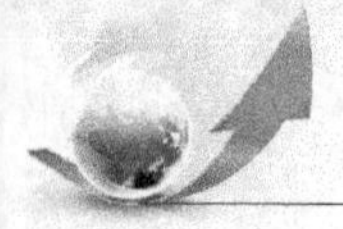

产品：Abaqus/Standard　　Abaqus/CAE

参考

- “定义一个分析”1.1.2 节
- “热传导分析过程：概览”1.5.1 节
- “顺序耦合的预定义场”11.1 节
- “创建并且更改输出要求”《Abaqus/CAE 用户手册》的 14.4.5 节
- “定义一个温度场”《Abaqus/CAE 用户手册》的 16.11.9 节，此手册的 HTML 版本中

概览

一个顺序耦合的热传导分析：

- 用于当一个结构中的应力/变形场取决于结构中的温度场，但是不需要应力/变形响应的知识就能够找到温度场的时候；
- 通常是通过最初进行一个非耦合的热传导分析，并且然后一个应力/变形分析来实施的。

一个温度场不取决于应力场的热-应力分析是一个顺序多物理场工作流程的常见例子，并且是 11.1.1 节中描述的更一般的工作流程中的一个情况。在这样的热-应力分析中，在一个非耦合的热传导分析中计算得到温度（见 1.5.2 节），或者在一个耦合的热-电分析中计算得到温度（见 1.7.3 节）。

保存节点温度

通过要求输出变量 NT 作为结果数据库或者输出数据库文件的节点输出，来讲节点温度作为时间的变量存储在热传导结果（.fil）文件或者输出数据库（.odb）文件中。见《Abaqus 分析用户手册——介绍、空间建模、执行与输出卷》的 4.1.2 节中的“节点输出”和 4.1.3 节。

传递热传导结果到应力分析

温度作为预定义的场读入到应力分析中。温度变量具有位置，并且通常是时间相关的。它是预定义的，因为它不能被应力分析解改变。这样的预定义场总是在节点上读入 Abaqus/Standard 之中。然后它们按需求在单元内插值到计算点（见《Abaqus 分析用户手册——指定的条件、约束和相互作用卷》的 1.6.1 节中的“在网格间插值数据”）。应力单元中的温度插值通常是近似的，并且比位移插值低一阶以得到一个热和力学应变的兼容变量。可以读入任何数量的预定义场，并且材料属性可以定义为与它们相关。

对于更多的信息，见 11.1 节中的“作为温度场来传递温度”。

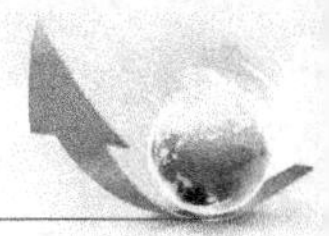

初始条件

热和应力分析问题的合适初始条件，在热传导和应力分析部分中进行了描述——例如，1.5.1 节，1.7.3 节，1.2.1 节和 1.3.1 节。在《Abaqus 分析用户手册——指定的条件、约束和相互作用卷》的 1.2.1 节也有叙述。

边界条件

热和应力分析问题的合适的边界条件，在热传导和应力分析部分中进行了描述——例如，1.5.1 节，1.7.3 节，1.2.1 节和 1.3.1 节。在《Abaqus 分析用户手册——指定的条件、约束和相互作用卷》的 1.3.1 节也有叙述。

载荷

热和应力分析问题的合适载荷，在热传导和应力分析部分中进行了描述——例如，1.5.1 节，1.7.3 节，1.2.1 节和 1.3.1 节。在《Abaqus 分析用户手册——指定的条件、约束和相互作用卷》的 1.4.1 节也有叙述。

预定义的场

从热传导分析中读入温度之外，还可以指定用户定义的场变量；如果有的话，这些值仅影响场变量相关的材料属性。见《Abaqus 分析用户手册——指定的条件、约束和相互作用卷》的 1.6.1 节。

材料选项

热分析中的材料必须具有热属性，例如定义的传导（见《Abaqus 分析用户手册——材料卷》的 6.2.1 节）。任何机械属性，例如弹性将在热分析中忽略，但是必须为应力分析过程定义它们。Abaqus/Standard 中可用材料模型的详细情况见《Abaqus 分析用户手册——材料卷》。

如果在材料属性定义中包括了热膨胀（见《Abaqus 分析用户手册——材料卷》的 6.1.2 节），则将在应力分析中出现热应变。

单元

可在热分析中使用 Abaqus/Standard 中的任何热传导单元。在应力分析中，必须选择相应的连续或者结构单元。例如，如果在热传导分析中，热传导壳单元类型 DS4 是通过节点 100、101、102 和 103 定义的，则在应力分析过程中，必须通过这些节点定义三维壳单元类型 S4R 或者 S4R5。对于连续单元，来自使用一阶单元的网格的热传导结果，可传递到使用二阶单元的网格的应力分析中（见《Abaqus 分析用户手册——指定的条件、约束和相互作用卷》的 1.6.1 节）。

输出

节点温度必须通过要求输出变量 NT 来写入热传导分析结果中或者输出数据库文件中（见《Abaqus 分析用户手册——介绍、空间建模、执行与输出卷》的 4.1.2 节）。这些温度将读入到应力分析过程中。

在热传导和应力分析部分描述了合适的输出变量。所有输出变量在《Abaqus 分析用户手册——介绍、空间建模、执行与输出卷》的 4.2.1 节中进行了叙述。

输入文件模板

一个典型的顺序耦合的热-应力分析由两个 Abaqus/Standard 运行组成：一个热传导分析和一个后续的应力分析。

下面的模板显示了热传导分析 heat. inp 的输入：

```
*HEADING
…
*ELEMENT, TYPE=DC2D4
(选择热传导单元类型)
…
*STEP
*HEAT TRANSFER
…
施加热载荷和边界条件
…
**写所有的节点温度到结果或者输出数据库文件，
heat.fil/heat.odb
*NODE FILE, NSET=NALL
NT
*OUTPUT, FIELD
*NODE OUTPUT, NSET=NALL
NT
*END STEP
```

下面的模板显示了后续静态结构分析的输入：

```
*HEADING
…
*ELEMENT, TYPE=CPE4R
```

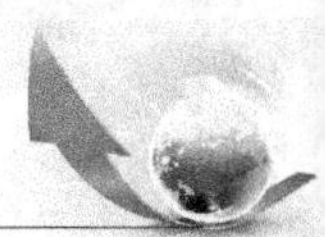

（选择与使用的热传导单元类型兼容的连续单元类型）

…

*STEP

*STATIC

…

施加结构载荷和边界条件

…

*TEMPERATURE，FILE = heat

从结果数据库文件或者输出数据库文件 heat.fil/heat.odb 读入所有的节点温度

…

*END STEP

11.3 顺序耦合的预定义载荷

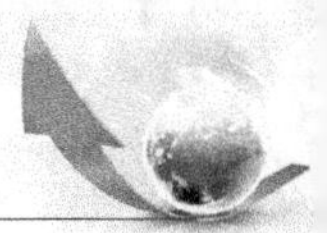

产品：Abaqus/Standard

参考

- “映射热和磁载荷”《Abaqus 分析用户手册——介绍空间建模、执行与输出卷》的 3.2.23 节
- “定义一个分析” 1.1.2 节
- “涡流分析” 1.7.5 节
- “集中载荷” 《Abaqus 分析用户手册——指定的条件、约束和相互作用卷》的 1.4.2 节

概览

在 Abaqus/Standard 时谐涡流分析中生成的下面的整个单元输出量的值，可以作为后续耦合多物理场工作流程的点载荷读入到后续的 Abaqus/Standard 分析中：

- 焦耳热耗散率；
- 磁力强度。

可以使用一个顺序的耦合多物理场分析，在一个热传导、耦合的温度-位移或者应力/位移分析中施加电磁生成的载荷（从一个时谐涡流分析）。在许多情况中，仅来自时谐涡流分析的耦合是重要的；结构的力学响应或者热响应上的冲击并非大到足以影响原始时谐涡流分析的有效性。

保存用于后续分析中的焦耳热耗散或者磁力强度

可以在一个时谐涡流分析中要求热耗散输出（EMJH）或者磁力强度输出（EMBF）。只有储藏在输出数据库（.odb）文件中的值对于顺序耦合是可以使用的。

为后续使用转化结果

整个单元量使用 abaqus emloads 工具来转换到节点载荷量。此工具将焦耳热耗散输出转换成集中热流，并将磁力强度输出转换成点载荷。此工具也能够实现不同网格间的结果转换。对于更多的信息，见《Abaqus 分析用户手册——介绍空间建模、执行与输出卷》的 3.2.23 节。

转换限制

当在不同的网格间转换结果值时，确保净通量全局收敛，前提是热传导中的模型域，耦合的温度-位移，或者应力/位移分析中的模型区域，与时谐涡流分析中的模型区域相匹配。在 abaqus emloads 工具中使用的保守映射算法，在时谐涡流分析中的网格比“目标”代表网格细致的情况中，也提供一个点通量值（体积力或者集中热流量）的局部平顺分布。在情况并非如此的情形中，并且"目标"代表网格比时谐涡流分析中的网格细致或者网格大小相当时，可以观察到具有零转换通量值的节点位置。在这些情况中，将仍然观察到通量的全局收敛，但是解可能受到局部不利的影响。可以通过总是使用一个更细致的网格来执行时谐涡流分析来纠正这些情况。

从输出数据库传递节点载荷到集中载荷

在一个热传导，耦合的温度-位移，或者应力/位移分析中定义载荷，可以从通过 abaqus emloads 工具创建的输出数据库（. odb）文件中读取节点集中热通量和节点载荷。

输入文件模板

在此例子中，热通量值存储在来自一个时谐涡流分析的输出数据库中。这些值，在转化成点热通量后，作为一个集中热流读入到一个后续分析中。

下面的模板显示了时谐涡流分析的输出 electromagnetic. inp

```
* HEADING
…
* ELEMENT, TYPE = EMC3D8
(选择电磁单元类型)
…
* STEP
* ELECTROMAGNETIC, LOW FREQUENCY, TIME HARMONIC
…
施加载荷和边界条件
…
* * 将单元焦耳热耗散结果写到输出数据库文件, electromagnetic. odb
* OUTPUT, FIELD
* ELEMENT OUTPUT, ELSET = CONDUCTOR
EMJH
* END STEP
```

下面的模板显示了热传导分析的输入，heattransfer. inp，它参考一个输出数据库，pointflux. odb，此输出数据库是使用 abaqus emloads 工具创建的，并且 heattransfer. inp 已经从存储在 electromagnetic. odb 的时谐涡流分析的结果进行了量映射：

```
* HEADING
…
* ELEMENT, TYPE = DC3D8
(选择热传导连续单元类型)
```

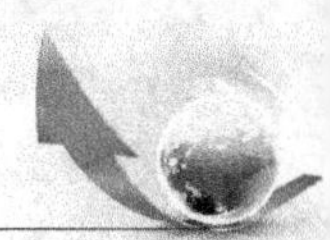

```
…
*STEP
*HEAT TRANSFER, STEADY STATE
…
施加热传导载荷和边界条件
…
*CFLUX, FILE = pointflux.odb
从输出数据库读入所有节点的热通量值，并且作为集中节点通量来施加
…
*END STEP
```

12 协同仿真

12.1 协同仿真：概览

协同仿真是指 Abaqus 和其他分析程序在运行时进行耦合。一个 Abaqus 分析能与另外一个 Abaqus 分析或者与一个第三方分析程序耦合，来实施多物理场仿真和多区域（多模型）耦合。

Abaqus 提供内置程序来求解多物理场仿真，如 1.1.1 节中的“多物理场分析”所描述的那样。对于 Abaqus 不提供一个内置求解程序，或者求解程序在功能上受限制的多物理场问题，可以使用协同仿真技术将第三方程序与 Abaqus 进行耦合；例如，流-固相互作用（fluid-structure interaction，FSI）仿真与计算流体动力学（CFD）分析程序的结合。

Abaqus/Standard 和 Abaqus/Explicit 之间的协同仿真说明了一个多区域分析方法，其中每一个 Abaqus 分析在模型区域的互补部分操作，期望在模型区域的互补部分提供在计算上更加有效的解。例如，Abaqus/Standard 为轻型和刚性部件提供更加高效的解，而 Abaqus/Explicit 对于求解复杂的接触相互作用更加高效。

Abaqus 协同仿真技术的特征

Abaqus 协同仿真技术：

- 可以通过耦合 Abaqus 和 CFD 分析程序，包括 Abaqus/CFD 分析，来求解复杂的流-固耦合；
- 可以通过耦合 Abaqus/Standard 和 CFD 分析程序，包括 Abaqus/CFD 分析，来求解共轭热传导问题；
- 可以通过耦合 Abaqus 和一个电磁分析程序，包括 Abaqus/Standard 中的电磁分析程序，来求解涉及电磁-热或者电磁-力相互作用的问题；
- 可以通过耦合 Abaqus 和第三方分析程序，来用于多物理场仿真；
- 可以通过将 Abaqus/Standard 耦合到 Abaqus/Explicit，来更加高效地求解复杂的多区域分析；
- 可以通过将 Abaqus/Standard 或者 Abaqus/Explicit 与 Dymola 进行耦合，来求解结构-逻辑的仿真；
- 可以用来将 Abaqus 与使用 SIMULIA Co-Simulation Engine 的内部代码，或者多物理场代码耦合接口 MpCCI 进行耦合；
- 适用于对 Abaqus 和第三方分析程序具有深度了解的高级用户；
- 允许数据的单向和双向传输；
- 可以用于具有线性或者非线性结构响应的 Abaqus 模型；
- 支持稳态、瞬态以及对于电磁过程的时谐仿真。

使用不同分析程序模拟的区域间的相互作用

在一个协同仿真中，区域间的相互作用通过一个公共的物理界面区域，在其上，数据在 Abaqus 和耦合的分析程序之间以同步的方式进行交换。

一个区域可以通过下面的一个或者多个来影响其他区域的响应：

- 本构模型，例如定义为温度函数的屈服应力，或者定义为其他求解场函数的应力，例

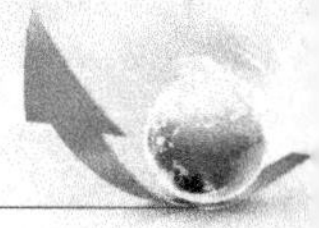

如热应变或者压电效应；

- 表面牵引力/通量，例如在结构上施加压力的流体；
- 体积力/通量，例如由于耦合的热-电仿真中的电流所产生的热；
- 接触力，例如由于车辆和模拟成单独域的乘员/行人之间接触所产生的力；
- 动态的，例如界面运动影响流体流动的流体与柔性结构相接触。

Abaqus 提供两个方法来将 Abaqus 与其他分析程序相耦合：

- 使用 SIMULIA Co-Simulation Engine 的直接耦合。
- 使用 MpCCI 的耦合，一个第三方连接性中间软件。

使用 SIMULIA Co-Simulation Engine 的耦合 Abaqus

SIMULIA Co-Simulation Engine 提供 Abaqus 分析之间的或者 Abaqus 与第三方分析程序之间的耦合，不需要任何第三方通信工具。此耦合方法用于流固仿真，共轭热传导，电磁-结构和电磁-热仿真，并为了隐式动力学和显式动力学区域之间相互作用，将 Abaqus/Standard 与 Abaqus/Explicit 进行耦合。

流固相互作用

可以通过将 Abaqus/Standard 或者 Abaqus/Explicit 与计算流体动力学（CFD）分析程序相耦合，来实施复杂的流固相互作用（FSI）问题。Abaqus/Standard 和 Abaqus/Explicit 求解结构区域，并且 CFD 分析程序求解流体区域。Abaqus/Standard 和 Abaqus/Explicit 可以与 Abaqus/CFD 以及与几个第三方 CFD 分析程序进行耦合。

有关耦合 Abaqus/CFD 到 Abaqus/Standard 或者到 Abaqus/Explicit 的详细信息，见 12.2 节以及 12.3.2 节。一个认证的合作产品的完整列表，见 www.3ds.com/simulia 上的协同仿真页面。

共轭热传导

可以通过耦合 Abaqus/Standard 到一个计算流体动力学（CFD）分析程序，来实施涉及流体和结构的共轭热传导问题。Abaqus/Standard 模拟结构中的热传导（见 1.5.2 节和 1.5.3 节），并且 CFD 分析程序求解环绕结构的流体流动的能量方程。Abaqus/Standard 可以与 Abaqus/CFD 及几个第三方 CFD 分析程序进行耦合。

Abaqus/CFD 到 Abaqus/Standard 的协同仿真例子，见《Abaqus 例题手册》的 6.1.1 节。耦合 Abaqus/CFD 到 Abaqus/Standard 的详细信息，见 12.2 节和 12.3.2 节。对于一个得到认证的合作产品的完整列表，见 www.3ds.com/simulia 上的协同仿真页面。

电磁-热或者电磁-力学耦合

感应加热那样的应用要求电磁场和热场之间的相互作用。可以通过耦合两个 Abaqus/Standard 分析来求解此类问题，其中一个分析求解电磁区域中的场，而另外一个求解热区域中的场。Abaqus/Standard 可以与其自身以及一些第三方电磁分析程序进行耦合。

对于耦合 Abaqus/Standard 到 Abaqus/Standard 的详细信息，见 12.2 节和 12.3.3 节。一个得到认证的合作产品的完整列表，见 www.3ds.com/simulia 上的协同仿真页面。

隐式瞬态分析和显式动态分析之间的相互作用

在某些情况中，可以通过分割模型并且组合 Abaqus/Standard 和 Abaqus/Explicit 解来明显节约计算成本，例如：

- 当仿真主要是 Abaqus/Explicit 的候选方案时，但是模型的某些部分可以使用 Abaqus/Standard 中的子结构来理想化；
- 当仿真主要是 Abaqus/Standard 的候选方案时，但是复杂的接触条件通过 Abaqus/Explicit 将更加有效地进行处理。

一个 Abaqus/Standard 到 Abaqus/Explicit 的协同仿真例子，参考《Abaqus 例题手册》的 2.4.1 节。对于耦合 Abaqus/Standard 和 Abaqus/Explicit 的详细信息，见 12.2 节和 12.3.1 节。

使用 MpCCI 耦合

MpCCI，通过 Fraunhofer-Institute for Algorithms and Scientific Computing（SCAI）建立并且发布的多物理场程序耦合接口，提供了 Abaqus 和任何支持 MpCCI 的第三方分析程序之间的，通用多学科仿真的一个开放系统的方法。MpCCI 为多物理区域提供一个可扩展的通信基础构架和映射算法。在一个使用 MpCCI 的协同仿真中，当每一个分析推进它的仿真时间时，Abaqus 使用 MpCCI 耦合服务器实时通信来与第三方分析程序交换场。

通过 MpCCI 的耦合可以发生在 Abaqus 和任何支持 MpCCI 界面的第三方分析程序之间。这包括植入有 MpCCI 适配器的内部代码。SIMULIA 主动支持并且为 Abaqus 和 FLUENT 之间的流固相互作用认证了一个链接。更多的信息，参考 www.3ds.com/support/knowledge-base 上 Dassault Systemes Knowledge Base 中的“流体-结构相互作用（FSI）的 Abaqus 用户手册”（“Abaqus User’s Guide for Fluid-Structure Interaction（FSI）”）。

物理场耦合的强度

通常对于将在区域内发生的，不能在一个分析程序（例如，Abaqus 或者一个 CFD 分析程序）内进行处理的非常复杂的物理现象，实施协同仿真技术。由于应用在协同仿真界面上的数值技术相对的数值简单性，所以控制各自分析区域界面处相互作用的物理规律（物理耦合的强度），必须相对地弱于有效应用的协同仿真技术。

耦合到第三方分析程序

分析区域以交错的方法，使用一个全局的显式方式，或者一个隐式迭代的方式来进行耦合，即，每一个区域的方程组是分别求解的，并且和边界条件在公共界面上交换的。

在耦合是足够弱的情况中，耦合可能仅在一个方向上要求（例如当电磁场对结构响应有贡献，但是相反的耦合对电磁场没有明显的影响）。

在一个显式交错方法中，例如高斯-赛德尔耦合方案，每一个耦合步仅交换一次场。此耦合策略可应用于表现出弱到中等的物理场耦合问题（例如，气体与相对刚硬结构相互作用的气弹问题）。显式交错方法要求一个小的耦合步大小。

在一个隐式迭代方法中，每一个耦合步多次地交换场，直到在推进到下一次耦合步之前

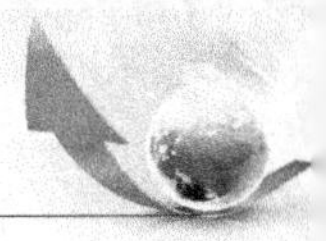

达到整体平衡。隐式耦合每一步耦合计算成本更高，通常可以用于中等到强的物理耦合中。通常，要使用一个比显式方案更大的耦合步大小。

图 12-1 说明了一个在频域中比喻的耦合强度。考虑一个耦合阻抗与响应频率 ω 直接相关的集总参数动态系统。在一个交错求解方法中，每一个区域通过暂时忽略图 12-1 中通过灰弹簧和阻尼器代表的耦合项来进行求解。当响应频率和耦合阻抗低的时候，交错的方法将可能提供足够的解精度和性能。然而，当响应频率是高的时候，相比于结构或者流体，耦合阻抗相对较大，可能遇到使用交错方法的求解稳定性问题。

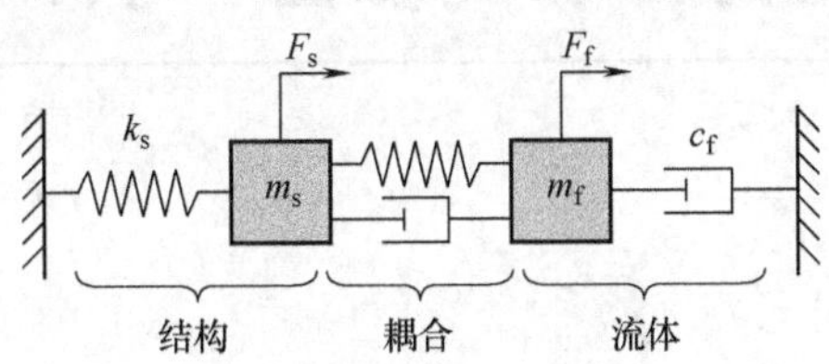

图 12-1　力学阻抗比喻

Abaqus/Standard 到 Abaqus/Explicit 协同仿真中的耦合

在使用协同仿真技术的 Abaqus/Standard 到 Abaqus/Explicit 的耦合中，物理耦合的强度通常更大。通过“右手边”和“左手边”项的通信，Abaqus/Standard 到 Abaqus/Explicit 协同仿真对广泛的问题参数提供一个稳健的接口求解。在许多情况中，可以选择让 Abaqus/Standard 和 Abaqus/Explicit 每一个根据它们自己的自动时间增量方案来推进它们的求解，而不对接口求解稳定性产生不利的影响。

参考文献

运行 FSI 仿真和碰撞安全仿真的最新支持信息和技巧，见 www. 3ds. com/support/knowledge-base 网页上的达索系统知识库。

12.2 为协同仿真准备一个 Abaqus 分析

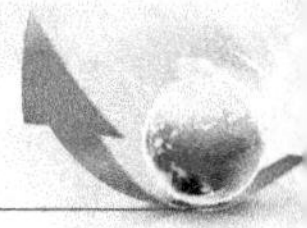

产品：Abaqus/Standard　Abaqus/Explicit　Abaqus/CFD

参考

- “协同仿真：概览”12.1 节
- “结构-结构的协同仿真”12.3.1 节
- “流体-结构的协同仿真和共轭热传导”12.3.2 节
- “电磁-结构的和电磁-热的协同仿真”12.3.3 节
- *CO-SIMULATION
- *CO-SIMULATION REGION
- *CO-SIMULATION CONTROLS

概览

为协同仿真准备一个 Abaqus 分析包括下面：

- 为协同仿真分析确定一个 Abaqus 分析步；
- 确定在协同仿真分析中与 Abaqus 通信的分析程序，可以是其他 Abaqus 分析；
- 确定 Abaqus 模型中的协同仿真界面区域；
- 确定在协同仿真过程中交换的场；
- 定义耦合和会合方案。

此节提供为协同仿真准备一个 Abaqus 分析的概览。此节中的讨论是通用的，不过并非应用于每一个产品搭配。12.3 节提供 Abaqus 求解器之间协同仿真的设置、运行和限制的详细信息。对于 Abaqus 和第三方分析程序之间的协同仿真，参看合适的用户手册。

为协同仿真分析确定一个 Abaqus 分析步

协同仿真事件不需要在 Abaqus 分析中的第一个分析步的起始就开始。但是，它确实需要在一个分析步的起始处开始，并且在那个分析步中结束。这样，需要在 Abaqus 中定义 Abaqus 中的步骤持续时间，诸如协同仿真事件的起始落在一个 Abaqus 分析步的开始，并定义那个具体的步，这样协同仿真事件在那个具体步的结束之前结束。如通常那样指定 Abaqus 模型的正常载荷和边界条件。

随着协同仿真事件开始而开始与耦合分析通信，并且当达到协同仿真事件时终止通信。当分析步在协同仿真事件之前结束时，或者当分析不能有任何进一步的进展时，Abaqus 可以终止协同仿真事件。例如，由于收敛问题，在此种情况中，向所有客户端发出一个警告信息，并且终止协同仿真。

下面的 Abaqus 过程支持协同仿真：

- “静态应力分析”1.2.2 节
- “准静态分析”1.2.5 节
- “使用直接积分的隐式动态分析”1.3.2 节

- “显式动力学分析” 1.3.3 节
- “非耦合的热传导分析” 1.5.2 节
- “完全耦合的热-应力分析” 1.5.3 节
- “不可压缩的流体动力学分析” 1.6.2 节
- “压电分析” 1.7.2 节
- “耦合的热-电分析” 1.7.3 节
- “涡流分析” 1.7.5 节
- “耦合的孔隙流体扩散和应力分析” 1.8.1 节

输入文件用法：在一个步定义中使用下面的选项来表明一个协同仿真事件的开始：

* CO-SIMULATION，NAME = 名称

确定在协同仿真中与 Abaqus 通信的分析程序

Abaqus 协同仿真技术提供两个界面，SIMULIA Co-Simulation Engine 和通过多个物理场代码耦合接口一个通用开放的界面 MpCCI。

使用 SIMULIA Co-Simulation Engine 的耦合

可以使用 Simulia Co-Simulation Engine 来将 Abaqus 与其他 Abaqus 分析耦合，或者将 Abaqus 与某些第三方分析程序耦合。为将 Abaqus/Standard 与 Abaqus/Explicit 耦合而提供特别的界面控制（例如，自动地确定要交换的场）。与第三方分析程序耦合的详细情况，见各自的用户手册。

输入文件用法： 使用下面的选项来耦合多个 Abaqus 分析（除了 Abaqus/Standard 到 Abaqus/Explicit）和将 Abaqus 耦合到第三方分析程序：

* CO-SIMULATION，NAME = 名称，PROGRAM = MULTIPHYSICS

使用下面的选项来将 Abaqus/Standard 耦合到 Abaqus /Explicit：

* CO-SIMULATION，NAME = 名称，PROGRAM = ABAQUS

使用 MpCCI 的耦合

可以使用 MpCCI 来与任何兼容 MpCCI 的第三方分析程序通信。MpCCI 是一般多学科仿真的第三方连接程序，并且是通过 Fraunhofer-Institute for Algorithms and Scientific Computing 传播的。在此情况中，Abaqus 与 MpCCI 服务器通信，然后 MpCCI 与第三方分析程序通信。

对于使用 MpCCI 耦合的更多信息，参考 www.3ds.com/support/knowledge-base 网页上的达索系统知识库中的“流固相互作用（FSI）的 Abaqus 用户手册”。

输入文件用法： * CO-SIMULATION，NAME = 名称，PROGRAM = MPCCI

确定协同仿真界面区域

两个 Abaqus 模型之间，或者一个 Abaqus 模型与第三方分析模型之间的相互作用，通过

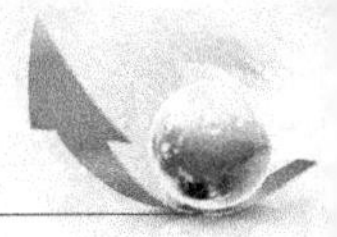

一个叫作协同仿真界面区域的公共界面区域发生。协同仿真界面区域可以是一组离散点、一个面区域或者一个体积区域。在界面区域定义中必须连贯，如果用户在一个分析中定义了一个面协同仿真区域，则接着必须在其他分析中定义一个面协同仿真区域。此外，需要协同定位这些协同仿真区域，并且具有相同的区域边界。

通过离散点相互作用

可以通过仅有节点位置信息，而没有单元拓扑信息（例如，分支区域）的离散点集发生相互作用。在此情况中，空间映射局限在点-点的映射，并且必须确保在模型间具有匹配节点。

在 Abaqus 中，可以使用一个节点集或者一个基于节点的面来定义一个由离散点组成的协同仿真界面区域。

输入文件用法：使用下面的选项来在一个 Abaqus 模型中将一个节点集定义成协同仿真的区域：

*CO-SIMULATION REGION，TYPE = NODE

节点集 *A*

使用下面的选项来在一个 Abaqus 模型中将一个基于节点的面定义成一个协同仿真的区域：

*SURFACE，TYPE = NODE

节点集 *A*

*CO-SIMULATION REGION，TYPE = SURFACE

基于节点的面名称

通过一个面的相互作用

不同区域通过一个共同的界面发生相互作用。例如，当一个流体在没有渗透固体的情况下与固体相互作用时，通过一个面来定义流固界面。在此情况中，节点位置和单元拓扑信息都定义协同仿真界面，并且实施了不同表面网格之间合适的空间映射来谨慎地映射场。

输入文件用法：使用下面的选项来在 Abaqus 模型中将一个基于单元的表面定义成协同仿真的区域

*CO-SIMULATION REGION，TYPE = SURFACE（默认的）

基于单元的面名称

通过一个体积来相互作用

重叠区域间的相互作用通过一个体积发生。在此情况中，节点位置和单元拓扑信息都定义协同仿真区域，并且对不同体积网格之间实施空间映射来谨慎地映射场。

通过一个节点集来定义界面区域。

输入文件用法：使用下面的选项在 Abaqus 模型中将一个体积定义成一个协同仿真区域：

*CO-SIMULATION REGION，TYPE = VOLUME

单元集 *A*

确定跨过一个协同仿真界面进行交换的场

区域模型的耦合可以遍及在协同仿真界面处指定的载荷或者边界条件。此外，也可以交换质量、转动惯量和热容项。基于物理和相互作用的类型和它的执行，必须指定在协同仿真过程中，在 Abaqus 分析中导入和（或者）导出的场。

协同仿真界面可以由一组离散点（节点）、一个面区域或者一个体积区域组成。并不是所有场都可以跨过所有区域类型来进行交换。

此节提供 Abaqus 中可用的所有场变量的一个一般的概述。在两个 Abaqus 求解器之间交换的场的详细信息见 12.3.1 节和 12.3.2 节。由 Abaqus 和第三方分析程序交换的场的详细信息，见各自的用户手册。

输入文件用法：使用下面的选项来在一个区域上导入场数据到 Abaqus 内：

*CO-SIMULATION REGION，IMPORT

区域 A，导入场 1

区域 A，导入场 2

使用下面的选项来从 Abaqus 导出数据：

*CO-SIMULATION REGION，EXPORT

区域 A，导出场 1

区域 A，导出场 2

当使用 SIMULIA Co-Simulation Engine 时，只能指定一个单独的区域。如果涉及多个区域，必须将这些区域组合成一个单独的区域。例如，可以使用*SURFACE，COMBINE 选项来创建一个组合的面区域。

涉及机械自由度的过程

表 12-1 列出了可以为支持机械自由度（自由度 1 ~6）的过程交换的场、它们的相关场标识符、所支持的协同仿真界面区域类型以及支持场变量导入和导出的 Abaqus 求解器。

表 12-1　支持机械自由度的过程的交换场

场 ID	场	界面类型①	Abaqus 求解器②		单　位
			导入	导出	
UT 或 U	位移	P, S, V	S, E, C	S, E	L
VT 或 V	速度（瞬态过程）	P, S, V	C	S, E	LT^{-1}
AT 或 A	加速度（瞬态过程）	P, S, V		S, E	LT^{-2}
UR	旋转	P, S	E	S, E	弧度
VR	角速度（瞬态过程）	P, S		S, E	弧度 T^{-1}
AR	角加速度（瞬态过程）	P, S		S, E	弧度 T^{-2}
COORD	当前坐标	P, S, V		S, E	
CF	集中力	P, S, V	S, E	S, E	F
CM	集中扭矩	P, S	S, E		FL
TRSHR	牵引矢量	S		C	FT^{-2}
PRESS	法向单元面的压力	S	S		FT^{-2}

① P（点），S（表面区域），V（体积区域）

② S（Abaqus/Standard），E（Abaqus/Explicit），C（Abaqus/CFD）

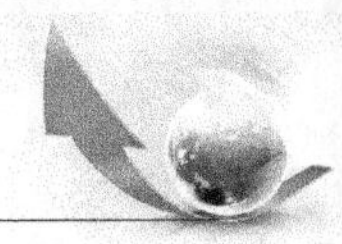

下面的过程支持使用机械自由度的协同仿真：

- “静态应力分析”1.2.2 节
- “准静态分析”1.2.5 节
- “使用直接积分的隐式动态分析”1.3.2 节
- “显式动力学分析”1.3.3 节
- “完全耦合的热-应力分析”1.5.3 节
- “不可压缩流体动力学分析”1.6.2 节
- “压电分析”1.7.2 节
- “耦合的孔隙流体扩散和应力分析”1.8.1 节

位移

Abaqus/Standard 和 Abaqus/Explicit 可以输出平移自由度的位移（场 ID UT 或者 U）。Abaqus/Standard、Abaqus/Explicit 和 Abaqus/CFD 可以导入位移。当导入后，位移从前面交换时间点的值，逐渐变化到下一个目标时间点的值。在全局坐标系统中输出位移。

在 Abaqus/Standard 中，位移对于点、面区域和体积区域是可用的，并且在 Abaqus/Explicit 和 Abaqus/CFD 中，位移对于面是可用的。

在 Abaqus/CAE 的 Visualization 中可以显示位移。

速度和加速度

Abaqus/Standard 可以为瞬态过程输出平移自由度的速度（场 ID VT 或者 V）和加速度（场 ID AT 或者 A），并且 Abaqus/Explicit 也输出这些平移自由度。速度可以由 Abaqus/CFD 导入。速度和加速度是在全局坐标系中的。

对于在 Abaqus/Standard 和 Abaqus/Explicit 中的点和面区域以及 Abaqus/CFD 中的面区域，速度是可以使用的。

转动

Abaqus/Standard 和 Abaqus/Explicit 可以输出转动（场 ID UR），并且 Abaqus/Explicit 可以导入转动（场 ID UR）。转动在全局坐标系中。

对于点和面区域，转动是可以使用的。

在 Abaqus/CAE 的 Visualization 中可以显示转动。

转动速度和转动加速度

转动速度（场 ID VR）和转动加速度（场 ID AR）可以由 Abaqus/Standard 为瞬态过程输出，以及由 Abaqus/Explicit 输出。转动速度和转动加速度在全局坐标系中。

转动速度和转动加速度对于点和面区域是可用的。

当前坐标

当前节点坐标（场 ID COORD）可以由 Abaqus/Standard 和 Abaqus/Explicit 输出。无论

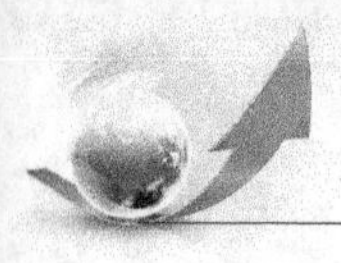

进行的是小位移还是大位移分析，坐标是变形结构的当前坐标。通常，当在不同的界面区域之间映射结果时，优选输出位移（场 ID UT 或者 U），而不是当前坐标。在合作客户端不保留原始坐标的情况中，可能有必要发送当前坐标值，而不是位移。

当前坐标对于 Abaqus/Standard 中的点、面区域和体积区域是可以使用的，并且对于 Abaqus/Explicit 中的面，当前坐标是可以使用的。

集中力

如果导入了集中力（场 ID CF），则在 Abaqus/Standard 中，从先前交换时间点的值，线性变化到的下一个目标时间点，以及在 Abaqus/Explicit 中，在交换区间保持不变。集中力是在整体坐标系中的。

当输出集中力时，Abaqus/Standard 在具有指定位移的界面节点上传递反作用力。反作用力在整体坐标系中输出。

集中力对于点、面区域和对于体积区域（仅在 Abaqus /Standard 中）是可用的。

集中法向力可以在 Abaqus/CAE 中的 Visualization 模块中，通过为 Abaqus/Standard 仿真要求输出变量 CF 来显示。

集中力矩

如果导入了集中力矩（场 ID CM），则在 Abaqus/Standard 中，从先前交换时间点的值，线性变化到的下一个目标时间点，以及在 Abaqus/Explicit 中，在交换区间上保持不变。集中力矩是在整体坐标系中的。

集中力矩对于点、面区域和对体积区域（仅在 Abaqus /Standard 中）是可用的。

集中法向力矩可以在 Abaqus/CAE 中的 Visualization 模块中，通过为 Abaqus /Standard 仿真要求输出变量 CM 来显示。

牵引矢量

Abaqus/CFD 支持的牵引矢量（场 ID TRSHR），输出界面上的流体总牵引（法向和切向分量）。通常，在流固仿真中，当导入到 Abaqus/Standard 或者 Abaqus/Explicit 中时，将导出的牵引向量积分为集中力（场 ID CF）。

牵引矢量是在整体笛卡儿坐标系中的力矢量。

牵引矢量对于 Abaqus/CFD 中的面区域是可以使用的。

法向压力

法向压力（场 ID PRESS），支持由 Abaqus/Standard 导入，是面的牵引法向分量。当导入 Abaqus/Standard 时，压力值从先前交换时间点线性变化到下一个目标时间点上的值。在大部分情况中，优先导入多个集中力（场 ID CF），因为这些包含法向牵引力和切向牵引力分量。对于类似膜的结构，可能优先导入压力。

可以在 Abaqus/CAE 的 Visualization 模块中，通过为 Abaqus/Standard 要求输出变量 P 来显示法向压力。

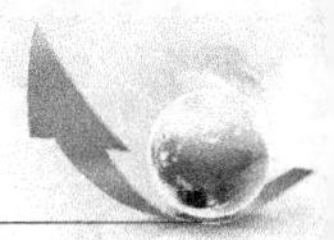

包含热自由度的过程

表 12-2 列出了协同仿真交换可以使用的热场、它们的相关场标志符、所支持的协同仿真界面区域类型和支持场值的导入和导出的 Abaqus 求解器。

表 12-2 支持热自由度过程的交换场

场 ID	场	界面类型①	Abaqus 求解器②		单 位
			导 入	导 出	
NT	温度作为一个节点自由度	P, S, V	S	S, E	θ
CFL	在一个节点上的集中热通量	P, S, V	S, E		JT^{-1}
HFL	法向于单元面的热通量	S	S	C	$JT^{-1}L^{-2}$
CFILM	膜塑性	S	S		$JT^{-1}\theta^{-1}$
FILM	膜塑性（仅 MpCCI）	S	S		$JT^{-1}L^{-2}\theta^{-1}$
TEMP	温度作为一个节点自由度	P, S, V	C		θ
LUMPEDHEATCAPACITANCE	集总热容	P, S, V	S, E	C	$JM^{-1}\theta^{-1}$

① P（点），S（表面区域），V（体积区域）

② S（Abaqus/Standard），E（Abaqus/Explicit），C（Abaqus/CFD）

下面的过程支持使用热自由度的协同仿真：

- “非耦合的热传导分析” 1.5.2 节
- “完全耦合的热-应力分析” 1.5.3 节
- “不可压缩的流体动力学分析” 1.6.2 节
- “耦合的热-电分析” 1.7.3 节

节点温度

节点温度（场 ID NT）可以由 Abaqus/Standard 和 Abaqus/Explicit 导出，以及由 Abaqus/CFD（作为场 ID TEMP）导入。当导入 Abaqus/Standard 和 Abaqus/CFD 中时，温度值从先前交换时刻的值线性变化到下一个时间点的温度值。

温度值可以在结构单元的顶面（SPOS）或底面（SNEG）上导入。温度不能在 SPOS 和 SNEG 具有相同基底壳单元的双面表面上交换。对于体积区域，仅导出自由度 NT11，并且它不应当用来在使用结构单元离散的体积上交换温度值。

节点温度值可以通过要求输出变量 NT，在 Abaqus/CAE 的 Visualization 模块中为一个 Abaqus/Standard 仿真显示。

热通量

为 Abaqus/Standard 和 Abaqus/Explicit 中的节点处进入的热，使用集中热通量（场 ID CFL）。集中热通量对于点、面区域和体积区域（仅在 Abaqus/Standard 中）是可用的。

通过要求输出变量 CFL，集中热通量值可以在 Abaqus/CAE 的 Visualization 模块中为一个 Abaqus/Standard 仿真显示。

为 Abaqus/Standard 中进入表面的一个分布式热通量，或者为 Abaqus/CFD 中离开一个

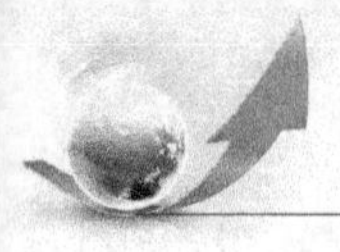

表面的分布式热通量使用面热通量（场 ID HFL）。分布式热通量仅对表面区域是可用的。

膜属性

使用表面膜属性（场 ID FILM）或者集中（节点）膜属性（场 ID CFILM），来模拟通过下面的控制方程来控制的对流

$$q = -h(\theta_{\text{wall}} - \theta_{\text{fluid}})$$

其中 q 是进入表面的热通量，h 是膜系数，θ_{wall} 是壁温度，并且 θ_{fluid} 是流体或者环境温度。膜系数是根据下面的方程，从计算流体动力学分析得到的热通量和流体温度计算得到的，并且壁温来自之前交换期间计算的 Abaqus 分析。

$$h = q/(\theta_{\text{fluid}} - \theta_{\text{wall}})$$

膜系数和流体温度都传入 Abaqus/Standard 中，并且在后续交换区间上保持不变。当流体和壁温一致时，一个热传导系数的任意小值传入 Abaqus。为了得到第一个交换区间的合适膜属性，应当确保在 Abaqus 中正确地初始化壁温，并且为初始流体温度提供一个良好的估计。

膜属性仅对 Abaqus/Strandard 中的面区域是可用的。

热容

节点（集总）热容（场 ID LUMPEDHEATCAPACITANCE）可以在定义了热容的模型中，通过 Abaqus/CFD 输出。节点热容可以导入 Abaqus/Standard 和 Abaqus/Explicit。

涉及孔隙流体压力的过程

表 12-3 列出了耦合的孔隙流体扩散/应力分析可以交换的额外场、它们的相关场标识符、所支持的协同仿真界面区域类型和支持场值导入以及导出的 Abaqus 求解器。

表 12-3　耦合的孔隙流体扩散/应力分析的交换场

场 ID	场	界面类型①	Abaqus 求解器②		单　位
			导　入	导　出	
POR	在一个节点上的孔隙流体压力	P，S，V	S	S	FL^{-2}
CFF	在一个节点上的集中流体流动	P，S，V	S		L^3T^{-1}
RVF	由于指定的压力产生的反应流体体积通量	P，S，V		S	L^3T^{-1}

① 1 P（点），S（表面区域），V（体积区域）

② S（Abaqus/Standard），E（Abaqus/Explicit），C（Abaqus/CFD）

下面的过程包含孔隙流体压力协同仿真：

- “耦合的孔隙流体扩散和应力分析” 1.8.1 节

孔隙压力

节点孔隙压力（场 ID POR）可以由 Abaqus/Standard，为点、面区域和体积区域来导入及导出。

节点孔隙压力值可以通过要求输出变量 POR，在 Abaqus/CAE 的 Visualization 模块中显

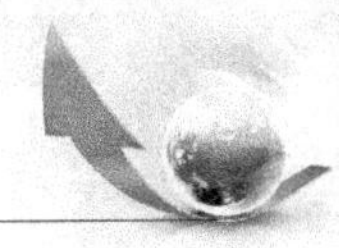

示一个 Abaqus/Standard 仿真。

集中的流体流动

流体流动（场 ID CFF）定义在一个节点上的渗流。集中流体流动可以通过 Abaqus/Standard，为点、面区域和体积区域导入。

集中流体流动值可以通过要求输出变量 CFF，来为一个 Abaqus/Standard 仿真在 Abaqus/CAE 的 Visualization 模块中显示。

回应流体体积流动

回应流体体积通量（场 ID RVF）定义流体体积通过节点进入或者离开模型的速率，以保持指定的孔隙压力。回应流体体积通量可以通过 Abaqus/Standard，为点、面区域和体积区域来输出。

包含电磁响应的过程

表 12-4 列出了可以为电磁分析交换的附加场，它们的相关场标识符，所支持的协同仿真界面区域类型和支持场变量导入及导出的 Abaqus 求解器。

表 12-4　一个电磁分析的交换场

场 ID	场	界面类型①	Abaqus 求解器②		单　位
			导　入	导　出	
EMJH	由于电流产生的焦耳热速率	V		S	$JT^{-1}L^{-3}$
EMBF	由于电流产生的磁体力密度矢量	V		S	$FT^{-1}L^{-3}$

① P（点），S（表面区域），V（体积区域）

② S（Abaqus/Standard），E（Abaqus/Explicit），C（Abaqus/CFD）

下面的过程包含电磁支持协同仿真：

- “涡流分析” 1.7.5 节

焦耳发热率

焦耳发热率（场 ID EMJH）可以通过 Abaqus/Standard 来为体积区域输出。可以将它作为集中节点热通量（场 ID CFL）来导入下游的热传导分析。

焦耳发热率的值可以通过要求输出变量 EMJH，为一个 Abaqus/Standard 仿真在 Abaqus/CAE 的 Visualization 模块中显示。

磁体力密度矢量

磁体力密度矢量（场 ID EMBF）可以通过 Abaqus/Standard 来为体积区域输出。它可以作为集中力（场 ID CF）导入下游的应力分析。

磁体力密度矢量的值可以通过要求输出变量 EMBF，来为一个 Abaqus/Standard 仿真在 Abaqus/CAE 的 Visualization 模块中显示。

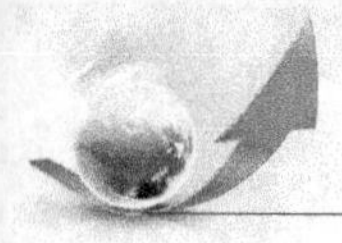

温度和独立场变量

温度变量是时间相关的，在模型的空间域上存在的预定义场（见《Abaqus 分析用户手册——指定的条件、约束和相互作用卷》的 1.6.1 节）。与协同仿真技术连接的场变量，通过允许材料点相关于其他应用定义的外部场，来扩展多物理场的可能性。

场变量必须连续地从一开始编号。场变量可以如下来定义：

- 通过直接地输入数据，
- 通过读取一个 Abaqus 结果文件或输出数据库文件，
- 在一个 Abaqus/Standard 用户子程序中；
- 通过协同仿真界面。

如果通过多种方法定义了场变量，则 Abaqus 以上面定义的次序处理它们。当场变量与结构单元一起使用时应当注意，例如膜和壳。在此情况中，只有形成界面区域的顶面或者底面得到值。

表 12-5 列出了对于协同仿真交换可用的温度和独立场变量，它们的相关场标识符所支持的协同仿真界面区域类型和支持场值导入及导出的 Abaqus 求解器。

表 12-5　交换温度和独立的场变量

场 ID	场	界面类型①	Abaqus 求解器②		单　位
			导　入	导　出	
TEMP	温度场变量	V	S		θ
FV1	场变量 1	V	S		
FV2	场变量 2	V	S		
FV3	场变量 3	V	S		

① P（点），S（表面区域），V（体积区域）

② S（Abaqus/Standard），E（Abaqus/Explicit），C（Abaqus/CFD）

下面的 Abaqus/Standard 过程支持温度和独立场变量的导入：

- “静态应力分析” 1.2.2 节
- “准静态分析” 1.2.5 节
- “使用直接积分的隐式动态分析” 1.3.2 节
- “完全耦合的热应力分析” 1.5.3 节
- “压电分析” 1.7.2 节
- “涡流分析” 1.7.5 节
- “耦合的孔隙流体扩散和应力分析” 1.8.1 节

温度

为了允许定义材料属性为一个外部温度场变量的过程，由 Abaqus/Standard 导入温度（场 ID TEMP）。导入后，温度值从先前交换时间点的值，线性变化到下一个目标时间点上的值。使用场 ID NT 替代场 ID TEMP 来为热过程导入温度值（使用自由度 11、12 等的过程）。

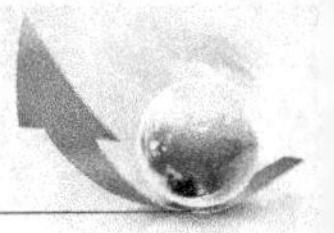

温度可以通过要求输出变量 TEMP，来为一个 Abaqus/Standard 仿真在 Abaqus/CAE 的 Visualization 模块中显示。

独立的场变量

独立的场变量（场 IDs FV1、FV2 和 FV3）可以由 Abaqus/Standard 来导入，允许将材料属性定义成外部场的函数。当导入独立场变量后，独立场变量值从先前的交换时间点的值线性变化到下一个目标时刻上的值。

场变量可以通过要求输出变量 FV1、FV2 和（或者）FV3，在 Abaqus/CAE 的 Visualization 模块中显示一个 Abaqus/Standard 仿真。

其他场

表 12-6 列出协同仿真交换可以使用的其他场，它们的相关场标识符，所支持的协同仿真界面区域类型和支持场值导入及导出的 Abaqus 求解器。

表 12-6　交换其他场

场 ID	场	界面类型①	Abaqus 求解器②		单　位
			导　入	导　出	
MASS 或者 LUMPEDMASS	质量	P，S	S，E	S，E，C	M
RI	旋转惯量	P，S	S	E	ML^2

① P（点），S（表面区域），V（体积区域）

② S（Abaqus/Standard），E（Abaqus/Explicit），C（Abaqus/CFD）

集中质量

在节点上的集中质量值（场 ID MASS 或者 LUMPEDMASS）可以由 Abaqus/Standard、Abaqus/Explicit 和 Abaqus/CFD 输出，并且可以由 Abaqus/Standard 和 Abaqus/Explicit 导入。

集中质量对于点和面区域是可用的。

转动惯量

节点（集中）转动惯量（场 ID RI）可以由 Abaqus/Standard 导入，并且由 Abaqus/Explicit 在点或者面区域上，为使用结构单元的模型导出。

定义耦合和会合方案

分析的不同类型具有不同的时间积分要求，这些要求将影响或者决定一个协同仿真中分析之间得到一个精确和稳健解的相互作用频率。例如，考虑一个隐式和一个显式动力学分析之间的时间积分差异。Abaqus/Standard 可以自动地调整增量大小来得到瞬态问题的一个经济的和精确的解（见 1.1.2 节中的“增量”）。例如，考虑一个模拟扩散过程的瞬态热传导分析。其中，在分析开始时，在具有一个高梯度解的地方，分析应使用小的时间增量，当趋向于达到稳态的分析结束时，可使用大的时间增量。

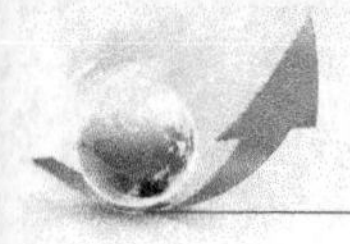

用来控制这些协同仿真交换的参数，取决于所使用的协同仿真界面。

- 对于使用 SIMULIA Co-Simulation Engine 的耦合（除了 Abaqus/Standard 到 Abaqus/Explicit），在一个协同仿真构型文件中定义协同仿真算法和相关的交换参数。
- 对于使用 Abaqus/Standard 和 Abaqus/Explicit 的结构-结构的协同仿真，必须提供协同仿真控制和描述此方案信息的构型文件，在执行中确认参数的一致性。
- 对于 MpCCI，使用协同仿真控制来定义协同仿真算法和相关的交换参数。

定义使用控制参数耦合和会合方案

使用协同仿真控制来控制一个协同仿真中分析之间交换的频率，并且控制 Abaqus 中的时间增量过程。

输入文件用法：　同时使用下面的选项来指定使用 SIMULIA Co-Simulation Engine 的协同仿真控制：

*CO-SIMULATION，CONTROLS = 名称

*CO-SIMULATION CONTROLS，NAME = 名称

定义耦合方案

耦合方案定义分析程序之间的交换顺序，以及耦合仿真可以采用一个顺序的、并行的或者隐式迭代方式的哪一种来运行。当决定耦合方案时，应当考虑求解稳定性问题以及对计算资源利用的影响。

定义并行显式耦合方案（Jacobi，雅可比）

在一个并行显式耦合方案中，同时执行两个仿真，在下一个目标时间上交换场来更新各自的解。并行耦合方案可以更加有效地利用计算资源，然而，认为它比顺序方案缺少一些稳定性，并且仅应当用于使用小耦合步的弱耦合物理仿真。协同仿真合作者分析也必须指定一个 Jacobi 耦合算法。

使用文件用法：*CO-SIMULATION CONTROLS，COUPLING SCHEME = JACOBI

定义一个顺序显式耦合方案（Gauss-Seidel，高斯-赛德尔）

在一个顺序的显式耦合方案中，仿真是以顺序执行的。一个分析在前引领，而另外一个分析收尾协同仿真。协同仿真合作者分析也必须指定一个 Gauss-Seidel 耦合算法。

顺序显式耦合方案仅应当用于使用小耦合步的弱耦合物理仿真。

输入文件用法：　使用下面的选项来指定 Abaqus 引领协同仿真：

*CO-SIMULATION CONTROLS，COUPLING SCHEME = GAUSSSEIDEL，SCHEME MODIFIER = LEAD

合作者分析必须收尾协同仿真。

使用下面的选项来指定 Abaqus 收尾协同仿真：

*CO-SIMULATION CONTROLS，COUPLING SCHEME = GAUSSSEIDEL，

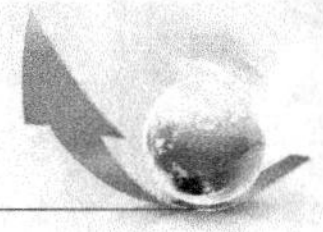

SCHEME MODIFIER = LAG

合作者分析必须引领协同仿真。

定义一个迭代耦合方案

在一个迭代耦合方案中，仿真以顺序执行。一个分析在前引领，而另外一个分析收尾协同仿真。每一个耦合步执行多次交换，直到满足终止准则。协同仿真合作者分析也必须指定一个迭代的耦合算法。

终止准则取决于协同仿真中的分析。对于 Abaqus 和第三方分析产品之间的协同仿真，参照合适的用户手册。

输入文件用法： 使用下面的选项来指定 Abaqus 引领协同仿真：

* CO-SIMULATION CONTROLS, COUPLING SCHEME = ITERATIVE,
SCHEME MODIFIER = LEAD

合作者分析必须收尾协同仿真。

使用下面的选择来指定 Abaqus 收尾协同仿真：

* CO-SIMULATION CONTROLS, COUPLING SCHEME = ITERATIVE,
SCHEME MODIFIER = LAG

此合作者分析必须引领协同仿真。

耦合步大小

耦合步是两个连续交换之间的时间区间，并且因而定义了在协同仿真中分析之间的交换频率。耦合步大小是在每一个耦合步的开始时建立的，并且用来计算目标时间（当下一个同步交换发生的时间）。

Abaqus 中可以使用的计算耦合步大小的方法，在下面的部分中进行了描述。为确定一个协同仿真合作者分析的可以使用的方法，参照合适的第三方程序文档。

使用一个不变的耦合步大小

一个不变的用户定义的耦合步大小，是定义一个耦合步大小的最基本方法。两个分析根据下面的方程，都在目标点上交换数据来推进。

$$t_{i+1} = t_i + \Delta t_c$$

其中 Δt_c 是定义用于整个耦合仿真的耦合步大小的值，t_{i+1} 是目标时间，t_i 是耦合步开始的时间。对于此方法，Abaqus 和协同仿真合作者分析，都需要为耦合步大小指定相同的值。

输入文件用法： * CO-SIMULATION CONTROLS, STEP SIZE = Δt_c

选择最小耦合步大小

此方法选择由每一个分析建议的最小耦合步大小。Abaqus 总是使用由它的自动增量建议的下一个增量作为它的建议耦合步大小。对于此方法，需要 Abaqus 和协同仿真合作者分析都指定最小耦合步大小方法。

输入文件用法：　　＊CO-SIMULATION CONTROLS，STEP SIZE = MIN

选择最大耦合步大小

此方法选择由每一个分析建议的最大耦合步大小。Abaqus 总是使用由它的自动增量建议的下一个增量作为它的建议耦合步大小。对于此方法，需要 Abaqus 和协同仿真合作者分析都指定最大耦合步大小方法。

输入文件用法：　　＊CO-SIMULATION CONTROLS，STEP SIZE = MAX

导入耦合步大小

Abaqus 可以导入一个由协同仿真合作者分析建议的耦合步大小。对于此方法，协同仿真合作者分析需要输出一个耦合步大小。

输入文件用法：　　＊CO-SIMULATION CONTROLS，STEP SIZE = IMPORT

输出耦合步大小

Abaqus 可以输出一个建议的耦合步大小到协同仿真合作者分析中。对于此方法，协同仿真合作者分析需要导入一个由 Abaqus 确定的耦合步大小。Abaqus 输出由它的自动增量方案建议的下一个增量。

输入文件用法：　　＊CO-SIMULATION CONTROLS，STEP SIZE = EXPORT

时间增量方案

Abaqus 可以每个耦合步取多个增量，或者可以强制 Abaqus 每个耦合步使用一个单个的增量。

允许 Abaqus 子循环

默认情况下，Abaqus 可以在耦合步中实施几个增量（称之为“子循环”）。在子循环中，Abaqus/Standard 从先前耦合步结束处的值，线性变化载荷和边界条件到目标时刻的值（除了膜属性），但是在 Abaqus/Explicit 中，载荷是在耦合步开始时施加的，并且在耦合步上保持不变。

子循环允许 Abaqus 使用它自己的时间增量来到达目标耦合时间。特别的，如果存在要求降低增量大小的非线性事件，它允许 Abaqus 削减增量大小。

输入文件用法：　　＊CO-SIMULATION CONTROLS，
　　　　TIME INCREMENTATION = SUBCYCLE

强制 Abaqus 每一个耦合步使用一个单个的增量

在某些情况下，可以强制 Abaqus 使用一个由耦合步大小指定的时间增量大小（即，没有子循环）。这样允许两个求解器使用相同的时间增量，并且避免耦合步中的量插值。当以此方式运行时，Abaqus 将不能降低时间增量来解决非线性事件，由此，将在非线性事件要求降低增量大小的情况下，终止仿真。

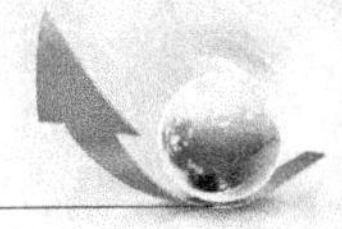

输入文件用法： ＊CO-SIMULATION CONTROLS，
TIME INCREMENTATION = LOCKSTEP

达到目标时间

Abaqus 目标时间可以采用确切的或者松散的方式到达。

以确切的方式达到目标时间

默认情况下，Abaqus 以一个确切的方式交换数据，即，Abaqus 临时地降低时间增量，这样确切地在目标时间上发生解交换。

输入文件用法： ＊CO-SIMULATION CONTROLS，TIME MARKS = YES

以松散的方式达到目标时间

当子循环进行时，Abaqus 可以采用松散的方式到达目标时间，即，当前仿真时间 t 是在距目标时间一半的 Abaqus 增量大小之内的时候。

$$t+\frac{\Delta t}{2}\geqslant t_{i+1}$$

在此情况中，忽视求解精度而选中了性能。松散的耦合应当仅用于 Abaqus 比第三方分析程序使用更多增量的情况中，例如，当将一个显式求解器与一个隐式求解器耦合的时候。

输入文件用法： ＊CO-SIMULATION CONTROLS，TIME MARKS = NO

使用 SIMULIA Co-Simulation Engine 构架文件定义耦合和会合方案

SIMULIA Co-Simulation Engine 使用一个独立的软件组件，称为“总监”，它定义分析程序之间的协同仿真所具有的相互作用的所有方面，并对耦合的完成和集合方案提供必要的指令。通过协同仿真构型文件，为总监提供的方案选择相关参数。当使用 Abaqus/CAE 来执行协同仿真时，自动地创建构型文件。

构型文件必须是可扩展标记语言（Extensible Markup Language format，XML）格式，此文件使用文件后缀 xml。可以通过一个预定义的模板来定义一个构型文件，或者可以创建构型文件的一个完全详细的形式。

使用预定义的构型模板

对于 12.3 节中描述的协同仿真分析情况，定义通用耦合和会合方案的预定义模板是可以使用的。为使用预定义模板中的一个，必须创建一个具有下面所显示结构的构型文件。

<? xml version = " 1.0" encoding = " utf-8"? >

所要求的 XML 声明行

<CoupledMultiphysicsSimulation>

所要求的 XML 根单元；描述多物理场仿真的识别文件

<模板名称>

<模板参数 1>参数 1 名称</模板参数 1>

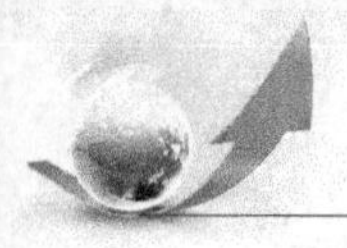


```
    <模板参数 2 > 参数 2 名称 </模板参数 2 >
    <模板参数 3 > 参数 3 名称 </模板参数 3 >
  </模板名称 >
```

模板单元的关闭

```
</CoupledMultiphysicsSimulation >
```

XML 根单元的关闭

输入模板名和一个参数设置的短列表，例如两个分析工作的名称和分析的持续时间。预定义模板的详细情况在 12.3.1 节、12.3.2 节和 12.3.3 节中提供。以及如何得到每一个模板的构型的示例构型文件，例如下面显示的一个流体-结构的协同仿真例子。

```
<? xml version =" 1.0" encoding =" utf-8"? >
< CoupledMultiphysicsSimulation >
  < template_std_cfd_fsi >
    < Standard_Job > 标准作业名称 </Standard_Job >
    < Cfd_Job > Cfd 作业名称 </Cfd_Job >
    < duration > 持续时间 </duration >
  </template_std_cfd_fsi >
</CoupledMultiphysicsSimulation >
```

使用完全描述的构型文件

在运行的时候，SIMULIA Co-Simulation Engine 总监给模板应用参数设定，创建接下来用于协同仿真分析的一个完全描述的构型文件。一个完全描述的构型文件是定义成明确的提供所有构型的详细情况，而不参考一个模板的构型文件。

在不能得到预定义模板的情况下（例如与一个内部或者第三方代码耦合），或者模板是不够的情况下（例如，想要在协同仿真界面区域交换更多的变量，或者调整映射容差），必须创建一个完全描述的构型文件。与完全描述的构型文件一起工作的技巧，见 www.3ds.com/support/knowledge-base 页面上的达索系统知识库中的“SIMULIA Co-Simulation Engine 构型文件的高级用法”。有关完全描述构型文件的详细信息，见 SIMULIA Co-Simulation Engine 应用编程界面（SIMULIA Co-Simulation Engine Application Programing Interface, API）文档。

模型维数和坐标系

二维和三维 Abaqus 模型是完全支持的。轴对称的 Abaqus 模型仅对 Abaqus/Standard 到 Abaqus/Explicit 的协同仿真以及使用 MpCCI 的耦合是支持的。对于不支持二维和轴对称模型的协同仿真，可以将这些模型表示成施加有合适边界条件的单位厚度的三维片（或者楔形单元）。

根据 Abaqus 约定来定义向量：第一个分量代表沿着 x-轴的量；第二个分量代表沿着 y-轴的量；第三个分量代表沿着 z-轴的量（对于三维模型）。对于 Abaqus 中的轴对称模型，旋转轴是关于 y-轴的。这些约定都应用于输出和导入向量。

所有输出向量是在 Abaqus 模型的全局坐标系中表示的，忽略任何平移定义。类似的，

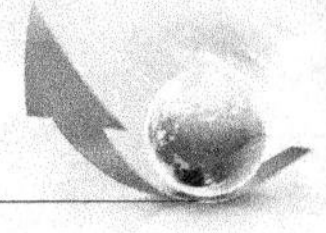

第三方程序必须在 Abaqus 模型的全局坐标系中，提供导入 Abaqus 中的向量。

第三方分析程序可以使用不同的约定，进一步地建模详细情况和（或者）限制，请参照合适的第三方程序文档。

单位系统

Abaqus 不要求分析使用一个特别的单位系统来运行。通常，在创建 Abaqus 模型中使用的单位系统，可能与第三方程序模型一起使用的单位系统不一样。当两个单位系统不一样时，两个程序间的场交换必须通过单位的转换。进一步的模拟详细情况参考合适的第三方程序文档。

重启一个协同仿真

导入到 Abaqus/Standard、Abaqus/Explicit 或者 Abaqus/CFD 中的场，不会保存到 Abaqus 重启动数据库中。这样，要重启动一个协同仿真，耦合分析必须在重启动分析开始的时候发送场。这些场必须平衡由 Abaqus 分析计算得到的共轭场，这样才能保持平衡。必须在分析之间同步写重启动信息，来确保仿真在相同的求解（步）时间上得到重启动。更多的信息，见 4.1.1 节中的“在协同仿真中同步写入重启动信息”。特别的，重启动 Abaqus 的具体步/增量编号的求解时间，必须对应耦合分析求解。

限制

应用以下的限制：

● 所定义的 Abaqus 模型中的步，必须保证一个完整的协同仿真在一个单独的 Abaqus 步中。进一步讲，在 Abaqus 工作中仅有一个协同仿真。可以使用重启动功能来为一个分析实施多协同仿真（见 4.1.1 节）。

● 在梁、管和杆单元上，或者在三维单元的边缘上定义的一个协同仿真面或者体积，不能用作一个界面区域。应当使用离散点来传递载荷和边界条件。

● 在修正的三角单元或者修正的四边形单元上定义的一个协同仿真面或者体积，不能用作界面区域。

● 二次耦合的温度-位移单元，不能在一个使用耦合温度-位移过程的协同仿真中，作为一个界面区域来使用。

● 当执行一个协同仿真时，在指定时间点上的输出可能不满足要求的次数，取决于同步参数。

取决于所使用的第三方分析程序，可能有更进一步的限制。对于更多的信息，参考合适的第三方程序文档。

12.3 Abaqus 求解器之间的协同仿真

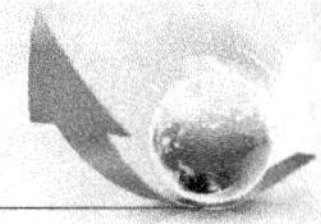

12.3.1 结构-结构的协同仿真

产品：Abaqus/Standard　　Abaqus/Explicit　　Abaqus/CAE

参考

- “协同仿真：概览” 12.1 节
- “为协同仿真准备一个 Abaqus 分析” 12.2 节
- *CO-SIMULATION
- *CO-SIMULATION CONTROLS
- “定义一个 Standard-Explicit 的协同仿真相互作用”《Abaqus/CAE 使用手册》的 15.13.14 节，此手册的 HTML 版本中
- “协同仿真”《Abaqus/CAE 用户手册》第 26 章

概览

两个结构求解器（交换位移和（或者）旋转以及共轭场的力和/或者力矩的求解器）之间的协同仿真，代表一个非常强烈的物理耦合，并且要求在协同仿真界面上要求特别的处理。Abaqus 通过提供特别的界面控制，来支持 Abaqus/Standard 和 Abaqus/Explicit 之间的协同仿真。虽然可以在两个 Abaqus/Standard 分析之间。或者在两个 Abaqus/Explicit 分析之间实施一个结构-结构的协同仿真，但是由于在界面上缺乏妥善的处理，并不推荐这样的协同仿真。

此部分讨论 Abaqus/Standard 到 Abaqus/Explicit 的协同仿真所特有的分析设置、执行和限制详细信息。

对于 Abaqus/Standard 到 Abaqus/Explicit 的协同仿真的一个例子，参考《Abaqus 例题手册》的 2.4.1 节。

为协同仿真分析确定 Abaqus 步

下面的 Abaqus/Standard 分析过程可以用于 Abaqus/Standard 到 Abaqus/Explicit 的协同仿真：

- “静态应力分析” 1.2.2 节
- “使用直接积分的隐式动力学分析” 1.3.2 节

下面的 Abaqus/Explicit 分析过程可以用于 Abaqus/Standard 到 Abaqus/Explicit 的协同仿真：

- “显式动力学分析” 1.3.3 节

输入文件用法：　在一个 Abaqus/Standard 到 Abaqus/Explicit 的协同仿真的步定义中，使用下面的选项：

*CO-SIMULATION, PROGRAM = ABAQUS

Abaqus/CAE 用法：为一个 Abaqus/Standard 到 Abaqus/Explicit 的协同仿真使用下面

的选项：

Interaction module：Create Interaction：Standard-Explicitco-simulation

确定协同仿真界面区域

Abaqus/Standard 和 Abaqus/Explicit 模型间的相互作用，通过一个公共界面区域发生。

当耦合 Abaqus/Standard 到 Abaqus/Explicit 时，可以使用节点集，或者面来指定一个界面区域。然而，在 Abaqus/Standard 和 Abaqus/Explicit 中，必须保持区域定义一致。如果在一个分析中，使用一个节点集或者基于节点的面定义一个协同仿真区域，则必须在其他分析中使用相同类型的协同仿真区域定义。对于基于节点的面，节点必须是一致的，因为在 Abaqus/Standard 和 Abaqus/Explicit 模型之间没有提供拓扑信息来保守地映射场。同样，如果在一个分析中，定义一个使用一个基于单元的面的协同仿真区域，则必须在其他分析中定义使用一个基于单元的面的协同仿真区域。

可以在 Abaqus/Standard 和 Abaqus/Explicit 模型定义中共享的区域具有不同的网格。但是在某些情况中，可以通过在界面上确保已经匹配节点，来改进求解稳定性和精度（见"不类似的网格相关的限制"）。在这些情况中，可以使用《Abaqus/CAE 用户手册》的 26.4 节中描述的模拟实践，来确保这些匹配节点。

输入文件用法：使用下面的选项，在一个 Abaqus 模型中定义一个基于单元的或基于节点的面作为一个协同仿真区域：

*CO-SIMULATION REGION，TYPE = SURFACE（默认的）

面 *A* 使用下面的选项来定义一个节点集作为一个 Abaqus 模型中的协同仿真区域：

*CO-SIMULATION REGION，TYPE = NODE

节点集 *A*

在每一个 Abaqus 分析中，只能定义一个 *CO-SIMULATION REGION选项。此外，只能定义一个节点集或者面。

Abaqus/CAE 用法：Interaction module：Create Interaction：Standard-Explicit co-simulation：Surface 或 Node Region：选择区域

确定跨过一个协同仿真界面进行交换的场

对于 Abaqus/Standard 到 Abaqus/Explicit 的协同仿真，不要定义交换场；根据过程和使用的协同仿真参数自动地确定它们。

定义会合方案

对于结构-结构的协同仿真，必须为每一个分析指定协同仿真控制，并且创建一个构型文件；在执行期间确认参数的一致性。使用 SIMULIA Co-Simulation Engine 构型文件来定义时间增量过程和两个 Abaqus 分析间的交换频率。Abaqus/CAE 自动创建并使用此构型文件。

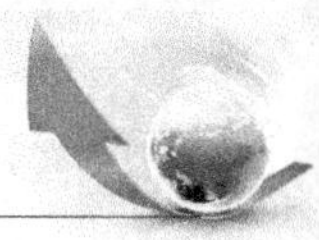

如果不是使用 Abaqus/CAE 来执行协同仿真，则必须手动创建构型文件。

对于下面的协同仿真方案，预定义模板是可以使用的：

- 可以强迫 Abaqus/Standard 使用与 Abaqus/Explicit 一样的增量大小；
- 可以让 Abaqus/Standard 中的增量大小与 Abaqus/Explicit 中的增量大小不一样（子循环）。

当创建构型文件时，参考这些预定义模板。

输入文件用法：　使用下面的两个选项来指定协同仿真控制：

* CO-SIMULATION，PROGRAM = ABAQUS，CONTROLS = 名称

* CO-SIMULATION CONTROLS，NAME = 名称

Abaqus/CAE 用法：Interaction module：Create Interaction：Standard-Explicit co-simulation

时间增量方案

可以强迫 Abaqus/Standard 使用与 Abaqus/Explicit 一样的增量大小，也可以让 Abaqus/Standard 中的增量大小不同于 Abaqus/Explicit 中的增量大小（子循环）。为耦合所选择的时间增量方案，影响求解计算成本和精度，但不影响求解稳定性。

子循环方案通常是最有成本效率的，因为 Abaqus/Standard 时间增量，没有任何强迫协同仿真时间增量的限制，通常是比 Abaqus/Explicit 时间增量长得多。然而，当模型中大部分的节点在协同仿真界面上时，子循环方案可能具有较差的成本效益。这是因为 Abaqus/Standard 在界面上为 Abaqus/Explicit 分析中的每一个增量实施一系列的稳定操作（一个“不求解”）。这些不求解的操作要求与界面节点成比例的密集方程组的隐式解。在大量界面节点的情况中，此接口解的计算成本，可以超过任何由子循环带来的成本节约。这样，对于节点的显著共享是在协同仿真界面上的模型，子循环方案的性能可能更差。

强迫 Abaqus/Standard 使用与 Abaqus/Explicit 一样的增量大小

可以强迫 Abaqus/Standard 匹配 Abaqus/Explicit 的增量大小，并且场将在每一个共享的增量上交换。

输入文件用法：　在 Abaqus/Standard 和 Abaqus/Explicit 的分析中使用下面的选项：

* CO-SIMULATION CONTROLS，TIME INCREMENTATION = LOCKSTEP

Abaqus/CAE 用法：在 Abaqus/Standard 和 Abaqus/Explicit 的分析中使用下面的输入：

Interaction module：Create Interaction：Standard-Explicit co-simulation：Incrementation control：Lock time steps

让 Abaqus/Standard 中的增量大小不同于 Abaqus/Explicit 中的增量大小

可以让 Abaqus/Standard 中的增量大小不同于 Abaqus/Explicit 中的增量大小（子循环）。在此情况中，场将按需要进行交换。

输入文件用法：　在 Abaqus/Standard 和 Abaqus/Explicit 分析中使用下面的选项：

* CO-SIMULATION CONTROLS，TIME INCREMENTATION = SUBCYCLE

Abaqus/CAE 用法：在 Abaqus/Standard 和 Abaqus/Explicit 分析中使用下面的输入：

Interaction module：Create Interaction：Standard-Explicit co-simulation：Incrementation control：Allow subcycling

控制接口矩阵分解频率

对于循环时间增量方案，默认情况下，在 Abaqus/Standard 中为每一个 Abaqus/Explicit 增量执行了一个接口求解。此求解可以因为两个原因而显著的昂贵。首先，用于接口求解的接口矩阵是密集的，并且它的大小与界面节点的数量成比例。第二，接口矩阵每一个 Abaqus/Explicit 增量的改变，要求在 Abaqus/Standard 中为每一个 Abaqus/Explicit 增量因式分解。可以通过近似接口矩阵，并且在 Abaqus/Standard 的增量期间执行一次典型的因式分解，而不是为每一个 Abaqus/Explicit 增量执行因式分解，来降低对成本的影响。然而，如果 Abaqus/Explicit 稳定时间增量得到明显的改变，则因为稳定性的原因而重新因式分解接口矩阵。

允许 Abaqus/Standard 在每个 Abaqus/Explicit 增量上因式分解矩阵

在每个 Abaqus/Explicit 增量上执行因式分解接口矩阵是默认的方法。

输入文件用法：在 Abaqus/Standard 分析中使用下面的选项：

*CO-SIMULATION CONTROLS,
FACTORIZATION FREQUENCY = EXPLICIT INCREMENT

Abaqus/CAE 用法：在 Abaqus/CAE 中，默认使用每个 Abaqus/Explicit 增量上因式分解接口矩阵。

强迫 Abaqus/Standard 在每个 Abaqus/Standard 增量上因式分解接口矩阵一次

当界面节点的数量很大时，通过使用此方法可以显著地降低界面因式分解的成本。每个 Abaqus/Standard 增量仅执行一次接口矩阵的因式分解。每个 Abaqus/Explicit 增量使用此因式分解的接口矩阵执行接口求解。因为此方法对接口矩阵进行近似，它可稍微地增加协同仿真接口上位移解中的漂移。使用此方法得到的性能基于界面节点的数量、子循环比率（是 Abaqus/Standard 与 Abaqus/Explicit 增量之间的比率）和模型的大小。对于具有大于 100 个的接口节点和大于 50 的一个子循环比率，此方法通常可使分析速度提高 1.2 ~ 3.0 倍。性能因为更大的子循环比率而得到提升，对于更大的模型性能会降低。

输入文件用法：在 Abaqus/Standard 分析中使用下面的选项：

*CO-SIMULATION CONTROLS,
FACTORIZATION FREQUENCY = STANDARD INCREMENT

Abaqus/CAE 用法：在 Abaqus/CAE 中，不支持在每个 Abaqus/Explicit 增量上执行一次因式分解接口矩阵。

耦合步大小

耦合步大小是两个连续的协同仿真数据，在 Abaqus/Standard 和 Abaqus/Explicit 之间交换的时间区间，并且总是等于当前 Abaqus/Explicit 的增量大小。

当使用子循环方法时，此数据交换不代表 Abaqus/Standard 增量上的约束；Abaqus / Standard 分析使用它的正常时间增量逻辑在时间上推进。

创建一个构型文件

可以使用预定义的模板来为上面描述的耦合方案创建一个构型文件。表 12-7 描述了对于 Abaqus/Standard 到 Abaqus/Explicit 的协同仿真可以使用的两个预定义模板，并且列出可以查看的例子的构型文件。

表 12-7 结构-结构协同仿真模板

结构-结构的协同-仿真：子循环	耦合方案：允许 Abaqus/Explicit 子循环
	template_std_xpl_subcycle
	例题文件：exa_std_xpl_subcycle. xml
结构-结构的协同-仿真：锁定步	耦合方案：每个耦合步 Abaqus/Standard 和 Abaqus/Explicit 使用一个单一的增量（锁定步）
	template_std_xpl_lockstep
	例题文件：exa_std_xpl_lockstep. xml

要得到一个构型文件例子，可以使用 abaqus fetch 工具。例如，为了得到 Abaqus/Standard 到 Abaqus/Explicit 的子循环例子，使用下面的命令：

abaqus fetch job = exa_std_xpl_lockstep

例题文件 exa_std_xpl_lockstep. xml 显示如下。

```
<?xml version = "1.0" encoding = "utf-8"? >
<CoupledMultiphysicsSimulation>
  <template_std_xpl_subcycle>
    <Standard_Job>standard_作业名称</Standard_Job>
    <Explicit_Job>explicit_作业名称</Explicit_Job>
    <duration>持续期间值</duration>
  </template_std_xpl_subcycle>
</CoupledMultiphysicsSimulation>
```

在某些情况中，可能需要使用在预定义模板中没有描述的协同仿真构型特征。例如，可能希望改变非类似网格映射的搜寻容差。这些容差在构型文件中通常是可以访问的，但是在预定义的模板中没有得到描述。对于这些情况，必须创建一个详细描述的构型文件。对于更多的信息，见 12.2.1 节中的“使用详细描述的构型文件”。

运行耦合分析

在 Abaqus/CAE 中交互地运行协同仿真或者从命令行运行协同仿真，如 12.3.4 节中所描述的那样。

诊断信息

Abaqus/Standard 工作在信息（. msg）文件中提供详细的协同仿真操作描述。对于子循环方案，状态（. sta）文件提供总结信息说明跟随有增量的再求解的接口计算何时完成，如下面的示例状态文件中所显示的那样。在尝试计数的输入（列 3）中的 E 后缀说明了一个执行接口计算的增量。一个没有 E 后缀的增量说明增量的再求解。

```
SUMMARY OF JOB INFORMATION:
STEP   INC ATT SEVERE EQUIL TOTAL  TOTAL      STEP       INC OF      DOF    IF
               DISCON ITERS ITERS  TIME/     TIME/LPF    TIME/LPF   MONITOR RIKS
               ITERS               FREQ
  1     1   1E     0     1     1  0.000      0.000       0.001000
  1     1   1      0     3     3  0.00100    0.00100     0.001000
  1     2   1E     0     1     1  0.00100    0.00100     0.001000
  1     2   1      0     3     3  0.00200    0.00200     0.001000
  1     3   1E     0     1     1  0.00200    0.00200     0.001000
  1     3   1      0     2     2  0.00300    0.00300     0.001000
  1     4   1E     0     1     1  0.00300    0.00300     0.001000
  1     4   1      0     3     3  0.00400    0.00400     0.001000
```

Abaqus/Explicit 工作在状态（. sta）文件中提供协同仿真操作的总结描述。

限制

除了 12. 2. 1 节中讨论的限制外，给 Abaqus/Standard 到 Abaqus/Explicit 的协同仿真施加下面的限制。

一般限制

• 当允许 Abaqus/Standard 中的增量大小与 Abaqus/Explicit 中的增量大小不同时，则协同仿真接口上的位移兼容性没有得到保留（即，当指定子循环作为一个协同仿真的时间增量控制时）。在此情况中，速度兼容性得到保留，但是在仿真随时间推进时，可以看到 Abaqus/Standard 和 Abaqus/Explicit 之间较小的位移不匹配。如果在协同仿真界面上发生类似于塑性变形的严重非线性，则此“漂移”更加显著。可以通过调节 Abaqus/Standard 求解参数来控制此漂移，这样降低了 Abaqus/Standard 的增量大小（例如，通过为隐式动力学分析限制最大时间增量大小，或者指定一个较小的半增量的残差）。

• 在协同仿真区域节点上，不允许节点转变。

• ALE 技术不能用在与协同仿真区域节点相连的单元中。

• 可以使用完全耦合的温度位移单元，但是没有交换温度量。

• 在 Abaqus/Standard 到 Abaqus/Explicit 的协同仿真中，Abaqus/Standard 静态应力分析不能与锁定步时间增量方案一起使用。

与不类似网格相关的限制

当 Abaqus/Standard 和 Abaqus/Explicit 协同仿真区域网格不同时，实施下面的限制：

• 当协同仿真区域网格不是均匀的，则可以影响求解精度。例如，如果一个连续单元网格，在协同仿真区域界面上使用梁或者壳单元进行了局部加强。

• 在靠近协同仿真界面的应力状态相对于材料刚度是显著的情况中（接近 1% 或者更多)，如果毗邻协同仿真区域的网格密度在 Abaqus/Explicit 和 Abaqus/Standard 之间严重地不同，则可以观察到明显的不规则网格扭曲。例如，此效应对具有大变形的超弹性材料是常见的。当使用子循环时间积分方案时，可以通过在 Abaqus/Standard 协同仿真区域处，选择一个

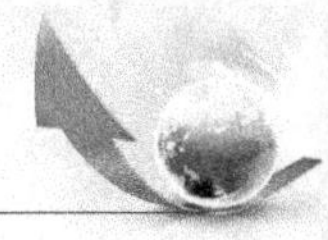

类似的或者更加细密的网格，来最小化此影响，或者当使用锁定步时间积分方案时，可以通过在 Abaqus/Explicit 协同仿真区域上选择一个类似的或者更加细密的网格，来最小化此影响。

Abaqus/Standard 分析限制

不具有对应 Abaqus/Explicit 中等效自由度的 Abaqsu/Standard 单元，不能与协同仿真区域的节点连接。这些单元包括：

- 具有扭曲自由度的轴对称单元（CGAX 单元族）；
- 具有非对称变形的轴对称实体单元（CAXA 单元族）；
- 广义平面应变单元（CPEG 单元族）；
- 耦合的孔隙压力-位移单元；
- 热传导和热-电单元；
- 声学单元；
- 压电单元。

也实施下面的特别限制：

- 协同仿真区域节点，不能是一个绑定约束中的、一个 MPC 约束的或者一个动态耦合约束的从节点。

Abaqus/Explicit 分析限制

当在协同区域或附近定义了下面的模型特征时，协同仿真求解的稳定性和精确性可受到不利的影响：

- 连接到协同仿真区域节点的连接器单元。
- 参与绑定约束，一个 MPC 约束或者运动耦合约束的协同仿真区域节点。

当使用这些特征时，应当在协同仿真界面上对比 Abaqus/Standard 和 Abaqus/Explicit 的解（例如，位移历史的兼容性），作为一个求解精度的指示符。

12.3.2 流体-结构的协同仿真和共轭热传导

产品：Abaqus/Standard　Abaqus/Explicit　Abaqus/CFD　Abaqus/CAE

参考

- “协同仿真：概览” 12.1 节
- “为协同仿真准备一个 Abaqus 分析” 12.2 节
- *CO-SIMULATION
- *CO-SIMULATION CONTROLS
- “定义一个流体-结构的协同仿真相互作用”《Abaqus/CAE 用户手册》的 15.13.15 节，此手册的 HTML 版本中
- “协同仿真”《Abaqus/CAE 用户手册》的第 26 章

概览

此部分讨论使用 Abaqus/CFD 和 Abaqus/Standard 或者 Abaqus/Explicit 的流体-结构的协同仿真和共轭热传导的设置、执行和限制的详细信息。

对于共轭热传导的例子，参考《Abaqus 例题手册》的 6.1.1 节。

确定协同仿真分析的 Abaqus 步

下面的 Abaqus/CFD 分析过程可以和 Abaqus/Standard 或者 Abaqus/Explicit 一起用于协同仿真：

- "不可压缩流体的动力学分析" 1.6.2 节

下面的 Abaqus/Standard 分析过程可以和 Abaqus/CFD 一起用于协同仿真：

- "使用直接积分的隐式动力学分析" 1.3.2 节
- "非耦合的热传导分析" 1.5.2 节

下面的 Abaqus/Explicit 分析过程可以和 Abaqus/CFD 一起用于协同仿真：

- "显式动力学分析" 1.3.3 节
- "完全耦合的热-应力分析" 中的 "Abaqus/Explicit 中的完全耦合的热-应力分析" 1.5.3 节

输入文件用法：在 Abaqus/CFD 到 Abaqus/Standard 或者到 Abaqus/Explicit 的协同仿真的步定义中使用下面的选项：

* CO-SIMULATION, PROGRAM = MULTIPHYSICS

Abaqus/CAE 用户：为 Abaqus/CFD 到 Abaqus/Standard 或者到 Abaqus/Explicit 的协同仿真使用下面的选项：

Interaction module: Create Interaction: Fluid-Structure Co-simulation boundary

确定协同仿真界面区域

当耦合 Abaqus/CFD 到 Abaqus/Standard 或者到 Abaqus/Explicit 时，使用面来指定一个界面区域。必须定义一个基于单元的面，并且在分析中，可以仅指定一个面作为接口区域来使用。可以在模型定义的共享区域中具有不同的网格。

输入文件用法：使用下面的选项来将一个基于单元的面定义成一个协同仿真区域：

* CO-SIMULATION REGION, TYPE = SURFACE

面 *A*

Abaqus/CAE 用法：Interaction module: Create Interaction: Fluid-Structure Co-simulation boundary: 选取面区域

确定跨过一个协同仿真界面进行交换的场

对于 Abaqus/CFD 到 Abaqus/Standard 或者到 Abaqus/Explicit 的协同仿真，协同仿真交换

可以使用的场列表，见12.2节中的表。当使用Abaqus/CAE时，场交换是由Abaqus/CAE自动确定的。

定义会合方案

使用SIMULIA Co-Simulation Engine构型文件来定义两个Abaqus分析之间的时间增量过程和交换频率。Abaqus/CAE自动地创建并使用此构型文件。如果不使用Abaqus/CAE来实施协同仿真，则必须手动创建构型文件。

对于经常用于耦合方案的预定义模板是可以得到的。当创建构型文件时，指定这些模板。此部分描述了会合方案设置和预定义的构型文件模板。

定义耦合方案

顺序显式耦合方案（也称为高斯-赛德尔耦合算法），是Abaqus/CFD到Abaqus/Standard或者到Abaqus/Explicit的协同仿真仅可以使用的耦合方案。在所有的预定义模板中，Abaqus/CFD分析收尾协同仿真，Abaqus/Standard或者Abaqus/Explicit分析起始协同仿真。对于共轭热传导，Abaqus/CFD分析可以收尾或者起始协同仿真。对于流体-结构相互作用，Abaqus/CFD分析必须收尾协同仿真，并且Abaqus/Standard或者Abaqus/Explicit分析必须起始协同仿真。

耦合步大小

耦合步大小是两个连续的协同仿真数据交换之间的时间跨度。耦合步的大小基于分析的类型自动地得到确定，并且用来得到耦合物理问题的精确的时间解。对于耦合Abaqus/CFD和Abaqus/Standard的流体-结构的相互作用（FSI）和共轭热传导（CHT）分析，耦合步大小是由各自分析的自动时间增量方案所确定的最小的时间步大小。对于耦合Abaqus/CFD和Abaqus/Explicit的FSI问题，Abaqus/Explicit从Abaqus/CFD导入耦合步大小，因此，Abaqus/CFD输出耦合步大小到Abaqus/Explicit。

时间增量方案

取决于分析的类型，Abaqus可以每个耦合步执行一个增量（称之为“锁定步”）或者进行几个增量（称之为“子循环”）。对于耦合Abaqus/CFD和Abaqus/Explicit的FSI分析，Abaqus/Explicit通常使用子循环，而Abaqus/CFD使用锁定步行为。

创建一个构型文件

可以使用预定义的模板，来为上面描述的耦合方案创建一个构型文件。表12-8描述了流体-结构的协同仿真和共轭热传导的可用的预定义模板，并列出了可以查阅的示例构型文件。

可以使用abaqus fetch工具来得到示例构型文件。例如，为了得到Abaqus/Standard到Abaqus/CFD共轭热传导的例子，使用下面的命令：

表 12-8　流体-结构的协同仿真和共轭热传导的模板

流体-结构的协同仿真：Abaqus/Standard 和 Abaqus/CFD	耦合方案： ● Abaqus/Standard 分析起始 ● 耦合步的大小基于两个分析所具有的最小增量 ● 让 Abaqus/Standard 子循环；每个耦合步，Abaqus/CFD 使用一个单一的增量（锁定步）
	template_std_cfd_fsi
	示例文件：exa_std_cfd_fsi
流体-结构的协同仿真：Abaqus/Explicit 和 Abaqus/CFD	耦合方案： ● Abaqus/Explicit 分析起始 ● Abaqus/CFD 定义耦合步大小 ● 让 Abaqus/Explicit 子循环；每个耦合步，Abaqus/CFD 使用一个单一的增量（锁定步）
	template_xpl_cfd_fsi
	示例文件：exa_xpl_cfd_fsi
共轭热传导：Abaqus/Standard 和 Abaqus/CFD	耦合方案： ● Abaqus/Standard 分析起始 ● 耦合步的大小基于两个分析的最小增量 ● 允许 Abaqus/Standard 子循环；每个耦合步，Abaqus/CFD 使用一个单一的增量（锁定步）
	template_std_cfd_cht
	示例文件：exa_std_cfd_cht
共轭热传导：Abaqus/Explicit 和 Abaqus/CFD	耦合方案： ● Abaqus/Explicit 分析起始 ● Abaqus/CFD 定义耦合步大小 ● 让 Abaqus/Explicit 子循环；每个耦合步，Abaqus/CFD 使用一个单一的增量（锁定步）
	template_xpl_cfd_cht
	例题文件：exa_xpl_cfd_cht

abaqus fetch job = exa_std_cfd_cht

示例文件 exa_std_cfd_cht 显示如下。

```
<? xml version = " 1.0" encoding = " utf-8"? >
<CoupledMultiphysicsSimulation>
  <template_std_cfd_cht>
    <Standard_Job>standard_作业名称</Standard_Job>
    <Cfd_Job>cfd_作业名称</Cfd_Job>
    <duration>持续时间值</duration>
  </template_std_cfd_cht>
</CoupledMultiphysicsSimulation>
```

在某些情况中，可以需要使用在预定义模板中没有描述的协同仿真构型特征。例如，可以希望改变非类似网格映射的搜寻容差。这些容差在构型文件中通常是可以得到的，但是在预定义模板中没有进行描述。对于这些情况，必须创建一个详细描述的构型文件；对于更多的信息，见 12.2 节。

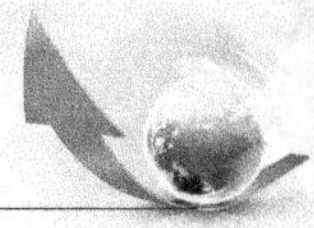

执行耦合分析

在 Abaqus/CAE 中交互的执行协同仿真或者从命令行执行协同仿真，如 12.3.4 节中所描述的那样。默认情况下，当耦合 Abaqus/CFD 到 Abaqus/Explicit 时，Abaqus/Explicit 封装程序和分析都是以单精度运行的。

限制

除了 12.2 节中讨论的限制外，对 Abaqus/CFD 到 Abaqus/Standard 或者到 Abaqus/Explicit 的协同仿真实施了下面的限制。

一般限制

一个界面区域可以用于流体-结构的相互作用或者共轭热传导，但是不能同时使用。

Abaqus/Standard 和 Abaqus/Explicit 的分析限制

以下 Abaqus/Standard 和 Abaqus/Explicit 单元不能和 Abaqus/CFD 一起用于协同仿真：

- 具有扭曲自由度的轴对称单元（CGAX 单元族）；
- 具有非对称变形的轴对称实体单元（CAXA 单元族）；
- 广义的平面应变单元（CPEG 单元族）；
- 耦合的孔隙压力-位移单元；
- 声学单元；
- 压电单元。

12.3.3 电磁-结构的和电磁-热的协同仿真

产品：Abaqus/Standard

参考

- “协同仿真：概览” 12.1 节
- “为协同仿真准备一个 Abaqus 分析” 12.2 节
- *CO-SIMULATION

概览

此节讨论使用 Abaqus/Standard 过程的具体电磁-结构的和电磁-热的协同仿真的分析设置和执行详细情况。支持一个时间谐波或者瞬态电磁分析，与一个静态的、瞬态隐式动态

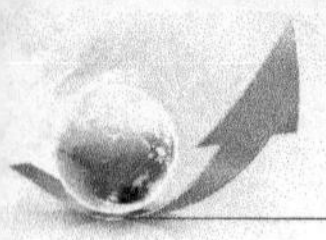

的、耦合温度-位移的或者瞬态热传导的分析之间的协同仿真。

一个电磁到热传导的协同仿真分析，对于诸如感应加热的应用是有用的；它包含双向耦合：来自电磁分析生成的焦耳热驱动一个热传导分析，并且决定温度分布，反过来，温度分布通过温度相关的材料属性（例如电导率和磁导率）影响电磁场。对于电磁-热的耦合，支持时间谐波或者瞬态电磁分析与瞬态热传导分析之间的协同仿真。

一个电磁到瞬态隐式动力学分析，对于像电磁成型那样的应用是有用的，其中来自电磁分析的洛伦兹体力驱动一个瞬态动态分析。支持瞬态电磁分析和一个稳态或者瞬态隐式动力学分析之间的协同仿真。然而，耦合是单向的，即，没有考虑电磁场区域零件的变形影响。因此，这样的分析仅应用于变形对电磁场的影响相对小的时候。

为协同仿真分析确定 Abaqus 步

可以为一个电磁-结构的协同仿真使用下面的 Abaqus/Standard 分析过程：

- “静态应力分析”1.2.2 节
- “使用直接积分的隐式动力学分析”1.3.2 节
- “非耦合的热传导分析”1.5.2 节
- “涡流分析”1.7.5 节

可以为电磁-热的协同仿真使用下面的 Abaqus/Standard 分析过程：

- “非耦合的热传导分析”1.5.2 节
- “涡流分析”1.7.5 节

输入文件用法：　在一个 Abaqus/Standard 到 Abaqus/Standard 的协同仿真的步定义中使用下面的选项：

*CO-SIMULATION，PROGRAM = MULTIPHYSICS

确定协同仿真界面区域

电磁和结构模型之间通过一个共同的体积界面区域发生相互作用。

必须在 Abaqus/Standard 分析之间指定使用单元集的体积界面区域。必须保持区域定义在两个 Abaqus/Standard 仿真中一致，换言之，必须在两个分析中定义相同的接口区域。

可以在两个模型定义共享的区域中具有不同的网格。

输入文件用法：　使用下面的选项在 Abaqus/Standard 模型中定义一个基于单元的协同仿真区域：

*CO-SIMULATION REGION，TYPE = VOLUME

单元集 *A*

在每一个 Abaqus/Standard 分析中，只能定义一个 *CO-SIMULATION REGION 选项。此外，只能定义一个单元集。

确定跨过一个协同仿真界面进行交换的场

对于 Abaqus/Standard 到 Abaqus/Standard 的协同仿真，见 12.2 节中的“确定跨过一个

协同仿真界面进行交换的场”中的表，列出了协同仿真交换可以使用的场。

定义会合方案

使用 SIMULIA Co-Simulation Egnineer 构型文件来定义两个 Abaqus/Standard 分析之间的增量过程和交换频率。

对于经常使用的耦合方案的预定义模板是可以得到的。当创建构型文件时，可以参考这些模板。此节描述了会合方案设置和预定义的构型文件模板。

时间增量方案

可以强制两个瞬态 Abaqus/Standard 分析使用相同的增量大小，也可以让增量大小不同(子循环)。为耦合所选择的增量方案影响求解计算成本和精度，但是不影响求解稳定性。当使用子循环方法的时候，此数据交换不代表一个 Abaqus/Standard 增量上的约束。Abaqus/Standard 使用它的正常时间增量逻辑来在时间上进行推进，但是在耦合步大小迭代上按需要进行数据交换。

在频域中定义时间谐变的电磁过程，并且没有瞬态分析意义上的与过程相关的解时间尺度。可以方便地引入一个与协同仿真分析中包含的时间谐变电磁过程相关的虚拟求解时间尺度，从而，便于在后续分析的特定求解时间迭代上与一个瞬态分析耦合。时间谐变电磁分析的虚拟时间尺度，遵从瞬态热传导分析中的时间尺度，并且在每一个耦合步中，以下面描述的方式重置。

定义耦合方案

顺序显式耦合方案（也称为高斯-赛德尔耦合算法）和迭代耦合方案对于电磁-结构的和电磁-热的协同仿真是可用的。电磁分析必须总是起始协同仿真，而热传导或者应力分析总是收尾协同仿真。所有的预定义模板是以上面的起始-收尾顺序来设置的。

耦合步大小

耦合步大小是两个 Abaqus/Standard 分析之间连续的协同仿真数据交换之间的时间间隔。对于瞬态电磁到瞬态热传导或者瞬态隐式动力学的协同仿真，可以指定耦合步大小等于通过各自分析的自动时间增量方案所确定的时间步大小的最小值，或者设置成用户定义的常数值。

当起始电磁分析是时间谐变的时候，可以设置耦合步大小等于收尾瞬态热传导或者隐式动力学分析的时间步大小，或者设置成用户定义的常数值。在后面的情况中，时间谐变电磁分析将在后续的不变的用户定义的耦合步大小的结束处为场进行求解，而收尾热传导或者应力分析通常将进行子循环，直到达到目标耦合步时间。

对于迭代耦合，两个分析必须在每一个时间增量的末尾进行耦合，并且不应当使用子循环。如果在此情况中使用了子循环，将仅对恰恰最后增量利用迭代过程中得到交换的更新解，将失去在前面增量（最后耦合和当前耦合之间）上更新解的累积效应。

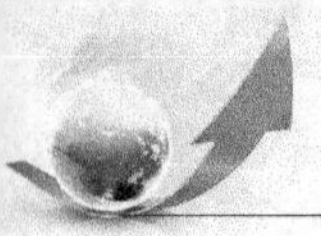

创建一个构型文件

可以使用预定义的模板来为上面描述的耦合方案创建构型文件。表 12-9 描述了电磁到瞬态热传导分析和电磁到应力-位移的分析可以使用的预定义模板，并且列出了可以查看的构型文件。

表 12-9 电磁协同仿真的模板

电磁到瞬态热传导的协同仿真	耦合方案： ● 电磁分析起始 ● 热传导分析定义耦合步大小
	● template_em_std_export
	● 例题文件：exa_em_std_export
	耦合方案： ● 电磁分析起始 ● 允许热传导分析有子循环
	template_em_std_fixed
	示例文件：exa_em_std_fixed
	耦合方案： ● 电磁分析起始 ● 热传导分析定义耦合步大小 ● 迭代耦合
	template_em_std_iterative
	示例文件：exa_em_std_iterative
电磁到 Abaqus /Standard 应力/位移的协同仿真	耦合方案： ● 电磁分析起始 ● 基于电磁和 Abaqus/Standard 应力/位移分析建议的最小步大小来确定步大小 ● 任何分析可以有子循环 ● 体力从电磁传递到 Abaqus/Standard 应力/位移分析。不发生其他协同仿真传递
	template_em_std_force_oneway
	示例文件：exa_em_std_force_oneway

为得到一个示例构型文件，可以使用 abaqus fetch 工具。例如，为得到热传导分析作为确定耦合步大小控制者的例子，使用下面的命令：

abaqus fetch job = exa_em_std_export

例题文件 exa_em_std_export. xml 显示如下。

```
<? xml version = " 1.0" encoding = " utf-8"? >
<CoupledMultiphysicsSimulation>
  <template_em_std_export>
    <EM_Job>电磁作业名称</EM_Job>
```

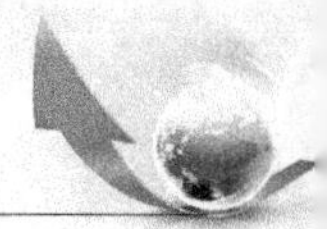

```
    <HeatTransfer_Job>热作业名称</HeatTransfer_Job>
    <duration>持续时间值</duration>
  </template_em_std_export>
</CoupledMultiphysicsSimulation>
```

在某些情况中，可能需要使用在预定义模板中没有描述的协同仿真构型特征。例如，可以希望改变非类似网格映射的搜寻容差。这些容差在构型文件中通常是可以使用的，但是在预定义模板中没有得到描述。对于这些情况，用户必须创建一个详细描述的构型文件。更多的信息见 12.2.1 节中的“使用详细描述的构型文件”。

执行耦合分析

从命令行执行协同仿真，如 12.3.4 节中所描述的那样。

限制

12.2 节中讨论的限制，施加于电磁-结构的和电磁-热的协同仿真。

12.3.4 执行一个协同仿真

产品：Abaqus/Standard　Abaqus/Explicit　Abaqus/CFD　Abaqus/CAE

参考

- “Abaqus/Standard、Abaqus/Explicit 和 Abaqus/CFD 协同仿真执行”《Abaqus 分析用户手册——介绍、空间建模、执行与输出卷》的 3.2.4 节
- “理解协同执行”《Abaqus/CAE 用户手册》的 19.4 节

概览

可以从命令行执行下面类型的协同仿真：

- 结构-结构
- 流体-结构
- 共轭热传导
- 电磁-结构
- 电磁-热

也可以在 Abaqus/CAE 中执行结构-结构、流体-结构和共轭热传导的协同仿真。

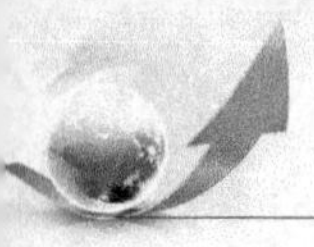

从 Abaqus/CAE 中执行一个协同仿真

可以在 Abaqus/CAE 中，如《Abaqus/CAE 用户手册》的 19.4 节中所描述的那样，交互地执行耦合分析。不要求创建一个构型文件，Abaqus/CAE 会自动地创建此文件。

Abaqus/CAE 用法：Job 模块：

Co-execution→Create：选择 Abaqus/Standard 模型和 Abaqus /Explicit 模型；Communication time out：超时值 Co-execution→Manager：Submit

从命令行执行一个协同仿真

可以像《Abaqus 分析用户手册——介绍、空间建模、执行与输出卷》的 3.2.4 节中所描述的那样执行 Abaqus 作业。

命令用法例子

使用下面的命令来递交两个 Abaqus 分析之间的协同仿真，“job-1”和“job-2”：

```
abaqus cosimulation cosimjob = beam job = job-1, job-2
  configure = config
```

使用超时参数的考虑

此 timeout 执行参数指定以秒计的，每一个分析等候收到来自其他正在运行分析的协同仿真信息的时间大小。当使用命令行选项递交工作时，默认的超时值是 60min，当在 Abaqus/CAE 中执行工作时，超时值是 10min。当超时时间与典型的分析增量时钟时间相比很大时，在启动工作和进行协同仿真分析步之前的执行操作方面具有极大的灵活性。需要此灵活性的例子包括：使用序列递交的工作，分析其所具有的步执行具有长运行时间协同仿真步的分析以及因为一个输入错误而重新递交工作的情况。然而，当协同仿真工作中的一个失败时，一个大超时时间可以在最初协同仿真通信建立之前产生问题（收敛问题或者可用计算资源的原因）。在此种情况中，可以终止保持运行的工作，而不是让它等候整个超时时间。

限制

Abaqus/CAE 中不支持电磁-结构的和电磁-热的协同仿真。

12.4 结构-逻辑的协同仿真

产品：Abaqus/Standard　　Abaqus/Explicit

参考

- “Abaqus/Standard、Abaqus/Explicit 和 Abaqus/CFD 执行”《Abaqus 分析用户手册——介绍、空间建模、执行与输出卷》的 3.2.2 节
- “Dymola 模型执行”《Abaqus 分析用户手册——介绍空间建模、执行与输出卷》的 3.2.5 节
- “协同仿真：概览” 12.1 节
- “为协同仿真准备一个 Abaqus 分析” 12.2 节
- *CO-SIMULATION
- *CO-SIMULATION CONTROLS
- *CO-SIMULATION REGION

概览

此节讨论使用 Abaqus 和 Dymola 的结构-逻辑的协同仿真所具有的分析设置、执行和限制的详细信息。使用如此节所描述的协同仿真，将需要具有 .DLL 功能的 7.2 以上版本的 Dymola。更多的信息，见 www.3ds.com/support/knowledge-base 上达索系统知识库中的“使用 Abaqus 和 Dymola 的逻辑-物理模拟的用户和安装手册”。

为一个结构-逻辑的协同仿真准备一个 Abaqus 模型

为一个结构-逻辑的协同仿真准备一个 Abaqus 模型，需要：

- 确定涉及的 Abaqus 分析步，
- 确定交互的接口传感器和作动器；
- 定义会合方案。

下面的部分扼要地描述了这些步骤。协同仿真分析模型创建的更加详细的信息，见 12.2 节。

确定 Abaqus 分析步

协同仿真相互作用的时间段定义成一个协同-仿真事件。此事件在一个 Abaqus 分析步（协同仿真步）的启动时开始，并且在此步的末尾前结束。此分析中任何支持协同仿真技术的过程类型可以成为一个协同仿真步。然而，每个分析工作只允许有一个协同仿真步。对于多协同仿真步，可以在后续分析工作中使用重启动功能来定义新的协同仿真步。

可以定义一个在运行时 Abaqus 与 Dymola 交换场的协同仿真步。指定定义会合方案的协同仿真控制。

输入文件用法：　在一个步定义中使用下面的选项：

*CO-SIMULATION，NAME = 协同仿真名称，PROGRAM = LOGICAL，CONTROLS = 名称

*CO-SIMULATION CONTROLS，NAME=名称

定义传感器和作动器

必须定义传感器和作动器。可以定义任何节点或者连接器单元历史输出变量为一个具有名称的传感器。更多的详细信息，见《Abaqus 分析用户手册——介绍、空间建模、执行与输出卷》的4.1.3节中的"Abaqus/standard 和 Abaqus/Explicit 中的传感器定义"。

输入文件用法： 使用下面的选项来定义一个传感器：

*OUTPUT，HISTORY，FREQUENCY，SENSOR，NAME=传感器名称

*NODE OUTPUT，NSET=节点集名称

节点输出变量

使用下面的选项来定义一个作动器：

*AMPLITUDE，NAME=名称，DEFINITION=ACTUATOR

没有与此幅值定义相关联的数据行，来定义在给定仿真时间上的幅值。代之于，在一个给定仿真时间上的幅值将从 Dymola 输出中导入。可以在任何可以参考一个幅值（例如*CLOAD，*BOUNDARY，*FIELD，和*CHANGE FRICTION）的 Abaqus 选项中，参考用户指定的名称。

例如，

*CLOAD，AMPLITUDE=名称

101，3，1.0

确定要交换的传感器和作动器

必须指定在协同仿真中导入和（或者）导出到 Abaqus 分析的场。

导入定义确保在上个数据交换的时刻上计算得到 Dymola 选项的值是 Abaqus 的输入（作动器），并且给定成所指定幅值名称的当前值。同等重要的是，输出定义确保 Abaqus 输出（传感器）的当前值为数据交互时间上的 Dymola 输入值。

可以指定高达5000的作动器/传感器。

输入文件用法： 使用下面的选项来确定进行交换的传感器和作动器：

*CO-SIMULATION REGION，IMPORT

作动器名称1，作动器名称2等。

*CO-SIMULATION REGION，EXPORT

传感器名称1，传感器名称2等。

在数据行上的用户定义的名称是每行由逗号分隔的八个输入。每一个名称长度必须少于80个字符。如果有必要，使用多于一个的数据行。

定义会合方案： 目标时间

耦合步是两个连续交换之间的时长，由此，定义了 Abaqus 和 Dymola 之间的交换频率。

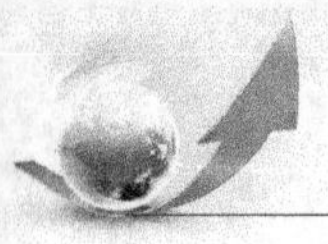

在每一个耦合步的开始建立了耦合步大小，并且用来计算目标时间（当下一个同步交换发生的时刻）。在大部分情况中，每一个 Abaqus 增量交换数据是足够的。

确定目标时间

在 Abaqus 和 Dymola 之间的耦合仿真中，两个求解器共同决定当前耦合步的大小，来建立一个合适的耦合步大小。每一个求解器“建议”一个耦合步大小。然后选择这些建议步的较小者。Abaqus 可以建议一个不变值或者一个可变的耦合步大小。对于一个变化的耦合步大小，Abaqus 设置建议的耦合步大小等于由自动时间增量方案计算得到的下一个建议增量大小。使用一个变化的耦合步大小，通常产生最精确的解。

Abaqus 和 Dymola 交换耦合步大小，并且基于较小的求解器建议值，建立一个“协商过的”耦合步大小。接着使用此耦合步大小来推进下一个耦合会合的目标时间。

输入文件用法：　使用下面的选项来让 Abaqus 给出一个不变的耦合步大小：

* CO-SIMULATION CONTROLS，STEP SIZE = 耦合步大小

使用下面的选项来让 Abaqus 建议一个可变的耦合步大小：

* CO-SIMULATION CONTROLS（忽略 STEP SIZE 参数）

Abqus 如何满足目标时间

定义耦合步大小之外，定义协同仿真控制来描述 Abaqus 如何推进到它的下一个目标时间。默认情况下，Abaqus 在耦合步期间实施几个时间增量，称为“子循环”。子循环允许 Abaqus 削减目前的增量大小，并且使用较小的增量来解决非线性事件。

另外，可以强迫 Abaqus 来使用一个与协商得到的耦合步大小相等的增量大小，称为“锁定步”。当以锁定步方式实施时，Abaqus 将不能降低时间增量来解决非线性事件。结果，在非线性事件要求降低增量大小的情况中，Abaqus 终止此仿真。

输入文件用法：　使用下面的选项来让 Abaqus 建议一个不变的耦合步大小：

* CO-SIMULATION CONTROLS，TIME INCREMENTATION = LOCK-STEP

使用下面的选项来让 Abaqus 建议一个可变的耦合步大小：

* CO-SIMULATION CONTROLS，TIME INCREMENTATION = SUBCYCLE

达到目标时间

可以控制 Abaqus 准确地满足目标时间。Abaqus 可以采取“准确的”或者“松散的”方式达到目标时间。默认情况下，Abaqus 以准确的方式达到目标时间，即，Abaqus 通过必要的调整时间增量来准确地满足目标时间。另外，可以指导 Abaqus 以近似的或者松散的方式满足目标时间，仅在通过目标时间后实施一个协同仿真交换，具有 Abaqus 中时间增量不考虑目标时间的推进。在某些情况中，例如当 Abaqus 比 Dymola 进行了更多的增量时，松散逼近可能更节约成本。

输入文件用法：　使用下面的选项以准确的方式来达到目标时间：

* CO-SIMULATION CONTROLS，TIME MARKS = YES（默认的）

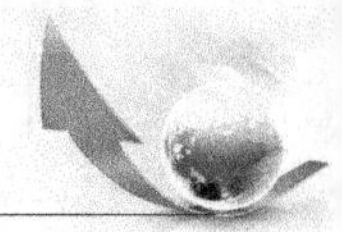

使用下面的选项以松散的方式达到目标时间：

* CO-SIMULATION CONTROLS, TIME MARKS = NO

为耦合仿真准备 Dymola 模型

为耦合仿真准备 Dymola 模型，需要：

- 定义已经命名的输入和输出；
- 使用 . DLL 功能转化模型，来产生 dymosim. dll；
- 定义协同仿真参数；
- 在 Abaqus 内映射信号（传感器和作动器）名称到 Dymola 中的信号名称。

下面的部分扼要地描述了这些步骤，它们不是想要描述如何使用 Dymola。Dymola 以及它的使用界面的进一步信息，参考相关的用户手册。在完成这些步骤后，必须在目录中具有下面的文件，Dymola 分析将从它们开始运行：

- libdsdll. dll 对应 Dymola 安装；
- dymosim. dll 对应所需的 Dymola 模型；
- 一个映射（. sgn）文件，它的内容描述如下。

定义已经命名的输入和输出

Dymola 图像编辑器提供最方便的途径来定义输入和输出。从 Modelica 库面板拖动 Modelica. Blocks. Interfaces. RealInput 块到画布上来定义输入（蓝色填充的三角形）。使用 Modelica. Blocks. Interfaces. RealOutput 块来定义输出（中空三角形）。可以通过弹出对话框来改变默认的名称。在指定输入和输出块的名称时应使用大写字母。

使用 . DLL 选项转换模型

在 Simulation 面板中，选择 Simulation→Setup 并且接着单击 Compiler 表页。切换打开 Export model as DLL with API，并且单击 OK 按钮。在 Simulation 面板中，选择 Simulation→Translate。在当前的工作目录中创建了一个命名为 dymosim. dll 的文件。应当对转化过程中发出的警告/错误信息特别注意。只有转化成功的时候，才能进行一个成功的协同仿真分析。此 dymosim. dll 文件包含与此指定模型相关的信息。如果与其他 Dymola 模型协同仿真是必要的，确认改变当前的工作路径，这样不会覆盖 dymosim. dll 文件。

定义协同仿真参数

当 dymosim. dll 文件包含有关 Dymola 模型自身的信息时，它不包括有关分析持续时间、数据交换的频率、要求的输出频率和在 Dymola 中用于时间积分的求解类型的信息。需要在一个单独的文本文件（映射文件名称 . sgn）中提供这些信息，使用下面的格式：

Analysis：分析时间　耦合步大小　每个耦合步的输出点

Dymola 求解类型

提供信息的准则如下：

- Analysis 必须在后面紧跟一个冒号（没有空格）。一个单独的空格跟随此冒号，在空

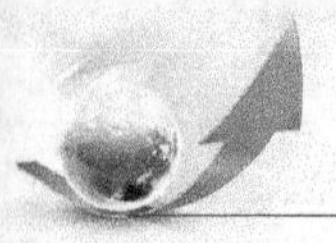

格后面给出用空格分隔的四个量。

- 分析时间必须与 Abaqus 协同仿真步中指定的分析时间匹配。
- 耦合步大小必须与 Abaqus 模型中指定的耦合步大小匹配，如果已经指定了它。设置协同仿真控制的最方便方法是使用默认的子循环方法，并且让 Abaqus 建议一个可变的耦合步大小。然后，可以指定耦合步大小等于分析时间，来让协同仿真在每一个 Abaqus 增量上交换数据。
- 每个耦合步的输出点设置 Dymola 中输出生成的频率。当值为 1 时通常是足够的。
- 当选择一个求解器类型时，参考 Dymola 用户手册。通常，solverType8 执行得最好，虽然它比其他求解器略微贵一点。协同仿真分析的 CPU 成本通常是由 Abaqus 分析来控制的，并且由此，Dymola 求解器的性能对协同仿真分析的性能产生很小的不良后果。

在大部分情况中，在 map（.sgn）文件中指定下面的信息是足够的：

Analysis：analysisTime analysisTime 1 8

映射信号名称

在通常的实践中，很可能像有限元分析那样，Dymola 和 Abaqus 模型通过组织内不同的工程师准备，可能没有任何控制经验。可以合理地假设 Dymola 中用于输入的名称，与 Abaqus 中使用的传感器名称不匹配，或者 Dymola 中使用的输出名称，与 Abaqus 作动器的名称不匹配。在此种情况中，可以更改用于一个分析程序的名称。如果不能这样做，则可以使用映射（.sgn）文件来映射从 Abaqus 到 Dymola 交换的信号名称。可以在上面描述的 Analysis 行后面添加下面的选项：

Actuators：

Abaqus 作动器名称 1　Dymola 输出名称 1

Abaqus 作动器名称 2　Dymola 输出名称 2

等等。

Sensors：

Abaqus 传感器名称 1　Dymola 输入名称 1

Abaqus 传感器名称 1　Dymola 输入名称 1

等等。

提供信息的准则如下：

- Actuators 跟随有一个名称对列表，来匹配 Abaqus 作动器到 Dymola 的输出。按需要使用多行（≤5000）。
- 类似的，Sensors 跟随有一个名称对的列表，来匹配 Abaqus 传感器到 Dymola 的输入。按需要使用多行（≤5000）。

执行耦合的分析

像《Abaqus 分析用户手册——介绍、空间建模、执行与输出卷》的 3.2.2 节中所描述的那样执行 Abaqus。像《Abaqus 分析用户手册——介绍空间建模、执行与输出卷》的 3.2.5 节中所描述的那样执行 Dymola。Abaqus 和 Dymola 可以在位于相同局域网中的多种多

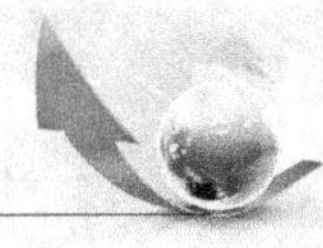

样的和远程的平台上运行。为了协同仿真的目的，Dymola 只能在 32 位或者 64 位 Windows 系统上运行，而 Abaqus 可以在很多的可用平台上运行。Abaqus 和 Dymola 之间的通信是通过传输控制协议（Transmission Control Protocol，TCP）接口的。要在 Abaqus 和 Dymola 之间开始一个耦合仿真，求解器中的一个必须初始通信过程，而其他的求解器必须连接到初始的通信过程。Abaqus 或者 Dymola 可以初始化通信过程，起始模型因每一个求解器的不同而不同。每一个方法在下面进行了讨论。

将需要知道开始通信过程的机器的网格主机 ID。此 ID 可以是主机名或者一个网络协议（Internet Protocol，IP）地址。端口标识运行不同的应用来保持它们自己的通信通道。在系统上设置端口号到任何可用的端口。端口号可以在 0 到 65535 的范围中赋予。通常，1024 以下的端口号是由操作系统保留的，应当避免使用。可以通过给每一个分析赋予一个唯一的端口号，来在一个给定的系统上同时运行多个分析工作。

Abaqus 和 Dymola 有关的输入文件不必置于相同的目录中。如果两个协同仿真分析在二进制不兼容的不同平台上运行（例如 Abaqus 工作的 64 位 Linux 系统和 Dymola 工作的 32 位 Windows 系统），则必须启用 ASCII 数据交换。为了兼容，为了用于协同仿真分析的机器，在本地 abaqus_v6. env 文件中添加下面的两行：

```
import os
os. environ ['ABAQUS_DCI_FORMAT'] ='ASCII'
```

Abaqus 初始通信进程

为了使 Abaqus 初始通信过程，仅需在命令行提供端口号（而不是主机名）。例如，Abaqus 工作可以使用下面的命令运行：

abaqus job = 工作名称 port = 端口号

当 Abaqus 初始通信过程时，Dymola 必须连接主机和启动了 Abaqus 分析的指定端口。下面的命令可以用于 Dymola 工作：

abaqus dymola input = 映射文件名称 host = 机器名 port = 端口编号

Dymola 初始通信过程

另外，下面的两个命令可以用来让 Dymola 初始通信过程：

abaqus job = 工作名称 host = 机器名 port = 端口号

abaqus dymola input = 映射文件名称 port = 端口号

限制

使用 Abaqus 和 Dymola 的结构-逻辑的协同仿真不适用于力学/热系统自身分别在两个分析程序模拟的应用。例如，从一个在 Abaqus 中模拟轮胎和路面，而悬挂和车体在 Dymola 中模拟的耦合分析将可能产生不稳定的结果。

13 扩展 Abaqus 的分析功能

13.1 用户子程序：概览

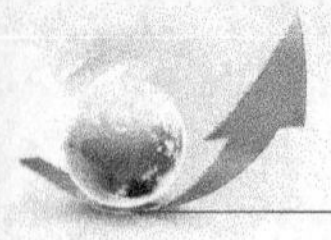

参考

- “Abaqus/Standard、Abaqus/Explicit 和 Abaqus/CFD 运行”《Abaqus 分析用户手册——介绍、空间建模、执行与输出卷》的 3.2.2 节
- 《Abaqus 用户子程序参考手册》

概览

用户子程序

- 被提供来增加一些 Abaqus 的功能，它们常规的单独数据输入方法可能局限性太大；
- 为分析提供强有力的和灵活的工具；
- 编写成 C、C++或者 FORTRAN 代码，并且在执行分析时必须包含在模型中，如下面所讨论的那样；
- 必须包含在重启动运行中，并且如果需要，可以进行改进，因为它们没有存储到重启动文件中（见 4.1.1 节）；
- 不能相互之间调用；
- 可以在某些情况下调用 Abaqus 中也提供的工具程序（见 13.3 节）。

在一个模型中包括用户子程序

可以通过指定一个 C、C++或者 FORTRAN 源码或者包含子程序的预编译目标文件，来在一个模型中包括一个或者多个用户子程序。详细情况见《Abaqus 分析用户手册——介绍、空间建模、执行与输出卷》的 3.2.2 节中。

输入文件用法：　在命令行中敲入下面的输入：

abaqus job = 工作名称 user = {源文件 | 目标文件}

Abaqus/CAE 用法：　Job module：job editor：General：User subroutine file

在 Abaqus/Standard 中管理外部数据库，与其他软件交换信息

在 Abaqus/Standard 中，有时候需要建立运行时间环境并管理与外部数据文件之间的交互作用，或者与用户子程序连接中使用的并行进程之间的交互作用。例如，可以用在分析过程中的外部计算得到的历史相关量，每个增量一次；或者可能为了后处理，需要将用户子程序中的 COMMON 块变量所具有的在多个单元上积累得到的输出量，在一个收敛的增量末尾处写入到外部文件中。这样的操作可以使用用户子程序 UEXTERNALDB 来执行。此用户接口可以潜在地用来与其他程序交换数据，允许 Abaqus/Standard 和其他程序之间的“交错”。

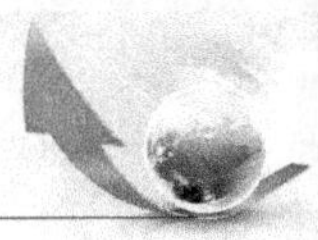

编写一个用户子程序

应当非常小心地编写用户子程序。为确保它们可以成功执行，应当遵循下面的规则和指导原则。对于单独子程序的详细讨论，包括编程接口和要求，参考《Abaqus 用户子程序参考手册》。

要求的 INCLUDEs

每一个以 FORTRAN 编写的用户子程序必须包括一个下面的声明，作为参数列表后的第一个声明：

- Abaqus/Standard：

  include'aba_param. inc'

- Abaqus/Explicit：

  include'vaba_param. inc'

如果变量在主要用户子程序和后续子程序之间交换，则应当在所有子程序中指定上面的包括声明来保持精度。

每一个 C 和 C++，用户子程序必须包括声明：

#include <aba_for_c. h>

此文件包含 FORTRAN-C 接口互用的宏。

文件 aba_param. inc、vaba_param. inc 和 aba_for_c. h 由 Abaqus 安装程序在系统上安装，并且包含重要的安装参数。这些声明告诉 Abaqus 执行程序将用户子程序编译并且链接到 Abaqus 余下的部分，来自动地包括 aba_param. inc 或者 vaba_param. inc 文件。找到此文件并将它复制到任何特定的目录是不必要的，Abaqus 将知道在哪里找到它。

命名约定

如果用户子程序调用其他用户子程序，或者使用 COMMON 块来传递信息，则这样的子程序或者 COMMON 块应当以字母 K 开始，因为此字母在 Abaqus 中从来不用做任何子程序或者 COMMON 块的开始。

将从 FORTRAN 调用以 C 或者 C++编写的用户子程序；这样，它们必须符合 FORTRAN 调用约定：C 或者 C++子程序的名字必须包装在一个 FOR_NAME 宏中；例如，

⋮

extern “C” void FOR_NAME (film) ( ) { ⋮ }

并且参数必须通过参考来传递。

重定义变量

用户子程序必须执行它们的既有的功能，而不覆盖 Abaqus 的其他部分。用户应当仅仅重新定义如“定义得到的变量”节中确定的那些变量。重新定义“为信息传递进的变量”将具有不可预测的影响。

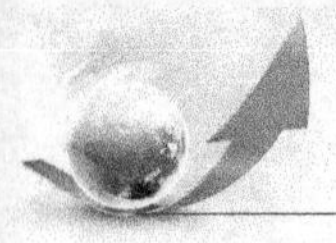

编译和链接问题

如果在子程序的编译或者链接中遇到问题，确认 Abaqus 环境文件（此文件的默认位置是 Abaqus 安装的 site 子目录）包含在 Abaqus 安装和许可证手册中指定的正确编译和链接命令。这些命令应当已经由 Abaqus 现场管理器在安装过程中设立。参数的个数和类型必须与文档中指定的对应。参数类型或者个数的不匹配可导致平台相关的链接或者运行时间错误。

内存分配方面的考虑

使用子程序，将与 Abaqus 分享内存资源。当需要使用大阵列或者其他大的数据结构时，应当动态地分配它们的内存，这样从堆，而不是从栈来分配内存。动态分配大阵列失败可导致栈溢出错误和 Abaqus 分析的中断。在一个 FORTRAN 程序中动态分配阵列的例子，参考《Abaqus 例题手册》的 15.1.6 节。

测试和调试

当开发用户子程序时，在试图将它们在产品分析工作中使用之前，在较小的例子上完整地测试它们，只有用户子程序是此模型的复杂方面。

如果需要，调试输出可以写到使用 FORTRAN 单元 7 的 Abaqus/Standard 的信息（.msg）文件中，或者写到 Abaqus/Standard 的数据（.dat）文件中，或者使用 FORTRAN 单元 6 的 Abaqus/Explicit 的状态（.sta）文件中。用户的程序不应当打开这些单元，因为 Abaqus 已经打开了它们。

FORTRAN 单元 15 ~ 18，或者大于 100 的单元可以用来读取或者写其他用户指定的信息。其他 FORTRAN 单元的使用可能会干扰 Abaqus 文件操作（见《Abaqus 分析用户手册——介绍、空间建模、执行与输出卷》的 3.7.1 节）。用户必须打开这些 FORTRAN 单元，并且因为使用临时目录，在 OPEN 声明中必须使用文件的整个目录名。

环境变量 ABA_PARALLEL_DEBUG 可以设置成冗长打开，并且使用并行调用来帮助调试问题。

终止一个分析

当从一个用户子程序内终止一个分析时，应当使用工具程序 XIT（Abaqus/Standard）或者 XPLB_EXIT（Abaqus/Explicit）来替代 STOP。这样将会确保所有与分析相关的文件正确关闭（见《Abaqus 用户子程序参考手册》的 2.1.15 节）。

以零件实例的装配形式定义的模型

一个 Abaqus 模型可以采用零件实例的装配形式来定义（见《Abaqus 分析用户手册——介绍、空间建模、执行与输出卷》的 2.10.1 节）。

参考坐标系

虽然可以为每一个零件实例定义一个局部坐标系，但是所有变量（例如当前坐标）在

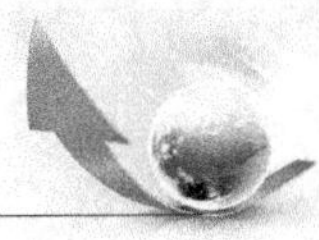

全局坐标系中传递到用户子程序中，而不是在一个零件局部的坐标系中。此规则仅有的例外是当用户子程序接口具体地说明一个变量是在用户定义的局部坐标系中（见《Abaqus 分析用户手册——介绍、空间建模、执行与输出卷》的 2.2.5 节或者 2.1.5 节）。局部坐标系最初可以相对于一个零件坐标系定义，但是它根据零件实例的定位数据进行变换。结果，创建了一个新的相对于装配（全局）坐标系的局部坐标系。此新坐标系定义是用户子程序中所使用的局部方向。

节点和单元编号

传入用户子程序的节点和单元编号是由 Abaqus 生成的内部编号。这些编号本质上是全局性的。所有内部的节点编号和单元编号是唯一的。如果要求原始的编号和零件实例名称，则从用户子程序内部（见《Abaqus 用户子程序参考手册》的 2.1.5 节）调用工具子程序 GETPARTINFO（Abaqus/Standard）或者 VGETPARTINFO（Abaqus/Explicit）。必须考虑调用这些程序的成本，所以推荐尽可能少地使用它们。

另外一个工具子程序，GETINTERNAL（Abaqus/Standard）或者 VGETINTERNAL（Abaqus/Explicit），可以用来重新获得对应于一个给定零件实例名称和局部编号的内部节点和单元编号。

集和面名称

传入用户子程序的集和面名称，总是在装配和零件实例名称前加上前缀，通过下划线分隔。例如，一个属于装配 Assembly1 中的零件实例 Part1-1 的命名成 surf1 的面，将传入一个用户子程序名称为

Assembly1_Part1-1_surf1

求解相关的状态变量

求解相关的状态变量是可以定义成随着分析的求解而演变的值。

定义和更新

下面的用户子程序中可以使用任何数量的求解相关的状态变量：

- CREEP
- FRIC
- HETVAL
- UANISOHYPER_INV
- UANISOHYPER_STRAIN
- UEL
- UEXPAN
- UGENS
- UHARD
- UHYPER

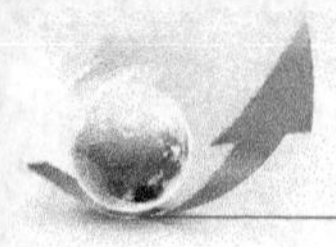

- UINTER
- UMAT
- UMATHT
- UMULLINS
- USDFLD
- UTRS
- VFABRIC
- VFRIC
- VFRICTION
- VUANISOHYPER_INV
- VUANISOHYPER_STRAIN
- VUFLUIDEXCH
- VUHARD
- VUINTER
- VUINTERACTION
- VUMAT
- VUMULLINS
- VUSDFLD
- VUTRS
- VUVISCOSITY
- VWAVE

状态变量可以定义成在这些子程序中出现的任何其他变量的函数，并可进行相应的更新。解相关的状态变量不应当与场变量相混淆，在本构程序中也需要场变量，并且可以随时间变化。场变量在《Abaqus 分析用户手册——指定的条件、约束和相互作用卷》的 1.6.1 节中进行了详细的讨论。

VFRIC、VUINTER、VFRICTION 和 VUINTERRACTION 中使用的求解相关的状态变量，是在从节点处定义成状态变量，并且和其他接触变量一起更新。

分配空间

必须为每一个求解相关的状态变量，在每一个可应用的积分点上或者接触从节点上分配空间。

分离的用户子程序组，以定义求解相关的状态变量的编号不同的方法来进行识别。这些组在下面进行了描述。相同组中的子程序可以共享求解相关的状态变量；在属于不同组的子程序之间不能共享它们。

输入文件用法：　对于大部分的子程序，在点或者节点上要求的此种变量的编号，是作为 * DEPVAR 选项数据行上的唯一值输入的，此编号应当为考虑求解相关的状态变量的每一种材料，作为材料定义的一部分来包括：

* DEPVAR

对于不使用具有 * MATERIAL 选项定义的材料行为的子程序，不使

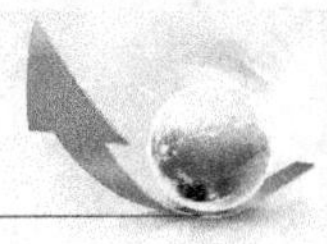

用 * DEPVAR 选项。

对于子程序 UEL:

* USER ELEMENT, VARIABLES = 变量编号

对于子程序 UGENS

* SHELL GENERAL SECTION, USER, VARIABLES = 变量编号

对于子程序 FRIC 和 VFRIC

* FRICTION, USER, DEPVAR = 变量编号

对于子程序 UINTER 和 VUINTER

* SURFACE INTERACTION, USER, DEPVAR = 变量编号

对于子程序 VFRICTION

* FRICTION, USER = FRICTION, DEPVAR = 变量编号

对于子程序 VUFLUIDEXCH:

* FLUID EXCHANGE PROPERTY, TYPE = USER, DEPVAR = 变量编号

对于子程序 VUINTERACTION:

* SURFACE INTERACTION, USER = INTERACTION, DEPVAR = 变量编号

对于子程序 VWAVE

* WAVE, TYPE = USER, DEPVAR = 变量编号

Abaqus/CAE 用法：对于大部分的子程序，在点或节点上要求的此类变量编号是作为材料定义的一部分，为每一个考虑了求解相关的状态变量的材料进行输入：

Property module: material editor: General→Depvar: Number ofsolution-dependent state variables

定义初始值

可以直接定义求解相关的状态变量场的初始值，或者通过一个用户子程序在 Abaqus/Standard 中进行定义。Abaqus/Expliict 中接触的或者用户子程序 VWAVE 的求解相关的状态变量所具有的初始值，被内部赋予零值。

直接定义初始值

可以采用表格的格式来为单元和（或者）单元集定义初始值。更多的详细信息，见《Abaqus 分析用户手册——指定的条件、约束和相互作用卷》的 1.2.1 节。

输入文件用法： * INITIAL CONDITIONS, TYPE = SOLUTION

在 Abaqus/Standard 中的用户子程序里定义初始值

对于 Abaqus/Standard 中的复杂情况，可以调用用户子程序 SDVINI，这样基于坐标、单元编号等可以在变量场的定义中使用。

输入文件用法： * INITIAL CONDITIONS, TYPE = SOLUTION, USER

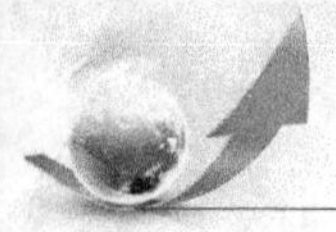

输出

用户定义的、求解相关的状态变量可以写入数据（. dat）文件、输出数据库（. odb）文件和结果（. fil）文件中。提供输出标识符 SDV 和 SDVn 作为单元积分变量（见《Abaqus 分析用户手册介绍、空间建模、执行和输出卷》的 4. 2. 1 节和 4. 2. 2 节）是可以使用的。这些变量的输出对于用户子程序 VFRIC、VUINTER、VERICTION、VUINTERACTION 和 VWAVE 是不可使用的。

字母数据

字母数据，例如面或者材料的标签（名称），总是以大写字母传递到用户子程序中。结果，这些具有对应小写字符的标签的比较将失败。对于所有这样的比较必须使用大写字符。这样的一个比较例子可以在《Abaqus 用户子程序参考手册》的 1. 1. 41 节中找到。它说明了当需要定义一个以上的用户定义的材料模型时，用户子程序 UMAT 内部的程序设置。变量 CMNAME 比较 MAT1 和 MAT2（即使在材料名已经分别定义成 mat1 和 mat2 的情况中。）

Abaqus/Explicit 中的精度

Abaqus/Explicit 是采用可执行的单精度和双精度来安装的。为使用可执行的双精度，当运行分析时必须指定双精度（见《Abaqus 分析用户手册——介绍、空间建模、执行与输出卷》的 3. 2. 2 节）。用户子程序中的所有以 a 到 h 和 o 到 z 开头的变量将自动地以用户运行的可执行精度来定义。可执行的精度在 vaba_param. inc 文件中定义，并且没有必要明确地定义变量的精度。

Abaqus/Explicit 中的矢量化

Abaqus/Explicit 用户子程序使用向量接口来编写，意味着数据块传入用户子程序。例如，将向量化的用户材料程序（VFABRIC 和 VUMAT）传入 nblock 材料点的应力、应变、状态变量等。由 vaba_param. inc 定义的一个参数是 maxblk，最大的块大小。如果用户子程序要求临时数组的维数，则它们可以通过 maxblk 来确定维数。

并行

当以并行的方式运行作业时，可以使用用户子程序。在公用块提供的线程并行的模式中，公用文件和其他共享资源需要防备竞争情况。为此目的提供了特别的工具程序。一个环境变量 ABA_PARALIEL_DEBUG 可以设置成增加冗余，并且帮助排除并行运行中出现的问题。

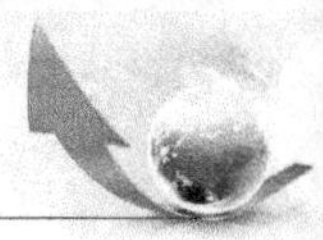

用户子程序调用

Abaqus 中提供的大部分用户子程序，在一个分析步中为每一个增量至少调用一次。然而，如下面所讨论的那样，许多子程序或多或少地得到调用。

定义材料、 单元或者界面行为的子程序

用来定义材料、单元或者界面行为的大部分用户子程序，在每一个增量的第一个迭代中，在每个材料点、单元或者从面节点上调用两次，这样模型的初始刚度矩阵可以为所选的步过程进行适当的配置。在增量的每一个后续迭代中，在每个材料点、单元或者从面节点上仅调用一次子程序。

默认情况下，在瞬态隐式动力学分析中（见 1.3.2 节），Abaqus/Standard 在每一个动态步开始时计算加速度。Abaqus/Standard 必须为每一个材料点、单元或者从面节点，在零增量前额外地调用两次用于定义材料、单元或者界面行为的用户子程序。如果抑制了初始加速度计算，则不对用户子程序进行额外的调用。如果在一个瞬态隐式动力学步中检查半增量残差，则 Abaqus/Standard 必须为每一个材料点、单元或者从面节点，在每一个增量的末尾额外地调用一次这些用户子程序（除了 UVARM）。如果抑制了半增量残差的计算，将不进行额外的用户子程序调用。

用户子程序 UHARD、UHYPEL、UHYPER 和 UMULLINS，在用于平面应力分析时，被调用得更加频繁。

定义初始条件或者方向的子程序

在分析中第一步的初始增量的第一个迭代之前，调用定义初始条件或者方向的用户子程序。

定义预定义场的子程序

用来定义预定义场的用户子程序，为任何时候需要场变量的所有增量的所有迭代，在相关步的第一个增量的第一个迭代之前调用。

子程序调用的确认

如果不能确定多久调用一个用户子程序，如同早先建议的那样，在一个小例子上测试此子程序可以得到此信息。当前的步和增量数目通常传入这些子程序中，并且可以作为调试输出来打印（在前面也讨论过）。用户子程序中没有传入调用子程序的迭代编号，不过，如果所打印的输出从子程序发送到信息（. msg）文件（见《Abaqus 分析用户手册——介绍、空间建模、执行与输出卷》的 4.1.1 节），则此文件中的输出位置将给出迭代编号，前提是在每一个增量上写入信息文件的输出。

工具程序

提供辅助用户子程序编程的各种工具程序。用户在一个用户子程序中包括工具程序。当

调用时，工具程序将执行一个预定义的功能或动作，它们的输出或者结果将集成到用户子程序中。某些工具程序仅对特别的用户子程序是可应用的。每一个工具程序在《Abaqus 用户子程序参考手册》的 2.1 节中进行了详细的讨论。

在工具程序中为用户提供的变量

下面的工具程序要求使用 Abaqus 提供的变量，这些 Abaqus 提供的变量传入到调用它们的用户子程序中。

- GETNODETOELEMCONN
- GETVRM
- GETVRMAVGATNODE
- GETVRN
- IGETSENSORID
- IVGETSENSORID
- MATERIAL_LIB_MECH
- MATERIAL_LIB_HT

当传入到用户子程序中时，将对这些变量进行恰当地定义。用户不能更改这些变量，或者创建在工具程序中使用的其他变量。

例如，GETVRM 工具程序要求变量 JMAC，变量 JMAC 从 Abaqus/Standard 传递到用户子程序 UVARM 中，或者支持 GETVRM 为一个工具的其他用户子程序中。变量 JMAC 代表一个 Abaqus 对零件不做进一步操作的数据结构。如果从用户子程序 UVARM 的内部来使用 GETVRM 工具程序，将从 UVARM 传递 JMAC 变量到 GETVRM 内部。

13.2　可以使用的用户子程序

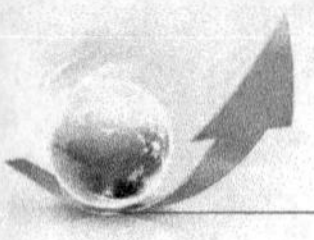

产品：Abaqus/Standard　　Abaqus/Explicit　　Abaqus/CFD　　Abaqus/Aqua

参考

- “用户子程序：概览” 13.1 节
- 《Abaqus 用户子程序参考手册》

概览

用户子程序允许高级用户定制各种各样的 Abaqus 功能。编写用户子程序的信息和每一个子程序的详细描述，在线显示在《Abaqus 用户子程序参考手册》中。在那本手册中也展示了有关工具程序的一个列表和解释。

Abaqus/Standard 中可以使用的用户子程序

Abaqus/Standard 的可以使用的用户子程序如下：

- CREEP：定义时间相关的，黏塑性行为（蠕变和溶胀）。
- DFLOW：在固结分析中定义非均匀孔隙流体速度。
- DFLUX：在一个热传导或者质量扩散分析中定义非均匀分布的通量。
- DISP：设定指定的边界条件。
- DLOAD：指定非均匀的分布载荷。
- FILM：定义热传导分析的非均匀膜换热系数和相关散热器温度。
- FLOW：定义固结分析的非均匀渗透系数和相关水槽孔隙压力。
- FRIC：定义接触面的接触行为。
- FRIC_COEF：定义接触面的摩擦因数。
- GAPCON：定义一个完全耦合的温度-位移分析中，一个完全耦合的热-电-结构分析中，或者一个纯粹热传导分析中，接触面之间的或者节点之间的导热性。
- GAPELECTR：定义一个耦合的热-电分析中，或者一个完全耦合的热-电-结构分析中，面之间的电导性。
- HARDINI：定义初始等效塑性应变和初始背应力张量。
- HETVAK：提供热传导分析中的内部热生成。
- MPC：定义多点的约束。
- ORIENT：提供定义局部材料方向的一个方向，或者运动耦合约束的局部方向，或者惯性释放的局部刚体方向。
- RSURFU：定义一个刚性面。
- SDVINI：定义初始求解相关的状态变量场。
- SIGINI：定义一个初始应力场。
- UAMP：指定幅值。

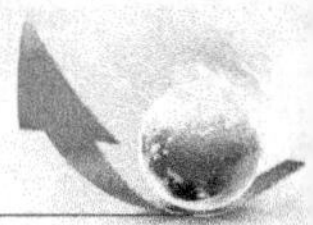

- UANISOHYOER_INV：定义使用不变量公式的各向异性超弹性材料行为。
- UANISOHYOER_STRAIN：定义基于 Green 应变的各向异性超弹性行为。
- UCORR：定义随机响应载荷的交叉相关属性。
- UCREEPNETWORK：定义平行流变框架中所定义模型的时间相关的行为（蠕变）。
- UDECURRENT：定义一个涡流或者磁稳态分析中的非均匀体积电流。
- UDEMPOTENTIAL：定义一个涡流或磁稳态分析中一个面上的非均匀磁矢势。
- UDMGINI：定义损伤初始准则。
- UDSECURRENT：定义一个涡流或者磁稳态分析中的非均匀面电流密度。
- UEL：定义一个单元。
- UELMAT：定义一个提供 Abaqus 材料的单元。
- UEXPAN：定义增量热应变。
- UEXTERNALDB：管理用户定义的外表数据库，和计算模态独立的历史信息。
- UFIELD：指定预定义的场变量。
- UFLUID：定义静压流体单元的流体密度和流体柔性。
- UFLUIDLEAKOFF：定义孔隙压力胶单元的流体漏失系数。
- UGENS：定义一个壳截面的力学行为。
- UHARD：定义各向同性塑性或者组合硬化模型的屈服面大小和硬化参数。
- UHYPEL：定义一个超弹性应力-应变关系。
- UHYPER：定义一个超弹性材料。
- UINTER：定义接触面的面相互作用行为。
- UMASFL：指定一个对流/扩散热传导分析的指定质量流速条件。
- UMAT：定义一个材料的力学行为。
- UMATHT：定义一个材料的热行为。
- UMESHMOTION：指定自适应网格划分中的网格运动约束。
- UMOTION：指定腔体辐射热传导分析中的或者稳态传递分析中的运动。
- UMULLINS：定义 MULLINS 效应材料模型的损伤变量。
- UPOREP：定义初始流体孔隙压力。
- UPRESS：指定规定的等效压力应力条件。
- UPSD：定义随机响应载荷的频率相关性。
- UPDFIL：读取结果文件。
- USDFLD：在材料点上重新定义场变量。
- UTEMP：设定指定的温度。
- UTRACLOAD：指定非均匀的牵引载荷。
- UTRS：为黏弹性材料定义一个简化时间转换函数。
- UTRSNETWORK：为平行流变框架中定义的模型定义一个简化的时间转换函数。
- UVARM：生成单元输出。
- UWAVE：定义一个 Abaqus/Aqua 分析的波运动学。
- VOIDRI：定义初始空隙率。

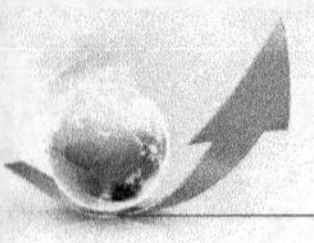

Abaqus/Explicit 的可以使用的用户子程序

Abaqus/Explicit 的可以使用的用户子程序如下：

- VDISP：指定规定的边界条件。
- VDLOAD：指定非均匀的分布载荷。
- VFABRIC：定义织物材料行为。
- VFRIC：定义采用接触对算法来定义的面之间的接触摩擦行为。
- VFRIC_COEF：定义采用通用接触算法来定义的面之间的接触摩擦因数。
- VFRICTION：定义采用通用接触算法来定义的面之间的接触摩擦行为。
- VUAMP：指定幅度。
- VUANISOHYPER_INV：定义使用不变量公式的各向异性超弹性材料行为。
- VUANISOHYPER_STRAIN：定义基于 Green 应变的各向异性超弹性材料行为。
- VUEL：定义一个单元。
- VUEOS：定义一个材料状态模型的方程。
- VUFIELD：指定预定义的场变量。
- VUFLUIDEXCH：定义流体交换的质量/热能量流速。
- VUFLUIDEXCHEFFAREA：定义流体交换的有效面积。
- VUHARD：定义各向同性塑性或者组合硬化模型的屈服面大小和硬化参数。
- VUINTER：定义采用接触对算法来定义的面之间的接触相互作用。
- VUINTERACTION：定义采用通用接触算法来定义的面之间的接触相互作用。
- VUMAT：定义材料行为。
- VUMULLINS：定义 Mullins 效应材料模型的损伤变量。
- VUSDFLD：在一个材料点上重新定义场变量。
- VUTRS：为一个黏弹性材料定义一个简化时间转换函数。
- VUVISCOSITY：定义状态模型方程的剪切黏性。
- VWAVE：定义 Abaqus/Aqua 分析的波运动学。

Abaqus/CFD 的可以使用的用户子程序

Abaqus/CFD 的可以使用的用户子程序如下：

- SMACfdUserPressureBC：设定指定的压力边界条件。
- SMACfdUserVelocityBC：设定指定的速度边界条件。

13.3 可以使用的工具程序

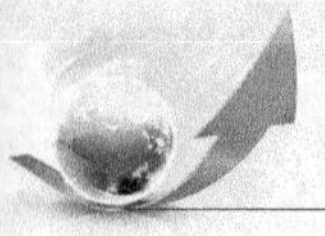

产品：Abaqus/Standard　　Abaqus/Explicit　　Abaqus/Aqua

参考

- “用户子程序：概览”13.1 节
- “工具程序”《Abaqus 用户子程序参考手册》的 2.1 节

概览

提供不同的工具程序来辅助用户子程序的编程。当调用后，工具程序将执行一个预定义的功能或者动作，它们的输出或者结果可以集成到用户子程序中。

可以使用的工具程序

提供下面的工具程序，用于 Abaqus 中的用户子程序编程：

- GETENVVAR 或 VGETENVVAR 可以分别从任何 Abaqus/Standard 或者 Abaqus/Explicit 中的用户子程序中调用，来得到环境变量的值（见《Abaqus 用户子程序参考手册》的 2.1.1 节）。
- GETJOBNAME 或 VGETJOBNAME 可以分别从任何的 Abaqus/Standard 或者 Abaqus/Explicit 中的用户子程序中调用，来得到当前分析作业的名称（见《Abaqus 用户子程序参考手册》的 2.1.2 节）。
- GETOUTDIR 或 VGETOUTDIR 可以分别从任何 Abaqus/Standard 或者 Abaqus/Explicit 中的用户子程序中调用，来得到放置分析作业输出目录的名称（见《Abaqus 用户子程序参考手册》的 2.1.3 节）。
- GETNUMCPUS 可以从任何 Abaqus/Standard 用户子程序中调用，来得到 MPI 过程的编号；VGETNUMCPUS 可以从任何 Abaqus/Explicit 用户子程序中调用，来得到一个域并行的各个过程编号（见《Abaqus 用户子程序参考手册》的 2.1.4 节）。
- GETRANK 可以从任何 Abaqus/Standard 用户子程序调用，来得到从中调用方程的 MPI 过程的类型；VGETRANK 可以从一个域并行的任何 Abaqus/Explicit 用户子程序中调用，来得到单独的过程类型（见《Abaqus 用户子程序参考手册》的 2.1.4 节）。
- GETPARTINFO 或 VGETPARTINFO 可以分别从任何 Abaqus/Standard 或者 Abaqus/Explicit用户子程序中调用，来检索零件实例名称和对应于一个内部节点或者单元编号的局部节点或者单元的编号。GETINTERNAL 或 VGETINTERNAL 可以分别从任何 Abaqus/Standard 或者 Abaqus/Explicit 用户子程序中调用，来检索对应一个给定零件实例名称和局部编号的内部节点或者单元编号（见《Abaqus 用户子程序参考手册》的 2.1.5 节。）
- GETVRM 为 Abaqus/Standard 用户子程序 UVARM 或 USDFLD 提供对材料点信息的访问（见《Abaqus 用户子程序参考手册》的 2.1.6 节）。
- VGETVRM 为 Abaqus/Explicit 用户子程序 VUSDFLD 提供对材料点上所选输出的变量的访问（见《Abaqus 用户子程序参考手册》的 2.1.7 节）。

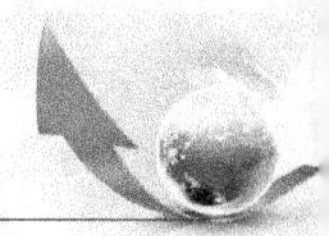

• GETVRMAVGATNODE 为 Abaqus/Standard 用户子程序 UMESHMOTION 提供外推至一个节点并在此节点上平均的材料点信息的访问（见《Abaqus 用户子程序参考手册》的 2.1.8 节）。

• GETVRN 为 Abaqus/Standard 用户子程序 UMESHMOTION 提供节点信息的访问（见《Abaqus 用户子程序参考手册》的 2.1.9 节）。

• GETNODETOELEMCONN 可以从用户子程序 UMESHMOTION 中调用，来检索连接到一个指定节点的单元列表。此单元类别可以与工具程序 GETVRMAVGATNODE 一起使用（见《Abaqus 用户子程序参考手册》的 2.1.10 节）。

• SINV 确定 Abaqus/Standard 中一个给定应力张量的第一和第二应力不变量（见《Abaqus 用户子程序参考手册》的 2.1.11 节）。

• SPRINC 或 VSPRINC 分别在 Abaqus/Standard 或者 Abaqus/Explicit 中确定一个给定应力或应变张量的主值（见《Abaqus 用户子程序参考手册》的 2.1.11 节和 2.1.12 节）。

• SPRIND 或 VSPRIND 分别确定 Abaqus/Standard 或者 Abaqus/Explicit 中一个给定应力或应变张量的主值和主方向（见《Abaqus 用户子程序参考手册》的 2.1.11 节和 2.1.12 节）。

• ROTSIG 可以在执行一个大应变计算时，从 Abaqus/Standard 用户子程序 UMAT 中调用，来执行张量的旋转（见《Abaqus 用户子程序参考手册》的 2.1.11 节）。

• GETWAVE 在 Abaqus/Aqua 分析中使用应用波理论确定波运动学数据（见《Abaqus 用户子程序参考手册》的 2.1.13 节）。

• GETWAVEVEL、GETWINDVEL 和 GETCURRVEL 分别用来得到 Abaqus/Aqua 分析中一个给定点的波、风和稳定的当前速度分量（见《Abaqus 用户子程序参考手册》的 2.1.13 节）。

• STDB_ABQERR 或 XPLB_ABQERR 可以分别从任何 Abaqus/Standard 或者 Abaqus/Explicit 用户子程序中调用，给 Abaqus/Standard 中的信息文件，或者 Abaqus/Explicit 中的状态文件打印一个信息、警告或者错误信息（见《Abaqus 用户子程序参考手册》的 2.1.14 节）。

• XIT 或 XPLB_EXIT 可以分别从任何 Abaqus/Standard 或者 Abaqus/Explicit 用户子程序中调用，来终止一个分析（见《Abaqus 用户子程序参考手册》的 2.1.15 节）。

• IGETSENSORID 或 IVGETSENSORID 可以分别从 Abaqus/Standard 用户子程序 UAMP，或者从 Abaqus/Explicit 用户子程序 VUAMP 中调用，来得到用户定义的张量 ID。GETSENSORVALUE 或 VGETSENSORVALUE 可以分别从 Abaqus/Standard 用户子程序 UAMP，或者 Abaqus/Explicit 用户子程序 VUAMP 中调用，来得到用户定义的张量值（见《Abaqus 用户子程序参考手册》的 2.1.16 节）。

• MATERIAL_LIB_MECH 可以从 Abaqus/Standard 用户子程序 UELMAT 中调用，来访问 Abaqus 材料库（见《Abaqus 用户子程序参考手册》的 2.1.17 节）。

• MATERIAL_LIB_HT 可以从 Abaqus/Standard 用户子程序 UELMAT 中调用，来访问 Abaqus 热材料库（见《Abaqus 用户子程序参考手册》的 2.1.18 节）。

• SMACfdUserSubroutineGetScalar 可以从任何 Abaqus/CFD 用户子程序中调用，来访问单元的或者作为边界条件定义的一部分表面的所选输出变量（见《Abaqus 用户子程序参考手册》的 2.1.19 节）。

• SMACfdUserSubroutineGetVector 可以从任何 Abaqus/CFD 用户子程序中调用，来访问单元的或者作为边界条件定义的一部分表面的所选输出变量（见《Abaqus 用户子程序参考手册》的 2.1.20 节）。

• SMACfdUserSubroutineGetMpiComm 可以从任何 Abaqus/CFD 用户子程序内部调用，来得到在并行分析作业中使用的 MPI 联系器（见《Abaqus 用户子程序参考手册》的 2.1.21 节）。

• get_thread_id 可以从任何 Abaqus 用户子程序调用，来检索 Abaqus 赋予那个线程的 ID（见《Abaqus 用户子程序参考手册》的 2.1.22 节）。

14 设计敏感性分析

产品：Abaqus/Design

参考

- “参数化输入”《Abaqus 分析用户手册——介绍、空间建模、执行和输出卷》的 1.4.1 节
- “参数化形状变量”《Abaqus 分析用户手册——介绍、空间建模、执行和输出卷》的 2.1.2 节
- *STEP
- *DESIGN PARAMETER
- *DESIGN RESPONSE

概览

设计敏感性分析（Design sensitivity analysis，DSA）：

- 是使用 Abaqus/Design 来执行的，Abaqus/Standard 的一个附加功能；
- 提供有关指定设计参数的敏感性响应；
- 对于只使用应力/位移单元的模型的静应力和频率分析是可以使用的；
- 可以包括设计参数影响：材料属性（弹性、超弹性和超泡沫模型）、截面属性、集中力和力矩和节点坐标（及梁和壳法向，如果适用）。

设计敏感性分析

设计敏感性分析（DSA）能力提供有关指定设计参数的某些输出变量的导数。这些导数通常称为敏感性，因为它们提供了反映输出变量对设计参数的敏感程度的一个一阶度量。计算得到敏感性的输出变量被称为设计响应或者简化为响应。从一组现有的分析参数中选择设计参数。作为一个例子，可以选择得到有关弹性模量的应力导数，应力是响应，弹性模量是设计参数。敏感性是基于与半解析计算技术相结合的直接微分方法计算得到的。在半解析技术中，某些导数是使用数值（有限的）微分计算得到的，这样要求设计参数的摄动。默认情况下，对于这些导数，Abaqus/Design 将使用一个中心差分方案，并且基于启发式算法，自动地确定合适的摄动大小。可以通过直接指定数值微分方法和摄动大小，来覆盖这些默认值。在《Abaqus 理论手册》的 2.18.1 节中给出了 DSA 的一个完整讨论。

激活 DSA

应该一步一步地激活 DSA。

输入文件用法：　使用下面的选项，在一个特定步中激活 DSA：

*STEP，DSA = YES

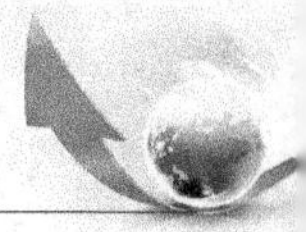

在多步中激活 DSA

一旦在一个通用步中激活了 DSA，则它在所有的后续通用步中保持激活，直到它在一个后续通用步中被停用。一旦在一个摄动步中激活了 DSA，则它在所有的后续连续摄动步中保持激活，直到它在一个后续连续摄动步中被停用。然而，如果 DSA 在一个过程不支持 DSA 的步中激活，DSA 将被抑制，直到它再次被激活。

输入文件用法：　使用下面的选项来在一个具体步中抑制 DSA：

* STEP，DSA = NO

指定设计参数

可以为一个分析定义多个参数，替换一个分析的 Abaqus 输入量来使用。必须说明将哪些参数考虑成设计参数。

输入文件用法：　使用下面的选项来定义分析参数：

* PARAMETER

*par*1 = *x*

*par*2 = *y*

…

使用下面的选项来指定设计变量：

* DESIGN PARAMETER

*par*1，*par*2…

对设计参数的限制

下面是对设计参数的限制：

- 设计参数只能与浮点数据相关。下面的分析部件可以包括设计相关的数据：
  - 在分析中集成的梁截面（见《Abaqus 分析用户手册——单元卷》的 3.3.6）
  - 集中载荷（见《Abaqus 分析用户手册——指定的条件、约束和相互作用卷》的 1.4.2 节）
  - 弹性材料（见《Abaqus 分析用户手册——材料卷》的 2.2.1 节）
  - 摩擦（见《Abaqus 分析用户手册——指定的条件、约束和相互作用卷》的 4.1.5 节）
  - 垫片行为（见《Abaqus 分析用户手册——单元卷》的 6.6.1 节）
  - 超弹性材料（见《Abaqus 分析用户手册——材料卷》的 2.5.1 节）
  - 超泡沫材料（见《Abaqus 分析用户手册——材料卷》的 2.5.2）
  - 膜截面（见《Abaqus 分析用户手册——单元卷》的 3.1.1 节）
  - 局部方向（见《Abaqus 分析用户手册——介绍、空间建模、执行与输出卷》的 2.2.5 节）
  - 在分析中集成的壳截面（见《Abaqus 分析用户手册——单元卷》的 3.6.5 节）
  - 固体截面（见《Abaqus 分析用户手册——单元卷》的 2.1.1 节）

- 横向切向刚度（见《Abaqus 分析用户手册——单元卷》的 3.3.3 节或 3.6.4 节）

- 形状设计参数（即，影响节点坐标及梁或壳法线的设计参数）仅用来与参数化形状变量结合（见《Abaqus 分析用户手册——介绍、空间建模、执行与输出卷》的 2.1.2 节）。
- 设计参数必须是相互独立的。
- 设计参数不能是表格方式相关的（见《Abaqus 分析用户手册——介绍、空间建模、执行与输出卷》的 1.4.1 节）。

指定响应

使用类似于指定输出要求到输出数据库的语法来指定响应要求。除了特征值和特征频率，没有默认的响应。如果没有响应，则将不输出响应敏感性。如果在一个频率步中 DSA 是激活的，则将自动地输出特征值和特征频率敏感性。指定一个响应将产生响应和响应敏感性二者的输出。

输出文件用法：　使用下面的选项来要求设计响应：

* DESIGN RESPONSE，FREQUENCY = 间隔，MODE LIST

* CONTACT RESPONSE，MASTER = 主名称，NSET = 节点集名称，SLAVE = 从属名称

* ELEMENT RESPONSE，ELSET = 单元集名称

* NODE RESPONSE，NSET = 节点集名称

要求多步中的响应

除非重新指定，否则在一个步中定义的响应要求根据下面的规则传播到后面的步中：

1）通用步中的要求传递到后面的通用步中。

2）线性摄动步中的要求传递到后面连续的线性摄动步中。

3）当在 DSA 步之间出现一个无 DSA 的步时，必须在无 DSA 步后面的 DSA 步中重新指定响应。

对响应的限制

可以使用的响应是现有输出变量的一个子集。基于过程类型的有效响应如下描述。

- 对于静态步，有效的响应是：
  - 节点响应：U 和 RF
  - 单元响应：S，SF，SINV，SP，E，SE，EP，EE，EEP，LE，LEP，NE，NEP，ENER，ELEN，EVOL 和 MASS
  - 接触响应：CSTRESS 和 CDISP
- 对于频率步，有效的响应是：
  - 节点响应：无
  - 单元响应：MASS
  - 接触响应：无

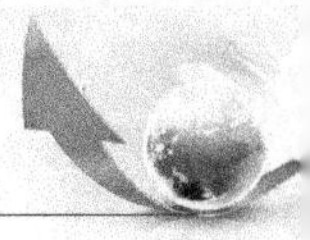

- 特征值（EIGVAL）和特征频率（EIGFREQ）敏感性是自动输出的。

指定设计相关的输入数据的设计梯度

DSA 计算要求设计相关的输入数据关于设计参数的梯度。例如，如果泊松比 ν 相关于一个设计参数 h，则要求梯度 $d\nu/dh$。关于形状设计参数的设计梯度指定不同于关于其他设计参数的梯度指定。

指定关于形状设计参数的设计梯度

关于形状设计参数的梯度必须使用一个参数化的形状变量定义来指定（见《Abaqus 分析用户手册——介绍空间建模、执行与输出卷》的 2.1.2 节）。为了 DSA 的目的，如果参考形状变量数据的参数是一个设计变量，则将形状变化数据解释为节点坐标关于设计参数的梯度。如果为形状参数给出了非零值，Abaqus/Design 也将摄动基础坐标。

输入文件用法：　使用下面的选项来为形状设计参数指定设计梯度：

*PARAMETER SHAPE VARIATION，PARAMETER = 设计参数

为非形状设计参数指定梯度

对于非形状设计参数，Abaqus/Design 默认将使用数值微分，基于用户提供的信息来计算设计梯度。然而，可以通过使用 Python 表达式（见《Abaqus 分析用户手册——介绍、空间建模、执行与输出卷》的 1.4.1 节）直接指定梯度，来覆盖此默认的行为。指定一个设计参数为独立参数以及一个基于设计参数的参数列表。对于每一个设计梯度定义，只能给定一个独立（设计）参数。

输出文件用法：　使用下面的选项来为非形状设计参数指定设计梯度：

*DESIGN GRADIENT，INDEPENDENT = 设计参数，
DEPENDENT =（相关参数的列表）

一个多增量分析中的历史相关性和公式类型

为 DSA 执行整体和增量两个公式。公式的选择取决于一个分析是否是历史相关的。下面是这些公式类型的扼要描述。一个更加详细的讨论可以在《Abaqus 理论手册》的 2.18.1 中找到。默认情况下，使用增量 DSA 公式。可以为整个模型只指定 DSA 公式。如果此指定作为一个步定义的一部分给出，则忽略此指定。

增量 DSA 公式

在增量公式中，问题是假定成历史相关的。Abaqus/Design 为增量位移敏感性求解，并且在增量的末尾更新总位移敏感性。由于历史相关性，当前增量的增量位移敏感性，取决于增量开始时的状态变量敏感性，同样的意义，对于平衡分析，增量位移取决于增量开始时的状态变量。这样，Abaqus/Design 也必须在每一个增量中计算并更新状态变量敏感性。结果，DSA 必须为所有步激活，直到在其中激活 DSA 的最后步，并且在这些步中的所有增量上完

成 DSA 计算，而不管对于一个给定步，是否要求了一个设计响应。如果为一步要求了一个响应，则为了 DSA 计算的目的，而忽略指定的响应频率（写入输出的频率将仍然由指定的响应频率来控制）。

增量 DSA 公式的缺点是它的成本，由于在最后 DSA 增量之前的每一个增量上计算状态变量和增量位移敏感性的必要性。如果问题是历史相关的，则此增加的成本不可避免，但是如果问题是历史无关的，则此成本增加没有必要。这样，对于历史无关的问题应当选择总 DSA 公式。

输入文件用法：* DSA CONTROLS, FORMULATION = INCREMENTAL

总 DSA 公式

在总位移公式中，总位移敏感性基于问题不是历史相关的假设，来直接计算得到。换言之，位移敏感性不取决于前面增量中计算得到的敏感性结果。这样，总公式的优点是敏感性计算仅需要在感兴趣的增量上完成。可以通过仅为希望的步激活 DSA 来控制何时完成 DSA 计算，并且为每一个设计响应需求指定期望的频率。

可以在已知是历史相关的问题中使用总 DSA 公式。然而，在此情况中，DSA 解是近似的，随着问题变得更加强烈地历史相关，近似程度增加。要评估使用总 DSA 公式的有效性，推荐为一个典型问题运行增量和总敏感性分析，并且对比结果。

输入文件用法：* DSA CONTROLS, FORMULATION = TOTAL

线性摄动步中的 DSA

摄动响应的敏感性可以在一个线性摄动步中计算得到（见 1.1.3 节）。如果考虑了几何非线性，则摄动响应将在基本状态中包括应力和载荷刚化的影响。因为我们需要计算增量（摄动）响应的敏感性，应力和载荷刚化效应的敏感性必须在基本步的末尾已知。这样，如果在基本步中考虑了几何非线性，则 DSA 也必须在基础步中激活，而不论方程的类型（总或者增量）。

设计参数摄动大小的确定

半解析技术的基础是使用数值微分来得到某些单元向量和矩阵的导数（见《Abaqus 理论手册》的 2.18.1 节）。Abaqus/Design 将自动地确定用于半解析技术中的合适的摄动大小，除非用户直接地指定它们。Abaqus/Design 使用取决于一个与单元相关的标量 s 的行为所具有的启发式摄动大小确定算法，来确定摄动大小。默认情况下，摄动大小决定算法仅应用于激活 DSA 的每一个步中的第一个增量（静态过程）还是第一个模态（频率过程）。然后为完成 DSA 计算的步中所余下的增量或模态再次使用摄动大小。

算法的目的是找到对于数值微分最优的摄动大小。微分公式基于泰勒级数展开，并且计算所得到的近似导数的阶数，反映在级数中被忽略的项中。近似导数的精度通常强烈地相关于用于微分公式的摄动大小。选择一个过大的摄动大小将导致一个截断误差，发生在近似的阶数不再有效的时候（即，作为泰勒级数中截断更高阶项的结果）。过小的摄动将导致由于

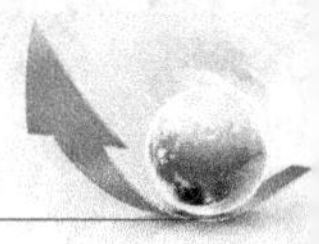

圆整而产生的微分操作中的不精确，通常称为消除误差。

算法试图通过观察 s 的行为来找到消除和截断误差之间给出最好的摄动大小。对于每一个设计参数，为跨越几个数量级的摄动大小计算得到 s。s 在连续的摄动大小之间的误差计算成 $e_i = |s_i - s_{i-1}|s_i$。产生可接受误差 e_a的摄动大小选为最好的摄动大小。

标量 s 如下选择：

● 静态过程　对于静态步，s 选择成单元虚拟载荷的模（关于设计变量的单元残留的偏导数）。

● 频率过程　对于频率步，s 是从对一个涉及质量微分的矩阵和刚度矩阵的单元贡献计算得到的。意即$\left(\frac{DK^{NM}}{\cdot Dh} - \lambda \frac{DM^{NM}}{Dh}\right)$，其中 K^{NM}是刚度，M^{NM}是质量，h 是设计参数，λ 是一个特征值。标量 s 是此矩阵在一个特征向量$\overline{\boldsymbol{\phi}}^N$上的投影。如果摄动大小确定算法施加在一个具有单根特征值的模态上，则$\overline{\boldsymbol{\phi}}^N$可取与此模态相关联的特征向量。然而，如果一个模态恰巧与一个重根特征值相关联，则$\overline{\boldsymbol{\phi}}^N$是取成所有与重根特征值相关联的特征向量的和。这样，整个与一个重根特征值相关联的模态组将由摄动算法同时处理（一个重根特征值的特征值敏感性从同一个简化的特征值系统中同时得到）。

关于 s 选取的更详细情况，见《Abaqus 理论手册》的 2.18.1 节。

控制数值微分行为

可以控制数值微分操作的不同方面。在下面的部分中对这些方面进行了详细的描述。可以为整个模型和（或者）单独的步指定 DSA 控制。为整个模型指定的这些控制，具有为不同的设置创建新默认值的作用。当为单独步指定这些控制时，强制执行下面的传播规则：

● 一旦在一个无摄动的步中指定了 DSA 控制，则它们保持对所有后续非摄动的步有效，除非它们被重新指定或者重新设置。

● 一旦在一个摄动步中指定了 DSA 控制，则它们保持对所有后续连续摄动步有效，除非它们被重新指定或者重新设置。

重新设置 DSA 控制

可以仅为单独的步重新设置 DSA 控制。如果 DSA 控制是为整个模型设置的，则在一个特定的步中重新设置它们，将重新设置为整个模型指定的行为的数值微分行为；否则，行为将重新设置成原始默认值。任何指定的更多改变将在设置行为后施加。

输入文件用法：　使用下面的选项来为一个具体步重新设置 DSA 控制：

```
*DSA CONTROLS, RESET
```

改变启发式摄动大小算法的默认值

下面的两部分描述了为了提高计算效率和精度的目的，如何改变与摄动大小算法相关的某些参数的默认值。

改变默认容差

默认情况下，容差 e_a设置成 1.0×10^{-4}。对于没有达到容差的单元，警告信息为这些单元写入信息文件。收集这些单元在单元集中，并且可以在 Abaqus/CAE 的 Visualization 模块中进行查看。明白此容差控制得到一个优化摄动大小的努力是重要的。它不是数值微分精度

的直接度量。

输入文件用法： 使用下面的选项来覆盖默认容差：

* DSA CONTROLS，TOLERANCE = 容差

改变摄动大小确定算法所使用的频率

使用启发式算法的确定摄动大小是计算密集的。可以指定重新计算摄动大小的频率。例如，指定一个频率为 n，将造成 Abaqus/Design 在每 n 个增量或者特征模态就确定一个新摄动大小。摄动大小将总是在激活 DSA 的每一个步的第一个增量或者特征模态上进行重新计算，这样等效于指定一个频率的值为 0。因为摄动大小确定算法是计算密集的，应当谨慎行事，以确保频率大小是尽可能大的（或者零）。

如上面所讨论的，摄动大小确定算法同时施加在与重复特征值相关的所有模态上。这样，与一个重复特征值相关的，基于大小调整频率的“偶发”模态实际数目是无关紧要的，只要它不小于 1。

输入文件用法： 使用下面的选项来指定摄动大小重新计算的频率：

* DSA CONTROLS，SIZING FREQUENCY = 频率

忽略默认的启发式摄动大小确定算法

如果已经知道了一个具体设计参数的合适的摄动大小（例如，从一个先前的类似分析中），通过直接施加此摄动大小可以提高经济性，而不是让 Abaqus/Design 自动地找到摄动大小。可以为每一个设计变量直接指定向前差分或者中心差分之一，连同一个绝对摄动大小。如果覆盖了默认算法，则取决于用户来选择导致精确敏感性的摄动大小。

输入文件用法： 使用下面的选项来覆盖一个给定设计参数的默认启发式摄动大小确定算法：

* DSA CONTROLS

设计参数，FD（向前差分）或者 CD（中心差分），绝对摄动大小

例如，为设计参数 despar 指定一个 0.001 的绝对摄动大小和向前差分，使用下面的输入：

* DSA CONTROLS

despar，FD，0.001

为每一个覆盖了默认方案的设计参数指定了此数据行。

DSA 求解的精度

如在《Abaqus 理论手册》的 2.18.1 中所见到的那样，DSA 求解的精度是同时通过数值计算导数以及对于非线性静态分析，切向刚度矩阵的精度来决定的。数值计算导数的精度是通过半解析的 DSA 算法来控制的。可以通过指定 DSA 控制来控制它。在非线性静态分析中，DSA 使用最后平衡迭代中形成的切向刚度矩阵。有可能达到一个精确平衡解所需要的切向刚度矩阵的精度，不足以达到一个精确的 DSA 解。在此种情况中，可以在平衡分析中收紧收敛容差，这样得到一个更加精确的切向刚度矩阵（见 2.2.2 节）。更进一步，当忽略切向

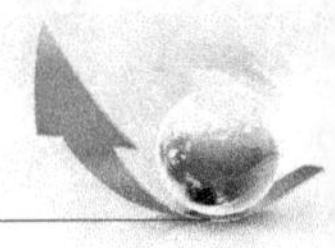

刚度中的非对称项时（即，不使用非对称矩阵存储和求解方案，见 1.1.2 节），通常可以得到一个精确的平衡解。然而，即使忽略轻微不对称的刚度项，DSA 求解也可能不精确。这样，当已知切向刚度为非对称时，推荐为 DSA 使用非对称的求解方案。

在某些情况中，一个响应在某一瞬时可能关于一个设计变量是不连续的。例如，在此不连续的点上，设计参数的变化可以造成节点变成接触，摩擦行为从粘接变成滑动，或者一个材料点从弹性转变到非弹性行为。因为 DSA 计算利用数值差分，有可能用在不同差分方案中的设计参数摄动，可以产生处在不连续相对侧的不同响应值。如果发生这种情况，不能保证计算得到的导数精度。数学上讲，关于设计变量的响应导数（敏感性），在不连续点处不存在。实际上讲，在任何给定瞬间上的响应恰恰位于不连续处将是不可能的。在响应靠近不连续的情况中，如果选择使用默认的摄动大小确定算法，算法将试图选择设计变量摄动大小，使得受摄动的响应值保留在相同的不连续一侧。此外，对于接触单元，不在相关接触节点是打开的增量中实施 DSA 计算。典型的，在任何增量中，全局结果不受模型中的一些不连续点影响。

设计相关性和受支持的特征

基于设计参数的显式和隐式响应。隐式设计相关性是通过此解变量的设计参数的基础。这样，此类型的相关性仅可以在得到 DSA 求解后进行量化（调用 DSA 解是总方程的总位移敏感性和增量方程的增量位移敏感性）。所有其他的设计相关性是显式的，意味着它们可以不知道 DSA 解就可以得到解决。通过观察一个称之为 r 的响应敏感性形式，此形式与称之为 h 的设计参数相关。此敏感性表达为

$$\frac{\mathrm{d}r}{\mathrm{d}h}=\frac{\partial r}{\partial h}+\frac{\partial r}{\partial u^N}\frac{\mathrm{d}u^N}{\mathrm{d}h}$$

对于总方程和增量方程，有

$$\frac{\mathrm{d}r}{\mathrm{d}h}=\frac{\partial r}{\partial h}+\frac{\partial r}{\partial \alpha^t}\frac{\mathrm{d}\alpha^t}{\mathrm{d}h}+\frac{\partial r}{\partial \Delta u^N}\frac{\mathrm{d}\Delta u^N}{\mathrm{d}h}$$

其中 u^N 是位移自由度，并且 α^t 代表增量开始时候的状态变量（更进一步的详细情况，见《Abaqus 理论手册》的 2.18.1 节）。状态变量包括增量开始时候的位移。在两种情况中，右边的最后一项代表通过此求解变量的隐式设计相关性。

从上面的增量方程中可以观察到，显式设计相关性由两项组成。这些项的第一个 $\frac{\partial r}{\partial h}$ 表示一个直接设计相关性，因为此项得自于对设计参数响应的直接相关性。第二个显式项 $\frac{\partial r}{\partial \alpha^t}\frac{d\alpha^t}{dh}$ 表示增量开始时候的状态变量的设计参数相关性。对于总方程，可以看出显式项仅包含直接设计相关性。

对于在 Abaqus 中完成直接设计相关性计算的任何特征，将称为支持 DSA 的。在一个分析中可以将支持和非支持的特征混合，除非支持的特征产生变成直接设计相关的非支持特征（这样的一个例子将会使得框架单元的弹性模量设计相关，因为框架是 DSA 不支持的）。

为使得设计相关性类型之间得到更清晰的区分，考虑一个线性弹性桁架单元的更加具体

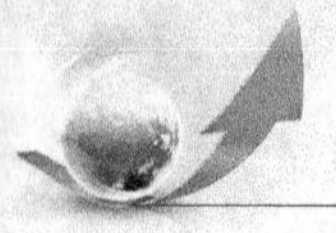

的例子，在一端固支，在另一端具有一个集中拉伸载荷。让 $u = u^t + \Delta u$ 表示自由端的位移，E 表示弹性模量，并且 L 表示桁架的长度，考虑轴向应力 S_{11} 作为响应。虽然在此简单的例子中，应力可以简单地计算为载荷除以横截面积是明显的，有限元分析计算应力等效为 $S_{11} = Eu/L$。选择弹性模量 E 作为设计参数，应力敏感性通过下式给出。

$$\frac{\mathrm{d}S_{11}}{\mathrm{d}E} = \frac{\partial S_{11}}{\partial E} + \frac{\partial S_{11}}{\partial u}\frac{\mathrm{d}u}{\mathrm{d}E} = \frac{u}{L} + \frac{E}{L}\frac{\mathrm{d}u}{\mathrm{d}E}$$

对于总方程和对于增量方程有：

$$\frac{\mathrm{d}S_{11}}{\mathrm{d}E} = \frac{\partial S_{11}}{\partial E} + \frac{\partial S_{11}}{\partial u}\frac{\mathrm{d}u^t}{\mathrm{d}E} + \frac{\partial S_{11}}{\partial \Delta u}\frac{\mathrm{d}\Delta u}{\mathrm{d}E} = \frac{u^t + \Delta u}{L} + \frac{E}{L}\frac{\mathrm{d}u^t}{\mathrm{d}E} + \frac{E}{L}\frac{\mathrm{d}\Delta u}{\mathrm{d}E}$$

此例子是一个有效分析，因为弹性材料和桁架单元是支持 DSA 的。现在假定添加了一个框单元，扩展了结构的长度。如果框单元共享了相同的弹性模量，则分析变得无效，因为设计参数 E 的相关性造成框单元，它是不被支持的，变成直接设计相关的（即$\frac{\partial S_{11}}{\partial E}$项将需要进行计算）。另外一方面，如果框使用一个不同的模量 E_1，它不是设计参数，则分析再次变成有效的，因为框不再直接相关于设计参数 E。

接触相互作用

在设计敏感性分析中，支持可变形和刚性表面之间相对面运动的接触，此接触是基于面的，具有包括摩擦的小滑动的或有限滑动的。在所有的摩擦模型中，只有摩擦因数（无测试数据输入）可以作为设计相关性。形状设计参数对于刚性面是无效的。不支持可变形面之间的接触。

重启动一个设计敏感性分析

可以重启动一个设计敏感性分析（见 4.11 节）。然而，DSA 必须在基础分析中得到激活，并且在重启动运行中没有可以更改的设计参数或者梯度数据。重启动分析将遵循应用于一个正常分析的所有 DSA 传播准则。对于 DSA 的总方程，可以选择在添加到重启动中的任何新步中激活或者停用 DSA。然而，对于增量方程，DSA 必须已经在重启动分析中，试图在重启动分析中的此步上继续执行 DSA。

过程

DSA 在下面的分析过程中可以使用：

- 频率分析
- 静态应力分析（包括非线性几何效果和接触）

不支持下面的分析过程和技术：

- 使用 Riks 方法的静态应力分析
- 子结构

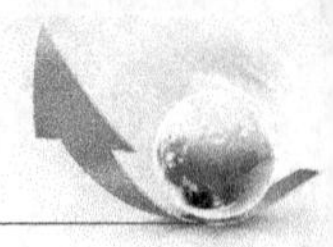

- 网格更改或者替换
- 导入和传递结果
- 对称模型生成和结果传递
- 围线积分
- 频率过程中的循环对称

子模型分析的限制

设计敏感性分析可以在整体模型和子模型中执行，具有 DSA 解将不能从整体模型插值到子模型的限制。这意味着，仅当在子模型的边界上插值的整体解可以考虑成独立于为子模型敏感性分析而选择的参数时，DSA 才是有效的。

材料选项

支持下面的材料模型：

- 各向同性、正交各向异性以及各向异性弹性
- 超弹性
- 超泡沫

在这些模型中，只有直接输入的材料系数（无测试数据）可以作为设计相关。如果指定了测试数据，则材料定义可以由指定 Abaqus/Design 直接计算得到的材料系数来替代。在同一个分析中可以混合支持的和不支持的材料模型。

单元

支持实体、桁架、壳、梁、垫片和膜应力/位移单元。每个节点具有五个自由度的壳单元不能用在总 DSA 方程中。在同一个分析中可以混合支持的和不支持的单元。

输出

响应和响应敏感性（见上面的“指定响应”）是仅输出到输出数据库中（敏感性输出到数据文件，并不支持输出到结果文件）。敏感性的名称与响应名称如下相关：

d_{响应名称} _{设计参数名称}

例如，如果响应的名称是 S，并且设计参数的名称是 Young，则敏感性的名称是 d_S_Young。

输入文件模板

```
*HEADING
…
*PARAMETER
```

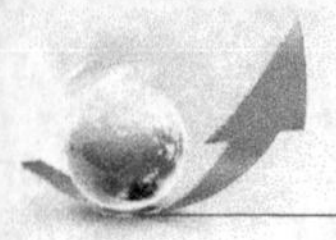

Python 表达式定义参数。

＊DESIGN PARAMETER

可以考虑成设计参数的独立参数列表。

…

＊NODE，NSET = 节点集

定义节点的数据行。

＊PARAMETER SHAPE VARIATION，PARAMETER = 参数

定义关于参数的坐标梯度的数据行。

…

＊ELEMENT，TYPE = 实体单元类型，ELSET = 单元集弹性

定义单元的数据行。

＊ELEMENT，TYPE = 实体单元类型，ELSET = 单元集超弹性

定义单元的数据行。

＊SOLID SECTION，ELSET = 单元集弹性，MATERIAL = 弹性

＊SOLID SECTION，ELSET = 单元集超弹性，MATERIAL = 超弹性

＊MATERIAL，NAME = 弹性

＊ELASTIC

定义弹性属性的数据行。

＊MATERIAL，NAME = 超弹性

＊HYPERELASTIC

定义超弹性属性的数据行。

…

＊STEP，DSA

＊STATIC

…

＊DESIGN RESPONSE，FREQUENCY = 迭代

＊ELEMENT RESPONSE，ELSET = 单元集

指定单元响应标识符关键字的数据行。

＊NODE RESPONSE，NSET = 节点集

指定节点响应标识符关键字的数据行。

＊END STEP

15 参数化研究

15.1 脚本运行参数研究

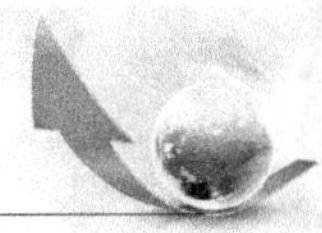

产品：Abaqus/Standard　　Abaqus/Explicit

参考

- “参数化输入”《Abaqus 分析用户手册——介绍、空间建模、执行与输出卷》的 1.4.1 节
- “参数化形状变化”《Abaqus 分析用户手册——介绍、空间建模、执行与输出卷》的 2.1.2 节
- “参数化研究”《Abaqus 分析用户手册——介绍、空间建模、执行与输出卷》的 3.2.9 节

概览

参数化研究允许生成、执行和收集多分析的结果，多分析仅在输入量处的一些参数值处不同。

参数化研究可以通过下面来执行：

- 创建一个“模板”来将输入文件参数化，从其中生成不同的参数化变量。
- 准备一个包含 Python（Lutz，1996）说明的脚本（一个具有 . psf 扩展名的文件）来生成、执行，并且收集参数化输入文件的参数化变量的输出。

在此节中讨论了脚本参数研究的 Python 命令。

介绍

参数化的研究要求执行多分析，来提供关于一个结构的或者组件的行为在一个设计空间中不同设计点上的信息。这些分析的输入，仅在参数化关键字输入文件的赋予参数值上不同（使用 . inp 扩展名来标识）。

Abaqus 中的参数化研究，要求在一个包含 Python 命令来定义参数化研究的文件中（使用 . psf 扩展名来标识）具有一个用户开发的 Python 脚本。例如，考虑希望实施一个参数化研究的案例，在其中壳的厚度是变化的。需要创建一个包含参数定义的参数化输入文件（在此例子中，一个命名为 shell. inp 的文件）。

```
*PARAMETER
thick1 =5.
```

并且参数用法如下：

```
*SHELL SECTION，ELSET = 名称，MATERIAL = 名称
< thick1 >
```

通过建立一个包含有一个 Python 说明脚本的 . psf 文件来创建参数化研究，此参数化研究指定用于分析的不同设计，如下：

```
thick = ParStudy (par = 'thick1', name = 'shell')
```

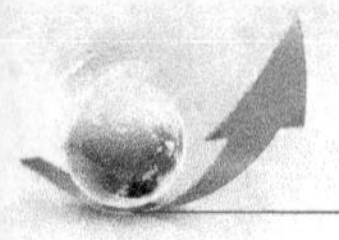


```
thick. define (CONTINUOUS, par='thick1', domain= (10. , 20.))
thick. sample (NUMBER, par='thick1', number=5)
thick. combine (MESH)
```

这些脚本命令创建具有对应截面厚度 10.0、12.5、15.0、17.5 和 20.0 的五个设计。这些厚度的每一个将按照顺序，替换 shell. inp 中参数定义里指定的 5.0 值。可以接着在 . psf 文件中提供额外的 Python 脚本命令来指令 Abaqus 按如下执行：

* 生成一些 shell_*id*. inp 文件，使用 shell. inp 文件作为模板的对应的 Abaqus 作业。附加于输入文件名的标识符 *id*，对于参数研究中的每一个设计是唯一的。这样的一个 Python 命令例子：

```
thick. generate (template='shell')
```

在此例子中，shell_*id*. inp 文件之间将仅在使用的壳厚度值上不同。

• 执行所有代表不同参数研究的 Abaqus 工作。为此的 Python 命令是

```
thick. execute (ALL)
```

通常想要从一个由参数化研究生成的大量的数据中查看特定的关键结果。

Abaqus 为此目的提供下面的功能：

• 一个指定源的命令，将从源中收集参数研究的结果。例如：

```
thick. output (file=ODB, step=1, inc=LAST)
```

上面的命令设置输出数据库（. odb）文件的第一步的最后一帧的输出位置。默认行为是从结果（. fil）文件中的一个给定步的最后一帧收集结果。

• 命令从由参数化研究生成的多分析中要求结果，并且在一个文件或者表格中汇报它们。例如，用来在一个关键节点上为每一个设计收集并汇报位移值的 Python 脚本命令的序列是：

```
thick. gather (results='n33_u', variable='U', node=33, step=1)
thick. report (PRINT, par='thick1', results= ('n33_u. 2'))
```

上面的命令为每一个设计收集结果记录'n33_u'（节点 33 在分析 Step1 的末尾时具有的位移向量），并且接下来为所有设计打印位移 U2 分量的一个表格（结果记录的第二个分量）。

• 使用 Abaqus/CAE 的 Visualization 模块显示贯穿多分析收集数据的 *X-Y* 图像功能。一个典型的例子是得到在一个关键节点上的位移值对壳厚度的 *X-Y* 图像。通过收集一个可以读入 Visualization 模块进行显示的 ASCII 文件中的合适的参数研究结果来完成。

参数研究的组织

Abaqus 中的参数研究是与定义设计空间的具体参数集相关联的。只有参数的值可以在一个参数化研究中改变。如果希望考虑一个不同的参数集，则必须创建一个新参数化研究。已经选择了在一个参数化研究中要考虑的参数，必须指定每一个参数是如何定义的。参数区分为连续的还是离散的性质，并且可以具有一个域和参考值。

进行分析的设计空间中的设计点，是通过指定每一个参数（采样）的样本值来创建的，并且通过组合参数样本来创建设计点的集。为参数值采样和组合采样的参数值提供了一些简

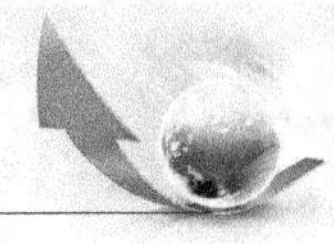

单的例子。在后面对这些命令进行了详细的描述。

参数化研究中的参数初始定义和采样，必须在任何可以指定的参数样本组合之前给出。在第一次组合后，指定可以在下一次组合前改变的任何单个参数的初始定义和（或者）采样，这样可使一个参数研究具有极大的灵活性。

在参数定义中给出的参数可能值域和参考值，可以通过在采样中对它们进行不同的指定，来在任何参数的采样中临时地重新进行定义。不需要像在采样中所指定的那样在参数定义中指定参数域和参考值。

可以对所有的设计施加设计约束。将去除违反任何约束的设计。

最后，在分析了所有参数化研究变量后，可以贯穿所有或者一些参数研究的设计来收集和汇报结果。

总之，Abaqus 中的参数研究如下进行：

- 创建参数化研究。
- 定义参数：定义参数类型（连续或者离散赋值的）和可能的参数域和参考值。
- 采样参数：指定采样选项、数据和可能的临时重定义的参数域和参考值。
- 组合参数样本来创建设计集。
- 约束设计（可选的）。
- 生成设计和分析作业数据。
- 执行所选研究设计的分析作业。
- 为所选研究的设计收集关键结果。
- 汇报收集到的结果。

注意：步骤的顺序为定义、采样和组合。可以按需求来重复创建所有要求的设计集。可以对包含在一个输入文件中的模型执行多参数研究。通常，在输入文件的输入量的位置将定义和使用更多的参数，比任何具体的参数研究者涉及的参数还要多。在这些情况中，在一个具体的参数研究中不包括的参数，将保持它们在以参数研究为目的的输入文件中的定义值。这样，我们可以把在输入文件中定义的参数值考虑成一个名义设计的代表；参数研究通过修改一些（或者所有）参数的值来改进设计。

定义设计空间

设计空间是通过在研究中变化的参数选择，以及参数类型的设置和它们可能的值来定义的。

参数研究创建

使用 *aStudy* = ParStudy 脚本命令（见 15.2.8 节）来创建一个参数化的研究，并选择为变量考虑的独立参数选取。*aStudy* 是创建的参数研究对象的 Python 变量名。使用参数研究对象的方法来执行所有的参数研究行动。

输入文件用法：*aStudy* = ParStudy（par =，name =，verbose =，directory =）

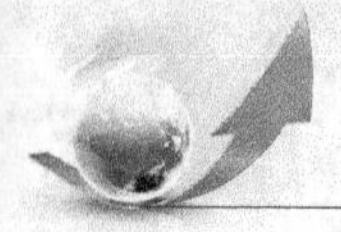

参数定义

使用 *aStudy*. define 命令（见 15.2.3 节）来指定参数的类型（选择 CONTINUOUS 或者 DISCRETE 记号。一个记号是一个符号常量，用来在一个指定命令中选择一个选项），并且也可以指定参数的可能参数值域和一个参考值。如果在此命令中没有指定域和（或者）参考值，则它们可以在参数采样中指定。

将一个参数的重新定义处理成完全的重定义，即，从先前的参数定义中没有保留信息。

输入文件用法：*aStudy*. define（标记，par =，domain =，reference =）

CONTINUOUS 参数类型

在此情况中，参数可以取给定边界的连续域中的任何值。例如，domain =(3.0，10.0)。

DISCRETE 参数类型

在此情况中，参数仅可以取一个定义离散域的列表中所指定的值。例如，domain =（1，4，9，16）。

采样和组合参数值来创建设计点的集

参数研究中的每一个参数必须在组合操作之前进行采样，使用组合操作来创建最初的设计点集。参数研究中的任何参数，可以在执行一个后续组合操作前进行重新定义或者重新采样。

参数采样

使用 *aStudy*. sample 命令（见 15.2.10 节）并且选择一个可用的标记（INTERVAL、NUMBER、REFERENCE 或 VALUES）来选择如何完成采样。必须给出的采样数据取决于如何完成采样，如下面所描述的那样。

通过 INTERVAL 来采样

此采样命令假定用户指定一个可能参数值的域，并且希望在一个域中的固定间隔值上采样参数。总是完成参数极端值的采样。参数值采样后的数量取决于间隔和域。因为极端值是用来采样的，所以最后的采样间隔通常将小于指定的间隔。

在此采样命令中的域指定是可选的：

- 如果在此命令中指定了一个域，则命令临时地重新定义一个在 define 命令中指定的域。
- 如果在此命令中没有指定一个域，则使用来自 define 命令的域指定来采样。
- 当在此命令中或者在 define 命令中没有指定一个域时，将标记一个错误。

采样间隔对于连续和离散参数的解释是不同的。

- 对于连续的赋值参数，采样隔开的间隔是取决于一个数值。例如，为一个具有 domain =（10.0，35.0）的连续参数指定 interval =10，将为此参数采样 10.0，20.0，30.0，和35.0 的值。

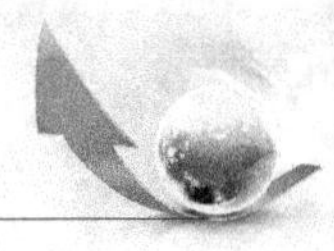

• 对于离散赋值参数，采样的间隔是取决于值列表的指标。指标意味列表中项的位置，在位置 0 开始并且继续位置 1、2、3 等。在此情况中，interval 必须是一个整数。例如，为一个具有 domain = （1.0，2.0，3.0，5.0，7.0，10.0）的离散参数指定 interval = -2，将为此参数创建 10.0、5.0、2.0 和 1.0 的采样值。

间隔可以具有一个正值或者负值（不允许是零）。一个正的间隔说明对于一个连续参数，采样在最小值处开始；或者对于一个离散参数（向前采样），采样在值列表的第一个值处开始；一个负的间隔说明，对于一个连续参数，采样在最大值处开始，或者对于一个离散参数（反向采样），采样在值列表的最后值处开始。当使用 TUPLE 组合操作时，反向采样是有用的（见参数采样组合的讨论）。

INTERVAL 选项的两个特殊情况值得注意：

• 一个正的间隔值大于连续参数值的范围或离散参数值的个数，将采样连续参数的最小和最大值，或者离散参数列表中的第一个值和最后的值。

• 一个负的间隔值大于（绝对值）连续参数值的范围或离散参数值的个数，将采样连续参数的最大值和最小值，或离散参数列表的最后的值和第一个值。

输入文件用法：*aStudy*. sample（INTERVAL，par =，interval =，domain =）

通过 NUMBER 采样

此采样选项假定指定一个可能参数值的域，并且希望在域中采样固定数量的参数值。除了下面文档所述的一个特别例子，总是完成参数的极端值采样。参数以相等的间隔进行采样（对于离散参数具有一些例外，如下面所讨论的那样）并且间隔的大小取决于采样值的数量以及域。

此采样命令中的域指定是可选的：

• 如果在此命令中指定了一个域，则此命令临时地重新定义在 define 命令中指定的域。

• 如果在此命令中没有指定一个域，则使用来自 define 命令的域指定来采样。

• 当在此命令中或者在 define 命令中没有指定一个域时，则标记一个错误。

采样间隔对于连续和离散参数是计算不同的，并且解释不同：

• 对于连续的赋值参数，隔开采样的间隔是取决于一个数值。例如，为一个具有 domain = （10.0，25.0）的连续参数指定 interval = 4，将为此参数采样 10.0，15.0，20.0，和 25.0 的值。

• 对于离散赋值参数，隔开采样的间隔是取决于值列表的指标（指标从零开始）。例如，为一个具有 domain = （1.0，2.0，3.0，5.0，7.0，10.0，12.0）的离散参数指定 number = 3，将为此参数创建采样值 1.0，5.0 和 12.0。通过指定的离散参数取样的个数可以不允许等距的空间采样。例如，为上面的离散参数指定 number = 5 或者 number = 6 不允许等距的采样。通过采样最接近等距的参数值，通过将采样指标圆整到值列表中最接近的指标来解决此问题。例如，为上面离散参数指定 number = 5 将创建采样值 1.0、3.0、5.0、10.0 和 12.0。采样值 1.0 和 12.0 是因为它们是极端值。第二个采样值是列表中的第三个值（值 3.0），这是因为：采样间隔是（最大指标 - 最小指标）/（number - 1）=（6 - 0）/（5 - 1）= 1.5，第二个采样值应当是列表中具有指标 = 0 + 1.5 = 1.5 的值。因为指标必须是整数，我们圆整到指标 = 2，并且这样，采样列表中的第三个值。其他采样值与此类似。相同的规则用于字符串类型的离散参数。例如，为具有 domain =（'C3D8'，'C3D8R'，'C3D8I'，'C3D8H'）的离散参数指定 number =3，将创建'C3D8''C3D8I' 和 'C3D8H' 的采样值。

NUMBER 选项的三个特殊情况值得注意：

• 指定 number =1 将采样参数值的中心值，当对设计空间的中心感兴趣时是有用的。它是 NUMBER 选项的使用中不采样参数极端值的唯一情况。

• 指定 number =2 将采样一个参数值的极端值，当对设计空间的边缘感兴趣时是有用的。

• 指定 number =3 将采样参数值的中心值和极端值，当对设计空间的中心和边界感兴趣时是有用的。

不允许 number =0 的指定；允许 number 的一个负值，此时说明采样是反向顺序的。对于连续参数反向顺序，意味着第一个采样值是最大的，并且最后的采样值是最小的。对于离散参数反向顺序意味着第一个采样值是值列表中的最后一个，并且最后的采样值是值列表的第一个。当使用 TUPLE 组合操作时（见参数采样组合的讨论），以反向顺序进行采样是有用的。

输入文件用法：*aStudy*. sample（NUMBER，par =，number =，domain =）

通过 REFERENCE 来采样

此采样功能允许指定一个参数的参考值，并且关于此参考值来采样参数值。对于研究关于一个当前（参考）设计的变更设计是有用的。

此采样命令以给定的间隔倍数创建关于参考值对称的采样值；此外，参考值也进行了采样。采样中参数值的个数取决于指定的对称对的数量。

此采样功能中的参考值指定是可选的：

• 如果在此命令中指定了一个参考值，则此命令临时地重定义在 define 命令中指定的参考。

• 如果在此命令中没有指定一个参考值，则使用来自 define 命令的参考定义采样。

• 当在此命令中，或者在 define 命令中没有指定一个参考值，则标记一个错误。

参考值对于连续和离散参数是解释不同的：

• 对于连续赋值的参数，reference 是参数的数字值，关于此数字值将创建一个对称的采样。

• 对于离散赋值参数，reference 是值列表的指标，关于此指标将创建一个对称的采样。

落在参数的域定义之外的参考值，标记一个错误。

采样间隔对于连续和离散参数是解释不同的：

• 对于连续赋值的参数，采样采取的间隔是基于一个数字值的。例如，为一个连续的参数指定 reference = 50.0、interval = 10.0 和 numSymPairs = 2，将为此参数产生采样值 30.0、40.0、50.0、60.0 和 70.0。

• 对于离散赋值的参数，采样间隔是基于值列表的指标的（指标从零开始）。在此情况中，interval 必须是一个整数。例如，为一个具有 domain = [1，2，3，5，7，10，12，15，20，25] 离散参数指定 reference = 5，interval = -2 和 numSymPairs = 2，将为此参数创建采样值 25、15、10、5 和 2。

指定的 interval 可以具有正值或者负值，但是不允许零值。一个正的间隔（向前采样）说明采样后的值列表对于一个连续的参数是从最小的采样值开始的，或者对于一个离散参数是从最靠近值列表开头的值开始的。一个负间隔（反向采样）说明采样后的值列表，对于一个连续参数是从最大的采样值开始的，或者对于一个离散参数使用最靠近值列表末尾的采样值开始。当有 TUPLE 组合操作时，反向采样是有用的（见对参数采样组合的讨论）。

所指定的对称对的数量必须是零或者一个正值。设置对称对的数量为零说明只采样参考值。

此命令中的域指定是可选的：

- 如果在此命令中指定了一个域，则此命令临时的重新定义在 define 命令中指定的域。
- 如果在此命令中没有指定一个域，则使用来自 define 命令的域指定来采样。
- 当在此命令中，或者在 define 命令中没有指定一个域时，在离散赋值参数的情况中标记一个错误。

因为必须知道可以进行采样的可能离散值，为离散赋值参数指定一个域（在此命令中，或者在 define 命令中）。虽然对于连续赋值的参数，不要求一个域指定，但是可以给出它。在离散参数的情况中，或者在连续参数的情况中，可以使用一个域定义来限制使用 REFERENCE 功能进行值采样的数量，因为将域处理成可能采样值的边界。例如，为一个具有 domain = （35.0，100.0）的连续参数指定 reference = 50.0、interval = 10.0 和 numSymPairs = 3，将为此参数采样 40.0、50.0、60.0、70.0 和 80.0。域的最小值作为此采样的边界。

输入文件用法： *aStudy*. sample（REFERENCE，par = ，reference = ，interval = ，numSymPairs = ，domain = ）

通过 VALUES 采样

此采样选项假定用户希望直接地创建参数采样。必须指定实际的参数值，不论参数是连续的还是离散的。

当使用此选项时，在 define 命令中指定的一个参数域不影响参数的采样值。

输入文件用法：*aStudy*. sample（VALUES，par = ，values = ）

参数采样的组合

使用 *aStudy*. combine 命令（见 15.2.1 节）来从参数采样中创建设计点的集。使用下面标记中的一个来选择如何进行组合：MESH、TUPLE 或者 CROSS。每一个组合命令的使用产生一些设计点的创建，它们在设计集中成组。如果一个组合操作创建了一个现有设计集中的一个设计的复制，则立刻删除复制设计。一个参数化研究中的设计总数（在任何设计约束的施加之前）是每一个设计集中设计数量的总和。

可以命名一个设计集，如果不命名，则采用默认的名称。默认的命名约定是 *p*1 为参数化研究中的第一个非用户命名的设计集，*p*2 为第二个非用户命名的设计集等。设计集的名称用来帮助识别各个设计。所命名的一个设计集具有一个等同于先前所指定的设计集名，说明它是一个设计集的重新指定，因此，先前存在的那个设计集会被覆盖。

输入文件用法：*aStudy*. combine（标记，name = ）

MESH 组合

此组合选项说明每一个参数的采样值，在参数化研究中与每一个其他参数的每一个采样值进行组合。

下面的例子说明 MESH 组合功能的使用。在定义和采样参数的两参数研究中为

```
study = ParStudy (par = ('par1','par2'))
study. define (DISCRETE, par = 'par1',
    domain = (1, 3, 5, 7, 9, 11, 13))
study. sample (REFERENCE, par = 'par1', reference = 0,
    interval = 2, numSymPairs = 2)
study. define (CONTINUOUS, par = 'par2', domain = (10., 60.))
study. sample (INTERVAL, par = 'par2', interval = 20.)
```

组合命令

```
study. combine (MESH, name = 'dSet1')
```

创建了下面的 12 个设计点（par1，par2）：（1，10.）、（5，10.）、（9，10.）、（1，30.）、（5，30.）、（9，30.）、（1，50.）、（5，50.）、（9，50.）、（1，60.）、（5，60.）、（9，60.）（见图 15-1）。

由参数采样的重新指定进行的另外一个组合命令使用

```
study. sample (NUMBER, par = 'par1', number = 3)
study. sample (NUMBER, par = 'par2', number = 3)
study. combine (MESH, name = 'dSet2')
```

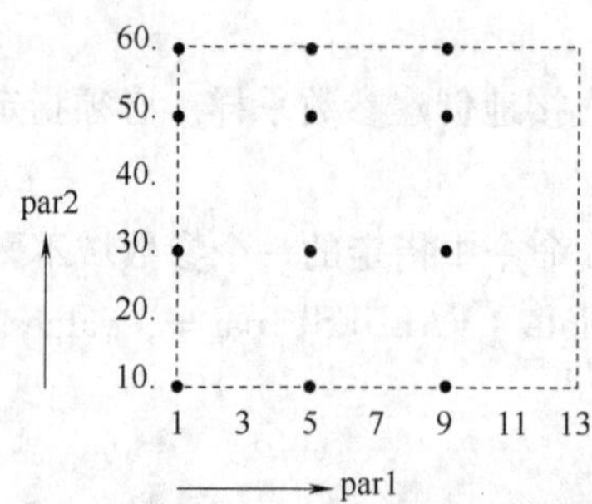

图 15-1 使用组合命令的 MESH 功能创建的设计集 dSet1 中的设计点

在下面的九个点上创建设计：（1，10.）、（7，10.）、（13，10.）、（1，35.）、（7，35.）、（13，35.）、（1，60.）、（7，60.）和（13，60.）（见图 15-2）。两个参数的极端值和中心值进行了组合。

TUPLE 组合

此组合功能创建由采样的参数的 n－元组组成的设计集，其中 n 是参数化研究中参数的数量。每一个 n－元组由每一个参数的一个采样数据组成。例如，在一个三参数研究中，每一个三参数的第一个采样值组成第一个 3-元组，每一个三个参数的第二个采样数据组成第

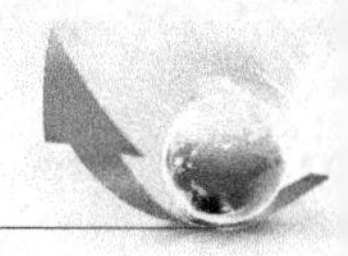

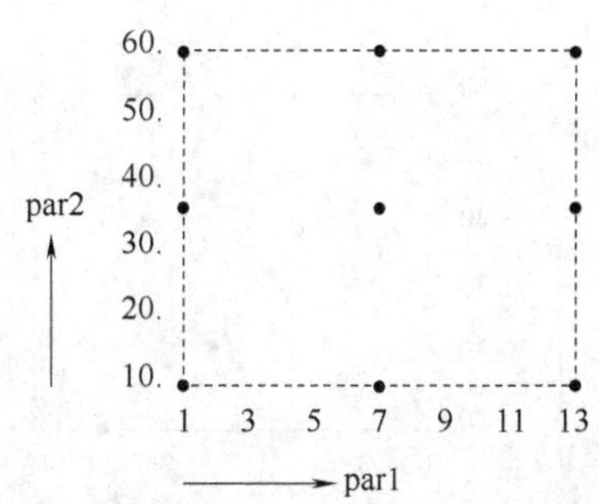

图 15-2　在重定义参数采样后，使用组合命令中的 MESH 功能创建的设计集 dSet2 中的设计点

二个 3-元组……当任何参数采样用完了采样值时，停止元组的创建。

下面的例子说明了 TUPLE 组合操作的使用。对于一个定义有和进行了参数采样的二参数研究中，为

```
study = ParStudy (par = ('par1','par2'))
study. define (DISCRETE, par ='par1',
    domain = (1, 3, 5, 7, 9, 11, 13))
study. define (CONTINUOUS, par ='par2', domain = (10., 60.))
study. sample (INTERVAL, par ='par1', interval =1)
study. sample (INTERVAL, par ='par2', interval =10.)
```

组合操作

```
study. combine (TUPLE, name ='dSet3')
```

在下面的 6 点上创建了设计：（1，10.）、（3，20.）、（5，30.）、（7，40.）、（9，50.）和（11，60.）（见图 15-3）。这代表二参数空间中的一个对角样式。我们看到所有 par2 值都用在元组组合中，但是没有使用最后的 par1 值，因为没有更多的 par2 采样值来组成额外的元组。

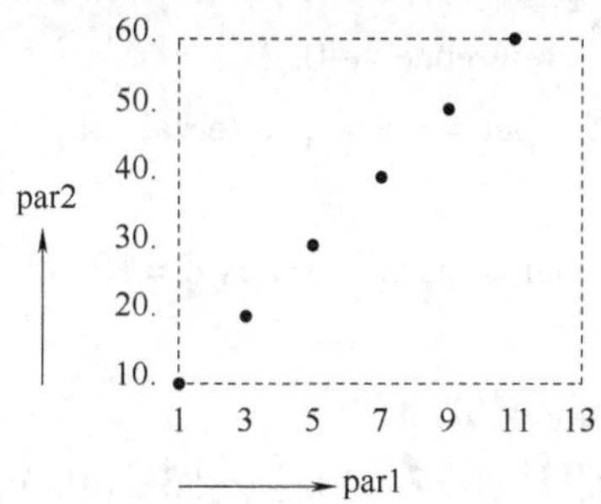

图 15-3　使用组合命令的 TUPLE 功能创建的设计集 dSet3 中的设计点

上面组合命令在重新指定 par2 采样后的另外一个调用为

```
study. sample (INTERVAL, par ='par2', interval = -10.)
study. combine (TUPLE, name ='dSet4')
```

在下面的 6 个点上创建了设计：（1，60.）、（3，50.）、（5，40.）、（7，30.）、（9，20.）和（11，10.）（见图 15-4）。这在二参数空间代表另外一个对角线。

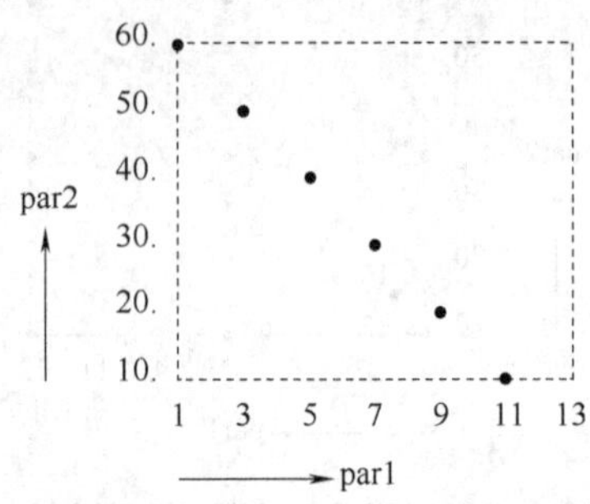

图 15-4 在重定义参数采样后，使用组合命令的 TUPLE 功能，在设计集 dSet4 中创建设计点

CROSS 组合

此组合功能创建如下“交叉形状”图案的设计：为各个单独参数采样的每一个值与用于参数化研究中的其他参数的参考值组合，如 define 命令中所指定的那样。要使用 CROSS 组合功能，有必要为参数化研究中的所有参数在 define 命令中指定一个参考值。

在 define 命令中为一个参数指定的参考值，不必与通过参数的采样规则来采样得到的值一致。然而，如果参考值不与一个采样得到的值一致，则参考参数值不会把那个参数添加到采样值的列表中，仅使用它来形成 CROSS 组合。

下面的例子说明了 CROSS 组合功能的使用。对于一个定义了参数和采样了参数的二参数研究为

```
study = ParStudy (par = ('par1','par2'))
study. define (DISCRETE, par = 'par1',
    domain = (1, 3, 5, 7, 9, 11, 13), reference = 3)
study. define (CONTINUOUS, par = 'par2',
    domain = (10., 60.), reference = 40.)
study. sample (REFERENCE, par = 'par1', interval = 1,
    numSymPairs = 3)
study. sample (INTERVAL, par = 'par2', interval = 10.)
```

组合交叉功能

```
study. combine (CROSS, name = 'dSet5')
```

在下面的 12 个点上创建了设计：（1，40.）、（3，40.）、（5，40.）、（7，40.）、（9，40.）、（11，40.）、（13，40.）、（7，10.）、（7，20.）、（7，30.）、（7，50.）和（7，60.）（见图 15-5）。此组合是交叉形状图案，其中的交叉点是在所指定的（7，40.）［7 是离散参数 par1 的第四个值（reference = 3）］。

上面的组合命令在重新指定 par2 后的另外一个调用为

```
study. define (CONTINUOUS, par = 'par2', domain = (10., 60.),
    reference = 45.)
study. combine (CROSS, name = 'dSet6')
```

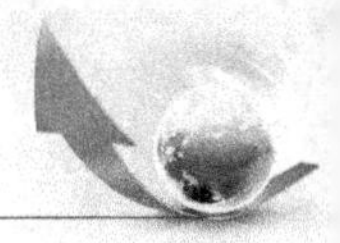

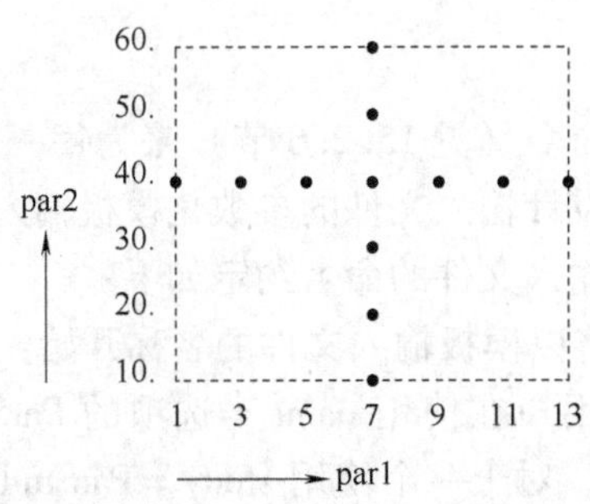

图 15-5 使用组合命令的 CROSS 功能创建的设计集 dSet5 中的设计点

在下面的 13 个点上创建了设计：（1，45.）、（3，45.）、（5，45.）、（7，45.）、（9，45.）、（11，45.）、（13，45.）、（7，10.）、（7，20.）、（7，30.）、（7，40.）、（7，50.）和（7，60.）（见图 15-6）。

约束设计

在参数化研究中，用来确定可允许的设计点的约束，可以使用 *aStudy*. constrain 脚本命令来进行指定（见 15. 2. 2 节）。当指定了这样的约束时，现有的违反约束的设计将被立即删除。

例如，约束命令

aStudy. constrain（'height * width < 12. '）

其中 height 和 width 是参数化研究中的参数，可以用来强制所有设计中的矩形梁截面积必须小于 12. 0。

输入文件用法： *aStudy*. constrain（'约束表达式'）

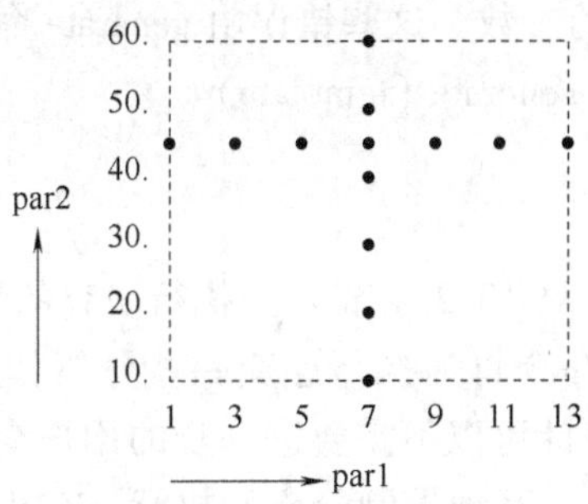

图 15-6 当重定义参数 par2 时，使用组合命令的 CROSS 选项来创建设计集 dSet6 中的设计点

参数研究设计的生成和执行

一旦指定了所要求的设计点，有必要生成对应的分析作业数据并且执行分析。

分析作业数据的生成

使用 *aStudy*. generate 脚本命令（见 15.2.6 节）来为每一个设计生成一个输入文件。

必须指定用于生成每一个设计输入文件的参数化模板输入文件的名字。

通过参数化研究所生成的输入文件的命名约定如下：

• 每一个分析作业的名称将以模板输入文件的名称开始：例如，shell。

• 参数化研究的名称（由用户在使用 name = 选项的 ParStudy 命令中指定）附在其后，前面置一个下划线（_）；例如，对于一个使用 study = ParStudy（name = ' thickness'）命令定义的参数研究 shell_thickness。如果没有给定参数研究，则参数化研究名称默认成定义有研究的 Python 脚本文件的名称。如果模板输入文件名和参数化研究是同一个，则不重复名称。

• 设计集的名称（默认在 combine 命令中指定的或者创建）附在其后，前面置一个下划线（_）。例如，上面参数化研究的第一个设计集（默认命名的）shell_thickness_p1。

• 设计名（在 combine 命令中自动创建）附在其后，前面置一个下划线（_）。例如，上面参数化研究的第一个设计集中的第一个设计的 shell_thickness_p1_c1。

像通常一样，输入文件的每一个具有后缀 . inp。可以在执行前检查或编辑这些输入文件。

命令 generate 创建一个具有 . var 扩展名的文件，包含参数化研究的描述。此文件冠以参数化研究名称（例如，*studyName*. var）并包含所有生成的设计变量的一个列表，连同与每一个设计相关的参数值。可以检查或者编辑此文件。然而，编辑此文件将影响贯穿整个参数化研究的设计结果的收集（见“收集结果”）。

每一次使用 generate 命令，就会创建 *studyName*. var 文件的新版本，通过所有前面的 combine 命令反映指定的设计。

在执行生成的命令前，执行设计、采样和组合步。这样，有可能使用户参考模板输入文件中不存在的参数或者非独立的参数。这些错误由 generate 命令来检测和标记。

输入文件用法：　　*aStudy*. generate（template）

参数化研究的设计分析执行

使用 *aStudy*. execute 命令（见 15.2.4 节）来执行研究的设计分析。

在 Python 过程的控制下，命令将为执行递交一些分析作业。通过指定此命令的 ALL 或者 DIARTIBUTED 功能，所有设计可以不需要进一步的用户交互，就能进行评估，或者通过指定 INTERACTIVE 选项，可以交互地控制分析的执行。在相互作用情况中，系统会提示进一步执行。提示允许：

• 指定一些分析在程序停顿之前执行并且再次提示。

• 不需要进一步的用户交互，执行余下的分析。

• 指定一些程序，它们的执行在过程停顿之前跳过，并且再次提示。

• 停止执行。

互动选项是有用的，因为它提供机会来：

• 研究已经运行的分析所产生的结果。

• 当已经分析了许多设计时，删除分析产生的不必要的文件，来节省硬盘空间。

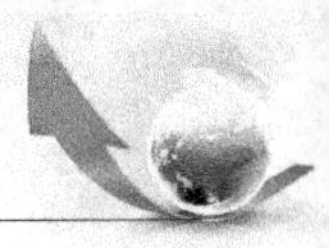

• 只分析特定参数化研究的设计。

使用 ALL 和 INTERACTIVE 标记在机器上顺序执行的 Abaqus 分析。DISTRIBUTED 标记可以用来在多台机器上，或者在一台机器上的多 CPU 上安排分析工作。

DISTRIBUTED 功能仅在不同的 UNIX 操作系统上可用。具体情况中，执行取决于支持的 rsh、rcp 和 xhost UNIX 命令的操作系统。因为这些命令的使用，对于参数化研究的分布执行，参数化研究必须自身在当地的计算机上执行。如果在分析过程中输出二进制结果，则当地和远程计算机必须都是二进制兼容的。在使用分布式执行功能之前，有必要在 Abaqus 环境文件中构建合适的序列接口。

当用户发出 execute 命令时，执行参数研究设计的每一个分析，默认由 Abaqus 以后台模式执行的，而不论所用的命令选项。由每一个设计的 Abaqus 分析所创建的文件将覆盖任何现有相同名字的文件，并不通知用户。

可以通过使用 execOption 功能指定任何必要的 Abaqus 执行选项，来为每一个分析将 Abaqus 执行选项（参考 3. 2. 2 节）添加到执行命令中。

输入文件用法：*aStudy*. execute（标记，files = ，queues = ，execOptions = ）

参数化研究结果

一旦与参数化研究相关联的分析得到了执行，就可以检查贯穿不同设计的关键结果的变化。首先，必须从每一个分析的结果文件或者输出数据库中收集结果。然后，必须汇报这些结果。

命令 *aStudy*. output（见 15. 2. 7 节）可以用来指定要收集的结果源。所有 *aStudy*. output 命令的参数是可选的：文件的指定、分析步和从其中收集结果的增量（对于非频率步）或者模态（对于频率步）。如果没有指定文件，将使用结果（. fil）文件。如果没有指定步，则它必须在 gather 命令中指定（见下面的讨论）。增量的默认（对于非频率步）或者模态的默认（对于频率步）是步的最后增量和步中计算得到的第一模态，除非在 gather 命令中进行指定。某些参数只适用于输出（. odb）数据库：实例名称、要求的类型（场或历史）、收集结果的帧值和用来访问输出数据库的内存是否应该在访问一个不同的输出数据库时进行覆盖。

被收集结果的源指定，对于所有后续 gather 命令保持有效，直到重新指定了源。收集源的重新指定，处理成一个完全的重新指定，即，从先前的收集源指定中没有保留任何东西。

输入文件用法：　*aStudy*. output（file = ，instance = ，overlay = ，request = ，step = ，frameValue = | inc = | mode = ）

收集结果

使用 *aStudy*. gather 命令（见 15. 2. 5 节）来从每一个分析的结果文件或者输出数据库中收集结果。

在每一次使用 gather 命令中，必须指定一个与被收集的结果记录相关联的名称。使用此标签来在 report 命令中参考结果记录。

当从结果（. fil）文件中收集结果时，每一个被收集的结果记录，必须通过指定一个可以使用的输出变量标识符关键字来选择，输出变量标识符关键字出现在《Abaqus 分析用户手册——介绍、空间建模、执行与输出卷》的 4. 2. 1 节，或者 4. 2. 2 节中的 . fil 列标题下。

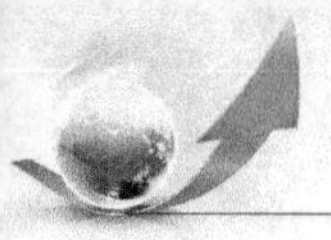

例如，可以指定U或者S变量标识符关键字，但是不能指定U1或者S11变量标识符关键字。此外，可以指定MODAL变量标识符关键字来收集特征值结果记录（使用记录关键字1980将这些写到结果文件中）。在此情况中，不要求变量位置数据。

当从输出（.odb）数据库收集结果时，每一个收集到的结果记录是通过指定可用的输出变量标记符关键字中的一个来进行选择的，输出变量标识符关键字出现在《Abaqus分析用户手册——介绍、空间建模、执行与输出卷》的4.2.1节，或者4.2.2节中的.fil列标题下。对于场输出，必须不指定分量；而对于历史输出，则要求分量编号。例如，可以为场输出指定U或者S变量标识符关键字，可以为历史输出指定U1或者S11变量标识符关键字。除非输出是在装配水平，否则一个实例名必须作为一个gather命令的参数来提供。此实例名要求的例外是：输出（.odb）数据库是从一个没有定义成零件实例装配的模型中生成的情况，实例名是从一个命名为Assembly-1的单独装配和一个命名为PART-1-1的单个零件实例所具有的输出数据库中的出现来推断出的。在此情况中，不需要明确地引用实例PART-1-1。

结果记录的组件名字是自动创建的。例如：

myStudy.gather（results='e52_stress'，variable='S'，element=52）

创建一个结果记录e52_stress，它的六个分量（在一个三维实体单元情况中）命名为：e52_stress.1（S11应力分量）、e52_stress.2（S22应力分量）、e52_stress.3（S33应力分量）、e52_stress.4（S12应力分量）、e52_stress.5（S13应力分量）和e52_stress.6（S23应力分量）。

必须给出的变量位置数据由所指定的输出变量标记符决定。（一个位置数据的描述，参考15.2.5节）必须给出足够的变量位置信息，来定义一个唯一的结果记录。

输入文件用法：　*aStudy*.gather（request=，results=，step=，frameValue=｜inc=｜mode=，variable=，额外的位置数据）

汇报结果

使用*aStudy*.report脚本命令（见15.2.9节）来汇报从参数化研究的结果文件得到的结果。使用PRINT、FILE或者XYPLOT功能来指定产生汇报的类型：

- PRINT表明一个结果的表格（具有表头）被打印到默认的输出设备（屏幕）上。用户可以希望限制表格中列的数量，这样使得表格具有可读性。
- FILE表明一个结果的表格（具有表头）被写入一个ASCII文件中。
- XYPLOT表明一个结果的表格（没有表头）被写入一个ASCII文件中，稍后此ASCII文件可以读入到Abaqus/CAE中的Visualization模块中，用来显示*X*-*Y*图。

表格中的每一个行代表一个参数化研究中的设计。表格中的列可以表示一个参数的值，一个收集到的结果值，或者设计名。

在report命令中可以指定一个或者多个参数。如果没有指定参数，则默认在表格中包括参数化研究中的所有参数。对应于每一个参数的列显示包含在表中的每一个设计中的参数值。

可以指定一个设计集名称，来限制设计的表中的行，设计是集的一部分（参考早先描述的combine命令）。如果没有指定一个设计集，则默认是所有的设计包含在表格中。

使用variations=ON来指定表格中的第一列必须显示设计名。如果没有指定variations=

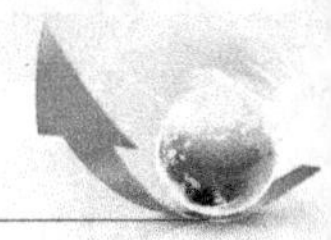

ON，或者包含 variations = OFF，则表中不包含设计名的列。

进行汇报的结果名，必须指定成一个序列。例如，单元 33 的 Mises 应力、单元 52 的 S22 应力和节点 10 的 U3 位移在下面的三个独立的命令中得到收集：

myStudy. gather（results = 'e33_sinv'，variable = 'SINV'，element = 33）

myStudy. gather（results = 'e52_s'，variable = 'S'，element = 52）

myStudy. gather（results = 'n10_u'，variable = 'U'，node = 10）

使用下面的 report 命令可以将这些结果打印在一个单独的表中：

myStudy. report（PRINT，

results = （'e33_sinv. 1'，'e52_s. 2'，'n10_u. 3'））

这个例子显示的不仅是把不同类型（单元、节点等）的结果收集到一个单独的表中，还包括如何引用结果记录的分量（Mises 应力是 SINV 的第一个分量，S22 是 S 的第二个分量，U3 是 U 的第三个分量。对于结果是如何分别储藏在结果文件中和输出数据库中的描述，参考《Abaqus 分析用户手册——介绍、空间建模、执行与输出卷》的 5.1.2 节或者《Abaqus 脚本用户手册》）。

当使用了 FILE 标记或者 XYPLOT 标记时，必须给出一个文件名来指定将结果写入的文件。在使用相同文件名的同一会话中发出的一个后续的 report 命令，将新结果添加到文件中。然而，在一个使用相同文件名的不同会话中发出的一个后续的 report 命令，将重写现有的文件。

输入文件用法：　*aStudy*. report（标记，results =，par =，designSet =，variations =，file =）

参数化研究的执行

为执行一个参数化研究，必须准备一个参数化的输入文件（输入文件 . inp）。此输入文件是所研究的参数化变量生成所使用的模板，并且必须包含有必要在输入量的地方使用参数的参数定义。参数必须在模板文件中定义，它们不能在由模板文件引用的任何包含文件中定义。

此外，必须准备一个 Python 脚本文件——脚本文件 . psf，包含指令参数化研究行为的说明。

典型的，使用一个编辑器准备一个 Python 脚本文件，接着使用 Abaqus 执行命令 abaqus script = *scripFile* 来调用此文件。此命令启动解释器，并且执行脚本文件中的指令。另外，在没有脚本文件的情况下简单地使用 Abaqus 执行命令 abaqus script 启动 Python 解释器。在此情况中，Python 解释器保持有效，并且可以交互地执行额外的命令，或者执行包含在一个使用 Python 命令 execfile（‘文件名’）的文件中的附加命令（例如，文件名）。Python 解释器可以在一个 UNIX 机器上使用[Ctrl] + d，或者在一个 Windows 机器上使用[CTRL] + z 来终止。

通常优先执行一个预先准备好的脚本文件，因为很可能需要对其反复修正。在此情况中，可以简单地返回并且编辑脚本文件，并且重新运行它，直到对结果满意。

可以使用正常的操作系统命令，来监控该参数化变化分析的过程。

在多于一个对话中执行

在已经执行了研究的参数化变化之后，可能想要多次收集并且汇报结果。在一个对话中定义、生成并且执行一个参数化研究，并且在一个单独的对话中收集和汇报结果是可能的。当启动一个新对话时，需要重新发出仅用来创建参数化研究的命令。

参数研究结果的可视化

一个具体的参数化研究变化的分析结果，可以向任何其他的一个单独分析那样进行可视化。

贯穿参数化研究设计收集的结果的可视化，要求结果的收集。对于可视化，必须在ASCII文件中汇报结果（在gather命令中使用XYPLOT选项），它可以通过Abaqus/CAE中的Visualization模块来读取，产生结果针对参数值或设计名的*X-Y*图。

脚本命令

参数化研究是在使用Python语言（Lutz，1996）的.psf文件中进行脚本编制的。提供一个从ParStudy类构建的、参数化的研究对象。这种方法使得参数化研究的脚本运行简单明了。这些方法将在本章进行描述。

脚本命令的句法

脚本命令通常具有下面的形式：

aStudy.*method*（标记，数据）

*aStudy*是应用方法的参数化研究对象，此对象是使用参数化研究构造器命令构造的。*method*是使用的方法，例如，define、sample或者execute。

大部分的（但不是所有的）命令具有一个命令选项的标记。例如，*aStudy*.define（CONTINUOUS，par=）表明在一个参数化研究中，定义了一个或者多个连续的参数。标记总是以大写字母给出，并且是互斥的。

对于大部分的（但不是所有的）命令，必须指定附加数据。

Python语言规则

包含在脚本文件中的参数化研究脚本，必须遵守Python语言的语法和语义。在这里描述了此语言的某些重要的方面（更多的通用Python语言规则在《Abaqus分析用户手册——介绍空间建模、执行与输出卷》的1.4.1节中进行了讨论）。

注释

必须在注释前面添加“#”符号。注释连续到行的末尾。例如，

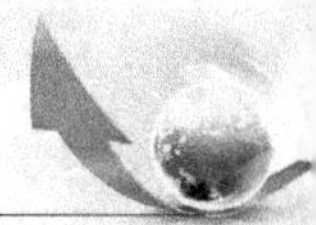


```
#
# This parametric study . . .
#
studyTempEffects. generate （template ='shell'）#use shell input file
```

区分大小写

所有的变量和方法名、标记和字符串文字，在所有的操作系统中是区分大小写的。例如，

```
study. execute （ ）# 是有效的
study. Execute （ ）# 因为大写的 E 而无效
study. sample （NUMBER，. . . ）# 使用有效的标记 NUMBER
study. sample （number，. . . ）# 小写标记是无效的
study. generate （template ='aFile'）#'aFile' 是不同的
study. generate （template ='afile'）# 来自'afile'
```

字符串

通过使用成对的单引号（''）或者双引号（" "）来表明字符串。后单元号（‘‘）不能用于此目的。例如，

```
"double quoted string"
'single quoted string'
```

打印

Python 的 print 命令可以用来得到任何 Python 对象的一个打印表示。例如，

```
print'MY TEXT'
```

将打印 MY TEXT 在标准输出设备上。

列表和元组

参数化研究的脚本方法接受整数、实数和字符串类型。在许多情况中，这些基本类型被选择性地包含在元组或者列表结构中。虽然在 Python 中，列表和元组之间存在一些差异，但是它们可以在参数化研究脚本命令中互换使用。它们简单地代表项的有序排列。列表中的项目或者元组必须由逗号分隔，并且用方括号或圆括号包围起来。例如，

```
aStudy. define （CONTINUOUS，par = （'xCoord',)）# 包含单字符串的元组
aStudy. define （CONTINUOUS，par = ['xCoord']）# 包含单字符串的列表
aStudy. define （CONTINUOUS，par = （'xCoord','yCoord'）)# 元组
aStudy. define （CONTINUOUS，par = ['xCoord','yCoord']）# 表
```

缩进

Python 使用缩进来表示声明的块。这样，一个 Python 声明应当在前面声明的同一列来开始，除了 Python 要求的声明组。

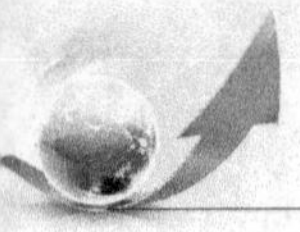

访问参数化研究的数据

在某些情况中，希望对参数化研究的数据直接编程访问。这样，所有研究的重要数据作为参数化研究对象的成员储存在可以访问的库中。库具有类似 Python 字典的接口和类似的行为。库数据存储成关键字、值对。并且为访问库关键字和值提供方法。使用 *aValue* = *aRepository*［*aKey*］来取回与一个库关键字相关联的值。库关键字的列表使用库的 key（）方法来得到。例如，*allKeys* = *aRepository*. keys（）。类似的，库的值列表使用库的 values（）方法来得到。例如，*allValues* = *aRepository*. values（）。下面的参数化研究脚本，显示了如何访问参数化研究的参数库，以及如何得到参数名称的列表和如何得到参数 t1 的采样数据列表：

```
studyTempEffect = ParStudy（par = （'t1','t2'））
studyTempEffect. define（CONTINUOUS，par = （'t1','t2'））
studyTempEffect. sample（VALUES，par ='t1'，values = （200.，300.，400.））
studyTempEffect. sample（VALUES，par ='t2'，values = （250.，350.，450.））
parRepository = studyTempEffect. parameter
listOfParameters = parRepository. keys（）
t1Sample = parRepository［'t1'］. sample
```

下面赋值中的脚本结果：listOfParameters = ［' t1',' t2'］和

t1Sample = ［200.0，300.0，400.0］。可以使用 Python 的 print 命令来得到一个库的内容信息。

参数化研究库

一个参数化研究将下面的库和对象作为数据成员：

- *aStudy*. parameter：参数对象的一个库通过参数名来作为关键字。每一个参数对象具有 name、type、domain、reference 和 sample 数据成员。
- *aStudy*. designSet：设计集的一个库通过设计集名称来作为关键字。每一个设计集表示成一个设计点的列表。
- *aStudy*. job：分析作业对象的一个库通过对应的分析输入文件名（没有 . inp 后缀）的名称来作为关键字。每一个作业对象具有 design、status、root、designSet 和 designName 数据成员。
- *aStudy*. resultData：结果记录的库，用一个由连续添加结果名称、下划线和设计名构造的名称来作为关键字。对于从结果（. fil）文件取出的结果，每一个结果记录是对应的输出变量的结果（. fil）文件记录格式。对于从输出（. odb）数据库取出的场结果，每一个结果记录将是包含结果分量的元组。来自输出（. odb）数据库的历史结果的结果记录，只能为一个单独的分量来取出，将是一个包含一个单个值的元组。
- *aStudy*. table：一个表对象包含一个由最后使用的 report 命令格式化的表格。表格对象具有 title、variation、designs 和 results 数据分量。

参考文献

- Lutz，M.，Programming Python，O' Reilly & Associates，Inc.，1996.

15.2 参数化研究：命令

- “*aStudy*. combine（）：为参数化研究组合参数采样”15.2.1节
- “*aStudy*. constrain（）：在参数化研究中约束参数值组合”15.2.2节
- “*aStudy*. define（）：为参数化研究定义参数”15.2.3节
- “*aStudy*. execute（）：执行参数化研究设计的分析”15.2.4节
- “*aStudy*. gather（）：收集参数化研究的结果”15.2.5节
- “*aStudy*. generate（）：生成一个参数化研究的分析工作”15.2.6节
- “*aStudy*. output（）：指定参数化研究结果的源”15.2.7节
- “*aStudy* =ParStudy（）：创建一个参数化研究”15.2.8节
- “*aStudy*. report（）：汇报参数化研究结果”15.2.9节
- “*aStudy*. sample（）：参数化研究的采样参数”15.2.10节

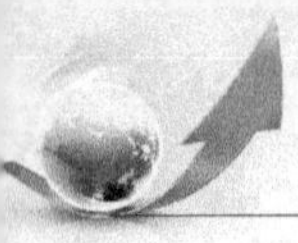

15.2.1 *aStudy*. combine（）：为参数化研究组合参数采样

产品：Abaqus/Standard　　Abaqus/Explicit

使用此命令在一个参数化研究中组合采样后的参数值。

参考

- “脚本运行参数化研究”15.1节

命令

aStudy. combine（标记，附加的数据）

标记

CROSS

使用此标记从参数化研究中的参数采样值中创建一个“交叉形状”图案的设计。

MESH

使用此标记创建一个“网格”图案的设计，在其中每个参数的采样值与参数化研究中的每个其他参数的采样值进行组合。

PRINT

使用此标记打印为参数化研究创建的设计点。

TUPLE

使用此标记来创建“元组”图案的设计，由参数化研究中的参数采样值的元组组成。

CROSS、MESH和TUPLE的额外数据

可选数据

name

设置name等于定义的设计集名称，此名字必须通过引号封闭起来。如果没有指定一个名字，则创建一个默认的设计集名称。

PRINT的附加数据

可选数据

name

设置name等于打印了信息的设计集的名称，此名字必须使用引号封闭起来。如果没有指定一个名字，则为参数化研究中的所有设计集打印出信息。

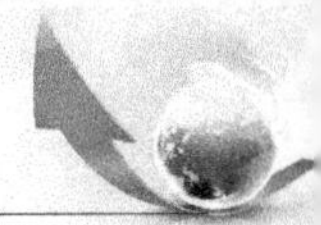

15.2.2 *aStudy*. constrain（）：在参数化研究中约束参数值组合

产品：Abaqus/Standard　　Abaqus/Explicit

使用此命令来定义参数值组合上的约束；从参数化研究中剔除违反任何约束的组合。

参考

- “脚本运行参数化研究”15.1节

命令

aStudy. constrain（约束公式）

要求的数据

constraint expression

提供一个由匹配的引号封闭的约束表达式。此表达式可以包括参数、数字和先前定义的Python变量之间的操作。例如，’ height * width < maxArea-2.0’。约束可以是一个等式或者不等式。

15.2.3 *aStudy*. define（）：为参数化研究定义参数

产品：Abaqus/Standard　　Abaqus/Explicit

此命令用来为参数化研究指定参数。

参考

- “脚本运行参数化研究”15.1节

命令

aStudy. define（标记，额外是数据）

标记

CONTINUOUS

使用此标记来表明参数是连续赋值的。

DISCRETE

使用此标记来表明参数是离散赋值的。

PRINT

使用此标记来打印参数定义。

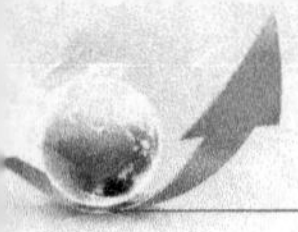

CONTINUOUS 的附加数据

要求的数据

par

设置 par 等于定义的参数或者参数序列的名字。如果指定了一个单独的参数，则它必须由匹配的引号封闭。例如，' par1 '。如果指定了一个参数列表，则它们必须在圆括号内或者方括号内给定，并且必须包含由匹配的引号封闭的参数名，并由逗号分隔。例如，（' par1 ',' par2 ',' par3 '）或 [' par1 ',' par2 ',' par3 ']。

可选数据

domain

设置 domain 等于通过逗号分隔，并且由圆括号或方括号封闭的参数的最小值和最大值；例如，（10.，20.）或 [10.，20.]。

如果从此命令中省略了 domain，并且参数在稍后使用一个要求定义域的方法来采样，则必须在 sample 命令中指定域。

reference

设置 reference 等于参数的参考值。

如果从此命令中省略了 reference，并且参数在稍后使用一个要求参考定义的方法来采样，则必须在 sample 命令中指定参考。

DISCRETE 的附加数据

要求的数据

par

设置 par 等于定义的参数或者参数列表的名字。如果指定了一个单独参数，则它必须由匹配的引号封闭。例如，' par1 '。如果指定了一个参数列表，则它必须在圆括号或者方括号中给出，并且必须包含由匹配的引号封闭的参数名，并由逗号分隔。例如，（' par1 ',' par2 ',' par3 '）或 [' par1 ',' par2 ',' par3 ']。

可选数据

domain

设置 domain 等于此参数可以具有的值的序列。值必须由逗号分隔，并且由圆括号或者方括号封闭。例如，（1.，2.，5.，3.）或 [1.，2.，5.，3.]。

如果从此命令中省略了 domain，并且参数在稍后使用一个要求域定义的方法来采样，则必须在 sample 命令中指定域。

reference

设置 reference 等于参数值序列中的指标。指标从零开始，所以序列的第一个值对应指标零，并且序列的最后一个值对应一个等于序列中值的个数减去 1 的指标。

如果从此命令中省略了 reference，并且参数在稍后使用一个要求一个参考定义的方法来采样，则必须在 sample 命令中指定参考。

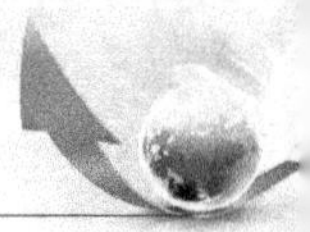

PRINT 的附加数据

可选数据

par

设置 par 等于打印出定义的参数或者参数列表的名字。如果指定了一个单独参数，它必须由匹配的引号封闭。例如，’ par1’。如果指定了一个参数的列表，则它必须在圆括号或者方括号中给出，并且必须包含由匹配的引号封闭的参数名，并由逗号分隔。例如，（’ par1’,’ par2’,’ par3’）或［’ par1’,’ par2’,’ par3’］。

如果省略了 par，则为参数化研究中的所有参数打印参数定义。

15.2.4 *aStudy*. execute（）：执行参数化研究设计的分析

产品：Abaqus/Standard　　Abaqus/Explicit

此命令用来执行由一个参数化研究生成的设计的分析。

参考

- “脚本运行参数化研究”15.1 节

命令

aStudy. execute（标记，execOptions =，额外的数据）

标记

ALL

使用此标记来顺序地执行参数化研究的所有设计的分析。此选项是默认的。

DISTRIBUTED

使用此标记来执行，使用当地和（或者）远程计算机指定的队列接口的所有设计的分析。一个相同数量的分析将分布于每一个指定的队列。

INTERACTIVE

使用此标记，以互动的模式来顺序地执行所有参数化研究设计的分析。在此情况中，过程停顿来提示进一步执行指令。提示允许用户指定执行分析的数量，执行剩余的分析，指定跳过执行的分析编号，或者跳过所有的剩余分析。

可选数据

execOptions

设置 execOptions 等于一个当执行参数化研究的设计分析时，加到 Abaqus 执行命令中的 Abaqus 执行选项（参考《Abaqus 分析用户手册——介绍、空间建模、执行与输出卷》的 3.2.2 节）的字符串；此字符串必须封闭在一个匹配的引号中。

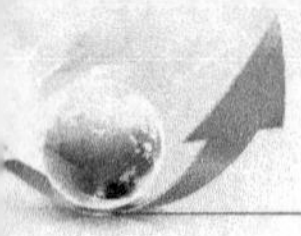

为 DISTRIBUTED 添加数据

要求的数据

queues

设置 queues 等于队列接口名，或者一序列的队列接口名。如果给出了一个单个名，则它必须封闭在一个匹配的引号中。如果给出一序列的名称，则它必须封闭在圆括号或者方括号中，包含封闭在匹配引号中的队列接口名，并且队列接口名由逗号分隔。

可选数据

files

设置 files 等于符号常量或者一序列的符号常量，它们定义在远程执行后必须返回到本地计算机的一个或者多个文件。序列项目必须由逗号分隔，并且序列必须封闭在圆括号或者方括号中。

运行的符号常量是：DAT、LOG、FIL、SEL、MSG、STA、ODB、IPM、RES、ABQ 和 PAC。默认值是 files =（DAT，FIL，LOG，ODB，SEL）。

定义队列和队列接口

在被用于一个分布式参数研究之前，序列接口必须在 Abaqus 环境文件的 design_startup 部分中定义。例如，在远程计算机 server 上为一个现有的序列 short 定义一个序列接口，要求环境文件中输入：

```
def onDesignStartup ( ):
    from session import Queue
    import os
    # convenience assignment
    SCRATCH = '/scratch/' + os. environ ['USER']
    # create remote queue interface
    Queue (name = 'short_interface', hostName = 'server',
      driver = 'abaqus', queueName = 'short', directory = SCRATCH)
```

此外，如果要求一个本地序列，则输入必须扩展到：

```
def onDesignStartup ( ):
    from session import Queue
    import os
    # convenience assignment
    SCRATCH = '/scratch/' + os. environ ['USER']
    # create remote queue interface
    Queue (name = 'short_interface', hostName = 'server',
      driver = 'abaqus', queueName = 'short', directory = SCRATCH)
    # create local queue interface
Queue (name = 'local_interface', driver = 'abaqus',
    queueName = 'local')
queue_name = "  local"
```

local = "　echo "　./%S 1 > %L 2 > &1"　|　batch"

15.2.5　*aStudy*. gather （）：收集参数化研究的结果

产品：Abaqus/Standard　　Abaqus/Explicit

此命令用来收集贯穿一个参数化研究设计的分析结果。

参考

- “脚本运行参数化研究” 15.1 节

命令

aStudy. gather（request = ，results = ，step = ，frameValue = | inc = | mode = ，variable = ，额外数据）

要求的数据

result

设置 results 等于一个名字，将用来确定由此命令收集的结果记录。此名字必须封闭在匹配的引号中。

variable

设置 variable 等于一个输出变量标识符关键词，此关键词必须封闭在匹配的引号中。

当从结果（.fil）文件中收集结果时，只有那些出现在《Abaqus 分析用户手册——介绍、空间建模、执行和输出卷》的 4.2.1 节，或者 4.2.2 节中的 .fil 列标题下的输出变量标志符关键词是可以得到的。例如，可以指定 U 或者 S 变量标识符关键字，但是不能指定 U1 或者 S11 变量标识符关键字。此外，可以指定 MODAL 变量标识符关键字来收集频率结果（这些写到结果文件中，具有记录关键字 1980）。在此情况中，此命令中不要求额外的数据。

当从输出（.odb）数据库收集结果时，每一个收集到的结果记录，是通过指定在《Abaqus 分析用户手册——介绍、空间建模、执行与输出卷》的 4.2.1 节，或者 4.2.2 节中的 .odb 列标题下出现的可以使用的输出变量标志符关键字来选择的。对于输出场，必须不指定分量，而对于历史输出，则要求分量编号。例如，可以为场输出指定 U 或者 S 变量标识符关键字，而 U1 或者 S11 变量标识符关键字可以为历史输出来指定。

可选数据

request

此选项仅适用于如果结果从输出数据库文件进行收集。

设置 request 等于 FIELD 或者 HISTORY，来指定结果是从输出数据库文件中的场数据收集，还是从历史数据中收集。

如果从此命令中省略了 request，则结果将从场数据中收集。

step

设置 step 等于分析步编号，从中收集结果。

如果在此命令中以及在 output 命令中指定了 step，则使用此命令中的 step 指定。

如果从此命令中省略了 step，则它必须已经在 output 命令中得到指定。

可选的并且相互排斥的数据

frameValue

此选项仅适用于结果是从输出数据文件进行收集的情况。

设置 frameValue 等于分析步中的指定步时间或者分析增量的频率值，从此分析步中收集结果。frameValue 也可以设置成等于字符常量 LAST，来指定从计算步的最后增量中收集结果。如果在指定的 frameValue 上没有可访问的结果，则将发出一个警告，并且从最近的增量中收集结果。

如果在此命令中以及 output 命令中指定了 frameValue，则为了收集使用此命令中的 frameValue。

如果从此命令中省略 frameValue，则为了在 output 命令中指定的 frameValue 收集结果，或者从计算步中的最后增量收集结果。

inc

设置 inc 等于无频率分析步的指定分析增量编号，从此分析步贯穿参数化研究变量收集结果。也可以设置 inc 等于字符常量 LAST，来指定从计算步的最后增量中收集结果。

如果在此命令中以及在 output 命令中指定了 inc，则为了收集使用此命令中的 inc 设定。

如果从此命令中省略 inc，则从 output 命令中指定的增量处收集结果，或者从计算步的最后增量中收集。

此功能对于从输出数据库文件中收集历史结果是无效的。

mode

设置 mode 等于指定的频率分析步的模态编号，从此模态编号，贯穿参数和研究变量来收集结果。

如果在此命令中，以及在 output 命令中指定 mode，则使用此命令中的 mode 指定。

如果从此命令中忽略 mode，则从 output 命令中指定的模态，或者从此步中的第一个模态收集结果。

单元积分点变量的附加数据

要求的数据

elements

设置 element 等于从中收集结果的单元的编号。

instance

除非为一个输出数据库中的一个零件实例上的单元收集结果，才要求此选项，此输出数据库从一个描述为一个零件实例的装配模型中生成。

设置 instance 等于零件实例的名称，为此零件实例收集结果。此名字必须封闭在匹配的

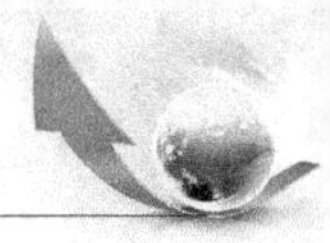

引号中。

如果在此命令中，以及在 output 命令中指定了 instance，则使用此命令中的 instance 指定。

可选数据

centroid

设置 centroid 等于字符常量 ON，来表明结果是在单元的中心进行收集的。仅当结果被写入到结果文件中的单元中心处时，此选项才是有效的。

centroid、int 和 node 是相互排斥的。

如果省略了 centroid、int 和 node，则默认情况是 int =1。

int

设置 int 等于单元积分点的编号，为此单元收集结果。仅当结果被写入到结果文件中的单元积分点上时，此选项才有效。

centroid. int 和 node 是相互排斥的。

如果省略了 int，默认情况是 int =1。如果省略了 centroid、int 和 node，默认情况是 int =1。

node

设置 node 等于单元中节点的编号，为此单元收集结果。此选项仅当结果写入结果文件中的单元节点处时才是有效的。

centroid、int 和 node 是相互排斥的。

如果省略了 centroid、int 和 node，则默认情况是 int =1。

Rbunm

设置 Rbunm 等于加强筋的编号，为此加强筋收集结果。加强筋编号是按照单元，与阶一致的，在此单元中定义加强筋（见《Abaqus 分析用户手册——介绍、空间建模和执行卷》的 2. 2. 4 节）。

如果省略了 rbnum，则默认 rbnum =1。

加强筋信息不能从输出数据库文件收集。

rebar

设置 rebar 等于加强筋的编号，从此加强筋收集结果（如《Abaqus 分析用户手册——介绍、空间建模和执行卷》的 2. 2. 4 节中所描述的那样进行定义）。加强筋结果仅可以在积分点处为连续单元和梁单元获取。对于壳和膜单元，加强筋可以在单元的积分点和中心处获取。

不能从输出数据库文件获取加强筋信息。

section

设置 section 等于单元的截面点编号，为此单元收集结果。对梁、壳或者分层的实体单元应用此选项。section 与加强筋结果无关。

如果忽略了 section，默认 section =1。

单元截面变量的附加数据

要求的数据

element

设置 element 等于单元的编号，为此单元收集结果。

instance

仅当对一个输出数据库文件中的一个零件实例上的单元收集结果时，才要求此选项，此输出数据库文件是从一个描述成零件实例的装配的模型生成的。

设置 instance 等于零件实例的名称，为此零件实例收集结果。此名称必须封闭在一个匹配的引号中。

如果在此命令中以及在 output 命令中指定了 instance，则在此命令中使用 instance 指定。

可选数据

centroid

设置 centroid 字符串标志等于 ON，来说明在单元的中心处收集结果。仅当已经将结果写入到结果文件或者输出文件的单元中心处时，此选项才有效。

centroid、int 和 node 是相互排斥的。

如果省略了 centroid、int 和 node，默认 int = 1。

int

设置 int 等于单元的积分点编号，为此单元收集结果。仅当已经将结果写入到结果文件或者输出数据库的单元积分点处时，此选项才是有效的。

centroid、int 和 node 是相互排斥的。

如果省略了 int，默认 int = 1。如果省略了 centroid、int 和 node，默认 int = 1。

node

设置 node 等于单元中节点的编号，为此单元收集结果。仅当已经将结果写入到结果文件或者输出数据库的单元中心节点处时，此选项才是有效的。

centroid、int 和 node 是相互排斥的。

如果省略了 centroid、int 和 node，默认 int = 1。

整个单元变量的附加数据

要求的数据

element

设置 element 等于单元的编号，为此单元收集结果。

int

设置 int = −1。

instance

除非为一个输出数据库中的一个零件实例上的单元收集结果，才要求此选项，此输出数据库从一个描述为一个零件实例的装配模型中生成。

设置 instance 等于零件实例的名称，为此零件实例收集结果。此名字必须封闭在匹配的引号中。

如果在此命令中，以及在 output 命令中指定了 instance，则使用此命令中的 instance 指定。

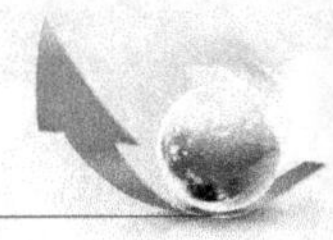

部分模型（单元集）或者整个模型变量的附加数据

可选数据

elset

设置 elset 等于单元集名，为此单元集收集结果。如果省略了 elset，则将为整个模型收集结果。此名称必须封闭在匹配的引号中。

instance

除非从一个输出数据库文件中收集结果，并且如果单元集定义在一个实例上，才要求此选项。

设置 instance 等于零件实例的名称，在此零件实例上定义了单元集。此名字必须封闭在匹配的引号中。

如果在装配上定义了单元集，则在此命令和 output 命令中都不能指定 instance。

如果在此命令以及在 output 命令中指定了 instance，则在此命令中使用 instance 指定。

节点变量的附加数据

要求的数据

node

设置 node 等于节点的编号，为此节点收集结果。

instance

除非为一个输出数据库中的一个零件实例上的节点收集结果，才要求此选项，此输出数据库从一个描述为一个零件实例的装配模型中生成。

设置 instance 等于零件实例的名称，为此零件实例收集结果。此名字必须封闭在匹配的引号中。

如果在此命令以及在 output 命令中指定了 instance，则使用此命令中的 instance 指定。

模型变量的附加数据

没有附加数据。

接触面变量的附加数据

要求的数据

master

设置 master 等于接触对主面的名字，为此主面收集结果。此名称必须封闭在匹配的引号内。

slave

设置 slave 等于接触对从面的名字，为此从面收集结果。此名字必须封闭在匹配的引号内。

可选数据

masterInstance

除非从一个输出数据库文件收集结果，并且如果在一个实例上定义了主面，才要求此选项。

设置 masterInstance 等于实例名称，在此实例上已经定义了主面的。此名称必须封闭在匹配的引号内。

slaveInstance

除非从一个输出数据库文件收集结果，并且如果在一个实例上定义了从面，才要求此选项。

设置 slaveInstance 等于实例名称，在此实例上已经定义了从面。此名称必须封闭在匹配的引号内。

当要求从面节点变量结果时，所要求的数据

node

如果收集了从面节点的变量结果，则设置 node 等于节点的编号，为此编号的节点收集结果。

nset 和 node 是相互排斥的。

instance

除非为一个输出数据库中的一个零件实例上的节点收集结果，才要求此选项，此输出数据库从一个描述为一个零件实例的装配模型中生成。

设置 instance 等于零件实例的名称，为此零件实例收集结果。此名字必须封闭在匹配的引号中。

如果在此命令中以及在 output 命令中指定了 instance，则使用此命令中的 instance 指定。

当要求整个面变量结果时的可选数据

nset

设置 nset 等于节点集的名称，为此节点集收集了整个面变量结果。此名称必须封闭在匹配的引号中。

如果忽略了 nset，默认就是整个面。

如果结果是从输出数据库文件中收集的，并且节点集是在一个实例上定义的，则节点集名称必须使用实例名和一个句号（英文的句号就是下点（.））来作为前缀（例如："PART-1-1. TOP"）。

nset 和 node 是相互排斥的。

instance

除非从一个输出数据库中收集结果，并且如果节点集是定义在一个实例上，才要求此选项。

设置 instance 等于零件实例名称，在此零件实例上定义了节点集。此名字必须封闭在匹配的引号中。

如果节点集是在装配上定义的，则 instance 在此命令中和 output 命令中不能同时指定。

如果在此命令中以及在 output 命令中指定了 instance，则使用此命令中的 instance 指定。

腔辐射面变量的附加数据

要求的数据

element

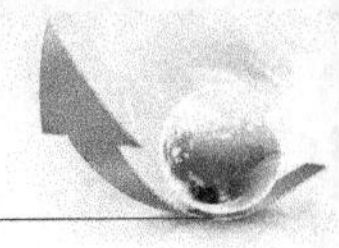

设置 element 等于要收集结果的腔面片下面的单元编号。

elface

设置 elface 等于腔体面片下面单元表面的面标记符，为此腔面片收集结果。

instance

只有从一个输出数据库文件中收集结果，才要求此选项，此输出数据库从一个描述为一个零件实例的装配模型中生成。

设置 instance 等于零件实例的名称，为此零件实例收集结果。此名字必须封闭在匹配的引号中。

如果在此命令中以及在 output 命令中指定了 instance，则使用此命令中的 instance 指定。

截面文件输出的附加数据

要求的数据

sectionName

设置 sectionName 等于截面的名称，为此截面收集数据。此名称必须封闭在匹配的引号内（见《Abaqus 分析用户手册——介绍、空间建模、执行与输出卷》的 4. 1. 2 节中的“来自 Abaqus/Standard 的截面输出”）。

15. 2. 6 *aStudy*. generate（）：生成一个参数化研究的分析工作

产品：Abaqus/Standard　　Abaqus/Explicit

此命令用来为一个参数化研究生成分析输入文件。

参考

- “脚本运行参数化研究” 15. 1 节

命令

aStudy. generate（template = ）

要求的数据

template

设置 template 等于模板输入文件的名称，从模板中生成每一个参数化研究变化的输入文件，此名称必须封闭在匹配的引号中。

15. 2. 7 *aStudy*. output（）：指定参数化研究结果的源

产品：Abaqus/Standard　　Abaqus/Explicit

此命令应当执行任何结果收集命令。用它来指定将从哪里收集一个参数化研究的结果。

参考

- “脚本运行参数化研究”15.1 节

命令

aStudy. output（file =，instance =，overlay =，request =，step = ，frameValue = | inc = | mode = ）

可选数据

file

设置 file 等于 FIL 或者 ODB 来指定必须从结果（. fil）文件中，或者从输出数据库（. odb）文件中读取结果。

如果从此命令中省略 file，则将从结果（. fil）文件读取结果。

instance

除非从一个包含多实例的输出（. odb）数据库中收集结果，此选项才是可应用的。

设置 instance 等于零件实例的名称，为此零件实例收集结果。此名字必须封闭在匹配的引号中。

如果结果为装配上定义的一集来收集时，instance 不能在命令和 gather 命令中指定。

如果从此命令中省略 instance，并且要求一个零件实例名来收集结果，则它必须在 gather 命令中进行指定。

overlay

只有当结果从一个输出（. odb）数据库中收集时，此选项才是可应用的。

使用此选项来控制内存使用和运行速度之间的均衡。设置 overlay 等于 OFF（默认的）或者 ON，来指定用来输出数据库的内存是否应当被覆盖。如果内存使用是主要问题，则设置 overlay 等于 ON 来指定用于输出数据库的内存，在为具体的输出数据库执行了 gather 之后，必须被覆盖；如果执行速度比内存使用更加重要，则设置 overlay 等于 OFF，来指定内存必须分配给每一个输出数据库。

选项 overlay 影响单独操控输出数据库（. odb）文件的能力。当设置 overlay 等于 OFF 时，文件在从 gather 命令访问结果后，保持开放，这将影响分别访问或者操控文件的能力（例如，删除文件）。设置 overlay 等于 ON，在访问基于 gather 的结果后，分别访问 . odb 文件。

request

除非从输出（. odb）数据库中收集了结果，此选项才可用。

设置 request 等于 FIELD 或者 HISTORY，来指定结果必须从输出数据库中的场数据中还是历史数据中收集。

如果从命令中忽略了 request，则将从场数据中收集结果。

step

设置 step 等于分析步编号，从此步中收集结果。

如果从此命令中省略 step，则必须在 gather 命令中指定它。

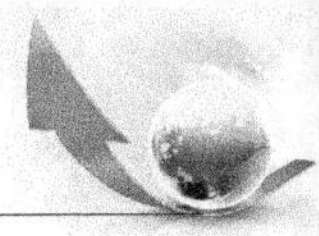

可选的和相互排斥的数据

frameValue

除非结果是从输出（.odb）数据库收集的，此选项才可应用。

设置 frameValue 等于步时间或者分析步中分析增量的频率值，指定从此分析步中收集结果。也可以设置 frameValue 等于符号常量 LAST，来指定从计算步的最后一个增量收集结果。如果在指定的 frameValue 上没有可用的结果，将发出一个警告，并且将从最靠近的增量上收集结果。

如果从此命令中省略 frameValue，则从计算步中的最后一个增量中收集结果，或者从 gather 命令中指定的增量中收集结果。

inc

设置 inc 等于非频率分析步的分析增量编号，从此分析增量中收集结果。inc 也可以设置等于符号常量 LAST，来指定从指定步的最后增量中收集结果。

如果 inc 从此命令中省略，则结果从计算步中的最后增量中收集，或者从 gather 命令中指定的增量中收集。

此选项对于从输出（.odb）数据库中收集历史结果是无效的。

mode

设置 mode 等于指定的频率分析步的模态编号，从此频率分析步贯穿参数化研究变化来收集结果。

如果省略了 mode，则从 gather 命令中指定的模态收集结果，或从计算步中的第一个模态收集结果。

15.2.8 *aStudy* = ParStudy（）：创建一个参数化研究

产品：Abaqus/Standard　　Abaqus/Explicit

使用此命令来创建一个参数化研究。它必须执行任何其他参考参数化研究的脚本运行命令。

参考

- “脚本运行参数化研究”15.1 节

命令

aStudy = ParStudy（par = ，name = ，verbose = ，directory = ）

要求的数据

par

设置 par 等于为参数化研究所选的独立输入的参数序列。此序列必须在圆括号或者方括号中给出，并且必须包含由匹配的引号封闭，并由逗号分隔的独立参数名称。例如，

(' par1',' par2',' par3') 或者 [' par1',' par2',' par3']。如果只列出了一个参数，则它的名字可以由匹配的引号封闭的给出（例如，' par1'）。

可选的数据

name

设置 name 等于参数化研究的名字，名字必须封闭在匹配的引号中。如果没有指定一个名字，则它的值默认为包含参数化研究命令的 Python 脚本文件名字。

verbose

设置 verbose 等于符号标记 OFF，来阻止注释和警告信息的打印，其默认是 verbose = ON。

dirctory

设置 directory 等于符号标记 ON，来选择用于组织参数化研究文件的当前目录的子目录。将为每一个进行分析的设计创建一个子目录。默认是 directory = OFF。

15.2.9 *aStudy*. report（）：汇报参数化研究结果

产品：Abaqus/Standard　　Abaqus/Explicit

此命令用来汇报贯穿一个参数化研究设计收集的结果。

参考

- “脚本运行参数化研究”15.1 节

命令

aStudy. report（标记，results = ，par = ，designSet = ，variations = ，truncation = ，额外的数据）

标记

FILE

使用此标记来指定将写成 ASCII 文件的结果写成一个具有相关标题的表。

PRINT

使用此标记来指定将结果打印成一个具有相关标题的表。因为结果是打印到默认输出设备（屏幕）的，可能希望限制一个表中的列，这样使得表具有可读性。

XYPLOT

使用此标记来指定将写成一个 ASCII 文件的结果写成一个没有标题的表。此表可以由 Abaqus/CAE 中的 Visualization 模块随后的读取，来显示结果和参数值的 *X*-*Y* 图。

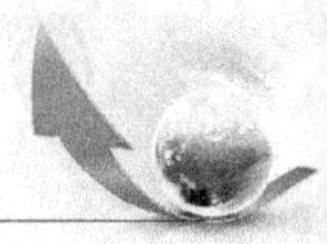

要求的数据

results

设置 results 等于所汇报结果名称的序列。此序列必须由圆括号或者方括号封闭。例如，results =（’e33_sinv. 1’，’e52_strain’，’n25_u. 3’），其中’e33_sinv. 1’是单元 33 的 Mises 应力（Mises 是 SINV 记录的第一个分量），’e52_strain’是单元 52 的所有应变分量，并且’n25_u. 3’是节点位移的第三分量。此例子假定上面的三个结果在前面的 gather 命令中，是通过要求 SINV、E 和 U 变量标记符关键字来分别收集的。

可选的数据

par

设置 par 等于包含在汇报表中的参数或者参数序列的名字。如果指定了一个单独的参数，则它必须由匹配的引号封闭。例如，’par1’。如果指定了参数的序列，它必须在圆括号或者方括号中给出，并且必须包含由匹配的引号封闭的并通过逗号分隔的参数名。例如，（’par1’，’par2’，’par3’）或［’par1’，’par2’，’par3’］。

如果省略了 par，在汇报表中包含所有参数化研究中的参数。

designSet

设置 designSet 等于设计集的名称，设计集的结果包含在汇报表中。此名称必须由匹配的引号封闭。

如果省略了 designSet，在汇报表中包括参数化研究中的所有设计集的结果。

variations

设置 variations 等于 ON，表明汇报表的第一列必须显示所汇报的设计名；设置 variations 等于 OFF，表明所汇报的设计名没有在汇报表的第一列中给定。

如果省略了 variation，设计名的列没有包含在汇报表中。

truncation

设置 truncation 等于 ON，表明汇报表的数据必须是以有限的精度来汇报的；设置 truncation 等于 OFF，表明所汇报的数据必须使用完全精度来汇报。

如果省略了 truncation，汇报表的数据是以有限的精度来汇报的。

FILE 和 XYPLOT 的附加数据

要求的数据

file

设置 file 等于文件的名称，汇报表写入到此文件中。文件名必须由匹配的引号来封闭。

15.2.10 *aStudy*. sample（）：参数化研究的采样参数

产品：Abaqus/Standard　Abaqus/Explicit

使用此命令来创建研究参数的采样值。

参考

- “脚本运行参数化研究”15.1 节

命令

aStudy. sample（标记，附加的数据）

标记

INTERVAL

使用此标记来等间隔地采样一个参数。

NUMBER

使用此标记采样一个参数来得到给定数量的值。

PRINT

使用此标记来打印参数采样。

REFERENCE

使用此标记来采样关于一个参考值指定的参数值。

VALUES

使用此标记来采样一个参数的具体值。

INTERVAL 的附加数据

要求的数据

interval

设置 interval 等于采样间隔。对于一个连续的赋值参数，值是在基于参数的数值，以相等的空间间隔来采样的；对于一个离散的参数值，值是基于参数值的序列指标，以相等的间隔来采样的。

par

设置 par 等于参数的或者参数序列的名字，它们的采样会被打印出来。如果指定了一个单独的参数，它必须由匹配的引号来封闭。例如，’par1’。如果指定了一个参数的序列，它必须在圆括号或者方括号中给出，并且必须包含由匹配引号封闭的，并通过逗号分隔的参数名。例如：（’par1’,’par2’,’par3’）或者［’par1’,’par2’,’par3’］。

可选数据

domain

对于一个连续赋值参数，设置 domain 为由逗号分隔的，并且由圆括号或者方括号封闭

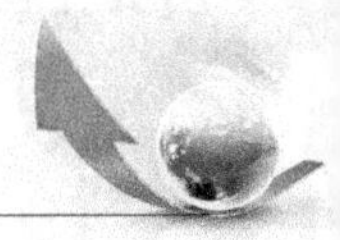

的参数的最小值和最大值。例如，（10.，20.）或者［10.，20.］。对于一个离散赋值的参数，设置 domain 为值的序列，序列的参数可以已经由逗号分隔，并且由圆括号或者方括号封闭。例如，（1.，2.，5.，3.）或者［1.，2.，5.，3.］。

如果在此命令中以及在 define 命令中为此参数指定了 domain，则使用在此命令中的 domian 指定来采样。

如果从此命令中省略了 domain，则它必须已经在 define 命令中得到了指定。

NUMBER 的附加数据

要求的数据

number

设置 number 等于为参数采样的等间距值的数量。

par

设置 par 等于参数的或者参数序列的名字，它们的采样会被打印出来。如果指定了一个单独的参数，则它必须由匹配的引号来封闭。例如，' par1'。如果指定了一个参数的序列，则它必须在圆括号或者方括号中给出，并且必须包含由匹配引号封闭的，并通过逗号分隔的参数名。例如：（' par1',' par2',' par3'）或者［' par1',' par2',' par3'］。

可选数据

domain

对于一个连续赋值参数，设置 domain 为由逗号分隔的，并且由圆括号或者方括号封闭的参数的最小值和最大值。例如，（10.，20.）或者［10.，20.］。对于一个离散赋值的参数，设置 domain 为序列值，序列的参数由逗号分隔，并且由圆括号或者方括号封闭。例如，（1.，2.，5.，3.）或者［1.，2.，5.，3.］。

如果在此命令中以及在 define 命令中为此参数指定了 domain，则使用在此命令中的 domian 指定来采样。

如果从此命令中省略了 domain，则它必须已经在 define 命令中得到了指定。

PRINT 的附加数据

可选数据

Par

设置 par 等于参数的或者参数序列的名字，它们的采样会被打印出来。如果指定了一个单独的参数，它必须由匹配的引号来封闭。例如，' par1'。如果指定了一个参数的序列，则它必须在圆括号或者方括号中给出，并且必须包含由匹配引号封闭的，并通过逗号分隔的参数名。例如：（' par1',' par2',' par3'）或者［' par1',' par2',' par3'］。

如果省略了 par，则为参数化研究中的所有参数打印参数采样。

REFERENCE 的附加数据

要求的数据

interval

设置 interval 等于采样间隔。对于一个连续的赋值参数，值是在基于参数的数值，以相

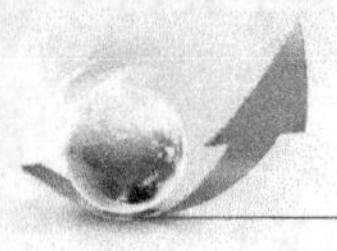

等的间隔来采样得到的。对于一个离散的参数值，值是基于参数值的序列指标，以相等的间隔来采样的。

numSymPairs

设置 numSymPairs 等于关于参数参考值对称采样的参数值对的个数。

par

设置 par 等于被采样参数的名称。此名称必须由匹配的引号来封闭。例如，' par1'。

可选数据

domain

对于一个连续赋值参数，设置 domain 为由逗号分隔的，并且由圆括号或者方括号封闭的参数的最小值和最大值。例如，（10.，20.）或者［10.，20.］。对于一个离散赋值的参数，设置 domain 为值的序列，值的参数由逗号分隔，并且由圆括号或者方括号封闭。例如，（1.，2.，5.，3.）或者［1.，2.，5.，3.］。

如果在此命令中以及在 define 命令中为此参数指定了 domain，则使用在此命令中的 domian 指定来采样。

如果此命令中省略了 domain，则它必须已经在 define 命令中得到了指定。

reference

对于一个连续赋值的参数，设置 reference 等于参数的参考值；对于离散赋值的参数，设置 reference 等于参数值序列中的指标，指标从零开始，这样第一个序列值对应于指标零，并且最后的序列值对应于序列中的值个数减去 1 的指标。

如果在此命令中以及在 define 命令中为此参数指定了 reference，则使用此命令中的 reference 指定来采样。

如果从此命令中省略了 reference，则它必须已经在 define 命令中被指定。

VALUES 的附加数据

要求的数据

par

设置 par 等于参数的或者参数序列的名字，它们的采样会被打印出来。如果指定了一个单独的参数，则它必须由匹配的引号来封闭。例如，' par1'。如果指定了一个参数的序列，它必须在圆括号或者方括号中给出，并且必须包含由匹配引号封闭的，并通过逗号分隔的参数名。例如：（' par1',' par2',' par3'）或者［' par1',' par2',' par3'］。

values

设置 value 等于构成采样的参数值序列。此序列必须在圆括号或者方括号中，并且必须包含由逗号分隔的值。例如，（' CAX4',' CAX4R',' CAX4H'）或者［10.，20.，40.］。